Christian Ludwig Nitzsch, Christoph Giebel

Die auf Säugetieren und Vögeln schmarotzenden Insekten

Christian Ludwig Nitzsch, Christoph Giebel

Die auf Säugetieren und Vögeln schmarotzenden Insekten

ISBN/EAN: 9783743361188

Hergestellt in Europa, USA, Kanada, Australien, Japan

Cover: Foto ©berggeist007 / pixelio.de

Manufactured and distributed by brebook publishing software (www.brebook.com)

Christian Ludwig Nitzsch, Christoph Giebel

Die auf Säugetieren und Vögeln schmarotzenden Insekten

INSECTA EPIZOA.

DIE

AUF SÄUGETHIEREN UND VÖGELN

SCHMAROTZENDEN INSECTEN

NACH

CHR. L. NITZSCH'S NACHLASS

BEARBEITET

VON

PROF. DR. C. G. GIEBEL

DIRECTOR DES ZOOLOGISCHEN MUSEUMS DER UNIVERSITÄT IN HALLE.

MIT XX TAFELN NACH CHR. L. NITZSCH'S HANDZEICHNUNGEN.

LEIPZIG

OTTO WIGAND.

1874.

VORWORT.

Während unsre Kenntniss von der Lebensweise, Entwicklung und Systematik der innern Schmarotzer oder Eingeweidewürmer in den letzten Jahrzehnten mit dem grössten Eifer und zugleich erfreulichsten Erfolgen erweitert worden ist, sind die äussern Schmarotzer, die epizoischen Insecten (Thierinsecten), ganz vereinzelte Beobachtungen abgerechnet, in auffälligster Weise unbeachtet geblieben, und doch verdienen auch sie die ernsteste Aufmerksamkeit, keineswegs bloss der Entomologen, sondern ebenso sehr der Mediciner, Thierärzte und Landwirthe, ja eines jeden Gebildeten überhaupt, da viele von ihnen auf unseren Hausthieren jeglicher Art, auf den Jagdthieren wie auch auf dem menschlichen Körper selbst als widerliche und mehr oder minder gefährliche Schmarotzer leben. Seit Chr. L. Nitzsch seine auf gründliche und umfassende Forschungen gestützte und bis heute von allen Zoologen anerkannte „Charakteristik der Familien und Gattungen der Thierinsecten“ in Germar's Magazin für Entomologie 1818, Bd. III, S. 261—316 veröffentlichte, also seit mehr denn 50 Jahren, ist nur eine besondere Monographie, H. Denny's Monographia Anoplurorum Britanniae (London 1842, 8°. 26 pll.) erschienen, welche eben nur über die in England vorkommenden Arten sich verbreitet, und eine alle Arten gleichmässig umfassende Bearbeitung ist noch nicht versucht worden.

Chr. L. Nitzsch, der hochverdiente Ornitholog und Helmintholog, widmete während einer langen Reihe von Jahren, von 1800 bis zu seinem im Jahre 1837 erfolgten Tode auch den Thierinsecten eine ganz besondere Aufmerksamkeit. Mit unermüdlichem Eifer sammelte, beobachtete und untersuchte er die Arten und entwarf mit der Absicht eine die ganze Familie umfassende, specielle Monographie herauszugeben, von vielen Arten saubre und naturgetreue Abbildungen. Leider aber hat er ausser der oben erwähnten Charakteristik der Familien und Gattungen mit nur namentlicher Aufzählung der ihm bis dahin bekannten Arten, nichts von seinen wichtigen Untersuchungen publicirt. Nitzsch's Sammlungen, Manuscripte und Zeichnungen gingen in den Besitz des Zoologischen Museums der Universität Halle über, dessen Begründer er selbst war. Sein Nachfolger in der Direction dieses Museums, Professor Burmeister, nahm in seinem Handbuche der Entomologie aus dem Nitzsch'schen Nachlasse eine Anzahl von Arten mit kurzen Diagnosen auf und stellte die Publikation der umfassenden Monographie des gesammten Materiales in Aussicht. Schon waren auch die drei ersten Tafeln von dem Inspector des Zoologischen Museums Prof. Dr. Taschenberg in Kupfer gestochen, als die politischen Stürme von 1848 derartige kostspielige Publicationen auf längere Zeit unmöglich machten. Inzwischen lenkten die wiederholten Reisen Burmeister's nach Südamerika ganz von dem Unternehmen ab und erst als mit dessen Uebersiedlung nach Amerika die Direction des Zoologischen Museums mir übertragen wurde, konnte ich dem schätzbaren Nitzsch'schen Nachlasse einige Thätigkeit zuwenden.

In einer Reihe von Aufsätzen in der Zeitschrift für gesammte Naturwissenschaften veröffentlichte ich zunächst die in Nitzsch's Collectaneen aufgezeichneten Beobachtungen über einzelne Arten und gab alsdann im Jahrgang 1862, Bd. XVIII, S. 81 eine Uebersicht sämmtlicher Arten nach den Wohnthieren geordnet, im Jahrgang 1866 Bd. XXVIII, S. 353 ein vollständiges Verzeichniss aller in unsrer Sammlung vorhandenen Arten, nämlich 3 Gyropus, 12 Trichodectes, 103 Docophorus, 101 Nirmus, 70 Lipeurus, 23 Goniodes, 9 Goniocotes, 59 Menopon, 34 Colpocephalum, 7 Physostomum, 11 Laemobothrium, 8 Trinotum, 2 Eureum und 16 Pediculinen, also einen Reichthum, wie ihn nur die wenigsten zoologischen Museen aufzuweisen haben werden.

Ueber diese Gattungen, also nur über die *Pediculinen* und *Mallophagen* verbreitet sich die vorliegende Monographie, da von den wenigen andern Gattungen der Nitzsch'schen Epizoen unsere Sammlung kein genügendes Material zu einer befriedigenden Darstellung besitzt. Die Bearbeitung selbst betreffend habe ich das Geschichtliche zum Theil, den Abschnitt über Anleitung zur Beobachtung der Thierinsekten ganz aus Nitzsch's handschriftlichem Nachlass aufgenommen, obwohl seitdem die Methode derartiger Untersuchungen sehr bedeutend fortgeschritten ist, nur um nachzuweisen, auf welchem Wege Nitzsch zu den höchst schätzenswerthen Resultaten gelangt ist. Auch die Abbildungen der beigefügten 20 Tafeln sind ausnahmslos nach dessen Handzeichnungen ausgeführt worden. Was die Nitzsch'schen Collectaneen über einzelne Arten an Thatsachen und irgend beachtenswerthen Beobachtungen enthalten, veröffentlichte ich, da die Herausgabe einer besonderen Monographie so lange hoffnungslos war, bereits 1862 in der Zeitschrift f. ges. Naturwiss. und sind die im Nachfolgenden gebotenen Beschreibungen aller Arten, von welchen unsere Sammlung Exemplare besitzt, nach diesen, meist unter Anwendung einer 90 fachen Vergrösserung, von mir entworfen worden. Für deren Form und Inhalt fällt also mir allein die Verantwortung zu. Wenn bei der Bestimmung frischer Exemplare nach meinen Beschreibungen Abweichungen sich ergeben sollten, so wolle man zur Würdigung deren systematischen Werthes nicht unbeachtet lassen, wie lange unsere Exemplare bereits der Einwirkung des Spiritus ausgesetzt gewesen sind, was zumal hinsichtlich der Farben (im Besonderen auch des Colorits der Tafeln 1 und 3), der Borsten und gewisser feiner Körperformen von Wichtigkeit sein durfte. Selbstverständlich habe ich jeder Art den Namen erhalten, welchen ihr Nitzsch wenn auch nur in seinem Verzeichniss ohne jegliche Begründung gegeben hatte und nur die mit blosser Angabe des Wohnthieres aufgestellten und natürlich auch die nach Nitzsch hinzugekommenen sind von mir benannt worden.

Die in unserer Sammlung nicht vertretenen Arten habe ich mit Diagnose oder auszüglicher Charakteristik der betreffenden Autoren aufgenommen, um eine vollständige Uebersicht über alle bis jetzt bekannten *Pediculinen* und *Mallophagen* zu geben. Möge dieselbe nun Veranlassung werden, dass auch dieser Thiergruppe endlich die verdiente Aufmerksamkeit zugewendet wird. Sie bietet der wissenschaftlichen Forschung noch ein sehr weites und zugleich überaus ergiebiges Feld.

Halle im April 1874.

C. Giebel.

INHALT.

II

ÜBERSICHT

DER

PEDICULINEN UND MALLOPHAGEN

nach den Wohnthieren geordnet.

Die Zahlen hinter den Artnamen verweisen auf die Seiten der Beschreibungen.

I. SÄUGETHIERE.

Hinsichtlich der systematischen Namen der Säugethiere verweise ich auf meine „Säugethiere".

Homo — Phthirius inguinalis 23.
Pediculus capitis 30.
" vestimenti 27.
Inuus sinicus — Pediculus eurygaster 32.
" sylvanus — Haematopinus albidus 47.
Semnopithecus maurus — Haematopinus obtusus 47.
Sorex araneus — Haematopinus reclinatus 37.
Felis domestica — Trichodectes subrostratus 55.
Canis vulpes — Trichodectes micropus 54.
" familiaris — Haematopinus piliferus 40.
Trichodectes latus 53.
Lutra vulgaris — Trichodectes exilis 53.
Meles vulgaris — Trichodectes crassus 54.
Mustela vulgaris — Trichodectes pusillus 55.
" erminea — " pusillus 55.
" foina — " retusus 55.
Ursus arctos — " pinguis 52.
Sciurus vulgaris — Haematopinus sphaerocephalus 36.
Myoxus nitela — " leucophaeus 37.
Spermophilus Eversmanni — " laeviusculus 38.
Erethizon dorsatum — Trichodectes setosus 56.
Cercolabes mexicanus — " mexicanus 56.
Dasyprocta aguti — Gyropus longicollis 247.
Mus musculus — Haematopinus serratus 36.
" decumanus — " spinulosus 38.
" barbarus — " spiculifer 37.
" agrarius — " affinis 39.
" sylvaticus — " affinis 39.
Hypudaeus amphibius " spiniger 39.
" arvalis — " acanthopus 36.
Lemmus obensis — " hispidus 38.
Meriones — " clavicornis 37.
Cavia cobaya — Gyropus ovalis 246.
" gracilis 247.
Lagotis Cuvieri — " spec. 247.
Lepus timidus — Haematopinus lyriocephalus 39.
" cuniculus — " ventricosus 47.
Bradypus tridactylus — Gyropus hispidus 247.

Auchenia lama — Trichodectes breviceps 57.
Camelus — Haematopinus cameli 47.
Camelopardalis giraffa — Haematopinus brevicornis 43.
Cervus elaphus — " crassicornis 41.
Trichodectes longicornis 60.
Bos taurus — Haematopinus eurysternus 41.
" tenuirostris 43.
Trichodectes scalaris 61.
Bos bubalus — Haematopinus tuberculatus 46.
" caffer — " phthiriopsis 47.
" grunniens — Pediculus punctatus 47.
Ovis aries — Trichodectes sphaerocephalus 60.
" melanocephala — Trichodectes sphaerocephalus 60
Capra hircus — Haematopinus stenopsis 44.
Trichodectes climax 58.
" aegyptiaca — Haematopinus sacculus 47.
" ibex — " forficula 47.
" mauritanica — " oviformis 47.
" angora Trichodectes limbatus 57.
" crassipes 57.
" guineae — " solidus 57.
" mambrica — " mambricus 57.
Antilope dorcas — " cornutus 62.
" arabica — " " 62.
" rupicapra — Haematopinus stenopsis 44.
" rupicaprae 47.
Equus caballus — Haematopinus macrocephalus 44.
Trichodectes pilosus 59.
" asinus — Haematopinus macrocephalus 44.
Trichodectes pilosus 59.
Sus scrofa — Haematopinus urius 45.
Dicotyles torquatus — Gyropus dicotylis 247.
Hyrax syriacus — Haematopinus leptocephalus 47.
Trichodectes diacanthus 62.
Elephas — Haematomyzus 300.
Phoca vitulina — Haematopinus setosus 42.
Trichechus rosmarus — Haematopinus Trichechi 300.

II. VÖGEL.

Hinsichtlich der systematischen Namen der Vögel verweise ich auf meinen *Thesaurus Ornithologiae.*

Totanus calidris — Docophorus mollis 103.
Nirmus attenuatus 170.
Menopon nigropleurum 294.
„ glareola — Docophorus cordiceps 103.
Nirmus obscurus 163.
„ marmoratus — Docophorus cordiceps 103.
Nirmus furvus 163.
Menopon luteseens 294.
Colpocephalum affine 276.
„ hypoleucus — Docophorus frater 103.
Nirmus obscurus 163.
Colpocephalum ochraceum 275.
„ glottis — Nirmus Naumanni 163.
„ ochropus — „ ochropi 164.
Phalaropus hyperboreus — Nirmus paradoxus 165.
„ fimbriatus — „ fimbriatus 161.
„ rufescens — „ cingulatus 165.
Calidris arenaria — „ zonarius 166.
Tringa minuta — Docophorus fusiformis 104.
Nirmus zonarius 166.
Colpocephalum trilobatum 275.
„ subarquata — Nirmus cingulatus 163.
„ phaeopodis 166.
Colpocephalum umbrinum 274.
„ cinctus (= Tr. alpina) (— Tr. variabilis) — Docophorus alpinus 105.
Docophorus variabilis 119.
Nirmus zonarius 166.
Colpocephalum ochraceum 275.
Menopon icterum 297.
„ canutus (= Tr. cinerea) — Docophorus canuti 120.
Nirmus holophaeus 158.
„ cingulatus 163.
„ Vanelli 168.
Machetes pugnax — Docophorus frater 103.
Nirmus holophaeus 158.
„ cingulatus 165.
Menopon lutescens 294.
„ nigropleurum 294.
Colpocephalum cornutum 274.
Limosa melanura — Docophorus limosae 104.
Nirmus obscurus 163.
„ cingulatus 165.
„ rufa — Docophorus limosae 104.
Nirmus cingulatus 165.
„ phaeopodis 166.
Colpocephalum ochraceum 275.
Menopon Meyeri 296.
„ Meyeri — Docophorus Meyeri 104.
Nirmus obscurus 163.
Numenius arquata — Docophorus humeralis 105.
„ testudinarius 120.
Nirmus holophaeus 158.
„ zonarius 166.
„ pseudonirmus 167.
„ Numenii 167.
Menopon nigropleurum 294.
„ crocatum 295.
„ phaeopus — Nirmus phaeopodis 166.
Menopon ambiguum 295.
Colpocephalum ocellatum 275.
„ linearis — Colpocephalum Numenii 275.
Menopon Numenii 295.
Macrorhamphus griseus — Colpocephalum ochraceum 275.
Scolopax major — Docophorus auratus 108.

Scolopax gallinago — Nirmus truncatus 168.
„ fugax (tristis) 168.
Lipeurus spec. 230.
„ gallinula — Nirmus truncatus 168.
„ rusticola — Docophorus auratus 108.
Lipeurus helvolus 229.
Menopon icterum 297.
Rallus aquaticus — Docophorus ralli 119.
Nirmus cuspidatus 169.
„ rallinus 171.
Menopon tridens 296.
Aramus scolopaceus — Nirmus funebris 169.
Crex pratensis — Nirmus attenuatus 170.
Ortygometra porzana — Nirmus (intermedius =) mystax 169.
Menopon tridens 296.
Porphyrio poliocephalus — Nirmus lugens 170.
Gallinula chloropus — Nirmus cuspidatus 169.
„ minutus 170.
Lipeurus luridus 230.
Menopon tridens 296.
„ orientalis — Goniodes coruntus 205.
Fulica atra — Docophorus pertusus 108.
Nirmus minutus 170.
„ fulicae 171.
Lipeurus luridus 230.
Laemobothrium atrum 253.
Menopon tridens 296.
Palamedea cornuta — Lipeurus macrocnemius 231.
„ chavaria — „ similimus 231.
Menopon triste 297.
Psophia crepitans — Laemobothrium gracile 254.
Lipeurus foedus 232.
Dicholophus cristatus — Colpocephalum breve 269.
Grus pavonina — Nirmus nigricans 181.
Lipeurus maximus 226.
Colpocephalum tuberculatum 270.
„ virgo — Colpocephalum macilentum 270.
„ communis — Docophorus integer 95.
Lipeurus hebraeus 226.
Colpocephalum macilentum 270.
Menopon longum 297.
„ leucogeranus — Docophorus furva 118.
„ Novae Hollandiae — Docophorus Novae Hollandiae 96.
„ balearica — Colpocephalum semilactus 270.
Mycteria crumenifera — Lipeurus flavomaculatus 225.
Colpocephalum longissimum 273.
Scopus umbretta — Nirmus umbrinus 171.
Ardea cinerea — Lipeurus leucopygus 227.
Colpocephalum importunum 272.
„ purpurea — Lipeurus leucoproctus 227.
„ egretta — Colpocephalum obscurum 273.
„ stellaris — Docophorus ovatus 98.
Nirmus tessellatus 172.
Lipeurus stellaris 227.
Laemobothrium 253.
„ nycticorax — Colpocephalum importunum 272.
„ insebiosum 272.
„ ralloides — Colpocephalum zonatum 273.
Ciconia alba — Docophorus incompletus 97.
Lipeurus versicolor 224.
Colpocephalum quadripustulatum 270.
„ zebra 271.
„ nigra — Docophorus tricolor 96.
Lipeurus maculatus 225.
„ maguari — Docophorus subincompletus 97

Ciconia Argala — Docophorus brevilcratus 98.
Anastomus coromandelicus (= A. ponticerianus) — Docophorus completus 98.
Lipeurus lepidus 225.
Colpocephalum occipitale 271.
Tantalus loculator — Docophorus heteropygus 99.
Lipeurus loculator 228.
Colpocephalum scalariforme 273.
Menopon macalipes 298.
Ibis sacra — Docophorus Fendrsai 121.
Nirmus sacer 171.
Colpocephalum leptopygos 273.
„ alba — Colpocephalum fuscoaigrum 274.
„ rubra — Docophorus furcatus 106.
Docophorus hians 107.
Lipeurus spec. 229.
„ falcinellus — Docophorus bisignatus 106.
Lipeurus rhaphidius 229.
„ Macei — Docophorus clausus 107.
Platalea leucorhodia — Docophorus sphenophorus 99.
Lipeurus plataleeram 228.
„ aglaja — Colpocephalum spec. 274.
Phoenicopterus antiquorum — Docophorus pygaspis 100.
Lipeurus subsignatus 232.
Cygnus olor — Lipeurus gonioplcurus 245.
Lipeurus leucocephalus 239.
Physostomum conspurcatum 258.
„ musicus — Colpocephalum minutum 276.
Metopeuron punctatum 239.
„ canadensis — Lipeurus atromarginatus 245.
„ Bewicki — Docophorus cygni 120.
Lipeurus bucephalus 239.
Anas fuligula — Docophorus obtusus 115.
Docophorus icterodes 115.
„ marila — Docophorus icterodes 115.
„ nigra — Menopon lunarium 300.
Lipeurus spec. 243.
„ ferina — Docophorus icterodes 115.
Lipeurus squalidus 241.
„ rufina — Docophorus icterodes 115.
Nirmus stenopygus 179.
Trinotum luridum 258.
„ glacialis — Docophorus icterodes 115.
Lipeurus frater 242.
„ penelope — Docophorus icterodes 115.
Trinotum spec. 259.
„ clypeata — Docophorus ferrugineus 114.
Docophorus icterodes 115.
Lipeurus sordidus 241.
Trinotum squalidum 259.
„ boschas — Docophorus icterodes 115.
Lipeurus squalidus 241.
Trinotum luridum 258.
„ crecca — Docophorus icterodes 115.
Lipeurus squalidus 241.
„ sordidus 241.
Menopon leucoxanthum 300.
„ querquedula — Trinotum luridum 258.
„ Stelleri — Docophorus icterodes 115.
Lipeurus squalidus 241.
„ strepera — Lipeurus depuratus 242.
Trinotum spec. 259.
„ acuta — Lipeurus sordidus 241.
Trinotum luridum 258.
„ gracile 259.
Anas moschata — Lipeurus spec. 242.
„ mollissima — „ rubromaculatus 243.
„ spectabilis — „ gracilis 243.
„ fusca — „ punctulatus 243.
„ tadorna — „ lacteus 243.
„ clangula (= clangula, chrysophthalmus) — Trinotum luridum 258.
Docophorus chrysophthalmi 120.
„ glocitans — Lipeurus squalidus 241.
Trinotum gracile 259.
„ falcata — Trinotum gracile 259.
Anser torquatus — Lipeurus jejunus 240.
„ canadensis — „ „ 240.
„ cygnoides — Docophorus brunneiceps 114.
„ aegyptiacus — Lipeurus asymmetricus 241.
„ albifrons — Docophorus brevimaculatus 114.
Docophorus icterodes 115.
Lipeurus jejunus 240.
„ serratus 240.
Trinotum squalidum 250.
„ segetum — Lipeurus jejunus 240.
„ domesticus — Docophorus adustus 113.
Lipeurus jejunus 240.
Trinotum conspurcatum 258.
„ squalidum 250.
Cereopsis Novae Hollandiae — Lipeurus australis 239.
Mergus merganser Docophorus icterodes 115.
„ bipunctatus 116.
Lipeurus temporalis 239.
„ serrator — Lipeurus fasciatus 239.
„ albellus — Docophorus icterodes 115.
Trinotum lituratum 260.
Puffinus fuliginosus — Docophorus coronatus 116.
Thalassidroma pelagica — Lipeurus pelagicus 234.
Docophorus thalassidromae 120.
Diomedea exulans — Docophorus thoracicus 113.
Lipeurus taurus 234.
„ pederiformis 235.
„ fuliginosa — Lipeurus meridionalis 235.
„ melanophrys — Lipeurus ferox 235.
Procellaria gigantea — „ melanocnemis 233.
„ glacialis — „ caudatus 234.
„ glacialoides — Colpocephalum cinctum 277.
„ mollis — Docophorus Schillingi 121.
Lipeurus nigricans 234.
„ spec. — Lipeurus nigrolimbatus 233.
Pachyptila coerulescens — Lipeurus clypeatus 236.
Lestris parasitica — Docophorus pustulosus 110.
Docophorus cephalus 113.
„ pomarina — „ euryrhynchus 112.
„ cephalus 113.
Lipeurus modestus 233.
Colpocephalum brachycephalum 276.
„ Richardsoni — Nirmus triangulatus 177.
„ crepidata — Docophorus gonothorax 111.
Nirmus triangulatus 177.
Larus marinus — Docophorus gonothorax 111.
Colpocephalum lari 303.
„ glaucus — Nirmus striolatus 176.
Nirmus lineolatus 277.
„ argentatus — Docophorus congener 111.
Nirmus selliger 173.
„ lineolatus 177.
„ canus — Docophorus congener 111.
Nirmus lineolatus 177.

ERLÄUTERUNG DER TAFELN.

TAFEL I. Fig. 1. Pediculus capitis ♂; Fig. 2 ♀. — Fig. 3. Pediculus eurygaster. — Fig. 4. Haematopinus sphaerocephalus. — Fig. 5. Pediculus vestimenti ♀. — Fig. 6. Haematopinus serratus. — Fig. 7. Haematopinus spinulosus. — Fig. 8. Phthirius inguinalis. — Fig. 9. Haematopinus affinis.

TAFEL II. Fig. 1. Haematopinus spiniger. — Fig. 2. Haematopinus lyriocephalus. — Fig. 3. Haematopinus acanthopus. — Fig. 4. Haematopinus stenopsis. — Fig. 5. Haematopinus macrocephalus. — Fig. 6. Haematopinus urius. — Fig. 7. Haematopinus crassicornis. — Fig. 8. Haematopinus eurysternus. — Fig. 9. Haematopinus tenuirostris.

TAFEL III. Fig. 1. Trichodectes pinguis. — Fig. 2. Trichodectes latus ♀; Fig. 3 ♂. — Fig. 4. Trichodectes retusus. — Fig. 5. Trichodectes subrostratus. — Fig. 6. Trichodectes exilis. — Fig. 7. Trichodectes scalaris, Oberseite; Fig. 9. Unterseite. — Fig. 8. Trichodectes longicornis, daneben ein Bein und ein Fühler.

TAFEL IV. Fig. 1. Nirmus punctatus ♀; Fig. 2 ♂. — Fig. 3. Nirmus phaeonotus ♂; Fig. 4 ♀. — Fig. 5. Nirmus lineolatus von Larus canus, Fig. 6 von Larus argentatus, Fig. 7 ♀ und 8 ♂ von Larus tridactylus. — Fig. 9 ♀ und Fig. 10 ♂ Nirmus selliger. — Fig. 11 ♂ und 12 ♀ Nirmus cagrammicus.

TAFEL V. Fig. 1. Nirmus holophaeus. — Fig. 2. Nirmus furvus ♂ und Fig. 3 ♀. — Fig. 4. Nirmus cingulatus. — Fig. 5 ♂ und Fig. 6 ♀ Nirmus ochropygus. — Fig. 7. Nirmus minutus. — Fig. 8. Nirmus nycthemerus. — Fig. 9 ♂ und Fig. 10 ♀ Nirmus annulatus. — Fig. 11 ♂ und Fig. 12 ♀ Nirmus fissus.

TAFEL VI. Fig. 1. Nirmus attenuatus. — Fig. 2 ♂ und Fig. 3 ♀ Nirmus obscurus. — Fig. 4. Nirmus fenestratus. — Fig. 5. Nirmus marginellus. — Fig. 6 ♀ und Fig. 7 ♂ Nirmus marginalis. — Fig. 8. Nirmus intermedius. — Fig. 9. Nirmus cyclothorax. — Fig. 10. Nirmus olivaceus. — Fig. 11 ♀ und Fig. 12 ♂ Nirmus gracilis.

TAFEL VII. Fig. 1. Nirmus uncinosus. — Fig. 2 ♀ und Fig. 3 ♂ Nirmus varius. — Fig. 4. Nirmus cruciatus. — Fig. 5. Nirmus tenuis. — Fig. 6. Nirmus limbatus. — Fig. 7. Nirmus trithorax. — Fig. 8. Nirmus delicatus. — Fig. 9. Nirmus cephalonyx. — Fig. 10. Nirmus discocephalus. — Fig. 11 ♂ und Fig. 12 ♀ Nirmus rufus.

TAFEL VIII. Fig. 1. Nirmus euzonius. — Fig. 2. Nirmus fuscus. — Fig. 3 ♀ und Fig. 4 ♂ Nirmus subcuspidatus. — Fig. 5. Nirmus hypoleucus. — Fig. 6 ♀ und Fig. 7 ♂ dazwischen die Unterseite des Kopfes Nirmus stenopygus. — Fig. 8 ♀ und Fig. 9 ♂ Nirmus asymmetricus. — Fig. 8ᵃ Nirmus cephalotes. — Fig. 10. Nirmus ancharatus. — Fig. 11. Nirmus frontatus. — Fig. 12 ♀ und Fig. 13 ♂ Docophorus ambiguus.

TAFEL IX. Fig. 1 ♀ und Fig. 2 ♂ Docophorus excisus von Hirundo rustica, Fig. 3 von Hirundo urbica. — Fig. 4. Docophorus guttatus. — Fig. 5. Docophorus platystomus. — Fig. 6. Docophorus crassipes. — Fig. 7 ♂ und Fig. 8 ♀ Docophorus ocellatus. — Fig. 9. Docophorus bisignatus. — Fig. 10. Docophorus atratus. — Fig. 11. Docophorus fulvus. — Fig. 12. Docophorus serrilimbus.

TAFEL X. Fig. 1 ♂ und Fig. 2 ♀ Docophorus scalaris. — Fig. 3. Docophorus superciliosus. — Fig. 4. Docophorus rostratus. — Fig. 5 ♂ und Fig. 6 ♀ Docophorus cursor. — Fig. 7. Docophorus brevicollis. — Fig. 8. Docophorus icterodes. — Fig. 9 ♂ und Fig. 10 ♀ Docophorus tricolor, und Fig. 11 juv.

TAFEL XI. Fig. 1 ♂ und Fig. 11 ♀. Docophorus celidoxus. — Fig. 2 ♂ und Fig. 6 ♀ Docophorus auratus. — Fig. 3 ♂ und Fig. 12 ♀ Docophorus pertusus. — Fig. 4 ♂ und Fig. 7 ♀ Docophorus frontodon. — Fig. 5. Docophorus pustulosus. — Fig. 8. Docophorus melanocephalus. — Fig. 9 ♂ und Fig. 14 ♀ Docophorus semisignatus. — Fig. 10. Docophorus fusicollis. — Fig. 13. Docophorus communis. — Fig. 15. Docophorus eichelbrachys.

TAFEL XII. Fig. 1 ♀ und Fig. 2 ♂ Docophorus heteroceros. — Fig. 3. Docophorus subincompletus. — Fig. 4. Docophorus sphenophorus, links Entwurf einer Zeichnung der Unterseite. — Fig. 5. Docophorus breviformis. — Fig. 6. Docophorus brevifrons. — Fig. 7. Nirmus cameratus. — Fig. 8 ♂ und 9 ♀ Nirmus angulus. — Fig. 10 ♂ und Fig. 11 ♀ Goniocotes compar. — Fig. 12 ♂ und Fig. 13 ♀ Goniodes dispar. — Fig. 14 ♂ und Fig. 15 ♀ Goniodes falcicornis.

TAFEL XIII. Fig. 1. Goniodes stylifer. — Fig. 2. Goniocotes curtus. — Fig. 3 ♀ und Fig. 4 ♂ Goniocotes asterocephalus. — Fig. 5. Goniodes lipogonus. — Fig. 6. Colpocephalum zebra. — Fig. 7. Colpocephalum quadripustulatum. — Fig. 8. Colpocephalum trochioxum. — Fig. 9. Colpocephalum dependitum. — Fig. 10. Colpocephalum flavescens. — Fig. 11 ♂ und Fig. 12 ♀ Colpocephalum inaequale. — Fig. 13 ♂ und Fig. 14 ♀ Colpocephalum subaequale.

TAFEL XIV. Fig. 1. Colpocephalum eucarenum. — Fig. 2 ♀ und Fig. 3 ♂ Colpocephalum productum. — Fig. 4 Colpocephalum umbrinum. — Fig. 5 Colpocephalum ochraceum. — Fig. 6 ♀ und Fig. 7 ♂ Colpocephalum appendiculatum. — Fig. 8 Menopon phaeostigma. — Fig. 9 ♂ und Fig. 10 ♀ Menopon brunneum. — Fig. 11 ♂ und Fig. 12 ♀ Menopon mesoleucum, daneben ein Ei.

TAFEL XV. Fig. 1. Menopon gonophaeum. — Fig. 2. Menopon minutum. — Fig. 3. Menopon cameliuum. — Fig. 4. Menopon eurysternum. — Fig. 5. Menopon cucullare. — Fig. 6. Menopon eurygaster. — Fig. 7 ♂ und 8 ♀ Menopon forcipatum. — Fig. 9 ♀ und Fig. 10 ♂ Menopon ventrale. — Fig. 11 ♂ und Fig. 12 ♀ Goniodes securiger.

TAFEL XVI. Fig. 1. Lipeurus squalidus. — Fig. 2. Lipeurus leucopygus. — Fig. 3. Lipeurus variabilis. — Fig. 4. Lipeurus luridus. — Fig. 5 ♂ und Fig. 6 ♀ Lipeurus lebraeus. — Fig. 7 Lipeurus versicolor. — Fig. 8 ♂ und Fig. 9 ♀ Lipeurus bacillus. — Fig. 10 ♂ und Fig. 11 ♀ Lipeurus heterins.

TAFEL XVII. Fig. 1 ♂ und Fig. 2 ♀ Lipeurus polytrapezius. — Fig. 3 ♀ und Fig. 4 ♂ Lipeurus ternatus. — Fig. 5. Lipeurus quadripustulatus. — Fig. 6. Lipeurus taurus. — Fig. 7. Lipeurus mesopelios. — Fig. 8. Lipeurus selheromonus. — Fig. 9. Menopon tridens. — Fig. 10. Menopon luteseens. — Fig. 11. Menopon pallidum. — Fig. 12. Menopon leterum.

TAFEL XVIII. Fig. 1. Physostomum irascens, daneben der Kopf von der Unterseite. — Fig. 2 ♂ und Fig. 3 ♀ Physostomum mystax. — Fig. 4. Physostomum sulphureum. — Fig. 5. Laemobothrium atrum. — Fig. 6. Physostomum frenatum. — Fig. 7. Trinoton luridum. — Fig. 8. Laemobothrium Lichtensteini. — Fig. 9. Menopon leucoxanthum. — Fig. 10. Menopon literatum.

TAFEL XIX. Nahrungskanal von Menopon mesoleucum. — Fig. 2. Derselbe von Menopon pallidum. — Fig. 3. Derselbe von Colpocephalum flavescens. — Fig. 4. Männliche Genitalien von Colpocephalum flavescens. — Fig. 5. Dieselben von Menopon pallidum. — Fig. 6. Weibliche Genitalien von Menopon mesoleucum. — Fig. 7. Unterseite des Kopfes mit den beiderlei Tastern und den Fühlern von Colpocephalum flavescens. — Fig. 8. Fuss von Menopon. — Fig. 9. Taster und Oberkiefer von Trinoton conspurcatum.

TAFEL XX. Fig. 1. Nahrungskanal von Haematopinus lyriocephalus. — Fig. 2. Derselbe von Trichodectes climax. — Fig. 3. Nervensystem von Lipeurus bacillus. — Fig. 4. Nahrungskanal von Docophorus fusicollis. — Fig. 5. Derselbe von Lipeurus jejunus. — Fig. 6. Derselbe von Docophorus ocellatus. — Fig. 7. Männliche Genitalien von Lipeurus jejunus. — Fig. 8. Dieselben von Goniocotes compar. — Fig. 9. Weibliche Genitalien von Goniodes dissimilis.

Geschichtliches.

Wenige Theile der Entomologie haben seither, sagt Chr. L. Nitzsch, um mit dessen eigenen Worten unsere Darstellung zu beginnen, eine so allgemeine Vernachlässigung erfahren wie die Naturgeschichte der Thierinsecten. Unter der grossen Anzahl der trefflichen Beobachter, welche die Geschichte der Entomologie aufzuweisen hat, ist keiner der wie Göze, Redi und Rudolphi es mit den Thierwürmern hielten, diesem Gegenstand seine besondere Aufmerksamkeit zugewendet und mit derjenigen beharrlichen Sorgfalt verfolgt hätte, welche allein zu einer gründlichen Kenntniss desselben führen konnte. Zwar haben, nachdem Redi zuerst eine Reihe dieser Parasiten mikroskopisch untersucht und abgebildet hatte, mehre Schriftsteller, von denen ausser Frisch, Albin, vorzüglich Linné, Lagona, Geoffroy, Degeer, Frank, O. Fabricius, Chr. Fabricius, Cuvier, Latreille und Panzer ausgezeichnet zu werden verdienen, eine grössere oder geringere Anzahl dieser Insecten beobachtet und verzeichnet, allein in keinem ihrer Werke, auch in den neuesten und besten nicht, findet man eine Darstellung der Thierinsecten, welche dem jetzigen Stande der Zoologie und insbesondere dem Grade der Vollendung, zu dem sich fast alle übrigen Theile der Entomologie emporgeschwungen haben, nur einigermaassen entspräche. Schon in der grossen Menge unbeobachteter und unbeschriebener Arten zeigt sich die dürftige Bearbeitung dieses Feldes.

Wenn es gegenwärtig so leicht nicht ist in den meisten andern Familien besonders der geflügelten Insecten völlig unbekannte Arten zu finden: so führt im Gegentheil fast jeder Schritt, den der Beobachter auf dem Gebiete der Thierinsecten thut, zu neuen Entdeckungen. Gleich an unsern allgemeinen bekannten und tausendfältig untersuchten Hausthieren lassen sich mit viel leichter Mühe wenigstens zehn bis zwölf Arten nachweisen und wiewohl meine Untersuchungen — wir geben immer Nitzsch's eigene Darstellung — sich noch nicht über alle deutschen Säugethiere und Vögel erstrecken konnten: so haben sie doch eine Anzahl neuer Arten geliefert, welche mindestens zweimal so gross ist wie die Summe aller bis dahin bekannten.

Indess nicht blos in der geringen Summe der beobachteten Arten spricht sich die Vernachlässigung der Thierinsectenkunde aus. Wären nur die seither bekannten hinlänglich beobachtet, in natürliche Gattungen vertheilt und durch richtige generische und specifische Merkmale unterschieden worden: so würde schon viel gewonnen und der Weg zu weitern Fortschritten gebahnt sein. Allein die Unterscheidung der Gattungen, die Nomenclatur und alle Momente der Naturgeschichte dieser Thiere sind in gleichem Grade vernachlässigt worden und mangelhaft geblieben.

Die Bestimmung der Gattungen zunächst betreffend findet man nur die kleine Gattung ***Hippobosca*** nebst der später hinzugezogenen angetheilten ***Nycteribia*** in fast allgemeiner Uebereinstimmung richtig unterschieden und begränzt. Hingegen bei Weitem die Hauptsumme der bekannten Thierinsecten, welche wir bei dieser historischen Darstellung vorzüglich im Auge haben, ist von den meisten Schriftstellern in einen einzigen Haufen, der sehr aus Unrecht für Gattung galt, zusammengeworfen worden. Dafür ist die Gattung ***Pediculus***, wie solche von Linné aufgestellt worden und von allen andern Autoren sogar von Fabricius beibehalten wurde, ein gar wunderliches Gemisch sehr wesentlich verschiedener Thiere. Die ächten Läuse stehen hier mit den Federlingen, Haarlingen, Haftfüssern, Sprenkelfüssern (Gattungen, welche die Natur scharf geschieden hat und die sich fast wie die Käfer, Schaben und Fliegen zu einander verhalten) — ja sogar mit einer Zecke, einigen Milben, einer Käferlarve etc. zusammen. Man kann sich denken, dass die wenigsten Arten dieser willkürlichen Gattungen auf die nur von der Menschenlaus hergenommenen Charaktere passen. Dies hat jedoch die Entomologen gar wenig gekümmert. Die Beobachtung der Sechsfüsser war bisher allein schon hinreichend, um ein Thierinsect zum *Pediculus* zu stempeln, so dass dieses Kennzeichen auch dann, wenn der offenbare Habitus der Milbe bemerkt wurde, für jene Gattung entschied. Zwar hatte schon Redi durch seine obgleich schwankende und in der Anwendung öfter fehltreffende Distinction sogenannter Flöhe und Läuse, sowie durch die deutliche Beobachtung der Kinnladen an den erstern*) einen sehr wesentlichen Unterschied jener Schmarotzer angedeutet, aber es achtete Niemand darauf, bis der scharfsehende Degeer wirklich die wahren Thierläuse von den übrigen mit Kinnladen versehenen Thierinsecten, welch letzte er als besondere Gattung *Ricinus* (von Hermann jun. später *Nirmus* genannt) aufstellt, allein theils war diese Unterscheidung nicht genügend, weil die Federlinge, Haarlinge, Haftfüsser und Sprenkelfüsser sämmtlich Kinnladen haben, theils fand sie nicht allgemeinen Eingang, indem fast nur die neuern französischen Naturforscher, aber nicht einmal Fabricius, der doch sonst in Spaltung der Gattungen gross war und die Charaktere derselben auf die Beschaffenheit der Mundtheile gründen wollte, die Gattung *Ricinus* angenommen und von *Pediculus* getrennt haben.

Noch auffallender als in der Bestimmung der Gattungen bekundet sich der Mangel gründlicher Beobachtungen in der Distinctionsbestimmung der Arten. Viele Schriftsteller und gerade die Begründer der berühmtesten entomologischen Systeme scheinen in dem irrigen Wahne gestanden zu haben, als seien die parasitischen Insecten eines Thieres auch gewöhnlich von einerlei Art, wenigstens haben Linné und Fabricius, der überhaupt in diesem Fache blos in die Fusstapfen des ersteren getreten ist, die sechsfüssigen Schmarotzer einer und derselben Thierart fast stets unter eine Species gebracht. Wenn man weiss, dass unzählige Thiere zwei, drei ja bis fünf specifisch und zum Theil sogar generisch verschiedene Insecten beherbergen, wie denn schon Redi mehrere solche Verschiedenheiten deutlich nachgewiesen: so wird man sich einen Begriff von der grossen Verwirrung machen können, welche jenes Verfahren zur Folge gehabt hat. So ist z. B. Linné's und Fabricius' *Pediculus cervi* aus einer Täke, einer Laus und einem Haarling, *Pediculus corvi* aus mehren Federlingen, *Philopterus*, und einem Haftfuss, *Liotheum*, *Pediculus Fulicae* aus einem Haftfuss und zwei Federlingen, *Pediculus Charadrii* aus einem Haftfuss und einem Federling, *Pediculus gruis* und *anseris* aus je zwei Federlingen zusammengesetzt. Was würde man sagen, wenn Jemand eine Fliege und Wanze mit einem Käfer in eine einzige Art, Species, vereinigte und doch wäre diese Vereinigung nicht schlimmer als jene. Im Durchschnitt haben alle Autoren, welche nach Redi Thierinsecten beobachtet und verzeichnet haben, die Identität oder Verschiedenheit der Heimatsthiere bei den specifischen Bestimmungen der ersten zu sehr in Anschlag gebracht, wie dies besonders in den Citaten, deren Verwirrung unverantwortlich ist, ersichtlich wird. Denn wenn gleich Geoffroy, Degeer, Latreille und Cuvier ausdrücklich sagen, dass man nicht nur verschiedene Insectenarten auf einerlei Thier, sondern auch ein und dieselbe Art auf verschiedenen Thieren finde: so scheinen sie dies doch nur für einige Fälle angenommen zu haben, auch haben sie theils nur die richtige Idee, nicht aber deren Anwendung durchgeführt, theils war ihre Anwendung unvollkommen oder fehlerhaft. Geoffroy's Versuch die von Linné zusammengeworfenen Redi'schen Arten wieder zu trennen, muss als gänzlich misslungen bezeichnet werden. Latreille hat fast alle die unnatürlichen Combinationen von Linné und Fabricius aufgenommen und Degeer vereinigt wieder die wirklich distincten Insecten verschiedener Thierarten, denn sein *Ricinus Emberizae* ist von dem des Raben und von dem des Tauchers, mit welchen er identisch sein soll, wesentlich verschieden. Wie es aber möglich war, dass zwei hochverdiente Naturforscher wie Göze und Bechstein (jener an mehreren Orten z. B. in einer Anmerkung zu seiner Uebersetzung des Degeer'schen Werkes, letzterer in einer Note zur Naturgeschichte Deutschlands) die Vermuthung aufstellen konnten, dass die Vogelinsecten oder die *Ricini* Degeer's alle nur eine einzige Art ausmachten, ist um so weniger zu begreifen, da der erste selbst wirklich mehrere Arten beobachtet und der letzte wenigstens doch die beste Gelegenheit dazu hatte. Wo das Irrthümliche wie hier ins Ungeheure geht, da hört nothwendig alle Kritik auf. Seltener war es der Fall, dass zusammengehörige Schmarotzer als Arten getrennt wurden, indessen sind Schrank's *Pediculus pyrrhulae*, *P. citrinellae*, *P. chloridis* und *P. curvirostris* muthmasslich identisch. Desto häufiger sind blosse Larven als Arten aufgestellt worden, wie denn gleich die drei ersten der obengenannten Schrank'schen Arten nichts anders

*) Redi bildet, wenn auch etwas entstellt, doch deutlich genug die Kinnladen am Kopfe eines Federlings vom Schwan ab und beschreibt dieselben als Zangen. Degeer ist also nicht der erste Beobachter dieser Organe, viel weniger Göze, der sich diese Entdeckung anmasst.

sind, ebenso *Pediculus columbae, P. tubercularia* desselben Autors, ferner Redi's *Pediculus pavonis albi*, Linné's *Pediculus caponis*, Fabricius' *Pediculus dolichocephalus, ardeolae colymbinum*, vieler anderer zu geschweigen.

Besondern Tadel verdienen die seither üblichen Speciesnamen der Thierinsecten. Mit Ausnahme Scopoli's hat Keiner diese Schmarotzer anders als nach ihren Heimatsthieren benannt: ein Verfahren, das überhaupt bei der Bestimmung dieser Thiere gewissermassen zur Norm geworden und dessen sich erst Rudolphi bei den Helminthen völlig enthalten hat.

Hätte man das Verhältniss der Thierinsectenarten zu den Arten ihrer Heimatsthiere genügend gekannt und erwogen, hätte man gewusst, wie ungemein häufig und fast allgemein bei den Vögeln das Beisammensein mehrerer Arten auf einem Thiere ist und dass fast alle Vögel von drei bis vier, einzelne von fünf bis sechs Schmarotzerarten, welche Linné und Fabricius zu *Pediculus* gerechnet haben würden, und dass anderseits sehr viele auf mehrern Vogelarten einheimisch sind; so würde man gewiss das Unstatthafte einer solchen Nomenclatur gefühlt haben oder man würde wohl gar niemals auf dieselbe verfallen sein, denn wenn man auch die Thierinsecten in ihre natürlichen Genera vertheilt; so sind doch noch die Arten ein und derselben Gattung auch doppelt und dreifach auf den meisten Vögeln und Säugethieren beisammen zu finden. Es ist also eine durchgängige, consequente Anwendung jener Nomenclatur bei hinlänglicher Kenntniss der Schmarotzer nicht einmal möglich und ohne Consequenz würde sie bedeutungslos sein und auf irrige Gegensätze führen und falsche Vorstellungen befördern. Uebrigens ist es nicht unwahrscheinlich, dass gerade diese Benennungsweise auf die Untersuchung selbst zurückgewirkt und die bedauernswerthe Oberflächlichkeit begünstigt hat. Denn wenn man nicht durch den Beisatz des Heimatsthieres als Speciesnamen schon eine gewisse specifische Bezeichnung gegeben zu haben geglaubt hätte; so würde man vermuthlich seltener bei der blossen Aufführung der Namen es haben bewenden lassen, und wenn man genöthigt gewesen wäre, die Speciesnamen aus den körperlichen Eigenthümlichkeiten der Arten auszumitteln: so hätte auch eine viel genauere Beobachtung und Vergleichung derselben angestellt werden müssen, wozu allein Scopoli Versuche gemacht hat.

Wie wenig in Betreff der Charakteristik und Beschreibung der Arten geleistet worden ist, das lässt sich schon aus dem oben Gesagten abnehmen. Wo die Untersuchungen so dürftig sind, dass sie nicht einmal auf die nothwendigsten fundamentalen Unterscheidungen der natürlichen Gattungen führen, wo die Arten der verschiedensten Gattungen untereinander geworfen oder gar für identisch gehalten werden und wo die Summe der bekannten so gering ist, da ist auch die Beobachtung einer richtigen Norm in der Charakteristik und Beschreibung, eine methodische Darstellung nicht zu erwarten. Man findet daher bei der Vergleichung aller Arbeiten über Thierinsecten nach Linné's Methode kaum drei bis vier Autoren, welche das wahrhaft Eigenthümliche der Art erkannten und die verwandtschaftlichen Verhältnisse ermittelten. Theils fassen sie sich zu kurz, unvollständig, theils bezeichnen ihre Artcharaktere ganze Gattungen oder gar Familien, mindestens aber treffen sie auf viele Arten, theils endlich sind sie bei mangelnder fester Terminologie unbestimmt und unklar, wie die Beobachtung oberflächlich.

So sind um nur einige Beispiele anzuführen, die Zahl der Abdominalsegmente, die Zahl der Antennenglieder, der Fusstheile, besonders die Bildung der Fussenden, alles Verhältnisse, welche bei allen Arten einer Gattung übereinstimmen, die Plattheit des Kopfes, aller Thierinsecten mit Mandibeln gemeinschaftlich, die Behaarung etc. sehr allgemeine Eigenschaften und dennoch sehr oft in Speciesdiagnosen aufgenommen worden. Auch auf die Form des Hinterleibes ist bei der Bestimmung der Arten zu viel Werth gelegt und die weit wichtigeren Formen des Kopfes dagegen vernachlässigt worden. Bei der Betrachtung der Brust ist auf die Trennung derselben in zwei verschiedene Stücke, die bei allen beissenden Thierinsecten sich unterscheiden lassen, fast gar keine Rücksicht genommen worden und wie hier so ist der Mangel einer bestimmten Terminologie auch in den Bestimmungen der Zeichnung und Farben und vielen andern Punkten der bisherigen Beschreibungen fühlbar. Hingegen ist es ein offenbarer Irrthum, wenn die Palpen der beschriebenen Haftfüsser, wie fast durchgängig geschehen, für Fühlhörner genommen worden und wenn manche Schriftsteller den vermöge seiner Füllung durchscheinenden Kropf bald für das Herz bald für einen Theil der äussern Zeichnung ansahen. Durch letztern Irrthum ist z. B. dem *Pediculus dolichocephalus, P. columbinus, P. strigis, P. passeris* ein schwarzer Rückenstreif beigelegt worden, den keiner dieser Parasiten hat.

Dass bei der Oberflächlichkeit, mit welcher bisher die schmarotzenden Thierinsecten behandelt wurden, die schwierige Anatomie und Physiologie derselben hinlänglich beobachtet und aufgeklärt worden, war um so weniger zu erwarten, da diese Verhältnisse selbst bei den Insecten, auf welche die Entomologen von jeher ihre besondere Aufmerksamkeit richteten und deren Untersuchung viel weniger schwierig ist, noch lange nicht hinlänglich erforscht worden sind. Es wird daher nicht auffallen, dass man den Unterschied der Geschlechter, die Begattung, die Entwicklung, Nahrung etc. geschweige denn den innern Bau wenig oder gar nicht berücksichtigt findet. Der Geschlechtsunterschied ist, wenn man die Hippobosca ausnimmt, nur bei einer Menschenlaus und unvollkommen bei einem Federlinge, die Begattung nur etwa bei der ersten wahrgenommen worden. Ueber die Entwicklung liegen kaum einige Andeutungen vor. Die nähere Untersuchung über die Nahrungsweise hat die allgemeine irrige Voraussetzung, dass alle Thierinsecten blutsaugend seien, verhindert. An die Zergliederung der Thierinsecten aber hatte sich ausser Ramdohr, der blos den Nahrungskanal einer Hippobosca darstellte, seit dem unsterblichen Swammerdamm kein Naturforscher wieder gewagt. Und auch dieses unübertroffenen Meisters Arbeit beschäftigt sich nur mit einer Art.

Die vorhandenen Abbildungen der Thierinsecten betreffend entsprechen auch die besten derselben den Anforderungen nicht, die man zu machen berechtigt ist. In allen verräth sich mehr oder weniger Mangel an sorgfältiger Beobachtung des abgebildeten Objectes und Willkür oder Nachlässigkeit des Zeichners. Vornämlich sind durchgängig die Fussenden entstellt, die Haupttheile der Füsse meist falsch oder wie bei Redi oft gar nicht und die Gliederzahl der Antennen selten richtig angegeben. Es ist also selbst die Darstellung derjenigen Theile, in deren Bildung die hauptsächlichsten generischen Unterschiede begründet sind, die bisherigen Abbildungen selten getreu, niemals aber auch der sorgfältigen Beobachtung aller einzelnen Verhältnisse, welche zum Ausdruck der oft so subtilen Differenzen und Charaktere der Arten erforderlich, ausgeführt. Man ist daher durch die Abbildungen an sich ebensowenig wie durch die Beschreibungen, wenn nicht die Heimat eine gewisse Entscheidung giebt, in den Stand gesetzt die dargestellten Arten genau zu bestimmen. Uebrigens sind auch die Abbildungen der Thierinsecten überhaupt nicht gerade zahlreich. Redi und nächst ihm Schrank haben die meisten, Frisch, Albin, Degeer und Panzer eine geringe Zahl geliefert.

Wenn schon aus dieser allgemeinen Schilderung des bisherigen Zustandes der Thierinsectenkunde genugsam zu ersehen ist, wie höchst mangelhaft die Bearbeitung derselben war: so wird dies noch mehr bei der Vergleichung meiner Resultate offenbar werden. Die Ursachen dieser Vernachlässigung sind leicht aufzufinden. Sie sind theils in der tiefgewurzelten Verachtung, mit welcher die Thierinsecten fast durchgängig angesehen werden, theils in der Spaltung des zoologischen Studiums, da die Untersuchung der Schmarotzer stets eine Vereinigung mehrer Fächer verlangt, vorzüglich aber in der Art des Aufenthaltes und der ausnehmenden Kleinheit dieser Insecten begründet. Wenn man bedenkt, wie umständlich und schwierig schon die Herbeischaffung und Prüfung der Thiere ist, welche Thierinsecten liefern, welch' eine Menge von Thieren untersucht werden muss, welche Mühe und Zeit die genaue und allseitige Beobachtung einer beträchtlichen Reihe durchaus mikroskopischer Insecten, die überdies fast stets frisch zu untersuchen sind, erfordert: so wird man zu der Ueberzeugung gelangen, dass eine gründliche und einigermassen vollständige Arbeit über Thierinsecten eine sehr schwierige Aufgabe ist und wird es nicht sehr befremdend finden, dass nicht mehr Zoologen sich in diesem Felde versucht und dass diejenigen, welche sich auf dasselbe wagten, nicht glücklichere Resultate erzielt haben.

Den Anfang meiner Untersuchungen über Thierinsecten, fährt Nitzsch in seiner Darstellung fort, machte ich im März 1799 zu Gotha als Zögling des dasigen Gymnasiums, wo ich auf einem Auerhahn drei Schmarotzerarten unterscheiden zu müssen glaubte. Ich entwarf für jede derselben eine Definition und schrieb dieselben in meinen Gmelin-Linné unter den Namen ***Pediculus Urogalli, P. minor*** und ***P. filiformis.*** Allein bei der ersten hatte ich nur ein Männchen des ***Philopterus chelicornis,*** bei der zweiten eine Larve derselben Art und bei der dritten eine Larve des ***Ph. ochraceus*** vor Augen gehabt. Dieser oben gerügte Irrthum war einem Gymnasiasten wohl zu verzeihen. Die Beobachtung lenkte indess meine Aufmerksamkeit auf die Parasiten, die ich zwar oft schon beim Sammeln und Zubereiten der Vögel wahrgenommen, aber doch nicht näher untersucht hatte. Dass Linné von einem so gemeinen Vogel wie dem Auerhahn keinen Schmarotzer aufführte, noch mehr aber das in der Note zu ***Pediculus*** ausgesprochne Geständniss macht es uns höchst wahrscheinlich, dass auf dem berührten Felde noch wenig geschehen und reiche Nachlese zu halten sein möchte.

Ich verband daher seit dem Jahre 1800, wo ich die Universität Wittenberg bezog, mit der Untersuchung der Vögel und Säugethiere die ihrer parasitischen Insecten. Es wurde fester Vorsatz, jede vorkommende Art, wenn es nur irgend die Zeit erlaubte, mit möglichster Genauigkeit in ihren Farben und vergrössert abzubilden, da ich mich bereits überzeugt hatte, dass ohne Abbildungen eine vollkommene Uebersicht und Vergleichung der gemachten Beobachtungen nicht möglich war. Schon im Frühjahr und Sommer dieses Jahres machte ich mir Zeichnungen von den Federlingen der Dohle, des Staares, Kukuks, der Uferschwalbe und einiger anderer Vögel. Auf jedem dieser Vögel bemerkte ich zwei auffallend verschiedene Formen, eine breite und eine schmale. Allein ob ich gleich schon auf dem Auerhahn drei Arten unterschieden hatte: so hielt ich doch diese Differenz eine Zeitlang, durch Bechstein's oben erwähnte Anmerkung verleidet, für sexuell, nämlich die schmalen für Männchen und die breiten für Weibchen, welche Annahme die ähnliche Färbung bei denen der Dohle einigermassen bestärkte. Meine Bestimmungen auf *Pediculus* und dessen Geschlechter geschahen indess nicht ohne Zweifel, mehr interimistisch; ich ahnte schon damals gewisse unbeachtete generische Differenzen dieser Schmarotzer. Der platte schildförmige Kopf und die ganz abweichende Stellung der Mundtheile schienen mir die sogenannten Läuse der Vögel von denen der Säugethiere wesentlich zu trennen. Ueberdies hatte ich längst bemerkt, dass einige Vogelinsecten auf den glattesten Flächen kriechen konnten und fast stets die Hände bei der Untersuchung der Vögel damit behaftet waren, während im Gegentheil andere und namentlich die von mir seither genauer beobachteten und abgebildeten nicht auf glatten Flächen fortkommen konnten. Dieser Unterschied konnte nur in einer bedeutenden Differenz der Bildung der Füsse seinen Grund haben. Die Prüfung der Insecten einer Rabenkrähe bestätigte noch am Ende desselben Jahres meine Vermuthung. Ich lernte an *Liotheum subaequale* die Haftfüsser von den Federlingen nicht blos durch die Bildung der Fussenden sondern auch durch die kolbenförmigen Fühler, die Palpen etc. unterscheiden. Zugleich sah ich an *Philopterus atratus* derselben Krähe die schwärzlichen Kinnladen ganz deutlich und erkannte die generische Differenz der Federlinge, Haftfüsser und Läuse.

Im folgenden Jahre erkannte ich zuerst den Geschlechtsunterschied der Federlinge. Unter unzähligen Exemplaren eines schmalen langen Federlinges von der Turteltaube bemerkte ich Individuen, die durch eine ausgezeichnete Bildung und Biegung der Fühlhörner und durch etwas kürzern Hinterleib von andern unterschieden, in allen übrigen Verhältnissen aber denselben durchaus gleich waren. Ich hielt die kleinen Individuen für Männchen, die andern für Weibchen.

Die Unbrauchbarkeit der bisherigen Beobachtungen über Thierinsecten wurde mir immer deutlicher, ich sah alsbald, dass ich meine Vorgänger ganz verlassen und mir einen eigenen Weg bahnen musste. Dem Geschlechte der Federlinge wurde nun eine besondere Aufmerksamkeit geschenkt. Bald fand ich auch bei *Philopterus variabilis, Ph. dissimilis, Ph. squalidus, Ph. jejunus* den männlichen Geschlechtsunterschied, bei andern konnte ich die Differenz nicht entdecken, weil ich sie irrthümlich überall in denselben Formverhältnissen suchte. Die fortgesetzte Untersuchung führte mir neue Arten zu und ich konnte bald besondere Gruppen aufstellen, für die ich mir auch besondere Namen bildete.

Im März 1802 war ich so glücklich den grossen eckköpfigen Federling des Truthahns, *Philopterus pylophorus*, dreimal in der Begattung anzutreffen. Diese Beobachtung lehrte mich zuerst den Zweck der besondern Antennenbildung bei männlichen Philopteren kennen und bestätigte vollkommen meine frühere Deutung der Geschlechtsunterschiede. An eben dieser Art, die ich mit grosser Sorgfalt einige Tage hindurch beobachtete, machte ich den ersten Versuch Schmarotzerinsecten zu zergliedern, freilich anfangs ohne sonderlichen Erfolg. Den merkwürdigen Bauchgriffel des Männchens dieser Art erkannte ich indess gleich als ein von der Ruthe gänzlich verschiedenes Organ, vermuthete aber, dass ich dieselbe bei allen eckköpfigen Philopteren finden möchte, was sich jedoch nicht bestätigte, während die hier zuerst beobachteten doppelten Fussklauen später auch bei andern Federlingen angetroffen wurden.

Die Untersuchung einiger Säugethiere im J. 1803 gab mir Gelegenheit drei neue Gattungen zu erkennen. Es war auf der Fledermaus die *Nycteribia*, auf dem Meerschweinchen der *Gyropus* mit zwei Arten und auf dem Schaf der erste *Trichodectes*. In der *Nycteribia* fand ich so viele auffallende Uebereinstimmungen mit den Zecken, dass ich dieselbe anfänglich wiewohl mit Zweifel als eine Species derselben aufführte und unter dem Namen *Hippobosca vespertilionis* in Voigt's Magazin f. Naturkunde beschrieb. Wiewohl meine erste Untersuchung dieses merkwürdigen Thieres nicht hinlänglich und vollständig war: so war mir doch die höchst abweichende Stellung und Bildung des Kopfes, den sonderbarer Weise weder Hermann noch Latreille unterschieden, schon damals nicht unbekannt geblieben und liess mich eine eigenthümliche Gattung vermuthen.

Die Schmarotzer des Meerschweinchens stellten eine ganz eigene, den Haftfüssern in Kopf, Fühlern und Tastern zwar einigermassen verwandte, aber in der Fussbildung, Lebensart etc. völlig verschiedene Gattung dar. Ich nannte dieselbe zuerst ***Haemalurus***, dann ***Diplocerus***, endlich ***Gyropus*** und letzterer Name ist ihr verblieben. Die beiden gleichzeitig beobachteten Arten desselben, hielt ich irrig für blosse Geschlechtsverschiedenheiten, indem ich ***G. gracilis*** für das Männchen des ***G. ovalis*** ansah. Die Beobachtung des Haarlings auf dem Schaf war nur flüchtig, doch erkannte ich beide Geschlechter und hielt die Art noch für einen ***Philopterus***.

Das Beisammensein zweier Arten Philopteren auf einem Vogel hatte ich schon unzählige Male beobachtet und ich war sehr geneigt, dasselbe für eine allgemein geltende Regel anzunehmen. Indess hatte ich seither nie mehr als zwei Arten beisammen gefunden. Im Jahre 1804 aber, in welchem meine Beobachtungen und Zeichnungen überhaupt einen nicht unbedeutenden Zuwachs erhielten, traf ich deren drei auf einem schwarzen Wasserhuhn an. Nachher bot mir der gelbschnäblige Adler und einige andere Vögel die ähnliche Trias. Es waren aber stets Arten verschiedener Familien. Uebrigens fand ich auf dem Wasserhuhn zum ersten Male einen von dem durch Grösse ausgezeichneten Haftfüssen, dergleichen ich schon in meinem Knabenalter mit Verwunderung und Entsetzen gesehen hatte. —

Bis dahin hatte ich einige dreissig Federlinge, aber nicht mehr als etwa vier Haftfüsser genauer beobachtet und abgebildet. Wenn ich ohnehin aus Mangel an Musse manche Gelegenheit Schmarotzerinsecten zu untersuchen ganz und gar unbenutzt lassen musste, so häuften sich auch die Gegenstände der Untersuchung so sehr, dass ich sie nicht alle gleichmässig beachten konnte. Meine erste Sorge war stets auf die Abbildung gerichtet. Allein mit der Abbildung einer einzigen Art brachte ich oft einen Tag und länger zu. Wenn ich nun mehrere Arten zugleich erhielt, konnte ich doch nur eine, höchstens zwei untersuchen und abbilden, die übrigen musste ich zu meinem grössten Leidwesen unbeachtet lassen, theils weil ich meinen übrigen Arbeiten mich nicht länger entziehen konnte, theils weil die Insecten unterdessen zur Untersuchung unbrauchbar geworden waren, denn dass man so kleine Thiere zur spätern Beobachtung in geeigneter Weise aufbewahren könne, daran dachte ich damals nicht. Da ich also genöthigt war stets unter den beisammengefundenen Schmarotzern eine Auswahl zu treffen: so richtete ich meine Aufmerksamkeit zuerst auf die Federlinge und war bemüht in der Kenntniss dieser Gattung zuvörderst eine gewisse Vollständigkeit zu erreichen, daher sammelte ich die Liotheen erst viel später.

Seitdem ich 1805 als Privatdocent bei der Universität Wittenberg habilitirt war, widmete ich mein Studium ausschliesslich der Naturgeschichte. Dies und die Acquisition eines besseren Mikroskopes war meinen Arbeiten über Thierinsecten ungemein förderlich. Sie hatten in diesem Jahre schon eine ansehnliche Vermehrung meiner Abbildungen und Beobachtungen zur Folge. Ich beobachtete unter andern jetzt fast zuerst mehrere Thierläuse, entdeckte an der vom Schweine den Unterschied der Geschlechter, beobachtete an einer Art der Kuh den Rüssel, an allen den Mangel des Metathorax, die Luftlöcher, die eigenthümliche Bildung der Füsse und konnte nun die Läuse in sehr vielen Punkten den übrigen parasitischen Insectengattungen entgegensetzen. Auch die Haftfüsser lernte ich genauer kennen, unterschied zwei Arten auf einem Vogel und beobachtete im ***Liotheum cimicoides*** der Mauerschwalbe eine grosse sehr seltsame Art.

Die denkwürdigste und interessanteste Entdeckung aber, welche meine Untersuchungen im Jahre 1805 ergaben, betraf die Nahrung der Federlinge und Haftfüsser. An ersteren hatte ich bereits wie oben erwähnt im Jahre 1800 die Mandibeln aufs Deutlichste erkannt. Ein Mund mit beissenden Werkzeugen schien mir nicht zum Blutsaugen geeignet zu sein und ich vermuthete seitdem, dass die Nahrungsart der Federlinge gegen die allgemeine Annahme von der der Läuse verschieden sein möchte. Erst im Februar 1805 konnte ich directe Nachforschungen über diesen Gegenstand anstellen. Ich zergliederte wohl einige funfzig Individuen des ***Philopterus uncinosus*** der Nebelkrähe und erhielt durch Oeffnung ihres gefüllten Kropfes die völlige Bestätigung meiner längst gehegten Muthmassungen. Bald darauf öffnete ich in gleicher Absicht nicht nur mehrere Arten aus allen Familien der Federlinge, sondern ich dehnte diese Forschungen auch auf die Haftfüsser aus und erhielt immer dasselbe Resultat. Da ich nur die Haftfüsser in der Nahrung mit den Federlingen übereinstimmend fand: so schloss ich daraus, dass auch beide im Bau der Mundtheile einander ähnlich sein möchten. Auf diese Veranlassung unternahm ich nach früher fruchtlosen Versuchen mit grosser Sorgfalt die sehr schwierige Prüfung der Mundtheile der Haftfüsser von Neuem und war so glücklich den Schluss bestätigt zu sehen und die Mandibeln wahrzunehmen. So führt die Natur ihren Liebhaber unvermerkt von einer Wahrheit zur andern. Noch verdankte ich jener Beobachtung des Federlings der Nebelkrähe die erste Ansicht der männlichen Ruthe und die genauere Kenntniss der übrigen nicht in der Antennenbildung beruhenden sexuellen Differenzen, so dass ich nunmehr Männchen und Weibchen aller Philopteren mit leichter Mühe, sogar mit blossen Augen zu unterscheiden vermochte.

So aufmunternd die bis dahin gewonnenen Fortschritte meiner Untersuchungen waren und so wenig ich dieselben wieder aus den Augen verlieren konnte: so wurden dieselben doch in den nächstfolgenden Jahren etwas sparsamer. Schon der gegen Ende des Jahres 1806 über Sachsen hereinbrechende Krieg, in welchem Wittenberg unbeschreiblich mitgenommen wurde und der alle Ruhe erfordernden Geschäfte gänzlich störte, hemmte auch den Fortschritt meiner Forschungen. Vorzüglich aber waren es andere naturhistorische Arbeiten und eine neue amtliche Thätigkeit, welche hemmend einwirkten. Im Jahre 1806, wo ich meist mit den schon längst angefangenen Forschungen über Respirationsorgane besonders der Insecten beschäftigt war, war die wichtigste meiner hierher gehörigen Beobachtungen die des Haarlings vom Steinmarder. Dies ist die erste Art der Gattung *Trichodectes*, die ich abbildete und einer sorgfältigen Prüfung unterwarf. Obwohl ich an derselben die sonderbaren hakenförmigen Klappen am Hinterleibe und die dreigliedrigen Antennen vollkommen erkannte: so wagte ich doch damals noch nicht die Haarlinge als Gattung von den Philopteren zu trennen und nahm lieber an, dass die zwei fehlenden Antennenglieder in dem dritten oder letzten undeutlich vorhanden sein möchten. Der grösste Theil meiner Zeit im Jahre 1807 aber wurde der Ausarbeitung meiner anatomisch zoologischen Vorlesungen und der Fortsetzung der Forschungen über Organismus und Mechanismus des Athmens der Insecten gewidmet.

Im Jahre 1808 legte ich der Wittenberger Provinzialversammlung der Leipziger ökonomischen Gesellschaft eine Abhandlung über die beständigen Schmarotzerinsecten der Hausthiere vor, welcher eine Revision meiner bisherigen Beobachtungen voranging. Wäre diese Arbeit in den Anzeigen der Gesellschaft, wie es geschehen sollte, gedruckt worden: so würde schon damals manche meiner Entdeckungen über Thierinsecten zur Kenntniss auch des wissenschaftlichen Publikums gelangt sein. In eben dem Jahre erhielt ich die Professur der Naturgeschichte und musste von nun an meine grösste Thätigkeit der Botanik zuwenden. In der ganzen Zeit bis 1811 geschah daher nichts weiter als die Entdeckung sieben neuer Arten. Erst im Jahre 1812 bot sich mir wieder häufiger Gelegenheit das Lieblingsstudium zu pflegen. Ich beobachtete jetzt Arten aus den meisten mir bekannt gewordenen Gattungen, entdeckte neue Philopteren auf mehreren seltenen Vögeln, bildete mir stets beide Geschlechter ab, fand den Haarling des Marders wieder, überzeugte mich bestimmt, dass er nur dreigliedrige Fühler habe, beobachtete zum ersten Male dieselbe Art, *Philopterus varius* auf sehr verschiedenen Vögeln und lernte mit dem Liotheum des Finken eine neue merkwürdige Gruppe der Haftfüsser kennen.

Damit schlossen meine zu Wittenberg gemachten Beobachtungen. Der unglückliche Zustand, in welchen diese Stadt im Jahre 1813 versetzt wurde, hatte die gänzliche Störung und dann die einstweilige Auflösung der Universität zur Folge. Ich begab mich am 19. April selbigen Jahres nach Kemberg, einem benachbarten kleinen Orte, welcher noch jetzt, indem ich diese Zeilen schreibe, mein Aufenthalt ist. Nachdem hier botanische Excursionen und Pflanzensammeln mehrere Monate hindurch fast die einzige für meine damalige Lage und Gemüthsstimmung passende Beschäftigung gewesen war, setzte ich mit um so grösserm Eifer wieder meine zoologischen Studien fort. Durch die Bemühungen meiner hiesigen Bekannten und Freunde erhielt ich nun so viele Vögel und Säugethiere, dass ich seit dem Ende dieses Jahres niemals Mangel an Gegenständen dieser Art, oft aber einen solchen Ueberfluss gehabt habe, dass ich oft nicht wusste denselben zu bewältigen. Indem ich nun diese vorzügliche Gelegenheit und Aufforderung zum Studium der Thierschmarotzer ernstlich benutzte: so verdanke ich meinem Aufenthalte in Kemberg und der gezwungenen nunmehr zweijährigen Befreiung von Amtsgeschäften nicht nur den besten Theil meiner entozoologischen Beobachtungen, sondern auch diejenige Vervollkommnung meiner Arbeit über Thierinsecten, welche zuerst den Entschluss dieselbe zu veröffentlichen hervorrief.

Trotz der anfangs 1813 beschränkten Beobachtungen gewann ich doch gleich interessante Resultate. Schon im Mai entdeckte ich auf jungen Staaren den merkwürdigen *Carnus*, eine Schmarotzergattung aus der Familie der Dipteren, ganz verschieden von den Täken, nur den nicht schmarotzenden Gattungen viel näher verwandt. Ich untersuchte und zeichnete auf der Stelle beide Geschlechter, beobachtete das Insect möglichst sorgfältig und führte es in meinem Tagebuche einstweilen als *Musca aptera* auf. — Schon früher hatte ich versucht Schmarotzerinsecten in Weingeist aufzubewahren, meist jedoch nur wenn eine Musse zur weitern Beobachtung und Abbildung fehlte. Je weiter indess meine Untersuchungen vorrückten, desto fühlbarer wurde das

Bedürfniss eine vollständige Sammlung natürlicher Exemplare zu besitzen. Es traf sich, dass ich Arten fand, die einer früher beobachteten und abgebildeten höchst ähnlich waren. Wenn ich nun bei Vergleichung derselben kleine Unterschiede bemerkte; so blieb ich ungewiss, ob die Differenz in einem Fehler der Zeichnung oder ob sie in der wirklichen Verschiedenheit der Objecte begründet war. Ich sammelte daher von nun an alle vorkommenden Arten ohne Unterschied und bewahre dieselben in Weingeist auf. Diese Sammlung leistete mir in der Folge die vortrefflichsten Dienste.

Nächst der Entdeckung des *Carnus* erfolgte im Jahre 1813 noch die specielle Unterscheidung neuer Federlinge und die Auffindung der geschlechtlichen Differenzen der Haftfüsser. Mit der ersten Erkennung der männlichen Ruthe bemerkte ich bei beiden Geschlechtern gewisse allgemein sexuelle Unterschiede, die ich auch bei andern Haftfüssern bestätigt fand. Ueberhaupt war die Untersuchung des *Liotheum meleagrum* in mehrfacher Hinsicht von grossem Einfluss auf die weitern Arbeiten. Im folgenden Jahre setzte ich fast jede andere Arbeit bei Seite, um die vielfache später vielleicht nicht wiederkehrende Gelegenheit zur gründlichen Untersuchung der Thierinsecten möglichst auszubeuten. Zwar entdeckte ich keine neuen Gattungen mehr, keine neuen wichtigen allgemeinen Verhältnisse, allein desto reicher war die Ausbeute an Detailbeobachtungen. Ich erkannte zahlreiche neue Arten, konnte die früheren Beobachtungen wiederholt prüfen, ergänzen und berichtigen, meine Sammlung von Abbildungen vermehrte sich auf das Doppelte, die Darstellungen der Haftfüsser erhielten einen sehr ansehnlichen Zuwachs. Ich fand zum ersten Male zwei specifisch verschiedene Läuse auf einem Rind, entdeckte bei einer Art vom Hirsch die Ruthe, das Beisammensein zweier Federlinge derselben Familie auf einer Drossel, zweier Liotheen auf dem Storche und dem Raben, sah die Begattung des Philopterus vom Kukuk und von der Gans, untersuchte die Arten der Haarlinge vom Hirsch, Kuh, Ziege, Hund, die Täken vom Schaf und Hirsch.

Nur interimistisch hatte ich die Arten durch den Beisatz ihres Wohnthieres und wenn nöthig mit andern Bezeichnungen in meinem Tagebuche aufgeführt. Die bisherige Nomenclatur reichte für meine Untersuchungen nicht mehr aus und ich war daher genöthigt eine neue, möglichst einfache für die Schmarotzer zu entwerfen, die Speciesnamen ausschliesslich nur von den wirklichen Eigenthümlichkeiten der Thiere ohne alle Rücksicht auf ihre Heimatsthiere zu entlehnen. Ich stand mit diesem schwierigen Geschäfte so lange wie möglich an, um erst eine möglichst grosse Anzahl von Arten für jede Gattung vergleichen und die specifischen Eigenheiten desto besser würdigen zu können. Eine Revision aller untersuchten Arten, der Entwurf scharfer Diagnosen für dieselben führte dann auch noch in demselben Jahre zur Einführung der systematischen Namen — damit war aber meine Arbeit noch keineswegs reif zur Publication. Ich musste zuvor noch den innern Bau der äusserlich hinlänglich erforschten Arten einer gründlichen Untersuchung unterwerfen. Die bisherigen anatomischen Untersuchungen bezweckten blos die Ermittlung der Nahrung und der geschlechtlichen Differenzen der Arten, ein vollständiges Bild der gesammten innern Organisation zu gewinnen war noch nicht mein Zweck gewesen. Ich liess es von nun an weder an Mühe und Ausdauer noch an Sorgfalt fehlen um diese empfindliche Lücke möglichst schnell auszufüllen. Jede in einiger Menge herbeizuschaffende Art wurde zergliedert. Viele dieser anatomischen Versuche misslangen gänzlich oder lieferten wenigstens nicht das erwünschte Resultat. Doch die unablässige Wiederholung derselben bei gesteigerter Vorsicht lehrte die nöthigen Vortheile und Kunstgriffe kennen und meine Operationen waren von den besten Erfolgen gekrönt. Ich erwarb mir die Geschicklichkeit Insecten zu zergliedern, die wohl sechsmal kleiner waren als die Menschenlaus. Schon im Februar des Jahres 1814 hatte ich den Nahrungskanal und die männlichen Genitalien der Federlinge, Haarlinge, Haftfüsser, Sprenkelfüsser und Täken einiger zwanzig Arten dargelegt und abgebildet. Die Entwicklung der weiblichen Genitalien kam nicht überall ganz glücklich zu Stande, im März jedoch gelang mir dieselbe wenigstens von der Storchtäke und dem *Philopterus dissimilis* vollkommen. Bei einem Haftfusse endlich fand ich auch die Speichelgefässe und da ich Fettkörper und Tracheen, die sich meist schon ohne besondere Zergliederung erkennen lassen, schon vorher öfter beobachtet hatte, so glaubte ich die wichtigsten anatomischen Einzelnheiten der meisten Gattungen erkannt zu haben und meine sechzehnjährigen Arbeiten zur Veröffentlichung vorbereiten zu können. —

So weit Nitzsch's eigene Worte. Er übernahm im Jahre 1816 die Professur der Zoologie an der Universität Halle und da er hier neben Germar, Sprengel und Meckel nicht mehr die ganze Naturgeschichte zu vertreten hatte, so konnte er seine Thätigkeit ausschliesslich auf die zoologischen Untersuchungen und auf die Pflege des von ihm begründeten zoologischen Museums unserer Universität verwenden. Hinsichtlich der Epizoen veröffentlichte er im Jahre 1818 im III. Bde. von Germar's Magazin f. Entomologie die erste und leider auch einzige, aber doch wichtigste Abhandlung: die Familien und Gattungen der Thierinsecten, mit welcher er die Systematik dieser Thiergruppe begründete, wie sie noch gegenwärtig von den Entomologen anerkannt ist. Er vereinigt die epizoischen Orthopteren in die einzige Familie der Mallophagen oder Pelzfresser und ordnet die Gattungen in solche mit fadenförmigen Fühlern und ohne Kiefertaster: ***Philopterus*** und ***Trichodectes***, und in solche mit kolbigen Fühlern und mit Maxillartastern: ***Liotheum*** und ***Gyropus***. Die epizoischen Hemipteren bleiben unter ***Pediculus L.*** vereinigt. Jede dieser Gattungen wird specieller charakterisirt. ***Philopterus*** in die Subgenera ***Docophorus***, ***Nirmus***, ***Lipeurus*** und ***Goniodes***, dann ***Liotheum*** in ***Colpocephalum***, ***Menopon***, ***Trinoton***, ***Eureum***, ***Laemobothrium*** und ***Physostomum*** aufgelöst, und für jede Gattung eine Anzahl Arten blos namentlich aufgeführt. Mit diesem System war eine sichere wissenschaftliche Grundlage gegeben, auf welche alle spätern bezüglichen Untersuchungen sich stützen konnten und bis heute auch innig angeschlossen haben. Nitzsch führte seine Arbeiten fort bis zum April des Jahres 1837, aber fördernd nur die Kenntniss der einzelnen Arten, die in den Tagebüchern mehrentheils specieller und schärfer charakterisirt sind als früher, neue wesentliche Organisationsverhältnisse von allgemeiner Bedeutung ermittelte er nicht mehr. Die Herausgabe einer besonderen Monographie der Epizoen, deren eine Abtheilung die ausführliche Naturgeschichte der Thierinsecten nebst Charakteristik der Gattungen und Arten, die zweite die Abbildungen sämmtlicher Arten nebst ausführlichen Beschreibungen bringen sollte, ist unterblieben und sind auch keine Vorbereitungen zu derselben in den hinterlassenen Manuscripten vorgefunden. Die Collectaneen nebst den Abbildungen und die Sammlung verblieben nach Nitzsch's Tode dem Zoologischen Museum unserer Universität.

Die einzigen Arbeiten, welche die Kenntniss der Epizoen neben Nitzsch's langjährigen und umfassenden Untersuchungen förderten, beschränkten sich auf eine kleine Abhandlung von Léon Dufour, description des trois espèces du genre Philopterus in den Annales de la soc. entomol. France 1835. IV. 667, drei Arten von ***Diomedea exulans*** und auf die Beschreibung eines ***Pediculus phocae*** von Lucas in Guerin's Magazin de Zoologie 1834. Tb. 121. Indess fand das Nitzsch'sche wichtige Material doch unmittelbar nach dessen Tode schon eine erste Verwerthung. Sein Schüler und Amtsnachfolger, Prof. H. Burmeister gab nämlich im II. Bde. seines Handbuches der Entomologie (Berlin 1838) eine übersichtliche Darstellung der Mallophagen, welche die Gattungen seines Vorgängers aufrecht erhält und nur dessen zweite Gruppe unter Goniodes als eigenes Subgenus Goniocotes hinstellt und zugleich eine grosse Anzahl von Arten, wenn auch nur kurz diagnosirt. Die Herausgabe des gesammten Materials nahm derselbe in Angriff, gelangte aber nur bis zum Stich der dritten Tafel, welche der Inspector unseres Museums Dr. Taschenberg ausführte, da brachen die politischen Stürme des Jahres 1848 herein und das Unternehmen wurde abermals aufgegeben. Erst als ich die Direction unseres zoologischen Museums erhielt, wandte ich meine Aufmerksamkeit auch diesem schätzbaren Nachlasse zu und veröffentlichte zunächst in verschiedenen Aufsätzen in der Zeitschrift für gesammte Naturwissenschaften fast alle irgend wichtigen Beobachtungen und Notizen aus Nitzsch's Tagebüchern*) und die nothwendige Folge dieser Veröffentlichungen war die endliche Vollendung und Herausgabe der vorliegenden Monographie. Dieselbe bringt also keine neuen, bisher noch nicht publicirten Untersuchungen von Nitzsch, vielmehr sind die Beschreibungen der einzelnen Arten sämmtlich von mir und nur ein Theil der bereits unter Nitzsch's Namen von mir in der eben angeführten Zeitschrift publicirten Diagnosen ist hier unverändert aufgenommen worden, dagegen sind die Abbildungen sämmtlich nach Nitzsch's vorzüglichen Handzeichnungen ausgeführt. Leider fand ich die Zeichnungen der Haarlinge, der Arten von ***Trichodectes*** und ***Gyropus***, in dem Nachlass nicht vor und vermochte über deren Verbleib auch nichts zu ermitteln. Da neue Abbildungen nach den meist sehr alten Spiritus-Exemplaren jedenfalls weit hinter den sehr getreuen, von Nitzsch nach lebenden Exemplaren angefertigten zurückgeblieben wären: so zog ich es vor diese Arten gar nicht bildlich darzustellen, zumal bei ihrer geringen Anzahl die systematische Bestimmung schon nach den Diagnosen ohne grossen Zeitaufwand zu ermöglichen ist.

*) Charakteristik der Federlinge nach Chr. L. Nitzsch's handschriftlichem Nachlasse. 1857. IX. 219. — Die Federlinge der Raubvögel nach eben demselben. 1861. XVII. 515. — Die Haarlinge Trichodectes und Gyropus nach Nitzsch. 1861. XVIII. 87. Epizoen nach den Wohnthieren geordnet nach Nitzsch. 1861. XVIII. 289. — Beobachtungen der Arten von Pediculus. 1864. XXIII. 21. Die Federlinge der Sing-, Schrei-, Tauben- und Klettervögel. 1866. XXVII. 115. — Die im zoologischen Museum der Universität Halle aufgestellten Epizoen nebst Beobachtungen über dieselben. 1866. XXVIII. 353. — Die Federlinge des [illegible] 1867. XXIX. 126.

Der andern, nach Nitzsch erschienenen Arbeiten über Epizoen sind so wenige, dass wir dieselben noch kurz anführen. Die wichtigste und umfangreichste derselben ist: H. Denny, Monographia Anoplurorum Brittaniae or an essay on the british species of parasitic insects. London 1842. 8° 26 pll. Sie bringt eine Beschreibung der in England beobachteten Arten streng nach Nitzsch's System, darunter eine ansehnliche Zahl neuer. *Menopon pulicare* wird als eigenes Subgenus *Nitzschia* aufgeführt. Die zahlreichen, prunkvoll colorirten Abbildungen sind leider nicht alle naturgetreu. Eine zweite allgemeine Bearbeitung der Mallophagen, jedoch von ungleich geringerer Bedeutung lieferte P. Gervais in Walckenaer's Histoire naturelle des Insectes. Aptères 1844. Tom III. 290—361, enthaltend die kurzen Diagnosen von 300 Arten, darunter einige wenige neue und auch ein neues Subgenus: *Pedicinus* für *Pediculus eurygaster*.

Einzelne neue Arten verschiedener Gattungen beschrieben Giebel im Magazin f. Thierheilkunde 1842. VIII. 109. Taf. 4. IX. 1. Taf. 1. — Kolenati in Meletem. 1846. V. 128. — Gay in der Fauna chilena 1851. — Grube in v. Middendorf's Reise 1852. II. 1. 23 Arten darunter 10 neue. — Kolenati in den Sitzungsberichten der Wiener Akademie 1858. XXIX. 247. 2 Taf. — P. Coinde im Bulletin Naturalistes Moscou 1859. II. 418. Giglioli im Quarterl. Journ. Microscop. 1864. IV. 18, Tb. 1. — Rudow in der Zeitschr. f. ges. Naturwiss. 1866. XXVII. 109 und 465; 1869. XXXIV. 167. 387; 1870. XXXV. 272. 449. XXXVI. 121., und endlich Alex. Macalister in den Procedings Zoolog. Society of London 1869. 420. — Ich werde all' diese Arten in der speciellen Darstellung geeigneten Ortes besonders berücksichtigen, um in dieser Monographie die sämmtlichen bis jetzt bekannten Arten der Epizoen zusammen zu fassen.

Ueber den anatomischen Bau gaben Aufschluss: Simon, Hautkrankheiten (1848) 273. — Landois in der Zeitschrift f. wiss. Zoologie 1864. XIV. 1—26. 1865. XV. 32 und 494, und Kramer ebendaselbst 1869. XIX. 452. Tf. 34.

Endlich verdienen noch als Verzeichnisse erwähnt zu werden: A. White, Anoplura of british Museum London 1855. — R. T. Maitland, Parasitica in Nederland in Bouwstoffen voor eene Fauna von Nederland 1857. II. 303—309. — Piaget, niederländische Epizoen in Tijdschr. Entomol. VIII. 39—41. — Endlich Burnett on the relation of the Pediculi of the different Faunae in Proced. americ. Soc. adv. 1851. IV.

Anleitung zur Beobachtung der Thierinsecten nach Chr. L. Nitzsch.

Wenn auch unsere heutige Untersuchungsmethode, zumal die der mikroskopischen Untersuchung so kleiner Thiere wie der Epizoen eine ungleich vollkommenere ist, als vor funfzig Jahren, wo ihr Mikroskope zu Gebote standen, mit denen heutigen Tages kein Anfänger mehr arbeiten würde; so glaubte ich doch die nachfolgende Anleitung, welche Nitzsch im Jahre 1816 niedergeschrieben hat, nicht verschweigen zu dürfen, weil durch sie derselbe zu den wichtigen bis heute unangetasteten Resultaten seiner Untersuchungen der Thierinsecten gelangte und dieselben immerhin noch sehr beachtenswerthe Winke für Jeden enthalten, der sich mit der Naturgeschichte der Epizoen eingehend beschäftigen will.

Vom Aufsuchen und Einsammeln der Thierinsecten.

Da bis jetzt kein wahres Thierinsect auf andern Thieren als Warmblütern gefunden worden ist, so sind es diese, und zwar — wegen ihrer zahlreichern Arten und ihres grossen Reichthums an jenen Schmarotzern besonders die Vögel, auf denen man die Thierinsecten aufsuchen muss. Um aber zur Beobachtung und genauen Kenntniss möglichst vieler parasitischen Insecten zu gelangen, muss man nicht nur möglichst viele Arten der Warmblüter, sondern auch jede Art derselben öfters oder in vielen Individuen der Prüfung zu unterwerfen suchen; denn man trifft die verschiedenen Schmarotzer einer Thierspecies keineswegs immer beisammen, sondern man findet vielmehr auf einzelnen Individuen bald nur die eine, bald nur die andere Art, bald viele, bald wenige, bald gar keine, und manche Arten kommen überhaupt nur sehr einzeln und selten vor. Gleich nach dem Haar- oder Federwechsel ihrer Heimatsthiere, sowie auch ganz jungen Thieren sind sie aus begreiflichen Gründen sparsamer. Allein zu allen Jahreszeiten darf man hoffen, Thierinsecten auf Warmblütern zu finden.

Mit Ausnahme unserer Hausthiere sind lebendige Thiere nicht so leicht als todte zur Schmarotzerlese zu erhalten; auch kann dieselbe an den erstern nicht mit der Bequemlichkeit und Genauigkeit angestellt werden, als an todten Thieren. Diese aber dürfen dann, wenn sie zu jenem Behuf recht tauglich sein sollen, nicht zu lange gelegen haben und nicht mit andern Thieren von verschiedener Art in dichte Berührung gekommen sein, weil sonst, im erstern Falle, ihre Parasiten theils fortgekrochen oder abgefallen, theils gestorben, vertrocknet und zur Untersuchung unbrauchbar geworden sind; im andern Falle aber fremdartige Insecten auf sie übergekrochen sein können,*) was bisweilen zu Irrungen in Hinsicht des Wohnorts der Thierinsecten Veranlassung geben kann.

*) Vornehmlich ereignet sich dieses Ueberkriechen der Schmarotzerinsecten bei frisch geschossenen und neben einander gelegten Vögeln. So habe ich einen Federling der Nebelkrähe auf einem Weihe, einen Haftfuss derselben Krähenart auf einem Zeisig, einen Federling der wilden Ente auf dem schwarzen Hänfling und Federlinge der spaltfüssigen Sterna auf einem Specht in Folge jenes naturwidrigen, erst im Tode der Vögel erfolgten Ueberganges angetroffen. Denn da ich bei meiner vielfältigen und langen Bekanntschaft mit diesem Zweig der Entomologie jede einmal untersuchte Thierinsectenart, auch wenn sie von ihrem Heimatsthiere entfernt ist, leicht wieder erkenne, so habe ich auf den etwa vom Jäger mir überbrachten Vögeln auch die fremden Parasiten immer leicht erkannt und nach denselben die übrigen mir etwa vorenthaltenen Contenta der Schiesstasche richtig bestimmt. Es wies sich jederzeit aus, dass die Vögel, deren Parasiten sich als Fremdlinge auf den erhaltenen Vögeln vorfanden, wirklich bei letztern gelegen hatten. Erst kürzlich schickte mir der berühmte Ornitholog NAUMANN d. J. Federlinge, die auf einem Wanderfalken gefunden waren, in welchen ich aber eine nur auf Tauben einheimische und von denen der Falken ganz abweichende Art wahrnahm. Auf meine deshalb gethane Anfrage, ob nicht jener

Das Thier, dessen Schmarotzerinsecten gesammelt werden sollen, muss seiner Gattung und Art nach genau bestimmt werden. Der Wohnort ist ein wichtiger Punkt in der Naturgeschichte jedes Thierinsects. Die genaue Angabe desselben trägt zur Bestimmung und Wiedererkennung der Arten viel bei, und andrerseits wird durch falsche oder nachlässige Bestimmung der Heimatsthiere leicht Irrung in Ansehung der Unterscheidung jener Insecten veranlasst werden. Es ist daher unumgänglich nöthig, dass derjenige, welcher das Studium und die weitere Vervollkommnung der Thierinsectenkunde unternimmt, mit der Naturbeschreibung und Nomenclatur der Säugethiere und Vögel bekannt sei, oder sich diese Kenntniss erwerbe.

Was nun das Aufsuchen der Thierinsecten auf todten Thieren betrifft, so verfährt man dabei folgendermassen. Man legt das Thier, insofern es die Grösse desselben gestattet, auf weisses Papier oder einen reinlichen Tisch. Sobald es erkaltet ist, kommen die in seinem Pelze verborgenen Schmarotzer gern an die Spitze der Federn oder der Haare, besonders dann, wenn man das Thier aus einer kältern Temperatur in eine warme bringt. Dadurch wird das Absuchen einigermassen erleichtert, indem die Parasiten oft in Menge auf die Unterlage fallen und man dieselben ohne sehr mühsames Suchen theils von dieser, theils von dem Thiere abnehmen kann; indess geschieht dies nicht immer. Manche Arten bleiben bis an ihren Tod gewöhnlich dicht auf der Haut oder doch zwischen dem Pelze sitzen, auch kommen oft nur sehr wenige und überhaupt selten alle Individuen aus demselben hervor. Man würde daher oftmals eine sehr kärgliche und unvollständige Ernte thun, wenn man sich nicht der Mühe unterziehen wollte, eine genaue Revision des Felles und seiner Auswüchse vorzunehmen. Diese ist nun freilich meist sehr mühsam und langweilig. Da man auf allen Regionen und an allen Theilen, die nackten ausgenommen, hin und wieder Thierinsecten findet, so müssen auch diese alle durchmustert werden, wenn man keine Schmarotzerart übersehen und so viele Exemplare, als nöthig, sammeln will. Ich habe nicht selten mit dem Absuchen eines einzigen Vogels mehrere Stunden zugebracht. Wenn sich bei der gewöhnlichen Untersuchungsart gar nichts finden wollte, habe ich wohl eine Feder nach der andern ausgerupft, diese erst gegen die Erde und dann gegen das Licht besehen und so endlich doch wohl vielleicht eine neue, seltene Art gefunden. Man kann nämlich diese Operation nicht genau genug anstellen, und darf auch nach anfangs vergeblichem Bemühen die Hoffnung auf einen glücklichen Fund nicht gleich aufgeben; theils weil die Schmarotzerinsecten manchmal nur in sehr geringer Anzahl vorkommen, theils weil sie so klein und verborgen sind, dass sie, was besonders bei den oft ganz im Flaum versteckten Vogelschmarotzern der Fall ist, sehr leicht übersehen werden können.

Zum Abnehmen der gefundenen, oft am Pelze oder auf der Haut sehr fest haftenden Thierinsecten bedient man sich einer kleinen Pincette, welche spitze, schmale und etwas nachgiebige Blätter haben muss, damit sie nicht zu sehr quetscht. Die ergriffenen Insecten thut man in Uhrgläser, und zwar, wenn mehrere Arten zugleich gefunden werden, die Individuen einer jeden zusammen in ein besonderes. Da bei weitem die meisten Thierinsecten auf glatten Körpern nicht fortkommen können, so hält sie das Uhrglas sicher gefangen. Allein manche, nämlich einige Zäken, der Cocnus, die Nycteribia und ganz besonders die Haftfüsse, welche auf den glättesten Flächen mit Schnelligkeit laufen und klettern können, bedürfen zuvor einer besondern Behandlung. Sie mit Gummi oder einem andern Leim anzukleben, wie ich wohl selbst anfänglich versucht habe, ist gar nicht zweckmässig, weil sie dadurch verunreinigt und nicht einmal hinlänglich festgehalten werden. Ueberdem hat man oft schon Mühe genug, sie nur erst auf das Glas zu bringen, indem besonders die Haftfüsse an dem Zänglein so gut als an den Fingern und jedem Werkzeug, womit sie gefasst werden, zunächst hinanlaufen, sobald der Druck, der sie hält, aufhört und sie sich ohne neues Ergreifen nicht abbringen lassen. Diese schnellfüssigen und überall haftenden Schmarotzer kann man nun nicht besser als durch Weingeist in ihren Bewegungen hemmen. Entweder lässt man nämlich mittelst eines Pinsels gleich einen Tropfen auf sie fallen, sobald man ihrer am Thiere ansichtig wird, oder man taucht sie, mit der Zange ergriffen, in Weingeist ein, wodurch denn ihre Bewegungen, wo nicht augenblicklich, doch sehr bald gelähmt werden. Nun bringt man sie mit einem Pinsel oder der Zange ohne Mühe auf das Glas. Ermannen sie sich da wieder, so betupft man sie abermals mit Weingeist, absorbirt aber denselben

Wanderfalk mit Tauben in dichte Berührung gekommen sei, erhielt ich eine bejahende Antwort. Bei gehöriger Vorsicht und Bekanntschaft mit den jeder Familie oder Gattung der Vögel eigenthümlichen Formen der Schmarotzerinsecten wird man mehrentheils bestimmen können, ob ein vorgefundener Schmarotzer nur als Fremdling da ist. Am meisten aber hat man sich bei sehr nahe verwandten Vogelarten, deren Parasiten noch unbekannt sind, vor dem Zusammenlegen der erstern zu hüten, denn hier würde auch der geübteste Kenner, im Falle eine Vertauschung der Insecten Statt fände, vor Irrthum nicht sicher sein.

sogleich, wenn ihre Bewegungen aufhören. Auf diese Weise versichert man sich der Haftfüsse und anderer schnellfüssigen Insecten, meist ohne sie zu tödten, denn wenn der Spiritus nicht allzu stark ist, und sie nicht zu lange in der Befeuchtung desselben bleiben, leben sie obwohl erlahmt und ermattet, noch geraume Zeit fort. Der Haftfüsse wegen muss man daher bei der Untersuchung jedes Vogels einen kleinen Haarpinsel und ein offenes Gefäss mit Weingeist in Bereitschaft halten, ob man gleich diesen Apparat nicht immer beim Sammeln jener Schmarotzer gleichermassen nöthig hat. Manche Haftfüsse werden nämlich ohnehin sehr bald träge und matt, nachdem sie von ihrem Vogel entfernt sind, welches bei den grossen Arten aus den Untergattungen ***Laemobothrion***, ***Eureum***, ***Trinoton*** und ***Physostomum*** wohl immer, und bei andern wenigstens dann der Fall ist, wenn sie sich schon müde gelaufen hatten oder ihr Heimatsvogel schon seit mehreren Tagen todt war.

Da es ein ansehnlicher Vortheil beim Studium der Thierinsecten ist, dass man gewöhnlich Junge, Alte, Männchen, Weibchen und Eier beisammen findet, so muss man diese Gelegenheit, sich vollständig über die verschiedenen Formen und Zustände einer jeden zu unterrichten, nicht unbenutzt lassen und alle genannten Formen, soweit es thunlich ist, sammeln, besonders aber bei den vollkommenen auf möglichst viele Individuen zu sehen: denn an dem einen Stücke sieht man dieses an dem andern jenes besser, und nur durch Vergleichung vieler lernt man das Eigenthümliche der Art gehörig kennen. Auch müssen bei anatomischen Untersuchungen oft gar viele Exemplare aufgeopfert werden. Indessen ist es rathsam, wenn eine nicht allzuhäufig vorgefundene Thierinsectenart einer sorgfältigen, mehrere Tage dauernden Untersuchung unterworfen werden soll, für jeden Tag nicht mehr Exemplare zu sammeln, als man gerade zur Untersuchung braucht, weil sie selbst an todten Thierkörpern länger leben und frisch bleiben, als wenn sie von denselben genommen sind; wie es denn überhaupt besser ist, das Ablesen der Parasiten eines Thieres nicht mit einem Male abzuthun, sondern es lieber von Zeit zu Zeit wieder vorzunehmen, indem die Schmarotzer gewöhnlich auch nur nach und nach aus dem Pelze hervorkommen.

Aufbewahrung der Thierinsecten.

Da man nicht immer im Stande ist, die vorgefundenen Thierinsecten frisch zu untersuchen oder die Untersuchung derselben sogleich zu vollenden; da ferner sehr oft eine Vergleichung mehrerer Arten, die man sich nicht immer nach Belieben gleich verschaffen kann, angestellt werden muss, so ist eine Sammlung natürlicher Exemplare der Thierinsecten zum genauern Studium derselben durchaus nothwendig. Man mag daher eine aufgefundene Art schon beobachtet haben oder nicht, so muss man dieselbe auf eine schickliche Weise aufzubewahren suchen. Allein die bei andern Insecten übliche trockene Conservationsmethode ist hier nicht anwendbar. Die meisten Thierinsecten sind viel zu klein, um an Stecknadeln gespiesst werden zu können; auch würde dies nachmals ihrer mikroskopischen Untersuchung hinderlich sein. Klebt man sie hingegen auf Marienglas oder Kartenstückchen, wie dies die Sammler, welche etwa auf Schmarotzerinsecten achten, gewöhnlich zu thun pflegen, so werden sie unvermeidlich durch den Leim verunreinigt. Ueberhaupt aber verlieren fast alle Thierinsecten, wenn sie trocken aufgehoben werden, wegen der Weichheit ihres Panzers mehr oder weniger ihre natürliche Gestalt und die zu ferneren Untersuchungen derselben (besonders ihrer Mundorgane, Fühlhörner und Fussenden) so nöthige Biegsamkeit, welche sich so wenig, als die ursprüngliche frische Form, durch Aufweichen ganz wieder herstellen lässt. Wenn daher auch die Zecken und grossen Haftfüsse im trocknen Zustande ihre Form minder verlieren, so ist doch die Aufbewahrung in Weingeist für alle Thierinsecten die beste, und für die allermeisten die einzig schickliche. Sie behalten, so aufbewahrt, nicht nur ihre natürliche Gestalt, Farbe, Zeichnung und Biegsamkeit aller Theile, sondern sie sind auch dann vor Beschädigungen, denen trockene Insecten so sehr ausgesetzt sind, völlig gesichert. Es hat indessen bisher Niemand jenes für die Naturforschung überhaupt so ungemein wichtige und noch lange nicht hinlänglich benutzte Conservationsmittel bei den Thierinsecten angewandt. Wenn man hier ja an dasselbe gedacht hat, so hat man vielleicht, wie ich ehedem selbst, die Benutzung so kleiner Spirituspräparate für zu umständlich und schwierig gehalten,*) was jedoch blosses Vorurtheil ist. Ich setze nicht nur die kleinsten Thierinsecten, sondern sogar kaum sichtbare Milben in Spiritus, und es macht mir sehr wenig Mühe, dieselben in der Flüssigkeit wieder

*) SCHRANK erklärt geradezu, man könne die kleinen Thierinsecten nicht anders als in Abbildungen aufbewahren. S. dessen Briefe an Nau. Erlangen 1802. S. 360.

zu finden und herauszunehmen, wenn ich ihrer zur Untersuchung bedarf. Freilich muss man bei einer solchen Sammlung einige Regeln und Vortheile in Acht nehmen. Der Weingeist muss völlig klar und farblos sein. Es dürfen mit den Insecten keine anderen Körperchen hineinkommen; die Fläschchen müssen ebenfalls von reinem, weissem Glase sein und die schickliche Grösse und Form haben. Meinen Versuchen zufolge sind cylindrische Fläschchen mit ganz kurzem, etwas verengertem Halse und flachem Mündungsrande, welche etwa drittehalb Zoll hoch und fünf Linien weit sind, zur Aufbewahrung aller Arten von Thierinsecten die bequemsten und schicklichsten. Diese füllt man grösstentheils, jedoch nicht ganz bis oben an, mit Weingeist, thut dann von einer gefundenen Insectenart womöglich die ganze Sippschaft und so viele Exemplare, als man hat, mittelst des Pinsels zusammen in ein besonderes Fläschchen, stopft dasselbe mit einem Korkpfropf zu und schreibt auf einem in der Nähe des Halses angeklebten Zettelchen den Namen des Insects und seines Heimatsthieres bei. Die ganze Sammlung stellt man in schmalen, etwa acht bis zwölf Zoll langen, mit Scheidewänden versehenen Kästchen auf, welche einzeln nicht mehr als zwei Reihen Gläser fassen und gerade nur so tief sind, dass der obere Theil der Gläser noch hervorsteht und man die Signatur eines jeden, ohne es herauszunehmen, sehen kann. Wenn man nun die Gläser systematisch nach Ordnung, Gattung und Untergattung der in ihnen enthaltenen Insecten ordnet, diese Abtheilungen an den Kästchen bemerkt, die einzelnen Kästchen ebenfalls systematisch rangirt (man mag sie nun in einem grössern Kasten oder in einem Schranke aufstellen), so lässt sich eine solche Sammlung sehr bequem benutzen und jede beliebige Art sogleich herausfinden.

Aeussere Untersuchung der Thierinsecten.

So brauchbar und nothwendig aber eine Sammlung, wie die angegebene, ist, so soll sie doch nur den Mangel frischer Individuen ersetzen, und wenn es irgend möglich ist, muss man die Untersuchung eines Thierinsects nicht aufschieben, sondern dieselbe an lebendigen oder frischen Exemplaren anstellen. Es gibt auch, abgesehen von den wirklichen Lebensäusserungen, einige blos körperliche Verhältnisse der Thierinsecten, die man an Spirituspräparaten nicht gehörig wahrnehmen kann, wie zum Beispiel die Beschaffenheit der Mundtheile und aller innern Organe. Auch ist es bisweilen, wiewohl selten, der Fall, dass der Weingeist den Hinterleib zu sehr ausdehnt und die blässeren Zeichnungen und Grundfarben ein wenig verändert. Soll aber ein in Spiritus aufbewahrtes Thierinsect der Untersuchung unterworfen werden, so thut man wohl, dasselbe, nachdem es aus dem Glase genommen ist, eine kurze Zeit einzuwässern, damit der kleine Körper, was bei Spirituspräparaten überhaupt der Fall ist, nicht zu schnell vertrocknet. Ist dies geschehen, so zieht man die Feuchtigkeit mittelst des Pinsels rein von der Oberfläche des Insects ab, worauf dann das Object zur Untersuchung vorbereitet ist.

Da die allermeisten Thierinsecten so klein sind, dass man auch mit dem besten myopischen Auge nicht einmal die Bildung und Zeichnung ihrer Haupttheile genau zu erkennen vermag, und da es selbst bei den grössesten Arten unmöglich ist, die feinern Organe ohne Vergrösserung deutlich wahrzunehmen, so erfordert die Untersuchung aller Thierinsecten die Anwendung des Mikroskops. Man hat dabei sowohl einfache Linsen, als das Compositum nöthig, und zwar muss man in jedem vorkommenden Falle beide anwenden und denselben Gegenstand unter verschiedenen Graden der Vergrösserung betrachten. Manche Naturforscher bedienen sich sehr starker Vergrösserungen fast gar nicht; allein sie sind zur Beobachtung vieler Bildungen, die man sonst gar nicht bemerkt oder nicht deutlich genug sieht, unentbehrlich. So sind zum Beispiel die feinen Riefen und körnigen Erhabenheiten der Haut bei Läusen und Federlingen, die hellen Pusteln in den dunkeln Zeichnungen vieler Thierinsecten, selbst die Luftlöcher, die Stemmer zwischen den Fussklauen der Liotheen etc. ohne wenigstens zweihundertmalige Vergrösserung des Durchmessers schwerlich genau zu erkennen. Wenn vornehmlich das zusammengesetzte Mikroskop diese starken Vergrösserungen gewährt, so verdient doch die Anwendung der einfachen Linsen in den meisten Fällen den Vorzug, indem sie die Farben und Oberflächen viel heller und deutlicher, als das Compositum darstellen, welches bei völlig opaken Gegenständen fast nichts als den äussern Umriss zeigt, bei transparenten Objecten aber gar leicht in Irrthum führen und eine Verwechslung der innern durchscheinenden Theile mit den oberflächlichen und äussern Bildungen und Zeichnungen veranlassen kann. Man muss daher neben den Handlupen vom stärksten und mehreren schwächern Vergrösserungsgraden ein Linsengestell oder sogenanntes einfaches Mikroskop bei diesen Untersuchungen stets zur Hand haben, um das Object mit mehrerer Bequemlichkeit längere

Zeit hindurch mit dem einfachen Glase beobachten zu können, was zur Verfertigung der Abbildung und Beschreibung sehr nothwendig ist.

Das einfache und zusammengesetzte Mikroskop aber müssen so eingerichtet sein, dass der Objectträger auf einer Scheibe frei liegt, indem die bei mehreren Mikroskopen angebrachte Vorrichtung zum Festhalten oder Einklemmen des Objectträgers völlig unnütz und hinderlich ist. Als Objectträger benutzt man entweder gleich das Uhrglas, oder besser einen einfachen Glasstreifen. Darauf nimmt man von jeder Thierinsectenart, die man beobachten will, wo möglich mehrere Individuen, auf einmal und stellt dieselben in einer Reihe und gleicher Richtung neben einander, damit man mehrere Exemplare bei schwächern Vergrösserungsgraden auf einmal übersehen oder bei stärkern wenigstens schnell nach einander ins Sehfeld bringen kann. Auf diese Art kann die so nothwendige Vergleichung mehrerer Individuen bei der mikroskopischen Beobachtung mit Leichtigkeit und Genauigkeit angestellt werden.

Die vollständige Angabe alles dessen, was bei der Untersuchung der äussern Verhältnisse der Thierinsecten in Acht zu nehmen ist, würde theils unnöthig sein, theils hier zu weit führen. Man wird dies am besten aus der Naturbeschreibung dieser Insecten selbst abstrahiren können. Ich bemerke nur, dass das Insect nicht nur zuvörderst im Ganzen von oben und unten und von allen Seiten beschaut werden muss, sondern dass auch jeder Theil desselben ein besonderes Studium, eine eigene wiederholte Beobachtung bei mehrmaliger Abänderung der mikroskopischen Hülfsmittel sowohl, als der Lage und Richtung des Objects erfordert. Man kann diese Untersuchungen nicht genau genug anstellen. Auch die kleinste, scheinbar geringfügige Differenz, wenn sie beständig, ist zur Bestimmung der Arten von Wichtigkeit. Um daher bei der Beobachtung eines Thierinsects nichts aus der Acht zu lassen, ist es rathsam, sich ein schriftliches Verzeichniss aller zu beobachtenden Theile und fraglichen Verhältnisse für jede Gattung zu entwerfen, und dieses bei der Untersuchung jeder Art zum Grunde zu legen und Schritt vor Schritt zu verfolgen.

Innere Untersuchung der Thierinsecten.

Wenn die Untersuchung des innern Baues für die Kenntniss aller Art organischer Körper von entschiedener Wichtigkeit ist, so darf sie auch beim Studium der Thierinsecten nicht hintan gesetzt werden. Freilich sind Anatomien so kleiner Körper, wie die meisten Thierinsecten sind, welche die Grenzen der anatomischen Kunst zu bezeichnen scheinen und die kleinsten Körper sein mögen, bei welchen die Zergliederung anwendbar ist, ungemein mühsam und schwierig. Allein sie sind es in geringerm Grade, sobald man sich schon in der Zergliederung grösserer Insecten versucht und darin einige Fertigkeit erworben hat, obgleich bei den meisten Thierinsecten ein abgeändertes Verfahren nöthig ist.

Die Methode, welche ich bei der anatomischen Untersuchung grösserer Insecten vom Hirschkäfer oder dem grossen Wasserkäfer an, bis etwa zur Stubenfliege herab, seit vielen Jahren angewandt und bewährt gefunden habe, ist, nach ihren allgemeinsten Momenten angegeben, folgende*): Man legt das Insect (vorwärts oder rücklings) auf ein dünnes, längliches Brettchen von weichem Holze**), welches etwa zwei- bis dreimal so breit als das Insect, aber lang genug ist, um es bequem halten zu können, und das zu jedesmaligem Bedarf gleich so, wie es sein muss, geschnitten werden kann. Darauf wird das Insect zuvörderst mit einer Stecknadel am Kopfe oder Vordertheile und ebenso am Hinterende festgesteckt. Ist dies geschehen, so wird der Rumpf mit einer feinen Scheere, welche spitze, in einem sehr stumpfen Winkel gebrochene Blätter haben muss, oder nach Befinden mit einem spitzen kleinen Messerchen der Länge nach aufgeschnitten, wobei die Spitze des schneidenden Instruments mit Vorsicht so zu führen ist, dass die Eingeweide durch selbige nicht verletzt werden. Sodann werden die durch den Aufschnitt entstandenen Ränder des Panzers behutsam von einander gezogen, nach und nach ausgebreitet und mit mehreren, nach Verhältniss des Insects feinern oder stärkern Stecknadeln auf dem Brettchen

---

*) Ausführlicher habe ich von der Zergliederung der Insecten in einer Inauguralschrift gehandelt, welche unter dem Titel: *dissertatio de apperiunda insecta dissecandi ratione* im Jahre 1815 bei der Universität Wittenberg erschienen ist.

**) Ein solches hölzernes Brettchen ist meinen Versuchen zufolge weit schicklicher, als eine Wachstafel, deren sich Andere zu dem ähnlichen Behuf bedienen.

befestigt. Wenn bei diesem Ausbreiten und Voneinanderziehen die Härte des Panzers, besonders am Thorax, hinderlich wird, so muss man den Panzer des Insects, ehe dasselbe aufs Brett kömmt, hin und wieder der Länge nach einknicken oder einschneiden oder abschaben, damit er beim Ausbreiten nachgiebt.

Nachdem nun der geöffnete Panzer gespreizt und festgesteckt ist, bringt man das Brettchen mit dem Insect in ein kleines flaches längliches Gefäss mit Wasser, drückt es mit der linken Hand völlig auf den Grund, so dass das Wasser völlig darüber steht und präparirt nun mit der Rechten die innern Organe, welche sich bald im Wasser erheben und artig darin fluktuiren: man lockert sie auf, zieht sie auseinander und reinigt sie, was vorzüglich mit einem Haarpinsel, mit gefassten Stahlnadeln und hin und wieder, wenn die Theile nicht zu zart sind, mit einer feinen, nur schwach drückenden Zange geschieht. Sobald die Ganglienkette (sonst unpassend Rückenmark genannt) welche, im Fall das Insect von der Bauchseite geöffnet worden ist, sich zuerst zeigt, gefunden und auf die Seite gelegt worden, und der Netzkörper (sonst Fettkörper genannt) selbst nicht mehr Gegenstand der Untersuchung ist, muss der letztere behutsam weggepinselt oder, wo er zu consistent ist, mit dem Zängelchen nach und nach weggenommen werden, weil ohnedies keine innere Theilart, am wenigsten bei manchen Larven, deutlich dargelegt werden kann, er müsste denn, wie bei manchen vollkommenen Insecten, nur sehr gering von Masse und Ausdehnung sein. Man erneuert das Wasser im Gefässe, so oft es durch die Theile des Netzkörpers trübe geworden ist. Auch kann man die Stecknadeln, mit welchen der Panzer des Insects gespreizt und befestigt ist, insofern sie bei der Präparation der Eingeweide hinderlich sind, späterhin wenigstens hin und wieder herauszuziehen versuchen, indem die Spreizung und Anheftung manchmal, besonders bei den weichhäutigen Larven, dennoch bleibt.

Das bisher angegebene Verfahren ist zur allgemeinen, oberflächlichen Untersuchung und Musterung der meisten und wichtigsten innern Theile des Insects hinreichend, und eine solche vorläufige allgemeine Musterung ist zur Kenntniss der Lage und Proportion, welche die Organe zu einander haben, auch nothwendig. Allein jede Theilart erfordert noch eine eigene fernere Untersuchung und eine mehr oder weniger verschiedene Behandlung des Insects. Es kommt auf die insbesondere darzustellende Theilart an, ob das Insect von der Rückenseite oder Bauchseite oder auch wohl noch in anderer Richtung geöffnet werden soll, wiewohl es gut ist, womöglich jedes Organ von verschiedenen Seiten her aufzusuchen. Denn schwerlich wird man an Einem Individuum die ganze Anatomie vollenden können, da die genaue und vollständige Darstellung der einen Theilart sehr oft die Verletzung der andern nöthig macht und die meisten Organe theils der leichtern und sicherern Präparation, theils der mikroskopischen Beobachtung wegen aus dem Körper genommen und auf einer Glasplatte oder in einem flachen Uhrglase auseinandergelegt werden müssen. Selbst ein einziges System von Organen wird man nicht immer (am wenigsten die Muskeln) ohne Section mehrerer Exemplare zur vollständigen Darstellung bringen können, um so weniger, je kleiner das Insect ist und je schwerer es sich in anderer Hinsicht, z. B. wegen tiefer Struktur und Härte des Panzers, behandeln lässt. — Wenn man keine allgemein verbreiteten Organe darstellen und verfolgen will, so kann man die Füsse und Flügel, insofern sie bei der Anatomie des Rumpfs hinderlich sind, zuvor abschneiden. Will man aber innere Theile bis in die Glieder verfolgen, so müssen diese natürlicher Weise erhalten und, soweit es möglich ist, mit der Scheere oder dem Messer aufgeschnitten werden. Bei Untersuchung der innern Organe des Kopfs, darf dieser gar nicht angesteckt werden, wenn er nicht gross genug ist, dass man die fixirende Nadel an der Seite oder an der Lippe oder an einer Mandibel anbringen kann. Im entgegengesetzten Falle muss die der Oeffnung des Rumpfs vorausgehende Anheftung des Vordertheils am Halse oder Thorax gemacht werden.

Soll der Nahrungskanal dargestellt werden, so ist die oft sehr schwierige Entwickelung der sogenannten Gallgefässe das, worauf man seine vorzügliche Aufmerksamkeit zu richten hat. Oft ist es rathsam, die Entwicklung dieser Gefässe erst nach Herausnahme des ganzen Nahrungskanals vorzunehmen oder zu vollenden. Man verfährt dabei so: Man trennt den Kopf und das letzte Segment des Hinterleibes oder ein Stück desselben völlig los, so dass ersterer nur am Schlunde, letzteres aber am Mastdarm sitzen bleibt, schneidet oder reisst behutsam die Tracheenäste ab, welche den Nahrungskanal halten, so wie die, welche zu den Geschlechtstheilen gehen, im Fall diese vorhanden sind, und nimmt vom Netzkörper nur so viel hinweg, als nöthig ist, um die genannten Eingeweide möglichst von ihren Verbindungen mit dem Körper frei zu machen. Nunmehr wälzt man den vielleicht grösstentheils noch vom Fettkörper umhüllten Nahrungskanal mit dem daranhängenden Kopfe und Endsegmente und den Geschlechtstheilen aus dem Leibe heraus in die Wassermasse des Gefässes. Von da wird er mit einem flachen Uhrglase, oder nach Befinden mit einer Glastafel herausgeschöpft und nun erst werden mit der grössten Vorsicht die Gallgefässe nebst dem ganzen Speisekanal entwickelt und ausgebreitet, was mit dem Haarpinsel, mit Nadeln und durch zweckmässiges mehrmaliges Ausspülen von Wasser geschieht. Die Geschlechtstheile können an dem Präparate bleiben, insofern sie sich so disponiren lassen, dass sie die Theile des Nahrungskanals nicht verdecken, sonst werden sie nachher gesondert und abgeschnitten. Auch wenn es bloss auf die Untersuchung der Genitalien abgesehen ist, wird es mehrentheils wohlgethan sein, dieselben gleich mit dem Nahrungskanal auf die angegebene Weise aus dem Körper zu nehmen; man müsste denn finden, dass sie sich im Körper schon gut und ohne Verletzung vom Nahrungskanal und den Gallgefässen absondern liessen, wo sie dann für sich herausgenommen werden können.

Bei der Untersuchung der Speichel-, der Spinn- und der Aftergefässe verfährt man ebenso, wie bei der des Nahrungskanals. Es ist natürlich, dass sie auf jene Art mit dem letztern aus dem Leibe genommen werden.

Ist es auf Darstellung der Tracheen abgesehen, so muss man sich möglichst vor Verletzung derselben hüten, weil sie, sobald Feuchtigkeit in ihre Höhlung dringt, meist unscheinbar werden. Da indessen diese Verletzung bei einer längern Untersuchung selten ganz verhütet werden kann, so thut man wohl, sich mit dem Verlauf derselben so schnell wie möglich bekannt zu machen und den aufgeschnittenen Körper des Insects nicht zu lange im Wasser zu lassen, sondern ihn, nachdem er vom Netzkörper gereinigt ist, mit dem Pinsel rein abzutrocknen und nachher nur nothdürftig zu befeuchten. Indessen ist diese Vorsicht da, wo die Tracheen eine schwärzliche oder dunkele Farbe haben, wie bei den Larven mehrerer Dytisken und Hydrophilen, bei denen der Gattung ***Agrion***, der der ***Tipula contaminata*** und andern, nicht nöthig, indem hier das Eindringen des Wassers nicht schadet. Wenn bei Larven stärkere, der Länge nach gehende Hauptstämme der Luftröhren da sind, so kann man den grössten Theil dieses Gefässsystems als ein zusammenhängendes Präparat, nachdem die kleinern Aeste, durch deren Insertion es im Körper gehalten wird, und die etwa dasitzenden Muskularhenkel abgeschnitten worden, herausnehmen und auf einer Glasplatte ausbreiten.*)

Um das Herz oder den sogenannten Rückenkanal sichtbar zu machen, muss man das Insect von der Bauchseite, und zwar lebendig öffnen und die Eingeweide schnell herausnehmen, so dass die innere Seite des Rückens, wo das Herz liegt, blos wird. Man erkennt dieses dann leicht an seiner pulsirenden Bewegung.

Die genaue Untersuchung der Muskeln ist sehr schwierig, besonders bei den vollkommenen Insecten. Sie erfordert die Zergliederung mehrerer Individuen und eine verschiedene Art der Section. Ein Exemplar muss von der Bauchseite, ein anderes von der Rückenseite geöffnet, ein drittes vertikal in der Gegend des Thorax durchschnitten, ein viertes am Brust- und Rückentheil des Thorax äusserlich abgeschält werden, ja es müssen der Kopf und die Füsse noch, so weit es möglich ist, aufgeschnitten werden, wenn man zu einer einigermaassen vollständigen Ansicht jener Theile, die doch bei kleinern Insecten schwerlich erreichbar sein dürfte, gelangen will. Die Eingeweide und Tracheen werden bei der Untersuchung der Muskeln von innen her weggenommen, jedoch muss man vorher auf diejenigen Muskeln, welche etwa die grössern Tracheenstämme oder den Nahrungskanal festhalten (denn dergleichen werden bei mehreren Insecten gefunden) und auf die, welche zur Bewegung der äussern, zurückziehbaren Geschlechtsorgane dienen, aufmerksam gewesen sein.

Was endlich das Nervensystem betrifft, so ist die Ganglienkette, welche den Stamm der Rumpfnerven bildet, leicht zu finden, wenn das Insect von unten der Länge nach aufgeschnitten wird. Allein schon des Gehirns wegen, und um dieses leichter in seinem Zusammenhange mit der besagten Ganglienkette darzustellen, ist es

*) Ich habe auch den Versuch gemacht, das Tracheensystem mancher Insecten zwischen zwei am Rande mit einem Papierstreifen zusammengeleimte Glastafeln, nachdem es vorher auf einer derselben frisch ausgebreitet worden, trocken aufzubewahren, da es, in Spiritus conservirt, mehrentheils unscheinbar wird. Es ist mir dies namentlich mit dem der Larve von *Tipula contaminata*, *Dyticus marginalis punctulatus*, *Hydrophilus piceus* und andern sehr wohl gelungen.*) Bei manchen Insecten aber ziehen sich die Luftröhrenstämme, sobald sie trocken werden, so sehr zusammen, dass sie gänzlich zerreissen, und folglich diese Methode nicht auf sie anwendbar ist. Dies ist bei allen Larven der Gattung *Libellula* und *Aeschna* Fabr. der Fall, deren merkwürdiges Tracheensystem und höchst wundervoller, im Mastdarm befindlicher Kiemenapparat nur in Weingeist aufbewahrt werden kann.

*) Diese Präparate befinden sich in meinen Händen und sind noch jetzt nach 50 Jahren unversehrt und wohl erhalten. Gi.

besser, die Section von der Rückseite vorzunehmen, zuerst durch Abschälung des Kopfes das Gehirn darzustellen, dann nach gefundenen Hirnnerven die Fäden aufzusuchen, welche mit dem ersten Rumpfganglion einen Henkel um den Schlund bilden, und so bei behutsamer und allmäliger Aufhebung und nachheriger Wegnahme des Darmkanals und der übrigen Eingeweide zur Ganglienkette überzugehen und diese bis ans Ende zu verfolgen. Hat man die Nerven des Gehirns und der Ganglienkette nach ihrer Insertion und Vertheilung beobachtet, so schneidet man sie in möglichst weiter Entfernung von den genannten Theilen ab und löst nun das ganze System behutsam aus dem Leibe, um es dann auf der Glasplatte auszubreiten und mikroskopisch beobachten zu können.

Uebrigens gibt es viele besondere Regeln und Cautelen bei der Präparation der einzelnen Thierarten und manche Modification des hier nur ganz im Allgemeinen angegebenen Verfahrens, welche die Verschiedenheit der Grösse, Gestalt und Härte der Insecten nothwendig macht, deren Erörterung jedoch hier zu weit führen würde. Auf die jetzt beschriebene Methode aber können nur sehr wenige Thierinsecten, etwa die Arten der Gattung *Hippobosca L.* und von den übrigen bekannten höchstens nur das *Liotheum gigas* und solche, die etwa die Grösse dieses Insects haben möchten, kaum noch *Liotheum cimicoides, Philopterus falcicornis* und *Pediculus suis* zergliedert werden.

Hingegen ist leicht zu erachten, dass auf die übrigen Thierinsecten, welche selten etwas grösser als die Kopflaus, meist aber viel kleiner und oft kaum den vierten Theil so lang sind, weder das Aufschneiden mit der Scheere, noch das Anstecken und Spreizen mit Stecknadeln, noch das Zergliedern auf einem opaken Brettchen, noch das Einbringen in eine grössere Wassermasse anwendbar sein würde. Solche kleine Insecten müssen nothwendig auf einer Glasplatte, welche gleich als Objectträger unter das Mikroskop gebracht werden kann, und bloss unter einem Wassertropfen zergliedert werden. Die Instrumente sind hier, ausser einem feinen Haarpinsel, spitze und stumpfere mit einem kleinen Griff versehene Stahlnadeln und ein feines Messerchen oder Skalpell mit sehr scharfer, spitziger, kurzer, geradrückiger Klinge.

Das kleine Insect, welches zergliedert werden soll, wird nun auf die Glasplatte so gelegt, dass der Kopf hin zum Zergliederer, der Hinterleib aber abwärts gerichtet ist. Hierauf bringt man einen Tropfen Wasser auf dasselbe. Sodann wird es durch den Druck einer nicht allzu spitzen Nadel, die man mit der linken, fest aufgelegten Hand hält, an dem Vordertheile, dem Kopfe oder dem Bruststücke fest auf die Glasplatte gedrückt und, während es so fixirt ist, behutsam abwärts vom Thorax oder vom Anfange des Hinterleibes an bis gegen das Ende desselben mit dem Messer aufgeschnitten oder aufgerissen, wobei man die Schärfe des Messers nach aussen oder nach oben hält. Während der Aufschnitt geschieht, quellen die Eingeweide gewöhnlich aus der gemachten Oeffnung heraus, was noch nachher durch einen seitlichen Druck auf den Hinterleib und durch Anspülen eines neuen Wassertropfens, welcher zugleich das bessere Entfalten der herausquellenden Eingeweide zur Folge hat, befördert werden kann. Man sucht nun theils durch den Pinsel, theils mit Hülfe einer spitzen Nadel die Eingeweide so viel wie möglich auf die Seite des Insects zu ziehen und alsdann den hintern Theil des Hinterleibes von dem vordern mit dem Messer oder einer Nadel abzureissen. Dieses Abreissen gelingt bei manchen Arten schwerer, bei andern leichter, je nachdem der Zusammenhang der Segmente fester oder geringer ist. Man verfährt dabei so, dass man die fixirende Nadel auf den ersten Segmenten, die abreissende spitzere Nadel oder das Messer aber da aufsetzt, wo die Trennung geschehen soll. Sie ist nicht leicht mit einem Male möglich, sondern es muss erst die eine Seite und dann die andere abgerissen werden. Hat man nun den hintern Theil des Abdominalpanzers von dem vordern getrennt, so zieht man den abgerissenen Hintertheil, welcher jetzt bloss durch die innern Eingeweide mit jenem verbunden ist, so weit es ohne Zerreissung der Eingeweide geschehen kann, ganz behutsam los, damit die Eingeweide aus beiden Theilen des Hinterleibes möglichst herausgezogen werden und sich frei auf der Glasplatte präsentiren. Auf diese Art ist man oft im Stande, den Netzkörper, den Kropf, den Magen, die sogenannten Gallgefässe und einen Theil des eigentlichen Darmkanals und der innern Geschlechtstheile sichtbar zu machen. Bei der Hinwegnahme des gewöhnlich ziemlich geringen, in wenigen langen Schläuchen bestehenden Netzkörpers, wie überhaupt bei der Präparation der innern Organe dieser kleinen Körper, gebraucht man mehr die Nadel als den Pinsel, weil die feinern Theile leicht an den Haaren des Pinsels hängen bleiben.

Wenn man nun den Nahrungskanal auf die besagte Weise so dargestellt hat, dass nur noch der Schlund oder der obere Theil des Schlundes und dann der hintere Theil des Darmkanals zur vollständigen Darstellung fehlt, so vervollständigt man die Ansicht folgendermassen. Man reisst an einem andern Exemplare, indem man den Thorax durch eine mit der linken Hand gehaltene Nadel hält, mit einer andern von der Rechten geführten Nadel den Kopf behutsam vom Bruststück ab, wodurch dann der Schlund und oft der ganze Kopf und ein Theil des Magens zugleich aus dem Leibe gezogen werden. Ja, es ist mir bei einem sehr kleinen Läuschen auf diese einfache Art gelungen, sogar noch die vier Gallgefässe mit herauszuziehen. Dieses behutsame Abziehen des Kopfs ist zugleich das einzige Mittel, bei so kleinen Insecten die Speichelgefässe und die Ganglienkette darzustellen. Um aber den hintersten Theil des Nahrungskanals und die innern Geschlechtstheile zu präpariren, muss man mit einem Individuum, welches schon auf die zuerst angegebene Weise behandelt ist, wo nämlich schon der Hinterleib aufgeschnitten, dann seine hintere Portion von der vordern losgetrennt und der Nahrungskanal grossentheils schon dargelegt ist, auf folgende Art verfahren. Man sucht soviel wie möglich den Nahrungskanal von den Genitalien zu entfernen, etwas seitwärts zu legen und nun das anhängende hintere Stück des Abdominalpanzers der Länge nach (wie immer mit Nadeln) in zwei Stücke zu trennen. Gelingt es nun auf diese Weise, dass an dem einen Stücke der Mastdarm, an dem andern die Geschlechtstheile hängen bleiben, was, obgleich die äussern Mündungen beider nicht neben, sondern über einander liegen, doch leicht geschieht, da die Trennung ohnehin gewöhnlich etwas schief geräth, so entfernt man beide Portionen von einander, wickelt die Gallgefässe aus dem Gewirre der Ovarien oder der Samengänge und Samenbläschen nach und nach heraus und biegt nun sowohl das an dem Darme, als das an den Genitalien sitzen gebliebene Panzerstück seitwärts so ab, dass beide Organe nun von der Umhüllung des Stücks möglichst frei und völlig sichtbar werden. Auf diese Art sind nun sowohl die Genitalien als der hintere Theil des Nahrungskanals dargestellt, und es kommt dann nur noch auf die etwa nöthige Absonderung der Partikeln des Netzkörpers und die Ausbreitung der genannten Organe an.

Die Luftröhren lassen sich bei den meisten kleinern Thierinsecten schon ohne Anatomie sehr schön in Ansehung ihres Verlaufs beobachten. Sobald man das Insect nämlich in einen Tropfen Wasser bringt, wird es ganz durchscheinend und zeigt unter dem Mikroskope die Tracheen aufs deutlichste, wenn nicht die Farbe des Panzers zu dunkel ist. Bei so dunkelgefärbten Arten muss man die Larven oder die eben gehäuteten *Imagines*, bei denen der Panzer noch ganz weiss und ohne Zeichnung ist, zu dieser Untersuchung wählen.

Durch die Zergliederung hingegen lassen sich nur einzelne Theile des Tracheensystems, zum Beispiel die Aeste, welche zum Nahrungskanal und den Genitalien gehen, darstellen.

Noch viel weniger dürfte in Ansehen der Kenntniss des Herzens und der Muskeln bei anatomischen Untersuchungen dieser kleinen Thiere ein Resultat von einiger Erheblichkeit zu erwarten sein. Selbst bei durchscheinenden Thierinsecten sieht man jene Organe wenig oder gar nicht. Ihre Beobachtung würde indessen vermuthlich auf keine wichtigen Besonderheiten führen.

Was das Nervensystem betrifft, so lässt sich, wie schon bemerkt ist, die Ganglienkette durch behutsames Abreissen des Kopfes aus dem Rumpfe herausziehen. Ist dieses gelungen und sind alle Ganglien vollständig herausgezogen, was man an den vielen aus dem Hintertheil des letzten Ganglions kommenden Nerven ersieht, so sondert man die übrigen, zugleich herausgezogenen Organe ab und nimmt sie mit der Nadel oder Messerspitze ganz weg. Wenn nun der Kopf des Insects nicht gar zu klein und schmal ist, so kann man versuchen, mit der Messerspitze ein Stück des Kopfpanzers über dem Gehirn wegzunehmen, wodurch die Darstellung des Gehirns bisweilen ziemlich gelingt.

Während der Zergliederung jedes Thierinsects braucht man das Mikroskop. Nicht nur so wie der Aufschnitt geschehen und der Austritt der Eingeweide erfolgt ist, sondern so wie ein neuer Pinselstrich auf die heraustretenden Eingeweide gemacht, ein neuer Wassertropfen auf das Object gespült, oder mit der Nadel im mindesten an den Theilen gezogen worden ist, kurz bei der geringsten Veränderung, die das kleine Object, welches anatomirt wird, erfährt, muss es stets mit der Glasplatte, auf der es liegt, unter das Mikroskop gebracht und durch dasselbe betrachtet werden, damit man sieht, was durch die Operation bewirkt worden, welche Lage die Theile bekommen haben, und was noch zu thun ist. Allein die Zergliederung selbst, das Aufschneiden des Panzers sowohl als jede nachherige, unmittelbar auf das Object wirkende Operation muss mit blossem, unbewaffnetem Auge verrichtet werden, indem meinen Versuchen zufolge das Mikroskop gleichzeitig bei der Operation ganz und gar nicht mit wirklichem Vortheil zu gebrauchen, sondern im Gegentheil hinderlich ist. Es ist freilich eine seltsame Sache, Theile zu präpariren, ohne dieselben deutlich zu sehen. Allein mit einem guten myopischen Gesichte, was überhaupt bei der Untersuchung der Thierinsecten von sehr grossem Nutzen ist, wird man nach vorhergehender mikroskopischer Betrachtung Manches auch ohne Vergrösserungsglas wohl erkennen, was man zuvor ohne dasselbe nicht wahrzunehmen im Stande war. Beim Nahrungskanal gewähren auch der Kropf und Magen, bei den männlichen Geschlechtstheilen die Hoden und die Samenblasen und bei den weiblichen die ausgebildeten durchscheinenden Eier gewisse leicht sichtbare Anhaltungspunkte für das blosse Auge, nach deren Lage und Richtung die der übrigen unsichtbaren oder minder sichtbaren Theile, welche mit ihnen zusammenhängen, geschätzt und die fernere Operation eingerichtet werden kann.

Es ist leicht zu erachten, dass diese Zergliederung unmöglich mit der Regelmässigkeit angestellt werden kann, dass sie weit öfter verunglücken muss, und dass sie weit mehr Behutsamkeit und Geduld erfordert, als die Zergliederung grösserer Insecten. Es ist dies eine *Anatome per expectationem et experimentationem*. Eile verdirbt Alles. Bei der Darlegung und Entwickelung eines Organes muss man mit einem Male so wenig wie möglich thun, jeden Eindruck, den man auf das kleine Präparat macht, so schwach wie möglich einrichten, und immer wieder das Vergrösserungsglas zu Hülfe nehmen. — Eine feste, sichere Hand ist hier vorzüglich von Nöthen. — Wo die Nadel, wo das Messer oder der Pinsel etwa besser anzuwenden sei, dies muss man durch eigene Uebung lernen. Das blosse Anspülen neuer Wassertropfen richtet oft schon viel aus. Auch kann man mitunter Tropfen von Weingeist auf das Object fallen lassen, theils um die zarten Organe dadurch etwas härter zu machen, theils um den Strudel, der aus der Vermischung des Wassers und Weingeistes entsteht, zur Auflockerung und bessern Lösung der feinsten Theile zu benutzen.

— ❖ —

I. HEMIPTERA EPIZOA.

Einzige Familie. PEDICULINA.

Die Pediculinen oder eigentlichen Läuse sind flügellose Hemipteren mit meist fünfgliedrigen Fühlern, einfachen nur bisweilen fehlenden Augen, mit einziehbarem vorn mit Häkchen besetzten Saugrüssel, und undeutlich oder gar nicht gegliedertem Brustkasten und mit Kletterfüssen.

Der Kopf sehr veränderlich in der Form wird stets wagrecht getragen und hat vorn an der Unterseite den Schnabel. Dieser besteht aus einer sehr kurzen Scheide, in welcher der Saugrüssel im Zustande der Ruhe zurückgezogen liegt, und dann nicht sichtbar ist. Vorgeschoben erscheint er als weiches Rohr, dessen Ende mit Reihen kleiner Chitinhäkchen bewehrt ist. In der Ruhe wird dieses bewehrte Ende in sich eingestülpt. Aus dem Rohre schiebt sich zum Oeffnen der Wunde ein feiner Hohlstachel hervor. Im Innern des Kopfes und zwar an der Unterseite stützt sich der mit Häkchen besetzte Saugrüssel auf zwei schmale braune Chitinleisten, deren jede sich winkelig nach aussen umbiegt. Den Saugrüssel hat schon der sehr scharf beobachtende Swammerdam in seiner Bibel der Natur richtig beschrieben und abgebildet von der Kopflaus, nachdem er deren Saugen selbst aufmerksam beobachtet hat, und seitdem untersuchte erst, wenn wir die minder genauen Angaben von Leeuwenhoek, Redi und de Geer unbeachtet lassen, Nitzsch denselben wieder bei verschiedenen andern Arten und begründete darauf hauptsächlich die systematische Stellung der Pediculinen. Diese im Januar 1815 angestellten Untersuchungen veröffentlichte Burmeister 1839 im IV. Heft seiner Genera Insectorum und specieller 1847 in der Linnaea entomologica II. 577. Tf. 1. und ich in der Zeitschrift f. ges. Naturwiss. 1864. XXIII. 21. Erichson trat dieser Deutung mit Entschiedenheit entgegen (Wiegm. Archiv 1839. V. 375), stellte die Widerhaken am Rüssel in Abrede, nahm dagegen ein Paar sehr entwickelter viergliedriger Taster und sehr deutliche Mandibeln an, so dass nach ihm die Läuse nicht stechen, sondern beissen. Von der Anwesenheit der Häkchen und dem Mangel gegliederter Taster kann man sich nun leicht bei jeder eigentlichen Laus überzeugen und die sogenannten Mandibeln haben Burmeister und Landois als im Kopfe steckende Chitinleisten nachgewiesen. Der Hohlstachel besteht nicht wie Nitzsch vermuthete aus vier Kieferborsten den andern Hemipteren analog, sondern nach Burmeister's Untersuchung der Schweinslaus wird sowohl das äussere wie das innere Rohr von je zwei chitinischen Halbröhren gebildet. — Die Fühler stehen, wenn der Kopf sehr kurz und stumpf ist, an dessen Vorderecken, rücken aber bis in die Mitte wenn der Kopf schmal und lang gestreckt ist. Ihre drei, meist fünf Glieder sind von gleicher oder ziemlich gleicher Länge, das erste gemeinlich sehr verdickt, die übrigen von gleicher oder langsam abnehmender Stärke. Die einfachen schwarzen Punktaugen, deren feinerer Bau noch nicht untersucht worden ist, stehen in der Nähe oder einiger Entfernung hinter den Fühlern, fehlen jedoch einigen wenigen Arten. — Der Thorax hat mindestens die Breite des Kopfes bei sehr wechselnder Länge, meist ist er erheblich bis sehr bedeutend breiter, zeigt nur schwache oder gar keine Einschnürungen oder Ringfurchen und hat oberseits ein Paar Stigmata. Die drei Paar Beine sind randlich an ihm eingelenkt, mit gemeinlich kurzen sehr dicken Coxen, denen ein kleiner ringförmiger Schenkelring und dann der viel längere und stärkere Schenkel folgt. Die an diesem gelenkende Schiene ist der dickste, breiteste Abschnitt des Beines und mit einer stark vorspringenden Chitinecke versehen. Das erste Tarsusglied ist gestreckt walzig oder kegelförmig und das letzte klauenförmige gegen das erste und die Ecke der Schiene zurückgeschlagen, wodurch der Fuss zum Klammer- oder Kletterfusse wird. Häufig erscheint das erste Beinpaar merklich schwächer als die beiden andern. — Der Hinterleib hat mindestens die dreifache oft noch viel beträchtlichere Grösse als

Thorax und Caput und eine mehr minder regelmässige langgestreckte bis sehr gedrungne eiförmige Gestalt, ist durch markirte Ringfurchen, die häufig den Rand tief kerben, in acht oder neun Segmente getheilt. Das letzte Segment pflegt sexuell eigenthümlich, bei den Weibchen ausgebuchtet bis tief ausgeschnitten, bei den Männchen stumpf oder gerundet zu sein. Am Rande der Segmente mit Ausnahme des letzten und allermeist bauchwärts liegt jederseits je ein Stigma. Die Chitinhülle des Körpers ist derb lederartig, verschiedentlich gefärbt und gezeichnet, lässt jedoch einzelne innere Organe durchscheinen und ist auf allen Körpertheilen mit kurzen bis sehr langen Härchen, unbestimmt zerstreuten oder bestimmt geordneten, besetzt.

Von den innern Organen besteht das centrale Nervensystem aus einem obern Schlundknoten, der die Seh- und Fühlernerven abgiebt und durch zwei den Schlund umfassende Commissuren mit dem ersten Brustknoten in Verbindung steht. Der Brustknoten sind drei (nicht zwei wie Burmeister im Handb. d. Entomol. II. 57 behauptet) quer ovale vorhanden, die einander unmittelbar berühren und von denen der letzte grösste zugleich den Hinterleib mit Fäden versorgt. Jeder Knoten lässt die Verschmelzung aus zweien noch erkennen. Die Rumpfmuskulatur z. Th. an leistenförmige Vorsprünge der Chitinhülle inserirend besteht aus platten bandförmigen Muskeln, nur die in der Nähe der Stigmen liegenden Respirationsmuskeln sind wie die der Fühler und Beine pyramidal. Das Rückengefäss ist ungemein zart und sehr schwierig zur Anschauung zu bringen. Das Rohr des Saugrüssels setzt als zarte enge Speiseröhre fort, welche sich vorn in den zweiten weitesten Darmabschnitt, den sogenannten Magen einsenkt. Dieser hat häufig aber nicht allgemein vorn ein Paar Blindsäcke, in der mittlern Gegend eine eigenthümliche wahrscheinlich drüsige Scheibe, und verengt sich schneller oder langsamer nach hinten. Da wo er in den dritten Darmabschnitt übergeht münden die vier geschlängelten Malpighischen Gefässe je nach den Arten von verschiedener Länge ein. Eine starke Verdickung durch Drüsenkörper in der Wandung gebildet theilt den Darm in Dünndarm und Afterdarm. Speicheldrüsen pflegen zwei, eine bohnen- und eine schlauchhufeisenförmige vorhanden zu sein, von welchen eine wahrscheinlich ein reizendes Secret in die Wunde ergiesst und die andere wirkliche Speicheldrüse ist. Das Tracheensystem besteht aus zwei seitlichen Hauptstämmen, welche die Aeste von den Stigmen aufnehmen, hinten durch einen Querstamm verbunden sind, vorn bis in den Kopf fortsetzen. Ihre Verzweigungen umspinnen alle Eingeweide. Die männlichen Geschlechtsorgane bestehen aus einem Paar birnförmiger Hoden jederseits, deren gemeinschaftliche Samenleiter sich endlich vereinigen und an dieser Stelle noch die Ausführungsgänge einer eigenthümlichen paarigen Schleimdrüse aufnehmen. Der Penis tritt nur behufs der Copulation aus der Geschlechtsöffnung hervor. Die Eierstöcke sind fünf Schläuche jederseits, einfache oder durch Einschnürungen in mehrere Abschnitte getheilt. Die Enden dieser Eierstöcke sowohl wie die Spitzen der Hoden setzen als zarte Gefässe fort und verbinden sich mit dem Rückengefäss. Die sehr kurzen Eileiter vereinigen sich in die beiden Hörner des Uterus, der in die Scheide fortsetzt und noch den Ausführungsgang des Receptaculum seminis und einer paarigen Kittdrüse aufnimmt. Der aus rundlichen gestielten Zellen bestehende Fettkörper ist am mächtigsten im Hinterleibe und polstert besonders den rundlichen Raum, in welchem die Stigmata sich öffnen, erstreckt sich nach vorn jedoch bis in den Kopf.

Die Läuse leben blutsaugend auf der Haut nur der Säugethiere, auf einigen verschiedene Arten zugleich, wie auch auf dem Menschen drei Arten. Am liebsten halten sie sich an stark behaarten Körperstellen auf und verrathen ihre Gegenwart durch den Reiz, den ihr Saugen hervorbringt. Ihre Fruchtbarkeit ist sehr gering, dennoch unter günstigen Bedingungen ihre Vermehrung bei der schnellen Folge ihrer Generationen bisweilen erstaunlich und dann dem Wohlbefinden des Wirthes entschieden nachtheilig. Die Begattung wird in der Weise vollzogen, dass das Männchen unter das Weibchen kriecht und dieses klebt die Eier oder sogenannten Nisse an die Haare des Wirthes. Das Junge hebt den Deckel des Eies und kömmt schon in der Gestalt der reifen Aeltern hervor, so dass eine Metamorphose nicht statt hat.

Linné vereinigte alle schmarotzenden, sechsfüssigen, flügellosen Insecten ohne Verwandlung in die einzige Gattung ***Pediculus*** und Fabricius nahm dieselbe unverändert auf, obwohl schon de Geer den durchgreifenden Unterschied zwischen beissenden und saugenden Läusen nachgewiesen hatte. Erst Nitzsch brachte in seiner mehrfach erwähnten Abhandlung: die Familien und Gattungen der Thierinsecten in Germars Magazin 1818, III. die Familien in eine naturgemässe und scharfe Abgränzung, doch liess er für diese den Linné'schen Namen ***Pediculus*** als einzige Gattung bestehen, obwohl er in seinem Tagebuche die generische Verschiedenheit besonders der Filzlaus notirte. Eingeführt wurden die gegenwärtig allgemein anerkannten Gattungen, nämlich ***Phthirius*** und

Haematopinus neben *Pediculus* von Leach im dritten Bande der Zoolog. Miscellen. Zu diesen fügte später Gervais noch die auf nur eine Art begründete Gattung *Pedicinus*:

Uebersicht der Gattungen:

Mit fünfgliedrigen Fühlern	
Thorax und Abdomen nicht scharf geschieden . . .	*Phthirius*
Thorax und Abdomen scharf von einander geschieden	
Thorax allmählig die Breite des Hinterleibes erreichend	*Pediculus*
Thorax enger als der grosse Hinterleib . . .	*Haematopinus*
Mit dreigliedrigen Fühlern	*Pedicinus*.

1. PHTHIRIUS Leach.

Thorace brevi, lato, vix distinguendo; abdomine lato et in marginum utroque latere cum cornu segmentorum incisionibus; antennis longioribus; pedibus inaequalibus, anterioribus duobus ambulatoriis, posterioribus quatuor scansoriis, cum tibia et ungue in talum mobili.

Bereits im Jahre 1806 erkannte Nitzsch die generischen Eigenthümlichkeiten der Filzlaus, ohne jedoch in seinem Tagebuche einen eigenen Namen für dieselben einzuführen. Diesen gab dann Leach in seinen Zoolog. Miscell. III. 65, der allgemein angenommen worden ist. Da nur eine Art der Gattung bekannt ist, wenden wir uns gleich an deren Betrachtung.

Phth. inguinalis *Leach*. Taf. 1, Fig. 8.

Leach, Zoolog. Misc. III. 65. Denny, Monogr. Anoplur. 9. Tf. 26, Fig. 3. Landois, Zeitschr. wiss. Zool. 1864. XIV. 1—26. Tf. 1—5; 1865. XV. 495—498. Tf. 38.

Pediculus inguinalis Redi, Exper. Tf. 19.

Pediculus pubis Linné, Syst. Natur. II. 1017.

Phthirius pubis Küchenmeister, die am lebenden Menschen vorkomm. Parasiten 415.

Corpore albido vel subflavo, sordido, papillis minutissimis nitide distincto; abdomine subquadrato, segmentis latere prominulis; thorace utrinque nigra macula circum spiraculo magno.

Der kurze, breite, sehr gedrungene Körper, an welchem der geigenförmige Kopf durch einen verengten Halstheil scharf abgesetzt, der breite Brustkasten aber eng mit dem Hinterleibe verschmolzen erscheint, unterscheidet die Filzlaus schon auffallend von allen übrigen Mitgliedern ihrer Familie. Der mässig abgeplattete Kopf wird durch die Fühler in zwei Abschnitte getheilt. Der schmale, breit abgerundete Vorderkopf trägt die Mundtheile und in einer Ausbuchtung jederseits die Fühler. Unmittelbar hinter denselben liegen in der grössten Breite des Kopfes die Augen und hinter diesen beginnt sogleich die Verschmälerung. Die fünfgliedrigen Fühler sind fadenförmig, ohne geschlechtliche Auszeichnung, an den drei ersten Gliedern mit je zwei, an dem vierten mit nur einem Haarwirtel, am letzten mit nur einem Haar und an dem stumpfen Ende mit kleinen, wohl als Tastapparat dienenden Papillen. Junge Filzläuse haben nur drei Fühlerglieder, indem bei ihnen die drei letzten in ein langes ovales Glied vereinigt sind. Unmittelbar hinter jedem Fühler tritt das einfache gewölbte Auge hervor, überragt von einer am Fühlergrunde stehenden steifen Borste. Auf dem Kopfe zerstreut stehen einzelne Härchen, die in unserer Abbildung nicht ausgeführt sind.

Der breite Brustkasten lässt gar keine Gliederung erkennen, nimmt in einem vordern tiefen Ausschnitte den Kopf auf und jederseits nach unten in besonderen Gelenkpfannen die Beine. Diese sind sechsgliedrig; die Coxa frei beweglich in ihrer Pfanne, doppelt so lang wie der viel dünnere walzige Trochanter, der Oberschenkel wieder so stark und lang wie die Hüfte und am stärksten die Tibia. Diese trägt am Vorderende einen dicken Stachel, ist hinter denselben ausgehöhlt und hat an dem verdünnten Ende die starke Chitinkralle, deren Rand mit fünf stumpfen Zähnchen besetzt ist. Die Kralle schlägt sich gegen die Tibia zurück und wird dadurch der Fuss zum Klammer- und Kletterfuss. Das erste Fusspaar ist ungleich schwächer als die folgenden, die Schiene nur mit ganz unbedeutendem Stachel und die Kralle besonders schwach. Alle Glieder sind mit zerstreuten Härchen besetzt, nur am Stachel der Schienen mit dichter gedrängten. Auch auf dem Brustkasten stehen einzelne Härchen. Eine schwache Furche gränzt den Hinterleib vom Thorax ab. Derselbe besteht aus neun Segmenten und trägt jederseits vier stark beborstete Randzapfen, jedes Segment eine Querreihe von Härchen. Die Randzapfen sind bei dem Weibchen grösser als bei dem Männchen, bei welchem überdies die beiden vordern

Paare nur durch die Borsten angedeutet erscheinen; sie enthalten nur Zellen des Fettkörpers. Das Ende des männlichen Hinterleibes ist abgerundet und mit fünf bis sechs Haaren besetzt, darüber auf dem vorletzten Segment befindet sich die von oben her klappenartig überdachte quere Kloakenspalte. Das weibliche Abdominalende erscheint tief ausgerandet, reichlich behaart und die längliche Kloakenöffnung liegt auf der Bauchseite des vorletzten Segmentes, bedeckt von zwei stark behaarten Klappen, welche durch besondere Muskeln bewegt werden.

Die vorn an der Unterseite des Vorderkopfes gelegenen Mundtheile verhalten sich wesentlich wie bei *Pediculus* nach Landois, dessen eingehende anatomische Untersuchung wir übersichtlich wiedergeben. Taster fehlen bestimmt. Der Oesophagus nur mit geringer Erweiterung durch den Kopf ziehend senkt sich schon im obern Brusttheile als zartes Rohr in den zweiten Darmabschnitt. Bei seiner grossen Zartheit ist der Oesophagus deutlich nur zu erkennen, wenn er mit Blut angefüllt ist. Der zweite Darmabschnitt oder sogenannte Magen hat eine breit herzförmige Gestalt, mit den mächtigen Blindsäcken bis an die Basis der Beine sich ausdehnend. Seine Wandung lässt nur zwei Häute erkennen: eine innere dicht mit klaren Drüsenzellen erfüllte und eine äussere glashelle mit einem regelmässigen Gitterwerk äusserst zarter Muskelfasern, welche trotz der geringen Breite von nur 1/[illegible] Mm. Breite dennoch quergestreift sind. Die Drüsenzellen der innern Haut liegen in den Maschen des Muskelfasergitters, wenn dasselbe ausgespannt ist, ragen aber bei dessen Contraction als zarte Höckerchen hervor. Ein scheibenförmiges Organ, das schon Hooke und auch Swammerdam bei der Kopflaus erkannten und Landois als Magenscheibe bezeichnet liegt in der Mitte des Magens, in dessen Wandung, von einer besondern Membran umhüllt und aus Zellen mit Körnchen und Fetttröpfchen erfüllt bestehend. Es mag drüsiger Natur sein. Zwei Paare Malpighischer Gefässe gränzen den mittlen Darmabschnitt vom hintern oder eigentlichen Darm ab. Dieser macht eine kleine Sförmige Biegung und setzt mit einer blasigen Anschwellung den Mastdarm ab. In der Darmwandung unterschied Landois deutlich drei Hautschichten, die Intima, die mittlere zellige und die äussere Muscularis. An lebenden, in Verdauung begriffenen Filzläusen sieht man die regelmässigen peristaltischen Bewegungen des Magens, etwa 17 in der Minute, die sich von den Blindsäcken gegen die Mitte erstrecken, seltener in umgekehrter Richtung erfolgen; sie setzen nicht auf den Dünndarm fort, vielmehr gehen dessen Bewegungen in der Richtung von oben nach unten für sich einher. Das in den Magen eintretende Blut löst sich bald auf und verwandelt sich mit den Magensäften vermischt in eine zähe Flüssigkeit mit tief braunen Körperchen erfüllt, welche in den Mastdarm übergehen und sich hier zu Excrementen ballen. Von den beiden Paaren Speicheldrüsen ist das eine bohnenförmig, von zarter Hülle umgeben, im Innern dunkel fein granulirt, mit trichterförmig beginnendem Ausführungsgange versehen. Die Drüsen des zweiten Paares haben Hufeisenform und zeigen im Innern keine histologischen Differenzirungen. Beide Drüsenpaare liegen im obern Theile des Brustraumes hart am Magen und senden ihre Ausführungsgänge längs der Speiseröhre zur Mundhöhle. Die vier Malpighischen Gefässe haben bei 1/[illegible] Mm. Breite die Länge des Magens und Darms zusammen und enthalten eine leichtkörnige zähe Flüssigkeit. — Der Fettkörper besteht aus gestreckt ovalen oder leicht eingeschnürten Zellen mit zarter Hülle, von der am dicken Ende ein Stielchen ausgeht, welches die Verbindung mit den Tracheen vermittelt. In jeder Zelle liegen zwei Kerne mit je einem scharf umgränzten wasserhellen Kernchen. Ihr körniger Inhalt ohne Fetttröpfchen giebt den Zellen ein smaragdgrünes Ansehen. Der Fettkörper erfüllt den Raum zwischen den Eingeweiden des Leibes. — Das Rückengefäss, nur an frischen Thieren unmittelbar nach der Häutung erkennbar, ist ein ungemein zarter Schlauch, der sich vom hintern grossen Tracheenquerstamme bis gegen die Mitte des Magens erstreckt und etwa 11 Pulsationen in der Minute zeigt. Das spärliche Blut erfüllt den Raum zwischen den Eingeweiden aus. Von den Stigmen der Tracheen fehlt das sonst bei Hemipteren wohl ziemlich allgemein vorhandene zweite Paar am Thorax und auch auf dem Hinterleibe entspricht die Zahl von sechs Paaren nicht denen der Segmente; die beiden ersten jederseits sind dem dritten sehr nah gerückt, die drei letzten entsprechen je einem Segment und sind nur mehr dem Seitenrande genähert als die vordern. Alle liegen auf der Oberseite des Abdomens, haben bei 1/[illegible] Mm. Grösse eine blüthenknospenförmige Gestalt, umsäumt von einem braunen Chitinringe, einer mit 16 bis 18 sehr zarten Härchen besetzt, welche den Eintritt fremder Körperchen verhindern. Das Tracheensystem besteht wie häufig bei Insecten aus einem starken Hauptstamme jederseits der Eingeweide, beide vor dem letzten Stigma durch einen gleich starken Querstamm verbunden. Jedes Stigma sendet einen Ast zu dem bezüglichen Hauptstamme und in der Nähe des ersten Stigma läuft der Hauptstamm verdünnt nach innen und vorn in den Kopf, spaltet sich hier in die Zweige für die Fühler, das Hirnganglion und die innern Theile des Kopfes. In jedes Bein tritt ein Ast ein und zahlreiche feine Verzweigungen umspinnen besonders den Darmkanal und das Bauchmark. Hinsichtlich ihrer Struktur bieten die Tracheen nichts Eigenthümliches.

Im centralen Nervensystem erscheint der obere Schlundknoten gross und durch eine vordere tief eingreifende Ausbuchtung getheilt. Er liegt im hintern Kopftheile und sendet vorn jederseits zwei Nerven für die Fühler ab und hinter diesen einen starken *N. opticus*. Der durch starke, den Oesophagus umfassende Commissuren mit dem Hirnganglion verbundenen Brustganglien sind drei breite, unmittelbar sich berührende vorhanden, die beiden vordern quer oval, das dritte grösste vierseitig, alle von einer zarten aber festen strukturlosen Hülle umgeben, dunkelkörnig und die Verschmelzung aus paarigen Theilen nur undeutlich verrathend. Von jedem Knoten gehen jederseits von gemeinschaftlicher Basis drei ungleichstarke Nerven ab, vom dritten Knoten ausserdem von jeder Hinterecke je fünf für die Eingeweide und vor denselben jederseits noch zwei Fäden für das Rückengefäss und die Tracheenstämme. Abdominale Ganglien, sowie besondere sympathische fehlen. — Von den schwierig zu erforschenden Muskeln erkannte Landois am Kopfe nur den hinter den Augen entspringenden Kiefermuskel, den Abwärtsrückwärtsbeuger und den Vorwärtsbeweger der Fühler wie auch die Beweger des zweiten und dritten Fühlergliedes. Den Kopf bewegen Fortsetzungen der Längenmuskeln des Rumpfes als Beuger, Strecker und Seitwärtsbeweger. Im Thorax machen sich vorn jederseits vier aufsteigende Bündel bemerklich, die sich am Hinterrande des Hinterhauptes inseriren, ein andrer in der Mittellinie entspringender Muskel geht zur äussern Seite des Occiput, andere zu den Hüften der Gliedmassen. Die Abdominalmuskeln sind Längs-, Quer- und Respirationsmuskeln. Die dorsalen Längsmuskeln treten erst im siebenten Segment zu vieren jederseits auf, ebensoviele im achten Segment. Von den Respirationsmuskeln entspringt das erste Paar zwischen dem zweiten und dritten Abdominalsegmente und geht schräg aufwärts zur Einbuchtung unter dem letzten Hüftgelenk: das zweite Paar entspringt von der Grenze des vierten und fünften Segmentes, geht über das dritte Stigma hinweg und inserirt sich am Seitenrande des Hinterleibes in der Einbuchtung oberhalb des dritten Stigmas. Das dritte Paar nimmt seinen Ursprung von der Gränze des siebenten und achten Segmentes, zieht dem vorigen parallel über das fünfte Stigma, um sich in der Einbuchtung oberhalb desselben zu inseriren. Entgegengesetzt verläuft der vierte Respirationsmuskel mit dem gleichen Ursprunge auf der Gränze des siebenten und achten Segmentes, nämlich schräg abwärts geneigt über das letzte Stigma hinweg in der Mitte der Bucht des achten Segmentes sich ansetzend. An der Ventralseite treten innerhalb des Thorax zuerst die Längsmuskeln hervor, jederseits zwei innere parallel zur Basis des Kopfes ziehend und ein äusserer divergirender im Brustraume bleibender. Die queren Muskeln sind die Beuger der Beine, die des mittlen Paares ungemein stark. Die ventralen Abdominalmuskeln sind zahlreicher als die dorsalen, gleichfalls als Längs- und als Respirationsmuskeln unterschieden. Erste schon in den vier vordern Segmenten angelegt, und zwar im ersten Segment jederseits fünf, im zweiten und dritten je sieben, im vierten sechs. Unterhalb des fünften Segmentes ziehen von jeder Seite dichte Bündel abwärts zu den Genitalien, wie ganz ähnliche auch bei der Kleiderlaus vorkommen. Der Respirationsmuskeln liegen acht an jeder Seite, die sechs mittlen zu je zweien einander sich kreuzend und zu je dreien an die Einbuchtung unterhalb der drei obern Seitenzapfen, die andern drei an den Rand der Zapfen selbst sich ansetzend. Die Muskeln in den Beinen erstrecken sich aus einem Gliede je in das nächstfolgende, Beuger und Strecker. Der mächtigste ist der Strecker des Tarsus, der mit mehren starken Bündeln in der Tibia entspringt und ein Verstärkungsbündel aus der Basis des Schenkels erhält. Ein Strecker fehlt dem letzten Gliede. — Die äussere Chitinhülle, an welche die Muskeln sich ansetzen, ist zäh lederartig, schmutzig weiss, durchscheinend und in früher Jugend sowie unmittelbar nach der Häutung so durchsichtig, dass man die innern Theile deutlich unterscheiden kann. Sie besteht aus Epidermis und Chorion, erste an der Bauchseite zierlich schuppig und alle Haare und Borsten mittelst eines Wurzelknöpfchens tragend. Die innere Höhle der Haare setzt durch das Chorion hindurch in die Leibeshöhle fort. Alle festen Chitintheile sind kastanienbraun, so die Mündungen der Stigmata, die Tarsusglieder.

Von den Geschlechtsorganen endlich bestehen zunächst die männlichen aus zwei Paar Hoden, zwei grossen Schleimorganen und dem Penis. Die vier rübenschenkelähnlichen Hoden sitzen zu je zweien mit ihrem stumpfen Ende unmittelbar auf einem gemeinschaftlichen Samenleiter. Sie haben $^{1}/_{15}$ Mm. Länge und $^{1}/_{2}$ Mm. Breite, sind von einer strukturlosen Haut umhüllt, welche in die Propria des Samenleiters fortsetzt, am spitzen Ende aber in einen hohlen Faden ausläuft, wie solche auch bei andern Insecten nicht selten beobachtet werden und die Verbindung mit dem Rückengefäss herstellen, wie Joh. Müller zuerst nachgewiesen hat. Ihre ausserordentliche Zartheit macht freilich die Beobachtung der directen Verbindung ungemein schwierig. Der Inhalt des dicken Theils der Hoden ist bei reifen Männchen schwach gelblichbraun und lässt Bündel zarter Fasern unterscheiden. Der obere sich zuspitzende Hodentheil ist hell and zeigt Bläschen. Bei der Zerlegung erkennt man im obern Theil grosse Zellen mit blassgrauem Inhalt und Andeutungen von Kernen, weiterhin grössere Zellen mit differenzirtem Inhalt und weitern mit Tochterzellen im Innern. Andere kleine Zellen von dem Umfange jener Tochterzellen enthalten einen stark lichtbrechenden Kern und andre einen spiralig aufgerollten Faden, den Samenfaden mit rundem oder gestrecktem Köpfchen und $^1/_{62}$ Mm. langem Schwanzfaden. Der Kern der freigewordenen Tochterzellen wird zum Samenfaden. Die beiden Samenleiter haben in ihrer ganzen Länge gleiche Stärke und münden in den Ausführungsgang der beiden Schleimorgane. Diese liegen zwischen den beiden Hodenpaaren, sind $^1/_4$ Mm. lang und $^1/_5$ Mm. breit, sehr gestreckt, vor dem obern Ende merklich eingeschnürt und enthalten in diesem obern Theile ein dunkles Aggregat feiner Fettmoleküle, im übrigen Raume dicht gedrängte blasse Zellen. Ihre vereinigten Ausführungsgänge nehmen die Samenleiter auf. Samenelemente werden darin nicht beobachtet und scheinen sie vielmehr nur Schleim zu liefern, der sich den Samenelementen beimischt. Das Copulationsorgan ist deprimirt fingerförmig, $^3/_{11}$ Mm. lang und besteht aus einem innern Schafte und einer Scheide. Erster ist hohl und an der stumpfen Spitze geöffnet zwischen zwei seitlichen Plättchen, letzte hat zwei Paare äusserer Fortsätze. Besondre Muskeln liegen zwischen dem Penis und seiner Scheide. — Die weiblichen Organe bestehen aus den Ovarien, Tuben, dem Uterus, der Scheide, Samentasche nebst deren Ausführungsgang und zweien Kittdrüsen. Eierstöcke sind jederseits fünf mit zunehmender Grösse vorhanden. Jeder enthält unter einen Hohlraum, in welchem nach einander je ein Ei zur Entwickelung kömmt, daher jedes Weibchen nur zehn Eier legt. An der Spitze des Hohlraumes haftet noch ein zierliches Bläschen, das jedoch kein Ei entwickelt. Von den fünf Bläschen gehen ebenso viele feine Gefässe aus, welche zusammenlaufen und dann mit den vereinigten der andern Seite sich verbinden. Sie stellen den Zusammenhang der Ovarien mit dem Rückengefäss her wie ganz ähnlich die Hoden det Männchen verbunden sind. Die Umhüllung der Eierstöcke bildet eine strukturlose Membran, welche innerhalb der Eihöhle mit einem zarten Cylinderepithel ausgekleidet ist. Die Eihöhle selbst wird in kleinen Ovarien von einer körnigen Masse erfüllt, in der bisweilen eine dunkle Kugel, wahrscheinlich das spätere Keimbläschen bemerkt wird. Den obern Theil der Höhle nehmen bei unentwickelten Ovarien grosse Zellen ein, die nach und nach mit einander verschmelzen und zu dem Deckel des Eies mit dem Mikropylenapparate sich gestalten. An dem reifen birnförmigen, $^1/_6$ Mm. langen und $^1/_8$ Mm. breiten Eie unterscheidet man deutlich das feste Chorion und den Dotter. Am obern abgerundeten Ende bemerkt man ein rundes Feld, den Deckel, mit doppelt conturirtem Rande eingefalzt, in diesem der schon von Swammerdamm beschriebene Mikropylenapparat. Derselbe besteht aus meist vierzehn sehr zarten Zellen, von denen gewöhnlich fünf in der Mitte über die umgebenden hervorragen. Durch die Mitte der Basis der Zellen führt ein äusserst feiner, rings von einem kleinen Höckerkranze umgebener Kanal in die Eihöhle und ihm gegenüber an der Spitze der Zellen befindet sich ein feiner Eingang in die Zellhöhle. An dem spitzen Pole des Eies schon im Eierstocke sitzt ein kegelförmiges Organ wie aus einem Büschel sehr feiner Nadeln zusammengesetzt. Leuckart erkannte dasselbe zuerst an den Eiern der Kopflaus und erklärt es für einen Haftapparat. Nach dem Austreten des Eies aus der Eihöhle zieht das Ovarium sich zusammen und erfüllt sich mit einem grauen feinkörnigen Sekrete. Die Eileiter sind sehr kurz und eng und vereinigen sich sämmtlich in dem zweihörnigen Uterus, der sich zur Scheide verengt. Diese ist deutlich von vielen schmalen quergestreiften Muskeln umgeben und mündet vor dem Mastdarm in die Kloake, welche an der Bauchseite unter zwei grossen, dicht mit Stacheln berandeten Klappen nach aussen mündet. Die sackförmige Samenblase zeigt als äussere Hülle eine strukturlose Membran, innen mit einer Lage Zellen bekleidet. Nach unten verengt sie sich halsförmig, belegt sich dick mit braunem Chitin und sendet dann den feinen zarten Ausführungsgang zur vordern Seite der Scheide ab. Ihr Inhalt besteht aus Samenelementen. Die beiden Kittdrüsen münden jederseits in die Scheide, sind lappig mit dunkeln Inhalt und netzförmig verschlungenen Fasern wohl muskulöser Natur auf ihrer Oberfläche.

Die Filzlaus schmarotzt nur an dem Menschen und zwar am liebsten in der Schamgegend, von der aus sie dann über die Brust, Achselhöhlen, den Bart, die Augenbrauen und alle behaarten Körpertheile mit Ausnahme des Kopfhaars sich verbreitet. Obwohl das Weibchen nur zehn Eier, die es reihenweis an die Haare klebt, legt, erfolgt die Vermehrung und Ausbreitung über den Körper bei der schnellen Entwicklung der Generationen doch schon binnen einigen Wochen. Sie beissen sich tief und fest in die Haut ein, saugen deren Blut und erzeugen ein heftiges Jucken, durch welches sie ihre Gegenwart schon zeitig verrathen. Bei schmutzigen Menschen und liederlichen Dirnen kommt sie in manchen Gegenden häufig vor. Ihre Uebertragung geschieht durch unmittelbare Berührung, durch Kleider, Betten, Wäsche, auf Abtritten, durch abfallende Individuen und abgelöste mit Eiern besetzte Haare. Beseitigt werden sie durch Einreibungen mit grauer Quecksilbersalbe, mit wenigen Tropfen Rosmarinöl, auch mit einfachem Oel oder ätherischen Oelen, mit Insectenpulver.

2. PEDICULUS Lin.

Corpus elongatum, capite lato, antice prolongato, postice coarctato, antennis quinquearticulatis; thorace lato inarticulato, uno stigmate in utroque latere, abdomine segmentis octo, margine distinctis, stigmatibus sex in utroque latere, pedibus brevibus crassioribus.

In der Beschränkung auf die beiden auf dem Menschen schmarotzenden Arten ist die Gattung von *Phthirius* auffallend unterschieden durch den schmäleren Thorax und viel gestreckteren Hinterleib mit deutlicher Segmentirung wenigstens an den Rändern und durch die mehr übereinstimmende Bildung aller Beine, von *Haematopinus* minder auffallend durch den hinten breitern Thorax und den minder vollständig und scharf segmentirten, gestrecktern Hinterleib.

Der Kopf hat zwischen den Fühlern und Augen eine dem Vorderrande des Thorax gleiche Breite, ist vor ersteren plötzlich verschmälert und rundet sich fast spitzbogig ab, während er nach hinten sich stark verengt. Der Thorax nimmt nach hinten an Breite zu und erscheint hinsichtlich dieser nicht vom Abdomen abgesetzt. Seine Segmentirung ist scharf. Am sehr gestreckten Hinterleibe ist der erste Ring nur undeutlich abgegränzt, der achte kleinste bei dem Weibchen tief ausgerandet, dieser erste und letzte Ring ohne Stigmen, während alle zwischen liegenden je ein Paar tragen. Die Fühler haben Kopfeslänge, die Beine sehr kräftige Schenkel, das erste Paar nur wenig schwächer als die beiden andern. Der ganze Körper ist zerstreut behaart. Wegen des anatomischen Baues verweisen wir auf die Arten.

Die beiden sicher bekannten schmarotzen auf der Haut des Menschen und ist eine angeblich dritte Species, welche als *P. tabescentium* die Läusesucht verursacht, zoologisch völlig ungenügend bekannt und ganz unsicher, so dass wir dieselbe hier unbeachtet lassen müssen. Landois hat in der Zeitschrift f. wiss. Zool. 1864. XIV S. 26—41 die Nachrichten über sie kritisch beleuchtet.

P. vestimenti N. Taf. 1. Fig. 5. ♀

Nitzsch, Germars Magaz. Entomol. III. 305. — Burmeister Genera Insector. no. 2. — Denny, Monogr. Anoplur. 16. Tf. 26 Fig. 1. — Küchenmeister, die am lebenden Menschen vorkomm. Parasiten 114. — Landois, Zeitschr. wiss. Zool. 1865. XV. 32. Tf. 2—4.

Pediculus humanus var. 2. Linné Syst. Natur. II. 1016. — De Geer, Mém. Insect. VII. 67. Tf. 1. Fig. 7.

Luteus, longior, antennarum articulo secundo longiore, collo magis constricto, pedibus gracilioribus, abdominis segmentis subconjunctis, margine haud fuscis. Longit. 1—2'''.

Die Kleiderlaus unterscheidet sich von der Kopflaus ausser durch die beträchtlichere Grösse durch die schlankeren Fühler mit verlängertem zweiten Gliede, durch den hinten stärker verengten Kopf, die schlankeren Beine und die minder tiefen Randeinschnitte des Abdomens und durch die helle Färbung des Körperrandes.

Der ovale Kopf ist wie bei der Kopflaus in der Fühleraugengegend am breitesten, vor den Fühlern spitzbogenförmig gestaltet, hinter den Augen aber stärker halsförmig verengt als bei der Kopflaus. An den schlanken Fühlern ist das erste Glied das kürzeste und dickste, das zweite doppelt so lang wie das dritte, das gleiche Länge mit dem vierten und nur etwas geringere Länge als das fünfte hat. Zerstreute Härchen stehen am Rande des Kopfes und an allen Fühlergliedern. Der Thorax zeigt gar keine Gliederung, ist unten ziemlich abgeplattet, auf der Oberseite schildförmig gewölbt, und am Rande treten jederseits die drei dicken Coxen der Beine hervor. Auf der obern Seite scheint ein eiförmiger Chitinring, der den Rückenmuskeln zum Ansatz dient, hindurch und setzt mit zwei Leisten zum Vorderrande fort. An den Beinen sind die Hüftglieder, die kurz ringförmigen Trochanteren, und die langen starken Femora übereinstimmend gebildet. Dem Schenkel ist die ebenso lange, gegen den Tarsus hin sich verdickende Tibia eingelenkt. Dem Tarsusgelenk gegenüber trägt jede Tibia auf einem

Vorsprunge einen dicken braunen Chitinstift mit zarten Borsten aussteht. Dieser Vorsprung ist bei dem Weibchen an allen Beinen gleich, bei dem Männchen dagegen nach der letzten Häutung am ersten Paare abweichend gestaltet, nämlich bedeutend grösser und am Grunde noch mit einer sägerandigen Chitinplatte belegt. Auch am ersten Tarsalgliede ragt innen oberhalb der Mitte eine weisse Chitinkralle wie bei der Kopflaus hervor. Dieselbe besteht aus einem breiten hohlen Basaltheile und einer gegen das zweite Tarsusglied gerichteten Klaue. Dieses zweite Glied ist eine gelbbraune sensenförmige Klaue, im Grundtheile hohl und am concaven Rande des nämlichen ersten Fusspaares gezahnt. Uebrigens sind die beiden hintern Beinpaare etwas kräftiger als das erste Paar, doch lange nicht in dem Grade wie bei der Filzlaus. Der Hinterleib besteht aus acht Segmenten, welche mit Ausnahme des ersten kürzesten an den randlichen Einschnitten zu erkennen sind. Gewöhnlich werden wegen des nicht scharf abgesetzten ersten Segmentes der Kleiderlaus nur sieben Hinterleibsringe zugeschrieben, wogegen Burmeister die Zahl für die Pediculinen allgemein auf neun angiebt, ohne jedoch den neunten überall nachzuweisen. Das erste und achte Segment haben keine Stigmata, die zwischenliegenden je eines an jeder Seite in der Mitte des Randes. Bei dem Weibchen erscheint das letzte Segment durch einen tiefen winkligen Ausschnitt in zwei spitze Lappen getheilt; in dem Grunde des Ausschnittes öffnet sich als nach oben gerichteter Schlitz die Genitalspalte, von zwei Klappen überdeckt. Von oben betrachtet ist das letzte Segment kürzer und liegt in seiner Mitte die Afteröffnung. Bei dem Männchen ist das Endsegment abgerundet und birgt in einem obern Querspalt den Penis, während die Afteröffnung an der Unterseite liegt. Der ganze Hinterleib ist spärlich und zerstreut behaart.

Hinsichtlich der Darstellung des innern Baues geben wir auch hier wieder im wesentlichen die Untersuchungen von Landois, welche denselben befriedigend aufgeschlossen haben. Die Mundtheile zunächst betreffend endet der Vorderkopf mit einer kurzen, breitern als hohen Röhre, deren oberer Rand einen kleinen Ausschnitt hat. In dieser Röhre steckt der Saugrüssel im Zustande der Ruhe verborgen. Wird derselbe hervorgeschoben: so bemerkt man an seinem Ende drei bis vier Reihen Häkchen, die nach aussen und unten gerichtet, zweigliedrig mit dickem Basaltheile und feiner brauner Spitze versehen sind. Um im Scheidenrohr Platz zu finden, müssen diese Häkchen im Zustande der Ruhe eng angelegt werden, während des Saugens dienen sie zum Befestigen des Rüssels in der Wunde ganz wie bei *Ixodes* und ähnlichen Saugern, welche Deutung bereits Swammerdamm ausgesprochen hat. An dem stumpfen Ende dieses chitinischen Saugrüssels befindet sich zwischen zwei sehr kleinen Spitzen der trichterförmige Eingang in das Rohr des Rüssels. Aus demselben wird zur Oeffnung der Wunde ein feiner Hohlstachel vorgeschoben, der ebenfalls seit Swammerdamm bekannt, von Burmeister als aus zwei feinen Borsten, den Kiefern, zusammengesetzt betrachtet wird, eine Deutung, welche sich auf den Bau der Mundtheile bei andern Hemipteren stützt, aber nur durch die Untersuchung des Rüssels der Schweinelaus sich hat nachweisen lassen, noch nicht bei der Menschenlaus. Mehr ist vom äussern Bau der Mundtheile auch bei der sorgfältigsten Untersuchung nicht zu erkennen. Nach innen stützt sich der Saugrüssel auf ein Chitingerüst. Seine obere Basis setzt sich nämlich in ein flaschenförmiges Chitinblatt fort, das nach hinten in zwei divergirende Schenkel sich spaltet. An der ventralen Seite steht der Rüssel mit zwei schmalen braunen Chitinleisten in Verbindung, welche breiter werdend winklig nach aussen sich umbiegen. Bei zurückgezogenem Rüssel liegen diese Leisten horizontal und überragen vorn den Scheidenrand nicht, bei vorgeschobenem Rüssel dagegen treten sie über denselben hervor. Diese Leisten wurden von Erichson und Simon für die Kiefer der Läuse angesprochen, was sie schon deshalb nicht sein können, weil sie im Kopfe unter dem Integumente liegen. — Das Rohr des Saugrüssels setzt im Innern des Kopfes als zarter Oesophagus fort und senkt sich im obern Theile des Brustraumes in den Magen ein. Dieser ist sehr lang gestreckt, vorn am breitesten und mit zwei vorwärts gerichteten Blindsäcken versehen, nach hinten allmählich verschmälert, fast 3 Mm. lang, bei [illegible] Mm. vorderer und [illegible] Mm. hinterer Breite. Seine äussere strukturlose Haut lässt einen Gitterbeleg sehr zarter quergestreifter Muskelfasern, wie bei der Filzlaus erkennen. Den innern Beleg bilden Drüsenzellen, runde und ovale mit granulirtem Inhalt und Kern. Die am Magen der Filzlaus sich findende Magenscheibe liegt hier an der Unterseite des Magens. Der kurze, schwach Sförmig gekrümmte Darm sondert sich in Dünn- und Dickdarm, hat einen starken, aus Längs- und Ringfasern bestehenden Muskelbeleg und auf der Grenze beider Abschnitte eine Verdickung, welche aus sechs ovalen Drüsenkörpern mit körnigem Inhalte besteht. Es sind die Rectaldrüsen der Insecten wie sonst reich mit Tracheen umsponnen und in die Darmwandung eingebettet. Die Speicheldrüsen sind dieselben wie bei der Filzlaus, nämlich eine bohnenförmige und eine langschenklig hufeisenförmige, der Inhalt beider chemisch verschieden. Die vier geschlängelten Malpighi'schen Gefässe bieten keine Eigenthümlichkeiten. — Der Fettkörper besteht wiederum aus runden, birnförmigen und ovalen Zellen, welche mittelst zarter Stielchen auf den Tracheenstämmen aufsitzen. Die Membran dieser Zellen ist strukturlos, elastisch, ihr Inhalt feinkörnig und schmutziggelb und meist die beiden Nuclei mit ihren Nucleolis verdeckend. Die Zellen des Fettkörpers polstern besonders die Randwülste des Abdomens aus, sind im Brustraume spärlicher und im Kopfe nur zu zweien vorhanden. — Das Rückengefäss zu präpariren, war noch nicht möglich. — Die Muskulatur des Kopfes sondert sich in drei Gruppen. Die Beweger der Fühler entspringen von der Rücken- und von der Bauchplatte des Kopfes mit mehren Bündeln und setzen sich an den Rand des Basalgliedes. Die übrigen Glieder haben ihre eigenen Muskeln. Die Muskulatur der Mundtheile besteht aus einem mittlen Muskel, der unten am Hinterrande des Kopfes entspringt, den Oesophagus umgiebt und vorn in der Nähe der Fühlerbasis sich inserirt, andere Muskeln entspringen hinter den Augen und gehen an die Mundtheile. Die dritte Gruppe liegt auf der Unterseite des Kopfes und erstreckt sich gegen die Mittellinie. Im Thorax liegen unten jederseits drei lange Muskeln vom Hinterrande und ersten Abdominalringe ihren Ursprung nehmend und an den hintern Kopfrand sich inserirend, als Beuger des Kopfes und Verkürzer des Thorax fungirend. Auf ihnen liegen die drei Brustganglien. Die Coxen der beiden hintern Beinpaare sind durch je einen Quermuskel verbunden. Die Muskeln des Thoraxrückens entspringen von einem besonderen Chitinringe der Rückenplatte und zwar vorn ein mittler, der mit zunehmender Breite sich an den Hinterrand des Kopfes inserirt, ihm gegenüber geht ein ähnlicher an den Vorderrand des Abdomens, wie erster den Kopf hebt letzter den Hinterleib, zwischen beiden liegen jederseits drei sehr kräftige Muskeln für die Beine, ihre mehrfachen Bündel an deren Coxen anheftend. Zwischen den Muskeln des ersten und zweiten Beines liegt das Bruststigma, vorn und hinten mit einem starken Dorn geschützt. Für das erste Bein ist noch ein besonderer Muskel vorhanden, der von der Mittellinie des Rückenschildes entspringt und an den vordern Rand der Coxa sich inserirt. Die Muskeln in den einzelnen Gliedern der Beine beanspruchen keine besondere Betrachtung. Im Hinterleibe liegen an der Bauchseite vorn auf den zwei ersten Segmenten zwei Muskeln, welche am Thoraxrande entspringen und an den Vorderrand des dritten Segmentes sich ansetzen; seitlich derselben ein kürzerer schräger. Das dritte Segment hat keine Längsmuskeln, nur jederseits einen randlich gelegenen Respirationsmuskel. Das vierte und fünfte Segment haben je zwei breite Längsmuskeln und ausserhalb dieser noch die Respirationsmuskeln des dritten Ringes. Letzte finden sich auch im sechsten Ringe, dem wie den übrigen die ventralen Längsmuskeln fehlen. In den beiden letzten Segmenten kommen noch kurze Quermuskeln vor, die im Dienste der Genitalien zu stehen scheinen. Von den dorsalen Segmenten haben nur das fünfte, sechste und siebente breite Längsmuskeln, alle aber randliche Respirationsmuskeln, die sich in die Randeinschnitte inseriren. — Die lederartige Chitinhülle des Körpers, zweischichtig, ist jederseits von sieben Stigmen durchbrochen, einem ersten zwischen den zwei vordern Beinpaaren, die übrigen im zweiten bis siebenten Abdominalsegmente. Die von diesen entspringenden Tracheenstämme sind unter einander durch festonartig angelegte Bogenstücke verbunden. Vom ersten Stigma laufen die Tracheen in den Kopf und verästeln sich besonders am Hirnknoten. Zahlreiche Tracheenäste erhalten die Eingeweide in ihrer Lage und umspinnen dieselben mit ihren Verzweigungen, die wie schon erwähnt auch die Zellen des Fettkörpers tragen. — Das Nervensystem bildet keine beachtenswerthen Abweichungen von dem der Filzlaus. Auch die männlichen Geschlechtsorgane stimmen wesentlich mit denen jener Art überein, nur der Penis ist keilförmig abgeplattet, eine Hohlrinne, aus einer untern Spitze und einem langen Basalstücke bestehend. Die Spitze ist irrthümlich für einen Stachel gehalten worden, mittelst dessen die Laus ihre Eier unter die Haut des Menschen lege. Die weiblichen Geschlechtsorgane weichen beachtenswerth von denen der Filzlaus ab. Zwar trägt wie bei dieser der zweihörnige Uterus jederseits an der Spitze seiner Ausbuchtung auf kurzen Tuben fünf Eiröhren, diese aber sind nicht einfächerige, sondern vielfächerige. Jede einzelne Eiröhre besteht nämlich bei dem reifen Weibchen, solange dasselbe noch keine Eier abgelegt hat, aus sieben durch starke Einschnürungen getrennte, und vom Uterus nach der Spitze hin an Grösse abnehmenden Kammern, in deren jeder ein Ei zur Entwicklung kömmt und kann demnach die Kleiderlaus 2 × 5 × 7 also 70 Eier entwickeln. Die allmählige Grössenabnahme der Eifächer liegt zwischen dem untersten mit reifem Ei bei [illegible] Mm. Länge und [illegible] Mm. Breite und dem siebenten von nur [illegible] Mm. Länge und [illegible] Mm. Breite. Die äussere Membran der Eiröhren ist strukturlos. Im obersten kleinsten Fache jeder Röhre bemerkt man unter der strukturlosen Hülle ein kleinzelliges Stratum, theils rundliche theils stabförmige Zellen. Im zweiten Fach tritt der Unterschied zwischen den fünf bis sechs obern rundlichen Zellen und den untern stabförmigen schärfer hervor und beginnt von den obern die mittle bereits sich abzutrennen, indem zugleich ihr Kern deutlicher geworden. Im dritten Fache ist diese abgesonderte Zelle bereits von einer körnigen Flüssigkeit umgeben und im vierten Fache von derselben völlig eingeschlossen; hier ist sie entschieden das Keimbläschen und ihr Kern der Keimfleck, die umgebende körnige Flüssigkeit der Dotter, welcher von den oben gelegenen rundlichen Zellen producirt wird. In den folgenden Fächern vollendet sich dieser Bildungsgang des Eies. Dabei werden die untern stabförmigen, das Epithel darstellenden Zellen grösser und die Dotterbereitungszellen schwinden mit Vollendung des Dotters gänzlich, und zuletzt löst sich von dem Epithel das Chorion des Eies ab. Jedes Ei aber erlangt in seinem eigenen Fache die volle Reife und sinkt keineswegs in das folgende Fach hinab, vielmehr schrumpfen die Fächer von unten her je nach der Ablegung ihres Eies zusammen. Am fertigen, dem der Filzlaus sehr ähnlichen Ei zählt man vierzehn sehr zarte Mikropylenzellen, von welchen die fünf centralen etwas hervorragen. Der stark lichtbrechende Deckelrand erscheint doppelt conturirt und ungeschwungen. Jede Eiröhre setzt an der Spitze als zartes Gefäss fort um sich mit dem Rückengefäss in Verbindung zu setzen. Die fünf Eiröhren jeder Seite münden in den Uterus. Dieser verengt sich nach unten und nimmt jederseits den Ausführungsgang der gelappten Kittdrüsen auf. Eine Samenblase fehlt. Die Scheide wird von einer sehr kräftigen Muskulatur umgeben.

Die Kleiderlaus hält sich vorzüglich an den Stellen des menschlichen Körpers auf, welche von Falten und Nähten der Kleidungsstücke bedeckt werden, also am Halse, Nacken und am Leibe, wo die Röcke und Gürtel fest anliegen. In diese Nähte legt sie ihre Eier ab und wuchert daher am üppigsten bei Menschen, die ihre Wäsche und Kleidung nicht wechseln. Die Nahrung sucht sie auf unbehaarten Hautstellen, wo ihr Saugen Tag und Nacht empfindliches Fressen und Jucken verursacht, rothe Flecke, Papeln und selbst blasige Ausschläge hervorbringt. Ihre Beseitigung ist leicht; ein gründliches Bad und völlig neue Kleidung nach demselben. Die von ihr bewohnten Kleider müssen im Backofen desinficirt oder einige Wochen in Heu vergraben werden bis alle Insassen und auch die Embryonen in den Eiern abgestorben sind.

P. capitis. Taf. 1. Fig. 1. ♂ 2. ♀

Nitzsch, Germar's Magaz. Entomol. III. 305. — Burmeister, Genera Insector. Tb. 1. Fig. 1. 2. — Denny, Monogr. Anoplur. 13. Tb. 26. Fig. 2. — Leuckart, Müller's Archiv. 1855. 158. Tf. 2. Fig. 1. — A. Murray, On the Pediculi infesting the different races of man. Edinburgh 1861. 4° 2. Tab. 6. — Küchenmeister, die am leb. Menschen vorkomm. Parasiten 139. — Landois, Zeitschr. wiss. Zool. 1865. XV. 494. Tb. 38. — Giebel, Zeitschr. ges. Naturwiss. 1864. XXIII. 28. —

Pediculus humanus var. 1. Linné, Syst. Natur. II. 1016. — Swammerdamm, Biblia Naturae 29. Tb. 1. Fig. 2. — De Geer, Mem. Insect. VII. 67. Tb. 1. Fig. 6. — Ledermüller, Mikroskop. 75. Tb. 21.

Pediculus cervicalis Leach, Zool. Misc. III. 66.

Luteus, marginibus obscuris, antennarum articulis aequalibus, collo brevi lato, pedibus crassis, abdomine ovali.

Die Kopflaus unterscheidet sich von der Kleiderlaus ausser durch die geringere Grösse besonders durch eine mehr dreieckige Form des Kopfes, dessen halsförmiger Theil minder verengt kürzer ist und ganz in den Thorax zurückgezogen werden kann, ferner durch die gleich langen Fühlerglieder, von denen das Grundglied etwas dicker als die übrigen vier ist, die grösseren flachhalbkugeligen Augen, den trapezischen Thorax mit etwas bogigen Seiten, die viel stärkeren Beine und die Färbung. Letzte ändert jedoch nach den Menschenarten, auf welchen die Kopflaus lebt erheblich ab, ist in Europa gewöhnlich hellgrau oder livid mit schwärzlichen Rändern, jedoch schon nach der Farbe des Kopfhaares ihres Wirthes etwas veränderlich; bei den Neuholländern und westafrikanischen Negern schwarz, bei den Chinesen und Japanesen gelbbraun, bei den Californiern dunkel olivenfarben, bei den Indianern der Anden dunkelbraun, bei den Nordindiern und Eskimos weisslich. Ein riesiges Weibchen von 1,6 Linien Länge von einem Samojeden am Tamyrflusse beschreibt Gerst als röthlichgelb mit dunklem Thorax, den oberseits drei strahlig von den Seiten gegen die Mitte laufende schwarze Striche zeichnen, welche sonst nur sehr kurz sind, mit schwarz gerandetem Kopfe und mit weissem birnförmigen Fleck an den Einbuchtungen des Hinterleibsrandes. — Die Behaarung ist gewöhnlich sparsam, die einzelnen Härchen ungemein kurz, an keinem Körpertheil verlängert, die Leibeshaut glänzend pergamentartig und sehr derb, schwer zerreissbar. Am Thorax ist keine Gliederung angedeutet, aber charakteristisch treten in dessen schwarzem Randsaume jederseits drei weisse Pusteln auf: die erste derselben liegt an der Vorderecke und scheint eine blasse Haarpustel zu sein, die zweite liegt in der Gegend zwischen dem ersten und zweiten Fusspaare und ist das Thoraxstigma, die dritte gleich dahinter und vor dem zweiten schwarzen Querstrich ist wieder eine Haarpustel. Der vordere und hintere Rand des Thorax hat keine schwarze Säumung. Der Hinterleib besteht aus acht Ringen, von welchen der erste schmälste nicht scharf abgesetzt ist und erst bei sorgfältiger Prüfung erkannt wird, daher Küchenmeister und A. nur sieben angeben, da nur diese Zahl durch die randlichen Kerben sogleich in die Augen fällt. Die schwarze Berandung der Segmente gehört nur der Oberseite an und zieht sich an allen von uns untersuchten Exemplaren nicht in die Randeinschnitte hinein, wie solches in Denny's Abbildung dargestellt ist. Dem ersten und letzten Segmente fehlen die Stigmata, die sechs vorhandenen treten als weisse Kreise in dem dunkeln Randsaume hervor und haben auf den mittlen Segmenten noch ein oder zwei weisse Haarpusteln neben sich. Das letzte Segment des Männchens ist völlig abgerundet und trägt die Geschlechtsöffnung auf der Oberseite, aus welcher oft die gelbe spitzige nach hinten gekrümmte Ruthe hervortritt. Das letzte Segment des Weibchens ist tief zweilappig, kann sich strecken und zusammenziehen, die beiden Lappen willkürlich spreizen und fast ganz zurückziehen. Im Grunde derselben öffnet sich der After, die Vulva aber am Grunde der Bauchseite des letzten Segmentes. Ausser diesem geschlechtlichen Unterschiede ist der männliche Hinterleib stets noch viel kleiner, mehr elliptisch als der weibliche, seine randlichen Segmenteinschnitte minder tief und auf der Bauchseite auch mehre Segmente durch deutliche Querfurchen geschieden. Auch auf die Beine geht die sexuelle Differenz über, indem bei dem Männchen das erste Paar sehr beträchtlich stärker ist, daher Küchenmeister's Angabe, dass alle Füsse gleich, nicht richtig ist. Die Coxen des ersten Paares sind auch bei dem Weibchen etwas dicker als die folgenden, der Schenkelhals an allen Beinen wie bei der Kleiderlaus der dünnste Theil, die Schenkel sehr dick und ebenso die Tibien, diese besonders auffällig von denen der Kleiderlaus verschieden, wie auch ihr daumenartiger Endstachel sehr gross, die Krallen lang und stark, so dass sie zurückgeschlagen weit über den Daumenfortsatz der Schienen hinausragen.

Der anatomische Bau der Kopflaus stimmt in allen Formen so wesentlich mit dem der Kleiderlaus überein, dass hinsichtlich desselben nur wenige Bemerkungen sich aufdrängen. Die Mundtheile weichen nicht ab. Den Nahrungskanal hat schon Swammerdamm ganz richtig abgebildet und fallen an ihm die grossen Blindsäcke des Magens auf, die man gewöhnlich mit schwarzkörniger Masse, dem verdauten Blute angefüllt findet. Der Dünndarm ist leicht Sförmig gebogen. In der Muskulatur fand Landois einige erhebliche Eigenthümlichkeiten, nämlich die Längsmuskeln der Ventralseite im vierten Hinterleibsringe der Kleiderlaus hier ganz fehlend und die Respirationsmuskeln ebenfalls abweichend. Die Ovarien sind von Swammerdamm nicht ganz richtig dargestellt, denn die untern Eier sind keineswegs von gleicher Reife. Die reifen Eier haben eine birnförmige Gestalt und fast [illegible] Linie Länge, am vordersten stumpfen Pole einen flachen runden Deckel, der durch eine ringförmige Furche mit aufgewulsteter und vorspringender äusserer Lippe gegen das übrige Chorion abgesetzt ist. Diese Furche greift übrigens nur durch die obere und mittle Schicht, die innere ist nicht unterbrochen. Der Deckel hat eine feinkörnige Oberfläche und trägt zehn bis vierzehn zarthäutige Zellen, in deren Centrum die von Swammerdamm als weisses Pünktchen bezeichnete Mikropyle liegt. Dieselbe bildet nach Leuckart's Untersuchungen einen senkrechten Kanal von [illegible] Linie, der sich nach aussen erweitert und seinen Rand mit einem Kranze von Höckerchen ziert, wodurch die äussere Oeffnung ein sternförmiges Aussehen erhält. Am spitzen Pole des Eies befindet sich ein Haftapparat: ein stumpfer hohler Kegel mit Leisten und Längsfalten. Die gelegten Eier werden wie bei den vorigen Arten von dem Weibchen an den Haaren des Wirthes befestigt und lassen nach sechs Tagen die Jungen ausschlüpfen. Diese nehmen schon nach der zweiten oder dritten Häutung die charakteristische Zeichnung der Alten an und sind nach achtzehn Tagen fortpflanzungsfähig. Jedes Weibchen legt etwa funfzig Eier.

Die Kopflaus scheint über die ganze Erde verbreitet zu sein und bei den verschiedensten Völkerstämmen vorzukommen und haben ihre Abänderungen je nach der Verschiedenheit der Wirthe ein besonderes Interesse. Die umfassendsten Untersuchungen darüber hat A. Murray in der oben citirten Schrift veröffentlicht, welche jedoch die Frage, ob jede Menschenart ihre specifisch eigenthümliche Lausart hat, noch nicht zur Entscheidung bringen. Die Unterschiede in der Färbung und Zeichnung haben wir oben schon angeführt, sie genügen nicht zur Begründung selbständiger Arten. Aber sie sind auch nicht die einzigen. Murray weist noch auf die bald stärker bald schwächer gekrümmten Klauen hin, deren Innenrand bald glatt, bald feiner oder stärker gezähnelt, der daumenartige Vorsprung der Schiene und der innere Höcker des Tarsusgliedes sehr verschieden gestaltet ist.

Indess zeigen diese Formen mancherlei individuelle Schwankungen und kommen so mancherlei Uebergänge von der einen zur andern Bildung vor, dass die Eigenthümlichkeiten zur Begründung von Species nicht berechtigen. Auch Küchenmeister hatte Gelegenheit die eingetrockneten Läuse eines Neuseeländer- und eines Peruaner-Kopfes mit der europäischen zu vergleichen und fand z. B. die Länge der Klauen bei der europäischen 0,114 Mm., bei der neuseeländischen 0,172, bei der peruanischen 0,148 Mm. lang, ihre Basis breit 0,025, 0,033 und 0,025, die Länge der Eier 0,86, 1,012 und 1,150 Mm. Es sind gründlichere, auf ein reiches Material sich stützende Untersuchungen erforderlich, um die specifische Differenz der Kopfläuse je nach ihren Wirthen zu ermitteln.

Die Kopflaus kommt nur auf dem Kopfe des Menschen vor und hält sich am liebsten am Hinterkopfe auf, von dem aus sie sich bei starker Vermehrung über den ganzen Körper verbreitet. Sie saugen wie die vorigen Arten das Blut der Haut und erzeugen dadurch ein lästiges Jucken, das zum Kratzen reizt. So verrathen sie ihre Anwesenheit sogleich wie auch durch die mit blossen Augen zumal in dunklem Kopfhaar leicht erkennbaren, am Grunde der Haare ansitzenden Nisse. Sorgfältiges Kämmen des Haares und Reinigen des Kopfes beseitigt sie aus kurzem und nicht gerade dichtem Haar schnell, aus sehr dickem, langem und durch Schmutz oder Ausdünstung bei Krankheiten verfilzten freilich langsamer und schwieriger. Aetherische Oele und stark riechende Pomaden dienen als Schutz- und Gegenmittel. Bei massenhaftem Auftreten, das bei schmutzigen Kindern der niedern Volksklasse vorkömmt, wirkt ächtes persisches Insectenpulver am schnellsten und sichersten.

3. PEDICINUS Gervais.

Capite angusto, longo, antennis triarticulatis, thorace ovali, abdomine latoelliptico, novem segmentis distinctis, pedibus aequalibus.

Der sehr lange schmale Kopf mit nur dreigliedrigen Fühlern, der ebenfalls schmale eiförmige Thorax mit drei gleichen Fusspaaren, der breit elliptische, scharf segmentirte Hinterleib, dessen letztes Segment bei dem Weibchen nicht zweilappig ist, veranlasste Gervais die auf Affen schmarotzende Laus generisch von den Menschenläusen zu trennen. Von den drei Fühlergliedern ist augenscheinlich das letzte aus der Verschmelzung dreier entstanden, immerhin bleibt die scharfe Segmentirung des neungliedrigen Hinterleibes als auffälliger generischer Charakter mit den übrigen abweichenden Formverhältnissen so beachtenswerth, dass ich die Gattung beibehalte.

Die einzige Art ist

P. eurygaster Gerv. Taf. I. Fig. 3.
Gervais, Aptères 1844. III. 301. Tb. 48. Fig. 1.
Pediculus eurygaster Burmeister, Genera Insectorum.
Pediculus microps Nitzsch. Giebel, Zeitschr. ges. Naturwiss. 1864. XXIII. 32.

Corpore pallido, thorace radiatim sulcato, abdominis marginibus vix incisis, spiraculis segmenti quarti et quinti prominentibus.

Der Kopf ist schmal und etwas länger als der Thorax, der Stirntheil nur ein Viertel der Länge bildend und vorn keilförmig abgerundet, jederseits des Rüssels mit zwei längern Haaren, der Halstheil nur sehr wenig verschmälert. Die Fühler haben nicht die Länge des Kopfes und von ihren drei Gliedern ist das erste das dickste und kürzeste, das zweite merklich länger mit einer Verdickung an der Aussenseite und das dritte das längste, jedoch mit zwei zwar schwachen aber noch sehr deutlichen Einschnürungen, welche die Verschmelzung aus drei Gliedern erkennen lassen. In unserer Abbildung sind diese Einschnürungen irrthümlich als wirkliche Gliederung gezeichnet. Die Fühlerspitze ist schief abgestutzt und mit einer Bürste kurzer steifer Borsten besetzt, während die übrige Fläche der Fühler nur vereinzelte längere Härchen trägt. Die schwarzen halbkugeligen Augen liegen oberseits nicht weit hinter den Fühlern, von diesen durch eine mit einem Haar besetzte Erhöhung getrennt. Auf der Oberseite des Kopfes stehen nur wenige sehr zerstreute und kurze Härchen. Im lebenden Zustande kann das Thier nach Nitzsch's Beobachtungen ganz ebenso den Thorax zurückziehen wie die Kleider- und Kopflaus des Menschen. Der Thorax ist nur wenig breiter als der Kopf und hat bogige Seiten, keine Spur von Gliederung, auf der obern Seite mehre von der Mitte zum Rande strahlende Furchen. Der Hinterleib nimmt bis in die Mitte an Breite zu und hinter derselben schneller wieder ab. Sein Rand ist fast zusammenhängend, mit nur sehr schwacher Kerbung. Die randlich gelegenen Stigmata treten nicht hervor, nur auf dem vierten und fünften Segment liegen sie auf je einem hervorragenden Kegelzapfen. Das neunte Segment ist breit abgestutzt ohne Lappentheilung nur mit ganz schwacher Buchtung bei dem Weibchen, aber mit mittler Rinne an der Unterseite. Die Lage der Geschlechtsöffnungen ist dieselbe wie bei Pediculus. Am Seitenrande der letzten Segmente stehen je ein oder zwei lange Haare, mehre an den Ecken des breiten letzten weiblichen Segmentes, dessen Endrand nur eine Reihe ganz kurzer Härchen trägt, während das schmälere, mehr abgerundete letzte männliche Segment nur mit langen Haaren besetzt ist. An den Beinen ist der Schenkelhals länger als bei den Menschenläusen. Schenkel und Schienen kurz, der Daumenfortsatz der letzten mit Stachel und Borsten, die Klaue sehr schlank und gekrümmt, angelegt nicht über den Daumenfortsatz hinausragend.

Nitzsch erhielt diese Art in mehren lebenden Exemplaren im Jahre 1819 von einem Inuus sinicus einer durchreisenden Menagerie und bildete sie unter dem Namen *Pediculus microps* ab, den ich bei Veröffentlichung seiner Bemerkungen beibehielt. Burmeister hat denselben jedoch früher für die Abbildung in den Gener. Insect. in *P. eurygaster* umgewandelt und da diesen auch Gervais in seiner von einer Abbildung begleiteten Charakteristik der Art aufgenommen hat, ziehe ich den zwar ältern, aber später publicirten Namen von Nitzsch wieder zurück. In Paris wurde diese Laus auf verschiedenen Affen, den Cynocephalen, Makaken und Guenons beobachtet. Blumenbach's Angabe von dem Vorkommen der Menschenlaus auf Pithecus troglodytes und Cercopithecus paniscus lässt vermuthen, dass auch andre Affen Läuse haben, während Nitzsch es trotz sorgfältigen Suchens auf vielen lebenden und todten Affen nie gelungen ist ausser den unserer Beschreibung zu Grunde gelegten Exemplaren weitere zu erhalten.

4. HAEMATOPINUS Leach.

Capite plus minusve longo, postice prolongato, antennis quinquearticulatis, oculis interdum nullis, thorace brevi distincte sejuncto, abdominis segmentis octo aut novem distinctis.

Die zahlreichen Arten dieser Gattung ändern in den Formverhältnissen der einzelnen Körpertheile so erheblich und vielfach ab, dass die allgemeine Schilderung derselben mehr Unterschiede als Uebereinstimmungen geben muss. Die Form des Kopfes geht von der fast kreisrunden durch die ovale, trapezoidale, kegelförmige in die sehr lang gestreckte schmale über, ist vorn fast gerade, breit abgestutzt, wenig bis sehr viel verlängert mit winkligem oder abgerundetem Stirnrande, hinten sehr gewöhnlich spitzig in den Thorax verlängert, nur bei wenigen Arten auch hier abgestutzt. Bisweilen findet sich hinter den Fühlern ein randlicher Einschnitt oder die Schläfen treten wulstig und selbst eckig hervor, während diese meist gerade, abgerundet, oder blos convex sind. Die Augen fehlen einigen Arten gänzlich. Die Rüsselscheide ragt häufig als starker Zapfen hervor. Die Fühler, von den Vorderecken bis in die Mitte des Kopfes rückend sind fadenförmig, mit nur einer Ausnahme fünfgliederig, das Grundglied oft stark verdickt, die folgenden Glieder von gleicher oder von abnehmender Länge, das letzte stumpf kegelförmige Glied mit scharf umrandeter schiefer Endfläche, welche mit kurzen Tastpapillen besetzt ist. Der Thorax ist so lang, häufig aber viel kürzer und sehr gewöhnlich breiter als der Kopf. Ist letzter nach hinten verlängert, so greift diese Verlängerung in einen entsprechenden Ausschnitt am Vorderrande des Thorax. Die Seitenränder des Thorax sind gerade, häufiger aber convex und der Hinterrand setzt scharf vom Abdomen ab. Gar nicht selten treten Furchen auf der Oberseite hervor, aber eine eigentliche Gliederung wird durch dieselben nicht angedeutet. Die beiden Stigmata liegen gewöhnlich nahe dem Rande vor der Mitte. Die Beine, nur bei einigen Arten von gleicher Stärke und Länge, nehmen gewöhnlich vom ersten bis zum dritten Paare an Stärke mehr minder beträchtlich zu, doch kömmt sehr selten auch das umgekehrte Verhältniss, das erste Paar als stärkstes vor. Die Hüften pflegen elliptisch, der Schenkelring besonders dünn, die Schenkel von der Länge der Schienen aber gewöhnlich von geringerer Dicke zu sein. Die Schienen erweitern sich gegen das Ende hin beträchtlich und haben hier einen bald kurzen und stumpfen, bald schlanken und spitzen Daumenfortsatz. Die Klaue in Länge, Stärke, Krümmung und Schärfe sehr veränderlich nach den Arten zeigt bisweilen am Innenrande eine feine Streifung und Kerbung. Der Hinterleib geht von der schmal elliptischen in die breit ovale Form über, besteht bei einigen Arten aus nur acht, bei den meisten deutlich aus neun Segmenten, welche durch scharfe Furchen deutlich von einander geschieden oder aber zumal bei gefülltem Magen nicht deutlich von einander abgegränzt sind. Am Rande erweitern sich die Segmente bei mehren Arten, treten winklig, convex und selbst lappig und dann also durch tiefe Einschnitte von einander getrennt hervor. Hinsichtlich der Länge übertreffen nur bei einigen Arten die vordern die übrigen, meist sind alle Segmente von gleicher Länge bis auf die letzten beiden, welche stets mehr minder verkürzt sind. Das letzte Segment der Weibchen ist meist ausgerandet, tief ausgeschnitten und selbst völlig zweilappig und die Kegelspitzen der Lappen können sich bei einigen Arten einziehen und ausstrecken. Das männliche Endsegment ist abgerundet stumpf und hat die Geschlechtsöffnung auf der Oberseite. Stigmata sind sechs vorhanden und zwar jederseits auf dem dritten bis achten Segment gelegen, hier auf der Ober- oder Unterseite oder am Rande selbst, meist wulstig umrandet, seltner röhrig hervorragend. Immer sind die Hinterleibssegmente an den randlichen Ecken mit einigen oder mehren Borsten besetzt, welche zumal bei einigen auf Wiederkäuern schmarotzenden Arten eine auffallende Länge erreichen. Die übrige Fläche des Hinterleibes ist bald spärlich und sehr zerstreut, bald dichter behaart, die Härchen unregelmässig oder in regelmässige Reihen geordnet, bisweilen die Bauchseite anders als die Rückenseite behaart. Am Thorax fehlt die Behaarung gewöhnlich, wogegen am Kopfe allgemein vereinzelte längere Haare vorkommen so besonders in der Umgebung der Rüsselscheide und zum Schutze der Augen, minder allgemein an andern Stellen. An den Fühlergliedern, wie auch an den Fussgliedern fehlen vereinzelte Haare niemals. Nur bei der Seehundslaus verdicken sich die Haare und bilden ein dichtes steifes Borstenkleid. Die Epidermis zeigt bei starker Vergrösserung feine Riefen ähnlich wie bei der Filzlaus, häufiger jedoch ist sie chagrinirt und zierlich schuppig, die Schüppchen quer, ganzrandig, seltner mit gezacktem Rande. Höckerbildung kömmt nur ausnahmsweise z. B. bei der Büffellaus vor. Die Färbung spielt in verschiedenen gelben und braunen Tönen und ist meist einförmig, wobei jedoch innere Chitinleisten und Platten dunkel durch die Haut hindurchscheinen und die Klauen stets dunkelbraun gefärbt sind. Besondere Zeichnungen sind vereinzelte Flecke und Streifen am Thorax und Kopfe, Ringe an den Fühlern und Fussgliedern. Der Hinterleib weicht oft durch schmutzige, unreine Färbung vom Vorderleibe ab, ist weisslich, grau, bläulich, violett und ändert sein Aussehen je nachdem der Magen gefüllt oder leer ist. Die blaue und violette Färbung ist nur eine optische, denn nimmt man den gefüllten Magen heraus: so hat derselbe eine braune oder rothe Färbung von dem Blutinhalte. — Der anatomische Bau ist nur erst von sehr wenigen Arten und von diesen auch nicht gerade eingehend untersucht worden. Nerven- und Tracheensystem, Darmkanal und Genitalien stimmen im Allgemeinen mit denen von Pediculus überein, nur fehlen wie es scheint stets dem Magen die beiden vordern gestreckten Blindsäcke und der hintere Abschnitt des Magens verengt sich so sehr, dass er nicht weiter als der Darm ist.

Die Arten schmarotzen blutsaugend auf der Haut der Säugethiere, indem sie ihren Rüssel tief in die Haut einbohren. An den Haaren klettern sie geschickt, während viele zumal die grossleibigen Arten auf ebenen und glatten Flächen sich kaum von der Stelle bewegen können. Begattung und Fortpflanzung weichen nicht von Pediculus ab. Die bis jetzt bekannten Arten vertheilen sich auf folgende Säugethiere: 1 auf Spitzmaus, 1 auf Hund, 13 auf Nager, 1 auf Einhufer, 9 auf Wiederkäuer, 1 auf Schwein und 1 auf Klippdachs, die eigenthümlichste auf Seehund. Mit Ausnahme der Ziegenlaus, welche zugleich auf der Gemse vorkömmt, und der Ackermauslaus, die zugleich auf der Waldmaus lebt, hat jede Art nur einen Wirth, während andererseits zwei Arten neben einander bis jetzt nur auf dem Hausstier beobachtet worden sind. Es leidet wohl keinen Zweifel, dass bis jetzt erst die wenigsten Arten dieser Gattung bekannt geworden sind und noch viele andere Säugethiere von specifisch eigenthümlichen Läusen bewohnt werden. Zunächst würden die in neuerer Zeit gepflegten Zoologischen Gärten die günstigste Gelegenheit bieten, diesen sehr vernachlässigten Theil der systematischen Entomologie mit dem erforderlichen Material zu versorgen.

Um die Uebersicht über die Mannichfaltigkeit der Arten zu erleichtern, diene folgende Zusammenstellung der sicher unterschiedenen Arten:

Acht Hinterleibssegmente
  Hinterhaupt abgestutzt
    Stirngegend unmittelbar vor den Fühlern abgestutzt, stumpf
      Fühlerglieder von gleicher Länge
        Schläfengegend nicht erweitert, letztes Fusspaar stark verdickt . . . *H. sphaerocephalus*
        Schläfengegend erweitert, Fusspaare allmählig verdickt . . . . . . *H. serratus*
      Fühlerglieder von ungleicher Länge; 2. am längsten; 3. Schenkel mit Haken *H. acanthopus*

Stirngegend vor den Fühlern verlängert
Mit langen Seitendorn an den Segmentecken . . . *H. leucophaeus*
Mit kurzem Seitendorn an den Segmentecken
2. Fühlerglied von der Länge der beiden folgenden . . . *H. spiculifer*
2. Fühlerglied nur wenig länger als das dritte . . . *H. clavicornis*
Hinterhaupt in den Thorax eingreifend
Mit drei Reihen Härchen auf den Hinterleibsringen . . . *H. hispidus*
Mit nur einer Reihe Härchen auf den Hinterleibsringen
Stirn vor den Fühlern abgestutzt
Füsse von gleicher Stärke . . . . . *H. spiniger*
Füsse nach hinten allmählig verdickt . . . . *H. spinulosus*
Stirn parabolisch über die Fühler hinaus verlängert . . . *H. laeviusculus*
Neun Hinterleibssegmente
Oberfläche nur behaart
Hinterhaupt keilförmig in den Thorax eingreifend
Fühler weit vor der Kopfesmitte
Thorax so lang wie breit
Hinterleibssegmente mit vorstehenden Seitenecken; Thorax rautenförmig . *H. affinis*
Hinterleibssegmente ohne vorstehende Ecken
Kopf von der Länge des Thorax; Füsse gleich . . . *H. piliferus*
Kopf länger als Thorax
Thorax quadratisch
Stirn rechtwinklig zugespitzt . . . *H. lyriocephalus*
Stirn breit abgerundet . . . . *H. crassicornis*
Thorax breiter als lang, quer oblong, Stirn breit abgerundet . . . *H. eurysternus*
Fühler in oder nahe vor der Kopfesmitte
Schläfengegend nicht erweitert
Kopf lang und schmal
Stirn spitzwinklig . . . *H. tenuirostris*
Stirn breit abgerundet . . . *H. stenopsis*
Schläfengegend verbreitert
Schläfen eckig vortretend, Hinterhaupt abgerundet . *H. macrocephalus*
Schläfen breit gerundet, Hinterhaupt keilförmig . . . *H. brevicornis*
Hinterhaupt abgestutzt, nicht in den Thorax eingreifend
Oberseite mit starken Höckern . . . . *H. tuberculatus*
Oberseite glatt, nur behaart; Thorax breiter als lang
Hinterleibssegmente mit vortretenden Seitenecken . . . *H. urius*
Hinterleibssegmente mit Randzapfen . . . . *H. phthiriopsis*
Hinterleibssegmente mit schwach convexen Seiten . *H. ventricosus*
Oberfläche mit dichtem Stachelkleid . . . . *H. setosus*.

1. Abdomen octo segmentis.
a. Occiput truncatum aut rotundatum.

H. sphaerocephalus *Denny.* Taf. 1. Fig. 1.

Denny, Monogr. Anoplur. 36.
Pediculus sphaerocephalus Nitzsch, Germars Magaz. Entomol. III. 305. — Burmeister, Genera Insector. Pediculus. — Nitzsch, Zeitschr. ges. Naturwiss. 1864. XXIII. 27.

Capite orbiculari; pallidus; segmentis abdominalibus quinque antiris dente recto armatis. Longit. ½‴.

Der rundliche Kopf ist vorn über den Fühlern fast gerade abgeschnitten, hinter den Fühlern allmählig verschmälert, so dass ihm die bei allen Nagerläusen deutlich hervortretenden Backen ganz fehlen. Die Fühler selbst haben ein sehr starkes Grundglied. Der ziemlich kreisrunde Thorax hat vom Kopfe her längs der Mitte eine Einfurchung, in welche sich jedoch der Kopf nicht zurückzuziehen vermag. Die Beine gleichen denen der Rattenlaus, das dritte Paar ist ebenfalls und sogar noch in beträchtlicherem Grade stärker. Die Abdominalsegmente, deren erstes grösstes aus der Verschmelzung zweier gebildet ist, haben zum Theil am Seitenrande ein papillenähnliches Spitzchen, nämlich das erste bis fünfte, die drei anderen aber keine Spur davon, während bei der sonst zunächst verwandten Rattenlaus auch das sechste und siebente Segment sich noch spitzig ecken. Die Grundfarbe des Körpers ist gelblichweiss, die Klauen und Tibialenden der Hinterfüsse braungelb, auf dem Rücken des zweiten bis sechsten Abdominalsegmentes je ein kleiner gelber Querstrich in der Mitte, Thorax und Kopf reiner gelb als der Hinterleib, die Randecken des letztern dunkelbraun. Auf der Bauchseite zeigt sich ein gelber Punkt am Seitenrande des ersten Segmentes und ein dunkler auf dem vorletzten Segment. Auf dem Rücken eines jeden

Abdominalsegmentes stehen acht gerade nach hinten gerichtete goldgelbe Borsten und ausser der gewöhnlichen Seitenbehaarung finden sich am Seitenrande des sechsten und siebenten Segmentes noch einige sehr lange Haare. Der Magen schimmert niemals durch.

Lebt auf dem gemeinen Eichkätzchen, Sciurus vulgaris, und wurde von Nitzsch im März 1814 in ungeheuerlicher Menge auf einem männlichen Exemplar beobachtet. Sie lebten noch einige Tage auf dem todten Wirthe, waren zahlreicher am Rücken als auf dem Bauche und zogen sich allmählig nach dem Kopfe zurück. Wie andere Nagerläuse lagen sie mit rückwärts gekrümmtem Kopfe, der etwas eingezogen eine fast viereckige Gestalt hat. — Die von Nitzsch untersuchten Exemplare sind leider in unserer Sammlung nicht mehr vorhanden, die Abbildung desselben ist von Burmeister a. a. O. publicirt worden und die vorstehende Beschreibung aus dem Manuskript entlehnt.

H. serratus *Denny*. Taf. I. Fig. 6.

Denny, Monogr. Anoplur. 36.

Pediculus serratus Nitzsch, Zeitschr. ges. Naturwiss. 1861. XXIII. 27. Burmeister, Genera Insector.

Albidus non pictus; capitis antennisque trapezoidei fronte exigua, occipite non emarginato; thoracis lateribus subparallelis; pedibus gradatim crassioribus; abdominis elongati segmento primo longiori angustiori insequentibus angulis lateralibus posticis extantibus acutis. Longit. $\frac{3}{4}$'''.

Der Kopf ist schmäler als bei voriger Art, jedoch vorn nicht gerade abgeschnitten, sondern schwach erweitert und auffälliger verschieden noch durch die deutlich hervortretende Backengegend hinter den Fühlern und den convexen Occipitalrand, der nicht in den Thorax ausgezogen ist. Die ziemlich starken, kopfeslangen Fühler haben ein sehr verdicktes Grundglied und kleinstes Endglied. Der Thorax ist am Vorderrande nicht breiter als der Kopf und wird nach hinten nur sehr wenig breiter, so dass seine Seiten nahezu parallel laufen. Die Beine nehmen vom ersten bis zum dritten Paare etwas an Länge, sehr merklich an Stärke zu, besonders fällt die Dicke der Schenkel auf; die Klaue ragt zurückgeschlagen nicht über die Daumenecke der Tibia hinaus. Der Hinterleib ovalkeilförmig, hat ein längstes, wieder aus zwei verschmolzenen erstes Segment, dessen Hinterecken noch nicht hervorstehen, die Segmente werden nach hinten allmählig kürzer, haben scharf vortretende Hinterecken, durch welche die Ränder des Hinterleibes scharf sägezähnig werden, jedes auf der obern Seite mit einer Reihe gelber Borsten von der Länge des Segmentes selbst und an den Hinterecken mit je zwei längern Borsten. Das letzte Segment ist wie gewöhnlich bei dem Weibchen tief ausgerandet, zweilappig. — Die Farbe ist weiss in gelblich spielend, ohne Zeichnung, nur die Klauen gelblichbraun. Die Männchen sind kleiner und haben einen schmäleren Hinterleib als die Weibchen.

Die Mäuselaus unterscheidet sich demnach von der der Wasserratte durch den Mangel der wirklichen Dornen an den Segmenten und des keilförmigen Hinterkopfes, überhaupt noch durch die Form des Hinterleibes und die grössere Länge und Schmalheit der beiden ersten Abdominalsegmente, von der der Wanderratte ebendadurch und durch die weit weniger aufgetriebenen Schläfen, durch den Mangel der gelben Zeichnung und des braunen Randsaumes am Hinterleibe, von der der Feldmaus durch Farbe, Gestalt des Kopfes, Thorax und Abdomen, von der des Mus agrarius ebenso und besonders durch die starken spitzigen Ecken der Abdominalsegmente.

Auf der Hausmaus, Mus musculus, scheint sehr selten, da sie Nitzsch nur einmal im Juni 1815 auf einem kranken Männchen in Gesellschaft von Flöhen und schnell laufenden Milben fand, andere Beobachter ihrer nicht gedenken.

H. acanthopus *Denny*. Taf. II. Fig. 5.

Denny, Monogr. Anoplur. 25. Tab. 24. Fig. 3.

Pediculus acanthopus Nitzsch. Burmeister, Genera Insector. V. Taf. Pediculus. Fig. 2.

Pallidus, capite thorace abdominis marginibus ferrugineis; capite oblongo, post antennas incrassato, antennarum articulo secundo longissimo; thorace brevi; femore postico dente instructo; abdomine longe marginato, segmentis spinosis. Longit. $\frac{1}{2}$'''.

Der Kopf ist länger aber ebenso breit wie der Thorax, vor den Fühlern abgestutzt, hinter denselben am breitesten, indem die Schläfen als dicke Wülste hervortreten, und in der Mitte des Hinterrandes mit einer sehr kurzen Spitze. An den kurzen starken Fühlern ist das erste Glied ungemein dick, das zweite (in unserer Abbildung zu kurz) so lang wie die beiden folgenden zusammen. Der Thorax ist fast quadratisch mit schwach convexen Seiten und dunklen Furchen auf der Oberseite, hinterem in das Abdomen eingreifenden Fortsatze. Die

Beine nehmen vom ersten bis zum dritten Paare an Stärke zu und haben an den Schenkeln des dritten Paares einen scharfen hakenförmigen Endfortsatz, übrigens sind die Schienen und Tarsen sehr dick, die Klauen aber fein und wenig gekrümmt. Am sehr gestreckt ovalen Hinterleibe übertrifft wieder das erste Segment die übrigen an Länge und die sechs ersten deutlich gerandeten ziehen die innere Hinterecke dornförmig aus. Kurze Haare stehen zerstreut auf der Oberseite aller Segmente, je zwei längere Borsten an deren Hinterecken. — Die Farbe ist blassgelb, am Kopf, Thorax und dem Rande des Hinterleibes mehr minder rostfarben, die beiden ersten Fusspaare blassgelb, das dritte rostfarben, die Klauen dunkler.

Auf der Feldmaus, Hypudaeus arvalis, von Nitzsch im Sommer 1813 zuerst unter obigem, nach dem Schenkelhaken gewählten Namen beschrieben und abgebildet. Denny's Abbildung giebt eine von der unsrigen abweichende Ansicht des Thorax und Abdomens, letzteres ganz ohne vortretende Segmentecken.

H. reclinatus.

Pediculus reclinatus Nitzsch, Zeitschrift f. ges. Naturwiss. 1864. XXIII. 23.

Nitzsch fand diese Art im Februar 1811 auf Sorex araneus und erwähnt von ihr nur, dass der Kopf unmittelbar vor den Fühlern gerade abgestumpft ist und sie im übrigen einige Aehnlichkeit mit ***H. spiniger*** hat, jedoch deren randliche Dornen nicht. Weder Exemplare noch Abbildung sind vorhanden und erwähne ich die Art nur um auf ihr Vorkommen aufmerksam zu machen.

H. leucophaeus.

Pediculus leucophaeus Burmeister, Genera Insector.

Flavus, abdominis marginibus brunneis; corpore oblongo; capite oblongo, fronte prolongata, antennarum articulo secundo longissimo; thorace brevi lateribus convexis, abdomine angusto longo, segmentorum angulis spinosis; pilis aureis. Longit. 1/4'''.

Gestreckter und schmäler als alle vorigen Arten unterscheidet sich diese auch in den einzelnen Körperformen noch auffallend. Zunächst ist der Kopf schmal und die Fühler stehen nicht an den vordern Stirnecken, sondern weiter nach hinten, so dass die Stirn trapezisch vorragt, auch sind die Schläfen nicht verdickt oder aufgetrieben und der Hinterrand des Kopfes gerundet. Die Fühler haben ein sehr starkes Grundglied, ein zweites längstes und das letzte Glied wieder etwas länger als das vorletzte, welches mit dem dritten das kürzeste ist; jedes Glied mit einem Haarringe, das Endglied dichter behaart. Der Thorax ist kürzer als der Kopf und hat convexe Seiten. Die Beine sind kurz und schwach, das dritte Paar merklich stärker als die vordern, besonders die Tibien dünn und die Klauen kurz und schwach. Der schmale lange Hinterleib besteht aus acht Segmenten, von welchen das zweite bis sechste an den winklig vorspringenden Seitenecken je einen nach hinten gerichteten, langen, platt gedrückten Stachel und hinter demselben noch zwei Borsten trägt. Die Ecken des ersten Segmentes, das nicht länger als das zweite ist, treten noch kaum hervor, haben aber kurze Borsten, das siebente Segment längere und das achte dicht gedrängte Randborsten. Die Oberseite der Segmente ist mit goldgelben anliegenden Haaren bekleidet, welche die Länge des Segmentes haben. Die Farbe ist gelb, an den Rändern des Hinterleibes braun. Der Magen scheint dunkel durch.

Auf Myoxus nitela. Nitzsch erwähnt diese in mehren Exemplaren vorliegende Art nur in einem seiner Namensverzeichnisse als ***Pediculus pleurophaeus*** und Burmeister bildete sie unter obigem Namen ab.

H. spiculifer.

Pediculus spiculifer Gervais, Hist. nat. Aptères 1844. III. 302.

Die Segmente des sägerandigen Hinterleibes haben jederseits ein kurzes dornförmiges Haar, die beiden letzten je drei oder vier Paare langer Haare; das Grundglied der Fühler dick, das zweite Glied dünner, cylindrisch, in Länge dem dritten und vierten gleich, das fünfte von der Grösse des dritten. Auf Mus barbarus in Algier. Gervais.

H. clavicornis.

Pediculus clavicornis Nitzsch, Zeitschrift f. ges. Naturwiss. 1864. XXIII. 32.

Albidus, fronte brevi subaequilatero, capite postice angustato, antennis clavatis; pedibus tertiis crassissimis; abdominis margine dentato. Longit. 1/3'''.

Diese kleinste Art hat eine abgerundet dreiseitige Stirn und verschmälert ihren Kopf nach hinten, ohne dass die Schläfengegend irgend erweitert ist. Die Fühler haben ein ziemlich starkes Grundglied, ihr zweites Glied ist nur sehr wenig länger als das dritte und das vierte etwas verdickt. Der Thorax ist vierseitig und kürzer als der Kopf. Die beiden ersten Fusspaare sind schwach, das dritte sehr viel stärker, die Schiene und Klaue auffallend stark. Der Hinterleib verbreitert sich allmählig bis über die Mitte hinaus, dann spitzt er sich schnell und sehr stark zu. Die Seitenecken der Segmente zähnen den Abdominalrand und tragen die vier mittlen einen kurzen Dorn. Lange gelbliche Haare stehen zerstreut auf dem Hinterleibe. Die Färbung ist schwach gelblichweiss, am Thorax braun.

Nur ein weibliches Exemplar auf einem schwarzbraunen Meriones, den Rüppell aus Afrika mitbrachte.

b. Occiput productum.

H. hispidus.

Pediculus hispidus Grube, v. Middendorff's Reise Sibir. 1851. Zool. II. 497.

Pediculus gracilis Grube, l. c. Tab. 32. Fig. 2.

Elongatus, ex ochraceo albidus, capite thoraceque minimis, abdomine magno, capite quasi hexagono, pone antennas dilatato, genis rotundatis, postice acuto, interdum obtusius in thoracem protracto, thorace hexagono, postice obtuso, abdomine elongato, transverse fusco striato, margine laterali crenato, segmentis 8, anterioribus 5 trapezoideis angulis posticis exstantibus in spinam brevem retrorsum porrectis, ceteris obtusangulis hexagonis, setis cujusque segmenti triplicem seriem transversam componentibus, unius seriei alteram attingentibus, pedibus posticis crassioribus quam anterioribus. Longit. 0,7'''. — Grube.

Diese nur von Grube auf Lemmus obensis am Taimyrsee beobachtete Art stimmt im Habitus auffallend mit *H. leucophaeus* überein, unterscheidet sich aber von derselben doch leicht und sicher durch das nicht verlängerte zweite Fühlerglied, die deutlich aufgetriebenen Schläfen, das in den Thorax eingreifende Occiput und durch die drei braunen Querstreifen auf jedem Abdominalsegmente, deren jeder eine Reihe kurzer blonder Borsten trägt.

H. laeviuscalus.

Pediculus laeviusculus Grube, v. Middendorff's Reise Sibir. 1851. Zool. II. 498. Tab. 2. Fig. 3.

Oblongus, pallide ochraceus, capite oblongo, fronte rotundata, margine laterali excavato, temporibus thoracem versus paulo dilatatis, margine postico in angulum acutum exeunte, thorace utrinque rotundato, abdomine oblongo, setis parvis sparsis obsesso, segmentis 8, primo utrinque obtusangulo, 4 proximis postice in angulos acutos exeuntibus. Longit. 0,6'''. — Grube.

Auch diese Art ist nur von Grube auf Spermophilus Eversmanni bei Jakutsk beobachtet und ist hinlänglich charakterisirt durch den vorn gerundeten, allmählig bis zur Schläfengegend sich verbreiternden Kopf, die im vordern Dritttheil stehenden kurzen, gleichgliedrigen Fühler, den doppelt so breiten wie langen, in der Mitte des Hinterrandes eckig vortretenden Thorax, den länglich eiförmigen Hinterleib, dessen Ränder durch die nur schwach zahnartig vorstehenden Hinterecken der Segmente gezähnt erscheinen und an diesen Ecken je zwei Borsten tragen, und durch die einzelnen schwachen Härchen auf der Oberseite der Segmente.

H. spinulosus *Denny.* Taf. 1. Fig. 7.

Denny, Monogr. Anoplur. 26. Tab. 24. Fig. 5.

Pediculus spinulosus Nitzsch. Burmeister, Genera Insector. spec. 8.

Pediculus denticulatus Nitzsch, Zeitschrift f. ges. Naturwiss. 1864. XXIII. 24.

Pallidus, capite obtuso, post antennas lato, antennarum articulo primo permagno; thorace trapezoidali, pedibus tertiis incrassatis; abdominis ovalis margine serrato, segmentorum angulis lateralibus spinigeris et piliferis, segmentis transverse striatis serieque pilorum instructis. Longit. 1/4'''.

Der Kopf ist kurz und breit, vorn ganz stumpf, hinter den Fühlern aber in der Schläfengegend stark verbreitert, so breit wie lang und mit dem Hinterrande in den Thorax eingreifend. Die kopfslangen Fühler haben ein sehr grosses Grundglied und kurze, einander gleiche übrige Glieder, deren Behaarung die gewöhnliche ist. Der Thorax nimmt nach hinten etwas an Breite zu und legt sich mit concavem Hinterrande und scharfwinkligen Hinterecken eng an das Abdomen an. Der gestrecktovale Hinterleib ist stark sägezähnig gerandet, seine Segmente von ziemlich gleicher Länge, die mittlen mit kurzem dornigen Zahn an jeder Seitenecke und einigen Borsten, jedes mit einem dunklen Querstrich vor der Mitte und einer Reihe Häkchen nahe dem Hinterrande und diesem parallel. Die Beine sind kurz und schwach, das dritte Paar stark, mit viel stärkerer Schiene als die vorderen, die Klauen kurz und fein. Die Färbung ist blassgelb mit dunklen Querstreifen auf dem Hinterleibe.

Schmarotzt auf der Wanderratte, Mus decumanus, auf der sie Nitzsch im Mai 1812 zahlreich in Gesellschaft einer Milbe zuerst beobachtete und als *Pediculus denticulatus* in seinem Tagebuche verzeichnete. Diesen

Namen liess ich ihr in der Veröffentlichung von Nitzsch's Beobachtungen im J. 1864, während der später unter der Abbildung gegebene Name von Burmeister und Denny veröffentlicht und deshalb auch hier wieder aufgenommen worden ist. In des Letztern Abbildung eines Weibchens fehlen die dunkeln Hinterleibsstreifen und die Härchen sind nicht in gerade Querreihen geordnet.

H. spiniger *Denny.* Taf. II. Fig. 1.

Denny, Monogr. Anoplur. 27. Tab. 24. Fig. 6.

Pediculus spiniger Nitzsch, Zeitschrift f. ges. Naturwiss. 1864. XXIII. 23. — Burmeister, Genera Insector. spec. 9. Fig. 5.

Pallidogriseus, capite obtuso, post antennas incrassato, occipite acute prolongato, antennarum articulo primo permagno; thorace postice non dilatato, lateribus convexis; pedibus aequalibus; abdominis ovalis margine serrato, segmentorum angulis spinigeris et piliferis, pilis seriatis, striis transversis deficientibus. Longit. $^{1}/_{2}$'''.

Diese Art steht der vorigen auffallend nah, unterscheidet sich jedoch durch die verhältnissmässig dickeren Fühler, minder aufgetriebene Schläfen und das spitzig in den Thorax eingreifende Occiput. Der Thorax selbst verbreitert sich nicht gleichmässig nach hinten, sondern hat seine grösste Breite in der Mitte und verengt sich nach hinten wieder in eben dem Grade wie vorn. Die Beine sind schwach und das dritte Paar gar nicht stärker als das zweite. Der gestreckt ovale Hinterleib trägt an den seitlichen scharfen Ecken des zweiten bis sechsten Segmentes stärkere Dornen als bei voriger Art. Die dunkeln Querstreifen vor der Mitte der Segmente fehlen, während die Härchen wieder in Reihen den Hinterrändern der Segmente parallel geordnet sind. Die Färbung ist blassgelblich grau, am Kopf und Thorax fast rostfarben.

Auf der Wasserratte, Hypudaeus amphibius, wo sie Nitzsch im Sommer 1814 in wenigen Exemplaren in Gesellschaft schnell laufender schwärzlicher Milben fand. Sie hatten einen braunröthlich gefüllten Magen und bogen den Kopf in ähnlicher Weise rückwärts wie fast alle Nagerläuse.

2. Abdomen novem segmentis.

a. Occiput productum.

H. affinis *Denny.* Taf. I. Fig. 9.

Denny, Monogr. Anoplur. 36.

Pediculus affinis Nitzsch, Zeitschrift f. ges. Naturwiss. 1864. XXIII. 22. — Burmeister, Genera Insector.

Pallidus; syncipite parabolico genis post antennas incrassatis; thorace rhombico; pedibus sub aequalibus; abdomine angusto ovali, segmentis penultimis lateraliter angulatis. Longit. $^{1}/_{2}$'''.

Der Kopf ist etwas länger als der Thorax und vor den Fühlern abgestumpft dreiseitig, mit eckig vortretenden Schläfen und keilspitzig in den Thorax eingreifendem Occiput. Die Fühler haben ein sehr grosses Grundglied und ein schwach verdicktes viertes Glied. Der Thorax ist rautenförmig mit abgerundeten Seiten. Die Beine sind schwach und nehmen nur wenig an Stärke nach hinten zu, der Schenkel dicker als die Schiene. Am gestreckt ovalen Hinterleibe haben die fünf ersten Segmente schwach convexe Seitenränder, die drei folgenden eckige, das letzte kürzeste gerade, alle tragen randliche Borsten. Die Färbung ist gelbbräunlich und heller, ohne Zeichnung.

Auf der Ackermaus, Mus agrarius, und der Waldmaus, Mus sylvaticus, im October 1805 und im December 1810 in ziemlich vielen Exemplaren gesammelt. Bei denen, welche sich vollgesogen hatten, schien der Magen hellroth durch die Haut hindurch.

H. lyriocephalus *Denny.* Taf. II. Fig. 2. Taf. XX. Fig. 2.

Denny, Monogr. Anoplur. 27. Tab. 24. Fig. 4.

Pediculus lyriocephalus Burmeister, Genera Insector. spec. 11. Fig. 7.

Pediculus lyriceps Nitzsch, Zeitschrift f. ges. Naturwiss. 1864. XXIII. 24.

Pallidus abdomine albido; capite sublyrato, thorace breviore, pedibus mediocribus subcuneiformibus, abdomine maximo, granulato, indistincte segmentato, segmentis una serie pilorum instructis. Longit. $^{3}/_{4}$'''.

Die Hasenlaus steht in der Grösse unter den Nagerläusen obenan und zeichnet sich unter diesen zugleich noch durch das Missverhältniss ihrer Körpertheile aus, indem nämlich der Kopf ziemlich die doppelte Grösse des Thorax hat und beide zusammen im Verhältniss zu dem enorm grossen Hinterleibe sehr klein erscheinen. Im Vergleich mit letzterm sind auch die Beine schwach, so schwach, dass sie auf glatten Flächen den schweren Leib nicht fortschaffen können. Der gestreckte Kopf erhält durch eine markirte Verengung hinter den Fühlern und vor den sehr kleinen Augen eine leierförmige Gestalt und erscheint vor den Fühlern rechtwinklig zugespitzt. Die Schläfen sind schwach gewölbt und das Occiput greift mit einem ziemlich langen mittlen Fortsatz in den Thorax ein. Die Fühler sind merklich kürzer als der Kopf, ihr Grundglied nur mässig verdickt, die folgenden Glieder von gleicher Länge und wie gewöhnlich behaart. Der kurze Thorax hat die Breite des Kopfes, schwach gerundete Seiten, völlig abgerundete Vorder- und scharfe Hinterecken. Die Beine sind schwach und nehmen vom ersten zum dritten Paare nur wenig aber doch merklich an Stärke zu, zeichnen sich im übrigen durch einen starken Schenkelhals, Kürze und Dicke des Schenkels und beträchtliche Länge der Schienen aus, welche innen neben dem kurzen Daumenfortsatze noch zwei blasige Höcker tragen, wie in Figur 2[a] dargestellt ist. Der enorm grosse Hinterleib hat eine walzenförmige Gestalt und ist nicht so scharf segmentirt wie unsere Abbildung angiebt, die die Segmente trennenden Furchen sind schwach und seicht, stellenweise undeutlich. Die mittlen Segmente sind wie die breitesten so auch die längsten und das letzte kleinste zeigt keinen sexuellen Formunterschied. Jedes Segment ist ringsum mit einer Reihe gelber Haare besetzt, die sich jedoch auf den letzten Segmenten mehr häufen. Die Haut erscheint (Figur 2[a]) kornig schuppig, die Schüppchen nicht gerundet, sondern mit gezackten Hinterrande. Kopf, Thorax und Beine sind ganz blassgelblich, der Hinterleib weisslich und der Magen scheint, wenn gefüllt, hell oder dunkel violettblau hindurch, während er herausgenommen braunröthliche Färbung von dem Blutinhalte hat. Auf der Unterseite des vorletzten Segmentes liegt ein schmaler gelblicher Querstreif.

Bei der beträchtlichen Körpergrösse und dem nicht gerade sehr seltenen Vorkommen eignet sich die Hasenlaus besonders zur Beobachtung und Untersuchung des Rüssels, welche denn auch Nitzsch bereits im Januar 1815 gründlich angestellt hat. An der rechtwinkligen Spitze des Kopfes tritt, wenn die Laus ihren Rüssel hervorstreckt, zunächst eine stumpfkegelige Spitze hervor, weiter ausgestreckt wird diese Spitze kolbig, knopfförmig und entfaltet einen deutlichen Hakenbesatz. Dann schiebt sie aus der Mitte desselben wie aus einer Scheide das eigentliche Saugrohr hervor, bis zur Länge der Scheide und zweispitzig endend. Das Vorstrecken und Einziehen des Rüssels geschieht bisweilen schnell und lebhaft, doch so, dass man die Formveränderungen deutlich beobachten kann. Der Hakenbesatz der Scheide erinnert lebhaft an den gleichen bei dem viel grössern Ixodes ricinus und dient ohne Zweifel wie bei diesem zum Oeffnen der Wunde und Festhalten in derselben während des Saugens. Der enge Oesophagus erweitert sich (Taf. XX. Fig. 1) plötzlich in den Magen, der jedoch nicht die langen vordern Blindsäcke wie der Magen der Menschenläuse hat. Der langgestreckte Magen verdünnt sich allmählig und ist im Endabschnitt nicht weiter wie der Darm. Ungemein dehnbar kann der vollgefüllte Magen den grössten Theil des Hinterleibes erfüllen, während im nüchternen Zustande seine Wandung faltig zusammenfällt. Die vier Malpighischen Gefässe sind von geringer Länge, auch der dritte Darmabschnitt sehr kurz und der Enddarm wieder plötzlich verdickt durch die sehr starken Drüsen in seiner Wandung. Die birnförmigen Hoden sitzen paarig auf dem kurzen ziemlich weiten Samenleiter. Die Weibchen kleben wie andere Arten ihre Nisse an die Haare des Wirthes.

Auf dem gemeinen Hasen, Lepus timidus, nicht selten. Die Art ist sehr lebenszäh und lebt von ihrem Wirthe entfernt noch mehre Tage. Die Nisse findet man meist an den Haaren des Halses und Kopfes.

H. piliferus *Denny.*

Denny, Monogr. Anoplur. 28. Taf. 25. Fig. 4.
Pediculus piliferus Burmeister, Genera Insector. spec. 13.
Pediculus canis familiaris Müller, Prodrom. 2182. Fabricius, Fauna groenland. 215.
Pediculus lupus Nitzsch, Zeitschrift f. ges. Naturwiss. 1861. XVIII. 290.
Pediculus flavidus Nitzsch, Zeitschrift f. ges. Naturwiss. 1864. XXIII. 21.

Testaceus; capite hexagonali, antennis crassis; thorace trapezoidali transverse sulcato; abdomine magno, obscure segmentato, pilifero. Longit. 1'''.

Der hexagonale Kopf und der durch deutliche Querfurchen segmentirte trapezoidale Thorax unterscheiden diese grossleibige Art auffällig von allen vorigen. Das Stirnende des Kopfes ist nicht spitzig wie bei der Hasenlaus, sondern steht als gerade abgestutzter Lappen noch etwas vor, und die Schläfen sind weniger convex, auch der keilförmig in den Thorax eingreifende Fortsatz des Occiput kürzer und breiter. Die Fühler, in einer schwachen Einbuchtung eingelenkt, haben nahezu die Dicke der Beine, ihr erstes Glied ist das stärkste, das zweite nur wenig länger als das dritte und das vierte das kürzeste, alle tragen die Haarringe am obern Ende. Der Thorax mit ganzer Breite eng an den Hinterrand des Kopfes sich anschliessend nimmt nach hinten an Breite zu und hat auf dem Sternum einen mittlen Längskiel, auf der Oberseite zwei Querfurchen, die von der vertieften Mitte zu den Seiten gehen. Die Beine sind nahezu gleich stark und enden mit dicken Klauen. Der Hinterleib ist breit, gerundet, die Segmentirung an der Unterseite und am Rande deutlich, auf der Oberseite verschwinden gegen die

Mitte hin die Furchen gänzlich. Feine goldgelbe Härchen von der Länge der Segmente bekleiden dicht gedrängt die Bauchseite, viel sperriger, zerstreuter die Oberseite, längere Borsten stehen nur am Rande der letzten Segmente. Kopf, Thorax und Beine sind scherbengelb, der Hinterleib heller, rein. Der gefüllte Magen scheint blau hindurch.

Schmarotzt auf verschiedenen Rassen des Haushundes, Canis familiaris. — Ob Müller und Fabricius diese Laus oder den Haarling des Hundes vor sich gehabt haben, lässt sich aus der Beschreibung nicht ermitteln, mehre Angaben weisen auf *Trichodectes*, andre passen weder auf diesen noch auf *Haematopinus*. Sicher erkannte erst Nitzsch die Art im Anfange seiner epizoischen Untersuchungen und führte sie als *P. flavidus* in seinen Collectaneen, die Exemplare in der Sammlung als *P. isopus* auf, welch' beide Namen in den Publikationen in meiner Zeitschrift bekannt gemacht sind. Burmeister veränderte den Namen in *P. piliferus*, welchen auch Denny beibehielt und dem hinsichtlich der Veröffentlichung die Priorität zufällt.

H. crassicornis *Denny.* Taf. II. Fig. 7.

Denny, Monogr. Anoplur. 36.

Pediculus crassicornis Redi, Exper. Tab. 23. — Nitzsch, Germars Magaz. Entomol. 1818. III. 305; Zeitschrift f. ges. Naturwiss. 1864. XXIII. 26. — Burmeister, Genera Insector. Pedic. Fig. 11.

Pallidus; capite oblongo ovato, antice obtuse rotundato, postice cuneatim prolongato, antennis crassis; thorace brevi, transversim sulcato; pedibus gradatim incrassatis, tertiis crassissimis, abdomine oblongo ovato, obsolete segmentato; pilis longioribus. Longit. 1/2'''.

Die Hirschlaus hat einen gestreckten, vorn breit abgerundeten, in den Schläfen nur sehr wenig erweiterten, hinten mit schlank keilförmigem Fortsatz in den Thorax eingreifenden Kopf ohne Augen und mit sehr starken Fühlern. An diesen ist das erste Glied das dickste und von gleicher Länge mit dem zweiten, die beiden folgenden nehmen etwas an Länge ab, und das fünfte kegelförmige übertrifft das vierte um ein Drittheil an Länge. Die einzelnen Glieder verdicken sich von der Basis gegen das Ende hin mit Ausnahme des letzten. Der Thorax ist kürzer als der Kopf, vorn gerundet, nach hinten kaum merklich verbreitert, oben mit zwei Querfurchen und deutlichem Stigmenpaar. Die Beine nehmen vom ersten bis zum dritten Paar auffallend an Stärke zu, so dass das dritte doppelt so stark wie das erste ist, die Schenkel sind verhältnissmässig kurz und schwach, Schienen und Klauen dagegen zumal am dritten Paar gewaltig dick. Der lang gestreckte Hinterleib zeigt seine Segmentirung nur am Rande deutlich, bei gefülltem Magen verschwinden die Furchen auf der Rücken- und Bauchseite völlig, im nüchternen Zustande sind sie wenigstens auf der Bauchseite deutlich; hier erkennt man am Rande auch schon mit der Loupe die Stigmata. Die Männchen haben an der Unterseite des letzten Segmentes eine Chitingabel (Fig. 7*). Auf der Oberseite des Hinterleibes stehen einzelne zerstreute helle Härchen, auf der Bauchseite jederseits der Mittellinie eine Reihe längerer, enorm lange am Rande zumal der letzten Segmente. Auch an den Fühlern und Beinen sind die Haare länger wie gewöhnlich. Die Färbung des Kopfes und Thorax ist gewöhnlich hellgelb, nur bei einzelnen Exemplaren braungelb, die grossen Klauen schön dunkelbraun, der Hinterleib bald weisslich, graulich, schmutzig graulich violett, je nach der Füllung des Magens verschieden.

Auf dem Edelhirsch, Cervus elaphus. Redi erkannte diese Art zuerst und auch Linné erwähnt eine Hirschlaus in der Fauna suecica (1761) No. 1944 ohne nähere Angaben. Nitzsch verglich zahlreiche Exemplare im April 1814 sehr aufmerksam mit allen ihm damals bekannten Arten und bildete sie unter obigem Namen ab. In England scheint sie nicht vorzukommen.

H. eurysternus. Taf. II. Fig. 8.

Haematopinus eurysternus Denny, Monogr. Anoplur. 29. Tab. 25. Fig. 57.

Pediculus eurysternus Nitzsch, Germars Magaz. Entomol. 1818. III. 305; Zeitschrift f. ges. Naturwiss. 1864. XXIII. 27.

Pallide brunneus; capite brevi, antice rotundato, postice cuneato, antennarum articulo ultimo longissimo; thorace brevi latissimo, transversim sulcato; pedibus gradatim incrassatis; abdominis ovalis segmentis distinctis, spiraculis tuberosis. Longit. 1/4'''.

Auf dem Hausstier schmarotzen zwei specifisch verschiedene Läuse, eine kurz- und eine langköpfige Art, erste zugleich durch die auffallende Breite ihres Thorax eigenthümlich gekennzeichnet. Ihr kurzer Kopf ist vorn breit abgerundet, hinter den Fühlern plötzlich am breitesten und mit dem Occiput keilförmig in den Thorax eingreifend. Die kopfeslangen Fühler beginnen mit einem nur wenig verdickten Grundgliede von der Länge des zweiten, hinter welcher das dritte nur sehr wenig, das vierte merklicher zurückbleibt, während das fünfte die doppelte Länge des vierten hat und in der Mitte seines endständigen Haarbesatzes eine lange steife Borste trägt. Augen vermag ich nicht zu erkennen. Der Thorax fällt durch seine sehr beträchtliche, die des Kopfes fast doppelt überwiegende Breite bei geringer Länge auf, hat schwach convexe Seiten und verbreitert sich nach hinten nur ganz wenig. Tiefe Furchen laufen von seiner Mitte nach den Seitenrändern. Die Beine nehmen vom ersten bis zum dritten Paare an Dicke zu, doch nicht in dem Grade wie bei der Hirschlaus, die Schenkel sind merklich grösser wie bei jener, die Schienen kürzer und dick, die Klauen lang, stark, schwarzbraun. Der Hinterleib ist bei dem Weibchen breit oval, bei dem Männchen viel schmäler und gestreckter, scharf segmentirt, doch dadurch an den Rändern nur gekerbt, wogegen am Rande des dritten bis achten Segmentes je ein röhriges braunes Spiraculum hervorragt. Kurze blonde Härchen stehen zerstreut auf allen Segmenten, einzelne sehr lange am Rande der letzten Segmente. Die Farbe ist hellbraun, am Thorax gewöhnlich dunkler als am Kopfe und den Beinen, am Hinterleibe oft grünlich und bei gefülltem Magen bläulich, unrein.

Auf dem Hausstier, Bos taurus, hauptsächlich auf dem Halse und Kopfe desselben sich aufhaltend und bei ärmlich gehaltenen Kühen bisweilen in erstaunlicher Menge. Sie ist sehr trägen Naturells und bewegt sich vom Wirthe entfernt nur sehr träg oder gar nicht. Nitzsch erkannte sie zuerst im April 1814 und war nicht wenig überrascht in ihr eine zweite so ganz eigenthümliche Art auf demselben Wohnthiere zu finden, da er die andre Art schon seit 1805 beobachtet hatte. Die von ihm gegebene Abbildung ist nach den annoch vorhandenen Spiritusexemplaren wie alle Nitzsch'schen Zeichnungen sehr getreu und weicht Denny's Beschreibung und Abbildung so erheblich ab, dass man an der Identität beider gerechte Zweifel erheben muss. Der Kopf erscheint schmäler, mit längerer Stirngegend und mit stumpfem abgerundetem Occiput, was übrigens auch Nitzsch in seinen Collectaneen (Zeitschrift f. ges. Naturwiss. XXIII. 27) bemerkt, während ich die keilförmige Zuspitzung an allen Exemplaren wie in der Abbildung dargestellt finde. Ferner stellt Denny's Abbildung das vierte und fünfte Fühlerglied gleich lang dar und giebt in der Beschreibung Augen an. Der Thorax ist länger und die Beine vom ersten zum dritten Paare schwächer werdend. Auf dem Hinterleibe werden vier Längsreihen horniger Erhabenheiten angegeben. Diese mehrfachen Eigenthümlichkeiten sind so auffällige und erhebliche, dass weitere sorgfältige Untersuchungen der Rindsläuse dringend nothwendig erscheinen.

H. setosus *Denny.*

Denny, *Monogr. Anoplur.* 36.
Pediculus Phocae Lucas, Magaz. *Zoologie* Insect. 1831. Tab. 12.
Pediculus setosus Burmeister, Genera Insector.

Fuscus; capite hexagono, antennis crassis conoideis quadriarticulatis; thorace capitis latitudine oblongo, pedibus crassis, tibiarum processu obtuso; abdomine ovali setoso. Longit. 1¼'''.

Am sechsseitigen Kopfe ist die Stirngegend durch eine Winkelfurche abgegränzt, hinter den Fühlern jederseits eine Einschnürung, hinter welcher die Schläfen etwas hervortreten und den Kopf verbreitern. An der Unterseite machen sich zwei braune Chitinleisten bemerklich. Die kurzen dickkegelförmigen Fühler bestehen bestimmt nur aus vier Gliedern, von welchen das zweite und vierte von gleicher Länge, das erste und dritte kürzer sind, das vierte an der stumpfen Spitze wenige sehr kurze Tastborsten trägt. Der Thorax ist länger als breit, an den Seiten convex, hinter der Mitte mit tiefer Querfurche und vor dieser eine kurze mittle Längsfurche, welche dieselbe nicht erreicht. Das Stigma liegt zwischen dem ersten und zweiten Fusspaare. Die sehr breite Brustplatte hat eine braune Mittelrinne, welche vorn in eine Gabel sich spaltet und jederseits zwei den Rand nicht erreichende, sondern zwischen den Hüften endende Querfurchen abgiebt. Diese Zeichnung rührt von inneren Chitinleisten her. Die Beine sind kurz und stark, das erste Paar nur wenig schwächer als die folgenden, die Hüften sehr dick, die Schenkel so dick wie lang, die Schienen noch breiter und ihr Daumenfortsatz ganz kurz, stumpf und plump, innen neben demselben blasige Höcker, die tief braunen Klauen sehr stark und nur schwach gekrümmt. Der Hinterleib ist oval und dick, seine Segmente von gleicher Länge, scharf gegen einander abgegränzt, ihre Seitenränder leicht convex, aber dadurch dass sich hier am Rande die steifen Borsten nach hinten verlängern und dicker werden, erscheint der Rand des Hinterleibes wie gekerbt. Starke goldgelbe Borsten bekleiden dicht gedrängt den mittlen Theil der Oberseite des Hinterleibes, während an der Bauchseite nur der Hinterrand der Segmente mit solchen Borsten besetzt ist. Bei dem Weibchen ist das Endsegment zweilappig gespalten, bei dem Männchen abgerundet und die Geschlechtsöffnung oberseits gelegen, übrigens der männliche Hinterleib nur wenig schmäler als der weibliche. Kopf, Thorax und Hinterleib ist dicht mit kurzen Stacheln bekleidet, an den Fühlern und Beinen stehen nur ganz vereinzelte Stacheln. Die Färbung ist schön hellbraun.

Die Art schmarotzt auf dem gemeinen Seehunde, Phoca vitulina, auf dem sie im Pariser Garten gesammelt wurde, nicht auf Phoca groenlandica, wie von den hallischen Exemplaren nach Gervais irrthümlich angegeben worden. Die Art weicht übrigens so erheblich von den andern Haematopinus ab, dass sie recht gut als eigener Gattungstypus unter dem Namen *Echinophthirius* aufgeführt werden könnte und wenn ich sie hier unter Haematopinus belasse: so geschieht es nur, weil ich an den wenigen Spiritusexemplaren den Bau der Mundtheile nicht aufklären kann, mich nur überzeugen konnte, dass dieselben von Haematopinus und von Pediculus erheblich abweichen. Die kegelförmigen viergliedrigen Fühler, die eigenthümlichen Chitinleisten im Kopfe und Thorax, die kurzgliedrigen, dicken, plumpen Beine, das sehr dichte Stachelkleid auf dem ganzen Rumpfe würden schon die generische Abtrennung rechtfertigen.

H. tenuirostris. Taf. II. Fig. 9.

Pediculus vituli Linné, Systema Naturae II. 1018.
Haematopinus vituli Stephens, Catal. II. 329. — Denny, Monogr. Anoplur. 34. Tab. 25. Fig. 3.
Pediculus tenuirostris Burmeister, Genera Insector. Pedic. spec. 17.
Pediculus oxyrhynchus Nitzsch, Zeitschrift f. ges. Naturwiss. 1864. XXIII. 24.

Fuscus; elongatus; capite longissimo, acuto, antennarum articulo secundo longiore tertio; thorace quadrato sulcato capite latiore et breviore, pedibus gradatim incrassatis; abdomine longissimo angusto. Longit. 1—1½'''.

Die spitzköpfige Rindslaus unterscheidet sich wie bereits erwähnt sehr auffällig von der kleinköpfigen oder breitbrüstigen in allen einzelnen Körpertheilen. Im allgemeinen Habitus sogleich durch ihre sehr gestreckte schmale und zierliche Gestalt. Der lange schmale Kopf spitzt sich vor den mittelständigen Fühlern schlank zu und ragt an der Spitze die Scheide des Rüssels als stumpfer Zapfen hervor, während der Rüssel selbst deutlich durch die Haut hindurchscheint und hervorgestreckt die enorme Länge des Kopfes hat und dann sich lebhaft tastend bewegt. Hinter den Fühlern erscheint der Kopf schwach verengt und dann in der Schläfengegend wieder etwas verbreitert, was in unserer Abbildung nicht ganz naturgetreu ist. Gleich hinter den Fühlern liegen die sehr kleinen, oft nicht leicht sichtbaren Augen, deren Stelle jedoch durch einige schwache Borsten angezeigt ist. Das Hinterhaupt greift mit einem kurzen Keil in den Thorax ein. An den Fühlern haben die beiden ersten Glieder fast gleiche Länge, das dritte und vierte verkürzen sich etwas und das letzte gleicht ziemlich dem dritten und setzt seine mit Tastpapillen bekleidete Endfläche schief und scharf ab. Der Thorax ist ziemlich quadratisch, nur wenig länger als breit, merklich breiter als der Kopf und wie in unserer Abbildung dargestellt gefurcht und mit deutlichen Stigmen versehen. Die Beine nehmen vom ersten bis zum dritten Paare an Dicke zu und haben besonders starke Schenkel und Schienen. Der lang gestreckt spindelförmige Hinterleib zeigt keine scharfe Segmentirung, nur sehr kurze spärliche Behaarung, auch nur sehr kleine, blos an den letzten Segmenten lange Randborsten, aber sechs deutlich umwulstete randliche Stigmata jederseits und eine ziemlich dickschuppige Epidermis. Das letzte Segment des Weibchens ist scharfwinklig ausgerandet, das männliche Endsegment stumpf. Die Färbung ist braun, an den Klauen tiefbraun, am Hinterleibe graulich, violettbläulich, unrein, je nach der Füllung des Magens.

Lebt auf dem Hausstier, Bos taurus, gemein und sehr verbreitet und daher schon seit Linné bekannt. Wenn Denny's Abbildung naturgetreu ist, variirt auch diese Art, denn dieselbe stellt den Kopf minder spitzig, den Thorax länger, das erste Fusspaar viel stärker und den Hinterleib minder vollkommen spindelförmig dar als es bei unsern Exemplaren der Fall ist. Die beiden dunkeln Längsstreifen auf dem Hinterleibe in Denny's Abbildung finde ich nicht, dagegen auf einem Exemplar die dunkle Mitte des Hinterleibes von zwei weisslichen Längsstreifen eingefasst. Den Namen betreffend hat Denny den Linné'schen aufgenommen, während Burmeister den griechischen von Nitzsch in den lateinischen umwandelte. Da es durchaus unstatthaft ist diese Schmarotzer nach ihren Wirthen zu benennen: so muss Burmeister's Bezeichnung als die vor der Nitzsch'schen publicirte als die erst berechtigte gelten.

H. brevicornis.

Pallidus, capite antice angusto, postice lato, antennis brevibus articulo secundo longissimo; thorace trapezoidali sulcato capitis longitudine, pedibus gracilibus, gradatim incrassatis; abdomine ovali, distincte segmentato. Longit. ¾'''.

Der Kopf ist in der vordern Hälfte schmal, zugespitzt mit vorstehender stumpfer Rüsselscheide, in der hintern Hälfte plötzlich um das Doppelte breiter, an den Seiten gerundet und mit stumpfem Kiel in den Thorax eingreifend. Die Augen liegen in der Verengung hinter den Fühlern. Diese sind auffallend kurz, ihr zweites

Glied so lang wie die beiden folgenden zusammen, auch das letzte auffallend kurz. Der Thorax hat die Länge des Kopfes, erweitert sich nach hinten, hat die Furchen und Stigmata wie bei *H. tenuirostris*. Die Beine sind kurz, nehmen nur mässig bis zum dritten Paare an Dicke zu, haben sehr kurze Schenkel, doppelt so lange Schienen und schlanke, schwach gekrümmte Klauen, welche zurückgeschlagen über den stumpfen, mit einigen langen Borsten umstellten Daumenfortsatz der Schiene hinausragen. Der ovale Hinterleib ist sehr spärlich behaart, scharf segmentirt, bei den schlanken Exemplaren mit tief winklig ausgerandeten Endsegmenten, bei den breitleibigen stumpf endend und an den letzten Segmenten mit sehr langen Randborsten. Die vordern Stigmata liegen am Rande der Segmente, die beiden letzten vom Rande abgerückt und fast röhrig. Die Färbung ist hellbraun, der Magen ganz dunkel durchscheinend.

Auf der Giraffe, Camelopardalis giraffa, von der ich sie im Zoologischen Garten in Amsterdam erhielt.

H. stenopsis *Denny.* Taf. II. Fig. 4.

Denny, Monogr. Anoplur. 36.

Pediculus stenopsis Nitzsch, Zeitschrift f. ges. Naturwiss. 1864. XXIII. 30. — Burmeister, Genera Insect. Fig. 3. Tab. Phthirius.

Pediculus schistopygus Nitzsch, Zeitschrift f. ges. Naturwiss. 1864. XXIII. 31.

Testaceus, elongatus; capite longo, angusto, antice obtuse rotundato, postice acute cuneato, oculis parvis, antennis capite brevioribus; thorace capite latiore et breviore; pedibus brevibus, gradatim incrassatis; abdomine oblongoovato, distincte segmentato, pilis longis. Longit. $1\frac{1}{4}$'''.

Die Ziegenlaus hat im Habitus grosse Aehnlichkeit mit der Giraffenlaus, ist aber in den einzelnen Körperformen leicht von derselben zu unterscheiden. Ihr sehr schlanker Kopf verbreitert sich bis zur Schläfengegend nur allmählig und wenig, ist vorn stumpf zugerundet und ragt hier häufig die Rüsselscheide als kurzer stumpfer und in einem weitern Stadium der Streckung mit grösserer Endscheibe versehener Zapfen hervor. Das Occiput greift mit spitzem Keil bis in die Mitte des Thorax ein. Die Fühler sind kürzer als der Kopf, verhältnissmässig dick, und nehmen die Glieder vom zweiten an allmählig an Länge ab. Die kleinen Augen liegen nahe hinter den Fühlern. Der Thorax ist quadratisch, nach hinten sehr wenig verbreitert. Die kurzen starken Beine nehmen nur mässig vom ersten bis zum dritten Paare an Dicke zu, haben sehr kurze dicke Schenkel und Schienen, an letztern statt des dornförmigen Daumenfortsatzes nur eine breit vortretende Ecke, und plumpe Klauen. Der gestreckt ovale Hinterleib erscheint am Rande durch die Segmentfurchen deutlich gekerbt, lässt die Stigmata nur schwer erkennen und trägt auf allen Segmenten lange Haare, die am Rande sehr lang wie bei der Giraffenlaus sind. Das letzte Segment des Weibchens, das nur etwas breitleibiger als das Männchen ist, erscheint durch die tiefe Ausrandung zweilappig. Die Färbung ist stroh- oder scherbengelb, an den Hinterecken des Kopfes bisweilen dunkel, die Klauen schön braun, am Hinterleibe gräulichweiss oder dunkler. Die Behaarung am Kopfe, den Fühlern und Beinen ist etwas reichlicher als gewöhnlich, die Epidermalschüppchen feiner und zierlicher als bei andern Wiederkäuerläusen.

Schmarotzt auf der gemeinen Ziege und Gemse, Capra hircus und Antilope rupicapra. Auf erster erkannte sie Nitzsch schon im April 1815 und untersuchte auch den anatomischen Bau, der im Wesentlichen mit dem der Hasenlaus zumal im Darmkanal und den Genitalien übereinstimmt. Von der Gemse schickte sie Herr v. Heyden im Jahre 1827 ein und nahm diese Nitzsch wenn auch mit Bedenken als besondere Art unter dem Namen *Pediculus schistopygus* auf. Die sorgfältige Vergleichung der Exemplare lässt jedoch die Unterschiede zu geringfügig erscheinen, um einen eigenen Namen zu rechtfertigen.

H. macrocephalus. Taf. II. Fig. 5.

Pediculus asini Linné, Syst. Natur. II. 1018. — Redi, Experimenta Tab. 22. Fig. 1.

Pediculus macrocephalus Nitzsch, Zeitschrift f. ges. Naturwiss. 1864. XXIII. 22.

Haematopinus asini Stephens, Catal. II. 329. — Denny, Monogr. Anoplur. 32. Tab. 25. Fig. 1.

Ferrugineus, capite maculatus; capite longissimo, post antennas inciso, occipite rotundato, antennis filiformibus; thorace capite breviore et latiore, pedibus aequalibus; abdomine brevi, ovato, margine crenato. Longit. 1—$1\frac{3}{4}$'''.

Die Pferdelaus hat so scharf charakterisirte Formen, dass sie mit keiner andern Art verwechselt werden kann; der sehr schmale lange Kopf mit den hinter einer Einschnürung eckig vorstehenden Schläfen und dem abgerundet in den Thorax eindringenden Occiput, die gleich starken Beine und die am Rande eckig vortretenden Segmente des kurzen breit ovalen Hinterleibes treten schon jeder Verwechslung entgegen. Der lange Kopf rundet sich vorn stumpf ab und die sehr kurz vorstehende Rüsselscheide endet nicht wie gewöhnlich gerade abgestutzt, sondern abgerundet. Die Seiten der Stirnmitte treten etwas gewölbt hervor. Hinter den Fühlern findet sich ein starker Einschnitt, in welchem das kleine Auge liegt, und hinter dem dann die Schläfen stark eckig hervortreten. In diesen hat der Kopf seine grösste Breite und verengt sich nun schnell und stark, um mit dem abgerundeten Occiput ziemlich tief in den Thorax einzugreifen, was DENNY's Abbildung nicht darstellt. Die schlanken Fühler haben ein etwas verdicktes Grundglied, das zweite bis vierte Glied von etwas abnehmender Länge, das letzte Glied wieder von der Länge des zweiten und am Ende mit Tastpapillen besetzt. Der Thorax ist breiter als lang und nimmt nach hinten etwas an Breite zu. Die Beine sind von gleicher Stärke, haben kurze so breite wie lange Schenkel, ziemlich dicke Schienen mit stumpfem Daumenfortsatz und stumpfspitzige Klauen. Der breit ovale Hinterleib, nur wenig länger als der Vorderleib, ist scharf segmentirt, die Segmente mit winkligen Seiten und das dritte bis achte Segment an den Seitenecken noch mit röhrigem Stigma, hinter welchem je zwei oder drei sehr kurze Borsten stehen. Das letzte Segment des weiblichen Abdomens ist gespalten, das des männlichen stumpf. Die Behaarung am Kopfe, den Fühlern und Beinen sehr spärlich, die Haut mehr äusserst fein chagrinirt als schuppig. Die Färbung ist hell rostfarben bis gelblich, am Thorax stets rostbraun, vor den Fühlern an den Seiten der Stirn liegen zwei dunkle Flecke, ebenso dunkelbraun sind die Klauen und die Stigmenröhren des Abdomens und die Genitalleisten im letzten Segment. Der gefüllte Magen scheint dunkel durch die Haut.

Auf dem Pferde und Esel, Equus caballus und E. asinus, weit verbreitet und schon seit REDI und LINNE bekannt, bisweilen in ungeheuerlicher Menge auftretend. Unsere Abbildung wurde von NITZSCH im April 1808 gezeichnet und behalten wir dessen Artnamen bei, da die Benennung nach dem Wirthe unstatthaft ist. Die dunkeln Fleckenreihen auf dem Hinterleibe, welche DENNY zu grell gezeichnet hat, verschwinden bei Spiritusexemplaren gänzlich.

b. Occiput truncatum.

H. urius. Taf. II. Fig. 6.

Pediculus suis MOUFET, Theatrum Insector. 1634. 266. — NITZSCH, Germars Magaz. Entomol. 1818. III. 305. — BURMEISTER, Linnaea entomol. 1847. II. 577. Tab. 1.

Pediculus suis LINNE, Syst. Natur. II. 1017.

Haematopinus suis LEACH, Zool. Miscell. III. 65. Tab. 146. — DENNY, Monogr. Anoplur. 31. Tab. 25. Fig. 2.

Ferrugineus, pictus; capite longissimo, antice et postice truncato, antennis gracilibus; thorace brevi lato, pedibus longis gracilibus; abdomine ovali, margine crenato. Longit. $1\frac{1}{4}$—$2\frac{1}{3}$‴.

Die Schweinelaus ist die riesigste aller Säugethierläuse, denn sie erreicht über zwei Linien Länge. Der sehr lange Kopf verschmälert sich von der Mitte aus, in welcher die Fühler oberseits eingelenkt sind, wenig und langsam nach vorn und nach hinten, ist am Vorderende parabolisch zugerundet, am Occipitalrande fast gerade abgestutzt. Am Vorderende stehen um die kurze stumpfe Rüsselscheide herum vier steife Borsten. Der zurückgezogene Rüssel schimmert als dunkler Streif durch die Kopfhaut hindurch. Seinen Bau hat BURMEISTER a. a. O. speciell geschildert nach lebenden Exemplaren. Wie bei der Hasenlaus tritt der Rüssel zuerst mit einer knopfförmigen Anschwellung hervor, an welcher sich eine Doppelreihe alternirender Haken entfaltet. Aus der endständigen Oeffnung schiebt sich dann erst der Mundstachel hervor. Dieser liegt in einer eigenen Scheide verborgen, welche aus zwei hornig lederartigen Halbkanälen besteht, deren hintere Enden schenkelartig aus einander treten, die Vorderenden aber häutig sich verlängern. Der Stachel selbst noch viel zarter als ein menschliches Haar soll aus zwei in einander steckenden Röhrchen zusammengesetzt sein, deren äusseres wieder aus zwei Halbkanälen gebildet wird. Beide Halbkanäle treten hinten aus einander und legen sich an die Schenkel der Scheide. Das innere Röhrchen besteht aus zwei eng verbundenen Hälften und endet mit vier scharfen Zacken, von welchen zwei als Längsleisten auf der Oberfläche nach hinten fortsetzen. Am hintern oder Basalende erweitert sich das Röhrchen beträchtlich und endet dreizackig, welche Zacken Muskeln zur Insertion dienen, während andre Muskeln sich an die divergirenden Endschenkel des Halbkanales ansetzen. — Die zarten schlanken Fühler haben an Länge abnehmende Glieder, nur ist das Endglied wieder länger als das vorletzte und von dessen Tastborsten überragt die obere alle übrigen beträchtlich an Länge. Die Augen liegen unmittelbar am Grunde der Fühler und sind sehr deutlich. Der Thorax etwas breiter lang, ist vorn gerade abgestutzt, an den Seiten stark convex, hinten eng an das Abdomen angelegt. Zwischen dem zweiten und dritten Fusspaare liegt eine markirte Querfurche, so dass man eine Theilung des Thorax in zwei Ringe annehmen möchte, allein sie spaltet sich jederseits in zwei Aeste.

welche oberhalb der Hüften beider Beine auslaufen und ist auf der breiten flachen Brustplatte gar nicht angedeutet, so dass von einer Gliederung des Thorax nicht die Rede sein kann. Das in unserer Abbildung nicht angegebene Stigma liegt in der Gegend zwischen den ersten beiden Fusspaaren. Die schlanken zierlichen Beine sind von gleicher Stärke, haben gestreckt eiförmige Hüften, dünne ziemlich lange Schenkelringe, Schenkel um ein Drittheil länger und dicker als die Hüften, ebenso lange und noch etwas dickere Schienen mit deutlich abgegliedertem Daumenfortsatz und Borstenbesatz innen neben demselben, und schlanke, gekrümmte scharfspitzige Krallen. Der gestreckt ovale Hinterleib ist zackig gerandet und treten an den Seitenecken der gleich langen Segmente mit Ausnahme der beiden ersten und des letzten die dunkeln Stigmata recht grell hervor, hinter denselben je ein oder zwei kurze Borsten. Das weibliche Endsegment ist nur ausgerandet, nicht zweilappig, das männliche abgerundet. Die Färbung ist am Vorderleibe braun, bald hell bis zum Gelblichen, bald dunkel und rostig. Der Rand des Vorderkopfes, oft auch eine breite Binde am Vorderende sind dunkelbraun, ebenso der Occipitalrand. Die Fühlerglieder haben je einen dunkelbraunen Ring, der aber nicht wie bei andern Arten am Ende der Glieder, sondern in deren Mitte liegt. Der Brustkasten ist nur in der Querrinne und um das Stigma herum dunkel, von durchscheinenden Chitinleisten und von solcher rührt auch der braune sechsseitige Fleck auf der Brustplatte her. Die Hüften sind braun gerandet, die Schenkel und Schienen tragen vor dem Ende einen dunkelbraunen Ring und die Klauen glänzen schön tiefbraun. Der Hinterleib ändert seine Färbung aus weisslich, grau durch braun in schmutzig bläulich violett je nach der Füllung des Magens. Die Chitinplatten im Endsegment sowie die Stigmata stechen immer dunkel aus ihrer Umgebung hervor.

Auf dem zahmen und wilden Schweine, Sus scrofa, häufig und weit verbreitet, als grösste Laus daher auch längst bekannt und seit Mouffet im Jahre 1634 oft erwähnt. Unsere Abbildung wurde von Nitzsch im Jahre 1805 angefertigt.

H. tuberculatus.

Pediculus tuberculatus Nitzsch, Zeitschrift f. ges. Naturwiss. 1864. XXIII. 32.

Brunneus, tuberculatus; capite brevi, post antennas lato, occipite truncato; antennarum articulis aequalibus; oculis magnis; thorace trapezoidali, pedibus gracilibus aequalibus; abdomine ovali, margine lobato. Longit. 2'''.

Von gleicher Grösse mit der Schweinslaus unterscheidet sich die Büffellaus doch sogleich durch ihren viel kürzern Kopf, den breiten rundlich gelappten Hinterleib und die Höcker auf der ganzen Oberseite. Durch letzte beide Merkmale ist sie am auffälligsten unter allen Säugethierläusen charakterisirt. Die Form des Kopfes erinnert durch die plötzliche Erweiterung hinter den Fühlern lebhaft an H. eurysternus, nur ist sie bei vorliegender Art überhaupt gestreckter, der Vorderkopf merklich länger und der Hinterkopf nicht keilförmig in den Thorax eingreifend, sondern gerade abgestutzt. Am Vorderende stehen vier Borsten unterseits in andrer Anordnung wie bei der Schweinelaus und ausserdem noch vier Borsten am Rand, seitwärts hinter diesen abermals einige und am Schläfenrande wiederum drei lange. Die fadendünnen Fühler haben ein kurzes Grundglied und die vier andern Glieder von gleicher Länge, ihre spärlichen Borsten endständig. Die verhältnissmässig grossen Augen liegen an einem feinen scharfen rundlichen Einschnitte unmittelbar hinter den Fühlern. Der Thorax ist nur wenig breiter als lang, nimmt etwas an Breite nach hinten zu und hat convexe Seiten. Die Beine gleichen denen der Schweinslaus, sind verhältnissmässig dünn, Hüften, Schenkel und Schienen von einander gleicher Länge, die Schienen jedoch stärker als die Schenkel und mit langem dornförmigen Daumenfortsatz, die Klauen schlank, ziemlich gekrümmt und am Innenrande äusserst fein gekerbt. Die einzelnen Borsten an den Beinen sind viel länger als bei andern Arten. Der breit ovale Hinterleib erweitert seine gleich langen Segmente am Rande breitlappig, diese Lappen haben scharfe Hinterecken und hinter diesen auf einem Wulst oder Höcker ein Büschel von je sechs bis acht langen Borsten. Die Stigmata, dunkel umrandet und wulstig liegen auf der Unterseite der Lappen und Reihen feiner glänzend blonder sehr kurzer Borsten stehen auf der Unterseite der Segmente. Das weibliche Endsegment ist zweilappig und trägt an der Spitze jedes Lappens einen ein- und ausziehbaren kegelförmigen Zapfen. Die Ränder der Scheide sind dicht mit Borsten besetzt. Auf der Oberseite des Kopfes und Thorax stehen kleine Höcker unregelmässig geordnet, auf dem Hinterleibe dagegen liegt jederseits der Mittellinie eine Längsreihe querer leistenförmiger Höcker, je zwei Paare auf jedem Segment, und in der Mitte zwischen diesen und dem Leibesrande liegt eine Längsreihe rundlicher Höcker, nur einer auf jedem Segment und auf den drei ersten Segmenten fehlend. Sehr feine kurze blonde Härchen stehen zwischen den Höckern, aber nicht längs der Mitte des Rückens. Die

Färbung ist hellbraun, längs der Mitte des Kopfes dunkler, mit dunklen Flecken an den Beinen, auch die Höcker des Rückens ganz dunkelbraun und die Lappen der Segmente fein dunkel gerandet.

Auf dem gemeinen Büffel, Bos bubalus, von welchem sie Kollar vor vierzig Jahren aus Wien an Nitzsch einsendete und ich sie während des letzten Herbstes im Zoologischen Garten in Amsterdam erhielt. Sie ist eine der schönsten und eigenthümlichsten Arten.

H. phthiriopsis.

Pediculus phthiriopsis Gervais, Hist. nat. Aptères. III. 306.
Pediculus buffali De Geer, Mém. Insectes. VII. 68. Tab. Fig. 12.

Gelblich, dunkelbraun gestreift, mit sechs dicken kegelförmigen Höckern oder weissen Lappen am Seitenrande des Abdomens; Kopf klein; Füsse kurz, die beiden vordern Paare verdickt; etwas kleiner als die Kopflaus des Menschen. Auf Bos cafer. — Gervais.

H. cameli.

Pediculus cameli Redi, Experimenta. Tab. 20. — Gervais, Hist. nat. Aptères. III. 306.

Diese nur aus Redi's Abbildung bekannte Art des Kamels steht der Schweinslaus am nächsten.

H. ventricosus *Denny.*

Denny, Monogr. Anoplur. 30. Tab. 25. Fig. 6.

Obscure castaneus; capite subpyriformi, thorace brevissimo; pedibus crassis brevibus; abdomine rotundato-cordato. Long. $\frac{1}{3}$ – $\frac{1}{4}'''$.

Der Kopf ist birnförmig, in der hintern Hälfte beträchtlich breiter als in der vordern, mit abgerundetem Occiput; Augen klein auf einem Schläfenhöcker; Fühler mit sehr dickem langen Grundgliede und an Länge abnehmenden folgenden Gliedern. Der Thorax ist der kürzeste und breiteste aller Arten und greift winklig in den Hinterleib ein. Dieser ist sehr breit oval, chagrinirt, behaart und graulich weiss; die Füsse ocherfarben, kurz dick; Klauen sehr stark und stumpf. Kopf und Thorax kastanienbraun.

Auf dem Kaninchen, Lepus cuniculus.

H. leptocephalus.

Pediculus leptocephalus Ehrenberg, Symbol. phys. Mammalia. Hyrax.
Pediculus Hyracis capensis Pallas, Spicil. I. 32. Tab. 3. Fig. 12. 13.

Capite antennarum posteriorum articulis duobus separato gracili; oculis distinctis nullis. — Ehrenberg.

Ehrenberg unterscheidet die auf Hyrax syriacus schmarotzende Art von der auf H. capensis lebenden, welche nach Pallas' Abbildung ganz den Habitus der Schweinslaus hat.

H. saccatus.

Pediculus saccatus Gervais, Hist. nat. Aptères. III. 307.

Kopf und Thorax schmal und gelb, Abdomen gestreckt oval, breiter als der Thorax, ohne deutliche Segmentirung.

Auf Capra aegyptiaca im Pariser Garten. — Gervais.

Anmerkung. Anhangsweise führe ich hier noch einige Arten auf, welche Rudow in der Zeitschrift f. ges. Naturwiss. 1869. XXXIV. S. 167—171 charakterisirt hat, leider aber so kurz und wenig vergleichend, dass ich deren verwandtschaftliches Verhältniss zu den aufgeführten nicht näher zu bestimmen wage. Es sind folgende: 1. *Pediculus punctatus* auf Bos grunniens, ähnlich Haematopinus tuberculatus Lyon., aber mit nur 7 Abdominalsegmenten, in der Gestalt P. vestimenti ähnlich, mit breiterem Hinterleibe, mit birnförmigem Kopfe, gleichgliedrigen Fühlern, fast rechteckigem Thorax mit brauner Mittellinie, mit 5 steifen Randborsten, rundlicher kreisförmiger und elliptischen braunen Zeichnungen auf jedem Segmente und mit 3 braunen Flecken auf jedem Schenkel. — 2. *Haematopinus albidus* auf Mus sylvaticus mit halb hell halb dunkeln Abdominalsegmenten. — 3. *H. forficulus* auf Capra ibex, rothbraun, auf der Mitte des Kopfes mit dunkelbraunem Halbmond, auf dem breit eirunden Hinterleibe mit dunkler Rückenlinie und dunkeln Nähten und langer Behaarung. — 4. *H. obtusus* auf Trachypithecus maurus, vorigem ähnlich, mit kurzen kolbigen Fühlern und dunklem breiten Rückenstreif. — 5. *H. [illegible]* auf Hircus [illegible], rothbraun mit hellem Scheitel, langem 2. Fühlergliede, zwei dunkeln Thoraxstreifen und dunkel gerandeten Hinterleibssegmenten. — 6. *H. rupicaprae* auf der Gemse, hell rothbraun, auf dem Kopfe vorn mit breiter brauner Binde, dunkeln Mittelstreif und dunkeln Rändern des Hinterkopfes, auf dem Rücken des Hinterleibes breit dunkel und mit treppenförmigen Zeichnungen und Punkten zwischen je zweien; überall lang behaart.

II. ORTHOPTERA EPIZOA.

Einzige Familie. MALLOPHAGA.

Die Mallophagen oder Pelzfresser bilden nach Nitzsch, dem wir als dem Begründer dieser Familie die Charakteristik unter Einfügung der Resultate späterer Untersuchungen im Wesentlichen entlehnen, eine besondere von den übrigen Orthopteren erheblich abweichende Familie, welche durch nachfolgende allgemeine Merkmale als ein einheitlicher Typus sich charakterisirt. Ihr mehr minder flach gedrückter und oft behaarter oder beborsteter Körper hat einen schildförmigen, rundlichen oder eckigen, stets wagrechten Kopf mit ganz an der Unterseite gelegener Mundöffnung. In derselben stecken sehr starke, kurze, meist am Innenrande gezähnte Mandibeln und sehr kleine, bei den Philopteren ohne, bei den Liotheen mit viergliedrigen Tastern versehene Maxillen. Ueber ersten liegt die Oberlippe, zwischen letzten die Unterlippe, welche auch nur bei einigen Gattungen kurze zweigliedrige Taster trägt. Die kurzen, höchstens kopfeslangen Fühler sind kegel-, faden-, schwachkeulenförmig und selbst geknöpft, bestehen aus drei, vier oder fünf Gliedern von gleicher oder verschiedener Länge und zeigen bisweilen sehr auffallende geschlechtliche Differenzen, indem sie zumal bei den Männchen grösser und stärker sind und durch Entwicklung eines fingerförmigen Fortsatzes an einem Gliede eine scheerenförmige Beschaffenheit erhalten. Besondere Eigenthümlichkeiten haben die Docophoren in beweglichen Höckern vor den Fühlern am Rande des Kopfes. Die Augen sind stets blosse Punktaugen, jederseits eines am Grunde hinter den Fühlern oberseits, am Rande oder unterseits gelegen. Einigen Arten fehlen sie bestimmt, während sie bei andern Arten nur wegen ihrer geringen Grösse der gewöhnlichen Betrachtung leicht entgehen. Der Thorax besteht aus zwei Ringen, nur bei Liotheum aus drei. Im ersten Falle sind der Meso- und Metathorax völlig mit einander verschmolzen und nur ausnahmsweise erscheint auch der Prothorax nicht scharf vom hintern Brustringe abgegränzt. Die Form und das Grössenverhältniss beider Brustringe ändert vielfach und erheblich ab. Allgemein ist der Prothorax durch Verengung und Form überhaupt viel schärfer vom Kopfe abgegränzt als der Metathorax vom Hinterleibe, deren Verbindung bisweilen eine so innige ist, dass erst die nähere Betrachtung die Gränze erkennen lässt. Von Flügeln ist bei keinem einzigen Mallophagen eine Spur beobachtet worden. Die niemals sehr langen, gewöhnlich aber kräftigen und selbst sehr dicken Beine sind mit kurzen dicken Hüften in die Brustplatte eingelenkt, haben einen kleinen dünnen Schenkelring, allermeist aber sehr verdickte, flach gedrückte Schenkel, ebenso lange oder längere, walzige bis flach gedrückte Schienen und ein- oder zweigliedrige (ausnahmsweise dreigliedrige) Tarsen, welche je eine oder zwei Krallen tragen. Die Füsse mit nur einer Kralle sind gewöhnlich Kletterfüsse nach Art derer der eigentlichen Läuse, indem die schlanke Kralle gegen die vortretende, auch wohl daumenartig ausgezogene und mit einem Dorn besetzte Ecke der Schiene zurückgeschlagen werden kann. Sie kommen bei den im Pelze der Säugethiere schmarotzenden Arten allgemein vor und machen dieselben unfähig auf glatten Flächen leicht fortzukommen, während die Vogelarten zweikrallige Füsse besitzen und geschickt kriechen oder laufen können. Der Hinterleib endlich, breit eiförmig bis lang gestreckt oblong, besteht aus zehn oder neun und wenn die letzten beiden verschmolzen aus nur acht Ringen, deren Seiten oft convex oder winklig hervortreten und den Hinterleibsrand dann gekerbt, gezackt, gezähnt erscheinen lassen. Das Aftersegment zeigt häufig geschlechtliche Eigenthümlichkeit; besondre Fortsätze oder Haken aber kommen nur bei den Weibchen der Gattung Trichodectes vor. — Das äussere Gerüst des Körpers besteht aus sehr derben und harten Chitinplatten, oberseits stärkern als an der Bauchseite und verbunden durch eine weiche Haut. Diese Festigkeit der Leibeshülle erschwert die anatomische

Untersuchung sehr. Dieses Chitingerüst ist zugleich Träger des Farbenkleides. Kein einziger Mallophage ist farblos oder weiss, sondern alle sind gefärbt und zwar in der Jugend lichtgelb, im reifen Alter allermeist intensiver gelb bis braun, rothbraun oder sepiabraun. Die Zeichnung besteht in dunkeln Flecken und Streifen von regelmässiger Anordnung, und abgesehen von den Unterschieden im jugendlichen und reifen Alter machen sich nur geringfügige individuelle Eigenthümlichkeiten bemerklich.

Ueber den anatomischen Bau der Pelzfresser liegen so weit gehende Untersuchungen wie über die Pediculinen noch nicht vor und kann ich dessen Eigenthümlichkeiten nur im Allgemeinen angeben. Das Nervensystem (Tafel XX Fig. 3) besteht aus einem deutlich aus zwei verschmolzenen Knoten zusammengesetzten obern Schlundganglion, welches je zwei Fäden zu den Fühlern und zu den Augen sendet und durch starke Commissuren mit dem untern Schlundganglion in Verbindung steht, das die Mundtheile mit Nerven versorgt. Obwohl der Thorax gewöhnlich nur aus zwei Ringen besteht, ist doch sein centrales Nervensystem deutlich aus drei nach hinten an Grösse zunehmenden Knoten gebildet, deren jeder einen Seitennerv für das bezügliche Bein und der letzte sechs Nerven für den Hinterleib aussendet. Im Ernährungsapparate zeigt der Oesophagus zunächst bei den Liotheen in der hintern Hälfte eine starke Erweiterung, bei den übrigen dagegen einen grossen kropfartigen Anhang, der eine unmittelbare lange und weite Aussackung oder aber eine gestielte Blase darstellt. Zwei elliptische Speicheldrüsen liegen neben der Speiseröhre und senden ihre Ausführungsgänge in die Mundhöhle. Der zweite Darmabschnitt oder sogenannte Magen beginnt gewöhnlich mit zwei zipfelförmigen Blindsäcken je nach den Arten von sehr verschiedener, ganz geringer bis bedeutender Grösse. Die Weite des Magens ändert bis zur Einmündung der Malpighischen Gefässe gar nicht oder aber wird allmählig enger, bei einigen Arten hinter der Mitte seiner Länge plötzlich. Der dritte Darmabschnitt hat nur ein Drittheil und selbst noch geringere Länge als der Magen. Die auf der Gränze beider einmündenden vier Malpighischen Gefässe sind geschlängelt, fadendünn, oder in der Wurzelhälfte mehr minder beträchtlich erweitert. Eine starke Drüsenschwulst ganz wie bei den Pediculiden gränzt den Dickdarm vom dritten Abschnitt ab, der stets auch beträchtlich weiter ist und dickere Wandungen hat. Stigmata sind jederseits sieben und zwar eines auf dem Thorax und sechs auf den Hinterleibsringen vorhanden, indem dem ersten und den letzten Segmenten dieselben stets fehlen. Sie liegen hart am Rande der Segmente, sind rund, dick chitinisch umrandet und bei einigen Arten mit Borsten umstellt. Die von ihnen ausgehenden Tracheen haben in ihren Verästelungen keine blasenförmigen Erweiterungen. Ueber das von Wern. bei *Menopon pallidum* entdeckte Herz berichte ich bei dieser Art. Die männlichen Geschlechtsorgane bestehen aus jederseits zwei oder drei ei- oder zwiebelförmigen Hoden, welche unmittelbar an einander liegen oder durch besondere Ausführungsgänge in den gemeinschaftlichen Samenausführungsgang verbunden sind. Jeder Hoden sendet wie bei den Pediculinen einen Faden zu dem Herzen. Der Samenleiter bald wenig, bald vielfach geschlängelt nimmt einen Kanal der gestreckten, in Grösse und Form veränderlichen und bisweilen noch mit besondren Anhängseln versehenen Samenblase auf. Die in der Geschlechtsöffnung versteckte Ruthe ist stabförmig. Die weiblichen Eierstöcke bestehen aus jederseits drei bis fünf Eiröhren vom Typus derer der Pediculinen mit an Grösse abnehmenden Erweiterungen, in deren jeder ein Ei sich entwickelt. Die spitzen Enden dieser Eiröhren vereinigen sich in einen Faden, der die Verbindung mit dem Rückengefäss herstellt. Die Eileiter treten in einen einfachen Uterus zusammen, welcher zur engen Scheide fortsetzt. In diese münden die sehr einfachen blos aus dem Receptaculum seminis bestehenden Anhängsel.

Obwohl die Mallophagen in ihrer äussern Erscheinung den Pediculinen überraschend ähneln und wie diese nur auf der Haut warmblütiger Wirbelthiere ihr Leben verbringen, nähren sie sich doch nicht saugend von dem Blute und flüssigen Säften der Haut ihrer Wirthe, sondern fressend von den epidermalen Schüppchen, den Haaren und Federn. Nicht blos weisen ihre kräftigen Kiefer mit Entschiedenheit auf diese Nahrungsweise, auch die Untersuchung ihres Kropfinhaltes beseitigt jeden Zweifel darüber. De Geer wollte Blut im Magen gesehen haben und bis Nitzsch die wahre Nahrung überzeugend nachwies, wurde die Beobachtung des sonst sehr zuverlässigen ältern Forschers allgemein angenommen. Wohl mag auch zufällig ein Mallophage Blut aufnehmen, wie denn auch Nitzsch ein einziges Mal unter vielen hunderten von Beobachtungen Blut in dem Magen fand, die eigentliche und allgemeine Nahrung liefern die hornigen Epidermalgebilde. — Während die blutsaugenden Pediculinen ausschliesslich auf Säugethieren schmarotzen, beherbergen diese verhältnissmässig wenige Pelzfresser, die meisten leben auf Vögeln und man darf obwohl die Mehrzahl derselben noch nicht auf ihre Epizoen sorgfältig untersucht worden ist, doch schon behaupten, dass höchst wahrscheinlich keine Vogelart ganz frei von Federlingen ist. Ja einzelne Arten werden von zwei, drei, selbst bis fünf verschiedenen nicht blos specifisch, sondern auch generisch verschiedenen Federfressern zugleich bewohnt. Da dieselben nicht aus der Haut unmittelbar ihren Unterhalt nehmen, auch gewöhnlich nicht auf der Haut, vielmehr an und zwischen den Federn herumkriechen: so beeinträchtigen und gefährden sie das Wohlbefinden und Leben ihres Wirthes nicht in dem Maasse wie die blutsaugenden Läuse. Wenn auch nach den bisherigen Beobachtungen die artenarmen Gattungen nur auf gewisse Gruppen von Wirthen beschränkt erscheinen, so reichen die Untersuchungen doch noch nicht aus, um die Beziehungen der Gattungen zu den Familien ihrer Wirthe festzustellen. Die Fruchtbarkeit ist nach dem Bau der Eierstöcke zu schliessen eine mässige und selbst geringe. Die Begattung wird bei den Philopteren in der Weise vollzogen, dass das Männchen sich unter das Weibchen schiebt, während bei den Liotheen das Weibchen das Männchen auf dem Rücken trägt. Die birnförmigen Eier haben am vordern abgestumpften Pole einen eingefalzten flachen runden Deckel mit dem Mikropylenapparate und auch Borsten zum Anheften an die Haare und Federn. In ihnen erfolgt die Entwicklung des Embryo in ganz ähnlicher Weise wie bei den Pediculinen, doch konnten specielle Beobachtungen darüber noch nicht angestellt werden. Die ausschlüpfenden Jungen gleichen in den Formverhältnissen schon völlig den Alten und nehmen durch die wiederholten Häutungen nur noch die Grösse, Färbung und Zeichnung derselben an. Wie oft und in welchen Zeiträumen sie sich häuten, wie lange sie überhaupt leben, darüber fehlen noch alle Beobachtungen. Die überaus beweglichen und lebhaften Liotheen verlassen gewöhnlich ihren Wirth nach dessen Tode und suchen sich einen andern auf, kriechen auch schnell an die Hände, wenn man das Gefieder ihres Wirthes durchsucht. Die minder lebhaften Philopteren dagegen bleiben auch nach dem Tode ihres Wohnthieres auf dessen Balge sitzen, mit eingezogenen Vorderfüssen an den Federn und Haaren sich anklammernd. Am zweiten oder dritten Tage sterben sie gewöhnlich, natürlich nicht aus Nahrungsmangel, denn an den Haaren und Federn könnten sie immer noch sich sättigen, wohl an der verschwundenen organischen Wärme und feuchten Ausdünstung der Haut des Wirthes, die sie zu ihrer Existenz nothwendig zu haben scheinen.

Die überaus grosse Aehnlichkeit der Mallophagen in ihrem äussern Körperbau mit den saugenden Läusen veranlasste die ältern Systematiker wie Linné und sogar auch Fabricius sie mit *Pediculus* zu vereinigen. Schon De Geer hatte sie als beissende Insecten erkannt und von den Läusen unter dem Namen *Ricinus* generisch gesondert und die gleiche Auffassung theilte Hermann in seinen Mém. aptérologiques 1804, indem er zugleich, weil der Name *Ricinus* von Linné schon unter den Milben verwendet worden war, den neuen Gattungsnamen *Nirmus* einführte. Die tiefere Begründung der Familie der Mallophagen und ihrer verschiedenen Gattungen lieferte dann Nitzsch im Jahre 1818 und in dessen Sinne ist sie seither allgemein beibehalten und auch unserer Darstellung zu Grunde gelegt worden. Nach ihm sondern sich die Mallophagen in zwei Unterfamilien mit je zwei Gattungen, nämlich:

Mit fadenförmigen Fühlern und ohne Maxillartaster	**Philopteridae**
Mit dreigliedrigen Fühlern und nur einer Klaue an jedem Fusse	*Trichodectes*
Mit fünfgliedrigen Fühlern und zwei Klauen an jedem Fusse .	*Philopterus*
Mit keulenförmigen Fühlern und Maxillartastern . .	**Liotheidae**
Mit nur einer Klaue an jedem Fusse . . .	. *Gyropus*
Mit zwei Klauen an jedem Fusse	. *Liotheum*.

A. PHILOPTERIDAE.

Die Philopteren haben faden- oder kegelförmige Fühler und an dem stets unterseits gelegenen Munde keine Maxillartaster, wohl aber zweigliedrige Lippentaster. Der Prothorax ist allermeist scharf vom hintern Brustringe abgesetzt, dieser dagegen stets ein einfacher Ring, also der Mesothorax fehlend oder ohne Andeutung einer Trennung innig mit dem Metathorax vereinigt. Der Hinterleib besteht aus neun Ringen, von welchen bisweilen zwei mit einander verschmelzen. An der Speiseröhre kömmt ein scharf abgesetzter grosser Kropf vor und die Männchen haben jederseits zwei Hoden, die Weibchen fünf Eierröhren.

I. TRICHODECTES Nitzsch.

Antennis triarticulatis, filiformibus, ungue tarsorum simplici; abdomine feminarum utrinque lobato.

Die Haarlinge haben einen schildförmigen Kopf von abgerundet quadratischer, herzförmiger oder fünfeckiger Gestalt. Die Fühler rücken von der Vorderecke bis in die Seitenmitte. Im erstern Falle tritt die Stirn oder der Vorderkopf gar nicht hervor und berandet sich sehr schwach bis stark convex mit blosser Verflachung oder wirklichem Ausschnitt in der Mitte. Rücken dagegen die Fühler zurück: so erscheint der Vorderkopf stumpf und breit abgerundet oder aber dreieckig mit abgerundeter oder winkliger Stirnspitze, welche ganz oder wiederum ausgerandet ist. Die Fühler sind stets in einem mehr minder tiefen Einschnitte eingelenkt, dessen vordere und hintere Ecke gewöhnlich kegelförmig und bis zur Drittel- oder halben Länge des Fühlergrundgliedes ausgezogen sind. Der Hinterkopf hat entweder in seiner ganzen Länge gleiche Breite oder erweitert sich in der Schläfengegend, deren Seiten stark convex gerundet sind. Die Hinterecken pflegen stark abgerundet, nur ausnahmsweise winklig oder scharfeckig zu sein, ebenso ist der Hinterrand gerade oder im mittlen Theile schwach eingezogen. Die ganze Oberseite des Kopfes und besonders der Rand desselben ist mehr minder dicht mit Borsten besetzt und die Zeichnung besteht in dunkeln Randflecken, Streifen und Linien. Die Augen treten nur selten auffällig hervor und liegen stets unmittelbar hinter den Fühlern. Diese pflegen kürzer als der Kopf, selten von Kopfeslänge zu sein, sind fadenförmig, jedoch bisweilen mit schwach verdicktem Endgliede, während das Grundglied stets dicker als die übrigen, bei einzelnen Arten sogar sexuell stark vergrössert erscheint. Die Glieder sind mit vereinzelten oder vielen Borsten, die abgestutzte Endfläche des letzten mit Tastpapillen besetzt. Von den Mundtheilen, zu welchen vom Stirnrande her eine sogenannte Futterrinne führt, sind die Oberkiefer sehr kräftig und gezähnt, die sehr langen Taster bald keulenförmig bald fadenförmig, die Unterlippe mit Seitenlappen, die Zunge dreispitzig. Der Prothorax beginnt stets mit einer halsartigen Verengung, verbreitert sich aber sogleich und rundet oder eckt seine Seiten. Der Metathorax pflegt breiter, gewöhnlich aber kürzer zu sein und legt sich mit seinem Hinterrande innig an das erste Hinterleibssegment an. Die Beine haben kräftige elliptische Coxen, gleich starke aber stets längere Schenkel, denen die Schienen an Länge gleichkommen oder noch länger sind. Diese haben entweder in ihrer ganzen Länge gleiche Dicke oder häufiger aber erweitern sie sich gegen das Ende hin und die stets mit einem langen Dorn bewehrte Ecke tritt mehr minder scharf hervor. Der Tarsus ist schlank zweigliedrig und nur bisweilen bemerkt man noch ein sehr kurzes drittes Glied. Wenn die daumenartige Ecke der Schiene schwach oder gar nicht hervor steht, dann trägt auch jedes Tarsusglied ausser den Borsten noch einen Dorn. Die stets nur einfache Kralle ist bei allen Haarlingen auf den Nagelsäugethieren kurz und stark gekrümmt, bei allen auf Hufthieren schmarotzenden dagegen viel länger und nur sehr schwach gekrümmt. Der Hinterleib endlich hat eine eiförmige oder oblonge Gestalt, schon im zweiten oder dritten Ringe seine grösste Breite und endet abgestutzt, bei dem Weibchen stets zweispitzig. Die neun Segmente sind durch scharfe Ringfurchen, welche den Seitenrand kerben, geschieden, tragen reihenweis geordnete oder zerstreute, am Rande einige längere Borsten, das zweite bis siebente jederseits nahe am Rande ein rundes, wenig ausgezeichnetes Stigma, und wenn Zeichnung vorhanden ist besteht dieselbe oberseits aus einem bindenartigen Querfleck, unterseits aus einem minder breiten nur auf den mittlen Segmenten; bisweilen ist auch der Rand der Segmente dunkel. Das männliche Endsegment ist abgerundet oder hat einen mittlen Einschnitt, das weibliche dagegen ist stets durch einen mittlen Einschnitt oder weitern Ausschnitt zweispitzig oder zweilappig. Am Hinterrande des drittletzten weiblichen Segmentes geht jederseits ein fadenförmiger, mehr minder gekrümmter einfacher oder zweigliedriger Raifen aus, der sich an den Rand der beiden letzten Segmente anlegt, aber niemals die Spitzen des Endsegmentes erreicht. Bei lebenden Weibchen sieht man diese Raife sich abbiegen und anlegen. Der anatomische Bau der Haarlinge stimmt so wesentlich mit dem der Philopteren überein, dass eine besondere Schilderung desselben überflüssig erscheint.

Die Haarlinge schmarotzen nur auf Säugethieren, wo sie besonders am Kopfe, Halse und an den Vorderbeinen sich aufhalten. Sie kommen weder häufig, noch in weiter Verbreitung vor und nur ein Fall bei dem Rindvieh wird erwähnt, in welchem ihre massenhafte Vermehrung ein krankhaftes Leiden verursachte, immerhin belästigen sie ihre Wirthe und sind von Hausthieren, wo sie sich einnisten, durch Kämmen, Bestreuen mit Insectenpulver und die gegen die eigentlichen Läuse erfolgreichen Mittel zu beseitigen. Man kennt bis jetzt erst 22 Arten, von welchen 8 auf carnivoren Raubthieren, 2 auf Nagern, 10 auf Wiederkäuern, 1 auf Einhufern und 1 auf Klippdachs gefunden wurden, also die Affen, Fledermäuse, Insectenfresser, Beutelthiere, eigentlichen Pachydermen und Flossensäugethiere noch keine einzige Art lieferten. Am häufigsten und zugleich mannichfaltigsten kommen sie auf den Ziegen vor. Nur zwei, nämlich *Tr. pusillus* und *Tr. pilosus*, vielleicht auch noch *Tr. longicornis* und *Tr. cornutus* haben je zwei specifisch verschiedene Wirthe, die übrigen sind stets nur auf derselben Wohnart beobachtet worden.

Die Gattung der Haarlinge, *Trichodectes*, wurde von Nitzsch im Jahre 1814 als er bereits zehn Arten erkannt hatte, aufgestellt und im Jahre 1818 in Germar's Magazin veröffentlicht. Sie ist in diesem ihren ersten Umfange von Burmeister, Gervais, Denny, Rudow und mir aufrecht erhalten worden und lassen sich ihre gegenwärtig bekannten Arten nach folgendem Schema übersichtlich gruppiren:

Haarlinge der Unguiculaten mit kurzen Tarsen und kurzen, stark gekrümmten Krallen.

- Vorderkopf abgestutzt, beide letzte Fühlerglieder meist gleich lang
  - Seiten der Abdominalsegmente abgerundet
    - Hinterhaupt nach hinten sich verschmälernd . . . *Tr. pinguis*
    - Hinterhaupt nach hinten sich verbreiternd
      - Füsse sehr kurz . . . *Tr. exilis*
      - Füsse sehr schlank und 2. Fühlerglied etwas verkürzt . . . *Tr. crassus*
  - Seiten der Abdominalsegmente mit scharfen Hinterecken . . . *Tr. latus*
- Vorderkopf verlängert, dreiseitig
  - Mit rechtwinkliger Spitze . . . *Tr. subrostratus*
  - Mit stumpfwinkliger gerundeter Spitze
    - Kopf fünfseitig
      - Nach hinten nicht verschmälert . . . *Tr. retusus*
      - Nach hinten verschmälert . . . *Tr. microps*
    - Kopf herzförmig
      - Endglied der Fühler spindelförmig, verlängert . . . *Tr. setosus*
      - Endglied der Fühler dem zweiten gleich . . . *Tr. mexicanus*
    - Kopf vierseitig abgerundet, 3. Fühlerglied kürzer als 2. . . . *Tr. pusillus*.

Haarlinge der Ungulaten mit schlanken Tarsen und langen fast geraden Krallen.

- Vorderkopf ganz abgestutzt
  - Hinterecken des Kopfes abgerundet
    - Drittes Fühlerglied kürzer als das zweite . . . *Tr. limbatus*
    - Drittes Fühlerglied von der Länge des zweiten . . . *Tr. climax*
  - Hinterecken des Kopfes scharfspitzig . . . *Tr. breviceps*
- Vorderkopf verlängert
  - Vorn breit abgerundet
    - Fühler von Kopfeslänge, Beine sehr lang . . . *Tr. longicornis*
    - Fühler und Beine kürzer
      - Zweites Fühlerglied dicker als drittes . . . *Tr. diacanthus*
      - Zweites Fühlerglied dünner oder gleich dick mit dem dritten
        - Drittes Fühlerglied länger als das 2. und dicker
          - Prothorax sehr breit . . . *Tr. sphaerocephalus*
          - Prothorax halsartig verengt . . . *Tr. pilosus*
        - Drittes Fühlerglied von der Länge des zweiten
          - Schienen schlank und dünn . . . *Tr. manubricus*
          - Schienen sehr stark verdickt . . . *Tr. crassipes*
        - Drittes Fühlerglied kürzer als zweites . . . *Tr. solidus*
  - Vorn verschmälert, stumpf zugespitzt, dreiseitig
    - Kopf fast so breit wie lang . . . *Tr. scalaris*
    - Kopf länger als breit . . . *Tr. cornutus*.

Tr. pinguis *Nitzsch.* Taf. III. Fig. 1.

Burmeister, Handb. Entomol. II. 435. — Giebel, Zeitschrift f. ges. Naturwiss. 1861. XVII. 86.

Corpus latum pallidum; capite vix latiore quam longo, fronte brevissima antice haud angustata, flava, limbo occipitali bidentato et macula supra- et infraorbitali obscure fuscis; lora nulla; temporibus postice angustioribus; abdomine lato albido pictura nulla. Longit. $\frac{7}{8}'''$.

Klein und von gedrungenem Bau. Der vierseitige Kopf ist kaum breiter als lang, mit sehr schwach convexem, in der Mitte nicht eingebuchtetem Stirnrande, an welchem von unten her jederseits der Oberlippe drei, bis zu den Fühlern hin jederseits mindestens noch drei weit von einander abgerückte Borsten hervorragen. Gleich hinter den Fühlern, die in einer Einbuchtung eingelenkt sind, erhält der Kopf seine grösste Breite und verschmälert sich von hier ab merklich gegen den Hinterrand, der jederseits der Mitte eine Kerbe bildet. Auch an den Schläfen stehen einzelne sehr kurze Borsten. Die blassgelbe Färbung sticht vor und hinter den Fühlern einen dunkelbraunen Fleck ab, wie auch der Occipitalrand braun ist. Die Fühler bestehen aus einem nur etwas verdickten Grunde und zweien gleich langen Gliedern, die zerstreut mit Borsten besetzt sind, das Endglied an der stumpfen Spitze noch mit sehr kurzen Tastpapillen. Der Vorderbrustring verbreitert sich stark nach hinten und ist etwas länger als der breitere Hinterbrustring. Bei reifen Exemplaren ist der Thorax braun, bei den, wenigstens wie es scheint, unreifen ebenso hellgelb wie der Kopf und ohne Zeichnung. Die Beine sind von gleicher Länge und Stärke; die Hüften kurz und dick, der Schenkelring sehr kurz und schwach, der Schenkel am stärksten, die Schienen schlanker und an der Daumenecke dicht mit kurzen Borsten besetzt. Tarsus und Klaue sehr schlank. Schenkel und Schienen sind mit wenigen Borsten besetzt. Der ovale Hinterleib, bei den Männchen schmäler und spitzer als bei den Weibchen, besteht aus gleich langen Segmenten, welche am Rande nur durch schwache Einkerbungen getrennt sind. Jeder derselben trägt nahe dem Hinterrande, an der Rücken- und an der Bauchseite eine Reihe kurzer Härchen, längere um die an der Unterseite nahe dem Rande gelegenen Stigmen, und je zwei noch längere an der Hinterecke. Das weibliche Endsegment ist durch eine mittle Kerbe in zwei stumpfe Lappen getheilt und wird umfasst von zwei schlanken Fortsätzen oder Raifen des vorletzten Segmentes. Zeichnungen hat der blassgelbe, nach Nitzsch's Beschreibung der frischen Exemplare weissliche Hinterleib ausser den dunkeln Stigmen und den dunkel durchscheinenden Chitinplatten an der Geschlechtsöffnung nicht.

Auf dem braunen Bär, Ursus arctos, auf welchem sie Nitzsch in einer Menagerie in Leipzig im April 1825 vereinzelt an Brust, Hals und Vorderbeinen fand.

Tr. exilis *Nitzsch.* Taf. III. Fig. 6.

Nitzsch, Germars Magaz. Entomol. 1818. III. 296. — Giebel, Zeitschrift f. ges. Naturwiss. 1861. XVII. 87.

Pallidus, nudus; capite dimidiato semielliptico, fronte convexa, macula ante antennas picta; abdomine ovali, segmentorum lateribus convexis. Longit. 1/3'''.

Diese sehr kleine, nur in einem einzigen Exemplare vorliegende Art zeichnet sich schon durch den fast gänzlichen Mangel aller Haare und Borsten aus: denn nur an den Fühlern, Schenkeln und an den Hinterecken des Kopfes stehen einige sehr kurze Borsten, kaum länger als die Tastpapillen am Ende der Fühler. Von dem Bärenhaarling unterscheidet sie sich durch die stärker convex hervortretende Stirn und die gleichbleibende Breite des Kopfes von den Fühlern bis zum Hinterrande. Vor jedem Fühler liegt ein runder brauner Fleck. Der Thorax ist sehr kurz, die Beine schlank, die Schenkel besonders dünner als bei voriger Art. Am ovalen Hinterleibe treten besonders die Hinterecken an den Seitenrändern der Segmente hervor. Das Endsegment ist nur schwach ausgerandet und die Raife des vorletzten sehr kurz und stumpf.

Auf der gemeinen Fischotter, Lutra vulgaris, äusserst selten. Trotz des aufmerksamsten Suchens fand Nitzsch nur das einzige vorliegende Exemplar an der Schnauze einer Fischotter im September 1815 und scheint dasselbe ein unreifes zu sein.

Tr. latus *Nitzsch.* Taf. III. Fig. 2. 3.

Nitzsch, Germars Magaz. Entomol. 1818. III. 296. — Denny, Monogr. Anoplur. 188. Tab. 17. Fig. 6. — Giebel, Zeitschr. f. ges. Naturwiss. 1861. XVII. 89. Taf. 1. Fig. 7. 8.

Ricinus canis Degeer, Mém. Insect. VII. Tab. 4. Fig. 16.

Pediculus setosus Olfers, de veget. anim. corpor. in corpor. anim. reper. (1815.) 84.

Flavescens, pictus; capite lato testaceo, antennarum articulo primo maximo; thorace lato testaceo, pedibus gracilibus; tibiarum aculeo longo; abdomine ovali lato, margine crenato. Longit. 3/4'''.

Der Hundehaarling hat in seinen Körperformen so auffällige Eigenthümlichkeiten, dass er stets leicht zu erkennen und mit keiner andern Art zu verwechseln ist. Zunächst hat der vierschrötige Kopf auf der sehr breiten, stumpfen, vorn schwach gebuchteten Stirn vier dunkelbraune Randflecke und mehre Borsten mit dicker Wurzel- und haarfein auslaufender Endhälfte. Die Fühler stehen in einer tiefen Einbuchtung, hinter welcher durch plötzliche Erweiterung der Kopf seine grösste Breite erhält und sich dann bei dem Weibchen nach hinten gar nicht, bei dem Männchen nur sehr wenig verschmälert. Auch die Schläfengegend ist mit langen starken Borsten besetzt, die sich ganz allmählig gegen die Spitze hin verdünnen. Hinter jedem Fühler macht sich ein dunkler Fleck bemerklich, von welchem ein solcher feiner Streifen etwas gegen die Mitte gerichtet zum dunklen Hinterrande zieht. Die Fühler zeigen einen auffallenden geschlechtlichen Unterschied, denn das verdickte Grundglied ist nicht länger als das zweite, bei dem Männchen dagegen noch sehr viel dicker und von der doppelten Länge des zweiten, das bei beiden Geschlechtern gleiche Länge mit dem dritten hat. Die sehr spärlichen Borsten stehen unregelmässig zerstreut auf allen drei Gliedern und die stumpfe Spitze des dritten ist mit nur wenigen Tastpapillen besetzt. Der vordere Brustring ist merklich schmäler als der hintere, beide aber von gleicher Länge. Die einander gleichen Beine haben sehr kurze Hüften, lange dicke Schenkel, ebensolange aber schlankere Schienen, deren verdicktes Ende mehre Borsten und an der Daumenecke vier stumpfspitzige Dornen trägt. Auch der Tarsus ist beborstet und die Klaue sehr schlank und stark gekrümmt. Der ovale Hinterleib, bei dem Weibchen breiter als bei dem Männchen, besteht aus zehn scharf geschiedenen Segmenten von gleicher Länge, deren Seiten bei dem Weibchen mit schärfern Hinterecken hervorstehen als bei dem Männchen, dessen Hinterleibsrand daher minder tief gekerbt erscheint. Jedes Segment trägt eine Reihe glänzender Borsten und am Seitenrande in der Umgebung der Stigmen mehre längere und stärkere, die aber niemals an die Hinterecke rücken. Das Endsegment des Männchens ist abgerundet, das des Weibchens dagegen stumpf zweispitzig und die dünnen gekrümmten Raife reichen nicht bis an die Spitzen heran. Die Epidermis zeigt eine äusserst feine Riefung. Die Färbung ist hellgelb mit dunkel durchscheinendem Magen.

Auf dem Haushunde, Canis familiaris, wo sie sich am liebsten auf dem Kopfe und am Halse aufhält und auch in Gemeinschaft mit der Hundslaus lebt. Sie ist nicht selten und schon von Degeer abgebildet worden, unter dem allgemein angenommenen Namen von Nitzsch im October 1814 gezeichnet. In Denny's Abbildung eines Weibchens treten die Hinterecken der Segmente nicht scharf genug hervor und das Endsegment ist nicht tief genug ausgerundet.

Tr. crassus *Nitzsch.*

Nitzsch, Germars Magaz. Entomol. 1818. III. 295. — Denny, Monogr. Anoplur. 187. Tab. 17. Fig. 3. — Giebel, Zeitschr. f. ges. Naturwiss. 1861. XVII. 87.

Pediculus Melis Fabricius, Systema Antliat. 341.

Flavescens, pilosus; capite lato, fronte excisa, antennarum articulo primo crassissimo, secundo tertio breviore; pedibus gracilibus, tarsis spinigeris; abdomine ovali latissimo, margine non crenato. Longit. 3/4'''.

Der Haarling des Dachses weicht durch seine breite gedrungene Körpergestalt mit schlanken Füssen von allen übrigen ab. Der kurze und sehr breite Kopf randet die Mitte der etwas vorspringenden Stirn tief aus, trägt die Fühler in einer tiefen Ausbuchtung und verschmälert sich nach hinten gar nicht. Die spärlichen Borsten an der Stirn sind fein. Die dunkelbraunen Streifen und Flecken sind wie bei der Art auf dem Haushunde, nur die Stirnflecken etwas grösser. Die Fühler zeigen denselben geschlechtlichen Unterschied wie bei voriger Art, indem das verdickte Grundglied bei dem Männchen doppelt so gross wie bei dem Weibchen ist, aber unterscheidend von voriger Art ist das zweite Glied merklich kürzer als das dritte, stärker beborstete. Der Thorax verbreitert sich nach hinten, sein vorderer Ring ist länger als der hintere und beide nur durch eine Furche, welche den Seitenrand gar nicht kerbt, geschieden. Die Beine sind in allen Gliedern schlanker und dünner wie bei voriger Art. An der Endecke der Schienen stehen vier stumpfe Dornen und diesen gegenüber am ersten Tarsusgliede zwei entsprechende, die der vorigen Art fehlen. Die Klauen sind besonders lang und dünn. Der Hinterleib ist hier breiter und kürzer als bei irgend einer andern Art, sein Rand nur sehr schwach gekerbt. Jedes Segment trägt eine Reihe langer Borsten, am Seitenrande zwei längere. Das weibliche Endsegment ist nur schwach gekerbt und beborstet, die Raife eng anliegend und stumpfspitzig; das männliche ist abgerundet.

Auf dem Dachs, Meles vulgaris, wo sie Fabricius bereits fand und Nitzsch im Jahre 1814 benannte. In Denny's Abbildung sind die Borsten des Hinterleibes viel kürzer gezeichnet, als ich dieselben auf unsern Exemplaren finde, das Hinterleibsende und der Fuss nicht naturgetreu.

b. Frons prolongata.

Tr. micropus.

Trichodectes vulpis Denny, Monogr. Anoplur. 189. Tab. 17. Fig. 5.

Fulvus; capite suborbiculari, fronte emarginata, quadrimaculata, antennarum claviformium articulo secundo longissimo; thorace brevissimo, pedibus brevissimis, femoribus crassis; abdomine ovali, pallido. Longit. 1/2'''.

Der Haarling des Fuchses hat einen abgerundet fünfseitigen Kopf mit grösster Breite in der Mitte, wo die Fühler in einer Einbuchtung eingelenkt sind und mit schwach ausgerandetem Stirnrande, den vier dunkle Randflecke zeichnen. Zwei bindenartige Flecken liegen auf dem Hinterhaupt. Die schwach keulenförmigen Fühler bestehen aus einem kurzen sehr dicken Grundgliede, einem längsten zweiten und halb so langen dritten. Der sehr kurze Thorax wird nach hinten breiter als der Kopf. Die Beine sind auffallend klein, haben sehr kurze, aber auffallend dicke Schenkel, schlanke Schienen, kurze Tarsen und schlanke Klauen. Der ovale Hinterleib besteht aus gleich langen, am Seitenrande gar nicht erweiterten Segmenten mit breiter Querbinde und einer Reihe Haare.

Auf dem gemeinen Fuchs, Canis vulpes, nur von DENNY beobachtet.

Tr. pusillus *Nitzsch.*

GIEBEL, Zeitschrift f. ges. Naturwiss. 1861. XVII. 88.

Trichodectes dubius NITZSCH, Germars Magaz. Entomol. 1818. III. 296. — DENNY, Monogr. Anoplur. 190. Tab. 17. Fig. 2. — GERVAIS, Hist. nat. Aptères. III. 312.

Pediculus Mustelae SCHRANK, Fauna boica.

Flavescens, pictus; capite pentagonali, fronte emarginata, quadrimaculata, antennarum filiformium articulo secundo tertio breviore; thorace lato, pedibus gracilibus; abdomine lato, margine crenato. Longit. 1/4'''.

Am fünfseitigen Kopfe ist die vordere sehr stumpfe Stirnecke schmal ausgerandet und die vordere Ecke der Fühlerbucht mit einem kurzen kegelförmigen Dorn besetzt, die hintere Ecke dieser Bucht scharf und von hier ab nach hinten der Kopf nicht verschmälert. Die vier Flecke vor den Fühlern und die von der Basis der Fühler nach dem Hinterrande laufenden Streifen sind wie bei der Hunde- und Dachsart vorhanden, fehlen aber den ganz blassgelben unreifen Individuen gänzlich. An den Fühlern ist das verdickte erste Glied von der Länge des dritten und das zweite etwas kürzer, das dritte nur mit wenigen Tastpapillen, aber mehren Borsten besetzt. Der Prothorax ist nur wenig schmäler als der Kopf und hat abgerundete Seiten, der Metathorax sehr kurz, aber etwas breiter. Die Beine sind dünn und schlank, die Schenkel nicht stärker als die ebenso langen Schienen, an deren Daumenecke zwei Dornen, am kurzen Tarsus ein Dorn steht; die Klauen dünn und schlank. Der Hinterleib verschmälert sich bei den Weibchen allmählig nach hinten und stumpft sich dann ab, sein Endsegment ist zweispitzig, jede Spitze mit vier langen Borsten und die Raife lang, bei den Männchen ist der Hinterleib gleich breit bis nahe vor das kurz abgerundete Ende, also abgerundet oblong und das letzte Segment abgerundet mit sehr kurzen Borsten. Die Segmente haben gleiche Länge und etwas erweiterte Seiten, an deren Rande die Stigmata liegen. Jedes Segment trägt eine Reihe Borsten von der Länge des Segmentes selbst und am Seitenrande je zwei längere Borsten. Die Färbung ist gelb, bei der Jugend blassgelb.

Auf dem Wiesel und Hermelin, Mustela vulgaris und M. erminea. SCHRANK gedenkt ihrer zuerst und auf dessen Angabe wagte NITZSCH sie nicht von der Art auf dem Marder zu unterscheiden und führte sie deshalb als ***Tr. dubius*** auf. Als er jedoch im Jahre 1818 lebende Exemplare zur Vergleichung erhielt, überzeugte er sich von der specifischen Eigenthümlichkeit und stellte sie in der Sammlung als ***Tr. pusillus*** auf, welchen Namen ich gegen DENNY beibehalte.

Tr. retusus *Nitzsch.* Taf. III. Fig. 4.

NITZSCH, Germars Magaz. Entomol. 1818. III. 296. — BURMEISTER, Handb. Entomol. II. 436. — GIEBEL, Zeitschrift f. ges. Naturwiss. 1861. XVII. 87.

Fulvus, capite latiore, antennis subclavatis, pedibus crassioribus, abdomine longiore, transversim striato. Longit. 1/3'''.

Etwas grösser als vorige Art unterscheidet sich diese im Besondern durch ihre schlankere Gestalt, den breitern und kürzern Kopf, das etwas verdickte dritte Fühlerglied, die längern Borsten und die dunkeln Querbinden auf den weisslichen Hinterleibssegmenten, auch durch stärkere Beine. Der gefüllte Magen scheint dunkel durch.

Auf dem Hausmarder, Mustela foina, zuerst von NITZSCH im Februar 1806 beobachtet.

Tr. subrostratus *Nitzsch.* Taf. III. Fig. 5.

NITZSCH, Germars Magaz. Entomol. 1818. III. 296. — BURMEISTER, Handb. Entomol. II. 436. — GIEBEL, Zeitschrift f. ges. Naturwiss. 1861. XVII. 88. Taf. 1. Fig. 4. 5. 6.

Corpus flavidum, elongatum, capite pentagonali, picto, fronte rectangularis, antennis filiformibus; thorace longo, metathorace capitis latitudine; abdomine angusto ovali, transversim fasciato, margine crenato. Longit. 2/3'''.

Diese schlankeste Art der Raubthiere zeichnet sich durch die fünfeckige Gestalt ihres Kopfes aus, an welchem die Stirnspitze rechtwinklig und schwach ausgerandet ist, die Hinterecken schwach abgerundet rechtwinklig, der Occipitalrand gerade, die Fühler in einer engen tiefen, vorn und hinten von einer vorragenden spitzen

Ecke begränzten Einbuchtung eingelenkt sind. Die Borsten am Stirnrande und an den Hinterecken sind kurz. Auf der Mitte zwischen den Fühlern erhebt sich ein Höcker, von welchem ein heller Streifen zur gebuchteten Stirnspitze hinläuft. Unmittelbar vor den Fühlern liegt ein brauner Fleck und hinter denselben ein ebensolcher viel kleinerer, auch der Hinterrand ist dunkelbraun mit drei Spitzen nach vorn, und an der Unterseite der Stirnrand. Die schlank fadenförmigen Fühler haben ein etwas verdicktes kurzes Grundglied und die folgenden Glieder von gleicher Länge mit den Borsten, welche unsere Figur 5ᵃ angiebt. Der Prothorax beginnt schmal, verbreitert sich bis über die Mitte seiner Länge hinaus und behält diese Breite im hintern Drittheil derselben. Der viel kürzere Metathorax ist breiter und hat winklig vortretende Seiten, ist quer sechsseitig, an den Seitenecken mit Borsten besetzt. An den Beinen ist die Hüfte von der Dicke des Schenkels, der Schenkelhals dünn und lang, die Schiene von der Länge des Schenkels und stark, an der Daumenecke mit zwei Dornen (Fig. 5ᵇ). Der sehr schlank ovale Hinterleib besteht aus gleich langen Segmenten, deren abgerundete hintere Seitenecken hervorstehen und den Rand kerben. Eine Reihe kurzer Borsten, am Rande länger, steht am Hinterrande jeden Segmentes und vor der Mitte liegt eine dunkelgelbe Querbinde. Die Weibchen haben ein stumpf zweispitziges Endsegment, an jeder Spitze mit vier Borsten, und kurze sehr dünne Raife. Die Epidermis lässt ihre unregelmässig feinschuppige Beschaffenheit nur an der Bauchseite des Abdomens erkennen.

Auf der Hauskatze, Felis domestica, von Nitzsch im August 1807 zuerst beobachtet und in der wiedergegebenen Abbildung gezeichnet, später hier wiederholt, auch von mir gefunden, während Denny sie in England nicht erhalten hat.

Tr. setosus *Giebel.*

Giebel, Zeitschrift f. ges. Naturwiss. 1861. XVII. 86.

Fulvus, pictus; capite cordiformi, antennarum articulo secundo tertio breviore; thorace longo lato; abdomine oblongoovato. Longit. ¾‴.

Die abgerundet herzförmige, ein wenig längere als breite Gestalt des Kopfes unterscheidet diese Art von allen vorigen auffallend. Der abgerundete Stirnrand hat die mittle Ausrandung und endet vor den Fühlern in eine stark vortretende Spitze. Die Hinterecken, vor welchen die grösste Breite liegt, sind stark abgerundet und der Hinterrand biegt sich in der Mitte zwischen zwei gegen die Fühler hinlaufende braune Rinnen zurück. Durch diese Rinnen werden die Schläfengegenden von dem Scheitelfelde abgegränzt. Der dunkle Fleck jederseits der vordern Stirnbucht ist undeutlich, der vor der Fühlerbasis deutlich, aber nicht immer scharf umrandet, der hinter der Fühlerbasis sehr klein. In der Mitte des Kopfes zwischen den Fühlern erhebt sich ein flacher Höcker. Die Fühler haben ein etwas verdicktes Grundglied und ihr spindelförmiges Endglied ist etwas länger als das zweite. Der Prothorax ist ziemlich lang, beginnt schmal, erreicht aber schnell seine grösste Breite, der etwas kürzere Metathorax ist noch breiter mit eckigem Seitenrande. Die Beine sind schlank, die Schienen verhältnissmässig sehr dünn, die Klauen lang und nur wenig gekrümmt. Der Hinterleib hat in beiden Geschlechtern die oblonge Gestalt des männlichen Wieselhaarlings, ist also parallelseitig und endet ganz stumpf gerundet, das Endsegment des Weibchens mit schmalem tiefen Einschnitt. Die ersten Segmente lassen ihre seitlichen Hinterecken scharf hervortreten, die folgenden gar nicht. Auf der Oberseite stehen nur sehr vereinzelte lange Borsten, an der Bauchseite auf jedem Segment eine Querreihe sehr kurzer, auch die Randborsten sind nur von mässiger Länge. Der Magen scheint deutlich durch die äusserst fein chagrinirte Haut hindurch und dürften bei frischen Exemplaren auch dunkle Querbinden vorhanden sein.

Nitzsch erhielt diese Art im Juli 1832 aus Hamburg von einem nicht sicher bestimmten nordamerikanischen Stachelschweine, in welchem er (Hystrix) Erethizon dorsatum vermuthet. Da nur die Spiritusexemplare in der Sammlung vorhanden sind, führte ich dieselben unter obigem Namen früher auf.

Tr. mexicanus *Rudow.*

Rudow, Zeitschrift f. ges. Naturwiss. 1866. XXVII. 109. Taf. 5. Fig. 1.

Matt hellgelb, Kopf breiter als lang, vorn abgerundet und mit kleinen je eine steife Borste tragenden Spitzen versehen, ohne Stirnflecken; Fühler gleichgliedrig und dünn; Prothorax schmal, Metathorax breit von gleicher Länge, an den Seiten erweitert; Hinterleib am Ende schmal, mit übergreifenden Rändern, an diesen und oben behaart; Füsse lang, Schienbein von Schenkellänge mit starkem Stachel am Ende, Tarsus breit.

Auf Cercolabes mexicanus, durch den breitern Kopf ohne Zeichnung und die gleichen Fühlerglieder von voriger Art unterschieden.

Tr. limbatus *Gervais.*
Gervais, Hist. nat. Aptères. III. 313. Taf. 48. Fig. 1.

Kopf abgerundet vierseitig. Fühler sehr dick und lang. Thorax kurz und schmal. Füsse dünn und schlank. Hinterleib oval (nach der Beschreibung aus acht, nach der Abbildung aus neun Segmenten bestehend), dunkel gerandet und auf jedem Segment mit dunkler Querbinde und Reihen kurzer dicht gedrängter Borsten.

Auf der Angoraziege, nur von Gervais beobachtet.

Tr. crassipes *Rudow.*
Rudow, Zeitschrift f. ges. Naturwiss. 1866. XXVII. 111. Taf. 7. Fig. 1.

Der Kopf ist breiter als lang, der Stirnrand mehr hervortretend als bei voriger Art, breit convex, vorn mit zwei dunklen Randflecken, die in eine halbmondförmige Binde fortsetzen; der Hinterkopf sehr breit mit lang beborsteten abgerundeten Ecken und dunkeln Rändern. Fühler von Kopfeslänge, in deren Mitte tief buchtig eingelenkt, mit verdicktem Grundgliede und gleich langem 2. und 3. Gliede. Prothorax nach hinten verbreitert, der ebenso breite Metathorax nach hinten verschmälert. Die Füsse lang und dicker als bei irgend einer andern Art, besonders in den Schenkeln sehr dick. Hinterleib mit gleich langen Segmenten und sehr schwach gekerbtem Rande und dunkeln Querbinden. Das weibliche Endsegment mit zwei stumpfen Höckern, das männliche abgerundet. Fühler, Beine und Leib dicht behaart. Farbe matt dunkelgelb, am Thorax hell. Länge 1 Mm.

Auf der Angoraziege, nur von Rudow beobachtet und von voriger auffallend verschieden durch die Form des Kopfes und Thorax und durch die sehr dicken Beine.

Tr. solidus *Rudow.*
Rudow, Zeitschrift f. ges. Naturwiss. 1866. XXVII. 112. Taf. 7. Fig. 2.

Der Kopf ist länger als breit, am breiten Stirnrande gebuchtet und mit dunkler Zeichnung über demselben, Hinterkopf nur wenig breiter, ebenso lang wie der Vorderkopf, mit lang behaarten convexen Seiten, mit dunkler Querbinde zwischen den Fühlern, von welcher zwei dunkle Linien an den Hinterrand gehen. Fühler von halber Kopfeslänge, mit stark verdicktem ersten, dünnem verlängerten zweiten und etwas kürzerem und dickerem Endgliede. Thorax sehr kurz, Metathorax breiter als der Prothorax und mit spitzen Seitenecken und dunkeln Rändern. Füsse sehr schwach. Abdomen breit, mit convexen Seiten der Segmente. Das letzte Segment des Männchens schmal und abgerundet, das des Weibchens in zwei stumpfe Spitzen endend. Der Hinterleib ist dunkel gerandet, dunkelbraun matt dunkel, dann hellgelb und auf dem Rücken breit dunkelgelb mit dunkeln Nähten. Ueberall behaart. Länge 1 Mm.

Auf einer Ziege von Guinea, nur von Rudow beobachtet und durch die Zeichnung wie durch die Kopfbildung und Fühlerform charakterisirt.

Tr. mambricus *Rudow.*
Rudow, Zeitschrift f. ges. Naturwiss. 1866. XXVII. 114. Taf. 6. Fig. 2.

Diese vierte Ziegenart ist hell rothbraun gefärbt und hat zwar die Form des Kopfes der dickbeinigen, aber derselbe ist schmäler, länger als breit, nicht von der Breite des Abdomens, an den Rändern und einer Querbinde zwischen den Fühlern dunkelbraun. Die Fühler haben halbe Kopfeslänge, sind mit dem sehr dicken Grundgliede in deren eingebuchteter Mitte eingelenkt und ihre beiden folgenden Glieder sind von gleicher Länge und dicht behaart. Der schmale Prothorax erweitert sich etwas nach hinten, der Metathorax ist zwischen den scharfen Vorderecken am breitesten und verschmälert sich nach hinten. Die Füsse haben sehr dicke Schenkel und auffallend dünne Schienen mit langem Daumendorn, dicken Tarsus und lange gekrümmte Klaue. Länge 1 Mm.

Auf Hircus mambricus aus Westafrika, gleichfalls nur aus Rudow's Beschreibung bekannt, durch den schmalen Kopf, die ganz eigenthümliche Form der Brustringe und die langen dünnen Schienen von den vorigen Arten unterschieden.

Tr. breviceps *Rudow.*
Rudow, Zeitschrift f. ges. Naturwiss. 1866. XXVII. 110. Taf. 5. Fig. 2.

Die eigenthümlichste Kopfform unter allen Haarlingen, nämlich viereckig mit breitem nur schwach convexen Stirnrande, geraden nur sehr wenig nach hinten divergirenden Seiten und scharfen Hinterecken, welche bei keiner andern Art vorkommen. Auf der Stirn mit einigen dunkeln Linien gezeichnet. Die nahe vor der

Mitte eingelenkten Fühler haben halbe Kopfeslänge, ein verdicktes Grund- und zwei gleiche Glieder. Beide Brustringe sind von gleicher Länge und gleicher Breite, nur treten die Seiten des hintern etwas bogig vor. Die Füsse haben sehr lange verdickt spindelförmige Schenkel, viel schlankere, gegen das Ende hin besonders verdünnte Schienen mit langem Dorn und lange sehr wenig gekrümmte Klauen. Der ovale Hinterleib erreicht im vierten Segment seine grösste Breite, hat schwache Randkerben, bei dem Weibchen ein abgerundetes Endsegment, bei dem Männchen ein abgestutztes mit scharfen Randspitzen und mittler Kerbe. Färbung matt hellgelb, mit dunkler breiter Rückenmitte. Länge 1 Mm.

Auf dem Llama, Auchenia Llama, nur aus Rudow's Charakteristik bekannt.

Tr. climax *Nitzsch.* Taf. XX. Fig. 2.

Nitzsch, Germars Magaz. Entomol. 1818. III. 296. — Gervais, Hist. nat. Aptères. III. 343. Tab. 48. Fig. 3. — Giebel, Zeitschrift f. ges. Naturwiss. 1861. XVII. 81. Taf. 1. Fig. 1. 2.

Fulvus, pictus; capite subquadratoorbiculari, antice subrecte truncato, acuminato, lateris macula supra et infraorbitali obscure nigris; abdomine lato, maculis segmentorum transversis brunneis; tarsis elongatis. Longit. $^3/_4$'''.

Der Kopf ist abgerundet vierseitig, so breit wie lang, am dicht behaarten Stirnrande sehr seicht gebuchtet, an der vordern Ecke der Fühlerbucht unterhalb mit kegelförmigem Fortsatz. Vorn am Stirnrande liegen zwei dunkelbraune Flecken, ebensolche vor und hinter dem Fühlergrunde, zwischen den Fühlern eine Querbinde, welche sich nahe dem Fühlergrunde gabelt, den vordern Ast zu den vordern Stirnflecken, den hintern Ast linienförmig zum dunkeln Hinterrande sendet, doch erscheint diese Zeichnung auf einigen Exemplaren matter und fehlt auf einzelnen ganz, während die Randflecken noch deutlich sind. Feine warzenförmige Höcker stehen zerstreut auf der Oberseite des Kopfes. Die Augen sind sehr klein und mit Wimperborsten umstellt. Der stumpfkegelförmige Fortsatz vor der Fühlerbasis hat die halbe Länge des verdickten Fühlergrundgliedes, die beiden andern Fühlerglieder sind walzig, von gleicher Dicke und Länge, stark beborstet. Der Prothorax anfangs schmal, erweitert sich plötzlich, der kürzere Metathorax ist breiter und hat convexe Seiten, die Ränder beider sind beborstet. Die Hüften und Schenkel sind von gleicher Länge und Dicke, durch einen dünnen Schenkelring getrennt; die Vorderschienen sind sehr schlank und dünn, die mittlen und hintern verdicken sich mehr gegen das Ende und haben einen langen, stumpfspitzigen Daumendorn und steife Endborsten, die Tarsusglieder sind schlank, die Klauen sehr schlank und nur ganz schwach gekrümmt. Der gestreckt ovale Hinterleib besteht aus nur acht Segmenten, indem die letzten beiden hier zu einem langen Endsegment verschmolzen sind; die andern Segmente sind von gleicher Länge und schon im zweiten und dritten Segmente liegt die grösste Breite des Abdomens, die nach hinten sehr allmählig abnimmt. Die Seiten der Segmente sind fast gerade und durch Winkelkerben von einander geschieden, die Ränder dunkelbraun und ganz nahe dem Rande etwas vor der Mitte liegen die braunen Stigmata, deren wie immer jederseits sechs vorhanden sind, indem hier der erste und vereinigte letzte keine haben. Jedes Stigma hat nur eine Schutzborste am Innenrande. Jedes Segment trägt gleich hinter der Mitte eine Querreihe glänzender Borsten, welche aber den Hinterrand nicht überragen. Auch die Borsten am Seitenrande der Segmente sind kürzer als gewöhnlich, nur an den letzten Segmenten lang, am längsten die vier bis fünf jederseits am Ende des weiblichen letzten Segmentes, das einen schmalen Einschnitt und neben diesem stumpfe Spitzen hat. Die Raife sind deutlich zweigliedrig, sehr schlank und ragen bis an die langen Borsten heran. Das männliche Endsegment ist merklich schmäler und länger, am Ende der Unterseite ganz dicht mit kurzen Borsten wie mit einer Bürste besetzt. Gar nicht selten ragt der glasartige Penis hervor. Ausser diesem geschlechtlichen Unterschiede sind die Männchen überhaupt kleiner als die Weibchen und haben einen schmäleren, schlankeren Hinterleib, seine braunen Querflecken nehmen vom zweiten bis sechsten Segment an Länge und Breite ab, bei dem Weibchen dagegen in dieser Richtung zu, das siebente Segment besitzt gar keinen Fleck und das letzte ist blasser wie bei dem Weibchen, hinter den Querflecken des zweiten bis fünften Segmentes liegt noch eine feine braune Linie. Auf der Bauchseite haben beide Geschlechter auf dem zweiten bis sechsten Segment je einen an Breite und Länge zunehmenden Querfleck, der bei dem Männchen näher an den Seitenrand heranreicht als bei dem Weibchen. Die Grundfarbe ist bald heller bald dunkler, am Vorderleibe meist dunkler als am Abdomen. — Die braunen Kiefer sind sehr stark und kräftig. An dem dünnen Oesophagus befindet sich ein lang gestreckter beutelförmiger Kropf. Der Magen hat nur sehr kurze stumpfe Blindsäcke neben der Cardia und behält die gleiche Weite bis zu den Malpighischen Gefässen, welche wenig geschlängelt sind und verdickt enden. Der Dünndarm hat die Weite der

Speiseröhre und setzt ebenso scharf am Dickdarm wie am Magen ab. Die glasartige Ruthe des Männchens ist lang spindelförmig und überaus beweglich und hat jederseits am Grunde einen harten farblosen Stachel.

Auf der Hausziege, Capra hircus, wo sie am liebsten auf dem Halse und Rücken sich aufhält. Nitzsch verglich sie zuerst im Sommer 1814 mit den ihm damals bekannten Arten und unterschied sie von der des Hausstieres durch die abgerundet vierseitige Form des Kopfes mit sanfter Buchtung des breiten Stirnrandes, durch die stärkere Kerbung des Hinterleibsrandes und die kürzern Querflecken des Hinterleibes, von dem Haarling des Hirsches durch die viel kürzeren Fühler, die Ausbuchtung des Stirnrandes und den breiteren Hinterleib. Die Redow'schen Ziegenhaarlinge unterscheiden sich sämmtlich durch die Form des Kopfes und Thorax schon hinlänglich. Die von Gervais gegebene Abbildung stellt den Thorax, das weibliche Hinterleibsende, die Beranduug und Beborstung des Hinterleibes ganz naturwidrig dar. Denny hat die Art nicht beobachtet. Am häufigsten kommt sie in den Alpen vor.

Tr. pilosus.

Trichodectes equi Denny, Monogr. Anoplur. 191. Tab. 17. Fig. 7. — Giebel, Zeitschrift f. ges. Naturwiss. 1861. XVII. 86.
Pediculus Equi Linné, systema Natur. II. 1018.

Castaneus, abdomine flavo, transversim fasciato; capite quadrato subcirculari, fronte convexa, immaculata, antennarum articulo tertio longo subclavato; thorace angusto, pedibus longis; abdomine tuberculato; totius corporis pilis brevibus. Longit. ¾ - 1‴.

Der Vorderkopf ist völlig abgerundet, ohne irgend eine Ausbuchtung am Stirnrande, der Hinterkopf hat stark abgerundete Ecken, die tiefe Fühlerbucht eine stumpfe vordere und mehr ausgezogene scharfe Hinterecke. Die Kopfeslänge übertrifft die Breite nur wenig. Die Zeichnung besteht in einem braunen Randfleck jederseits ziemlich weit vor den Fühlern, einem sehr kleinen Randfleck hinter den Fühlern, einem braunen Flecke auf der Mitte des Kopfes, der den jungen Individuen fehlt, und in einem dunkelbraunen Hinterrande. Zwei von letzterm zur Fühlerbucht gehende Linienfurchen gränzen die Schläfengegenden ab. Die kurzen dicken Kiefer haben drei breite Zähne. Die Augen sind sehr klein. Die verhältnissmässig dicken Fühler haben ein verdicktes erstes, dünnes walziges zweites und etwas verdicktes längeres drittes Glied, dessen wenige Tastpapillen lang und dick sind. Kopf und Fühler sind ziemlich dicht mit schlanken Borsten besetzt. Der Prothorax ist vorn sehr schmal, schnell erweitert und parallelseitig, der Metathorax kürzer aber breiter mit convexen Seitenrändern. An den schlanken Beinen nimmt die Dicke der Glieder ab, deren Länge zu, so dass die Hüften kurz und dick, die Schienen schlank und dünn erscheinen. Letzte sind beträchtlich länger als die Schenkel, vom ersten zum dritten Paare gegen das Ende stärker verdickt, an dem langen Daumenfortsatz des dritten Paares mit dickem stumpfen Dorn und mehren Borsten, auch die Tarsusglieder beborstet, die Klauen schlank. Der mehr kegel- als eiförmige Hinterleib erreicht schon im zweiten Segment seine grösste, die Kopfesbreite etwas überwiegende Breite und verschmälert sich bis zu dem stumpf abgerundeten Ende sehr allmählig, so dass die Segmente nur durch kleine Randkerben geschieden, gerade und fast parallele Seitenränder haben, neben welchen etwas vor der Mitte die sechs runden Stigmata jederseits liegen. Jedes Segment trägt hinter der Mitte eine Querreihe kurzer Borsten, so kurz, dass dieselben nicht einmal bis an den Hinterrand reichen. Vor der Mitte bilden ganz vereinzelte Borsten auf jedem Segment eine unvollständige Querreihe. Am Seitenrande häufen sich die Borsten, sind aber nur wenig länger als die Reihenborsten, nur je zwei vor der Hinterecke und die des Endsegmentes sind sehr beträchtlich länger. Das weibliche Endsegment etwas breiter und stumpfer hat einen engern Endeinschnitt als das männliche und seine Raife sind sehr dünn, schlank, eng anliegend. Die Epidermis ist sehr fein riefig. Die Segmente tragen auf der Oberseite dunkelbraune breite bindenartige Querflecke, welche vom ersten ab nach hinten an Grösse zunehmen, das letzte Segment ist ganz braun. Auf der Bauchseite haben nur die fünf mittlern Segmente diese Querflecke, welche jedoch die ganze Länge der Segmente einnehmen, dagegen seitwärts nicht so weit an den Rand reichen wie die Rückenflecke. Die Ränder des Hinterleibes sind ebenfalls dunkel. Unreifen Individuen fehlt diese dunkle Zeichnung, sie sind hellgelb; einzelne alte sind ganz dunkel und unrein gefärbt.

Auf dem Pferde und Esel, Equus caballus und E. asinus, häufig und schon seit Linné bekannt. Denny's Abbildung stellt den Kopf breiter, den Stirnrand flacher, die Seiten beider Thoraxringe ganz abweichend, die Beborstung des Hinterleibes, die Schiene des dritten Fusspaares anders dar als ich dieselben an unsern zahlreichen Exemplaren finde. Den von Wirthe entlehnten Speciesnamen musste ich als unzulässig durch einen neuen ersetzen. Nitzsch gedenkt dieser Art in seinen Collectaneen nicht.

Tr. sphaerocephalus *Nitzsch.*

NITZSCH, Germars Magaz. Entomol. 1818. III. 296. — BURMEISTER, Handb. Entomol. II. 436. — DENNY, Monogr. Anoplur. 193. Tab. 17. Fig. 4.

Pediculus ovis LINNÉ, Systema Natur. II. 1017. — REDI, Experimenta. Tab. 22.

Ferrugineus; capite orbiculari, antennarum articulo tertio longiore clavato; prothorace fere capitis longitudine; abdomine oblongo, pallido, segmentis obscure marginatis. Longit. ⅔'''.

Der Schafhaarling hat einen rundlichen dicht behaarten rostfarbenen Kopf mit dunklem streifenartigen Randfleck jederseits vor den Fühlern, der als feine Linie bis zum Hinterrand fortsetzt. Die Augen sind sehr klein. An den Fühlern ist das Grundglied stark verdickt, das zweite dünn, das dritte verlängert und verdickt. Der Prothorax hat nahezu die Breite des Kopfes und der Metathorax ist breiter, aber kürzer. Die kräftigen Beine haben dicke Schenkel, keulenförmige Schienen, lange Tarsen und fast gerade Klauen. Am blassgelben oblongen Hinterleibe sind die sieben ersten Segmente an den Rändern dunkel gebändert.

Auf dem Schafe, Ovis aries, wohl sehr selten, denn NITZSCH führt sie nur namentlich auf und sind keine Exemplare in unserer Sammlung vorhanden, DENNY konnte nur ein Exemplar untersuchen, und mir gelang es nicht sie zu erhalten. Leider unterstützen unsere Schafzüchter und Landwirthe die bezüglichen Arbeiten gar nicht, sie lassen ganze Heerden an der Räude zu Grunde gehen, ohne nur ein Exemplar der Räudemilbe dem Zoologen zuzuwenden. — Die auf der abyssinischen Ovis melanocephala vorkommende Art ist nach GERVAIS wahrscheinlich nicht verschieden.

Tr. longicornis *Nitzsch.* Taf. III. Fig. 8.

NITZSCH, Germars Magaz. Entomol. 1818. III. 296. — DENNY, Monogr. Anoplur. 192. Tab. 17. Fig. 8. — GIEBEL, Zeitschrift f. ges. Naturwiss. 1861. XVII. 85.

Pediculus Cervi REDI, Experimenta. Tab. 22. Fig. infer.

Corpus longissimum, fulvum; capite fronte rotundata, occipite recto; antennarum longissimarum articulo secundo tertio longiore; thorace breve angusto, pedibus longis, tibiis fere cylindricis, tarsis longissimis armatis, unguibus fere rectis; abdomine longissimo pallido, transversim maculato. Longit. 1'''.

Dieser sehr schmale schlanke Haarling rundet seinen ziemlich so breiten wie langen Kopf vorn breit bogig ab und hat stark abgerundete rechtwinklige Hinterecken. In der Mitte des Stirnrandes findet sich nur eine schwache Verflachung, keine Einbiegung oder Einschnitt. Die vordere und hintere Ecke der Fühlerbucht treten stumpfkegelförmig hervor. Der ganze Kopf ist ziemlich dicht mit kurzen Borsten bekleidet, nur die beiden Schnauzenborsten jederseits sind länger. Die Augen sehr klein. Die Zeichnung besteht aus einem braunen Randfleck vor den Fühlern, der linienförmig zum geraden Hinterrande fortsetzt und mit dem der andern Seite die helle Scheitelfläche scharf von den dunkeln Schläfenseiten absetzt; auf der Mitte zwischen den Fühlern liegt ein dunkler Fleck, vor welchem eine helle Querbinde und eine zum Stirnrande hinablaufende helle Längsbinde sich bemerklich macht. Doch ist diese letzte Zeichnung nicht bei allen Exemplaren gleich deutlich, bei ganz hellen und sehr dunkeln nicht zu erkennen. An den kopfeslangen Fühlern erscheint das sehr verdickte Grundglied von ein Drittel Länge des walzigen zweiten, welches etwas länger als das in der Mitte verdickte Endglied ist. Dieses trägt dichter gestellte Borsten als die andern beiden, gegen das Ende hin einige längere Borsten und von den Tastpapillen am stumpfen Ende fallen drei durch Länge und Stärke auf. Der Thorax hat ziemlich die Länge des Kopfes, und nur etwas geringere Breite. Der Prothorax beginnt halsartig verengt, gewinnt aber also gleich seine grösste Breite, welche von der des nur wenig kürzeren Metathorax etwas übertroffen wird. Die Seitenränder beider Thoraxringe treten nicht eckig, sondern abgerundet hervor, sind beborstet und dunkler gefärbt als die Mitte. Wie die Länge der Fühler charakteristisch ist, so auch die der Beine. Die Hüften sind kurz und dick elliptisch, der Schenkelring sehr kurz, der Schenkel erheblich länger als die Hüfte und spindelförmig, vom ersten bis zum dritten Paare etwas an Länge zunehmend, die Schiene lang und dünn, nur mässig verdickt gegen das Ende hin, ohne vortretenden Daumenfortsatz, an dessen Stelle mit langen steifen Borsten und nur am dritten Paare mit dem langen Dorn. Der Tarsus ist sehr schlank und d r e i g l i e d r i g, das erste Glied von doppelter Länge des zweiten und das dritte zwar deutlich aber doch sehr kurz, so dass es von allen bisherigen Beobachtern übersehen worden ist, alle drei dicht beborstet. An der Basis des zweiten Gliedes steht ein langer starker Dorn dem an der Schienenecke gleich und am dritten Gliede ein noch stärkerer, der bisweilen sogar die Länge der Klaue erreicht und spitz, stumpf und selbst knopfförmig endet. Die sehr lange Klaue krümmt sich erst an der Spitze merklich. Der Hinterleib erreicht schon im zweiten Segmente seine grösste Breite und verschmälert sich in den folgenden sehr allmählig, die Segmente am Rande durch mässige Kerben von einander geschieden. Der Seitenrand selbst ist dicht mit ganz kurzen Borsten besetzt, unter welchen hinter der Mitte vor der abgerundeten Hinterecke je zwei durch ansehnliche Länge sich auszeichnen. Die sechs Stigmata haben die gewöhnliche Lage nahe dem Rande und vor der Mitte. Das Endsegment ist in beiden Geschlechtern stumpf zweispitz, bei dem Weibchen die stumpfern Enden gewöhnlich schwach ausgerandet und die Raife lang, dünn und gekrümmt. Die dunkelbraunen bindenförmigen Querflecken, auf der Oberseite des ersten Segmentes der schwächste, nehmen nach hinten an Umfang zu und sind auf der Bauchseite viel schwächer und nur auf den mittlen Segmenten vorhanden.

Auf dem Edelhirsch, Cervus elaphus, am liebsten am Halse sich aufhaltend und nicht selten, schon von Redi als Hirschlaus abgebildet. Unsere Abbildung entwarf Nitzsch im April 1814, wo er auf vier weiblichen Hirschen zahlreiche Exemplare fand. Er erkannte das dritte Tarsusglied nicht, das auch Denny nicht bemerkt hat. Letzter bildet als *Tr. longicornis* den Haarling des Damhirsches ab, dessen Kopf entschieden länger, am Stirnrande breit eingebuchtet, am Pro- und Metathorax keine vortretenden Seitenränder und einen mehr oblongen Hinterleib hat. Den Haarling des Edelhirsches nennt Denny Monogr. Anoplur. 194. Tab. 17. Fig. 6. *Tr. similis* und dieser stimmt zwar in der Form des Kopfes mit dem unsrigen überein, hat aber kürzere Fühler, viel dickere Vorderbeine und einen gleichfalls nach hinten viel weniger verschmälerten Hinterleib. Wir würden diese Unterschiede als specifische betrachten müssen, wenn nicht die ganz falsche Zeichnung des Hinterleibsendes in beiden Abbildungen den Verdacht bestärkte, dass jene Unterschiede zum wesentlichen Theil auf flüchtiger Beobachtung beruhen. Die Entscheidung muss erneuter Untersuchung vorbehalten bleiben.

Tr. scalaris *Nitzsch.* Taf. III. Fig. 7. 9.

Nitzsch, Germars Magaz. Entomol. 1818. III. 296. — Burmeister, Handb. Entomol. II. 436. — Denny, Monogr. Anoplur. 191. Tab. 17. Fig. 9. — Giebel, Zeitschrift f. ges. Naturwiss. 1861. XVII. 89. Taf. 1. Fig. 3.

Pediculus bovis Linné, Systema Natur. II. 1017.

Ferrugineus, pictus; capite obcordato, antennarum articulo tertio secundo longitudine; pro- et metathoracis margine angulato, pedibus brevibus; abdomine oblongoovato, transversim maculato. Longit. ⅔'''.

Der Kopf ist stumpf herzförmig, so breit wie lang und vorn ebenso abgerundet wie an den Hinterecken. Die Ecken der Fühlerbucht treten kegelförmig hervor. Die vordern Stirnflecke, zwischen denen der Rand sich verflacht, sind nicht immer scharf umgränzt und deutlich, wohl aber die Randflecke vor den Fühlerbuchten, welche als Furchenlinien bis an den dunkeln Occipitalrand fortsetzen und den hellen Scheitel von den dunkelbraunen Schläfengegenden scharf abgränzen. Zwischen den Fühlern macht sich häufig aber nicht allgemein ein dunkler Fleck bemerklich, der bei trocknen Exemplaren stark grubig eingesunken erscheint und seltener zu jedem Fühler einen Streifen absendet, auch wohl zum vordern Stirnrande zwei Linien abschickt, welche die helle Stirnmitte von deren dunklern Seiten abgränzen. Die Randborsten der Stirn sind merklich länger als die sehr kurzen auf der Oberseite des Kopfes. Die hinter den Fühlern gelegenen Augen sind klein. Die Fühler, kürzer als der Kopf, haben ein stark verdicktes Grundglied von halber Länge des zweiten walzigen, welches gleiche Länge mit dem schwach spindelförmigen dritten hat, das die Burmeister'sche Diagnose und auch Denny irrthümlich als das längste bezeichnen. Dieses Endglied erscheint dichter beborstet als die übrigen und trägt auf der abgestutzten Spitze dicht gedrängte lange starke Tastpapillen. Der halsförmig verengte Prothorax verbreitert sich sehr schnell, erreicht aber erst hinter der Mitte seiner Länge die grösste Breite zwischen den stumpfen Seitenecken, welche Denny's Abbildung wie auch den Metathorax ganz falsch darstellt. Letzter hat die halbe Länge des Prothorax, grössere Breite und mehr scharfeckige Seiten. Beide Ringe sind oberseits mit Borsten ziemlich dicht besetzt. An den kurzen Beinen sind die Hüften elliptisch, die Schenkel etwas länger aber nicht dicker, die Schienen abermals länger (in unserer Abbildung zu kurz), schlank, nur schwach gegen das Ende hin verdickt und an der Daumenecke mit scharfspitzigem Dorn. Das erste und zweite Tarsusglied tragen am Ende einen ebensolchen Dorn. Die Klaue ist schlank, sehr schwach gekrümmt und ihre verdickte Basis kann leicht das Ansehen eines dritten Tarsusgliedes gewinnen. Der Hinterleib verschmälert sich vom dritten Segment ganz allmählig, die Seitenränder der Segmente treten mit ihren abgerundeten Hinterecken ziemlich stark hervor und jedes Segment trägt eine dem Hinterrande parallele Reihe sehr kurzer Borsten und vor derselben einen bindenförmigen Querfleck, diesen auf der Bauchseite jedoch nur die mittlen Segmente. Am dunkeln Seitenrande häufen sich die Borsten und ein oder zwei vor der Hinterecke sind verlängert. Die Stigmata bieten nichts Eigenthümliches. Das weibliche Endsegment ist durch einen mittlen Einschnitt in zwei abgerundete lang beborstete Lappen getheilt.

Auf der Kuh, Bos taurus, gar nicht selten, besonders am Halse und schon von Linné erkannt. Bisweilen vermehrt sich dieser Haarling in einem dem Wohlbefinden des Wirthes sehr bedenklichen Grade und Rayer (Arch. medic. comp. I. 176.) will die Läusekrankheit des Rindviehes dieser Vermehrung zuschreiben. — Denny fand diese Art auch auf dem Esel.

Tr. cornutus *Gervais.*
Gervais, Hist. nat. Aptères. III. 315. Tab. 49. Fig. 10.
Trichodectes longiceps Rudow, Zeitschrift f. ges. Naturwiss. 1866. XXVII. 110. Taf. 6. Fig. 1.

Ich vereinige hier den von Gervais auf Antilope dorcas im Pariser Garten beobachteten Haarling mit dem von Rudow auf Antilope arabica im Hamburger Garten gefundenen, da die Körperformen beider im Wesentlichen übereinstimmen und die in den Abbildungen hervortretenden Unterschiede sehr wohl auf Rechnung des Zeichners gebracht werden können. Die Art ist von schlankem Körperbau. Der Kopf länger als breit, am stumpfen Stirnende ausgerandet, bei *Tr. longiceps* hinter den Fühlern verengt, bei *Tr. cornutus* hier am breitesten. Erster hat breit dunkel gefärbte Ränder und auf der Scheitelmitte einen dunkeln Fleck. Die Fühler von kaum halber Kopfeslänge haben ein langes sehr verdicktes Grundglied und die beiden folgenden Glieder von gleicher Länge. Prothorax und Metathorax fast verschmolzen, wenig schmäler als der Kopf, hellgelb. Abdomen gestreckt oval, im vierten Segment am breitesten, hell mit dunkler Mitte, das weibliche Endsegment zweispitzig, das männliche ganzrandig. Füsse lang und dünn. Rudow's Beschreibung giebt irrthümlich dem Schenkel einen starken Dorn, den die Abbildung nicht zeigt, wogegen die Dornen an beiden Tarsusgliedern wie bei voriger Art vorhanden sind. Diese Art ist 1 Mm., die von Antilope dorcas 4 Mm. lang.

Tr. diacanthus *Ehrenberg.*
Ehrenberg, Symbolae physic. Mammalia. Hyrax.

Das Grundglied der Fühler dornig, das Aftersegment des Männchens ganz, das zweite Fühlerglied verdickt; das weibliche Aftersegment zweilappig und die Fühler an der Basis dünner. Auf Hyrax syriacus. — Die beiden Dornen der Fühler, nach welchen die Art benannt ist, sind vielleicht die dornförmigen Ecken der Fühlerbucht.

PHILOPTERUS Nitzsch.

Antennis quinque articulatis. Unguiculis tarsorum duplicibus, connivcntibus; abdominis apice mutico, inappendiculato in utroque sexu.

Der Kopf ist flach gedrückt, schildförmig, sehr gewöhnlich länger als breit und hinten am breitesten, übrigens von sehr wechselnder Form und auch Grösse, vorn abgerundet, gerade abgestutzt oder selbst ausgerandet bis zum zweilappigen, bisweilen von enormer Grösse. Stirn und Schläfen nehmen den grössten Theil der Oberseite ein. Die Stirn bildet den ganzen Vorderkopf, den vor den Fühlern gelegenen Theil und ist einfach bogenrandig oder ihre Seiten sind mehr minder winkelig von dem Vorderrande abgesetzt. Je schärfer der Vorderrand abgesetzt ist, desto dünner wird dieser Theil durch die Aushöhlung an der untern, die Mundtheile überragenden Fläche, welche Höhlung sogar bei sehr vereinzelten Arten bis zu einer Durchbrechung der Stirn entwickelt ist. Auch seitliche Flügel oder Lappen kommen an diesem vordern Theile z. B. bei vielen Raubvögelkneifern vor. Die Schläfen bilden die beiden Seitenflügel des Hinterkopfes und sind randlich durch die Einlenkung der Fühler von den Seiten der Stirn meist sehr scharf geschieden. Ihre Oberseite pflegt convex zu sein und ist von der Scheitelgegend durch eine mehr minder markirte Linie oder Einfurchung geschieden oder geht ohne jede äusserliche Gränze in denselben über. Die Unterseite der Schläfen ist eben oder häufiger concav. Ihr Seitenrand ist gerade, convex oder tritt eckig und winklig hervor. Die zwischen beiden Schläfenflügeln liegende mittle Kopfgegend oder der Scheitel ändert in der Breite vielfach ab, verschmälert sich aber gewöhnlich nach hinten durch Breiterwerden der Schläfen. Der Hinterrand bildet das Genick und verläuft mit dem Hinterrande der Schläfen in ununterbrochener gerader Linie oder tritt gegen letzte etwas zurück, liegt aber immer etwas auf der Vorderbrust auf. Der dem Scheitel gegenüberliegende untere Theil, die Kehle, ist stets deutlich convex. Die randliche Bucht, in welcher die Fühler eingelenkt sind, variirt in Breite und Tiefe erheblich, meist je nach der Grösse des Fühlergrundgliedes. An ihrer Hinterecke liegen die allermeist vorhandenen Augen. Dieselben sind winzig klein, schwer und kaum erkennbar, grösser bis gross und dann halbkugelig, scheinen aber in allen Fällen nur einfache

Punktaugen zu sein. Diese Augenecke des Kopfrandes tritt oft stark hervor und ihr gegenüber vor den Fühlern zieht sich dann gleichfalls die Ecke mehr minder lang, bis dornförmig aus. Bei einer Gruppe von Arten entwickelt sich diese Orbitalspina zu einem beweglichen Bälkchen, Trabekel. — Von den Linien oder Furchen auf der Oberseite des Kopfes sind die Schläfenlinien von den Augen bis zum Occipitalrande convergirend verlaufend am häufigsten und schärfsten ausgeprägt, doch keineswegs bei allen Philopteren vorhanden. Seltener ist eine die Stirn vom Scheitel trennende Kranzlinie, quer zwischen den Fühlern verlaufend, deutlich entwickelt, dann freilich sehr charakteristisch. Auch eine Stirnlinie, welche längs der Mitte der obern Stirnhälfte geradlinig verläuft und niemals den Vorderrand erreicht, charakterisirt nur eine sehr beschränkte Anzahl von Arten und setzt in eine allgemeiner vorhandene Gabelnaht nach vorn fort, welche bisweilen schon am obern Rande der Stirn mit ihrer mehr minder gestreckten Spitze beginnt und ein mittles Stirnfeld, die sogenannte Signatur von den Seiten der Stirn abgränzt, aber sehr gewöhnlich schon vor dem Vorderrande verschwindet. Eine Mittellinie theilt bisweilen die Signatur in zwei symmetrische Hälften, wie auch wohl von jedem Gabelaste noch eine Linie quer zum Seitenrande der Stirn sich abzweigt und dann die Seitenfelder der Stirn in je ein vorderes und hinteres theilt. Gewöhnlich fallen diese verschiedenen Felder durch besondere Zeichnung sogleich auf und gewähren sehr charakteristische Speciesmerkmale. Freilich fehlen mehren Arten alle Linien auf dem Kopfe, die einzelnen Gegenden gehen ohne Abgränzung in einander über, nur einzelne Flecke, Punkte und dunkle Stellen von durchscheinenden innern Chitinleisten bilden die Zeichnung.

Die Mundtheile liegen ganz an der Unterseite des Kopfes und ragen nicht über dessen Rand hervor, daher sie von oben gar nicht gesehen werden können. Die Oberlippe zunächst zeichnet sich durch ihre ausgedehnte Basis und veränderliche Form auffallend aus. Ihre äussere Fläche ist viel grösser als die innere den Mundtheilen zugekehrte, ihre scheibenartige Basis aber viel breiter und ausgedehnter als ihr freies, etwas ausgeschnittenes Ende. Von der Seite betrachtet erhebt sich ihre äussere Fläche sehr schief und allmählig von der Unterfläche der Stirn bis zum Ende, während ihre Innenseite fast ganz perpendikulär gegen den Kopf gerichtet ist. Die Federlinge können nun diese äussere Fläche ihrer Lippe manichfach verändern, vermögen dieselbe an ihren eignen Körper, an die Haut, an den Federschaft anzulegen und gleichzeitig die Mitte einzuziehen, durch Hervorpressen des Randes dann einen luftleeren Raum zum Ansaugen zu bilden. So gelingt es ihnen auf den glattesten Flächen, wo ihre Füsse nicht halten, einen sichern Anhalt zu gewinnen. Dieses Experiment kann man deutlich beobachten, wenn sich ein Federling auf dem durchsichtigen Objektträger angesogen hat und man denselben dann von der Unterseite unter der Loupe betrachtet. Sie können sogar den vordern Rand ihrer Lippenbasis gleichsam zu einer zweiten Lippe stark erheben und mit dieser Verdoppelung Federtheilchen ergreifen und festhalten. So ist die Oberlippe hier ein wichtigeres Organ als bei den meisten andern Insekten. — Die Unterlippe ist an ihrem freien Ende gleichfalls ein wenig ausgeschweift, aber ihre Basis doch bei Weitem nicht so ausgedehnt wie die der Oberlippe und ist sie auch nicht entfernt solcher Veränderungen fähig. Wenn sie sich an die Lefze anlegt: so bleibt vermöge des leichten Ausschnittes in beiden Lippen eine kleine Oeffnung. Bei diesem Schliessen der Lippen werden die Mandibeln nicht verdeckt, sondern seitwärts so zwischen dieselben genommen, dass die Oberlippe an die Vorderseite der Kiefer, die Unterlippe an die Hinterseite derselben gelegt ist. Die Unterlippe trägt übrigens ein Paar äusserst kurzer, oft zweigliedriger Taster. — Die Oberkiefer ragen nicht weiter als die Lippen hervor, sind sehr hart, dunkelbraun oder schwarz und haben ungefähr in der Mitte ihrer Länge eine nach innen gewendete, hervorstehende Ecke und am Ende einen kleinen Ausschnitt, der dasselbe in zwei kurze stumpfe Zähne spaltet. Hermann erklärte irrthümlich die Mandibeln für zangenförmige Palpen und Latreille nennt sie ebenso unrichtig Zähne. — Die Maxillen sind viel kleiner, weicher, heller gefärbt, sehr beweglich und fein gezähnt. Nitzsch vermochte keine Spur von Tastern an ihnen aufzufinden, während Rudow ihnen vier- und fünfgliedrige Taster zuschreibt.

Die Fühler sind an den Seiten des Kopfes eingelenkt in einem mehr minder tiefen Ausschnitte und können in keine Rinne zurückgelegt werden, daher sie stets sichtbar sind. In ihrer Länge variiren sie nur wenig, sind allgemein kürzer als der Kopf und bestehen aus fünf walzigen Gliedern, von welchen das erste oder Grundglied ausnahmslos dicker als die übrigen und das zweite fast immer länger als jedes der folgenden ist. Eigentlich fadenförmig darf man sie kaum nennen, da sie verhältnissmässig stark sind. Bei vielen Federlingen haben Männchen und Weibchen völlig gleiche Fühler oder nur eine sehr geringe Verdickung des Grundgliedes zeichnet die männlichen aus. Bei den Lipeuren dagegen allgemein, bei andern Gattungen aber nur sehr vereinzelt macht sich ein auffallender sexueller Unterschied in der Fühlerbildung bemerklich. Die männlichen Fühler haben nämlich ein sehr beträchtlich verdicktes und zugleich verlängertes Grundglied, das spindelförmig gestaltet bisweilen sogar die halbe Fühlerlänge einnimmt. Zugleich sendet das dritte Glied an seinem Ende einen Ast nach vorn, nach hinten oder nach oben ab. Durch Auf- und Rückwärtsbiegung des Fühlers kann dieser fingerförmige Fortsatz gegen das Grundglied gewendet werden und dadurch entsteht eine wirkliche Zange zum Festhalten. Diese Zangenbildung kömmt in allen Graden der Ausbildung vor, von der vollendetsten bei dem Federling des Pfauen durch die allmählige Verkleinerung des Fortsatzes bis zum völligen Fehlen desselben, also bis zur gewöhnlichen Fühlerbildung. Bei stärkster Entwicklung des fingerförmigen Fortsatzes am dritten Gliede pflegen die beiden letzten Glieder zu verkümmern und ist in diesen Fällen eben der Fühler wesentlich Greif- und Haltapparat und hat vielleicht kaum noch, jedenfalls in sehr untergeordnetem Grade die normale Fühlerfunktion. Bei dem Puter- und Entenfederlinge ist der Fingerfortsatz auf eine blosse Ecke des dritten Gliedes reducirt, also rudimentär und damit erhält denn auch das Grundglied eine minder auffällige Grösse. Nicht zu übersehen ist, dass diese gar absonderliche Fühlerbildung keine systematische Bedeutung beansprucht, indem andere eigenthümliche Formverhältnisse ihr nicht parallel gehen, so dass z. B. bei den Kneifern von zwei ganz nah verwandten und einander überaus ähnlichen Arten die eine geschlechtliche gleiche, die andre sexuell verschiedene Fühler besitzt. Die wichtigste Rolle spielen die zangenförmigen Fühler bei der Begattung.

Die bei einer Anzahl von Federlingen vorkommenden Bälkchen, Trabeculae, sind beweglich am Seitenrande des Kopfes vor den Fühlern an der vordern Ecke ihrer Bucht eingelenkt und können als die auch sonst vorhandene, nun aber verlängerte und beweglich gewordene, vordere Fühlerbuchtecke betrachtet werden. Sie sind stets einfach, drehrund und gleichmässig schlank zugespitzt oder am Ende stärker verdünnt und überragen das Fühlergrundglied oder haben dessen Länge. Die Gattung der Kneifer oder Balklinge, ***Docophorus***, ist durch diese Trabekeln charakterisirt. Welche Funktion sie haben mögen, darüber lässt sich kaum eine Vermuthung äussern und kommen analoge Apparate in der ganzen Klasse der Insekten nicht wieder vor.

Der zweite Körperabschnitt oder Thorax besteht aus nur zwei Ringen, dem Pro- und Metathorax, ohne Andeutung eines Mesothorax. Beide zusammen pflegen kürzer als der Kopf zu sein und erreichen höchstens dessen Länge. Der Prothorax ist ausnahmslos schmäler als der Kopf, oft kaum von der Breite dessen mittlen Drittheils, dessen Rand häufig etwas zurücktritt und dennoch den Vorderrand des Prothorax noch überdeckt. Die Form erscheint von oben betrachtet quadratisch, rectangulär, oder trapezoidal mit nach hinten zunehmender Breite, oder auch scheibenförmig bei stark bogigen Seiten. Nur sehr selten rücken die scharfen oder abgerundeten hintern Seitenecken etwas nach vorn und die Form wird dann hexagonal, ohne jedoch das charakteristische Hexagon der Liotheen herzustellen. — Die Hinterbrust ist stets breiter als der Prothorax, von gleicher, grösserer, meist jedoch von geringerer Länge, hat vorn dieselbe oder sogleich beträchtlichere Breite und hat eine quer oblonge, trapezoidale, halbkreisförmige, elliptische oder hexagonale Gestalt, so auffällig und vielfach ändern die Seiten ab. An den Seitenecken oder den seitlichen Hinterecken steht eine oder einige Borsten. Der Hinterrand pflegt den vordern des Abdomens etwas zu überragen, ähnlich wie der Occipitalrand sich auf den Prothorax legt und ist gerade, convex oder aber winklig, so dass er eine mittle Ecke besitzt. Nur ganz ausnahmsweise gränzt sich der Hinterrand nicht scharf vom Abdomen ab. Längs der Mitte beider Brustringe macht sich bei mehren Arten eine scharfe Längsrinne oder helle Längslinie bemerklich, mit welcher bisweilen dann noch beider Ringe Vorder- oder Hinterrand hell gefärbt erscheinen, so dass also die Oberseite des Thorax mit vier dunklen Flecken gezeichnet ist. Die Sternaltheile des Thorax bieten bei keiner Art beachtenswerthe Eigenthümlichkeiten.

Die Beine der Philopteren sind verhältnissmässig kurz und kräftig, am Sternum getrennt von einander eingelenkt. Das vordere Paar lenkt nahe am Kopfe ein und erscheint gewöhnlich einwärts gekrümmt, so dass man es sehr häufig bei der Betrachtung des Thieres von oben gar nicht bemerkt. Auch die beiden andern Paare sitzen ganz unterseits und nicht wie bei den eigentlichen Läusen randlich, ragen aber gewöhnlich seitwärts gestreckt hervor und sind von gleicher Bildung, nur wenig oder gar nicht in Länge und Stärke verschieden. Die Hüfte oder Coxa hat gewöhnlich eine spindelförmige oder walzige, bisweilen abgestutzt kegelförmige Gestalt, ist aber nur bei wenigen Arten so lang, dass sie über den Seitenrand des Thorax hervorragt und von oben sichtbar wird. Der Trochanter bildet einen scharf abgesetzten, kurzen, engen Ring zwischen Coxa und Femur. Der

Schenkel stets länger und häufig auch stärker als die Hüfte ist etwas gedrückt walzig, oft in der Mitte oder gegen das Ende hin mehr verdickt als in der Wurzelhälfte. Die Tibia gleicht in Länge und Stärke häufig dem Femur, ist jedoch oft auch kürzer als dieser und ebenso bald schwächer, bald gegen das Ende hin stark verdickt und keulenförmig. Die innere Ecke tritt mehr oder minder hervor und ist mit zwei schlanken, starken Dornen bewehrt, gegen welche sich, um das sichere Klettern an den Haaren und Federn zu ermöglichen, die Klauen zur Bildung eines Klammerapparates zurückschlagen. Schenkel und Schienen sind mit sehr vereinzelten kurzen Stacheln oder Borsten besetzt. Der Tarsus ist stets sehr kurz und sein erstes Glied so dick wie die Tibia, das zweite verdünnt sich stark gegen die Klauen hin und bisweilen sind beide an der Innenseite mit ähnlichen Dornen wie die Schienenecke oder nur mit einigen kurzen Borsten besetzt. Beide Klauen, schlank oder dick, mehr minder gekrümmt, liegen parallel, nicht gespreizt neben einander und werden gleichzeitig gegen die Dornen der Schienenecke zurückgeschlagen. Gewöhnlich ist die vordere Klaue etwas länger als die hintere.

Der Hinterleib hat gewöhnlich die Länge von Kopf und Brust zusammen, bisweilen ist er beträchtlich länger und nur sehr selten kürzer. Sein Umriss ist eiförmig oder oval, in der Mitte oder etwas vor, viel seltener etwas hinter derselben am breitesten, doch auch sehr lang gestreckt und schmal mit nur äusserst geringer Verbreiterung. Diese allgemeine Form geht der Configuration des Kopfes und Brustkastens parallel, so dass mit dem breitesten Kopfe der breiteste und kürzeste Hinterleib, mit dem schmälsten und längsten Kopfe auch der gestreckteste Hinterleib verbunden ist. Die grösste Dicke liegt in der Mitte, ist bei den Weibchen stets beträchtlicher als bei den Männchen, und nimmt gegen die Seiten so stark ab, dass deren Ränder ziemlich geschärft erscheinen. Je nach Maassgabe der Sättigung und nach dem Grade der Trächtigkeit ändert selbstverständlich auch die Dicke und Wölbung des Abdomens ab. Von den neun Ringen sind die ersten und letzten die schmälsten, gewöhnlich nehmen sie vom ersten bis zum vierten oder fünften an Breite zu, selten schneller oder umgekehrt langsamer bis zum sechsten oder gar siebenten. Die Länge der Segmente unterliegt gar keinen oder nur geringen Aenderungen, nur werden häufig bei dem Weibchen die letzten zugleich kürzer und wie das letzte stets von allen das schmälste ist es auch das kürzeste. Alle Segmente sind durch scharfe Ringfurchen von einander geschieden, welche nur bisweilen und zwar längs der Mittellinie des Bauches sich verflachen und ganz verwischen. Diese Ringfurchen kerben den Rand des Abdomens mehr minder tief und scharf, und je nachdem nun die Seitenränder der einzelnen Segmente gerade, convex, winklig, ihre seitliche Hinterecke abgerundet oder scharf ist, erscheinen die Seitenränder des Hinterleibes blos gekerbt oder stumpf bis sehr scharf gesägt oder gezähnt. Lange Borsten eine bis viele stehen in der Mitte bis zur hintern Ecke der seitlichen Ränder der Segmente. Ganz nahe dieser Ränder liegt je ein rundes Stigma, auf dem ersten bis siebenten Segment, niemals auf den beiden letzten. Nur selten fallen diese Stigmata sogleich in die Augen, meist werden sie erst bei sehr aufmerksamer Beobachtung erkennbar. Der geschlechtliche Unterschied tritt am Hinterleibe stets sicher hervor. Gewöhnlich kleiner und besonders kürzer hat der männliche Hinterleib zugleich die leicht bemerkbare Neigung seinen hintern Theil aufwärts zu krümmen, was der weibliche niemals thut; sein letztes Segment ist abgerundet und länger als das gewöhnlich sehr verkürzte vorletzte, während das letzte weibliche durchaus viel kürzer als das vorletzte ist, und am Ende abgestutzt, ausgerandet, bisweilen sogar tief gespalten und zweilappig ist. Die weibliche Geschlechtsöffnung liegt am Ende des Hinterleibes zwischen der Rücken- und Bauchplatte des letzten Segmentes, bei den Männchen dagegen tritt die Ruthe auf der Oberseite des Endsegmentes hervor, nur bei denen mit gespaltenem letzten Segmente liegt die Oeffnung an derselben Stelle wie die weibliche.

Die überaus grosse Mannichfaltigkeit der Philopteren veranlasste schon Nitzsch dieselben in einige Untergattungen zu gruppiren, welche später von einigen Systematikern als Genera aufgefasst worden sind. Auch wir nehmen dieselben hier als eigene Gattungen und haben den *Philopterus* nur als Gruppennamen für sie beibehalten, denn den einzelnen Merkmalen, auf welche Nitzsch seine Untergattungen begründete, entspricht zugleich ein eigenthümlicher Habitus und beide, die Merkmale und die Körpertracht, lassen auch gemeinsame Eigenthümlichkeiten der innern Organisation vermuthen, die aufzusuchen und systematisch zu verwerthen unsere Spiritusexemplare nicht das geeignete Material sind.

Den beiden von Denny und von Rudow jenen ältern neu hinzugefügten Gattungen, nämlich ***Ornithobius*** und ***Oncophorus (Trabeculus)***, vermögen wir jedoch nicht den Werth eigener Genera einzuräumen und können dieselben nur als Subgenera gelten lassen.

Die Philopteren-Gattungen ordnen sich nach folgendem Schema übersichtlich:

Mit beweglichen Trabekeln und mit allermeist in beiden Geschlechtern gleichen Fühlern . . . *Docophorus*
Ohne bewegliche Trabekeln
  Fühler fadenförmig, ohne geschlechtlichen Unterschied
    Hinterkopf abgerundet, männliches Endsegment abgerundet . . . . *Nirmus*
    Hinterkopf scharfeckig, Abdominalsegmente in der Mitte verschmolzen . . . . *Goniocotes*
  Fühler geschlechtlich verschieden, männliche zangenförmig durch einen Fortsatz am dritten Gliede
    Hinterkopf eckig, weibliches Endsegment warzig, männliches abgerundet . . . . *Goniodes*
    Hinterkopf abgerundet, männliches Endsegment ausgeschnitten . . . . *Lipeurus.*

2. DOCOPHORUS Nitzsch.

Corpus latum; caput maximum, temporibus rotundatis; trabeculae mobiles ante antennas; antennae in utroque sexu conformes; abdominis segmentum ultimum in maris integrum rotundatum.

Die Kneifer oder Balklinge sind gedrungene, im Kopfe und Hinterleibe breite Federlinge mit beweglichen starken und langen Balken vor den Fühlern. Ihr grosser Kopf ist vorn breit abgestutzt, gerade oder convex oder etwas ausgerandet, nur selten tief gespalten, zweilappig. Die eigenthümliche Stirnsignatur ist wie die Scheitelzeichnung und die Schläfenlinie gewöhnlich sehr charakteristisch ausgeprägt. Der breite Hinterkopf gleicht oder bleibt nur wenig hinter der grössten Breite des Abdomens zurück und hat stets breit abgerundete Schläfen, deren Ränder mit einzelnen Borsten besetzt sind und oft auch hinter den Fühlern eine vorspringende Ecke besitzen. Die Fühler sind in einer mehr minder tiefen Ausbuchtung genau oder ziemlich in der Mitte der Kopfeslänge eingelenkt und gleicht ihre Länge höchstens der Breite des Kopfes zwischen ihnen, meist bleibt sie noch erheblich hinter derselben zurück. Ihr Grundglied ist verlängert und stets das dickste, das zweite Glied walzig und länger als jedes der folgenden, welche einander gleich lang oder doch nicht auffällig verschieden sind. Die Balken sind schon oben beschrieben worden. Von den Mundtheilen ist die Oberlippe gross und kegelförmig, vorn mit einer Rinne versehen, welche ihren Gipfel ausrandet. Die kurzen dicken Oberkiefer sind fein und dicht gezähnt, die Maxillen gross, minder hart und gleichfalls fein gezähnt, die Unterlippe breit mit Rinne. Burmeister schreibt den Maxillen kolben- oder fadenförmige Taster und der Unterlippe kurze dicke dreigliedrige Taster zu. Der Prothorax hat gewöhnlich nur ein Drittheil der Breite des Hinterkopfes oder etwas mehr, ändert selbst vielfach aber nicht gerade erheblich im Verhältniss seiner eigenen Länge und Breite ab und hat gerade, parallele oder convexe Seiten. Der Metathorax, meist von der Länge des Prothorax, erweitert sich nach hinten sehr schnell und beträchtlich und ist trapezoidal, fünf- oder sechseckig, die Seiten- oder seitlichen Hinterecken stets mit einigen langen Borsten besetzt, der Hinterrand convex oder winklig und in den Hinterleib eingreifend. Die Beine bieten keine beachtenswerthen allgemeinen Eigenthümlichkeiten. Der stets sehr breite Hinterleib ist regelmässig oval, in gleichem Maasse bis zur Mitte an Breite zu- und hinter derselben abnehmend oder aber er nimmt hinter der grössten Breite durch schnelle Zurundung ab. Die Segmente sind der allgemeinen Form des Abdomens entsprechend an Breite allmählig zu- und dann wieder abnehmend, dabei aber allermeist von gleicher Länge bis auf das letzte in Länge und Breite kleinste. Ihre Seitenränder sind gerade, häufiger aber convex, mit mehr minder hervortretender, abgerundeter oder scharfer Hinterecke und hiernach verläuft der Rand des Hinterleibes entweder einfach ununterbrochen oder wellig, oder aber gekerbt und sogar sägezähnig. An den Hinterecken oder etwas vor denselben stehen zwei bis vier, selten noch mehr ungleich lange starke Randborsten. Kurze Borsten gewöhnlich in eine dem Hinterrande parallele Reihe, oder aber spärlicher oder dichter gedrängt und dann minder regelmässig geordnet, bekleiden das zweite bis vorletzte Segment, das letzte trägt meist zahlreiche Randborsten. Dieses letzte Segment ist bei den Weibchen stets sehr kurz und ausgerandet oder tiefgekerbt bis zweilappig, bei den Männchen dagegen stets grösser, abgerundet und ganzrandig, dichter beborstet. Wie Kopf und Bruststücke dunkle Zeichnung haben: so ist allgemein auch die Oberseite des Hinterleibes charakteristisch gezeichnet und zwar jederseits durch eine Reihe dunkler Keilflecke, welche breit am Seitenrande jedes Segmentes beginnen und gegen die Rückenmitte hin sich verschmälern, bald nur einen schmalen, bald einen sehr breiten Mittelraum frei lassen, scharfspitzig, gerundet oder verwaschen enden, bisweilen auch an ihrem Hinterrande einen oder zwei markirte Ausschnitte zeigen oder sich selbst wieder mit einer Reihe weisser Tüpfel zeichnen. Auch die in ihnen gelegenen Stigmata treten oft als helle Tüpfel oder Augenflecke auffällig hervor. Während bei den Weibchen diese Keilflecke auf dem vorletzten

Segmente sehr gewöhnlich zu einer breiten Binde verschmelzen, verschmälern sie sich ebenso häufig bei den Männchen und werden linienförmig ohne jemals zusammenzufliessen. Wenn die Unterseite des Abdomens besonders gezeichnet ist, sind es entweder zwei Reihen dunkler Längspunkte oder bindenförmige Querflecke blos auf den mittlen Segmenten, auf den zwei oder drei letzten scheinen die innern Chitinleisten als Flecke oder Streifen hindurch, jedoch mit sehr auffälligen sexuellen Differenzen.

Die Kneifer sind in sehr zahlreichen Arten über Vögel aller Ordnungen mit Ausnahme jedoch der Tauben, Hühner und der Laufvögel verbreitet, am mannichfaltigsten von Raub-, Sing- und Sumpfvögeln, am spärlichsten von Schrei- und Klettervögeln bekannt. Je nach der Verwandtschaft der Wirthe bieten auch die bezüglichen Arten gewisse unverkennbare Aehnlichkeiten, so dass wir sie nachfolgend nach den Ordnungen der Vögel vorführen, doch sind diese Gruppenmerkmale keine ausschliesslichen und der Uebergänge und verwandtschaftlichen Beziehungen so mannichfache, dass es uns nicht möglich ist, die Mannichfaltigkeit der Arten nach sichern Merkmalen in natürliche Gruppen oder Untergattungen zu sondern.

D. brevicollis *Nitzsch.* Taf. X. Fig. 7.

Burmeister, Handb. Entomol. II. 424. — Giebel, Zeitschrift f. ges. Naturwiss. 1861. XVII. 519.

Brunneopictus; capite trigono, antice truncato, syncipite maculis quinque, lineis albis inter se disjunctis; thorace brevissimo, quadrimaculato; abdomine suborbiculari, segmentis lateraliter maculatis. Longit. 3/4'''.

Der dreiseitige Kopf ist kaum so lang wie breit, vorn als am Scheitel des Dreiecks fast gerade abgestutzt, an den Hinterecken abgerundet, die Seiten leicht convex, der Hinterrand gerade mit schwach zurückgezogenem mittlen Theil. Die Trabekeln liegen als kurze stumpfe Kegelzapfen ganz an der Unterseite und sind von Nitzsch nicht erkannt worden. Am Stirnrande stehen jederseits drei lange Haare, weiter nach hinten noch zwei, am Schläfenrande mehre starke, die ganze obere Schläfengegend dicht mit Haaren besetzt. An den Fühlern ist das erste und zweite Glied von der doppelten Länge des dritten und vierten, das fünfte nur sehr wenig länger als das vierte und an seiner stumpfen Spitze mit fünf Tastpapillen von verschiedener Länge besetzt. Die spärliche Behaarung der Fühlerglieder ist sehr fein und kurz. Die natürliche und sehr charakteristische Färbung und Zeichnung giebt unsere Abbildung, welche Nitzsch nach ganz frischen Exemplaren entworfen hat; gegenwärtig nach mehr denn fünfzigjähriger Aufbewahrung in Spiritus erscheint dieselbe in feuchtem Zustande erheblich verändert, indem an den ganz dunkeln schwärzlichbraunen Exemplaren die sechsseitige Signatur der Stirn hellbraun ist und die hellen Linien der andern Flecke ganz verschwunden zu sein scheinen, getrocknet aber tritt die charakteristische Zeichnung wieder hervor, an den bräunlichgelben Exemplaren ist der Stirnrand, die Scheitelmitte und die Schläfengegend braun, die eigenthümlichen Linien und Flecken der Stirngegend aber fehlen, so lange der Spiritus nicht gänzlich verdunstet ist. Der Thorax hat etwa die halbe Länge des Kopfes, Pro- und Metathorax von gleicher Länge, erster aber merklich schmäler als letzter, beide mit convexen Seitenrändern, mit feiner mittler Längsfurche, mit je zwei sehr breiten Querflecken, stark gewölbter Oberseite, auf welcher sich jederseits ein Höckerchen, am Metathorax nahe der Mitte, am Prothorax von derselben entfernt erhebt. Die Beine haben sehr kurze Hüften, merklich längere Schenkel, wieder etwas längere aber ebenso starke Schienen mit Dornen an der Daumenecke, sehr kurze dicke Tarsen und je zwei starke, schwach gekrümmte Klauen. Schenkel und Schienen sind mit einigen Stacheln bewehrt, ihre Behaarung sehr spärlich und fein. Der sehr kurze und ungemein breite Hinterleib erreicht im dritten und vierten Segment seine grösste Breite, welche die Länge überwiegt, daher hinter der Mitte die Abrundung nahezu halbkreisförmig erscheint. Die Segmente haben gleiche Länge, schwach convexe Seiten, so dass der Seitenrand des Abdomens nur schwach gekerbt erscheint. Auf der Oberseite trägt jedes Segment eine Reihe blonder Borsten, länger als die Abbildung dieselben darstellt, und einen schwarzbraunen gegen die Mitte hin sich keilspitzig verschmälernden schwarzbraunen Querfleck, in welchem nahe dem Rande vom zweiten bis siebenten Segmente die Stigmata wie Augenflecke liegen. Die Bauchfläche ist einförmig braun und ebenso blond behaart wie die Rückseite, der Rand aller Segmente dagegen dicht mit feinen langen Haaren besetzt, welche die Länge von zwei bis drei Segmenten haben. Der gefüllte Magen scheint dunkel durch die Haut hindurch.

Auf Vultur cinereus, von Nitzsch im Jahre 1816 erkannt und abgebildet und im April 1837 wiederum beobachtet.

D. trigonoceps.

Docophorus spec. Giebel, Zeitschr. f. ges. Naturwiss. 1861. XVII. 521.

Ferrugineus; capite trigono trabeculis brevibus, thorace longo, quadrimaculato, pedibus crassis, abdomine obtusovato. Longit. 1/2'''.

Die Art hat eine überraschende Aehnlichkeit mit dem *D. tricolor* des Storches, ist jedoch durch die kürzere Abstumpfung des Hinterleibes, dessen Form eher an die des *D. auratus* erinnert, und durch die rechtwinkligen hintern Seitenecken der Abdominalsegmente sicher davon zu unterscheiden. Der Kopf hat eine gleichseitig dreieckige Gestalt, alle drei Ecken ganz gleichmässig gerundet. Die stumpf kegelförmigen Balken vor den Fühlern sind kurz und ragen nur wenig frei am Rande hervor. Jederseits der stumpfen Stirn ragen drei feine Borsten von ungleicher Länge hervor, weiter nach hinten drei näher beisammen stehende und ähnliche auch hinter den Fühlern, kurze auf der Oberseite des Kopfes. An diesen sind die drei letzten Glieder von gleicher Länge, das Endglied mit nur drei Tastpapillen. Die Oberseite des Kopfes ist in der Mitte und auf der Schläfengegend braun. Der Prothorax erweitert sich ganz abweichend von *D. tricolor*, vielmehr wie bei *D. semisignatus*, nach hinten und ist trapezförmig und der breitere Metathorax greift mit seinem vorspringenden Hinterrande in das erste Abdominalsegment ein. Jeder Brustring trägt zwei dunkelbraune Trapezflecke. An den kurzen kräftigen Beinen sind die Schienen etwas schwächer als die Schenkel und haben an der dicht beborsteten Daumenecke einen Dorn, das erste sehr dicke Tarsusglied zwei solcher Dornen; die beiden Klauen kräftig und wenig gekrümmt. Der schmal ovale Hinterleib ist hinten abgestutzt, indem das kleine runde letzte Segment nicht über die scharfen Hinterecken des vorletzten hinausragt; es ist jederseits mit sechs langen Borsten besetzt, während die übrigen nur je zwei lange Randborsten vor der Hinterecke tragen und kurze goldglänzende Borsten in einer dem Rande parallelen Reihe. Zeichnung hat der Hinterleib nicht, weil wahrscheinlich das Exemplar noch nicht reif ist.

Auf Vultur fulvus, von Hofrath Reichenbach in Dresden in dem einzigen beschriebenen Exemplare im Jahre 1856 eingesendet.

D. brevifrons *Nitzsch.* Taf. XII. Fig. 6.

Burmeister, Handb. Entomol. II. 424. — Giebel, Zeitschrift f. ges. Naturwiss. 1861. XVII. 518.

Syncipite maculis tribus, suturis albis inter se disjunctis, maculis transversa segmentiformi. Longit. 3/4'''.

Diese Art wurde in dem einzigen abgebildeten Exemplare von Nitzsch auf Cathartes papa gefunden und ist dasselbe in der Sammlung nicht mehr vorhanden. An der specifischen Eigenthümlichkeit ist nach der Abbildung nicht zu zweifeln. Die blosse Andeutung der Hinterleibsflecken weist auf den unreifen Zustand und werden dieselben nach der letzten Häutung sich im Wesentlichen wie bei den verwandten Arten verhalten. Die Stärke und dunkele Färbung der Beine tritt bei der Vergleichung mit den nächst ähnlichen Arten charakteristisch hervor.

D. lobatus.

Docophorus naevius Giebel, Zeitschrift f. ges. Naturwiss. 1861. XVII. 523.

Frontis infra apicem dilatati angulis lateralibus nullis anticis obsoletis; pictura capitis thoracisque fulva, maculis abdominalibus, lineis signaturaque frontis fuscobrunneis.

Nitzsch fand diese Art im September 1815 auf einem schon drei Wochen vorher geschossenen Adler, Aquila naevia, noch lebend, da aber die Exemplare nicht mehr in der Sammlung vorhanden sind, muss ich mich auf Mittheilung der zur Erkennung der Art ausreichenden Notizen beschränken. Nach denselben steht die Art dem *D. platystomus* des Bussards zunächst, unterscheidet sich aber schon dadurch, dass die Seiten der vorn gerade abgestutzten Stirn nicht eckig, sondern bogig gerandet sind und die Signatur auf derselben breiter und kürzer, nach hinten nicht schlank, sondern sehr kurz zugespitzt, vorn aber nicht verwaschen, sondern scharf umgränzt ist. Die Seitenflecken neben der Signatur erreichen nicht den Rand, die hintern sind dunkel und durch einen schmalen hellen Querstrich von den vordern abgeschieden. Uebrigens ist auch die Grundfarbe des Kopfes und Thorax heller, mit sehr dunkel gesäumtem Seitenrande. Der helle Längsstreif in der Mittellinie des Thorax ist wie bei jener Art vorhanden. Die beiden Flecken auf dem Metathorax haben schwarze Hinterecken. Die Form und Zeichnung der Abdominalsegmente verhält sich wie bei der Bussardart. Das männliche Endsegment ist rund und das vorletzte mit in der Mitte unterbrochener dunkler Querbinde. Die Bauchseite der Segmente hat gepaarte, weit vom Rande abgerückte und gegen die Mitte hin verwaschene blassbräunliche Querflecke und auf den drei letzten Segmenten den gewöhnlich bei Männchen vorkommenden dunkelbraunen Längsfleck.

D. platystomus *Nitzsch.* Taf. IX. Fig. 5.

Burmeister, Handb. Entomol. II. 426. — Giebel, Zeitschrift f. ges. Naturwiss. 1861. XVII. 525.

Capite brunneo, picto, frontis lateribus angulatis, signatura longa; thorace brunneo, marginibus et medio pallidis; pedibus crassis, ungulis rectis; abdominis ovali segmentis maculis cuneiformibus postice emarginatis. Longit. $\frac{1}{4}$'''.

Die stumpfeckigen Seiten der vorn gerade abgestutzten Stirn kennzeichnen diesen Federling ganz auffällig. Der Kopf ist so lang wie breit, an den Hinterecken abgerundet. Die Signatur auf der Stirn ist schlank und schmal, an der hintern Spitze schwarzbraun, nach vorn und in der Mitte heller, am Vorderrande verwaschen. Die vordern Seitenflecke beginnen hinter den seitlichen Stirnecken und reichen gegenwärtig nach der langjährigen Aufbewahrung in Spiritus nicht mehr so weit nach vorn, wie die nach frischen Exemplaren angefertigte Abbildung darstellt. An trocknen Exemplaren ist die ganze Signatur etwas erhöht und ihre hintere Spitze setzt nach kurzer Unterbrechung in einen Scheitelbuckel fort. Der hintere Seitenfleck läuft nach hinten über die Balken und Fühler fort in die dunkle Schläfenrinne. Die sternförmige Zeichnung auf dem Scheitel ist nicht bei allen Exemplaren vorhanden. Zwei Borsten stehen vorn an der Unterseite, jederseits zwei lange und starke über den Seitenecken der Stirn, je zwei etwas dahinter und zwei nah vor den Balken, einzelne am Rande der Schläfen und auf denselben auf kleinen Höckerchen kurze in regelmässigen den Schläfenlinien parallelen Reihen. Die Balken sind stumpfspitzig und im Enddrittel stark verengt. Die stets unter die Schläfen nach hinten zurückgelegten Fühler haben die zwei gleich lange erste und die drei anderen viel kürzern Glieder von ebenfalls gleicher Länge. Der Prothorax ist trapezoidal und der sich noch mehr verbreiternde Metathorax greift mit stumpfwinkligem Hinterrande in das Abdomen ein; beide sind dunkelbraun mit heller Berandung und heller Mittellinie, mit kurzen Härchen besetzt. Die Beine haben kurze Hüften, sehr dünne Schenkelringe, starke gegen das Ende hin sich verdickende und mit kurzen Stacheln zerstreut besetzte Schenkel, etwas dünnere walzige Schienen mit zwei starken Dornen an der nicht besonders hervortretenden Daumenecke kurze starke Tarsusglieder und ganz gerade Klauen. Der breit ovale Hinterleib besteht aus gleich langen Segmenten, deren Seitenränder gleichmässig convex sind und je drei und mehr sehr lange Borsten in und hinter der Mitte tragen. Die sehr spärlich behaarte Oberseite der Segmente ist gelblichweiss und jederseits mit einem dunkelbraunen, nach innen keilförmig sich zuspitzenden Randfleck gezeichnet, dessen Hinterrand deutlich gebuchtet oder eingekerbt erscheint. Nahe dem Rande liegt die wenig ausgezeichnete Stigmenöffnung. Junge unreife Individuen mit schon gezeichnetem Kopfe und Thorax haben von diesen Querflecken nur deren innere braune Spitze. Bei dem Weibchen hat wie gewöhnlich das vorletzte Segment eine breite durchgehende braune Binde, bei dem Männchen dieselben Querflecke wie die übrigen Segmente. Das männliche Endsegment ist schmäler, abgerundet und stärker von dem vorletzten abgesetzt als das weibliche, das eine deutliche mittle Kerbe zeigt; beide sind mit langen Borsten besetzt.

Auf Buteo vulgaris, von Nitzsch bereits im Jahre 1804 erkannt und gezeichnet. Die von Denny, Monogr. Anoplur. 108. beschriebene und Tab. 4. Fig. 7. abgebildete Art gleichen Namens vom gemeinen Bussard ist wie die flüchtigste Vergleichung lehrt eine entschieden andere Art, deren Stirn gerade, nicht eckig erweiterte Seiten und die anders geformte Hinterleibsflecken ohne randliche Kerben hat, auch schön kastanienfarben ist. Auch mit der folgenden vom rauhfüssigen Bussard stammenden Art lässt sich dieselbe nicht gut identificiren. Denny giebt zwar leichte Ausrandung der Hinterleibsflecke in der Beschreibung an, welche in der Abbildung nicht einmal angedeutet ist, aber die Form des Vorderkopfes ist zu abweichend, um durch flüchtige Beobachtung erklärt werden zu können.

D. eurygaster.

Antecedenti simillimo, fronte angustiore, abdomine latiore. Longit. $\frac{1}{4}$'''.

Diese auf dem rauhfüssigen Bussard, Buteo lagopus, schmarotzende Art steht der vorigen so nah, dass man sie fast als blosse Varietät derselben betrachten möchte. Im Habitus erscheint sie kürzer und breiter, gedrungener. Am Vorderkopf erweitern sich die Stirnseiten viel weniger, treten nur mässig convex, nicht eckig hervor und die merklich kürzere Signatur ist viel heller, vorn völlig verwaschen, der Randfleck jederseits neben ihr blos punktförmig, die Schläfenlinien minder dunkel, aber schwarzbraun im Occipitalrande endend. Die heller braune Zeichnung auf dem Thorax ist in den Aussenecken dunkelbraun. Die Keilflecke der Segmente des entschieden breitern und kürzern Hinterleibes reichen bei dem Weibchen viel weniger weit nach innen als bei dem Männchen und haben die Einkerbung näher dem minder convexen Seitenrande als der Spitze. Die Randborsten sind länger, die Schienen am Ende verdickt und die braune Zeichnung überall heller als bei voriger Art.

D. platyrhynchus *Nitzsch.*

Nitzsch, Germars Magaz. Entomol. 1818. III. 290. — Denny, Monogr. Anoplur. 91. — Giebel, Zeitschr. f. ges. Naturwiss. 1861. XVII. 525.

Pediculus haematopus Scopoli, Entomol. carniol. 381. — Lyonet, Mém. Mus. XVIII. 270. Tab. 15. Fig. 8.

Ochraceus, brunneopictus; frontis lateribus dilatatis, signatura longa; thoracis lateribus nigrobrunneis, abdominis ovalis segmentis nigromarginatis et longe pilosis. Longit. 1'''.

Auch dieser Kneifer steht dem des Bussards auffallend nah, unterscheidet sich aber durch den relativ breitern und kürzern Vorderkopf mit kürzerer, doch eben ebenso verwaschener Signatur und mit abgerundeter randlicher Erweiterung. Am vordern gerade abgestutzten Stirnrande fehlen die Borsten gänzlich, am Seitenlappen stehen jederseits zwei, ausnahmsweise drei, hinter diesem Lappen nur eine und vor dem Balken drei sehr lange, mehre an dem Schläfenrande. Der kleine kegelförmige Zapfen hinter den Fühlern ist mit einigen sehr kurzen Stacheln besetzt. Die Zeichnung des Kopfes ist dieselbe wie bei dem Bussardkneifer, nur die Signatur entschieden kürzer und der in die Schläfenrinne fortsetzende Randfleck schwärzlich braun. Das dritte Fühlerglied ist etwas länger als das vierte. Der Thorax hat dieselbe Form wie bei der erwähnten Art, nur erscheint der in den Hinterleib eingreifende mittle Winkel mehr abgerundet und die seitlichen Ränder sind fast schwarzbraun, selbst bei hellen Exemplaren schon ganz dunkelbraun. An den kurzen starken Beinen fällt die dicke und starke Krümmung der Klauen sehr charakteristisch auf; beide Tarsusglieder haben je zwei Dornen wie die Daumenecke der Schienen. Der blassgelbliche ovale Hinterleib ist oben wie unten sehr lang behaart und die Haare nicht in regelmässige Reihen geordnet. Am Seitenrande jeden Segmentes je drei bis vier sehr lange Borsten, am weiblichen gekerbten Endsegment nur zwei bisweilen fehlende, am männlichen abgerundeten Endsegment mehre. Die braunen Keilflecken auf der Oberseite der Segmente sind kurz, in der Mitte hell, am Seitenrande schwarzbraun, am Hinterrande nur schwach gekerbt.

Auf Astur palumbarius, von Nitzsch im Mai 1814 erkannt und gezeichnet.

D. gonorhynchus *Nitzsch.*

Giebel, Zeitschrift f. ges. Naturwiss. 1861. XVII. 526.

Docophorus nisi Denny, Monogr. Anoplur. 109. Tab. 3. Fig. 11.

Ochraceus, brunneopictus; frontis lateribus paululum dilatatis, signatura incompleta; thorace fusco; abdomine late ovato, maculis acute cuneatis pallide brunneis, excisis. Longit. 3/4'''.

Der Vorderkopf merklich schmäler im Verhältniss zum Hinterkopf als bei vorigen Arten und die seitliche Erweiterung völlig gerundet, der Vorderrand nicht gerade abgestumpft, sondern eingebuchtet, ohne Borsten. Zwei Borsten jederseits an dem seitlichen Stirnlappen, eine dahinter und zwei vor dem Balken. Am Schläfenrande ein sehr stumpfeckiger Fortsatz und wenige Borsten. Die Zeichnung des Kopfes ist viel weniger scharf als bei vorigen Arten. Die Signatur nur in ihren Randlinien vorhanden und auch diese verwischen sich bisweilen, so dass nur die hintere ganz dunkle Spitze übrig bleibt. Ebenso verwischen sich die Randflecke und sind, wenn vorhanden, klein, der vordere gar nicht auf die seitliche Erweiterung fortsetzend, wie auch der hintere nicht nach hinten. Die Schläfengegenden sind dunkelbraun, von der hellen Kopfesmitte aber nicht durch dunkle Linien abgegränzt; am dunkelsten ist der Occipitalrand gezeichnet. Der Thorax weicht in der Form kaum von dem der vorigen Arten ab, nur greift er mit seinem mehr winkligen Hinterrande etwas tiefer in das Abdomen ein. Der Prothorax dunkelt nur an den Seitenrändern, der Metathorax ist dagegen gewöhnlich braun mit heller Berandung. Hüften und Schenkel sind von gleicher Stärke, die Schienen länger und dünner als die Schenkel, beide mit sehr vereinzelten kurzen Stacheln besetzt; die Tarsen schlank. Der männliche Hinterleib ist viel breiter als der weibliche, der nach hinten sich kegelförmig zuspitzt und am Endsegment tief gekerbt ist; die Segmente am Rande durch tiefere Kerben geschieden wie bei vorigen Arten alle mit langen Randborsten. Die braunen Keilflecke, heller als bei vorigen Arten und bei den Weibchen häufig in ihrem mittlen Theile ganz hell und verwaschen, sind von innen nach aussen kürzer als bei dem Bussardkneifer, an ihrem Hinterrande nur schwach gebuchtet und mit ihrem Vorderrande nicht der ganzen Länge nach an dem Segmentrande anliegend.

Auf dem Sperber, Astur nisus, von Nitzsch im Mai 1814 am Halse und Kopfe auf einem weiblichen Exemplare entdeckt und von den verwandten unterschieden. Denny's Abbildung weicht in der dunkeln Zeichnung aller Körperabschnitte erheblich von unsern Exemplaren, doch begründen diese Unterschiede keine specifische Trennung.

D. femoralis.

Obscure brunneus; fronte latissima, dilatata, signatura marginata; thoracis margine postico angulato, femoribus crassissimis, unguibus brevissimis; abdomine lato, macularum cuneatarum margine postico recto. Longit. 1'''.

Dieser plumpeste aller Falkenkaufer hat einen kurzen sehr breiten Vorderkopf mit schwach buchtigem Stirnrande ohne Borsten, mit abgerundeten seitlichen Stirnlappen und zwei Borsten an denselben, eine Borste dahinter und nur eine vor dem Balken. Die Signatur ist ganz hell und nur durch eine Furche von der dunkelbraunen Umgebung abgegränzt, ohne Randflecken. Die Kopfesmitte und die Schläfengegend dunkelbraun, letzte hell gerandet. Die Fühler dünn. Der Prothorax hat eine tiefe mittle Längsfurche und der Metathorax winkelt sich hinten stärker als bei den vorigen Arten, hat keine Mittellinie und ist oberseits wie der Prothorax gleichmässig braun, nur am Rande dunkler. Die Beine zeichnen sich durch auffallende Dicke und Kürze der Schenkel aus, auch die Schienen sind sehr stark und gegen das Ende hin verdickt und die starken Krallen sind so kurz, dass sie zurückgeschlagen nur bis an die Dornen des Tarsus, nicht an die langen der Schiene reichen. Der ovale Hinterleib hat schon im zweiten Segmente seine grösste Breite und verschmälert sich nach hinten sehr wenig. Die Segmente tragen lange Randborsten vor der ziemlich scharfen Hinterecke und am Vorderrande eine in der Mitte unterbrochene Reihe langer glänzender Borsten. Die dunkeln Keilflecke sind am Seitenrande sehr breit und nach innen stark verschmälert. Ein Exemplar zeigt eine absonderliche Missbildung in diesen Flecken: der vierte Fleck der linken Seite hat nämlich nur die halbe Länge der übrigen und an seiner Spitze liegt noch ein kleiner dreiseitiger, der sechste ist noch kürzer ohne anliegenden Fleck und der fünfte zwischen beiden etwas verschoben; die Flecken der rechten Seite sind ganz normal.

Zwei Exemplare in der Sammlung mit der Bezeichnung von Falco leucomelas, ohne nähere Angaben.

D. pachypus.

Flavidus, brunneopictus; frontis margine antico exciso, lateribus rotundatodilatatis, signatura incompleta; metathorace prothoracis longitudine, pedibus crassis; maris abdomine suborbiculari, feminae longe angustato, segmentis transversim maculatis. Longit. 1'''.

Eine durch die auffallende Verschiedenheit der Geschlechter von allen Falkenkaufern sich unterscheidende Art. Der Kopf hat die Gestalt der vorigen Arten, zeigt sich jedoch eigenthümlich durch die Concavität des vordern Stirnrandes, in welcher die Mitte schwach convex hervortritt, durch die völlige Abrundung der Vorderecken und die breite Rundung der seitlichen Erweiterungen. Der Balken ist spitzer als gewöhnlich und die Schläfenecke hinter den Fühlern scharf. Am vordern Schnauzenrande fehlen die Borsten, am Seitenlappen stehen jederseits zwei, dahinter eine und vor den Balken wiederum zwei. Die Signatur ist ganz hellbraun durch gelbe Linien von den dunkelbraunen Seiten abgegränzt, nur in der hintern Spitze ganz dunkelbraun. Keine Randflecke und der Scheitel heller als die dunkelbraun punktirten Schläfengegenden. Pro- und Metathorax von gleicher Länge, mit markirter mittler Längsfurche und nussbraun mit dunkeln Rändern. An den starken Beinen sind die Hüften und Schenkel kurz und dick, die Schienen länger, dünner, aber gegen das Ende hin wieder allmählig verdickt und an der stark vorragenden Daumenecke mit zwei starken Dornen, an den sehr kurzen Tarsusgliedern keine Dornen, die Klauen lang, stark und sehr gekrümmt. Der Hinterleib der Männchen ist fast kreisrund, die Segmente am Rande nur durch schwache Kerben geschieden, auf der blassgelblichen Mitte mit langen glänzenden Borsten, am Rande mit noch längern. Die braunen Keilflecke reichen weit nach innen vor und ihre Breite nimmt bis zu den Stigmen die ganze Länge der Segmente ein. Das besonders lang und dicht beborstete Endsegment ragt halboval über das vorletzte hervor. Der weibliche Hinterleib verschmälert sich vom dritten Segment an stark, behält dann ziemlich dieselbe Breite und rundet sich mit sehr langem Borstenbesatz stumpf zu. Die langen Borsten auf der hellen Mitte und die braunen Keilflecke sind dieselben wie bei dem Männchen, nur die Flecken am Hinterrande und der innern Spitze fast schwarzbraun.

Auf Falco pondicerianus, in fünf Exemplaren in der Sammlung, ohne nähere Angaben.

D. melittoscopus *Nitzsch.*

Giebel, Zeitschrift f. ges. Naturwiss. 1861. XVII. 526.

Ochraceus, brunneopictus; frontis angulis anticis prolongatis, lateribus paululum dilatatis, signatura longa, margine maculata; metathorace prothorace breviore; abdomine ovali, segmentorum maculis cuneatis postice excisis. Longit. 1 1/4'''.

Wesentlich die Form des Kopfes unterscheidet diesen Kaufer von dem des gemeinen Bussard, indem nämlich der Vorderkopf stärker verschmälert, die seitlichen Erweiterungen der Stirn beträchtlich schmaler, der vordere Stirnrand ganz gerade ist, aber die beiden Ecken fast wie Hörner über den Rand hervorstehen. Die Balken und die Schläfenecken hinter den Fühlern sind stumpfspitzig. Am vordern Stirnrande keine Borsten, an der seitlichen Erweiterung jederseits zwei, die an einem Exemplare eine enorme Länge haben, dahinter eine und vor den Balken wieder zwei, ausnahmsweise jedoch auch nur eine randliche Borste. Die Signatur verschmälert sich vorn etwas, ist nur in der hintern Spitze ganz dunkel, übrigens hellbraun. Der vordere dunkle Randfleck liegt scharf umgränzt am hintern Ende der seitlichen Erweiterung, der hintere Randfleck setzt heller braun als Schläfenlinie bis an den Occipitalrand fort. Form und Zeichnung des Thorax wie bei dem Bussardkneifer. Die Beine haben stumpfkegelförmige Hüften, kräftige Schenkel, walzige Schienen mit nicht ausgezogener Daumenecke, über deren Dornen die zurückgeschlagenen Klauen bei der grossen Kürze des Tarsus hinausragen. Der Hinterleib bei dem Männchen beträchtlich breiter und kürzer als bei dem Weibchen hat auf der Oberseite dieselbe Zeichnung wie bei dem Bussardkneifer, in der Mitte des Seitenrandes eines jeden Segmentes je zwei bis vier sehr lange Borsten. An der Bauchseite haben die Weibchen zwei Reihen von je sechs runden braunen Flecken und am gespaltenen Endgliede jederseits der Scheide zwei vierseitige Längsflecken, die Männchen dagegen zwei Reihen von je sechs braunen, den Seitenrand nicht erreichenden, sehr gestreckten Querflecken und auf dem abgerundeten Endsegment einen grossen langen Mittelfleck.

Auf dem Wespenbussard, Pernis apivorus, nicht selten, von Nitzsch im October 1828 zuerst erkannt in Gemeinschaft mit Liotheen.

D. obscurus.

Obscure brunneus, pictus; frontis margine antico concavo, lateribus dilatatis, signatura flava; thorace brunneo; abdominis ovalis maculis cuneatis magnis. Longit. 1'''.

Der Kopf ist länger als hinten breit, der vordere Stirnrand concav, die Seiten nur wenig erweitert, die Balken spitzig, die Borsten wie gewöhnlich, aber die ganze Oberseite des Kopfes dunkelbraun und nur die durch eine Furche umgränzte Signatur sehr hell gefärbt. Am Thorax ist die sehr geringe Breitenzunahme des Prothorax und die denselben fast überwiegende Länge des Metathorax sehr charakteristisch; beide sind dunkelbraun, ohne Zeichnung, mit mittler Längsfurche. Der Hinterleib, bei dem Weibchen viel schmäler als bei dem Männchen, hat fast scharfe seitliche Hinterecken an den Segmenten, lange Borsten und oberseits die dunkelbraunen Keilflecken, welche sich nach innen ziemlich schnell und stark zuspitzen. Das letzte Segment des Weibchens hat eine sehr breite Einkerbung.

Auf Rostbrauus hamatus, von Nitzsch im October 1826 auf einem trocknen Exemplare gefunden.

D. chelorhynchus.

Flavidus, pictus; frontis angulis anticis longissimis curvatis apicibus invicem tangentibus, lateribus subdilatatis, signatura obsoleta; thorace longo, quadrimaculato; abdominis ovalis maculis longe angustis. Longit. $1\frac{1}{3}$'''.

Die eigenthümliche Kopfbildung zeichnet diesen Kneifer ganz absonderlich aus. Im Allgemeinen von der Form des Falkenkneiferkopfes weicht diese Bildung dadurch ab, dass die ausgezogenen Vorderecken der Stirn sich gegen einander krümmen und mit den Spitzen berühren, die Stirn also wie von einem birnförmigen Loche durchbrochen erscheint. Die seitlichen Lappen der Stirn sind sehr klein und setzen unmittelbar in verlängerten Ecken fort. Sie tragen keine Borsten, hinter ihnen steht die erste sehr kurze Borste und unmittelbar vor den Balken, die schlanker kegelförmig als gewöhnlich sind, zwei andere. Die Fühler haben ein starkes Grundglied, ein schlankes zweites von der Länge des dritten und vierten zusammen. Der Schläfenfortsatz hinter den Fühlern ist nur als schwache Convexität angedeutet. Während die Borsten kürzer und feiner als gewöhnlich sind, zeichnen sich zwei am Schläfenrande durch enorme, die Fühler übertreffende Länge aus. Eine dunkle Querbinde liegt zwischen den Balken und vor derselben erscheint die Signatur in hellem Felde nur ganz schwach angedeutet. In der hellen Mitte des Hinterkopfes liegt scharf umgränzt ein dunkler halbkreisförmiger Fleck. Der Thorax ist fast so lang wie der Kopf, der Prothorax viel länger als der Metathorax, verbreitert sich nach hinten gar nicht, hat dunkelbraune Ränder, welche als heller vierseitiger Fleck nach innen fortsetzen. Der Metathorax rundet seine Ecken völlig ab und ist braun, nur vorn in der Mitte hell und trägt jederseits drei Borsten, welche noch über die ausgestreckten Schenkel hinausragen. Die Hüften sind kegelförmig, die Schenkelringe sehr dünn und lang, die Schenkel und Schienen gleich stark, die Dornen an der Daumenecke der letztern sehr lang, auch der Tarsus lang. Der Hinterleib verbreitert sich allmählig und hat erst im vierten und fünften Segmente seine grösste Breite, rundet sich nach hinten ab, wo das Endsegment halb oval hervortritt. An der Unterseite haben alle Segmente dunkelbraune Seitenränder und das zweite bis siebente je einen braunen bindenförmigen Querfleck. Die Chitinleisten der Genitalien bilden auf den drei letzten Segmenten einen dunklen mittlen Längsfleck. Auf der Oberseite treten die dunklen Flecke des ersten Segmentes fast in der Mitte zusammen, auch die folgenden reichen weiter als bei allen vorigen Arten gegen die Mitte vor und haben durch ihre Länge und Breite mehr Binden- als Keilform, alle sind am Seitenrande in der Umgebung der Stigmata dunkelbraun, in der innern Hälfte hellbraun. Die Randborsten des Hinterleibes bieten nichts Eigenthümliches.

Auf Circus aeruginosus, nur in einem männlichen Exemplare in unserer Sammlung vorhanden.

D. spathulatus.

D. platystomo similis, flavidus, pictus, frontis lateribus rotundatis, signatura brevi margine maculato; thorace lato, postice vix angulato, quadrimaculato; abdominis ovalis maculis cuneatis obscure marginatis et excisis. Longit. 1'''.

Vom Habitus des Bussardkneifers unterscheidet sich diese Art sogleich durch den breitern und kürzern Vorderkopf mit völlig gerundeten Seitenlappen und ganz gerundeten Ecken der gerade abgestutzten Stirn. An der Unterseite der Schnauze steht jederseits eine Borste, jedoch so weit zurück und so kurz, dass sie vorn nicht über den Rand hinausragt; auf dem Seitenlappen zwei, dahinter eine und vor dem Balken wieder zwei Borsten. Der Fortsatz am Schläfenrande ist scharfeckig. Die Signatur ist viel kürzer wie bei dem Bussardkneifer, heller gezeichnet und nur in der hintern Spitze ganz dunkel. Auf dem Seitenlappen liegt ein kleiner dunkler Fleck, dahinter ein solcher Längsfleck, der in die dunkle Schläfenrinne fortsetzt. Die Fühler ohne beachtenswerthe Eigenthümlichkeiten. Der Thorax breiter als bei der erwähnten verwandten Art, mit mehr convexen Seiten und viel weniger winkligem Hinterrande. Die vier Flecken seiner Oberseite sind minder dunkel und fehlen unreifen Exemplaren gänzlich. Die dunklen Keilflecken auf der Oberseite des Hinterleibes sind dunkel gerandet, in der Umgebung der Stigmen hellbraun, legen sich nicht an den Vorderrand der Segmente an, sondern spitzen sich auf deren Mitte zu und haben am Hinterrande den markirten Ausschnitt. Die Weibchen haben auf der Bauchseite zwei den Seitenrändern parallele Punktreihen und ihre beiden Genitalflecke sind in der Mitte gegen einander gebogen. Die Männchen zeichnen ihre Bauchseite mit schmalen Binden, welche jedoch den dunkeln Seitenrand der Segmente nicht erreichen und von denen die ersten beiden in der Mitte unterbrochen sind; ihr breiter Genitalfleck trägt auf jeder Vorderecke einen winkligen Aufsatz. Die Borsten des Hinterleibes wie gewöhnlich. Halbwüchsige Exemplare sind weisslichgelb, am Hinterleibe ohne alle Zeichnung, auf dem Thorax mit erst sehr schwach angedeuteten dunkeln Flecken und am Kopfe nur erst mit dem dunkeln Randfleck vor den Balken.

Auf Milvus ater, von Nitzsch im Jahre 1819 schon sicher von dem Bussardkneifer unterschieden.

D. macrocephalus *Nitzsch.*

Giebel, Zeitschrift f. ges. Naturwiss. 1861. XVII. 532; 1867.

Fulvus, brunneopictus; capite latitudine longo, frontis lateribus subdilatatis, signatura pyriformi, maculis marginalibus; thoracis margine postico convexo, non angulato; segmentorum abdominalium maculis brevissimis acutis excisis. Longit. 1'''.

Der kurze breite Kopf verschmälert sich vor den Fühlern ziemlich stark und hat vorn kleine breit gerundete Seitenlappen, ganz stumpfe Stirnecken, zwischen denen der Vorderrand seicht concav verläuft. Der eckige Fortsatz hinter den Fühlern ist ziemlich scharf und die Hinterecken des Kopfes minder stumpf gerundet als bei den meisten Falkenkneifern. Den vordern Stirnrand überragen zwei Borsten, die jedoch kürzer sind als die beiden auf den Lappen stehenden, hinter diesen jederseits eine, ausnahmsweise zwei und vor den Balken die gewöhnlichen zwei, am Schläfenrande wenige kurze. Die Signatur der Stirn ist kurz und dadurch ausgezeichnet, dass sie sich hinten nicht so plötzlich wie gewöhnlich, sondern früher und allmähliger zuspitzt, also birnförmig gestaltet ist, in der Spitze am dunkelsten, verwischt sie sich am Vorderrande gänzlich. Jederseits neben ihr, am hintern Ende des Seitenlappens liegt ein kleiner sehr scharf und hell umrandeter Randfleck, dahinter ein langer in die Schläfenfurchen fortsetzender Fleck. Die schön kastanienbraunen Schläfengegenden sind kaum dunkler als das Scheitelfeld. Die Fühler von gewöhnlicher Bildung, also das zweite Glied verlängert, die drei folgenden von gleicher Länge. Der Prothorax ist etwas länger als der Metathorax, nimmt nach hinten an Breite zu, aber seine scharfen Hinterecken legen sich nicht wie gewöhnlich eng an den Metathorax an, sondern stehen etwas ab, auch der Metathorax hat ziemlich scharfe Hinterecken und sein Hinterrand ist gar nicht winklig, sondern in der Mitte einfach convex. Beide Brustringe sind auf der Oberseite braun, und am Vorderrande mit zunehmender Breite gegen die Mitte hin hell und als mittle Längslinie dann bis zum Hinterrande fortsetzend. Die Beine sind kurz und stark, die Hüften sehr kurz, die Schenkel gegen das Ende hin etwas verdickt und hier mit einigen Dornen bewehrt. Die Segmente des breit ovalen Hinterleibes haben oberseits sehr kurze randliche Keilflecke, welche sich auch am Rande nicht berühren und jenseits des Stigma schnell zuspitzen und am Hinterrande eine sehr markirte Kerbe besitzen. Die durchgehende Querbinde des vorletzten weiblichen Segmentes ist in der hintern Hälfte sehr dunkel, die entsprechenden Querflecken des Männchens sind sehr schmal. An der Unterseite des Hinterleibes hat das Weibchen zwei dem Seitenrande parallele Punktreihen und sehr breite in der Mitte sich berührende Flecke von den Genitalleisten, das Männchen dagegen braune, in der Mitte verwaschene Querbinden und vorn an den Ecken des mittlen Längsfleckes zwei grosse Ansätze. Die Randborsten der letzten Segmente sind sehr lang und zahlreich.

Auf Haliaëtos albicilla, von Nitzsch im Februar 1805 zahlreich im Gefieder des Kopfes und Halses in Gesellschaft mit andern Federlingen gesammelt und als eigenthümliche Art erkannt.

D. pictus.

Pallidus, brunneopictus; frontis lateribus pendulo dilatatis, signatura distincta, maculis marginalibus distinctis; thoracis lateribus convexis, pedibus crassis; abdominis ovalis maculis acutis, excisis. Longit. 1'''.

Der dreiseitige Kopf hinten fast breiter als lang, verschmälert sich vor den Fühlern schnell und stark und die seitliche Erweiterung bildet nur einen breiten Saum, der durch eine völlige Abrundung in den geraden Vorderrand übergeht. An letztem stehen zwei Borsten, auf dem Saume wie gewöhnlich jederseits zwei, dahinter eine und dann vor dem Balken wiederum zwei, drei sehr lange am Schläfenrande. Der Schläfenfortsatz hinter den Fühlern ist stumpfeckig. Die Signatur der Stirn ist kurz, scharf umgränzt, in ihrer Mitte hell; jederseits neben ihr ein kleiner runder Fleck, hinter demselben ein langer Randfleck, der hinter den Fühlern als dunkle Schläfenlinie bis zum hellen Hinterrande fortsetzt. Hinter der Spitze der Signatur auf dem Scheitel liegt ein matt dunkler Fleck. Der Prothorax hat convexe Seitenränder und zwei braune Trapezflecke, der Metathorax ebenso lang und breiter hat ähnliche Flecke und einen sehr stumpfwinkligen Hinterrand, vor jeder Hinterecke eine starke Randborste. Die Hüften sind kurz und dick, auch die Schenkel kurz und stark, mit einigen starken Dornen besetzt, die Schienen gegen das Ende hin verdickt, die Tarsen und Klauen kurz. Am breit ovalen Hinterleibe spitzen sich die kurzen Keilflecke schlank zu und haben hinter dem sehr markirten Stigma einen Einschnitt, der wie gewöhnlich an den letzten Flecken deutlicher als an den vordern ist. Die Borsten sind sehr lang. Am männlichen Hinterleibe hat das achte Segment nur linienartige Flecke und das neunte keine Zeichnung, auf der Bauchseite zwei Reihen von je fünf braunen Querflecken und am Ende einen breiten Längsfleck mit Anhängseln an den Vorderecken. Am weiblichen Hinterleibe, der nur wenig schmäler als der männliche ist, sind die Keilflecken kürzer, oft in ihrer Mitte heller, die Binde des vorletzten Segmentes breit, an der Unterseite zwei Reihen von je sechs Punktflecken und am Ende vier von durchscheinenden Leisten gebildete Flecken. Das weibliche Aftersegment setzt nicht scharf vom vorletzten ab und hat viel weniger Borsten als das männliche scharf abgesetzte, ohne Schlitz. Unreife Exemplare ohne alle Zeichnung des weisslich gelben Hinterleibes haben schon die Thoraxflecke, die vordere Hälfte der Stirnsignatur und jederseits neben ihr einen langen Randfleck.

Auf dem Steinadler, Aquila chrysaëtos, von Nitzsch im Februar 1821 entdeckt.

Denny's ***D. aquilinus*** Monogr. Anoplur. 81. Tab. 2. Fig. 7. auf Aquila chrysaëtos, Haliaëtos albicilla und Falco apivorus kann mit unserer Art nicht identificirt werden. Ihr Stirnrand ist vorn tief ausgerandet, seitlich gar nicht erweitert, aber stark beborstet, die Zeichnung der Stirngegend ganz abweichend, die Beine schlanker und die Hinterleibsflecken am Seitenrande sich berührend, ohne Kerbe und viel weiter gegen die Mitte hin verlängert. Die Diagnose giebt Denny also: ***Nitidocastaneus, laevis, nitidus; capite magno, triangulari, antice valde producto, edentato; abdomine lato, pallide flavoalbo; cum fasciis lateralibus nitidocastaneis, acute cingularibus.***

Gervais, Hist. nat. Aptères III. 342., charakterisirt einen ***Philopterus triangulifer*** vom Steinadler, aber in seiner Diagnose ist nur die Vereinigung der Keilflecke des ersten Hinterleibsringes als von unsern unterscheidend angegeben, ein werthloses Merkmal, selbst wenn nicht auf einer Verwechslung dieses Segmentes mit dem dunkeln Hinterrande des Metathorax beruhend.

Endlich beschreibt auch Rudow, Zeitschrift f. ges. Naturwiss. 1870. XXXV. 460., von dem Steinadler einen *D. orbicularis*, den ich nicht mit unserer Art zu identificiren wage. Von seinem braunrothen Scheitel gehen nach vorn und nach hinten zwei convergirende Streifen. Der Prothorax hat blos dunkelbraune Ränder und das Abdomen ist fast kreisrund, dunkel, bei unserer Art weisslichgelb und oval. Nach den langen in der Mitte sich fast berührenden Hinterleibsflecken an Denny's Abbildung erinnernd. Nur 1 Mm. gross. — Derselbe führt a. a. O. S. 456 noch einen ***D. triangularis*** von Aquila brachydactyla und einen ***D. candidus*** von Buteo Ghiesbreghti ohne Zeichnung des Hinterleibes, über deren verwandtschaftliche Beziehungen die gegebenen Diagnosen kein Urtheil gestatten.

D. cursor *Nitzsch.* Taf. X. Fig. 5. 6.

Burmeister, Handb. Entomol. II. 426. — Denny, Monogr. Anoplur. 101. Tab. 2. Fig. 1. — Giebel, Zeitschrift f. ges. Naturwiss. 1861. XVII. 527. 529.

Ferrugineus, pictus, albipilosus; capite obtusotrigono, frontis angulis rotundatis, signatura postice tricuspidata; prothorace angusto, metathorace hexagonali, pedibus crassis; abdominis ovalis maculis obtuse trigonis, postice bis emarginatis. Longit. ¾ 1'''.

Die doppelten Kerben am Hinterrande der stumpfspitzigen Hinterleibsflecken zeichnen diesen weit verbreiteten Kneifer sehr charakteristisch aus. Der etwas längere als breite, dreiseitige Kopf hat stark abgerundete Hinterecken und abgestutztes Stirnende mit völlig abgerundeten Ecken und ohne die seitlichen Erweiterungen, welche bei den Kneifern der Falconiden allgemein vorkommen. Drei Borsten stehen jederseits vorn, dahinter noch eine und ebenfalls nur eine vor dem Balken, welcher selbst das Fühlergrundglied etwas überragt. Kein Schläfenfortsatz hinter den Fühlern, statt desselben nur ein schwacher Höcker und drei lange Borsten am Schläfenrande. Die in unserer Abbildung sehr markirte Signatur mit hinterer sehr langer mittler und kurzen seitlichen Spitzen ist nur noch auf einigen Spiritusexemplaren deutlich, auf den übrigen verwischt. Ihre Form ist sehr charakteristisch. Auch der dunkle Randfleck jederseits der Signatur ist mehrfach verschwunden, dagegen die dunkle Schläfenlinie von den Fühlern bis zum Occipitalrande allgemein vorhanden und die Kopfesmitte oft mit einem matten dunkeln Fleck, die Schläfengegenden schön kastanienbraun. An den Fühlern erscheint das Grundglied etwas verdickt und von der Länge des zweiten, das dritte etwas kürzer und das vierte das kürzeste von allen. Der schmale Prothorax hat seicht convexe Seiten und zwei dunkelbraune Trapezflecke, der beträchtlich breitere Metathorax ist sechsseitig, mit abgerundeten Seitenecken, dunkeln Flecken und mit convexem Hinterrande. Am Seitenrande beider Brustringe hinter der Mitte je eine sehr lange Borste. Die Hüften sind dick, die Schenkel kurz und stark, die Schienen beträchtlich länger, gegen das Ende hin schwach verdickt und hier mit einigen starren Dornen besetzt, der Tarsus sehr kurz, die Klauen schlank und wenig gekrümmt. Die Segmente des schlank ovalen Hinterleibes treten mit ihren seitlichen Hinterecken winklig hervor und zacken dadurch den Rand. Ihre Keilflecke sind vielleicht nur in Folge der langjährigen Einwirkung des Spiritus in der äussern Hälfte heller als in der inneren, bei dem Weibchen, dessen Hinterleib in der Mitte am breitesten ist, sehr kurz, stumpfspitzig, bei dem Männchen, dessen Hinterleib hinter der Mitte erst die grösste Breite erreicht, erstrecken sich dieselben viel weiter gegen die Mitte vor, enden hier aber gleichfalls stumpfspitzig, nur auf dem vorletzten Segment sind sie blos linienförmig statt der breit durchgehenden weiblichen Binde. Ein bis drei sehr lange Randborsten stehen vor der Hinterecke eines jeden Segmentes. Die Bauchseite des Abdomens hat keine Zeichnung, ausser den gewöhnlichen Genitalflecken. Der Magen scheint häufig hindurch, bisweilen den ganzen Mittelraum zwischen den Keilflecken erfüllend.

Auf dem Uhu, Strix bubo, von Nitzsch zuerst im März 1815 in zahlreichen Exemplaren erkannt, später auch auf Strix otus und Str. brachyotus wieder beobachtet in vollkommen identischen Exemplaren. Denny fand sie ebenfalls auf letzten beiden, giebt aber eine ganz verfehlte Abbildung von ihr.

D. heteroceras *Nitzsch.* Taf. XII. Fig. 1. 2.

Nitzsch, Zeitschrift f. ges. Naturwiss. 1861. XVII. 527.

Flavus, fulvopictus; capite rotundatotrigono, fronte breviori trapezoidea parabolica, signatura pentagonali, maculis marginalibus, antennis maris ramigeris; prothorace angusto, metathorace hexagonali, pedibus crassis; maculis abdominalibus obtusis fulvis exciris. Longit. ¾—1'''.

Eine schlanke Form, die nicht nur von den andern Eulenkneifern durch die abweichende Bildung ihrer männlichen Fühler abweicht, sondern hierdurch unter den Kneifern überhaupt sich absonderlich auszeichnet. Ihr Kopf ist abgestumpft herzförmig und die Stirn parabolisch, vorn abgerundet und nicht gerade abgestutzt, breiter und kürzer als bei voriger Art. Die Trabekeln sind stark und spitzig, die hinter den Fühlern hervortretende, in unserer Abbildung nicht gezeichnete Schläfenecke völlig abgerundet. Die Zeichnung des Kopfes ist gegenwärtig nach mehr denn fünfzigjähriger Aufbewahrung in Spiritus genau so wie unsere Abbildung dieselbe darstellt, nur bei einzelnen Exemplaren ist die sehr charakteristische Signatur mit den vordern Randflecken stark verwaschen und zwischen den halbmondförmigen Zügelflecken ein dunkler Querstreifen hervorgetreten. In der vordern Hälfte des seitlichen Stirnrandes stehen drei Borsten, eine weiter rückwärts und ebenfalls nur eine vor den Balken. Die weiblichen Fühler sind von gewöhnlicher Bildung und haben ein sehr starkes Grundglied, die drei folgenden Glieder von abnehmender Länge und das letzte wieder erheblich länger als das vorletzte, am Ende mit einem Büschel Tastpapillen besetzt. Die männlichen Fühler dagegen sind entschieden stärker und haben am dritten Gliede einen dicken fingerförmigen Fortsatz und ein stark verkürztes viertes Glied. Der Prothorax ist trapezförmig, mit heller Mittellinie und hellem Hinterrande und mit einer langen Randborste vor jeder Hinterecke. Der Metathorax ist sechsseitig, doch sind die Seitenecken abgerundet und nicht so scharfwinklig wie unsere Abbildung dieselben darstellt; an jeder dieser Seitenecke stehen vier lange Borsten. Die Beine haben kurze dicke Schenkel, längere walzige Schienen mit sehr starken langen Dornen am Ende, der Tarsus ist sehr kurz und die Klauen lang und stark gekrümmt. Der männliche Hinterleib weicht schon in der allgemeinen Form von dem weiblichen ab, zumal auffällig im Endsegment wie aus der Vergleichung unserer Abbildungen ersichtlich, ausserdem noch in der Grösse und Form der Keilflecken. Dieselben sind nämlich bei dem Weibchen viel weniger nach innen verlängert und enden ganz stumpf, haben in der dunkelsten Randhälfte einen lichten diagonalen Strich. Bei vielen Exemplaren sind in Folge der langen Aufbewahrung in Spiritus die Flecken in ihrer innern Hälfte und fast ganz die der letzten Segmente verblasst. Die männlichen Flecken reichen viel weiter gegen die Mitte vor, nur die der letzten Segmente sind verkürzt. Randborsten zwei bis drei an jedem Segment, das sehr grosse letzte Segment dicht mit langen Borsten besetzt, das letzte weibliche nur mit einigen seitlichen, ohne mittle Borsten. Der Magen scheint stark durch, die Bauchseite des Abdomens ist ohne Zeichnung, nur der Seitenrand der Segmente ganz dunkel. An unreifen Exemplaren ohne alle Zeichnung verschmälert sich der Hinterkopf merklich und erscheint dadurch die ganze Kopfform mehr birn- als herzförmig. Fühler und Beine aber gleichen schon vollkommen denen der reifen Exemplare.

Auf dem Uhu, Strix bubo, von Nitzsch im October 1815 in zahlreichen Exemplaren gefunden.

D. rostratus *Nitzsch.* Taf. X. Fig. 4.
Burmeister, Handb. Entomol. II. 427. — Denny, Monogr. Anoplur. 87. Tab. 2. Fig. 4.
Nirmus rostratus Giebel, Zeitschrift f. ges. Naturwiss. 1861. XVII. 529. XVIII. 295.

Pallide testaceus, pictus; fronte elongata, angustissima, truncata, signatura oblonga; metathorace prothoracis longitudine, margine postico angulato; abdomine angusto ovali, segmentorum maculis magnis. Longit. 1'''.

Dieser Eulenkneifer verschmälert seinen Kopf nach vorn schnabelartig und rundet das Stirnende stumpf ab. Die spitzkegelförmigen Trabekeln ragen über das verdickte Fühlergrundglied etwas hinaus und sind in Denny's Abbildung entschieden zu kurz gezeichnet, wo auch die gleichbleibende Breite des Hinterkopfes von unseren Exemplaren abweicht, die denselben von der Mitte nach hinten verschmälern. Der Fühlerausschnitt ist tief. Die Zeichnung des Kopfes, die Stirnsignatur mit den Randflecken, das Scheitelband und die Schläfenlinien giebt unsere Abbildung ganz naturgetreu wieder und abermals ganz verschieden von Denny. Am Vorderende der Stirn stehen gar keine Borsten, jederseits desselben drei hinter einander, zwei vor den Balken und noch eine ganz kurze auf deren Basis, drei lange am Schläfenrande. Die beiden letzten Fühlerglieder sind von gleicher Länge. Der Prothorax hat schwach convexe Seiten mit je einer Borste hinter der Mitte und der viel breitere aber ebenso lange Metathorax an seinen von Denny wiederum ganz abweichend dargestellten stumpfen Seitenecken je drei lange Borsten. Die Hüften sind lang, Schenkel und Schienen von gleicher Länge und Dicke, die Tarsen kurz und dick. Der besonders bei dem Weibchen sehr schmale schlanke Hinterleib ist oben wie unten längs der Mitte dicht mit langen weissen Borsten besetzt, die vier ersten Segmente winkeln ihre hintern Seitenecken sehr scharf, die übrigen runden dieselben ab. Die Flecken sind bei dem Weibchen viel kürzer wie bei dem Männchen, bei mehren Exemplaren durch die lange Einwirkung des Spiritus schon ganz verblasst. Das Endsegment des Männchens wie gewöhnlich viel dichter beborstet als das weibliche.

Auf der Schleiereule, Strix flammea, von Nitzsch zuerst im Jahre 1806 in einigen Exemplaren im Schleier des Gesichtes später wiederholt und auch von Denny in England beobachtet.

D. cursitans *Nitzsch.*

Nitzsch, Zeitschrift f. ges. Naturwiss. 1861. XVII. 529.

Fuscus, brunneopictus; capite longo, frontis lateribus excisis, signatura pyriformi; thoracis brevis metathorace postice angulato; abdomine longo, angusto, segmentorum maculis brevibus obtusis. Longit. $^{3}/_{4}$'''.

Im Allgemeinen ähnelt dieser Kaufer dem *D. cursor* vom Uhu, läuft auch ebenso schnell und gewandt wie derselbe, ist jedoch im Kopfe und Hinterleibe entschieden schlanker und im Thorax kürzer. Der Kopf zunächst ist länger als hinten breit, die Seiten der Stirn dort deutlich eingebogen, hier vielmehr gerade und mit einer deutlichen Incisur ziemlich in der Mitte, der Vorderrand dagegen hat in der Mitte einen kleinen convexen Vorsprung, die Balken sind schlanker als dort und die Schläfenecke hinter den Fühlern tritt entschieden stärker hervor, das letzte Fühlerglied ist merklich länger als das vorletzte. Drei Borsten stehen vorn an den Seiten der Stirn, zwei unmittelbar vor der seitlichen Incisur und zwei vor dem Balken. Abweichend vom Uhukaufer ist auch die Signatur der Stirn breit flaschenförmig statt hinten dreispitzig und viel blasser, die Randflecke sind dieselben, nur die Schläfenlinien blasser. Am Thorax hat der erste Ring gerade nur sehr wenig nach hinten divergirende Seiten und eine Borste an den Hinterecken, der nur sehr wenig kürzere Metathorax convexe nach hinten stark divergirende Seiten, je zwei Borsten an den völlig abgerundeten Hinterecken und tritt mit scharfwinkligem Hinterrande in das Abdomen ein. Die Zeichnung der Oberseite bietet nichts Eigenthümliches, ist jedoch bei den meisten Exemplaren in Folge der langen Einwirkung des Spiritus völlig verblasst. Die Beine sind kräftig, der Schenkelhals besonders lang, der Schenkel stark, die Schiene nicht verdickt gegen das Ende hin mit zwei starken Dornen, die Klauen sehr gekrümmt. Der Hinterleib sehr schmal und gestreckt bei dem Weibchen, gedrungener bei dem Männchen und hier erst hinter der Mitte am breitesten, hat an den vordern Segmenten scharfe nicht weit abstehende Hinterecken, an den hintern Segmenten sehr convexe Seiten mit abgerundeten Ecken, so dass die trennenden Randkerben breit und tief sind. Drei bis vier lange Randborsten. Die Flecke auf der Oberseite sind viel kürzer als bei dem Uhukaufer und blasser, haben jedoch den hellen diagonalen Strich. Die endständige Querbinde des Weibchens erscheint hier nur als feine Linie, die letzten Segmente wenigstens unserer Spiritusexemplare sind ohne alle Zeichnung.

Auf Strix passerina, von Nitzsch im April 1814 und Juli 1826 gesammelt.

D. ceblebrachys *Nitzsch.* Taf. XI. Fig. 15.

Nitzsch, Zeitschrift f. ges. Naturwiss. 1861. XVII. 528. — Denny, Monogr. Anoplur. 92. Tab. 1. Fig. 3.

Corpus latiusculum. Caput cordatorotundatum, rufum, haud longius quam latum, fronte brevissima arcuata, signatura latissima brevissima postice in cuspidem medium producta, lois distinctis obscurioribus. Prothorax cum pedibus rufus, metathorax cucullaris brunneus, linea media longitudinali alba; abdominis candidi segmenta supera maculis submarginalibus parvis, linguiformibus, brunneis, ocellatis. Longit. 1'''.

Der kurze und breite Kopf mit der breit abgerundeten Stirn versetzt diese Art in eine andere Gruppe als die vorigen. Der Balken ist stark und lang, die Schläfenecke hinter der tiefen Fühlerbucht stumpf, die Schläfen durch breite Abrundung in den Occipitalrand übergehend. Am Stirnrande steht jederseits eine Borste, vor den Fühlern je zwei, am Schläfenrande zwei. Die Signatur der Stirn ist auffallend kurz und breit, mit kurzem spitzen Fortsatz nach hinten, die Zügel schwarzbraun und solche Binde setzt als Schläfenlinie bis zum ebenfalls dunkeln Occipitalrande fort. Das dunkle Scheitelfeld erscheint ganz hell umrandet. An den kräftigen Fühlern ist das Grundglied sehr dick und von der Länge des dünnern zweiten, die drei übrigen sind viel kürzer, von einander gleicher Länge, nur mit einzelnen Stacheln besetzt, das letzte mit Tastborsten. Der Prothorax nimmt nur das mittle Drittheil des hintern Kopfrandes ein und hat convexe Seitenränder mit nur einer vor der Hinterecke stehenden Borste. Der hintere Brustring erweitert sich nach hinten schnell und hat an jedem leicht convexen Seitenrande drei hinter einander stehende lange und starke Borsten. Sein Hinterrand ist stark convex und seine Oberseite mit zwei grossen dunkeln Keilflecken gezeichnet. Die Beine haben sehr kurze dicke Hüften, wenig bemerkbare Schenkelringe, starke Schenkel und diesen gleich lange, fast keulenförmige Schienen mit starkem Dorn an der Ecke, beide Schenkel und Schienen mit einzelnen Stacheln und Borsten besetzt. Die Klauen sind stark und von auffällig verschiedener Grösse. Der breit ovale Hinterleib kerbt seine Ränder deutlich und trägt am Rande eines jeden Segmentes je zwei sehr lange Borsten; auf der Oberseite lange in Reihen geordnete. Die zungenförmigen Randflecke lassen die Stigmata recht deutlich hervortreten und haben am Hinterrande eine merkliche Buchtung. An der Unterseite scheint der gefüllte Magen und die Genitalleisten dunkel hindurch. Die

Zeichnung des vorletzten Segmentes wie gewöhnlich geschlechtlich verschieden; der männliche Hinterleib kürzer und schmaler als der weibliche, mit gestreckteren Randflecken.

Auf Strix nyctea im April 1825 von Nitzsch in mehreren Exemplaren gesammelt, später auch von Denny gefunden. Dessen Abbildung stellt jedoch die Stirn viel zu lang und am ganzen Rande mit Borsten besetzt dar, den Prothorax irrthümlich viel zu breit, die Hinterecken der Abdominalsegmente mit ganzen Büscheln von Borsten, die zungenförmigen Flecke von ganz andrer Form ohne Stigmata und ohne hintere Kerbung. Einen specifischen Unterschied bedingen diese Abweichungen nicht und beruht ein Theil derselben jedenfalls nur auf flüchtiger Beobachtung. Uebrigens ist auch in unserer Abbildung das Colorit des Kopfes, Thorax und der Beine nicht so rothbraun gehalten wie es in Wirklichkeit noch gegenwärtig nach der langen Aufbewahrung im Spiritus ist.

D. pallidus.

Corpus elongatum, pallidum. Caput longius quam latum, fronte elongata obtusa, signatura longa, loris et fasciis temporalibus obscuris. Prothorax latus, metathorax quinquangularis, pedibus gracilibus. Abdomen elongatoovatum, maculis nullis. Longit. ¾'''.

Nitzsch erhielt diese Art im April 1831 in einem weiblichen Exemplare von Strix Tengmalmi und legte sie als fraglich, vielleicht zu ***D. cursor*** gehörig in die Sammlung. Ihre blassgelbliche Färbung ohne Zeichnung am Thorax und Hinterleibe lässt allerdings vermuthen, dass das Thier noch vor der letzten Häutung steht, allein seine Formen sind doch so charakteristisch, dass eine Identificirung mit ***D. cursor*** nicht zulässig ist. Die Form des Kopfes stimmt mit ***D. cursor*** überein, aber die Signatur ist entschieden birnförmig statt dreispitzig und der Stirnrand nicht gerade oder leicht buchtig, sondern schwach convex. Zwei lange Borsten jederseits vorn an der Stirn, zwei am Seitenrande vor den Fühlern in weitem Abstande von einander. Das letzte Fühlerglied hat fast die Länge der beiden vorletzten zusammen. Am Schläfenrande zwei lange Borsten und kurze Stacheln, dessen Ecke hinter der Fühlerbucht ziemlich stark hervortretend. Der Prothorax ist breiter als das mittle Drittheil des hintern Kopfrandes, trapezförmig und mit langer Borste vor der Hinterecke. Der kürzere Metathorax ist sehr breit, fünfeckig, an den abgerundeten Seitenecken mit je zwei langen Borsten und einer Borstenreihe auf der Oberseite. Diese Form beider Brustringe unterscheidet die Art besonders auffällig von ***D. cursor*** und nähert sie ***D. cursitans***, mit welchem auch die Länge des letzten Fühlergliedes übereinstimmt. Die Beine haben lange Coxen, schlanke Trochanteren, dicke Schenkel und diese an Länge übertreffende, dünne Schienen. Der gestreckt ovale Hinterleib zeigt längs der Mitte verschmolzene Segmente, deren Seitenränder anfangs schwach, später stark convex und in der Mitte mit je drei langen Borsten besetzt sind. Das weibliche Endsegment ist schmal, lang, tief gekerbt. Die randlichen Keilflecke erscheinen nur als ganz schwache Schatten angedeutet, aber die Stigmata treten sehr deutlich hervor. Der gefüllte Magen schimmert dunkelbläulich durch.

D. crenulatus.

Corpus longum, fuscum, brunneopictum. Caput rotundatotrigonum, fronte rotundatotruncata, signatura brevi lata, loris et fasciis temporalibus obscuris. Prothorax, latus et metathorax quinquangularis longitudine aequali. Abdomen ovatum, segmentorum maculis lateribus excisis. Longit. ¾'''.

Unter den Eulenkneifern steht ***D. heterocerus*** vom Uhu dieser Art zunächst, doch fehlt ihr der geschlechtliche Unterschied an den Fühlern, welcher im Verein mit dem breitern Prothorax sogleich die specifische Selbstständigkeit anzeigt. Der Kopf ist abgerundet dreiseitig hinten so lang wie breit, hat an der vorn breit abgerundeten Stirn jederseits drei kurze Borsten, dahinter nur noch eine rundliche, starke plötzlich zugespitzte Balken und eine stumpfe wenig vorstehende Schläfenecke hinter der Fühlerbucht. Die sehr kurze Stirnsignatur ist in ihrer Mitte so hell wie ihre Umgebung, neben ihr der dunkle Randfleck und dann die dunkelbraunen Zügel, von welchen die dunkle Schläfenlinie entspringt. Die Scheitelsignatur ist durch die lange Einwirkung des Spiritus verwischt. Die Fühler haben ein starkes Grundglied, ein dünneres etwas kürzeres zweites und die drei folgenden Glieder von gleicher Länge, an allen kurze zerstreute Borsten. Der Prothorax ist breiter als das mittle Drittel des hintern Kopfrandes, quer oblong mit geringer Verbreiterung nach hinten, einer Borste vor jeder Hinterecke und hellem Mittelstreifen. Der ebenso lange und viel breitere Metathorax ist fünfseitig, an den abgerundeten Seitenecken mit drei sehr ungleich langen Borsten und kurzen Borsten auf der Oberseite, welche längs der Mitte gleichfalls hell gefärbt ist. Die Beine haben schlanke Hüften, lange Trochanteren, verhältnissmässig kurze dicke Schenkel, wodurch sie auffällig von dem Uhukneifer sich unterscheiden, schlanke Schienen mit starker Daumenecke, deren beide Dornen kurz und stark sind, und stark gekrümmte Klauen. Am Hinterleibe, der bei dem Weibchen erheblich länger und schmäler als bei dem Männchen ist, zeigen die drei ersten Segmente gerade Seiten mit scharfer Hinterecke, so dass der Rand sägezähnig (bei dem Weibchen schärfer als bei dem Männchen) erscheint, am vierten Segment wird die Hinterecke ganz stumpf und die nächstfolgenden Segmente haben stark convexe Seitenränder, alle Segmente in deren Mitte drei lange Borsten, während auf der Bauch- und Rückenfläche je zwei und mehr sehr lange Borsten gruppenweise beisammen stehen. Das abgerundete männliche Endsegment ist länger als das gekerbte weibliche. Die Randflecke sind sehr kurz und enden stumpf, ähnlich wie bei ***D. ceblebrachys***, lassen auch die Stigmata deutlich hervortreten, sind jedoch stark verblasst. Bei ganz gefülltem Magen verschwinden die Gränzen der einzelnen Segmente längs der Mitte gänzlich.

Auf Strix nisoria von Nitzsch im October 1826 in mehren Exemplaren gesammelt und ohne nähere Angaben der Sammlung einverleibt.

D. virgo.

Corpus flavum, immaculatum. Caput obtuse trigonum, fronte angusta truncata, signatura longa pallidissima, trabeculis crassis, antennis longis, lineis temporalibus rectis. Prothorax latus trapezoideus, metathorax quinquangularis, pedibus gracilibus. Abdomen ovatum, margine crenato, segmentis immaculatis. Longit. $^2/_3$'''.

Dieser brasilianische Eulenkneifer erinnert bei der ersten flüchtigen Vergleichung an unsern Wendehalskneifer, unterscheidet sich jedoch bei näherer Vergleichung vielfach von demselben. Der Kopf etwas länger als hinten breit, verschmälert sich vorn im Stirntheil weniger und stumpft denselben gerade ab. Hier am Stirnrande stehen jederseits drei Borsten, eine randliche weiter nach hinten und zwei vor jedem Balken. Dieser ist dick und lang, nahe an das Ende des zweiten Fühlergliedes reichend, und kegelförmig, nicht mit plötzlich verdünnter Spitze. Die Schläfenecke hinter der Fühlerbucht tritt stark und stumpf hervor, hinter ihr am Schläfenrande drei lange Borsten; die Oberseite der Schläfen wie gewöhnlich. Die Stirnsignatur ist nur als schlanke blasse Gabel gezeichnet, deren dunkler Stiel bis in den dunkelbraunen Scheitelfleck mit verwaschenen Rändern reicht. Die beiden Randflecke vor den Fühlern sind meist deutlicher ausgeprägt als die Signatur, aber der hintere setzt nicht unmittelbar in die Schläfenlinie fort, sondern diese beginnt erst hinter den Fühlern und läuft als blasse Rinne geradlinig zum Nackenrande, wo sie mit einem dunkelbraunen Flecke endet. Die schlanken Fühler haben halbe Kopfeslänge, ein starkes Grundglied, etwas kürzeres und dünneres zweites und drei nur wenig kürzere und unter einander gleich lange übrige Glieder, deren letztes dicht mit langen Tastborsten besetzt ist. Der Prothorax breiter als das mittle Drittheil des hintern Kopfrandes ist quer trapezoidal und hat eine Borste vor der Hinterecke des geraden Seitenrandes; der hintere Brustring nur sehr wenig kürzer und wie immer beträchtlich breiter, ist fünfseitig und trägt an der abgerundeten Seitenecke drei sehr lange Borsten. Zeichnung fehlt am Thorax, nur die Seitenränder dunkeln schwach. An den Beinen fallen die Coxen und Trochanteren durch ihre Länge im Verhältniss zu den kurzen starken Schenkeln auf, welche selbst kürzer als die schlanken Schienen sind. Diese haben an der gar nicht erweiterten Daumenecke zwei starke Dornen und die Klauen sind kurz und dick. Der ovale Hinterleib hat anfangs schwach, von der Mitte ab stark gekerbte Ränder, am Seitenrande eines jeden Segmentes drei sehr lange Borsten; das abgerundete männliche Endsegment ist mehr als doppelt so lang wie das gekerbte weibliche. Die Randflecke fehlen gänzlich, der ganze Hinterleib ist einförmig hellgelb, nur der gefüllte Magen scheint dunkel bläulichgrau durch. Die Stigmata sind deutlich zu erkennen.

Auf der brasilianischen Strix superciliaris, von Herrn Ottus in Berlin in mehren Exemplaren zugleich mit einer eigenthümlichen Milbe dieser Eule unserer Sammlung eingesendet.

D. splendens.

Corpus longum, flavum. Caput rotundatotrigonum, fronte truncata, signatura lata, maculis lateralibus nullis. Prothorax trapezoidalis, metathorax quinquangularis, pedibus gracilibus. Abdomen ovale flavum, pilis aureis, maculis marginalibus brunneis quadratis. Longit. 1'''.

Das einzige weibliche Exemplar von Strix pygmaea, von Herrn Prof. Kunze in Leipzig eingesendet, zeichnet sich durch die gelbe Färbung mit langen goldig glänzenden Borsten in unregelmässiger Stellung am Hinterleibe aus. Der abgerundet dreiseitige Kopf hat einen leicht convexen vordern Stirnrand mit jederseits drei Borsten, am Seitenrande noch zwei kurze Borsten hinter einander und zwei neben einander vor dem kurzen dicken Balken, welcher nur bis an die Basis des zweiten Fühlergliedes reicht. Die Signatur der Stirn ist sehr breit und lang, in der Mitte ganz hell, die Hinterstirn dunkelbraun, während die Seitenflecke fehlen. Die Schläfenlinien sind deutlich und die von ihnen begränzte Scheitelfläche hell. Die ziemlich schlanken Fühler haben gleich lange Endglieder. Der breite Prothorax erweitert sich nach hinten etwas und hat vor der Hinterecke eine Borste, der nur wenig kürzere hintere Brustring trägt an jeder stumpfen Seitenecke zwei lange Borsten, beide Ringe sind oberseits gelb, nur am Rande hellbraun. Die Beine sind randlich eingelenkt, so dass die Hüften von oben betrachtet frei hervorragen, die Trochanteren lang, die Schenkel kurz spindelförmig, die schlanken Schienen und Klauen ohne besondere Auszeichnung. Der schlank ovale Hinterleib hat vorn wieder einen sägezähnigen, von der Mitte ab aber breitkerbigen Rand, zwei bis drei lange Borsten in der Mitte jedes Seitenrandes und lange unregelmässig gestellte goldige Borsten auf der Ober- und Unterseite. Der Rand der Segmente ist hellbraun, ihre übrige Fläche gelb und scheint der gefüllte Magen dunkelgrau durch. Das verhältnissmässig lange Endsegment ist zweilappig.

D. semisignatus *Nitzsch.* Taf. XI. Fig. 9. 14.
Nitzsch, Zeitschrift f. ges. Naturwiss. 1861. XVIII. 296. — Denny, Monogr. Anoplur. 66. Tab. 1. Fig. 5.

Corpus latum, lacteum, nitidum, pilis et pictura nigra; capite obtuse subtriangulari, fronte breviuscula signatura lævi obtusa, trabeculis maximis, antennis nigro annulatis; signatura verticis lobata, lineis temporalibus nigris; prothorace vix latiore quam longo, metathoracis angulis lateralibus obtusis, pedibus crassis pictis; abdomine late ovato, maculis linguiformibus nigris, ocellatis, spiraculis albis, pilis longissimis. Longit. 1‴.

Dieser Balkling beginnt die Reihe der auf Singvögeln schmarotzenden und gehört einem von den Raubvögelkneifern auffällig verschiedenen Formenkreise an, ausgezeichnet durch fast milchweisse Färbung mit tief schwarzer Zeichnung und durch besonders grosse Balken vor den Fühlern. Die vorliegende Art hat einen breiten stumpfabgerundet dreiseitigen Kopf mit kurzer vorn schwach gerundeter Stirngegend, an welcher vorn jederseits zwei Borsten, eine am Seitenrande und zwei vor dem Balken stehen. Die Balken sind lang und am Grunde etwas verengt, stumpfspitzig. Hinter dem Fühlerausschnitt tritt der Schläfenrand schwach stumpfeckig hervor und dann sehr stark und abgerundet mit drei Borsten besetzt. Die Stirnsignatur ist ein breiter schwarz gerandeter Fleck, der in der hintern Hälfte plötzlich sich verschmälert und undeutlich an der Scheitelsignatur endet. Diese besteht aus einem dunkelgrauen fünflappigen Blatt, ist aber bei mehren Exemplaren in Folge der langen Einwirkung des Spiritus verwischt und selbst ganz verschwunden. Der seitliche Stirnrand ist breit schwarz, setzt ohne Unterbrechung am Fühlerbuchtrande fort und verschmälert als Schläfenlinie bis zum völlig weissen Occipitalrande. Die schlanken Fühler haben ein längstes starkes Grundglied, ein nur etwas kürzeres und dünneres zweites Glied, die drei andern Glieder von einander gleicher Länge, das Endglied trägt einen Büschel Tastpapillen, alle Glieder mit Ausnahme des ersten sind in der Grundhälfte schwarz, in der Endhälfte weiss, daher die Fühler geringelt. Der Prothorax erweitert sich etwas nach hinten und hat schwarze Seitenränder, welche als Fortsetzung der Schläfenlinien nach hinten erscheinen. Randliche Borsten fehlen. Der viel breitere Metathorax hat stumpfeckige Seiten mit vier langen Borsten und greift mit stark convexem Hinterrande in das Abdomen ein. Auch sein Rand ist bis zur Ecke schwarz gefärbt und verwischt sich diese Färbung nach innen, so dass also der in unsern von Nitzsch nach frischen Exemplaren entworfenen Abbildungen dargestellte Keilfleck jetzt völlig verwaschen erscheint. Die Beine haben starke, schwarz gerandete Hüften, dünne enge Schenkelringe, verhältnissmässig kurze und sehr dicke Schenkel mit schwarzen Gelenkenden, bisweilen auch schwarzem Vorderrande, gegen das Ende hin sich verdickende Schienen mit zwei sehr kurzen Dornen an der Daumenecke, schlanke Tarsen und kurze starke Klauen. Die ersten Segmente des breit ovalen Hinterleibes haben gerade Seitenränder mit scharfen Hinterecken, die folgenden etwas convexe Seiten mit stumpfen Ecken, so dass der Hinterleibsrand von der Mitte ab breitkerbig erscheint. An allen Segmenten lange Randborsten und auf der Rücken- und Bauchseite je eine Reihe sehr langer Borsten am Vorderrande eines jeden Segmentes. Die schwarzen Zungen- oder Keilflecke auf der Rückseite des Hinterleibes sind breit, tragen randlich das grosse weisse Stigma und längs ihres Hinterrandes eine Reihe weisser Tüpfel, die aber nur noch auf wenigen Spiritusexemplaren deutlich zu erkennen sind. Das vorletzte und letzte Segment zeigen die in unsern Abbildungen genau angegebene geschlechtlich verschiedene Zeichnung. An der Bauchseite läuft eine Reihe Punktflecken dem Rande parallel und die durchscheinenden Genitalleisten sind bei beiden Geschlechtern auffallend verschieden. Unreifen Exemplaren fehlen die schwarzen Schläfenlinien noch und statt der Keilflecke auf den Abdominalsegmenten haben sie erst schmale Randflecke.

Auf Corvus corax besonders am Kopfe und Halse, von Nitzsch im November 1814 zuerst in zahlreichen Exemplaren, die einige Tage lebten, gesammelt und gezeichnet. Denny's Abbildung weicht erheblich von unsern Exemplaren ab.

D. ocellatus *Nitzsch.* Taf. IX. Fig. 7. 8.
Nitzsch, Germars Magaz. Entomol. 1818. III. 290 (290); Zeitschrift f. ges. Naturwiss. 1866. XXVIII. 357. — Burmeister, Handb. Entomol. II. 424. — Denny, Monogr. Anoplur. 65. Tab. 3. Fig. 10.
Pediculus ocellatus Scopoli, Entomol. carniol. 382.
Pediculus cornicis Fabricius, Systema Antliat. 344.

Corpus oblongum, latum, nigropictum; capite obtuse triangulari, signatura frontali pyriformi, trabeculis maximis, antennis nigroannulatis; signatura verticis lobata, lineis temporalibus nigris. Thorax D. semisignato similis; femoribus posticis supra signatura minuta annuliformi. Maculae abdominales lunaeformes nigrae puncto flavescente et pustularum serie postica. Longit. 1'''.

Diese Art steht der vorigen auffallend nah, unterscheidet sich jedoch sogleich schon durch die breiter und fast gerade abgestutzte Stirn mit nach hinten sich zuspitzender Signatur und durch die Zeichnung der Hinterschenkel. Obwohl noch zu den gedrungen gebauten Arten gehörig ist sie im Verhältniss zu voriger Art doch merklich gestreckter. Ihre Stirn verschmälert sich nach vorn weniger und ist hier fast gerade abgestutzt, jederseits mit nur einer Borste, während die Randborsten, Balken und Fühler ganz wie bei voriger sich verhalten. Dagegen ist die Stirnsignatur wieder nach hinten zugespitzt und ihre schwarze Spitze stösst an die breit dreilappige Scheitelsignatur. Die Zügelflecken sind schmäler als bei voriger, setzen aber als breitere Schläfenlinien nach hinten fort. Die beiden Thoraxringe gleichen in Form und Zeichnung voriger Art und haben sich an diesen Exemplaren die getüpfelten Querflecken des Metathorax vollkommen erhalten, obwohl sie ebenso lange in Spiritus liegen wie vorige Art. Die kräftigen Beine haben dieselben schwarzen Gelenkringe wie bei ***D. semisignatus***, ausserdem aber sind die Schenkel des dritten Paares auf der Oberseite mit einem sehr charakteristischen schwarzen Ringe gezeichnet. Am breit ovalen Hinterleibe tragen die Seitenränder der Segmente weniger Borsten als bei voriger Art und die Keilflecke des ersten Segmentes bestehen nur aus breiten schwarzen Rändern, die folgenden haben einen grossen runden gelblich weissen Fleck, die des vorletzten männlichen sind wieder blos durch Linien gezeichnet, die auf dem weiblichen bisweilen zusammenfliessen oder doch mit ihren Spitzen sich berühren. Das gekerbte weibliche Endsegment hat zwei dunkle Flecken, das abgerundete männliche einen dunkeln Querfleck, der in unserer Figur 7 falsch gezeichnet ist. Die Zeichnung der Bauchseite mit den beiden Punktreihen und dem auffallenden Geschlechtsunterschiede verhält sich wie bei voriger Art. Die Unterschiede zwischen Männchen und Weibchen in der Form des Hinterleibes und der Grösse der Keilflecken sind in unsern Abbildungen getreu wiedergegeben, wie denn auch die Punktreihen am Hinterrande der Flecken naturgetreu sind und es auffällt, dass Denny dieselben ganz unbeachtet gelassen. Auch dessen tief ausgerandete Stirn finde ich bei keinem unserer zahlreichen Exemplare angedeutet.

Auf Corvus cornix, von Nitzsch gesammelt, von Denny auch auf C. corone beobachtet, früher schon von Fabricius und Scopoli aufgeführt. Der mit Nahrung gefüllte Magen scheint dunkel hindurch und der rothe von aufgenommenem Blute herrührende Fleck, welchen Nitzsch bei dem in Figur 7 abgebildeten Männchen beobachtet, entspricht nicht dem Magen, und scheint die Blutaufnahme nur zufällig bei angeschossenen und blutenden Wirthen vorzukommen.

D. atratus *Nitzsch.* Taf. IX. Fig. 10.
Nitzsch, Germars Magaz. Entomol. 1818. III. 290 (290). — Burmeister, Handb. Entomol. II. 424. — Denny, Monogr. Anoplur. 63. Tab. 4. Fig. 8.
Pulex Corvi Redi, Experim. Tab. 16. — Linné, Systema Natur. 696.
The Louse of the Crow Shaw, Gener. Zool. VI. Tab. 149.

D. ocellato simillimus differt maculis abdominalibus majoribus, harum punctis flavescentibus minoribus, maculis segmenti penultimi totis nigris. Longit. 1'''.

Ganz vom Habitus der vorigen unterscheidet sich diese Art sogleich durch die vollere schwarze Zeichnung, die breiteren Ränder und grössern Abdominalflecke mit viel kleineren Stigmenflecken. Der breite Vorderkopf hat einen schwach convexen Stirnrand, jederseits desselben drei Borsten, eine randliche dahinter und zwei vor den Balken. Diese sind breit und mehr gekrümmt als bei vorigen Arten. Die Stirnsignatur ist breit und reicht bis in die Scheitelsignatur, welche den ganzen Raum zwischen den Fühlern und Balken einnimmt. Der vordere Rand-

und der Zügelfleck sind beide breit und letzter läuft hinter der Fühlerbucht als breite Schläfenlinie an den Occipitalrand, giebt aber zugleich noch einen Ast an den Schläfenrand, der jedoch einigen Exemplaren fehlt. Die beiden ersten Fühlerglieder haben je die Länge des dritten und vierten zusammen und die schwarzen Ringe sind breiter als bei voriger Art und lassen beide Enden der Glieder hell. Der Prothorax, nach hinten deutlich sich erweiternd und nicht verengt wie unsere Abbildung ihn darstellt, ist breit schwarz gerandet mit ganz heller Mittellinie. Auf dem Metathorax setzt der breite Randstreif hinten nach innen als Keilfleck fort. Die kräftigen Beine haben an allen Gliedern schwarze Ringe, die Hinterschenkel auf der Oberseite einen grossen schwarzen Fleck mit hellem Punkte. Die Flecken des Hinterleibes sind besonders charakteristisch und ergeben sich ihre Eigenthümlichkeiten schon bei der flüchtigsten Vergleichung unserer Abbildung mit der von voriger Art. Das lange Endsegment des Weibchens ist tief zweilappig und die Zeichnung an der Unterseite der letzten Segmente bei beiden Geschlechtern sehr auffällig verschieden, der grosse vordere Fleck bei dem Weibchen mit zwei weissen Punkten.

Auf der Nebel- und Saatkrähe, Corvus frugilegus und C. cornix, von Nitzsch wiederholt beobachtet und schon längst bekannt. Denny's Abbildung weicht mehrfach erheblich von unsern Exemplaren ab und doch muss dieselbe auf die gleiche Art bezogen werden.

D. guttatus *Nitzsch.* Taf. IX. Fig. 4.

Burmeister, Handb. Entomol. II. 425. — Denny, Monogr. Anoplur. 67. Tab. 3. Fig. 8. — Nitzsch, Zeitschrift für ges. Naturwiss. 1866. XXVIII. 358.

Corpus breve, latiusculum nigropictum, capite rotundatotrigono, fronte antice convexa, trabeculis gracilibus, signatura longa, antennis nigroannulatis. Pedum articulis annulatis, femoribus posticis macula nulla; macularum abdominalium gutta alba ab prima ad septimam diminuta. Longit. 3/4'''.

Merklich kleiner als vorige Arten zeichnet sich der Dohlenkneifer am Kopfe zunächst durch die breite Stirn mit sehr convexem Vorderrande aus. Die Borsten sind die gewöhnlichen, dagegen die Balken dünner und spitziger als bei vorigen Arten und die Fühler schmäler geringelt. Die sehr markirte Stirnsignatur erscheint gleich hinter dem Vorderrande etwas verengt und zeigt hinter dieser Einschnürung eine in unserer Abbildung nicht wiedergegebene deutliche Querlinie. Der vordere Randfleck ist vom Zügelfleck wie bei vorigen Arten geschieden, dagegen die Scheitelsignatur matt und verwaschen, die Schläfenlinien schmal und der Schläfenrand nur nahe der Fühlerbucht schwarz. Thorax ohne Auszeichnung. Die schwachen Beine wie bei vorigen Arten mit schwarzen Ringen und die Hinterschenkel ohne obern Fleck. Der besonders nach hinten verbreiterte Hinterleib zeichnet seine Segmente mit den gewöhnlichen schwarzen Keilflecken, welche auf dem ersten Segment blos gerandet sind, auf den folgenden sich mehr und mehr ausfüllen, so dass sie auf dem siebenten Segment nur noch einen hellen Punkt haben, der auf dem achten Segment ebenfalls verschwunden ist. Die Randborsten sind sehr lang. Die beiden Punktreihen auf der Bauchseite des Hinterleibes fehlen.

Auf der Dohle, Corvus monedula, von Nitzsch bereits im Jahre 1800 unterschieden und gezeichnet. Denny bildet ein Männchen mit weiblichem Endsegment ab, zeichnet aber beide Endsegmente ganz widernatürlich schwarz, ausserdem die Randborsten zu kurz, den Rand selbst nicht gekerbt, die weissen Augen in den Keilflecken überall von gleicher Grösse, die Tüpfelreihen längs deren Hinterränder gar nicht und den vordern Stirnrand buchtig, all diese Eigenthümlichkeiten können nur auf flüchtiger Beobachtung des Zeichners beruhen.

D. crassipes *Nitzsch.* Taf. IX. Fig. 6.

Nitzsch, Zeitschrift f. ges. Naturwiss. 1866. XXVIII. 358. — Burmeister, Handb. Entomol. II. 425. — Denny, Monogr. Anoplur. 68. Tab. 3. Fig. 6.

Capite magno subtriangulari castaneo picto, fronte brevi, signatura antice angustata, trabeculis longis; thorace medio albo, pedibus crassis; abdomine parce setoso, maculis subnigris, punctis albis. Longit. 1'''.

Der Kopf ist im Verhältniss zum Hinterleibe gross, die Stirngegend breit und vorn gerade abgestutzt, aber nicht verschmälert mit concavem Seitenrande wie Denny angiebt, vorn jederseits mit zwei sehr ungleichen Borsten, am Seitenrande mit einer und vor den sehr schlanken Balken mit zweien. Die Stirnsignatur ist sehr charakteristisch, nämlich vorn etwas verschmälert und hat hinten scharfe Seitenecken, zwischen denen die Spitze kegelförmig nach hinten hervorgeht. Sie ist dunkel, fast schwarzbraun mit heller Mitte, ebenso dunkel ist der Rand der Stirn, der über der Fühlerbucht breit fortsetzt und als starke Schläfenlinie nach hinten läuft. Der zwischen den Enden der Schläfenlinien gelegene Theil des Occipitalrandes ist ebenfalls schwarzbraun, bei den vorigen Rabenkneifern umgefärbt. Die Scheitelsignatur ist verwaschen. Das Grundglied der Fühler ist sehr dick, das zweite schlank und dünn mit einigen langen Borsten besetzt, die drei übrigen von gleicher geringer Länge. Der Prothorax lichtet seine schwarzbraune Färbung von beiden Seiten her gegen die Mitte, welche hell erscheint; keine Randborsten. Auch der Metathorax ist in der Mitte hell, trägt an den ziemlich scharfen Seitenecken je drei lange Borsten und ist mit den beiden sehr schmalen getüpfelten Querflecken gezeichnet. Der im Verhältniss zum Kopfe kleine, schön ovale Hinterleib kerbt in der hintern Hälfte seinen Rand stärker als unsere Abbildung es darstellt, besitzt lange Randborsten und die Keilflecke reichen nicht weit nach innen vor, haben sehr kleine Stigmenflecke und die hintere Punktreihe. Der blaugrau durchscheinende gefüllte Magen nimmt den ganzen Raum zwischen den Flecken ein. An der Bauchseite machen sich die den Seitenrändern parallelen Punktreihen bemerklich. Die Beine sind von auffälliger Dicke und braun, bei einigen mit feinen schwarzen Gelenkringen, die Hüften stets dunkel gerandet.

Auf dem Nusshäher, Corvus caryocatactes, besonders am Kopfe und Halse, von Nitzsch seit September 1800 wiederholt beobachtet, auch von Denny beschrieben und abgebildet, mehrfach erheblich von unsern Exemplaren abweichend.

D. subcrassipes *Nitzsch.*
Nitzsch, Zeitschr. f. ges. Naturwiss. 1866. XXVII. 116; XXVIII. 358.
Docophorus picae Denny, Monogr. Anoplur. 67. Tab. 4. Fig. 9†

Antecedenti similis, pictura brunnea, signatura frontali lageniformi, pedibus tenuioribus conformibus annulatis. Longit. ¾‴.

Diese Art steht der vorigen so auffallend nah, dass man erst nach sorgfältiger Vergleichung die Trennung gerechtfertigt findet. Der Vorderkopf verschmälert sich nämlich nach vorn stärker und die Balken sind entschieden kleiner, die Fühler geringelt, insbesondere aber verschmälert sich die Stirnsignatur allmähliger und eckt sich an Stelle ihrer grössten Breite gar nicht. Die Fühler sind geringelt und die Schläfenlinien breit, hinten an den dunkeln Occipitalrand stossend. Der Thorax bietet keine bemerkenswerthen Unterschiede von voriger Art, desto auffallender und besonders charakteristisch tritt die viel geringere Dicke der Beine hervor und deren Gleichmässigkeit, während doch bei voriger Art das dritte Paar sehr sichtlich vom zweiten Paare abweicht. Am Hinterleibe ist die Grösse und Form der dunkelbraunen Randflecke und deren Zeichnung wieder dieselbe, nur scheinen die des ersten oder des drittletzten Segments schmäler und gestreckter, auch die langen Borsten verhalten sich wie bei voriger Art. Die Grösse des Thieres ist geringer.

Auf der Elster, Corvus pica, nicht selten und von Nitzsch wiederholt beobachtet. Denny's Abbildung stellt den Hinterleib erheblich gestreckter, dessen Flecken viel grösser dar, so dass an der Identität Zweifel rege werden könnten.

D. leptomelas *Nitzsch.*
Nitzsch, Zeitschrift f. ges. Naturwiss. 1861. XVII. 297; 1866. XXVIII. 358.

Capite subtrigono, brunneopicto, antice truncato, signatura frontali postice lata, trabeculis gracilibus; prothoracis lateribus convexis, femoribus crassissimis, abdominis ovalis segmentis fasciis marginalibus triangulatis. Longit. 1‴.

Eine durch ihre Formenverhältnisse wie auch durch ihre Zeichnung auffällig von den vorigen unterschiedene Art. Der dreiseitige Kopf zunächst erscheint an den Ecken minder breit abgerundet und vorn vielmehr gerade abgestutzt, fast etwas concav. Hinter der vordersten Borste jederseits folgt nach hinten eine zweite Randborste, welche über die Fühlerbasis hinausragt und allen vorigen Arten fehlt. Dann folgt die gewöhnliche Randborste und vor den Balken zwei auffallend kurze, nicht die Länge der Balken übertreffende. Die Balken sind dünn und schlank. Am Schläfenrande stehen vier lange Borsten in gleichen Abständen von einander. Die Stirnsignatur setzt mit gleichbleibender Breite in die des Scheitels fort und zeigt diese keine irgend deutliche Umgränzung. Dadurch weicht diese Art sehr erheblich von den vorigen ab. Der Rand- und Zügelfleck ist verwaschen oder deutlich, die Schläfenlinien dagegen stets sehr scharf gezeichnet und der von ihnen eingefasste Theil des Occipitalrandes breit braun. Das zweite Fühlerglied ist sehr gestreckt und die drei andern nehmen an Länge etwas ab. Der Prothorax hat stärker convexe Seiten als bei allen andern Rabenarten und hellt seine dunkelbraune Färbung gegen die Mitte hin auf. Die ziemlich stumpfen Seitenecken des ganz ebenso gefärbten Metathorax tragen je drei lange Borsten. Die Beine haben schlanke Hüften, kurze sehr dicke Schenkel und im Verhältniss zu diesen lange Schienen mit plumpen Dornen an der Daumenecke und kurze kräftige Klauen. Der breit ovale Hinterleib hat nur sehr schwach gedunkelte Keilflecken mit tiefbraunen Rändern, von welchen der hintere wie gewöhnlich geperlt ist: die Keilflecke sind hier also Dreiecke mit hellem Innenraum, in welchem das Stigma als noch hellerer Punkt zu bemerken ist. Die Innenecke dieser Dreiecke erscheint sehr stumpf gerundet. Die Randborsten, zu je drei bis vier an jedem Segment sind von mässiger Länge, die auf der Fläche stehenden von relativ beträchtlicher Länge und unregelmässig geordnet. Das weibliche Endsegment ist tiefer gespalten als bei irgend einer vorigen Art, endet also mit zwei kegelförmigen Lappen.

Auf Corvus albicollis, von Nitzsch im Sommer 1826 auf einem trocknen Balge in drei Exemplaren gesammelt.

D. fulvus *Nitzsch.* Taf. IX. Fig. 11.

Nitzsch, Zeitschrift f. ges. Naturwiss. 1866. XXVIII. 358. — Burmeister, Handb. Entomol. II. 425. — Denny, Monogr. Anoplur. 73. Tab. 2. Fig. 9.

Capite, thorace pedibusque fulvis, brunneopictis; capite magno, antice truncato, signatura frontali lata angulata, trabeculis gracilibus; thorace linea media brunnea, prothorace longiore; pedibus mediocribus; maculis abdominalibus fulvoferrugineis, punctatis. Longit. $^{4}/_{5}$'''.

Vom Habitus der grossköpfigen Rabenkneifer charakterisiren diesen Häherkneifer einzelne Eigenthümlichkeiten in den Formen sowohl wie in der Zeichnung. Der dreiseitige Kopf ist vorn gerade abgestutzt und trägt hier jederseits drei Borsten hinter einander, hat etwas eingezogene Stirnseiten und eine kurze breite Signatur mit scharfen Seitenecken und schlanker in die dreilappige Scheitelsignatur reichender Spitze. Der Rand- und Zügelfleck wie gewöhnlich, die Schläfenlinien convergiren gegen den schwach dunkelnden, zwischen ihnen convex verlaufenden Occipitalrand. Die Balken sind schlank, an der Basis verengt, das zweite Fühlerglied sehr lang mit langen Dornen besetzt, die drei folgenden Glieder einander gleich und kurz. Der trapezoidale Prothorax ist oberseits dunkelbraun und hat längs des hellen Mittelstreifens eine dunkle Linie, wie solche auch auf dem Metathorax hervortritt. Die abgerundeten Seitenecken dieses tragen vier sehr ungleich lange Borsten. Die Beine sind schlank, Schenkel und Schienen von nur mässiger Dicke, letzte mit drei Dornen an der Daumenecke, Tarsen und Klauen kurz. Der ovale Hinterleib eckt seine drei ersten Segmente an den Seiten scharf, die folgenden sehr stumpf, trägt am Rande aller Segmente Büschel langer Borsten und zeichnet die Segmente mit dunkelrostbraunen Keilflecken, welche nicht weit nach innen reichend stumpf enden, die Tüpfelreihe am Hinterrande haben und auf den drei ersten grosse, weiter hinten kleine Stigmenflecke tragen. Am weiblichen Hinterleibe sind die beiden letzten Segmente plötzlich verschmälert und länger als unsere Abbildung sie darstellt, das vorletzte mit breiter durchgehender dunkelbrauner Binde und das letzte zweilappige mit zwei dunklen Flecken. Das männliche vorletzte Segment hat eine schmale, in der Mitte unterbrochene Querbinde und das kleine abgerundete Endsegment ist ohne Zeichnung. Uebrigens ist der männliche Hinterleib hinter der Mitte breiter als der weibliche. An der Unterseite machen sich die beiden Längsreihen dunkelbrauner Punkte und die eigenthümlichen, geschlechtlich sehr verschiedenen Genitalleisten bemerklich. Die Behaarung am ganzen Hinterleibe lang.

Auf dem Eichelhäher, Corvus glandarius, von Nitzsch seit 1815 wiederholt beobachtet, zugleich mit einer eigenthümlichen Saumzecke und dem *Docophorus fuscicollis* des Würgers und andern Federlingen, auch von Denny beschrieben und mit viel grössern Hinterleibsflecken und anderer Zeichnung des Hinterleibsrandes abgebildet.

D. fuscatus *Nitzsch.*

Nitzsch, Zeitschrift f. ges. Naturwiss. 1866. XXVIII. 359.

Differt a Docophoro atrato Corvi frugilegi fronte angustiore, signatura angustiore et longiore et pictura fusca. Longit. 1'''.

Dieser brasilianische Kneifer steht dem unserer Saatkrähe auffallend nah, ist jedoch sicher unterschieden durch die stärker verschmälerte, vorn concav ausgerandete Stirn mit entschieden schmälerer und längerer Signatur, durch die merklich dünnern Balken, das kürzere Endglied der Fühler, die ganz weissen, nicht schwarz gerandeten Schläfen, den ganz dunkelbraunen Metathorax mit scharfwinkligem Hinterrande und durch die nach innen zugespitzten dunkelbraunen Keilflecke auf den Abdominalsegmenten, deren letztes sich mehr verschmälert und schmal gekerbt ist.

Das einzige weibliche Exemplar wurde im April 1825 auf einem trocknen Balge des Cyanocorax cristatellus gefunden.

D. grandiceps.

Capite magno, fronte lobato lato, signatura verticali quadriloba; thorace lato; abdominis ovalis brevis maculis angustis excisis. Longit. $1/2'''$.

Eine sehr grossköpfige Art mit lappig erweiterter Stirn vom Typus des ***D. platystomus***. Die Stirn ist sehr breit und ihre vordern Seitenlappen lang und schmal, der Vorderrand seicht concav, nur eine Borste auf jedem Seitenlappen und die zweite Randborste auf einem Höcker unmittelbar vor dem Balken. Dieser ist stark und schlank zugespitzt. Die Fühler kurz, ihre drei letzten Glieder von gleicher Länge. Der Hinterkopf verbreitert sich nur sehr wenig, so dass die Schläfen, deren Oberseite ganz hell gefärbt ist, weniger als bei allen andern Arten dieses Formenkreises die Breite der Kopfesmitte übertreffen. Die ganze helle Stirnsignatur greift mit ihrer Spitze tief in die Scheitelsignatur ein und diese besteht aus einem dunkeln Querfleck, dem sich an jedem Ende ein nach vorn und hinten überragender dunkler Längsfleck anlegt. Die schwarzen Schläfenfurchen convergiren stark nach hinten und die von ihnen eingeschlossene Mitte des Occipitalrandes ist convex. Der breite Prothorax ist trapezoidal und der breitere Metathorax fünfseitig mit scharfwinkligem Hinterrande und je drei langen Borsten an den Seitenecken. Die ganze Oberseite des Thorax schwärzlichbraun mit heller mittler Längsrinne. Die Beine sind kurz und stark, zumal in den Schenkeln, die Dornen an der Schienenecke kurz, kegelförmig. Der Hinterleib ist kaum länger als der Kopf, breit oval, in beiden Geschlechtern von gleicher Grösse und Form, am Rande schwach gekerbt, auf der Rücken- und Bauchseite ziemlich dicht mit langen blonden Borsten besetzt, am Seitenrande der vordern Segmente mit je einer, der folgenden Segmente mit je zwei und der letzten mit je drei, bei dem Weibchen mit je vier langen Borsten. Das männliche Endsegment ist abgerundet, das fast ebenso lange und breite weibliche wie gewöhnlich gekerbt. Die dunkelbraunen Keilflecke sind schmal, scharf zugespitzt und haben am Hinterrande nur je eine Kerbe. Die sexuellen Unterschiede in der Zeichnung der letzten Segmente wie gewöhnlich.

Auf Ptilonorhynchus holosericeus, in drei Exemplaren auf einem trocknen Balge gesammelt und ist eine Vergleichung frischer Exemplare wünschenswerth.

D. communis *Nitzsch.* Taf. XI. Fig. 13.

NITZSCH, Germars Magaz. III. 290 [290]. — BURMEISTER, Handb. Entomol. II. 425. — DENNY, Monogr. Anoplur. 70. Tab. 5. Fig. 10.

Ricinus Emberizae DEGEER, Mém. Insect. VII. Tab. 4. Fig. 9.

Pediculus Emberizae FABRICIUS, Systema Antliat. 349.

Pediculus curvirostrae PANZER, Fauna 51. Fig. 21. — PAULA SCHRANK, Beitr. Tab. 5. Fig. 8.

Pediculus Pyrrhulae, P. chloridis, P. citrinellae, P. rubeculae SCHRANK, Beitr. Tab. 5. Fig. 7. 9. 10 (Larvae).

Nirmus globifer OLFERS, de veget. et anim. corpor. corpor. anim. reper. dissert. 1815.

Corpore graciliore, capite obtuse triangulari, trabeculis crassis curvatis, signatura frontali lata, postice producta acuta; maculis abdominis latis rotundatis pustulatis. Longit. $3/4'''$.

Dieser gemeinste und häufigste aller Federlinge gehört zu den schlanken Arten seiner Gattung mit punktirt gezeichneten Keilflecken. Der ebenso lange wie hinten breite Kopf hat einen breiten, gerade oder sehr leicht concav abgestutzten Stirnrand mit zwei sehr kurzen Borsten jederseits, hinter diesen am Seitenrande jederseits eine sehr kurze dritte Borste. Die Balken sind lang, stark und etwas gekrümmt. Das zweite Fühlerglied ist das längste, die folgenden kürzer und alle drei von gleicher Länge, das letzte mit kurzen Tastborsten. Der Rand der breit gerundeten Schläfen ist mit einigen wiederum sehr kurzen Borsten besetzt. Die Form der Stirn und Scheitelsignatur giebt unsere Abbildung getreu, ebenso die stark zum Occipitalrande convergirenden Schläfenlinien. Die Färbung des Kopfes unrein und dunkelbraun, nur in der Umgebung der Stirnsignatur hell. Der Prothorax hat eine quer oblonge Form wie unsere Abbildung angiebt, erscheint aber bisweilen auch nach hinten etwas verbreitert und schwach trapezoidal; seine dunkle Färbung wird gegen die Mitte hin allmählig heller. Der etwas längere Metathorax erweitert sich stark nach hinten, hat stumpfe Seitenecken und einen vortretenden Hinterrand. Die dem letzten parallel laufende tief braune Querbinde ist mit einer Reihe weisser Tüpfel besetzt und die Fläche dahinter weisslich. Die Borsten an den Seitenecken des Thorax sind beträchtlich länger als die des Kopfes, der männliche Hinterleib erscheint gedrungener und mit schärfer hervortretenden Seitenecken versehen als der weibliche, bei beiden tragen diese Ecken Büschel langer Borsten. Die dunkelbraunen, innen ganz stumpfen Keilflecke haben je einen weissen Tüpfel und ihrem Hinterrande parallel eine Reihe von vier bis sechs weissen Punkten, die jedoch auf dem vorletzten Segment fehlen. Die Oberseite des Hinterleibes ist mit unregelmässig gestellten

Borsten besetzt. Die helle Unterseite zeigt dunkle Randlinien, jederseits eine Reihe brauner Punkte, verbunden durch matt dunkle Querbänder, an den letzten Segmenten den braunen Geschlechtsapparat. Die schön kastanienbraunen Beine sind kräftig, an allen Gliedern spärlich beborstet, die Hüften lang, der Schenkelring sehr dünn, die Schienen gegen das Ende hin stark verdickt, die Klauen lang und sehr schwach gekrümmt. Vor der letzten Häutung sind die Zeichnungen nur schwach angedeutet. Bei vielen Individuen bemerkt man ausser dem bläulich durchscheinenden Magen noch ein zweites bläuliches fast ringförmiges Organ. Die Männchen sind beträchtlich kleiner als die Weibchen.

Die Art ist zu jeder Zeit auf den verschiedensten Singvögeln zu finden und uns bekannt von Fringilla domestica, chloris, caelebs, carduelis, linaria, montana, Pyrrhula vulgaris, Coccothraustes europaeus, Alauda arborea und cristata, Emberiza citrinella, nivalis und miliaria, Loxia pytiopsittacus und curvirostris, Oxyrhynchus cristatus, Sitta europaea, Parus major, Sylvia phragmitis, curruca und arundinacea, Turdus pilaris, viscivorus und musicus, Motacilla alba und sulphurea, Fregilus graculus, Lanius collurio, Muscicapa grisola. Bei dieser Häufigkeit konnte sie den ältern Beobachtern nicht entgehen und so führt sie denn Linné als *Pediculus passerum*, Degeer, Schrank, Panzer unter andern Namen auf, endlich Nitzsch unter dem später allgemein angenommenen. So sehr die Exemplare auch variiren, finden wir unter unsern zahlreichen doch kein einziges, das nur annähernd auf Denny's Abbildung bezogen werden könnte. Dieselbe stellt den Vorderkopf auffallend schmäler mit tief concavem Stirnrande und ganz anderer Signatur dar, die Zeichnung des Hinterleibes so auffallend abweichend, dass eine entschieden andere Art vorgelegen hat. Die Keilflecke auf den ersten Segmenten sind hier ganz andere als auf den letzten und die Tüpfel derselben sind nicht angedeutet, auch in der Beschreibung nicht erwähnt und doch zeigen unsere Exemplare dieselben in so auffälliger Weise, dass sie selbst bei flüchtiger Beobachtung nicht übersehen werden können. Burmeister nahm die Tüpfelung in der Diagnose der Art auf und um so räthselhafter ist, dass Denny derselben nicht gedenkt.

Die Abänderungen der Art sind zum Theil erhebliche und könnten specifische Trennung veranlassen. So ist sie auf Turdus pilaris nicht blos überhaupt gross, sondern auch grossköpfiger, hat blassere und kürzere Abdominalflecken und heller gefärbte Beine. Auf Parus major hat sie ganz dunkelbraune Schläfen und blassen Scheitel, eine viel schmälere und dunklere Stirnsignatur, sehr dunkeln Thorax und die dunkelsten Abdominalflecken. Auf Fringilla chloris zeichnet sie Schläfe und Scheitel gleich dunkelbraun, auf Motacilla alba erscheint sie mit schmälerer Stirn. Die von uns Taf. XI Fig. 13 gegebene Abbildung entwarf Nitzsch im Januar 1814 nach zahlreichen am Kopfe einer Fringilla linaria gesammelten Exemplaren und da er sie schon damals von mehreren Singvögeln kannte, gab er ihr den Namen *Ph. communis*. Von diesem Zeisigbewohner unterscheidet sich der des Hausperlinges durch seinen viel grössern Kopf, tief braune Schläfen und Brustringe, kürzern weiblichen Hinterleib und stärkere Füsse, wogegen der des Buchfinken den schmälern längern kleinen Kopf und schmalen weiblichen Hinterleib und blassbraune Füsse hat. Noch weiter entfernt sich der sehr dunkelbraune von Emberiza nivalis mit schmalem Kopfe, langer Stirnsignatur und schlanken Hinterleibe.

D. fasciculis *Nitzsch.* Taf. XI. Fig. 10. Taf. XX. Fig. 4.

Nitzsch, Zeitschrift f. ges. Naturwiss. 1861. XVIII. 298. — Burmeister, Handb. Entomol. II. 425. — Denny, Monogr. Anoplur. 98. Tab. 1. Fig. 7.

Brevior, obscurior, antennarum articulo ultimo longiore quam penultimo, trabeculis crassis rectis, signatura frontali breviore latiore, pedibus gracilioribus, maculis abdominalibus angustis acutis pustulatis. Longit. 3/4'''.

Im Allgemeinen der vorigen sehr gemeinen Art sehr nahe stehend, jedoch schon bei oberflächlicher Vergleichung sicher zu unterscheiden. Der abgestutzt dreiseitige Kopf ist hinten etwas breiter als lang, vor den Fühlern besonders breit, und vorn gerade abgestutzt, an den Vorderecken mit einer kurzen und einer sehr langen Borste besetzt, am Seitenrande dahinter wieder mit einer kurzen, am Schläfenrande mit einigen langen. Die Trabekeln sind dick, gerade und scharf zugespitzt. An den verhältnissmässig dünnen Fühlern erscheint das letzte Glied etwas länger als das vorletzte und trägt die gewöhnlichen Tastborsten. Die Stirnsignatur ist jetzt, nachdem die Exemplare 57 Jahre in Spiritus gelegen haben, viel heller als sie die nach dem Leben entworfene Abbildung angiebt, ist breiter als bei voriger Art und hinten zur minder scharf umgränzten Scheitelsignatur weniger schlank ausgezogen als bei voriger. Die Schläfenlinien verlaufen fast gerade und sind vor dem ganz hellen Occipitalrande durch eine dunkelbraune Querlinie verbunden. Der Prothorax hat scharfe seitliche Hinterecken und dunkelbraune

Ränder, die nach innen an unsern Spiritusexemplaren allmählig heller werden; der Metathorax nicht länger als der Vorderrücken trägt wieder die dem Hinterrande parallele Pustelreihe der vorigen Art. An den hintern Seitenecken des Prothorax nur ein Paar, an denen des Metathorax ein ganzes Büschel sehr ungleich langer Borsten. Der weibliche Hinterleib verbreitert sich bis zur Mitte und verschmälert sich bis zum zweispitzigen Ende ebenso allmählig und erscheint daher schlanker als der männliche, der sich nach hinten schneller zuspitzt. Unsere Abbildung ist wie schon das ungetheilte Endsegment erkennen lässt, ein Männchen und nicht wie irrthümlich neben derselben angezeigt ein Weibchen. Bei beiden rückt die hervortretende Seitenecke der Segmente allmählig gegen die Seitenmitte vor, die sie etwa vom fünften an wirklich einnimmt, dann rundet sie sich an den folgenden Segmenten mehr und mehr ab. Die vordern Segmente tragen an den Seitenecken zwei und drei Borsten, die hintern mehr und längere, das abgerundete Endsegment des Männchens jederseits sechs, das tief zweispaltige des Weibchens nur je drei vorn stehende. Die Oberseite des Hinterleibes ist spärlich mit langen blond glänzenden Borsten besetzt, die Bauchseite mit Querreihen ebensolcher und einem Kranze um den braun durchscheinenden Genitalapparat herum. Die Keilflecken erscheinen auf den drei ersten Segmenten merklich breiter als auf den folgenden, wo sie schmal und lang gestreckt sind. Weil länger als bei voriger Art ist auch die Zahl ihrer Pusteln längs des Hinterrandes um einige grösser, nämlich sechs bis acht, die überdies nicht so grell hervortreten. Der grosse runde Fleck eckt den Vorderrand der Keilflecke mehr als es in unserer Abbildung angegeben. Die Bauchseite hat keine besondere Zeichnung ausser der von den durchscheinenden innern Organen. Unreife Thiere sind ebenfalls ohne Zeichnung, blos gelblich. Die Beine sind schwächer, kürzer als bei voriger Art, selbst das dritte Paar nicht stärker, nur wenig länger als das zweite, alle hellbraun mit dunklen Gelenkenden.

Nitzsch zergliederte mehrere Exemplare und zeichnete den Darmkanal Taf. 20 Fig. 4. Besonders auffällig ist die dicke Wandung und das enge Lumen in dessen ganzer Länge, die einzelnen Abschnitte sehr scharf von einander abgesetzt und die dicken Drüsen vor dem Mastdarm. Die vier Malpighischen Gefässe haben beträchtliche Länge. Der Inhalt des Kropfes und ganzen Darmes war schwärzlich und rückte noch während der Beobachtung deutlich nach hinten. Die starke Krümmung des Magens ist zufällig, denn sie zeigte sich bei verschiedenen Individuen sehr verschieden. Von jeder Seite tritt ein starker Tracheenstamm an den vordern und hintern Abschnitt des Magens und an den Dickdarm, jeder Stamm spaltet sich in mehre äusserst feine Aeste, die an die Darmwandung sich anlegen.

Nitzsch sammelte zahlreiche Exemplare dieser Art nebst vielen Sarcopten im Halsgefieder eines grossen Neuntödters Ende Januars 1815 und verglich sie sorgfältig mit den verwandten Arten. Denny stellt auch diese Art in den Formverhältnissen und der Farbenzeichnung so völlig abweichend dar, dass man sie für specifisch verschieden halten müsste, wären nicht offenbare Naturwidrigkeiten, z. B. die Behaarung der Stirngegend und der letzten Leibessegmente vorhanden.

D. trigonophorus.

Gracilis, oblongus, pallide fuscus, capite antice lato, trabeculis crassis, signatura frontali lata brevi, abdominis oblongi maculis brevissimis trigonis acutis pustulatis. Longit. ½'''.

Die gestreckte Gestalt mit den kürzesten dreiseitigen Keilflecken des Hinterleibes unterscheidet diese Art von den vorigen beiden, mit welchen sie in nächster Verwandtschaft steht. Der Vorderkopf ist breit, gerade abgestutzt und trägt an jeder Ecke nur eine kurze sehr starke Borste, am Seitenrande dahinter bis zum Balken mehrere gleichfalls sehr kurze. Die Balken sind stark und etwas gekrümmt, denen von ***D. communis*** sehr ähnlich, wogegen das letzte Fühlerglied beträchtlich länger ist als das vorletzte. Die Schläfen sind stark abgerundet. Die Stirnsignatur, in der Mitte ganz hell, gleicht in der Form ziemlich der von ***D. fuscicollis*** und endet mit ganz dunkelbrauner Spitze in der sehr matten, undeutlichen Scheitelsignatur. Die Schläfenlinien convergiren fast geradlinig zum Hinterrande und sind vor diesem wieder durch eine braune Querlinie verbunden. Der Prothorax erweitert sich nach hinten etwas, rundet die hintern Seitenecken völlig ab und erscheint nur dunkel gerandet, auf der Oberseite übrigens hell gefärbt. Der Metathorax stimmt wieder mit dem der vorigen Art überein, in der Form sowohl wie in der Zeichnung; erster trägt eine, letzter drei lange Borsten an jeder Hinterecke. Der Hinterleib ist in beiden Geschlechtern entschieden schlanker als bei vorigen beiden Arten, der weibliche gleichmässig nach vorn und nach hinten verschmälert, der männliche wie sonst hinter der Mitte kürzer und daher breiter, auch treten abweichend von vorigen beiden die Seitenränder der Segmente so scharfeckig hervor, dass das Abdomen stark sägezahnig gerandet erscheint. Die Randborsten wie bei voriger Art, die Rücken- und Bauchseite des Hinterleibes mit Querreihen langer glänzender Borsten. Die Beborstung des männlichen und weiblichen Endsegmentes wie bei voriger Art. Die dunkelbraunen Keilflecke sind kurz dreiseitig, viel kürzer als bei vorigen Arten, die der drei ersten Segmente berühren sich noch am äussern Rande, die folgenden aber sind von einander getrennt. Die Tüpfelung und die durchscheinenden Organe wie bei *D. communis*. Die Füsse sind schlanker als bei vorigen beiden Arten und nehmen vom ersten bis dritten Paare beträchtlich an Länge zu.

Mehre Spiritusexemplare von Lanius ruficeps in unserer Sammlung ohne nähere Angaben.

D. excisus *Nitzsch*. Taf. XI. Fig. 1. 2. 3.
NITZSCH, Zeitschrift f. ges. Naturwiss. 1866. XXVIII. 298. — BURMEISTER, Handb. Entomol. II. 425.
Pediculus hirundinis SCHRANK, Fauna boica.
Philopterus excisus NITZSCH, Germars Magaz. 1818. III. 290 (290).

Oblongus, capite magno, antice elongato depresso, profunde emarginato, trabeculis longis acutis, signatura frontali parva lobata; maculis abdominalibus acutis, punctis 4—6 in maribus, 6—8 in feminis; pedibus gracilibus. Longit. 1/4—1/3'''.

Der Schwalbenkalkling zeichnet sich durch seinen grossen, vorn stark verschmälerten und deprimirten Kopf mit tiefem Ausschnitt des Vorderrandes charakteristisch aus. Bei dem Weibchen ist dieser Ausschnitt beträchtlich grösser als bei dem Männchen, bei einem Exemplar erscheint er schief. Die dadurch gebildeten Stirnlappen sind schief abgestutzt und tragen jeder nur eine starke Borste. Zwei ganz kurze Borsten stehen am Seitenrande der Stirn. Die starken Balken sind schlank zugespitzt und die drei letzten Fühlerglieder haben gleiche Länge, das letzte eine sehr schiefe beborstete Tastfläche. Der Ausschnitt des Clypeus setzt als helle ovale Fläche nach hinten fort und hinter ihm liegt die kleine Stirnsignatur, welche mit schlanker Spitze die Scheitelsignatur erreicht; diese ist jedoch an den Spiritusexemplaren undeutlich geworden, in der Abbildung von NITZSCH nach frischen Exemplaren dargestellt. Der Verlauf der Schläfenlinien und die dunkle Berandung des Kopfes hat sich trotz der langen Einwirkung des Spiritus so erhalten, wie die Abbildungen angeben. Kopf und Thorax sind gleich hellbraun, der queroblonge Prothorax mit dunkler Mittelfurche und ohne Randborsten, der pentagonale Metathorax mit ebensolcher Furche, mit drei Borsten an den Seitenecken und einer Punktreihe am Hinterrande. Der ovale, auf der Oberseite dicht und lang beborstete, an der Unterseite kahle Hinterleib erscheint nur schwach gekerbt und trägt an den scharfen, aber nur wenig hervortretenden Seitenecken der Segmente je zwei bis vier feine Borsten, auch an dem kleinen Endsegmente nur wenige kurze Borsten. Die dreiseitigen Keilflecke mit grosser Pustel und Punktreihe markiren einen auffallenden Geschlechtsunterschied, wie die Abbildung Fig. 1 des Weibchens und Fig. 2 des Männchens, beide von Hirundo rustica, Fig. 3 von der Uferschwalbe angiebt. Bei einem männlichen Exemplare von der Hausschwalbe liegen vor dem Genitalfleck der Bauchseite zwei hellbraune Querbinden. Das dritte Fusspaar ist etwas stärker als es in den Abbildungen dargestellt worden.

Die Art kommt auf den drei einheimischen Schwalben, auf Hirundo urbica, rustica und domestica vor, doch nicht häufig, da sie NITZSCH nur je einmal in wenigen Exemplaren fand und ich sie noch nicht frisch beobachtet habe.

D. laticeps.
Docophorus cincli DENNY, Monogr. Anoplur. 85. Tab. 5. Fig. 8.
Philopterus Cincli GERVAIS, Aptères. III. 336.

Brunneus, pilosus, capite late antice truncato, trabeculis longis debilibus, antennis brevi-articulatis, maculis abdominalibus interruptis, pedibus tertiis magnis. Longit. 1/3'''.

Das einzige vorliegende weibliche Exemplar erscheint gleich in der Kopfbildung so charakteristisch, dass an der specifischen Eigenthümlichkeit nicht zu zweifeln ist. Der Kopf ist nämlich hinter den Fühlern von fast gleichbleibender Breite, daher die Schläfenränder fast parallel sind, auch vor den Fühlern ist die Breite anfangs noch ansehnlich, dann mässig sich verschmälernd bis zum abgestutzten Vorderrande. An der Ecke dieses steht eine starke Borste jederseits, dann drei sehr kurze auf einem Höcker vor dem Balken und dieser ist dünn, sehr schlank und schwach gekrümmt, wogegen die Fühler sehr kurz und kurzgliedrig sind, viel kürzer als bei irgend einer der vorhergehenden Arten, angelegt kaum über die Mitte der Schläfen hinausreichend. Am Schläfenrande jederseits zwei kurze und vor der völlig abgerundeten Hinterecke eine sehr lange Borste. Die schmale gestreckte Stirnsignatur ist hell in dunkler Begränzung, ihre hintere Spitze dagegen ist dunkelbraun wie die Scheitelmitte und die Schläfenseiten, deren Linien nur sehr wenig convergiren. Der Prothorax ist kurz mit abgerundeten Seiten, der Metathorax sehr gross, fünfseitig, mit zwei langen Borsten an den hintern Seitenecken und Punktreihe längs des starkwinkligen Hinterrandes. Beide Brustringe dunkel lederbraun mit mittler Längsfurche. Der ovale Hinterleib mit nur schwach gekerbten Seitenrändern, an den ersten Segmenten mit je einer, an den folgenden mit je zwei Randborsten und am seicht winklig ausgeschnittenen Endsegment mit ganz wenigen sehr kurzen Borsten, auch auf der Rückseite der Segmente nur kurze blond glänzende Borsten. Die Keilflecke treten am Rande des Hinterleibes ganz dunkelbraun hervor und ziehen sich dann als hellbraune Binden gegen die Mitte hin. Das Exemplar liegt lange in Spiritus und scheinen diese Binden nahe dem Rande fast unterbrochen, werden aber auf dem dunkel durchscheinenden Magen wieder deutlich. Tüpfel und Punkte vermag ich nicht zu erkennen, da letzte aber auf dem Metathorax deutlich sind, werden sie bei frischen Exemplaren auch wohl auf den Hinterleibssegmenten nicht fehlen. Das dritte Fusspaar ist merklich stärker als die ersten beiden, besonders der Schenkel dick, die Klauen aller Füsse dick, stumpfspitzig, nur wenig gekrümmt und auch nur wenig länger als der Daumenstachel am Ende der Schienen.

Denny bildet ein männliches Exemplar von sehr blasser Färbung und mit geringfügigen Formunterschieden ab, die jedoch keinen Zweifel an der Identität mit unserm einzigen weiblichen Exemplar, das von Herrn Hofrath Reichenbach in Dresden mitgetheilt worden, rechtfertigen.

D. macrodocus *Nitzsch.*
Nitzsch, Zeitschrift f. ges. Naturwiss. 1861. XVIII. 303.

Fulvus, robustus, capite magno, antice angusto, trabeculis crassis, antennis longissimis, signatura frontali angusta, pedibus posterioribus crassis, maculis abdominalibus longis acutis pustulatis margine posteriore crenulatis. Longit. $\frac{2}{3}$'''.

Auch von dieser Art liegt uns nur ein weibliches Exemplar von einem trocknen aus Hamburg bezogenen Balge von Cinclosoma Pallasi vor. Sie gehört in die engere Verwandtschaft des ***D. leontodon*** vom Staar. Ihr gelbbrauner Kopf mit dunkler Zügel- und Schläfengegend und grossen Orbitis verschmälert sich vorn ziemlich stark und ist am Vorderrande buchtig mit schief abgestutzten Ecken, die nur je eine kurze Borste tragen. Die Balken gleichen denen von ***D. communis*** und die angelegten Fühler ragen fast über die hintere Schläfenecke hinaus. Die schmale Stirnsignatur spitzt sich schlank gegen die Scheitelsignatur aus. Die Schläfenlinien laufen gerade zum Occipitalrande, der dunkelbraun ist. Der Prothorax verhält sich wie bei ***D. leontodon***, dagegen greift der sehr grosse Metathorax mit scharfwinkligem Hinterrande in das Abdomen ein. Der breit ovale Hinterleib ist mit langen braunen Keilflecken gezeichnet, deren jeder eine grosse Pustel und einen von der Punktreihe gekerbten Hinterrand hat. Die Randborsten sind sehr lang. Das dritte Fusspaar ist noch stärker als bei voriger Art und die Schiene fast von der Stärke des Schenkels, übrigens alle Füsse verhältnissmässig kurz.

D. ornatus *Nitzsch.*
Nitzsch, Zeitschrift f. ges. Naturwiss. 1866. XXVII. 116; XXVIII. 359.

D. communi similis, sed pallidus, capite angustiore, prothorace trapezoidali, metathorace breviore, pedibus minoribus, macularum fulvarum pustulis obscuris. Longit. $\frac{3}{4}$'''.

Hauptsächlich die hellere Färbung und Zeichnung unterscheidet diese Art von ***D. communis*** und ***D. fulvus.*** Der Kopf ist verhältnissmässig kleiner und vorn etwas schmäler, gerade abgestutzt mit abgerundeten Ecken und drei Borsten an denselben. Einige lange Borsten am Zügelrande. Die Balken sind etwas schlanker als bei ***D. communis***, die Fühler reichen angelegt bis an das Ende der Schläfen. Die viel hellere Stirnsignatur hat nicht die scharfen Seitenecken der gemeinen Art und die Schläfenlinien laufen fast gerade nach hinten. Der Prothorax erweitert sich ziemlich stark nach hinten und ist trapezförmig ohne Borsten an den Seitenecken, während der Metathorax erheblich kürzer als bei ***D. communis*** drei Borsten jederseits hat. Der ovale Hinterleib ist am Rande schwach gekerbt, mit den gewöhnlichen Randborsten versehen, aber die Flecken der Segmente sind nach Nitzsch an frischen Exemplaren ganz braungelb mit undeutlichen Pusteln und Punkten, nach der langen Einwirkung des Spiritus erscheinen sie ganz matt und verwaschen und die Punkte sind kaum noch zu erkennen. Die ebenfalls heller gefärbten Füsse sind kleiner als bei der gemeinen Art. Ein weibliches Exemplar von normaler Grösse ist ganz hellgelb gefärbt, fast ohne Zeichnung und mit auffallend schmalem Hinterleibe, der zur Trennung berechtigen würde, wenn nicht alle übrigen Formverhältnisse des Körpers übereinstimmten.

Nitzsch erkannte diese Art bereits im Jahre 1806 und hat sie auch später wieder beobachtet, stets nur auf Oriolus galbula.

D. leontodon *Nitzsch.* **Taf. 11.** Fig. 4 Masc.; Fig. 7 Fem.

Burmeister, Handb. Entomol. II. 425. — Denny, Monogr. Anoplur. 71. Tab. 5. Fig. 3.

Philopterus leontodon Nitzsch, Germars Magaz. 1818. III. 290 (290).

Pediculus Sturni Schrank, Beitr. Taf. 5. Fig. 11.

Docophorus pastoris Denny, Monogr. Anoplur. 77. Tab. 4. Fig. 3.

Philopterus pastoris Gervais, Aptères III. 335.

Robustus, brunneus, capite lato, antice subemarginato; trabeculis gracilibus, signatura obscura, metathorace magno, postice convexo, abdominis maculis longis angustis acutis postice sinuatis. Longit. $^{3}/_{4}$'''.

Von gedrungenem robusten Körperbau und ohne jene Punktreihen am Hinterrande der Abdominalflecke, welche die letztgenannten Arten charakterisiren. Der Kopf ist in der hintern Hälfte sehr breit und verschmälert sich stark nach vorn, so dass er am Clypealrande nicht mehr ein Drittheil der hintern Breite misst. Dieser Vorderrand erscheint seicht gebuchtet und trägt hinter der völlig abgerundeten Seitenecke je eine kurze Borste, dahinter am Zügelrande eine längere und vor dem Balken zwei sehr lange ungleiche. Die Balken selbst sind schlank und dünn, reichen bis über die Mitte des zweiten längsten Fühlergliedes hinaus. Die drei letzten Glieder der Fühler haben ziemlich gleiche Länge, das letzte starke Tastborsten. Die breit abgerundeten Schläfen sind mit mehreren kurzen Stachelborsten und einer sehr langen nahe am Hinterrande besetzt. Die schmale Stirnsignatur ist durch einen dunklen Querfleck von der kleinen Scheitelsignatur geschieden und die Schläfenlinien verlaufen ziemlich bogig, doch so, dass sie an den Seitenecken des Prothorax enden. Dieser ist quer oblong mit schwach convexen Seiten, gegen die Mitte hin hell. Der viel breitere Metathorax trägt an den abgerundeten Seitenecken je zwei lange Borsten, mehre noch am Hinterrande und hat gleichfalls eine helle Mittellinie. Der breit ovale stark beborstete Hinterleib, dessen Geschlechtsunterschiede unsere Abbildungen naturgetreu darstellen, hat nur schwach gekerbte Seitenränder und an diesen der drei ersten Segmente keine Borsten, am vierten und den folgenden dagegen vier und mehr lange, zahlreiche aber kürzere am letzten Segment. Die dunkelbraunen Keilflecke berühren sich nur am Aussenrande, erstrecken sich lang zangenförmig nach innen und enden spitz; sie haben nahe dem Aussenrande einen grossen hellen nicht gerade scharf umrandeten Fleck und gewöhnlich zwei seichte Buchten am Hinterrande, welche Flecke und Buchten, obwohl sehr deutlich, in Denny's Abbildung gar nicht berücksichtigt sind. Die Bauchseite zeigt ausser den durchscheinenden Organen keine Zeichnung. Die Füsse sind zwar kräftig, doch im Verhältniss zur Grösse des Thieres noch klein.

Diese Art erkannte Nitzsch bereits im Jahre 1800 und beobachtete sie später wiederholt auf Sturnus vulgaris und Pastor roseus. Er unterschied schon damals eine zweite Art auf dem gemeinen Staar als *D. ochroleucus*, welche viel schmäler, gelblich weiss, am Kopf gelbröthlich braun, am Thorax fein schwarz gerandet ist. Da Exemplare dieser Art in der Sammlung nicht vorhanden sind, muss ich mich auf Mittheilung dieser Notizen aus Nitzsch's Nachlass beschränken.

D. capensis.

Giebel, Zeitschrift f. ges. Naturwiss. 1866. XXVIII. 360.

Obscurior, metathorace postice angulato, abdominis maculis longis acutis, duobus punctis ornatis. Longit. $^{3}/_{2}$'''.

Steht der vorigen Art auffallend nah, ist aber tief dunkelbraun gefärbt, im Vorderkopf stärker verschmälert, doch mit denselben Borsten, Balken und Fühlern, ferner mit winkligem Hinterrande des Metathorax, mit schärfern Seitenecken der Hinterleibssegmente, an welchen nur je ein bis drei lange Borsten stehen. Das weibliche Endsegment ist sehr tief gekerbt. Die Keilflecken des Hinterleibes sind sehr lang und am Aussenrande tief dunkelbraun, übrigens hellbraun und mit zwei lichten runden Flecken, aber nur sehr schwach welligem Hinterrande.

Die wenigen Exemplare wurden einem trocknen Felle von Sturnus capensis entnommen.

D. bituberculatus.

Brunneus, albipilosus, clypeo angusto subemarginato, prothorace bituberculato, metathorace postice convexo, abdominis maculis trigonis brevissimis pustulatis. Longit. $^{1}/_{2}$'''.

Der Kopf verschmälert sich nach vorn noch viel stärker als bei vorigen beiden Arten, so dass der seicht ausgerandete Vorderrand kaum ein Viertheil der hintern grössten Breite misst. Die Vorderecken sind völlig abgerundet und oberseits mit drei den Rand nicht überragenden Borsten besetzt, wogegen die drei nahe den schlanken Balken stehenden Borsten sehr lang, die des Schläfenrandes aber wieder sehr kurz sind. An den Fühlern ist das Endglied merklich länger als das vorletzte, das zweite Glied wie bei vorigen Arten das längste und der dünne

Balken erreicht nicht dessen Mitte. Die ganz helle schmale Stirnsignatur spitzt sich allmählig bis zur viellappigen Scheitelsignatur zu. Die Schläfenlinien convergiren bogig und begränzen ein verhältnissmässig schmales Scheitelfeld. Der Prothorax erweitert sich etwas nach hinten, hat eine tiefe Mittelfurche, neben welcher die Fläche jederseits höckerartig sich erhebt; keine Borsten am Seitenrande. Der breitere aber nicht längere Metathorax hat einen convexen Hinterrand, an den stumpfen Seitenecken je zwei Borsten und erscheint dunkel gerandet. Die Beine sind verhältnissmässig kurz, vom ersten zum dritten etwas an Länge zunehmend, alle mit starken Schenkeln und langen, sehr gekrümmten scharfspitzigen Klauen. Der schön regelmässig ovale Hinterleib hat schwach gekerbte Seitenränder, ein breites mässig eingeschnittenes Endsegment, an den Seitenecken der Segmente nur je ein bis zwei Borsten und die dunkelbraunen Keilflecken sind nur am Rande noch deutlich und haben hier einen runden hellen Fleck, neben dem nach innen sie wahrscheinlich in Folge der langjährigen Einwirkung des Spiritus verwischt sind. Die kurzen Borsten des Hinterleibes sind weiss.

Einem trocknen Balge des Edolius bilobus entnommen.

D. lineatus.

D. communi simillimus, sed gracilior, pallidus, clypei margine convexo, prothorace trapezoidali, abdominis maculis brevissimis pustulatis punctatis. Longit. $\frac{4}{5}$'''.

Diese Art gehört in den engern Formenkreis des ***D. communis*** und gleicht demselben im Habitus und bei flüchtiger Betrachtung, lässt sich aber bei eingehender Vergleichung nicht identificiren. Der Kopf ist abgestutzt dreiseitig, ziemlich so breit wie lang, der Vorderrand convex und an dessen stark abgerundeten Ecken je zwei lange Borsten, am Zügelrande zwei kleine Borsten, dagegen an der breit abgerundeten Schläfenecke drei sehr lange über den Prothorax hinausragende. Die Balken haben die Form und Länge wie bei ***D. communis***, nur geringere Dicke, auch die Fühler bieten keine beachtenswerthe Eigenthümlichkeit. Die Stirnsignatur hat gleichfalls dieselbe Form, ist jedoch sehr hell und dunkel gerandet, ihre tiefbraune hintere Spitze berührt einen lichten, von verwaschenen Flecken umgränzten Scheitelfleck. Der gelbbraune Kopf ist am Zügel-, Orbital- und Schläfenrande dunkelbraun gezeichnet und von dem Orbitalrande geht jederseits die dunkelbraune geschwungene Schläfenlinie aus, deren beide Enden am Occipitalrande wieder durch eine dunkelbraune Linie verbunden sind. Der Prothorax ist trapezoidal, dunkel gerandet und ohne Randborsten. Der Metathorax, nicht länger als der Prothorax, gleicht in Form und Zeichnung völlig dem des ***D. communis*** und hat an jeder Seitenecke vier sehr lange Borsten. Die Beine nehmen vom ersten bis dritten Paar an Länge zu, sind jedoch minder stark als bei der gemeinen Art. Der beträchtlich schlankere Hinterleib erscheint an den Seitenrändern schärfer gekerbt und trägt an den Segmentecken je zwei bis fünf lange Borsten, dagegen auf dem Rücken nur spärliche greise kurze und an der Bauchseite keine Borsten. Die braunen Keilflecke berühren sich am Aussenrande nicht, sind sehr kurz dreiseitig, mit einem runden Tüpfel und am Hinterrande mit vier Punkten gezeichnet. Die durchscheinenden Organe wie bei der gemeinen Art.

Die Exemplare wurden auf einem trocknen Balge von Anchnothera (Certhia) longirostris gesammelt.

D. bifrons *Nitzsch.*

NITZSCH, Zeitschrift f. ges. Naturwiss. 1866. XXVII. 116.
Docophorus Meropis DENNY, Monogr. Anoplur. 101. Tab. 4. Fig. 4.
Philopterus Meropis GERVAIS, Aptères. III. 339.

Latiusculus, flavopictus, fronte lata biloba. Caput angustum latum fulvum; frons lata antice profunde emarginata, lateribus dilatata; trabeculae fere fusiformes; thorax uterque flavus margine laterali tenuissime brunneo; abdomen album maculis paribus linguiformibus angustis flavis. Longit. $\frac{1}{2}$'''.

Gleich die eigenthümliche Form des Kopfes entfernt diesen Federling weit von allen vorigen Arten. Merklich kürzer als in der Schläfengegend breit erscheint der Vorderkopf besonders kurz und durch rundliche Erweiterung sehr breit, durch welche Erweiterungen die Einlenkung der Balken und Fühler stark verengt aussieht. Zugleich ist der Vorderrand tief ausgeschnitten. Auf den abgerundeten Vorderecken stehen je zwei gerade starke Borsten, keine auf der seitlichen Erweiterung und erst unmittelbar vor dem schlanken fast spindelförmigen Balken eine ganz kurze. Der Balken selbst reicht bis zur Mitte des längsten zweiten Fühlergliedes und das letzte Fühlerglied ist etwas dicker als das gleich lange vorletzte, die Fühler überhaupt etwas kürzer als gewöhnlich. Die Schläfen treten seitwärts stark hervor, sind hoch gewölbt und durch eine stark gebogene Linie von dem breiten Scheitelfelde geschieden, das übrigens viel heller braun ist. Der Schläfenrand trägt nur ganz kurze Stachelborsten

Vom Ausschnitt des Clypeusrandes setzt eine helle Fläche nach hinten fort, aber eine deutliche Stirn- und Scheitelsignatur ist nicht mehr zu erkennen. Der Prothorax ist quer oblong, ohne Seitenborsten, nur mit einem dunkelbraunen Fleck jederseits hinter der Mitte. Der Metathorax hat einen convexen Hinterrand und an den stumpfen Seitenecken je drei Borsten. Die Füsse nehmen vom ersten zum dritten Paar etwas an Länge zu, sind kurz und kräftig, zumal in den Schenkeln stark. Der regelmässig ovale Hinterleib ist stumpfzackig gekerbt, trägt vom dritten Segment an vor jeder Segmentecke drei bis vier, an den letzten Segmenten nur zwei Borsten. Am Hinterrande eines jeden Segmentes steht eine Reihe feiner heller Borsten, welche nicht den Rand des folgenden Segmentes erreichen. Die im frischen Zustande schmalen hellbraunen Keilflecke, die Denny sehr breit in seiner Abbildung darstellt, sind durch die lange Einwirkung des Spiritus verwischt. Die Bauchseite ist ohne Zeichnung.

Wurde von Herrn Kollar im December 1828 als auf Merops apiaster gefunden eingesendet und ist auch von Denny nach einem Exemplare beschrieben und abgebildet worden.

D. mystacinus *Nitzsch.*

Nitzsch, Zeitschrift f. ges. Naturwiss. 1866. XXVII. 116.

Latior, luteocoloratus, fronte lata obtusa antrorsum ampliata, utrinque lobulo pellucido lateraliter extante aucto; signatura frontis antrorsum quadriloba, macula orbitali obscure rufa in strigam frontis lateralem continuata, loris rufis; maculis abdominalibus linguiformibus luteis. Longit. $^{3}/_{4}$'''.

Die gelbe Färbung mit rother Kopfzeichnung und breitlappigem Clypeus kennzeichnet diese Art recht auffällig. Durch die seitlichen Erweiterungen des Clypeus erhält das vordere Kopfende fast einen quer elliptischen Umfang, jedoch mit kurzem winkligen Ausschnitt vorn in der Mitte, und mit drei kleinen Borsten jederseits oben, die aber den Rand nicht überragen, wogegen die beiden Zügelborsten zwischen jenem Seitenlappen und Balken ungewöhnlich lang sind. Auch die Balken sind lang und stark, dagegen die Fühler kurz, angelegt nur wenig über die Mitte der Schläfen hinausreichend und doch ist das letzte Fühlerglied merklich länger als das vorletzte. An den völlig abgerundeten Schläfenecken stehen je zwei lange Borsten, welche weit über den Prothorax hinausragen. Die sehr breite Stirnsignatur spitzt sich hinten kurz rechtwinklig zu und erreicht nicht einen zwischen den Balken gelegenen rothbraunen Querfleck. Die Zügel sind ebenso rothbraun und verbreitert sich über den Fühlern diese Zeichnung, setzt aber nicht unmittelbar als Schläfenlinie fort, welche vielmehr erst am Hinterkopf deutlich wird. Der Prothorax ist quer oblong, mit geraden Seitenrändern ohne Borsten, der Metathorax mit convexem Hinterrande und nur einer Borste an der stumpfen Seitenecke; beide Brustringe ohne besondere Zeichnung, etwas heller als der Kopf. Die hellgelben Füsse sind dünn und lang, das dritte Paar von beträchtlicher Länge. Der ganz helle breit ovale Hinterleib trägt an den nur wenig hervortretenden seitlichen Segmentecken zwei bis vier auffallend lange Borsten, am nur schwach ausgerandeten weiblichen Endsegment jederseits drei etwas kürzere. Die gelben Keilflecke sind nicht gerade lang, und haben einen runden hellen Fleck nahe am Rande, sind überhaupt aber matter und undeutlicher als sonst.

Die beiden Exemplare wurden von Nitzsch 1834 auf einem trocknen Balge von Dacelo coromandeliana gesammelt und unter obigem Namen diagnosirt.

D. delphax *Nitzsch.*

Nitzsch, Zeitschrift f. ges. Naturwiss. 1866. XXVIII. 360.

Antecedenti similis, luteus, capite magno, fronte parabolica, trabeculis crassis obtusis, antennis longis, signatura frontali latissime lobata, abdomine angustiore, maculis luteis longioribus. Longit. $^{5}/_{6}$'''.

Wenn auch der vorigen Art nahe stehend, ist die Verwandtschaft doch keine so enge, dass eine Verwechslung möglich wäre. Der Kopf ist relativ grösser und da die seitlichen Erweiterungen des Clypeus sehr beträchtlich schmäler sind, so erscheint die Stirngegend nicht querelliptisch, sondern parabolisch, ohne vordern Ausschnitt. Die drei Borsten jederseits neben dem Vorderrande überragen diesen, während die beiden am Zügelrande kaum länger als die Balken sind. Diese zeichnen sich durch ansehnliche Dicke und stumpfe Spitze aus. Die schlanken Fühler haben ein verlängertes Endglied mit sehr langen Tastborsten. Die Breite des Hinterkopfes ist in der Fühlergegend nur wenig verringert, daher die Schläfenränder ganz gering nach hinten divergiren; dieselben tragen hier zwei sehr lange und zwei mit diesen alternirende ganz kurze Borsten. Die Stirnsignatur ist so lang wie breit, ihre drei hintern Zacken gleich gross, hinter ihr derselbe dunkle Querfleck wie bei voriger Art, auch die Zügel gleich gefärbt, aber die Zeichnung setzt über die Fühlerbasis hinweg und ohne Unterbrechung als Schläfenlinie nach hinten stark convergirend und nur eine schmale Scheitelfläche begränzend. Der Prothorax erweitert sich etwas nach hinten und hat eine helle Mittellinie, der Metathorax ist etwas schmäler als bei voriger Art und an den ganzen stumpfen Seitenecken mit je zwei Borsten besetzt. Der Hinterleib erscheint entschieden schmäler als bei *D. mystacinus* und trägt vor den ziemlich scharfen Seitenecken der Segmente je ein bis drei lange Borsten. Das weibliche Endsegment ist tief winklig ausgeschnitten.

Mehre Exemplare von NITZSCH im Jahre 1827 auf einem trocknen Felle von Dacelo gigantea gesammelt.

D. latifrons *Nitzsch.*
Philopterus latifrons NITZSCH, Germars Magaz. 1818. 920 (290).
Pediculus cuculi FABRICIUS, Syst. Ent. 807.
Pediculus fasciatus SCOPOLI, Entomol. carniol. 383.
Docophorus latifrons DENNY, Monogr. Anoplur. 97. Tab. 1. Fig. 4.

Rostro latiusculo breviori, antice emarginato, signatura frontali longa, antennarum articulo ultimo penultimo longiore, metathorace postice recto, abdomine ovato albo, maculis acuminatis, ocellatis, pedibus robustis longis. Longit. 1‴.

Der Balkling des Kuckuks gehört zu den grossen Arten und bietet in der Kopfbildung eine so auffällige Eigenthümlichkeit, dass er auf den ersten Blick erkannt wird. Der Vorderkopf ist nämlich sehr breit und erscheint daher kurz, am Vorderrande mehr minder tief ausgerandet, aber nicht winklig, wie DENNY's Abbildung darstellt, und mit völlig abgerundeten Ecken, nicht mit winkligen. Auf jeder Vorderecke stehen drei sehr lange Borsten dicht neben einander, am Zügel vor den Balken zwei diese weit überragende. Die Balken selbst sind stark und reichen bis zur Mitte des zweiten Fühlergliedes, die Fühler bis ans Ende des Kopfes und ihr letztes Glied ist länger als das vorletzte. Am Rande der breit abgerundeten Schläfe steht nur eine mässig lange Borste. Die Stirnsignatur ist in der vordern Hälfte hell und ihre Spitze reicht bis auf den Scheitel, auf welchem eine besondere Signatur nicht zu erkennen ist. Die starken Schläfenlinien convergiren mehr als gewöhnlich. Die hintere Hälfte des Zügelrandes ist breit dunkel rostbraun und dieser Streif setzt über die Fühlerbasis fort, um sich dann plötzlich zur Schläfenlinie zu verschmälern. Der Prothorax erweitert sich nach hinten, ist gradseitig, trapezoidal, dunkel lederbraun gerandet, der eben nicht längere Metathorax erweitert sich viel stärker nach hinten, trägt an den abgerundeten Seitenecken je eine lange und eine ganz kurze Borste und hat einen fast ganz geraden Hinterrand, dieselbe Färbung wie der Prothorax. Die langen kräftigen Füsse nehmen vom ersten zum dritten Paar an Länge zu, sind hellbraun gefärbt mit einzelnen Stachelborsten besetzt und haben alle einen kurzen starken Daumenstachel am Schienenende. Der breit ovale weissliche Hinterleib trägt an den vorstehenden stumpfen Seitenecken nur je zwei bis drei lange Borsten, ziemlich lange weissliche am Hinterrande der Segmente und auf denselben weit nach innen reichende, spitz endende braune Keilflecke, deren Pusteln undeutlich sind.

Auf dem gemeinen Kuckuk zugleich mit *Nirmus fenestratus s. latirostris*, von welchem die ältern Systematiker SCOPOLI und FABRICIUS die Art nicht unterschieden haben. NITZSCH bezeichnete sie im Mai 1814 in seinen Collectaneen als ***Ph. latirostris***, beliess später aber diesen Namen dem *Nirmus* und nannte sie dann ***latifrons***.

D. serrilimbus *Nitzsch.* Taf. IX. Fig. 12.
NITZSCH, Zeitschrift f. ges. Naturwiss. 1866. XXVIII. 360. — BURMEISTER, Handb. Entomol. II. 427. — DENNY, Monogr. Anoplur. 90. Tab. 7. Fig. 9.

Pallidissimus, brunneopictus; capite longo trigono, signatura frontali brevissima, antennarum articulo ultimo penultimo longiore, metathorace postice convexo, pedibus brevibus, abdomine longissimo angusto, segmentorum zonulis obscuris obsoletis, marginibus lateralibus brunneis, segmento ultimo feminae bilobo marginato, maris rotundato albido. Longit. $^3/_4$‴.

Die überaus schlanke Gestalt und ganz abweichende Zeichnung entfernen diese Art weit von allen bisher aufgeführten und ordnen dieselbe mit nur wenigen andern in eine eigene, durch dunkle Querbinden auf den Hinterleibssegmenten statt der Keilflecke charakterisirte Gruppe. Der schmal dreiseitige Kopf zunächst ist viel länger als hinten breit, vorn schwach convex abgestutzt und an den abgerundeten Ecken mit je drei feinen langen Borsten, denen am Zügelrande bis zum Balken noch drei ähnliche folgen. Die kurz kegelförmigen Balken überragen das Fühlergrundglied nur wenig, die Fühler erreichen angelegt den Occipitalrand nicht und ihr Endglied mit sehr sperrigen Tastborsten ist merklich länger als das vorletzte. Am abgerundeten Schläfenrande stehen mehre sehr lange Borsten zerstreut. Die Stirnsignatur ist ein kurzer, hinten dreieckiger Fleck, dessen lichte Umgränzung als weisslicher Mittelstreif bis zur dunkeln Scheitelsignatur fortsetzt. Die dunkle Zeichnung des Zügelrandes erweitert sich über der tiefen Fühlerbuchtung und setzt schnell schmaler werdend am Schläfenrande fort. Die feinen

Schläfenlinien, in Denny's Abbildung gar nicht, in unserer irrthümlich convergirend dargestellt, laufen ohne Convergenz zum Occipitalrande, so dass das Scheitelfeld die Breite des Prothorax erhält und die ebenso blasse Schläfengegend auffallend schmal erscheint. Der breite Prothorax hat convexe dunkelbraune Seiten. Der etwas längere, viel breitere, hinten stark convex aber nicht winklig gerandete Metathorax mit schwarzbraunen Seitenrändern trägt an jeder Seitenecke vier lange Borsten, welche nach vorn angelegt bis auf die Schläfen reichen. Die Füsse bis zum dritten Paare sich etwas verlängernd sind verhältnissmässig kurz und dünn, mit einzelnen langen Borsten besetzt. Der sehr schlanke schmale Hinterleib, bei dem Männchen nur etwas gedrungener als bei dem Weibchen, hat schwach sägezähnige Ränder und an den scharfen Seitenecken der langen Segmente anfangs eine, dann zwei und endlich drei lange Borsten, das stark vortretende abgerundete männliche Endsegment jederseits vier lange Borsten, das zweilappige weibliche nur drei ganz kurze. Rücken- und Bauchseite sind nur mit sehr vereinzelten langen Borsten besetzt. Die Zeichnung des Hinterleibes besteht aus schwarzbraunen Seitenrändern aller Segmente und einer ganz matten, deutlich nur auf der Mitte bemerkbaren Querbinde der Segmente. Das achte Segment dunkelt längs des Hinterrandes und hellt diese Färbung gegen die Mitte hin nach vorn auf. Das Endsegment ist bei dem Weibchen zweifleckig, bei dem Männchen ohne Zeichnung. Auch die Unterseite des Hinterleibes bietet erhebliche Geschlechtsunterschiede.

Auf dem Wendehals, Junx torquilla, von Nitzsch im April 1814 zuerst erkannt, später auch von Denny.

D. nirmoides *Nitzsch.*

Nitzsch, Zeitschrift f. ges. Naturwiss. 1861. XVIII. 291.

Antecedenti simillimus, differt signatura frontali et marginum abdominalium colore obsoleto.

Auf Sylvia rubetra fand Nitzsch im April 1825 ein weibliches Exemplar, das er wegen der mit *Nirmus gulosus* übereinstimmenden Stirnsignatur und der nur ganz schmalen und schwachen Färbung der Seitenränder der Abdominalsegmente bei übrigens völlig übereinstimmenden Formverhältnissen von voriger Art specifisch sonderte. Da das Exemplar in der Sammlung nicht mehr aufzufinden: so kann ich nähere Angaben nicht machen und doch verdient das Vorkommen dieses für Klettervögel besonders charakteristischen Typus auf einem Singvogel ernsteste Beachtung.

D. superciliosus *Nitzsch.* Taf. X. Fig. 3.

Nitzsch, Zeitschrift f. ges. Naturwiss. 1861. XVIII. 305. — Burmeister, Handb. Entomol. II. 427. — Denny, Monogr. Anoplur. 62. Tab. 3. Fig. 9.

Elongatus, capite elongato trigono antice obtuso, orbitis maximis trabeculis longis, margine occipitali concavo, signatura frontali brevi; metathorace hexagono, pedibus elongatis; zonulis abdominalibus latis postice undulatis. Longit. $^3/_4$'''.

Noch gestreckter als vorige beide und mit längerem am Occiput verschmälerten Kopfe und breiten Binden auf dem Hinterleibe. Der viel längere als breite Kopf ist im vordersten Theile stark verschmälert und stumpf abgerundet, an jeder Ecke mit zwei Borsten besetzt, schon in der Mitte des Zügelrandes etwas eingeschnürt und an diesem mit drei sehr kurzen Borsten besetzt. Die Einlenkung der schlanken Balken und der Fühler in tiefer Ausrandung und hinter dieser der Kopf am breitesten, so dass die Schläfenseiten parallel oder etwas convergirend nach hinten verlaufen, der Occipitalrand aber an der Einlenkung des Prothorax eingebuchtet erscheint. Die Schläfenlinien convergiren kaum, während die Hinterecken der Schläfen nach hinten etwas erweitert sind; ihr Rand trägt zwei sehr lange Borsten. Die kurze hinten stumpf zugespitzte Stirnsignatur und lappige Scheitelsignatur sowie der helle Orbitalrand ist in der Abbildung nach dem frischen Thier dargestellt. Die kurzen Fühler haben drei gleich lange walzige Endglieder, das letzte mit sperrigen Tastborsten. Die hintere Seitenecke des sehr breiten Prothorax trägt eine, die stumpfen Seitenecken des sehr grossen sechsseitigen Metathorax je drei sehr lange Borsten; beide Brustringe sind dunkel gerandet, gegen die Mitte hin hell gefärbt. An den langen Füssen hat das Ende der Schienen zwei stumpfspitzige Daumenstacheln, der Tarsus einen Stachel und die Klaue ist stark, kurz und sehr gekrümmt. Der lange Hinterleib erweitert sich nur langsam und wenig, die schwach vortretenden Seitenecken der ersten Segmente mit je einer, der folgenden mit zwei, der letzten mit drei Borsten, das weibliche Endsegment an jedem Lappen mit nur einer ganz kurzen. Statt der braunen randlichen Keilflecke sind die Segmente oberseits mit breiten braunen Binden gezeichnet, deren Hinterrand wellig oder zackig erscheint, deren Seitenrand aber sehr dunkel ist. An den lange in Spiritus aufbewahrten Exemplaren erscheinen diese Binden jederseits neben dem Rande unterbrochen, aber an frischen fand ich sie wie von Nitzsch in unserer Abbildung dargestellt und muss ich daher die Denny'sche Abbildung mit den innen abgerundeten Zangenflecken für naturwidrig erklären.

Auf Picus major von Nitzsch bereits im Frühjahr 1805 sicher erkannt und gezeichnet und später von Denny und mir beobachtet.

D. scalaris *Nitzsch.* Taf. X. Fig. 1. 2.

Nitzsch, Zeitschrift f. ges. Naturwiss. 1861. XVIII. 305. — Burmeister, Handb. Entomol. II. 427.

Capite late trigono, antice rotundato, punctis duobus ferrugineis ad antennarum basin; zonulis abdominalibus postice arcuatis. Longit. 1‴.

Von voriger Art besonders durch die Kopfform unterschieden. Der Kopf ist nämlich breiter dreiseitig, vorn stärker verschmälert und abgerundet und die Schläfengegend nicht wie bei jener nach hinten verschmälert und an den Ecken erweitert, die Balken stärker, das letzte Fühlerglied etwas länger als das vorletzte, auch der Prothorax etwas länger, die Klauen viel schlanker und nur sehr wenig gekrümmt. Die dunklen Flecke an der Basis der Fühler erscheinen sehr charakteristisch und die Binden der Abdominalsegmente mit breit bogigem Hinterrande.

Diese Art kömmt nach Nitzsch auf Picus viridis, P. medius und P. canus vor, doch konnte ich nur die Exemplare von letzter und erster Art untersuchen, nach welchen auch beide Geschlechter in unserer Abbildung gezeichnet sind.

D. gilvus *Nitzsch.*

Nitzsch, Zeitschr. f. ges. Naturwiss. 1861. XVIII. 305.

Parvus, latus, albidus, gilvo vel ochraceopictus, capite antice angustato, signatura frontali nulla, antennarum articulo ultimo penultimo longiore, metathorace postice convexo, abdomine lato brevi, maculis late trigonis. Longit. $^{1}/_{2}$‴.

Der Kopf ist kurz dreiseitig, vorn sehr stark verschmälert und abgerundet, mit zwei langen Borsten jederseits auf dem Clypeus, einer sehr kurzen am Zügel und einer langen vor dem Balken. Dieser ist kurz und stumpfspitzig. An den schlanken Fühlern fällt die Länge des letzten Gliedes auf, das vorletzte ist das kürzeste. Die Schläfen sind breit abgerundet und mit vier langen Borsten besetzt. Eine eigentliche Stirnsignatur fehlt, der Scheitel ist dunkel, und die nicht dunkeln Schläfenlinien verlaufen geschwungen nach hinten. Beide Thoraxringe haben dunkelbraune Seitenränder und eine ganz helle Mittellinie. Die Seiten des Prothorax sind etwas convex und an den stumpfen Seitenecken des eben nicht längern Metathorax stehen drei lange Borsten. Die Beine bieten nichts Bemerkenswerthes; nur sind die Klauen fast gerade. Der Hinterleib ist kurz und breit oval, an den sägezähnigen Rändern anfangs je eine, hinten je drei bis vier lange Seitenborsten. Das Endsegment ist kurz und breit und tritt daher nicht besonders hervor. Abweichend von den vorigen Arten der Klettervögel haben hier die Segmente die kurzen dreiseitigen Keilflecke der meisten Singvogelarten, jeder Fleck mit einem runden Tüpfel und etwas concavem Hinterrande. Ueberhaupt steht die Art der des Staares, *D. leontodon*, nah, unterscheidet sich aber sogleich durch den vorn stark verschmälerten Kopf und die abweichenden Fühler.

Wurde in zwei männlichen Exemplaren von Psittacus erithacus im Jahre 1818 von Herrn Otto eingesendet.

D. integer *Nitzsch.*

Nitzsch, Zeitschrift f. ges. Naturwiss. 1866. XXVIII. 360.

Capite trigono obtuso, trabeculis brevibus, signatura frontali lato pentagono, prothorace trapezoidali, metathorace postice angulato, abdomine late ovali, segmento primo vittato, segmentorum reliquorum maculis longis acutis bipustulatis, postice excisis. Longit. 1‴.

Der Kopf ist vorn breit und fast gerade abgestutzt, an den abgerundeten Vorderecken mit je einer feinen Borste, hinter dieser folgen am Zügel zwei sehr kurze und unmittelbar vor dem Balken zwei lange neben einander. Die Balken sind dick kegelförmig und kurz, nur mit der Spitze über das erste Fühlerglied hinausragend. Die Fühler sind kurz, ihr zweites Glied so lang wie das dritte und vierte zusammen, das letzte nicht länger als das vierte. Die hintern Schläfenecken erscheinen weniger abgerundet als gewöhnlich und der Rand mit mehren Borsten besetzt. Die Stirnsignatur ist sehr breit, kurz, fünfeckig, die hintere schwarze Spitze nur wenig ausgezogen, überhaupt die Zeichnung des Vorderkopfes der von *D. pertusus* vom Wasserhuhn sehr ähnlich. Die Schläfenlinien wenden sich von der Fühlerbasis stark nach innen gegen das kreisrunde Scheitelfeld, dann plötzlich gebogen nach hinten convergirend, weichen also von jener Art erheblich ab. Der Prothorax ist viel breiter als lang, nach hinten etwas erweitert, mit geraden Seiten und stark abgerundeten Hinterecken. Der Metathorax hat einen winkligen Hinterrand und an den sehr hervortretenden stumpfen Seitenecken je zwei lange Borsten; die Ränder beider Brustringe sind dunkelbraun, ihre Mitte aber hell und auf dem Metathorax läuft eine Borsten tragende dunkelbraune Linie dem winkligen Hinterrande parallel. Die kastanienbraunen Füsse sind kurz und dick, denen von *D. pertusus* sehr ähnlich, die Schienen gegen das Ende hin stark verdickt und hier mit einem kurzen plumpen Daumenstachel, der Tarsus lang, innen mit langer Borste, die Klauen dick, stumpfspitzig und ziemlich gekrümmt, kurz. Der breit ovale Hinterleib, bei dem Weibchen nur wenig schmäler als bei dem Männchen, hat gekerbte Ränder und an den abgerundeten Ecken der Segmente je zwei und drei lange Borsten. Das Endsegment ist breit, kurz und ragt nur wenig hervor. Das erste Segment hat eine fast schwarzbraune, nur in der Mitte unterbrochene Binde, die übrigen Segmente lange Keilflecke mit zwei Tüpfeln und zwischen beiden am Hinterrande eine tiefe Bucht. Kurze goldgelbe Borsten stehen auf der Oberseite zerstreut, auf der Bauchseite in regelmässige Querreihen geordnet.

Auf dem gemeinen Kranich, Grus communis, von Nitzsch im October 1827 und im März 1836 in mehren Exemplaren gesammelt. Auch Frisch hat diese Art in seinen Insekten V. 15. Taf. 4 wenn auch nicht sorgfältig, doch unverkennbar abgebildet.

D. novae Hollandiae.

Giebel, Zeitschrift f. ges. Naturwiss. 1866. XXVIII. 360.

Antecedenti simillimus, sed robustior, capite antice angustiore, trabeculis antennisque brevioribus, maculis abdominalibus brevioribus. Longit. $^3/_4$'''.

Diese in nur einem männlichen Exemplare auf einem trocknen Felle des neuholländischen Kranichs, Grus novae Hollandiae, gefundene Art steht der des gemeinen Kranichs sehr nah, hat jedoch eine entschieden gedrungenere Körpertracht. Ihr Kopf erscheint vorn mehr verschmälert, vor den Balken steht nur eine Borste, die Balken selbst sind kürzer und ragen nicht über das erste Fühlerglied hinaus, die Fühler erheblich kürzer als bei voriger Art, ebenso die Stirnsignatur kürzer, dagegen die Schläfenlinien ebenso verlaufend. Der Prothorax ist etwas länger im Verhältniss seiner Breite und nicht so dunkel gerandet. Metathorax und Füsse nicht abweichend. Die Zeichnung des ersten Abdominalsegmentes wie bei voriger Art, aber die Keilflecke der folgenden Segmente kürzer und schärfer zugespitzt, daher das helle Mittelfeld des Hinterleibes breiter. Die Borsten nicht abweichend.

D. tricolor *Nitzsch.* Taf. X. Fig. 9. 10. 11.

Nitzsch, Germars Magaz. Entomol. 1818. III. 290 (280); Zeitschrift f. ges. Naturwiss. 1866. XXVIII. 360. — Burmeister, Handb. Entomol. II. 424. — Denny, Monogr. Anoplur. 105. Tab. 6. Fig. 9.

Fuscus, nigropictus, capite trigono, trabeculis brevissimis, antennis brevibus, signatura frontali nulla, metathorace postice subconvexo, abdomine piloso, maculis trigonis nigris obtusis. Longit. $1^1/_4$'''.

Eine sehr häufige und von allen vorigen leicht zu unterscheidende Art, die schon durch die beträchtliche Grösse ihrer Weibchen auffällt. Der dreiseitige Kopf ist am Vorderende stumpf abgerundet und bis zu den Balken hin mit mehren langen Borsten als gewöhnlich besetzt. Die Balken sind sehr kurz und auffallend stumpfspitzig, oft so eng anliegend nach unten, dass sie gar nicht sichtbar sind. Auch die Fühler sind kurz. Die Schläfen wieder mit zahlreichen Borsten besetzt. Die Zeichnung des Kopfes weicht sehr auffallend von vorigen Arten ab und ist in unsern Abbildungen von Nitzsch nach lebenden Thieren dargestellt, bei Denny ganz verfehlt. Der Prothorax ist quer oblong, mit schwach convexen Seiten, oberseits tief braun mit heller Berandung und Mittellinie und mit zwei Randborsten hinter der Mitte jeder Seite. Der trapezoidale Metathorax hat bei dem Männchen (Fig. 9) einen schwach convexen, bei dem Weibchen (Fig. 10) einen geraden Hinterrand und an den stumpfen (bei Denny irrthümlich scharfen) Seitenecken je vier lange Borsten, kurze dicht gedrängte Borsten längs des Hinterrandes. Seine Oberseite ist bräunlich schwarz mit heller Berandung und Mittellinie. An den Füssen sind die Schenkel stark, aber die Schienen dünn und schlank und an der Unterseite mit drei kegelförmigen Stacheln von der Grösse des Daumenstachels am Ende besetzt, am Tarsus lange Borsten und die Klauen lang und mässig gekrümmt. Die Segmente des ovalen Hinterleibes tragen vor den stumpfen Seitenecken anfangs zwei, die hintern vier lange Randborsten, das weibliche nur schwach gekerbte Endsegment jederseits sechs sehr lange, das männliche sehr kurze und breite nur kurze Borsten. Aus letztem ragt bei vielen Exemplaren das Copulationsorgan in Form von vier etwas gekrümmten Chitinstäben hervor. Die Segmentflecke sind breit dreiseitig innen stumpfspitzig und zeigen bei trocknen Exemplaren am Vorderrande drei Gruben (Denny giebt p. 105 nur zwei an). Der lichte

Raum zwischen den Flecken ist ziemlich dicht mit Borsten besetzt. Männchen (Fig. 9) und Weibchen (Fig. 10, unreif Figur 11) unterscheiden sich ausser in der Grösse und der Länge des Hinterleibes auch noch in der Form und dem Farbenton der Hinterleibsflecken.

Sehr häufig auf dem schwarzen Storch, Ciconia nigra, am Halse und am Rumpfe, von NITZSCH schon im Jahre 1804 erkannt und abgebildet, später von DENNY minder getreu dargestellt.

D. incompletus *Nitzsch.*

NITZSCH, Germars Magaz. Entomol. 1818. III. 290 (290). — BURMEISTER, Handb. Entomol. II. 424. — DENNY, Monogr. Anoplur. 105. Tab. 6. Fig. 5.

Antecedenti simillimus, fulvoflavidus, obscure pictus, capite trigono antice angusto, metathoracis lateribus multis setis ornatis, maculis abdominalibus brevibus obtusis obscuris. Longit. $1\frac{1}{4}$'''.

Im Allgemeinen der vorigen Art sehr ähnlich, aber schon durch die Configuration des Kopfes leicht zu unterscheiden. Derselbe ist nämlich vorn beträchtlich schmäler und minder stumpf, mehr abgerundet, dagegen die Schläfenecken minder abgerundet, winkliger und der Occipitalrand in der Breite des Prothorax stark eingebuchtet. Die zahlreichen langen Borsten am Zügel- und Schläfenrande, die kurzen Balken und Fühler weichen nicht wesentlich von der Art des schwarzen Storches ab, auch die Zeichnung des Kopfes und der Lauf der Schläfenlinien verhält sich entsprechend. Der Prothorax erweitert sich etwas nach hinten, ist also trapezoidal und an den stumpfen Hinterecken mit je zwei starken Borsten besetzt. Der Metathorax hat wieder die Form wie bei voriger Art, nur scheinen die Hinterecken noch mehr abgerundet und mit drei Borsten besetzt, vor denen in der Mitte des Seitenrandes die vierte Borste steht. Die Füsse, nicht dunkler gefärbt als der Leib, sind mit vereinzelten langen Borsten besetzt und haben dicke, stark gekrümmte Klauen. Der Hinterleib, bei den Weibchen viel schmäler und schlanker als bei den Männchen und bei ersten mit besonders grossem Endsegment, hat stark gekerbte Seitenränder, die Seitenecken der Segmente völlig abgerundet und wie bei voriger Art reich beborstet. Die Mittellinie der Bauchseite erscheint kielartig erhöht. Die Randflecke der Oberseite sind kürzer als bei voriger Art, stumpfer, nur dunkler als der Leib, nicht schwarz oder tief braun, und mit drei in Dreieck gestellten Grübchen versehen. Uebrigens ist die Rückseite des Hinterleibes dicht, die Bauchseite sehr spärlich beborstet.

Auf dem weissen Storch, Ciconia alba, von NITZSCH schon im Jahre 1804 erkannt, von DENNY nicht naturgetreu gezeichnet.

D. subincompletus *Nitzsch.* Taf. XII. Fig. 3.

NITZSCH, Zeitschrift f. ges. Naturwiss. 1866. XXVIII. 364.

Major, pallidus, capite brevi trigono, fasciis ..., trabeculis brevissimis; prothorace lato, metathorace trapezoidali, sulco medio; tibiis armatis; abdomine feminae longo, maris breviori, lato, maculis obtusis lanceolatis. Longit. $1\frac{1}{3}$'''.

Diese riesige Art bietet auffällige Eigenthümlichkeiten bei der Vergleichung mit den vorigen. Der Kopf ist kurz dreiseitig, vorn breit gerundet, vor den Fühlern noch etwas kürzer als in unserer Abbildung, hier am Vorderrande jederseits mit einer kurzen Borste, dahinter an den völlig abgerundeten Ecken mit je zwei und am Zügelrande mit drei in gleichen Abständen hinter einander und die letzte schon an der Basis des Balkens. Dieser ist so kurz, dass er nicht das Ende des ersten Fühlergliedes erreicht, in unserer Abbildung zu lang und dünn gezeichnet. Die Fühler reichen nur bis zur Mitte des sehr breiten Hinterkopfes und ihr letztes Glied ist am Ende gerade, nicht wie gewöhnlich schief abgestutzt. Den Schläfenrand besetzen vereinzelte lange Borsten und die Schläfenlinien convergiren sehr stark gegen den in der Breite des Prothorax eingebuchteten Occipitalrand. Der sehr breite Prothorax hat vor der Hinterecke eine Randborste und eine breite mittle Längsfurche wie der trapezoidale Metathorax mit drei Randborsten und einer Reihe kurzer Borsten parallel dem geraden Hinterrande. Die Füsse sind für die Grösse des Thieres eher schlank als kräftig zu nennen und haben an der Unterseite der Schienen hinter einander drei starke Dornen, an der sehr vortretenden Daumenecke zwei gerade stumpfspitzige Dornen, an jedem Tarsusgliede zwei steife Borsten und die Klauen sind lang, dünn, nur wenig gekrümmt. Die Form des weiblichen Hinterleibes ist in unserer Abbildung dargestellt, doch ist der Rand durch die Segmentfurchen deutlich gekerbt, die Seitenränder der Segmente convex, anfangs mit zwei, dann mit drei, das vorletzte Segment mit vier kurzen Randborsten, das Endsegment mit einer dichten Reihe langer Borsten besetzt, selbst in der tiefen Ausrandung noch mit einigen kurzen. Der männliche Hinterleib ist viel kürzer, so dass die Körperlänge der Männchen noch nicht eine Linie misst, am Ende abgestutzt und das abgerundete Endsegment etwas vorragend, jederseits mit nur drei kleinen Borsten besetzt, die Seitenränder aller Segmente weniger convex als bei dem Weibchen. Die Flecke der Oberseite aller Segmente reichen weit gegen die Mitte vor und enden stumpf gerundet, jeder trägt nahe dem Rande und am innern Ende in dunklem Felde einen runden Tüpfel. Das mittle Feld der Bauch- und Rückenseite ist dicht mit goldigen Borsten besetzt, die randlichen Felder nur mit zerstreuten.

Auf Ciconia maguari wiederholt beobachtet.

D. breviloratus *Nitzsch.* Taf. XII. Fig. 5.
Nitzsch, Zeitschrift f. ges. Naturwiss. 1866. XXVIII. 361.

Capite latissimo, abdomine lato, segmentorum maculis longis postulatis. *Longit.* $^{3}/_{4}$'''.

Obwohl nur ein einziges Männchen von einem trocknen Felle des Ciconia argala in Frankfurt vorliegt, ist dasselbe doch so charakteristisch, dass die Aufstellung einer eigenen Art für dasselbe hinlänglich gerechtfertigt erscheint. Die Breite des Kopfes allein genügt schon zur Unterscheidung von den nächst verwandten Arten. Vorn breit abgerundet, hat er in der Mitte des Zügelrandes eine kleine in unserer Abbildung nicht wiedergegebene Einkerbung und schwache Borsten an demselben, die letzte auf der Basis des schlank kegelförmigen Balkens. Der Schläfenrand ist nur mit zwei sehr schwachen Borsten besetzt, hinter der Ecke mit einem kurzen Dorn. Die eigenthümliche Zeichnung der Stirngegend und die stark convergirenden Schläfenlinien stellt die Abbildung getreu dar. Der breite Prothorax hat keine Randborsten, der trapezoidale Metathorax mit convexem Hinterrande je drei lange Borsten an den stumpfen Hinterecken und vor denselben einen Dorn. Die Füsse sind von sehr kräftigem Bau. Der breit ovale Hinterleib mit abgerundetem, nicht wie die Abbildung darstellt zweilappigem Endsegment hat ziemlich scharfe Hinterecken der Segmente mit zwei bis drei Randborsten und lange Zangenflecke mit hellem Tüpfel nahe am Rande.

D. completus *Nitzsch.*
Nitzsch, Zeitschr. f. ges. Naturwiss. 1866. XXVIII. 361.

D. tricolori simillimus, sed capitis parte anteriore angustissima, prothorace latiore trapezoidali, maculis abdominalibus longissimis brunneis. *Longit.* 1'''.

Der Kopf ist länger als hinten breit und im vordern Theile stärker verschmälert als bei den Arten auf den Störchen, auch mehr abgerundet, jedoch wieder viel beborstet und zeichnen sich besonders die Borsten der Schläfenränder durch beträchtliche Länge aus, auch über der Fühlerbasis steht eine sehr lange. Die stumpfkegeligen Balken überragen das erste Fühlerglied nicht und sind die Fühler wie bei ***D. tricolor*** kurz. Der Clypeus ist bräunlichgelb und spitzt sich dieses helle Feld nach hinten zu, die Zügel sind dunkelbraun und läuft diese Färbung in die nicht sehr convergirenden geraden Schläfenlinien aus, zwischen welchen das Hinterhaupt wieder ganz hell gefärbt ist. Der Prothorax ist breit trapezoidal, mit convexem Hinterrande, dunkelbraunen Rändern, tiefer Mittelfurche und ohne seitliche Randborsten. Der Metathorax nicht länger als der Prothorax und mit dessen Zeichnung, hat an den abgerundeten Hinterecken drei lange Borsten und vor diesen einen kurzen Dorn. Die Schenkel sind stark, dagegen die Schienen dünn und am Unterrande mit drei starken Dornen auf eigenen Höckern, am obern mit einigen sehr langen Borsten besetzt; die Klauen sehr schlank und nur schwach gekrümmt. Der Hinterleib, bei dem Weibchen sehr schlank, bei dem Männchen kurz, breit, hinten sehr stumpf, hat scharfe Segmentecken, vor denen anfangs kurze, dann lange und zahlreichere Borsten stehen, die längsten und zahlreichsten am drittletzten Segmente. Die schwarzbraunen Zangenflecke sind schmäler als bei ***D. tricolor*** und reichen weiter gegen die Mitte vor, wo sie eine deutliche Grube tragen. Uebrigens ist die ganze Oberseite sehr dicht und kurz beborstet, die Bauchseite dagegen nur mit sehr vereinzelten ganz kurzen Bürstchen besetzt.

Auf Anastomus coromandelicus, von Nitzsch auf einem trocknen Balge in Paris zugleich mit einem ***Lipeurus*** und ***Colpocephalum*** gesammelt.

D. ovatus.

Minor, obscurus, clypeo angustissimo, trabeculis crassis longis, metathorace longo pentagono, abdominis late ovati maculis indistinctis. *Longit.* $^{2}/_{3}$'''.

Eine kleine, sehr gedrungene Art, deren kurzer Kopf sich vor den Balken schnell sehr stark verschmälert und daher hinten auffallend breit erscheint. An der abgerundeten Ecke des Clypeus steht eine kurze Borste, dahinter am Zügel zwei, in der Zügelmitte wiederum zwei und am Balken eine ganz kurze. Der starke, stumpfspitzige Balken reicht über die Mitte des längsten zweiten Fühlergliedes hinaus. Das letzte Fühlerglied ist länger als das vorletzte. Gleich hinter den Fühlern eine kurze, an der breit abgerundeten Schläfenecke zwei sehr lange Borsten. Eine hell umrandete, hinten zugespitzte Stirnsignatur, an deren Spitze die jederseits von der Fühlerbasis beginnende markirte Querfurche endet. Die Schläfenlinien convergiren sehr stark nach hinten. Der Prothorax erweitert sich sehr wenig nach hinten und hat eine Randborste jederseits, der viel längere Metathorax ist am Hinterrande so stark convex, dass er fünfseitig erscheint, trägt an der Seitenecke zwei lange Borsten und eine Borstenreihe parallel dem Hinterrande. Die Füsse ohne bemerkenswerthe Eigenthümlichkeiten. Der sehr kurze und breit ovale Hinterleib ist fast sägezähnig gerandet und trägt an den Segmentecken wenige lange Borsten. Die Keilflecke sind verwischt, sie scheinen kurz und spitz dreieckig gewesen zu sein.

Auf Ardea stellaris, in einigen Exemplaren ohne nähere Angabe in unserer Sammlung.

D. heteropygus *Nitzsch.*
Nitzsch, Zeitschrift f. ges. Naturwiss. 1866. XXVIII. 310.

D. tricolori simillimus, sed clypeo rotundato, lororum et temporum setis paucis, tibiis femoribus longioribus, maculis abdominalibus brunneis longis bipustulatis. Longit. ¾'''.

Ist den Arten auf unsern einheimischen Störchen sehr nah verwandt und nur durch nicht besonders auffällige Eigenthümlichkeiten ausgezeichnet. Der Kopf hat die Form von ***D. tricolor***, erscheint jedoch vorn am Clypeus stärker abgerundet und darum hier etwas schmäler, jederseits mit einer Borste, in der Zügelmitte mit zweien und unmittelbar vor dem Balken wieder mit nur einer. Der stumpfspitzige Balken überragt das Fühlergrundglied nicht. Am Schläfenrande stehen nur vereinzelte Borsten. Die Zeichnung des Kopfes stimmt mit ***D. tricolor*** überein, nur verlaufen die Schläfenlinien von der Scheitelmitte nach hinten parallel. Der entschieden trapezoidale Prothorax hat jederseits eine lange Randborste, der eben nicht längere Metathorax einen sehr schlanken Dorn in der Mitte des Seitenrandes und hinter diesem eine lange Borste. Die Zeichnung beider Brustringe gleicht der von ***D. tricolor***. Die Beine haben kurze starke Schenkel, längere dünne Schienen mit den drei beborsteten Höckern am Rande und kurzen Daumenstacheln am Ende, auch der Tarsus hat kurze Dornen, die Klauen sind kräftig und mässig gekrümmt. Form und Beborstung des Hinterleibes bieten keine erheblichen Unterschiede und die Keilflecke reichen weiter gegen die Mitte vor als bei ***D. tricolor***, enden bei den Weibchen ganz stumpf gerundet, bei den Männchen spitz, doch nicht so schlankspitzig wie bei jener Art, in beiden Geschlechtern ist das runde Grübchen am Rande und nahe der Spitze deutlich.

Nitzsch fand diese Art im Jahre 1826 in Berlin auf einem trocknen Balge von Tantalus loculator und stellte sie unter obigem Namen ohne nähere Angaben in der Sammlung auf.

D. sphenophorus *Nitzsch.* Taf. XII. Fig. 4.
Nitzsch, Zeitschrift für ges. Naturwiss. 1866. XXVIII. 310.
Docophorus Plataleae Denny, Monogr. Anoplur. 100. Tab. 4. Fig. 9.
Philopterus Plataleae Gervais, Aptères. III. 339.

Magnus, latus, brunneopictus, capite brevi lato, clypeo subrotundato, duabus signaturis frontalibus, trabeculis brevibus obtusis, antennis longis, abdomine paulo piloso, maculis cuneatis acutis pustulatis. Longit. 1½'''.

Eine in mehrfacher Hinsicht eigenthümliche, von den vorigen gar erheblich abweichende Art von gedrungenem robusten Bau, die schon dem blossen Auge ihre Charaktere zeigt. Der Kopf ist breiter als lang, vorn stark verschmälert und abgerundet, am vordern Clypeusrande fast concav, an den völlig abgerundeten Ecken jederseits mit zwei Borsten, in der Zügelmitte und vor dem Balken abermals mit je zwei und bisweilen hinter den Eckborsten eine einzelne. Die kurzen Balken überragen das erste Fühlerglied nicht, das zweite Fühlerglied hat die Länge der beiden folgenden zusammen und die angelegten Fühler reichen bis an den Occipitalrand. Hinter den Fühlern tritt am Schläfenrande ein halbkugeliger Höcker hervor, der zwar scharf von der Schläfenfläche abgegränzt, doch ganz hell gefärbt, durchscheinend, ohne innere Struktur ist, deshalb nicht das Auge sein kann. Die wirklichen Augen liegen als schwarze Punkte vorn an der Basis der Fühler. Hinter denselben steht ein Dorn, dann am breit abgerundeten Schläfenrande in gleichen Abständen vier Borsten und am Occipitalrande wieder ein Dorn. Die Zeichnung des Kopfes ist so eigenthümlich, dass ich die Stirnsignatur noch besonders abgebildet habe. Auf dem lichten vordern Stirnfelde liegen nämlich zwei braune Signaturen und geht von diesem Felde eine weissliche Querlinie jederseits zum Zügelrande und hinten eine Mittellinie bis zum Scheitel. Die Schläfenlinien verlaufen stark Sförmig geschwungen. Der sehr breite, nicht quer oblonge wie in der Abbildung, sondern etwas trapezoidale Prothorax trägt an jeder Hinterecke eine Stachelborste und der längere Metathorax an den scharfen Hinterecken je drei sehr lange Borsten, am convexen Hinterrande mit einer Borstenreihe. Die Beine sind im Verhältniss zu dem gedrungenen Körperbau schlank, nur das erste Paar kurz mit sehr dicken Schenkeln, das letzte Paar in allen Gliedern schlank, an der Schiene mit nur einem Dorn bewehrt, die Klauen aller Füsse lang und stark, ziemlich gebogen. Der breit ovale, bei dem Weibchen merklich gestrecktere Hinterleib trägt vor den abgerundeten Hinterecken der Segmente drei bis vier lange Borsten, an den Ecken des gerade abgestutzten, in der Mitte gekerbten weiblichen Endsegmentes eine Reihe dicht gedrängter langer Borsten, dagegen auf der ganzen Rücken- und Bauchseite nur sehr vereinzelte kurze Börstchen. Die dunkelbraunen Keilflecke spitzen sich nach innen scharf zu, haben aber ausser dem rundlichen Augenfleck noch einen minder deutlichen vor der Spitze. Bei dem Männchen erscheint das Endsegment als fast kreisrunde braune Chitinleiste. Die Bauchseite des Weibchens zeigt die in der Abbildung dargestellte Doppelreihe von Querflecken, welche vor der letzten Häutung auch die Zeichnung der Rückenseite bildet; in noch früherer Jugend ist der Hinterleib ohne alle Zeichnung. Die Bauchseite des Männchens hat quere Binden, die nicht an den Rand reichen. Der Magen scheint bläulich durch. Bei der Begattung sitzt das Weibchen auf dem Männchen und dieses biegt sein Hinterleibsende ganz nach oben. Nach Lucas, Bullet. soc. entomol. France 1852. 38. dauert der Begattungsakt 10 Stunden.

Sehr häufig auf dem gemeinen Löffelreiher, Platalea leucorodia, von Nitzsch wiederholt gesammelt, später auch von Denny beobachtet, dessen Abbildung freilich wieder in sehr wichtigen Verhältnissen von unsern Exemplaren abweicht. Er giebt in der Beschreibung an, dass die Keilflecke bisweilen bis nahe an die Mittellinie heranreichen, was bei keinem unserer Exemplare der Fall ist; immerhin mögen individuelle Schwankungen in der Länge vorkommen, da derartige sexuelle Verschiedenheiten häufig sind.

D. pygaspis *Nitzsch.*

Nitzsch, Zeitschrift f. ges. Naturwiss. 1866. XXVIII. 319.

Oblonga, brunneo-picta, capite angusto, antice rotundato, trabeculis crassissimis obtusis, prothorace et metathorace fere aequalibus, abdomine post medium latissimo, maculis indistinctis. Longit. ⅔'''.

Der Balkling des Flamingo entfernt sich im Habitus wie in den einzelnen Charakteren weit von denen der Reiher und Störche. Im Allgemeinen von gestreckter Tracht zeichnet er sich zunächst durch seinen schmalen, vorn völlig abgerundeten Kopf aus, der an den Ecken des Clypeus keine Borsten, am Zügelrande auch nur zwei ganz kurze Börstchen trägt und in der Zügelmitte eine kleine Einkerbung besitzt. An der schlanken Form des Kopfes fällt die grosse Dicke der Balken besonders auf, deren stumpfe Spitze nicht über das erste Fühlerglied hinausreicht. Das zweite Fühlerglied ist das längste und das letzte erheblich länger als das vorletzte. Am Schläfenrande stehen nur zwei bis drei kurze Dornspitzchen, bei einem Exemplar hinter der Schläfenecke auch eine lange Borste. Die Stirnsignatur ist bei keinem Exemplar ganz deutlich, nur ihre hintere dunkle Spitze stets vorhanden, der Zügel ebenfalls dunkelbraun. Die Schläfenlinien laufen fast parallel zum Nackenrande und fassen ein sehr breites Scheitelfeld ein. Pro- und Metathorax haben beide dieselbe trapezoidale Form mit ziemlich scharfen Seitenecken, dieselbe dunkle Berandung und helle Mitte und ist der zweite Ring nur etwas breiter als der erste, dieser mit kleinen Randspitzchen, jener mit zwei kurzen Seitenborsten. Die Beine nehmen vom ersten zum dritten Paar an Länge erheblich zu. Der Hinterleib erreicht seine grösste Breite erst jenseits der Mitte und rundet sich dann schnell ab, so dass er bei den Männchen abgestutzt erscheint. Die ziemlich scharfen Seitenecken der Segmente sind anfangs nur mit einer, oft auch fehlenden Borste besetzt, weiter nach hinten mit zweien und das vorletzte allein mit drei sehr langen. Die Keilflecke scheinen breit dreiseitig gewesen zu sein, und die drei letzten Segmente sind durchgehend braun gefärbt, so dass sie ein zusammenhängendes Schild darstellen, worauf sich der von Nitzsch gewählte Artname bezieht.

In mehren Exemplaren auf Phoenicopterus antiquorum beobachtet.

D. Naumanni.

Giebel, Zeitschrift f. ges. Naturwiss. 1866. XXVIII. 311.

Latus, brunneo-pictus, capite magno, trabeculis longis, signatura frontali brevi latissima, prothorace trapezoidali, metathorace multo majore pentagono; abdomine maris suborbiculari, feminae late ovato, macularum cuneatarum margine postico punctulato. Longit. $^4/_3$'''.

Eine grossköpfige Art mit punktirt gerandeten Hinterleibsflecken. Der Kopf misst die halbe Länge des übrigen Körpers, ist so lang wie breit, vorn breit (bei mehren Exemplaren ganz schief) abgestutzt mit sehr schwach convexem Rande und abgerundeten Vorderecken, zwei kurzen Borsten auf diesen Ecken, zweien bald dahinter und einer letzten Zügelborste weit vor dem Balken. Dieser reicht bis zur Mitte des längsten zweiten Fühlergliedes. Das dritte und vierte Fühlerglied nehmen schnell an Länge ab und das fünfte überlängt das dritte wieder. Hinter den Fühlern auf einem eckigen Vorsprunge steht eine kurze Stachelborste und an der Schläfenecke zwei lange Borsten, die jedoch häufig fehlen. Die Stirnsignatur ist so breit wie lang, ihre Seitenecken fallen mit der lichten Unterbrechung der Zügel zusammen, ihre kurze Hinterspitze ist stets schwarzbraun und die lichte Umgränzung endet vor der dunkeln Querbinde, welche zwischen beiden Augen auf der Stirn liegt und nach vorn verwaschen ist. Hinter derselben macht sich noch eine dunkle Scheitelsignatur ohne scharfe Umgränzung bemerklich. Die an der Fühlerbasis beginnenden Schläfenlinien convergiren in Sförmig geschwungenem Verlauf sehr stark zum dunkelbraunen Occipitalrande. Der trapezoidale Prothorax ist dunkel gerandet, in der Mitte hell, ohne Borsten an den stumpfen Seitenecken. Der viel grössere Metathorax tritt mit scharf winkligem Hinterrande weit gegen das Abdomen vor und wird dadurch ungleich fünfseitig: an seinen scharfen Seitenecken stehen je drei lange Borsten. Sein Vorderrand ist sehr dunkelbraun, der winklige Hinterrand mit einer Reihe behaarter Pusteln besetzt. Die vom ersten bis zum dritten Paare bedeutend an Länge zunehmenden Beine haben sehr kurze dicke Schenkel, etwas längere und minder dicke Schienen und dünne, fast gerade Klauen, nur das dritte Schienenpaar ist in der Mitte mit einem Dorn bewehrt. Der bei dem Männchen rundliche, bei dem Weibchen breit ovale Hinterleib hat scharf sägezähnige Seitenränder, bei dem Männchen vor, bei dem Weibchen an und hinter den scharfen Ecken der Segmente je zwei bis drei lange Borsten, an dem sehr kurzen und breiten männlichen Endsegment nur ganz kurze, an dem längern weiblichen gekerbten zwei lange jederseits. Die dunkelbraunen Keilflecke des ersten Segmentes berühren sich in der Mittellinie, die der folgenden sind bei den Männchen breiter und reichen weiter gegen die Mitte vor als bei den Weibchen, die des vorletzten Segmentes bilden bei den Weibchen eine durchgehende Binde, bei den Männchen erweitern sich die Flecke der drei letzten Segmente und bleiben nur die des drittletzten noch in der Mittellinie getrennt. Alle Keilflecke haben nahe dem Seitenrande einen runden Augenfleck und längs ihres Hinterrandes eine Reihe von acht bis neun behaarten runden Tüpfeln. Ein zweites Grübchen nahe der innern Spitze ist nicht bei allen Exemplaren gleich deutlich. Das schmale Mittelfeld des Hinterleibsrückens ist meist dicht mit hellen Borsten besetzt. Die Bauchseite des weiblichen Abdomens zeigt dunkle Seitenränder, diesen parallel zwei Punktreihen und einen hufeisenförmigen jederseits dreizackigen Genitalapparat. Das männliche Abdomen trägt sechs die Seitenränder nicht berührende Querbinden und auf den drei letzten Segmenten das oblonge Genitalgerüst. Junge Exemplare sind licht gelb gefärbt und dunkel gezeichnet nur erst an den Zügeln und der hintern Spitze der Stirnsignatur. Bei allen scheint der Magen dunkel grau durch.

Auf Vanellus squatarola, von dem hochverdienten NAUMANN an unsere Sammlung eingesendet, daher ich die Art ihm zu Ehren benannt habe.

D. acanthus.

Docophorus Haematopi GIEBEL, Zeitschrift f. ges. Naturwiss. 1866. XXVIII. 311.
Docophorus ostralegi DENNY, Monogr. Anoplur. 71. Tab. 5. Fig. 4.
Philopterus ostralegi GERVAIS, Aptères III. 335.

Antecedenti simillimus, sed segmentorum anteriorum angulis lateralibus spinosis. Longit. ³⁄₄‴.

Im Habitus und den einzelnen Formen der vorigen Art so auffallend ähnlich, dass man sie identificiren möchte. Indess treten die Seitenecken der drei ersten Hinterleibssegmente so scharf dornig hervor, dass man diese Spitzen schon mit unbewaffnetem Auge erkennt und zur weitern Vergleichung herausgefordert wird. Diese führt denn auch noch auf weitere, wenn auch minder erhebliche Unterschiede. So erscheint der Vorderrand des Clypeus etwas mehr concav, dieser Theil mit mehr Borsten besetzt, die Schienen gegen das Ende hin stark verdickt, die Seitenecken der Hinterleibssegmente vom vierten ab stark abgerundet und mit längern Borsten besetzt, das breite abgestutzte männliche Segment mit vielen langen Borsten, auf den Keilflecken ein mittler Augenfleck häufig deutlich, dagegen die Pustelreihe des Hinterrandes auf den letzten Segmenten oft undeutlich, die Keilflecke schon des viertletzten Segmentes gerade abgestutzt, an der Bauchseite des Weibchens kaum erkennbare Punktreihen, des Männchens nur linienschmale Querbinden. Da zahlreiche Exemplare von beiden Arten zur Vergleichung vorliegen und die Unterschiede sich constant zeigen, so scheint mir die Trennung hinlänglich begründet und habe ich den im angeführten Verzeichnisse nur provisorisch gewählten Beinamen des Wohnthieres nunmehr mit einem bezeichnenderen vertauscht.

Auf Haematopus ostralegus, von Nitzsch gesammelt und ohne Angabe in der Sammlung aufgestellt. Wäre Denny's Darstellung dieser Art naturgetreu, würde dieselbe specifisch gesondert werden müssen.

D. temporalis.

Robustior, capite latiore, prothoracis lateribus convexis, abdomine late ovato, maculis breviusculis bipustulatis. Longit. 1/3'''.

Der Balkling des gemeinen Kiebitz ist entschieden gedrungener gebaut als vorige beide Arten und unterscheidet sich durch seinen kürzern, in allen Theilen breitern Kopf. Die Vorderecken des Clypeus erscheinen weniger abgerundet und sind mit zwei kurzen Borsten besetzt, auch die mittle und hintere Zügelborste sind kurz. An den Fühlern überlängt das Endglied das vorletzte nur wenig. Die Breite des Kopfes tritt in der Schläfengegend besonders charakteristisch hervor, und ist diese zugleich nach hinten erweitert, so dass der Occipitalrand stark concav erscheint. In der Mitte des Schläfenrandes ein schwacher Borsten tragender Vorsprung und an der völlig abgerundeten Schläfenecke zwei sehr lange Borsten. Die Stirnsignatur und Zeichnung des Vorderkopfes überhaupt von vorigen beiden nicht bemerkenswerth abweichend. Der Prothorax erweitert sich zwar nach hinten merklich, aber seine Seitenecken sind völlig abgerundet, auch die mit nur zwei langen Borsten besetzten Seitenecken des Metathorax sind minder scharf als bei vorigen, die Beine kurz und stark. Der sehr breit ovale kurze Hinterleib hat nur vorn scharfe, hinten abgerundete Segmentecken und diese mit drei und vier langen Borsten besetzt. Die Keilflecke verhalten sich wie bei vorigen, nur reichen sie nicht so weit gegen die Mitte vor, haben einen randlichen und mittlen Augenfleck und die hintere Pustelreihe und die drei letzten Paare sind innen gerade abgestutzt.

Auf dem gemeinen Kiebitz, Vanellus cristatus, nur in zwei Exemplaren vorliegend.

D. semivittatus.

Docophorus platygaster Denny, Monogr. Anoplur. 83. Tab. 2. Fig. 5.

Antecedenti similis, antennis longioribus, prothorace metathorace aequilongis, maculis abdominalibus diversis.

In der Kopfform der vorigen Art durch die stark entwickelten Schläfen und in dem buchtigen Occipitalrande gleich, aber die Borsten des Vorderkopfes sind feiner, die Balken dünner, die Fühler fast bis an das Hinterende des Kopfes reichend, insbesondere durch Verlängerung des zweiten Gliedes, während das Endglied kaum länger ist als das vorletzte. An der Schläfenecke zwei sehr lange Borsten. Stirnsignatur und Zeichnung des Vorderkopfes wie bei vorigen Arten, die Schläfenlinien wieder winklig gebogen und dann stark zum Occipitalrande convergirend. Prothorax nach hinten erweitert, mit convexen Seiten. Metathorax nicht länger, aber beträchtlich breiter, mit minder starkwinkligem Hinterrande als bei vorigen Arten, mit ziemlich scharfen Seitenecken und je zwei sehr langen Borsten an denselben. Die Beine kurz und sehr dick, die Schienen nicht länger als die Schenkel, stark keulenförmig verdickt, mit nur zwei Dornenspitzchen am Rande bewehrt, kurzen starken Daumenstacheln und Borsten neben denselben, die Klauen kurz, dick und wenig gekrümmt. Der Hinterleib ist breit oval wie vorhin, die Seitenecken der vordern Segmente dornspitzig, der hintern stumpfsägezähnig und diese mit vier sehr langen Borsten besetzt, das stumpfzweilappige weibliche Endsegment jederseits nur mit einem Dornspitzchen, das stark vorstehende halbovale männliche Endsegment mit jederseits sechs sehr langen Borsten. Die braunen Keilflecke des männlichen Hinterleibes nur auf dem zweiten, dritten und vierten Segment in der Mitte getrennt, auf allen übrigen zu durchgehenden Querbändern zusammengehend, bei dem Weibchen dagegen nur die des ersten und vorletzten in der Mitte zusammentretend, die übrigen wie bei vorigen Arten, jedoch ziemlich stumpfspitzig. Augenflecke und Pusteln wie bei voriger Art.

Auf dem dummen Regenpfeifer, Charadrius morinellus. Da Denny's Darstellung dieser Art wieder erhebliche Unterschiede bietet, die Identität also fraglich erscheint, kann ich dessen Namen nicht auf unsre Art übertragen. Derselbe führt auch Charadrius hiaticula und Uria troile als Wirthe an.

D. conicus *Denny.*

Denny, Monogr. Anoplur. 90. Tab. 5. Fig. 2.

Pallide fulvoflavus, capite magno, subconico; abdomine elliptico. Longit. 3/4'''.

Eine markirte Querfurche läuft von Balken zu Balken über die Stirn, die Balken sind schlank und spitz, dagegen die Fühler kurz und sehr dick, der Hinterrand des Metathorax stark convex und beborstet, der Hinterleib hat schon im zweiten und dritten Segment seine grösste Breite und verschmälert sich dann allmählig. — So charakterisirt Denny die Art des Charadrius pluvialis, auf welchem auch Nitzsch einen ***Docophorus*** beobachtete, ohne jedoch nähere Angaben zu machen oder die Exemplare aufzubewahren. Da nach Denny's Darstellung noch alle Zeichnung fehlt: so war das einzige demselben vorgelegene Exemplar wohl ein unreifes.

Auch von Dromas ardeola führt Nitzsch das Vorkommen von ***Docophorus*** an, aber das einzige Exemplar ist in der Sammlung nicht aufzufinden.

D. mollis *Nitzsch.*
Nitzsch, Zeitschrift f. ges. Naturwiss. 1866. XXVIII. 392.

Mollissimus, aureoflavus totus, capite fronte angustiori antice obtuso, laevis mollis.

Im April 1816 fand Nitzsch auf einem Totanus calidris zwei ausgezeichnet goldgelbe Exemplare ohne alle Zeichnung und so ungemein weich, wie er ähnliche nie gesehen. Hieraus auf eine eben erst erfolgte Häutung zu schliessen, dagegen sprach ihm die schön goldgelbe Färbung und die völlige Uebereinstimmung beider Exemplare, die leider in der Sammlung nicht mehr vorhanden sind.

D. cordiceps.
Docophorus Glareolae, D. Nitzschi, Giebel, Zeitschrift f. ges. Naturwiss. 1866. XXVIII. 392.

Fulvus, brunneopictus, capite cordiformi, metathorace acutangulato, maculis abdominalibus longis obtusis pustulatis. Longit. ½'''.

Gehört zum Formenkreise der Charadrinen-Balkläuse und unterscheidet sich von den vorigen durch die besonders erweiterten Schläfengegenden, durch welche der Kopf bei gleichzeitig tiefer Buchtung des Occipitalrandes eine breit herzförmige Gestalt erhält. Der vordere Clypeusrand ist so breit wie die vorstehenden Schläfen, trägt an jeder Ecke eine Borste, hinter welcher am Zügel vier folgen. Die dicken Balken sind kurz und stumpf gerundet, die Fühler sehr kurz, kaum über die Schläfenmitte hinausreichend, ihre drei letzten Glieder einander gleich, über den Augen ein Dorn, in der Mitte des Schläfenrandes zwei kurze, an der abgerundeten Schläfenecke zwei lange Borsten. Die sehr scharf umrandete Stirnsignatur ist viel breiter als lang, ihre tief braune Spitze stösst an die dunkle beide Augen verbindende Querlinie, welche von einer hellen Querbinde hinten begleitet wird. Die rundliche Scheitelsignatur hat eine dunkle Mitte und wird hinten von einem dunklen Hofe begränzt. Die Schläfenlinien convergiren sehr stark zum Occipitalrande, dessen Einbuchtung sehr tief und viel breiter als der Prothorax ist. Der Prothorax selbst gewinnt nach hinten schnell an Breite, und ist zugleich kurz, also trapezisch, mit schwarzbraun gerandeten Seitenecken und einigen Borstenspitzchen an denselben. Der viel breitere und etwas längere Metathorax hat scharf vortretende Seitenecken mit je zwei langen Borsten und zwei kurzen Dorsalborsten und einen winkligen Hinterrand, dem parallel eine Pustelreihe läuft. Die Beine sind kurz und kräftig, die Schienen von der Länge der Schenkel, etwas dünner und mit Dornen bewehrt. Der ovale Hinterleib, in beiden Geschlechtern von ziemlich gleicher Breite, hat anfangs scharfe, später stumpfe Segmentecken mit drei und vier langen Borsten, am Endsegment mit kurzen Borsten, das gekerbte weibliche Segment sehr kurz. Die Keilflecke des ersten Segmentes treffen mit ihren Spitzen in der Mittellinie zusammen, die folgenden sind kürzer, lassen also das mittle Rückenfeld frei, enden aber stumpf, und die der beiden vorletzten verschmälern sich nach der Mitte hin gar nicht, enden so breit wie sie am Rande begannen, alle Flecke haben einen randlichen und einen mittlen hellen Augenfleck und längs des Hinterrandes eine recht deutliche Pustelreihe. Das Männchen zeichnet seine Bauchseite mit einigen Querbinden, das Weibchen mit zwei Punktreihen, das Genitalgerüst beider wie gewöhnlich sehr verschieden.

Auf Totanus glareola in mehren von Nitzsch ohne nähere Angaben in unserer Sammlung aufgestellten Exemplaren. Auch die wenigen Exemplare von Totanus macularius, die ich in dem citirten Verzeichnisse als *D. Nitzschi* aufführte, fallen nach sorgfältiger Vergleichung mit dieser Art zusammen.

D. frater.

Antecedenti simillimus, clypeo angustiore, trabeculis acutis, signatura frontali angustiore. Longit. ½'''.

Steht der vorigen Art auffallend nah, allein ihr Kopf ist schmäler, in der Schläfengegend nicht so beträchtlich erweitert und vorn stärker verschmälert. Dadurch wird die Stirnsignatur sehr viel schmäler und spitzt sich nach hinten schlanker zu. In der Mitte des Schläfenrandes liegt ein eckiger Vorsprung mit dicker Borste.

Zu diesen Eigenthümlichkeiten der Kopfbildung kommen nun am Hinterleibe die dornspitzigen Seitenecken der ersten Segmente und die scharfwinkligen der folgenden, die längern Borsten am Hinterleibsende und die so bedeutende Breite der Segmentflecke, dass sie dieselben berühren und nur durch ihre Pustelreihen von einander abgegränzt sind.

Von Totanus hypoleucus einige Exemplare in unserer Sammlung. Das einzige Exemplar von Machetis pugnax, das Nitzsch mit ***D. lari*cola** verglich, finde ich so ganz mit dieser Art übereinstimmend, dass es als besondere Art nicht aufgeführt werden kann.

D. Meyeri.

Giebel, Zeitschrift f. ges. Naturwiss. 1866. XXVIII. 361.

Fulvus, brunneopictus, capite longiore, trabeculis longis acutis, sutura frontali distincta, prothorace trapezoidali et metathorace pentagonali aequilongis acutangulis, abdomine lato ovali lateraliter serrato, maculis angustis acutis pustulatis. Longit. 1/3'''.

In der allgemeinen Körpertracht schliesst sich diese Art den vorigen sehr eng an, aber schon ihr Kopf ist merklich länger als breit, in der Schläfengegend nicht besonders erweitert und im Vordertheil gestreckt und schmal, vorn mehr convex als bei vorigen Arten, an jeder Vorderecke mit einer kurzen Borste und am Zügel jederseits drei Borsten in gleicher Entfernung von einander. Die Balken zwar an der Basis dick, ziehen sich doch schlankspitzig aus und gehören daher zu den langen. Die Fühler mit ihren drei gleich langen Endgliedern reichen angelegt weit über die Schläfenmitte hinaus. In dieser macht sich ein mit einem kurzen Dorn bewehrter rundlicher Vorsprung bemerklich. An der Schläfenecke steht eine lange Borste und gleich hinter dieser ein Borstenstachel. Die Stirnsignatur hat keine seitlichen Ecken, sondern zieht sich schnell verschmälert in die schwarzbraune Spitze aus. Die dunkle Färbung der Stirn verwischt sich nach vorn und die Scheitelsignatur ist oval mit dunklem Centrum. Die Schläfenlinien biegen winklig nach hinten um und convergiren viel weniger als bei vorigen Arten gegen den nur sehr sanft eingebogenen Occipitalrand. Der dem Metathorax gleich lange Prothorax ist trapezoidal, mit Stachelborste an der Seitenecke, dunklen Seitenrändern und heller Mitte. Der breitere Metathorax trägt drei lange Borsten an jeder Seitenecke, ist vorn ganz dunkel berandet und hat längs des winkligen Hinterrandes eine schöne Pustelreihe. Die Beine haben kurze kräftige Schenkel, schlanke Schienen mit nur einem feinen Dorn in der Mitte und zwei starken Daumendornen, und kräftige ziemlich gekrümmte Klauen. Die ersten Segmente des in beiden Geschlechtern breit ovalen Hinterleibes haben dornspitzige Seitenecken, die folgenden stumpf. Seitenecken mit drei langen Borsten und ebenso lange Borsten am letzten Segment. Die Keilflecke reichen nicht so weit gegen die Mitte vor wie bei vorigen Arten, sind auch schmäler, aber wieder mit je zwei Augenflecken und der Pustelreihe gezeichnet, die des ersten Segments in der Mittellinie sich fast berührend, die der beiden vorletzten Segmente ganz stumpf. Die Seitenränder der Segmente sind schwarz bis tief in die Kerbe hinein. Die Bauchseite des Männchens hat sechs gekrümmte gegen den Rand hin erweiterte Querbinden, die des Weibchens ohne solche, nur mit dunkler Seitenberandung der Segmente. Der Magen scheint blaugrau durch.

In mehren Exemplaren von Limosa Meyeri in unserer Sammlung.

D. Limosae.

Denny, Monogr. Anoplur. 86. Tab. 4. Fig. 2.

Capite elongato, castaneo; thorace fulvo; fasciis abdominis piceonigris. Longit. 1/4'''.

Die sich berührenden schwarzen, innen stumpf gerundeten Hinterleibsflecken unterscheiden diese Art von den vorigen sehr auffallend. Denny erhielt dieselbe von Limosa rufa und L. melanura. Ein männliches und ein weibliches Exemplar von L. rufa in unserer Sammlung haben beide keine Hinterleibsflecken, stimmen aber im Uebrigen so weit mit Denny's Angaben überein, dass ich an der Identität nur sehr geringen Zweifel hege. Die Balken sind nämlich bei unsern Exemplaren entschieden länger, ebenso das letzte Fühlerglied. Das Männchen hat einen breit abgestutzten, also fast oblongen Hinterleib. Von L. melanura finde ich kein Exemplar in unserer Sammlung vor, obwohl in einem ältern Namenverzeichniss auch dieses Vorkommen verzeichnet ist.

D. fusiformis *Denny.*

Denny, Monogr. Anoplur. 81. Tab. 1. Fig. 2.

Capite et thorace nitido-castaneis, illo magno, elongato, subcuneiformi; abdomine acute ovato, piceofusco. Longit. 1/2'''.

Das einzige uns vorliegende männliche Exemplar von Tringa minuta weicht in mehrfacher Hinsicht von Denny's Diagnose und Abbildung ab, doch wage ich nicht dasselbe unter einem neuen Namen zu beschreiben.

Der Kopf ist zwar ebenfalls gestreckt und vorn ziemlich stark verengt, aber die Einschnürung in der Fühlergegend fehlt gänzlich und der Vorderrand ist nicht tief ausgeschnitten, sondern nur sanft concav. Nur eine schwache Borste an der stumpf abgerundeten (nicht scharf ausgezogenen) Vorderecke jederseits und eine kurze Stachelborste vor dem schlank kegelförmigen, bis zur Mitte des zweiten Fühlergliedes reichenden Balken. Das letzte Fühlerglied, nach Denny mit dem vorletzten von gleicher Länge, ist bei unserm Exemplar beträchtlich länger. An der Schläfenecke zwei lange Borsten. Die tiefe Ausrandung im Clypeus, welche Denny zeichnet, erscheint hier nur als deutliche Concavität der Oberseite, nicht als Ausschnitt. Die Stirnsignatur spitzt sich nach hinten schlank und dunkelbraun zu. Der trapezoidale Prothorax hat schwarzbraune Seitenränder und helle Mittellinie, der fünfseitige Metathorax mit ebensolcher Zeichnung und zwei langen Borsten an jeder Seitenecke. Der Hinterleib ansehnlich breiter als in Denny's Abbildung, die drei ersten Segmente mit dornspitzigen, die folgenden mit stumpfen Seitenecken, mit zwei und drei sehr langen Borsten. Das auffallend lange, abgestutzt kegelförmige Endsegment hat jederseits an der Basis zwei lange, in der Mitte zwei ähnliche und am stumpfen Ende jederseits eine lange Borste und neben dieser zwei kurze Stachelborsten. Den Hinterleib nennt Denny piceofuscus, aber unser Exemplar hat dieselben Keilflecke wie die vorigen Arten, gepustelte, kurze, die des ersten Segmentes bis zur Mitte reichend, die der beiden vorletzten Segmente sehr kurz und ganz stumpf. Unser Exemplar ist überdies etwas grösser als das englische.

D. alpinus.

Giebel, Zeitschrift f. ges. Naturwiss. 1866. XXVIII. 362.

Pallidus, parum pictus, capite longo, trabeculis tenuibus longis, clypeo antice concavo, prothorace trapezoidali, metathorace pentagonali, abdomine ovato, maculis brevibus, obscure pustulatis. Longit. 3/5'''.

Trotz der auffälligen Aehnlichkeit mit voriger Art ist doch die specifische Selbständigkeit nicht wohl zu verkennen. Der Kopf ist wiederum schmal und gestreckt, am Vorderende gerade abgestutzt, aber auch hier eine Concavität auf dem Clypeus. Eine feine Borste an der stumpf gerundeten Vorderecke und keine am Zügel, ein feiner Dorn in der Schläfenmitte und zwei lange Borsten an der Schläfenecke. Die Balken sind sehr dünn und schlank, bis zur Mitte des zweiten Fühlergliedes reichend, das letzte Fühlerglied merklich länger als das vorletzte. Stirnsignatur ganz verwischt, nur ihre dunkle Endspitze deutlich; die Schläfenlinien bogig nach hinten wendend. Beide Brustringe mit fast schwarzen Seitenrändern, der zweite mit zwei langen Borsten an der Seitenecke. Die Beine mit kurzen starken Schenkeln, etwas dünneren und längeren Schienen und schwachen wenig gekrümmten Klauen. Der ovale Hinterleib mit sägezähnigem Rande und sehr langen Borsten an den scharfen Ecken, mit ziemlich langem Endgliede und mit schmalen stumpfen Keilflecken, deren Pusteln nicht deutlich hervortreten. Bei einem männlichen Exemplar ragen die Genitalien hervor und zwar eine Röhre von der Länge des Endsegments, aus dieser eine ebenso lange, fast geradarmige Zange. Unreife Exemplare sind blassgelb ohne Zeichnung.

Auf Tringa alpina von Nitzsch im Sommer 1814 gesammelt.

D. humeralis *Denny.*

Denny, Monogr. Anoplur. 88. Tab. 5. Fig. 7.

Pallide flavus, pictus, capite lato, trabeculis longis acutis, prothorace trapezoidali, metathorace pentagono, abdomine ovato, serrato-crenato, maculis ferrugineobrunneis, angustis, acutis, ocellatis. Longit. 1'''.

Der Kopf ist in der Schläfengegend sehr breit und erscheint dadurch kurz. Sein Vorderende ist schwach convex gerundet und an den stumpf gerundeten Ecken steht je eine Borste, der vier feine und ziemlich lange am Zügel folgen. Die Balken reichen mit ihrer schlanken Spitze bis zur Mitte des zweiten Fühlergliedes und das letzte Fühlerglied ist etwas länger als das vorletzte. Auf dem eckigen Vorsprunge in der Schläfenmitte stehen zwei Stachelborsten und an der erweiterten Schläfenecke zwei sehr lange Borsten. Die schmale Stirnsignatur spitzt sich schlank zu und endet vor der dunkeln Stirnbinde zwischen den Augen. Die Schläfenlinien wenden sich bogig nach hinten und convergiren in ihrer hintern Hälfte kaum noch. Der Occipitalrand ist eingebuchtet. Der trapezoidale Prothorax trägt an seinen gerundeten, braun gerandeten Seitenecken je eine Borste, der scharf fünfeckige, seitlich ebenfalls braun gerandete Metathorax je zwei lange Borsten. Die kurzen Beine haben sehr dicke Schenkel und nur schwach gegen das Ende hin verdickte Schienen. An dem ovalen Hinterleibe treten die Seitenecken der beiden ersten Segmente dornspitzig und mit drei kurzen Borsten besetzt hervor, die folgenden Seitenecken sind stumpf gerundet und mit vier langen Borsten besetzt. Das Endsegment ist breit und gerundet. Die

27

Keilflecken sind rostbraun, schmal und spitzig, haben am Rande einen grossen und in der Mitte einen kleinen Augenfleck und längs des Hinterrandes eine oft undeutliche Pustelreihe. Die des ersten Segmentes treffen in der Mittellinie zusammen, die folgenden lassen ein breites Mittelfeld frei, die der beiden vorletzten Segmente enden ganz stumpf und das letzte Segment ist braun. Bei zwei männlichen Exemplaren, die im Uebrigen nicht eigenthümlich sind, enden die Keilflecke erst nahe der Mittellinie, so dass das freie Mittelfeld linienschmal ist, zugleich sind sie am Rande breiter mit grossem nicht scharf umgränzten hellen Fleck. Die in Reihen geordneten Borsten des Hinterleibes sind sehr kurz und weisslich. Die Bauchseite hat ausser den dunkeln Seitenrändern keine Zeichnung. Die Färbung des Körpers ist blassgelb bis weisslich und unreifen Exemplaren fehlen die Hinterleibsflecke.

Auf Numenius arquata wie es scheint häufig. Unsere Exemplare weichen in der Färbung erheblich von Denny's Zeichnung ab, indem dieselbe schwarze Abdominalflecke angiebt, Kopf und Thorax kastanienbraun darstellt, auch wird der Balken kürzer und das Fühlerendglied nicht verlängert gezeichnet. Doch berechtigen diese Unterschiede nicht zu einer specifischen Trennung.

D. furcatus.

Capite angusto, clypeo profunde exciso, trabeculis tenuibus, prothorace lato trapezoidali, metathorace postice convexo, maculis abdominalibus trigonis. Longit. 1'''.

Diese in zwei Exemplaren von Ibis rubra vorliegende Art erinnert in mehrfacher Hinsicht lebhaft an den Schwalbenbalkling *D. excisus*. Ihr Clypeus ist wie bei jener breit und tief ausgerandet und diese Buchtung setzt als Vertiefung bis auf die Stirn fort. Die Verschmälerung des Vordertheiles erfolgt nicht wie bei vorigen Arten allmählig, sondern schnell, daher der vorderste Theil parallelseitig. An den Vorderecken stehen jederseits zwei Borsten, hinter diesen am Zügel drei, über dem Balken zwei kurze. Der Balken selbst ist dünn, das Fühlergrundglied kaum überragend, die Fühler lang, ihre drei letzten Glieder von gleicher Länge. An der stumpfen Ecke in der Mitte des Schläfenrandes stehen zwei Stachelborsten, vor der nicht erweiterten Schläfenecke eine sehr dicke Borste. Stirnsignatur nicht deutlich, Zügel und eine quere Stirnbinde ganz dunkelbraun, die Schläfenlinien stark Sförmig geschwungen, der Occipitalrand gerade. Der Prothorax ist breit trapezoidal, ohne Borsten an den abgerundeten Ecken; der nur etwas breitere Metathorax hat ebenfalls abgerundete Seitenecken, aber mit je einer Stachelborste und sein convexer Hinterrand erscheint in der Mitte gebuchtet durch die Vertiefung längs der Mitte der Oberseite. Beide Thoraxringe sind sehr dunkel gerandet. Die Beine kurz und stark, die verhältnissmässig dicken Schienen mit zwei Dornen auf einem Höcker jenseits der Mitte. Der Hinterleib hat die Form wie bei *D. excisus*, seine drei ersten Segmente mit scharfen, die folgenden mit stumpfen Spitzen und langen Borsten an denselben. Die dunkelbraunen Segmentflecke sind so kurz und breit dreieckig wie bei dem Schwalbenbalkling, aber die charakteristische Pustelreihe längs des Hinterrandes fehlt gänzlich, nur ein heller Fleck nahe dem innern Ende macht sich auf mehren, nicht überall bemerklich.

D. bisignatus *Nitzsch.* Taf. IX. Fig. 9.
Nitzsch, Zeitschrift f. ges. Naturwiss. 1866. XXVIII. 362.

Pallidus, castaneopictus, capite magno, clypeo fusco, signaturis frontalibus duabus, antennis longissimis, metathoracis margine postico convexo, maculis abdominalibus trigonis, obtusis bioculatis pustulatis. Longit. 1½'''.

Eine grosse und sehr scharf charakterisirte Art, deren doppelte Stirnsignatur zunächst an den Balkling des Löffelreihers, *D. sphenophorus*, erinnert, von demselben aber sogleich durch die Kopfform und die Zeichnung des Hinterleibes sich unterscheidet. Der Kopf misst ein Drittheil der Gesammtlänge und erscheint nur unbedeutend länger als in der Schläfengegend breit. In der Fühlergegend verengt er sich plötzlich, dann bis zum stark convexen Vorderrande nur noch wenig, also der Clypeus breit. Der die doppelte Stirnsignatur bildende Schild tritt stark convex über den Vorderrand hervor und ist hier mit einem in unserer Abbildung nicht dargestellten feinen, aber nach hinten etwas erweiterten Schlitz versehen, der an die ähnliche Bildung bei *D. scalaris* und *D. pertusus* erinnert. Die Oberfläche dieses Schildes erscheint dem convexen Vorderrande parallel concentrisch liniirt. An der abgerundeten Vorderecke jederseits stehen zwei Borsten, gleich dahinter abermals zwei, dann folgt eine in der Mitte des Zügels, wiederum zwei vor dem Balken und eine lange starke über der Basis des Balkens. Die schlank kegelförmigen, von der Mitte an stark verdünnten Balken überragen das Fühlergrundglied nicht, aber die sehr langgliedrigen Fühler reichen angelegt bis an den Hinterrand des Kopfes, ihr Endglied ist etwas länger als das vorletzte und mit starken Tastborsten besetzt. Vor der Schläfenmitte ein abgerundeter randlicher Höcker mit einem

Dorn bewehrt, an der breit abgerundeten Schläfenecke drei lange Borsten. Die lange doppelte Stirnsignatur und übrige Zeichnung des Kopfes ist aus unserer naturgetreuen Abbildung besser zu erkennen als aus einer Beschreibung. Der Prothorax hat convexe Seiten ohne Borsten und der eben nicht längere Metathorax an seinen stumpfen Seitenecken je vier Borsten. Beide Ringe sind am Hinterrande und längs der Mitte hell gefärbt und dem convexen Hinterrande des Metathorax läuft eine so undeutliche Pustelreihe parallel, dass dieselbe in der Zeichnung nicht wiedergegeben worden ist. Die Beine sind für die Grösse des Thieres schwach, die Schienen am Unterrande mit einigen Dornen bewehrt und mit kurzen dicken Daumenstacheln am Ende, die Klauen stark, fast gerade. Die breiten Segmente des regelmässig ovalen Hinterleibes haben nur anfangs stumpfe Seitenecken mit einigen Stachelborsten, vom dritten an runden sie diese Ecken ab und tragen an denselben drei bis vier lange Borsten, das Endsegment zahlreichere Borsten. Die kurz dreiseitigen, innen stumpfen Keilflecke zeigen je zwei deutliche Augenflecke und in der Randhälfte ihres Hinterrandes eine Pustelreihe. Die Flecken des ersten und letzten Segmentes treten in der Mittellinie fast zusammen. Das Männchen hat längs des Hinterrandes der Segmente eine Reihe ganz kurzer Borsten, bei dem Weibchen dagegen reichen diese Borsten bis an den Vorderrand des nächsten Segmentes. Die Bauchseite ist mit zwei den Seitenrändern parallelen Fleckenreihen gezeichnet.

Auf Ibis falcinellus, von Fr. Naumann in zwei Exemplaren an Nitzsch eingesendet.

D. hians.

Parvus, capite breviore, clypeo late fisso, signaturis frontalibus duabus, abdomine maris ovali, feminae oblongo, maculis abdominalibus longis acutis, non pustulatis. Longit. 3/5'''.

Diese auf rothem Ibis schmarotzende Art unterscheidet sich ausser durch die geringere Grösse und gedrungene Form von der vorigen durch den kürzern Kopf, dessen die doppelte Signatur tragendes Schild noch stärker über den Vorderrand hervorragt und den Schlitz mit einer breiten Randkerbe beginnt. Die Borsten, Balken, Fühler und die Zeichnung des Kopfes bieten keine beachtenswerthen Unterschiede. Auch die beiden Thoraxringe stimmen im Allgemeinen überein, nur dass der Prothorax sich nach hinten etwas erweitert und minder convexe Seiten hat, der Metathorax an jeder Seitenecke nur eine lange Borste trägt. Die Beine sind entschieden kräftiger und die starken Schienen vor den Daumenstacheln mit zwei diese an Länge noch etwas überragenden Dornen bewehrt. Die Klauen wieder stark und kaum gekrümmt. Der auffallendste Unterschied von voriger Art spricht sich im Hinterleibe aus, der männliche ist nämlich breit oval, der weibliche oblong, parallelseitig und hinten breit abgerundet, sein Endsegment mit sehr breiter und tiefer Kerbe. Die seitlichen Segmentecken sind scharf, bei dem Weibchen rechtwinklig, mit sehr langen Borsten besetzt, nur das männliche Endsegment mit kurzen. Die Hinterleibsflecke, nur bei einem Exemplar deutlich, sind länger, enden spitz und lassen Pustelreihen am Hinterrande nicht erkennen, auch Augenflecke nicht überall.

Auf Ibis rubra, in einigen Exemplaren in unserer Sammlung.

D. clausus.

Capite brevissimo, lato, clypeo integro, signaturis frontalibus duabus brevibus, abdomine ovali, maculis longis acutis, oculatis, externe seriatim pustulatis. Longit. 1'''.

Die dritte Ibisart gehört demselben engern Formenkreise an wie die vorigen beiden und hat den kürzesten breitesten Kopf von allen, zumal vorn verkürzt, so dass die Stirnsignaturen kaum länger als breit sind, auch hat der sie tragende Schild nur eine mittle den Vorderrand nicht erreichende Rinne und keinen Schlitz oder Kerbe. Der Vorderrand ist breit, fast gerade abgestutzt. Die Borsten ganz wie bei den vorigen Arten, ebenso die Balken, aber die Fühler merklich kürzer und ihr Endglied gegen das vorletzte nicht verlängert. Die Zeichnung des Kopfes unterscheidet sich nur durch die beträchtlichere Kürze der beiden Stirnsignaturen. Der Prothorax ist entschieden trapezoidal und der Metathorax hat an den Seitenecken je fünf bis sechs Borsten. An den Beinen sind die Schenkel dicker, die Schienen länger und schlanker und nahe der Mitte mit zwei Dornen auf einem Höcker bewehrt, die Klauen mit verdickter Basis. Am breit ovalen Hinterleibe treten die stumpfen Seitenecken der Segmente nur wenig hervor, so dass der Rand im Verhältniss zu vorigen Arten weniger tief gekerbt erscheint, und diese Ecken sind anfangs mit Stacheln, später mit verhältnissmässig kurzen Borsten besetzt. Das Endsegment ist sehr klein. Die dunkelbraunen Keilflecke haben in der äussern Hälfte zwei helle Flecke und die Pustelreihe am Hinterrande, letzte fehlt in der innern, plötzlich verschmälerten und spitzig endenden Hälfte. Die ganze Oberseite des Hinterleibes ist sehr dicht mit langen Borsten besetzt und an der Bauchseite befinden sich gleichfalls rundliche Keilflecke, nur viel kürzere als die der Rückenfläche.

Auf Ibis Macei, in nur einem Exemplar unserer Sammlung.

D. auratus *Nitzsch.* Taf. XI. Fig. 2. 6.

Nitzsch, Germars Magaz. Entomol. 1818. III. 290 (290); Zeitschrift f. ges. Naturwiss. 1866. XXVIII. 362. — Denny, Monogr. Anoplur. 78. Tab. 4. Fig. 6.

Fulvoflavus, aureopictus, capite aurato, signatura frontali distincta, antennis brevibus, prothorace et metathorace flavis, abdominis margine serrato, maculis longissimis, partim in medio confluentibus. Longit. $^1/_4$'''.

Die goldgelbe Färbung des Kopfes sowie die sehr langen Flecke des Hinterleibes würden schon genügen, diese Art von ihren Verwandten zu unterscheiden. Der Kopf ist etwas länger als breit, verschmälert sich ziemlich nach vorn und hat einen convexen Vorderrand, an dessen Ecke jederseits eine, dahinter zwei und dann noch einzelne kurze und feine Borsten stehen. Die Balken sind schlank kegelförmig und überragen das Fühlergrundglied beträchtlich. Die Fühler dagegen reichen nur wenig über die Schläfenmitte hinaus und ihr Endglied ist länger als das vorletzte. Am Schläfenrande stehen vereinzelte Borsten und der Occipitalrand biegt sich zwischen den Schläfenlinien schwach ein. Stirn- und Scheitelsignatur und die Schläfenlinien sind in unsern Abbildungen getreu dargestellt worden. Der Prothorax hat schwach convexe Seiten ohne Borsten, der Metathorax einen stark convexen Hinterrand und an den ziemlich scharfen Seitenecken je drei sehr lange und starke Borsten; beide Ringe sind gelb mit lichtem Vorderrande. An den starken Beinen sind die keulenförmig verdickten Schienen mit kurzen Daumendornen und die schlanken fast geraden Klauen charakteristisch. Der Hinterleib (Fig. 2 das Männchen, Fig. 6 das Weibchen) berandet sich sägezähnig und trägt an den scharfen Segmentecken je zwei bis vier sehr lange Borsten. Das weibliche Endsegment ist tiefer zweilappig als in unserer Abbildung angegeben. Bei einem männlichen Exemplar ragt aus der Geschlechtsöffnung ein langer zweigliedriger Tubus hervor, dessen erstes Glied jederseits an seinem Endrande einen abstehenden Stachel hat. Bei dem Männchen treffen die goldgelben Flecke der vier ersten Segmente in der Mittellinie zusammen, dann verschmälern sich dieselben auf den folgenden sehr stark. Bei dem Weibchen begegnen erst auf dem sechsten Ringe sich die Flecke in der Mitte und das vorletzte Segment ist ganz gelb. Alle Flecken mit Ausnahme der beiden letzten Segmente haben einen Augenfleck. Die ganze Oberseite ist ziemlich dicht mit Borsten besetzt. Die Bauchseite zeigt schmale Querbinden, welche den dunkeln Seitenrand nicht erreichen.

Auf Scolopax major und Sc. rusticola von Nitzsch bereits im März und April im Jahre 1844 gesammelt und gezeichnet. Denny scheint ein unreifes Exemplar dargestellt zu haben, da er die sehr charakteristischen Hinterleibsflecke nicht angiebt. Allerdings nennt er auch die Balken sehr kurz und dick, während sie bei unsern Exemplaren lang und schlankspitzig sind.

D. pertusus *Nitzsch.* Taf. XI. Fig. 3. 12.

Nitzsch, Germars Magaz. Entomol. 1818. III. 290 (290). — Burmeister, Handb. Entomol. II. 426.

Pallidus, castaneopictus, capite cordiforme, antice spathulaeformi, clypeo pertuso, trabeculis longis, prothorace et metathorace obscure marginato, hoc postice convexo, maculis abdominalibus obtuse trigonis, acute subsinuatis, pustulatis. Longit. $^1/_2$—$^4/_5$'''.

Das rundlich dreiseitige Loch vorn im Clypeus fällt schon bei flüchtiger Betrachtung in die Augen und bekundet die Eigenthümlichkeit der Art. Der Kopf ist herzförmig, mit schwach eingebogenem Occipitalrande, erweiterter Schläfengegend, verschmälert sich vor den Balken schnell, um sich an den Vorderecken wieder etwas zu verbreitern. Der Vorderrand ist convex und gleich hinter ihm liegt die dreiseitige Oeffnung. Dieselbe ergiebt sich bei näherer Betrachtung nicht als Durchbohrung, sondern als tiefste Ausbuchtung des Vorderrandes geschlossen durch die zangenförmig gegen- und übereinander gebogenen Fortsätze des Clypeus. Hinter der erweiterten Vorderecke steht die erste kurze Stachelborste, in der Zügelmitte die zweite kürzere, vor dem Balken die dritte stärkste und längste und an der Basis des Balkens eine blosse Borstenspitze. Die stark kegelförmigen Balken überragen die Mitte des zweiten Fühlergliedes, die Fühler selbst sind kurz. Am Schläfenrande stehen vier ganz kurze Borsten vertheilt und zwischen denselben an der abgerundeten Ecke zwei sehr lange. Die Stirnsignatur und charakteristische Zeichnung des Kopfes ist in unsern Abbildungen, Figur 3 des Männchens, Figur 12 des Weibchens, naturgetreu wiedergegeben. Der geradseitige Prothorax verengt sich vorn und hinten etwas, hat dunkle Seitenränder und hellen Mittelstreif und nur bisweilen an der Hinterecke eine kurze Borste, dagegen trägt der Metathorax an den scharfen

Seitenecken je zwei bis drei sehr lange Borsten, zeichnet Seiten und Hinterrand dunkel und letzter ist stark convex und mit einer Reihe dichter blonder Borsten besetzt. Die kurzen Beine zeichnen sich durch sehr verdickte Schenkel, nicht längere, etwas keulenförmige, am Unterrande mit zwei Dornen bewehrte Schienen mit starken Daumenstacheln, stachelige Tarsen und lange Klauen aus. Der bei dem Weibchen regelmässig, bei dem Männchen gedrungen ovale Hinterleib ist ziemlich scharf zackig gerandet, an den Seitenecken der vordern Segmente mit je zwei, der hintern mit je vier sehr langen Borsten besetzt, das stumpf zweispitzige weibliche Endsegment dicht mit Borsten, das kürzere abgerundete männliche Endsegment mit nur vier Borsten jederseits. Auch in dem Verhalten der dunkel kastanienbraunen Keilflecke unterscheiden beide Geschlechter sich auffallend. Dieselben sind nämlich bei dem Männchen viel länger als bei dem Weibchen, treffen bei jenem auf dem ersten Segment wirklich zusammen, bei diesem bleiben sie getrennt, während das vorletzte weibliche Segment ganz dunkel ist, hat das vorletzte männliche die schmalsten in der Mitte noch getrennten Flecke. Jeder Fleck hat nahe dem Aussenrande eine grosse runde Grube und verschmälert sich innen von dieser stark, und auf diesem verschmälerten Theile liegt ein zweites kleineres Grübchen. Das Mittelfeld des Hinterleibes ist fast frei von Borsten, und seitwärts stehen nur ganz vereinzelte am Hinterrande der Keilflecke. An der Bauchseite zeigt das Weibchen vier kurze mittle Querbinden nicht breiter als die Zeichnung des durchscheinenden Geschlechtsapparates, das Männchen dagegen hat sechs näher an den schwarzen Seitenrand heranreichende Binden.

Auf dem gemeinen Wasserhuhn, Fulica atra, von Nitzsch bereits im Jahre 1804 entdeckt und unter obigem Namen abgebildet.

D. lobaticeps.

Pallidus, castaneopictus, capite brevi, postice latissimo, clypeo angustato, subemarginato, signatura frontali lata, trabeculis longissimis, prothorace trapezoidali, metathorace postice angulato, maculis abdominalibus brevibus trigonis, pustulatis. Longit. $\frac{1}{3}$—$\frac{1}{2}$'''.

Der kurze Kopf ist in der Schläfengegend breiter als lang und verschmälert sich vor den Balken schnell und sehr stark. Sein Vorderrand ist convex gerundet mit kleinem Ausschnitt in der Mitte, an den Ecken abgerundet mit je einer kurzen Borste und zweien ebenfalls kurzen gleich dahinter, dann in der Zügelmitte nur bisweilen eine sehr kurze Borste, keine vor dem Balken. Dieser ist stark kegelförmig, stumpfspitzig und reicht über die Mitte des zweiten sehr langen Fühlergliedes hinaus. Die Fühler überragen angelegt die Schläfenmitte nur wenig und ihr Endglied ist nur unbedeutend länger als das vorletzte. In der Mitte des Schläfenrandes steht auf einem eckigen Vorsprunge eine starke Borste und ein Borstenspitzchen, ebensolche Borste und Borstenspitzchen an der Schläfenecke selbst, jedoch nicht bei allen Exemplaren. Die Schläfen selbst bilden einen ebensolchen, nur mehr rundlich zugespitzten Lappen wie der vor den Balken gelegene Kopftheil, so dass der ganze Kopf dreilappig genannt werden könnte. Die breite Stirnsignatur schnürt sich in der Mitte deutlich ein, hat hinter derselben scharfe Seitenecken und zieht sich nach hinten lang linienförmig aus. Die tiefbraune Zügellinie biegt vor dem Balken winklig nach innen und bildet mit der gegenständigen eine dunkle Querbinde, an welcher die Stirnsignatur endet und die runde Scheitelsignatur beginnt. Auch die Schläfenlinien biegen sich winklig nach hinten und convergiren nur wenig gegen den schwach eingezogenen Nackenrand. Beide Thoraxringe haben schwarzbraune Seitenränder und helle Mitte, der Prothorax ist trapezoidal ohne Borsten an den stumpfen hintern Seitenecken, der Metathorax mit winkligem beborsteten Hinterrande und je zwei langen Borsten an den scharfen Seitenecken. Die Schenkel kurz und nicht sehr dick, die Schienen schlank, mit starken Daumenstacheln. Die beiden ersten Segmente des ziemlich breiten Hinterleibes haben dornspitzige Seitenecken, die folgenden des Weibchens scharfwinklige, die des Männchens stumpfgerundete mit zwei und drei langen Borsten. Das männliche Endsegment ist dreieckig, das weibliche endet stumpf zweispitzig. Die dunkel kastanienbraunen Keilflecke des Männchens sind sehr lang, die der drei ersten Segmente treten sogar in der Mittellinie zusammen, die des Weibchens dagegen viel kürzer und stumpfspitzig, alle mit je zwei Grübchen und stark beborstetem Hinterrande, der die Punktreihe nicht deutlich erkennen lässt. Das vorletzte weibliche Segment ganz braun, das männliche hell ohne Zeichnung.

Schmarotzt auf Sterna hirundo und Sterna fissipes.

D. melanocephalus *Burm.* Taf. XI. Fig. 8.
Burmeister, Handb. Entomol. II. 426.
Docophorus laricola Nitzsch, Zeitschrift f. ges. Naturwiss. 1866. XXVIII. 363.

Nigrofuscus, capite lato, clypeo antice convexo, signatura frontali lata angulata, trabeculis gracilibus, prothorace trapezoidali, metathorace pentagono, postice pustulato, maculis abdominalibus obtuse trigonis, margine postico pustulatis. Longit. $\frac{1}{2}$—$\frac{2}{3}$'''.

Der Kopf ist in der Schläfengegend sehr breit und im Clypealtheil kurz, an dessen Vorderrande convex mit sehr schwach erweiterten und abgerundeten Ecken, an denen zwei kurze Borsten stehen. Die dritte Borste folgt vor der Zügelmitte und die letzte unmittelbar vor dem Balken. Dieser ist schlank und reicht ziemlich bis zur Mitte des zweiten Fühlergliedes. Das letzte Fühlerglied ist erheblich länger als das vorletzte. Der Schläfenrand hat vor der Mitte einen eckigen Vorsprung mit einer Borste, und an der abgerundeten breiten Schläfenecke stehen zwei bis drei lange Borsten. Der Occipitalrand buchtet sich ziemlich stark ein. Die Zeichnung des Kopfes ist in unserer Abbildung unrichtig dargestellt worden. Der Prothorax erweitert sich nach hinten und hat an seinen abgerundeten Hinterecken keine Borsten. Der sehr grosse Metathorax dagegen trägt an seinen stumpfen Seitenecken je drei lange Borsten und längs des scharfwinkligen Hinterrandes eine beborstete Pustelreihe. Beide Brustringe sind so schwarz gezeichnet wie der Kopf. Die Beine sind im Verhältniss zur Grösse des Thieres kurz und schwach. Der ovale Hinterleib, bei dem Weibchen in der Endhälfte schlanker als bei dem Männchen, hat an den ersten Segmenten dornspitzige Seitenecken, an den übrigen bei dem Weibchen scharfe, bei dem Männchen stumpfe Seitenecken mit je zwei bis vier langen Borsten. Die breiten, stumpf endenden Keilflecke haben ein schwaches rundes Grübchen nahe dem Seitenrande und längs ihres geraden Hinterrandes eine Pustelreihe. Die beiden Flecke des ersten Segmentes treten in der Mittellinie zusammen, was in unserer Abbildung nicht dargestellt ist. An der Bauchseite zwei den Rändern parallele Punktreihen.

Auf Larus ridibundus, Sterna caspia und Sterna cantiaca, auf letzten beiden mit besonderen, wenn auch nur geringfügigen Eigenthümlichkeiten. Nitzsch hat die Art mit der folgenden vereinigt in seinen Verzeichnissen als *D. laricola* aufgeführt ohne nähere Angaben, und Burmeister diagnosirte sie unter dem Namen *D. melanocephalus*, der als früher publicirt beizubehalten ist. Die Exemplare von St. caspia sind in dem Verzeichniss in der Zeitschr. f. ges. Naturwiss. 1866. XXVIII. 361. No. 87 als *D. caspicus* aufgeführt.

D. laricola *Nitzsch.*

Antecedenti simillimus, castaneopictus, clypeo exciso, maculis abdominalibus longioribus castaneis. Longit. $\frac{2}{3}$'''.

In der Kopfform, den Fühlern und Balken mit voriger Art wesentlich übereinstimmend, aber mit vorn nicht convexem, sondern tief ausgeschnittenem Clypeus und mit winklig nach hinten umbiegenden, und dann viel weniger convergirenden Schläfenlinien. Der Metathorax hat einen stark convexen, nicht winkligen Hinterrand und an den Seitenecken nur je eine sehr lange und eine ganz kurze Borste. Der Hinterleib erscheint gedrungener, zumal der männliche ganz abgestutzt, jedoch mit hervortretendem Endsegmente. Die Keilflecke sind beträchtlich länger als bei voriger Art und lassen nur ein schmales Mittelfeld frei. Die Flecken des ersten Segmentes bleiben in der Mittellinie getrennt. An der Bauchseite sind die parallelen Punkte durch Querbinden verbunden.

Auf Sterna leucoparia.

D. pustulosus *Nitzsch.* Taf. XI. Fig. 5.
Nitzsch, Zeitschr. f. ges. Naturwiss. 1861. XVIII. 316; 1866. XXVIII. 363.

Brunneopictus, signatura frontali obsoleta, antennarum articulo ultimo longiore, prothorace trapezoidali, metathorace pentagonali, maculis abdominalibus longioribus rotundatis, media pustularum serie, segmento ultimo bimaculato. Longit. $\frac{2}{3}$'''.

Der Balkling der Raubmöve hat die sonst gewöhnlich den Hinterrand der abdominalen Keilflecke begleitende Pustelreihe längs deren Mitte und unterscheidet sich dadurch auf den ersten Blick von den vorigen Arten. Sein Kopf verschmälert sich vorn ziemlich stark und ist vorn schwach convex abgestutzt und trägt an jeder Ecke eine schwache Borste, bald hinter dieser eine zweite und vor dem Balken eine dritte, in der mittlen Zügelgegend keine, auch am Schläfenrande fehlen die Borsten, nur wenige Borstenspitzchen sind vorhanden. Die schlankkegelförmigen Balken reichen bis fast in die Mitte des zweiten Fühlergliedes. Das dritte und vierte Fühlerglied sind inniger verbunden als gewöhnlich und erscheinen bei flüchtiger Betrachtung als nur ein Glied von der Länge des Endgliedes. Unsere Abbildung stellt die Fühler verfehlt dar. Die Stirnsignatur ist verwischt, nur in der schwarzen Endspitze noch deutlich. Eine quere Leiste liegt zwischen den Balken auf der Stirn. Die Schläfenlinien sind

Sförmig geschwungen und stossen am Occipitalrande fast zusammen. Der trapezoidale Prothorax hat an seiner abgerundeten Hinterecke keine Borsten, der Metathorax an den ziemlich scharfen Seitenecken je zwei. Der Hinterrand des letzten ist sehr scharfwinklig und mit einer Reihe Borstenpusteln besetzt, welche in unserer Abbildung fehlen. Die Beine bieten nichts Charakteristisches, die Klauen sind gerade und stumpfspitzig. Der bei dem Männchen breit, bei dem Weibchen schlank ovale Hinterleib hat nur am ersten Segment dornspitzige Seitenecken, an allen folgenden stumpf gerundete mit zwei bis vier Borsten. Die Fleckenzeichnung ist in unserer Abbildung getreu wiedergegeben, wie sie Nitzsch an frischen Exemplaren beobachtete; nach nunmehr 35jähriger Einwirkung des Spiritus sind, jedoch nur bei einigen, die Flecken theilweise verwischt.

Auf der Raubmöve, Lestris parasitica, von Naumann und von Kunze an Nitzsch mitgetheilt.

D. gonothorax *Gieb.*

Giebel, Zeitschrift für ges. Naturwiss. 1871. XXXVII. 450.

Pallidus, fuscopictus, capite brevi, antennis crassis, signatura frontali brevissima tricuspidata, prothorace trapezoidali postice convexo, metathorace postice angulato, maculis abdominalibus bipustulatis, punctulatis, margine postico undulato, maris longissimis, feminae brevibus angustis. Longit. 3/4'''.

Diese auf Möven sehr häufige Art gehört zu den sehr kurzköpfigen und zwar erscheint der Schnauzentheil bei dem Männchen beträchtlich kürzer und breiter als bei dem Weibchen. An den abgerundeten Ecken des fast gerade abgestutzten Vorderrandes stehen weit getrennt von einander zwei Borsten, ein blosses Spitzchen in der Zügelmitte und eine feine Borste vor dem Balken. Dieser ist schlank und reicht bis zur Mitte des zweiten Fühlergliedes. Die Fühler sind verhältnissmässig dick, reichen angelegt bis nahe an den Occipitalrand und ihr Endglied ist etwas länger als das vorletzte. Auf einem stumpfen Vorsprunge vor der Schläfenmitte steht eine Borste und ein Borstenspitzchen, an der abgerundeten Schläfenecke eine seitliche und eine hintere sehr lange Borste. Die Stirnsignatur ist auffallend kurz, kaum länger als breit, hat scharfe spitzige seitliche Ecken und eine kurze schwarze hintere Spitze, welche vor einem dunkeln Querfleck auf der Stirn endet. Hinter diesem Querfleck sind die beiden von den Augen herüberziehenden dunkelbraunen Querbinden von einander getrennt. Die Scheitelsignatur bildet einen kreisrunden Ring. Die Schläfenlinien erscheinen stark Sförmig geschwungen und convergiren ziemlich stark, doch nicht in dem Grade wie bei voriger Art. Wo sie an den Occipitalrand treten, ist dieser schwarzbraun. Der Prothorax ist stark trapezoidal mit schwach convexem Hinterrande und einer Borste an der abgerundeten Hinterecke jederseits, dunkel gerandet, mit heller Mitte. Der etwas längere, scharf fünfeckige Metathorax hat dunkelbraune Seiten, je zwei Borsten an den Seitenecken und längs des Hinterrandes die Reihe beborsteter Pusteln. Die Beine haben kurze kräftige Schenkel, schlanke Schienen mit feinem Dorn in der Mitte und auffallend lange dünne, stark gekrümmte Klauen. An dem ovalen Hinterleibe treten die drei ersten Segmente randlich scharfeckig hervor, die folgenden stumpfeckig, bei dem Männchen mehr gerundet als bei dem Weibchen, alle mit zwei bis vier sehr langen Borsten. Die Keilflecke haben zwei runde lichte Grübchen und längs des gebuchteten Hinterrandes die beborstete Pustelreihe. Die des Weibchens sind kurz und schmal und enden abgerundet, doch treffen die des ersten Segmentes in der Mitte zusammen, das vorletzte Segment ist ganz braun und das Endsegment zweifleckig. Die Keilflecke des Männchens gehen so weit zur Mitte vor, dass nur ein lichter Längsstreif sie noch trennt, der auf dem vorletzten Segment breiter wird; die des ersten Segmentes treffen auch hier zusammen. An der weisslichen Bauchseite zeigt das Weibchen nur die zwei Punktreihen anderer Arten, das Männchen aber fünf Querbinden, die nach aussen breiter werden. Der Geschlechtsapparat ist sehr verschieden. — Unreife Exemplare erscheinen gedrungener, fast weisslich gelb, und die Zeichnung ist erst am Kopfe, Thorax und den ersten Leibesringen angelegt.

Die Exemplare wurden von Nitzsch auf Larus marinus und L. minutus gesammelt und auf Larus tridactylus und L. Maximi fand sie Herr v. Heuglin im Norden Spitzbergens, welche Exemplare er mir mitzutheilen die Freundlichkeit hatte. Einige Exemplare von Lestris crepidatus in unserer Sammlung weichen nur durch dunklere Färbung und geringfügig in der Zeichnung ab, können daher unbedenklich derselben Art zugewiesen werden.

D. congener.

Docophorus lari Denny, Monogr. Anoplur. 89. Tab. 5. Fig. 9?

Fuscus, castaneopictus, clypeo angustiore, trabeculis crassioribus, signatura frontali longiore, tricuspidata, prothorace trapezoidali postice convexo, metathorace postice angulato, abdomine ovali, maculis bipustulatis, punctulatis, margine postico recto. Longit. 1/2'''.

Steht der vorigen Art sehr nah, nur ist sie gedrungener und der Vorderkopf stärker verschmälert, der Vorderrand gerade, an den abgerundeten Ecken mit je einer vordern, und weit davon getrennt einer zweiten Borste, in der Zügelmitte mit einem kurzen Spitzchen und nah vor dem Balken mit einer langen Borste. Die Balken sind entschieden dicker und kürzer als bei voriger Art. Fühler und Schläfen weichen nicht ab, wohl aber erscheint die Stirnsignatur schmäler und die Schläfenlinien wenden sich fast winklig gebrochen nach hinten und convergiren sehr stark. Der Occipitalrand zwischen ihnen ist nicht dunkler gefärbt als der Scheitel. An der stumpfen Seitenecke des Prothorax steht eine steife Borste, an der schärferen des Metathorax drei sehr lange und starke Borsten. Die Seitenränder beider Brustringe sind dunkelbraun, ihre Mitte mit hellem Längsstreif. Schenkel und Schienen wie bei voriger, aber die Klauen dick und fast gerade. Der gedrungen ovale Hinterleib hat scharfwinklige Segmentecken, nur an den drei letzten Segmenten abgerundete Seitenecken, alle mit zwei bis drei langen Borsten. Das letzte Segment ist ziemlich lang, abgestutzt und bei dem Weibchen tief gekerbt. Die dunkelbraunen Keilflecke sind schmal und berühren sich mit ihren Rändern nicht, die des ersten Segmentes berühren sich in der Mittellinie, die folgenden enden spitzig, alle haben einen grossen Augenfleck nahe dem Aussenrande, einen kleinen nahe der Spitze und längs des geraden Hinterrandes eine Pustelreihe. Das vorletzte weibliche Segment ist ganz braun.

Die Exemplare unserer Sammlung sind mit *Larus canus*, *L. eburneus*, *L. argentatus* und *L. cyanorhynchus* bezeichnet ohne nähere Angaben. Denny bildet einen ***Docophorus Lari*** als gemein auf den Möven ab mit viel kürzeren Fühlern und sich berührenden nicht gezeichneten Abdominalflecken, die gerundet enden. Da Eines unserer zahlreichen Exemplare solche Flecken hat, deren Augenflecke und Pusteln so deutlich sind, dass sie kaum übersehen werden können, scheint mir die Identität zweifelhaft. Grube beschreibt Denny's ***D. Lari*** in v. Middendorffs sibir. Reise Zool. I. 473 von *Tringa islandica* abweichend von Denny, allein doch auch nicht gerade mit unserer Charakteristik übereinstimmend.

D. brevicornis.

Pallidus, obscure fuscopictus, clypeo angusto, trabeculis obtusis, signatura frontali lineato prolongata, antennis brevibus, metathorace postice angulato, abdomine angusto, maculis brunneis acutis, integris, bipustulatis. Longit. 1/3'''.

Das einzige Exemplar, auf welches diese Art sich gründet, fand ich auf einem trocknen Balge der Sterna acutflavida, Tehuantepec. Es ist von schlanken Bau. Der Kopf sehr gestreckt herzförmig, vorn convex mit abgerundeten Ecken, an diesen mit zwei weit von einander abgerückten Borsten, in der Zügelmitte und vor dem Balken nur mit je einem kurzen Spitzchen. Die Balken sind stumpfspitzig und überragen das erste Fühlerglied merklich, das zweite Fühlerglied hat die Länge des dritten und vierten zusammen, das letzte ist etwas länger als das vorletzte. Angelegt reichen die Fühler kaum bis zur Schläfenmitte. Vor dieser auf einem eckigen Vorsprunge ein Spitzchen, an der abgerundeten Ecke zwei mässige Borsten. Die Stirnsignatur in der Vorderhälfte ganz hell, zieht sich in der hintern dunklen Hälfte fast linienschmal aus; ihre Seitenecken sind scharf; ihre Endspitze stösst an eine runde Scheitelsignatur. Der Zügelrand ist tief braun, die Schläfenlinien biegen winklig nach hinten um und der Nackenrand zwischen ihnen ist schwarzbraun. Der schwach trapezoidale Prothorax hat einen leicht convexen Hinterrand, eine helle Mitte und jederseits eine kurze Borste. Der Metathorax ist pentagonal und trägt an den Seitenecken je eine lange Borste. Die Seitenwände der Segmente des schlanken Hinterleibes sind convex, der Hinterleibsrand nur schwach gekerbt, die vordern Segmente mit nur einem randlichen Borstenspitzchen, die hintern mit je zwei langen Randborsten, auch das breite, kurze, stumpfe Endsegment, jederseits der schwachen Kerbe mit nur zwei Borsten. Die dunkelbraunen Keilflecke haben gerade Hinterränder und zwei helle runde Pusteln. Die beiden Flecken des ersten Segmentes berühren sich in der Mittellinie, die vier folgenden enden spitzig, die des sechsten und siebenten Segmentes ganz stumpf, die des achten bilden eine durchgehende dunkle Binde und das Endsegment ist ohne Zeichnung. Das Mittelfeld des Rückens und Bauches ist weisslich und mit spärlichen Borsten bekleidet. Die Beine sind kurz, ohne besondere Auszeichnung.

D. eurhynchus.

Pallidus brunneopictus, clypeo lato, trabeculis longis acutis, signaturae frontalis brevis angulis lateralibus obtusis, prothoracis angulis lateralibus obtusis, metathorace pentagonali, abdominis margine profunde crenato, feminae maculis brevissimis obtusis, maris longissimis acutis. Longit. 5/12'''.

Die beträchtliche Breite und Kürze des Vorderkopfes unterscheidet diese Art sogleich von allen auf Möven und Seeschwalben schmarotzenden Arten. Das breite Vorderende ist schwach convex, trägt an den abgerundeten Ecken je zwei feine Borsten, eine dritte ebenfalls sehr feine, oft jedoch fehlende in der Mitte des Zügelrandes und die vierte unmittelbar vor dem Balken. Dieser ist schlank und spitzig, die stark beborsteten Fühler reichen angelegt weit über die Schläfenmitte hinaus. Der starke eckige Vorsprung vor der Schläfenmitte trägt keine Borste, hinter demselben aber folgen am Schläfenrande vier zum Theil sehr lange Borsten. Die Stirnsignatur ist breit, ihre Seitenecken stumpf und die Hinterspitze bei der Kürze des Vorderkopfes sehr kurz. Die Schläfenlinien convergiren in fast geradlinigem Verlaufe zu dem dunkeln Nackenrande und umgrenzen scharf das ganz lichte Scheitel- und Nackenfeld. Der trapezoidale Prothorax hat abgerundete borstenlose Seitenecken und eine helle Mitte. Der hintere Brustring ist nicht länger, aber fünfseitig, sehr dunkel gerandet und mit je drei langen Borsten vor den ziemlich scharfen Seitenecken. Die hinteren Seitenecken der Abdominalsegmente treten stark, anfangs scharf-, später stumpfspitzig hervor, so dass der Hinterleibsrand tief gekerbt erscheint; die vordern tragen drei, die hintern vier bis sechs sehr lange Borsten. Der schlanke Hinterleib des Weibchens endet stumpf zweispitzig und lang beborstet, der breite männliche mit queerovalem Endsegment. Die Weibchen haben kurze, sich nicht berührende, innen stumpfe Randflecke mit je zwei Pusteln und auf dem vorletzten Segmente eine breite durchgehende Linie; bei den Männchen dagegen verlängern sich die Flecke bis nahe an die Mitte heran, auch das Endsegment ist gezeichnet, und auf der Bauchseite haben die mittlen Segmente Querbinden, statt deren die Weibchen nur zwei Punktreihen tragen.

Auf Lestris pomarinus in mehren Exemplaren in unserer Sammlung ohne nähere Angabe. Denny's ***Docophorus cephalus*** 81. Tab. 2. Fig. 8 von Lestris parasiticus und pomarinus weicht nach Beschreibung und Abbildung zu sehr von unsern Exemplaren ab, als dass ich dessen Namen für dieselben beibehalten konnte. Die Form des Kopfes ist eine ganz andere, die Fühler sehr viel kürzer, der Metathorax beträchtlich grösser und länger, die Hinterleibsflecke in der Mittellinie sich berührend, die Färbung sehr dunkel, kurz in allen Verhältnissen entfernt sich Denny's Art auffallend von der unsrigen.

D. thoracicus *Nitzsch.*
Nitzsch, Zeitschrift f. ges. Naturwiss. 1861. XVIII. 316.

Nitzsch führt in seinen Collectaneen vom December 1835 unter obigem Namen einen ächten ***Docophorus*** auf, dessen Exemplare er mit dem eigenthümlichen Lipeurus taurus auf einem trocknen Balge vom Albatros gesammelt hatte. In Grösse und Färbung stimmt die Art mit jenem Lipeurus überein. Leider finde ich die Exemplare in der Sammlung nicht mehr und kann Nitzsch's Angabe nicht vervollständigen.

D. adustus *Nitzsch.*
Burmeister, Handb. Entomol. II. 421. — Nitzsch, Zeitschr. f. ges. Naturwiss. 1861. XVIII. 316.

Pallidissimus, clypeo dilatato semiorbiculari, trabeculis obtusis, antennarum articulo ultimo penultimo longiori, signatura frontali postice triangulata; prothorace trapezoidali, metathoracis margine postico convexo; abdomine late ovali, margine crenato, maculis brevissimis bipustulatis. Longit. $\frac{2}{3}$'''.

Mit dieser Art gelangen wir zu einer kleinen auf Schwimmvögeln schmarotzenden Gruppe, welche durch den ziemlich breit ovalen Hinterleib und den etwas schildförmig erweiterten Clypeus charakterisirt ist. Die vorliegenden Exemplare der zahmen Gans, welche Nitzsch bereits im Jahre 1800 unter obigem Namen von ihren Verwandten unterschied, zeichnen sich durch ihre ganz hellgelbliche Färbung mit nur undeutlicher schwach bräunlicher Zeichnung aus, die jungen Exemplare sind weisslich und ohne Zeichnung. Am Kopfe erscheint der vordere oder Clypealtheil erweitert und abgerundet und fehlen Borsten an demselben gänzlich; erst auf der Basis des Balkens steht ein kurzes Spitzchen. Die Balken selbst sind kurz und stumpfkegelförmig, überragen nur so eben die Basis des zweiten Fühlerglieds. Die Fühler dagegen reichen fast bis an den Nackenrand, sind kurz beborstet und ihr letztes Glied ist länger als das vorletzte. Der Schläfenrand bildet in der Mitte nur einen schwachen Vorsprung und trägt kurze Borstenspitzchen, nur vor der abgerundeten Ecke eine starke, nicht sehr lange Borste. Die Stirnsignatur ist nur an ihrem kurzen, bräunlich dreispitzigen Hintertheil deutlich, hinter ihr liegt eine gerade braune Querbinde, dahinter der dunkle Scheitelfleck. Die Schläfenlinien convergiren geradlinig von der Fühlerbasis zum dunkeln Nackenrande und grenzen das helle Scheitelfeld scharf von den braunen Schläfenfühlern ab. Der Prothorax ist trapezoidal, mit hellgelber Mittellinie und gewöhnlich mit einer mässigen Borste an der stumpfgerundeten Seitenecke. Der hintere Brustring hat scharfe Seitenecken mit braunem Fleck und je zwei bis vier sehr langen Borsten; sein Hinterrand ist schwach convex, die Mittellinie hellgelb. Die Beine haben ziemlich kräftige Schenkel, schlanke Schienen mit zwei Dornen und mit langen Daumenstacheln, kurze Tarsen und starke gekrümmte Krallen. Der bei dem Weibchen breit, bei dem Männchen schmal ovale Hinterleib ist fast sägezähnig gerandet, an den scharfen Seitenecken der vordern Segmente ohne Borsten, nur bisweilen mit einem Stachelspitzchen, an denen der hintern Segmente mit ein und zwei langen Borsten, an dem queroblongen männlichen Endgliede mit zehn langen Borsten, an dem kurzen breiten weiblichen jederseits der mittlen Einkerbung nur zwei Borsten. Das erste Segment ist braun mit der hellen Mittellinie der Brustringe. Auf den folgenden hellgelblichen Segmenten treten die randlichen Keilflecke nur schwach hervor, sind kurz, stumpfspitzig, mit je zwei Pusteln gezeichnet. Das Endsegment ist wie das erste dunkel gefärbt.

Auf der Hausgans besonders im Gefieder des Kopfes und Halses.

D. brevimaculatus.

Obscure brunneus, capite brevi, antice rotundato, trabeculis et antennis praecedentis speciei, prothorace trapezoidali, metathoracis angulis lateralibus acutissimis, abdomine lato, margine subcrenulato, maculis brevissimis obtusis pustulatis. Longit. 2/3'''.

Diese Art unterscheidet sich von der vorigen sogleich durch ihre mehr gedrungene Gestalt und die dunkelbraune Färbung. Ihr Kopf ist entschieden kürzer und breiter, Borsten, Balken, Fühler und Schläfenlinien wie bei voriger Art. Stirn- und Scheitelsignatur ganz undeutlich. Der Prothorax hat stumpfere, dagegen der Metathorax mehr vorstehende schärfere Seitenecken mit denselben langen Borsten. An den Beinen erscheinen die Schienen kräftiger. Der breit ovale Hinterleib hat nicht die sägezähnigen Ränder der vorigen Art, die Seitenecken der Segmente sind vielmehr abgerundet und minder hervorstehend, das weibliche Endsegment mit viel schwächerer Kerbe, das männliche Endsegment mit wenigen Borsten, die Färbung braun und die dunkel kastanienbraunen Randflecke sehr kurz und stumpf.

Auf Anser albifrons, von Nitzsch in mehren Exemplaren in unserer Sammlung ohne nähere Angaben aufgestellt.

D. brunneiceps.

Praecedenti speciei simillimus, sed capite brunneo, clypeo rotundatoangulato, trabeculis brevibus acutis, abdomine lato, margine serratocrenulato, maculis brevissimis obtusis pustulatis. Longit. 1/2'''.

Diese Art steht dem ***D. brevimaculatus*** noch näher als dieser dem ***D. adustus***, doch bietet sie bei näherer Vergleichung noch sichere specifische Eigenthümlichkeiten. Der Clypeus erscheint weniger abgerundet, die Balken bei gleicher Kürze mehr zugespitzt, die Stirnsignatur ganz kurz und hinter ihr der ganze Kopf dunkelbraun, ohne Zeichnung, die Schläfenlinien wie bei vorigen Arten. Brustringe ohne Eigenthümlichkeiten, die Beine haben starke Schenkel und dickere Schienen als bei vorigen, letzte mit zwei Dornen am Hinterrande, starken Daumenstacheln, die Krallen schlank und wenig gekrümmt. Der breit ovale Hinterleib endet bei dem Männchen breit stumpf, indem das kurze Endsegment kaum über die Seitenecken des vorletzten Segmentes hervorragt, bei dem Weibchen dagegen tritt das Endsegment stark hervor. Alle Segmente haben scharfe Seitenecken, aber nur an den hintern mit je zwei bis drei Borsten, das männliche Endsegment jederseits mit zwei kurzen, das weibliche mit drei langen Borsten. Die Randflecken sind sehr kurz, stumpf, deutlich getüpfelt, dunkelbraun, der übrige Hinterleib dagegen blassgelb.

Auf Anser cygnoides in einigen Exemplaren in unserer Sammlung ohne nähere Angaben.

D. ferrugineus.

Ferrugineus, longus, capite longo, angusto, clypeo lato parabolico, trabeculis antennisque praecedentis speciei, signatura frontali angusta, lineis temporalibus parallelis, prothorace transverso oblongo, metathoracis margine postico convexo, pedibus crassis, abdominis angusti marginibus lateralibus undulatocrenulatis, maculis parum distinctis, pustulatis. Longit. 3/4'''.

Eine durch ihren gestreckten, schlanken Habitus wie durch Färbung von den vorigen auffällig verschiedene Art. Ihr längerer und deshalb viel schmälerer Kopf hat einen grossen, parabolischen Clypeus ohne Borsten. Die stumpfspitzigen Balken ragen etwas über das erste Fühlerglied hinaus. Die Schläfengegend ist nur sehr wenig verbreitert und trägt jederseits eine sehr lange Borste. An der schmalen Stirnsignatur treten die hintern seitlichen Ecken kaum hervor. Keine Scheitelsignatur, die Schläfenlinien biegen sofort nach hinten um und laufen parallel zum Occipitalrande, so dass sie ein oblonges helles Scheitelfeld abgränzen. Der Prothorax ist oblong, mit heller Mittellinie, ohne Randborsten, der Metathorax trapezoidal mit convexem Hinterrande und gleichfalls heller Mittellinie. Die im Verhältniss zum Körper kurzen Beine haben sehr dicke Schenkel und lange Borsten. Der Hinterleib erscheint im Vergleich mit vorigen Arten sehr schmal und gestreckt und die seitlichen Segmentecken treten so wenig hervor, dass der Rand nur schwach wellig ist. Nur die letzten Segmente tragen zwei bis drei Borsten, das kurze gekerbte Endsegment hat keine Borsten. Die blassbraunen Randflecke sind länger als bei vorigen Arten, enden ebenfalls stumpf und haben einen ganz dunkeln Randfleck.

Ein Exemplar von Anas clypeata in unserer Sammlung.

D. obtusus.
Giebel, Zeitschrift f. ges. Naturwiss. 1866. XXVIII. 363.

Auratus, ferrugineo-pictus, capite magno, clypeo subquadrato, trabeculis longis, antennis brevibus, signatura obsoleta, prothorace trapezoidali, metathoracis angulis lateralibus acutis, abdomine obtuso, marginibus serrato-crenulatis, maculis brevissimis obsoletis. Longit. $^2/_3$'''.

Die goldgelbe Färbung mit schwacher lichtrostbrauner Zeichnung und der am hintern Ende ganz abgestutzte Hinterleib kennzeichnen diese grossköpfige Art der Enten sehr gut. Das ganz kurze Endsegment des Hinterleibes wird nach Nitzsch's Angabe während des Lebens lebhaft und stark eingezogen und dann erscheint der Hinterleib gerade abgestutzt. Der schildförmige Clypeus ist fast geradseitig mit abgerundeten Ecken, die stumpfspitzigen Balken reichen fast bis zur Mitte des zweiten Fühlergliedes, dagegen sind die Fühler merklich kürzer als bei vorigen Arten und reichen angelegt nur wenig über die Mitte der Schläfengegend hinaus, obwohl ihr Endglied gleichfalls länger als das vorletzte ist. Von der sehr kurzen Stirnsignatur ist nur die dunkle Endspitze deutlich. Die Schläfenlinien convergiren ziemlich stark und begrenzen ein schmales Scheitelfeld. Der trapezoidale Prothorax hat eine helle Mittellinie und der ebenso gezeichnete Metathorax trägt an seinen scharfen Seitenecken je eine sehr lange starke Borste. Die Abdominalsegmente haben scharfe Seitenecken und die hintern an diesen lange Borsten, das kurze Endsegment aber nur zwei kleine schwache. Die Randflecke sind sämmtlich sehr kurz, stumpf dreiseitig, jeder mit einem dunkeln Randpunkte.

Einige Exemplare auf Anas fuligula von Nitzsch im November 1814 gesammelt und seitdem nicht wieder beobachtet.

D. icterodes *Nitzsch.* Tab. X. Fig. 8.
Nitzsch, Germar's Mag. 1818. 290 (29). — Burmeister, Entomol. II. 424. — Denny, Monogr. Anoplur. 101. Tab. 5. Fig. 11. — Giebel, v. Middendorffs sibir. Reise. Zool. I. 466.
Pediculus dentatus Scopoli, Entomol. carniol. 383.

Ferrugineus, capite longo, clypeo lato rotundato, signatura frontali distincta, antennarum brevium articulis tribus ultimis aequilongis, trabeculis obtuse conicis, prothoracis angulis lateralibus rotundatis, pedibus gracilibus flavis, abdominis margine crenato, disco albo, maculis marginalibus confluentibus, puncto fusco notatis. Longit. $^1/_2$'''.

Eine kleine Art, welche sogleich durch die beträchtliche Grösse ihres Kopfes und den sehr breiten völlig abgerundeten Clypeus von ihren nächsten Verwandten sich unterscheidet. Borsten fehlen am Vorderkopfe gänzlich. Die stumpfspitzigen Balken überragen nur so eben das erste Glied der Fühler, das zweite Fühlerglied hat die Länge der beiden folgenden zusammen und das mit einem dichten Büschel Tast-Borsten besetzte Endglied ist von der Länge des vorletzten. Angelegt erreichen die Fühler den Nackenrand nicht. Der Schläfenrand ist mit einigen, an der völlig abgerundeten Ecke mit einer sehr langen Borste besetzt. Die Stirnsignatur ist sehr scharf ausgeprägt, die Scheitelsignatur nur als eingeschnürter Querfleck. Die Schläfenlinien laufen parallel nach hinten, ein sehr breites Mittelfeld begränzend. Der Prothorax hat völlig gerundete Seiten ohne Borsten, wogegen die stark vortretenden Seitenecken des Metathorax je eine lange und dahinter noch zwei kurze, aber ebenso starke Borsten. An den Beinen fallen die Schenkel durch ihre Kürze und Dicke auf, während die übrigen Glieder schlank erscheinen; an der Innenseite der Schienen stehen drei Dornen, die Daumenstacheln an ihrem Ende sind kurz und dick, auch die Klauen kurz, plump und schwach gekrümmt. Der Hinterleib ist kurz oval, hinten fast abgestutzt, zumal der männliche sehr kurz, breit und am Ende abgestutzt, mit schwach gekerbtem Rande, während der weibliche scharf sägezähnig gerandet ist. Nur die Ecken der drei vorletzten Segmente tragen Borsten, das weibliche Endsegment zwei, das männliche dagegen acht Borsten. Die dunklen Randflecke berühren sich aussen und enden nach innen breit abgestutzt, das Endsegment ist ohne Zeichnung.

Auf Mergus albellus an der Schnabelwurzel zugleich mit Trinotum lituratum von Nitzsch bereits im März 1804 beobachtet und nach dem Leben gezeichnet, später gleichfalls an der Schnabelwurzel in sehr wenigen Exemplaren auf Anas rufina, häufiger auf der wilden und zahmen Anas boschas, auf A. fuligula, A. glacialis gesammelt. Denny giebt ausser diesen noch als Wirthe: Anas penelope, A. marila, A. clypeata, A. ferina, Mergus merganser, Anser albifrons, endlich noch Anas crecca für diese Art an, allein seine Abbildung giebt so erhebliche Differenzen an, dass man gerechte Zweifel an der Identität erheben könnte. Giebel fand die Art auf Anas Stelleri und beschreibt sie ausführlich.

D. bipunctatus.

Pallidus, brunneopictus, clypeo dilatato rotundato, trabeculis brevibus truncatis, antennarum articulo ultimo penultimo longiore, signatura frontali distincta, prothorace trapezoidali, abdomine late ovato, crenatomarginato, maculis brunneis brevibus, obtusis, distinctis, biforeolatis. Longit. 1/4'''.

In der Kopfbildung schliesst sich diese Art eng an die vorige an, nur ist ihr Kopf selbst relativ kleiner, der Clypeus kürzer und noch stärker abgerundet; die Balken überragen das erste Fühlerglied nicht und sind an der Spitze gerade abgestutzt; die Fühler reichen angelegt bis an den Occipitalrand und ihr Endglied ist länger als das vorletzte. Am Schläfenrande stehen nur kurze Borstenspitzen, keine eigentliche Borste. Die scharf umgränzte Stirnsignatur ist kurz und wie bei voriger dreispitzig. Die Schläfenlinien begränzen gleichfalls ein breites Mittelfeld, convergiren jedoch schwach nach hinten. Der Prothorax ist trapezoidal und hat abgerundete Hinterecken ohne Randborsten, der Metathorax trägt nur eine lange Borste an den scharfen Seitenecken. Die Beine ohne Auszeichnung, an den Schienen jedoch nur ein Dörnchen jenseits der Mitte, die Daumenstacheln kurz, auch die Klauen sehr kurz und schwach gekrümmt. Der Hinterleib ist entschieden breiter oval als bei voriger Art und gegen das Ende hin mehr verschmälert, am Rande nur schwach gekerbt und mit völlig stumpfen Segmentecken, mit je zwei Borsten an dem Aussenrande der drei vorletzten Segmente und mit drei Borsten jederseits an dem tiefgekerbten Endsegment. Die tief braunen Randflecke sind sehr kurz, innen stumpfspitzig und auch aussen von einander getrennt. Jeder hat zwei Grübchen. Das breite Mittelfeld ist durch den durchscheinenden gefüllten Magen bläulich grau.

Auf Mergus merganser, nach einem einzigen Exemplar unserer Sammlung ohne nähere Angaben. Gervais, Aptères III. 343 scheint diese Art mit voriger vereinigt zu haben.

D. hexagonus.

Corpus oblongum, brunneofuscum, capite pentagono, trabeculis brevibus, antennis brevissimis crassis, signatura frontali nulla; abdomine lato, marginibus non crenulatis, maculis nullis. Longit. [illegible]'''.

Eine der absonderlichsten Arten, leider nur in einem Exemplare vorliegend, das zu einer sorgfältigen Charakteristik und befriedigenden Darstellung nicht ausreicht. Kurz und gedrungen im Bau erscheint der Umriss des Körpers, von der Einschnürung des Thorax abgesehen, sechseckig, die beiden vordern Seitenecken in der Fühlergegend ziemlich scharf, die hintern Seitenecken abgerundet. Der Vorderkopf ist dreiseitig, jedoch der Clypeus vorn gerade abgestutzt, nicht spitzig oder gerundet. Die Balken sind kurz und die Fühler sehr kurz, dick, ihre drei letzten Glieder von gleicher Länge. Keine Borsten am Kopf, ausser einigen ganz kurzen am Schläfenrande. Der ganze Kopf ist tief braun, nur die Gegend der Stirnsignatur hell. Thorax und Beine ohne besondere Eigenthümlichkeiten. Der breite ovale Hinterleib zeigt keine deutliche Trennung der einzelnen Segmente, auch sein Rand nur sehr schwache, ungleichmässige Wellenbuchten und vereinzelte Borsten, an dem stumpfen Ende eine sehr feine Kerbe. Keine Spur von Zungenflecken, nur zwei dunkle Längsstreifen, wohl von durchscheinenden Eingeweiden herrührend.

Auf Phaëton phoenicurus nach einem Exemplare unserer Sammlung ohne nähere Angaben.

D. coronatus.

Flavus, obscure pictus, clypeo antice truncato, postice crista transversa, trabeculis longis obtusis, antennis brevissimis, signatura frontali nulla; prothoracis lati lateralibus convexis, femoribus brevibus crassissimis, abdomine ovali, marginibus serratis, maculis marginalibus et vittis transversis. Longit. 1/2'''.

Eine von den Dokophoren der Schwimmvögel erheblich abweichende und denen der Spechte sich nähernde Art. Ganz eigenthümlich ist ihr eine scharfe Querleiste, welche den Clypeus von der Stirn abgränzt. Vorn ist der Clypeus schwach convex gerandet. Vor jener Leiste stehen jederseits vier kurze Borsten. Die Balken sind lang, mit gerade abgestutztem Ende. Die Fühler ganz auffallend kurz und da gleich hinter ihnen die Schläfe einen stark vorspringenden Höcker bildet: so stehen die Fühler in einer tiefen, von diesem Höcker und dem Balken gebildeten Bucht. Am Schläfenrande jederseits zwei sehr lange Borsten und vor diesen noch zwei Spitzchen. Auf der Mitte der Stirn liegt ein dunkler Fleck. Die Schläfenlinien biegen sogleich winklig nach hinten und convergiren etwas gegen den Hinterrand. Der Prothorax hat ziemlich die Breite des Metathorax und stark convexe Seiten ohne Borsten, der Metathorax aber an seinen stumpfen Seitenecken je eine lange Borste. Die Beine haben auffallend kurze und gewaltig dicke Schenkel. Am schön ovalen Hinterleibe treten die scharfen Hinterecken der Segmente sägezähnig hervor und tragen je vier lange Borsten, am breiten sehr seicht gekerbten Endsegment stehen viele aber sehr kurze Borsten. Die Zeichnung des Hinterleibes besteht in braunen, das Grübchen umrandenden Flecken, welche durch schmale, bräunlich gelbe, die Mitte der Segmente einnehmende Querbinden verbunden sind. Das Endsegment hat die Färbung dieser beiden und keine Randflecke.

Auf Puffinus fuliginosus, gleichfalls nur nach einem Exemplare unserer Sammlung ohne weitere Bemerkungen.

D. celedoxus *Nitzsch.* Taf. XI. Fig. 1. 16.

Nitzsch, Zeitschrift f. ges. Naturwiss. 1866. XXVIII. 363. — Burmeister, Entomol. II. 426. — Denny, Anoplur. 77. Tab. 4. Fig. 1.

Flavidus, castaneopictus, clypeo angustato, antice subemarginato, trabeculis longis, antennis brevibus, signatura frontali lata; prothorace lato subortogono, metathorace pentagono; pedibus crassis; abdominis ovalis marginibus serratodentatis, maculis acute trigonis, undulatis. Longit. ½'''.

In der allgemeinen Körpertracht schliesst diese Alkenart denen der Möven und Seeschwalben sich eng an, bietet aber schon bei der ersten Vergleichung sehr erhebliche Eigenthümlichkeiten sowohl in den einzelnen Körperformen wie in der Zeichnung. Der Vorderkopf verschmälert sich nach vorn mässig und der Vorderrand erscheint schwach gebuchtet. Eine feine Borste steht jederseits über der Vorderecke, ein kurzes Borstenspitzchen in der Mitte des Zügelrandes und ein ebensolches vor der Basis des Balkens. Dieser ist dick, stumpfspitzig und reicht bis in die Mitte des längsten zweiten Fühlergliedes (in unserer Abbildung falsch dargestellt); die Fühler sind kurz und ihre drei letzten Glieder von gleicher Länge. Gleich hinter den Fühlern tritt der Schläfenrand eckig vor und bildet noch vor seiner Mitte nochmals eine vorspringende Ecke, trägt aber nur wenige ganz kurze Borstenspitzchen, keine eigentliche Borste. Die kurze breite Stirnsignatur geben die Abbildungen getreu wieder und ist Denny's Darstellung derselben ganz falsch. Die Scheitelsignatur erscheint als verwaschener dunkler Fleck. Die Schläfenlinien biegen fast winklig nach hinten um und convergiren bis gegen den Occipitalrand. Der grosse Prothorax erweitert seine Seiten so, dass er fast achteckig erscheint. Die Seitenecken des grössern Metathorax sind stumpf und tragen nur ein ganz kurzes Spitzchen, auf ihrer Oberseite aber vom Rande abgerückt eine lange Borste. Beide Brustringe sind längs der Mitte ganz hell und gegen den Rand hin dunkel (in Denny's Abbildung gerade umgekehrt gezeichnet). Die Beine haben kurze dicke Glieder und enden mit geraden starken Klauen. Der Hinterleib ist sehr breit oval, bei dem Männchen hinten stumpfer und mit sägezähnigem Seitenrande, bei dem Weibchen sind die Seitenecken der Segmente stumpfer, bei beiden stehen vor diesen Ecken je zwei bis drei lange Borsten, am halbovalen männlichen Endsegment acht lange Borsten, am sehr kurzen ausgerandeten weiblichen Endsegment nur zwei Borstenspitzen. Die dunkelbraunen Randflecke des ersten Segmentes treffen in der Mittellinie zusammen und verschmelzen hier bei dem Weibchen völlig, während sie bei dem Männchen nicht zusammentreffen. Bei dem Männchen verlängern sich die Flecken aller übrigen Segmente weiter gegen die Mitte als bei dem Weibchen, bei beiden aber haben sie wellige Ränder und berühren sich mit den Aussenrändern gar nicht, daher auch hierin Denny's Zeichnung ganz von unsern Exemplaren abweicht.

Auf Alca torda nicht selten, von Nitzsch mit andern Federlingen auf einem trocknen Balge im Frühjahr 1836 zuerst beobachtet und unter obigem Namen abgebildet, später auch von Denny auf demselben Vogel, zugleich aber auch auf Fratercula arctica und Uria troile gefunden, nach seiner Darstellung jedoch so erheblich abweichend, dass man an der Identität zweifeln muss.

D. longisetaceus.

Pallidus, ferrugineopictus, frontis lateribus paululo dilatatis, clypeo emarginato, signatura frontali longa; prothorace trapezoidali, metathorace pentagono; abdominis ovalis margine crenato, maculis brevissimis postice excisis. Longit. 1'''.

Das einzige männliche Exemplar wurde auf einem frischen Balge von Aquila fulva gefunden und ist weisslich mit rostbrauner Zeichnung, gedrungen im Bau und in den einzelnen Formen eigenthümlich. Die Seiten des Vorderkopfes erweitern sich nur sehr wenig und gehen durch Abrundung in den schwach ausgebuchteten Vorderrand über. An den völlig abgerundeten Vorderecken stehen je zwei sehr lange Borsten, eine ebenso lange in der Mitte der Zügelgegend und zwei gleichfalls enorm lange vor dem schlanken stumpfspitzigen Balken. Am Schläfenrande jederseits ein rechtwinkliger Vorsprung und hinter diesem drei lange Borsten, eine letzte Borste am Occipitalrande. Die Stirnsignatur ist lang, flaschenförmig, nach hinten schlank ausgezogen. Die braune Berandung des Zügels in der Mitte ist von der weissen Berandung der Signatur durchbrochen. Die dunkeln Schläfenlinien fast geradlinig gegen den hellen Occipitalrand convergirend. Der trapezoidale Prothorax dunkel gerandet, ohne Randborste und mit zwei rostbraunen Trapezflecken. Der ebenso gezeichnete fünfseitige Metathorax mit drei sehr langen Borsten jederseits. Die Schenkel mit mehreren Stachelborsten. Der breit ovale Hinterleib hat schwach gekerbte Seitenränder, an jedem Segment zwei bis vier sehr lange Seitenrandborsten und oberseits einen kurzen stumpf endenden Randfleck mit markirtem Winkelschnitt am Hinterrande. Diese Flecke sind innen dunkel und werden gegen den Rand hin ganz rosthell. Schon auf dem ersten Segment sind diese Flecke sehr kurz, auf dem achten aber zu einer breiten Binde vereinigt. An der Bauchseite scheinen nur die Genitalleisten braun durch, im übrigen ist der Hinterleib oben und unten weisslich.

D. furca.

Brevis, nigrobrunneus; capite lato, truncatotrigono, antennis brevibus, signatura frontali lata postice in lineam mediam excurrente; prothorace brevissimo trapezoidali, metathoracis brevis margine postico convexo, pedibus crassis; abdomine suborbiculari, margine crenato, maculis latis longissimis acutis. Longit. $\frac{4}{5}$'''.

Diese Art unterscheidet sich sehr erheblich von den auf andern Kranichen, den Störchen und Reihern vorkommenden Arten, sogleich durch ihren kurzen, sehr gedrungenen Bau. Der Kopf so breit wie lang, ist vorn breit und gerade abgestutzt, hat breit gerundete Schläfenecken, lange und sehr starke Balken, kurze dicke Fühler, deren letzte beide Glieder einander gleich lang sind. An den abgerundeten Vorderecken zwei schwache Borsten, vor der Basis der Balken zwei längere und stärkere, am Schläfenrande jederseits vier noch längere. Die Stirnsignatur ist so breit wie lang, hinten kurz dreieckig und ihre lichte auch den Zügelrand durchbrechende Einfassung setzt als weissliche Mittellinie nach hinten fort, theilt scharf die dunkle Scheitelsignatur und verwischt sich verbreiternd eine Strecke hinter derselben. Die Schläfenlinien biegen fast winklig nach hinten um und convergiren deutlich zum dunkeln Occipitalrande, das von ihnen begränzte Scheitelfeld ist so breit wie jedes Schläfenfeld. Der sehr kurze Prothorax ist trapezoidal, schwarzbraun gerandet, mit weisslicher Linie längs der Mitte. Der nur wenig längere breite Metathorax hat einen stark convexen, fast winkligen Hinterrand, vor welchem eine Borstenreihe liegt; an den stumpfen Seitenecken mehre lange Borsten. Die Beine sind kurz und sehr dick. Der scheibenrunde Hinterleib erscheint bei dem Männchen sehr schwach, bei dem Weibchen schärfer gekerbt, hat an dem weiblichen stumpfen breiten Endgliede gar keine, an dem schmalen abgerundeten männlichen Endgliede mehre lange Borsten. Lange Borsten stehen auch auf der Oberseite der Segmente. Das erste Segment ist in beiden Geschlechtern schwarzbraun, die sechs folgenden Segmente haben in der Randhälfte sich berührende und mit dem hellen Stigmenfleck gezeichnete Zungenflecke, welche dann nach innen sich stark verschmälern und bei dem Weibchen ein etwas breiteres weissliches Mittelfeld frei lassen als bei dem Männchen. Dieses hat auch auf dem achten Segment dieselben Flecke und sein Endsegment ist hellbraun, bei dem Weibchen dagegen sind beide Endsegmente gleichmässig schwarzbraun gefärbt. Ein junges Exemplar ist weiss, mit hellbrauner Zeichnung am Kopfe und Thorax, sich auspitzenden Randflecken auf dem ersten Abdominalsegment und mit ganz kurzen vierseitigen Randflecken auf den sechs folgenden Segmenten, ohne Zeichnung auf den beiden letzten.

Auf Grus leucogeranus, in vier Exemplaren auf einem so eben unserem Museum zugesendeten trocknen Balge gefunden, wie auch vorige Art erst in diesen Tagen mir zugegangen ist.

D. ambiguus. Taf. VIII. Fig. 12. 13.

Nirmus magus Nitzsch, Zeitschrift f. ges. Naturwiss. 1861. XVIII. 304; 1866. XXVIII. 367.

Fuscus, obscure pictus; capite antice angustato, postice rotundato, clypeo oblique exciso, antennis brevibus; pedibus longis pictis; abdominis margine nigro, segmentis bimaculatis. Longit. $^{2}/_{3}$'''.

Dieser Balkling fällt sogleich durch den tiefen und ganz schiefen Ausschnitt am Clypeusende des sehr verschmälerten Vorderkopfes auf. Die Zügelränder sind stark beborstet, die stumpfen Balken überragen das Fühlergrundglied, die folgenden Fühlerglieder nehmen an Länge ab, der Hinterkopf ist stark abgerundet und am Schläfenrande nur mit einigen Borstenspitzchen und einer langen Borste besetzt. Der Prothorax ist breiter als lang, ohne Borsten an den convexen Seiten. Der trapezoidale Metathorax hat stumpfspitzige sehr lang beborstete Seitenecken und die Schenkel und Schienen der schlanken Beine dunkle Kanten und Enden. Der männliche Hinterleib ist beträchtlich breiter und kürzer als der weibliche mit tief getheiltem Endsegment, beide mit stumpfen ziemlich stark hervortretenden und wie gewöhnlich beborsteten Segmentecken. Die Seitenränder der Segmente sind schwarz, die Stigmata dunkelbraun umgränzt und längs der Mitte des Hinterleibes treten noch zwei Reihen brauner scharfeckiger Winkelflecken auf, denen auf der Bauchseite Querflecken entsprechen. Die Zeichnung des Kopfes und Thoraxes ist dunkel.

Auf dem trocknen Balge des südamerikanischen Cassicus cristatus in einem männlichen und einem weiblichen Exemplare zugleich mit einem *Colpocephalus* gesammelt, von Nitzsch in der Sammlung als *Nirmus magus*, in den Collectaneen ohne nähere Angaben als *Nirmus ambiguus* aufgeführt, doch sind die Balken so deutlich entwickelt, dass an der Unterordnung unter *Docophorus* nicht zu zweifeln ist. In der Abbildung sind leider die Balken ganz verfehlt dargestellt, obwohl sie im Original schon als unverkennbare Docophorenbalken gezeichnet waren. Das Colorit hatte Nitzsch nur schwach angedeutet und wollte ich dasselbe nach den Spiritusexemplaren nicht ausführen.

Anhang.

Ausser den hier aufgeführten 106 Balklingen werden noch folgende mir unbekannte Arten von verschiedenen Autoren charakterisirt. Zunächst von Denny in der Monogr. Anoplurorum.

D. Picae *Denny* 67. Tab. 1. Fig. 9.

Capite et thorace nobilocastaneis, nitidis, margine nigro thoracem cingente; abdomine pallide flavo, albo; fasciis lateralibus piceis; femore nigris annulo distincto. Longit. $^{3}/_{4}$'''. — *Pica caudata.*

D. variabilis *Denny* 71. Tab. 3. Fig. 4.

Capite et thorace castaneis nitidis, illo elongato, triangulari; abdomine ovato, lactea cum fasciis jecinorei coloris. Longit. $^{3}/_{4}$'''. — *Tringa variabilis.*

D. Merguli *Denny* 72. Tab. 3. Fig. 7.

Gracilis, castaneus, laevis, nitidus; capite magno, conico, cum fasciis duabus longitudinalibus, transversis, subangularibus; thorace multo quam caput minore, abdomine longe ovato. Longit. $^{1}/_{2}$'''. — *Mergulus albe.*

D. Ralli *Denny* 75. Tab. 5. Fig. 6.

Nitidocastaneus, flavus, laevis, splendens; capite magno, triangulari; pedibus valde crassis; abdomine obtuse ovato cum margine fusco pallido. Longit. $^{1}/_{2}$'''. — *Rallus aquaticus.*

D. Turdi *Denny* 76. Tab. 4. Fig. 5.

Capite et thorace castaneoflavis, illo oblongo, antice valde prolato, duabus fasciis latis distincto; abdomine fere orbiculari cum fasciis castaneis. Longit. $^{1}/_{2}$'''. — *Turdus musicus.*

D. columbinus *Denny* 80. Tab. 8. Fig. 8.

Castaneus, nitidus; capite cum fasciis duabus lateralibus nigris semicircularibus; metathorace transverse ovato, postice subangulato; abdomine ovato, piceo. Longit. 1'''. — *Colymbus glacialis, C. arcticus, C. septentrionalis.*

D. platygaster *Denny* 83. Tab. 2. Fig. 5.

Capite cordato, castaneo; abdomine latissimo, fere orbiculari plano, cum fasciis lateralibus intense jecinoreis, quarum singulae duas foveolas habent. Longit. $^{3}/_{4}$'''. — *Uria troile.* — Gurlt beschreibt unter diesem Namen in v. Middendorffs sibir. Reise Zool. I. 470. den Balkling von Larus canus, lässt aber dessen Verhältniss zu D. humeralis fraglich.

D. canuti *Denny* 84. Tab. 3. Fig. 5.

Capite et thorace castaneis, illo longissimo, cuneiformi; abdomine ovali jecinoreo cum segmentis emarginatis. Longit. $^1/_2$‴. — *Tringa canutus.*

D. megacephalus *Denny* 86. Tab. 5. Fig. 5.

Pallide fulvus, capite magno obcordato; abdomine flave albo. Longit. $^3/_4$‴. — *Uria grylle.*

D. Reguli *Denny* 91. Tab. 6. Fig. 4.

Fulvoflavus; capite triangulari; fasciis lateralibus abdominis nitide fulvis in colorem piceocastaneum desinentibus. Longit. $^1/_2$‴. — *Regulus aurocapillus.*

D. Upupae *Denny* 92. Tab. 8. Fig. 1.

Elongatus, obscure castaneus, nitidus, capite maculam lateralem nigram angularem ante oculos ostendente; foveis stigmaticis abdominis et suturis pallidoochraceis. Longit. 1‴. — *Upupa epops.*

D. Cygni *Denny* 95. Tab. 1. Fig. 1.

Capite, thorace pedibusque nitidocastaneis, laevibus, splendentibus; abdomine lato, ovato, albo, primo segmento maculaque humerali secundae et tertiae castaneis, reliquis fascias breves jecinoreas utrinque habentibus. Longit. $^3/_4$‴. — *Cygnus Bewicki.*

D. testudinarius *Denny* 96. Tab. 1. Fig. 6.

Nitidofulvus, nitidus, pubescens; centro et margine abdominis piceofulvis. Longit. $1^1/_4$‴. — *Numenius arquata.*

D. chrysophthalmi *Denny* 99. Tab. 3. Fig. 3.

Capite et thorace obscure castaneis, laevibus, nitidis, illo magno, cum duabus fasciis diagonalibus clavatis; abdomine lato, flave albo, fasciis lateralibus ligulatis, undulatis, nitide castaneis in colorem jecinoream intus desinentibus; antennarum articulo secundo intus producto. Longit. 1‴. — *Clangula chrysophthalmus.*

D. thalassidromae *Denny* 103. Tab. 2. Fig. 6.

Capite et thorace fulvoflavis; fasciis abdominis intense piceonigris cum foveolis duabus magnis. Longit $^3/_4$‴. — *Thalassidroma pelagica.*

D. Merulae *Denny* 106. Tab. 3. Fig. 1.

Nitide castaneoflavus; fasciis abdominis brevibus, pedibus crassis, margine superiore fusco. Longit. $^3/_4$‴. — *Turdus merula.*

D. modularis *Denny* 107. Tab. 3. Fig. 3.

Pallide castaneoflavus; capite magno triangulari, thorace obscure castaneo, nigremarginato; abdomine magno, fasciis transversis longis ligulatis truncatis. Longit $^3/_4$‴. — *Accentor modularis.*

D. rubeculae *Denny* 108. Tab. 2. Fig. 2.

Elongatus, capite et thorace castaneoflavis, hujus margine intense jecinoreo; fasciis abdominis, intense castaneis, brevibus, subtruncatis; articulis antennarum tribus ultimis castaneis. Longit. $^3/_4$‴. — *Sylvia rubecula.*

D. Bassanae *Denny* 110. Tab. 6. Fig. 3. Tab. 8. Fig. 3.

Elongatus, intense castaneus; abdomine pallide fulvo, fasciis lateralibus intense jecinoreis confluentibus. Longit. 1‴. — *Sula Bassana, Phalacrocorax carbo und Sterna hirundo.*

D. alcedinis *Denny* 111. Tab. 6. Fig. 1.

Pallide fulvoflavus; capite magno, acuminato; abdomine oblongoovato. Longit. $^3/_4$‴. — *Alcedo ispida.*

Gervais, Hist. nat. des Aptères 1844. III. 341. Tab. 49. Fig. 4. charakterisirt kurz einen *Philopterus serratus* von der Dohle, welcher mit dem auch von Gervais p. 334 selbst angeführten *D. guttatus* Nitzsch S. 82. Tf. 11. Fig. 4. identisch ist und pag. 342 einen *Philopterus triangulifer* von Aquila chrysaëtus, den er also diagnosirt:

Thorax plus rétréci, une ligne partant de chaque antenne, une tache en forme de chanfrein; les plaques cornées abdominales triangulaiformes, celles du premier anneau contiguës, les autres distantes; une bande complète à l'avant dernier; dessous de l'abdomen subvilleux pâle.

D. prionitis W. Jardine, Ann. mag. nat. hist. 1841. VI. 327.

Eine auf Prionitis bahamensis beobachtete Art, welche sich durch die enorm dicken, schief dreiseitigen Balken von allen Arten unterscheidet und da diese unbeweglich zu sein scheinen, wohl eher zu Nirmus zu stellen ist. Der stark beborstete Clypeus ist vorn ausgerandet und der Hinterleib mit kurz dreiseitigem Randfleck auf jedem Segment.

D. macrotrichus *Kolenati*, Wiener Sitzungsberichte 1858. XXIX. 248. Tf. 1. Fig. 5.

Gelbbraun, breit und lang, mit deutlichen konischen Trabekeln vor den am Ende hornig chelirten Fühlern, die Füsse und der Hinterleib zur Seite der Mittellinie lichter, seitwärts sehr langhaarig, die Haare gelb und an der Spitze verdickt, an den Hinterrändern der Segmente gelbborstig, die Borsten spitz und gleich vertheilt, der grosse länglich herzförmige Kopf in der Nähe der Augen und Fühler verloren ausgeschweift, vor den Trabekeln am Rande kurzborstig, mit zwei längern Borsten am Munde, hinter den Fühlern am Rande jederseits mit zwei längern Knopfhaaren und zwei kurzen Borsten, in der Mitte mit zwei winklig geschweiften Längslinien, von den Fühlern zum Hinterrande eine Bogenlinie, von welcher nach aussen 6 vertiefte Punkte stehen; das Pronotum quer viereckig, nach aussen abgerundet, nach hinten wenig eingeschnürt — verschmälert, das Mesonotum nach hinten winklig verlängert und dessen Hinterwinkel spitz, mit zwei langen Spitzborsten, am Discus vorn mit zwei Buckeln, an der Seite der übrigen Leibessegmente eine kleine bogig dreieckige dunkelbraune Hornverdickung. Länge 2,1 Mm. Auf Chrysophlegma flaviнucha Gould zwischen *D. superciliosus* und *D. alcedinis* einzureihen. —

D. Foudrasi *Coinde*, Bullet. Natur. Moscou 1859. II. 423.

Tête en forme de demicercle; abdomen arrondi, légèrement bombé; corps en général jaune foncé, tacheté de quelques petits points noirs. — Ibis sacra.

D. Ararurae *Coinde*, Bullet. Natur. Moscou 1859. II. 424.

Tête semblable à celle des autres Docophores: abdomen rond, bleue au milieu, entouré d'un cercle noir, tout le reste du corps jaune foncé et rougeâtre. — Ararara.

Oncophorus nov. gen. Rudow, Zeitschrift f. ges. Naturwiss. 1870. XXXV. 299. (**Trabeculus** nov. gen. 1866. XXVII. 466.)

Kopf schildförmig, im Allgemeinen wie bei *Docophorus*, mit breiten Hinterhauptsseiten und tiefer Einbuchtung an den Fühlern. Mandibeln nur oben gezähnt. Fühler der Weibchen von gewöhnlichem Bau, die der Männchen mit hakenförmiger Verlängerung des 2. Gliedes, auf welches sich die drei letzten kleinen rechtwinklig aufsetzen, dann auch am Grundgliede eine eigenthümliche hakenförmige Bildung, die sich nach aussen wendet und mit dem Haken des zweiten Gliedes parallel läuft. Thorax wie bei *Docophorus*, ebenso die Füsse und das Abdomen. Die einzige Art heisst Tr. Schillingi l. c. 1866 XXVII. 467: Farbe matt dunkelbraun undurchsichtig. Kopf vorn rund, schmal, hellgelb mit zwei kleinen Seitenhöckern, dann allmälich erweitert gegen die Trabekeln, welche über eine tiefe Einbuchtung hervorragen, in der die Fühler eingelenkt sind. Bis zu den Fühlern ist der Kopf dunkelgelb, der plötzlich breitere Hinterkopf dunkelbraun mit hellem Scheitel. Trabekeln lang. Fühler von fast Kopfeslänge und in der Mitte desselben eingelenkt: Grundglied dick, das zweite beim Männchen dünner und länger mit mässig langem Haken, die drei letzten klein. Prothorax schmal mit runden Seiten, Metathorax vorn schmäler, hinten breiter und das Abdomen überragend, noch einmal so lang wie der Prothorax; beide dunkelbraun mit heller Mitte. Abdomen im dritten Ring am breitesten, die Segmente mit scharfen Randecken, welche je eine Borste tragen. Letzter männlicher Ring schmal mit zwei stumpfen Endhöckern hellbraun, während die andern Ringe nur eine helle Rückenpartie haben, am Rande aber breit dunkelbraun gefärbt sind. Weiblicher Hinterleib breiter mit rundem breiten letzten Ringe. Füsse kurz, gedrungen mit dicken Schenkel und kurzem Klauengliede, einzelne lange Borsten und kleine Haare daran. Länge 1,5 Mm. Auf Procellaria mollis. — Rudow nimmt bei der zweiten Charakteristik dieses Thieres unter Oncophorus keine Notiz von der ersten unter dem Namen Trabeculus und reicht die geschlechtliche Verschiedenheit der Fühler allein nicht aus zur Begründung einer besondern Gattung und ist die Art bei allen übrigen entschiedenen *Docophoren*charakteren unter der Gattung *Docophorus* zu belassen. Man vergleiche *D. heterocerus* S. 75 von Strix bubo.

3. NIRMUS Nitzsch.

Corpus plerumque angustum. Caput mediae magnitudinis, oblongum, cordatum aut triangulum, temporibus rotundatis aut monogonis. Trabeculae nullae aut parvulae, rigidae; antennae in utroque sexu conformes, rarius in maribus crassiores, variatim ramigerae, medio margini laterali insertae. Abdomen oblongum aut suborale, segmento ultimo in maribus integro, rotundato.

Die Schmalinge sind im Allgemeinen viel gestreckter und schmäler als die Dickling‌e, nur ganz vereinzelte Arten haben den breiten und gedrungenen Bau der Docophoren, unter denen wir ja auch einigen ziemlich schmalen

Formen begegneten. Die Gestalt des Kopfes ändert manigfacher ab als in der vorigen Gattung. Allermeist zwar der allgemeinen Körpertracht entsprechend gestreckt und erheblich länger als breit, verkürzt er sich bei vereinzelten Arten fast bis zur runden oder halbrunden Scheibenform. Der Umriss pflegt dreiseitig oder herzförmig zu sein, mit geringer bis sehr starker Verschmälerung im Vorderkopfe, dessen Clypeus gerade abgestutzt, concav bis tief ausgeschnitten oder aber convex bis breit abgerundet endet. Die Fühler sind in der Mitte der Kopfesseiten in einer meist tiefen Ausbuchtung eingelenkt und pflegen schlanker und dünner als bei den Docophoren zu sein; ihr erstes Glied ist stets das dickste und das zweite das längste. Geschlechtsunterschiede treten nur bei einigen Arten deutlich hervor. Die Fühlerbucht ist vorn und hinten gewöhnlich scharfeckig begränzt und nur bei einigen wenigen Arten verlängert sich die Vorderecke in einen spitzen Fortsatz, sogar in einen so langen, dass man auf den ersten Blick den Balken der Docophoren zu sehen glaubt. Von den Mundtheilen ist die Oberlippe wenig hervorragend, klein und mit undeutlich gekerbtem obern Rande, die kurzen Oberkiefer kolbig mit spitzen Haken, die Unterkiefer gestreckt und gezähnt. Die kleinen fünfgliedrigen Taster liegen längs der Futterrinne. Der Prothorax ist quadratisch, oblong, oft mit convexen Seitenrändern, in dem Längen- und Breiten-Verhältniss überaus veränderlich; der stets sehr grosse hintere Brustring hat eine trapezoidale, fünf- oder sechsseitige Form, mit scharfspitzigen bis völlig abgerundeten Seitenecken, welche lange Borsten tragen. Die Beine sind je nach dem Körperbau schlank oder kräftig. Die Gestalt des Hinterleibes spielt zwischen der schmal bandförmigen und der ovalen, ist jedoch vorherrschend lang gestreckt und schmal, ganz allmählig und nur wenig nach hinten sich verbreiternd, die einzelnen Segmente je nach der allgemeinen Form des Hinterleibes im Längen- und Breiten-Verhältniss sehr verschieden. Die Geschlechtsdifferenz des letzten Segmentes wie bei den Docophoren. In Färbung und Zeichnung bieten die Schmalinge eine überraschende Manigfaltigkeit: es kommen einförmig weissliche, gelbliche, dunkelbraune Arten ohne Zeichnung oder nur mit schwacher Randzeichnung vor, bei andern treten die Pusteln, schwarzen Ränder recht grell hervor; andere Arten zeichnen den Hinterleib mit den Keil- oder Zungenflecken, welche bei den Docophoren gewöhnlich sind, diese Flecke fliessen in der Mittellinie zusammen, werden auch breiter, so sehr, dass nur die Ränder der Segmente hell bleiben. Die Stigmata pflegen deutlich sichtbar zu sein zumal bei dunkler Dekoration, auf welcher dann auch noch lichte runde Flecke innen neben den Stigmaten vorkommen. Die Unterseite des Abdomens zeigt oft Punkte, Flecken oder Binden und die durchscheinenden Genitalien stets sexuelle Eigenthümlichkeiten. Am Kopfe findet man nur selten die charakteristische Stirn- und Scheitelsignatur der Docophoren, gewöhnlich nur Flecken und Randzeichnung, sehr häufig markirte, von den Fühlern zum Nackenrande laufende Schläfenlinien. Borsten kommen an allen Körpertheilen vor.

Die Nirmusarten schmarotzen auf den Vögeln aller Ordnungen jedoch in sehr ungleicher Vertheilung und meiden die Gesellschaft anderer Federlinge nicht. Wenn auch die Arten je nach der Verwandtschaft ihrer Wirthe selbst wieder in näherer Verwandtschaft zu einander stehen, so kommen doch in solchen Gruppen einzelne fremdartige Typen vor, welche die Beziehungen der Gruppen zu den Wirthen stören. Ich führe wie bei den Docophoren die Arten in der Reihenfolge der Vögel auf, welche hier wie in voriger Gattung das Auffinden der einzelnen Arten erleichtert.

N. discocephalus *Nitzsch.* Taf. VII. Fig. 10.

Nitzsch, Germars Magaz. 1818. III. 291. — Burmeister, Handb. Entomol. II. 430. — Denny, Monogr. Anoplur. 113. Tab. 9. Fig. 10. — Giebel, Zeitschrift f. ges. Naturwiss. 1861. XVII. 522.

Nirmus imperialis Giebel, Zeitschrift f. ges. Naturwiss. 1866. XXVIII. 363. no. 3.

Laete fulvus, capite orbiculari margine rufofulvo, antennarum articulo secundo longitudine tertio et quarto, articulo ultimo longiore quarto; prothorace subtrapezoidali, metathoracis angulis lateralibus obtusis, fasciis abdominalibus medio angustatis. Longit. 1/2'''.

Eine ausgeprägt rundköpfige Art mit in der Mitte verengten Hinterleibsbinden. Der ziemlich so breite wie lange Kopf ist vor den Fühlern gleichmässig abgerundet, dagegen der Occipitalrand gerade. Sehr kurze Borsten am vordern und an den Schläfenrändern. Die tiefe Fühlerbucht ist vorn scharfeckig, hinten durch die etwas aufgequollenen Augen begränzt, die Fühler selbst haben ein verdicktes Grundglied, ein zweites dem dritten und vierten zusammen an Länge gleichkommendes Glied und ein das vorletzte an Länge etwas übertreffendes Endglied mit einem dichten Büschel von Tastpapillen. Die grossen abgerundeten Flecke vor den Fühlern sind durch eine Querlinie (in unserer Abbildung nicht angegeben) verbunden und ziehen sich in die dunkele Berandung des Vorderkopfes aus. Auf dem Scheitel finde ich eine matte rautenförmige, hell umrandete Signatur. So nach der langjährigen

Einwirkung des Spiritus, unsre Abbildung ist von Nitzsch nach ganz frischen Exemplaren gezeichnet worden. Der Occipitalrand erscheint in der Breite des Prothorax eingezogen und dieser verbreitert sich etwas bis zu seinem ganz hellen Hinterrande und trägt vor der Hinterecke jederseits eine enorm lange, bisweilen aber fehlende Borste. Der längere hintere Bruststring hat schwach abgerundete Seitenecken mit zwei bis drei sehr langen Borsten; sein Hinterrand ist ganz hell. Die Beine sind kräftig, die Schienen am verdickten Ende mit zwei Daumenstacheln, die Klauen stark und wenig gekrümmt. Der schlank ovale Hinterleib hat bei dem Männchen scharfe, bei dem Weibchen abgerundete hintere Segmentecken und vor diesen zwei lange Randborsten, am letzten Segment aber acht ganz enorm lange Borsten bei dem Männchen, kurze bei dem Weibchen. Die Binden des Hinterleibes stellt unsere Abbildung ganz naturgetreu dar. Am Rande der Segmente stehen auf der Rücken- wie auf der Bauchseite einzelne kurze Börstchen.

Auf Haliaëtus albicilla, von Nitzsch schon im Januar 1815 beobachtet und gezeichnet und später wiederum gesammelt. Denny beobachtete ihn gleichfalls, aber er bildet den Kopf viel länger, die Zeichnung der Brustringe und der Hinterleibsbinden ganz anders ab. Die in unserer Sammlung befindlichen Exemplare von Aquila imperialis glaubte ich bei Veröffentlichung des Verzeichnisses als eigene Art unterscheiden zu müssen, allein die sorgfältige Vergleichung hat die Eigenthümlichkeiten der hellen Färbung überhaupt, der Beborstung des Vorderkopfes, der geringern mittlen Verengung der Hinterleibsbinden u. dgl. als bedeutungslos ergeben.

N. euzonius *Nitzsch.* Taf. VIII. Fig. 1.
Zeitschrift f. ges. Naturwiss. 1861. XVII. 521.

Capite rotundato subcordato cum thoracibus fusco, strigis notogastricis transversis, marginem abdominis lateralem haud attingentibus, fuscoatris, medio angustatis, pustulatis et utrinque ocellatis. Longit. 1'''.

Nitzsch fand diese Art zuerst auf zwei von Chur 1834 und 1835 bezogenen Bälgen des Gypaëtus barbatus zahlreich in dem Gefieder des Kopfes und Halses und glaubte sie mit voriger identificiren zu müssen. Im Mai 1836 aber erhielt er sie wieder auf einem jungen Bartgeier, der auf der Pfaueninsel gestorben war, und die eingehende Vergleichung zeigte ihm nun, dass die Exemplare ansehnlich grösser und zumal breiter, ihr Kopf anders gestaltet, die Stirn mehr vorgezogen, der Umfang des Kopfes weniger kreisförmig, Kopf und Thorax braun, und die Querbinden auf dem Hinterleibe fast schwarz und sehr zierlich mit einer Querreihe von weissen Pusteln für die Borstenursprünge besetzt waren. Auf der Bauchseite des Abdomens hat jedes der fünf ersten Segmente eine kleine kurze Querlinie, welche auf dem sechsten Segmente zu einem Querfleck wird und dann noch auf dem siebenten und achten Segmente einen zusammenhängenden blassen Längsfleck bildet. Die Exemplare sind leider in der Sammlung nicht mehr vorhanden, doch reichen die Angaben in Verbindung mit der Abbildung zur Charakteristik der Art vollkommen aus.

N. fuscus *Nitzsch.* Taf. VIII. Fig. 2.
Nitzsch, Zeitschrift f. ges. Naturwiss. 1861. XVII. 523. 525. — Denny, Monogr. Anoplur. 118. Tab. 9. Fig. 8.

Testaceus, margine obscure fusco circumcincto; capite oblongo, rotundato, antennarum articulo secundo, longissimo, ultimo longiore penultimo; prothorace subtrapezoidali, metathoracis angulis lateralibus subacutis; unguibus longis; abdominis margine crenato fasciis latissimis, postice punctorum serie. Longit. 1'''.

Eine schmal- und langköpfige Art mit dunkler Berandung. Der Vorderkopf ist mit einer dem Rande parallelen Reihe kurzer Borsten besetzt, während am Schläfenrande nur vereinzelte Spitzchen stehen. Die tiefe Fühlerbucht wird vorn von einem unbeweglichen scharfspitzigen Kegel begränzt und an den Fühlern selbst ist das Endglied merklich länger als das vorletzte (aber nicht dicker, wie Denny's Abbildung es darstellt). Die Zeichnung des Kopfes ist in der Abbildung gegeben und wieder erheblich von Denny abweichend. Der dunkle Prothorax hat schwach convexe Seiten und bei nur zwei Exemplaren nahe der Hinterecke jederseits eine auffallend lange Borste. Der breitere und längere Metathorax trägt an der abgerundeten Seitenecke drei bis vier z. Th. ganz enorm lange Randborsten. Die schlanken Beine sind dunkel gerandet und enden mit dünnen Klauen. Der schmale lange Hinterleib hat an den seitlichen Segmentecken zwei bis drei lange Borsten, deren Länge bis zum letzten Segment beträchtlich zunimmt. Die dunkeln Querbinden nehmen fast die ganze Fläche der Rückensegmente ein, erscheinen daher nur hell umrandet.

Auf Buteo vulgaris und Aquila naevia im Gefieder des Kopfes und Halses, von Nitzsch schon im Jahre 1800 und später wiederholt beobachtet und unter obigem Namen abgebildet, von Denny auf Circus rufus und Milvus ictinus jedoch mit fraglicher Identität gesammelt.

N. fulvus.

GIEBEL, Zeitschr. f. ges. Naturwiss. 1866. XXVIII. 364. No. 5.

Pallide fulvus, longus, capite oblongo rotundato, margine fusco, antennarum articulo secundo longissimo, tertio quarto quinto aequalibus, pedibus longissimis, abdomine oblongo serratocrenato, fasciis brevibus. Longit. 1'''.

Der gestreckte Kopf verschmälert sich gegen das völlig abgerundete Vorderende nur sehr wenig. Der Vorderkopf ist braun bemalt, mit einer randlichen und einer zweiten dieser parallelen Reihe kurzer Borsten besetzt und begränzt die tiefe Fühlerbucht mit einem spitzkegelförmigen Fortsatz. Das Grundglied der Fühler ist dick, das zweite Glied das längste, die drei andern kurz und von gleicher Länge unter einander. Die Zeichnung der Oberseite des Kopfes wie bei N. fulvus. Der Prothorax erweitert sich kaum nach hinten, der nur wenig längere Metathorax dagegen ist breit trapezoidal und trägt an seinen abgerundeten hintern Seitenecken je drei lange Borsten. Beide Brustringe sind dunkel gerandet. Die Beine fallen durch ihre Länge auf: das dritte Paar reicht angelegt über den dritten Hinterleibsring hinaus; ihre Schenkel schwach verdickt, die Schienen lang und dünn, ihre Enddornen sehr kurz, dagegen die Klauen fein und lang. Der schmale langgestreckte Hinterleib lässt die hintern Randecken der Segmente nur wenig aber scharfwinklig hervortreten und vor diesen stehen zwei, am letzten Segmente zahlreiche lange Borsten. Rücken- und Bauchseite der Segmente tragen Querbinden, welche nur einen schmalen hellen Vorder- und Hinterrand der Segmente, aber sehr breite Seitenränder frei lassen. Die Binde des ersten Segmentes ist vorn in der Mitte tief gekerbt, fast getheilt, dagegen reichen die der beiden vorletzten Segmente bis an die Seitenränder heran. Das letzte Segment ist ohne Zeichnung.

Auf Aquila fulva von NITZSCH im Jahre 1826 auf einem alten Weibchen auf der Pfaueninsel in einem Exemplare gesammelt, nach welchem ich die vorstehende Beschreibung gegeben habe.

N. rufus *Nitzsch.* Taf. VII. Fig. 11. 12.

BURMEISTER, Handb. Entomol. II. 430. — DENNY, Monogr. Anoplur. 119. Tab. 11. Fig. 11. — GIEBEL, Zeitschrift f. ges. Naturwiss. 1861. XVII. 526.

Nirmus platyrhynchus Lyonet, Mém. Mus. Hist. nat. XVIII. Tab. 13. Fig. 14.

Rufus, nitidus, obscure pictus; capite oblongo rotundato antice fuscomarginato, antennarum articulo ultimo penultimo longiore; prothorace subtrapezoidali, metathorace late trapezoidali, abdominis longi margine crenato, fasciis segmentorum latis, prima et secunda medio interruptis. Longit. $^{2}/_{3}$—1'''.

Der gestreckte Kopf verschmälert sich vorn etwas und rundet sich hier ab. Sein Rand ist von den Flecken vor der Fühlerbasis ringsum schön braun und mit zwei parallelen Borstenreihen besetzt. Die Ecken der Fühlerbucht sind stumpf, der Balken an der Vorderecke plumpkegelförmig. Am Schläfenrande stehen jederseits drei, meist vier sehr lange Borsten. In den schlanken Fühlern ist das zweite Glied das längste, das dritte und vierte erheblich und abnehmend kürzer, das letzte wieder etwas länger als das dritte und wie gewöhnlich mit Tastpapillen. Die Zeichnung des Kopfes ist trotz der langen Aufbewahrung in Spiritus noch dieselbe wie die nach dem Leben entworfene Abbildung sie darstellt. Der Prothorax hat schwach convexe Seiten ohne Borsten und erweitert sich nach hinten sehr wenig, der viel breitere Metathorax trägt an seinen schwach abgerundeten hintern Seitenecken je drei sehr lange Borsten. Die Beine haben lange Hüften, relativ kurze und starke Schenkel, schlanke Schienen jenseits der Mitte mit drei langen auf Vorsprüngen sitzenden Dornen und zwei sehr kurze Enddornen. Die an der Basis verdickten Klauen ziehen sich schlank aus. Der lange Hinterleib hat gekerbte Ränder und trägt an den Hinterecken der ersten Segmente je eine, der folgenden je zwei, dann drei und am letzten Segmente sehr zahlreiche lange Borsten. Eine Reihe Borsten setzt quer über die Mitte eines jeden Segmentes. Die breiten Binden stellt unsere Abbildung naturgetreu dar und ist wohl zu beachten, dass die Binden der beiden ersten Segmente in der Mitte fast getheilt sind.

Auf Falco tinnunculus, sehr häufig, von NITZSCH zuerst im August 1813 unterschieden und in beiden Geschlechtern (Fig. 11 Masc., Fig. 12 Fem.) abgebildet und später noch vielfach beobachtet. Die Thiere laufen gern seitwärts und gewöhnlich quer über die Fahnen der Federn. DENNY hat sie ausser auf dem Thurmfalken auch auf Falco aesalon und Accipiter fringillarius beobachtet, seine Abbildung stellt jedoch den Vorderkopf gar zu breit, die Hüften zu kurz, den Thorax ganz abweichend dar, so dass man gerechte Zweifel an der Identität hegen muss.

N. Nitzschi *Gieb.*

Giebel, Zeitschrift f. ges. Naturwiss. 1866. XXVIII. 364. Nr. 8. 9.

Praecedenti simillimus, at capite breviore, metathoracis angulis lateralibus obtusioribus, abdominis angustioris marginibus serrato-crenatis, fasciis prima et secunda interruptis. Longit. 3/4'''.

Voriger Art auffallend ähnlich, jedoch kleiner und von merklich gestreckterem Bau. Der Kopf bietet keine besonderen Eigenthümlichkeiten ausser seiner merklichen Kürze. Der Prothorax ist breiter und trägt hinten jederseits eine lange Borste, die ich hier bei allen Exemplaren, bei vorigen niemals fand. Der Metathorax hat besonders stumpf gerundete Seitenecken mit vier bis fünf sehr langen Borsten. In der Endhälfte der Schienen nur zwei kurze Dornen. Der Hinterleib merklich gestreckter als bei voriger Art, mit scharfwinkligen Segmentecken, langen Randborsten und breiten Binden, deren erste beide tief getheilt sind. Querreihen von ungemein langen goldigen Borsten auf der Rücken- und Bauchseite.

Auf Falco subbuteo, F. aesalon und Falco peregrinus in vielen Exemplaren in unserer Sammlung ohne nähere Angaben. Bis auf die ganz abweichende Form des Kopfes stimmt Denny's *N. rufus* mehr mit dieser Art überein, allein die Angabe eines mittlen Fortsatzes am Hinterrande des Metathorax bestätigt sich auch für diese Art nicht. Uebrigens sind die meisten unserer Exemplare merklich heller als vorige, einige dagegen ganz dunkelbraun.

N. Kunzei.

Ferrugineus, brunneopictus; capite rotundato trigono, antennarum articulo ultimo penultimo longiore; prothorace trapezoidali, metathorace pentagono, abdomine ovali, fasciis transversis totis. Longit. 2/3'''.

Diese zweite und äusserst seltene Art des Thurmfalken gehört einem ganz andern Formenkreise als *Nirmus rufus* an. Sie ist nämlich kürzer und gedrungener, ihr dreiseitiger, vorn abgerundeter Kopf so lang wie breit, die braune Berandung des Vorderkopfes linienschmal, aber die Beborstung desselben wie bei voriger. An den Fühlern ist das letzte Glied beträchtlich länger als das vorletzte. Eine aus mehren Fleckchen bestehende Scheitelsignatur, am Schläfenrande zwei lange Borsten, die Schläfenlinien stark convergirend gegen den concaven Occipitalrand. Der Prothorax breit trapezoidal, mit scharfen Hinterecken und langer Borste vor denselben, der Metathorax fünfseitig mit zwei langen Borsten an den stumpfen Seitenecken und einer dritten Borste dahinter. Der schmal ovale Hinterleib hat anfangs scharfe, später abgerundete hintere Segmentecken mit ein bis drei langen Randborsten, das letzte tief gekerbte Segment mit nur einem Borstenspitzchen jederseits. Die braunen Querbinden sind kaum durch helle Linien von einander getrennt. Der dunkel durchscheinende Magen lässt ihre mittle Gegend nicht deutlich erkennen.

Auf Falco tinnunculus, in einem weiblichen Exemplare von Professor Kunze in Leipzig unserer Sammlung eingeschickt.

N. nisus *Gieb.*

Giebel, Zeitschr. f. ges. Naturwiss. 1866. XXVIII. 364. No. 13.

Rufescens, ferrugineopictus, capite angusto, oblongo, antennarum articulo ultimo longiore penultimo; prothorace rectangulo, metathorace trapezoidali, pedibus gracilibus, tibiis multispinosis; abdomine longo angusto, margine serrato, fasciis ferrugineis, prima et secunda medio subinterruptis. Longit. 4/5'''.

Eine sehr schlanke, rostgelbliche Art, deren gestreckter Kopf sich nach vorn nur sehr wenig verschmälert und völlig abrundet, vor den Fühlern wie gewöhnlich rostbraun berandet und mit zwei parallelen Reihen kurzer Borsten besetzt ist. Der die vordere Ecke der Fühlerbucht bildende kurz kegelförmige Fortsatz ragt nur etwas über die Mitte des dicken Fühlergrundgliedes hinaus. Das letzte Fühlerglied ist wenig, aber deutlich länger als das vorletzte. Am Schläfenrande stehen jederseits zwei Borsten. Zwischen den Fühlern ein verwaschener dunkler Fleck und das Scheitelfeld hell, rund, nur etwas breiter als lang und hinten durch den etwas eingezogenen dunkelbraunen Nackenrand begränzt. Der Prothorax ist quer oblong, mit sehr schwach convexen, dunkel gerandeten Seiten, einer Borste hinter deren Mitte und längs der Mitte der Oberseite ganz hell. Der Metathorax ist breit trapezoidal, jedoch mit etwas convexem Hinterrande, die Seitenränder gleichfalls ganz dunkel, die Mitte hell, an den stumpfen hintern Seitenecken mit je drei Borsten. Die Beine haben lange Hüften und besonders lange Schenkelringe, nur wenig verdickte Schenkel und schlanke Schienen mit drei Dornen am Innenrande, zwei kurzen starken Enddornen und ziemlich kräftige gekrümmte Klauen. Der schlanke Hinterleib erreicht im fünften und sechsten Segment seine grösste Breite, hat besonders bei dem Weibchen scharfeckige Segmente, mit zwei bis drei Randborsten, hier jedoch am letzten gekerbten Segment nur zwei kurze Borstenspitzchen, während das grosse halbelliptische männliche Endsegment jederseits vier bis sechs lange Borsten trägt. Die breiten rostbraunen Binden der Abdominalsegmente reichen bis in die dunkle Seitenberandung hinein, aber die erste und zweite haben wieder den tiefen mittlen Einschnitt, lange glänzende Borsten auf der Bauch- und Rückseite des Hinterleibes.

Auf Astur nisus, von Nitzsch im Januar 1815 in mehren Exemplaren gesammelt und sogleich von den nächst ähnlichen Arten unterschieden, aber nicht benannt.

N. vagus *Gieb.*

Giebel, Zeitschr. f. ges. Naturwiss. 1866. XXVIII. 364. No. 12.

Ochraceus, ferrugineopictus, capite angusto, antennis longioribus quam iis N. nisi; thorace, pedibus abdomineque hujus speciei similibus. Longit. 1'''.

Die Art steht der vorigen so auffallend nah, dass man sie fast identificiren möchte. Ihre Färbung ist blass ockergelblich, bei voriger entschieden röthlich. Der Kopf ist hier etwas kürzer und das helle Scheitelfeld kreisrund oder etwas länger als breit; die Fühler entschieden länger und zumal das Endglied schlanker. Die Thoraxringe stimmen mit voriger Art überein, ebenso die Beine bis auf die längern, feinern, geraden Klauen. Am Hinterleibe finde ich die Segmentecken bei beiden Geschlechtern minder scharf, das weibliche Endsegment grösser und mit einer langen Borste jederseits, das männliche schmäler, stumpfer mit nur vier Borsten jederseits. Die Zeichnung des Hinterleibes und der Brustringe mit voriger Art übereinstimmend.

Auf Astur palumbarius, von Nitzsch im Januar 1810 in mehren Exemplaren gesammelt.

N. Burmeisteri *Gieb.*

Giebel, Zeitschr. f. ges. Naturwiss. 1866. XXVIII. 364. No. 11.

Pallide flavus, capite oblongo, antennarum articulo ultimo penultimo longiore; prothorace rectangulo, metathorace trapezoidali, pedibus gracilibus, fuscomarginatis; abdominis longi margine crenato, fasciis marginem non attingentibus. Longit. 1'''.

Diese auf dem rothfüssigen Falken schmarotzende Art schliesst sich der gemeinen des Thurmfalken sehr eng an. Sie ist im Allgemeinen viel heller gefärbt und gezeichnet, hat längere Borsten am Vorderkopfe, und an der stumpfen hintern Ecke der Fühlerbucht eine sehr lange Borste. An den schlanken Schienen stehen jenseits der Mitte des Innenrandes nur zwei Dornen auf besondern Vorsprüngen. Die Klauen sind kräftig. Die Ränder des Hinterleibes sind blos gekerbt, ohne scharfe Segmentecken und die ganz hellbraunen Binden der Segmente sind durch einen ihre ganze Breite einnehmenden runden hellen Fleck von dem dunkeln Seitenrande, in welchem das Stigma liegt, getrennt. Die Borsten, welche auf jedem Segmente in eine mittle Querreihe geordnet sind, ragen bis zur nächsten Querreihe und selbst über diese noch hinaus.

Auf Falco rufipes, von Nitzsch 1826 in einem Exemplare auf einem trocknen Balge entdeckt.

N. angustus *Gieb.*

Giebel, Zeitschrift f. ges. Naturwiss. 1866. XXVIII. 361. No. 7.

Fuscus, ferrugineopictus, capite longo, antice paululo angustato et rotundato, antennarum articulis ultimo et penultimo aequis; prothorace rectangulo, metathorace trapezoidali, abdominis margine crenato, fascia prima medio incisa. Longit. 1'''.

Auch diese Art gehört zum engern Formenkreise des *Nirmus rufus*, unterscheidet sich aber sogleich dadurch von der typischen, dass nur ihre erste Hinterleibsbinde die mittle Kerbe hat, alle folgenden einen ununterbrochenen Vorderrand besitzen. Der Vorderkopf verschmälert sich nach vorn weniger und der spitzkegelige Balken vorn an der Fühlerbucht reicht nicht bis an's Ende des dicken Fühlergrundgliedes. Das zweite Fühlerglied ist das längste, die drei folgenden einander gleichlang und die angelegten Fühler reichen bis an den Occipitalrand. Am Schläfenrande stehen jederseits zwei Borsten, an der Seite des rechtwinkligen Prothorax eine, an der stumpfen Seitenecke des hintern Brustringes drei Borsten. Beide Brustringe sind dunkel gerandet. Die Schenkel minder dick als bei *N. rufus*. Die Hinterleibssegmente ohne scharfe Seitenecken der Segmente, mit der gewöhnlichen Beborstung, die Binden viel blasser als bei *N. rufus*, deren Vorderrand seicht concav und wie erwähnt an der ersten Binde mit tiefer mittler Kerbe.

Auf Buteo lagopus, in unserer Sammlung ohne nähere Angabe.

N. regalis *Gieb.*

Giebel, Zeitschrift f. ges. Naturwiss. 1866. XXVIII. 364. No. 6; 1861. XVII. 524.

Fuscus, brunneopictus, capite longo, antice subangustato, truncatorotundato, antennarum articulo ultimo penultimo longiore; prothoracis lateribus convexis, metathorace trapezoidali; abdominis longi marginibus serratis, fasciis non interruptis. Longit. 1'''.

Gestreckt und langköpfig, der Kopf vor den Fühlern sich nur sehr wenig verschmälernd und vorn breit abgerundet. Der vor den Fühlern liegende braune Fleck läuft nur am Zügelrande herab und zwar selbst an seinem Innenrande wellig gezackt, den Vorderrand des Kopfes nicht umsäumend. Der die Fühlerbucht vorn begränzende spitzkegelige Fortsatz reicht bis an das Ende des dicken Fühlergrundgliedes, das folgende Fühlerglied wie gewöhnlich das längste, das dritte und vierte abnehmend kürzer, das Endglied etwas kürzer als das dritte und nur sehr wenig länger als das vierte. Der Schläfenrand ebenso braun wie der Zügelrand, mit völlig abgerundeter Ecke an der Fühlerbucht beginnend, mit wenigen Borstenspitzchen besetzt und erst hinten eine lange Borste tragend. Zwischen den Fühlern eine dunkle Querlinie und hinter derselben zwei punktförmige Flecken. Der fast quadratische Prothorax hat convexe braune Seiten und nur bei sehr wenigen Exemplaren vor der Hinterecke eine lange Borste. Der trapezoidale Metathorax trägt an den stumpfen Seitenecken je drei mässig lange Borsten und ist zwischen diesen Ecken am ganzen Hinterrande dunkelbraun. Die Beine haben sehr kurze Schenkelringe, das erste Paar verdickte Schenkel, und die Schienen am Innenrande in gleichen Abständen von einander drei kurze Dornen. An dem langen schmalen Hinterleibe treten die hintern Seitenecken der Segmente wenig, aber scharf rechtwinklig hervor, die beiden vordern derselben sind borstenlos, die dritte und vierte mit je einer, die folgenden mit je zwei Borsten, das rundlich vierseitige männliche Endsegment mit fünf langen Borsten jederseits. Die in Querreihen geordneten Borsten auf der Ober- und Unterseite der Segmente reichen bis in die Mitte und bis an den Hinterrand des nächstfolgenden Segmentes. Die auf der Rücken- und Bauchseite des Abdomens gleich deutlichen braunen, hinten sehr dunkelgerandeten Segmentbinden sind nur durch einen runden hellen Fleck vom Seitenrande geschieden, so dass der dunkle Hinterrand in den Seitenrand ohne Unterbrechung übergeht; die beiden letzten Binden setzen mit ganzer Breite in den Seitenrand fort.

Auf Milvus regalis, von Nitzsch gesammelt in mehren Exemplaren in unserer Sammlung.

N. vittatus.

Fuscus, brunneopictus, capite longo, antice subangustato, brunneomarginato, antennarum articulo ultimo penultimo longiore; prothorace rectangulo, metathorace trapezoidali postice medio aculeo, pedibus gracilibus; abdominis longi margine serratocrenato, fasciarum marginibus anticis et posticis obscure brunneis, prima fascia medio incisa. Longit. 4/5'''.

Aus dem Formenkreise des *Nirmus rufus*, mit der Kopfform der vorigen Art, aber die braune Berandung der Zügel geht ununterbrochen über den Vorderrand fort. An den schlanken Fühlern ist das dritte Glied nur wenig kürzer als das zweite längste, das letzte dem dritten fast gleich, so dass die Kürze des vierten besonders auffällt. Stirn und Scheitelmitte verwaschen dunkel, das sehr breite helle Scheitelfeld bis an den dunkeln Nackenrand fortsetzend. Am Schläfenrand jederseits zwei Borsten. Der Prothorax ist quer oblong, mit geraden Seiten ohne Borsten, oberseits schwarzbraun, in der Mitte hellbraun. Der breit trapezoidale Metathorax hat an den stumpfen Seitenecken je drei nicht eben lange Borsten, und am geraden Hinterrande einen mittlen spitzen braunen Fortsatz, welcher in den hellen Keilfleck der ersten Hinterleibsbinde eingreift. Bei den bisher aufgeführten Arten mit einer fast unterbrochenen ersten Hinterleibsbinde habe ich diesen braunen Stachel am Metathorax nicht erkennen können. Uebrigens ist auch die Oberseite des Metathorax hier von den Seiten her schwarzbraun und vorn in der Mitte noch mit zwei dunkelbraunen Flecken gezeichnet. Die Hinterecken der Abdominalsegmente sind nicht so scharfwinklig wie bei voriger Art, vielmehr etwas abgerundet, vom ersten an beborstet und das stumpfdreiseitige weibliche Endsegment mit zwei langen Borsten jederseits. Die braunen Hinterleibsbinden sind ganz dunkel gerandet und nur durch das helle Stigma vom Seitenrande abgesetzt. Die erste Binde hat wie erwähnt den schmalen tiefen Einschnitt in der Mitte des Vorderrandes. Auf der Bauchseite sind die Querbinden viel schmäler und nicht dunkel gesäumt.

Auf Milvus ater, in einem weiblichen Exemplar von Nitzsch unserer Sammlung einverleibt.

N. socialis.

Fuscus, margine obscuro; capite oblongo, antice rotundato, antennarum articulo ultimo penultimo longiore; prothorace subtrapezoidali, metathorace trapezoidali, angulis longis; abdominis longi margine crenato, et nigro, fasciis latis, prima et secunda medio profunde excisis. Longit. 4/5'''.

Diese Art steht dem *N. rufus* so nah, dass erst die sorgfältige Vergleichung die specifischen Eigenthümlichkeiten erkennen lässt. Der schlanke Kopf verschmälert sich nach vorn merklich und rundet sich am Vorderende völlig ab. Der braune Fleck vor den Fühlern setzt am Zügelrande fort und auffallend verschmälert auch über den Vorderrand (bei *N. rufus* hier mit gleichbleibender Breite). Die beiden parallelen Borstenreihen wie bei allen vorigen Arten. Der spitzkegelige Balken vorn an der Fühlerbucht reicht bis an das Ende des ersten Fühlergliedes. Das letzte Fühlerglied hat die Länge des dritten, das vierte ist das kürzeste. Der Schläfenrand beginnt mit einem abgerundeten Vorsprunge von der Fühlerbucht und läuft fast schwarzbraun und mit zwei Borsten und einigen Spitzchen besetzt bogig in den Occipitalrand über. Die in der Mitte eingeschnürte Scheitelsignatur endet abgerundet vor dem Nackenrande. Der Prothorax erweitert sich sehr wenig nach hinten und trägt an seinen fast schwarzbraunen Seitenrändern je eine lange Borste, der trapezoidale Metathorax an seinen ebenfalls schwarzbraunen stumpfen Seitenecken je drei sehr lange Borsten. Am Vorderrande dieses Brustringes liegen häufig zwei dunkle Punktflecken, in der Mitte des Hinterrandes ragt ein feiner brauner Fortsatz in den lichten Ausschnitt der ersten Abdominalbinde hinein, so fein, dass er nicht an allen Exemplaren gleich deutlich zu erkennen ist. Die Beine verhalten sich im Wesentlichen wie bei *N. rufus.* Der schlanke Hinterleib ist gekerbt, mit abgerundeten Hinterecken der Segmente, welche anfangs keine, dann eine, zuletzt zwei und drei Borsten tragen, das weibliche Endsegment nur mit wenigen Borstenspitzchen, das männliche mit mehren sehr langen Borsten. Alle Segmente haben sehr dunkle, oft schwarzbraune Seitenränder. Die breiten Querbinden ihrer Rückenseite reichen nicht bis an den Seitenrand hinan, verwischen sich in der Nähe dieses gänzlich, während ihr Vorder- und Hinterrand häufig sehr dunkelt, in ihnen selbst bisweilen zwei matte Flecke sich bemerkbar machen. Die tiefe helle Kerbe in der Mitte der ersten Binde ist schwarzbraun umrandet und fällt dadurch sehr in die Augen, die Kerbe der zweiten Binde ist ebenfalls doch minder auffällig dunkel umrandet. Die Bauchseite ist mit sechs rectangulären Querflecken, auf den letzten Segmenten mit den durchscheinenden Genitalleisten gezeichnet. Junge weisslich gelbe Exemplare ohne alle Zeichnung haben einen kürzern mehr abgerundeten Vorderkopf und etwas dickere Fühler.

Auf Circus cineraceus, C. aeruginosus und C. pygargus, in mehren Exemplaren von Nitzsch seit 1815 gesammelt und als eigene Art bezeichnet, jedoch ohne Namen und Charakteristik. Ob Denny's *N. fuscus* von Circus rufus hierher gehört, ist nach dessen Beschreibung und Abbildung nicht wahrscheinlich.

N. phlyctopygus *Nitzsch.*

Nitzsch, Zeitschrift f. ges. Naturwiss. 1862. XVII. 526.

Pallide flavus, ferrugineo-pictus, longus; capite antice paululo angustato, antennis longis, articulo ultimo penultimo longiore; prothorace rectangulo, metathoracis trapezoidalis angulis lateralibus rotundatis, pedibus longissimis; abdominis longi marginibus crenatis, fasciis obscure marginatis angustis, prima medio incisa. Longit. 1'''.

Wiederum eine Art aus dem engern Formenkreise des *Nirmus fuscus,* deren specifische Eigenthümlichkeiten bei näherer Vergleichung jedoch als sichere hervortreten. Von der eben genannten typischen Art unterscheidet sie sich durch ihre gestrecktere Form und viel hellere Färbung überhaupt. Der Kopf hat bis auf die entschieden geringere Breite dieselbe Form, die rostbraune Berandung des Vorderkopfes wird am Vorderende sehr blass, die Borsten scheinen länger zu sein, dagegen hat der dickkegelförmige Balken an der Vorderecke der Fühlerbucht nur die halbe Länge des Fühlergrundgliedes und die Fühler sind schlanker, in allen Gliedern länger als bei den bisher aufgeführten Arten dieses Formenkreises, das letzte Glied von der Länge des dritten und das vierte wie meist das kürzeste. Die Scheitelsignatur reicht bis nahe an den Occipitalrand heran. Der Prothorax ist fast quadratisch, jedoch mit völlig abgerundeten Ecken, und mit fein braun berandeten Seiten, ohne Borsten. Der trapezoidale ebenfalls fein braun berandete Metathorax hat an den völlig abgerundeten Seiten vier, bisweilen fünf ganz enorm lange Borsten. Ein feines Spitzchen in der Mitte seines Hinterrandes ist nur bei sehr wenigen Exemplaren zu erkennen. Die Beine sind schlank, nur das erste Paar hat verdickte Schenkel, am letzten Paar ist der Schenkel nicht stärker als die Schiene und diese Beine länger als bei irgend einer der vorigen Arten. Die Schenkel haben übrigens eine sehr feine braune Berandung. Der gestreckte Hinterleib hat nur schwach gekerbte Ränder, indem die völlig abgerundeten Hinterecken der Segmente nicht besonders hervorstehen. Die beiden ersten Segmente haben keine Randborsten, die beiden folgenden je eine vor der Ecke stehende, die übrigen je drei, das abgerundet quadratische männliche Endsegment dagegen jederseits acht sehr lange, das stumpfdreiseitige, schwach ausgerandete weibliche aber nur zwei jederseits. Die Querbinden auf der Rückenseite der Segmente sind nicht breiter als die sie trennenden lichten Zwischenräume, die der vorletzten Segmente zeigen sogar eine schwache mittle Einschnürung, alle haben einen dunklen Vorder- und Hinterrand, verwischen sich aber in den hellen Seitenrand. Die erste Binde hat in der Mitte den hellen Einschnitt mit dunkelbrauner Umgränzung. Das weibliche Endsegment ist braun mit zwei lichten runden Flecken. Die Bauchseite zeichnen sechs hellbraune vierseitige Querflecke, das Ende beim Männchen mit Längsfleck, beim Weibchen ohne Fleck. Die Ränder des Hinterleibes ganz blass.

Auf Pernis apivorus, von Nitzsch im Jahre 1828 auf zwei frischen von Naumann und von Rimrod eingesendeten Bälgen in zahlreichen Exemplaren gesammelt und unter obigem Namen kurz charakterisirt.

N. leucopleurus *Nitzsch.*

Nitzsch, Zeitschrift f. ges. Naturwiss. 1866, XXVIII. 364. no. 17.

Pallide flavus, ferrugineopictus, longus, capite lato, antennis longis, articulo ultimo penultimo longiore; prothoracis lateribus convexis, metathorace trapezoidali, pedibus longissimis; abdominis marginibus serratocrenatis, albis fasciis transversis obscure marginatis, prima medio vix inciso. Longit. $1^{2}/_{3}$‴.

Der Kopf ist kürzer als bei der zunächst verwandten vorigen Art, nach vorn kaum verschmälert und breit abgerundet, aber mit derselben Zeichnung und Beborstung. Der Balken vor der Fühlerbucht reicht gewöhnlich nicht bis zur Mitte des Fühlergrundgliedes, die Fühler selbst aber sind so lang wie bei voriger Art, reichen angelegt noch etwas über den Kopf hinaus, haben auch dasselbe Längenverhältniss der Glieder. Der Prothorax hat stark convexe, fein dunkel gerandete Seiten mit je einer Borste, der trapezoidale Metathorax an den ebenfalls dunkel gerandeten und stumpfen Seitenecken je drei lange Borsten und in der Mitte des Hinterrandes ein kurzes Spitzchen, dem eine kleine lichte Kerbe in der ersten Hinterleibsbinde entspricht. Die Beine verhalten sich wesentlich wie bei voriger Art. Am sehr gestreckten Hinterleibe treten die hintern Seitenecken der Segmente ziemlich scharfwinklig hervor, die ersten derselben haben keine, die folgenden je drei lange Borsten, das fast halbkreisrunde männliche Endsegment jederseits sieben, das breit dreiseitige gekerbte weibliche nur zwei lange Borsten jederseits. Die Färbung des Hinterleibes ist weisslich und trägt jedes Segment auf der Rückenseite eine rostbraune Binde mit besonders dunkelm Vorderrand, der sich gegen beide Enden hin häufig erweitert, der Hinterrand der Binden ist weniger, bei manchen Exemplaren gar nicht dunkler. Das vorletzte weibliche Segment ist braun, das letzte ohne alle Zeichnung. Die Zeichnung der Bauchseite stimmt mit voriger Art überein.

Auf Falco brachydactylus, von Nitzsch in mehren Exemplaren unserer Sammlung ohne nähere Angaben einverleibt.

N. stenorhynchus.

Ferrugineus, brunneomarginatus, oblongus; capite valde attenuato, antice subacuto, antennis brevibus, articulis ultimo et penultimo aequilongis; prothoracis lateralibus convexis, metathorace trapezoidali, abdominis longi marginibus serratocrenatis, fasciis transversis latis, prima medio incisa. Longit. 1‴.

Eine sehr gestreckte Art vom Typus des *N. fuscus*, aber sogleich unterschieden durch den nach vorn sich stark verschmälernden, stumpf zugespitzten Vorderkopf. Die Borsten desselben sind die gewöhnlichen. Der Fortsatz vorn an der Fühlerbucht so breit wie lang, nahe an das Ende des Fühlergrundgliedes reichend. Die Fühler sind im Verhältniss zur Kopfeslänge kurz, ihre letzten beiden Glieder von einander gleicher Länge. Die Zeichnung der Oberseite des Kopfes ist eigenthümlich, wahrscheinlich aber durch die lange Einwirkung des Spiritus verändert. Zügel- und Schläfenrand ist tief dunkelbraun, auf der Stirn liegt ein dunkler Fleck mit heller Mitte, der Scheitel hat ein breites helles Feld. Der breite Prothorax hat stark convexe Seiten und der trapezoidale Metathorax an den abgerundeten Seitenecken je drei Borsten, deren eine enorm lang ist. Beide Brustringe sind tief dunkelbraun mit heller Mitte. Das erste Fusspaar hat verdickte Schenkel, das letzte ist sehr lang und schlank, alle Krallen lang und stark. Der sehr gestreckte Hinterleib hat dunkelbraune, stumpf sägezähnige Seitenränder, an den ersten Segmentecken keine Borsten, an den hintern je drei sehr lange Borsten. Das grosse, schwach gekerbte weibliche Endsegment mit drei Borsten jederseits. Rücken- und Bauchseite lang beborstet. Die braunen Querbinden nehmen fast die ganze Oberseite der Segmente ein und sind nur durch eine helle Pustel von dem sehr dunkeln Rande getrennt. Die Binde des ersten Segmentes hat den schwachen mittlen Ausschnitt, doch nicht ganz deutlich. Das Endsegment ohne Zeichnung.

Auf Milvus aetolius (Falco fusciater), in zwei weiblichen Exemplaren unserer Sammlung.

N. aquilae.
Philopterus aquilae GERVAIS, Aptères III. 350.

Tête obtuse, subarrondie, double du thorax en largeur, abdomen elliptique, subégal à ses deux sommets; bandes coriaces faibles, entières aux arceaux supérieurs; quelques poils allongés et flexeux au pourtour de l'abdomen. Longueur 1,001.
D'un Aigle aguia (Asturina melanoleuca).

N. argulus *Nitzsch.* Tab. XII. Fig. 8. 9.
NITZSCH, Germars Mag. Entomol. 1818. III. 291. — BURMEISTER, Handb. Entomol. II. 430. — DENNY, Monogr. Anoplur. 123. Tab. 8. Fig. 4.
Docophorus argulus GIEBEL, Zeitschrift ges. Naturwiss. 1861. XVIII. 296.

Capite semielliptico, griseo, genis rectangulis obtusiusculis, prothoracis lateribus convexis, metathorace sexangulari, pedibus brevibus albidis, abdomine late elliptico, maculis nigris bipunctatis. Longit. $^1/_2$—$^2/_3$'''.

Eine weissliche Art mit schwarzer Zeichnung, von den nächst verwandten Arten auf andern Rabenarten und zumal von dem *N. varius* leicht zu unterscheiden durch den breiten, mehr halbelliptischen Kopf. Der Vorderkopf ist völlig abgerundet, mit breiter schwarzer Berandung, welche vorn scharf unterbrochen ist. Die Fühlerglieder haben je einen schwarzen Basalringel. Der Hinterkopf mit ganz gradem Occipitalrande ist sehr dunkel gezeichnet. Der Thorax in der Mitte hell, am Rande schwarz, der Prothorax quer mit convexen Seiten, die scharfen Seitenecken des Metathorax mit langen Borsten. Die kurzen kräftigen Beine weiss mit schwarzer Zeichnung. Der weibliche Hinterleib gestreckter und stumpfer als der männliche hat innen stumpfe abgerundete schwarze Zangenflecke, der männliche schmälere und innen spitz endende. In beiden Geschlechtern trägt jeder Segmentfleck zwei helle kreisrunde Pusteln, von welchen die randliche stigmatische stets sehr scharf hervortritt, während die innere oft undeutlich und verwischt ist. Das weibliche achte Segment trägt eine durchgehende schwarze Binde ohne helle Flecken, das männliche achte dagegen nur eine schwarze Querbinde, die in der Mitte unterbrochen ist. Bei diesem ist das Endsegment ohne Zeichnung, bei dem Weibchen aber mit zwei schwarzen Flecken gezeichnet. An der Unterseite ist das Abdomen mit vier breit vierseitigen Flecken gezeichnet, denen beim Männchen ein bis an's Ende reichender Keilfleck folgt, beim Weibchen dagegen ein kurzer dreiseitiger Längsfleck und hinter diesem noch eine halbbogige Linie sich anschliesst.

Auf Corvus corax in Gemeinschaft mit ***Docophorus semisignatus*** von NITZSCH im November 1814 nach dem Leben abgebildet und in lateinischer Sprache beschrieben. Später auch von DENNY auf Corvus frugilegus gefunden und abgebildet in den Formen und der Zeichnung mehrfach von unsern Abbildungen abweichend.

N. varius *Nitzsch.* Taf. VII. Fig. 23.
BURMEISTER, Handb. Entomol. II. 430.
Docophorus varius GIEBEL, Zeitschrift f. ges. Naturwiss. 1861. XVIII. 297; 1866. XXVIII. 351.

Gracilior, pallidus, obscure pictus; capite rotundato trigono, antennis longis annulatis; prothorace subquadrato, metathorace hexangulari, pedibus longis pictis, abdominis marginibus profunde serratis, maculis longis bipunctatis, feminae mediis bifurcatis. Longit. $^2/_3$'''.

Schlanker und zierlicher als vorige Art, mit welcher sie in engster Verwandtschaft steht. Der Kopf hat eine abgerundet dreiseitige Form, indem er sich nach vorn stark verschmälert und am Vorderrande fast gerade abgestutzt ist. Die Zeichnung gleicht im wesentlichen der der vorigen Art. Die Borsten am Rande des Vorderkopfes sind ziemlich lang, besonders zwei gleich hinter der Mitte des Zügelrandes. Der die Fühlerbucht vorn begränzende Fortsatz reicht mit seiner stumpfen Spitze kaum über die Mitte des dicken Fühlergrundgliedes hinaus. Das zweite Fühlerglied ist sehr lang, die beiden letzten von ziemlich gleicher Länge und die dunkeln Ringe breit. Am Schläfenrande stehen kleine Borstenspitzchen, hinter der Schläfenecke eine sehr lange Borste. Der Prothorax ist ziemlich quadratisch mit dunkeln Seitenrändern, und häufig einer langen Borste vor der Hinterecke; der hinten hell berandete Metathorax an den stark vortretenden Seitenecken mit je einer und dahinter mit drei langen Borsten. Die Beine mit langen Hüften und Schenkelringen, die Schenkel dagegen kurz und die Schienen gegen das Ende hin verdickt. An dem gestreckten Hinterleibe treten die seitlichen Segmentecken stark und scharf hervor, nur die des ersten Segments sind borstenlos, die folgenden haben je zwei bis drei lange Randborsten, das grosse männliche Endsegment zahlreiche sehr lange, das gekerbte weibliche nur wenige seitliche. Die Zeichnung des Hinterleibes ist sehr charakteristisch. Die dunkeln Randflecke der Segmente haben nämlich je zwei helle runde Flecken, welche bei dem schlankleibigen Weibchen häufig zusammenfliessen und bis an das Innenende auslaufen, so dass dieses zweispitzig erscheint, bei dem kurz- und breitleibigen Männchen dagegen allermeist scharf gesondert bleiben, während das Innenende der Flecken sich mehr oder minder verwischt.

Auf Corvus monedula, C. corone und C. frugilegus von Nitzsch bereits im Jahre 1800 erkannt und abgebildet, später wiederholt beobachtet und gesammelt. Auf der Saatkrähe öfter in Gesellschaft des ***Docophorus atratus*** lebend.

N. uncinosus *Nitzsch.* Taf. VII. Fig. 1.
Nitzsch, Germars Magaz. Entomol. 1818. III. 291. — Burmeister, Handb. Entomol. II. 430. — Denny, Monogr. Anopluror. 117. Tab. 5. Fig. 1.
Docophorus uncinosus Giebel, Zeitschr. f. ges. Naturwiss. 1861. XVIII. 297.

Pallide flavoalbus, capite semiorbiculari, antennis annulatis, prothorace subtrapezoidali et metathorace hexagono obscure marginatis, pedibus longis, abdomine crenato, maculis uncinatis, angustis. Longit. $\frac{2}{3}$'''.

Die Form des Kopfes erinnert lebhaft an *Nirmus argutus* auf dem Kolkraben, dieselbe ist halbelliptisch, vorn völlig gleichmässig abgerundet, hinten jederseits fast rechteckig, bei dem Weibchen die Schläfenecken weniger abgerundet als bei dem Männchen. Kurze zerstreute Randborsten am Vorderkopfe und am Schläfenrande, nur an der Schläfenecke jederseits eine lange Borste. Die Fühler erreichen angelegt fast den geraden Occipitalrand, haben wie häufig bei dem Männchen ein enorm dickes Grundglied, schlankes zweites Glied und die beiden letzten Glieder von einander gleicher Länge. Die drei letzten Glieder haben breite dunkle Ringe (nicht das zweite Glied wie unsere Abbildung angiebt, wohl aber das Endglied, welches Denny's Abbildung ohne Ring darstellt, wie er den Fühler selbst als viel zu dick gezeichnet hat). Die Zeichnung des Kopfes ist noch jetzt nach fast 70jähriger Einwirkung des Spiritus genau dieselbe wie in unserer nach dem Leben entworfenen Abbildung und danach Denny's Figur zu rectificiren. Der trapezoidale Prothorax ist fein schwarz berandet und trägt hinter der Mitte jederseits eine lange Randborste. Der hexagonale Metathorax ist nur vor der scharfen Seitenecke dunkel gezeichnet und trägt an dieser drei lange Borsten und dahinter abermals drei. Die Beine sind schlank, Schenkel und Schienen mit zerstreuten Dornen bewehrt, die Klauen sehr lang und schlank, eingeschlagen weit über die Daumenstacheln am Ende der Schienen hinausragend. Der bei dem Männchen sehr breite, bei dem Weibchen viel schmälere, gestrecktere Hinterleib hat schwach gekerbte Ränder ohne vortretende Segmentecken und an diesen vom zweiten Segment an je drei lange Randborsten, das männliche Endsegment dicht mit sehr langen Borsten besetzt, das weibliche nicht gekerbte mit nur zwei Borsten und einigen Spitzchen jederseits. Die Randflecke bestehen blos aus einer schwarzen Berandung der Stigmen, die innen sogar fehlt, hinten dagegen sich noch als kurze Linie fortzieht, wodurch die Hakenform der Zeichnung entsteht. Dem achten und neunten Segmente fehlen auch diese Haken, das achte hat eine dunkle Linie als Vorderrand. An der Bauchfläche vier schmale Querbinden und auf den Endsegmenten des Weibchens eine eigenthümlich becherförmige Zeichnung, das Männchen noch mit seitlichen Lappen an dieser schmälern stumpfendenden Becherfigur.

Auf Corvus cornix und C. corone, auf erster besonders häufig. Nitzsch untersuchte sie zuerst im Februar 1805 und erkannte an ihr zum ersten Male den bei Schmalingen häufigen Geschlechtsunterschied in den Fühlern und den auffälligeren nie fehlenden in den durchscheinenden Genitalien, von denen er die männlichen sorgfältig untersuchte und zeichnete. Auch überzeugte er sich bei dieser Art zuerst, dass die Federlinge die Federn fressen, fand den Magen aller untersuchten Individuen nur mit Dunenstrahlen erfüllt. Mehre Exemplare blieben sechs, ja bis acht Tage nach dem Tode des Wirthes und trotz der Kälte am Leben.

N. olivaceus *Nitzsch.* Taf. VI. Fig. 10.
Nitzsch, Zeitschrift f. ges. Naturwiss. 1866. XXVIII. 364. — Burmeister, Handb. Entomol. II. 431. — Denny, Monogr. Anoplur. 115. Tab. II. Fig. 5.

Pallide griseoflavus, olivaceopictus, capite late subtrigono, antennarum articulo ultimo penultimo longiore; prothorace subquadrato, metathorace pentagono; abdominis marginibus serratis, maculis angulatis fusconigris, vittis obsoletis. Longit. $\frac{2}{3}$'''.

An der Kopfbildung sowie an der Zeichnung leicht erkennbare Art. Der kurze breite Kopf ist vorn stark abgerundet und am Zügelrande nur mit einer dunkeln, vorn sich verlierenden Linie gezeichnet: hier ohne Borsten. Der spitzkegelige Fortsatz vor der Fühlerbucht reicht nur bis zur Mitte des ersten bei dem Männchen sehr starken, bei dem Weibchen schlanken Fühlergliedes. Die Fühler reichen angelegt bis an den geraden Nackenrand und ihr letztes Glied ist merklich länger als das vorletzte, die drei letzten von der Basis her olivenfarbig schattirt.

Der schwach convexe Schläfenrand biegt fast scharfwinklig zum geraden Nackenrand um, trägt nur sehr vereinzelte Borstenspitzchen und hinter der Schläfenecke häufig, aber nicht allgemein eine lange Borste. Von der Fühlerbasis laufen Sförmig geschwungene Schläfenlinien zum geraden Occipitalrande und auf dem von ihnen begränzten Scheitelfelde liegt eine oft verwaschene Signatur. Der etwas breitere als lange Prothorax hat sehr schwach convexe Seiten und an denselben vor der Hinterecke sehr häufig eine lange Randborste. Der viel breitere Metathorax erhält durch seinen winkligen Hinterrand einen pentagonalen Umriss und trägt an den scharf vortretenden Seitenecken, vor denen er dunkelt, eine lange und hinter denselben noch drei sehr lange Randborsten. Die Beine sind von mehr übereinstimmender Stärke als bei den Schmalingen der Raubvögel. Der Hinterleib hat durch die bei dem Männchen sehr scharf, bei dem Weibchen etwas stumpf hervortretenden Segmentecken tief sägezähnige Ränder und an den Ecken die gewöhnlichen Randborsten. Das tiefgekerbte weibliche Endsegment trägt drei Borsten jederseits, das männliche abgerundete zahlreiche Borsten. Die Randflecke bestehen nur in einer braunschwarzen Umrandung der Stigmen, welche sich nach innen sogleich verwischt. Blasse olivenfarbene Querbinden zeichnen die Mitte des weisslichen Rückens, nur auf dem achten Segment, dem die Randflecke fehlen, dunkelt die Mitte der Binde stark. Bei dem Männchen erscheinen diese Querbinden ganz undeutlich. Die Unterseite des Hinterleibes ist mit vier queren Flecken und dem von den durchscheinenden Genitalien herrührenden Keilfleck gezeichnet.

Auf Corvus caryocatactes, von Nitzsch zuerst im September 1804 unterschieden und abgebildet, später wiederholt beobachtet, auch von Denny beschrieben und abgebildet.

N. affinis *Nitzsch.*
Nitzsch, Zeitschrift f. ges. Naturwiss. 1861. XVIII. 298.
Nirmus glandarii Denny, Monogr. Anopluror. 129. Tab. 8. Fig. 3.

Praecedenti similis, gracilior, pallidior, capite angustetrigono, antennarum articulo ultimo longiore, prothorace subquadrato, metathoracis angulis lateralibus obtusis, margine posteriore recto, abdomine longiore, maculis nullis. Longit. $^2/_3$'''.

Unterscheidet sich von voriger, ihr zunächst verwandter Art durch die schlankere Körpertracht im Allgemeinen und durch die geringer ausgebildete Zeichnung. Bei Vergleichung der einzelnen Körpertheile erscheint zunächst der Kopf entschieden schmäler, besonders nach vorn stärker verschmälert und hier mit ziemlich langen Borsten besetzt. Der die Fühlerbucht vorn begränzende spitzkegelige Fortsatz hat die Länge des Fühlergrundgliedes und die Fühler reichen angelegt noch über den geraden Occipitalrand etwas hinaus, ihr mit einem dichten Büschel Tastpapillen besetztes Endglied ist doppelt so lang wie das vorletzte; die drei letzten Fühlerglieder haben schwache Ringelung. Am Schläfen- und Occipitalrande stehen vereinzelte Borstenspitzchen, nur an der Ecke eine sehr lange Borste. Der ziemlich quadratische Prothorax hat convexe Seiten und je eine lange Borste vor den Hinterecken. Der hinten geradrandige, also sechseckige breite Metathorax trägt an den abgerundeten Seitenecken je drei lange Borsten, oft noch einige dahinter. Die Zeichnung des Kopfes und der Brustringe ist im wesentlichen dieselbe wie bei voriger Art, nur entschieden heller und zumal auf dem Kopfe minder deutlich. Die Beine haben kräftige Schenkel und gerade schlanke Klauen. Der schlanke Hinterleib mit den sägezähnigen Seitenrändern und deren Beborstung der vorigen Art besitzt als Zeichnung nur braunschwarze linienfeine Seitenränder, keine Flecken und keine Querbinden, nur ziehen sich häufig, aber nicht immer die Randlinien nach oben und unten am Stigma hin, ohne dasselbe jedoch an beiden Stellen ganz zu berandeu, so dass man kaum von eigentlichen Winkellinien sprechen kann. An der Bauchseite dagegen liegen deutliche vier rechteckige Querflecke und hinten der von den Genitalien herrührende Keilfleck. Männchen wie gewöhnlich merklich kürzer und gedrungener als das Weibchen.

Auf Corvus glandarius, von Nitzsch im Januar 1814 und später wieder erkannt und nur fraglich von dem sehr ähnlichen *N. limbatus* des Kreuzschnabels unterschieden, später von Denny unter dem nicht zulässigen Namen des Wohnthieres beschrieben und abgebildet.

N. leucocephalus *Nitzsch.*
Nitzsch, Zeitschrift f. ges. Naturwiss. 1866. XXVIII. 365. No. 19.

Persimilis N. argulo, at caput magis ellipticum, praeter maculam nigram praeorbitalem totum candidum, fronte latiore; maculae notogastricae ocellis binis minus circumscriptis et saepe confluentibus. N. Longit. $^1/_3$'''.

Der Vorderkopf dieser gedrungenen Art ist ziemlich halbkreisförmig und die convexen Schläfenränder biegen in starkem Bogen zum Occipitalrande um. Die Randborsten am Vorderkopfe deutlich und kurz, am

Schläfenrande nur wenige Borstenspitzen und hinter der Schläfenecke je eine sehr lange Borste; der spitze Kegelfortsatz vor der Fühlerbucht von der Länge des Fühlergrundgliedes, die starken Fühler angelegt nicht bis an den Occipitalrand reichend. Ausser dem schwarzen Flecke vor der Fühlerbasis hat der Kopf keine besondere Zeichnung. Der quere Prothorax mit convexen Seiten und einer Randborste vor der Hinterecke ist dunkelbraun, ebenso der von *Nirmus argulus* sehr abweichende Metathorax mit stumpfwinkeligem Hinterrande und mit je drei langen Borsten an den ganz stumpf gerundeten Seitenecken. Die Beine zeichnen sich durch besonders kurze Schenkel und abweichende schlanke Schienen aus. Der Hinterleib hat sehr schwach gekerbte Seitenränder, an welchen die Segmentecken gar nicht hervortreten, während die Randborsten dieselben wie bei den verwandten Arten sind. Die dunkeln Zangenflecke auf der Oberseite der Segmente reichen weit gegen die Mitte vor, so dass zwischen ihren stumpfen Spitzen nur ein schmales Feld frei bleibt. Jeder trägt neben dem Stigmenfleck noch einen zweiten etwas kleinern und ist mit diesem durch ein mehr minder helles Feld verbunden, während der äussere und vordere Rand der Zangenflecken ganz besonders dunkel erscheint. Auf dem achten Segment fliessen die Flecken zusammen und zeigen nur die Stigmenpustel matt, auf dem gekerbten weiblichen Endsegment liegen zwei spitzdreiseitige Flecken. Auf der Bauchseite tragen die fünf ersten Segmente in der Mitte ein schmales braunes Querband, denen der dreiseitige Genitalfleck folgt.

Auf Corvus albicollis in drei weiblichen Exemplaren von Nitzsch im Jahre 1817 gesammelt und mit obiger Diagnose in unsrer Sammlung aufgestellt. Die Beschreibung habe ich nach diesen Exemplaren gegeben. — Nitzsch erwähnt in seinen Collectaneen einen auf dem trocknen Balge von Corvus azureus (Cyanocorax caeruleus) beobachteten *Nirmus* als dem *Nirmus olivaceus* ähnlich, dessen Exemplar ihm aber mit dem gleichzeitig gefundenen *Lipeurus* und *Menopon* abhanden gekommen ist.

N. . . . . . .

Mit dem auf S. 85 beschriebenen ***Docophorus grandiceps*** wurden auf einem trockenen Balge von Ptilorhynchus holosericeus auch zwei männliche Exemplare eines *Nirmus* gefunden, die sich leider nicht in einem befriedigenden Erhaltungszustande befinden. Der Kopf ist sehr gestreckt und schmal, vorn stumpf zugespitzt, die unbeweglichen Balken schlank spitzig, die Fühler dick und bis an den Occipitalrand reichend, die Beine kurz und mit auffällig verdickten Schienen, der Hinterleib mit blos gekerbten Rändern ohne vorstehende Segmentecken und mit spärlichen Randborsten, ohne deutliche Zeichnung. Wenn es auch kaum einem Zweifel unterliegt, dass diese Exemplare specifisch eigenthümlich sind: so vermag ich doch nicht einen eigenen Artnamen für sie zu rechtfertigen, empfehle vielmehr mit dieser Notiz die Schmalinge des Ptilorhynchus der besondern Aufmerksamkeit der Ornithologen.

N. satelles *Nitzsch.*

Nitzsch, Zeitschr. f. ges. Naturwiss. 1866. XXVIII. 365.

Nirmo olivaceo similis, sed minor, capite multo angustiore, longiore, antennis brevibus, metathoracis pentagoni angulis lateralibus obtusis, pedibus brevibus crassis, abdomine oblongi marginibus serratis, fuscoxiguis, vittis valde obsoletis. Longit. $\frac{3}{4}'''$.

Eine sehr kleine, dem *N. olivaceus* zwar nahstehende Art, die jedoch sehr leicht von diesem und allen übrigen zu unterscheiden ist. Ihr Kopf hat nämlich einen schmal und gestreckt herzförmigen Umfang, sehr kurze Randborsten ringsum und nur an der abgerundeten Schläfenecke eine lange Borste. Der kegelförmige Fortsatz vor der Fühlerbasis hat die Länge des Fühlergrundgliedes, aber die Fühler selbst reichen angelegt nur etwas über die Schläfenmitte hinaus; ihr Endglied überlängt das vorletzte. Die Zeichnung besteht nur in dem sehr kleinen Querfleck vor der Fühlerbasis; der Zügelrand dunkelt gar nicht, aber die Mitte des Clypeus ist hell, in der Mitte zwischen den Fühlern liegt ein matter eingeschnürter Fleck. Der fünfseitige Metathorax an und hinter den abgerundeten Seitenecken mit mehren langen Borsten. Der Hinterleib hat fast parallele, scharf sägezähnige Seitenränder mit den gewöhnlichen Randborsten und rundet sich am Ende kurz und breit ab. Eigentliche Segmentflecke fehlen, nur der Seitenrand erscheint als schwarzbraune Linie, welche nur sehr wenig vor dem Stigma sich einbiegt, so dass man sie kaum Hakenlinie nennen darf. Die matten Querbinden des *Nirmus olivaceus* erscheinen ganz schwach angedeutet, bei mehren Exemplaren auch das nicht einmal. Ebenso undeutlich oder fehlend ist die Zeichnung der Bauchseite. Das Endsegment trägt nicht mehr Borsten als die vorletzten Segmente.

Auf Epimachus regius, von Nitzsch 1836 in mehren Exemplaren auf einem trocknen Balge gefunden.

N. brachythorax.

Oblongus, gracilis, capite oblongo angusto, obscure marginato, antennis brevibus, articulis ultimo et penultimo aequilongis, prothoracis lateribus convexis, metathorace pentagono non picto, abdomine oblongo, marginibus obtuse serratis fusconigris. Longit. $\frac{3}{4}$'''.

Eine sehr gestreckte schmale Art, welche dem absonderlich gezeichneten *N. trithorax* Taf. 7. Fig. 7. zunächst steht, aber grade dessen characteristischen Metathorax nicht hat. Der Kopf hat dieselbe Form und schwarze Randzeichnung, die Fühlerbucht ist sehr seicht, der unbewegliche Balken vor ihr klein, die Fühler kurz und ihre letzten Glieder von einander gleicher Länge. Sehr vereinzelte Randborsten, eine sehr lange in der Mitte der Zügel und eine zweite solche an der Schläfenecke. Der Prothorax hat stark convexe Seiten und der fünfeckige Metathorax an und hinter den stumpfen Seitenecken mehre Borsten. Der Metathorax ist hier kürzer und breiter als bei *N. trithorax* und hat nicht dessen schiefe Randstriche. Die Beine sind kurz und kräftig. Der Hinterleib ist fast parallelseitig, am Ende stumpf gerundet, am Seitenrande stumpfsägezähnig mit nur ein bis zwei Borsten an jeder hintern Segmentecke, mit schwarzbrauner Seitenrandlinie und sehr undeutlichen Querbinden. Das gekerbte weibliche Endsegment mit zwei Borsten jederseits.

Auf Bombycilla garrula, von Nitzsch in drei weiblichen Exemplaren in der Sammlung aufgestellt mit der flüchtigen Bemerkung, dass er sie vorläufig nicht von *N. trithorax* unterscheiden könne. Wenn auch anzunehmen wäre, dass die Zeichnung des Hinterrückens hier durch die lange Einwirkung des Spiritus verwischt sein könnte, was bei jenen Exemplaren nicht der Fall ist, so ist doch die Form der Hinterbrust sowie die des Hinterleibes so abweichend, dass die specifische Trennung gerechtfertigt erscheint.

N. brasiliensis *Gieb.*
Giebel, Zeitschrift f. ges. Naturwiss. 1866. XXVIII. 367.

Pallide flavus, longus; capite paulo angustato, rotundato, antennarum articulis ultimis aequilongis, prothorace transverso, metathorace trapezoidali, pedibus crassis, abdominis marginibus subcrenatis, pictura obsoleta. Longit. $\frac{2}{3}$'''.

Ganz blass gefärbt, ohne markirte Zeichnung, der lange Kopf verschmälert sich vorn nur sehr wenig und rundet sich breit ab; Borsten scheinen ganz zu fehlen. Der Balken vor der Fühlerbucht hat nur die halbe Länge des Fühlergrundgliedes; die drei letzten Fühlerglieder haben ziemlich gleiche Länge und die angelegten Fühler reichen bis an den Occipitalrand. Die Zeichnung besteht nur in dem punktförmigen Flecke vor den Fühlern und einem dunkeln nach hinten verschmälerten Stirnfleck, das durch die Schläfenlinien begränzte Scheitelfeld ist von seltener Breite. Der quere Prothorax mit sehr schwach convexen Seiten trägt vor jeder Hinterecke eine sehr lange Borste. Der Metathorax ist trapezoidal und hat an der stumpfen Hinterecke eine lange Borste. Beide Brustringe sind dunkler als der übrige Körper. Die Beine haben kurze dicke Schenkel, kräftige Schienen mit einem starken Dorn in der Mitte und die Klauen sind lang und stark. Der sehr gestreckte Hinterleib kerbt seine Seitenränder nur schwach, hat an den mittlen Segmenten nur je eine lange Randborste und an den letzten Segmenten deren je zwei. Zeichnung fehlt dem Hinterleibe bis auf eine ganz schwache Andeutung von Querbinden ganz und doch ist das Exemplar ein reifes.

Auf Tanagra brasiliensis, ein einziges weibliches Exemplar unserer Sammlung.

N. nebulosus.
Burmeister, Handb. Entomol. II. 429.

Longus, pallide flavus, capite rotundato trigono quinquemaculato, antennarum articulo ultimo penultimo longiore; thorace magno, prothoracis lateribus convexis, metathorace magno hexagono; pedibus brevibus validis, abdomine oblongo, marginibus profunde serratis, maculis trigonis obsoletis. Longit. $\frac{2}{3}$'''.

Eine sehr schlanke blass weisslichgelbe Art, die von allen vorigen sehr leicht zu unterscheiden ist. Der Kopf ist abgerundet dreiseitig, doch sind die Hinterecken minder abgerundet als das Vorderende, der Occipitalrand gerade, Schläfen- und Zügelrand schwach convex. Der Vorderkopf hat die gewöhnlichen kurzen Borsten, an der Schläfenecke aber steht je eine sehr lange Borste. Der Balken vor der Fühlerbucht hat die halbe Länge des sehr dicken Fühlergrundgliedes; das Fühlerendglied etwas länger als das vorletzte. Vor und hinter der Fühlerbasis liegt je ein markirter dunkelbrauner Fleck und auf der Stirn ein dunkler elliptischer Fleck. Am grossen Thorax ist der etwas breitere als lange Prothorax durch seine stark convexen fein dunkel berandeten Seiten mit je einer Borste hinter der Mitte charakteristisch. Der Metathorax hat eine sechsseitige Gestalt und an den stumpfen dunkeln Seitenecken je drei lange Borsten und hinter diesen noch zwei. Die Beine sind trotz der langen Hüften und Schenkelringe kurz, so dass das dritte Paar nicht bis an den Hinterrand des zweiten Abdominalsegmentes reicht, also Schenkel und Schienen sehr kurz, stark, letzte mit zwei kurzen Dornen jenseits der Mitte, mit sehr kurzen Daumenstacheln, auch die Klauen kurz und schwach. Der sehr gestreckt oblonge Hinterleib hat stark gezackte Seitenränder und zwar sind die hervorstehenden Hinterecken der vordern Segmente stumpfwinklig, die der hintern Segmente rechtwinklig, alle tragen schon vom zweiten Segment je drei lange Borsten. Das Endsegment ist in beiden Geschlechtern sehr kurz und breit, bei dem Männchen reich, bei dem Weibchen spärlich beborstet. Die Randflecke auf der Oberseite der Segmente sind klein, dreiseitig, matt und nicht scharf umrandet, häufig verwaschen, doch pflegt der Innenrand der Stigmen dunkler hervorzutreten.

Auf Sturnus vulgaris, von Nitzsch schon im Anfange dieses Jahrhunderts und später wiederholt beobachtet. Der von Denny unter demselben Namen vom Staar abgebildete Schmaling weicht zu sehr ab und darf nicht identificirt werden. Obwohl Burmeister schon die breite Abrundung des Kopfes als Gruppenmerkmal angiebt, identificirt Denny doch seinen scharfspitzigen Kopf damit, zeichnet kürzere Fühler, einen viel kürzern Prothorax, scharfspitzige Seitenecken am Metathorax, längere Beine mit sehr kurzen Hüften, und gar nicht hervortretende Seitenecken der Hinterleibssegmente, den ganzen Hinterleib breit dunkel berandet. Das sind so viele und so sehr auffällige Unterschiede, dass sich dieselben nicht durch flüchtige Beobachtung erklären lassen, der Denny'sche Staarschmaling ist als eigene Art von dem unsrigen zu sondern.

N. oxypygus.

Longus, ferrugineus; capite cordiformi, antice rotundato, antennarum articulo primo reliquis aequilongo; prothorace transverso, metathorace trapezoidali, margine postico convexo, pedibus longis; abdomine longo, angusto, acuminato, margine serrato, maculis bipustulatis longis obtusis quatuor, posticis medio confluentibus. Longit. $\frac{3}{4}'''$.

Eine in mehrfacher Hinsicht ganz absonderliche und daher sehr leicht erkennbare Art. Ihr Kopf ist gestreckt herzförmig, vorn abgerundet und hier jederseits mit vier langen Borsten besetzt, denen noch zwei in der Mitte des Zügelrandes und vor dem Balken folgen. Dieser ist stark kegelförmig, von nur ein Viertel der Länge des Fühlergrundgliedes, welches selbst die sehr bedeutende Länge der übrigen Glieder zusammen hat. Die übrigen Glieder nehmen in der Reihenfolge vom 2. zum 5. 3. 4. an Länge ab. Der braune Fleck vor der Fühlerbasis setzt als breiter Zügelsaum nach vorn fort. Eine helle in der Mitte gebrochene Querlinie liegt zwischen den Fühlern. Das helle Scheitelfeld endet schwarzbraun gerandet am Occipitalrand. Bald hinter den Fühlern steht am Schläfenrande eine kurze, an der völlig abgerundeten Schläfenecke eine lange Borste. Der Thorax ist braun mit dunkeln Seitenrändern, der Prothorax oblong ohne Seitenborsten, der Metathorax trapezoidal mit ziemlich stark convexem Hinterrande und vier langen Borsten an den scharfen Hinterecken. Die Beine nehmen vom ersten bis zum dritten Paar beträchtlich an Länge zu, haben sehr kurze Hüften, dicke Schenkel, lange schlanke Schienen mit je einer langen Borste aussen vor dem Ende, und sehr lange Klauen. Der sehr schlanke Hinterleib nimmt bis zum fünften Segmente langsam an Breite zu und spitzt sich hinter demselben schlank zu. Die ersten Segmente kerben den Hinterleibsrand mit scharfen, die letzten mit stumpfen Hinterecken; an diesen anfangs je eine, später je zwei und zuletzt drei Borsten. Das erste Segment ist oben so braun wie der Thorax, die vier folgenden haben in der Mitte unterbrochene Querbinden, also lange stumpfe Randflecke mit je zwei lichten Pusteln, auf den übrigen Segmenten fliessen die Flecke wieder zu Binden zusammen.

Auf Sturnella pyrrhocephala, nach einem Exemplar unserer Sammlung.

N. mundus *Nitzsch.*

Nitzsch, *Zeitschr. f. ges. Naturwiss.* 1866. XXVIII. 366.

Albidus, pictura marginali nigra; capite obtuse trigono, antennarum articulo ultimo penultimo longiore; prothorace transverso, metathoracis angulis lateralibus rotundatis, margine posteriore subconvexo, pedibus validis; abdomine longo, marginibus crenatis nigris, vittis nullis. Longit. $\frac{1}{3}'''$.

Die weissliche Färbung lässt auf den ersten Blick unreife Exemplare vermuthen, doch sprechen alle übrigen Verhältnisse für völlige Geschlechtsreife. Der Kopf ist abgestutzt dreieckig, am Vorderrande mit nur sehr vereinzelten Borstenspitzchen besetzt, mit einer langen Borste hinter der Zügelmitte und einer sehr langen an der völlig abgerundeten Schläfenecke. Der kegelförmige Orbitalfortsatz ist kurz und dick, die Fühler ragen angelegt etwas über den in der Mitte eingebogenen Occipitalrand hinaus und ihr Endglied ist verlängert. Die Zeichnung des Kopfes besteht nur in dem scharf markirten schwarzen Orbitalfleck. Der Prothorax ist breiter als lang, mit etwas abgerundeten Ecken und einer starken Borste vor denselben. Der Metathorax hat völlig abgerundete vorstehende Seitenecken und drei lange Borsten an denselben, sowie noch einige dahinter. An dem gestreckten Hinterleibe treten die ganz stumpfen Seitenecken nur sehr wenig hervor, tragen von der dritten an zwei bis drei Randborsten; das achte Segment mit dem neunten ist stark verschmälert und stufig abgesetzt. Nur die sieben ersten Segmente haben eine schwarze Randzeichnung.

Auf Oriolus galbula, von Nitzsch im August 1831 auf einem eben vermauserten weiblichen Exemplare am Kopfe gefunden.

N. hecticus *Nitzsch.*
Nitzsch, Zeitschrift f. ges. Naturwiss. 1866. XXVIII. 366.

Praecedenti similis, sed capite longiore, antennarum breviorum articulis quarto et quinto aequilongis, pedibus gracilioribus, abdomine oblongo, segmentorum angulis lateralibus subacutis. Longit. $^{1}/_{2}$'''.

Steht der vorigen Art sehr nah, aber ihr Kopf mehr gelblich, entschieden gestreckter, vorn mehr abgerundet, mit fast geraden Schläfenrändern, schlankeren Balken, sehr merklich kürzern Fühlern, deren beide Endglieder von gleicher Länge sind. Der Orbitalfleck setzt am Zügelrande schmal fort. Der Thorax erscheint zumal im Verhältniss zum Kopfe kürzer, die Beine dagegen schlanker, besonders durch die gestreckteren Schienen. An dem ziemlich parallelseitigen Hinterleibe treten die seitlichen Segmentecken schärfer hervor und die feinen schwarzen Seitenränder sind nach innen gelblich verwaschen. Das nicht stufig abgesetzte achte Segment ist mit dem schwach gekerbten Endsegment völlig verschmolzen zu einem Kreissegment ohne alle Zeichnung.

Auf Sericulus regens, von Nitzsch am Kopfe eines trocknen Felles in einem weiblichen Exemplar gefunden und unter obigem Namen in der Sammlung aufgestellt.

N. limbatus *Nitzsch.* Taf. 7. Fig. 6.
Burmeister, Handb. Entomol. II. 429. — Denny, Monogr. Anoplur. 122. Tab. 9. Fig. 3.

Pallide flavoalbus, nigromarginatus; capite trigono, antice subrotundato, trabeculis parvis; prothoracis lateribus convexis, metathoracis angulis lateralibus acutis, femoribus annulatis; abdominis oblongi marginibus serratis. Longit. $^{2}/_{3}$'''.

Wie vorige Arten gestreckt und weisslich mit feiner schwarzer Berandung. Der Vorderkopf ist parabolisch, vorn rundlich zugespitzt, also ganz abweichend von Denny's Darstellung, die Balken sind sehr klein, die Fühler, deren Endglieder gleichlang, kaum den geraden Occipitalrand erreichend, die ziemlich scharfen Schläfenecken mit langer Borste, der Scheitel mit dunklem Fleck. Der lange Prothorax hat stark convexe Seiten mit je einer Borste, der sehr breite Metathorax mit langen Borsten an den ziemlich scharfen Seitenecken und mit convexem Hinterrande, beide Brustringe also ganz anders als in Denny's Abbildung. Die kurzen kräftigen Beine haben geringelte Schenkel und am Ende der Schienen lange Dornen. Der oblonge Hinterleib ist scharf sägerandig, mit nur je einer Borste an den Segmentecken, erst an den beiden letzten Segmenten mit je zwei Borsten und ohne Randzeichnung.

Auf Loxia curvirostris, von Nitzsch zuerst im October 1810 beobachtet und als Typus der auf Singvögeln schmarotzenden Gruppe weisslicher, schwarz gerandeter Arten mit ziemlich spitzem Kopfe betrachtet. Auch von Denny freilich mehrfach erheblich abweichend beschrieben und abgebildet.

N. propinquus.

Praecedenti simillimus, sed antennis longioribus, earumque articulo ultimo penultimo multo longiore, femoribus non annulatis, abdominis marginibus profundius serratis. Longit. $^{2}/_{3}$'''.

Erst die sorgfältige Vergleichung mit voriger Art lässt die Differenzen erkennen. Der Kopf hat dieselbe Form, Beborstung, dieselben sehr kleinen Orbitalfortsätze, dieselbe Zeichnung, nur sind die Schläfengegenden heller, dagegen sind die Fühler sehr merklich länger und das Endglied fast von der Länge der beiden vorhergehenden zusammen, dem längsten zweiten nahezu gleich. Der Prothorax erscheint etwas breiter. An den Schenkeln fehlen die beiden dunkeln Ringe gänzlich, ebenso am Ende der Schienen die langen Dornen, während deren Innenrand mit drei kurzen Stacheln bewehrt ist. Auffällig ist das viel stärkere Hervortreten deren seitlichen Ecken des Hinterleibes, die stufige Absetzung, also stärkere Verschmälerung des achten Segmentes in beiden Geschlechtern, das viel kürzere und tiefer gekerbte weibliche Endsegment. Auf der Bauchseite der vier ersten Segmente dunkel gerandete oblonge Querflecke.

Auf Loxia pityopsittacus, nach einigen Exemplaren unserer Sammlung.

N. Juno.

Longior, gracilior; capite antice angustato, trabeculis subcrassis, antennarum longarum articulo ultimo penultimo duplo longiore, prothoracis lateribus subconvexis, metathorace hexagono, pedibus gracilibus; abdominis angusti marginibus serratis, segmento octavo angustato. Longit. $^{1}/_{3}$'''.

Länger und in allen Körpertheilen schmäler und schlanker als die nächstverwandten vorigen Arten, mit denen sie auch in der Färbung und Zeichnung zunächst übereinstimmt. Der im Verhältniss zu Vorigen sehr gestreckte Kopf verschmälert sich nach vorn stärker, hat etwas kräftigere Orbitalfortsätze, sehr lange Fühler, deren Endglied besonders verlängert ist, an den mehr abgerundeten Schläfenecken eine sehr lange Borste. Vor und hinter der Fühlerbasis ein kleiner dunkler Querfleck, der vordere nur bisweilen als feine Linie am Zügelrande fortsetzend. Der Prothorax hat weniger convexe Seiten als bei vorigen Arten und zeichnet alle vier Ecken dunkel. Der Metathorax ist sechsseitig, an den dunklen Seitenecken mit je einer langen Borste, hinter denen noch drei lange folgen. Die Beine sind für die Länge des Körpers kurz und zierlich, die Schenkel nur mit zwei dunklen Flecken statt der beiden Ringe bei *N. limbatus*. Der Hinterleib nur schmäler und gestreckter, die vier Bauchflecken viel matter, sonst mit dem der vorigen Art übereinstimmend.

Auf Coccothraustes europaeus, von Nitzsch im Februar 1817 in Gemeinschaft mit ***Docophorus communis*** gefunden und als vielleicht mit *N. delicatus* identisch bezeichnet.

N. subtilis.

Nitzsch, Zeitschr. f. ges. Naturwiss. 1866. XXVIII. 367.

Albidus, longus; capite antice obtuso, antennarum articulis tertio quarto quinto gradatim longioribus; prothoracis lateribus convexis, metathorace hexagono, pedibus gracilibus brevibus; abdominis marginibus serratis, pictura obsoleta. Longit. $^{3}/_{4}$'''.

Kleiner als vorige und von noch schlankerem Habitus, mit ganz matter, fast ohne Zeichnung. Am schmalen schlanken Kopfe erscheint der Clypeus vorn fast gerade abgestutzt, an den Fühlern das zweite Glied kürzer als gewöhnlich, abweichend von den vorigen Arten das dritte Glied das kürzeste, das vierte etwas und das fünfte noch länger, fast dem zweiten wieder gleich. An der stark abgerundeten Schläfenecke mit einer sehr langen Borste. Der vordere und hintere Orbitalfleck matt, ebenso matt eine bisquitförmige Stirnscheitelsignatur. Der lange Prothorax mit convexen Seitenrändern und einer Randborste vor der Hinterecke. Der Metathorax sechsseitig und mit je drei mässig langen Borsten an den stumpfspitzigen Seitenecken. Die Beine trotz der langen Hüften und Schenkelringe kurz, so dass das dritte Paar angelegt nicht über das zweite Hinterleibssegment hinausragt. Der schmale sägerandige Hinterleib hat nicht die schwarzbraunen Randlinien der vorigen Arten, sondern eine breitere aber ganz matte, bisweilen fehlende Randzeichnung. Je zwei Borsten an den scharfen, aber nicht weit hervortretenden Hinterecken der langen Segmente, jedoch ist das stufig verschmälerte achte und noch auffälliger das neunte Segment kürzer als bei den vorigen Arten.

Auf Fringilla montana und Fr. domestica, von Nitzsch bereits im Februar 1812 und später wiederholt beobachtet und unter obigem Namen in unserer Sammlung aufgestellt.

N. cyclothorax *Nitzsch*. Taf. VI. Fig. 9.

Nitzsch, Zeitschrift f. ges. Naturwiss. 1866. XXVII. 117. — Denny, Monogr. Anoplur. 150. Tab. 11. Fig. 6.

Angustus, albus, subtiliter nigrolimbatus; capite isoscelie triangulari, angustato, antice rotundato obtuso; prothorace suborbiculari, limbus ad marginem lateralem capitis, thoracis et segmentorum nigra completur, spatium frontale medium pellucidum, oblongum. Longit. $^{1}/_{2}$'''.

Eine ebenfalls sehr schlanke, wenig gezeichnete Art mit engster Verwandtschaft der vorigen. Ihr schmaler Kopf endet vorn stumpf gerundet, ist hier mit sehr feinen kurzen Borsten, vor dem Orbitalfortsatz aber mit einer langen und starken Borste besetzt. Der Orbitalfortsatz hat die Länge des Fühlergrundgliedes, das zweite Fühlerglied die Länge der beiden folgenden zusammen, das letzte die gleiche mit dem vorletzten. An den Schläfenecken finde ich keine Borste. Die schmale helle Stirnsignatur tritt am Clypealende etwas vor und rundet dadurch das Kopfende ab. Die Zeichnung des Kopfes ist aus unserer, von Nitzsch nach dem Leben entworfenen Zeichnung zu ersehen. Die Scheibenform des Prothorax ist so charakteristisch, dass von ihr der Speciesname entlehnt worden ist. Er trägt vor der Hinterecke jederseits eine lange Borste. Der Metathorax besetzt seine stumpfen Seitenecken mit drei langen Borsten. Die Beine sind zierlich und kurz, die Schenkel kaum stärker als die Schienen, die Klauen fein. Der schmale scharf sägezähnige Hinterleib setzt sein achtes Segment mässig ab, trägt vom zweiten Segment bis zum sechsten an der Hinterecke je eine und weit von dieser abgerückt am Hinterrande eine zweite lange Borste, an den Ecken des siebenten Segmentes drei und am achten jederseits vier lange Borsten. Das kleine, tiefgekerbte weibliche Endsegment ohne Borsten. Die Seitenränder der Segmente bilden feine schwarze Linien.

Auf Fringilla montana und Fr. montifringilla, von NITZSCH 1812 und später wieder in Gesellschaft mit *N. subtilis* gesammelt und mit obiger Diagnose von den verwandten Arten unterschieden. Auch DENNY hat diesen Schmaling beschrieben und wenig abweichend von dem unsrigen abgebildet.

N. ruficeps *Nitzsch.*
Zeitschrift f. ges. Naturwiss. 1866. XXVIII. 367.

Habitu Docophori communis, capitis subtriangularis rufescentis fronte medio attenuata, apice truncata emarginata, trabeculis longis, antennarum articulo ultimo elongato; prothorace subtrapezoidali, metathoracis trapezoidalis margine postico convexo; abdominis late elliptici margine serratocrenato, maculis linguiformibus pallide ochraceis ocellatis. Longit. $^{2}/_{3}$'''.

Eine von allen vorigen auffällig abweichende und den Docophoren sich im Habitus und auch in einzelnen Körpertheilen sehr nähernde Art. Gleich die Form des Kopfes ist docophorisch, breit und stumpfeckig dreiseitig, der Vorderkopf verschmälert sich stark und ist am abgestumpften Ende tief ausgerandet. In dieser Ausrandung beginnt eine matte halbelliptische Stirnsignatur und jederseits derselben an der ziemlich scharfen Ecke stehen zwei Borsten; vor den Balken dicht neben einander zwei lange Borsten und am Balken selbst ein Borstenspitzchen. Der Balken ist schlankkegelförmig und überragt das lange und dicke Fühlergrundglied. Das zweite Fühlerglied ist schlank und das letzte erheblich länger als das vorletzte. Der Hinterkopf ist quer oblong, mehr als doppelt so breit wie lang, die Schläfenränder parallel, der Occipitalrand in der Breite des Prothorax eingebuchtet, aber in der Mitte wieder etwas vortretend. Die Schläfengegend ist mit kurzen Borstenspitzchen besetzt und an der abgerundeten Schläfenecke steht eine sehr lange Borste. Der dunkle Fleck vor und hinter der Fühlerbasis setzt als Randzeichnung fort, auf der Stirn liegt ein querer, auf dem Scheitel ein runder Fleck. Der Thorax ist fein schwarzbraun gesäumt und in der Mitte weiss. Der schwach trapezoidale Prothorax trägt jederseits eine lange Borste und der wegen des stark convexen Hinterrandes fast sechseckige Metathorax zwischen den abgerundeten Seitenecken eine ununterbrochene Querreihe langer Borsten. Die Beine erscheinen für die Grösse des Thieres kurz trotz der langen Hüften und Schenkelringe, die Schenkel mässig dick, die Klauen schlank. Der im Verhältniss zu vorigen Arten sehr breite Hinterleib lässt die Hinterecken der beiden ersten Segmente scharf und stark, die der folgenden stumpf hervortreten, besetzt diese mit je drei bis vier Borsten; das auffallend lange abgerundete männliche Endsegment hat zahlreiche Borsten, das sehr kurze bis auf den Grund gekerbte weibliche Endsegment ist borstenlos. Die Rückenseite der Segmente ist mit schmalen gelblichbraunen Zungenflecken (bei dem Männchen merklich schmäler als bei dem Weibchen) mit je zwei hellen Pusteln gezeichnet, das weibliche achte Segment mit durchgehender Binde, aber das neunte in beiden Geschlechtern ohne Zeichnung. Auf der Bauchseite liegen fünf dunkelbraune Querbinden, dahinter bei dem Weibchen ein auf dem achten Segment ausgespitzter dreieckiger Fleck, bei dem Männchen ein querer bis ans Ende ausgezogener langer Fleck.

Auf Fringilla montana, im Gefieder des Halses, Rückens und der Brust, von NITZSCH seit Februar 1812 bisweilen häufig und in Gemeinschaft mit ***Docophorus communis*** beobachtet und wegen der vielfachen Beziehungen zur Gattung ***Docophorus*** auch mit den nächstverwandten Arten sorgfältig verglichen.

N. densilimbus *Nitzsch.*
NITZSCH, Zeitschr. f. ges. Naturwiss. 1866. XXVIII. 368.

Nirmo delicato simillimus, sed albus, capite breviore, antice magis rotundato, antennarum articulis quarto quinto aequilongis, abdominis longi angusti marginibus acute serratis nigris. Longit. $^{2}/_{3}$'''.

Der Schmaling des Stieglitz muss sehr aufmerksam mit denen der Sperlinge, Finken und Ammern verglichen werden, um ihn specifisch unterscheiden zu können. Er ist einer der schmälsten und gestrecktesten und dennoch ist sein Kopf kürzer als bei *N. delicatus*, besonders der Vorderkopf minder schmal zur breiter abgerundeten Spitze zulaufend. Die Orbitalfortsätze reichen etwas über die Mitte des Fühlergrundgliedes hinaus und die beiden letzten Fühlerglieder sind von gleicher Länge. Borsten scheinen am Kopfe ganz zu fehlen. Die nicht gerade tiefe Fühlerbucht ist schwarz gerandet und läuft diese dunkle Zeichnung am Zügel- und am Schläfenrande fort. Ein klarer halbelliptischer Fleck liegt auf dem Ende des Clypeus. Der lange Prothorax hat auf seinen convexen Seiten je zwei schräge schwarze Querfleckchen, der Metathorax einen solchen Fleck auf jeder Seitenecke und an und auf derselben einige lange Borsten. An den Beinen sind die sehr langen Schenkelringe und die Kürze und Dicke der Schenkel charakteristisch. Der schmale lange Hinterleib ist scharf sägerandig, an den Hinterecken der ersten Segmente wie gewöhnlich ohne, an den folgenden mit je einer, dann zweien, am siebenten mit drei, am achten mit vier Borsten. Die schwarze Randzeichnung erscheint etwas breiter als bei *N. delicatus* und endet plötzlich mit dem siebenten Segment.

Auf Fringilla carduelis von Nitzsch seit 1812 wiederholt beobachtet und von den verwandten Arten unterschieden. Individuen von stark geschossenen Stieglitzen hatten auch Blut im Magen, aber mit diesem stets auch Dunenstückchen und die lebhaften, fast krampfhaften Bewegungen des Magens hatten wohl den Zweck den ungewohnten Blutinhalt zu entfernen.

N. trithorax *Nitzsch.* Taf. VII. Fig. 7.
Nitzsch, Zeitschrift f. ges. Naturwiss. 1866. XXVIII. 365. — Burmeister, Handb. Entomol. II. 429.

Albus, longus; capite longo, angusto, antice lobato, antennarum articulo ultimo penultimo longiore; prothorace disciformi, metathorace utrinque bipunctato; pedibus brevibus gracilibus; abdomine oblongo, margine profunde crenato, nigro. Longit. 4/5'''.

Die beiden schiefen schwarzen Randflecke jederseits am Metathorax kennzeichnen diese im übrigen den verwandten Formen sehr nah stehende Art ganz vortrefflich. Der sehr gestreckte Kopf verschmälert sich nach vorn und rundet sich dann stumpf ab mit hellem Querfleck. Nur sehr spärliche und feine Borsten stehen am Vorderkopf, eine stärkere und lange hinter der Zügelmitte. Der stark kegelförmige Balken hat die Länge des viel dickern Fühlergrundgliedes, das zweite Fühlerglied ist das schlankeste wie gewöhnlich, die beiden folgenden von einander gleicher geringster Länge, das Endglied ist wieder etwas länger. An den Schläfenecken steht eine nicht bei allen Exemplaren vorhandene lange Borste. Die schwarze Randzeichnung des Kopfes und der etwas verwaschene Stirnfleck ist in unserer Zeichnung naturgetreu nach dem Leben dargestellt und jetzt nach fast fünfjähriger Einwirkung des Spiritus ganz unverändert. Der scheibenförmige Prothorax hat an jeder der vier abgerundeten Ecken je einen schwarzen Fleck. An den Ecken des Metathorax eine lange Borste und dahinter noch zwei. Die Beine sind kurz, die mässig starken Schenkel dunkel geringelt, die Schienen schlank mit einem Spitzchen hinter der Mitte und zwei sehr kurzen Daumenstacheln, der Tarsus länger als gewöhnlich, die Klauen relativ kürzer. Der gestreckte parallelseitige Hinterleib kerbt seine Seitenränder tief und trägt an den nicht scharfen Segmentecken nur je eine lange Borste, nur an dem siebenten und dem etwas stufig abgesetzten achten deren zwei. Das Endsegment des Weibchens ist sehr kurz und tief zweilappig. Die schwarze Randzeichnung setzt bis zum siebenten Segment fort, auf allen Segmenten sind vierseitige Flecken sehr schwach angedeutet; die Bauchseite ohne Zeichnung.

Auf Paroaria cucullata, von Nitzsch im Jahre 1826 in mehren Exemplaren auf einem lebenden Vogel der Pfaueninsel bei Potsdam gesammelt.

N. delicatus *Nitzsch.* Taf. VII. Fig. 8.
Nitzsch, Zeitschrift f. ges. Naturwiss. 1866. XXVIII. 368.

Praecedenti similis, capite breviore, antennis longioribus, prothorace angulato, metathoracis angulis lateralibus subacutis, margine postico subangulato, abdomine latiore, segmentis setosis vittato. Longit. 4/5'''.

Eine typische Art aus der Gruppe der Singvögelschmalinge. Sie unterscheidet sich von der vorigen und denen der andern ächten Fringillen durch die relative Kürze ihres Kopfes und zumal des Vorderkopfes, der sich stark verschmälert und vorn abstumpft. Die Balken sind stark kegelförmig und fast von der Länge des Fühlergrundgliedes, das zweite Fühlerglied besonders schlank und das Endglied merklich länger als das vorletzte, daher die angelegten Fühler über den Occipitalrand hinausragen. Der Prothorax hat zwar stark convexe Seiten, aber doch nicht die runde Scheibenform der vorigen Art, auch am Metathorax treten die Seitenecken schärfer hervor und der Hinterrand erscheint fast winklig. Die Schenkel geringelt. Der an der Basis schmale Hinterleib verbreitert sich schnell und behält diese Breite bis zum achten stark stufig abgesetzten Segmente, das eine hintere dunkle nach vorn verwaschene Binde trägt. Die Seitenecken der Segmente sind stumpf. Die Zeichnung des Hinterleibes giebt unsere Abbildung nach dem Leben naturgetreu wieder.

Auf Emberiza citrinella, von Nitzsch im October 1814 gesammelt und abgebildet.

N. nivalis.

Praecedenti simillimus, sed antennarum articulo ultimo longiore, prothorace nigrolimbato, metathoracis angulis lateralibus acutis, margine posteriore medio angulato, abdominis margine nigropunctato. Longit. $^{2}/_{3}$'''.

In den Formen dem Schmaling des Goldammer überaus ähnlich, doch ist schon das letzte Fühlerglied erheblich länger, die Borste an der Schläfenecke enorm lang, der Prothorax schwarz gerandet, der Metathorax mit scharfen Seitenecken und in der Mitte des Hinterrandes mit winkligem Vorsprung, über den Seitenecken schwarzbraun. Die Schenkel mit kaum angedeuteter Zeichnung und der Hinterleib nicht schwarz gerandet, sondern nur mit einem dunklen Fleck in jeder Randkerbe und am Bauche mit fünf eckigen Querflecken. Das halbelliptische männliche Endsegment hat die Länge des stark verschmälerten achten, das weibliche tief zweilappige Endsegment ist ebenfalls lang.

Auf Emberiza nivalis, in drei Exemplaren in unserer Sammlung.

N. gulosus *Nitzsch.*
Nitzsch, Zeitschrift f. ges. Naturwiss. 1866. XXVII. 117; XXVIII. 367.

Albidus prora flavescente, pictura praeter limbum marginalem abdominis nulla; capite late cordatotrigono, antice truncato obtuso; prothoracis lateribus convexis, metathorace pentagono; abdominis marginibus crenatis. Longit. $^{3}/_{4}$'''.

Die beträchtliche Breite des herzförmigen Kopfes und dessen gerade abgestutztes Vorderende genügen schon, diese Art von allen vorigen der Singvögel zu unterscheiden. Zwei Borsten stehen vorn jederseits und eine lange vor der Zügelmitte. Die Balken haben die Länge des sehr dicken Fühlergrundgliedes. Die kurzen dicken Fühler erreichen angelegt nicht den Occipitalrand und ihre drei letzten Glieder sind von einander gleicher Länge. Bald hinter den Fühlern steht eine lange, und an der abgerundeten Schläfenecke zwei sehr lange Borsten. Der Occipitalrand ist in der Breite des Prothorax stark eingezogen. Die Orbitalflecke treten kaum hervor und zwischen ihnen liegt eine helle Querlinie. Deutliche Schläfenlinien. Der schmale Prothorax hat convexe Seiten und je eine lange Borste hinter deren Mitte. Der Metathorax ist fünfeckig durch winkligen Verlauf des Hinterrandes und trägt an den Seitenecken einige Borsten. Beide Brustringe haben feine dunkle Seitenränder und eine helle mittle Längsfurche. Die Beine sind lang und stark, das letzte Paar reicht angelegt bis an den Hinterrand des dritten Abdominalsegmentes. Vor dem Ende der Schienen steht eine feine Dornenspitze. Der gestreckt elliptische Hinterleib hat stumpf und nicht gerade tief gekerbte Seitenränder, an den Segmentecken anfangs je eine, später zwei und drei sehr lange und steife Borsten. Der männliche Hinterleib endet viel spitzer als der weibliche mit zweilappigem Endsegment. Nur das zweite bis siebente Segment erscheint fein dunkel gerandet und bei allen Exemplaren verdeckt der enorm grosse schwarz durchscheinende Magen die nur äusserst schwach angedeuteten Querflecke, lässt aber die Beborstung noch deutlich erkennen.

Auf Certhia familiaris, von Professor Kunze in Leipzig im Mai 1817 unserer Sammlung eingesendet.

N. quadrilineatus *Nitzsch.*
Nitzsch, Zeitschrift f. ges. Naturwiss. 1866. XXVII. 107; XXVIII. 366.

Albidus, latus, capite triangulari, antice submarginato, antennis brevibus crassis, articulo ultimo longiore; metathorace hexagono; abdomine crenato, maris obtuso, feminae acuto; maculis orbitalibus limboque thoracis et abdominis hujus interrupte serrato obscuris, maculis notogastricis maris imparibus transversis marginem abdominis lateralem haud attingentibus area una et utroque fine dilutis, feminae in lineas quaternas solutis illius et hujus fuscis. Longit. $^{1}/_{2}$'''.

Im Verhältniss zu den bisher vorgeführten Arten der Singvögel hat dieser Schmaling einen breiten sehr gedrungenen Habitus. Der Kopf verschmälert sich nach vorn stark und erscheint am abgestutzten Vorderende schwach ausgerandet, hier an jeder Ecke mit zwei kurzen, dahinter einer dritten Borste, hinter der Zügelmitte steht eine vierte und vor dem Balken endlich noch zwei lange Borsten. Die Balken sind dünn und schlank, das dicke Fühlergrundglied überragend. Das Fühlerendglied ist etwas länger als jedes der beiden vorletzten

Glieder. Der sehr breite Hinterkopf trägt jederseits drei sehr lange Randborsten und einige Spitzchen. Der sehr schwach trapezoidale Prothorax und der breit trapezoidale Metathorax sind dunkel gerandet, letzter an und hinter der abgerundeten Seitenecke mit einigen langen Borsten. Die Beine lang und kräftig. Der Hinterleib breit elliptisch, bei dem Manne hinten abgestutzt mit halbelliptischem Endgliede, bei dem Weibe schlank zugespitzt. Die geschlechtlich auffallend verschiedene Zeichnung hat Nitzsch in der oben mitgetheilten Diagnose nach dem Leben angegeben, die mir vorliegenden Spiritusexemplare lassen dieselbe nicht deutlich genug mehr erkennen, nur die eckigen Querflecke sind an einem Exemplare noch deutlich.

Auf Parus caudatus, von Nitzsch im April 1819 gesammelt und diagnosirt.

N. fallax.

Capite cordiformi, clypeo exciso, antennarum articulo ultimo penultimo longiore; prothorace subtrapezoidali, metathorace pentagono; abdominis elliptici marginibus crenatis fuscis. Longit. [illegible]'''.

Das vorliegende einzige Exemplar wurde mit dem ***Docophorus grandiceps*** auf einem trocknen Balge der Pitta thalassina von Nitzsch im Januar 1837 gefunden und hat in seiner ganzen Körpertracht so viel Aehnlichkeit mit ***Docophorus***, dass man es in diese Gattung verweisen möchte. Indess wie Nitzsch es unter *Nirmus* aufstellte, so belasse ich es unter den Schmalingen, denn nur der eine Balken scheint eingelenkt zu sein, der andere dagegen ist ein unbeweglicher Fortsatz. Der herzförmige Kopf verschmälert sich vorn stark und ist am Clypeusende tief ausgerandet. Hier trägt er jederseits zwei lange starke Borsten, in der Zügelmitte zwei ebensolche und vor dem Balken ein drittes Paar. Die Balken selbst sind sehr dick, stumpfspitzig und überragen das Fühlergrundglied etwas. Das letzte Fühlerglied ist etwas länger als das vorletzte. Hinter der Fühlerbucht am Schläfenrande liegt ein stumpfer Vorsprung und vor der völlig abgerundeten Schläfenecke eine lange Borste. Der dunkle Fleck vor der Fühlerbasis setzt am Zügelrande und schwächer am Schläfenrande fort, aber auf der Mitte der Stirn liegt eine auch die Randzeichnung unterbrechende weisse Querlinie. Das breite Scheitelfeld wird von geraden parallelen Schläfenlinien begrenzt. Beide Brustringe sind dunkel gerandet mit heller Mittellinie. Der fünfseitige Metathorax bewehrt seine stumpfen Seitenecken mit je vier sehr langen Borsten. Die Beine haben kurze starke Schenkel, verhältnissmässig dicke Schienen am Aussenrande mit einer langen starken Borste, am Innenrande mit je zwei Dornen; die Klauen sind lang und dick. Der elliptische Hinterleib kerbt seine Ränder mit stumpfen, anfangs mit einer, am 7. und 8. mit je zwei langen steifen Borsten besetzten Segmentecken. Das dreiseitige, gekerbte weibliche Endsegment ist borstenlos. Die Zeichnung besteht in schmalen dunkeln Randflecken mit schiefhellem Strich, braunen nach beiden Seiten hin verwaschenen Querbinden, am achten Segment in Dunkelung des Hinterrandes.

Auf Pitta thalassina in einem weiblichen Exemplar unserer Sammlung.

N. marginalis *Nitzsch.* Taf. VI. Fig. 6. 7.
Burmeister, Handb. Entomol. II. 431. — Denny, Monogr. Anoplur. 118. Tab. 8. Fig. 2.

Pallide fulvus, fuscomarginatus; capite trigonocordato, antennarum articulo ultimo longiore; prothorace subtrapezoidali, metathoracis margine postico acute angulato; abdominis marginibus subdentato-crenatis, maculis segmentorum angustis rectis pallidis. Longit. ⅔'''.

Eine der häufigsten Arten mit dreiseitig herzförmigem, vorn abgerundetem, hinten geradrandigem Kopfe, mit kurzem stark kegelförmigen Orbitalfortsatz von der Länge des Fühlergrundgliedes, mit langer Borste an der Schläfenecke und einigen feinen Borstenspitzchen am Schläfenrande. Die angelegten Fühler reichen nicht bis an den Occipitalrand, ihr zweites Glied ist wie gewöhnlich das längste, das dritte und vierte einander gleich und die kürzesten, das Endglied wieder länger. Die Zeichnung des Kopfes ist jetzt nach der langen Einwirkung des Spiritus dieselbe wie in unseren nach lebenden Exemplaren angefertigten Abbildungen. Der Prothorax hat convexe Seiten und erweitert sich etwas nach hinten, vor der Ecke eine Randborste tragend. Der Metathorax hat an seinen ziemlich scharfen Seitenecken je drei Borsten von sehr ungleicher Länge und lässt seinen Hinterrand scharfwinklig vortreten, so dass die Form fünfeckig ist. An den Beinen fällt die Kürze und Dicke der Schenkel auf, auch die Schienen sind stark und haben in der Mitte zwei Dornen, am Ende zwei kurze Daumenstacheln, dagegen die beiden Tarsusglieder lang und die Klauen schlank und ziemlich gekrümmt. Der weibliche Hinterleib ist sehr gestreckt, der männliche dagegen kurz und breit, die Ränder desselben fast scharfzähnig gekerbt, an den Ecken anfangs zwei, dann drei, an den letzten mit vier an Länge zunehmenden Borsten, die des schmalen männlichen Endsegmentes kürzer als die des weiblichen. Alle Segmente sind wie die Brustringe und der Kopf dunkelbraun gerandet. Die rechteckigen Randflecke sind matt und zum Theil verwaschen, die mittlen Querflecke der Bauchseite häufig deutlicher markirt.

Auf Turdus pilaris zuerst im Februar 1814, später wiederholt und zu andern Jahreszeiten, auch auf Turdus musicus und T. viscivorus von Nitzsch gesammelt. Die Darstellung von Denny weicht erheblich von unsern Exemplaren ab, in der Form und Zeichnung des Kopfes, des Prothorax, der Schienen und Tarsen.

N. intermedius *Nitzsch.* Taf. VI. Fig. 8.
Nitzsch, Zeitschrift f. ges. Naturwiss. 1866. XXVIII. 366.

Pallidus, fuscomarginatus, longus; capite oblongo, antennarum articulo tertio brevissimo, quarto longiore, quinto multo longiore; prothoracis lateribus convexis, metathoracis margine postico convexo; femoribus crassis; abdominis longi marginibus dentatoserratis fuscis, maculis obsoletis. Longit. 3/4'''.

Obwohl diese Art in Gesellschaft der vorigen auf demselben Wirthe lebt, ist sie doch dem *N. limbatus* des Kreuzschnabels und dem *N. ruficeps* des Bergfinken ähnlicher als ihrem Mitbewohner, und Nitzsch spricht in seinen Collectaneen vom Februar 1818 seine Ueberraschung über das gesellige Beisammenleben zweier völlig verschiedenen Arten aus und stellte diese Art in Vergleich mit jenen beiden Fringillenbewohnern. Sie ist von sehr gestrecktem Habitus. Ihr schlanker Kopf verschmälert sich nach vorn stark und endet abgerundet, hier mit dem lichten Clypealfleck der vorigen Art. Der stumpfspitzige Orbitalfortsatz reicht nicht bis an das Ende des Fühlergrundgliedes, die Fühler aber angelegt über den geraden Occipitalrand hinaus, ihr zweites Fühlerglied ist wie gewöhnlich das längste, das dritte das kürzeste, die beiden folgenden wieder stufig verlängert. Von Borsten finde ich am Kopfe nur eine lange an der Schläfenecke. Der Prothorax hat ziemlich stark convexe Seiten ohne Borsten, der Metathorax an seinen stumpfen Seitenecken zwei lange Borsten. Die Beine sind kürzer und dicker als unsere Abbildung dieselben darstellt, die Klauen lang und sehr wenig gekrümmt. An den scharfen Seitenecken der Segmente des schmalen gestreckten Hinterleibes steht nur je eine Borste und an den letzten zwei (die Abbildung giebt fälschlich überall deren zwei an). Die Zeichnung ist nach der langen Einwirkung des Spiritus verblasst, in unserer Abbildung von Nitzsch nach dem Leben wiedergegeben.

Auf Turdus pilaris und T. torquatus gesellig mit voriger Art.

N. viscivori *Denny,* Monogr. Anoplur. 50. 124. Tab. 7. Fig. 7.

Colore dilute stramineo, nitidus, glaber; caput fulvoflavum habens utrinque fasciam latam semicircularem castaneam; abdominis suturae valde marginatae; margo lateralis fulvus. Longit. 3/4'''.

Auf Turdus viscivorus. — Mir unbekannt.

N. merulensis *Denny,* Monogr. Anoplur. 51. 128. Tab. 7. Fig. 1.

Albus, laevis, nitidus, margine abdominis laterali castaneo, notis nigris angularibus; inferne capite et thorace lacte flavis. Longit. 1 1/4'''.

Auf Turdus merula. — Könnte dem *N. intermedius* zugewiesen werden, wenn nicht die Fühler zu kurz und drei letzte Glieder von gleicher Länge, der Prothorax länger wäre.

N. iliaci *Denny,* Monogr. Anoplur. 51. 130. Tab. 9. Fig. 4.

Pallide flavoalbus, nitidus, laevis, cum fascia angusta marginali nigra; capite et thorace testaceoflavis. Longit. 3/4'''.

Auf Turdus iliacus und Pastor roseus. — Auch diese Art hat eine verdächtige Aehnlichkeit mit dem *N. intermedius,* doch gleichfalls zu kurze Fühler und einen concaven Occipitalrand.

N. mandarinus *Giglioli,* Microscop. Journ. 1864. IV. 18. Tab. 1.

Auf Merula mandarina. — Mir unbekannt.

N. exiguus *Nitzsch.*
Nitzsch, Zeitschrift f. ges. Naturwiss. 1866. XXVIII. 366.

Unterscheidet sich von *Nirmus delicatus* der Goldammer durch den mangelnden schwarzen Saum der Schläfen, den schwarzen Punkt vor und hinter der Orbita, den ganz kurzen Randsaum der Abdominalsegmente, den undeutlichen braunen Quersaum des achten Segmentes und die sehr weisse Grundfarbe.

Auf Sylvia tithys, von Nitzsch in der angegebenen Weise als Art charakterisirt. Leider finde ich die Exemplare in unserer Sammlung nicht mehr vor und kann daher keine Beschreibung geben.

N. isis.

Albus, gracilis; capite cordiformi, antice subemarginato, antennarum articulo ultimo elongato; prothorace subtrapezoidali; metathorace hexagono, margine postico recto; abdominis longi marginibus crenatis, maculis angulatis. Longit. $\frac{2}{3}$'''.

Eine sehr schlanke, dem *N. intermedius* zunächst sich anschliessende Art, doch noch etwas gestreckter, im Hinterleibe besonders. Am herzförmigen Kopfe ist der Clypeus vorn seicht ausgerandet und der Occipitalrand concav, die Balken fast bis zur Mitte des zweiten Fühlergliedes reichend, die angelegten Fühler bis an den Occipitalrand reichend, ihr letztes Glied merklich länger als das vorletzte. Vereinzelte feine Borstenspitzchen am Rande des Kopfes, eine sehr lange steife Borste an der Schläfenecke. Der dunkle Fleck vor der Fühlerbasis setzt als Saumlinie der Zügel fort, ausserdem ist noch der Occipitalrand mit einer dunkeln Linie gesäumt; von der Clypealbuchtung geht ein weisser Streif nach hinten und endet in der verwaschenen Scheitelsignatur. Der Prothorax verbreitert sich wenig aber deutlich nach hinten und hat convexe borstenlose Seiten. Der Metathorax ist sechsseitig mit geradem Hinterrande und trägt an den stumpfen Seitenecken je drei lange straffe Borsten. Die Beine sind kurz und zumal die Schenkel stark, am Innenrande der Schienen drei kurze Stacheln und sehr starke Daumenstacheln, auch am Tarsus Stacheln und die Klauen dick und ziemlich gekrümmt. Der fast parallelseitige schlanke Hinterleib hat stumpfe seitliche Segmentecken, an den vordern derselben je eine, an den hintern je zwei Borsten. Das weibliche Endsegment mit mehren Borsten und tief gekerbt. Die Randflecke erscheinen blos als dunkle, innen geöffnete Umrandung der Stigmata. Der gefüllte Magen scheint stark durch.

Auf Lusciola luscinia, nach nur einem Weibchen in unserer Sammlung.

N. tristis.

Fuscus, capite trigono, angustato, antice convexo, antennarum articulo ultimo elongato; prothorace rectangulo, metathoracis margine postico convexo, abdominis elliptici marginibus crenatis, maculis nullis. Longit. $\frac{2}{3}$'''.

Eine hellbraune Art fast ohne Zeichnung, nur mit kleinem Punkte vor der Fühlerbasis, feiner Randsaumlinie der beiden Thoraxringe und ebensolcher an der Hinterecke der Abdominalsegmente. Der Kopf verschmälert sich nach vorn ziemlich stark und endet convex. Balken und Fühler wie bei voriger Art, aber ganz vorn am Zügelrande steht eine sehr lange Borste, eine ebensolche in der Mitte des Schläfenrandes und eine dritte an der Schläfenecke. Der Prothorax ist parallelseitig, ohne Randborsten. Der hinten convexe Metathorax trägt an den stumpfen Seitenecken zwei lange Borsten. Die Beine haben stärkere Schienen als bei voriger Art und dickere fast gerade Klauen. Der Hinterleib verbreitert sich allmählig bis zur Mitte und verschmälert sich hinter derselben wieder in derselben Weise. Die hintern Segmentecken sind ganz abgerundet und haben viel längere Borsten als bei voriger Art.

Auf Lusciola rubecula, nach einem Exemplar unserer Sammlung.

N. gracilis *Nitzsch.* Taf. VII. Fig. 11. 12.
Nitzsch, Germars Magaz. 1818. III. 291; Zeitschr. f. ges. Naturwiss. 1866. XXVII. 116; XXVIII. 365. — Burmeister, Handb. Entomol. II. 429.
Nirmus elongatus Denny, Monogr. Anoplur. 141. Tab. 7. Fig. 4.

Angustatus, capite longo subtriangulari, genis obtusis, rostri lateribus subarcuatis, apice circulari obtuso pictura flavida, maculis segmentorum submarginalibus trapezoideis. Longit. 1'''.

Die gestreckte auffallend schmale Gestalt unterscheidet diese Art auf den ersten Blick von allen vorigen. Ihr langer Kopf verschmälert sich nach vorn stark und endet abgerundet; die Schläfenecken sind stumpf mit einer sehr langen Borste besetzt; der stumpfspitzige Orbitalfortsatz hat noch nicht die Länge des Fühlergrundgliedes, die Fühlerglieder nehmen vom dritten kürzesten bis zum letzten an Länge zu. Ausser der erwähnten Schläfenborste finde ich keine Borsten am Kopfe. Die Zeichnung des Kopfes geben unsere Abbildungen von Nitzsch nach frischen Exemplaren. Der Prothorax ist breiter als lang und hat sehr convexe Seiten ohne Borsten, der längere Metathorax hat an den scharfen Seitenecken und hinter denselben vier lange Borsten. Die schlanken Beine sind ohne besondere Auszeichnung. Der lange schmale Hinterleib erreicht schon im dritten Segment seine grösste Breite und rundet sich dann mit den letzten beiden Segmenten kurz ab. Die seitlichen Segmentecken sind abgerundet und treten nur wenig hervor, tragen nur je eine Borste, die letzten allein zwei. Die sehr breiten Flecken der Segmente stellt unsere Abbildung nach dem Leben dar, jetzt sind sie nach der langen Einwirkung des Spiritus verblasst. Die Bauchseite ist mit gelblichen lang vierseitigen Mittelflecken und schmalen bräunlichen Randstreifen gezeichnet. Den Unterschied zwischen beiden Geschlechtern in der Grösse und den beiden letzten Segmenten des Hinterleibes geben unsere Abbildungen.

Auf Hirundo urbica, von Nitzsch im Juli 1814 zuerst beobachtet und mit obiger Diagnose als eigene Art begründet. Denny beschreibt eben diese Art als *N. elongatus*, denn trotz der vier starken Borsten am Schwanzende, der sich nicht verlängernden drei letzten Fühlerglieder, des kürzern Metathorax, der enorm dicken Schenkel, und der allmähligen Verschmälerung der Endhälfte des Hinterleibes stimmt in andern wesentlichen Charakteren die Abbildung mit unsern Exemplaren überein. Dagegen ist Denny's zweite Art von der Hausschwalbe, welche er S. 116. Tab. 11. Fig. 7 als *N. gracilis* beschreibt und abbildet, eine ganz andere in unserer Sammlung fehlende. Er giebt derselben folgende Diagnose: *Pallide flavoalbus, nitidus, laevis; capite rotundato, macula conica, utrinque compuncto, abdomine fasciis saturate castaneis in margine laterali distincto. Longit.* $\frac{1}{2}$'''. Sie ist nach der Abbildung viel gedrungener und breiter, ihr Kopf viel kürzer, ganz anders gezeichnet, auch der Hinterleib wesentlich verschieden.

N. tenuis *Nitzsch.* Taf. VII. Fig. 5.
Burmeister, Handb. Entomol. II. 429. — Denny, Monogr. Anoplur. 118. Tab. 11. Fig. 9.

Clypeo submarginato; maculis abdominalibus cum colore abdominis confluentibus. Longit. $\frac{3}{4}$'''.

Nitzsch unterscheidet in seinen Collectaneen die auf der Uferschwalbe schmarotzende Art von voriger durch den nach vorn stärker verschmälerten und am Clypeusende ausgerandeten Kopf, durch die mangelnden Orbitalflecke und den kürzern Hinterleib. Die Exemplare finde ich nicht mehr im Nitzsch'schen Nachlasse und muss mich auf diese kurze durch eine genügende Abbildung unterstützte Charakteristik beschränken. Denny's Darstellung der Art von der Uferschwalbe kann jedoch mit der Nitzsch'schen nicht identificirt werden, da derselbe ihr eine dunkelkastanienbraune Färbung statt gelbe, und schwarzen Hinterleibsrand giebt, während Nitzsch ausser den angeführten Unterschieden ausdrücklich die Uebereinstimmung mit der Art der Hausschwalbe hervorhebt. Uebrigens genügt die flüchtigste Vergleichung der Abbildungen beider, um die auffällige Differenz zu erkennen.

N. ornatissimus.

Oblongus, albus, nigropictus; capite trigono, antice subacuto, antennis longis nigroannulatis, articulo ultimo penultimo longiore; prothoracis lateribus convexis nigris, metathorace quinquangulari nigrolimbato, pedibus crassis nigroannulatis, abdomine oblongo, marginibus dentatis nigris, segmentis fuscofasciatis, fasciis ventralibus linea alba transversa bipartitis. Longit. $\frac{1}{2}$'''.

Eine durch ihre bunte Zeichnung wie durch ihre Formverhältnisse unter allen auf Singvögeln schmarotzenden Schmalingen wie überhaupt besonders ausgezeichnete Art, die mit keiner andern zu verwechseln ist. Der Kopf kaum länger als breit ist dreieckig, vorn stumpflich zugespitzt und hier jederseits bis zur Zügelmitte mit drei sehr feinen Borsten besetzt. Der Balken ist spitzkegelförmig von der Länge des dicken Fühlergrundgliedes, die schwarz geringelten Fühler reichen angelegt bis an den Occipitalrand und ihr Endglied überlängt das vorletzte. An der abgerundeten Schläfenecke eine lange Borste. Der Zügelrand ist schwarz, ihm parallel liegt jederseits ein schwarzer Streif, die Fühlerbucht mit schwarzem Winkelstreif eingefasst, der an der Hinterecke in den schwarzen Schläfenrand fortsetzt, von dem scharfen Innenwinkel die gerade schwarze Schläfenlinie mit der anderseitigen divergirend zum weissen Nackenrande sendet. Jedes Fühlerglied mit Ausnahme des basalen hat einen schwarzen Ring. Die beiden Brustringe haben schwarze Seitenränder, der Prothorax convexe, der Metathorax gewinkelte und an den Ecken mit nur zwei kurzen Borsten. Die kurzen starken Beine sind an allen Gliedern schwarz geringelt, die Daumenstacheln der Schienen sehr kurz, dagegen die braunen Krallen von enormer Länge und sehr schwach gekrümmt. Der oblonge Hinterleib lässt die Segmentecken wenig aber scharf hervortreten, trägt an denselben nur eine, zuletzt zwei nicht gerade lange Borsten. Das achte Segment ist stufig abgesetzt. Der Seitenrand ist bis zum weissen Endsegment schwarz gesäumt, die Segmente haben oben wie unten braune weit vom Seitenrande entfernt bleibende Querbinden, welche auf der Bauchseite durch eine weisse Querlinie getheilt erscheinen. Auf dem 7. und 8. Segmente liegt ein braunes, längs der Mitte weiss getheiltes Dreieck, umzogen von einem braunen Streif. Ausserdem ist das achte Segment ringsum dunkelbraun gerandet.

Auf Agelaius phoeniceus, vor Kurzem in zwei weiblichen Exemplaren in Gesellschaft eines nicht minder absonderlichen *Docophorus* auf einem trocknen Balge gefunden.

N. cephaloxys *Nitzsch*. Taf. VII. Fig. 9.
Nitzsch, Zeitschrift f. ges. Naturwiss. 1866. XXVIII. 368.

Pallide flavidus, capite ochraceo cordiformi, antice angustissimo, clypeo perforato, signatura frontali pentagonali, antennis brevibus, thorace nigromarginato, metathoracis trapezoidalis margine postico convexo; abdominis margine dentatoserrato nigro, segmentorum maculis ochraceis oblongis. Longit. 2/3'''.

Dieser kleine zierliche Schmaling verschmälert seinen Vorderkopf sehr stark und ist der vorn convex endende Clypeus desselben von einer birnförmigen Oeffnung durchbrochen, jederseits desselben mit drei Borsten besetzt. Der Zügelrand ist rostfarben und die kleine fünfseitige Stirnsignatur ganz licht umgränzt. Die Vorderecke der Fühlerbucht bildet einen langen, balkenartigen Fortsatz, der jedoch nicht eingelenkt zu sein scheint. Die Fühler sind kurz und haben ein sehr dickes Grundglied, ein längstes zweites und die drei übrigen Glieder von einander gleicher Länge. Der ziemlich breite Hinterkopf hat vor der breitgerundeten Schläfenecke eine lange Borste und buchtet am Occipitalrande tief ein. Beide Brustringe sind schwarz gerandet, der hintere an den stumpfen Seitenecken mit je einer mässigen Borste. Die im Verhältniss zum Körper kräftigen Beine haben am Innenrande vor den Daumenstacheln der Schienen drei starke Dornen und enden mit kurzen dicken Klauen. Der mässig schlanke Hinterleib kerbt seine Seitenränder sägezähnig, trägt an den Segmentecken die gewöhnlichen Borsten, welche an den drei vorletzten Segmenten sehr lang sind und zeichnet die Oberseite der Segmente mit oblongen ockerfarbenen Querflecken, die Unterseite mit ungetheilten den Seitenrand nicht erreichenden Querbinden.

Auf Alcedo ispida von Nitzsch wiederholt gesammelt und abgebildet.

N. bracteatus *Nitzsch*.
Nitzsch, Zeitschrift f. ges. Naturwiss. 1866. XXVIII. 369.

Pallide ochraceus, capite obtuse trigono, antennarum articulo penultimo brevissimo; metathoracis angulis lateralibus multis setis instructis, abdominis marginibus dentatoserratis, maris segmento ultimo longissimo. Longit. 3/4'''.

Ganz abweichend von voriger Art zeichnet sich die vorliegende durch die breite fast scheibenförmige Gestalt des Kopfes aus, welche durch die Buchtung des Hinterrandes stumpfherzförmig erscheint. Das stumpfe Vorderende ist schwach ausgebuchtet, jederseits mit drei feinen Borsten besetzt, denen am Zügelrande noch drei ebenfalls feine Borsten folgen. Die Vorderecke der Fühlerbucht ist scharf, aber nicht ausgezogen, die hintere Ecke völlig abgerundet. Die Fühler haben ein starkes Grundglied, längstes zweites, etwas kürzeres drittes, diesem folgt das fünfte und das vierte ist das kürzeste. Am Schläfenrande stehen in gleichweiten Abständen von einander jederseits drei sehr lange Borsten. Die Zeichnung des Kopfes besteht nur in dem dunkeln Zügelrande und einem rothbraunen Orbitalfleck. Der Prothorax ist schwach trapezoidal, der Metathorax fünfseitig mit winkligem Hinterrande und trägt auf und hinter der Seitenecke je sechs lange Borsten. Die Beine haben kurze dicke Schenkel, ziemlich gestreckte Schienen und fast gerade Klauen. Der weibliche Hinterleib ist gestreckt mit tief gekerbtem nur wenig beborsteten Endsegment, der männliche ist kürzer, breiter, hinten fast plötzlich endend und von dem langen abgerundeten mit vielen langen Borsten besetzten Endsegment überragt. Die Seitenränder des Hinterleibes sind in beiden Geschlechtern scharf sägezähnig und die Borsten der hintern Segmente sehr lang. Die Zeichnung des Hinterleibes wie bei voriger Art, nur matter und die oblongen Flecken schmäler.

Auf Dacelo gigantea in Gesellschaft des *Docophorus delphax* von Nitzsch im Jahre 1836 gesammelt.

N. subcuspidatus *Nitzsch*. Tab. VIII. Fig. 3.
Burmeister, Handb. Entomol. II. 430. — Denny, Monogr. Anoplur. 122. Tab. 11. Fig. 1.

Pallide fulvofuscus, capite antice paululo angustato, clypeo medio acuminato, metathoracis angusti angulis lateralibus obtusis, pedibus longis, abdominis marginibus lateralibus obtuse crenatis, fasciis transversis fulvis. Longit. 1/2'''.

Als sehr charakteristisch für diese Art fällt sogleich in die Augen die Zuspitzung des breitbogigen Vorderrandes des Clypeus, nach welchem Nitzsch die Art benannte. Uebrigens verschmälert sich der Vorderkopf nur wenig, trägt vorn jederseits drei Borsten, am Zügelrande zwei. Die Vorderecke der Fühlerbucht ist in einen balkenartigen Fortsatz ausgezogen, welcher das dicke Basalglied der Fühler überragt, die Hinterecke völlig abgerundet und durch eine Kerbe vom Schläfenrande abgesetzt. Die Fühler erreichen fast den Hinterrand des Kopfes und ihre beiden letzten Glieder sind einander gleich lang. Am Schläfenrande stehen weit getrennt von einander zwei gewaltig lange Borsten. Der vordere Brustring hat an seinen convexen Seiten je eine lange starke Borste, der trapezoidale Metathorax an den stumpfen Seitenecken je zwei lange dicke und eine kurze Borste. Die Beine sind kräftig. Der gestreckte Hinterleib kerbt seine Seitenränder mässig, nur die vorletzten Segmente haben bei dem Männchen scharfe, bei dem Weibchen stumpfe Seitenecken. Das breit abgerundete männliche Endsegment trägt acht lange Borsten, das kürzere schwach gerandete weibliche keine Borsten. An den Seitenecken der Segmente mit Ausnahme des ersten sehr lange Borsten. Die Zeichnung der Exemplare ist nach fast vierzigjähriger Einwirkung des Spiritus nur etwas blasser als sie Nitzsch in unsrer Abbildung nach dem Leben angegeben, nur macht sich längs der Thoraxmitte noch ein heller Streif bemerklich; auf der Bauchseite liegen oblonge Querflecke. Nur ein Exemplar erscheint so dunkel gefärbt wie Denny's Abbildung, hat aber doch die Querbinden der übrigen, nicht die verwaschenen Denny's.

Auf der Mandelkrähe, Coracias garrula, von Nitzsch zuerst im August 1815 und später wieder im April 1836 gesammelt und abgebildet.

N. melanophrys *Nitzsch.*
Nitzsch, Zeitschrift f. ges. Naturwiss. 1866. XXVIII. 369.

Fuscus angustior, capite semielliptico-triangulari, fronte pallidiore obtuso signatura obsoleta, superciliis fere lori instar emittentibus nigris, segmentis abdominalibus tribus prioribus media longitudinali et pleuraris omnium albidis. Longit. 2/3'''.

Eine sehr dunkle Art mit kleiner heller Stirnsignatur, schwarzem Zügelrande und Fühlerbucht und mit weisslichem Mittelfleck auf den drei ersten Hinterleibsringen. Die Körpertracht ist ziemlich schlank, das Vorderende des Kopfes parabolisch, die vordere Ecke der Fühlerbucht noch mehr wie bei voriger Art in einen langen spitzen Fortsatz ausgezogen, die Fühler mit gleich langen Endgliedern und nicht bis an den Occipitalrand reichend, die Schläfenränder fast grade und mit zwei weit von einander getrennten Borsten, deren hintere bis auf den Hinterleib reicht, der Prothorax fast quadratisch mit langer Seitenborste, der fünfseitige Metathorax mit sehr langen Borsten an den Seitenecken, der Hinterleib mit scharfen, lang beborsteten Segmentecken, das weibliche Endsegment winklig ausgeschnitten, das männliche abgerundet.

Auf Upupa epops, sehr selten und wegen der dunkelbraunen Färbung schwer zu finden, von Nitzsch im Juli 1819 in 5 Exemplaren gesammelt.

N. apiastri *Denny.*
Denny, Monogr. Anoplur. 133. Tab. 10. Fig. 1.

Splendide fulvofuscus, nitidus, glaber, margo lateralis castaneus. Longit. 3/4'''.

Diese dunkel gerandete Art mit schlank dreiseitigem Kopfe und sehr kurzen Fühlern, deren zweites Glied länger als die beiden folgenden ist, und mit hellen Beinen fehlt unsrer Sammlung. Denny hat sie in nur einem Exemplar beobachtet.

N. hypoleucus *Nitzsch.* Taf. VIII. Fig. 5.
Nitzsch, Zeitschr. f. ges. Naturwiss. 1866. XXVIII. 369. — Denny, Monogr. Anoplur. 141. Tab. 6. Fig. 8.

Longus, rufofuscus, capite oblongo subtriangulari, margine postico concavo, signatura frontali elliptica; prothorace oblongo, metathorace trapezoidali, pedibus longissimis; abdominis oblongi marginibus crenatis saturate castaneis, segmentorum marginibus posticis et ventre albidis. Longit. 1¼'''.

Eine grosse und sehr gestreckte Art in den Formenverhältnissen wie in der Zeichnung leicht von den verwandten Formen zu unterscheiden. Der Kopf zunächst ist gestreckt und stumpf dreieckig, vorn nur mässig sich verschmälernd und schwach convex endend. Hier an den Vorderecken stehen wie meist drei feine Borsten, zwei ähnliche am Zügelrande und eine sehr lange ziemlich starke vor der stumpfkegelförmigen Ecke der Fühlerbucht, am Schläfenrande einige lange Borsten. Die Fühler reichen angelegt nicht bis an den Hinterrand des Kopfes und ihre beiden letzten Glieder sind die kürzesten, unter einander gleich. Die Zeichnung der Oberseite des Kopfes charakterisirt eine licht umrandete elliptische Stirnsignatur mit heller Querbinde jederseits zum Zügelrand und einer zur strahlig wolkigen Scheitelsignatur. Von dem fast schwarzen Rande der Fühlerbucht laufen solche Schläfenlinien nach hinten und werden hier vor dem concaven Occipitalrande durch eine quere Linie verbunden. Der Prothorax ist oblong ohne Seitenborsten, der Metathorax trapezoidal und mit vier sehr langen Borsten jederseits. Beide Brustringe sind dunkel gerandet und haben eine weissliche Mittellinie. Die Beine, hellgelb wie die Fühler und ohne dunkle Zeichnung, fallen durch die beträchtliche Länge ihrer Hüften und Schenkelringe auf, ihre Schienen sind merklich kürzer als die Schenkel. Der Hinterleib verbreitert sich nur wenig und ganz allmählich nach hinten, hat gekerbte Seitenränder mit ziemlich abgerundeten Segmentecken, deren Borsten an den hintern ansehnliche Länge haben. Das schwach ausgerandete sehr kurze weibliche Endsegment trägt jederseits nur ein feines Borstenspitzchen. Die Borsten auf der Ober- und Unterseite des Hinterleibes sind fein und spärlich. Die Ränder des Abdomens sind dunkelbraun, die Bauchseite weisslich mit schwach angedeuteten Querflecken.

Auf Caprimulgus europaeus, von NITZSCH zuerst im Mai 1814, später wieder gesammelt und als *N. concolor* bezeichnet, welcher Name auch in mein Verzeichniss. Zeitschr. f. ges. Naturwiss. 1861. XVIII. 304 besonders aufgenommen worden ist. Auch DENNY fand ein Exemplar.

N. cephalotes *Nitzsch.* Taf. VIII. Fig. 8a.
NITZSCH, Zeitschrift f. ges. Naturwiss. 1866. XXVIII. 369.

Robustus, flavoalbidus, fuscopictus; capite magno obtuso triangulari, antennarum articulo ultimo penultimo longiore; metathorace quinquangulari, pedibus crassis; abdomine ovali, marginibus crenatis multisetosis, maculis cuneiformibus fasciatis. Longit. 2/3'''.

Ein gedrungener plumper Schmaling von Docophorus-Habitus, weisslichgelb mit dunkelbrauner Zeichnung. Der stumpf dreiseitige grosse Kopf rundet sich vorn breit ab und trägt hier jederseits vier ziemlich starke Borsten, drei andre nah beisammen am Zügel. Die Vorderecke der Fühlerbucht bildet einen plumpen, schwach hakigen Fortsatz. Die Fühler reichen angelegt bis an den Occipitalrand, ihr zweites Glied ist so lang wie die beiden folgenden zusammen, das letzte merklich länger als das vorletzte. Am Schläfenrande stehen jederseits drei Paare sehr langer Borsten. Die Färbung des Kopfes ist dunkler gelb als die des Leibes, seine Ränder dunkelbraun. Der Prothorax ist breiter als lang, seine Seiten convex, der breite Metathorax mit vielen langen Borsten an und hinter den stumpfen Seitenecken. An den Beinen fällt besonders die grosse Länge der Schienen auf, welche am Innenrande einen Dorn und eine starke Borste, unmittelbar vor den Daumenstacheln noch eine sehr lange Borste tragen. Die Klauen sind sehr lang, an der Basis stark verdickt und schwach gekrümmt. Der breite gedrungene Hinterleib zeichnet sich durch seine Randborsten an den stumpfen Seitenecken der Segmente aus, nur am ersten Segment fehlen dieselben, am zweiten stehen zwei, am dritten und allen folgenden je fünf starke von sehr verschiedener Länge, am weiblichen Endsegment fehlen sie wieder. Die dunkelbraunen Keilflecke enden innen stumpf, fliessen auf den beiden vorletzten Segmenten zu Binden zusammen und haben mit Ausnahme dieser letzten je zwei helle Augenflecke. An der Bauchseite bemerkt man nur dunkle Randlinien der Segmente.

Auf Buceros rhinoceros in einem weiblichen Exemplare auf einem trocknen Balge von NITZSCH 1828 gefunden.

N. marginellus *Nitzsch.* Taf. VI. Fig. 5.
NITZSCH, Zeitschr. f. ges. Naturwiss. 1866. XXVIII. 368.

Pallide flavus, capite rotundatotriangulari, antennis longis; metathorace latissimo postice convexo; femoribus crassis, tibiis longis, abdominis marginibus serratocrenatis, maculis marginalibus flavis, mediis pallidis. Longit. 3/4'''.

Steht dem *N. marginalis* unsrer Drosseln zunächst, ist aber, wie schon die flüchtige Vergleichung der Abbildungen zeigt, sicher davon zu unterscheiden. Der Kopf spitzt sich nämlich im Clypeus mehr zu und endet dicker mit einer leichten Concavität. Sehr feine Borsten stehen vorn und am Zügel. Der Eckfortsatz der Fühlerbucht ist dickkegelförmig. Die Fühler reichen angelegt bis an den Occipitalrand und ihr letztes Glied ist ein wenig länger als das vorletzte. Am Schläfenrande stehen weit getrennt von einander zwei lange Borsten. Die Schläfenlinien laufen ohne Krümmung nach hinten. Der Prothorax hat convexe Seiten und der sehr breite Metathorax trägt an den abgerundeten Seitenecken je vier lange Borsten. Die Beine haben kurze sehr dicke Schenkel und gestreckte Schienen, am Innenrande dieser drei steife Borsten; die Klauen sind sehr lang und stark. Am oblongen Hinterleibe treten die seitlichen Segmentecken sehr scharf hervor, sind aber erst vom dritten oder vierten an mit je zwei oder drei kurzen schwachen Borsten besetzt, welche an den letzten Segmenten noch feiner und verkürzt erscheinen. Dunkelgelbe Randflecke und blassgelbe quadratische Flecke innen von diesen zeichnen die Oberseite der Segmente.

Auf Prionites momota, von Nitzsch auf einem trocknen Balge gesammelt und abgebildet.

N. submarginellus *Nitzsch.*
Nitzsch, *Zeitschrift f. ges. Naturwiss.* 1866. XXVIII. 368.
Nirmus Menurae Lyrae Coinde, Bullet. Natur. Moscou 1859. IV. 424.

Praecedenti simillimus, sed capite angustiore, antennis brevioribus, pedibus robustioribus, setis marginalibus abdominis pluribus longioribus. Longit. $^{2}/_{3}$'''.

In der Zeichnung stimmt der Schmaling des Leierschwanzes vollkommen mit dem des Momot überein, aber sein Kopf ist entschieden schmäler und gestreckter, zumal auch vorn schmäler und hier kaum buchtig endend. Die Eckfortsätze der Fühlerbuchten sind schlank und spitzkegelförmig. Die Fühler erreichen angelegt lange nicht den Occipitalrand und ihre drei letzten Glieder sind unter einander gleich lang. Am Schläfenrande stehen einige Borstenspitzchen und hinter der Schläfenecke eine sehr lange Borste. Die Segmentecken des Hinterleibes treten nicht ganz so scharf hervor und tragen mehr und viel längere Borsten. Das von *N. marginellus* noch nicht bekannte Männchen liegt hier in zwei Exemplaren vor, deren Hinterleib viel kürzer und breiter als der weibliche ist und ein scharf abgesetztes grosses Endsegment mit etwa zwölf langen und starken Borsten hat, während das weibliche Endsegment viel kleiner ist und nur wenige kurze Borsten hat. Die Zeichnung des Hinterleibes wie bei voriger Art, jedoch mit intensiv gelber Querbinde auf dem achten Segmente.

Auf Menura superba von Nitzsch in mehren Exemplaren gesammelt, später auch von Coinde beobachtet und höchst oberflächlich als neue Art beschrieben, während doch Burmeister im Handbuche der Entomologie II. 431 diese Nitzsch'sche Art als *N. submarginalis* aufführt.

N. fenestratus *Nitzsch.* Taf. VI. Fig. 4.
Nitzsch, Zeitschrift f. ges. Naturwiss. 1866. XXVII. 117. (*non N. latirostris l. c.* XXVIII. 369.)
Nirmus latirostris Burmeister, Handb. Entomol. II. 429.
Nirmus curvi Denny, Monogr. Anoplur. 120. Tab. 10. Fig. 11.

Flavidus, longus; capite oblongo, antice rotundato et linea transversa alba; antennis longis; prothorace subquadrato, metathorace pentagono; abdominis marginibus crenatis, maculis fuscis rectangularibus linea longitudinali disjunctis. Longit. $^{3}/_{4}$—1'''.

Schlank und gestreckt im Körperbau, der Kopf hinten von gleichbleibender Breite, vorn nur sehr wenig sich verschmälernd und völlig abgerundet endend, vorn mit sehr feinen kurzen Borstchen besetzt, an der abgerundeten Schläfenecke mit zwei sehr langen Borsten. Die Vorderecke der Fühlerbucht ist spitzkegelförmig ausgezogen. In den schlanken Fühlern hat das zweite Glied nicht die gewöhnlich sehr bedeutende Länge, die beiden folgenden zwar kürzern erscheinen hier länger und das Endglied ist etwas länger als das vorletzte. Die Zeichnung des Kopfes besteht in einer weissen Querlinie ganz nahe dem Vorderrande, in unserer und in Denny's Abbildung nicht angegeben, und doch schon in Nitzsch's Diagnose hervorgehoben, in einem quer elliptischen (nicht runden) Scheitelfleck, und in je einem dunkeln Fleck vorn und hinten an der Fühlerbucht, welche beide als feine dunkle Randlinie fortsetzen. Der Prothorax ist fast quadratisch, ohne Seitenborste, der Metathorax fünfeckig mit winkligem Hinterrande, auf welchem in der sonst weissen Berandung ein dunkler Fleck liegt. Beide Brustringe mit mittler weisser Längsbinde und der hintere mit drei sehr langen Borsten an den stumpfen Seitenecken. Die Beine ohne besondere Auszeichnung. Der schlanke sehr allmählig sich verbreiternde Hinterleib hat schwach gekerbte Seitenränder, an den drei ersten Segmenten keine Randborsten, an den folgenden sehr lange. Das weibliche Endsegment ist sehr schwach ausgerandet, das männliche vorletzte durch eine tiefe Randkerbe von dem siebenten abgesetzt. Braune rechteckige Flecke durch eine weisse mittle Längsbinde (Denny's Abbildung stimmt hierin mit unsern Exemplaren nicht) getheilt zeichnen die Oberseite des Abdomens, die beiden letzten Segmente sind ganz braun bei dem Weibchen, aber bei dem Männchen das Endsegment weiss. An der Bauchseite braune Querflecke längs der Mitte und die durchscheinenden Genitalien sehr verschieden.

Auf dem gemeinen Kukuk, cuculus canorus, nicht selten von Nitzsch schon im Anfange dieses Jahrhunderts erkannt und wiederholt beobachtet, auch von Denny, der wegen der abweichenden Zeichnung des Hinterleibes seine Exemplare unter eigenem Namen specifisch trennt. — Nitzsch traf diese Art häufig in Begattung. Männchen und Weibchen liegen neben einander, erstes biegt nur das Hinterleibsende unter das des Weibchens, dessen Scheide ganz endständig ist. Die sich begattenden Pärchen sassen auf der Oberseite des Konturtheiles einer Rückenfeder. In dieser Weise begatten sich alle Schmalinge, deren Fühler keine geschlechtliche Differenz haben. Sobald solche vorhanden ist, hält sich das Männchen mittelst der Fühler am dritten Fusspaare des Weibchens.

N. sculptus *Kol.*
Kolenati, Wiener Sitzungsberichte 1858. XXIX. 249. Taf. 1. Fig. 6.

Gelbbraun, breitlang, die dicken Fühler am Ende sehr fein hornig chelirt, nur um den Mund vier kurze und in der Mitte des Hinterrandes der acht Mittelsegmente sieben lange gelbe Spitzborsten; der gestreckt herzförmige vorn zugespitzte Kopf vorn oben mit einer bogigen Querlinie; Metathorax fünfeckig, hinten mit zwei Buckeln, am Seitenrande der Hinterleibssegmente eine rundliche dunkelbraune Hornverdickung.

Auf Diplopterus naevius, von Kolenati beschrieben.

N. candidus *Nitzsch.*
Giebel, Zeitschrift f. ges. Naturwiss. 1866. XXVII. 117; XXVIII. 368.

Candidus, angustus; capite oblongo, antice rotundato, antennarum articulo ultimo tertio longiore; prothorace transverse oblongo, metathorace trapezoidali; abdominis marginibus serratocrenatis, segmento octavo solo maculato. Longit. 3/4'''.

Schlank und durchscheinend weiss, als Zeichnung erscheint nur der Rand der Zügel, Schläfen und Thoraxringe als feine schwarze Linie, ein schwarzer Querfleck am Hinterrande des achten Segmentes und zwei blasse Querflecke auf der Bauchseite des fünften und sechsten Segmentes. Kiefer und Klauen wie allgemein braun. Der Magen scheint bei allen Exemplaren gründlich schwarz durch, bei einigen aber ist dieser durchscheinende Fleck doppelt. Der gestreckte Kopf verschmälert sich nach vorn sehr wenig und endet völlig abgerundet. Der Vorderrand ist mit feinen Borsten besetzt, die Vorderecke der Fühlerbucht kegelförmig, an der völlig abgerundeten Hinterecke derselben eine sehr lange Borste und eine ebensolche an der Schläfenecke. Die schlanken Fühler reichen angelegt fast bis an den Occipitalrand; ihr Endglied ist noch etwas länger als das dritte, das vierte das kürzeste. Der nur wenig breiter als lange Prothorax greift in die Buchtung des Occiputs ein. Der trapezoidale Metathorax hat an und hinter seinen völlig abgerundeten Hinterecken fünf sehr lange Borsten. Die Beine haben lange Hüften, kräftige Schenkel und an den Schienen auf einer Ecke von den Daumenstacheln zwei Dornen; die Klauen lang, stark, sehr gekrümmt. Der schlanke Hinterleib erweitert sich nur äusserst wenig nach hinten, lässt seine Segmentecken scharfzähnig hervortreten, welche vom dritten an sehr lange Borsten tragen. Das grosse männliche Endsegment ist mit einem dichten Büschel langer starker Borsten besetzt, das gekerbte weibliche Endsegment aber borstenlos. Der männliche Hinterleib etwas kürzer und breiter als der weibliche.

Auf dem Grauspecht, Picus canus, von Nitzsch im März 1805 und später wiederholt, oft in Gesellschaft des ***Docophorus scalaris*** beobachtet. Die bisweilen reinweisse Färbung lässt Jugendzustände vermuthen, doch spricht die Grösse sowie die völlige Ausbildung aller Formen für reifes Alter. Exemplare von Picus viridis von Nitzsch selbst als *N. candidus* Mai 1814 in der Sammlung aufgestellt, in seinen Collectaneen aber nicht erwähnt, finde ich vollkommen mit dem von Picus canus übereinstimmend.

N. stramineus *Denny.*
Denny, Monogr. Anoplur. 139. Tab. 8. Fig. 9.

Pallide flavellus, nitidus, glaber, subtranslucens; abdominis margo lateralis dilute testaceus; pedes crassi, validi. Longit. 1/3'''.

Diese auf Picus major und P. viridis vorkommende Art fehlt unserer Sammlung. Sie unterscheidet sich nach Denny's Darstellung von voriger durch den nach vorn stark verschmälerten Kopf, viel kürzere und dickere Fühler, kürzern Prothorax, viel breitern sechsseitigen Metathorax und breit dunkle Berandung des Hinterleibes.

N. superciliosus *Nitzsch.*
Nitzsch, Zeitschr. f. ges. Naturwiss. 1866. XXVIII. 370.

N. candido simillimus, sed capite subtriangulari breviore, metathorace pentagono, abdominis segmento ultimo longiore angustiore. Longit. $^{4}/_{5}$'''.

Im allgemeinen Habitus und Colorit dem Schmaling des Grau- und Grünspechtes sehr ähnlich, doch verschmälert sich der Kopf nach vorn so, dass die Form fast dreieckig zu nennen ist. Demnächst ist die beträchtlichere Breite des fünfseitigen Metathorax charakteristisch, die mehr hervortretenden Seitenecken desselben sind aber gleichfalls abgerundet und nicht abweichend beborstet. Der vordere kegelförmige Eckfortsatz der Fühlerbucht überragt das dicke Fühlergrundglied. Endlich ist das männliche Endsegment des Hinterleibes schmäler und länger, das weibliche sehr tief gekerbt. In der Färbung erscheint eine ziemlich deutliche Stirnsignatur und matte Rückenflecke unterscheidend. Unreife Exemplare sind völlig weiss ohne alle Zeichnung, nur die Kiefer braun, ihr Hinterleibsrand nicht gekerbt und die Randborsten schmäler.

N. heteroscelis *Nitzsch.*
Nitzsch, Zeitschrift f. ges. Naturwiss. 1866. XXVII. 118; XXVIII. 370.

Oblongus, fulvopictus; capite subtriangulari, clypeo truncato, area frontali subquadrata, antennarum articulo ultimo penultimo longiore; metathorace pentagono; abdominis margine crenato, maculis primi segmenti et secundi paribus linguaeformibus, reliquorum in taenias transversas confluentibus ad marginem lateralem obscurioribus, praeter ultimum omnibus biocellatis. Longit. $^{4}/_{5}$'''.

Diese vierte auf Spechten schmarotzende Art weicht sehr erheblich und charakteristisch in den Formenverhältnissen und noch mehr in der Zeichnung von den vorigen ab. Im allgemeinen von gedrungenem, mehr docophorenähnlichem Körperbau hat sie entschieden dunkle Zeichnung. Der Kopf zunächst ist breit dreiseitig, vorn abgestutzt und zwar bei dem Männchen so wenig convex wie bei dem Weibchen concav. An der Vorderecke jederseits drei starke Borsten, eine nahe der Zügelmitte und zwei starke hinter der Zügelmitte. Der schlank kegelförmige vordere Eckfortsatz der Fühlerbucht überragt das Fühlergrundglied. Die Fühler sind kurz und stark, ihr Endglied etwas länger als das vorletzte, welches mit dem dritten gleiche Länge hat. An der breit abgerundeten Schläfenecke stehen zwei sehr lange Borsten. Die Zeichnung des Kopfes besteht in einer queren Stirnsignatur und unpaaren Stirnfurche, dunkeln Zügelbändern und Augenfleck und deutlichen Schläfenlinien. Der Prothorax etwas breiter als lang mit convexen Seiten, der breit fünfseitige Metathorax mit vier sehr langen Borsten an den abgerundeten Seitenecken; beide Brustringe braun mit weisser Mittellinie und weissem Hinterrande. Die Beine kurz und kräftig, mit schlanken Hüften und Schenkelringen, kurzen und sehr dicken Schenkeln, drei Dornen vor den Daumenstacheln der Schienen, die Klauen dagegen schlank und grade. Der ovale Hinterleib hat gekerbte Seitenränder und an den abgerundeten Segmentecken die gewöhnlichen Borsten, welche jedoch bei dem Männchen beträchtlich länger als bei dem Weibchen sind. Am fast halbkreisförmigen männlichen Endsegment stehen jederseits zehn lange Borsten, am kurzen breiten gekerbten weiblichen nur zwei. Das erste und zweite Segment ist oberseits mit je zwei braunen zangenförmigen Flecken gezeichnet, alle folgenden Segmente mit braunen Querbinden, welche am Rande dunkel, gegen die Mitte hin heller erscheinen und jederseits je zwei helle runde Flecke haben. Bei dem Männchen sind jedoch auf dem sechsten und siebenten Segmente die Binden wieder in der Mitte getheilt, also die Zangenflecken vorhanden. Die Bauchseite zeichnet die Segmente mit braunen Binden, welche jedoch jederseits von einer dem Seitenrande parallelen hellen Linie durchschnitten sind.

Auf Picus martius, von Professor Kunze in Leipzig im November 1816 unserer Sammlung eingesandt.

N. chelurus *Nitzsch.*
Nirmus lipeuriformis Rudow, Zeitschrift f. ges. Naturwiss. 1870. XXXV. 470.

Ferrugineus, capite maximo, clypeo medio cuspidato; prothorace semielliptico, metathoracis trapezoidalis margine postico convexo; abdominis margine serratocrenato, fusco, segmento ultimo profunde exciso, bicuspi. Longit. $^{4}/_{5}$'''.

Eine durch die Grösse des Kopfes absonderlich ausgezeichnete Art. Derselbe nimmt nämlich über ein Drittheil des ganzen Körpers ein und ist zwischen den Schläfen noch etwas breiter als die grösste Breite des Hinterleibes in dessen viertem und fünftem Segmente. Die Configuration des Kopfes ist im Wesentlichen dieselbe wie bei *N. subcuspidatus* der Mandelkrähe (Taf. VIII. Fig. 3), das Vorderende des Clypeus ebenso zugespitzt, nur der Vorderkopf etwas gestreckter, dessen Rand mit einzelnen kurzen aber straffen Borsten besetzt. Die

Schläfenränder sind ziemlich flachbogig und der Nackenrand gebuchtet. Dunkelrostbraune Zügelränder in einen grossen Orbitalfleck endend und dunkler braun berandete Schläfen sowie deutliche Schläfenlinien bilden die Zeichnung des Kopfes. Die Fühler sind dünn und gestreckt, reichen angelegt aber nicht bis an den Occipitalrand. Die convexen Seiten des Prothorax divergiren nach hinten so beträchtlich, dass die Form dieses Brustringes halbelliptisch wird. Der Metathorax dagegen ist breit trapezoidal mit convexem Hinterrande und mit wenigen mässigen Borsten an den stumpfen Seitenecken. Beide Brustringe sind am Seitenrande dunkelbraun, gegen die Mitte hin hellrostfarben, am Hinterrande weiss. Die Beine sind sehr stark. Der schön ovale Hinterleib zähnt seine Ränder scharf und trägt an den Segmentecken nur mässig lange Borsten. Das letzte Segment ist so tief und breit ausgerundet, dass es zweihörnig erscheint. Die dunkelbraune Farbe der Seitenränder des ganzen Hinterleibes wird gegen die Mitte hin hell rostfarben, längs der Mitte verläuft eine dunkle Linie.

Auf Scythrops novae Hollandiae, in Gesellschaft eines *Menopon* auf einem trocknen Balge von Nitzsch im Jahre 1827 in Paris entdeckt. Rudow's *N. lipeuriformis* ist nach der sehr allgemein gehaltenen Charakteristik nur durch die stumpfen Ecken der Hinterleibssegmente unterschieden, also ohne Zweifel identisch.

N. Tucani.
Cossmc, Bullet. Natur. Moscou. 1859. XXII b. 425.

Auf dem trocknen Balge eines mexicanischen Tucans beobachtet und noch nicht von Cossmc charakterisirt.

N. clavaeformis *Denny.*
Denny, Monogr. Anoplur. 131. Tab. 9. Fig. 7.

Capite et thorace pallide fulvescentibus; abdomine oblongo et clavaeformi pallideque flavoalbo, cum margine laterali fulvo; pedibus crassis. Longit. ♂ $^{1}/_{2}$, ♀ $^{3}/_{4}$'''.

Diesen einzigen Taubenschmaling beschreibt Denny von Columba palumbus und C. oenas, bezeichnet den Vorderkopf als abgestutzt kegelförmig mit vertiefter Halbkreislinie vorn auf dem Clypeus und stark geschwungenen Schläfenlinien, mit schwachkeulenförmigen Fühlern und breit dunkelgerandetem Hinterleibe.

N. asymmetricus *Nitzsch.* Taf. VIII. Fig. 8. 9.
Nitzsch, Zeitschrift f. ges. Naturwiss. 1866. XXVIII. 370.

Magnus, oblongus, pallidus, fuscopictus; capite oblongo trigonali, rostro oblique inciso; prothorace brevissimo, metathoracis lateralibus convexis, tibiis spinosis; abdominis marginibus dentatocrenatis, segmentorum maculis rectangularibus, setis longis. Longit. ♂ $1^{1}/_{4}$''', ♀ 2'''.

Eine der riesigsten Arten mit auffälligen Eigenthümlichkeiten. Der gestreckt dreiseitige Kopf ist vorn gerade abgestutzt und hier tief und schiefwinklig ausgeschnitten, in welchen Ausschnitt die tiefe Futterrinne der Unterseite ausläuft. Jederseits desselben stehen drei ziemlich starke Borsten, dahinter in der Zügelmitte eine und dieser folgen noch zwei längere näher beisammenstehende und zuletzt eine kurze. Die Fühlerbucht ist breit und seicht, ihre Vorderecke tritt sehr wenig hervor. Die sehr schlanken Fühler reichen angelegt nicht bis an den Occipitalrand, ihr letztes Glied überlängt das vorletzte, ist aber merklich kürzer als das dritte, das zweite wie immer das längste. Am Schläfenrande stehen sechs bis acht lange starke Borsten in gleichen Abständen hinter einander. Der Nackenrand ist in der Breite des Prothorax ausgerandet. Der Kopf ist dunkler gefärbt als der übrige Körper, der Zügelrand breit dunkelbraun und die gebogenen Schläfenlinien noch dunkler und sich verbreiternd am Nackenrande endend. Beide Brustringe sind auffallend kurz, der Prothorax mit stark convexen Seiten und einer sehr langen Borste hinter deren Mitte. Der trapezoidale Metathorax trägt an den stumpfen Seitenecken je drei Borsten, von welchen die erste kurz, die dritte sehr lang ist. Die Beine haben schlanke Hüften, kurze mässig starke Schenkel mit einigen tiefen Borsten, sehr schlanke Schienen mit Dornenreihe am Innenrande und einzelnen zerstreuten sehr langen Borsten, der Tarsus ist schlank, am ersten Gliede über den Daumenstacheln mit Dorn, die Klauen sehr schlank und erst gegen die Spitze hin schwach gekrümmt. Unsere Abbildung stellt die Beine nicht naturgetreu dar, in Nitzsch's Originalzeichnung sind dieselben nur skizzirt und vom Lithographen falsch ausgeführt. Insbesondere ist auch das dritte Paar sehr viel länger als in der Abbildung. Der langgestreckte Hinterleib ist schwach gezähnt kerbig, die Segmentränder gleich vom ersten an beborstet, die Borsten von sehr ungleicher Länge, nach hinten an Länge zunehmend und stark; am abgerundeten männlichen

Endsegment acht sehr lange Borsten, am nicht gekerbten weiblichen nur wenige Borstenspitzchen und eine dem Rande parallele Reihe solcher Borstenspitzchen. Die blonden Borsten am Hinterrande aller Segmente reichen über das je folgende Segment weit hinaus. Die Oberseite der Segmente ist mit braunen rechteckigen Randflecken gezeichnet, in deren Mitte das grosse Stigma liegt. Bei dem Männchen sind diese Randflecke vom dritten bis achten Segmente durch hellbraune Mitte zu Binden vereinigt. Auf der Bauchseite dieselben Randflecke und Binden. Die geschlechtlichen Unterschiede sind sehr auffällige, zumal im Kopfe und Hinterleibe, wie unsre Abbildungen sie darstellen.

Auf Dromaeus novae Hollandiae, von Nitzsch auf zwei eben verstorbenen Exemplaren im Pariser Jardin des plantes 1827 gesammelt und abgebildet.

N. alchatae *Rud.*

Rudow, Zeitschrift f. ges. Naturwiss. 1870. XXXV. 472.

Robustus, albidus; capite lato, antice late rotundato, antennis brevibus, articulis quarto quinto aequilongis; thorace brevi, prothorace transverso, metathorace subtrapezoidro, pedibus crassis; abdomine oblongo, marginibus subserratis, longissime setaceis, stigmatibus fusco circumscriptis. Longit. $^{3}/_{4}$'''.

Eine gedrungene breitköpfige Art vom Typus des *N. eurzonius* und *N. discocephalus* auf Raubvögeln, jedoch weisslich und mit spärlichster Zeichnung. Der Vorderkopf hat einen halbkreisförmigen Umfang, der jederseits mit sechs Borsten in ziemlich gleichen Abständen besetzt ist und an der Fühlerbucht eine dicke abgerundete Ecke stark hervortreten lässt. Das Fühlergrundglied ist dicker als gewöhnlich, das zweite Glied schlank, die beiden letzten die kürzesten und einander gleich lang. Auf der abgesetzten hintern Ecke der Fühlerbucht steht eine lange Borste, in der Mitte und hinten am Schläfenrande zwei enorm lange und starke Borsten. Uebrigens hat der Hinterkopf in der Mitte seine grösste Breite. Der Vorderkopf erscheint fein braun gesäumt und wird dieser Saum an der Fühlerbucht breiter, setzt aber nicht an den Schläfenrand fort, die geraden Schläfenlinien convergiren zum Nackenrande, der zwischen ihnen braun ist. Der kurze breite (keineswegs quadratische) Prothorax ist dunkel gerandet, der längere Metathorax hat in der vordern Hälfte die Breite des Prothorax, dann erweitert er sich und trägt an seinen abgerundeten Seitenecken drei Borsten, von welchen zwei noch über die Mitte des Hinterleibes hinausreichen; die Seitenränder sind braun, der gerade Hinterrand weiss. Die kurzen starken Beine haben lange Hüften und Schenkelringe, sehr kurze und dicke Schenkel, sehr starke Schienen mit zwei Dornen auf einem Vorsprunge vor den langen Daumenstacheln und diesen gegenüber am Aussenrande eine lange Borste; die Klauen lang und gerade. Der oblonge Hinterleib spitzt sich bei dem Weibchen schlank zu, bei dem Männchen kurz, mit kleinem gerade abgestutzten Endsegmente. Die vordern Segmente haben scharfe, die hintern abgerundete Seitenecken, jene mit einer, diese mit zwei und drei enorm langen Borsten, das weibliche Endsegment mit einer feinen sehr kurzen Borste jederseits, das männliche mit drei starken und langen jederseits. Die Seitenränder des Hinterleibes sind gelb, die Stigmata zu drei Viertheilen ihres Umfanges braun eingefasst, das vorletzte Segment braun, das letzte weiss.

Auf Pterocles alchata und Syrrhaptes paradoxa nach Rudow, dessen gefälliger Mittheilung ich vier trockne Exemplare verdanke, nach welchen ich seine Charakteristik berichtigen und vervollständigen konnte.

N. cameratus *Nitzsch.* Taf. XII. Fig. 7.

Burmeister, Handb. Entomol. II. 430. — Denny, Monogr. Anoplur. 112. Tab. 9. Fig. 9. — Grube, v. Middendorff's Reise Sibirien II. a. 473.

Pediculus lagopi Lasse, Fauna groenland. 220.

Fuscus, obscurus, capite rotundatotriangulari, antennarum articulo ultimo penultimo longiore; prothorace rectangulari, metathorace quinquangulari, pedibus crassis; abdominis ovalis marginibus crenatis, segmentorum fasciis linea media interruptis. Longit. $^{2}/_{5}$'''.

Eine kleine Art mit rundlich dreiseitigem, ebenso breiten wie langen (bei Denny zu lang gezeichneten) Kopfe, dessen Hinterrand tief eingebuchtet ist. Am Vorderkopfe sehr feine Randborsten, an der Fühlerbucht eine kegelförmige Vorderecke, die Fühler angelegt bis an den Occipitalrand reichend, mit sehr dickem Grundgliede und etwas verlängertem Endgliede, an der völlig abgerundeten Hinterecke der Fühlerbucht mit langer Borste und ebensolcher an der Schläfenecke. Zügelränder sehr dunkel und die Schläfenlinien nach hinten stark convergirend. Prothorax quer rechteckig mit Seitenborste. Der Metathorax fünfeckig, an den scharfen Seitenecken mit fünf langen Borsten; beide Brustringe dunkelbraun mit weissem Hinterrande. Die Beine mit schlanken Hüften, kurzen dicken Schenkeln und schlanken Schienen ohne besondere Auszeichnungen. Der ovale Hinterleib hat nur an den ersten Segmenten scharfe Seitenecken, die folgenden Segmente haben convexe Seiten ohne vortretende Ecken und an diesen sehr lange Borsten, die Denny jedoch viel zu lang und zu zahlreich abbildet. Das abgerundete männliche Endsegment reich und sehr lang beborstet, das sehr seicht gekerbte weibliche mit nur zwei Borsten. Die Oberseite der Segmente zeichnen dunkelbraune durch eine weisse mittle Längslinie unterbrochene Querbinden mit rundlichem Stigmenfleck, den weissen Hinterrand der Segmente besetzen kurze Borsten.

Auf Tetrao tetrix, von Nitzsch schon im Juli 1811 erkannt und abgebildet, später von Denny wieder auf dem Birkhahn und auf T. scoticus beobachtet und von Giebel nach Exemplaren von Lagopus albus und L. alpinus genau beschrieben. Die ältern Angaben lassen die Art nicht sicher erkennen.

N. quadrulatus *Nitzsch.*
Nitzsch, Zeitschrift f. ges. Naturwiss. 1866. XXVIII. 370.
Nirmus pallidovittatus? Giebel, v. Middendorff's Reise, in Sibirien II. a. 474. Taf. 1. Fig. 5.

Praecedenti similis, sed robustior, pallidior, prothorace trapezoidali, metathorace quinquangulari, abdomine latiore. Longit. $\frac{4}{5}$'''.

Eine der vorigen in der Zeichnung überaus ähnliche Art, aber von gedrungenerem Körperbau und durch den kürzern Thorax mit breit trapezoidalem ersten und fünfseitigen zweiten Ringe und den zumal bei dem Männchen auffallend breiter ovalen Hinterleib sehr leicht zu unterscheiden. Der Kopf hat dieselbe Configuration und Zeichnung, nur heller braun und mit stärkern Borsten schon an den Zügeln und zweien sehr langen in der Schläfenmitte nah beisammen. Der sehr kurze Prothorax ist ganz auffallend breit trapezoidal und hat an der stumpflichen Seitenecke eine lange starke Borste und der nicht längere aber noch breitere fünfseitige Metathorax trägt an jeder abgerundeten Seitenecke und hinter derselben fünf bis sechs lange straffe Borsten. Die Beine sind kurz und kräftig. Der Hinterleib, bei dem Weibchen breit oval, bei dem Männchen fast rundlich scheibenförmig, hat in der vordern Hälfte scharfe, in der hintern abgerundete seitliche Segmentecken mit sehr langen Borsten. Das weibliche Endsegment mit seichter Buchtung ist länger als bei voriger Art, das männliche stark beborstete halbelliptisch. Die Zeichnung wie bei voriger Art, nur hellbraun und vorn auf dem Clypeus ganz hell mit mittler kurzer Stirnlinie. Halbwüchsige Exemplare sind ganz weiss mit braunen Kiefern und Klauen und sehr schwach angedeuteten Hinterleibsflecken.

Auf dem Auerhahn, Tetrao urogallus, in zahlreichen Exemplaren von Prof. Kunze in Leipzig unserer Sammlung eingesendet. Giebel kannte bei Untersuchung der v. Middendorff'schen Exemplare aus Sibirien nur den Nitzsch'schen Artnamen und nicht die Charaktere der Art, und beschrieb dieselben daher unter einem eigenen Namen. Doch enthält seine Darstellung einige sehr erhebliche Abweichungen. Er giebt die Grösse über eine Linie an, während unter unsern zahlreichen Exemplaren kein einziges eine Linie erreicht. Die Thoraxform soll wie bei voriger Art sein, aber in der Abbildung ist der Prothorax ganz absonderlich herzförmig und der Metathorax nur mit convexem statt mit winkligem Hinterrande dargestellt. Uebereinstimmung mit voriger Art bieten gerade im Thorax unsere Exemplare gar nicht, vielmehr auffälligste Eigenthümlichkeiten. Den Stigmenfleck auf den Hinterleibssegmenten und die dunkle Berandung erkannte Giebel nicht, erste sind bei uns allgemein deutlich, letzte bei vielen Exemplaren vorhanden. Uebrigens kann man unter unsern Weibchen schlanke und gedrungene unterscheiden.

Nitzsch erwähnt in seinen Collectaneen 1828 einen *Nirmus* von Perdix cinerea ohne irgend weitere Bemerkung. Das einzige Exemplar in der Sammlung, in Gesellschaft des ***Lipeurus heterogrammicus*** gefunden, hat einen herzförmigen Kopf, etwas verlängertes letztes Fühlerglied, trapezoidalen Prothorax mit sehr dicker Seitenborste und gezähnt randigen Hinterleib, ist im Uebrigen aber so desolat, dass eine Vergleichung mit andern Arten nicht möglich und daher eine Charakteristik nicht gegeben werden kann.

N. anchoratus *Nitzsch.* Taf. VIII. Fig. 10.
Nitzsch, Zeitschrift f. ges. Naturwiss. 1866. XXVIII. 370.

Longa, ferruginea, albopicta; capite oblongo, antice truncato, signatura frontali bilobata; prothorace rectangulari, metathorace trapezoidali; pedibus gracilibus; abdomine oblongo angusto, margine crenato, segmento ultimo fusco, linea media alba segmentorum sex priorum picturas anguloso. Longit. 1'''.

Diese durch ihren höchst eigenthümlich gezeichneten Hinterleib scharf charakterisirte Art hat eine schlanke Körpertracht. Ihr gestreckter Kopf ist hinter den Fühlern von gleichbleibender Breite, vorn aber verschmälert er sich ziemlich stark und endet fast gerade abgestutzt, hat hier jederseits zwei starke und hinter der Zügelmitte abermals eine straffe Borste. Der vordere Eckfortsatz der Fühlerbucht ist schlank kegelförmig und spitzig; die drei letzten Fühlerglieder von einander gleicher Länge: in der Mitte des Schläfenrandes eine straffe Borste; der Occipitalrand eingebuchtet. Eigenthümlich ist die nach hinten in zwei seitliche Lappen sich erweiternde Stirnsignatur. Die Fühlerbucht ist dunkel gerandet, zwischen den Fühlern ein heller Fleck und das Scheitelfeld ebenfalls hell, aber nicht von Schläfenlinien begränzt. Der querrechteckige Prothorax hat keine Randborsten und ist gegen die Mitte hin hellbraun, der trapezoidale Metathorax trägt an den Seitenecken je eine lange und eine sehr kurze Borste. Von den schlanken Beinen ist nur zu erwähnen, dass die Schienen vor den Daumenstacheln einen Dorn und diesem gegenüber am Aussenrande eine straffe Borste haben. Der schmale schlanke, hinter der Mitte sich allmählig zuspitzende Hinterleib trägt an den convexen Seiten der Segmente nur je eine lange Borste, erst an dem siebenten und achten je zwei, am Hinterrande der Segmente ganz vereinzelte straffe Borsten. Das schmale Endsegment ist tief zweilappig gespalten. Die Ober- und Unterseite des Hinterleibes ist dunkelrostbraun mit weissem Hinterrande der Segmente und hellem Stigmenfleck. Längs der Mitte zieht eine weisse Linie, welche am Hinterrande der sechs ersten Segmente eine nach vorn geöffnete weisse Winkelzeichnung hat, auf dem siebenten Segment endet, und auf dem achten als ovaler Mittelfleck erscheint.

Auf Penelope Parrakei, in einem Exemplar von Nitzsch 1837 gefunden und abgebildet.

N. angusticeps.

Gracilis, angustus, candidus; capite angusto, oblongo; antennarum articulo ultimo penultimo longiore; prothorace trapezoidali, metathorace quinquangulari; abdomine oblongo, angusto, margine dentato, obscuro. Longit. 1/3'''.

Eine kleine weisse, dunkel gerandete, zierlich gebaute Art. Ihr Vorderkopf ist abgestutzt kegelförmig und hat vorn jederseits zwei, am Zügelrande eine vor und zwei sehr zarte Borsten hinter der Mitte. Der vordere Eckfortsatz der Fühlerbucht ist dünn kegelförmig; die Fühler kurz, ihr zweites Glied minder lang als gewöhnlich und die beiden folgenden sehr kurz. Der Hinterkopf von gleichbleibender Breite mit eingebuchtetem Hinterrande und nur einer Schläfenborste jederseits. Der Prothorax trapezoidal, der Metathorax fünfseitig mit nur einer Borste an den scharfen Seitenecken, die Beine mit kurzen starken Schenkeln, schlanken unbewehrten Schienen und Stacheln am Tarsus. Der lang gestreckt ovale Hinterleib hat zwar nur wenig aber doch scharf hervortretende Segmentecken mit je einer, nur an den letzten mit je zwei Borsten; am Hinterrande der Segmente sehr lange Borsten. Das weibliche Endsegment ist gekerbt und borstenlos. Kopf und Brustkasten sind breit, der Hinterleib schmal braun gefärbt, alle übrigen Theile weiss.

Auf Hemipodius pugnax, von Nitzsch im Jahre 1836 auf trocknen Bälgen aus Ostindien gesammelt.

N. Numidae *Denny.*
Denny, Monogr. Anoplur. 115. Tab. 10. Fig. 5.

Livide flavus, nitidus, laevis capite subpanduriformi, margine laterali nigro, abdomine fasciis dorsalibus fuscis duabus interruptis distincto. Longit. 3/4'''.

Denny beschreibt diese Art von Numida meleagris als dunkel gerandet und mit zwei Reihen Flecke auf der Oberseite des Hinterleibes, mit vorn abgerundetem Kopfe, kurzen dicken Fühlern, querem Prothorax und fünfeckigem Metathorax.

N. caementicius *Nitzsch.*
Nitzsch, Zeitschrift f. ges. Naturwiss. 1861. XVIII. 307.

N. camerato persimilis, at capite longiore cordato elliptico, macula orbitali majore, pictura fusca. Longit. 3/4'''.

Bis auf die in der Diagnose angegebenen Eigenthümlichkeiten stimmt diese Art, welche Nitzsch im Jahre 1827 auf einem trocknen Balge von Lopolphorus impeyanus in Paris in Gesellschaft eines *Goniodes* und *Lipeurus* fand, vollkommen mit dem *Nirmus cameratus* des Birkhuhnes überein. Eine Vergleichung frischer Exemplare ergiebt vielleicht noch weitere Unterschiede, doch reichen die angegebenen zur specifischen Trennung schon aus.

N. unicolor *Nitzsch.*
Nitzsch, Zeitschrift f. ges. Naturwiss. 1866. XXVIII. 371.

Oblongus, fuscoflavus; capite truncato pyriformi, antennis brevibus; prothorace transverso, metathorace quinquangulari; abdominis marginibus crenatis, segmentorum angulo laterali postico fusco. Longit. 2/3'''.

Der sehr gestreckte Kopf verschmälert sich nach vorn stark und endet gerade abgestutzt, am Zügelrande jederseits mit acht kurzen Borsten besetzt, an den breit abgerundeten Schläfenecken mit je zwei langen. Die Fühler sind sehr kurz, ihre drei letzten Glieder unter einander gleich lang, der Eckfortsatz vor der Fühlerbucht kurz kegelförmig. Der Prothorax ist sehr kurz und breit; der Metathorax trägt an den abgerundeten Seitenecken je vier lange Borsten. Die Beine sind kurz. Der sehr schlank ovale Hinterleib hat gekerbte Seitenränder ohne scharf vortretende Segmentecken und an diesen vorn eine, allmählich nach hinten bis vier Borsten. Das weibliche Endsegment ist tief gespalten. Zügel, Stirnmitte, Schläfen und Prothorax sind braun, der Metathorax nur an den Seiten braun, in der Mitte hell. Der gelbbraune Hinterleib zeichnet die hintern Seitenecken der Segmente ganz dunkelbraun und fasst Hinter- und Vorderrand der Segmente mattbraun ein.

Auf Otis tarda von Nitzsch im Januar 1816 in nur einem schönen Exemplare gefunden.

N. lotus *Nitzsch.*

Burmeister, Handb. Entomol. II. 428. — Nitzsch, Zeitschrift f. ges. Naturwiss. 1866. XXVIII. 371. *(N. latus err. typogr.)*

Pallidus, oblongus, angustus; capite oblongo, antice truncato, signatura frontali; antennis longis, metathorace trapezoidali, marginibus convexis; abdomine angusto, marginibus crenatis, fuscis. Longit. ½'''.

Schlank und zierlich, sehr blass gefärbt mit dunklen Randzeichnungen. Der Kopf ist schmal, lang gestreckt dreiseitig, vorn gerade abgestutzt, mit vier straffen Borsten längs der geraden Zügelränder, mit kurz kegelförmigem Eckfortsatz an der Fühlerbucht, ohne Borsten am Schläfenrande. Die schlanken Fühler reichen angelegt bis fast an den Occipitalrand und ihr Endglied ist stark verlängert. Ausser den braunen Zügeln und Schläfen und grossen Orbitalflecken ist auch ein langes dunkles Stirnfeld vorhanden. Der breitere als lange Prothorax hat convexe Seiten wie auch der Metathorax mit drei sehr langen Borsten an den völlig abgerundeten Hinterecken. Die kurzen Beine haben dicke Schenkel, kräftige Schienen mit zwei Stachelborsten am Innenrande, und gerade Klauen. Der schmale langgestreckte Hinterleib hat sehr schwach gekerbte Ränder, in der vordern Hälfte an jedem Segment nur eine, an den hintern Segmenten je zwei bis drei Randborsten, das quer oblonge männliche Endsegment aber vier lange Borsten jederseits. Die Seitenränder sind schmal dunkelbraun, die Hinterränder aller Segmente und das Mittelfeld des Hinterleibes matt braun gefärbt.

Auf Cursorius isabellinus, von Nitzsch im Jahre 1827 auf einem trocknen Balge in einem männlichen Exemplare gefunden.

N. bicuspis *Nitzsch.* Taf. V. Fig. 11. 12.

Nirmus fuscus Burmeister, Handb. Entomol. II. 427. — ? Denny, Monogr. Anoplur. 148. Tab. 10. Fig. 6.

Oblongus, angustus, pallidus, fuscomarginatus; capite angusto, antice convexo truncato, loris linea semilunari nigra pictis; antennis longis, articulo ultimo penultimo duplo longiore; prothorace rectangulari, metathorace trapezoidali; abdominis marginibus acute crenatis, segmento ultimo feminae toto diviso spinoso, maris rotundato setoso. Longit. ♂ ½''', ♀ ⅔'''.

Diese sehr schlanke blasse Art fällt durch die tief dunkelbraune Randsäumung und besonders eigenthümliche Zeichnung des Kopfes auf. Der schmale schlanke Kopf hat ein convex abgestutztes Vorderende und scharf concave Zügelränder, deren hintere Hälfte dunkelbraun mit einwärts gerichteten Enden, also sichelförmig gezeichnet ist. Davor liegt eine kreisrunde helle, vor den Fühlern dazwischen eine runde dunkle Signatur. Am convexen Schnauzenende stehen jederseits drei feine Borsten, in der Zügelmitte eine und hinter derselben die längste und stärkste. Der vordere Balkenfortsatz der Fühlerbucht ist schlank kegelförmig und überragt etwas das dicke Fühlergrundglied. Die schlanken Fühler reichen angelegt bis an den Occipitalrand, ihr Endglied hat die Länge des dritten und das vorletzte ist das kürzeste. An dem schwach convexen Schläfenrande stehen in weiten Abständen von einander drei Borsten, von welchen die dritte die längste ist. Die Schläfenränder sind fein schwarzbraun, die Schläfenlinien weiss und parallel zum Nackenrande verlaufend so weit von einander getrennt, dass das von ihnen eingeschlossene Mittelfeld breiter als jedes Schläfenfeld ist. Der sehr schwach trapezoidale fast rechteckige Prothorax trägt nur selten eine Randborste, der längere und entschieden trapezoidale Metathorax an seinen abgerundeten und vorstehenden Hinterecken je drei bis vier lange Borsten. Beide Brustringe haben feine dunkelbraune Seitenränder. Die Beine erscheinen für die gestreckte Körpergestalt sehr kurz und dick. Der schmale schlanke Hinterleib verbreitert sich in der Mitte nur sehr wenig, lässt die Hinterecken der Segmente ziemlich scharf hervortreten und trägt an denselben anfangs eine, dann zwei und zuletzt drei mässig lange Borsten. Das weibliche Endsegment ist bis auf den Grund in zwei schlank dreiseitige Lappen getheilt und trägt an der Spitze beider Lappen einen geraden steifen Dorn. Das Endsegment des Männchens, dessen Hinterleib übrigens merklich kürzer und breiter ist und dessen vorletzte Segmente minder scharfe Hinterecken haben, ist halb elliptisch, mit fünf Borsten jederseits und vom vorletzten durch tiefe Einschnürung abgesetzt. Die Hinterleibsränder sind glänzend schwarzbraun bei dem Weibchen bis zum sechsten, beim Männchen bis zum siebenten Segment, bei letztem ist die Genitalzeichnung ein brauner Mittelstreif, bei erstem zwei parallele feine braune Linien.

Auf Charadrius minor, von Nitzsch in mehren Exemplaren gesammelt und unter obigem Namen in der Sammlung aufgestellt. Ich halte Burmeister's *N. fissus* von Charadrius hiaticula und Ch. minor für diese Art und bezweifle, dass die geringern Grössenangaben auf wirklicher Messung beruhen; die in der Diagnose angegebenen Hinterleibsbinden finde ich nur in einem der vielen Exemplare ganz schwach angedeutet, so dass sie eben keine Beachtung verdienen. Denny's gleichnamige Art bietet erheblichere Unterschiede, so dass die Identificirung gerechte Bedenken erregt. Dieselbe verschmälert den Kopf nach vorn nicht, giebt die Fühler ausdrücklich als kurz und dick, die Färbung als dunkelbraun an. Beide, Burmeister und Denny, gedenken der auffälligsten Eigenthümlichkeit, des völlig getheilten weiblichen Endsegmentes nicht, des letzten Abbildung zeichnet ein nur schwach ausgerandetes. Nitzsch erwähnt in seinen Collectaneen einen *Nirmus fissus* von Charadrius hiaticula, den ich nicht in der Sammlung finde und bemerkt dazu, dass er viele unreife weisse Exemplare und nur zwei dunkelgefärbte habe, der Steiss fast gar nicht gespalten sei, im übrigen lässt er die Eigenthümlichkeiten dahingestellt. In meinen Verzeichnissen Zeitschr. f. ges. Naturwiss. 1861. XVIII. 311 und 1866. XXVIII. 371 ist statt *fissus* fälschlich *fuscus* gedruckt und die Angaben nicht kritisch gesichtet.

N. punctatus.

Praecedenti simillimus, at abdominis margine nigropunctato, segmentorum fasciis ferrugineis, segmento ultimo feminae exciso; antennis et pedibus longioribus. Longit. ♂ $^{2}/_{3}$''', ♀ $^{3}/_{4}$'''.

Im Allgemeinen erscheint diese Art mit der vorigen verglichen minder schmal und gestreckt, der Kopf bei derselben Form doch etwas kürzer und die Balken vorn an der Fühlerbucht besonders viel kürzer und dicker, die Fühler dagegen entschieden länger. Borsten und Zeichnung des Kopfes bieten ebensowenig wie die Brustringe beachtenswerthe Unterschiede, wohl aber sind die Beine zumal in den Schenkeln gestreckter. Der etwas breitere Hinterleib rundet die hintern Segmentecken ab und das weibliche Endsegment ist erheblich breiter, kürzer, blos gekerbt und an den ganz stumpfen Enden ohne Dornen, die Basis gar nicht vom achten Segment abgesetzt. Das männliche Endsegment hat die Form wie bei voriger Art, aber zahlreichere und längere Borsten. Der schwarzbraune Saum des Hinterleibes ist bei dieser Art in sechs Randpunkte jederseits aufgelöst, die Segmente mattbraun mit weissem Hinterrande. Die Stigmata treten deutlich hervor.

Auf Charadrius morinellus, von Nitzsch in mehren Exemplaren in unserer Sammlung ohne nähere Angaben aufgestellt.

N. alexandrinus.

Nirmus fuscus Nitzsch, Zeitschrift f. ges. Naturwiss. 1866. XXVIII. 371.

Fuscus, robustus, capite truncatocordiformi, antennis brevibus; prothorace rectangulari, metathorace quinquangulari bilineato; abdomine ovali, marginibus acute crenatis, fusconigris, segmentis fasciatis. Longit. $^{4}/_{5}$'''.

Ganz abweichend von vorigen Arten ist diese Art von gedrungenem, mehr docophorenähnlichem Habitus und dunkler gefärbt. Der hinten breite Kopf verschmälert sich vorn um ein Drittheil und stutzt sich gerade ab. An den abgerundeten Vorderecken steht nur je eine Borste, dagegen in der hintern Hälfte des Zügelrandes vier ziemlich lange in gleichen Abständen hinter einander. Die Eckfortsätze vorn an der Fühlerbucht sind sehr dick kegelförmig, die Fühler dagegen kurz, ihre drei letzten Glieder unter einander gleich lang. Vor der völlig abgerundeten Schläfenecke eine Borste. Die Stirnsignatur ist kurz fünfeckig, vor ihr zieht eine weisse Linie nach hinten, zwischen den Fühlern ein dunkler Querstreif, die stark bogigen Schläfenlinien nach hinten convergirend. Der Prothorax ist quer oblong, der Metathorax fünfseitig, mit nur zwei Borsten an jeder Seitenecke; sein weisser Hinterrand setzt von der Mittelecke als weisse Spitze auf das erste Abdominalsegment fort. Der ovale Hinterleib lässt die hintern Segmentecken scharf hervortreten, besetzt dieselben mit den gewöhnlichen Borsten und das halbelliptische männliche Endsegment mit vier Borsten jederseits. Alle Segmente haben breite braune Binden, sehr dunkle Seitenränder, helle Hinterränder, die beiden ersten Segmente mit weissem Schnitz längs der Mitte.

Auf Pluvianus alexandrinus, von Nitzsch 1827 in einem männlichen Exemplare auf einem trockenen Balge gesammelt.

N. junceus *Denny.*
Denny, Monogr. Anoplur. 143. Tab. 9. Fig. 5.

Ferrugineus, fuscopictus, elongatus; capite oblongo angusto, antice convexotruncato, antennarum articulo ultimo penultimo longiore; prothoracis lateribus convexis, metathorace quinquangulari; abdominis angusti marginibus crenatis, nigrofusco, segmentorum fasciis fuscis. Longit. $^3/_4$'''.

Dem *N. bicuspis* und *N. punctatus* der Regenpfeifer sehr nah stehend, so dass erst bei näherer Vergleichung die specifischen Eigenthümlichkeiten hervortreten. Der schmale schlanke Kopf verschmälert sich nach vorn mässig und endet mit convexem Clypealrande. An der abgerundeten Vorderecke stehen jederseits vier Borsten, in der Mitte des sehr sanft eingebogenen Zügelrandes eine und dahinter noch zwei. Der vordere Eckfortsatz der Fühlerbucht ist stark kegelförmig, fast von der Höhe des dicken Fühlergrundgliedes. Die schlanken den Occipitalrand fast erreichenden Fühler haben ein verlängertes Endglied. Vor der abgerundeten Schläfenecke eine lange Borste.

Die Zeichnung des Kopfes unterscheidet sich nur geringfügig von der des *N. bicuspis*: die vordere Hälfte der Zügelränder ist heller braun und die weissen Schläfenlinien biegen scharfwinklig nach hinten um. Der dunkelgerandete Prothorax hat stark convexe Seiten mit einer hintern Borste, der fünfseitige Metathorax mit gleichfalls fast schwarzen Seitenrändern und dunkeln Mittelstrich trägt an den ziemlich scharfen Seitenecken je drei lange Borsten. Die Beine sind relativ kurz und kräftig, die Schienen in der Mitte des Innenrandes mit kleinem Dorn. Der schlanke schmale Hinterleib hat nur am ersten Segment scharfe Seitenecken, an den folgenden mehr und mehr abgerundete, alle mit den gewöhnlichen Borsten besetzt. Die zerstreut stehenden Borsten am Hinterrande der Segmente ragen nicht über das nächste Segment hinaus. Das männliche Endsegment ist abgerundet, scharf vom achten abgesetzt und reich und lang beborstet, das weibliche ist kürzer, etwas gekerbt, vom achten gar nicht abgesetzt und nur mit einem feinen Dornspitzchen jederseits besetzt. Der Rand des Hinterleibes ist bräunlich schwarz, aber nicht als ununterbrochener Liniensaum, sondern als schiefe Randstriche an sieben Segmenten bei beiden Geschlechtern. Braune Binden, welche nur den Hinterrand der Segmente weisslich lassen, sind durch einen hellbraunen Streifen von dem dunkeln Randsaume getrennt. Die Zeichnung des Endsegmentes ist geschlechtlich ebenso verschieden wie die Form.

Auf dem gemeinen Kiebitz, Vanellus cristatus. Mehre Exemplare weichen etwas von Denny's Darstellung ab, so in der entschiedenen Faden- statt Keulenform der längern Fühler, in dem tiefer gekerbten völlig borstenlosen weiblichen Endsegment, den minder dicken Vorderschenkeln. Denny entlehnt den Artnamen von Scopoli, Entomol. carniolica 1763. S. 381, allein dessen *Pediculus junceus* ist so überaus dürftig diagnosirt, dass er mit ganz gleichem Rechte auch auf *Lipeurus*, *Colpocephalum*, *Liotheum* bezogen werden kann, denn diese Gattungen schmarotzen gleichfalls auf dem Kiebitz.

N. hospes *Nitzsch.*
Nitzsch, Zeitschr. f. ges. Naturwiss. 1866. XXVIII. 374.

Oblongus, angustatus, albus interrupte nigrolineatus; capite transversotriangulari, antice convexo, antennis brevibus; prothorace subquadrato, metathorace quinquangulari; abdominis marginibus acute crenatis, segmentorum marginibus lateralibus bipunctatis. Longit. $^3/_4$'''.

Diese Art weicht so erheblich von den vorigen ab und nähert sich so sehr denen der Möven und Seeschwalben, dass Nitzsch von dem ersten durch Naumann erhaltenen Exemplare glaubte, dasselbe sei auf Vanellus varius Gast gewesen, doch fand er später selbst ein Pärchen und überzeugte sich, dass die Art wirklich diesem Vanellus angehört. Der kurze dreiseitige Kopf endet vorn breit convex, hat langkegelförmige starke Balken, kurze Fühler mit verlängertem Endgliede und drei lange Borsten am convexen Schläfenrande. Die dunkeln Schläfenlinien biegen winklig nach hinten um und laufen parallel zum Hinterrande. Der Schläfenrand ist nicht dunkel gefärbt. Der Prothorax ist so breit wie das Mittelfeld des Hinterkopfes und ebenso lang, fein schwarz gerandet. Der breite schwarz gesäumte Metathorax ist fünfeckig und trägt weit vor der Seitenmitte eine lange Borste und nur eine ebensolche an jeder seitlichen Hinterecke. Die Beine mit längern Hüften als bei den vorigen Arten sind ziemlich kräftig. Der schmale schlanke Hinterleib hat vortretende scharfe Segmentecken mit einer, später zweien nur kurzen Borsten. Das Endsegment ist sehr kurz und breit, bei dem Weibchen schwach ausgerundet, bei dem Männchen schärfer vom vorletzten abgeschieden. Der schwarze Randsaum des Hinterleibes ist auf jedem Segment vom Stigma durchbrochen und erscheint daher als je zwei quer gezogene Punkte. Der obere längere Punkt setzt als braune Querlinie über das Segment fort bis zum andern Rande. Das Weibchen hat einige Punktflecke längs der Mitte der Segmente.

Auf Vanellus varius s. squatarolus, von Nitzsch im Oktober 1827 gesammelt.

N. holophorus *Nitzsch.* Taf. V. Fig. 1.

Nitzsch, Zeitschrift f. ges. Naturwiss. 1866. XXVIII. 371. — Burmeister, Handb. Entomol. II. 427. — Denny, Monogr. Anoplur. 115. Tab. 10. Fig. 10.

Elongatus, angustus, fuscus; capite oblongo, antice convexo, antennis longis, articulo ultimo elongato; prothorace rectangulari metathorace angusto trapezoidali; abdomine oblongo, marginibus acute crenatis, segmentis fuscis plicatura alba. Longit. $^{2}/_{3}$'''.

Gehört zur Gruppe der eigentlichen Schmalinge: wie der Kopf nach vorn sich nur sehr wenig verschmälert, so erweitert sich auch der Hinterleib in der Mitte nur geringfügig. Der Kopf erheblich länger als breit endet vorn breit abgerundet. An den abgerundeten Vorderecken stehen drei feine Borsten, die jedoch vielen Exemplaren fehlen, und am Zügelende bisweilen noch ein feines Spitzchen. Die Vorderecke der Fühlerbucht bildet einen kurzen Kegelfortsatz. Die Fühler reichen angelegt bis an den Nackenrand und ihr Endglied ist länger als das vorletzte, welches mit dem dritten gleiche Länge hat. Am Schläfenrande keine Borsten. Dunkle Orbitalflecke und ein matter Scheitelfleck bilden die Zeichnung des Kopfes, aber bei mehren Exemplaren ist noch eine weisse Längslinie auf der Stirn und zwei weisse dem Schläfenrande parallele Schläfenlinien vorhanden, welche ein ovales Mittelfeld begränzen. Der Prothorax ist fast quadratisch und der lang gestreckte schmale Metathorax hat einen schwach convexen Hinterrand, beide Ringe ohne Randdornen und mit heller Linie längs der Mitte. Die Beine haben relativ schlanke Schenkel und am Innenrande der Schienen zwei Dornen. Am schmalen langen Hinterleibe treten die hintern Segmentecken wenig aber scharf hervor und sind nur mit einer oder zwei kurzen Borsten besetzt. Das queroblonge männliche Endsegment hat zwei mässige Borsten jederseits, das ebenso scharf vom vorletzten abgesetzte weibliche Endsegment ist stumpfzweilappig und borstenlos. Alle Segmente sind braun mit weissen Grenzfurchen.

Auf Machetes pugnax, Tringa canutus, Numenius arquata und Strepsilas interpres, von Nitzsch seit 1814 unterschieden und wiederholt gesammelt, auch von Denny beobachtet. Durch das Vorkommen auf verschiedenen Wirthen bedingte Eigenthümlichkeiten hat die Vergleichung der Exemplare nicht ergeben.

N. subcingulatus *Nitzsch.*

Nitzsch, Zeitschrift f. ges. Naturwiss. 1866. XXVIII. 372.

Nirmus strepsilaris Denny, Monogr. Anoplur. 135. Tab. 11. Fig. 4.

Oblongus, fuscus, nigromarginatus; capite trigono, antice convexo, fasciis suturaque coronaria brunneis, antennarum articulo ultimo penultimo duplo longiore; metathorace quinquangulari; abdominis marginibus crenatis, nigris, segmentis linea transversa obscuriore. Longit. $^{3}/_{4}$'''.

Diese Art schmarotzt zwar in Gesellschaft der vorigen, weicht aber doch von deren Typus erheblich ab und nähert sich vielmehr den auf Schnepfen und Verwandten schmarotzenden Arten. Ihr dreiseitiger Kopf ist vorn breit convex abgestutzt und trägt an den abgerundeten Vorderecken je drei feine Borsten, eine ebensolche in der Zügelmitte und noch eine dahinter. Der Eckfortsatz der Fühlerbucht ist kurz und dickkegelförmig. Die Fühler erreichen fast den Occipitalrand und ihr Endglied ist von der doppelten Länge des vorletzten. An den convexen Schläfenrändern stehen je zwei auffallend lange Borsten. Zügelränder und Schläfenlinien sind dunkelbraun. Der Prothorax etwas breiter als lang hat convexe Seiten mit Randborste, der Metathorax einen sehr stumpfwinkligen fast bogigen Hinterrand und an den stumpfen Seitenecken je zwei lange Borsten. An den Beinen sind die Schenkel von mässiger Dicke, die Schienen etwas länger, dünner und mit drei Dornen am Innenrande, die Klauen sehr dick. Der ovale Hinterleib lässt die abgerundeten Segmentecken nur wenig hervortreten und erscheint daher nur schwach gekerbt randig und die Ecken mit ein bis vier Borsten von sehr verschiedener Länge besetzt. Sehr vereinzelte Borsten auf der Fläche der Segmente. Das männliche Endsegment ist gross, besonders breit, abgerundet und mit vier Borsten jederseits besetzt, welche viel feiner und kürzer sind als die der vorletzten Segmente. Der Hinterleib ist wie die Brustringe schwarz gesäumt und dieser Saum durch die hellen Stigmenflecke von der braunen Farbe getrennt. Ueber dem weissen Hinterrande der Segmente läuft eine matte dunkelbraune Linie entlang, welche den beiden letzten Segmenten fehlt.

Auf Strepsilas interpres in Gesellschaft der vorigen Art von Nitzsch im Frühjahr 1817 in nur zwei männlichen Exemplaren gefunden. Denny's *N. strepsilaris* unterscheidet sich von den unsrigen nur durch den nach vorn stark verschmälerten Kopf und die dunkle Färbung der Beine und ist hienach an der Identität nicht zu zweifeln.

N. hiaticulae *Denny.*
Denny, Monogr. Anoplur. 136. Tab. 11. Fig. 10.

Caput, thoracem et abdominis marginem lateralem splendide fulvofuscus, nitidus, glaber; marginis hujus singula segmenta habent in medio latam transversam luridam fasciam. Longit. 3/4'''.

Der Kopf verschmälert sich nach vorn stark und die Schläfenlinien verbinden sich vor dem Occipitalrande, die drei letzten Fühlerglieder unter einander gleich, der Prothorax kurz und breit, der Metathorax fünfseitig.

Nach Denny auf Charadrius hiaticula, mir unbekannt.

N. annulatus *Nitzsch.* Taf. V. Fig. 9. 10.
Nitzsch, Zeitschr. f. ges. Naturwiss. 1861. XVIII. 311. — Denny, Monogr. Anoplur. 132. Tab. 8. Fig. 5.

Die Exemplare dieser Art, welche Nitzsch im Juli 1812 auf einem noch nicht flüggen Oedicnemus crepitans und wiederum im August 1813 fand, fehlen leider in der Sammlung. Aber die handschriftlichen Bemerkungen von Nitzsch und dessen Abbildungen beider Geschlechter lassen diese Art durch ihre Zeichnung besonders so charakteristisch erscheinen, dass sie nicht mit Stillschweigen übergangen werden kann. Die schriftlichen Notizen beziehen sich auf die in den Abbildungen wiedergegebenen geschlechtlichen Unterschiede und wäre daraus nur hinzuzufügen, dass die Bauchseite der Abdominalsegmente mit rechtwinkligen braunen Querflecken gezeichnet ist. Denny führt unter demselben Namen mit fraglicher Beziehung auf Nitzsch einen Schmaling desselben Wirthes auf und giebt diesem eine deutliche Stirnsignatur, keinen schwarzen Hinterleibsring und keinen spitzen weissen Vorstoss in der Mitte der Hinterleibssegmente. Da auch Nitzsch bei einigen Männchen den dunkeln Hinterleibssaum nur schwach angedeutet fand, so könnte auch der Vorstoss an dem einzigen Denny'schen Exemplare gefehlt haben und stünde dann der Identificirung kein Bedenken weiter entgegen.

N. oedicnemi *Denny.*
Denny, Monogr. Anoplur. 158. Tab. 1. Fig. 8.

Pallide testaceoflavus, nitidus, pubescens; caput amplum, subconicum, margine laterali castaneo, antennae breves et crassae, pedes crassi. Longit. [illegible]/4'''.

Denny bildet noch eine zweite Art des Oedicnemus crepitans nach zwei Exemplaren ab, welche durch blassgelbe Färbung, plumpen vorn abgestutzt kegelförmigen Kopf, auffallend kurze dickkegelförmige Fühler, sehr kurze und breite Brustringe, fast keulenförmige Schienen und bis gegen das Ende hin allmählig sich verbreiternden Hinterleib auffallend eigenthümlich charakterisirt ist.

N. ellipticus *Nitzsch.*
Nitzsch, Zeitschr. f. ges. Naturwiss. 1866. XXVIII. 371.

Oblongus, fuscus; fronte elongata, antice convexa, antennarum articulis tertio quarto quinto aequilongis; metathorace quinquangulari; abdomine elliptico, marginibus crenatis obscuris, segmentis linea transversali obscure refeventa. Longit. [illegible]/4'''.

Der gestreckte Vorderkopf verschmälert sich ziemlich stark und endet convexrandig. Seine Borsten sind stark und zwar drei jederseits an den abgerundeten Vorderecken, eine in der Zügelmitte, dahinter abermals eine und die letzte an der Basis des dünnen schlankkegelförmigen Balkens. Die Fühler erreichen angelegt den Occipitalrand, ihr dickes Grundglied ist länger als gewöhnlich und die drei letzten Glieder einander gleich lang. Die Zügelränder sind dunkel, zwischen den Fühlern ein dunkler Querstreif, die Schläfenlinien vereinigen sich vor dem dunkeln etwas eingebuchteten Occipitalrande und begränzen ein kleines Mittelfeld. Der Prothorax ist quer rechteckig, gradseitig, der Metathorax fünfeckig, mit drei langen Borsten an den stumpfen Seitenecken; die Beine mit starken bedornten Schenkeln, die Schienen mit drei Dornen am Innenrande und sehr stumpfen Daumenstacheln, die Klauen dick und ganz gerade. Der elliptische Hinterleib hat bei dem Männchen abgerundete, bei dem Weibchen ziemlich scharfe Segmentecken mit langen Borsten vom dritten Segment ab. Das weibliche Endsegment ist tief gekerbt. Der Rand des Hinterleibes ist sehr dunkel gesäumt, die Segmente braun, vom dritten an mit dunkler Linie am hellen Hinterrande, auf den ersten drei mit heller Mittellinie.

Auf Glareola austriaca und Gl. orientalis, von Nitzsch in den Jahren 1817 und 1828 auf trocknen und frischen Bälgen gesammelt.

N. ochropygus *Nitzsch.* Taf. V. Fig. 5. 6.
Nitzsch, Zeitschrift f. ges. Naturwiss. 1866. XXVIII. 372.
Nirmus Haematopi Denny, Monogr. Anoplur. 126. Tab. 10. Fig. 3.

Oblongus, albidus nigrolimbatus; capite truncatocordato, signatura frontali distincta, antennis brevibus; prothorace transverso, metathorace pentagono, pedibus crassis; abdominis ovalis marginibus dentatocrenatis nigris, segmentis posterioribus ochraceotinctis. Longit. ³/₄'''.

Die weissliche nur schwach ins Gelbliche spielende Grundfarbe, die schwarze Randsäumung des Körpers und die ockergelbe Färbung der hintern Segmente kennzeichnen diese Art schon hinlänglich. Der stumpfherzförmige Kopf ist am verschmälerten Vorderende concav gerundet und trägt hier jederseits drei ziemlich straffe Borsten, in der Zügelmitte deren zwei dicht hinter einander. Der vordere Balkenfortsatz der Fühlerbucht ist plump, kurzkegelförmig. Die Fühler sind kurz und ihre drei letzten Glieder von fast gleicher Länge. Am Schläfenrande stehen weit getrennt von einander zwei lange Borsten. Die Zeichnung des Kopfes bietet vorn eine sehr kurze und breite fünfseitige Signatur, hinter welcher die Zügelränder schwarz sind, sich nach innen aber ockergelb verwischen. Die Schläfenlinien convergiren sehr stark gegen den schwach eingebuchteten Occipitalrand. Der Prothorax ist viel breiter als lang und wie der fünfseitige Metathorax schwarz gesäumt, letzter an den stumpfen Seitenecken mit je drei langen Borsten. Die Beine haben starke Schenkel, schwachkeulenförmige Schienen mit drei Dornen am Innenrande und lange starke, schwach gekrümmte Klauen. Der breit ovale Hinterleib des Männchens hat scharfe Segmentecken mit langen Borsten, ein sehr kurzes achtes und grosses abgerundetes dicht und lang beborstetes Endsegment, der schmälere weibliche Hinterleib abgerundete Segmentecken, ein grosses vorletztes und kleines tiefgekerbtes borstenloses Endsegment. Der schwarze Randsaum des männlichen Hinterleibes ist unterbrochen, der des weiblichen zusammenhängend, die ockerige Färbung der letzten Segmente in der Abbildung angegeben.

Auf Haematopus ostralegus, von Nitzsch im Juni 1817 zuerst beobachtet und abgebildet, später auch von Denny beschrieben.

N. semifissus *Nitzsch.*
Nitzsch, Zeitschrift f. ges. Naturwiss. 1866. XXVIII. 372.

Elongatus, fulvus; capite oblongo angustato, antice convexo, signatura frontali postice tricuspidata, antennarum articulo ultimo penultimo longiori; prothorace quadrato, metathorace trapezoideo, margine postico convexo, pedibus gracilibus; abdominis elliptici marginibus truncatocrenatis, nigris, segmento ultimo feminae bilobato. Longit. ♂ ³/₄''', ♀ 1'''.

Eine gestreckte zierliche Art, deren Kopf nach vorn sich nur wenig verschmälert und abgerundet endet. Jederseits vorn stehen weit getrennt drei straffe Borsten, eine ebensolche in der Zügelmitte und hinter dieser noch zwei feinere. Der vordere Eckfortsatz der Fühlerbucht ist kurz kegelförmig. Die schlanken Fühler überragen angelegt den Occipitalrand noch etwas, ihr zweites Glied hat die Länge der beiden folgenden zusammen und das Endglied ist noch länger als das dritte. Die hintere Ecke der Fühlerbucht tritt stark halbkugelig hervor, hinter ihr ein Borstenspitzchen und an der Schläfenecke zwei sehr lange straffe Borsten. Der Occipitalrand ist eingebuchtet. Die kurze breite Stirnsignatur endet hinten in drei lange Spitzen. Die Zügelränder sind sehr gross, die Orbitalflecken dick und die Schläfenlinien fassen ein sehr breites Mittelfeld ein. Der Prothorax ist quadratisch mit etwas convexen Seiten und einer Randborste, der Metathorax trapezoidal mit schwach convexem Hinterrande und vier steifen Borsten an den stumpfen Hinterecken; beide Bruststücke sind schwarzbraun gerandet, längs der Mitte hell. Die Beine sind in allen Gliedern schlank. Der bei dem Weibchen schlanke, elliptische, bei dem Männchen mehr ovale Hinterleib trägt an den vorstehenden aber stumpfen Segmentecken je eine bis vier steife Borsten, am tiefgetheilten, also zweilappigen weiblichen Endsegment gar keine, am schwach gekerbten männlichen Endsegment mehre lange Borsten. Längs der sechs ersten Segmente ist der Hinterleib schwarzbraun gerandet und die Mitte dieser Segmente mit weissem nicht bis zum Hinterrande reichenden Längsstrich, der aber dem Männchen fehlt. Die Bauchseite ist mit braunen Querflecken gezeichnet.

Auf Himantopus rufipes, von Nitzsch im Mai 1812 auf einem frischen Kadaver in Gesellschaft der folgenden Art und eines *Colpocephalum* gefunden.

N. hemichrous *Nitzsch.*
Nitzsch, Zeitschrift f. ges. Naturwiss. 1866. XXVIII. 372.

Praecedenti similis, at capite antice truncato, antennis brevioribus, abdominis marginibus piceonigris, segmentorum priorum maculis rectangularibus. Longit. ¼'''.

Etwas kürzer und gedrungener, hellgelblich mit pechschwarzer Berandung. Der Kopf ist entschieden kürzer und breiter, vorn nicht stark abgerundet, sondern abgestutzt mit convexem Rande. Die Zügelborsten fein, aber die hintersten derselben auffallend lang und straff. Die Fühler kürzer als vorhin und das Endglied nur wenig länger als das vorletzte. Der Schläfenrand mit zwei starken Borsten. Die Stirnsignatur und Schläfenlinien sehr wenig markirt. Der Prothorax breiter als lang, ohne Borste an den convexen Seiten, der trapezoidale Metathorax mit drei Seitenborsten; beide Ringe schwarz gerandet mit weisser Mittellinie. Der gestreckte Hinterleib mit pechschwarzem stumpfgesägten Rande hat bei dem Männchen auf den ersten fünf Segmenten gepaarte gelbbräunliche Querflecken, auf den folgenden ungetheilte Querbinden, bei dem Weibchen auf den ersten vier Segmenten verwischte Querflecke, erst auf dem achten eine Querbinde und auf dem neunten ein Punktpaar. Das weibliche Endsegment ist blos gekerbt, nicht tief getheilt.

Auf Himantopus rufipes in Gesellschaft voriger Art gefunden.

N. stictochrous *Nitzsch.*
Nitzsch, Zeitschrift f. ges. Naturwiss. 1866. XXVIII. 374.

Albidus, marginibus pictis; capite truncatotriangulari, antice concavo, antennis longis; prothorace brevi, transverso, metathorace quinquangulari; abdomine ovali, marginibus crenatis, segmentorum angulis posticis nigris. Longit. ♂ ⅚, ♀ ½'''.

Der abgestumpft dreiseitige Kopf ist am Vorderende concav gerundet, trägt auf jeder Vorderecke eine straffe Borste, dahinter zwei ähnliche, die folgende in der Zügelmitte und hinter dieser noch zwei näher beisammen stehende. Die Balkenecke der Fühlerbucht ist stumpfkegelförmig, kürzer als das dicke basale Fühlerglied. Die Fühler reichen angelegt nicht bis an den Occipitalrand und haben ein sehr schlankes zweites, kurzes drittes und noch kürzeres viertes, aber wieder merklich verlängertes fünftes Glied. Am convexen Schläfenrande stehen zwei sehr lange Borsten. Die eigenthümliche und sehr charakteristische Zeichnung des Kopfes besteht in feiner Säumung des Zügelrandes, die weit vor der Mitte unterbrochen ist, in einer dunkeln Querlinie nahe dem vordern Clypeusrande, welche jederseits kurz nach hinten fortsetzt, in zwei schwarzen Orbitalpunkten an jeder Fühlerbasis und einem von den Schläfenlinien begränzten breiten dunkeln Mittelfelde. Der viel breitere als lange Prothorax hat schwach convexe schwarzgesäumte Seiten ohne Randborste, der pentagonale Metathorax mit sehr stumpfwinkligem Hinterrande trägt an jeder abgerundeten Seitenecke zwei sehr straffe Borsten, und ist mit zwei queren Strichen an jeder Seite gezeichnet. Die Beine sind kräftig, ihre Schienen am Innenrande mit Dornen bewehrt. Der bei dem Männchen breite, bei dem Weibchen langgestreckt ovale Hinterleib hat schwach gekerbte Ränder mit den gewöhnlichen Borsten an den wenig hervortretenden Segmentecken. Das sehr kurze weibliche Endsegment mit zwei langen Borsten ist breit gekerbt, das sehr grosse scharf abgesetzte männliche Endsegment fast halbkreisförmig und reich mit langen Borsten besetzt. Die hintern Segmentecken sind schwarz, so dass jeder Seitenrand mit einer Reihe kleiner dreiseitiger Flecken gezeichnet erscheint. Bei dem Männchen zieht sich jeder Flecken linienförmig am Hinterrande der Segmente aus, ohne jedoch die kurze mittle Querlinie zu erreichen. Letzte fehlt den Weibchen ganz und erscheinen hier die Plikaturen nur mattbraun. Das weibliche Endsegment hat zwei schwarze Punkte, das männliche aber schwarze Seitenränder.

Auf Dromas ardeola, in Gesellschaft der folgenden Art auf einem trocknen Balge in zwei weiblichen und einem männlichen Exemplare von Nitzsch im Jahre 1827 gesammelt.

N. brunneus *Nitzsch.*
Nitzsch, Zeitschr. f. ges. Naturwiss. 1866. XXVIII. 373.

Praecedenti simillimus, at robustior, fuscus, antennis crassis, abdominis marginibus acute crenatis brunneis, segmentis fuscis. Longit. ⅚'''.

Das einzige in Gesellschaft der vorigen Art gefundene Männchen ergiebt sich schon bei der ersten Vergleichung als specifisch eigenthümlich. Es ist gedrungener gebaut und braun gefärbt, hat dicke Fühler mit minder langem Endglied, keine Querlinie vorn auf dem Clypeus, einen deutlich längern Prothorax, schärfer hervortretende Segmentecken, deren schwarzer Fleck den ganzen Seitenrand einnimmt, und auf den beiden ersten Segmenten einen weissen Mittelschlitz, welcher bei weisslicher Färbung der vorigen Art gänzlich fehlt.

N. pileus *Nitzsch.*

Nitzsch, Zeitschrift f. ges. Naturwiss. 1866. XXVIII. 373. — Germar's Magaz. Entomol. III. 294.

Elongatus, brunneus, capite brevi, rotundatocordato, antennis brevibus; thoracis annulis trapezoidalibus, pedibus gracilibus, femoribus et tarsis longis; abdominis elliptici marginibus vix crenatis, ultimis segmentis multisetosis. Longit. ♂ 1''', ♀ $1\frac{1}{3}$'''.

Diese und die folgende Art bieten das Beispiel geselligen Beisammenlebens sehr verschiedener Arten auf demselben Wirthe zugleich mit einem *Liotheum* und alle in zahlreichen Exemplaren. Ihre Eigenthümlichkeiten fallen leicht in die Augen. Diese erste grösste Art hat einen kurzen, abgerundet herzförmigen Kopf, dessen Stirnhälfte kürzer als gewöhnlich ist. An dem breit abgerundeten Vorderende stehen jederseits zwei feine Borsten, weit dahinter eine dritte und in der Zügelmitte zwei nah beisammen. Der vordere Eckfortsatz der Fühlerbucht ist kurz und sehr plumpkegelförmig, das Fühlergrundglied ungemein dick, die drei folgenden deutlich keulenförmig und das Endglied nur sehr wenig länger als das vorletzte kürzeste; die Fühler dick und kurz. An der breit abgerundeten Schläfenecke eine lange Borste. Die braune Färbung des stark gewölbten Kopfes ist nur auf dem Clypeus hell und lässt die Schläfenlinien nicht deutlich erkennen. Der sehr gestreckte dunkelbraune, in der Mitte helle Thorax nimmt nach hinten langsam an Breite zu und sind beide Ringe nur durch eine schwache Randkerbe von einander abgesetzt, der erste mit einer Borste an der Hinterecke, der zweite mit etwas winklig vortretendem Hinterrande, drei Borsten an der Seitenecke und viereckigem dunkeln Fleck auf dem breiten Sternum. Die wie die Fühler hellbraunen Beine haben schlanke Hüften und gestreckte Schenkel, fast ebenso lange Schienen mit feinem Dorn in der Mitte und zwei sehr starken dahinter, mit sehr kurzen dicken Daumenstacheln, Dornen auch am langen Tarsus und sehr kräftige gekrümmte Klauen. Der gestreckte elliptische Hinterleib hat nur schwach gekerbte Seitenränder, vor den Segmentecken je eine, dann zwei und drei Randborsten, an den drei letzten Segmenten aber förmliche Büschel langer Borsten, auch das kurze breite tiefwinklig ausgerandete weibliche Endsegment mit vielen Borsten, das länger sich zuspitzende männliche mit noch einigen Borsten mehr. Die Segmente sind braun mit dunkelm Seiten- und Vorderrande und weisslicher Mittellinie, welche bei dem Weibchen bis zum achten ganz braunen Segmente reicht, während das neunte hell ist; bei dem Männchen dagegen ist die weissliche Mittellinie auf dem vierten und fünften Segment unterbrochen und läuft vom sechsten bis ans Ende. Die Bauchseite zeichnen sechs breite rechteckige Querflecke und die dahinter durchscheinenden Genitalien. Junge Exemplare sind blasser braun, auf dem Hinterleibe mit paarigen Flecken gezeichnet.

Auf Recurvirostra avocetta besonders zahlreich am Halse und der Brust von Nitzsch im Juni 1817 gesammelt.

N. decipiens *Nitzsch.*

Nitzsch, Zeitschrift f. ges. Naturwiss. 1866. XXVIII. 373. — Denny, Monogr. Anoplur. 125. Tab. 11. Fig. 2.

Oblongus, capite cordato, antice angustiore, obtusiore, antennis longioribus, thorace latiore, pedibus robustis, abdominis marginibus crenatis nigris, feminae segmentis tribus ultimis fuscopictis, reliquis candidis, maris segmentis fuscis fasciis linea media interruptis. Longit. ♂ $\frac{1}{2}$''', ♀ $\frac{3}{4}$'''.

Kleiner und etwas gedrungener als vorige, mit stärker verschmälertem Vorderkopfe und weniger abgerundetem mehr abgestutzten Ende und mit viel längern und stärkern Zügelborsten in derselben Anzahl und Stellung. Der Balken vor den Fühlern gestreckt kegelförmig, die Fühler selbst schlanker, länger, am convexen Schläfenrande zwei lange Borsten und drei Borstenspitzen; Zügel und Schläfengegend sowie die Gegend zwischen den Fühlern dunkelbraun. Der trapezoidale Prothorax hat eine starke Borste an der Hinterecke, der Metathorax an den stumpfen Seitenecken vier bis fünf steife Borsten und einen fast geraden Hinterrand. Die Beine sind kurz und kräftig, die Schienen mit zwei langen Dornen am Innenrande bewehrt, die Klauen schlank und sehr schwach gekrümmt. Der Hinterleib, beim Weibchen elliptisch, bei dem Männchen oval, hat nur schwach gekerbte Ränder und lange Borsten an denselben, das Weibchen ein schwach gekerbtes Endsegment mit je einer Borste und an dem ganz stumpfen Ende jederseits mit einer kleinen Kegelspitze, das Männchen ein sehr grosses queres und sehr dicht beborstetes Endsegment. Sehr charakteristisch ist die auffallend geschlechtlich verschiedene Zeichnung des Hinterleibes. Der schneeweisse des Weibchens ist nämlich schwarz gesäumt und hat erst auf dem sechsten

Segmente eine leicht angedeutete, auf den beiden folgenden deutliche braune Binde, der männliche dagegen gleichfalls dunkel gesäumt zeichnet seine Segmente mit braunen in der Mitte verengten Querbinden und durchbricht dieselben mit einer weissen mittlen Längslinie, welche jedoch auf dem vierten Segment völlig, auf den folgenden theilweis unterbrochen ist. Die Bauchseite hat in beiden Geschlechtern dieselbe Zeichnung wie die Oberseite, nur in den durchscheinenden Genitalien abweichend.

Auf Recurvirostra avocetta, von Nitzsch mit voriger Art gemeinschaftlich gefunden und nach diesen Exemplaren von Denny mit zu stark verschmälertem Kopfe abgebildet. Letzter zieht hieher Linne's *Pediculus recurvirostrae*, in dessen Diagnose ausdrücklich antennae breves parvae capitatae angegeben werden, diese sprechen entschieden gegen *Nirmus* und deuten auf *Liotheum*.

N. furcus *Nitzsch*. Taf. V. Fig. 2. 3.
Burmeister, Handb. Entomol. II. 427. — Nitzsch, Zeitschrift f. ges. Naturwiss. 1866. XXVIII. 374.

Elongatus, angustus, fuscus, capite elongato, antice truncato, signatura et linea alba frontali, antennarum articulo ultimo longitudine tertii; metathorace pentagono, abdomine crenatomarginato, segmentorum maris quinque, feminae sex priorum linea alba media, postice maculis nigris circumdata. Longit. ♂ 2/3''', ♀ 1/2'''.

Eine der schlanksten und gestrecktesten Arten, sehr leicht kenntlich an der eigenthümlichen Zeichnung des braunen Hinterleibes. Bei dem Männchen haben nämlich die fünf, bei dem Weibchen die sechs vorletzten Segmente eine weisse mittle Längslinie, welche vor dem weissen Hinterrande eines jeden Segmentes in einen schwarzen Fleck eintritt. Ausserdem ist auch der Kopf mit scharf umgränzter Signatur, davon ausgehender weisser Stirnlinie, dunklem Querstreif zwischen den Fühlern und weissen stark convergirenden Schläfenlinien gezeichnet, die Brustringe aber sind ohne Zeichnung. Der langgestreckte Kopf verschmälert sich nur mässig nach vorn und endet sehr schwach convex abgestutzt. Längs des Zügelrandes stehen fünf Borsten, am Schläfenrande nur eine, mehren Exemplaren noch fehlende. Der Balken vor der Fühlerbucht schlank kegelförmig, fast von der Länge des Fühlergrundgliedes; die schlanken Fühler reichen angelegt nahe an den Occipitalrand heran und ihr Endglied hat die Länge des dritten Gliedes. Der Prothorax hat convexe Seitenränder ohne Borsten, der lange Metathorax an seinen stumpfen Seitenecken vier zum Theil sehr lange straffe Borsten. Die Beine sind im Verhältniss zur Körperlänge kurz und kräftig, zumal die Schienen, deren Innenrand mit drei bis vier Dornen bewehrt ist; die Klauen schwach, kurz, sehr wenig gekrümmt. Der Hinterleib lässt seine wie gewöhnlich beborsteten Segmentecken wenig aber ziemlich scharfwinklig hervortreten, das weibliche eng gekerbte Endsegment trägt an jeder Ecke ein kleines Borstenspitzchen, das sehr grosse scharf abgesetzte männliche Endsegment ist lang und dicht beborstet.

Auf Totanus maculatus und T. glottis, von Nitzsch im August 1814 und später wieder gesammelt und gezeichnet. Burmeister giebt noch Strepsilas interpres als Wirth an, doch finde ich in Nitzsch's Nachlass keinen Beleg dazu und ist dieses Vorkommen wohl auf eine andere Art zu beziehen.

N. Naumanni *Gieb.*
Giebel, Zeitschrift f. ges. Naturwiss. 1866. XXVIII. 374.

Praecedenti similis, albidus, nigromarginatus, pedibus crassioribus, abdomine longe elliptico. Longit. 3/4'''.

Diese Art hat den Habitus der vorigen, doch spitzt sich der Hinterleib am Ende schlanker zu, die Beine haben sehr viel dickere Schenkel und keulenförmige Schienen mit drei starken Dornen am Innenrande und der weissliche Hinterleib hat nur schwarze Säumung. Das Männchen ist ebenso schmal und lang wie das Weibchen und sein grosses halbkreisförmiges, weniger als bei voriger Art beborstetes Endsegment ist auch minder stark vom vorletzten abgesetzt.

Auf Totanus gilvipes, in drei Exemplaren in unserer Sammlung.

N. obscurus *Nitzsch*. Taf. VI. Fig. 2. 3.
Burmeister, Handb. Entomol. II. 427. — Nitzsch, Zeitschrift f. ges. Naturwiss. 1866. XXVIII. 374. — Denny, Monogr. Anoplur. 147. [Tab. 10. Fig. 6.?]

Nirmo furco simillimus, at angustior, abdominis linea alba media breviore et interrupta, maculis nigris nullis. Longit. 3/4'''.

Von noch gestreckterem, schlankeren Habitus als *N. furcus* und besonders in der Zeichnung verschieden. Auf dem Kopfe laufen nämlich die Sförmig geschwungenen Schläfenbinden am Hinterhauptsrande völlig zusammen, so dass das von ihnen begränzte Mittelfeld dreiseitig ist. Die mittle weisse Längslinie auf dem Hinterleibe endet bei dem Männchen schon auf dem vierten Segment, bei dem Weibchen erst auf dem sechsten, reicht hier aber nicht an den Hinterrand der Segmente heran und fehlt die schwarze Zeichnung an diesen Stellen gänzlich. Auch plastische Unterschiede ergiebt die unmittelbare Vergleichung beider Arten. Der Balken vor der Fühlerbucht ist hier gestreckter und von der Länge des Fühlergrundgliedes, die Fühler reichen angelegt bis an den Occipitalrand und ihr Endglied hat die doppelte Länge des vorletzten Gliedes, der Prothorax ist entschieden gestreckter, der Metathorax schmäler, der Innenrand der Schienen mit feinen Dornen bewehrt, das männliche Endsegment des Hinterleibes merklich breiter, kürzer, minder scharf abgesetzt und mit weniger Borsten, das weibliche Endsegment weniger unterschieden.

Auf Totanus glareola, T. hypoleucus und Limosa melanura und L. Meyeri von Nitzsch seit Frühjahr 1814 wiederholt gesammelt. Die männlichen Exemplare von Limosa Meyeri haben ein grösseres scharf abgesetztes sehr reich und lang beborstetes Endsegment und eine wenig deutliche weisse Längslinie auf den vordern Segmenten, alle sind heller gefärbt, die nicht ganz reifen weisslich. — Denny identificirt seinen *N. obscurus* fraglich mit dem unserigen und die Vergleichung schon der Abbildungen beider lässt auf den ersten Blick die specifische Verschiedenheit erkennen. Da Burmeister in der Diagnose des *N. obscurus* ausdrücklich die weisse Längslinie auf dem Abdomen als charakteristisch genau angiebt, so ist es auffällig, dass Denny keine Notiz davon genommen hat. Seiner Art fehlt nicht blos diese Linie, sie ist auch viel gedrungener, im Vorderkopf stark verschmälert, hat ein kürzeres Fühlerendglied und viel kürzere Balken, steht in jeder Beziehung dem *N. cingulatus* viel näher, wenn sie denselben nicht geradezu identificirt werden muss. Denny führt nicht weniger als zwölf Wirthe für sie an.

N. similis *Gieb.*
Giebel, Zeitschrift f. ges. Naturwiss. 1866. XXVIII. 374.

Praecedenti simillimus, at pallidior, feminae abdominis segmentis tribus linea alba media. Longit. 1'''.

Diese Art steht der vorigen auffallend nah, hat im wesentlichen dieselben Körperformen, nur ist das Schnauzenende weniger convex, der Prothorax breiter, die Schenkel stärker, aber die Schläfenlinien verhalten sich ganz wie bei *N. furvus*, die Thoraxringe sind wie der Hinterleib schwarz gesäumt und die mattbraunen Hinterleibssegmente des Weibchens haben die weisse Mittellinie nur auf den drei ersten und ist dieselbe an deren Hinterrande etwas dunkler braun (nicht schwarz wie bei *N. furvus*) umschattet. Dieser verwaschene braune Fleck kömmt auch noch am Hinterrande der drei folgenden Segmente vor.

Auf Totanus glottis, in einem weiblichen Exemplare unserer Sammlung.

N. ochropi *Denny.*
Denny, Monogr. Anoplur. 134. Tab. 11. Fig. 12.

Saturate castaneus, glaber, nitidus, caput longissimum, clypeus ochraceus. Longit. $^{3}/_{4}$—1'''.

Vom Habitus der vorigen Arten zeichnet sich diese besonders durch einen dunkeln dreiseitigen Randfleck auf den sechs ersten (nach der Abbildung aber sieben) Hinterleibssegmenten aus, die keine weisse Mittellinie haben.

Auf Totanus ochropus, mir unbekannt.

N. fimbriatus *Gieb.*
Giebel, Zeitschrift f. ges. Naturwiss. 1866. XXVIII. 374.

Elongatus, ferrugineus; capite oblongo, signatura frontali, antennis longis, articulo ultimo secundo aequilongo; prothorace transverso, metathorace trapezoidali, pedibus crassis; abdominis elliptici marginibus subserratis obscuris. Longit. $^{1}/_{3}$'''.

Das einzige Weibchen dieser Art hat die gestreckte schmale Körpertracht der vorigen, und unterscheidet sich von denselben hauptsächlich durch die dicken Beine und die Zeichnung. Der gestreckt dreiseitige Kopf endet vorn flach convex und trägt hier jederseits nur eine straffe Borste, am Zügelrande drei feinere in fast gleichen Abständen. Die Fühler reichen angelegt bis an den Hinterrand des Kopfes und ihr Endglied hat die Länge des zweiten, ist also beträchtlich länger als bei allen verwandten Arten. Die Zeichnung des Kopfes gleicht im Wesentlichen der von *N. obscurus*. Der quere Prothorax hat convexe Seiten und der schmale Metathorax ist trapezoidal, beide mit heller Mitte. Die Beine sind viel dicker und kürzer als sonst bei den schlanken Arten; die Schienen so lang wie die sehr dicken Schenkel und nur wenig schwächer, am Innenrande mit drei gewaltigen

Dornen bewehrt. Der schmale lange Hinterleib lässt die mit ein bis drei Borsten besetzten Segmentecken wenig aber ziemlich scharf hervortreten. Das Endsegment ist schmal und ziemlich tief gespalten. Die Seitenränder sind dunkel-, fast schwarzbraun, die vordern und hintern Ränder der Segmente braun gesäumt. Der mittle weisse Längsstreif ist wegen des ganz dunkel durchscheinenden Magens nicht deutlich zu erkennen.

Auf Phalaropus fimbriatus, von Nitzsch 1836 auf einem direct aus Mexiko bezogenen trocknen Balge gefunden.

N. cingulatus *Nitzsch.* Taf. V. Fig. 4.

Burmeister, Handb. Entomol. II. 428. — Nitzsch, Zeitschrift f. ges. Naturwiss. 1866. XXVIII. 374. — Denny, Monogr. Anoplur. 146. Tab. 11. Fig. 3.

Nirmus fuscofasciatus Grube, v. Middendorff's sibir. Reise Zool. II. 475. IV. 1. Fig. 1.

Rufofuscus, robustus; capite truncatotriangulari, linea transversa frontali obscura; antennarum brevium articulo ultimo penultimo longiore; prothorace rectangulari, metathoracis quinquangularis lateribus convexis; abdominis late elliptici marginibus serratis, segmentis fasciis posticis rufobrunneis. Longit. 3/4'''.

Breiter und gedrungener als vorige Arten, der Kopf dreiseitig mit breit abgestutztem schwachconvexen Vorderende und sehr feinen Borsten am Zügelrande, dagegen mit vier sehr langen starken Borsten am stark convexen Schläfenrande, mit starken kurzen Balken vor der Fühlerbucht, kurzen Fühlern, deren letztes Glied länger als das sehr kurze vor- und drittletzte Glied. Die eigenthümliche Zeichnung des Kopfes, die dunkeln Zügelränder und Querbinde auf der Stirn, die charakteristische Signatur vor derselben, die stark convergirenden Schläfenlinien stellt unsere Abbildung nach frischen Exemplaren naturgetreu dar. Beide Brustringe sind dunkel gerandet, der Prothorax quer oblong, der Metathorax fünfeckig und seine Seiten stark convex mit einer langen Borste vor und einer hinter deren Mitte, keiner an der Ecke. Die Beine sind dick und kurz, die Schienen mit zwei schwachen Dornen am Innenrande und starker Borste am Aussenrande. Der breit elliptische Hinterleib hat scharf sägezähnige Ränder und zwei kurze aber steife Borsten an den Segmentecken. Das männliche schwach zugespitzte Endsegment trägt nur zwei Borsten jederseits, das sehr kurze bis auf den Grund gespaltene weibliche ein Spitzchen jederseits. Am Hinterrande eines jeden Segmentes liegt eine dunkel rothbraune Querbinde. Bei unreifen gelblichweissen Exemplaren ist diese Querbinde schon deutlich, der Kopf vorn breiter und ganz abgerundet.

Auf Limosa rufa, L. melanura und Machetes pugnax, Phalaropus rufescens, seit August 1814 von Nitzsch mehrfach beobachtet und gezeichnet (neben unserer Abbildung die hervorgestülpte Ruthe des Männchens). Denny beschreibt die Art von denselben Wirthen, nur giebt seine Abbildung den Habitus schlanker, den Kopf nach vorn stärker verschmälert und das letzte Fühlerglied nicht verlängert an. Auch Grube führt diese Art von Machetes pugnax, Tringa cinerea und Tr. subarquata auf, aber vergleicht sie mit *N. obscurus* nach Denny's Auffassung, da der *N. cingulatus* von Nitzsch noch nicht genügend charakterisirt war. Auch er giebt den Kopf nach vorn mehr verschmälert an, im Uebrigen aber kann seine Beschreibung und Abbildung unbedenklich auf unsre Art bezogen werden.

N. paradoxus.

Nirmus phalaropi Denny, Monogr. Anoplur. 132. Tab. 8. Fig. 6.??

Elongatus, pallidus; capite oblongo, angusto, antennis longis, articulo ultimo longiore; prothorace et metathorace trapezoidali; abdomine oblongo, marginibus serratis, maris brunneis, feminae segmentis fasciatis. Longit. 1'''.

Einige Exemplare unserer Sammlung mit der Bezeichnung von ***Phalaropus hyperboreus*** zeigen in beiden Geschlechtern Eigenthümlichkeiten, welche die Zusammengehörigkeit bedenklich machen. Es sind langgestreckte schmale Gestalten, doch die Weibchen mit etwas breiterm Hinterleibe als die Männchen. Der lange nach vorn nur wenig sich verschmälernde und völlig abgerundete Kopf ist von vorn bis zur Zügelmitte schon mit sechs Borsten jederseits besetzt, dahinter folgen noch zwei und am Schläfenrande finde ich nur ein Borstenspitzchen. Der Balken vor der Fühlerbucht ist schlank kegelförmig, die Fühler schlank und angelegt bis an den Occipitalrand reichend, ihr Endglied erheblich länger als das vierte. Eine Querlinie geht dem convexen Clypeusrande parallel, der dunkle Zügelrand durchbrochen, das helle Mittelfeld von keinen deutlichen Schläfengruben begränzt. Der sehr breite Thorax erweitert sich nach hinten und der Metathorax setzt mit langsam zunehmender Breite fort, trägt nur eine Borste an jeder Hinterecke. Die Beine sind kräftig, die Schienen mit zwei starken gekrümmten Dornen am Innenrande. Der langgestreckte bei dem Weibchen merklich breitere Hinterleib hat nur sehr wenig hervortretende aber scharfe Segmentecken, an den vordern eine, an den hintern zwei und drei Borsten. Das sehr kurze, tiefgespaltene weibliche Endsegment hat jederseits drei feine lange Borsten, das enorm grosse dachförmig sich zuspitzende männliche Endsegment trägt jederseits vier längere und viel stärkere Borsten. Der männliche Hinterleib ist dunkelbraun gesäumt ohne andre Zeichnung der Segmente, der weibliche hat hellbraune Segmente mit dunkeln Vorder- und Hinterrande. Diese absonderliche Verschiedenheit beider Geschlechter in der Zeichnung sowohl wie in der Form des Hinterleibes erheischt eine Untersuchung neuer Vorkommnisse.

Auf Phalaropus hyperboreus. in unserer Sammlung. — Denny's Art desselben Wirthes ist erheblich kleiner, hat einen stärker zugespitzten Kopf, abweichende Formen der Brustringe, scharf gezähnte Hinterschenkel und ein sehr viel grösseres weibliches Endsegment, überdies den weiblichen Hinterleib abweichend gezeichnet und von geschlechtlich verschiedener Zeichnung wird nichts erwähnt.

N. zonarius *Nitzsch.*

Nitzsch, Zeitschrift f. ges. Naturwiss. 1866. XXVIII. 374.

Elongatus, fuscus; capite longiusculo antice rotundato, loris suturaque coronaria brunneis, antennis brevibus; prothorace rectangulo, metathorace pentagono; abdominis oblongi marginibus valde crenatis, segmentorum marginibus lateralibus fusconigris, posticis rufescentibus, plicaturis albis. Longit. $^{3}/_{4}$'''.

Wieder eine schmale gestreckte Art, die jedoch durch das völlig abgerundete vordere Kopfende und den randlich stark gekerbten Hinterleib schon auf den ersten Blick von den vorigen unterschieden werden kann. Der ziemlich gestreckte Kopf verschmälert sich von den Fühlern bis zur Zügelmitte etwas und rundet sich dann im Schnauzenende halbkreisförmig ab. Seine Ränder tragen hier äusserst feine spärliche Borsten, erst am Ende der Zügel vor dem Balken zwei starke neben einander. Die Balken sind stark kegelförmig und überragen das Fühlergrundglied. Die Fühler selbst sind kurz, das letzte Glied wenig länger als das vierte. Am Schläfenrande stehen vier starke Borsten, von welchen zwei stets sehr lang sind. Die Zügelränder und eine quere Stirnbinde sind dunkelbraun, die ganz hellen Schläfenlinien biegen winklig nach hinten um und laufen parallel nach hinten, ein vierseitiges Mittelfeld begränzend, das ebenso breit oder etwas breiter als jedes Schläfenfeld ist. Der Prothorax hat schwach convexe Seiten und der fünfseitige Metathorax stärker convexe mit zwei ungleich langen Borsten an den völlig abgerundeten Seitenecken; beide Brustringe dunkelbraun gerandet. Die Beine kräftig, die Schienen schwach keulenförmig, ohne Dornen am Innenrande, mit sehr kurzen dicken Daumenstacheln und langer Borste am Aussenrande, die Tarsen schlank und die Klauen sehr lang, ganz schwach gekrümmt. Der oblonge Hinterleib lässt seine seitlichen Segmentecken stark und scharf hervortreten, der schmale weibliche stumpfwinklig, der breite männliche fast rechtwinklig; dieselben tragen vom ersten an eine, dann zwei mässig lange Borsten, auch das halbovale männliche Endsegment jederseits nur zwei kurze, das sehr kurze tief gespaltene ganz stumpfe weibliche Endsegment jederseits drei feine sehr kurze Borstenspitzchen. Die braunen Segmente haben schwarzbraune Seitenränder und einen rothbraunen Hinterrand, die weissen Plicaturen durchbrechen auch die dunkeln Seitenränder. Auf der Bauchseite fehlt der rothbraune Hinterrand. Die beiden Endsegmente sind ohne Zeichnung.

Auf Tringa minuta, Tr. cinclus und Numenius arquata, von Nitzsch zuerst im September 1815 erkannt. Einige Exemplare von Calidris arenaria messen nur 1''' Länge, haben längere Borsten am Schläfenrande, vier bis fünf zum Theil sehr lange Borsten am convexen Seitenrande des Metathorax und einen ununterbrochenen und breit dunkel gesäumten Hinterleib, im Uebrigen stimmen sie vollkommen überein. Die Exemplare von Tringa alpina s. cinclus zeichnen sich zum Theil wenigstens durch hellere Färbung, einzelne durch gar nicht dunkel gesäumten Hinterleib und durch in der Mitte nicht eingezogene Zügel aus.

N. phaeopodis.

Nirmus phaeopi Denny, Monogr. Anoplur. 144. Tab. 10. Fig. 7. — Grube, v. Middendorff's Sibir. Reise Zool. II. 480.

Oblongus, pallide ochraceus, capite oblongo, antice truncato, antennis longis; prothorace rectangulo, metathorace subtrapezoidali, pedibus longis; abdominis marginibus crenatis, obscuris, segmentorum medio fusco. Longit. ♂ $^{3}/_{4}$''', ♀ 1'''.

Eine schlanke Art, minder schmal als vorige, blass ockergelb und am ganzen Körper dunkel gesäumt. Der gestreckte Kopf verschmälert sich nur wenig nach vorn und endet gerade abgestutzt, trägt an den völlig abgerundeten Vorderecken je vier Borsten und eine fünfte starke in der Zügelmitte. Der Eckfortsatz an der Fühlerbucht ist kurz und dick, die Fühler lang, ihr Endglied deutlich länger als das vorletzte. Die Stirngegend ist dunkel und das Syncipitalfeld ganz hell, ohne Schläfenlinien, welche Denny's Abbildung sehr markirt darstellt.

Der Prothorax ist sehr breit, rechtwinklig, der Metathorax nur wenig nach hinten erweitert, hinter den völlig abgerundeten Seitenecken mit zwei langen Borsten. Beide Brustringe schwarzbraun gerandet mit hellem Längsstreif in der Mitte. Die langen Beine mit starken Schienen, an deren Innenrande drei Dornen stehen; die Klauen sehr kurz und stark gekrümmt. Der lang gestreckte Hinterleib mit gekerbten dunkeln Seitenrändern, mit den gewöhnlichen sehr langen Randborsten, und grossem bloss eingeschnittenen weiblichen Endsegment. Die Segmente sind oben und unten längs der Mitte braun, ihre Plicaturen wie häufig weiss.

Auf Numenius phaeopus, in unserer Sammlung ohne nähere Angabe. Von Denny, dessen Artnamen wir beibehalten, auf demselben Vogel und auf Tringa subarquata, von Giebel auf Limosa rufa in einem männlichen Exemplar gefunden. Beider Beschreibungen passen nicht völlig auf unsere Exemplare, doch berechtigen die Unterschiede zu keiner specifischen Trennung.

N. pseudonirmus *Nitzsch*.
Nitzsch, Zeitschrift f. ges. Naturwiss. 1866. XXVIII. 375.

Robustus, latus, pallide flavus; capite cordiformi, signatura frontali lata, antennis brevibus; prothorace rectangulari, metathorace brevi, lato, pentagono; abdomine lato ovali, marginibus acute crenatis brunneis, segmentorum fasciis fuscis medio angustatis, prima et secunda fascia medio crenata. Longit. 1‴.

Eine so gedrungene, docophorenähnliche Art, dass Nitzsch sie in seinen Collectaneen nur als sehr merkwürdig mitten inne zwischen *Nirmus* und *Docophorus* stehend bezeichnet. Der Kopf ist breit herzförmig, von ächt docophorischer Configuration, vorn gerade abgestutzt und hinter den etwas abgerundeten Vorderecken mit je drei Borsten und ebenso vielen noch am Zügelrande. Die Balken sind sehr dick, schief dreiseitig und überragen das Fühlergrundglied ein wenig. Die Fühler erreichen angelegt nicht den Occipitalrand; ihr drittes und viertes Glied schwach keulenförmig, das letzte wieder etwas länger. An der stumpf vorstehenden hintern Ecke der Fühlerbucht eine sehr lange Borste und an der breiten abgerundeten Schläfenecke drei lange Borsten. Die Stirnsignatur ist breiter als lang, stumpf dreispitzig, von ihren Seitenecken aus der braune Zügelrand durchbrochen. Zwischen den Fühlern ein dunkler Querfleck mit heller Mitte. Die Schläfenlinien convergiren nach hinten und begränzen ein helles Mittelfeld, das schmäler als jedes Schläfenfeld ist. Der braune Prothorax ist breit und kurz, an den convexen Seiten mit je einer langen Borste, der Metathorax sehr kurz und breit, der tief braune Seitensaum biegt am Vorderende nach innen und dem winkligen Hinterrande parallel läuft eine Punktreihe wie bei vielen Docophoren; an den Seitenecken mit je vier sehr langen Borsten. Die Beine haben lange Hüften und Schenkelringe, starke Schenkel und Schienen, letzte mit drei langen Dornen am Innenrande und sehr langen Daumenstacheln, die Tarsen mit zwei langen Borsten, die Klauen dagegen auffallend kurz. Der breit ovale Hinterleib hat bei dem Männchen scharfe, bei dem Weibchen abgerundete Segmentecken mit je ein bis drei Borsten, das grosse halbovale männliche Endsegment zehn lange Borsten jederseits, das sehr kurze ganz eingeschnittene weibliche Endsegment nur ein feines Borstenspitzchen jederseits. Die Seitenränder sind dunkelbraun, die Segmente haben oberseits je eine braune in der Mitte verengte Querbinde, welche auf den beiden ersten Segmenten in der Mitte eine weisse Kerbe haben, bei dem Männchen auf dem sechsten und siebenten Segmente linienschmal erscheinen, übrigens aber bei dem Männchen auf den letzten Segmenten dunkler, bei dem Weibchen viel heller als die vordern sind. Auf der Bauchseite liegen sechs braune Querflecke, auch die Sterna beider Brustringe sind längs der Mitte braun; die Genitalienzeichnung wie immer sehr verschieden. Spärliche lange blonde Borsten am Hinterrande der Segmente. Einige Exemplare erscheinen viel heller, weisslich, ihre hellrostbraunen Querbinden schmäler.

Auf Numenius arquatus, von Nitzsch im August 1817 in Gesellschaft des *Docophorus humeralis* und *Nirmus holophaeus* in vielen Exemplaren gesammelt.

N. Numenii *Denny*.
Denny, Monogr. Anoplur. 144. Tab. 9. Fig. 6.

Obscure castaneus, nitidus, glaber; caput oblongum ante oculos sinuatum; metathorace hypotrapezoideo, umbra fuscissima, abdominis medio per longitudinem discurrente. Longit. ♂ 1‴, ♀ 1⅓‴.

Eine langgestreckte dunkelbraune Art mit tief braunem Längsbande auf der Oberseite des Hinterleibes und solchem Seitenrande der Segmente, auf Numenius arquatus, mir unbekannt.

N. Vanelli *Denny.*

Denny, Monogr. Anoplur. 128. Tab. 7. Fig. 6. — Giebel, v. Middendorff's Sibir. Reise Zool. I. 477.

Ex testaceo flavus, capite triangulo, longiore quam lato, angusto furcomarginato, fronte obfuscata, marginibus lateralibus thoracis nigricantibus; prothoracis paene parallelis, metathoracis longioribus obliquis, abdomine oblongo elliptico, margine laterali segmentorum anteriorum sex nigro, punctis fuscis singulis ad medias suturas segmentorum collocatis. Longit. 1'''.

Diese zuerst von Denny und dann von Giebel auf Tringa cinerea beobachtete und beschriebene Art fehlt unserer Sammlung. Sie ist durch schiefe schwarze Längsflecke am Seitenrande aller Segmente des bleichhornfarbigen Hinterleibes und durch einen dunkelbraunen queren Punkt vor der Mitte des Hinterrandes der Segmente mit Ausnahme der beiden letzten eigenthümlich ausgezeichnet.

N. truncatus *Nitzsch.*

Nitzsch, Zeitschrift f. ges. Naturwiss. 1866. XXVIII. 375.

Nirmus scolopacis Denny, Monogr. Anoplur. 149. Tab. 11. Fig. 8.?

Angustus, fuscus; capite oblongo, antice rectissime truncato et linea transversa picto, antennis longis, articulo ultimo penultimo longiore, maris articulo primo longo fusiformi; prothoracis lateribus convexis, metathorace trapezoidali, pedibus longis; abdominis oblongi marginibus crenatis, segmentis fascia linea alba media, stigmatum regione pallida. Longit. ♂ 1/2''', ♀ 2/3'''.

An dem vorn breit und gerade abgestutzten, oblongen Kopfe sehr leicht kenntliche Art. An den Vorderecken stehen jederseits fünf Borsten, vor dem Balken zwei dicht neben einander. Der kegelförmige Balken hat nicht die Länge des Fühlergrundgliedes. Dieses ist bei dem Weibchen von gewöhnlicher Bildung, bei dem Männchen dagegen auffallend verlängert und dick spindelförmig. Das dritte und vierte Glied sind unter einander gleich lang, aber erheblich kürzer als das Endglied. Angelegt erreichen die Fühler den Nackenrand. Am Schläfenrande stehen in gleichen Abständen von einander drei lange Borsten. Dem gerade abgestutzten breiten Vorderrande läuft eine weisse Linie parallel, zwei dunkle Orbitalflecke und die Schläfenlinien begränzen ein Mittelfeld breiter als beide Schläfenfelder zusammen. Die Beine haben sehr gestreckte Hüften, lange Schenkel und schwach keulenförmige Schienen; der quere Prothorax schwach convexe Seiten, der lange trapezoidale Metathorax an den stumpfen Seitenecken zwei kurze Borsten. Der oblonge Hinterleib, bei dem Männchen viel kürzer und stumpfer als bei dem Weibchen, hat nur an den beiden ersten Segmenten scharfe Seitenecken, an den folgenden abgerundete mit je zwei langen Borsten. Das weibliche Endsegment ist sehr kurz, ohne deutliche Kerbe und borstenlos, das männliche gross und beborstet. Die braunen Segmente haben eine mittle weisse Längslinie und einen hellen dem Seitenrande parallelen Längsstreifen, in welchem die Stigmata liegen.

Auf Scolopax gallinago, von Nitzsch im August 1814 in einem männlichen Exemplar auf dem Kopfe und einem weiblichen auf einer Schwungfeder gefunden und sehr genau gezeichnet. Nitzsch meint, dass ein von ihm auf Scolopax gallinula beobachtetes Exemplar nur als Gast auf diesem Vogel vorkomme. Denny's *Nirmus Scolopacis* hat einen Prothorax von der Breite des Kopfes, einen fast quadratischen Metathorax mit winkligem Hinterrande und einen nach hinten breitern Hinterleib. Die auffallenden Geschlechtsunterschiede erwähnt Denny nicht, obwohl er beiderlei Exemplare hatte. So ist denn die Identität mit unserer Art sehr fraglich.

N. tristis.

Robustus, brunneus; capite cordato, antice sat angustato et truncato, antennis longis; prothorace rectangulari, metathorace pentagono, pedibus robustis; abdomine ovali, marginibus crenatis, nigris. Longit. 3/4'''.

Eine gedrungene Art von dunkler Färbung, mit hinten sehr breitem, vorn stark verschmälerten und gerade abgestutzten Kopfe, an dessen Vorderecken je zwei Borsten, dann eine in der Mitte des concaven Zügelrandes und die letzte vor dem Balken steht. Dieser ist stark kegelförmig; die Fühler angelegt reichen bis an den Nackenrand, ihr letztes Glied sehr wenig länger als das vorletzte. Keine Borsten an den stark vortretenden Schläfen; parallele Schläfenlinien. Der Prothorax hat an seinen schwach convexen Seiten je eine, der Metathorax an den stumpfen Seitenecken je drei lange Borsten. Die Beine sind kräftig. Der ovale Hinterleib hat scharfe erste, stumpfe folgende Segmentecken mit zwei und drei langen Borsten. Das kurze abgerundete männliche Endsegment ist lang beborstet, das tief gespaltene weibliche trägt je ein Spitzchen auf jeder stumpfen Ecke. Der braune Hinterleib hat auf jedem Segment einen dreiseitigen schwarzen Randfleck, welche einen gesägten Saum bilden.

Auf Scolopax gallinago, in einigen Exemplaren in unserer Sammlung ohne jede nähere Angabe, und möchte ich die Richtigkeit des Wirthes bezweifeln.

N. cuspidatus *Denny.*
Denny, Monogr. Anoplur. 130. Tab. 6. Fig. 2.

Pallide testaceus, oblongoellipticus, leviter pubescens; capite conico, cum margine laterali castaneo, metathorace postice acute angulato, abdomine elliptico cum margine laterali nigrocastaneo et serrulato. Longit. 1/2'''.

Blassgelb mit sehr dunkler Berandung, mit abgestutzt kegelförmigem Kopfe und stark nach hinten winklig erweitertem Metathorax, auf Gallinula chloropus und Rallus aquaticus, nach Denny. Derselbe bezieht die Art auf Scopoli's ***Pediculus cuspidatus,*** Entomol. carniol. 385. no. 1049, allein dessen Diagnose passt ebenso treffend auf die Mehrzahl aller Philopteren wie auf diese einzige Art und es bleibt daher nur der Wirth als einziger Anhalt für Denny's Identificirung.

N. funebris *Nitzsch.*
Nitzsch, Zeitschr. f. ges. Naturwiss. 1866. XXVIII. 371.

Pallidus, fuscopictus; capite trigono, antice rotundatotruncato, antennis longis, articulo ultimo penultimo longiore; prothorace rectangulari, metathorace trapezoidali, pedibus longis; abdomine late elliptico, marginibus serrulatis, segmentis fuscis media fascia alba lata et bipustulatis. Longit. 3/4'''.

Hinsichtlich der allgemeinen Körpertracht hält diese Art die Mitte zwischen den schmalen gestreckten und den breiten gedrungenen. Ihr dreiseitiger, nicht gerade breiter Kopf verschmälert sich nach vorn und endet breit rundlich abgestutzt. Gleich hinter der völlig abgerundeten Vorderecke stehen jederseits vier ziemlich straffe Borsten, denen noch eine in der Zügelmitte folgt. Die Balken sind dünn kegelförmig, aber kürzer als das Fühlergrundglied. Die Fühler erreichen angelegt fast den Occipitalrand und ihr Endglied hat die doppelte Länge des vorletzten. Gleich hinter den Fühlern steht eine kurze, an der abgerundeten Schläfenecke eine sehr lange Borste. Von dem hellen Clypeus geht ein schwarzbraun begränzter Streif zur Stirn hinauf und endet gablig zwischen den Fühlern. Die Schläfenlinien laufen parallel zum Nackenrande, der neben ihnen je ein schwarzbraunes Fleckchen hat. Das von ihnen begränzte Mittelfeld ist breiter als das Schläfenfeld. Der rechtwinklige Prothorax ist breiter als lang, der Metathorax trapezoidal und an seinen abgerundeten Seitenecken mit je vier langen Borsten besetzt. Die Beine haben kurze sehr dicke Schenkel, aber lange viel dünnere Schienen mit fünf Dornen am Innenrande, die schlanken Tarsen mit zwei Dornen und die Klauen enorm lang. Der Hinterleib hat in der Mitte seine grösste Breite und spitzt sich nach hinten schlank zu, die Hinterecken der vordern Segmente treten scharf hervor, die der folgenden runden sich mehr und mehr ab, die der letzten treten gar nicht mehr hervor. Ihre Borsten sind die gewöhnlichen. Das tief gekerbte weibliche Endsegment trägt an jeder Spitze eine sehr kurze Borste. Die braunen Segmente werden oberseits bis zum siebenten von einem breiten weissen Längsstreif längs der Mitte durchzogen und haben jederseits desselben einen lichten Fleck, der jedoch nicht so markirt wie das Stigma neben dem Rande hervortritt. Das achte Segment ist durchgehend braun, das neunte hell. Die Seitenränder der sieben ersten Segmente sind schmal schwarzbraun gesäumt.

Auf Aramus scolopaceus, von Nitzsch im März 1827 in drei weiblichen Exemplaren gesammelt.

N. intermedius.

Oblongus, pallidus; capite cordiformi, antice truncato, antennarum maris articulo crasso fusiformi; prothorace subtrapezoidali, metathorace pentagono, pedibus longis; abdominis oblongoelliptici marginibus serratis, nigris, segmentis ferrugineis. Longit. 1/3'''.

Diese kleine zierliche Art verschmälert ihren Kopf sehr stark nach vorn und stutzt das Schnauzenende fast gerade ab. In der vordern Hälfte des Zügelrandes stehen vier ziemlich straffe Borsten. Die Balken vor der Fühlerbucht sind schlank kegelförmig, die weiblichen Fühler von gewöhnlicher Fadenform, die männlichen dagegen gleichen denen von *N. truncatus*, indem ihr Grundglied das längste, zugleich auffallend verdickt spindelförmig ist. An der stark vortretenden Schläfenecke steht eine sehr lange dicke Borste. Der Schnauzentheil ist weisslich und der Nackenrand in der Breite des Prothorax dunkelbraun gesäumt. Der Prothorax erweitert sich schwach nach hinten und trägt vor der Hinterecke eine Borste, der kurze Metathorax an der abgerundeten Seitenecke zwei lange Borsten. Die schlanken Beine haben fast gleich lange Schenkel und Schienen, an letzten nur einen Dorn; die Klauen sind sehr kurz und dick. Der sägerandige Hinterleib ist nur wenig verbreitert in der Mitte und trägt sehr lange Randborsten; die Segmente rostbraun mit schwarzen Seitenrändern.

Auf Ortygometra porzana, in unserer Sammlung in einigen Exemplaren ohne nähere Angabe.

N. minutus *Nitzsch.* Taf. V. Fig. 7.
Nitzsch, Germar's Magaz. Entomol. III. 291; Zeitschr. f. ges. Naturwiss. 1866. XXVIII. 375.

Pallidus, fuscopictus; capite brevi cordiformi, antice rotundato, antennis longis, maris articulo primo longissimo crasso; prothorace rectangulari, metathorace pentagono, abdomine ovali, marginibus serratis brunneis, segmentis fasciis medio albis. Longit. 1/2'''.

Eine ebenfalls kleine und zierliche Art, deren herzförmiger Kopf vorn parabolisch gestaltet und hier nur mit äusserst feinen Borsten besetzt ist. Das Männchen hat einen kürzern und breitern Vorderkopf als das Weibchen. Die bei voriger Art gar nicht gezeichneten Zügel sind hier tiefbraun wie auch der Schläfenrand und zwei Flecken am Nackenrande. Die schlanken Fühler der Weibchen reichen angelegt bis an den Nackenrand, und ist ihr letztes Glied von der Länge der beiden vorletzten zusammen. An den männlichen Fühlern dagegen hat das sehr dicke Grundglied fast die Länge aller übrigen und lässt sogar zwei Höcker erkennen. An der stark vortretenden Schläfenecke steht eine enorm lange Borste, am übrigen Schläfenrande einige Borstenspitzen. Der rechteckige Prothorax hat vor der hintern Seitenecke eine lange Borste, der fünfeckige Metathorax (in unserer Abbildung verfehlt) trägt an der abgerundeten Seitenecke zwei Borsten. Die Schienen haben nur zwei schwache Dornen am Innenrande. Der gestreckt ovale Hinterleib lässt die Segmentecken sägezähnig hervortreten, trägt mässig lange Randborsten, ist dunkelbraun gesäumt, mit hellen Stigmen und längs der Mitte der Oberseite zieht ein helles, nicht scharf begränztes Längsfeld, bei dem Männchen mit zahlreichen Borsten am sehr kleinen Endsegment.

Auf Gallinula chloropus und Fulica atra, von Nitzsch zuerst im Mai 1805 entdeckt und später wiederholt gefunden und abgebildet. Lebt in Gesellschaft eines ***Docophorus*** und ***Lipeurus***.

N. attenuatus *Nitzsch.* Taf. VI. Fig. 1.
Nitzsch, Germar's Magaz. Entomol. III. 291. — Denny, Monogr. Anoplur. 134. Tab. 10. Fig. 2.
Pediculus Ortygometrae Schrank, Enumer. Ins. Austr. 501.

Oblongus, fuscus; capite antice truncato, antennis longis; prothorace rectangulari, metathorace pentagono; abdominis oblongi marginibus crenatis, segmentis quatuor prioribus linea media alba. Longit. 1'''.

Nitzsch entdeckte diese Art im Juni 1812 auf einem weiblichen Crex pratensis in mehren Exemplaren und bildete sie unter obigem Namen ab. Ihre Selbständigkeit ist aus der Abbildung zur Genüge zu erkennen und stützte Nitzsch dieselbe auf die Vergleichung mit verwandten Arten. Leider finde ich die Exemplare in unserer Sammlung nicht mehr vor und kann daher eine Beschreibung nicht liefern. Denny bildet die Art ab ebenfalls nach Exemplaren von Crex pratensis und auch von Totanus calidris, aber die Form und Zeichnung des Hinterleibes weichen so erheblich ab, dass die Identität doch sehr fraglich ist.

N. lugens.

Brevis, robustus, brunneus; capite lato, antice rotundato truncato, antennis brevibus, maris articulo primo longissimo crasso; prothorace quadrato, metathoracis trapezoidalis margine postico convexo, pedibus longis; abdomine lato ovali, marginibus dentatocrenatis, nigris, segmentis ferrugineofasciatis. Longit. 1/2'''

Diese sehr dunkelbraun gefärbte Art schliesst sich durch die eigenthümliche Bildung der männlichen Fühler an *N. minutus* und *N. intermedius* zunächst an, ist aber gedrungener und breiter und hat kürzere Fühler. Der Vorderkopf ähnelt ganz *N. minutus*, nur ist die erste Borste sehr stark, die beiden folgenden schwächer, und ebenso die letzte in der Zügelmitte. Die Balken sind kurz kegelförmig und das erste männliche Fühlerglied enorm lang und dick spindelförmig. Der Hinterkopf ist breiter als bei *N. minutus*, die Schläfenränder parallel und die Schläfenecken unter rechtem Winkel abgerundet. Letzte mit einer sehr langen und starken Borste, die Schläfenränder mit mehren Borstenspitzen. Der ziemlich quadratische Prothorax mit dicker Randborste jederseits. Der Metathorax hat convexe Seitenränder und vor der abgerundeten Hinterecke drei Borsten. Die Beine zeichnen sich durch kurze dicke Schenkel, lange spindelförmige Schienen mit zwei schlanken Dornen am Innenrande und sehr lange Klauen aus. Der breit ovale Hinterleib beider Geschlechter hat scharf gezähnte Ränder mit langen Borsten. Das Endsegment ist in beiden Geschlechtern kurz, das weibliche sehr schmal geschlitzt. Die braunen Querbinden der Segmente verengen sich in der Mitte sehr wenig.

Auf Porphyrio poliocephalus, in unserer Sammlung ohne nähere Angabe, vielleicht von P. smaragdinus, von welchem Nitzsch das Vorkommen eines *Nirmus* erwähnt, aber gleichfalls ohne eine weitere Bemerkung.

N. umbrinus *Nitzsch.*
Nitzsch, Zeitschrift f. ges. Naturwiss. 1866. XXVIII. 371.

Angustatus, pallide rufofuscus; capite oblongo valde attenuato, antice rotundato, antennis brevibus, articulo ultimo penultimo longiore; prothorace quadrato, metathorace pentagono, pedibus robustis; abdomine ovali, marginibus crenatis, segmentorum priorum sex margine laterali brunneo, quatuor priorum linea longitudinali pallida, posteriorum obscure limbato. Longit. $^{1}/_{3}$'''.

Der gestreckte Kopf verschmälert sich nach vorn sehr stark und endet abgerundet; die vorderste Borste ist sehr fein, die zweite in der Zügelmitte stärker und die dritte vor dem kurzen Balken die stärkste. Die Fühler reichen angelegt nicht bis an den Occipitalrand, das zweite bis vierte Glied von gleichmässig abnehmender Länge, das letzte von der Länge des dritten. An der abgerundeten Schläfenecke zwei lange starke Borsten. Der Prothorax mit schwach convexen Seiten, der Metathorax mit stark vorspringendem hintern Winkel und drei Borsten an der Seitenecke, die Beine mit kurzen dicken Schenkeln, gestreckten keulenförmigen Schienen mit drei sehr langen Dornen am Innenrande und mit sehr langen Klauen. Der schmal ovale Hinterleib rundet die vortretenden Segmentecken völlig ab, trägt erst an den letzten derselben lange Borsten, am gespaltenen Endsegment gar keine. Die Ränder des Hinterleibes sind braun, die vier ersten Segmente mit heller den Hinterrand nicht erreichender Mittellinie, die letzten mit dunklem Hinterrande.

Auf Scopus umbretta, von Nitzsch im Jahre 1822 auf einem trocknen Balge in einem weiblichen Exemplare aufgefunden.

N. sacer *Gieb.*
Nitzsch, Zeitschrift f. ges. Naturwiss. 1866. XXVIII. 375.

Oblongus, pallidus, fuscomarginatus; capite longo, antice attenuato truncato, antennis longis; prothorace trapezoidali, metathorace pentagono; abdomine anguste elliptico, marginibus crenatis, segmentorum margine postico fusco. Longit. $^{1}/_{2}$'''.

Eine kleine zum Formenkreise des *N. fissus* gehörige Art. Der langgestreckte schmale Kopf verschmälert sich nur wenig nach vorn und endet fast gerade abgestutzt, trägt hier hinter der abgerundeten Ecke jederseits drei recht starke Borsten und eine ähnliche in der Zügelmitte. Die Balken haben ziemlich die Länge des Fühlergrundgliedes, das zweite Fühlerglied beträchtlichere Länge als gewöhnlich; an der abgerundeten Schläfenecke eine lange starke Borste. Die dunkle Randsäumung beginnt erst in der Zügelmitte, setzt ohne Unterbrechung an der Fühlerbucht (bei *N. fissus* ist diese hell gerandet) fort und endet in der Schläfenmitte. Eine Stirnsignatur scheint vorhanden zu sein, Schläfenlinien undeutlich. Beide Brustringe haben dunkelbraune etwas convexe Seitenränder, der fünfeckige Metathorax an den stumpfen Seitenecken drei Borsten. Die Beine sind schlank, am Innenrande der Schienen mit drei schwachen Dornen bewehrt, die Krallen kurz. Der schmal elliptische Hinterleib hat viel schwächer als bei verwandten Arten gekerbte Seitenränder mit sehr starken und langen Borsten, das halbkreisförmige männliche Endsegment mit jederseits vier dicken Borsten. Die Segmente sind hellrostbraun mit etwas dunklerem Hinterrande, der in den Seitenrändern ganz dunkel endet, so dass jeder Seitenrand mit einer Reihe dunkler Punkte gezeichnet erscheint. Den drei letzten Segmenten fehlt diese Zeichnung, wogegen auf den drei ersten Segmenten ein kurzer weisser Mittelstrich vorhanden ist.

Auf Ibis sacra, von Nitzsch im Jahre 1827 in Gesellschaft eines ***Colpocephalum*** auf einem trocknen Balge in nur einem männlichen Exemplar gefunden.

N. Fulicae *Denny.*
Denny, Monogr. Anoplur. 125. Tab. 9. **Fig. 2.**

Brevis, pallide testaceodurus, nitidus, glaber, margo lateralis fulvus; clypei margo latus castaneus. Longit. $^{1}/_{2}$'''.

Denny war geneigt diese Art des schwarzen Wasserhuhnes, Fulica atra, mit dem *N. minutus* zu identificiren und erinnern einige Charaktere auch lebhaft an denselben, allein die Vergleichung beider Abbildungen, die völlig verschiedene Kopfform, die hier sehr kurzen Fühler und die abweichende Zeichnung gestatten keine Vereinigung.

N. rallinus *Denny.*
Denny, Monogr. Anoplur. 137. Tab. 8. **Fig. 7.**

Pallide flavoalbus, nitidus, glaber, depressus; caput quod est elongatum; thoracem et abdominis marginem lateralem pallide fulvus; metathoracis anguli antici tumidi. Longit. ♂ $^{1}/_{2}$''', ♀ 1'''.

Eine schmale sehr lang gestreckte Art von der allgemeinen Tracht des *N. holophaeus*, aber ganz blass gefärbt und nur mit Randzeichnung, mit vorn gerade abgestutztem Kopfe, kurzen sehr dicken Fühlern und besonders durch den fast quadratischen Metathorax mit etwas vortretenden stumpfen Vorderecken eigenthümlich charakterisirt.

Auf Rallus aquaticus, in unserer Sammlung fehlend.

N. tessellatus *Denny.*
Denny, Monogr. Anoplur. 121. Tab. 7. Fig. 2.

Pallide flavoalbidus, margine nigro, capite panduriformi, abdomine macularum quadrangularum et pallide fuscarum duplici serie impresso. Longit. 3/4'''.

Auf Ardea stellaris, von Denny beschrieben und abgebildet, und durch die sehr dicken Fühler, die gestreckt fünfseitige Form des Metathorax und den schmalen langen dunkel gerandeten Hinterleib und zwei Reihen brauner quadratischer Flecke auffällig charakterisirt.

N. phaeonotus *Nitzsch.* Taf. IV. Fig. 3. 4.
Nitzsch, Zeitschrift f. ges. Naturwiss. 1866. XXVIII. 375.

Elongatus, albus, nigrolimbatus; capite longo, antice concavo truncato, nigropicto, antennarum articulo ultimo penultimo longiore; prothorace subquadrato, metathorace trapezoidali, pedibus longis, abdomine longo angusto, marginibus crenatis, nigris. Longit. ♂ 3/4''', ♀ 1'''.

Die auf Seeschwalben und Möven schmarotzenden Schmalinge zeichnen sich durch weissliche bis blendend weisse Färbung mit tief schwarzer, meist auf den Körperrand und noch die Segmentränder beschränkter Dekoration aus. Wir beginnen diese Gruppe mit der schmälsten Art, die blendend weiss und ununterbrochen schwarz gesäumt ist. Der gestreckte Kopf verschmälert sich nach vorn etwa auf ein Drittheil der hintern Breite und endet schwach ausgerandet. Vorn auf der abgerundeten Ecke steht eine kurze steife Borste, dahinter folgen zwei Borsten dicht neben einander und weiter am Zügelrande deren noch zwei, gleich hinter der Schläfenmitte eine sehr lange und starke. Die Balken sind stumpfspitzig, die Fühler verhältnissmässig kurz und dick, ihr Endglied beträchtlich länger als das vorletzte und beide schwarz, die andern Glieder weiss. Die Zeichnung des Kopfes besteht allgemein in schwarzer Säumung, welche von der Schnauzenecke bis vor die Schläfenecke zieht, nur bei einzelnen Exemplaren erscheint sie vor der Zügelmitte und auch wohl in der Fühlerbucht unterbrochen. Vorn auf dem Clypeus liegt bisweilen eine dreieckige nach hinten verwaschene Signatur und wo diese fehlt, ist wenigstens der Vorderrand noch mit zwei Flecken gezeichnet. Zwischen den Fühlern treten einzelne, zuweilen zu einer Signatur vereinigte Flecken auf. Die Schläfenlinien sind in unserer Abbildung verfehlt, ich finde das Mittelfeld von etwas concaven ganz lichten Furchen begränzt, also in der Mitte bauchig erweitert, bei einigen Exemplaren am Nackenrande noch zwei schwarze Flecken. Beide Thoraxringe sind schwarz gesäumt, der Metathorax trapezoidal mit drei langen Borsten an den Hinterecken. Schenkel und Schienen sind ziemlich gleich lang, erste am Aussenrande schwarz, letzte schwach keulenförmig verdickt, am Ende schwarz und am Innenrande mit drei Dornen; die Klauen schlank, sehr wenig gekrümmt. Der sehr schmale Hinterleib, bei dem Weibchen entschieden länger als bei dem Männchen, hat nur schwach gekerbte Ränder mit anfangs einer, zuletzt drei sehr langen und straffen Borsten an den Segmentecken, das scharf abgesetzte halbkreisförmige männliche Endsegment trägt vier lange Borsten jederseits, das quer oblonge ausgerandete weibliche nur ein Borstenspitzchen an jeder Ecke. Der Hinterleib ist bis an das Endsegment heran tief schwarz gesäumt. Längs der Mitte hat das Weibchen eine Reihe von sechs Querfleckchen, das Männchen aber an der Bauchseite, welche unsere Abbildung darstellt, braune Flecke und das Weibchen wieder nur kleine mittle dreilappige Fleckchen.

Auf Sterna fissipes, von Nitzsch zuerst im September 1813 in grosser Menge am ganzen Körper, am zahlreichsten auf der Brust und am Halse auf zwei Seeschwalben gesammelt und später wieder beobachtet.

N. anagrapsus *Nitzsch.*
Nitzsch, Zeitschrift f. ges. Naturwiss. 1866. XXVIII. 376.

Nirmo phaeonoto simillimus, at capite angustiore, signatura frontali obsoleta, limbo nigro interrupto, abdominis primo segmento breviore, feminae segmentis secundo, tertio, quarto, quinto linea media arcuata transversa et macula parva, maris segmentis tertio et quarto solis macula parva nigra. Longit. ♂ 1''', ♀ 1 1/4'''.

Diese Art hat die Körpertracht der vorigen, ja sie ist noch etwas schlanker zumal im männlichen Geschlecht, ihr Kopf entschieden schmäler, am Vorderende mehr concav, die Fühler etwas kürzer und der schwarze Randsaum mehrfach unterbrochen wie bei *N. selliger*. Die Zeichnung zwischen den Fühlern ist ganz dieselbe, dagegen die vorn auf dem Clypeus verwischt. Der Prothorax ist etwas breiter, Metathorax und Beine nicht abweichend. Am sehr schlanken Hinterleibe fällt die erheblichere Kürze des ersten Segmentes sofort in die Augen, nicht minder, dass der schwarze Randsaum bis in die stumpfen Spitzen des weiblichen Endsegmentes fortsetzt. Sehr charakteristisch ist die Zeichnung in der Mitte der Segmente. Das Weibchen hat nämlich vor dem Hinterrande des zweiten bis siebenten Segmentes je einen punktförmigen, auf den mittlen Segmenten deutlich quergezogenen schwarzen Fleck, auf dem zweiten bis fünften Segment unmittelbar vor diesem Fleckchen einen braunen Bogen, welcher das mittle Drittheil der Segmentbreite misst. Das Männchen dagegen hat nur auf dem zweiten und dritten Segment den jedoch merklich grössern Querfleck vor dem Hinterrande, keine Spur des schwarzen Bogens davor, wohl aber die mittlen Segmente rostbraun, doch ist diese braune Färbung durch einen weissen Streifen vom schwarzen Randsaum geschieden. Diese Dunkelung der männlichen mittlen Segmente erinnert wieder lebhaft an *N. selliger*.

Auf Sterna leucoparia, von Nitzsch im Jahre 1830 auf einem aus Ungarn bezogenen Balge in Gesellschaft des ***Docophorus lariola*** gefunden und sicher unterschieden. Bei einem weiblichen Exemplar unserer Sammlung mit der Bezeichnung von ***Sterna Dougalli*** sind die schwarzen Flecke vor den Hinterrändern wie bei *N. selliger* und die braunen Bogen davor fast gerade. — Die Hinterleibszeichnung, welche Denny seinem *N. sellatus*, Tab. 7. Fig. 5 giebt, passt genau auf diesen *N. anagrapsus* und nicht auf Nitzsch's *N. selliger*, indess weicht die Zeichnung des Kopfes und die Formen aller Körperabschnitte so erheblich ab, dass kaum an eine Verwechslung der Arten gedacht werden kann.

N. selliger *Nitzsch.* Taf. IV. Fig. 9. 10.
Nitzsch, Zeitschrift f. ges. Naturwiss. 1866. XXVIII. 376.
Nirmus sellatus Burmeister, Handb. Entomol. II. 428. — Denny, Monogr. Anopluror. 127. Tab. 7. Fig. 5.
Pediculus Sternae Linné, Syst. nat. II. 1019.
Ricinus Lari Degeer, Insect. VII. 77. Tab. 4. Fig. 12.
Philopterus sellatus Gervais, Hist. nat. Aptères. III. 346.

Oblongus, albus, nigrolimbatus; capite trigono, antice truncato, antennis longis, articulo ultimo nigro penultimo longiore; prothorace transverso, metathorace pentagono, pedibus crassis, nigropictis; abdominis ovalis marginibus crenatis nigris, punctis notogastricis imparibus feminae sex reniformibus, in septimo oblongo, maris binis in hoc macula magna subfusca quatuor segmentis communi obliterata. Longit. 1'''.

Gedrungener und breiter in allen Körperabschnitten als vorige Art. Der dreiseitige Kopf endet vorn schwach concav gerundet, trägt hier auf jeder Ecke eine steife Borste, bald dahinter eine zweite solche, in der Zügelmitte eine dritte feinere und vor dem Balken die letzte und feinste, am Schläfenrande zwei sehr lange straffe. Der stumpfkegelförmige Balken hat nicht die Länge des sehr dicken Fühlergrundgliedes, das schwarze Fühlerendglied ist länger als das vorletzte und die Fühler reichen angelegt bis an den Nackenrand. Die schwarze Säumung des Kopfes beginnt in den Vorderecken, ist aber vor der Zügelmitte und in der Fühlerbucht unterbrochen, hinter dieser mit zwei punktförmigen Vorsprüngen versehen. Dem Vorderrande parallel liegt eine nach hinten verwischte schwarze Querbinde, zwischen den Fühlern dunkle Flecke und ein ebensolcher in der Mitte des Nackenrandes. Der in unserer Abbildung fehlende Prothorax ist breiter als lang und hat convexe Seiten. Der Metathorax hat einen sehr stumpfwinkligen Hinterrand und an den ziemlich scharfen Seitenecken je drei Borsten. Die kräftigen Beine mit kurzen dicken Schenkeln, welche am Aussenrande einen schwarzen Fleck haben, mit etwas längern schwachkeulenförmigen Schienen, die innen mit drei kurzen Dornen bewehrt, am Ende schwarz sind; die Klauen kurz und stark. Der Hinterleib, breiter und kürzer als bei voriger Art, kerbt seine Ränder nur schwach, trägt nach hinten länger werdende Randborsten, am grossen männlichen abgerundeten Endsegment zahlreiche sehr lange Borsten, am kurzen winklig eingekerbten weiblichen jederseits nur eine Borstenspitze. Die schwarze Seitensäumung der Segmente, die Reihe eigenthümlicher Mittelflecke bei dem Weibchen und ganz dunkle Mitte des Männchens sind in unsern Abbildungen getreu wiedergegeben. Die Bauchseite des Weibchens mit sehr schmalen, des Männchens mit sehr breiten Querflecken.

Auf Sterna hirundo, von Nitzsch im Juli 1814 zuerst beobachtet und abgebildet, später von Denny auch auf Larus argentatus und L. ridibundus beobachtet und mit etwas abweichender Zeichnung des Kopfes und gar zu kurzem Prothorax abgebildet. Burmeister und ihm folgend Denny haben Nitzsch's Namen *selliger* in *sellatus* umgeändert. Linné's Diagnose des ***Pediculus Sternae*** von Sterna nigra kann auch auf das mit *N. selliger* gesellig vorkommende ***Liotheum*** bezogen werden. Nicht minder fraglich ist Degeer's ***Ricinus Lari.***

N. caspius *Gieb.*
Giebel, Zeitschrift f. ges. Naturwiss. 1866. XXVIII. 375.

Praecedenti similis, at capite breviore, abdominis marginibus subdentatis, nigropunctatis, maculis mediis nullis, sed fasciis ferrugineis. Longit. ♂ 4/5''', ♀ 1'''.

Der vorigen Art sich eng anschliessend lässt sich diese doch leicht und sicher unterscheiden. Ihr Kopf verschmälert sich vorn mehr und fehlt ihm die Borste vor dem dicken Balken. Die Fühler sind entschieden kürzer und dicker. Die Zeichnung des Kopfes besteht in einer dunkeln Säumung der Vorderecken und einem davon abgesetzten schwarzen Punkte vor der Zügelmitte, zweien zusammenfliessenden schwarzen Punkten hinter der Fühlerbasis, einem dunkeln verwaschenen Fleck zwischen den Fühlern und hellen, nach hinten convergirenden und vor dem Occipitalrande sich vereinigenden Schläfenlinien, also keine Säumung des Kopfrandes wie bei voriger Art. Der breite Prothorax ist dunkel gesäumt, der fünfeckige Metathorax mit je drei Borsten an den ziemlich scharfen Seitenecken und vor diesen schwarz gesäumt, die Beine kurz und stark, Schenkel und Schienen mit dunkeln Gelenkenden. An den Seitenrändern des gestreckt ovalen Hinterleibes treten die Segmentecken stark, wenn auch nicht scharf hervor und tragen dieselben je zwei und drei sehr lange Borsten, das grosse abgerundete scharf abgesetzte männliche Endsegment einen dichten Büschel von Borsten, das weibliche gekerbte und gar nicht besonders abgesetzte dagegen nur zwei Borstenspitzen. Die Zeichnung besteht bei den Weibchen aus je zwei schwarzbraunen Punkten hinter und einen am Stigma, bei den Männchen fliessen diese beiden Punkte in einen schiefen Strich zusammen und tragen bei ihnen ausserdem die vier mittlen Segmente breite rostbraune Querbinden, welche den Weibchen fehlen.

Auf Sterna caspia, von Nitzsch im September 1820 in unserer Sammlung ohne weitere Bezeichnung aufgestellt.

N. nycthemerus *Nitzsch.* Taf. V. Fig. 8.
Burmeister, Handb. Entomol. II. 428.

Oblongus, angustior, albus, nigrolimbatus, signatura frontali exacte clypeata, margine occipitali nigro in lora excurrente; maris segmentis tribus a tertio inde, praeter hujus lituram longitudinalem albam undique nigris, femoribus nigropictis.

So charakterisirt Nitzsch in seinen Collectaneen die auf Taf. V. Fig. 8. abgebildete Art von Sterna minuta unter vorstehendem Namen, für welchen er in der ersten kurzen Notiz vom September 1813 den Namen ***N. mesomelas***, in der zweiten dann *N. eruiger* gewählt hatte, alle drei Namen habe ich im Verzeichniss von 1861 (Zeitschr. f. ges. Naturwiss. XVIII. 315) aufgenommen. Er hebt noch als sehr charakteristisch hervor die entschiedene Klammerform der Stirnsignatur, die schwarzen Fühlerenden und den schwarzen Occipitalrand. Die Exemplare finde ich leider in der Sammlung nicht vor und ist die Art seitdem nicht wieder beobachtet worden.

N. birostris.

Elongatus, angustus, pallidus, nigromarginatus; capite angustissimo, antice profunde exciso, antennis longis, articulo ultimo penultimo longiore; prothorace rectangulari, metathoracis trapezoidalis margine postico convexo, pedibus gracilibus; abdomine angusto, marginibus crenatis, segmentis fasciis ferrugineis latis. Longit. 1'''.

Eine sehr gestreckte schmale Art, dem *N. phaeonotus* in der allgemeinen Körpertracht sich eng anschliessend, doch ist gleich ihr Kopf schmäler und gestreckter und am Vorderende so tief ausgeschnitten, dass man den Clypeus als stumpf zweispitzig bezeichnen kann. An jeder Vorderecke steht eine Borste, gleich dahinter zwei dicht neben einander, eine folgende in der Zügelmitte und die letzte noch eine Strecke vor dem Balken, am Schläfenrande zwei sehr lange und einzelne Borstenspitzchen. Die stumpfspitzigen Balken haben fast die Länge des sehr dicken Grundgliedes der langen Fühler, deren zweites Glied die Länge der beiden folgenden zusammen und das dunkle Endglied ist erheblich länger als das vorletzte. Die Seitenränder des Kopfes sind ganz dunkelbraun, auf dem Clypeus liegt vorn ein weisser Dreieck, die Schläfenlinien convergiren stark nach hinten. Der Prothorax ist nur wenig breiter als lang, der trapezoidale Metathorax mit convexem Hinterrande und je vier Borsten an den vorstehenden Seitenecken. Die Beine haben schlanke Schenkel und Schienen, am Innenrande der letzten drei, am Tarsus eine Borste; die Klauen sind sehr kurz und dick. Der schmale Hinterleib verbreitert sich langsam bis zur Mitte und verschmälert sich ebenso allmählig bis zum Ende, die Segmentecken sind abgerundet, treten aber doch stark hervor und tragen lange Borsten. Das vom kürzesten achten Segment scharf abgesetzte männliche Endsegment ist grösser als bei allen vorigen Arten, stellt mehr als einen Halbkreis dar und trägt wohl zwölf sehr lange Borsten. Der ganze Hinterleib ist ununterbrochen braunschwarz gesäumt, die Segmente oben und unten rostbraun, welche Färbung aber vom dunkeln Seitenrande durch einen hellen Streif geschieden ist.

Zwei männliche Exemplare in unserer Sammlung mit der Bezeichnung *Sterna n. sp.*, wahrscheinlich *Sterna fuliginosa.*

N. felix.

Oblongus, albus, nigropictus; capite longe cordato, clypeo truncato, emarginato; antennis brevibus, articulo ultimo penultimo longiore; prothorace transverso, metathorace rotundato quinquangulari, duobus nigrolimbatis, pedibus brevibus, tarsis nigris; abdomine oblongo, marginibus serratis, maculis nigris trilobatis, segmentorum marginibus particis fasciolis nigris undulatis. Longit. 1'''.

Gestreckt, blendend weiss, mit tiefschwarzer Dekoration. Der gestreckt herzförmige Kopf verschmälert sich vorn ziemlich stark und endet ausgerandet, hier auf jeder Ecke eine, bald dahinter zwei, in der mittlen Zügelgegend drei und vor dem Balken noch eine Borste tragend. Der Balken ist kurz und sehr dick; die Fühler kurz, ihr zweites Glied von der Länge der beiden folgenden zusammen, das letzte länger als das vorletzte. Von der Stirnsignatur ist nur ein schwarzer Punkt am Clypeusende vorhanden, der ganze Seitenrand des Kopfes schwarz, aber am Zügelrande zweimal unterbrochen, der Hinterrand des Kopfes und die Fühler rein weiss. Am Schläfenrande stehen zwei Borsten. Die Brustringe mit schwarzen Seitenrändern, der Prothorax kurz und quer, der Metathorax quer fünfseitig, mit völlig abgerundeten Ecken, an den Seitenecken mit zwei kurzen Borsten. Die Beine kurz und stark, die Schenkel sehr kurz, die dicken Schienen am Innenrande mit drei Dornen, aussen mit einer Borste, ihr Ende und der Tarsus schwarz, die langen Klauen braun. Der oblonge Hinterleib spitzt sich schnell zu, hat scharf vorstehende, kurz beborstete Segmentecken, an den vordern Segmentecken je einen winkeligen oder dreilappigen schwarzen Fleck, auf der Mitte vor dem Hinterrande des ersten Segmentes zwei schwarze Punkte, des zweiten die kurze Wellenbinde von *N. phaeonotus* und *N. limbatus*, auf den folgenden Segmenten aber erstreckt sich dieser Streif jederseits bis nahe an den Seitenrand heran, auf dem achten Segment zeichnet der dreieckige Randfleck den ganzen Seitenrand und die Binde ist auf einen Punkt in der Mitte reducirt, das neunte Segment hat nur zwei schwarze Punktflecke. Diese Zeichnung ist so auffällig, dass die Art schon mit unbewaffnetem Auge erkannt wird.

Auf Larus Heermanni, in nur einem weiblichen Exemplare auf einem vor Kurzem bezogenen trocknen Balge gefunden.

N. eugrammicus *Nitzsch*. Taf. IV. Fig. 11. 12.

Nitzsch, Germar's Magaz. Entomol. III. 291; Zeitschr. f. ges. Naturwiss. 1866. XXVIII. 379.

Philopterus grammicus Autor.

Oblongus, candidus, nigropictus; capite trigono, antice truncato, antennis brevibus; prothoracis lateribus convexis, metathorace pentagono, pedibus crassis nigropictis; abdominis marginibus crenulatis, segmentorum fasciis transversis integris, antrorsum utrinque hamum emittentibus, feminae sex, maris quatuor. Longit. 1/3'''.

Unter den Schmarotzern der Möven und Seeschwalben ist die vorliegende weisse Art höchst eigenthümlich und auffällig schwarz gezeichnet, so dass man sie schon mit unbewaffnetem Auge von allen Verwandten unterscheiden kann. Ihr kurzer, breit dreiseitiger Kopf ist vorn gerade abgestutzt und hat hier jederseits drei Borsten hinter einander, keine in der Zügelmitte und dahinter, an der ziemlich winkligen Schläfenecke eine sehr lange und starke. Die Balken sind lang, die Fühler mit schwarzen Endgliedern, der Kopf mit Ausnahme der Fühlerbuchten schwarz gesäumt, vorn auf dem Clypeus ein schwarzer Winkel, die Schläfenlinien nach hinten stark convergirend. Von den schwarzgesäumten Brustringen ist der vordere breiter als lang und convexseitig, der zweite viel breiter fünfseitig, mit vier langen Borsten an den Seitenecken. Die starken Beine haben schwarz gezeichnete Schenkel und Schienen. Der schmal ovale Hinterleib kerbt seine Ränder nur schwach, hat auch nur schwache kurze Randborsten, am halbovalen männlichen Endgliede drei jederseits, am kurzen gekerbten weiblichen keine. Die schmalen tiefschwarzen Querbinden der Segmente biegen nahe dem Seitenrande, am Stigma winklig nach vorn um. Bei dem Weibchen sind sechs, bei dem Männchen nur vier solcher gehakten Binden vorhanden, auf den letzten Segmenten bleiben nur die Endhaken der Binden als Randzeichnung übrig. Die Männchen haben auf dem vierten und fünften Segment noch einen blassen Querstreif.

Auf Larus minutus, von NITZSCH im September 1817 gefunden und unter obigem Namen beschrieben und abgebildet.

N. striolatus *Nitzsch.*
NITZSCH, Zeitschrift f. ges. Naturwiss. 1866. XXVIII. 377.

Oblongus, candidus, nigropunctatus; capite obtusotrapezoideo, antennis crassis apice nigris; prothorace brevissimo, metathorace pentagono, pedibus crassis, nigropunctatis; abdomine lato, marginibus crenulatis, nigropunctatis, segmentorum striolis mediis sex. Longit. $^{3}/_{4}$'''.

Der Kopf ist nur sehr wenig länger als breit, abgerundet trapezoidal, an den abgerundeten Vorderecken mit drei Borsten, vor der Fühlerbucht mit starker Ecke, die keinen Kegelfortsatz oder Balken bildet, an der völlig abgerundeten Schläfenecke mit langer Borste. Die Zeichnung besteht in einem schwarzen Flecke an jeder Vorderecke, einem kleinern vor und einem dritten hinter der Fühlerbucht und in den schwarzen Spitzen der Fühler. Der Prothorax ist auffallend kurz und breit, schwarz gesäumt. Der Metathorax fünfseitig, mit drei Borsten an den Seitenecken und vor diesen schwarz. Die Beine sind sehr kurz, dick, die Schienen mit langen Dornen bewehrt, die Gelenkenden schwarz. Der oblonge Hinterleib hat nur schwach gekerbte Ränder mit mässigen Randborsten, setzt das siebente Segment stark verschmälert ab und endet gerade abgestutzt mit sehr schwacher Kerbe. Die Stigmata haben hinter sich einen schiefen schwarzen Punkt, vor der Mitte des Hinterrandes der sechs ersten Segmente liegt je ein kurzes schwaches Wellenstreifchen, die drei letzten Segmente sind dunkel.

Auf Larus glaucus, von NITZSCH im April 1825 auf einem trocknen Balge aus Grönland in einem weiblichen Exemplare gefunden.

N. punctatus *Nitzsch.* Taf. IV. Fig. 1. 2.
NITZSCH, GERMAR's Magaz. Entomol. III. 291; Zeitschrift f. ges. Naturwiss. 1866. XXVIII. 377.
Philopterus grammicus GERVAIS, Hist. nat. Aptères. III. 350.

Oblongus, albus, nigropunctatus; capite rotundatotrigono, antice truncato, antennis longis, articulo ultimo penultimo paullo longiore; prothorace rectangulo, metathorace pentagono bipunctato, pedibus longis; abdomine oblongo, marginibus crenulatis et nigropunctatis, striolis mediis quinque. Longit. ♂ $^{4}/_{5}$''', ♀ 1'''.

Ein weisser Schmaling nur mit schwarzen Randpunkten und auf der Mitte der Segmente mit kurzen Querstrichen gezeichnet, dadurch schon von allen Verwandten unterschieden. Der breit dreiseitige Kopf ist am vordern abgestumpften Ende schwach concav gerandet, trägt hier jederseits drei kurze Borsten und eine vierte gleich hinter der Zügelmitte, die letzte sehr lange an der abgerundeten Schläfenecke, eine viel kürzere in der Mitte des Schläfenrandes. Die Vorderecke der Fühlerbucht tritt nur ganz kurz kegelförmig hervor, die weissen Fühler erreichen angelegt kaum den Occipitalrand und ihr letztes Glied ist nur sehr wenig länger als das vorletzte. Die Zeichnung des Kopfes besteht in einem schwarzen Fleckchen gleich hinter jeder Vorderecke und in einem schwarzen Augenpunkte hinter der Fühlerbasis, die schwachen Schläfenlinien convergiren stark nach hinten. Der rechteckige Prothorax ist etwas breiter als lang, der Metathorax sehr stumpf fünfeckig, an den Seitenecken mit je vier sehr ungleich langen Borsten, und in der Mitte des Seitenrandes mit je einem schwarzen Punkte. Die langen weissen Beine sind kräftig, die schwach keulenförmigen Schienen am Ende mit zwei starken Dornen und den kurzen dicken Daumenstacheln bewehrt, die Klauen sehr lang und gerade. Der oblonge Hinterleib kerbt seine Seitenränder so schwach wie bei den vorigen Arten, trägt je drei lange Randborsten vor den Hinterecken der Segmente, am grossen halbovalen männlichen Endsegmente zahlreiche sehr lange Borsten, am kurzen winklig ausgeschnittenen weiblichen jederseits nur ein Borstenspitzchen. Die Vorderecken aller Segmente sind mit je einem schwarzen Punkte gezeichnet, ausserdem tragen sechs Segmente vor der Mitte ihres Hinterrandes das kleine schwarze Querstreifchen, von welchen das letzte jedoch auf einen Punkt reducirt ist. Auf der Bauchseite sind nur die schwarzen Randpunkte, nicht die mittlen Streifchen vorhanden. Die auffallend verschiedene geschlechtliche Zeichnung der vorigen Arten fehlt hier.

Auf Larus ridibundus, von NITZSCH zuerst im August 1811 und später wieder beobachtet und eingehend verglichen.

N. lineolatus *Nitzsch.* Taf. IV, Fig. 5. 6. 7. 8.
Burmeister, Handb. Entomol. II. 428. — Nitzsch, Zeitschrift f. ges. Naturwiss. 1866. XXVIII. 376.
Nirmus ornatus Giebel, v. Middendorff's Sibir. Reise Zool. I. 477. Taf. 1. Fig. 4.

Oblongus albus nigropictus; capite trigono, antice truncato, margine picto, antennis brevibus, articulo ultimo et penultimo aequilongis; prothorace brevi, lateribus convexis, metathorace pentagono, pedibus robustis; abdomine ovali, marginibus crenulatis, nigris, striolis mediis undulatis, feminae sex, maris quatuor. Longit. ♂ ¾''', ♀ 1'''.

Der dreiseitige Kopf ist vorn stumpf fast gerade abgestutzt, an den Schläfenecken stark abgerundet, trägt vorn jederseits drei feine kurze Borsten, eine vierte in der Zügelmitte, an der Schläfenecke eine lange starke. Die Vorderecke der Fühlerbucht springt nur wenig vor, die Fühler sind kurz, ihr Endglied nicht verlängert, bei einigen weiss, bei andern schwarz. An der Vorderecke und vor der Fühlerbucht liegt je ein schwarzer Fleck, dem vordern Clypeusrande parallel ein schwarzer Querstreif, der sich bisweilen nach hinten verwischt und dann eine dreiseitige Signatur darstellt, hinter der Fühlerbucht wieder ein schwarzer Fleck. Der sehr breite und kurze Prothorax hat schwarze convexe Seitenränder, der kurze breite Metathorax ist fünfseitig, an den stark vortretenden Seitenecken mit je vier sehr langen Borsten, am Seitenrande davor schwarz gezeichnet. Die Beine sind sehr kräftig, die Schienen innen mit drei Dornen bewehrt, die Tarsen schwarz, die Klauen kurz und stark. Die Hinterleibssegmente haben schwarze Seitenränder, welche Randlinien sich erweitert nach vorn biegen, wodurch die Kerbung der Ränder schärfer hervortritt. Die Randborsten wie gewöhnlich, am halbovalen männlichen Endsegment nur vier lange Borsten jederseits, am gekerbten weiblichen keine. Die Mitte der Segmente hat die kurzen gewellten Querstreifchen und zwar bei dem Weibchen vom zweiten bis siebenten, bei dem Männchen vom zweiten bis fünften Segment.

Auf Larus canus, argentatus, glaucus, tridactylus, von Nitzsch zu verschiedenen Zeiten beobachtet und gezeichnet. Je nach den Wirthen machen sich einige Eigenthümlichkeiten bemerklich, die jedoch zu einer specifischen Trennung nicht erheblich genug sind. Zu ihrer Beurtheilung dient unsere Figur 5 von Larus canus, Figur 6 von Larus argentatus und Figur 7 und 8 beide Geschlechter von Larus tridactylus. Giebel beschrieb ein Weibchen von Larus canus als *N. ornatus*, vermuthet aber schon ganz richtig die Identität mit dem damals noch nicht charakterisirten *N. lineolatus*. Er giebt die Färbung als flavidus citrinus an und so sind auch unsere Exemplare in Folge der Einwirkung des Spiritus. Die reinweisse Färbung ändert sich in Spiritus stets in gelbe um, während die Dekorationsfarben allermeist unverändert bleiben.

N. triangulatus *Nitzsch.*
Nitzsch, Zeitschrift f. ges. Naturwiss. 1866. XXVIII. 378.
Nirmus normifer Giebel, v. Middendorff's Sibir. Reise Zool. I. 478. Taf. 1. Fig. 8.

Oblongus, candidus, nigropictus; capite trigono, antice truncato, antennis brevibus; prothorace brevi, metathorace pentagono, pedibus robustis; abdomine oblongo, marginibus crenatis, maculis submarginalibus acuminatotriangulis, feminae majusculis, maris minoribus. Longit. ¾'''.

Der dreiseitige Kopf ist vorn gerade abgestutzt, hier jederseits mit nur zwei Borsten besetzt, am Clypeusrande schwarzfleckig, in der hintern Zügelhälfte und am Schläfenrande schwarz gesäumt. Die Ecke vor der Fühlerbucht kurz kegelförmig, die kurzen Fühler mit nicht verlängertem schwarzen Endgliede, am Schläfenrande eine lange Borste. Der kurze breite Prothorax hat convexe schwarze Seitenränder, der breit fünfseitige Metathorax mit je drei Borsten an den Seitenecken und vor diesen schwarz gesäumt. Die Beine kräftig, weiss ohne Zeichnung. Am gekerbten Rande des oblongen Hinterleibes liegt eine Reihe dreizackiger schwarzer Flecken, deren innerer Zacken sich fein zuspitzt, der nach vorn gerichtete stumpf endet. Das achte weibliche Segment ist dunkel gerandet. An der Bauchseite braune Querbinden, beim Weibchen fünf, bei dem Männchen vier. Die durchscheinenden Geschlechtsorgane verschieden.

Auf Lestris crepidata, von Nitzsch im Oktober 1817 in einem männlichen und einem weiblichen Exemplare gefunden, später von Giebel nach Exemplaren von Lestris Richardsoni beschrieben, diese auch mit gefleckten Beinen, sonst mit unseren Exemplaren übereinstimmend.

N. citrinus *Nitzsch.*
Nitzsch, Zeitschrift f. ges. Naturwiss. 1866. XXVIII. 378.
Nirmus Alcae Denny, Monogr. Anoplur. 137. Tab. 9. Fig. 1.

Oblongus, latiusculus, laete flavus; capite longe subcordato, antice truncato, antennarum articulo ultimo penultimo longiore; prothorace brevissimo, metathorace pentagono, pedibus crassis; abdomine ovali, marginibus crenulatis, maculis marginalibus rufofuscis. Longit. 1/2'''.

Diese Art ist durch ihre gedrungene Gestalt wieder docophorenähnlich. Der sehr stumpfherzförmige Kopf ist vorn gerade abgestutzt, hier nur mit einer Borste hinter der Vorderecke besetzt, hat lange stark kegelförmige Balken, ziemlich lange Fühler mit etwas verlängertem Endgliede, keine Borsten an den geraden parallelen Schläfenrändern und einen etwas concaven Occipitalrand; auf dem Clypeus eine helle Signatur, zwischen den Fühlern einen scharf umgränzten ovalen Fleck und convergirende Schläfenlinien. Der Prothorax ist auffallend kurz und breit, mit dunkeln convexen Seiten. Der Metathorax sehr breit fünfeckig und an und hinter den stumpfen Seitenecken mit je fünf langen Borsten, sein dunkler Seitensaum wendet an der Ecke nach innen und läuft dem Hinterrande noch eine Strecke parallel, ohne die Mitte zu erreichen. Die Beine sind kurz und dick, die Schienen nur mit zwei schwachen und kurzen Dornen bewehrt. Der ovale Hinterleib hat sehr schwach gekerbte Seitenränder, spärliche kurze Randborsten, erst an den letzten Segmenten länger; das Endsegment ist scharf abgesetzt, abgerundet und fast länger als breit. Sechs rothbraune dreieckige Randflecke zeichnen den Hinterleib, das achte Segment hat eine durchgehende Binde.

Auf Alca Torda, von Nitzsch im Jahre 1817 in einem männlichen Exemplare auf einem trocknen Balge gefunden, später von Denny mit abweichender Zeichnung des Hinterleibes abgebildet.

N. frontatus *Nitzsch.* Taf. VIII. Fig. 11.
Nitzsch, Zeitschrift f. ges. Naturwiss. 1866. XXVIII. 378.

Robustus, latus, fuscus; capite trapezoideo, antice dilatato, signatura frontali distincta, antennis brevibus; prothorace et metathorace brevissimis latissimis, lateribus convexis, pedibus robustis; abdominis ovalis marginibus crenatis, segmentis fuscis, plicaturis albidis brunneofasciatis. Longit. 1'''.

Der plumpeste aller Schmalinge, durch die eigenthümliche Kopfbildung von allen übrigen auffallend verschieden. Der Kopf nur so lang wie hinten breit verschmälert sich von den Schläfenecken bis in die Zügelmitte auf die halbe Breite und erweitert sich nach vorn abermals, hat hier auf dem Clypeus eine kurze breite Signatur, deren helle hintere Umrandung den dunkeln Zügelrand unterbricht, was in unserer Abbildung nicht angegeben ist. Auf der völlig abgerundeten Vorderecke steht ein starkes Borstenspitzchen, andere Borsten fehlen. Die Vorderecke der Fühlerbucht bildet einen starken kegelförmigen (in unserer Abbildung verfehlten) Balken. Die kurzen dicken Fühler bleiben angelegt weit vom Occipitalrande zurück, ihr dickes Grundglied ist länger als gewöhnlich, das längste zweite dagegen kürzer als sonst, die folgenden sehr kurz und das abgestutzt kegelförmige Endglied nicht verlängert. An der winklig abgerundeten Schläfenecke stehen drei lange Borsten. Der dunkelbraune Zügelrand setzt vor der Fühlerbucht als dunkler Streif über die Stirn fort, verbindet sich jedoch nicht bei allen Exemplaren mit dem der andern Seite. Die dunkeln Schläfenlinien biegen winklig nach hinten um und convergiren gegen den dunkeln Occipitalrand. Der Prothorax ist sehr breit und kurz, convexseitig, der breitere Metathorax hat stärker convexe Seiten, vor deren Mitte eine und vor der Hinterecke zwei sehr lange starke Randborsten, sein Hinterrand ist mehr convex als unsere Abbildung angiebt. Die Beine haben dicke mit starken Dornen bewehrte Schenkel, kurze Schienen mit nur zwei schwachen Dornen am Innenrande und kurzen Daumenstacheln; die Klauen sehr kurz. Am breit ovalen Hinterleibe treten die Ecken der vordern Segmente ziemlich scharf hervor und sind mit zwei sehr kurzen Borsten besetzt, die der hintern Segmente sind völlig abgerundet und tragen je drei längere Borsten. Das männliche Endsegment ist auffallend kurz und reich beborstet, das weibliche länger, flach gekerbt, mit einer kurzen Borste jederseits. Der dunkelbraune Seitenrand der Segmente setzt als gleicher Saum des Hinterrandes fort, welcher daher grell gegen die weisse Plikatur absticht. Zwei Reihen brauner runder Punktflecken jederseits erscheinen nicht auf allen Exemplaren deutlich, das helle Endsegment hat nur zwei dunkle Flecke. Die Bauchseite zeigt zwei Reihen dunkler Randpunkte und von diesen abgesetzte braune Querbinden.

Auf Colymbus arcticus und C. septentrionalis, von Nitzsch zuerst im December 1826 auf einem frischen Cadaver gefunden, in grosser Menge beobachtet und unterschieden.

N. fuscomarginatus *Denny.*
Denny, Monogr. Anoplur. 136. Tab. 10. Fig. 1.

Pallide testaceoflavus, nitidus, glaber, pubescens, caput elongatum, triangulare, dilute fulvum; thoracis et abdominis margo lateralis piceofuscus. Longit. 1/4'''.

Auf Podiceps auritus, durch den grossen trapezoidalen Prothorax und den nach hinten nur sehr wenig sich verbreiternden Metathorax absonderlich ausgezeichnet. In unserer Sammlung fehlend.

N. stenopygos *Nitzsch.* Taf. VIII. Fig. 6. 7.
Lipeurus stenopygos Nitzsch, Zeitschrift f. ges. Naturwiss. 1866. XXVIII. 386.
Nirmus stenopyx Burmeister, Handb. Entomol. II. 428.

Elongatus, albidus, nigromarginatus; capite trapezoideo, antice profunde fisso, antennarum articulo ultimo penultimo duplo longiore; prothorace quadrato, metathorace transverso, rotundato, pedibus robustis; abdomine oblongo, marginibus crenatis nigris, extremitate elongata, feminae segmentis quarto, quinto, sexto bimaculatis. Longit. $1\frac{1}{2}'''$.

Eine riesige Art einerseits zu *Lipeurus* sich hinneigend, andererseits eigenthümlich, aber von *Lipeurus*, wohin sie Nitzsch in seinen Collectaneen jedoch mit der fraglichen Bemerkung ob eigene Untergattung verwies, unterscheidet sie sich durch die geschlechtlich gar nicht verschiedenen Fühler und das abweichende männliche Endsegment. Ihr gestreckter Kopf verschmälert sich nach vorn nur sehr wenig und endet tief ausgerandet, zweihörnig. Abweichend von andern Schmalingen sind die Fühler weit vor der Mitte eingelenkt und die etwas vortretenden Ecken ihrer Gelenkbucht völlig abgerundet. Angelegt erreichen die Fühler nicht den Occipitalrand, ihr Grundglied ist von mässiger Dicke, das zweite Glied sehr lang, die beiden folgenden abnehmend sehr kurz, das letzte doppelt so lang wie das vorletzte. Vorn auf jedem Clypeushorn stehen drei straffe Borsten, innen ein schwarzer Punkt, vor und hinter der Fühlerbucht wieder je ein schwarzer Punkt, am Schläfenrande nur kurze Borstenspitzchen, und auf dem Hinterhauptsfelde zwei sehr schmale schwarze Keilflecke. Der quadratische Prothorax hat schwarze Seitenränder, der Metathorax um ein Drittheil breiter als lang hat abgerundete Seiten mit zwei langen Randborsten in der Mitte und zweien dahinter und einen fast winkligen Hinterrand. Die Schenkel sind dick, die Schienen sehr schlank, innen vor dem Ende mit zwei langen geknickten Dornen und diesen gegenüber am Aussenrande mit drei starken Borsten, die Daumenstacheln sind lang, dagegen die Klauen auffallend kurz. Der sehr gestreckte Hinterleib mit blos gekerbten Seitenrändern und je zwei bis drei mässigen Randborsten verbreitert sich nur sehr wenig und spitzt sich schlank und stufig zu, das männliche Endsegment ist kegelförmig und borstenlos, das weibliche rundlich vierseitig mit schwacher Kerbe. Die Seitenränder aller Segmente mit Ausnahme des achten männlichen sind tiefschwarz gerandet; das weibliche 4. 5. 6. Segment ist noch mit je zwei Flecken am Vorderrande gezeichnet.

Auf Anas rufina, von Nitzsch im Mai 1825 auf einem frischen Cadaver gesammelt und gezeichnet.

Anhang.

Rudow charakterisirt in der Zeitschrift f. ges. Naturwiss. 1870. XXXV. 465—475 ausser den schon gelegentlich erwähnten Arten noch folgende:

N. oculatus *Rudow*, l. c. 465.

Kopf so lang wie hinten breit, vorn ziemlich breit mit deutlichen behaarten Seitenhöckern. Vor den Fühlern mit einem langen Haar. Augen deutlich, Hinterkopfseiten mit Hervorragungen und drei steifen Haaren. Farbe goldgelb mit hufeisenförmig rothbrauner Stirn-, gebogener Seiten- und viereckiger Hinterkopfzeichnung. Fühler weit vorn eingelenkt, von nicht halber Kopfeslänge, dick, mit trichterförmigem zweiten Gliede. Brustringe von einander gleicher Form und braun gerandet. Abdomen mit stumpfen Segmentecken, rundem Ende, hellgelben Nähten und Rändern, übrigens dunkelbraun, Rücken und Seiten stark behaart. Füsse kurz, Schenkel fast kugelig, Schienen dünner mit starken Borsten und Dornen. Länge 0,5 Mm. — Auf Bubo virginianus, bis jetzt einzige auf Eulen schmarotzende Art.

N. albidus *Rudow*, l. c. 466.

Kopf lipeurusähnlich, über zweimal so lang wie breit, vorn schmal mit vorragenden Ecken, Seiten behaart, ganz allmählig nach hinten verbreitert, Ränder hellbraun, das übrige hellgelb [weiss]. Fühler von halber Kopfeslänge, dünn, regelmässig behaart. Prothorax schmal, nach unten verengert, Metathorax breiter, nach unten ausgedehnt, beide hellbraun gerandet. Abdomen lanzettlich, am Ende breit abgerundet mit übergreifenden Ecken des vorletzten Segmentes, Ränder hellbraun, Mitte und Ende hellgelb, Seiten kurz behaart. Füsse lang, mit langen Klauen, starken Dornen. Länge 1 Mm. — Auf Lamprocolius nitens.

N. griseus *Rudow*, l. c. 466.

Kopf breiter als bei voriger Art, an den Seiten vorn mit einem Haar, Hinterkopf stark erweitert, abgerundet mit einem steifen Haare seitlich, Ränder gelb, Scheitel ebenso, der übrige Kopf grau. Fühler mit kleinen Trabekeln, dick, mit kleinem vorletzten Gliede, vorn dicht, an den Seiten spärlich behaart. Prothorax klein, abgerundet, Metathorax nach unten glockig erweitert, beide ockergelb mit grauer Mitte. Abdomen elliptisch, die drei letzten Segmente auffallend klein, letztes stumpf, zweihöckerig, die Ränder gelb, auf dem Rücken je ein ockergelber Querstreif; Füsse fast gleichgliedrig. Länge 1 Mm. — Auf Sterna caspia, kann nach der völlig abweichenden Zeichnung nicht mit unserm *N. caspius* identificirt werden.

N. longicollis *Rudow*, l. c. 467.

Kopf hinten fast so breit wie lang, vorn breit, behaart, mit breiten abgerundeten Hinterkopfseiten, welche oben zwei kurze, unten ein langes Haar tragen. Fühler dick, fast gleichgliedrig, von nicht halber Kopfeslänge. Prothorax schmal, fast quadratisch, Metathorax mit erweiterten Ecken in der Mitte, daher sechseckig und am untern Theile eingeschnürt, scheinbar noch einmal getheilt; beide Brustringe rothbraun mit gelber Mitte. Hinterleib birnförmig, Ende stumpf, braun, übrigens hellgelb mit dunkelgelben Flecken vom Rande entfernt. Füsse dick, behaart, mit kurzen Krallen. Länge 0,5 Mm. — Auf Sterna cantiaca.

N. bipunctatus *Rudow*, l. c. 467.

Kopf unten fast breiter als lang, vom Umriss einer jungen Eichel mit Näpfchen, vorn jederseits mit zwei langen Haaren, am Hinterkopfe mit zwei kurzen, gelb, von oben her zwei braune Streifen, von den Fühlern ab ein brauner Querstreifen. Fühler von über halber Kopfeslänge. Prothorax abgerundet, Metathorax glockenförmig, beide einfarbig braun. Hinterleib elliptisch, Ende ausgeschnitten, dunkel, Segmente rothbraun mit heller Naht und an jeder Seite mit zwei hellen Punkten, stark behaart. Füsse gleichgliedrig, mit verdicktem Tarsusende. Länge 0,5 Mm. — Auf Corvus scapulatus.

N. fasciatus *Rudow*, l. c. 468.

Kopf vorn hellbraun, behaart, nach hinten erweitert, ganz rund, mit zwei steifen Haaren, rothbraun. Fühler von fast halber Kopfeslänge, allmählig spitz auslaufend. Prothorax klein, rundlich, Metathorax doppelt so gross, trapezoidal, beide rothbraun mit gelber Mitte. Hinterleib elliptisch, Ende rund, hell, dicht behaart, Ränder goldgelb, Nähte hellgelb, im Uebrigen rothbraun. Tarsus dick, lang behaart. Länge 1 Mm. — Auf Falco islandicus.

N. crinitus *Rudow*, l. c. 468.

Kopf vorn fast kugelig, unbehaart, hinten wenig breiter, am Hinterkopf mit einem Haar jederseits, Scheitel gelb, Ränder rothbraun. Pro- und Metathorax gleich lang, rothbraun mit gelber Mitte. Hinterleib schmal, mit unmerklich überstehenden Ecken, rothbraunen Rändern, hellgelben Nähten, gelbbrauner Mitte, dunklem Ende. Schenkel länger als Schienen. Länge 0,75 Mm. — Auf Phasianus pictus.

N. capensis *Rudow*, l. c. 469.

Kopf mehr dreieckig, hellgelb, Ränder und Scheitel mit zwei nach hinten divergirenden Linien nebst Querbinde, vorn hell rothbraun. Fühler kürzer als halbe Kopfeslänge, dick, gleichgliedrig [?]. Prothorax elliptisch, Metathorax ebenso, aber breiter. Hinterleib schmal, hellgelb mit hellbraunen Rändern, ausgeschnittenem Spitzenende. Füsse gleichgliedrig mit lang behaartem Schienbeine. Länge 0,5 Mm. — Auf Phalacrocorax capensis.

N. quadraticollis *Rudow*, l. c. 469.

Kopf vorn mässig breit, an den Seiten behaart, Hinterkopf breit, mit hellbraunen Seiten und zwei Haaren; vorn fleischfarben, Scheitel und Fühlergrund hellbraun. Fühler von halber Kopfeslänge mit kleinen Trabekeln. Prothorax quadratisch, mit zwei braunen Viereckflecken, Metathorax nicht länger, glockenförmig, braun gerandet. Hinterleib lang lanzettlich, Ecken wenig überstehend, mit zwei Haaren, Ende spitz, behaart, Rand dunkel, jedes Segment auf dem Rücken mit einem eckigen Querfleck. Füsse lang, behaart. Länge 1 Mm. — Auf Falco rufipes.

N. sellatus *Rudow*, l. c. 470.

Kopf vorn breit abgerundet, an den Seiten behaart, Hinterkopf breiter, mit Haaren an den Seiten, Ränder braun, sonst matt gelb. Prothorax sehr klein, abgerundet, Metathorax dreimal länger, gradseitig, hinten breiter, beide Ringe dunkel gerandet, mit heller Mitte. Hinterleib mit kleinem ersten abgerundeten Segment, an den Seiten mit rothbraunen Augenflecken, alle übrigen Segmente mit übergreifenden spitzen Ecken. Ende spitz, braun, Ränder schmal braun, mit je einem Haar, Mitte mit trapezförmiger breiter sattelförmiger Zeichnung. Füsse schlank. Länge 1 Mm. — Auf Nyctheмerus lineatus. Ist nicht mit Brüggemann's *N. sellatus* — *N. selliger* zu verwechseln.

N. nigrifrons *Rudow*, l. c. 471.

Kopf wie bei *N. cheloras*, aber stärker behaart. Hinterkopf mässig verbreitert, hinten ganz hell an jeder Seite, sonst dunkel rothbraun mit zwei hellen Scheitelflecken. Fühler dünn und lang. Pro- und Metathorax fast verwachsen, erster gradseitig, letzter ausgebogen, rundseitig, beide gleich lang, und dunkelbraun. Hinterleib lanzettlich mit wenig vorstehenden Ecken, Ende stumpf ausgeschnitten, behaart [?]. Füsse hell. Hinterfüsse von halber Länge des Abdomens. Länge 1 Mm. — Auf Grus pavonina.

N. eos.
Nirmus tenuis Rudow, l. c. 471.

Kopf vorn dick kolbig, hinten nicht breiter, rund, in zwei fast gleiche Kreise durch die Fühler getheilt, ganz hellgelb. Fühler von halber Kopfeslänge, unten dick, oben spitz. Prothorax rund, klein, Metathorax hinten ausgebogen. Hinterleib sehr schmal, mit überstehenden Ecken, mit schmalem abgerundeten Ende, ganz gelbweiss, nur am Rande etwas dunkler. Füsse lang, Schenkel stark gebogen, Schienen kürzer. Länge 0.5 Mm. — Auf Cacatua eos als einzige von Papageien bekannte Art.

N. depressus *Rudow*, l. c. 472.

Kopf so lang wie breit, vorn rund, mit vier langen Haaren, ockergelb, nach hinten breit abgerundet, mit 2 kurzen und 2 langen Haaren, vor den Fühlern mit einem langen Haare; Ränder braun wie auch ein Querstreif zwischen den Fühlern. Diese von nur ⅓ Kopfeslänge und dick. Prothorax klein und rundlich, Metathorax viel breiter, abgerundet; beide Brustringe schwarzbraun mit heller Mitte. Hinterleib oval, mit vorstehenden Ecken, spitzem dicht behaarten Ende, braun, an den vier ersten Segmenten ein nach unten an Breite zunehmender ockergelber Kreisabschnitt, an den letzten nur ein schmaler brauner Kreisabschnitt. Länge 1 Mm. — Auf Buceros brasiliensis.

N. crassiceps *Rudow*, l. c. 473.

Kopf dem des *N. alcbutae* ähnlich, nur an der Seite mit 2 Haaren, hinten kahl, an den Fühlern oben und unten rothe Punkte; Mitte des Hinterkopfes braun, übrigens gelb. Fühler von ¾ Kopfeslänge. Prothorax abgerundet, Metathorax mit stumpfeckigem Hinterrande. Hinterleib elliptisch, mit übergreifenden Ecken, breit abgerundetem Ende, hellbraunen Rändern und je zwei braunen Viereckslecken auf jedem Segment, mit hellbraunem achten Segment. Füsse mässig lang, gleichgliedrig. Länge 1 Mm. — Auf Tinamus rufescens.

N. Tinami *Rudow*, l. c. 473.

Kopf mehr dreieckig, vorn breit, kahl, Hinterkopf rund, mit einem kurzen Haar, ockergelb mit dunklem Fühlergrunde und Hinterhauptsrändern. Fühler von mehr als halber Kopfeslänge und kleinen Trabekeln. Prothorax nach hinten erweitert, in zwei seitliche Spitzen auslaufend und rund ausgeschnitten, Metathorax fast herzförmig mit seitlichen Zacken. Hinterleib eirund, hellgelb, mit runden Ecken und dreihöckerigem Ende [?]. Jedes Segment mit ockergelbem Randfleck, in der Mitte breit rothgelb mit verwaschenen dunkleren Flecken. Füsse dick, gleichgliedrig. Länge 2 Mm. — Auf Tinamus bannaquira.

N. ansatus *Rudow*, l. c. 474.

Kopf länger als bei vorigem, Seiten behaart, hellockergelb mit braunen Hinterhauptsseiten und brauner Querlinie zwischen den Fühlern, davor mit drei dunklen Punkten; Hinterkopf mit drei steifen Borsten. Fühler vor der Kopfesmitte, fast kopfeslang, mit kleinen Trabekeln. Prothorax vorn eingeschnürt, dann in seitlich gekrümmte starke Haken erweitert, welche ein starkes Haar tragen, nach unten verengert. Metathorax breiter, mit dicken Seitenhaken, behaart, nach unten in eine stumpfe Ecke erweitert; beide Brustringe ockergelb mit einzelnen dunklen Längsstreifen. Hinterleib eiförmig, mit vorragenden Segmentecken mit je zwei langen Haaren; Ende abgerundet, dicht behaart, der vorletzte Ring ragt mit einer Spitze [Penis] in den letzten über; Rand gelb, jedes Segment mit zwei gelben runden Flecken. Füsse mit langen Schienen. Länge 1.5 Mm. — Auf Tinamus bannaquira.

4. GONIOCOTES Burm.

Corpus minutum; caput semiellipticum, margine antico convexo, temporibus biangulatis, angulo laterali acuto setigero, postico brevi; antennae in utroque sexu conformes; pedes robusti; abdomen ovale aut oblongum, maris brevius segmento ultimo rotundato, feminae exciso; segmentorum suturae obsoletae, partim nullae.

Nitzsch sonderte von den Schmalingen eine Gruppe der Philopteren als Eckköpfe ***Goniocephali*** ab und fasste dieselben unter dem Gattungsnamen ***Goniodes*** zusammen, die zahlreichen Arten wieder als ***homocerati*** und ***heterocerati*** sondernd, je nachdem sie in beiden Geschlechtern gleiche oder verschiedene Fühler haben. Dieser Unterschied fällt mit zweien andern von beachtenswerther Bedeutung zusammen und deshalb führte Burmeister für die erste Gruppe den neuen subgenerischen Namen ***Goniocotes*** ein, den auch wir beibehalten. Die hieher gehörigen Arten sind durchweg winzig kleine Federlinge, weniger als eine Linie lang, theils schlank theils und häufiger von kräftigem gedrungenen Körperbau, gelblich oder gelbbräunlich, auch weisslichgelb gefärbt mit dunklern rost- oder rothbraunen oder sattgelben Randzeichnungen an allen Körperabschnitten. Ihr Kopf spielt zwischen halbkreisförmiger und halbelliptischer, ausnahmsweise auch herzförmiger Gestalt, gewöhnlich länger als breit, kommt er doch auch absonderlich verkürzt vor. Der mit feinen Borstenhärchen besetzte Vorderrand des Kopfes ist stark convex, oft halbkreisförmig und endet jederseits in die scharfe oder stumpfe Vorderecke der Fühlerbucht. Der Hinterkopf verbreitert sich bis zur seitlichen Schläfenecke und diese ist scharf rechtwinklig, spitzwinklig, oder auch kegelspitzig ausgezogen und mit zwei langen starken Borsten besetzt. Oft macht sich in der Form dieser seitlichen Schläfenecken ein geschlechtlicher Unterschied bemerklich. Die hintern Schläfenecken treten jederseits des Prothorax als eckige Randvorsprünge hervor, die im Niveau der seitlichen Schläfenecken liegen oder durch Verlängerung des Kopfes hinter denselben. Die Fühler pflegen in der Mitte des Kopfes eingelenkt zu sein oder auch vor derselben, erreichen angelegt kaum den Occipitalrand und bestehen aus einem verdickten, die Fühlerbucht etwas überragenden Grundgliede, einem schlanken und längsten zweiten und den drei übrigen kürzern, unter sich je nach den Arten von veränderlicher Länge. Geschlechtliche Unterschiede machen sich in der Fühlerbildung gar nicht oder nur höchst geringfügige bemerklich. Der Prothorax wie auch der Metathorax ändern in Form, Grösse, ihrem Längen- und Breitenverhältniss vielfach und erheblich ab. Erster z. B. kömmt so lang wie breit, länger als breit und sehr viel breiter als lang vor, letzter mit convexem und mit scharfwinkligem Hinterrande. Beide pflegen Randborsten zu haben. Die Beine sind kräftig und stark, die Schienen am Innenrande mit Dornen bewehrt. Der allermeist eiförmige, bei dem Männchen stets verkürzte und breit endende Hinterleib streckt sich nur ausnahmsweise sehr lang oder verkürzt sich bis zur Scheibenform. Die Mehrzahl der Segmente ist auf der Rückenfläche völlig mit einander verschmolzen und nur schwache Kerben oder wellige Einbuchtungen am Rande bezeichnen die Gränzen der Segmente. Die Randborsten bieten nichts Eigenthümliches. Das kurze und breite weibliche Endsegment ist gekerbt, das scharf abgesetzte und abgerundete männliche gewöhnlich dicht mit langen Borsten besetzt. Die randlichen Zangenflecke auf der Oberseite der Segmente pflegen matt, stumpf dreiseitig zu sein oder fehlen ganz, dagegen machen sich vor den Stigmen schiefe braune Winkel- oder Bogenflecke oft mit sexuellen Eigenthümlichkeiten sehr charakteristisch bemerklich.

Die Arten sind bisher nur auf Tauben und besonders auf Hühnervögeln beobachtet worden, nur Rudow will eine Art auf dem Bussard gesammelt haben. Mehre leben gesellig mit den viel grössern ***Goniodes***arten auf demselben Wirth beisammen.

G. asterocephalus *Nitzsch.* Taf. XIII. Fig. 3. 4.
Nitzsch, Zeitschr. f. ges. Naturwiss. 1866. XXVIII. 389. — Burmeister, Handb. Entomol. II. 431.

Elongatus, pallidus, fusco- et nigropictus; occipite acuminato, utrinque bidentato, fascia marginali, antennis maris et feminae paulo diversis; thorace nigrolimbato; pedibus robustis; abdomine oblongo, truncato, dentato. Longit. ♂ $^{4}/_{5}$''', ♀ $1^{1}/_{4}$'''.

Eine absonderliche, durch ihre gestreckte Gestalt und die geschlechtlich nur sehr wenig verschiedene von allen andern Arten auffällig verschiedene Art. Der Kopf länger als in der Mitte breit, der Vorderkopf fast halbkreisförmig, am Rande jederseits mit fünf in ziemlich gleichen Abständen stehenden sehr feinen Borsten besetzt, und der Rand vor der Fühlerbucht mit einer scharfen Ecke endend. Der Hinterkopf hat in der Mitte jeder

Seite einen starken gleichschenkligen Fortsatz mit zwei sehr ungleich langen Borsten an der stumpfen Spitze und einer dritten sehr langen am hintern Rande, der zweite sehr ähnliche hintere Fortsatz trägt nur ein Borstenspitzchen. Die Fühler reichen angelegt nur wenig über den ersten Fortsatz hinaus, haben ein dickes Grundglied, ein gestrecktes zweites, die beiden folgenden von schnell abnehmender Länge, das Endglied wieder gestreckter und kegelförmig. Die Zeichnung des Kopfes besteht in dunkelbrauner Berandung, und drei dunklen Flecken jederseits auf dem Hinterkopfe. Der Prothorax ist etwas breiter als lang und trägt an den convexen Seiten eine mittle Borste, der Metathorax hat gleichfalls convexe, aber nach hinten divergirende Seiten mit je zwei längern Borsten. Beide Brustringe schwarz gerandet. Die Beine haben kurze dicke Schenkel mit kurzen Borsten, schlanke (in unserer Abbildung zu stark gezeichnet) Schienen am Aussenrande nahe den beiden Enden mit je einer Borste, am Innenrande mit Dornen, die gegen die Daumenstacheln hin länger werden und näher an einander stehen, am Tarsus eine lange Borste, die Klauen sehr schlank. Nur die Schenkel sind braun gerandet. Der schlanke Hinterleib verbreitert sich bis zum sechsten Segment langsam und bis zu diesem erscheinen seine Ränder nur sehr schwach gekerbt, mit je zwei Randborsten besetzt, dann stutzt er sich stumpf ab und die drei Segmentecken treten stark zahnartig vor, jede mit zwei enorm dicken und langen Stachelborsten besetzt bei dem Weibchen, mit nur einer solchen und mehren feinen langen bei dem Männchen. Die eigenthümliche braune Winkelzeichnung längs der Seitenränder ist in unserer Abbildung naturgetreu wiedergegeben worden. Auf der Oberseite des Hinterleibes zwei Längsreihen von Borsten.

Auf der Wachtel, Perdix coturnix, von Nitzsch im April 1818 in einem männlichen und weiblichen Exemplare gesammelt.

6. compar *Nitzsch.* Taf. XII. Fig. 10. 11; Taf. XX. Fig. 8.

Nitzsch, Germar's Magaz. Entomol. 1818. II. 291. — Burmeister, Handb. Entomol. II. 431. — Denny, Monogr. Anoplur. 152. Tab. 13. Fig. 9.

Pediculus bidentatus Scopoli.

Robustus, ochraceopictus, rufolimbatus; capitis maximi semielliptici angulis temporum lateralibus exacte subrectis, posticis obsoletis; prothorace antice angustato, metathorace postice angulato; pedibus robustis; abdomine ovali, maris breviore truncato marginibus crenulatis, maculis distinctis linguiformibus, extus ferrugineantibus. Longit. ♂ 3/4''', ♀ 7/8'''.

Von voriger Art auffällig unterschieden durch den breiten Hinterleib und den vorn halsförmig verengten Prothorax wie ganz andere Zeichnung. Glatt und glänzend, schön gelb, mit rostrother Berandung. Am auffällig grossen Kopfe ist die vordere Hälfte breit abgerundet und jederseits mit etwa acht kurzen Borsten besetzt, welche bei dem Männchen stärker als bei dem Weibchen sind. Die in tiefer Bucht eingelenkten Fühler haben ein kurzes sehr dickes Grundglied, ein längstes zweites, das dritte und vierte von abnehmender Länge und das Endglied wieder länger. Hinter der Fühlerbasis liegt ein rostrother Augenfleck und hinter demselben, aber an der Unterseite, nicht am Rande eine bis an den Occipitalrand reichende Borste. Die Schläfenecke ist fast rechtwinklig und trägt eine starke bis auf den Hinterleib reichende Borste, hinter welcher eine zweite gleich lange und starke folgt. Die zweite hintere Ecke ist sehr stumpf, nur schwach vortretend. Die dunkle Berandung der Zügel biegt vor der Fühlerbasis nach innen, auch der Occipitalrand ist dunkel und mit ihm die dreilappige Signatur zwischen den Fühlern durch Linien verbunden. Der Prothorax beginnt eng halsförmig und erweitert sich nach hinten und hat vor der Hinterecke jederseits eine straffe Randborste. Der viel breitere Metathorax hat an seinen convexen Seiten zwei längere starke Randborsten und sein Hinterrand ist winklig. Beide Brustringe sind rostbraun gerandet. Die kurzen dicken Schenkel sind reich bedornt, die keulenförmigen Schienen mit kleinem Dorn nahe der Mitte und zweien vor den sehr kurzen Daumenstacheln, die Klauen kurz, stark, kaum gekrümmt. Der Hinterleib ist breit eiförmig, bei dem Weibchen am Ende abgerundet, bei dem Männchen kürzer und abgestutzt. Die Segmentecken treten am Rande gar nicht vor und nur schwache Einkerbungen bezeichnen die Segmentgränzen, an welchen anfangs eine, zuletzt drei Randborsten stehen. Das weibliche Endsegment ist vom vorletzten nicht abgesetzt, sehr schwach gebuchtet und jederseits mit drei kurzen feinen Borsten besetzt. Das männliche Endsegment dagegen ist in dem tief eingebuchteten vorletzten scharf umgränzt, fast kreisrund und mit sechs Borsten besetzt, von welchen zwei sehr lang und stark sind. Der Rand des Hinterleibes ist rostroth und sendet auf der Oberseite eines jeden Segmentes einen langen schmalen Zungenfleck mit heller Mitte nach innen. Die Bauchseite ist ohne Zeichnung, ihre Haut aber fein und regelmässig granulirt. Die ausschlüpfenden Larven haben noch keine Schläfenecken.

erhalten dieselben erst nach der ersten Häutung, die Zeichnung nach der zweiten. — Der anatomische Bau stimmt in den wesentlichen Verhältnissen mit dem von *Lipeurus* auf Tafel XX. dargestellten überein und weicht nur in relativen Formverhältnissen ab. So hat der Kropf ziemlich dieselbe Form wie bei *Lipeurus jejunus* Fig. 5, der mittle Darmabschnitt erscheint gestreckter, die malpighischen Gefässe sind dieselben, aber die in Figur 8 abgebildeten vier birnförmigen Hoden sind enorm gross, nehmen fast die ganze Breite und einen grossen Theil der Länge des Hinterleibes ein, ihre vasa deferentia dagegen sind sehr fein, wohl zehnmal feiner als die malpighischen Gefässe. Die Saamenblase erscheint getheilt, ihr Gang mit blasiger Erweiterung. An lebenden Exemplaren sieht man die Mandibeln mit ihren vielen spitzigen Zähnen in lebhafter, die Maxillen in zitternder Bewegung.

Auf der Haustaube, Columba livia domestica, von Nitzsch zuerst im Februar 1814 unter obigem Namen unterschieden und später selbst in grosser Menge beobachtet, auch in Gesellschaft des *Lipeurus baculus*. Denny bildet den Kopf zu kurz und ganz abweichend mit langen spitzen Schläfenecken ab, verengt den Prothorax vorn nicht charakteristisch und eckt den Metathorax hinten nicht. Diese Eigenthümlichkeiten finde ich an einem einzigen Spiritusexemplar von der Turteltaube in unserer Sammlung, ohne nähere Angabe. Dasselbe ist gerade in der Häutung begriffen, die abgestreiften Häute der Beine liegen noch an dem erst abgelösten und noch nicht abgestreiften Hinterleibe. Zeichnung ist noch gar nicht vorhanden. Die Kopfbildung wie auch der Brustkasten sprechen entschieden für specifische Differenz.

G. microthorax *Nitzsch.*

Nitzsch, Germar's Magaz. Entomol. III. 294; Zeitschrift f. ges. Naturwiss. 1866. XXVIII. 389.

Brevis, pallidus, capitis semielliptici angulis temporalibus lateralibus acutis, posticis obtusis, antennarum articulo ultimo elongato; thorace brevissimo, prothorace late trapezoidali, metathoracis lateribus productis, pedibus gracilibus; abdominis late ovalis marginibus subcrenulatis, maculis linguiformibus pallide flavis obsoletis. Longit. 1/2'''.

Eine kleine blasse Art, gleich durch den auffallend kurzen Thorax und den äusserst schwach gekerbten Rand des breiten Hinterleibes sich als eigenthümlich ergebend. An dem halbelliptischen Kopfe treten die seitlichen Schläfenecken scharfspitziger als bei *G. compar*, doch viel weniger gestreckt als bei *G. asterocephalus* hervor. Sie haben zwei lange starke Borsten. Die hintere Schläfenecke ist ganz stumpf und die Zeichnung des Kopfes besteht nur in einem dunklen Fleck vor jeder Fühlerbasis und zweien solchen am Nackenrande. Der sehr kurze Prothorax erweitert sich nach hinten und hat jederseits eine lange Randborste. Der Metathorax lässt seine Seiten fast als breite Haken mit zwei sehr langen und einer kurzen Borste hervortreten, während sein Hinterrand in der Mitte mit dem Hinterleibe verschmolzen ist. Die Beine sind dünn und schlank. Der breit eiförmige Hinterleib hat lange feine Randborsten, nur am Rande deutliche, nach innen verwischte blasse Zungenflecke und das weibliche Endsegment ist auffallend kurz, weisslich, mit zwei sehr feinen Borsten besetzt.

Auf Perdix cinerea, von Nitzsch im März 1816 gesammelt, von mir trotz sorgfältigen und häufigen Suchens nicht beobachtet.

G. hologaster *Nitzsch.*

Nitzsch, Germar's Magaz. Entomol. III. 294. — Burmeister, Handb. Entomol. II. 431. — Denny, Monogr. Anoplur. 153. Tab. 13. Fig. 4.

Ricinus Gallinae Degeer, Mém. Insect. VII. Tab. 4. Fig. 15.

Brevis, flavidus; capite semielliptico, angulis temporalibus anticis obtusis, antennarum articulo ultimo secundo fere aequilongo; thorace brevissimo, prothorace semilunari, metathorace postice abdomine confluente, pedibus robustis; abdomine ovali, marginibus vix crenulatis, maculis linguiformibus flavis obtusis antice fuscomarginatis. Longit. ♂ 1/2''', ♀ 3/4'''.

Eine kleine in ihren Formverhältnissen wie in der Zeichnung gleich leicht unterscheidbare Art mit blassgelblicher Färbung und gelber und bräunlicher Zeichnung. Der Kopf ist von dem hintern eckigen Theile abgesehen halbelliptisch, am schwach rothbräunlich gesäumten Rande des Vorderkopfes mit sehr feinen Borstenspitzchen besetzt; die vordere Schläfenecke stumpf und abgerundet, mit zwei sehr langen starken Borsten besetzt, die Hinterecken schärfer hervortretend. Vor der Fühlerbasis ein kleiner, hinter derselben und zu beiden Seiten des Hinterhauptes grössere rothbräunliche Flecken. Die langen Fühler bieten keinen geschlechtlichen Unterschied, ihr Endglied ist fast so lang wie das gestreckte zweite oder wie das dritte und vierte zusammen. Der Thorax ist so wenig abgesetzt von dem Hinterleibe, dass er mit diesem bei dem Weibchen ein regelmässiges, bei dem Männchen ein hinten breit abgestutztes Oval bildet. Der sehr kurze Prothorax ist fast halbmondförmig und in den buchtigen Occipitalrand eingelenkt. Sein Seitenrand setzt nur durch die Nahtlinie unterbrochen in den des Metathorax fort, welche ebenso in den Hinterleibsrand übergeht, hier jedoch an der Ecke zwei kurze Borsten trägt. Der Hinterrand des Metathorax springt stark gegen das Abdomen vor, doch ist seine Nahtlinie im mittlen Theile völlig verwischt. Die Oberseite beider Brustringe ist sehr schwach bräunlich schattirt. Die Beine sind sehr kurz, kräftig, die auffallend kurzen Schienen stark bedornt, die Klauen dagegen sehr gestreckt. Der breit ovale Hinterleib hat nicht gekerbte, sondern sanft wellige Seitenränder mit zwei und drei Randborsten vor den Segmentecken, auf jedem Segment jederseits einen blassgelben nach innen stumpf endenden Zungenfleck, dessen Vorderrand dunkelbraungelb ist. Auf der Ober- und Unterseite des Hinterleibes keine Borsten. Der weibliche Hinterleib endet im schönsten Oval mit sehr schwacher Kerbung des letzten, jederseits mit zwei Borsten besetzten Segmentes. Das männliche Abdomen dagegen stutzt sich gleich hinter der grössten Breite fast gerade ab und das nahezu halbkreisförmige Endsegment mit kurzen und langen Borsten reich besetzt tritt frei hervor. Der Bau der Genitalien und des Darmcanals stimmt mit dem von *G. compar* überein.

Auf dem Haushuhn, Gallus domesticus, von Nitzsch zuerst im Mai 1815 und später wiederholt beobachtet und genau nach dem Leben beschrieben. Schon de Geer gedenkt wahrscheinlich dieser Art und Denny stellt sie so abweichend von der unserigen dar, dass man an der Identität zweifeln muss. Der Kopf erscheint bei ihm sehr viel länger mit sehr weiten Fühlerbuchten und schwarz gezeichnet, in den Fühlern das zweite Glied enorm verlängert, das Endglied dagegen nur von der Länge des vorletzten, der Prothorax quer oblong und scharf vom hinten spitzwinklig gerandeten Metathorax abgesetzt, die Schienen viel länger, die Zungenflecke der Hinterleibssegmente grau und ringsum schwarz gerandet. Endlich giebt Denny die Länge auf $1^1/_3$ Linien an. All diese Eigenthümlichkeiten werden den nächsten Beobachter der Denny'schen Art nöthigen dieselbe mit einem neuen Namen zu belegen.

G. rectangulatus *Nitzsch.*

Nitzsch, Zeitschrift f. ges. Naturwiss. 1866. XXVIII. 389; Germar's Magaz. Entomol. III. 294.

Goniocotes rectangulus Burmeister, Handb. Entomol. II. 432.

G. compari similis, at capite latiore breviore, prothorace breviore, metathorace duplo latiore prothorace, margine abdominali obsoleto; antennarum articulo ultimo penultimo longiore, abdominis segmentis primo et secundo distinctis. Longit. $^1/_2$'''.

Diese Art steht dem *G. compar* der Haustaube sehr nah, ist aber durch den kürzern breitern Kopf, den kürzern Prothorax und die undeutliche Zeichnung der Hinterleibsränder sogleich zu unterscheiden. Der Kopf ist mehr halbkreisförmig als halbelliptisch, der Rand des Vorderkopfes mit feinen Borstenspitzchen besetzt, die Schläfenecke rechtwinklig, aber nicht scharf mit starker, bis zum zweiten Hinterleibssegmente reichender Borste und zweiter solcher mehr davon abgerückt, die hintere Ecke ist ganz nah an den Prothorax herangerückt und tritt noch weniger hervor als bei *G. compar*. Die Fühler reichen angelegt bis an den Occipitalrand, haben ein sehr gestrecktes zweites und ein das vierte ansehnlich überlängendes Endglied; keinen geschlechtlichen Unterschied. Vor und hinter ihrer Basis je ein runder Fleck. Der Prothorax ist kürzer und vorn minder verengt als bei *G. compar*, jederseits mit langer starker Randborste. Der sehr breite Metathorax hat an jeder hakig vortretenden Seitenecke eine sehr starke Borste und hinter derselben eine zweite kürzere. Die Beine sind kurz und kräftig, mit starken Dornen bewehrt, dagegen die Klauen fein, schlank, fast gerade. Der Hinterleib erscheint merklich breiter als bei *G. compar*, sein erstes und zweites Segment ganz scharf geschieden, die folgenden aber längs der Mitte des Rückens verschmolzen. Der Rand des Hinterleibes ist nur undeutlich gezeichnet, die gelben Zungenflecke sehr kurz. Die Färbung des Körpers blassgelblich.

Auf Pavo cristatus, von Nitzsch im April 1816 zuerst gefunden in Gesellschaft des *Goniodes falcicornis*.

G. diplogonus *Nitzsch.*

Nitzsch, Zeitschrift f. ges. Naturwiss. 1866. XXVIII. 389. — Burmeister, Handb. Entomol. II. 432.

Pallide flavus; capite semielliptico, angulis temporum lateralibus obtusis, antennis brevibus, articulo ultimo prolongato; prothorace brevissimo, metathorace illo duplo latiore, postice angulato; abdomine ovali, maculis linguiformibus flavis. Longit. $^1/_2$'''.

Klein und zierlich, blassgelb mit nur schwacher Zeichnung. Der halb elliptische Kopf ist vorn mit feinen Borstenspitzen, an den stumpfwinkligen Schläfenecken mit den gewöhnlichen langen starken Borsten besetzt. Die sehr kurzen Fühler haben ein schlankes zweites Glied und ein walziges Endglied, das von der Länge der beiden vorletzten ist. Vor den Fühlern und am Occipitalrande braune Flecke. Der Prothorax ist auffallend kurz, der viel breitere Metathorax mit zwei langen Randborsten und winkligem Hinterrande; die Beine sehr kurz, aussen an den Schenkeln und der Basis der Schienen je ein Borstendorn, innen in der Mitte der Schienen zwei Dornen, die Klauen sehr schlank. Der regelmässig ovale Hinterleib lässt die Segmentecken wenig, aber ziemlich scharf hervortreten, trägt an denselben je eine, nur an den letzten je zwei Randborsten, auch in der Rinne des Endsegmentes zwei Borsten. Breite gelbe Zungenflecke enden innen abgerundet und haben vor den Stigmen eine dunkle Bogenlinie.

Auf Tragopan satyrus, von Nitzsch in einem weiblichen Exemplare in Gesellschaft des ***Goniodes spinicornis*** gefunden.

G. pusillus *Nitzsch.*
Nitzsch, Zeitschrift f. ges. Naturwiss. 1866. XXVIII. 389. — Burmeister, Handb. Entomol. II. 432.

Minimus, pallidus; capite late semielliptico, angulis temporum lateralibus exstantibus obtusiusculis; prothorace trapezoidali, metathorace pentagono; abdomine late ovali, limbo obscuro. Longit. $^{2}/_{3}$'''.

Eine winzig kleine blassgelbe Art mit relativ grossem Kopfe, der sich nach hinten stark verbreitert, vorn fast parabolisch gerundet ist, grosse Augenflecke vor den Fühlern hat, hinter den Fühlern eine lange Borste, an der ziemlich vorstehenden Schläfenecke die beiden gewöhnlichen starken Borsten trägt. Der breite Prothorax trägt an jeder Seitenecke eine starke Borste, der Metathorax an den scharfen Seitenecken je eine lange starke und eine kurze feine Borste. Der Hinterleib ist kurz und breit oval mit scharf abgesetztem männlichen Endsegment, äusserst schwach gekerbten, dunkel gefärbten Seitenrändern.

Auf Perdix petrosa, von Nitzsch im Jahre 1836 auf einem trocknen Balge in Gesellschaft des ***Goniodes securiger*** gesammelt.

G. haplogonus *Nitzsch.*
Nitzsch, Zeitschrift f. ges. Naturwiss. 1866. XXVIII. 390. — Burmeister, Handb. Entomol. II. 432.

Robustus, flavus; capite semielliptico, angulis temporum lateralibus exactis acutis, internis minutis, margine occipitali subrecto; prothorace brevissimo, metathorace acutissime angulato, pedibus crassis; abdomine oblongoovali, marginibus crenatis, angulis segmentorum posticis spiniformibus, segmento primo maximo. Longit. $^{1}/_{4}$'''.

Eine ebenfalls kleine gelbe Art mit sehr charakteristischen Eigenthümlichkeiten. Ihr Vorderkopf zunächst ist kürzer als bei allen vorigen, mit den gewöhnlichen Borstenspitzen am Rande, der vorn dunkelbraun ist, aber die dunkelbraunen Orbitalflecke vor den Fühlern sind von ungewöhnlicher Grösse. An den verhältnissmässig kurzen Fühlern hat das walzige Endglied fast die Länge des zweiten, und das dicke Grundglied ragt nicht aus der Fühlerbucht hervor. Am seitlichen Schläfenrande stehen weit getrennt von einander zwei straffe Borsten. Die Schläfenecke ist scharf mit sehr starker und langer Borste und zweiter dahinter besetzt. Eine zweite Schläfenecke macht sich noch unter schwacher Loupe nur wenig bemerklich, erst unter starker Loupe erkennt man dieselbe deutlich, dem unbewaffneten Auge erscheint der Hinterrand des Kopfes zwischen den scharfen seitlichen Schläfenecken gerade, doch ist der eigentliche Occipitalrand in der Breite des Prothorax dunkelbraun. Der Prothorax selbst ist sehr kurz, trapezoidal, mit starker Seitenborste. Am ebenfalls kurzen, hinten weit in das Abdomen eingreifenden Metathorax treten die Seitenecken wie scharfspitzige Hörner mit zwei sehr langen Borsten besetzt hervor. Die Beine sind sehr kurz, die Klauen dagegen lang. Der eiförmige Hinterleib hat ein sehr grosses erstes und ein völlig verschmolzenes achtes und neuntes Segment. Die hintern Segmentecken sind dornspitzig ausgezogen, mit nur je einer Borste besetzt, das verschmolzene achte und neunte Segment hat je zwei stumpfe zweiborstige Seitenecken. Die schön gelbe Färbung des Hinterleibes erscheint auf jedem Segmente mit zwei kurzen querbandförmigen braunen Randflecken, der vordere kürzer als der ihm anliegende hintere gezeichnet.

Auf Lophophorus impeyanus in Gesellschaft des oben beschriebenen *Nirmus* von Nitzsch im Jahre 1827 in Paris auf einem trocknen Balge gefunden und in unserer Sammlung aufgestellt.

G. dentatus *Rudow.*
Rudow, Zeitschrift f. ges. Naturwiss. 1870. XXXV. 476.

Kopf vorn breit, an den Fühlern mit überstehenden Ecken, seitliche Schläfenecken weit nach oben gezogen, breit, spitz, mit drei Borsten, nach hinten bogig verengt, so dass der Hinterkopf mit schmaler Basis und wenig überstehenden Ecken den Prothorax umfasst. Färbung hellgelb, an den Rändern lebhaft rothbraun wie auch eine

Linie zwischen beiden Fühlern. Diese im vordern Kopfesdrittel eingelenkt, von ein Drittheil Kopfeslänge, mit langem trichterförmigen zweiten Gliede, seitlich und oben behaart. Prothorax schmal, quadratisch, Metathorax wenig länger, mit etwas nach hinten verbreiterten abgerundeten Seiten und einer stumpf vorgezogenen Ecke in der Mitte, beide Brustringe nur wenig länger als der halbe Kopf, an den Rändern lebhaft rothbraun, in der Mitte gelb. Beine mit dicken Schenkeln und dünnen Schienen, oben braun, unten gelb. Hinterleib breit eirund, Segmentecken spitz überstehend, Ende sechszähnig breit, behaart am Rande, vorn einzeln, hinten zu vier Borsten. Rand breit matt rothbraun, Mitte hellgelb, von jedem Segment zweigt sich ein lebhaft rothbrauner Streifen nach oben ab, der sich seitlich verkehrt L-förmig krümmt; Ende hell. Länge 1,5 Mm. — Auf Nycthemerus lineatis, mir unbekannt.

G. fissus *Rudow.*
Rudow, Zeitschrift f. ges. Naturwiss. 1870. XXXV. 477.

Kopf im Ganzen mehr dreieckig, regelmässig mit abgerundetem breiten Vordertheile, Hinterhauptsecken wenig über die Grundfläche erhaben, stumpfe Anhaftungsstelle des Thorax mässig breit; Färbung hellgelb, Ränder von den Fühlern ab und Fühlergrund rothbraun, Hinterkopfsecken mit dunkelgelben Dreiecken. Fühler vor der Mitte eingelenkt, von nicht halber Kopfeslänge, dünn. Prothorax wenig nach hinten gradlinig verbreitert, ein Drittheil so breit wie die Hinterkopfsbasis, am Rande dunkel, in der Mitte gelb. Metathorax kurz glockenförmig mit dunkelbraunen Rändern. Beine kurz, mit dünnen Schienen. Abdomen fast kreisrund, mit zwei langen stumpfen Höckern am Ende, von denen jeder vier Borsten trägt. Segmentecken wenig vorstehend, einzeln beborstet, Rand graubraun mit brauner Hufeisenzeichnung und gelbem Punkt. Länge 1 Mm. — Auf Talegallus Lathami, mir unbekannt.

G. carpophagae *Rudow.*
Rudow, Zeitschrift f. ges. Naturwiss. 1870. XXXV. 476.

Kopf länger als breit, vorn abgerundet, fast so breit wie hinten, Stirnrand roth, zwei Orbitalflecken vor den Fühlern, Hinterkopfsbasis roth, übrigens gelb. Hinterkopf mit wenig vorstehenden stumpfen Ecken, Anhaftungsstelle des Thorax zwei Drittel so breit wie die Basis. Fühler vor der Mitte, von halber Kopfeslänge, regelmässig, fast kahl. Prothorax abgerundet, Metathorax wenig kürzer, elliptisch, beide gelb und so lang wie der Kopf. Beine mässig lang, fast gleichgliedrig, behaart. Abdomen breit eirund, Breite zur Länge wie 1 : $1^{1}/_{2}$, Segmentecken wenig vorstehend, einzeln beborstet, Ende breit zweihöckrig, rund, Rand dunkelgelb mit verschwimmender L-förmiger Zeichnung. Länge 0,25 Mm. — Auf Carpophaga perspicillata, mir unbekannt.

G. irregularis *Rudow.*
Rudow, Zeitschrift f. ges. Naturwiss. 1870. XXXV. 476.

Kopf fast quadratisch, vorn abgerundet, kurz und steif behaart, hinter den Fühlern mit behaartem Höcker, mässig breiten stumpfen dreiborstigen Schläfenecken, die etwas nach vorn gezogen sind; Hinterkopfsbasis verengt, zu ein Drittel der Breite zwischen den Ecken, Ränder und convergirende Streifen des Scheitels rothbraun, übrigens sattgelb. Fühler im ersten Drittel des Kopfes von fast halber Kopfeslänge mit verdicktem Grundgliede, trichterförmigem zweiten und kleinen spitzer werdenden folgenden Gliedern. Prothorax schmal, fast quadratisch, gelb mit braunen Rändern, Metathorax dreimal breiter mit überstehenden Ecken, gelb mit breiten ausgezackten braunen Randzeichnungen, nach hinten in einen stumpfen Zipfel ausgehend. Beine kurz, fast gleichgliedrig, Schienen bedornt, schwach behaart. Abdomen breit eirund, mit vorstehenden dicht behaarten Rändern und hakigem Ende. Färbung gelb mit rothem Nahtstrich am Rande und wenig hervortretenden dunklen gekrümmten kurzen Streifen an der Naht. Länge 0,75 Mm. — Auf Buteo Ghisbrechti, mir unbekannt.

G. gregarius *Nitzsch.*
Goniodes gregarius Nitzsch, Zeitschr. f. ges. Naturwiss. 1866. XXVIII. 388.

Pallidus, capite subelliptico longiore quam lato, angulis temporum acute rectangulatis, antennarum articulo ultimo penultimo paulo longiore; prothorace subtrapezoidali, metathorace brevi, pedibus brevibus crassis; abdomine late ovali, marginibus vix crenulatis, maculis carinatis. Longit. $^{1}/_{2}$'''.

Steht dem *G. rectangulatus* der Pfauen sehr nah. Der etwas längere als breite Kopf hat vorn die feinen Borstenspitzen, enge und seichte Fühlergruben, rechtwinklige Schläfenecken mit den beiden langen Borsten und stark vortretende hintere Schläfenecken jederseits des Prothorax. Die den Hinterrand nicht erreichenden Fühler haben ein ziemlich langes starkes Grundglied und ein das vorletzte an Länge etwas übertreffendes Endglied. Die Zeichnung des Kopfes besteht in einem grossen rothbraunen Orbitalfleck vor und einem punktförmigen hinter der Fühlerbucht und in zwei randlichen Occipitalflecken. Der Prothorax erweitert sich etwas nach hinten und hat eine straffe Randborste jederseits, die abgerundeten zweiborstigen Seitenecken des Metathorax treten gar nicht hervor. Die Beine sind sehr kurz und dick, am Innenrande der Schienen nur ein schwacher Dorn vor den Daumenstacheln, die Klauen kräftig. Der kurze breite Hinterleib hat kaum gekerbte Ränder, meist zwei Borsten an den Segmentecken und kurze schwachgelbe Zungenflecke mit braunem Bogenstreif vor dem Stigma.

Auf Perdix afra, von Nitzsch im Januar 1825 in Gesellschaft des *Goniodes isogenos* gefunden.

G. obscurus.

Oblongus, fuscus; capite semielliptico, angulis temporum fere rectangulatis, antennarum articulo ultimo penultimo multo longiore; prothoracis angulis lateralibus acutis, metathorace brevissimo; pedibus crassis; abdomine oblongo, marginibus subcrenulatis, maculis segmentorum brevibus trigonis, antice linea curvata brunnea. Longit. 1/3'''.

Eine ziemlich gestreckte Art mit kurzem Thorax. Der gestreckt halbelliptische Kopf hat am Vorderrande äusserst kleine und spärliche Borstenspitzchen, an der fast rechtwinkligen seitlichen Schläfenecke zwei sehr lange Borsten, jederseits des Prothorax eine ziemlich stark vorstehende hintere Schläfenecke. Vor der Fühlerbucht einen grossen Orbitalfleck, am Nackenrande zwei kleine Flecke. Die kurzen ziemlich dicken Fühler zeichnen sich durch die Länge ihres Endgliedes aus, welche der des zweiten nur wenig nachsteht. Der Prothorax hat scharfe mittle Seitenecken mit seitlich gerichteter starker Borste. Der Metathorax ist sehr kurz, sein Hinterrand nur ganz wenig in das Abdomen eindringend, seine convexen Seiten mit je zwei Randborsten. Beide Brustringe braun gerandet. Die Beine sind sehr kurz und stark. Der Hinterleib ist oblong mit nur schwach wellig gekerbten Seitenrändern und je ein bis drei Borsten an den gar nicht hervortretenden Segmentecken. An den Rändern liegen hellbraune Dreiecksflecken mit vorderer dunkelbrauner Bogenlinie.

Auf Perdix rubra, in unserer Sammlung ohne nähere Angabe.

G. flavus.

Goniodes flavus Rudow, Zeitschrift f. ges. Naturwiss. 1870. XXXV. 486.

Albidoflavus, capite brevi, angulis temporum lateralibus exactis obtusis, posticis acutis, antennis brevibus, articulis tribus ultimis aequilongis; prothorace trapezoidali, metathoracis lateribus convexis, pedibus subcrassis; abdomine maris lato, truncato, feminae longe ovali, marginibus undulatis, maculis obsoletis. Longit. ♂ 1/3''', ♀ 1/3'''.

Der nur etwas längere als breite Kopf ist vorn kurz und breit, am Rande mit einigen längern und stärkern Börstchen besetzt als gewöhnlich, das grösste dieser Börstchen steht vor der Fühlerbucht. Hinter derselben nimmt der Kopf bis zur seitlichen Schläfenecke allmählig an Breite zu, hat hier in der vordern Hälfte des Schläfenrandes eine schwache Erweiterung, deren Ecke bei dem Männchen eine ungemein lange, bei dem Weibchen eine sehr feine viel kürzere Borste trägt. Die abgerundeten seitlichen Schläfenecken mit den gewöhnlichen zwei sehr starken Borsten besetzt treten bei dem Weibchen mehr hervor als bei dem Männchen, umgekehrt verhalten sich die nur mit einer Dornspitze besetzten hintern Schläfenecken. Die Zeichnung des blassgelben Kopfes besteht in je einem Punktflecken vor und hinter der Fühlerbucht und in zweien am Occipitalrande. Die vor der Kopfesmitte eingelenkten Fühler sind kurz und dick, ihre drei letzten Glieder von einander gleicher Länge. Der relativ sehr breite Prothorax erweitert sich nach hinten und trägt vor der Hinterecke eine Randborste, der kurze Metathorax an seinen convexen Seiten je zwei verhältnissmässig sehr kurze Borsten. Die Beine sind kurz und kräftig, Schenkel und Schienen von gleicher Länge, letzte mit drei Dornen am Innenrande. Der weibliche Hinterleib ist gestreckt eiförmig, der männliche verkürzt, hinten breit abgestutzt, die Seitenränder nur wellig, nicht gekerbt, mit je einer, erst an den letzten Segmenten mit je zwei Randborsten; das männliche Endsegment kurz und breit, nur mit zwei feinen Borsten, das weibliche randlich nicht vom achten abgesetzt, breiter, gekerbt. Die Ränder des Hinterleibes sind gelb und tragen auf jedem Segment eine feine braune Bogenlinie.

Auf Phaps chalcoptera, von Rudow unter *Goniodes* beschrieben, nach den mir freundlich mitgetheilten Exemplaren jedoch ein ächter *Goniocotes* mit kurzem Vorderkopfe. Die Fühler sind in beiden Geschlechtern vollkommen gleich, während die Configuration des Kopfes beide Geschlechter fast ebenso auffällig wie der Hinterleib unterscheidet. Renow giebt abweichend von dem mir vorliegenden Exemplare die Fühler als mittelständig an und bezeichnet mir unerklärlich das zweite männliche Fühlerglied als kurz, das dritte als lang.

G. curtus *Nitzsch.* Taf. XIII. Fig. 2.
Burmeister, Handb. Entomol. II. 432. — Nitzsch, Zeitschrift f. ges. Naturwiss. 1866. XXVIII. 367 *(Goniodes).*

Parvus, latus, curtus, flavopictus; capite lato, antice excisura angusta, angulo laterali fere recto, antennis crassis; prothorace brevissimo latissimo, angulis lateralibus acutis, metathorace maximo, angulis lateralibus prolongatis; pedibus longissimis; abdomine brevi, orbiculato elliptico, maculis sublinguiformibus flavidis. Longit. $^{1}/_{2}'''$.

Eine in ihrer allgemeinen Körpertracht wie in allen einzelnen Formen höchst absonderliche Art. Kurz breit und gedrungen wie keine andere Art ist zunächst ihr Kopf zwischen den scharfwinkligen Schläfenecken viel breiter als lang, hat in der Mitte des Vorderrandes einen sehr markirten Ausschnitt und am Vorderrande ungewöhnlich straffe Borsten. Die Vorderecke der Fühlerbucht ist scharfspitzig. Die Schläfenränder divergiren bis zur scharfen Hinterecke, tragen in der Mitte eine feine Borste, vor der Ecke einen Borstenstachel und an der Ecke selbst nur eine lange starke Borste. Die weit vorn eingelenkten Fühler sind dick, ohne besondere Auszeichnung. Der ungemein breite Prothorax hat winklig vortretende Seitenecken und der ganz unförmlich grosse Metathorax trägt an seinen stark vortretenden Seitenecken nur eine feine und kurze Borste. Die sehr langen Beine haben am Innenrande der kräftigen Schienen vier Dornen, am sehr breiten ersten Tarsusgliede ebenfalls einen Dorn, an der Basis des zweiten eine Borste; die Klauen sind schlank und zierlich. Der bei dem Männchen breit scheibenförmige, bei dem Weibchen gestreckt ovale Hinterleib lässt die Segmentecken deutlich hervortreten, daher der Rand gekerbt erscheint, anfangs mit einer, später mit zwei Randborsten. Das achte Segment verschmälert sich plötzlich und das männliche Endsegment ist sehr kurz, convex gerandet, das weibliche Endsegment schmäler und beträchtlich länger, gekerbt, bei beiden mit drei schwachen Borsten jederseits besetzt. Die gelben zungenförmigen Randflecke verwischen sich nach innen.

Auf Opisthocomus cristatus, von Nitzsch scharf diagnosirt und abgebildet, in unserer Sammlung aufgestellt.

G. chrysocephalus.
Goniodes colchici Giebel, Zeitschrift f. ges. Naturwiss. 1866. XXVIII. 388.

Flavoalbidus; capite brevi, angulis temporum lateralibus extantibus obtusis, posticis acutis, antennis brevibus, articulo ultimo penultimo longiore; prothorace angulis lateralibus acutis, metathoracis sinuatis; tibiis longis; abdomine ovali marginibus crenatis, maculis obsoletis. Longit. ♂ $^{1}/_{2}'''$, ♀ $^{3}/_{4}'''$.

Der vordere Kopfrand ist mässig convex, mit starken Randborsten besetzt, die Fühler kurz, mit verlängertem Endgliede, am Schläfenrande eine kleine Borste, an der stark vortretenden aber stumpfen seitlichen Schläfenecke die gewöhnlichen zwei grossen Borsten und zwei Borstenspitzen, die hintern Schläfenecken spitz kegelförmig. Ein brauner Querfleck vor den Fühlern, ein punktförmiger hinter denselben und zwei grössere braune Flecke am Nackenrande. Der Prothorax hat scharfeckige Seiten und an den Ecken je eine lange Borste, der Metathorax hat hakige Seiten mit drei sehr ungleichen Borsten. Die Beine haben kräftige Schenkel, lange Schienen mit nur zwei Dornen am Innenrande, und kräftige Klauen. Der bei dem Männchen kurz und breit abgestutzte, bei dem Weibchen eiförmige Hinterleib trägt an seinen wenig aber deutlich und scharf vortretenden Segmentecken meist je zwei Borsten, das kleine halbkreisförmige männliche Endsegment hat vier Borsten, das längere weibliche ist gekerbt. Die kleinen braunen Bogenstreifen auf den Segmenten sind sehr matt.

Auf Phasianus colchicus, in unserer Sammlung schon von Nitzsch ohne nähere Angabe aufgestellt.

G. albidus.

Albidus, margine picto; capite regulariter semielliptico, angulis temporum lateralibus rotundatis, antennis longis, articulo ultimo penultimo longiore; thorace brevissimo, prothorace hexagono, metathoracis angulis lateralibus extantibus; abdomine ovali, marginibus lateralibus subundulatis, maculis brevibus cuneatis. Longit. $^{1}/_{3}'''$.

Eine kleine weissliche Art mit punktförmiger Randzeichnung. Der Kopf bildet ein regelmässiges Halbellipsoid mit abgerundeten Hinterecken, äusserst feinen Borstenspitzchen am stark convexen Vorderrande, zwei etwas stärkeren Borstenspitzen am Schläfenrande, zweien langen straffen Borsten an der abgerundeten Schläfenecke und ziemlich scharfen hintern Schläfenecken. Die Ecken der engen Fühlerbucht treten gar nicht hervor. Die fadendünnen Fühler reichen angelegt bis an den Nackenrand und ihr letztes Glied ist merklich länger als das vorletzte. Ein Querfleck vor der Fühlerbucht, ein Punkt dahinter und zwei dunkle Flecken am Occipitalrande. Der sehr kurze und breite Prothorax hat eckige mit je einer straffen langen Borste besetzte Seiten, also einen hexagonalen Umfang. Der Metathorax hat etwas hakige Seiten mit je drei langen Eckborsten und sein Hinterrand verschmilzt völlig mit dem ersten Abdominalsegment. Die Beine sind sehr kurz und kräftig, nur die Klauen ungemein schlank. Der Hinterleib, dessen Segmente oben und unten längs der Mitte völlig verschmolzen sind, ist oval und seine Ränder zeigen nur ganz schwache seichte Buchtungen mit anfangs zwei, später drei und vier Borsten als Gränze der Segmente, welche noch durch einen kurzen braunen queren Bogenfleck markirt ist.

Auf Phasianus nycthemerus, von Hrn. Kollar in Wien im Jahre 1828 in mehren Exemplaren unserer Sammlung eingesendet.

G. agonus *Nitzsch.*
Goniodes agonus Nitzsch, Zeitschrift f. ges. Naturwiss. 1866. XXVIII. 387.

Angustus, ochraceus; capite trigono, multo longiore quam lato, temporibus rotundatis, antennis brevissimis; prothoracis brevis lateribus acutangulis, metathoracis margine postico angulato, pedibus robustis; abdomine longo angusto, marginibus serratodentatis, maculis segmentorum quadratis obscure ochraceis. Longit. 1'''.

Diese schmale gestreckte Art bietet des Eigenthümlichen so Vieles, dass sie wahrscheinlich einer eigenen Gattung wird zugewiesen werden müssen, die ich jedoch auf die beiden trocken gesammelten und seit nahe vierzig Jahren in Spiritus aufbewahrten Exemplare nicht genügend charakterisiren kann. Ihr Kopf ist gestreckt dreiseitig, vorn fast halbkreisförmig und auch an den Schläfenecken völlig abgerundet; am Vorderrande stehen sehr kurze Borstenhärchen, am Schläfenrande eine feine Borste, an der Schläfenecke zwei lange starke Borsten. Die Fühler sind am vordern Drittheil des Kopfes eingelenkt, messen nur ein Drittel der Kopfeslänge und ihr letztes dünnstes Glied ist länger als das vorletzte kürzeste. Randzeichnungen und Flecke fehlen gänzlich, nur der Scheitel ist von zwei dunklen Schattirungen eingefasst. Der Prothorax etwas breiter als lang hat scharfwinklige und mit einer langen Borste besetzte Seitenecken. Der breitere Metathorax greift fast rechtwinklig in den Hinterleib ein, hat gerade parallele Seitenränder mit drei verschieden langen Borsten und an seinem Hinterrande liegen zwei dreiseitige Lappen oder Wülste, welche den Eindruck rudimentärer Flügel machen. Die Beine sind kurz und stark, bestachelt, die Schienen am Ende dicht bedornt, die Klauen kräftig. Der schmale gestreckte Hinterleib lässt die Segmentecken wenig aber scharf hervortreten, trägt an diesen nur eine, später zwei Randborsten. Längs der Mitte des Rückens fehlen die Plikaturen gänzlich, obwohl sie am Rande markirt sind. Das erste Segment ist von dem zweiten nur durch einen kurzen Randstachel abgegränzt, und das neunte als schmaler gekerbter Streif am achten anliegend, mit diesem jederseits reich und lang beborsteten fast halbkreisförmig. Auf jedem Segmente liegt ein mattbrauner vierseitiger Randfleck mit dunklerem Querstreif am Hinterrande.

Auf Crypturus tao, von Nitzsch auf einem trocknen Balge in zwei Exemplaren gefunden und nur als *Goniodes lipogonus* ähnlich bezeichnet. — Auf eben diesem Balge fand sich ausser dem nicht minder merkwürdigen *Goniodes oniscus* noch ein typischer *Goniocotes* mit scharfen Schläfenecken, die mit einer langen Borste und einem Stachel bewehrt sind, und zwischen denen der Kopf am breitesten und der Occipitalrand nicht hervortritt, nur sehr schwache hintere Schläfenecken bildet. Vorn ist der Kopf abgerundet und die kurzen Fühler sind vor der Mitte eingelenkt. Besonders charakteristisch sind die Beine, ihre schlanken Schienen nämlich am Aussen- und Innenrande mit je zwei Reihen anliegender Dornen bewehrt, auch die Daumenstacheln lang dornenförmig und merkwürdiger Weise auch die Klauen völlig gerade und gestreckt, nur an der äussersten Spitze hakig gekrümmt. Der Hinterleib verbreitert sich allmählig und spitzt sich schnell mit dem dreiseitigen gekerbten Endgliede zu. Die Ecken der vordern Segmente treten gar nicht hervor, und sind borstenlos, die beiden vorletzten Segmente aber sind scharf abgesetzt und reich beborstet. Beide Brustringe sind sehr kurz und das dritte Fusspaar hat die Länge des Hinterleibes, das ganze Thier $^{4}/_{5}$'''. Länge. Die Art könnte *G. longipes* heissen.

G. clypeiceps.
Giebel, Zeitschrift f. ges. Naturwiss. 1866. XXVIII. 389.

Minutus, **albidus;** *capite clypeiformi, angulis temporum lateralibus elongatis obtusis, posticis nullis, antennis brevibus, articulo ultimo penultimo* **longiore;** *prothorace trapezoidali, metathoracis lateribus divergentibus; femoribus crassis, tibiis longis; abdomine ovali, marginibus crenatis. Longit.* $^{4}/_{5}$'''.

Der Kopf nur wenig breiter als lang hat einen breit convexen Vorderrand mit sehr spärlichen ganz feinen Borstenspitzchen, verbreitert sich hinter den Fühlern allmählig bis zu den nach hinten gerichteten, gerade abgestutzten Schläfenecken, zwischen welchen der Hinterrand sehr sanft geschwungen und ohne Andeutung von hintern Schläfenecken verläuft. Rand- und Eckborsten fehlen bis auf eine feine hinter der Schläfenmitte. Die Fühler von kaum halber Kopfeslänge sind weit vorn in einer seichten Grube eingelenkt, ihre Glieder nehmen bis zum vierten an Dicke und Länge ab und das dünnste fünfte hat wieder die doppelte Länge des vorletzten. Der Prothorax so lang wie breit, erweitert sich nach hinten und rundet seine Ecken ab, auch der breitere Metathorax erweitert sich ein wenig nach hinten und greift mit seinem stark convexen Hinterrande in das erste Abdominalsegment ein. Randborsten fehlen an beiden Brustringen. Die Beine haben kräftige spindelförmige Schenkel und lange dünne Schienen mit nur zwei Dornen vor dem Ende. Der breit eiförmige Hinterleib kerbt seine Seitenränder stark, hat aber an den stumpfen Segmentecken keine Borsten, erst am siebenten eine und am achten zwei, aus dem letzten abgerundeten ragt der Penis hervor. Die Zeichnung besteht in kurzen dunklen Linien am Rande der Segmente.

Auf Crypturus cinereus in einem männlichen Exemplare in unserer Sammlung.

G. alienus.

Giebel, Zeitschr. f. ges. Naturwiss. 1866. XXVIII. 389.

Flavidus; capite semielliptico, angulis temporum rotundatis, antennis longis, articulo ultimo elongato; prothorace sexangulari, metathoracis lateribus convexis, angulis acutis, pedibus robustis; abdomine ovali, marginibus crenatis. Longit. 1‴.

Der halbelliptische Kopf hat am Vorderrande vier lange feine Borsten, scharfspitzige Vorderecken der Fühlerbuchten und in diesen je eine lange Borste, völlig abgerundete Schläfenecken mit zwei weitgetrennten sehr starken Borsten, denen neben dem Prothorax an Stelle der hintern Schläfenecke noch eine dritte Borste folgt. Die Fühler sind in der Mitte des Kopfes eingelenkt, reichen angelegt bis an den Occipitalrand und haben ein verlängertes Endglied. Hinter der Fühlerbasis quere Flecke. Der kurze breit sechsseitige Prothorax hat an der scharfen Seitenecke eine starke Borste. Der breitere Metathorax hat convexe Seiten mit hinterer scharfer Ecke, welche mit zwei kurzen und zwei langen Borsten besetzt ist; der Hinterrand greift tief in das Abdomen ein. Die Beine sind sehr kurz, die Schienen schwach keulenförmig und am Innenrande mit nur wenigen sehr kurzen Dornen bewehrt; die Klauen aber sind sehr lang. Der Hinterleib ist eiförmig, die convexen Seitenränder der Segmente kerben den Rand und haben anfangs nur eine, am sechsten Segment aber vier lange Randborsten, das folgende an den kurzen abgerundeten Seitenlappen einen Borstenbüschel und das weit vorragende am Ende gekerbte Endsegment ist mit kurzen Borsten besetzt. Der Seitenrand des Hinterleibes ist breit rostroth. Auf der Oberseite ganz vereinzelte sehr lange Borsten. Das einzige Exemplar unserer Sammlung trägt die Etiquette von dem mir unbekannten Crypturus macrurus aus Brasilien, welcher auch den *Goniodes aliceps* geliefert hat. Bei ihm liegt noch das Fragment einer dritten Art, dessen Kopf schlank herzförmig, die kurzen Fühler weit vor der Mitte eingelenkt, der Vorderrand mit vier langen Borsten, der Prothorax von der Breite des Kopfes und länger als der nur ebenso breite und kürzere Metathorax. Das unzweifelhaft dazu gehörige Hinterleibsfragment hat an den scharfen Segmentecken je eine Borste.

G. obscurus.

Giebel, Zeitschrift f. ges. Naturwiss. 1866. XXVIII. 389.

Oblongus, fuscus; capite semielliptico, angulis temporum lateralibus rotundatis, posticis acutis, antennis longis; prothorace trapezoidali, metathoracis lateribus convexis, pedibus longis, femoribus robustis, tibiis gracilibus; abdomine longe ovali, marginibus serrato-crenatis, maculis angustis, transversis. Longit. $1^{1}/_{3}$‴.

Ausser den absonderlichen Eckköpfen auf Crypturus kommt auch eine ächt typische Form von *Goniocotes* auf diesen Hühnern vor. Ihr Kopf ist gestreckt halbelliptisch, am Vorderrande mit nur wenigen äusserst feinen Spitzchen besetzt, vor der Mitte des Schläfenrandes mit einer runden Ecke, die äussere Schläfenecke nicht erweitert, abgerundet und mit zwei starken Borsten, die hintere Schläfenecke scharf, der Occipitalrand zwischen diesen beiden hintern Schläfenecken eingebuchtet. Die Fühler sind in einer tiefen Bucht in der Kopfesmitte eingelenkt, reichen angelegt bis an die seitliche Schläfenecke, ihr Grundglied ragt nicht über die Gelenkbucht hervor und das Endglied ist länger als das vorletzte. Dunkle Querflecke hinter der Fühlerbucht. Der nach hinten verbreiterte Prothorax trägt an seinen etwas vorstehenden aber völlig abgestumpften Seitenecken je eine starke lange Borste, der nur wenig breitere Metathorax hat gleich hinter der Mitte seiner stark convexen Seiten zwei solche Borsten und rundet die hintern Seitenecken völlig ab. Dicke spindelförmige Schenkel, schlanke Schienen mit wenigen schwachen Dornen am Innenrande, aber mit langen dicken Daumenstacheln am Ende, auch die Klauen dick. Der gestreckt ovale Hinterleib lässt die vordern Segmentecken scharf, die hintern abgerundet hervortreten, hat nur eine, später zwei Randborsten an denselben und sein weibliches grosses Endsegment ist winklig gebuchtet, an jeder stumpfen Spitze mit einer feinen Borste besetzt. Jedes Segment hat am Hinterrande einen randlichen braunen Bogenfleck, vor dessen innerm Ende das dunkle Stigma liegt. Beide Brustringe sind braun mit heller Mittellinie.

Auf Crypturus coronatus, in zwei weiblichen Exemplaren in unserer Sammlung ohne nähere Angabe.

5. GONIODES Nitzsch.

Corpus latum aut latiusculum. Caput quadratum velut semiellipticum, angulis temporalibus prominentibus saepissime utrinque binis, lateralibus setigeris. Antennae in maribus ramigerae et cheliformes. Abdomen latum, segmento ultimo maris rotundato, feminae tuberculato aut diviso.

Gedrungene kräftige Federlinge mit meist breitem vierschrötigem Kopfe, der jedoch bei einigen Arten auch etwas länger als breit und dann vorn stark abgerundet ist. Die Schläfen erweitern sich nach hinten und haben eine mehr minder scharfe, mit zwei starken Borsten besetzte seitliche Ecke und eine meist viel weniger hervortretende, borstenlose hintere Ecke. Zwischen den beiden hintern Ecken buchtet der Occipitalrand sich tief ein, um den Prothorax aufzunehmen. Die gewöhnlich vor der Mitte eingelenkten Fühler haben bei dem Weibchen ein etwas verdicktes Grundglied, ein längstes zweites und die folgenden mit abnehmender Stärke kürzer. Die männlichen Fühler verdicken und verlängern ihr Grundglied sehr beträchtlich, haben an dessen Hinterrande bisweilen sogar eine vorspringende Ecke oder einen Ast, das zweite Glied ist beträchtlich kleiner, das dritte dagegen sehr lang, dünn, bogig nach hinten gekrümmt und auf seiner vordern Convexität ist unmittelbar oder auf einem besondern Höcker das kürzeste vierte mit dem fünften eingelenkt. Der Prothorax pflegt sich nach hinten zu verbreitern und ist also trapezförmig, bisweilen treten seine Seiten winklig hervor und die Form wird dann sechsseitig. Der breitere Metathorax, hinten convex bis winklig in das Abdomen eingreifend, erweitert sich seitlich sehr gewöhnlich und lässt seine convexen Seitenränder in markirte Ecken auslaufen, die mit einigen starken Borsten besetzt sind. Die Beine haben stets dicke spindelförmige Schenkel, meist schlanke Schienen, die nur am Innenrande mit einigen Dornen oder aber längs des ganzen Innen- und Aussenrandes mit Reihen von Stachelborsten besetzt sind. Die Länge der Beine nimmt vom ersten bis dritten Paare viel auffallender zu als bei den verwandten Gattungen. Der breit eiförmige Hinterleib hat gewöhnlich nur wellige Seitenränder, nur bei wenigen Arten treten die Segmentecken scharf hervor. Das männliche Endsegment ist abgerundet, das weibliche gekerbt, rechts und links mit einem Höcker, Zapfen oder Lappen versehen.

Die Arten, mannichfaltiger als die der Gattung *Goniocotes*, auch grösser und sehr gross, leben in Gesellschaft dieser auf Tauben und Hühnervögeln und werden die auf Crypturus schmarotzenden zum Theil generisch abgesondert werden müssen. Die einzige auf Schwimmvögeln schmarotzende wird von Rudow aufgeführt.

G. dilatatus.

Goniocotes dilatatus Rudow, Zeitschr. f. ges. Naturwiss. 1870. XXXV. 479.

Pallide flavus, rufopictus; capite semielliptico, angulis temporum longicornibus, antennarum articulo primo maris crasso maximo; prothorace trapezoidali, metathoracis angulis lateralibus prolongatis; pedibus brevibus crassis; abdomine late ovali, marginibus crenatis, rufomaculatis. Longit. $1/_3$‴.

Der Kopf erscheint durch die in lange Hörner ausgezogenen Schläfenecken sehr lang, ist aber ohne diese breiter als lang, vorn breit abgerundet, mit äusserst feinen spärlichen Randborsten, an den stumpfspitzigen Schläfenecken mit zwei (nur an einem Exemplare finde ich drei) sehr langen starken Borsten. Am Stirnrande liegen vier kleine Randflecke, vor den Fühlern grosse runde Orbitalflecke, am Schläfenrande wieder zwei kleine Flecke, der Hinterrand ist dunkel rothbraun mit zwei Punktflecken vor dem Prothorax. Die vor der Kopfesmitte eingelenkten Fühler haben ein verlängertes Endglied, bei dem Männchen ein enorm dickes langes Grundglied, ein etwas dünneres zweites, sehr verkürztes drittes mit etwas vorstehender Ecke, ein ebenfalls kurzes viertes und verlängertes walziges Endglied. Durch die etwas erweiterte Ecke des dritten Gliedes erscheint der Fühler hier wie gebrochen. Vor der Reife, also vor der letzten Häutung erscheinen die männlichen Fühler nur schwach verdickt in der Grundhälfte. Der quer verlängerte Prothorax braunroth mit gelber Mitte hat jederseits eine straffe Randborste, der breite Metathorax trägt an seinen hakig vortretenden Seitenecken je drei starke ungleich lange Borsten und greift tief mit stumpfem Winkel in den Hinterleib ein. An den sehr dicken kurzen Beinen zeichnen sich die Schienen durch einen sehr grossen Dorn vor den Daumenstacheln, einige steife Borsten am Tarsus und durch sehr lange kaum gekrümmte Klauen aus. Der breit eiförmige, bei dem Männchen fast rundlich scheibenförmige Hinterleib hat scharf getrennte Segmente ohne vorstehende Hinterecken, an diesen je eine, zuletzt je zwei Borsten, an der Unterseite kurze viereckige braune Randflecke, an der Oberseite bei dem Weibchen sehr lange, bei dem Männchen kurze braune, innen zugespitzte Flecke. Das männliche Endsegment ist abgerundet und scharf abgesetzt, das weibliche sehr breit und kurz mit mittler Kerbe. Bei Larven noch ohne braune Zeichnung erscheinen die Schläfenecken viel weniger lang und die seitlichen Ecken der letzten Hinterleibssegmente treten stumpfeckig vor.

Auf Tinamus bannaquicira, von Rudow zuerst beschrieben und in einigen Exemplaren, nach welchen ich die Charakteristik berichtigen und vervollständigen konnte, unserer Sammlung mitgetheilt. Derselbe hat Exemplare dieser Art mit nur geringfügigen Eigenthümlichkeiten auch auf einem Huhn aus Minas, Rhynchotus rufescens gefunden.

G. dispar *Nitsch.* Taf. XII. Fig. 12. 13.

Nitzsch, Germar's Magaz. Entomol. III. 294; Zeitschrift f. ges. Naturwiss. 1866. XXVIII. 387. — Burmeister, Handb. Entomol. II. 432. — Denny, Monogr. Anoplur. 159. Tab. 12. Fig. 5.

Albidus, fuscopictus; capite antice late rotundato, angulis temporum exactis obtusis, antennarum articulo ultimo penultimo paulo longiore; prothoracis et metathoracis lateribus convexis, hoc multo latiore, antice angulato; pedibus crassis, tibiis multispinosis; abdomine ovali, marginibus crenulatis, segmentis utrinque linea arcuata fusca, in femina intus ocellifera. Longit. ♂ $^{2}/_{3}$''', ♀ 1'''.

Der ziemlich convexe braune Rand des Vorderkopfes ist ziemlich reich mit feinen Börstchen besetzt und hinter der Fühlerbucht tritt am Schläfenrande eine starke abgerundete Ecke mit sehr langer steifer Borste hervor, die eigentliche Schläfenecke springt weit vor, ist abgerundet und mit einem horizontalen kurzen Dorn und zwei nach hinten gerichteten sehr langen dicken Borsten besetzt; hinter ihr verengt sich der Kopf gegen die stumpfe, nur mit einer Borstenspitze besetzte Occipitalecke. Auch der ganze Schläfen- und Occipitalrand ist braun gerandet und vor der Fühlerbucht liegt ein rothbrauner Orbitalfleck. Die vor der Kopfesmitte eingelenkten Fühler haben ein verdickt kegelförmiges, die Bucht nur wenig überragendes Grundglied, ein schlank keulenförmiges zweites, ein merklich kürzeres drittes, das bei dem Männchen einen dicken Seitenfortsatz von der Länge des vierten hat, das fünfte ist wieder etwas länger als das vierte. Der lange Prothorax hat an seinen convexen Seiten eine mittle starke Randborste, der viel breitere aber nicht längere, sich eng an den Prothorax und Hinterleib anschliessende Metathorax an den stark convexen Seiten je zwei lange Randborsten. Beide Brustringe sind braun gerandet. Die dicken Beine haben am Innenrande der sehr dickkeulenförmigen, aussen beborsteten Schienen viele sehr lange und starke Dornen, aber nur kurze stumpfe Daumenstacheln, wogegen die Klauen sehr lang sind. Der breit ovale, wie aus den Abbildungen ersichtlich geschlechtlich sehr verschiedene Hinterleib hat nur sehr schwach gekerbte Seitenränder mit anfangs zwei, später drei und vier Borsten an den Segmentecken. Der männliche Hinterleib stutzt sich in dem letzten Segment breit ab und trägt an seinem kurzen scharf abgesetzten Endsegmente dicht gedrängte lange Borsten, auf den Segmenten eine kurze braune rundliche Bogenlinie. Bei dem Weibchen wird das tief gekerbte nur mit zwei feinen Borsten besetzte Endsegment von den erweiterten lappigen Ecken des vorletzten umfasst, die braunen Randbogen auf den Segmenten geben einen Fortsatz nach vorn ab und enden innen mit einem runden Augenfleck.

Auf Perdix cinerea, von Nitzsch zuerst im Januar 1814 als eigene Art unterschieden, auch von Denny beobachtet und nicht ganz naturgetreu abgebildet, von mir bei dem vergeblichen Suchen nach dem *Nirmus* des Rebhuhnes öfters gefunden.

G. securiger *Nitzsch.* Taf. XV. Fig. 11. 12.
Nitzsch, Zeitschr. f. ges. Naturwiss. 1866. XXVIII. 387. — Burmeister, Handb. Entomol. II. 432.

Albidus, brunneopictus, capite breviore, angulis temporum exactis retroversis, antennis longioribus; prothorace breviore, pedibus longis; abdomine late ovali, marginibus crenulatis, maculis segmentorum fractis, interne latioribus.

Diese Art unterscheidet sich von der vorigen durch den breitern Kopf, insbesondere kürzern Vorderkopf, die längern Fühler, die nach hinten gerichteten scharfen Schläfenecken, den entschieden kürzern mehr trapezoidalen Prothorax, die schlanken minder bedornten, nicht keulenförmigen Schienen und den breitern Hinterleib, dessen Segmentflecke winklig gebrochen und besonders bei dem Weibchen in der innern bogigen Hälfte verbreitert sind.

Auf Perdix petrosa, von Nitzsch im Jahre 1836 auf einem aus Sardinien bezogenen Balge in Gesellschaft des *Goniocotes pusillus* und eines abhanden gekommenen *Lipeurus* gesammelt und kurz charakterisirt unter Hinweis auf skizzenhafte Zeichnungen. Ich habe letzte nicht vervollständigt, weil die Exemplare zerstückelt sind und aus Nitzsch's Skizzen die specifischen Eigenthümlichkeiten schon zur Genüge zu erkennen sind. Die vom Lithographen ergänzten Beine des Weibchens haben viel zu dicke Schienen erhalten, dieselben sind vielmehr schlank und haben in der Endhälfte drei Dornen.

G. paradoxus *Nitzsch.*
Nitzsch, Germar's Magaz. Entomol. III. 294. — Burmeister, Handb. Entomol. II. 432.

Nitzsch erwähnt diese Art von der Wachtel schon in seinem ersten Verzeichnisse und Burmeister führt dieselbe gleichfalls auf, aber weder in dem schriftlichen Nachlasse vermag ich dieselbe aufzufinden noch Exemplare in der Sammlung, in welcher doch die der beiden andern auf der Wachtel schmarotzenden Arten vorhanden sind. An der Existenz der Art lässt Nitzsch's Angabe nicht zweifeln und erwähne ich dieselbe, um die besondere Aufmerksamkeit auf ihr gelegentliches Vorkommen zu lenken.

G. isogenos *Nitzsch.*
Nitzsch, Zeitschrift f. ges. Naturwiss. 1866. XXVIII. 388.

Oblongus, albidus, fuscopictus; capite latiore quam longo, angulis temporum lateralibus extantibus obtusis, antennis maris et feminae fere aequis, macula orbitali longa; abdomine longe ovali, maculis corrulis brunneis hamulis inter se conjunctis. Longit. ♂ $1^{1}/_{3}$''', ♀ $1^{5}/_{6}$'''.

Schliesst sich dem *G. dispar* des Rebhuhnes ziemlich eng an, ist aber durch den entschieden breitern Vorderkopf, die geschlechtlich äusserst wenig verschiedenen Fühler, die langen Orbitalflecke, die gleiche Zeichnung des Hinterleibes bei beiden Geschlechtern sehr leicht zu unterscheiden. Ihre Körpertracht ist merklich gestreckter. Am breiten Vorderkopfe stehen ziemlich steife Randborsten, an der abgerundeten Ecke hinter der Fühlerbucht eine starke lange Borste, an der sehr vortretenden Schläfenecke zwei sehr lange. Vor der Fühlerbucht liegt ein sehr langer brauner Querfleck; ebenso ist der Hinterrand des Kopfes breit braun gefärbt. An den Fühlern sind das dritte und vierte Glied von gleicher Länge und der geschlechtliche Unterschied beschränkt sich auf eine geringe Verdickung am Ende des dritten Gliedes. Der Prothorax unterscheidet sich von dem des *G. dispar* durch eckige Seiten mit Randborste, der Metathorax durch entschieden flachen Hinterrand; beide Brustringe haben braune Seitenränder. Am Innenrande der schlanken, gar nicht keulenförmigen Schienen stehen vier Dornen von sehr verschiedener Länge, am Tarsus zwei feine Borsten. Der gestreckt ovale Hinterleib hat convexe seitliche Segmentränder mit je ein bis drei Borsten an den gar nicht vorstehenden Ecken. Am gestreckteren Ende des weiblichen Hinterleibes umfassen wie bei *G. dispar* verlängerte Seitenlappen das schmale ausgerandete Endglied, am kürzern abgestutzten männlichen dagegen ragt das mit acht Borsten besetzte Endsegment frei und halbkreisförmig hervor. Der Rand des Hinterleibes ist schmal braun gezeichnet und auf diesem Saum liegen dunkelbraune Bogen bis zum siebenten Segmente, jeder Bogen durch einen Fortsatz mit seinem Nachbar verbunden, wodurch eine eigenthümliche Zackenbinde entsteht.

Auf Perdix afra, von Nitzsch im Januar 1825 in einem männlichen und zwei weiblichen Exemplaren in Gesellschaft des *Goniocotes gregarius* gesammelt.

G. truncatus.

Flavus, fuscopictus; capite semielliptico, angulis temporum lateralibus extantibus rotundatis, particis prolongatis, antennis brevibus, maris unciatis; prothorace trapezoidali, metathoracis lateribus convexis, pedibus longis, femoribus crassis, tibiis longissimis; abdomine brevi lato truncato, marginibus subcrenulatis, segmentorum maculis curtatis. Longit. $^{1}/_{5}$'''.

Gedrungen im Habitus, gelb mit braunen Randzeichnungen, von allen vorigen durch die dicken Schenkel und sehr schlanken Schienen leicht zu unterscheiden. Der Kopf ist breiter als lang; am flach convexen braunen Vorderrande stehen vorn in der Mitte zwei und dann vor der Fühlerbucht je eine Borste, ausserdem einige der gewöhnlichen kurzen Borstenspitzchen, an der abgerundeten Ecke hinter der Fühlerbucht eine lange, an der stark vorstehenden aber abgerundeten seitlichen Schläfenecke zwei lange starke Borsten, die hintern Schläfenecken stark vortretend. Die kurzen dicken Fühler vor der Kopfesmitte eingelenkt, reichen angelegt nicht bis an den Hinterrand, sind dick und das männliche dritte Glied hat einen dicken Fingerfortsatz von der Länge des vierten Gliedes, welches selbst ziemlich die Länge des fünften hat. Vor der Fühlerbucht liegt je ein rothbrauner Querfleck fast so lang wie bei *G. isogenos*, hinter der Fühlerbucht ein punktförmiger, der Hinterrand des Kopfes ist breit rothbraun gesäumt. Dem trapezoidalen braun gerandeten Prothorax, der ziemlich so lang wie breit ist, fehlen Randborsten, der breitere Metathorax schliesst sich eng an den Hinterleib an und hat an seinen convexen Seiten nur zwei mässige Borsten. Die langen Beine fallen durch das Missverhältniss ihrer sehr dicken Schenkel und der schlanken Schienen characteristisch auf, letzte haben am Innenrande drei Dornen, deren oberer unmittelbar vor den Daumenstacheln steht, am Aussenrande je eine Borste nahe dem obern und untern Ende; die Klauen sind schlank. Der sehr breite und kurze Hinterleib endet breit abgestutzt und kerbt seine Seitenränder nur sehr schwach, die Randborsten machen sich zu je dreien erst an den letzten Segmenten bemerklich. Das weibliche Hinterleibsende ähnlich wie bei voriger Art, nur eben kürzer und stumpfer, das männliche Endsegment klein. In den hellbraunen Seitenrändern liegen die etwas dunklern Bogenflecke getrennt von einander.

Auf Perdix rubra, in einigen Exemplaren in unserer Sammlung ohne nähere Angabe.

G. cupido *Gieb.*

Giebel, Zeitschrift f. ges. Naturwiss. 1866. XXVIII. 387. — Rudow, ebenda 1870. XXXV. 482.

Flavus, fuscopictus; capite quadrangulari, angulis temporum lateralibus et posticis exactis obtusis, antennis brevibus, articulis ultimo et penultimo aequilongis; prothorace trapezoidali, metathoracis angulo postico truncato, pedibus longis; abdomine ovali, marginibus crenatis, maculis falcis obsoletis, area fusco pictis. Longit. ♂ ⅓''', ♀ 1⅓'''.

Etwas weniger gedrungen als vorige Art, von der sie sich sogleich durch die tiefer gekerbten Seitenränder des Hinterleibes unterscheidet. Der vierseitige Kopf ist vor den Fühlern breit gerundet, etwas schmäler als zwischen den seitlichen Schläfenecken, am Vorderrande mit sehr spärlichen und äusserst feinen Borstenspitzchen besetzt. Die seitlichen Schläfenecken treten stark vor, enden abgerundet und haben vor und hinter ihrer eigentlichen Eckborste noch eine lange Borstenspitze, die zweite Borste ist nur wenig kürzer als jene. Die hintern Schläfenecken treten gleichfalls stark neben dem Prothorax hervor. Die in tiefer Bucht eingelenkten Fühler sind kurz, ihre drei letzten Glieder von ziemlich gleicher Länge. Die Zeichnung des Kopfes besteht in einem rothbraunen Querfleck vor der Fühlerbasis, einem braunen Punkt hinter derselben, in einem braunen Scheitelringe und zweien Hinterhauptsflecken. Der braun gerandete Prothorax verbreitert sich nach hinten und greift mit seinem Hinterrande etwas in den kurzen Metathorax ein, dessen Hinterecke kurz abgestutzt, dessen mit zwei langen Borsten besetzten Seiten convex sind. Die Beine haben dicke Schenkel und schlanke Schienen, doch sind letzte entschieden kürzer und kräftiger als bei voriger Art, am Innenrande mit fünf Dornen bewehrt, von welchen der vorletzte der längste, der letzte kürzeste unmittelbar vor den Daumenstacheln steht; die Klauen sind sehr schlank und ziemlich gekrümmt. Der eiförmige Hinterleib hat deutlich gekerbte Seitenränder, schon vom zweiten Segment an je zwei, später drei Randborsten und in den gelbbraunen, innen abgerundeten Randflecken liegt je eine braune Bogenlinie. Sehr spärliche Borsten auf der Oberseite des Hinterleibes. Das Ende desselben ohne besondere Eigenthümlichkeiten.

Auf Tetrao cupido, in wenigen Exemplaren in unserer Sammlung, unter denen sich auch ein *Goniocotes* befindet, wahrscheinlich aber in unreifem Zustande, daher ich das einzige Exemplar oben nicht besonders aufgeführt habe. Auch Rudow beschreibt diese Art, nur verstehe ich seine Angabe nicht, wenn er den weiblichen Fühlern ein dünnes erstes und dickes zweites Glied zuschreibt, da das Basalglied allgemein das dickste wie das zweite stets das längste ist.

G. heterocerus *Nitzsch.*

Nitzsch, Zeitschr. f. ges. Naturwiss. 1866. XXVIII. 387.

Goniodes Tetraonis Denny, Monogr. Anoplur. 164. Tab. 13. Fig. 1. — Gurlt, v. Middendorff's Sibir. Reise Zool. I. 484.

Taf. 1. Fig. 5.

Flavus, fuscopictus; capite lato, angulis temporum maris brevibus, feminae longis rotundatis; antennarum articulo ultimo et penultimo fere aequilongis, tertio maris processu crasso; prothorace trapezoidali, metathoracis lateribus convexis; pedibus robustis; abdomine late ovali, maris truncato, marginibus crenatis, maculis curvatis, distinctis. Longit. ♂ $\frac{3}{4}$''', ♀ $1\frac{1}{4}$'''.

In der allgemeinen Körpertracht zwar dem *G. dispar* nahstehend, in den einzelnen Formen jedoch sehr charakteristisch sich unterscheidend und weichen beide Geschlechter noch auffälliger als bei allen vorigen Arten von einander ab. Der sehr kurze Vorderkopf ist bei dem Weibchen stärker convex als bei dem Männchen gerundet, dichter als bei andern Arten mit feinen Borstchen besetzt und hat vor der scharfspitzigen Ecke der Fühlerbucht eine lange straffe Borste. Am Schläfenrande ist der eckige Vorsprung hinter der Fühlerbucht bei dem Weibchen ganz flach, bei dem Männchen stärker, bei beiden mit langer Borste besetzt, die seitliche Schläfenecke verhält sich wie bei *G. dispar* (Taf. 12. Fig. 13) und hat ausser den beiden Borsten noch einen kurzen Stachel, bei dem Männchen dagegen tritt diese Ecke viel weniger hervor und hat statt des Stachels an der Spitze eine deutliche Borste vor der grossen Eckborste. Die hintern Schläfenecken sind bei dem Männchen grösser als bei dem Weibchen. Dieses hat ein dickes Fühlergrundglied, ein langes zweites, ein drittes von der Länge des fünften, abgestutzt kegelförmigen. Die männlichen Fühler haben ein erheblich längeres und dickeres Basalglied und am dritten einen rechtwinklig abgehenden dicken Ast, der länger ist als das vierte Glied. Ein kurzer rothbrauner Querfleck vor und ein schwarzer Punkt hinter der Fühlerbucht, ein brauner Nackenrand mit zwei Flecken bilden die Zeichnung des Kopfes. Der viel breitere als lange Prothorax, an den Rändern breit rothbraun, in der Mitte gelb, hat schwach convexe, nach hinten divergirende Seiten mit mittler Randborste, der Metathorax mit seinem winkligen Hinterrande tief in das Abdomen eingreifend schliesst sich mit seinen convexen Seiten eng an dasselbe an und hat jederseits zwei Borsten. An den sehr kräftigen Beinen sind die Schienen nicht lang, in der Mitte schwach verdickt, am Innenrande mit vier Dornen bewehrt, von welchen die vorletzte die längste und stärkste ist; an der Innenseite des Tarsus eine lange Borste; die Klauen sehr lang gestreckt. Der breit ovale Hinterleib lässt seine Segmentecken wenig aber scharf hervortreten, trägt an den vordern eine, an den letzten mehre Randborsten. Das achte weibliche Segment ist tief bogig ausgerandet, in welcher Ausrandung das winklig ausgerandete Endsegment liegt. Das männliche scharf abgesetzte Endsegment ist breiter als lang und mit sehr langen Borsten dicht besetzt. Die Zeichnung des Hinterleibes ähnelt der von *G. dispar*, die blassgelbe Grundfarbe wird längs den Seiten satter gelb und darin liegt auf jedem Segment bis zum siebenten ein rothbrauner Bogenstreif mit sehr kurzem Fortsatz in der Mitte, aber ohne Augenfleck am innern Ende.

Auf Tetrao tetrix, in mehren Exemplaren ohne nähere Angabe in unserer Sammlung. Denny beschreibt dieselbe Art ausser vom Birkhuhn auch von Tetrao scoticus und T. saliceti und bildet ein Weibchen ab, Grube untersuchte die sibirischen Exemplare von Lagopus albus und alpinus und giebt die Abbildung des Männchens jedoch mit entschieden längerm Prothorax dazu; nach beiden ist die Grundfarbe gesättigter gelb und die Zeichnung schön kastanienbraun.

G. chelicornis *Nitzsch.*

Nitzsch, Germar's Magaz. Entomol. III. 293; Zeitschrift f. ges. Naturwiss. 1861. XVIII. 306. *(Goniocephalus chelicornis.)* — Lyonet, Mem. Mus. XVIII. 268. Tab. 12. Fig. 7.

Pallide flavus, fuscopictus; capite brevi latissimo, angulis temporum lateralibus feminae longis, maris subnullis, hujus antennis cheliformibus seu ramigeris; prothorace trapezoidali, metathorace pentagono, pedibus crassis; abdomine feminae ovali, maris truncato, maculis fuscoflavis strigis curvatis obscurioribus distinctis. Longit. ♂ 1''', ♀ $1\frac{1}{2}$'''.

Diese kräftige gedrungene Art beginnt die Reihe der Arten mit geschlechtlich verschiedenen Fühlern. Ihr Kopf ist sehr kurz und breit, der flach abgerundete Vorderkopf nicht halb so lang wie der Hinterkopf, bei dem Weibchen mehr convex gerandet, am Rande ziemlich reich beborstet, bei dem Männchen vor der länger ausgezogenen und scharfen Ecke vor der Fühlerbucht mit langer Borste, welche bei dem Weibchen von den übrigen Randborsten sich nicht auszeichnet. Die seitliche Schläfenecke des Weibchens tritt sehr stark hervor, ist aber stumpf, mit langer dicker Borste besetzt, hinter der eine zweite ähnliche folgt, die hintere Ecke tritt kurz kegelförmig hervor. Bei dem Männchen dagegen ist der Hinterkopf parallelseitig, die seitliche Schläfenecke gar nicht erweitert, trägt dieselbe lange starke Borste, vor der aber noch eine kurze und weiter vorn noch eine zweite kurze steht, hinter der die gewöhnliche zweite starke steht. Die weiblichen Fühler haben ein dickes Grundglied, ein schlank kegelförmiges zweites, ebensolche aber viel kürzere folgende beide und ein verlängertes spindelförmiges

Endglied. Die ganz abweichenden männlichen Fühler sind in einer viel tiefern Bucht mit ihrem enorm grossen spindelförmigen Grundgliede eingelenkt und haben am dritten Gliede einen langen hakig nach innen gekrümmten Fortsatz. Vor und hinter der Fühlerbasis je ein dunkelbrauner Fleck, auch der Occipitalrand dunkelbraun. Am trapezoidalen Prothorax hinter der Mitte des braunen convexen Seitenrandes je ein Dorn. Auch der breite Metathorax hat convexe Seiten mit je zwei ungleich langen Borsten hinter der Mitte, greift stumpfwinklig in den Hinterleib ein und ist am Vorderrande braun schattirt. Die sehr starken Beine haben an den dicken Schenkeln dornähnliche Borsten, an den gestreckt keulenförmigen Schienen innen vier Dornen und aussen eine lange Endborste; der Tarsus innen mit einer Borste; die Klauen stark mit verdickter Basis. Der breit ovale Hinterleib kerbt seine Seitenränder tiefer als bei vorigen Arten, bei dem Weibchen in den letzten Segmenten fast stufig sich zuspitzend und an diesen mit je vier und fünf langen Randborsten, am tiefgespaltenen Endsegment mit nur zwei feinen Borsten. Der männliche Hinterleib verkürzt seine vorletzten Segmente stark und erscheint daher kürzer und breiter, sein Endsegment dagegen ist quer oblong, scharf abgesetzt und jederseits mit mindestens acht langen Borsten besetzt. Gelbe Zangenflecke gehen vom dunkeln Rande nach innen und enden hier abgerundet; eine braune Halbkreislinie liegt vor jedem Stigma.

Auf Tetrao urogallus, von NITZSCH im Mai 1815 in Gesellschaft des *Lipeurus ochraceus* entdeckt, später auch von DENNY gefunden und abgebildet.

G. flaviceps *Nitzsch.*
RUDOW, Zeitschrift f. ges. Naturwiss. 1870. XXXV. 465.

Kopfeslänge zur Breite wie $1\frac{1}{2}$: 1, vorn stark gekrümmt, vor den Fühlern mit Höckern, hinter den Fühlern gleich stark verbreitert mit dreihaarigen Ecken, eigentliche Hinterhauptsbasis mit vorragenden spitzen Ecken, deren jede ein kurzes Haar trägt. Farbe ockergelb, Ränder rothbraun. Fühler fast von Kopfeslänge, weit vorn eingelenkt, bei dem Männchen mit nur wenig gebogenem kurzhakigen dritten Gliede. Prothorax fast so breit wie der Kopf vorn, nach hinten wenig erweitert, Metathorax allmählig mit dem Prothorax verschmolzen, beide hellgelb mit braunen Rändern. Abdomen eirund, Ränder braun, vorn mit einer, hinten mit zwei Borsten und mit spitz nach vorn gebogenem braunen Striche. Ende des Männchens schmal rund, des Weibchens stark behaart, breiter, zweihöckerig. Abdomen schmäler im Ganzen als bei dem Männchen. Füsse lang, dick, mit eingeschnürter Schienbeinbasis, stark behaart. Grösse 1 Mm.

RUDOW beschreibt diese Art von Perdix rufa und weicht dieselbe erheblich von der oben beschriebenen desselben Wirthes ab, durch die Länge ihres Kopfes und ihrer Fühler, das ganz absonderlich stark behaarte Hinterleibsende des Weibchens (?) erheblich auch von allen übrigen Arten.

G. damicornis *Nitzsch.*
NITZSCH, Zeitschrift f. ges. Naturwiss. 1866. XVII. 119.

Ochraceus, castaneopictus; capite lato, angulis temporum lateralibus extantibus, antennis brevibus crassis, maris articulo secundo ramigero, tertio curvato subramigero, quarto et quinto brevissimis; prothorace trapezoidali, metathorace postice angulato; tibiis longis; abdomine ovali, marginibus undulatis, maculis feminae linguiformibus pallide ochraceis ad marginem intense rufis, maris obsoletis curvatis. Longit. ♂ 1‴, ♀ $1\frac{1}{3}$‴.

Eine durch die absonderliche Bildung der männlichen Fühler höchst eigenthümliche Art. Das Grundglied derselben ist wie gewöhnlich sehr dick und lang spindelförmig, das zweite ist dicker als sonst, hat aber immer vor dem Ende einen Seitenast, das dritte hier sehr verlängerte beginnt dünn und wird gegen das Ende hin sehr dick und hat hier statt des gewöhnlichen Astes oder Fingers bloss eine ausgezogene Innenecke. Die beiden Endglieder sind ganz auffallend verkürzt. Die weiblichen Fühler sind sehr kurz und stark, ihr letztes Glied nur von der Länge des vorletzten. Der breite Kopf hat am Vorderrande, der bei dem Männchen flacher convex als bei dem Weibchen ist, ausser spärlichen Borstenspitzchen vorn zwei und vor der scharfen Ecke der Fühlerbucht je eine Borste. Die seitlichen Schläfenecken treten bei dem Weibchen stärker und schärfer hervor als bei dem Männchen und haben vor der eigentlichen Eckborste noch einen kurzen Stachel. Die hintere Schläfenecke ragt stark hervor. Ein kleiner querer Fleck vor und ein punktförmiger Augenfleck hinter der Fühlerbasis sowie zwei braune Nackenflecke zeichnen den ockergelben Kopf. Der Prothorax verbreitert sich mit seinen schwach eingebogenen Seiten nach hinten und ist hier so breit wie lang, hinter der Seitenmitte mit Randborste. Er schliesst

50

sich eng an den kurzen Metathorax an wie dieser an den Hinterleib; beide sind braun gerandet. Die Beine haben längere Hüften als bei vorigen Arten, dicke Schenkel, kurze schwachkeulenförmige Schienen mit nur zwei Dornen am Innenrande und sehr kurze Klauen. Der breit eiförmige, beim Männchen stumpf endende Hinterleib hat schwachwellige Seitenränder und nur je eine und an den hintern Segmenten je zwei Randborsten. In den zangenförmigen randlichen Ockerflecken des Weibchens liegt ein breiter brauner Bogen, in den mattern des Männchens nur eine Bogenlinie.

Auf Columba palumbus, von Nitzsch im September 1822 in mehren Exemplaren gesammelt.

G. curvicornis *Nitzsch.*
Nitzsch, Zeitschr. f. ges. Naturwiss. 1866. XXVIII. 388.

Robustus, albidus; capite semicirculari, angulis temporum lateralibus subrectis, antennis maris crassis, longis, curvatis; prothorace trapezoidali, postice convexo, metathorace pentagono; pedibus crassis; abdomine late ovali, marginibus crenatis. Longit. $\frac{1}{2}$'''.

Der fast halbkreisförmige Kopf, bei dem Männchen schmäler als bei dem Weibchen, hat die Fühler kurz vor der Mitte eingelenkt und sind dieselben bei dem Weibchen von gewöhnlicher Fadenform, bei dem Männchen dagegen haben sie ein sehr verlängertes und stark verdicktes Grundglied und sind bogig nach hinten gekrümmt. Der Prothorax ist gross trapezoidal mit stark convexem Hinterrande, der Mesothorax ebenso lang, breiter, fünfseitig. Die Beine sind kurz und kräftig. Der breit eiförmige Hinterleib hat gekerbte Seitenränder mit je einer, hinten zwei Randborsten an jedem Segment. Der männliche Hinterleib ist kürzer und gedrungener.

Auf Argus giganteus, von Nitzsch im Jahre 1836 auf einem trocknen Balge mit den übrigen Federlingen dieses Fasanes gefunden. Leider sind die in unserer Sammlung befindlichen Exemplare in einem so schlechten Zustande, dass sie eine eingehendere Beschreibung nicht gestatten; die specifische Selbständigkeit unterliegt jedoch keinem Zweifel.

G. falcicornis *Nitzsch.* Taf. XII. Fig. 14. 15.
Nitzsch, Germar's Magaz. Entomol. III. 293. — Burmeister, Handb. Entomol. II. 432. — Denny, Monogr. Anoplur. 155. Tab. 12. Fig. 1. 3.
Pediculus Pavonis Linné, Hist. Nat. II. 1019. — Frisch, Insect. VIII. Tab. 4.
Pulex Pavonis Redi, Experim. Tab. 14.
Nirmus tetragonocephalus Olfers 20.
Ricinus Pavonis Kirby & Spence, Introd. Entomol. II. Tab. 5. Fig. 3.

Robustus, flavus, fuscopictus; capite brevi lato, temporibus dilatatis, angulo antico obtuso, postico acuminato, antennis longissimis, articulo ultimo penultimo longiore, maris articulo primo crassissimo spinoso, tertio ramigero; prothorace subtrapezoidali, metathoracis lateribus convexis; pedibus robustis; abdomine late ovali, marginibus crenatis, maculis segmentorum latis, obtusis, puncto pallido notatis. Longit. ♂ $1\frac{1}{4}$''', ♀ $1\frac{1}{2}$'''.

Eine riesige Art, deren auffällige Eigenthümlichkeiten schon mit unbewaffnetem Auge erkannt werden. Der kurze viereckige Kopf trägt die Fühler an den Vorderecken, zwischen denen die Männchen einen flachbogigen Vorderrand und ganz stumpfe Ecken der Fühlerbucht, die Weibchen einen starkbogigen Vorderrand und schlanke scharfspitzige Fühlerbuchtecken haben. Besetzt ist dieser Vorderrand mit acht langen feinen Borsten, von welchen bisweilen die beiden mittlen länger und stärker als die übrigen sind. Die Schläfengegend tritt als breiter eckiger Lappen hervor, dessen Vorderecke abgerundet ist und bei dem Weibchen nur ein Borstenspitzchen, bei dem Männchen eine lange starke Borste trägt, hinter dieser folgt bei beiden Geschlechtern eine lange starke Borste, dann die scharfspitzige Hinterecke mit einem vordern und hintern kurzen Dorn. Gleich hinter den Fühlern bildet der Schläfenrand einen schmalen Vorsprung, an dessen abgerundeter Ecke das Weibchen eine feine, das Männchen eine straffe Borste trägt. Die sehr langen Fühler haben bei dem Weibchen ein sehr verdicktes Grundglied, ein schlank keulenförmiges zweites, an Länge und Dicke abnehmendes drittes und viertes und ein dünnstes aber wieder verlängertes Endglied. Jedes Glied hat vor dem Ende einen innern und äussern Stachel, das Endglied zwischen denselben die Tastborsten. Die männlichen Fühler haben an dem enorm verdickten und sehr langen Grundgliede hinten einen braunen Ast, ihr zweites Glied ist kurz keulenförmig, das dritte bildet einen langen stark nach hinten gekrümmten Bogen, auf dessen vorderer Convexität ein kleiner Zapfen das vierte mit dem verlängerten Endgliede trägt. Die Zeichnung des Kopfes besteht in einem langen Querfleck vor den Fühlern, zweien randlichen Punkten hinter denselben und in dem dunkelbraunen Nackenrande. Abweichend von den Abbildungen Nitzsch's ist diese Zeichnung an unsern Spiritus-Exemplaren schön und die Flecken scharf umrandet. Schläfenrinnen laufen von der Fühlerbucht convergirend zum Hinterrande. Der gestreckt trapezoidale dunkelbraun gerandete Prothorax hat vor den seitlichen Hinterecken eine deutliche rundliche Ecke mit langer Borste. Der kürzere und breitere Metathorax stumpft seine Seitenecken gerade ab und hat an beiden dadurch entstehenden Ecken je zwei lange Borsten, also überhaupt vier Randborsten jederseits. Seinem braunen Rande läuft noch ein brauner Streif jederseits parallel, der in unsern und in Denny's Abbildungen (mit viel zu kurzem Pro- und viel zu langem Metathorax) fehlt. Die Beine haben lange Hüften, dicke Schenkel, ebenso lange in der Mitte verdickte Schienen mit drei Dornenpaaren, von welchen das letzte sehr kurz ist, am Tarsus feine Borsten, lange kräftige Klauen. Der Hinterleib bei dem Männchen kurz, rundlich scheibenförmig, bei dem Weibchen breit eiförmig, kerbt seine Ränder stumpfeckig, hat anfangs eine, später zwei und drei Randborsten, am achten weiblichen Segment jederseits fünf Eckborsten, am schwach gekerbten neunten aber nur zwei feine Randborsten, am sehr breiten männlichen Endsegment dagegen zahlreiche lange Borsten. Dieses Endsegment ist ohne Zeichnung, die übrigen Segmente haben lange innen abgerundete Zungenflecke mit hellem Punkte nahe am Rande und längs dieses einen noch dunkleren Streifen. Die Bauchseite hat blasse braune Randstreifen und jederseits der Mitte eine Reihe von sechs schiefen braunen Querstreifen. Früheste Jugendzustände sind ohne Zeichnung, spätere haben oben auf dem Hinterleibe ganz kurze Randflecke und von diesen getrennt zwei mittle Reihen kleiner Flecke.

Auf Pavo cristatus, bei der beträchtlichen Grösse auffällig, daher schon seit Linné bekannt und wie es scheint auch gar nicht selten.

G. cervinicornis.

Albidus; fuscopictus; capite quadrangulari, angulis temporum lateralibus rotundatis, posticis acutis, antennis longis, maris articulo primo crassissimo ramo bicuspidato, tertio ramigero, ultimo penultimo longiore; prothoracis lateribus convexis, metathoracis angulis lateralibus acutis, pedibus gracilibus; abdomine ovali, marginibus crenatis, maculis curvatis hamatis. Longit. ♂ 1⅓‴, ♀ 1⅔‴.

Die Fühlerbildung zeichnet diese Art von allen vorigen ganz absonderlich aus. Bei dem Männchen ist das Grundglied, in tiefer und weiter Fühlerbucht eingelenkt, ungewöhnlich lang und dick und hat an seinem Hinterrande einen sehr dicken und langen kegelförmigen Fortsatz, dessen Spitze zwei fingerförmige Fortsätze trägt. Das zweite walzige Glied ist verhältnissmässig kurz, das dritte zwar dünner aber länger als das zweite und stark bogig nach hinten gekrümmt, auf einem blossen Vorsprunge seiner vordern Convexität ist das schlanke vierte mit dem längern fünften Gliede eingelenkt. So gleichen diese Fühler einem vierzinkigen Geweih. Die weiblichen Fühler sind schlank und ihre einzelnen Glieder stufig verdünnt; das Grundglied nur etwas dicker und nicht länger als das zweite. Der breit viereckige Kopf hat am Vorderrande, der wie gewöhnlich bei dem Männchen flacher convex ist als bei dem Weibchen und in schärfere Ecken der Fühlerbucht ausläuft, jederseits fünf feine Borsten in gleichen Abständen, die letzte vor der Fühlerbuchtecke. Der Schläfenrand bildet hinter der Fühlerbucht bei dem Weibchen einen flachen Vorsprung, bei dem Männchen eine starke abgerundete Ecke, bei beiden mit Borste, dahinter springt er gleich zur seitlichen langen Schläfenecke vor, welche vorn einen Dorn, dann die sehr lange starke Borste und hinter dieser die zweite gleich grosse Borste trägt. Die starke hintere Schläfenecke ist scharf rechtwinklig. Ein brauner Querfleck vor der Fühlerbucht, ein dunkler Punkt hinter derselben, dunkelbrauner nach vorn verwaschener Occipitalrand, convergirende lichte Schläfenfurchen. Der breitere als lange braun gerandete Prothorax hat hinter der convexen Seitenmitte eine kleine borstentragende Ecke. Der längere Metathorax greift mit seinem abgestutzt winkligen Hinterrande tief in das Abdomen ein und trägt an seinen gerade abgestutzten Seitenecken je drei ungleich lange Borsten. Die Beine sind für die Grösse des Körpers dünn und schlank, die Hüften gestreckt, die Schienen dünn und kürzer als die Schenkel, stark bedornt, die Klauen sehr schlank und gerade. Der sehr breit eiförmige, bei dem Männchen breit abgestutzte Hinterleib lässt seine stumpfen Segmentecken ziemlich stark hervortreten und hat schon vom zweiten Segment an vor diesen Ecken je vier lange Randborsten. Bei dem Männchen verkürzt und verschmälert sich das siebente und achte Segment sehr beträchtlich, wogegen das letzte dicht mit sehr langen Borsten besetzt lang halbelliptisch hervorragt, auch das weibliche Endsegment, vom achten wie gewöhnlich seitlich umfasst, ist relativ lang, tief gekerbt und jederseits der Kerbe mit einer langen straffen Borste besetzt. Die Zeichnung des Hinterleibes gleicht der von *G. dispar*, nur dass auch bei dem Weibchen die randlichen Bogenflecke nach innen stumpfspitzig enden. Früheste Larvenzustände sind ganz weiss, die nächsten zeichnen sich mit sehr kurzen gelbbraunen Randfleckchen.

Auf Phasianus nycthemerus, in zahlreichen Exemplaren von Hrn. Kollar im Winter 1828 eingesendet.

G. colchicus.
Goniodes colchici Denny, Monogr. Anoplur. 158. Tab. 12. Fig. 4.

Flavus castaneopictus; capite subquadrato, angulis temporalibus obtusis, antennarum articulo ultimo penultimo fere duplo longiore; prothorace trapezoidali, metathoracis lateribus convexis; abdomine fere orbiculari, marginibus crenatis, maculis segmentorum hamatis angulis interne puncto pallido. Longit. ♂ 3/4''', ♀ 1 1/4'''.

Das sehr lange und dicke Grundglied der männlichen Fühler ist stark gekrümmt und hat in der Mitte des Hinterrandes eine stumpfe borstentragende Ecke, das zweite Glied ist mässig lang, das dritte lang und bogig nach hinten gekrümmt, mit kurzem Fortsatze, auf welchem das vierte Glied eingelenkt, das kaum mehr als die halbe Länge des fünften misst. Die weiblichen Fühler haben das gewöhnliche dicke Grundglied, ein schlank keulenförmiges zweites, die beiden folgenden abnehmend sehr kurz, das letzte wieder ansehnlich verlängert. Der fast so breite wie lange Kopf ist am convexen (beim Mann weniger als bei dem Weibe) Vorderrande mit zehn Borsten in gleichen Abständen besetzt und bei dem Manne steht am Hinterrande der längern schärfern Ecke der Fühlerbucht noch eine solche Borste. Hinter der Fühlerbucht der borstentragende Vorsprung, dann die stumpfe, bei dem Manne minder vorstehende seitliche Schläfenecke mit Dorn und den gewöhnlichen beiden Borsten, die hintere Schläfenecke breit und stumpflich mit sehr kurzer Stachelspitze. Der Vorderrand des Kopfes ist matt braun, vor der Fühlerbucht ein schmaler brauner Querfleck, hinter derselben ein Punkt, der ganze Hinterrand zwischen den seitlichen Schläfenecken breit dunkelbraun mit zwei Flecken vor dem Prothorax. Dieser hat nach hinten divergirende schwach convexe Seiten mit Randborste vor der Hinterecke und braune Seitenränder. Der Metathorax greift tief winklig in das Abdomen ein und hat stark convexe Seiten mit drei sehr ungleich langen Borsten. Die Beine sind verhältnissmässig schwach, die schlanken Schienen am Innenrande mit vier Dornen bewehrt, von welchen der vorletzte allein lang und stark ist, der Tarsus mit einer Borste, die Klauen sehr lang und gerade. Der sehr breit eiförmige, bei dem Männchen wie gewöhnlich kurz abgestutzte Hinterleib hat convexe Seiten der Segmente ohne vorstehende Ecken und mit je drei Randborsten. Das scharf abgesetzte quere männliche Endsegment ist am Endrande dicht mit langen Borsten besetzt (nicht auch an den Seitenrändern, wie Denny's Abbildung sie darstellt), das weibliche Endsegment wird von den verlängerten abgerundeten Seitenlappen fast noch überragt und trägt an beiden stumpfen Spitzen je eine kurze Borste. Die Segmentflecken sind braune Winkel mit kurzem Fortsatz an der Ecke und innen stumpf und fast braunschwarz endend, vor diesem dunkelsten Ende liegt ein heller Punkt. Das männliche Endsegment hat eine durchgehende braune Binde, das weibliche Endsegment ist ungefärbt, das vorletzte blos mit braunen Seitenrändern. Uebrigens sind die braunen Winkelzeichen bei dem Männchen matter und schmäler als bei dem Weibchen. Die frühesten Larvenzustände sind ganz weiss, die nächsten zeichnen sich mit mattbraunen Randstreifen.

Auf Phasianus colchicus, in unserer Sammlung in zahlreichen Exemplaren ohne nähere Angabe, von Denny beschrieben und mit geringfügigen Abweichungen wie falschem Fühlergrundgliede, falscher Beborstung des Vorderrandes am Kopfe und des abdominalen Endsegmentes u. dgl. abgebildet.

G. stylifer *Nitzsch.* Taf. XIII. Fig. 1.
Nitzsch, Germar's Magaz. Entom. III. 294; Zeitschrift f. ges. Naturwiss. 1866. XXVIII. 388. Burmeister, Handb. Entomol. II. 432. — Denny, Monogr. Anoplur. 156. Tab. 12. Fig. 2.
Pediculus Meleagris Schranck, Faun. Ins. Austr. 504.

Longus, fuscus, castaneopictus, capite tetragono, angulis temporum lateralibus retrorsum longeque subulatis, antennarum maris articulo primo longissimo fusiformi; prothorace trapezoidali, metathoracis angulis lateralibus acutis, pedibus robustis; abdominis longi marginibus lateralibus serratocrenatis, apice feminae bispinoso, maculis segmentorum angustis bipunctatis. Longit. ♂ 1 1/3''', ♀ 1 1/2'''.

Wieder eine mehrfach eigenthümliche und darum leicht erkennbare grosse Art, welche mit keiner andern zu verwechseln ist. Der Vorderrand des Kopfes ist bei dem Männchen flach, bei dem Weibchen stark convex, bei beiden mit feinen Borstenspitzchen besetzt und mit kleiner Borste auf der Spitze des Eckfortsatzes der Fühlerbucht. Hinter den Fühlern tritt der Schläfenrand schwach hervor und trägt hier eine lange Borste, dann zieht sich die Schläfe in ein langes etwas seitlich nach hinten gerichtetes Horn aus, an dessen stumpfer Spitze eine sehr dicke und lange Borste steht, vor ihr und bis zur vordern Schläfenborste stehen drei kurze fast dornartige Randborsten, hinter ihr in der Bucht zur hintern Schläfenecke eine mässige Borste. Die hintern Schläfenecken bilden kurze stumpfe Vorsprünge mit einer Borste. Die männlichen Fühler in eine flache Bucht an den Vorderecken des Kopfes eingelenkt, haben ein langes spindelförmiges gerades Grundglied, ein viel kürzeres dünneres zweites, nur halb so langes drittes und am sehr kurzen vierten eine vorstehende Ecke als unverkennbare Andeutung eines Astes, endlich ein dünnes schlankes Endglied; die Borsten an den Gliedern sind länger und stärker als gewöhnlich. Die viel kürzern weiblichen Fühler sind ganz an der Unterseite eingelenkt, so dass die Bucht von oben gar nicht zu erkennen ist, haben gleichfalls ein langes spindelförmiges Grundglied, ein viel kürzeres zweites, an Länge und Dicke abnehmende folgende bis zum dünnsten wieder etwas längern letzten. Die Zeichnung des Kopfes ändert mehrfach ab, sie ist auf einigen Exemplaren wie in unserer Abbildung, in andern wie bei DENNY, in noch andern ist ein Querfleck vor den Fühlern, ein rundlicher Augenpunkt oder auch Längsfleck hinter den Fühlern, der ganze Hinterrand des Kopfes oder blos in der Breite des Prothorax fein dunkelbraun oder nur zwei dunkelbraune Fleckchen vor dem Prothorax vorhanden. Der trapezoidale Prothorax bei dem Männchen entschieden länger als bei dem Weibchen hat meist nur dunkle Hinterecken, die von DENNY markirten braunen Randsäume finde ich bei keinem Exemplare, vor den Hinterecken steht auf einem Kegelhöcker eine sehr lange dicke Borste. Der Metathorax greift stumpfwinklig (nicht lang spitzwinklig wie in DENNY's Abbildung) in den Hinterleib ein, hat scharfspitzige mit einem Stachel und zwei sehr langen dicken Borsten besetzte Seitenecken, vor welchen der seitliche und Vorderrand schwarzbraun gesäumt ist. Schlanke Hüften, kurze dicke Schenkel, am Aussenrande mit drei Stachelborsten, lange schlanke Schienen jenseits der Mitte mit zwei grossen Dornen, vor den dicken Daumenstacheln mit einem kurzen Dorn, aussen mit langen Stachelborsten bewehrt, der Tarsus innen mit drei Borsten, die Klauen kurz, kräftig und stark gekrümmt. Der bei dem Männchen breit, bei dem Weibchen schlank eiförmige Hinterleib hat stark sägezähnige Seitenränder und trägt an den stumpfen Segmentecken anfangs drei, dann vier und zuletzt fünf starke Randborsten. Das weibliche Endsegment ist tiefbogig ausgerandet und trägt an jeder Spitze zwei sehr kurze Stacheln. Das männliche Hinterleibsende ist in unserer und in DENNY's Abbildung hervorgestülpt dargestellt, also ebenfalls lang zweispitzig und mit dem Penis dreispitzig, in der Ruhe mit zurückgezogenen Genitalien erscheint es stumpf gekerbt, mit vier langen Borsten jederseits; übrigens ragt bei den meisten Exemplaren aus dem ganz stumpfen Ende der Penis lang fingerförmig hervor. Die dunkeln zungenförmigen Randflecke enden innen abgerundet und haben je zwei helle Punktflecke, zwischen denen sie etwas eingeschnürt sind. Den innern Fleck giebt unsere Abbildung nicht wieder, die DENNY'sche gar keinen, und doch finde ich ihn auf allen Exemplaren deutlich. Die beiden Endsegmente sind blos schwarzbraun gerandet. An der Bauchseite treten die Winkelzeichnungen auf, die sonst den Rücken der Segmente zeichnen. Uebrigens ist die Rücken- und Bauchseite ziemlich dicht beborstet. Jugendzustände haben gar keine oder sehr matte Zeichnung.

Auf Meleagris gallopavo, schon von SCHRANK beobachtet, von NITZSCH im Anfange dieses Jahrhunderts sorgfältig untersucht, auch von DENNY abgebildet mit deutlichem Ast am dritten männlichen Fühlergliede, der bei keinem unserer zahlreichen Exemplare vorhanden ist und mit viel längern und breitern Zungenflecken auf den Abdominalsegmenten. Die Art hat so viele erhebliche Eigenthümlichkeiten, dass sie wahrscheinlich als Typus einer eigenen Gattung wird abgesondert werden müssen.

G. dissimilis Nitzsch. Taf. XX. Fig. 9.

NITZSCH, Germar's Magaz. Entomol. III. 291. — DENNY, Monogr. Anoplur. 162. Tab. 12. Fig. 6.

Robustus, rufofuscus; capite tetragono, angulis temporum lateralibus maris rectangulatis, feminae acutangulatis, antennarum articulo ultimo penultimo duplo longiore, maris articulo tertio ramigero; prothorace lato, brevissimo, metathorace longiore, latiore, postice obtuso, lateribus subrectis; abdomine suborbiculari, marginibus crenulatis, maculis segmentorum curvatis. Longit. ♂ 5/6''', ♀ 1 1/3'''.

Steht dem *G. dispar* des Rebhuhnes sehr nah, aber schon durch die scharfen Schläfenecken und den viel kürzern breitern Prothorax auf den ersten Blick zu unterscheiden. Der Vorderrand des Kopfes ist ziemlich stark convex, doch weniger als bei *G. dispar*, mit mehr feinen Randborsten besetzt, die Fühlerbucht des Männchens weit und tief, des Weibchens viel schmäler und seicht, die seitliche Schläfenecke dieses rechtwinklig, jenes stumpfwinklig, bei beiden mit einer kurzen Stachelborste und den beiden gewöhnlichen sehr langen Borsten besetzt. Der Schläfenrand bildet gleich hinter den Fühlern bei dem Männchen einen starken abgerundeten, bei dem Weibchen einen schmalen borstentragenden Vorsprung. Das dicke spindelförmige Grundglied der männlichen Fühler ragt mit dem Enddrittel seiner Länge aus der tiefen Fühlerbucht hervor, das zweite Glied ist dünn und schlank, das dritte ebenso lang, stark nach hinten gekrümmt und auf seiner vordern Convexität das vierte mit dem doppeltsolangen fünften tragend. Die weiblichen Fühler sind in allen Gliedern kürzer, und verhältnissmässig dick. Die Borsten an den Fühlergliedern lang und straff. Die Zeichnung des Kopfes besteht in einem feinen schwarzen Punkte hinter der Fühlerbucht, der vordere Querfleck (welchen Denny sehr gross zeichnet) und die Occipitalflecke fehlen an unsern Spiritusexemplaren, Nitzsch giebt dieselben nach dem Leben als verwaschen an. Der noch einmal so breite wie lange Prothorax hat convexe Seitenränder und hinter deren Mitte eine Randborste. Der breitere Metathorax hat gerade parallele Seiten mit je drei langen Randborsten und weicht dadurch am erheblichsten von den nächstähnlichen Arten ab. Beide Brustringe sind dunkel gesäumt. Dicke Schenkel, schlanke dünne Schienen mit vier langen starken Dornen in der Endhälfte des Innenrandes, verdicktes erstes Tarsusglied mit innerer Borste, kräftige Klauen. Das sehr breit eiförmige Abdomen lässt die Seitenränder der Segmente stark convex hervortreten und trägt je drei bis vier Randborsten an jeder Convexität. Bei dem Männchen erscheint wie gewöhnlich durch plötzliche Verkleinerung des achten Segmentes der Hinterleib breit abgestumpft und das fast halbkreisförmige Endsegment ist dicht mit langen Borsten besetzt, bei dem Weibchen dagegen überragen die abgerundeten Seitenlappen des achten Segmentes umfassend das Endsegment und sind am Seitenrande mit einer dichten Reihe kurzer Borsten besetzt, an der äussern Ecke mit einer sehr langen und dicken, nach innen von dieser noch mit einer kurzen, das Endsegment ist also tief in das vorletzte eingelenkt, ist gekerbt und jederseits mit drei feinen Borsten besetzt. Die Suturen der Segmente sind nur durch feine Linien schwach angedeutet und der Hinterrand des Metathorax fliesst ganz mit dem ersten Segment zusammen. Breite innen ganz abgestutzte gelbröthliche Randflecke sind mit einer bei dem Weibchen starken, bei dem Männchen feinen braunen Bogenlinie gezeichnet. Larven ohne Zeichnung. — Der Verdauungsapparat hat nach Nitzsch's Untersuchung dieselben Formen wie bei den verwandten Arten. Die malpighischen Gefässe winden sich um die Genitalien. Eierstöcke (Taf. XX. Fig. 9) sind jederseits fünf vorhanden, in jedem Schlauche findet man gleichzeitig drei in fortschreitender Entwicklung begriffene Eier. Die drei in den gemeinschaftlichen Eileiter oder das Uterushorn jederseits mündenden Schläuche deutet Nitzsch als Leimdrüsen, ihr Inhalt war eine undurchsichtige schneeweisse Substanz. Im sogenannten Uterus wurde nie ein reifes Ei gefunden, auch bei andern Arten nicht; ebenso pflegt die Entwicklung der Eier auf beiden Seiten eine verschiedene zu sein und werden die Eier des einen Eierstocks früher als die des andern gelegt. Die fadendünnen Anfänge aller fünf Eiröhren vereinigen sich und stehen bekanntlich mit dem Rückengefäss in Verbindung. Die männliche Ruthe tritt mit ihrer Scheide über dem Endsegmente hervor, hat jederseits der innern Scheide oder des zweiten Gliedes einen langen Haken, der aber, sobald der fadenförmige Penis ganz hervorgestreckt ist, nicht mehr bemerkbar ist. Die Hoden verhalten sich wie bei *Goniocotes compar*.

Auf dem gemeinen Haushuhn, Gallus domesticus, von Nitzsch schon im Anfange dieses Jahrhunderts sorgfältig auf den äussern und innern Bau untersucht, später auch von Denny beschrieben und abgebildet.

G. Numidianus *Denny.*
Denny, Monogr. Anoplur. 165. Tab. 13. Fig. 7.

Pallide stramineofulvus, laevis, nitidus, cum margine nigro; capite subcirculari; abdomine acuminato, cum fasciis transversis interruptis piceonigris. Longit. $\frac{4}{5}$'''.

Der lange schmale Kopf ohne Schläfenecken, das enorm grosse Fühlergrundglied des Männchens mit Ast am dritten Fühlergliede, die schwarze Berandung des ganzen Körpers, die am Rande abgesetzten dunkeln Querbinden des Hinterleibes zeichnen diese Art auffällig aus. Sie kommt nach Denny auf Numida meleagris vor.

G. ortygis *Denny.*
Denny, Monogr. Anoplur. 158. Tab. 13. Fig. 6.

Elongatus, pallide flavus; capite subquadrato, angulis temporalibus obtusis; prothorace semicirculari, metathorace transverso, abdomine fere albo, singulis segmentis (primo et ultimis duobus exceptis) fasciam castaneam vel piceonigram, spatulaeformem habentibus. Longit. $\frac{3}{4}$—$1\frac{1}{8}$'''.

Auf Ortyx virginiana, nach Denny durch die schlanke Gestalt und die eigenthümlichen Spatelflecke der Hinterleibssegmente von ihren Verwandten verschieden.

G. longus *Rudow*, Zeitschrift f. ges. Naturwiss. 1870. XXXV. 481.

Kopf vorn mässig breit, kurz und steif behaart, Hinterkopf mit breiten Ecken, die etwas über die Basis sich erheben, Basis nach hinten verengt. Die Ränder und eine Linie zwischen den Fühlern braunroth. Fühler des Männchens mit sehr kurzen letzten Gliedern, des Weibchens mit langem zweiten Gliede, in der Kopfesmitte und von mehr als halber Kopfeslänge. Prothorax fast gradseitig, Metathorax um ein Drittheil breiter, an den Seiten stark gerundet, an den Seiten braunroth. Abdomen eiförmig mit wenig vorragenden spitzen Segmentecken und mit breit goldgelben Rändern, in welchen hellbraune Hufeisenflecke liegen. Hinterleibsende des Weibchens lang zweispitzig, des Männchens breit rund mit übergreifenden Ecken des vorletzten Segmentes. Füsse kurz, dick, behaart. Grösse 1 Mm. Auf Gallus ignitus.

G. bituberculatus *Rudow*, l. c. 481.

Kopf fast viereckig, vorn flach gebogen, so breit wie hinten, Fühlerbucht stark. Schläfenecken wenig vorstehend, vorn mit einer, hinten mit zwei Borsten, Färbung fleischroth, am Fühlergrunde und Hinterhauptsbasis rothbraun. Fühler länger als der Kopf, männliche mit dickem Grund-, trichterförmigem zweiten und schwach gebogenem dritten Gliede, weibliche mit zwei ersten dicken Gliedern. Prothorax breit abgerundet, länger als Metathorax, dessen Seiten rund sind. Abdomen birnförmig, fleischroth mit kurzen goldgelben Hufeisenflecken am Rande. Segmentecken spitz und vorstehend. Der Kopf erinnert an *G. falcicornis*, aber der Thorax ist ein ganz anderer. Länge 1,25 Mm. Auf Tetrao medius.

G. eximius *Rudow*, l. c. 487.

Kopf etwas länger als breit, fast dreieckig, vorn stark abgerundet, vor den Fühlern mit zwei Borsten. Schläfenecken stumpf, zweiborstig. Färbung gelb mit brauner Scheitellinie, brauner Basis und Hufeisenzeichen auf dem Hinterkopfe. Fühler vorn eingelenkt, weibliche von gewöhnlicher Bildung, männliche mit grossen ersten Gliedern und kleinem Haken am dritten. Prothorax nach hinten stark erweitert. Abdomen eirund, mit spitzen Segmentecken, braunen Rändern und rothen Segmentflecken. Schenkel dick, Schienen stark bedornt. Länge 1 Mm. Auf Oreophasis derbyanus.

G. lipogonus *Nitzsch*. Taf. XIII. Fig. 5.
Nitzsch, Zeitschrift f. ges. Naturwiss. 1866. XXVIII. 388.

Latiusculus, albidus, pictura ochracea et brunnea; capite longiore quam lato, cordato-semielliptico, clypeo rotundato, temporibus obtusis angulis nullis, antennis gracilibus longis, articulis ultimo et penultimo aequilongis; prothorace subquadrato, metathorace breviore, pedibus robustis; abdomine late ovali, marginibus crenatis, maculis pallide ochraceis rectangulis, strigis curvatis obscure rufis. Longit. 1½‴.

Eine durch ihren abgerundet herzförmigen Kopf ohne besondere Schläfenecken vom allgemeinen Gattungstypus erheblich abweichende Art, deren Stellung wegen der noch unbekannten männlichen Exemplare hier nicht ganz sicher erscheint. Der Kopf ist länger als breit, vorn stumpf abgerundet, am Hinterhaupt zwischen den breit abgerundeten Schläfen stark eingezogen, am Rande nur mit vereinzelten kleinen Borsten besetzt. Die schlanken Fühler sind in seichten Gruben mit ausgezogener scharfer Vorderecke eingelenkt, haben ein verdicktes langes Grundglied, ein sehr langes zweites, ein kurzes drittes mit etwas erweiterter Vorderecke und zwei einander gleich lange letzte Glieder. Die ockerige Färbung des Kopfes ist mit einem braunen vor den Fühlern in breite Querflecke auslaufenden Saume, einem Zackenfleck zwischen den Fühlern und zweien Flecken am Nackenrande gezeichnet. Der fast quadratische Prothorax hat dunkel gefärbte convexe Seiten. Der sehr kurze Metathorax hat einen flach convexen Hinterrand und an den Hinterecken nur eine lange Borste. Der gekerbtrandige Hinterleib zeichnet sämmtliche Segmente mit blass ockerfarbenen, innen breit endenden Flecken und jeden dieser mit einem rundlichen braunrothen geschwungenen Streifen.

Auf Crypturus rufescens, von Nitzsch im Jahre 1825 auf einem trocknen Balge in zwei weiblichen Exemplaren gefunden, die leider in keinem befriedigenden Zustande sich befinden.

G. oniscus *Nitzsch*.
Nitzsch, Zeitschrift f. ges. Naturwiss. 1866. XXVIII. 388.

Maximus, flavidus, onisciformis; capite parabolico, angulis temporum **lateralibus** *prolongatis acutis, antennis brevibus, articulo ultimo et penultimo aequilongis; prothorace trapezoidali, metathoracis lateribus subflexuosis, margine posteriore convexo; pedibus longissimis, tibiis seriatim spinosis; abdomine late elliptico, marginibus subundulatis, maculis segmentorum curvatis, segmentis ultimis multisetosis.* ***Longit.* 2'''.**

Dieser Riese unter den Eckköpfen hat eine gestreckt asselförmige Gestalt, und einzelne Eigenthümlichkeiten besonderer Art, welche in ihm wie in seinem Gesellschafter dem ***Goniocotes agonus*** eine eigene Gattung andeuten, die jedoch erst durch die Untersuchung mehrer und frischer Exemplare genügend begründet werden kann. Der Kopf ist zwischen den Schläfenecken breiter als in der Mittellinie lang, parabolisch gerundet, am Vorderrande mit zwei Borstenhaaren und einigen Spitzchen, hinter der Mitte des Schläfenrandes eine sehr straffe Borste, an der nach hinten gerichteten spitzhornförmigen seitlichen Schläfenecke eine kurze und eine sehr lange starke Borste, zwischen dieser und der hintern am Prothorax liegenden Schläfenecke noch zwei starke Borsten. Der Occipitalrand ist so tief eingebuchtet, dass der Prothorax mit Zweidrittel seiner Länge in denselben eingreift. Die Fühler sind weit vor der Kopfesmitte unterseits in einer sehr seichten Bucht eingelenkt, messen noch nicht halbe Kopfeslänge und bestehen aus einem langen verdickten Grundgliede, einem schlanken, gegen das Ende hin verdickten zweiten, etwas kürzern und schwächer keulenförmigen dritten und den beiden walzigen gleich langen Endgliedern, alle mit starken Stachelborsten besetzt. Die schwarzen Punktaugen liegen hinter den Fühlern auf einer Erhöhung. Andere Zeichnung des Kopfes fehlt, nur scheinen die Mundtheile dunkelbraun auf der Oberseite durch. Der Prothorax erweitert sich nach hinten allmählig und lässt seine Hinterecken zahnartig hervortreten, hinter denselben steht eine sehr starke nach hinten gerichtete Borste. Der Metathorax erweitert sich mit seinen sanft geschwungenen Seiten, welche vor der Mitte je zwei schwache Randborsten tragen, nur wenig nach hinten und hat einen flach convexen Hinterrand. Die Beine nehmen vom ersten zum dritten auffallend an Länge zu, so dass das letzte die Länge des Hinterleibes hat; ihre Hüften sind kurz kegelförmig, die Schenkel gestreckt spindelförmig, die Schienen sehr langwalzig, aussen und innen mit dichten Reihen langer Stachelborsten besetzt, auch die beiden gestreckten Tarsusglieder haben aussen und innen lange Borsten und die Klauen sind sehr lang, wenig gekrümmt. Der Hinterleib ist elliptisch, erheblich schmäler als der Kopf zwischen den seitlichen Schläfenecken, seine Ränder nur schwach gewellt, und die sehr sanft convexen Seiten der Segmente mit nur einer anliegenden hintern Randborste. Auf der Oberseite sind sie durch markirte Plikaturen geschieden und mit dichten Reihen kurzer Borsten besetzt. Schon die stumpfe Ecke des siebenten Segmentes ist mit langen Borsten dicht besetzt und die kaum über dieselbe hervorragenden stumpfkegelförmigen Seitenlappen des achten tragen einen dichten Büschel langer straffer Borsten. Aus der tiefen Bucht zwischen diesen Seitenlappen ragt das gar nicht abgegränzte Endglied als langer Kegel weit hervor und endet mit zwei Chitinspitzen, die im Zustande der Ruhe tief zurückgezogen sein werden. Jedes Segment bis zum siebenten zeigt auf der Oberseite eine rundliche dreiseitige Schuppe oder Lappen, innen neben demselben einen zweiten kleinern, auf dem Vorderrande jenes einen braunen gestreiften Bogenfleck, welcher von der Bauchseite durchscheint und hier aus einer Bogenreihe fingerförmiger Chitinstäbchen besteht. Auf den vordern Segmenten zähle ich bis 20 solcher Stäbchen, auf dem letzten nur zehn. Die Bedeutung dieser höchst eigenthümlichen Bildung vermag ich aus unserem einzigen alten Spiritusexemplare nicht zu ermitteln.

Auf Crypturus tao, von Nitzsch im Jahre 1836 auf einem trocknen Felle in einem Exemplare gefunden und unter obigem Namen in unserer Sammlung aufgestellt.

G. aliceps *Nitzsch.*
Nitzsch, Zeitschrift f. ges. Naturwiss. 1866. XXVIII. 389.

Oblongus, rufobrunneus; capite trilobato, temporibus aliformibus, antennarum articulo primo crasso, longissimo; prothorace trapezoidali, metathoracis margine postico convexo; pedibus longissimis; abdomine oblongo, marginibus subundulatis, segmentis ultimis multisetosis. Longit. 2'''.

Gleicht in Habitus und den generischen Absonderlichkeiten der vorigen Art, weicht aber auch specifisch sehr charakteristisch von derselben ab. Der Kopf zunächst ist kürzer und breiter und der Hinterrand desselben so tief gebuchtet, dass die Schläfengegenden wie gerade abgestutzte Flügel nach hinten erweitert scheinen. Der Vorderrand des Kopfes ist breiter und minder convex als bei voriger Art, dagegen die Randborsten hier, am Schläfen- und Hinterrande ganz dieselben wie vorhin. Die Fühler sind noch weiter nach vorn gerückt, in tiefere Gruben eingelenkt, ihr dickes Grundglied hat die Länge der beiden folgenden, welche abnehmend dünner sind, die beiden letzten sind die dünnsten und von einander gleicher Länge. Punktaugen hinter den Fühlern sind nicht vorhanden. Der Prothorax ist vorn halsförmig verengt, von glockenförmigem Umriss, an den scharfen Hinterecken mit langer Borste. Der Metathorax stimmt mehr mit dem der vorigen Art überein. Die Schenkel erscheinen schlanker und die dicht gedrängten Stachelborsten am Aussenrande der Schienen viel länger. Der Hinterleib ist oblong, trägt mehr Randborsten, die beborsteten Seitenlappen des achten Segmentes sind kürzer, das neunte Segment ist klein, abgerundet, beborstet und ein langer schwach keulenförmiger Penis ragt daraus hervor. Die Beborstung der Ober- und Unterseite, die rundlichen Bogenreihen fingerförmiger Chitinstäbchen auf der Unterseite, die dreieckigen Lappen oder Wülste auf der Oberseite verhalten sich im Wesentlichen wie bei voriger Art. Die Färbung des ganzen Leibes ist dunkel rothbraun.

Das einzige Exemplar unserer Sammlung trägt die Bezeichnung von Olfers auf dem mir unbekannten Crypturus macrurus in Brasilien gesammelt.

G. bicolor *Rud.*
Rudow, Zeitschrift f. ges. Naturwiss. 1870. XXXV. 483.

Kopf hinten breiter als lang, vorn breit, stark abgerundet, mit Höckern hinter den Fühlern und spitzen über die Basis hervorragenden Schläfenecken, welche wellenförmig gegen den Thorax sich verengen. Ränder braunroth, Grundfarbe sattgelb. Fühler länger als der halbe Kopf, mehr vorn eingelenkt; beim Weibchen mit trichterförmigem zweiten Gliede, beim Männchen mit stark gekrümmtem langen dritten Gliede. Prothorax glockenförmig, mit spitzen Hinterecken, Metathorax gradseitig, breiter mit spitzen Ecken über das Abdomen übergreifend; beide Ringe gelb mit braunen Rändern und von Kopfeslänge. Abdomen eirund, die vorragenden Segmentecken mit je einer Borste. Randflecke gelb mit brauner Zeichnung, weibliches Endsegment spitz zungenförmig, männliches rund, stärker beborstet. Füsse regelmässig, gleichgliedrig, kurz. Grösse 1 Mm. — Auf Penelope marail aus Guiana, mir unbekannt.

G. diversus *Rud.*
Rudow, Zeitschrift f. ges. Naturwiss. 1870. XXXV. 489.

Kopf fast quadratisch, hinten sehr wenig verbreitert, Stirn stark gebogen, hinter den Fühlern mit Höcker, Schläfenecken gerade abgestutzt mit zwei langen Borsten, nach dem Hinterkopfe zu ausgebogen verengt; Ränder braun. Fühler in der Kopfesmitte, beim Weibchen von halber Kopfeslänge, beim Männchen länger mit stärker gebogenem dritten Gliede. Prothorax wenig breiter als ein Drittel der Hinterkopfsbasis, gradseitig, mit vorstehenden Ecken, braun; Metathorax breiter, glockenförmig, braun gerandet, in der Mitte hell. Abdomen eiförmig, Segmentecken wenig vorstehend mit einzelnen Borsten. Grundfarbe gelb, Segmentflecke gelb mit spitzeckiger nach vorn gekrümmter brauner Zeichnung. Endsegment beim Weibchen grade mit runden Ausschnitt, beborstet, weit vorstehend, beim Männchen treppenförmig verschmälert mit scharfer Spitze. Füsse mässig lang, Schenkel dick, Schienen lang, vorn verdickt mit langen Klauen. Länge 1,25 Mm. — Auf Penelope nigra, mir unbekannt.

G. cornutus *Rud.*
Rudow, Zeitschrift f. ges. Naturwiss. 1870. XXXV. 485.

Kopf breiter als lang, vorn flach gerundet, fast breiter als hinten, vor den Fühlern stark ausgebuchtet, Schläfenecken mässig vorragend, spitz, mit zwei Borsten, nach hinten ausgebogen, zur Hälfte verschmälert. Ränder braunroth, vor den Fühlern mit braunem Querfleck. Fühler in der Kopfesmitte von Kopfeslänge, mit dickem Grundgliede, mässig gebogenem dritten, auf dessen Vorderrande die letzten stehen. Prothorax abgerundet, von halber Hinterkopfsbreite, Metathorax viel länger, nach hinten stark verbreitert, ohne Vorragungen. Abdomen birnförmig, hinten am breitesten, fast so breit wie lang. Ränder wenig vorstehend mit einer Borste, braun mit gelben Querstrichen. Ende stumpf, stark behaart. Füsse regelmässig mit langen Krallen. Länge 1 Mm. — Auf Tribonyx ventralis, mir unbekannt.

G. mammillatus *Rud.*
Rudow, Zeitschrift f. ges. Naturwiss. 1870. XXXV. 483.

Kopf fast quadratisch, vorn stark abgerundet, mit Hervorragungen vor und hinter den Fühlern und einer Borste auf der vordern. Nach hinten wenig erweitert, Schläfenecken stumpf mit zwei langen und zwei kurzen Borsten. Ecken etwas höher als die Basis; Ränder rothbraun, Grundfarbe goldgelb. Fühler etwas vor der Kopfesmitte, von halber Kopfeslänge, beim Weibchen regelmässig, beim Männchen grösser, mit rothem dicken Grundgliede, stark gekrümmtem dünnen dritten, Haarbüschel am Ende. Prothorax von halber Hinterkopfsbreite, rund, Metathorax breiter, gedrückt herzförmig, beide mit rothen Rändern und hellgelber Mitte. Abdomen eiförmig, Segmentecken stark abgerundet, übergreifend, Ränder braun mit nach vorn gerichteten spitz endenden gekrümmten Streifen, letztes Segment Mförmig rothbraun eingefasst, beim Weibchen stumpf zweieckig, beim Männchen rund mit zwei Zitzenartigen Höckern an der Seite und spitz übergreifendem vorletzten Segment. Jedes Segment mit zwei langen Borsten. Füsse mit dicken Schenkeln, langen Schienen, oben braun, kurz behaart. Länge 1 Mm. — Auf Pelecanus ruficollis, mir unbekannt.

6. LIPEURUS Nitzsch.

Corpus magis minusve angustum, elongatum. Caput mediae magnitudinis, plerumque angustum, genis rotundatis vel obtusis. Trabeculae nullae aut parvae. Antennae marium primo articulo longiori crassiori, tertio autem ramigero, hinc plus minusve cheliformes. Abdominis segmentum ultimum in maribus apice emarginatum vel emarginatotruncatum vel fere fissum.

Die *Lipeuren* oder Zangenläuse haben noch allgemeiner wie die Schmalinge den gestreckten sehr schlanken Körperbau bei einer zwischen ½ bis 3½ Linien schwankenden Länge, doch kommen auch einzelne in allen Körperabschnitten gedrungene robuste Arten vor. Weisse oder gelbliche Färbung mit brauner und schwarzer Dekoration ist die gewöhnliche. Der meist lange Kopf ist vom Hinterhauptsrande bis zum vordern Clypeusrande gleich breit oder verschmälert sich nach vorn mehr minder stark, nur ausnahmsweise erscheint er in der Mitte verengt. Die Fühler sind in, vor oder hinter der Mitte in engen oder weiten Buchten eingelenkt und danach die Physiognomie des Kopfes sehr verschieden. Der vordere oder Clypeusrand pflegt stärker oder schwächer convex, selten gerade abgestutzt zu sein, und nur bei wenigen Arten bemerkt man eine rundliche Einschnürung vor dem Vorderrande. Ziemlich starke Randborsten stehen am Vorder- und am Zügelrande, einige auch an der Unterseite der Schnauze, die nicht über den Rand hervorragen. Der Zügelrand endet an der Fühlerbucht mit stumpfer oder scharfer Ecke, die gar nicht selten als scharfspitziger Balken ausgebildet ist. Hinter der Fühlerbucht tritt flach convex bis stark halbkreisförmig ein von einer Borste überragter Augenhöcker hervor. Die Schläfenränder gerade oder convex, mit ein, seltener mit zwei Randborsten, oft auch borstenlos, biegen mit einer stets abgerundeten nur selten hervorstehenden Ecke in den geraden oder eingebuchteten Occipitalrand um. Die Fühler sind im allgemeinen sehr lang, reichen angelegt allermeist über den hintern Kopfrand hinaus und erreichen selbst Kopfeslänge. Stets ist das Grundglied das dickste, bei den Weibchen zugleich das kürzeste, bei den Männchen dagegen das längste, oft allen übrigen an Länge gleich, auf einen besondern Fortsatz in der Fühlerbucht angesetzt, spindelförmig und bei manchen Arten noch mit einem besondern Höcker in oder vor der Mitte. Das zweite Glied ist bei den Weibchen stets das längste, bei den Männchen aber viel kürzer als das erste; das dritte bietet wieder einen auffallenden Geschlechtsunterschied, indem es bei den Männchen halbkreisförmig bis rechtwinklig gebogen, vorn die beiden folgenden trägt und so einen freien Ast bildet, der jedoch bis auf eine blos vorstehende Ecke reducirt sein kann. Das Endglied trägt auf der stumpfen Spitze die gewöhnlichen Tastborsten. Eine quere Stirnnaht, eine Signatur auf dem Clypeus, Augenflecke und Schläfenlinien kommen vor oder fehlen. An der Unterseite macht sich die Futterrinne und sehr bewegliche Oberlippe bemerklich, beide Kiefer sind gezähnt und die Taster dick. — Die beiden Brustringe variiren in ihren Längen- und Breitenverhältnissen ungemein, können gleich lang bis der Metathorax dreimal länger als der Prothorax sein. Letzter ist quadratisch, länger als breit, viel häufiger breiter als lang, auch schwach trapezoidal, mit geraden bis stark convexen Seiten. Der Metathorax meist trapezoidal, bisweilen mit vorderer seitlicher Einbuchtung oder Randkerbe, mit scharfen oder mit abgerundeten beborsteten Hinterecken, mit allermeist geradem, selten convexem oder schwach winkligem Hinterrande. Die Beine pflegen lang und schlank zu sein, haben allermeist lange vorragende Hüften, enge Schenkelhälse, schlank spindelförmige oder walzige Schenkel, etwas kürzere oft schlank keulenförmige Schienen mit Dornen am Innenrande und kurzen dicken Daumenstacheln, aber langen Klauen. Der parallelseitige oder sehr gestreckt ovale Hinterleib lässt die hintern Segmentecken gar nicht oder stark und scharf hervortreten, so dass die Seitenränder schwach gekerbt bis scharf sägezähnig erscheinen. Ihre Randborsten sind die gewöhnlichen, werden nach hinten länger und zahlreicher. Das männliche Endsegment ist breit und mehr oder minder tief ausgerandet oder blos gekerbt und stets reicher beborstet als das blos gekerbte nur mit Spitzchen besetzte weibliche. Die Zeichnung des Hinterleibes beschränkt sich auf blosse Säumung der Seitenränder oder es treten zu diesen noch randliche Flecke, je nach den Arten grosse oder kleine, vier- oder dreieckige hinzu, diese verbinden sich in der Mitte und die Segmente sind mit dunkeln Binden gezeichnet, nur ausnahmsweise mit einer Fleckenreihe längs der Mitte des Rückens. Die Stigmata machen sich meist sehr bemerklich, auch pflegen geschlechtliche Unterschiede in der Hinterleibszeichnung oft recht auffällige vorhanden zu sein.

Die Zangenläuse gehören zu den sehr häufigen Schmarotzern auf den Vögeln, wurden bisher aber auf Singvögeln noch gar nicht beobachtet, auf Klettervögeln nur einmal auf einem Papagei, auch von Schreivögeln sind sie nur erst äusserst selten gesammelt, mehr von Tauben, zahlreiche von Tagraubvögeln und Hühnern, die überwiegende Mehrzahl der Arten schmarotzt auf Sumpf- und Schwimmvögeln. Das einmal beobachtete Vorkommen auf einem neuholländischen Dromaeus muss als ein zufälliges blos gastliches gedeutet werden. In ihrem Betragen und der Lebensweise bieten die Zangenläuse keine besondern Eigenthümlichkeiten.

Ich führe die Arten wieder in der Reihenfolge ihrer Wirthe auf.

L. aetheronomus *Nitzsch.* Taf. XVII. Fig. 8.
Nitzsch, Zeitschr. f. ges. Naturwiss. 1861. XVII. 517.

Robustus, pallide flavus fuscopictus; capite magno subelliptico, antennis longis; prothorace trapezoidali, metathorace brevi, hexagono; tibiis longis multispinosis; abdomine brevi, marginibus subcrenatis, fasciis fuscis. Longit. 1 1/3'''.

Der Kopf ist relativ kurz und breit, elliptisch, vorn mit wenigen Randborsten und an den beiden dunklen Randflecken schwach eingebuchtet, die Schläfenecken völlig abgerundet und der Occipitalrand stark eingebuchtet. Die Fühlerbucht mit vorderer scharfer Ecke, vorderm und hinterm schwarzbraunen Querfleck, die beiden ersten Fühlerglieder sehr verlängert, aber von verschiedener Dicke. Der Prothorax tief in den Hinterkopf eingreifend, der Metathorax kurz, sechsseitig, mit scharfen Seitenecken. Die Beine kräftig und die Schienen am Innenrande stark bedornt. Der Hinterleib verhältnissmässig kurz und breit, mit nur schwach gekerbten Seitenrändern und ein bis zwei Randborsten an den Segmentecken. Die Segmente haben bis zum siebenten braune Querbinden, die sich in der mittlen Gegend aufhellen.

Auf Sarcorhamphus gryphus, in einem trocknen männlichen Exemplar und einer Larve von Prof. Voigt in Jena 1821 an Nitzsch mitgetheilt, der dasselbe nur skizzenhaft zeichnete und von den verwandten Arten sicher unterschied. Leider finde ich es zu einer eingehenden Beschreibung nicht mehr genügend.

L. assessor.

Angustus, gracilis, pallidus, fuscopictus; capite longo, occipite dilatato, antennis longis, ramo brevi; prothorace et metathorace trapezoidalibus, pedibus longis, tibiis multispinosis; abdomine longo, marginibus crenatis, segmentorum maculis quadratis pallide fasciis conjunctis. Longit. 1 1/2'''.

Eine schlanke zierliche Art, der Vorderkopf etwas länger als der ein wenig breitere Hinterkopf. Der Clypeusrand setzt sich etwas verschmälert ab und trägt zwei Borsten, jederseits an der Verengung stehen zwei, am Zügelrande weiter von einander abgerückt drei Randborsten. Jederseits drei dunkle quere Randflecke. Die Ecke der Fühlerbucht steht stumpf vor. Hinter den Fühlern bildet der Schläfenrand einen sehr flachen Vorsprung und läuft dann flach convex, bei dem Männchen etwas mehr convex nach hinten, nur mit einzelnen sehr kurzen Borstenspitzchen besetzt. Die Fühler reichen angelegt über den Occipitalrand hinaus, sind in einer sehr seichten Bucht eingelenkt, haben bei dem Weibchen ein schwach verdicktes Grundglied, ein schlankes zweites und drittes und etwas kürzere, unter einander gleich lange Endglieder, bei dem Männchen dagegen hat das schlank spindelförmige Grundglied die Länge der vier andern Glieder zusammen, das dritte ist gekrümmt und trägt das folgende vor dem Ende, welches hakig vorsteht. Die Zeichnung des Kopfes besteht in zwei schiefen dunkeln Randflecken jederseits am Vorderkopfe, in brauner Umrandung der Fühlerbucht und des ganzen Hinterkopfes. Der Prothorax hat ziemlich die Breite des Hinterkopfes und seine schwach convexen Seitenränder divergiren nach hinten nur sehr wenig, die geraden des ebenso langen Metathorax etwas mehr. Beide Brustringe sind dunkelbraun mit heller Mitte. Die langen dünnen Beine bewehren den Innenrand ihrer Schienen, welche um ein Drittheil kürzer als die Schenkel sind, mit einer dichten Reihe kurzer starker Dornen, die Daumenstacheln sind kurz und stumpfspitzig, das erste sehr dicke Tarsusglied hat zwei Borsten, die Klauen sind kurz und stark, ziemlich gekrümmt. Der lange schmale Hinterleib lässt seine Segmentecken nur sehr wenig, aber scharf hervortreten, hat an denselben eine, dann zwei, zuletzt drei kurze Borsten. Das weibliche Endsegment ist schmal, gestreckt, tief gekerbt, das männliche etwas kürzer und breiter, nur schwach ausgerandet. Die Segmente sind auf der Oberseite mit dunkel umrandeten braunen quadratischen Randflecken gezeichnet und jedes Fleckenpaar etwas heller braun vereinigt. Mässig lange und eben nicht gedrängte Borsten stehen auf der Oberseite der Segmente. Jugendzustände berandeu den Hinterleib schmal braun.

Ebenfalls auf Sarcorhamphus gryphus, in einigen Exemplaren in unserer Sammlung ohne nähere Angabe.

L. ternatus *Nitzsch.* Taf. XVII. Fig. 3. 4.
Nitzsch, Zeitschr. f. ges. Naturwiss. 1861. XVII. 517. — Burmeister, Entomol. II. 434.

Albidus, fasciis abdominalibus nigris, mediis interruptis, macula interjecta nigra in maribus; antennis et pedibus longissimis; prothorace et metathorace trapezoidalibus; abdominis angusti marginibus lateralibus crenatis. Longit. 2'''.

Sehr gestreckt in allen Körpertheilen und weiss mit schwarzer Zeichnung. Am langen schmalen Kopfe ist vorn der Clypeus wieder schwach abgegränzt wie bei *L. aetheronomus* und mit zwei straffen Randborsten versehen, denen an der Abgränzung jederseits zwei, am Zügelrande ebenfalls die Borsten jener Art folgen. Hinter den Fühlern bildet der Schläfenrand einen stärkern rundlichen Vorsprung und verläuft dann schwach convex und ohne Randborsten nach hinten. Am Vorderkopf jederseits zwei schiefe quere schwarze Randflecke, dann die schwarz umrandete Fühlerbucht, convergirende Schläfenlinien und der schwarze eingebuchtete Occipitalrand. Die Fühler ragen angelegt weit über den Nackenrand hinaus, die weiblichen haben ein verdicktes Grundglied, das mit dem zweiten dünnern gleiche Länge hat, das dritte ist etwas länger, das vierte etwa von halber Länge des dritten und das letzte wieder ein wenig länger als das vierte; an den männlichen Fühlern misst das schlank spindelförmige Grundglied ziemlich die Länge der übrigen zusammen, das dritte ist stark gebogen und trägt auf der Convexität die beiden einander gleich langen letzten. Der schwach trapezoidale Prothorax ist vorn nur wenig schmäler als der Hinterkopf und hat geschwungene Seiten, der längere Metathorax zeigt vorn eine markirte Einschnürung. Die eigenthümliche schwarze Säumung beider Brustringe ist in unsern Abbildungen naturgetreu wiedergegeben worden. Die Beine in allen Gliedern sehr gestreckt, die Schienen am Innenrande mit einer Reihe kurz kegelförmiger Dornzähne, am Ende mit kurzen Daumenstacheln, aussen aber mit einer langen straffen Borste; die Krallen lang und ganz gerade. Die Abdominalsegmente haben schwach convexe Seitenränder und abgerundete Hinterecken, weit vor diesen je zwei kurze steife Randborsten. Das Endsegment zeigt auffällige sexuelle Unterschiede, tiefe Kerbung bei dem Weibchen, wo beide Lappen mit langen Borsten dicht besetzt sind, während das männliche nur einige kurze Borstenspitzchen hat, aber was in unserer Abbildung nicht dargestellt ist, das vorletzte Segment hat stark vorstehende Seitenecken mit je drei langen Borsten. Die sehr charakteristische, auch sexuell eigenthümliche Zeichnung des Hinterleibes geben unsere Abbildungen getreu wieder. Die Bauchseite ist weiss und nur mit einem dem Rande parallelen Längsstreif gezeichnet. Die durchscheinenden Genitalien beider Geschlechter sehr verschieden.

Auf Sarcorhamphus papa, von Nitzsch im Frühjahr 1835 in zahlreichen Exemplaren hauptsächlich auf den Schwingen zweier aus Amsterdam bezogener Cadaver in Spiritus gesammelt.

L. quadripustulatus *Nitzsch.* Taf. XVII. Fig. 5.
Nitzsch, Germar's Magaz. Entom. III. 293; Zeitschrift f. ges. Naturwiss. 1861. XVII. 520. — Burmeister, Entomol. II. 434.

Elongatus, sordide albus, olivaceopictus; capite oblongo-elliptico, fronte quadrisinuata, temporibus oblique rugosis, antennarum articulo primo processu basali, tertio curvato; prothorace trapezoidali; metathorace antice angustato; pedibus longis; abdomine angusto, marginibus profunde crenatis, segmentorum aliorum fasciis, aliorum maculis paribus subocellatis. Longit. 1⅓'''.

Gestreckt und weisslich mit dunkler Zeichnung. Der Kopf nimmt nach hinten sehr wenig an Breite zu, ist vorn breit gerundet mit schwach abgesetztem Clypeusrande und sechs straffen Randborsten jederseits bis zur

Fühlerbucht. Die Vorderecke dieser tritt stark und scharf hervor. Hinter der Fühlerbucht bildet der Schläfenrand einen abgerundeten Vorsprung und läuft dann convex nach hinten convergirend, nur vorn eine mässige Randborste tragend. Die männlichen Fühler haben ein langes spindelförmiges erstes Glied mit vorspringender rundlicher Ecke, ein stark gekrümmt hakiges drittes und die beiden letzten Glieder von einander gleicher Länge. Der Vorderrand des Kopfes ist jederseits mit zwei dunklen, in der Mitte hellen Randflecken gezeichnet, auch die Fühlerbucht dunkel gerandet; schwach convergirende Schläfenlinien, ausserhalb welcher die Schläfen quer gerunzelt erscheinen. Der breite Prothorax ist schwach trapezoidal, ebenso der breitere Metathorax, der vorn deutlich eingeschnürt ist. Beide Brustringe sind dunkel gerandet, nach der Mitte zu verwaschen heller. Die Vorderbeine sehr kurz, die hintern viel länger, schlank, die Schienen mit wenigen starken Dornen am Innenrande. Der schmale lange Hinterleib hat deutlich gekerbte Ränder mit spärlichen und kurzen Randborsten und auf der Oberseite mit je zwei Borstenreihen auf jedem Segment. Das erste Segment hat zwei grosse in der Mitte verwaschene Flecke, die vier folgenden Segmente durchgehende dunkle Querbinden, jederseits mit hellem nicht scharf umrandeten Fleck, das sechste und siebente Segment zungenförmige Randflecke, das achte Segment ist ganz dunkel ohne hellen Randfleck und das gespaltene Endsegment ist dunkel gerandet und mit zwei Punkten gezeichnet. So bei dem Männchen, bei dem Weibchen dagegen sind vom dritten Segment bis zum siebenten die Randflecke zu durchgehenden Querbinden vereinigt und erst auf dem achten wieder durch eine helle Mittellinie getrennt. Die Unterseite des Hinterleibes ist mit gepaarten Randflecken gezeichnet und mit sehr grosser durchscheinender Ruthe.

Auf Vultur cinereus und auf Aquila naevia, in Gesellschaft des *Docophorus brevicollis* in nur einem männlichen Exemplar auf einem trocknen Balge des Geiers und einem frischen des Adlers gesammelt.

L. quadripunctatus *Nitzsch.*

Nitzsch, Zeitschrift f. ges. Naturwiss. 1861. XVII. 521. — *Philopterus punctifer* Gervais, Hist. Aptères III. 353. Tab. 49. Fig. 1.

Praecedenti simillimus, at albidus, fasciis nullis, pedibus brevioribus, abdomine angustiore. Longit. 1¼‴.

Der Kopf des einzigen weiblichen Exemplares hat dieselbe Form und die gleichen Flecke wie bei voriger Art, aber am Vorderrande an der Abgränzung des Clypeus jederseits zwei Borsten neben einander und die hier weiblichen Fühler verdünnen ihre Glieder vom ersten bis letzten stark stufig. Die Thoraxringe gleichen denen voriger Art, dagegen haben die Beine entschieden kürzere Schienen mit langen Borsten. Der Hinterleib ist erheblich schmäler, trägt an den Segmentecken anfangs zwei, später vier Randborsten, das Endsegment an seinen breit abgestutzten Lappen ebenfalls je vier Borsten. Die Segmente haben mit Ausnahme des achten, das ohne alle Zeichnung ist, einen feinen braunen Rand, diesem parallel eine matter gelbbraune Linie, zwischen welchen die Mitte des Segmentes satter gefärbt ist, als im Uebrigen.

Auf Gypaetos barbatus in einem wahrscheinlich noch nicht ausgebildeten weiblichen Exemplare von Nitzsch im Jahre 1835 gesammelt, auch von Gervais beobachtet und abgebildet.

L. perspicillatus *Nitzsch.*

Nitzsch, Zeitschr. f. ges. Naturwiss. 1861. XVII. 521.

Oblongum, album, obscure olivaceopictum; capite oblongo elliptico, temporibus dilatatis; antennis maris ramigeris tuberculiferis; annulis thoracis aequilongis, metathorace antice angustato; abdominis maculis maris trapezoideis dilute sericatis, feminae macula intermedia conjunctis. Longit. 1¼‴.

Von vorigen beiden Arten unterscheidet sich diese ihnen auffallend ähnliche durch den gegen das Vorderende sich merklich verschmälernden Vorderkopf, an dessen Rande der Clypeus gar nicht abgesetzt ist. Die Vorderecke der Fühlerbucht tritt stark aber abgerundet hervor und der Schläfenrand ist stark convex, so dass die grösste Breite des Kopfes in die Mitte der Schläfengegenden fällt. Die weiblichen Fühler überragen angelegt den hintern Kopfrand, haben ein starkes Grundglied, die beiden folgenden Glieder lang und dünn, unter einander von gleicher Länge, auch die beiden letzten Glieder von einander gleicher Länge. Die noch längern männlichen Fühler haben ein sehr langes verdicktes, in der Mitte fast eckig erweitertes Grundglied, ein kurzes gekrümmtes zweites, ein schlankes hakig gekrümmtes drittes, dessen Spitze an den mittlen Vorsprung des Grundgliedes reicht und die beiden Endglieder von gleicher Länge. Die beiden vordersten Randflecke sind jetzt matt, doch mit heller Mitte, der randliche Zügelfleck schwarzbraun und der vordere Orbitalfleck mit dem hintern verbunden, der hintere

Schläfen- und Occipitalrand schwarzbraun. Beide Brustringe sind von gleicher Länge, trapezoidal, der zweite vor der Mitte mit seitlicher Randkerbe, beide dunkel gerandet nach innen verwaschen und der zweite mit Querstrich an der Kerbe. Die Schienen nur etwa halb so lang wie die Schenkel, wie diese dunkel gerandet, gegen das Ende hin bedornt. Der gestreckte Hinterleib hat deutlich gekerbte Seitenränder und weit vor den stumpfen Segmentecken je zwei, nur an den letzten je drei kurze straffe Randborsten und ebensolche stehen in einer Reihe längs der Vorderränder der Segmente, nur bis an den Hinterrand reichend; einzelne Borsten stehen zerstreut auf der Oberseite der Segmente. Gegen das Ende hin verschmälert sich der Hinterleib allmählig und das gestreckte Endglied ist bei dem Weibchen tief zweilappig und reich beborstet, bei dem Männchen gerade abgestutzt mit mittler Kerbe und sehr spärlich beborstet. Die Oberseite des weiblichen Hinterleibes ist längs der Seitenränder bis zum siebenten Segment mit trapezförmigen, in der Mitte ganz hellen Flecken gezeichnet, zwischen denselben längs der Mitte des Rückens liegt eine Reihe dunkler Flecke, das achte Segment hat jederseits einen dunklen Querstrich und das neunte zwei dunkle Flecken am Grunde. Auf dem männlichen Hinterleibe hat das erste Segment zwei trapezische nur durch einen lichten Mittelstreif getrennte Flecke, das zweite bis fünfte Segment nach innen stark verschmälerte Randflecke, welche durch die dunkle Mitte verbunden sind, das sechste und siebente jederseits einen schmalen Keilfleck und helles Mittelfeld, das achte ist ganz braun und das neunte ohne Zeichnung. Auf der Unterseite scheinen die männlichen Genitalien als lange Streifen durch.

Auf Vultur fulvus, in einigen Exemplaren von Hofrath Rudow im Jahre 1820 unserer Sammlung eingesendet.

L. monilis *Nitzsch.*

Nitzsch, Zeitschr. f. ges. Naturwiss. 1861. XVII. 519.

L. ternato simillimus, at capite antice obtusiore, antennarum maris articulo primo multo crassiore tuberculifero, maculis abdominalibus L. perspicillato similibus, marginibus lateralibus abdominis profunde crenatis. Longit. $1\frac{1}{3}'''$.

Diese Art hält die Mitte zwischen ***L. ternatus*** und ***L. perspicillatus*** und bietet ausser den Beziehungen zu beiden noch besondere Eigenthümlichkeiten. So ist zunächst der Clypeus vom Zügelrande stärker abgesetzt und vorn fast gerade gerandet. An den schlanken weiblichen Fühlern haben das zweite und dritte Glied gleiche Länge und ebenso das vierte und fünfte, an den männlichen Fühlern zeigt das dick spindelförmige Grundglied einen starken Höcker am Vorderrande und der Haken des dritten Gliedes endet stumpf. Das erste Fleckenpaar ist ganz verblasst, das zweite klein und dunkel, dann folgen die kleinen Flecken vorn und hinten an der Fühlerbucht. Der Thorax verhält sich wesentlich wie bei jenen Arten, nur erscheint die Randkerbe am Metathorax tiefer. Die Beine bieten keine beachtenswerthen Eigenthümlichkeiten. Der schlanke Hinterleib hat tief gekerbte Seitenränder mit stumpfen Segmentecken und kurzen starren Randborsten. Der männliche Hinterleib verschmälert sich in den letzten Segmenten plötzlich, der weibliche allmählig, dieser endet tief zweilappig zugespitzt, aus jenem ragen die Penisscheiden lang hervor. Das Weibchen zeichnet die Oberseite der Segmente mit grossen braunen, in der Mitte hellen Viereckstflecken, zwischen welchen die schmale Mitte der Segmente ein Längsfleck einnimmt, auf dem achten Segment bleibt der Raum zwischen den Randflecken hell und das Endsegment ist mit einem Bogenfleck gezeichnet. Bei dem Männchen verschmälern sich die Randflecke nach innen, nur auf dem zweiten bis fünften liegt ein schmaler Streif zwischen ihnen, auf dem sechsten und siebenten nur dreieckige Randflecke, auf dem achten keine Zeichnung, auf dem neunten zwei Punkte. Die Borsten auf der Oberseite der Segmente stehen unregelmässiger als bei den verwandten Arten.

Auf Neophron monachus, von Nitzsch in drei Exemplaren an der Unterseite der Flügel eines trocknen Balges im Jahre 1827 gesammelt und von den verwandten Arten unterschieden.

L. frater.

Praecedenti simillimus, at marginibus segmentorum abdominalium posterioribus brunneis. Longit. $1\frac{2}{3}'''$.

Der Kopf mit seinen Randborsten gleicht wesentlich dem der vorigen Art, das vorderste Fleckenpaar ist etwas grösser und ganz deutlich, die Fühlerbucht dunkel gerandet, die Schläfenlinien mehr von einander entfernt, daher das Scheitelfeld breiter, an den weiblichen Fühlern das dritte Glied das längste, länger als die beiden Endglieder zusammen. Thorax wie vorhin, auch die Randkerbe am Metathorax tief. Die Beine scheinen kürzer und kräftiger zu sein und die Schenkel des dritten Paares sind am Innenrande mit kurzen Stacheln bewehrt, die ich bei vorigen nicht auffinden konnte. Die Seitenränder des Hinterleibes stumpf sägezähnig mit steifen Randborsten. Die vierseitigen Randflecke auf der Oberseite der Segmente sind eigentlich nur dunkel umrandete Randflecke, denn sie bestehen aus einer braunen vordern, einer äusserst feinen innern und einer braunen hintern Linie, welch letzte als ununterbrochener Streif den ganzen Hinterrand jeden Segmentes zeichnet. Die Mitte der Segmente ist nach beiden Seiten hin verwaschen braun. Auf dem achten Segment liegen zwei Viereckflecken, auf dem neunten ein brauner Bogenstreif.

Auf Neophron percnopterus, in nur einem weiblichen Exemplare ohne nähere Angabe in unserer Sammlung.

L. variopictus.

Lipeurus quadrimaculatus Nitzsch, Zeitschrift f. ges. Naturwiss. 1861. XVII. 522; XVIII. 294.

Lipeurus suturalis Rudow, Zeitschrift f. ges. Naturwiss. 1870. XXXVI. 136.

Elongatus, albidoflavus, fuscopictus; clypeo anguste prolongato, antennarum primo articulo maris fusiformi tuberculifero; thorace breviore, pedibus longis spinosis; abdominis marginibus lateralibus profunde crenatis, maculis marginalibus antice excisis, aut conjunctis aut sejunctis. Longit. 1½—2‴.

Der Kopf verschmälert sich von hinten nach vorn merklich und am Vorderrande tritt der Clypeus verschmälert hervor. Die sechs Randborsten jederseits des Vorderkopfes sind die gewöhnlichen. Die Vorderecke der Fühlerbucht ist stumpf, hinter der Fühlerbucht ein abgerundeter Vorsprung, von welchem der Schläfenrand gleichmässig convex nach hinten läuft. An den weiblichen Fühlern sind die drei ersten Glieder unter einander gleich lang, die beiden letzten merklich kürzer und ebenfalls gleich lang. An den männlichen Fühlern hat das schlank spindelförmige Grundglied einen mittlen Kegelhöcker und das dritte stark bogige endet stumpfspitzig. Die drei rothbraunen Randflecke jederseits des Vorderkopfes sind in der Mitte hell, der Schläfenrand ist braun gesäumt und die convergirenden Schläfenlinien vereinigen sich schon vor dem eingebuchteten Occipitalrande Uförmig. Beide Thoraxringe sind kürzer als bei vorigen Arten, schwach trapezoidal, dunkel gerandet mit weisslicher Mittellinie, der Metathorax mit tiefer Randkerbe jederseits; die Beine schlank, Schenkel und Schienen mit dunklem Aussenrande und Reihen kurzer Stacheln am Innenrande. Der Hinterleib ist sehr schlank, gegen das Ende hin langsam verschmälert, die Ränder stark und tief gekerbt, vor den Segmentecken anfangs mit einer, dann mit zwei, zuletzt mit drei steifen Randborsten und das fast stufig abgesetzte Endsegment mit mehren sehr kurzen Borsten, bei dem Weibchen tief concav ausgerandet, nicht eigentlich gekerbt, bei dem Männchen ragt stets die lange Penisscheide aus dem weit klaffenden Spalt hervor. Ober- und Unterseite der Segmente sind mit je zwei Reihen Borsten besetzt. Die Zeichnung des Hinterleibes variirt in höchst eigenthümlicher und beachtenswerther Weise. Unreife Jugendzustände sind weisslich mit fein braunem Seitenrande des Hinterleibes. Bei zwei Weibchen tragen die sieben Segmente jederseits einen braunen in der Mitte hellen Viereckfleck, das achte Segment ist durchgehend braun und das letzte mit zwei Punkten gezeichnet, bei einem dritten dunklern Weibchen wird der mittle Raum zwischen diesen Randflecken vom zweiten bis siebenten Segmente allmählig dunkler, doch bleibt dieses braune Mittelfeld stets durch eine feine lichte Linie von den Randflecken getrennt. Bei den Männchen verschmälern sich auf dem zweiten bis vierten Segmente die Randflecke nach innen und gegen das braune Mittelfeld, das aber bei einem Exemplar nur auf dem vierten Segment vorhanden ist, das fünfte, sechste und siebente Segment haben nur kleine dreieckige Randflecke, das achte ist breit braun. Bei allen Exemplaren zeigen die Randflecke am Vorderrande eine markirte helle Kerbe.

Auf Aquila fulva und Haliaetos albicilla, von Nitzsch im Oktober 1826 in sechzehn Exemplaren auf einem frischen Adler auf der Pfaueninsel gesammelt. Dieselben krochen sehr lebhaft seitwärts auf dem Papiere und der Hand herum und häkelten sich fest, wenn sie ergriffen wurden. Rudow nennt die Art *L. suturalis* wegen der hellen Nähte, welche aber die Verwandten sämmtlich haben, beschreibt den Kopf als spitz! und den Hinterleib als einfach dunkel. Die Exemplare von beiden Wirthen variiren ganz gleich in der Zeichnung des Hinterleibes.

L. Dennyi.

Lipeurus quadripustulatus Denny, Monogr. Anoplur. 167. Tab. 16.

Elongatus, pallide fulvoflavus, nitidus, pubescens; fasciis abdominis piceofulvis, maculam fulvam nigro marginatam utrinque habentibus, segmentis maculi primo sexto septimo incontinuis, margine pedum superiore piceo nigro. Longit. 1¾‴.

Denny vereinigt seine auf Aquila chrysaetos gesammelten Exemplare mit Nitzsch's *L. quadripustulatus*, allein deren Kopf verschmälert sich nach vorn stärker und stutzt sich gerade ab, das Grundglied der männlichen Fühler ist beträchtlich dicker ohne Höcker und die Hinterleibssegmente des Weibchens sind sämmtlich mit breiten durchgehenden Binden gezeichnet. Diese Unterschiede genügen die Art des Goldadlers specifisch von der des Schreiadlers zu trennen.

L. sulcifrons *Denny.*
Denny, Monogr. Anoplur. 169. Tab. 14. Fig. 1. — Grube, v. Middendorff's Sibir. Reise Zool. I. 488. Taf. 2. Fig. 4.

Piceocastaneus, puncturatus, pubescens; capite sulcos quosdam obliquos transversos ad basim habente; abdomine ochraceo, cum margine intense castaneo. Longit. 1—1⅓‴.

Diese auf Haliaetos albicilla schmarotzende Art würde der Zeichnung des Hinterleibes wegen wie auch wegen der Furchen des Kopfes, welche Denny zwar als besonders charakteristisch hervorhebt, recht gut mit unserm *L. variopictus* vereinigt werden können, allein die weiblichen Fühler und Beine sind viel stärker, der Prothorax wird als nearly orbicular bezeichnet, diese beiden Eigenthümlichkeiten erlauben keine Identificirung. Grube beschreibt die Art viel eingehender als Denny und weist auf die nahe Verwandtschaft mit *L. quadripustulatus* hin.

L. polybori *Rudow.*
Rudow, Zeitschrift f. ges. Naturwiss. 1870. XXXVI. 126.

Farbe grau. Kopf vorn mit drei gelblichen Längsstrichen, nach hinten allmählig erweitert, abgerundet, grau mit einer Verbindungslinie zwischen den Fühlern. Diese in der Kopfesmitte von zwei Drittel Kopfeslänge und mit Trabekeln. Prothorax schmäler als der Kopf, abgerundet, Metathorax breiter, doppelt so lang, vorn mit vorstehenden Ecken, nach hinten bauchig erweitert, mit zwei gelben Mittelstreifen. Abdomen lanzettlich, anfangs schmäler als der Metathorax, Segmentecken wenig vorstehend, stumpf mit einzelnen Haaren, Ende stumpf abgerundet [?], stärker behaart. Jedes Segment mit länglichem gelben Randfleck. Länge 1,5 Mm. — Auf Polyborus tharus, nur im Weibchen bekannt.

L. quadriguttatus *Gieb.*
Giebel, Zeitschrift f. ges. Naturwiss. 1866. XXVII. 379.

Elongatus, pallide flavus, fuscopictus; capite attenuato, antice quatuor maculis marginalibus, antennarum articulis tribus ultimis aequilongis; thoracis annulis subtrapezoideis, abdominis longi angusti marginalibus lateralibus crenulatis, fuscis. Longit. 1¼‴.

Schmäler und schlanker noch als vorige Arten, der lange Kopf verschmälert sich von hinten nach vorn merklich und lässt hier den Clypeus nur schwach abgesetzt hervortreten. Die Randborsten sind die der vorigen Arten, aber an Flecken sind vier jederseits bis zu den Fühlern vorhanden. Die Fühler sind etwas hinter der Mitte eingelenkt, reichen aber angelegt doch nicht über den Occipitalrand hinaus; ihr zweites Glied ist das längste und die drei folgenden unter einander gleich lang. Der Augenhöcker hinter der Fühlerbucht tritt nur schwach hervor und trägt oberseits eine Borste. Die convexen Schläfenränder sind dunkelbraun und die Schläfenlinien begränzen das Scheitelfeld schmäler als jedes Schläfenfeld. Die Thoraxringe erweitern sich nach hinten so wenig, dass man sie kaum trapezisch nennen kann, sind wie gewöhnlich braun gerandet und der Metathorax hat vorn jederseits die markirte Randkerbe. Die Beine sind kürzer als gewöhnlich und stärker, Schenkel und Schienen aussen dunkel gerandet, letzte innen mit einer Reihe kurzer starker Stacheln; die Klauen des mittlen Fusspaares kurz und stark gekrümmt, die des dritten Paares schlank und sehr wenig gekrümmt. Der lange schmale Hinterleib kerbt seine Seitenränder schwach und lässt die Segmentecken gar nicht hervortreten, trägt vor denselben nur je eine kurze Randborste, nur am vorletzten jederseits vier und am letzten schlanken mit rechtwinkliger Kerbe nur sehr kurze feine Borstenspitzchen. Die sieben ersten Segmente haben braune Seitenränder, die sich nach innen verwischen, so dass nur stellenweise Viereckflecke schwach angedeutet sind, meist Fleckenzeichnung gar nicht zu erkennen ist.

Auf Cymindis hamatus, von Nitzsch im Herbst 1826 in zwei weiblichen Exemplaren in Berlin gesammelt.

L. secretarius.

Pallide flavus, fuscopictus; capite lato, antennis maris pictis tuberculiferis ramigeris; prothorace trapezoidali, metathorace marginibus lateralibus excisis; abdominis marginibus crenulatis, segmentorum anticorum maris maculis quadratis, posticorum linguiformibus. Longit. $1\frac{5}{8}'''$.

Der Kopf ist kürzer und breiter als bei allen vorigen Arten, nach vorn wenig verschmälert und mit nur ganz wenig vorstehendem Clypeus, mit sechs sehr starken langen Randborsten jederseits. Die angelegten Fühler des Männchens ragen ebenso über den hintern Kopfrand hervor wie die Federbüschel des Wirthes, daher der Speciesname von diesem ganz gut auch auf den Schmarotzer übertragen werden kann. Das dicke spindelförmige Grundglied hat den Höcker und wie auch das viel kürzere zweite einen schwarzen Fleck. Das dritte ist lang, stark gekrümmt und sein zugespitzter Haken hat die Länge der beiden folgenden Glieder zusammen. Am Vorderkopf jederseits zwei Randflecke, an der Fühlerbucht ein dritter Fleck, der hintere Schläfen- und der Occipitalrand dunkelbraun, das von den parallelen Schläfenlinien begränzte Scheitelfeld sehr breit. Der Prothorax ist schwach trapezoidal und sein dunkler Randsaum gibt in der Mitte einen Streif nach innen ab. Der ebenso lange und nur sehr wenig breitere Metathorax hat am Seitenrande nur eine seichte Bucht, keine scharfe Kerbe und säumt auch seinen Hinterrand dunkel. Die langen dunkel gerandeten Beine bewehren den Innenrand der Schenkel mit einigen kurzen, den der Schienen mit mehren schlanken Dornen. Das erste Tarsusglied ist sehr dick. Der lange in der Endhälfte stark verschmälerte Hinterleib hat sehr schwach gekerbte Seitenränder mit je zwei kurzen Randborsten an jedem Segment. Die Hinterecken des achten Segmentes treten abgerundet aber stark und mit je vier Borsten besetzt neben der Basis des in zwei abgerundete Lappen getheilten Endsegmentes hervor. Das achte Segment ist durchgehend braun, die drei vorhergehenden haben nach innen verschmälerte und abgerundete Randflecke, die vier ersten Segmente breite Viereckflecke, welche nur ein schmales Mittelfeld zwischen sich lassen. Spärlich zerstreute Borsten auf der Rücken- und Bauchseite des Abdomens. — Das weibliche Exemplar ist noch nicht geschlechtsreif, kleiner, der Kopf vorn stumpfer, die Fühlerglieder nehmen bis zum vierten an Dicke und Länge gleichmässig ab, das fünfte ist wieder länger als das vierte, die Thoraxringe sind kürzer, der Hinterleib nur mit braunen Randsäumen, ohne Flecken, das Endsegment tief gespalten.

Auf Gypogeranus serpentarius, von Nitzsch in zwei Exemplaren im Februar 1837 ohne weitere Angabe in unserer Sammlung aufgestellt.

L. antennatus.

Angustissimus, albidus, fuscomarginatus; capite angustissimo, antice rotundato, clypeo bispinoso, antennis longis; prothoracis lateribus subconvexis, metathoracis duplo longioris rectis; femoribus crassis; abdominis marginibus lateralibus subcrenulatis fuscis. Longit. $\frac{5}{6}'''$.

Eine von allen vorigen, allen von Raubvögeln bekannten Arten auffällig abweichende und denen der Tauben sich eng anschliessende Art, so dass man auf die Vermuthung geräth, das einzige Exemplar unserer Sammlung möchte als *hospes* auf der Buza gelebt haben. Sehr schmal und gestreckt vom Habitus des *L. bacillus* Taf. 16. Fig. 8. 9., der weit über doppelt so lange wie breite Kopf verschmälert sich nur im vordern Drittheil merklich und rundet sich vorn völlig ab. Etwas über dem Vorderrande stehen zwei starke lanzettliche Dornen, fast fühlerartig nah beisammen, jederseits daneben eine etwas längere Borste und am Anfange der Zügel die erste, weit hinter deren Mitte zwei und vor der Fühlerbucht die letzte Randborste. Die Fühlerbuchten sind sehr tief, weit hinter der Kopfesmitte gelegen, die Schläfenränder fast gerade und parallel, daher der Hinterkopf nahezu quadratisch, die Schläfenecken völlig abgerundet und zwischen ihnen der Occipitalrand eingebuchtet. Die angelegt denselben überragenden männlichen Fühler haben ein dick spindelförmiges Grundglied mit tief concaver Oberseite, das zweite Glied ist etwas kürzer und dünner, das dritte von der Länge des zweiten und gekrümmt, aber sein stumpfer Haken hat nicht die Länge des vierten, welchem das Endglied gleichkommt. Die braunen Zügelränder laufen vor den Fühlern als Querbinde zusammen, ebenso braun ist der Hinterkopf gerandet. Der Prothorax nur wenig schmäler als der Hinterkopf zieht seine schwach convexen Seiten vor den völlig abgerundeten, zwei Borsten tragenden Hinterecken leicht ein. Der ebenso breite und doppelt so lange Metathorax hat gerade, nach hinten nur ganz wenig divergirende Seitenränder und an jeder Hinterecke drei ganz enorm lange Borsten. Beide Brustringe sind braun gerandet. Die Beine sind ohne Auszeichnung, die schwach keulenförmigen Schienen mit zwei Dornen vor den Daumenstacheln. Die in den Segmentsuturen nur sehr schwach eingezogenen Seitenränder des Hinterleibes divergiren ganz schwach bis zum siebenten Segment, haben anfangs eine, zuletzt drei lange Randborsten. Die mit fünf langen Borsten besetzten Hinterecken des siebenten Segmentes überragen das Hinterleibsende, indem zwischen ihnen die beiden letzten Segmente tief zurückgezogen liegen. Längs der Mitte des Rückens stehen einzelne Borsten in drei unregelmässige Längsreihen geordnet. Die Seitenränder der Segmente sind braun gesäumt.

Auf Baza lophotes, in einem männlichen Exemplar von BURMEISTER ohne weitere Angabe in unserer Sammlung aufgestellt.

L. . . . .

Eine 1''' lange ganz weisse Larve von Musophaga variegata mit elliptischem Kopfe, weiten und tiefen Fühlerbuchten in dessen Mitte, kurzem dicken Fühlergrundgliede, sehr langem zweiten Fühlergliede, ungemein kurzem breiten Prothorax, mehr als dreimal so langem Metathorax, stark bedornten Schienen, wenig aber scharf rechtwinklig hervortretenden Segmentecken des Hinterleibes, deren letzte viele lange Randborsten tragen und mit tief zweihörnig getheiltem Endsegment.

L. . . . .

Eine ebenfalls 1''' lange, weisse Larve von Musophaga persa, gedrungener als vorige, mit elliptischem Kopfe, feinen Randborsten an demselben, weiter aber seichter Fühlerbucht, mit keulenförmigen Fühlern, deren Grundglied kurz und dick, das zweite längste durch eine schräge Naht getheilt erscheint, die folgenden gleich langen verkehrt kegelförmig; der Prothorax ist trapezoidal, der doppelt so lange Metathorax ebenso und mit drei langen Eckborsten, die Beine kurz und kräftig, die Schienen mit drei Stachelborsten am Innenrande, der Tarsus mit zwei Borsten, die Segmente des Hinterleibes mit scharfen Seitenecken und je zwei Randborsten, die beiden letzten mit langen Randborsten, das Endsegment bis auf den Grund gespalten. — Eine zweite auf demselben Balge gefundene Larve hat einen parabolischen Vorderkopf, ausgezogene scharfspitzige Vorderecken der Fühlerbucht, die grösste Kopfesbreite in der Mitte der Schläfen und andere Eigenthümlichkeiten. Es genügt mit ihrer Erwähnung auf die Federlinge der Musophagen aufmerksam gemacht zu haben.

L. docophorus.

Lipeurus algyrinicus GIEBEL, Zeitschrift f. ges. Naturwiss. 1866. XXVIII. 379.

Robustus, flavus, fuscopictus; capite cordiformi, trabeculis docophorum, antennis maris ramigeris; prothorace et metathorace trapezoidalibus, pedibus robustis; abdomine longe elliptico, marginibus crenatis, maculis segmentorum fasciis linguiformibus. Longit. 1¼'''.

Eine so sehr Dokophoren ähnliche Art, dass ihre Unterordnung unter *Lipeurus* Bedenken erregen kann. Ihr Kopf ist abgerundet herzförmig, hat vor der Zügelmitte jederseits eine sehr lange starke Randborste, vor dieser und weit dahinter einige kurze. Die Vorderecke der Fühlerbucht bildet einen stumpfkegelförmigen Balken, der über die Mitte des weiblichen Fühlergrundgliedes hinausragt. Hinter den Fühlern ein abgerundeter Augenhöcker, dahinter die breit abgerundeten Schläfen nur mit kurzen Borstenspitzen. Die weiblichen Fühler reichen angelegt nicht bis an den Occipitalrand, sind dick, ihr zweites Glied das längste, das dritte das kürzeste, die beiden Endglieder von einander gleicher Länge. Die männlichen Fühler haben ein sehr gestreckt spindelförmiges, am Grunde verengtes erstes Glied, ein viel kürzeres zweites, ebenso dickes drittes, dessen Ecke in einen plumpen Haken ausgezogen ist; das vierte kürzer als das Endglied. Die Zügel sind braun, die Ränder der Fühlerbucht schwarz. Der Prothorax ist kurz, breit trapezoidal, der nur wenig längere, aber erheblich breitere Metathorax ebenfalls trapezoidal mit scharfen aber borstenlosen Hinterecken. Die sehr robusten Beine haben am Innenrande der Schienen drei auf Höckern stehende Dornen und lange schwach gekrümmte Klauen. Die hintern Segmente des Abdomens haben convexe (bei dem Manne stärker als bei dem Weibe) Seitenränder mit langen Randborsten, das weibliche Hinterleibsende ist schlank, tief zweispitzig, das männliche kürzer, breiter, tief ausgerandet und dicht beborstet. Auf der Oberseite des Männchens ist das erste Abdominalsegment mit zwei braunen in der Mittellinie nur schmal getrennten Viereckflecken gezeichnet, die vier folgenden Segmente haben schmale zangenförmige Randflecke mit etwas welligen Rändern und lichtem Fleck am Rande, auf dem sechsten und siebenten Segmente berühren sich diese Flecke in der Mitte und das achte Segment ist durchgehend braun. Das Weibchen hat auf allen Segmenten Viereckflecke und die Mitte zwischen denselben etwas heller braun.

Auf Buceros abyssinicus, von Nitzsch in drei Exemplaren ohne weitere Angabe in unserer Sammlung aufgestellt.

L. strepsiceros.
Nitzsch, Zeitschrift f. ges. Naturwiss. 1866. XXVIII. 379.

Angustatus, fuscus; capite elliptico, antennis longissimis, articulo tertio maris curvato, ramo nullo; prothorace subtrapezoidali, metathorace paulo longiore trapezoidali, pedibus debilibus; abdomine oblongo, marginibus lateralibus profunde serratis, segmentis fasciis, plicaturis albis. Longit. $^{3}/_{4}$'''.

Der einzige Vertreter der *Lipeuren* auf den Klettervögeln ist in anderer Weise nicht minder erheblich eigenthümlich wie der vorige als einziger der *Clamatores*. Der elliptische Kopf ist hinten nur wenig breiter als vorn, hier dicht mit langen starken Randborsten besetzt, welche an den Schläfenrändern fehlen. Die in der Mitte eingelenkten männlichen Fühler haben ein relativ kurzes sehr dickes Grundglied, ein schlankes in der Mitte verengtes zweites, ein einfach gebogenes drittes ohne eigentlichen Haken, nur mit stark erweiterter Ecke; das vierte kürzeste Glied hat die halbe Länge des Endgliedes. Zügel- und Occipitalrand dunkelbraun. Der schwach trapezoidale Prothorax hat convexe Seitenränder, der nur um ein Drittheil längere Metathorax ist gestreckt trapezoidal und trägt vor seinen ziemlich scharfen Hinterecken je vier zum Theil sehr lange Randborsten. Beide Brustringe haben dunkelbraune Seitenränder. Die Beine sind dünn. Der schmale lange Hinterleib hat stark und scharfsägezähnige Seitenränder, an den Ecken der vordern Segmente nur je eine kurze Randborste, an den letzten je drei und an dem Endsegmente jederseits dicht gedrängte lange Borsten. Die Oberseite der Segmente ist mit durchgehenden, in der Mitte schwach verengten, am Rande mit lichtem Stigmenfleck versehenen braunen Binden gezeichnet, das achte Segment mit Rand- und Mittelfleck, das neunte ganz braun. Die breiten Plikaturen zwischen diesen Binden sind weiss.

Auf Psittacus erithacus, von Nitzsch im November 1820 in vier männlichen Exemplaren mit Diagnose unter obigem Namen in der Sammlung aufgestellt.

L. **baculus** *Nitzsch.* Taf. XVI. *Fig.* 8. 9; Taf. XX. Fig. 3.
Nitzsch, Zeitschr. f. ges. Naturwiss. 1861. XVIII. 305.
Lipeurus baculus Nitzsch, Germar's Magaz. Entomol. III. 293. — Burmeister, Entomol. II. 434. — Denny, Monograph. Anoplur. 172. Tab. 14. Fig. 3.
Nirmus filiformis Olfers.
Pediculus Columbae Linné, Syst. Nat. — Fabricius, Syst. Entom.
Pulex columbae majoris Redi, Experim. Tab. 2.

Angustissimus, griseus, nigromarginatus; capitis clypeo sutura transversa distincto; antennis longis, feminae articulis tribus ultimis aequilongis, maris tertio articulo ramigero; prothorace subquadrato, metathorace duplo longiore; abdomine angustissimo, marginibus lateralibus subcrenulatis, nigris, maculis obsoletis. Longit. $1^{1}/_{3}$'''.

Die auf Tauben schmarotzenden Zangenläuse zeichnen sich allgemein durch grösste Schmalheit des ganzen Körpers und spärlichste Dekoration in der Zeichnung wie in der Beborstung aus. Der sehr schlanke Kopf verschmälert sich vorn nur sehr wenig und setzt den Clypeus am Rande wie auf der Oberseite durch eine quere Bogennaht deutlich ab. Der Clypeus liegt halbmondförmig am vordersten Ende des Kopfes und trägt gleich hinter dem Vorderrande oben wie unten je ein Paar den Rand etwas überragende lanzettliche fühlerartige Dornen, wie wir solche schon bei *L. antennatus* von Buceros lophotes fanden. Ueber dem obern Paar steht jederseits eine lange Randborste. An der Kerbe, welche den Clypeus vom Zügelrande absetzt, stehen zwei Borsten, dann noch eine kleinere hinter der Zügelmitte und die letzte kleinste vor der Fühlerbucht. Die Vorderecke der Fühlerbucht ist kurz kegelförmig und abgesetzt, also deutlich balkenartig. Die Fühlerbuchten sind eng und tief. Der Hinterkopf um ein Drittheil kürzer als der Vorderkopf ist fast quadratisch, ohne Randborsten, mit abgerundeten Schläfenecken und stark eingebuchtetem Occipitalrande. Die weiblichen Fühler überragen angelegt den Hinterkopf, haben ein kurzes sehr dickes Grundglied, ein längstes zweites und die drei übrigen von einander gleicher Länge. An den noch längern männlichen Fühlern ist das Grundglied noch einmal so lang und schwach gekrümmt, das zweite viel kürzer und nur halb so dick, das dritte gekrümmte hat vor seinem hakigen Ende einen breiten Fortsatz, auf welchem das vierte mit dem fünften eingelenkt ist. Die Zügelränder sind schwarzbraun, die seitlichen Schläfenränder braun, zwischen den Fühlern eine gerade quere Nahtlinie. Der Prothorax merklich schmäler als der Hinterkopf ist quadratisch mit abgestumpften schwarzen Ecken, der etwas längere Metathorax verbreitert sich nach hinten nur sehr wenig und zieht den schwarzen Fleck der Vorderecken als seitlichen Randsaum aus. An den Beinen fällt die grosse Länge der Hüften auf, die Schenkel sind schlank, die kürzern Schienen kräftig mit drei Dornen vor den Daumenstacheln, die Klauen lang und sehr schwach gekrümmt. Der sehr schmale Hinterleib, bei dem Männchen hinten etwas breiter als bei dem Weibchen, erscheint nur sehr schwach gekerbt durch die hintern rechtwinkligen Segmentecken, hat vor diesen schon vom zweiten Segment an je drei Randborsten, welche an den letzten sehr lang werden. Das weibliche Hinterleibsende ist zweispitzig, auf jeder dieser rechtwinkligen Spitzen mit zwei kurzen Stacheln besetzt, das männliche Endsegment ist quer halbelliptisch mit mittler seichter Bucht und Rinne und dreien langen Borsten jederseits. Auf der Ober- und Unterseite des Hinterleibes stehen zerstreute Borsten. Die Seitenränder der Segmente sind schwarz, die neben ihnen liegenden Viereckflecken verwaschen, undeutlich. Jugendzustände sind ganz weiss ohne alle Zeichnung, auch noch ohne geschlechtlichen Unterschied in den Fühlern. — Nitzsch untersuchte bereits 1815 den anatomischen Bau dieser Art und bildete die Ganglienkette Taf. 20. Fig. 3. ab. Auf jedem Ganglion erkannte er einen queren Trachеenast, der sich auf dem Knoten fein verzweigt. Der Fettkörper bildet bei den Larven jederseits im Hinterleibe einen Strang oder Schlauch mit bogenförmigem Fortsatz in jedem Segment.

Auf Columba turtur und Col. livia, von Nitzsch bereits im Jahre 1801 sorgfältig von den verwandten Arten unterschieden und abgebildet und später wiederholt bisweilen in grosser Menge beobachtet. In seinem System in Germar's Magazin fasste Nitzsch alle von ihm auf einheimischen Tauben beobachteten ***Lipeuren*** in eine Art ***L. baculus*** zusammen, doch deutete er mit Einführung des Namens ***L. bacillus*** schon die Artverschiedenheit an. Burmeister und nach ihm Denny haben nur ***L. baculus*** für die Zangenläuse der verschiedenen Taubenarten gelten lassen. Die ältern Angaben scheinen sich hauptsächlich auf diese Art zu beziehen, doch sind dieselben meist zu dürftig und lassen auch hier zum Theil die Gattung unsicher.

L. baculus *Nitzsch.*
Nitzsch, Zeitschrift f. ges. Naturwiss. 1866. XXVIII. 379.

Praecedenti simillimus, at albidus, fuscopictus, angustior, capite antice angustiore, metathorace longiore.

Diese Art steht der vorigen so sehr nah, dass erst die aufmerksamste Vergleichung ihre Trennung rechtfertigt und immerhin dieselbe noch bedenklich erscheinen kann. Sie ist nämlich noch schmäler, viel heller gefärbt und die Randzeichnung nur braun. Der Kopf verschmälert sich nach vorn merklicher und der Clypeus ist am Rande minder markirt abgesetzt. Die lanzettlichen Fühlerdornen auf dem Clypeus ragen länger über den Rand hinaus, die Randborsten sind sehr fein, der Metathorax im Verhältniss zum Prothorax länger und die Ränder des Hinterleibes sind noch schwächer.

Auf Columba risoria, C. oenas, C. palumbus, von Nitzsch zu verschiedenen Zeiten gesammelt, von den letzten beiden Wirthen liegen nur leider keine Exemplare zur Vergleichung mehr vor.

L. longiceps *Rudow.*
Rudow, Zeitschrift f. ges. Naturwiss. 1870. XXXVI. 122.

Farbe braunroth und gelb. Kopf schnabelartig mit vorspringenden Ecken und Borsten, Vorderkopf sehr verlängert, Hinterkopf mässig breit, dunkel gerandet. Fühler lang, vorn mit Haarbüschel und zweitem längsten Gliede. Prothorax schmal, abgerundet, Metathorax schildförmig, etwas länger, beide schmäler als Abdomen, dunkel gerandet. Abdomen regelmässig lanzettlich, hinten stumpf zweispitzig, Ecken nicht vorragend mit je zwei Borsten, hinterer Theil dicht beborstet. Rand braun, Mitte hellgelb. Grösse 1,5 Mm. — Auf Carpophaga perspicillata, mir unbekannt.

L. angustus *Rudow,* l. c. 137.

Kopf lang, vorn behaart, durch die Fühler in zwei ungleiche Hälften getheilt, hinten etwas breiter abgerundet, hellgelb mit rothbraunen Rändern. Fühler hinter der Mitte, von zweidrittel Kopfeslänge, die männlichen mit langem, vorn spitzen dritten Gliede. Trabekeln sichtbar. Prothorax abgerundet, Metathorax dreimal länger, mit vorstehenden Vorderecken und wenig eingedrückten Seiten; beide hellgelb mit braunen Rändern. Abdomen mit vorstehenden beborsteten Ecken, stumpfem kaum gekerbten beborsteten Endsegmente bei dem Weibchen, zweizackigem bei dem Männchen. Farbe hellgelb mit braunrothen Rändern. Füsse lang, regelmässig, behaart. Grösse 1 Mm. — Auf Phaps chalcoptera in Vandiemensland, unserer Sammlung fehlend.

L. mesopelios *Nitzsch.* Taf. XVII. Fig. 7.
Nitzsch, Zeitschrift f. ges. Naturwiss. 1866. XXVIII. 379.

Elongatus, nigrolimbatus; capite subparallelopipedo, clypeo pendulo producto, antennarum articulo ultimo penultimo duplo longiore; thorace brevi; abdominis marginibus lateralibus crenatis, nigris, segmentorum maculis pallide fuscis, subquadratis. Longit. ♂ $^5/_6$‴, ♀ $1^1/_6$‴.

Mit dieser Art beginnen wir die Reihe der auf den Hühnervögeln schmarotzenden Zangenläuse, welche durch ihren breiten, vorn fast halbkreisförmig abgerundeten Vorderkopf sogleich von denen der Tauben und Raubvögel unterschieden sind, denen auch die eigenthümlichen lanzettlichen Dornenpaare auf dem Clypeus fehlen. Der Kopf, um ein halbmal länger als breit, hat parallele in der Fühlergegend eingebogene Seitenränder, einen völlig abgerundeten Vorder- und geraden Hinterrand, ist längs der Seiten schwarz gesäumt und am Hinterrande mit zwei schwarzen Punkten gezeichnet. Die Schläfenlinien begränzen ein gegen diese Hinterrandspunkte sich etwas verbreiterndes ganz helles Scheitelfeld. Vor der Fühlerbucht ein sehr breiter kurzer Balken, über den Augenhöckern eine kurze, vor der Schläfenecke eine lange starke Borste. Die schlanken weiblichen Fühler haben ein nur wenig verdicktes Grundglied, ein längstes folgendes und das Endglied von doppelter Länge des vorletzten; an den stets nach oben gekrümmten männlichen Fühlern das Grundglied wie gewöhnlich lang und dick, das dritte mit kurzem Ast. Der Prothorax ist kürzer als breit, mit etwas convexen Seiten, der Metathorax gestreckter, schwach trapezoidal, an den Hinterecken mit zwei sehr langen und zwei kurzen Borsten. Die Beine kräftig, mit langen Hüften, starken Schenkeln und vier Dornen am Innenrande der Schenkel. Der gestreckte Hinterleib verbreitert sich nach hinten merklich und endet bei dem Männchen mit stets aufgerichteten letzten Segmenten scheinbar gerade abgestutzt, bei dem Weibchen allmählig zugespitzt mit zweispitzigem Endsegment. Die Segmentecken treten bei dem Männchen schärfer als bei dem Weibchen hervor und sind mit anfangs zwei, zuletzt vier Randborsten besetzt. Die Oberseite des Hinterleibes ist mit Ausnahme der letzten Segmente mit grossen blassbräunlichen Viereckslecken gezeichnet, die Unterseite mit unpaaren mittlen Flecken, welche oben durchscheinen und jene Flecken dann zu scheinbaren Querbinden vereinigen.

Auf Phasianus pictus, von Nitzsch im Februar 1837 in mehren Exemplaren auf einem frischen Cadaver gesammelt und unterschieden.

L. orthopleurus *Nitzsch.*

Color et pictura L. helvoli, capite longo, lateribus parallelis, prothorace brevi, capitis latitudine, metathorace pentagono, abdomine oblongo, plicaturis fere nullis. Longit. $^2/_3$‴.

Der sehr längliche Kopf ist von gleicher Breite und vorn abgerundet, die Fühler nahezu in der Mitte eingelenkt. Der Prothorax hat fast die Breite des Kopfes und convexe Seiten, der eben nicht längere und nur etwas breitere Metathorax erhält durch den winkligen Hinterrand einen fünfeckigen Umfang, die Beine sind kurz und zumal die Schienen stark. Der gestreckte Hinterleib ist in der ganzen Länge von fast gleicher Breite und am Ende kurz abgerundet mit sehr kleinem gekerbten Endsegment. Die Plikaturen der Segmente sind nur als schwache Linien angedeutet, daher auch die Seitenränder des Abdomens ohne Kerben.

Auf Argus giganteus, von Nitzsch in einem Exemplare zugleich mit dem ***Goniodes curvicornis*** in der Haube des Argusfasanes gefunden und durch vorstehende von einer skizzirten Zeichnung begleitete Charaktere unterschieden. Das Exemplar selbst ist nicht in der Sammlung aufzufinden.

L. crassus *Rudow.*
Rudow, Zeitschrift f. ges. Naturwiss. 1870. XXXVI. 127.

Kopf dolchophorisch, nach hinten breit erweitert, mit vorstehenden runden Seiten, tiefen Fühlergruben, schmal braunrothen Rändern, zwei Querlinien zwischen den Fühlern und braunen Schläfenlinien, sonst ockergelb. Fühler mit Trabekeln, sehr lang, zumal die drei ersten Glieder, die weiblichen Fühler kürzer und regelmässig. Prothorax bedeutend schmäler als der Hinterkopf, glockenförmig, Metathorax länger, trapezoidal. Abdomen gedrungen, so breit wie der Metathorax, mit kleinen Segmentecken und einzelnen Randborsten. Endsegment des Männchens zangenförmig ausgeschnitten, des Weibchens schlanker, mit nicht gebogenen Spitzen. Die vier ersten Segmente halb braun, halb ockergelb, die letzten mit ockergelber schmaler Naht, behaart. Beine ziemlich lang. Länge 1,5 Mm. — Auf Talegalla Lathami, mir unbekannt.

L. polytrapezius *Nitzsch.* Taf. XVII. Fig. 1. 2.

Nitzsch, Zeitschrift. f. ges. Naturwiss. 1866. XXVIII. 380. — Burmeister, Entomol. II. 434. — Denny, Monogr. Anoplur. 165. Tab. 15. Fig. 5.

Pediculus meleagridis Linné, Syst. Nat. II. 1020.

Elongatus, albidus, nigrolimbatus; capite oblongo, subparallelopipedo antice orbiculato, antennis longis, articulis ultimo et penultimo aequilongis; prothorace antice angustato, metathorace longiore trapezoidali; pedibus longis; abdominis longi marginalibus obtuse serratis, maculis trapezoidalis nigricantibus, introrsum dilutis. Longit. 1—1½‴.

Eine grosse, kräftige Art, wenn auch den übrigen gallinaceischen Arten sich eng anschliessend, doch in den einzelnen Körperformen wie in der Zeichnung eigenthümlich. Der verhältnissmässig kurze, auf der Oberseite deutlich eingesenkte Kopf ist in der Mitte der Seiten etwas verengt, der Vorderkopf bei dem Weibchen entschieden länger als bei dem Männchen, vorn breit abgerundet, scheibenförmig, mit wenigen starken Randborsten besetzt, die Fühlerbuchten sehr seicht, mit vordern stumpfen Ecken, hinter denselben ein völlig abgerundeter Augenhöcker, an den convexen Schläfenrändern nur einige Borstenspitzen (an einem Exemplare eine lange Borste). Die männlichen Fühler gelenken auf einem besondern Fortsatze (in Denny's Abbildung ganz abweichend von unsern Exemplaren dargestellt), haben ein schlank spindelförmiges Grundglied und ein gekrümmtes drittes mit kurzem stumpfen Haken, die weiblichen Fühler mit sehr kurzem dicken Grundgliede. Zügel und Schläfenränder des Kopfes sind schwarz, am Occipitalrande zwei kleine Dreiecksflecke. Der Prothorax ist vorn verengt, seine Seitenränder im übrigen stark convex, der viel längere Metathorax erweitert sich nach hinten, trägt an den Hinterecken einen ganzen Büschel langer Borsten und erweitert die schwarze Randzeichnung zackig nach innen. Die langen Beine sind kräftig, die starken Schienen am Innenrande mit einigen sehr kurzen Dornen besetzt, am Aussenrande bisweilen mit einigen ungewöhnlich langen Borsten. Der Hinterleib verbreitert sich wenig und allmählig und verschmälert sich schneller gegen das Ende hin, die Segmentecken sind stumpf, aber treten stark hervor, tragen kurze einfache oder doppelte Randborsten, die letzten sehr lange. Das männliche Endsegment ist tief zweilappig, jederseits mit vier langen Borsten, das weibliche blos seicht ausgerandet mit zwei Borstenspitzen. Die Trapezflecke dehnen sich bei dem Männchen viel weiter gegen die Mitte hin als bei dem Weibchen, sind vom schwarzen Rande nicht geschieden und in ihrem Innern heller. Die Zeichnung der Endsegmente bietet geschlechtliche Verschiedenheit.

Auf Meleagris gallopavo, von Nitzsch schon im Anfange dieses Jahrhunderts gesammelt und sorgfältig von den verwandten Arten unterschieden, bei der Häufigkeit des Vorkommens von Andern schon früher und auch später wieder beobachtet.

L. heterographus *Nitzsch.*

Nitzsch, Zeitschrift f. ges. Naturwiss. 1866. XXVIII. 381.

Habitu Docophori, albus, nigropictus; capite subcordato, lato, antennis crassis, thorace trapezoidali, abdomine ovali, marginibus serratis, segmentis maris vittatis, feminae maculatis. Longit. 1—1½‴.

Die Körpertracht gleicht völlig der der Dokophoren, aber die Bildung der Fühler und der letzten Hinterleibssegmente ist entschieden lipeurisch. Der kurze breite Kopf ist ziemlich herzförmig, der Vorderkopf des Männchens kürzer und breiter als der des Weibchens, vorn abgerundet und mit straffen Randborsten. Die Vorderecke der weiten und tiefen Fühlerbucht mit deutlichem Balken, hinten noch in ihr ein runder Augenhöcker und der convexe Schläfenrand mit kurzen Borstenspitzen besetzt, auch mit zwei langen Borsten. Die dicken weiblichen Fühler reichen angelegt nicht bis an den Nackenrand, ihr sehr dickes Grundglied überragt den Balken, das zweite ist das längste, die drei übrigen von abnehmender Dicke, aber unter einander gleich lang. Die den Hinterkopf weit überragenden männlichen Fühler haben ein sehr langes und dickes Grundglied, ein etwas dünneres viel kürzeres zweites mit zwei starken langen Borsten in der Mitte des Hinterrandes, ein kürzeres gekrümmtes drittes mit einer mittlen Borste und kurzem braunen Endhaken. Vor und hinter der Fühlerbucht je ein schwarzer Punkt, Zügel- und Schläfenrand fein schwarz, die Schläfenlinien parallel und das von ihnen eingeschlossene helle

Mittelfeld sehr breit. Der Prothorax breiter als lang mit stark convexen Seiten, der kaum längere aber breit trapezoidale Metathorax mit je zwei sehr langen und zwei kurzen Borsten an den abgerundeten Seitenecken, der schwarze Seitenrand vorn und hinten nach innen biegend. Die Beine sind kurz und kräftig. Der für *Lipeuren* absonderlich breit eiförmige Hinterleib, bei dem Männchen schmäler als bei dem Weibchen, lässt die stumpfen Segmentecken am Rande stark vortreten, hat an den vordern nur je eine, an den hintern drei und vier Randborsten, das stumpf zweilappige weibliche Endsegment ist borstenlos, das viel breitere männliche zeigt von unten betrachtet eine breite Rinne, welche von oben gesehen nur eine schwache Einbuchtung des Randes verursacht. Der weibliche Hinterleib hat einen breiten, zwischen den Segmenten unterbrochenen Randsaum und auf den Segmenten gepaarte fast rechteckige Flecken mit schwarzen, aber nach innen verblichenen Rändern, auf dem ersten Segment nur angedeutet, auf dem siebenten vereinigt, auf dem achten wieder getrennt; auf der Bauchseite liegen bandförmige Querflecke. Das Männchen hat einen schmälern blassen Randsaum und auf jedem Segment einen blassbräunlichen borstentragenden Querstreif und hinter diesem auf dem zweiten bis fünften Segment noch einen dunkel russbraunen beiderseits zugespitzten Querstreif, auf der Bauchseite liegen auf dem zweiten bis fünften Segment breite rechteckige olivenfarbene Flecke. Früheste Jugendzustände sind rein weiss ohne alle Zeichnung, die nächsten säumen die Ränder dunkel.

Auf Gallus domesticus, von Nitzsch im September 1814 auf einem jungen Hähnchen gesammelt und sorgfältig beschrieben. — Die in unserer Sammlung von Nitzsch ohne nähere Angabe als von Dromaeus novae Hollandiae stammend aufgestellten, in meinem Verzeichniss von 1866 als *Lipeurus pallidus* aufgeführten Exemplare stimmen in jeder Hinsicht so vollkommen mit diesem *L. heterographus* überein, dass man sie unzweifelhaft als übergekrochene, hier auf dem Kasuar nur als zufällige Gäste vorgekommene betrachten muss.

L. variabilis *Nitzsch.* Taf. XVI. Fig. 3.

Nitzsch, Zeitschrift f. ges. Naturwiss. 1866. XXVIII. 391. — Burmeister, Entomol. II. 434. — Denny, Monogr. Anoplur. 164. Tab. 15. Fig. 6.

Pediculus caponis Linné, Syst. Nat. II. 1020.

Angustatus, albidus, nigrolimbatus; capite oblongo feminae semielliptico, maris postice angustiore, antennis longis, maris ramigeris tuberculiferis; prothorace trapezoidali, metathorace multo longiore trapezoidali; abdomine angusto, marginibus serratis, maculis imparibus fuliginosis. Longit. 1'''.

Eine typische, lang gestreckte Art mit ganz eigenthümlichen geschlechtlichen Verschiedenheiten. Am lang gestreckten Kopfe ist der Vorderkopf parallelseitig, vorn kreisbogig abgerundet, mit einzelnen oft fehlenden Randborsten besetzt und an der Fühlerbucht mit einem spitzkegelförmigen (bei dem Männchen längern) Balken besetzt, der kürzere Hinterkopf des Weibchens hat hinter der Fühlerbucht einen runden Augenhöcker und sanft convexe Schläfenränder, sowie einen stark eingezogenen Nackenrand; der männliche Hinterkopf ist schmäler als der Vorderkopf, ohne Augenhöcker, mit geraden parallelen Schläfenrändern, daher die Schläfenecken abgerundet rechtwinklig. Die sehr langen männlichen Fühler haben ein schlank spindelförmiges Grundglied mit fingerförmigem Fortsatz am Hinterrande, am gekrümmten dritten Gliede nur einen kurzen Ast, die etwas kürzern aber den Hinterkopf ebenfalls noch weit überragenden weiblichen Fühler haben ein kurzes sehr dickes Grundglied, ein dünnes sehr langes zweites, die beiden folgenden von abnehmender Länge, das Endglied wieder von der Länge des dritten. Die Zügelränder und Schläfenecken sind schwarz gesäumt, vor und hinter der Fühlerbucht je ein schwarzer Punkt. Der Prothorax ist trapezoidal, so lang wie breit, der viel längere Metathorax buchtet seine Seitenränder etwas und verbreitert sich dann nach hinten nur sehr wenig, sein Hinterrand ist gerade (nicht convex wie Denny's Abbildung angiebt), der schwarze Seitensaum giebt an der Einbuchtung einen Streif nach innen ab. Der schlanke schmale Hinterleib, bei dem Weibchen merklich breiter als bei dem Männchen, hat tiefe Segmenteinschnitte, an deren abgerundeten Ecken je ein bis drei Borsten, das weibliche Endsegment breit und tief ausgerandet zweispitzig, das längere männliche mit schmaler Kerbe und schwach beborstet. Das Weibchen zeichnet die Oberseite der Segmente mit einer Reihe Flecken längs der Mitte, welche wie in unserer Abbildung eingezogene Seiten, auf andern Exemplaren aber gerade Seiten haben, aber auch breiter als lang vorkommen, auf dem achten Segment erscheint der Fleck gespalten und jederseits in den Randsaum auslaufend. Das Männchen zeichnet die Segmente mit einer Mittelreihe kleiner unregelmässig quadratischer Flecken, deren Seiten sich verwaschen und das neunte Segment ganz schwarzbraun. Auf der Bauchseite liegen olivenfarbene Mittelflecke, welche auf dem männlichen sechsten bis achten Segment in einen verschmolzen sind. Schenkel und Schienen sind an beiden Kanten fein gesäumt. Auf dem Rücken fast keine Borsten. Den Larven fehlen die Mittelflecke.

Auf Gallus domesticus, von Nitzsch schon im Jahre 1801 und später wiederholt gesammelt, eingehend beschrieben und abgebildet. Auch von Denny u. A. beobachtet.

L. robustus *Rudow.*
Rudow, Zeitschrift f. ges. Naturwiss. 1870. XXXVI. 124.

Kopf vorn fast so breit wie hinten, matt braun, Fühler von halber Kopfeslänge mit Balken, die männlichen mit kleinem Haken am dritten Gliede; Prothorax rund, Metathorax doppelt so lang, braun gerandet; Abdomen lanzettlich, mit breit vorstehenden Segmentecken. Endsegment des Weibchens ungetheilt beborstet, des Männchens zweispitzig. Segmentränder braun. Länge 1,5 Mm. — Auf Nycthemerus lineatus.

L. heterogrammicus *Nitzsch.*
Nitzsch, Zeitschrift f. ges. Naturwiss. 1866. XXVIII. 379.

Latus, albidus, nigropictus, habitu Docophori; capite lato, rotundato trigono, antennis maris ramigeris tuberculiferis; prothorace trapezoidali, multo latiore, pedibus robustis; abdomine ovali, marginibus profunde crenatis, maculis nigris biseriatis. Longit. $1^1/_3$‴.

Wieder eine Art mit dem Habitus der Balklinge, doch minder gedrungen als *L. heterographus.* Der Kopf so breit wie lang ist abgerundet dreiseitig, bei dem Weibchen nach vorn stärker verschmälert als bei dem Männchen, vorn abgerundet, mit zum Theil sehr straffen Randborsten, kurzen Balken, convexen Schläfenrändern mit je zwei sehr langen Borsten, und abgerundeten Schläfenecken. Die Fühler kurz und kräftig, an den weiblichen das Grundglied kurz und sehr dick, die drei letzten Glieder von einander gleicher Länge, an den männlichen das Grundglied sehr lang und dick spindelförmig, mit Fortsatz, das dritte gekrümmte mit ziemlich langem Haken. Nur die Seiten des Kopfes sind fein schwarz gesäumt; die weit von einander liegenden Schläfenlinien convergiren nach hinten. Der Prothorax ist trapezoidal mit stark convexen Seiten, der eben nicht längere aber viel breitere Metathorax ist ebenfalls trapezoidal, an den abgerundeten Hinterecken mit je zwei langen Borsten; beide Bruststringe nur mit schwarzen Seitenrändern gezeichnet. Die Beine kurz und dick, am Innenrande der Schienen vor den Daumenstacheln mit zwei starken Dornen. Der Hinterleib, bei dem Weibchen breit, bei dem Männchen sehr gestreckt oval, hat tiefe randliche Segmenteinschnitte und an den abgerundeten Segmentecken je zwei bis drei lange Borsten, am zweispitzigen weiblichen Endsegment nur zwei Borstenspitzchen, am gekerbten männlichen zahlreiche Borsten. Die beiden längs der Mitte des weiblichen Hinterleibes liegenden Fleckenreihen bestehen aus einem schwarzen Querstrich am Vorder- und Hinterrande eines jeden Segmentes und der Raum zwischen beiden erscheint auf jedem Segment schwach verdunkelt. Bei dem Männchen ist auf den mittlen Segmenten nur ein schwarzer Querstrich vorhanden, in der Mitte verbreitert und weiss eingefasst, auf den ersten und letzten Segmenten ist dieser Querstrich in der Mitte getheilt. Rücken und Bauchseite längs der Mitte dicht beborstet.

Auf Perdix cinerea, von Nitzsch im Jahre 1828 zuerst erkannt, von mir öfters gesammelt und trotz dieser Häufigkeit andern Beobachtern entgangen.

L. obscurus.

Oblongus, obscure brunneus; capite semielliptico, antennis maris ramigeris; prothorace trapezoidali, metathorace latiore trapezoidali, pedibus robustis; abdomine oblongo, marginibus profunde crenatis, segmentis obscure vittatis. Longit. 1‴.

Färbung so dunkel, dass von der Zeichnung nur die noch dunklern Querbinden der Hinterleibssegmente bemerkt werden. Der Kopf ist kurz halbelliptisch, der Vorderkopf reich mit starken Randborsten besetzt, keine Balken, weite und tiefe Fühlerbuchten, hinter denselben ein kugeliger Augenhöcker, die Schläfenränder mit langer Borste, convex und nach hinten convergirend. Die männlichen Fühler mit sehr dickem langen Grundgliede, hakig gebogenem dritten und verkehrt kegelförmigem vierten Gliede. Der Prothorax trapezoidal, ebenso der nicht längere aber breitere Metathorax, dessen abgerundete Hinterecken je zwei lange Borsten tragen. Die Beine relativ kurz, die Schenkel dünn, die keulenförmigen Schienen mit zwei Dornen am Innenrande. Der Hinterleib nur wenig verbreitert in der Mitte, mit tiefen Segmenteinschnitten und zwei bis drei sehr langen

Randborsten, das männliche Endsegment breit, seicht gekerbt und reich beborstet. Die Färbung des ganzen Thieres ist tief dunkelbraun und nur auf der Oberseite der Abdominalsegmente sind deren Hinterränder schwarzbraun.

Auf Perdix rufa, von Nitzsch in zwei männlichen Exemplaren ohne nähere Angabe in unserer Sammlung aufgestellt.

L. cinereus *Nitzsch.*

Nitzsch, Zeitschrift f. ges. Naturwiss. 1866. XXVIII. 379.

L. heterogrammico similis, at angustior, gracilior, clypeo acuto, antennis brevioribus, maculis segmentorum mediis fuscis. Longit. 3/4'''.

Schmal und gestreckt, schwarzbraun gerandet, mit braunen Mittelflecken auf den Hinterleibssegmenten. Der Vorderkopf endet in schönem Spitzbogen und trägt am Clypeus jederseits vier lange Randborsten, von welchen die dritte ungewöhnlich lang und stark ist, an der Fühlerbucht einen spitzkegelförmigen Balken, am convexen Schläfenrande zwei lange starke Borsten; der Occipitalrand ist eingebuchtet. Die Fühler reichen angelegt nicht über den hintern Kopfrand hinaus, die weiblichen haben ein kurzes dickes Grundglied, ein längstes zweites und das Endglied sehr wenig länger als das vorletzte, die männlichen das gewöhnliche lang spindelförmige Grundglied und das bogige dritte mit sehr kurzem Haken. Der Zügelrand ist fein schwarz gesäumt und vor und hinter der Fühlerbucht ein schwarzer Punkt, längs der Mitte des Vorderkopfes eine weisse Linie und die weit von einander getrennten Schläfenlinien parallel zum Occipitalrande laufend. Der ebenso lange wie breite Prothorax ist schwach trapezoidal und trägt vor den Hinterecken je eine lange Borste, der nur wenig längere Metathorax mehr trapezoidal und an den abgerundeten Hinterecken mit je drei sehr langen und zwei kurzen Borsten, die Beine sind dünn und lang, die Schienen am Innenrande mit zwei Borstendornen. Der schlanke fein schwarzbraun gesäumte Hinterleib lässt seine Segmentecken sägezahnartig vortreten und hat an denselben wie gewöhnlich anfangs eine, zuletzt drei Borsten, am tief gekerbten weiblichen Endsegment jederseits eine lange starre Borstenspitze; der männliche Hinterleib kürzer, schnell zugespitzt, mit längerem scharf abgesetzten Endsegment. Die weiblichen Segmente sind mit Ausnahme des ersten oberseits mit zwei Reihen brauner Flecken gezeichnet, deren Vorder- und Hinterrand dunkelbraun ist, die männlichen dagegen mit nur einer Mittelreihe breiterer Flecken, deren Hinterrand allein eine dunkele Linie bildet.

Auf Coturnix communis, von Nitzsch im Frühjahr in Gesellschaft des *Goniocotes asterocephalus* in mehren Exemplaren gesammelt.

L. ochraceus *Nitzsch.*

Robustus, ochraceus; capite semielliptico temporum angulis obtusis, antennarum articulo ultimo longiore, tertio maris breviore ramigero; prothorace aequilaterali, metathorace longiore trapezoidali; abdominis marginibus acute serratis, segmentorum posteriorum maculis trigonis. Longit. 1—1 1/4'''.

Merklich gedrungener im Habitus als die auf den Feld- und eigentlichen Hühnern schmarotzenden Arten. Der Vorderkopf ist fast halbkreisförmig, vorn jederseits mit vier langen Borsten, hinter der Zügelmitte mit noch zweien. Die Ecke der Fühlerbucht vorstehend, aber stumpf abgerundet, hinter der Fühlerbucht ein sehr starker Augenhöcker, dahinter die Schläfenränder convex, dann eingebogen und mit langer Borste besetzt, über eine markirte aber stumpfe Ecke in den schwach eingebogenen Occipitalrand übergehend. An den männlichen Fühlern ist das längste erste Glied besonders dick, das zweite länger als gewöhnlich, das dritte kurz und dick bildet einen rechtwinkligen Haken und das Endglied ist merklich länger als das vorletzte. Die weiblichen Fühler haben ein viel längeres verdicktes Grundglied als gewöhnlich, ein schlankes in der Mitte etwas verengtes zweites und ein Endglied fast von doppelter Länge des vorletzten. Beide, die männlichen und die weiblichen, Fühler überragen angelegt den Occipitalrand. Sechs dunkelbraune Punkte zeichnen den Kopf, ein Paar runder vor und ein Paar hinter der Fühlerbucht, das dritte Paar dreiseitiger Fleckchen am Occipitalrande und gegen dieses divergiren die hellen Schläfenlinien. Der Prothorax so lang wie breit hat schwach convexe Seitenränder mit einem Dorn gleich hinter der Mitte, und abgerundete Ecken, der merklich längere nur wenig breitere Metathorax hat abgerundete Hinterecken und an diesen bis vier ungleich lange Borsten. Beide Brustringe sind dunkelbraun gerandet und mit heller Mittellinie gezeichnet. Die Beine sind kurz, die Schenkel stark, aber die Schienen verhältnissmässig dünn am Innenrande mit vier Dornen, der Tarsus lang innen mit langen Borsten, auch die Klauen lang. Der Hinterleib hat vor den sägezähnig vorstehenden Segmentecken die gewöhnlichen, aber langen Borsten, ein langes tief gekerbtes weibliches Endsegment, ein sehr breit und tief ausgerandetes männliches Endsegment, aus dessen Mitte bei allen Exemplaren der walzige Penis so lang hervorragt wie die seitlichen Ecken vorstehen. Die vier ersten Hinterleibssegmente scheinen mit ockerfarbenen durchgehenden Binden gezeichnet zu sein, deutlicher wenigstens bei den Männchen sind auf den übrigen Segmenten kurz dreiseitige Randflecke mit hellem Stigmenpunkt.

Auf Tetrao urogallus, von Nitzsch in mehren weit überwiegend männlichen Exemplaren ohne nähere Angabe in unserer Sammlung aufgestellt.

L. tetraonis *Grube.*

Grube, v. Middendorff's Sibir. Reise Zool. I. 485. Taf. II. Fig. 1.

Pallide ochraceus, fronte fusco vel subfusco marginata, utrinque puncto nigro ante antennas, altero post antennas, tertio ad marginem posticum capitis posito, thorace subfusco marginato, metathorace trapezoideo, vitta marginis lateralis antice in dentem brevem internum producta, abdomine lanceolato, fusce marginato, linea media dorsi utrinque segmentorum albis. Longit. 1'''.

Auf Lagopus albus und auch auf Tetrao urogallus in Livland von Grube gesammelt. Mit voriger Art des Auerhahns kann dieselbe nicht verwechselt werden, da Grube das letzte Fühlerglied kürzer als das vorletzte, den Prothorax fast zweimal so breit wie lang, die Rückenseite des Hinterleibes mit mittler weisser Längsbinde und zwei Reihen blass ockergelber quadratischer Flecke zeichnet.

L. concolor *Rudow.*

Rudow, Zeitschrift f. ges. Naturwiss. 1870. XXXVI. 126.

Kopf gedrungen, vorn stark abgerundet, mit tiefer Fühlergrube, Hinterkopf nur wenig breiter, abgerundet, Seiten behaart. Farbe hellgelb mit dunkel durchscheinenden Mundtheilen. Fühler von halber Kopfeslänge, in der Kopfesmitte, mit birnförmigem Grundgliede bei dem Männchen, kleinem wenig gekrümmten dritten, beim Weibchen mit dickem Grundgliede. Prothorax schmäler als Hinterkopf, Metathorax glockenförmig erweitert, beide hellgelb mit schmalen dunkeln Rändern. Beine relativ lang, ziemlich stark behaart. Abdomen elliptisch, nach dem ersten Ringe eingeschnürt, Ende beim Männchen schmal, zweihöckerig, beim Weibchen breit abgerundet [?], ziemlich stark behaart, einfarbig gelb. Grösse $^{1}/_{2}$ Mm. — Auf Crax Yarrelli, in unserer Sammlung fehlend.

L. quadrinus *Nitzsch.*

Angustus, ochraceopictus; capite semielliptico medio coarctato, antennis longis, articulo primo maris paulo longiore secundo, maculis anterioribus maximis, occipitalibus trigonis; prothorace rotundato, metathorace multo longiore trapezoidali; abdomine oblongo, marginibus crenatis, segmentorum fasciis ochraceis. Longit. 1'''.

Der halb elliptische Kopf ist in der Mitte stark verengt, der Vorderkopf fast kreisbogig abgerundet, und mit sechs mässigen Randborsten jederseits besetzt, mit kurz kegeligen Ecken vor der Fühlerbucht. Hinter dieser ein starker Augenhöcker, dann der convexe Schläfenrand ohne Borsten, eine markirte aber abgerundete Schläfenecke und stark eingezogener Occipitalrand. An den allein vorliegenden männlichen Fühlern ist zwar das Grundglied sehr dick, aber nur wenig länger als das zweite, das dritte mit kurzem Haken und das Endglied länger als das vorletzte. Vor den Fühlern liegt jederseits ein ungewöhnlich grosser schwarzer Randfleck, ebenso sind die beiden spitz dreiseitigen Occipitalflecke grösser als gewöhnlich. Der fast kreisrunde Prothorax ist mit einem stielartig verdünnten Halstheile am Hinterhaupt eingelenkt, der viel längere schlank trapezoidale Metathorax hat leicht geschwungene Seitenränder und nur eine starke Borste an der Hinterecke. An den langen dünnen Beinen sind die Schienen am Innenrande mit drei schwachen Dornen bewehrt und die Klauen besonders lang. Der schmale Hinterleib lässt seine mit nur ein und zwei Borsten besetzten stumpfen Segmentecken markirt vortreten und rundet das kurze, sehr dicht und lang beborstete Endsegment tief bogig aus, in der Mitte dieser Bucht ragt der walzige Penis hervor. Die Segmente haben dunkelbraune Seitenränder und sehr breite matt ockerfarbene durchgehende Binden.

Auf Crax carunculata, von Nitzsch in einem männlichen Exemplar auf einem trocknen Balge gefunden und unter obigem Namen in unserer Sammlung aufgestellt. — In den Nitzsch'schen Verzeichnissen wird auch

Penelope cumanensis als Wirth eines *Lipeurus* aufgeführt, doch finde ich weder Exemplare noch weitere Angaben darüber vor.

L. angustissimus *Nitzsch.*

Auf einem trocknen Balge des Hemipodius pugnax fand Nitzsch mit dem S. 154 beschriebenen *Nirmus angusticeps* einen sehr schmalen *Lipeurus* in wahrscheinlich nicht ausgefärbten Exemplaren. Unter denen jener Art vermisse ich solche, die auf diese Gattung bezogen werden könnten und begnüge ich mich mit Wiederholung des obigen Namens aus meinem Verzeichniss in der Zeitschrift f. ges. Naturwiss. auf dieses Vorkommen aufmerksam gemacht zu haben.

L. antilogus *Nitzsch.*
Nitzsch, Zeitschr. f. ges. Naturwiss. 1866. XXVIII. 383.

Mas parvus, albidus, capite semielliptico, antennis brevissimis, articulo tertio ramigero; prothorace transverso, metathorace trapezoidali; abdomine angusto, marginibus crenatis, segmentis anterioribus maculis linguaeformibus, posterioribus fasciis. — Femina major, robustior, pictura rufofusca, antennis brevissimis, abdomine latiore segmentorum maculis rectangulis. Longit. $^{3}/_{4}$'''.

Der Unterschied zwischen beiden Geschlechtern ist hier grösser als bei irgend einer der vorigen Arten. Gemeinsam ist beiden die breit schwarze Berandung der Fühlerbuchten, die kurzen Fühler, die weit von einander getrennten, nach hinten stark divergirenden Schläfenlinien, der kurze breite Prothorax mit convexen Seiten, der nur wenig längere breit trapezoidale Metathorax und die stark gekerbten Seitenränder des Hinterleibes. Das Männchen hat einen kreisbogig abgerundeten Vorderkopf mit sieben feinen Randborsten jederseits und gar nicht hervortretende Ecken an breiter mässig tiefer Fühlerbucht, hinter dieser einen flachen Augenhöcker, hinter diesem läuft der convexe, mit zwei besonders langen und straffen Borsten besetzte Schläfenrand convergirend um eine abgerundete Schläfenecke in den concaven Occipitalrand über. Die Fühler erreichen angelegt nicht die Schläfenecke, haben ein nur mässig langes grosses Grundglied, ein sehr stark gekrümmtes drittes und zwei kurze gleich lange Endglieder. Vor dem Clypeusrande eine weisse Querlinie, an der Fühlerbucht ein Punktfleck. Die abgerundeten Ecken des Metathorax sind mit fünf langen Borsten besetzt. Die Beine sind sehr lang und dünn. Der schmale gestreckte Hinterleib lässt die mit ein und zwei Borsten versehenen vordern Segmentecken scharf, die hintern drei borstigen gar nicht hervortreten; das gestreckte und gekerbte Endsegment ist jederseits mit ganz kurzen Borsten dicht besetzt. Die sechs ersten Segmente sind oberseits mit sechs paarigen ockerfarbenen Zungenflecken gezeichnet, die in der Mitte nur wenig von einander getrennt bleiben, das siebente und achte mit durchgehender Breite, das dritte bis fünfte hinter den Flecken noch mit bindenförmiger Querlinie. — Das Weibchen hat einen etwas längern sich wenig verschmälernden Vorderkopf mit ebenfalls weisser Querlinie und feinen Randborsten, sehr kurze Fühler mit drei unter einander gleich langen letzten Gliedern, wie es scheint etwas kräftigere Beine und einen viel breitern, merklich längern Hinterleib, an welchem die Segmentecken gar nicht scharf hervortreten, das schwach gekerbte sehr kurze Endsegment nur zwei kurze feine Borsten trägt. Die sechs ersten Segmente haben grosse rechteckige rothbraune Randflecke, das siebente und achte wie bei dem Männchen durchgehende Querbinden. Die Bauchseite ist mit einer Reihe unpaarer Mittelflecke gezeichnet. Die Männchen erscheinen auf den ersten Blick bei ihrer geringern Grösse und hellern Zeichnung fast wie Larven, ergeben sich aber bei näherer Betrachtung als reife Individuen.

Auf Otis tetrax, von Nitzsch im December 1821 auf einem hier geschossenen Vogel in mehren Exemplaren gesammelt und sicher unterschieden.

L. turmalis Taf. XVII. Fig. 6.
Nirmus turmalis Nitzsch, Zeitschr. f. ges. Naturwiss. 1866. XXVIII. 371. — Denny, Monogr. Anoplur. 114. Tab. 6. Fig. 10.

Robustus, habitu Nirmorum; capite brevi suborbiculari, antennis brevibus crassis, maris tuberculiferis ramigeris; thoracis annulis trapezoidalibus, fere aequilongis; abdomine ovali, marginibus crenatis, maculis marginalibus bipustulatis transverse rectangulis, segmentis septimo octavo nono fasciatis. Longit. 1'''.

Nitzsch bestimmte diese Art als *Nirmus* mit der Bemerkung, dass er Männchen in der grossen Menge nicht aufgefunden habe und Denny beschrieb die Art nach denselben ihm von Burmeister mitgetheilten Exemplaren. Nach sorgfältiger Musterung unseres Vorrathes traf ich zwei Männchen an, welche die *Lipeuren*-Charaktere ganz unverkennbar zeigen, so dass nur die grosse Seltenheit der Männchen bei ungemeiner Häufigkeit der

Weibchen noch auffällig ist. Die Art begreift sehr gedrungene, kräftige Zangenläuse. Der kurze Kopf ist abgerundet fast scheibenförmig, der kurze Vorderkopf mit den gewöhnlichen Randborsten und sehr kurzen, breiten scharfspitzigen Balken vor der Fühlerbucht, hinter derselben ein kugeliger Augenhöcker und der convexe Schläfenrand mit zwei sehr langen Borsten und einigen Borstenspitzen, der Occipitalrand tief concav. Die weiblichen Fühler überragen angelegt die Schläfenecken nur wenig, haben ein dickes Grund- und zweites längstes Glied, die drei übrigen Glieder von einander gleicher Länge. Die Männchen, mit etwas kürzerm Vorderkopf und weniger nach hinten convergirenden Schläfenrändern, haben ein langes dickspindelförmiges Grundglied mit kegelspitzigem Höcker und am dritten Gliede einen ebenfalls kegelspitzigen freien Ast, beide Endglieder gleich lang. Die Zeichnung des Kopfes giebt unsere Abbildung naturgetreu wieder. Beide Thoraxringe sind trapezoidal (der Prothorax daher in unserer Figur falsch) und mit weisser Mittellinie, der Prothorax mit einer starken Randborste, der Metathorax mit vielen. Die Beine sind verhältnissmässig schlank, bewehren den Innenrand ihrer Schienen mit drei feinen Dornen und enden mit ungemein schlanken Klauen. Der Hinterleib, bei dem Männchen viel schlanker als bei dem Weibchen, lässt die mit zwei bis vier Borsten besetzten stumpfen Segmentecken sehr stark hervortreten. Das männliche Endsegment ist tief ausgerandet und ganz dicht mit sehr kurzen Borsten besetzt, das weibliche ist länger, nur mit kleiner Kerbe, deutlicher Rinne und zwei Borsten versehen. Wie unsere Abbildung darstellt, sind die sechs vordern Segmente mit grossen vierseitigen zweifleckigen Randflecken, die drei letzten Segmente mit durchgehenden braunen Binden gezeichnet; die Bauchseite ist mit einer mittlen Reihe von schmalen Querflecken gezeichnet. Die Männchen haben einen weissen Hinterleib ohne Zeichnung wie die Larven, und doch beweist die ganze Bildung ihres Kopfes und des Endsegmentes, dass sie reife sind.

Auf Otis tarda, von Nitzsch im Frühjahr 1835 und 1836 in grosser Menge in allen Gegenden des Gefieders gefunden.

L. versicolor *Nitzsch.* Taf. XVI. Fig. 7.

Nitzsch, Germar's Magaz. Entomol. III. 292; Zeitschrift f. ges. Naturwiss. 1866. XXVIII. 383. — Burmeister, Entomol. II. 434. — Denny, Monogr. Anopluror. 171. Tab. 15. Fig. 7.

Pediculus Ciconiae Linné, Syst. Natur. II. 1019. — Frisch, Insecta VIII. Tab. 6.

Elongatus albus, pictura olivaceoatra; capite longo, truncatotrigono, signatura distincta, antennis longissimis, maris ramigeris; prothorace brevi rectangulari, metathorace duplo longiore subtrapezoidali; abdomine longo angusto, marginibus crenatis, segmentis maris quatuor maculatis, reliquis fasciatis, feminae omnibus maculatis marginalibus. Longit. 2'''.

Mit dieser Art beginnt ein neuer Formenkreis von Zangenläusen, der auf Sumpf- und Wasservögeln seine Manichfaltigkeit entwickelt. Die vorliegende Art gehört zu den Riesen ihrer Gattung, zugleich zu den schmälsten. Ihr langer schmaler Kopf verschmälert sich nach vorn sehr merklich und schnürt den kreisbogig abgerundeten Clypeus deutlich ab, in der Einschnürung stehen zwei Randborsten, dahinter am Zügelrande noch mehre feine. Vor der Fühlerbucht deutliche kurze Balken, hinter derselben kugelige Augenhöcker und die convexen Schläfenränder nur mit schwachen kurzen Randborsten besetzt. Die etwas hinter der Mitte eingelenkten Fühler haben Kopfeslänge, von ihren sehr schlanken Gliedern sind bei dem Weibchen das 2. und 3., und dann das 4. und 5. je unter einander von gleicher Länge, bei dem Männchen das erste schlank spindelförmige von der Länge der übrigen zusammen, das zweite etwa halb so lang, das dritte noch kürzer mit kurzem freien Ast und die letzten beiden einander gleich. Als Zeichnung liegt auf dem Clypeus eine getheilte Signatur, Zügel, Schläfen- und Hinterhauptsrand schwarz, auf dem Hinterkopfe eine eigenthümliche Scheitelsignatur. Der rechteckige Prothorax ist etwas kürzer als breit, der viel längere Metathorax hat vorn schwach eingebogene Seiten und erweitert sich nach hinten sehr wenig, hier vor den Ecken mit zwei Borsten besetzt. Das Verhältniss der schwarzen Berandung zur weissen Mitte auf beiden Brustringen ist aus der Abbildung zu ersehen. Die Beine haben enorm lange Hüften und Schenkel, mässig lange Schienen mit drei langen auf besondern Höckern stehenden Dornen am Innenrande und mehren Borsten als bei vorigen Arten, und sehr lange gekrümmte Klauen. Der sehr lange und schmale Hinterleib verschmälert sich von der Mitte zum Ende nur ganz allmählig, lässt die mit ein bis drei Borsten besetzten Segmentecken gar nicht hervortreten und hat ein zweispitziges Endsegment, bei dem Manne breitwinklig ausgeschnitten und mit mehren kurzen Borsten, bei dem Weibe schmal eingeschnitten mit nur zwei Borsten. Unsere Abbildung stellt das Männchen dar, mit grossen in der Mittellinie getheilten Viereckflecken auf den vier vordern Segmenten und mit in der Mitte verengten Querbinden auf den übrigen. Das Weibchen hat auf sieben Segmenten in der Mitte viel breiter getrennte Viereckstlecke, und die beiden letzten Segmente dunkel gefärbt mit feiner weisser Mittellinie. Bei beiden Geschlechtern liegen in den Flecken ganz nah am Rande die hellen Stigmen, die in unserer und in DENNY's Abbildung fehlen. Die Bauchseite hat gar keine besondere Zeichnung.

Auf Ciconia alba, bereits von LINNE aufgeführt und von NITZSCH im Jahre 1801 sicher unterschieden und später wiederholt beobachtet. DENNY bildet das Männchen mit der weiblichen Hinterleibszeichnung ab, übrigens auch die Zeichnung des Kopfes und Thorax nicht naturgetreu.

L. maculatus *Nitzsch.*
NITZSCH, Zeitschr. f. ges. Naturwiss. 1866. XXVIII. 383.

Praecedenti simillimus, at maculis abdominalibus feminae semiovalibus margine interno arcuato, hinc inde dilutis obsolete et irregulariter ocellatis. Longit. 2'''.

Die plastischen Unterschiede dieser Art von der vorigen sind wenigstens bei dem Weibchen sehr geringfügige und verdienen besondere Erwähnung nur die deutlich markirten Segmentecken des Hinterleibes und die plötzliche Verschmälerung des achten Segmentes. Charakteristisch dagegen weicht die Zeichnung ab. Die Randflecke auf den weiblichen Hinterleibssegmenten sind nämlich kurz halb oval und verwaschen sich nach innen ganz, so dass die Rückenmitte breit weiss ist. Der Stigmenfleck in diesen Randflecken ist nicht scharf umgränzt. Das Männchen merklich kleiner als das Weibchen hat am dritten Fühlergliede keinen eigentlichen Ast, nur eine schwach erweiterte Ecke und ist dieses Glied auch nicht gekrümmt. Die Segmentecken treten am Hinterleibsrande schärfer hervor, das Endsegment endet gerade mit mittler tiefer Kerbe. Die Flecke der vier ersten Segmente sind gleichfalls kurz halb oval und die durchgehenden Binden der folgenden Segmente in der Mitte noch viel stärker verengt als bei voriger Art. Flecke und Binden haben je zwei deutliche weisse Ocellen.

Auf Ciconia nigra, von NITZSCH im Jahre 1813 in einem männlichen und einem weiblichen Exemplare auf den Schwingen, wo auch die vorige sich aufhält, gefunden.

L. fissomaculatus.

Praecedentibus simillimus, at macularum abdominalium margine anteriore profunde fisso. Longit. 2'''.

Auch bei dieser Art sind die plastischen Unterschiede besonders von der vorigen so geringfügig, dass sie allein die specifische Trennung nicht rechtfertigen würden. Die Ecke des dritten männlichen Fühlergliedes ist merklich länger als bei *L. maculatus* und kann als kurzer Ast bezeichnet werden. Die Signatur auf dem Clypeus ist nicht rund, sondern schmal parallelseitig und lang. Sehr charakteristisch zeigen die Flecken und Binden der Hinterleibssegmente an ihrem Vorderrande und nahe dem Seitenrande der Segmente einen tiefen scharf umgränzten weissen Schlitz. Bei dem Weibchen haben sieben Segmente die Randflecke und zwar die beiden ersten Vierecks-, die folgenden Dreiecksflecke, bei letzten ist der Aussen- und Hinterrand gerade, der Innenrand bogig; auf den beiden letzten Segmenten liegt eine Binde, die nur vorn einen weissen Schlitz hat. Bei dem Männchen haben nur die drei ersten Segmente rundliche Viereckstlecke, auf dem vierten Segment verschmelzen dieselben schon mit ihrem Hinterrande und auf den folgenden wird diese Vereinigung breiter, so dass durchgehende Binden mit einem vordern mittlen weissen Schlitz ausser den beiden überall vorkommenden Schlitzen nahe dem Aussenrande entstehen.

Auf Mycteria crumenifera, in einigen Exemplaren in unserer Sammlung ohne nähere Angabe aus NITZSCH's Zeit.

L. lepidus *Nitzsch.*
NITZSCH, Zeitschrift f. ges. Naturwiss. 1866. XXVIII. 383.

Minor, albus, nigropictus; capite angusto, antice rotundato, antennis brevioribus, maris subramigeris; metathorace oblongo; abdomine angusto, marginibus crenatis, segmentorum maculis feminae irregulariter trigonis, maris segmentis posterioribus fasciatis. Longit. $1^1/_3$'''.

Merklich kleiner als die Arten der Störche hat die vorliegende doch deren Habitus. Der Kopf bietet in seiner Form und Beborstung keine erheblichen Eigenthümlichkeiten, nur dass die Fühler mehr in der Mitte eingelenkt sind, die weiblichen Fühler viel kürzer und stärker als bei den vorigen, die männlichen wieder dünn und schlank, am dritten nur die Ecke vorstehend ohne einen eigentlichen Ast zu bilden. Die Stirnsignatur ist auf zwei kleine Fleckchen reducirt. Zügel-, Schläfen- und Hinterhauptsrand schwarz, die Schläfenlinien wie vorhin, ebenso das Grössenverhältniss und die schwarze Berandung der Thoraxringe, mit dem Unterschiede jedoch, dass der Metathorax vorn nicht verengt und hinten nicht erweitert, vielmehr gerad- und parallelseitig ist. Die Beine dünn und schlank. Der schmale Hinterleib hat nur schwach gekerbte Seitenränder, die der vordern Segmente sind gerade, die der hintern convex, das männliche Endsegment reich beborstet und schmal gekerbt, das weibliche borstenlos und breit stumpfwinklig ausgerandet. Das Weibchen zeichnet seine Hinterleibssegmente mit Randflecken, welche auf den beiden ersten Segmenten nicht voll, nach innen geöffnet sind, auf dem dritten bis siebenten geschlossen, unregelmässig dreiseitig sind und zwei weisse Punkte hinter einander am Rande haben, auf den letzten beiden Segmenten treten die Flecke in der Mittellinie zusammen. Bei dem Männchen vereinigen sich die Flecke auf dem fünften, sechsten, siebenten Segment zu Querbinden.

Auf Anastomus pondicerianus, von Nitzsch im Jahre 1827 in wenigen Exemplaren auf einem trockenen Balge in Paris gesammelt.

L. maximus *Rudow.*
Rudow, Zeitschrift f. ges. Naturwiss. 1870. XXXVI. 122.

Hellgelb mit rothbraun. Kopf plump, Schläfenecken fast rechtwinklig, dunkel gerandet, Querlinie in der Mitte. Fühler dick, stark behaart, von Kopfeslänge. Prothorax trapezoidal, dunkel gerandet, mit Hufeisenzeichnung in der Mitte. Metathorax lang viereckig, vorn mit stumpf verbreiterten Ecken, dunkeln Rändern und zwei Längsflecken am hintern Ende, länger als der Kopf. Abdomen breit, mit vorspringenden Segmentecken, Endsegment in beiden Geschlechtern fast gleich zweihöckerig. Auf dem ersten Segment zwei Querlinien jederseits am Rande, auf dem zweiten bis vierten mit schiefen Dreiecken vom Rande entfernt, auf den drei folgenden mit spitzwinklig hufeisenförmiger Zeichnung, die mit den offenen Schenkeln den dunkeln Mittelstreif berührt. Länge 3 Mm. — Auf Grus pavonina, mir unbekannt.

L. hebraeus *Nitzsch.* Taf. XVI. Fig. 5. 6.
Nitzsch, Germar's Magaz. Entomol. III. 293; Zeitschrift f. ges. Naturwiss. 1866. XXVIII. 382. — Burmeister, Handb. Entomol. II. 435. — Denny, Monogr. Anoplur. 179. Tab. 13. Fig. 5.
Pediculus Gruis Linné, Syst. Nat. II. 1019. — Frisch, Insecta 5. Tab. 4.
Pulex Gruis Redi, Experimenta Tab. 3.

Robustus, albidus, pictura fusconigra; capite ovali, antice truncato, antennarum maris articulo tertio ramo magno instructo; prothorace trapezoidali, metathorace longiore antice coarctato; abdomine longe lanceolato, marginibus crenatis, medio carinato, pictura angulata. Longit. $2^{1}/_{3}'''$.

Der Kopf verschmälert sich von der grössten Breite zwischen den Schläfen ziemlich stark nach vorn und endet hier gerade abgestutzt, jederseits mit drei starken Randborsten besetzt, einer folgenden in der Zügelmitte, einer dritten vor dem Zügelrande. Die Vorderecke der Fühlerbucht steht ziemlich stark vor, der Augenhöcker hinter der Fühlerbucht scharf umgränzt kugelig. Der convexe Schläfenrand ist nur mit einer Borste und einigen Borstenspitzchen besetzt; der Occipitalrand ist in der Breite des Prothorax winklig eingebuchtet. Die weiblichen Fühler ragen angelegt nicht über den Hinterkopf hinaus und ihre beiden Endglieder sind von gleicher Länge. Die längern männlichen Fühler haben an dem langen spindelförmigen Grundgliede einen kleinen spitzen Höcker, und ihr langes drittes Glied biegt sich stark hakig um und bildet einen langen freien Ast, da das vierte Glied unterhalb seiner Mitte angelenkt ist. Die Zeichnung des Kopfes besteht in einem schwarzbraunen Randfleck, einem kleinen Fleck vor und einem solchen hinter der Fühlerbucht und in stark geschwungenen Schläfenlinien, auch die Fühlerglieder haben schwarzbraune Randstriche. Der breite Prothorax ist eckig in das Hinterhaupt eingelenkt und erweitert sich nach hinten, der viel längere Metathorax hat vor der Mitte eine randliche Einschnürung und an den abgerundeten Hinterecken mehre lange Borsten. Die Beine nehmen vom ersten zum dritten Paar auffallend an Länge zu, zeichnen Schenkel und Schienen mit dunkelm Rande und bewehren die letzten mit drei Borstendornen am Innenrande; die Klauen sind sehr lang. Der gestreckt lanzettliche Hinterleib ist längs der Rückenmitte stark gekielt, durch die hervortretenden stumpfen Hinterecken der Segmente deutlich gekerbt und endet bei dem Männchen mit einem seitlich kurz und sehr dicht beborsteten, nur fein gekerbten Endsegment, das bei dem Weibchen breit stumpfwinklig ausgeschnitten ist und auf jeder Spitze nur eine Borstenspitze trägt. Jedes Segment ist mit zwei markirten Winkeln gezeichnet, welche nach den Seiten geöffnet sind, oft aber innen am Winkel durchbrochen erscheinen. Männchen und Weibchen sind wenig verschieden in der Zeichnung.

Auf Grus cinerea, schon den ältern Beobachtern bekannt, von Nitzsch im Oktober 1810 und später gesammelt und abgebildet.

L. leucopygos *Nitzsch.* Taf. XVI. Fig. 2.
Nitzsch, Zeitschr. f. ges. Naturwiss. 1866. XXVIII. 383. — Burmeister, Handb. Entomol. II. 434. — Denny, Monogr. Anoplur. 174. Tab. 14. Fig. 4.
Pediculus Ardeae cinereae Linné, Syst. Nat. II. 1019.
Pediculus ardealis Frisch, Insecta 5. Tab. 4.
Pulex Ardeae Redi, Experimenta Tab. 6.
Lipeurus obtusus Stephens, Catal. II. 332.

Elongatus, albus, nigrolimbatus; capite longe trigono, antennis longis; prothorace tertia parte breviore metathorace; abdominis angusti marginibus crenatis, maculis limbum constituentibus partim ramum obtusum emittentibus, in segmentis octavo et ultimo nullis. Longit. 1 1/3'''.

Die Zangenläuse der ächten Reiher sind schmale gestreckte weisse Arten mit nur schwarzer Randsäumung. Diese erste vom gemeinen Fischreiher ist rein weiss mit schwarzer Säumung, die am Kopfe unvollständig ist und an den beiden letzten Segmenten ganz fehlt. Der sehr gestreckt dreiseitige Kopf rundet sich vorn völlig ab, gränzt den Clypeus durch eine Querfurche scharf ab und in dieser stehen zwei Randborsten, eine davor und zwei dahinter, vor dem kurz dreiseitigen Balken die letzte Borste. Die Fühler ragen angelegt weit über den Occipitalrand hinaus und haben bei dem Männchen nicht das enorm vergrösserte Grundglied der vorigen Arten, auch am dritten nur eine vorstehende Ecke, keinen Ast. Der viel breitere als lange Prothorax hat schwach convexe Seiten und der dreimal so lange Metathorax die vordere Einschnürung und mehre lange Eckborsten. Die Klauen sind fein und lang. Am Hinterleibe, bei dem Männchen kleiner und schneller zugespitzt, treten die Segmentecken ziemlich scharf hervor, das männliche Endsegment ist schwach, das weibliche tief gekerbt. Der schwarze Seitensaum der Segmente ändert in der Breite, welche auf einzelnen Segmenten vorn sich hakig nach innen erweitert, individuell ab.

Auf Ardea cinerea, schon den ältern Beobachtern bekannt, von Nitzsch seit Winter 1814 wiederholt gesammelt.

L. leucoproctus *Nitzsch.*
Nitzsch, Zeitschrift f. ges. Naturwiss. 1866. XXVIII. 384.

Praecedenti simillimus, at minor, segmentis abdominalibus tribus mediis solis nigrolimbatis. Longit. 1'''.

Die überraschende Aehnlichkeit mit voriger Art gestattet dennoch keine Identificirung, da abgesehen von der geringern Grösse der Kopf kürzer und breiter, die Randborsten stärker, der Prothorax mehr trapezoidal, die Segmentecken des Hinterleibes weniger vortretend, endlich und besonders charakteristisch die schwarze Randzeichnung sich nur auf die drei mittlen Hinterleibsringe beschränkt, der ganze übrige Körpersaum aber weiss ist.

Auf Ardea purpurea, in nur zwei Exemplaren im April 1836 von Nitzsch auf einem frischen Balge gefunden.

L. stellaris *Denny.*
Denny, Monogr. Anoplur. 178. Tab. 15. Fig. 3.

Praecedenti simillimus, at marginibus abdominis serratis, segmentis quarto, quinto, sexto, septimo vittatis et maculatis. Longit. 1 1/4'''.

Auch diese Art ähnelt der vorigen auffällig und beschränken sich die specifischen Merkmale auf die rechtwinkligen scharf vorstehenden Segmentecken des Hinterleibes, schwarze Berandung des Kopfes und beider Brustringe, Querbinden mit zwei schwarzen Ocellenflecken auf den drei oder vier mittlen Hinterleibssegmenten ohne Säumung des Hinterleibes überhaupt. Die männlichen Fühler haben ein doppelt so langes Grundglied als die weiblichen und am dritten einen ganz kurzen Haken, das männliche Endsegment ist breit ausgerandet scharf zweispitzig, das weibliche schmal gekerbt.

Auf Ardea stellaris, in einigen Exemplaren in unserer Sammlung ohne nähere Angabe, von Denny beschrieben und abgebildet. — In Nitzsch's Verzeichniss wird die Larve eines *Lipeurus* von Ardea nycticorax ohne nähere Angabe erwähnt und finde ich das Exemplar nicht auf.

L. loculator *Gieb.*

Giebel, Zeitschrift f. ges. Naturwiss. 1866. XXVIII. 389.

Oblongus, albus, fuscopictus; capite elongato trigono, antennis longis, maris ramigeris; metathorace oblongo fere duplo longiore prothorace; abdomine feminae attenuato, maris truncato, marginibus lateralibus subcrenulatis, segmentis maris fasciatis, feminae quatuor punctis marginalibus. Longit. ♀ $1\frac{1}{3}'''$, ♂ $1\frac{1}{4}'''$.

Der Kopf hat die gestreckt dreiseitige, vorn stark abgerundete Form der Zangenläuse der Reiher, doch ist der Clypeus randlich viel tiefer abgeschnürt, in dieser Einschnürung stehen drei starke Borsten und am Zügelrande dahinter noch vier, am convexen Schläfenrande keine. Die nur wenig hinter der Kopfesmitte eingelenkten Fühler haben ansehnliche Länge, die männlichen ein schlankes Grundglied und am dritten einen kurzen dicken scharfspitzigen Haken. Nur der Rand der Fühlerbucht und der Schläfen ist tief braun, die Schläfenlinien sind einfach gebogen und enden am Occipitalrande in je einen dreiseitigen schwarzen Fleck. Der Prothorax ist quadratisch, der Metathorax mehr als um ein Drittheil länger, gerad- und parallelseitig, mit fünf Borsten an den Hinterecken; beide Brustringe braun mit weisslicher Mitte. Die Beine sind kräftig, die Schienen keulenförmig, am Innenrande vor den Daumenstacheln mit einem sehr langen Dorn auf starkem Höcker. Der schmale lange Hinterleib kerbt seine Seitenränder nur sehr schwach, trägt vor den Segmentecken je zwei und drei Borsten, verdünnt sich am Ende beim Weibchen schlank, das Endsegment tief gespalten, beim Männchen dagegen das letzte mit der ganzen Breite des Hinterleibes abgestutzt, an den scharfen Seitenecken dicht beborstet und auch in der mittlen Kerbe reich beborstet. Das Männchen zeichnet die beiden ersten Segmente mit grossen Viereckslecken, die nur durch einen schmalen weissen Streifen getrennt sind, auf dem dritten bis siebenten fliessen diese Flecken in der Mitte mit halber Breite zusammen, die beiden letzten Segmente sind weisslich und ganz in das siebente zurückgezogen, wodurch die plötzliche breite Abstumpfung entsteht. Am Seitenrande liegen auf jedem Segment zwei helle Punkte. Das Weibchen hat nur am Seitenrande des vierten bis siebenten Segmentes je einen schwarzbraunen Punkt.

Auf Tantalus loculator, von Nitzsch im September 1826 auf einem trocknen Balge in Berlin gesammelt. Rudow beschreibt einen *L. linearis* von Tantalus loculator a. a. O. 131 und bezeichnet den Prothorax als abgerundet, den Metathorax als dreimal länger, den letzten Ring des Männchens als spitz (?), den des Weibchens als schmal abgerundet. Alle übrigen Angaben passen auf unsere Art und scheinen die eben angeführten Differenzen, ganz besonders die des Hinterleibsendes auf ungenauer Beobachtung zu beruhen.

L. platalearum.

Nitzsch, Zeitschrift f. ges. Naturwiss. 1866. XXVIII. 384.

Elongatus, albidus, obsolete pictus; capite elongato trigono, antennis longis, maris articulo primo subtuberculato, tertio ramigero; metathorace duplo longiore prothorace; abdominis parte anteriore angustiore, posteriore maris truncata, feminae attenuata; marginibus crenulatis, segmentis obsolete vittatis. Longit. $1\frac{1}{4}'''$.

Im Allgemeinen schliesst sich diese Art denen der Reiher eng an, allein die Schmalheit des vordern Theiles des Abdomens, welches kaum die Breite des Metathorax hat, die gestreckt lanzettliche Form des übrigen weiblichen Hinterleibes mit schwach ausgerandetem Endsegment, das fast in ganzer Breite des Abdomens abgestutzte dicht beborstete männliche Endsegment, und die schwache Kerbung der Hinterleibsränder trennen sie doch scharf von jenen Reiherschmarotzern. Die nähere Vergleichung bietet noch weitere Eigenthümlichkeiten. So ist der Clypeus markirter vom Zügelrande geschieden und stehen auf dieser Randkerbe vier Borsten, in der Zügelmitte zwei neben einander. Das sehr gestreckte Grundglied der männlichen Fühler zeigt eine deutliche Anschwellung, keinen eigentlichen Höcker, das dritte Glied hat einen kurzen plumpen Haken, das letzte ist etwas länger als das vorletzte; in den weiblichen Fühlern das zweite ungewöhnlich lang. Die Klauen sind plump und stark gekrümmt. An den Segmentecken des Hinterleibes stehen vier Borsten, das männliche Endsegment mit nur kleiner mittler Kerbe. Die Färbung der Spiritusexemplare ist hellgelblich, war im Leben ohne Zweifel weisslich, von der Zeichnung sind nur die parallelen Schläfenlinien auf dem Kopfe, matte Bräunung der Thoraxringe, zwei markirte braune Fleckchen auf dem Endsegment beider Geschlechter und ganz matte braungelbe Binden auf einigen männlichen Segmenten vorhanden.

Auf Platalea leucorodia, von Nitzsch im September 1826 in Berlin gesammelt und in den Collectaneen als mit schwarzer Randsäumung und mit solchen Randflecken gezeichnet aufgeführt. Dieselben sind jetzt nicht mehr vorhanden, während sonst die Dekorationen der Einwirkung des Spiritus widerstehen. Trockne Exemplare, welche Nitzsch ein Jahr früher auf einem Balge der Platalea ajaja fand und die nicht mehr in der Sammlung vorhanden sind, hat er mit dem Zusatze aufgeführt: denen auf der aus Holland bezogenen Platalea leucorodia wie es scheint identisch. Von dieser stimmen zwei männliche Exemplare mit den oben beschriebenen Berlinern überein, wogegen ein Weibchen am Kopfe und Thorax die schwarze Randzeichnung und auf allen Hinterleibssegmenten die randlichen Viereckflecke sehr schön zeigt. Nähere Untersuchungen frischer Exemplare sind erforderlich, um diese Art der Löffelreiher befriedigend zu charakterisiren.

L. rhaphidius *Nitzsch.*
Nitzsch, Zeitschrift f. ges. Naturwiss. **1866. XXVIII. 384.**

Angustissimus, filiformis, ***olivaceus;*** *clypeo subdilatato, antennis longissimis, maris* ***subramigeris; metathorace duplo longiore*** *prothorace; abdominis segmentis primo et secundo duplo longioribus reliquis, maculis feminae* ***subquadratis, maris in strigas transversas*** *integras confluentibus. Longit. ♂ 1½''', ♀ 1¾'''.*

Der Kopf dieser überaus schmalen und gestreckten Art weicht durch die stärkere Abschnürung des Clypeus eigenthümlich ab und ist der Rand in dieser Richtung mit zwei starken, gleich dahinter abermals mit zwei Borsten besetzt. Die Ecken der Fühlerbucht zwar scharf aber nicht balkenartig vorstehend, auch der Augenhöcker flach, vor der Schläfenecke nur eine Borstenspitze. Die Fühler reichen angelegt noch über den Prothorax hinaus, haben bei dem Weibchen ein sehr langes zweites und kürzestes drittes Glied, bei dem Männchen am dritten nur eine stark vorstehende Ecke, keinen eigentlichen Ast. Eine quere Stirnnaht, vor derselben eine weisse Mittellinie bis zum Clypeus, die Schläfenlinien vor dem dunkeln Occipitalrande durch eine Querlinie verbunden. Der Prothorax ist ziemlich quadratisch, der Metathorax doppelt so lang, ebenfalls parallelseitig und mit einem Winkelzeichen auf der Oberseite. An den Beinen fällt die ungemeine Länge der Hüften bei verhältnissmässig kurzen Schenkeln und Schienen auf. Im Hinterleibe erscheint das erste Segment fast von der Länge des Metathorax, auch das zweite ist noch sehr lang, beim Männchen jedoch etwas weniger als bei dem Weibchen, vom vierten bis siebenten Segment bleibt die Breite des Hinterleibes sich gleich, dann verschmälert er sich wieder. Bei dem Weibchen haben die Segmente mehr gerade Seiten und scharfe Ecken, bei dem Männchen convexe Seiten und gar nicht hervortretende Ecken; das weibliche Endsegment ist seicht concav ausgerandet und mit kurzen Borstenspitzen besetzt, das männliche winklig ausgeschnitten und lang beborstet. Die allgemeine Färbung ist hell olivenfarben mit dunkler Randschattirung und fast weisslichen Nahtlinien. Das Männchen zeichnet die Hinterleibssegmente mit Querbinden, die sich auf dem vierten bis sechsten Segment in der Mitte verschmälern, das Weibchen mit breiten Viereckflecken. Beborstung spärlich.

Auf Ibis falcinellus, von Nitzsch im Frühjahr 1817 entdeckt und sorgfältig unterschieden.

L. . . . . ?

Ein einziges weibliches Exemplar von Ibis rubra in unserer Sammlung unterscheidet sich von voriger Art durch den längern und besonders stärker abgesetzten Clypeus, durch das viel tiefer ausgerundete Endsegment und blos dunkle Säumung des Hinterleibes, ohne Flecken und Binden und doch ist es bei 1¼''' Länge unzweifelhaft reif. Ich führte es im Verzeichniss (Zeitschrift f. ges. Naturwiss. 1866. XXVIII. 384) als ***L. angustissimus*** auf, doch kann ich diesen doppelt verbrauchten Namen nicht beibehalten und mag die Art nun namenlos bleiben, bis mehre und frische Exemplare eine eingehende Beschreibung ermöglichen.

L. helvolus *Nitzsch.* *Taf.* XVI. *Fig.* 10. 11.
Burmeister, Handb. Entomol. II. 433.

Oblongus, pallide ochraceus; capite cordato subelliptico, antennis brevibus, maris ramigeris; prothorace transverso, metathorace paulo longiore, trapezoidali; abdomine ovali, marginibus serratis, segmentorum maculis longis. Longit. ♂ ⁴/₅''', ♀ ⁴/₅'''.

In der allgemeinen Körpertracht wie in den einzelnen Formen und ganz besonders in der Configuration des Kopfes von allen vorigen Arten sehr charakteristisch verschieden. Der grosse Kopf hat ziemlich in der Mitte seine grösste Breite und verschmälert sich nach vorn in einen flachen Spitzbogen, nach hinten in gleichem Masse bis zu den abgerundeten Schläfenecken, zwischen welchen der Occipitalrand schwach concav ist. Der Rand des Vorderkopfes ist ziemlich reich mit langen aber feinen Borsten besetzt, die Ecken der Fühlerbucht kurz aber scharf, die Fühlerbucht breit, der Augenhöcker hinter ihr mit starker Borste, am convexen Schläfenrande noch zwei sehr lange und starke Borsten. Die kurzen dicken Fühler haben bei dem Weibchen ein nur wenig verlängertes zweites Glied, bei dem Männchen ein nur mässig verlängertes Grundglied und am dritten einen freien Ast. Dunkel gerandete Fühlerbuchten und stark zum dunkeln Occipitalrande convergirende Schläfenlinien. Der Prothorax breiter als lang, dunkel gerandet und mit starker Randborste, der breit trapezoidale, ebenfalls dunkel gerandete Metathorax mit fünf sehr langen Eckborsten und einer Reihe kürzerer am Hinterrande. Die Beine von gewöhnlicher Bildung. Der Hinterleib, bei dem Weibchen erheblich breiter und länger als bei dem Männchen, hat bei erstem scharf gesägte, bei letztem stumpf gesägte Seitenränder mit mehr convexen seitlichen Segmenträndern; ein bis vier ungewöhnlich lange Randborsten, das männliche Endsegment dicht und lang beborstet, das zweispitzige weibliche ohne Borsten. Der ganze Hinterleib ist heller gelblich als Kopf und Thorax und vom dunkeln Rande erstrecken sich sattgelbe oblonge Flecke bis nahe zur Mitte, bei dem Männchen auf dem siebenten eine durchgehende Binde. Die Stigmenflecke am Rande sind dunkel umrandet.

Auf Scolopax rusticola, von Nitzsch im April 1814 auf einem frischen Exemplare gesammelt, abgebildet und sicher unterschieden.

Ein weibliches Exemplar von Scolopax gallinago in unserer Sammlung weicht sehr erheblich ab und repräsentirt eine eigene Art, auf die ich hier nur aufmerksam mache, ohne sie bei der Unbekanntschaft mit dem Männchen zu benennen. Sie ist blassgelb mit ockerbrauner Berandung des Kopfes und Hinterleibes und braunen durchgehenden Binden auf den Hinterleibssegmenten. Der Vorderkopf verschmälert sich etwas und ist vorn breit abgestutzt, sogar schwach ausgerandet. Die Ecken der besonders tiefen Fühlerbucht stehen balkenartig vor. Die convexen Schläfenränder sind mit zwei starken Borsten besetzt und die schlanken Fühler haben ein gleich langes drittes und fünftes Glied. Der Prothorax ist fast quadratisch, der Metathorax etwas länger, trapezoidal mit leicht geschwungenen Seiten. Der schmale Hinterleib kerbt seine Seitenränder scharf und trägt an den vorletzten Segmenten besonders zahlreiche und sehr lange Randborsten, am letzten schwach gekerbten nur zwei Borstenspitzen. Länge $^{4}/_{5}$'''.

L. lineatus *Nitzsch.*
Nitzsch, Zeitschr. f. ges. Naturwiss. 1866. XXVIII. 381.

Linearis, perangustus; capite elongato subelliptico, antice rotundato, antennis robustis; prothorace quadrato, metathorace duplo longiore rectangulari, tibiis interne longe setosis; abdomine lineari, marginibus subcrenulatis, segmentorum fasciis integris flavescentibus. Longit. $1^{1}/_{5}$'''.

Schmäler als irgend eine der vorigen Arten und in ganzer Länge gleich breit bis auf den nur sehr wenig verbreiterten Hinterkopf. Der Kopf verschmälert sich nach vorn nur wenig, hat hier ziemlich reiche Randborsten, scharfe Ecken der Fühlerbuchten, schwach convexe Schläfenränder und einen fast geraden Occipitalrand. Die hinter der Mitte eingelenkten Fühler überragen den Hinterkopf nur wenig, sind sehr dick, das zweite Glied kaum länger als das dickste erste und das vorletzte von nur halber Länge des letzten. Der Prothorax ist quadratisch, der Metathorax von doppelter Länge, gerad- und parallelseitig, die Beine kräftig, mit langen sehr dicken Hüften und auffallend dünnem Schenkelhalse, am Innenrande der Schienen statt der Dornen lange starke Borsten, deren letzte die Klauen weit überragen. Der Hinterleib zeigt nur sehr schwache randliche Segmentgränzen, sein erstes Segment ist erheblich kürzer als die folgenden, das vorletzte hat zwei enorm lange und eine kurze Randborste jederseits, das tief gekerbte Endsegment auf jeder Seite ein Spitzchen und in der Kerbe zwei Borsten. Die Hinterleibsränder sind schwach bräunlichgelb und die Oberseite der Segmente ganz matt gelblich mit weissen Plikaturen.

Auf Tachydromus isabellinus, von Nitzsch im Jahre 1827 in Gesellschaft eines *Nirmus* und eines *Menopon* auf einem trocknen Balge gesammelt und diagnosirt.

L. luridus *Nitzsch.* Taf. XVI. Fig. 4.
Nitzsch, Germar's Magaz. Entomol. III. 292; Zeitschrift f. ges. Naturwiss. 1866. XXVIII. 384. — Denny, Monogr. Anoplur. 162. Tab. 10. Fig. 12.
Pulex Fulicae Redi, Experimenta Tab. 4. Fig. 11. — Shaw, gener. Zool. VI. Tab. 120.

Elongatus, angustus, brunneoolivaceus; capite elongato trigono, antice rotundato, signatura albida, antennis longis maris subramigeris; prothorace transverso, metathorace duplo longiore; abdomine brevi lanceolato, marginibus subserratis, segmento ultimo profunde fisso, segmentis fasciatis. Longit. $1^{2}/_{3}$'''.

Der lang gestreckte Kopf verschmälert sich vor den Fühlern ziemlich stark und setzen die Zügelränder scharfeckig am abgerundeten Clypeus ab. Auf dieser förmlichen Stufe stehen vier starke Randborsten. Die Vorderecken der Fühlerbucht sind kurz balkenartig ausgebildet, der Augenhöcker dahinter ganz flach, am schwach convexen Schläfenrande eine starke Borste; der Occipitalrand buchtig. Die weiblichen Fühler sind kurz und dick, die männlichen dagegen viel länger, mit schlank spindelförmigem Grundgliede und nur schwach ausgezogener Ecke am dritten. Die Zeichnung des Kopfes in unserer Abbildung ist von Nitzsch nach frischen Exemplaren entworfen und ganz naturgetreu, Denny's abweichende Darstellung hiernach zu berichtigen. Der Prothorax hat schwach convexe Ränder und nur halb so lang wie der Metathorax, dessen Seiten sehr schwach geschwungen und dessen abgerundete Hinterecken mit fünf langen Borsten besetzt sind. Denny nennt zweifelsohne aus Versehen den Metathorax quadratisch und dekorirt beide Brustringe abweichend. Die Beine sind stark, die Schienen innen mit Paaren kurzer und schwacher Dornen bewehrt, die Klauen sehr fein. Der schmal lanzettliche Hinterleib verschmälert sich allmählig gegen das zweispitzige Ende hin, lässt die ziemlich stumpfen Segmentecken recht markirt hervortreten und hat ein sehr tief gespaltenes weibliches Endsegment mit geradem starken Dorn auf jeder Spitze, ein minder tief gespaltenes männliches Endsegment mit zwei Borsten auf jeder Hälfte. Der weibliche Hinterleib ist übrigens entschieden länger als der männliche. Die Segmente sind oben tief dunkelbraun mit weissen Plikaturen und Mittelstreif; bei dem Weibchen ist dieser Mittelstreif breiter, daher diese mit grossen Viereckflecken gezeichnet erscheinen.

Auf Gallinula chloropus und Fulica atra von Nitzsch bereits im Frühjahr 1805 und 1806 richtig erkannt und gezeichnet und neuerdings auch von Denny beschrieben und abgebildet.

L. macrocnemus *Nitzsch.*
Nitzsch, Zeitschrift f. ges. Naturwiss. 1866. XXVIII. 392.

Oblongus, albidus, brunneopictus; capite brevissimo, subcordato, antice rotundato, clypeo fisso, antennis robustis, maris ramigeris tuberculiferis; metathorace prothorace multo latiore cucullari, tibiis gracilibus longissimis; abdomine ovali, marginibus crenatis, maculis rectangulis. Longit. ♂ 2‴, ♀ $2^1/_4$‴.

Eine höchst absonderliche Art, welche nur in der Fühlerbildung und in dem Endsegment als Zangenlaus sich charakterisirt, in allen übrigen Formen sehr auffällige Eigenthümlichkeiten zeigt. Ihr Kopf zunächst ist breiter als lang, der Vorderkopf sehr kurz, vorn abgerundet, aber der Clypeus mit tiefem mittlen Schlitz versehen. Sieben ungewöhnlich lange und starke Randborsten stehen jederseits bis zur scharfen Ecke der Fühlerbucht. Hinter dieser ist der Kopf stark eingeschnürt und die Schläfen erscheinen seitlich und nach hinten wie bei mehren *Goniodes* ungewöhnlich erweitert, ihr Rand mit einigen Stacheln und zwei Borsten besetzt. Die Fühler bleiben angelegt weit von der Schläfenecke zurück, sind weit vor der Mitte eingelenkt, haben bei dem Weibchen ein langes dickes Grundglied, die folgenden von gleichmässig abnehmender Länge, bei dem Männchen an dem sehr dicken Grundgliede einen langen spitzen Fortsatz und am stark bogig gekrümmten dritten einen langen freien Ast. Vor und hinter der Fühlerbucht tiefbraune Randflecke; parallele Schläfenlinien. Der Prothorax so lang wie breit ist schwach trapezoidal und hat vor der Mitte eine randliche Stachelborste. Der viel breitere und nicht längere Metathorax hat convexe Seiten, viele lange Borsten an den abgerundeten Ecken und greift mit einem scharfwinkeligen Hinterrande tief in das erste Abdominalsegment ein. Die Beine zeichnen sich durch sehr dicke Schenkel und viel längere (bis um das Doppelte) schlanke Schienen mit nur zwei schwachen Dornen in der Mitte des Innenrandes aus. Der ovale Hinterleib hat convexe Segmentseiten und stumpfe Segmentecken mit wenigen Borsten, das männliche Endsegment ist tief zweihörnig getheilt nur mit zwei innern Borsten, das weibliche ist viel schmäler und weniger tief getheilt. Das erste Segment hat zwei in der Mitte fast zusammenstossende Dreiecksflecke, die folgenden sechs zungenförmige innen breit abgerundete Randflecke, welche bei dem Männchen bis nahe an die Mitte heran reichen, bei dem Weibchen viel kürzer sind, das achte Segment durchgehend braun.

Auf Palamedea cornuta, von Nitzsch im Januar 1825 auf einem trocknen Balge in einem männlichen und weiblichen und jugendlichen Exemplare gefunden und scharf diagnosirt.

L. simillimus *Gieb.*
Giebel, Zeitschrift f. ges. Naturwiss. 1866. XXVIII. 392.

Praecedenti simillimus, at antennarum articulo secundo tuberculifero, abdomine quatuor seriebus macularum quadratis. Longit. 2‴.

Der Kopf erscheint etwas schmäler als bei voriger Art und der Schlitz im Clypeus ist scharf dreieckig. Die männlichen Fühler haben am langen Grundgliede denselben spitzen Höcker wie bei voriger Art, aber zugleich am zweiten Gliede einen stumpfen stark beborsteten Höcker, am dritten den langen freien Ast. Thoraxringe und Beine wesentlich wie bei voriger Art, nur sind die Schienen merklich länger. Das männliche Endsegment des Hinterleibes ist am Aussenrande dicht beborstet, das weibliche mit langer Stachelborste auf jeder Spitze. Der erste Hinterleibsring hat die grossen Dreiecksflecke der vorigen Art, auf den folgenden Segmenten des Männchens verschmälern sich die weit gegen die Mitte reichenden Querflecke in der innern Hälfte so beträchtlich, dass hier hinter jedem noch ein kurzer und dunklerer Querfleck eingeschoben ist, die grossen hellen Stigmenflecke sind nicht scharf umrandet. Bei dem viel heller gefärbten Weibchen dagegen sind diese Flecke sehr scharf umrandet und innerhalb derselben theilt eine weisse Längslinie die sämmtlichen Querflecke in je zwei, einen äussern rundlichen und einen innern, hier also eine Verdoppelung der Flecke in der Quere, bei dem Männchen aber in der Länge. Uebrigens sind diese Weibchen um ein Drittheil kleiner als die Männchen und dennoch erscheinen sie in allen Formen als ausgebildete, reife.

Auf Palamedea chavaria, von Nitzsch 1826 auf einem trocknen Balge in Berlin gesammelt.

L. foedus *Nitzsch.*
Nitzsch, Zeitschrift f. ges. Naturwiss. 1866. XXXVI. 387.

Angustus, parvus, pallidus, fuscopictus; capite subcordato, antennis maris tuberculiferis ramigeris; prothorace et metathorace aequilongis, hoc latiore trapezoidali; tibiis longissimis; abdomine lanceolato, marginibus serratis, segmentis fuscis, plicaturis pallidis. Longit. 1/3'''.

Der ziemlich herzförmige Kopf ist nur wenig länger als breit, vorn abgerundet, mit nur wenigen Randborsten, lang kegelförmigen Balken und mit erweiterten abgerundeten Schläfen. Das dicke Grundglied der männlichen Fühler hat einen dicken Höcker mit zwei Stacheln und das dritte stark gekrümmte bildet einen langen Ast. Beide Brustringe sind von ziemlich gleicher Länge, aber der Metathorax ist breiter trapezoidal, mit kurzen Borsten an den abgerundeten Hinterecken. Die Beine sind im Verhältniss zum Körper ungewöhnlich lang, die Schenkel kurz und dick, die Schienen viel länger und wie die Klauen schlank. Der lanzettliche Hinterleib hat scharf vortretende Segmentecken mit ganz kurzen starren Borsten, das schwach gekerbte männliche Endsegment viele feine Randborsten. Die Segmente sind oberseits braun mit grossen Stigmenflecken, hinten mit breiten Plikaturen.

Auf Psophia crepitans, von Nitzsch 1828 in einem männlichen Exemplare auf einem trocknen Balge gefunden.

L. subsignatus *Gieb.*
Giebel, Zeitschrift f. ges. Naturwiss. 1866. XXVIII. 384.
Lipeurus Phoenicopteri Coinde, Bullet. Natur. Moscou 1859. XXXII b. 426.
Lipeurus candidus Rudow, Zeitschrift f. ges. Naturwiss. 1870. XXXVI. 135.

Linearis, perangustus, albidus, flavomarginatus; capite angusto, antice rotundato, antennis brevibus; prothorace transverso, metathorace multo longiore, oblongo; abdomine oblongo, marginibus subserratis, flavidis. Longit. 1 3/4'''.

Eine schmal linienförmige Art, weiss mit blos gelber Randzeichnung. Der gestreckte Kopf verschmälert sich nach vorn langsam und endet abgerundet, hat hier vier Randborsten jederseits, dann noch zwei in der Zügelmitte und eine vor der Fühlerbucht, am convexen Schläfenrande zwei. An den kurzen weiblichen Fühlern ist das Endglied länger als das vorletzte, an den männlichen das dritte nur mit stark vortretender Ecke. Der Prothorax ist etwas breiter als lang, der Metathorax mehr als doppelt so lang, mit sanft eingebogenen Seiten und langen Eckborsten. Die Schenkel sind schlank, die Schienen viel kürzer. Der schmale Hinterleib hat wenig aber scharf hervortretende Segmentecken mit ein bis drei Borsten und verschmälert sich gegen das Ende hin ganz allmählig; dieses ist beim Weibchen eng gekerbt mit Borstenspitze jederseits. Die Dekoration beschränkt sich auf gelbe Randsäume.

Auf Phoenicopterus antiquorum, von Nitzsch 1826 in Berlin gesammelt und ohne nähere Angaben in der Sammlung aufgestellt. Später von Rudow charakterisirt. Derselbe beschreibt a. a. O. 132 noch eine zweite Art desselben Wirthes, die hellgelb und rothbraun ist, die letzten drei Fühlerglieder von gleicher Länge, das männliche Endsegment breiter, der Hinterleib mit dunkeln Rückenzeichnungen und die Schienen von der Länge der Schenkel. Wenn auch diese Merkmale kaum Zweifel an der Differenz bestehen lassen, ist doch eine eingehendere Vergleichung der Exemplare erforderlich zur Feststellung der verwandtschaftlichen Beziehungen.

L. gyricornis *Denny.*
Denny, Monogr. Anoplur. 167. Tab. 15. Fig. 1.

Castaneus, laevis, nitidus; capite subcordato, antennis capite longioribus, cum primo articulo longissimo, torto; abdomine obscure castaneo, suturis pallidis. Longit. 1'''.

Auf Sterna hirundo, durch die ganz enorm langen Fühler mit kleinstem vierten und fünften und grösstem gedrehten ersten Gliede ausgezeichnet.

L. modestus.

Elongatus, albus, pictura marginali; capite elongato trigono, antennis longis; prothorace trapezoidali, metathorace multo longiore; abdomine lanceolato, marginibus crenatis, brunneis. Longit. $1\frac{1}{4}$'''.

Der Kopf verschmälert sich von hinten nach vorn ganz allmählig und setzt den runden Clypeus durch eine starke Randkerbe jederseits scharf ab. Die Fühler sind hinter der Kopfesmitte eingelenkt, sehr lang und fadendünn, besonders das zweite und auch das dritte Glied auffallend lang. Die Zeichnung des Kopfes besteht nur in einem Randfleck vor und hinter der Fühlerbucht; die Schläfenlinien convergiren etwas nach hinten. Der Prothorax ist schwach trapezoidal, der Metathorax viel länger mit sanft geschwungenen Seiten, der lanzettliche Hinterleib hat stumpfe vorstehende Segmentecken mit kurzen Borsten, die Seitenränder der sieben ersten Segmente dunkelbraun, die Brustringe nur an den Vorderecken gezeichnet, auch die Beine mit einigen braunen Randschmitzen.

Auf Lestris pomarina, in einem weiblichen Exemplar unserer Sammlung noch aus Nitzsch's Zeit.

L. melanocnemis.
Lipeurus obscurus Rudow, Zeitschrift f. ges. Naturwiss. 1870. XXXVI. 125.

Elongatus, robustus, fuscus, nigropictus; capite semielliptico, antennis brevibus, maris ramigeris; prothorace transverso, metathorace duplo longiore subtrapezoidali, tibiarum apice nigro; abdomine lanceolato, marginibus crenatis, maculis et strigis. Longit. $1\frac{1}{2}$'''.

Eine kräftige Art, durch schwarze Schienenenden von allen vorigen auf den ersten Blick unterschieden. Der Kopf ist halbelliptisch, doch in der mittlen Schläfengegend am breitesten. Der abgerundete Vorderkopf ist jederseits mit fünf straffen Randborsten in ziemlich gleichen Abständen besetzt, der Clypeus rundlich gar nicht abgegränzt, seine beiden vordern Borsten bei dem Männchen von ganz besonderer Länge, die Augenhöcker stark vortretend. Die sehr kurzen dicken Fühler haben bei dem Weibchen ein verlängertes Endglied, bei dem Männchen einen langen freien Ast am dritten und am dicken Grundgliede einen kleinen Höcker mit zwei starken Borsten. Der Zügelrand ist schwarz, ein schwarzer Orbitalfleck, und zwei schwarze Dreiecksflecke am Occipitalrande. Der Prothorax breiter als lang, schwach trapezoidal mit schwarzen Seitenrändern; der Metathorax von doppelter Länge jener, mit vorn etwas eingezogenen und hier nach innen weiter schwarzen Seiten. Die Beine sind robust, haben lange Hüften, starke ganz helle Schenkel und kürzere Schienen mit schwarzen Enden. Der breit lanzettliche Hinterleib, beim Männchen mit schmalem kurz und dicht beborsteten, bei dem Weibchen mit breiterm Endsegmente, bei beiden mit stark gekerbten Seiten und langen Randborsten. Bei dem Weibchen sind die Hinterleibsränder bis zum siebenten Segment breit schwarzbraun, mit hellem Stigmenflecke. Bei dem Männchen sind die beiden ersten Segmente mit je einem schwarzen vordern Randfleck gezeichnet, die vier folgenden Segmente mit solchem Querstreif und Randpunkt, die übrigen nur mit Randpunkten.

Auf Procellaria gigantea, in einigen Exemplaren von Nitzsch ohne nähere Angabe in unserer Sammlung aufgestellt. Rudow's *L. obscurus* ist nicht verschieden.

L. nigrolimbatus.

Elongatus, fuscus, nigrolimbatus; capite semielliptico, antennis brevibus; prothorace transverso, metathorace duplo longiore, pedibus fuscomaculatis; abdomine oblongo, marginibus subcrenulatis, nigris. Longit. $1\frac{1}{2}$'''.

Der halbelliptische Kopf lässt den Clypeus vorn etwas vortreten und ist jederseits in der vordern Hälfte des Zügelrandes mit fünf Borsten besetzt, eine sechste steht vor der scharfen Ecke der Fühlerbucht. Der Augenhöcker hinter der Fühlerbucht tritt stark hervor. Der Hinterkopf verschmälert sich in der hintern Hälfte etwas. Die ziemlich in der Mitte eingelenkten Fühler reichen angelegt bis an den Occipitalrand und sind ihre drei letzten Glieder bei dem Weibchen von gleicher Länge. Schwarze Seitenränder und zwei solche Dreiecksflecke am Nackenrande, stark convergirende Schläfenlinien. Der Prothorax ist quer trapezoidal, der Metathorax doppelt so lang, beide schwarz gerandet und am Metathorax giebt der Saum einen Streifen nach innen. Die schwachen hellen Beine haben braune Flecke an Schenkeln und Schienen. Der oblonge Hinterleib wellt seine Seitenränder nur schwach und endet mit einem kurzen sehr leicht ausgerandeten Segment, das jederseits zwei Stachelborsten trägt. Die breit schwarze Säumung der Segmente ist durch die Stigmen innen ausgerandet, nur auf den beiden letzten Segmenten nicht. Die beiden ersten Segmente sind dunkelbraun, die übrigen hellbraun mit dunklem Hinterrande und ganz heller Plikatur.

Auf einer Procellaria im höchsten Norden von Hrn. v. Heuglin gesammelt und zur Untersuchung freundlichst mitgetheilt.

L. nigricans *Rudow.*
Rudow, Zeitschrift f. ges. Naturwiss. 1870. XXXVI. 133.

Dunkelbraun; Kopf vorn hell mit dunkeln Flecken, mit kleinen Trabekeln und kopfeslangen Fühlern mit spitzem Haken am männlichen dritten Gliede. Prothorax schmal, klein, mit abgerundeten Seiten, Metathorax nach hinten breit und mit vortretenden Ecken. Abdomen im fünften Segment am breitesten, Endsegment des Männchens in vier stumpfe Ecken, des Weibchens in eine schmale Spitze endigend, Ränder gekerbt, breit dunkel; Beine lang, Hüften gross, Schienen dick, Klauen dick. Länge 1,5 Mm. — Auf Procellaria mollis, mir unbekannt.

L. caudatus *Rudow.*
Rudow, Zeitschrift f. ges. Naturwiss. 1870. XXXVI. 125.

Dunkelbraun. Kopf hinten fast schmäler als vorn, mit drei hellen Querzeichnungen auf dem Scheitel; Fühler hinter der Mitte, fast von Kopfeslänge, mit stark gebogenem kurzen dritten Gliede. Prothorax auffällig schmal, Metathorax lang gestreckt achteckig, in der Mitte verengt. Abdomen anfangs breit, in den beiden Endsegmenten schwanzähnlich verengt; Ränder dunkel. Länge 1 Mm. — Auf Procellaria glacialoides, mir unbekannt.

Stephens erwähnt in seinem Syst. Catal. 333 einen *Lipeurus bilineatus* (*Pediculus vagelli Fabricius*, Syst. Antl. 346) von Procellaria glacialis, über den ich nähere Auskunft nicht zu geben vermag.

L. pelagicus *Denny.*
Denny, Monogr. Anoplur. 173. Tab. 14. Fig. 2.

Elongatus, depressus, nitidocastaneus; capite, thorace et abdomine marginem fuscopictum habentibus. Longit. 2'''.

Linien schmal mit dunkler Säumung, mit sehr kurzem Prothorax und langem Metathorax von der Breite des Kopfes.

Auf Thalassidroma pelagica und Leachi, in unserer Sammlung fehlend.

L. taurus *Nitzsch.*
Nitzsch, Zeitschrift f. ges. Naturwiss. 1866. XXVIII. 385.
Lipeurus brevis L. Dufour, Ann. soc. Entomol. IV. 674. Tab. 31. Fig. 3. — Burmeister, Handb. Entomol. II. 433.
Docophoroides brevis Giglioli, Quart. Journ. mikrosk. soc. 1864. IV. 18. Tab. 1.

Brevis, atropiceus, Docophori habitu; capite magno subcordato, antennis maris longissimis, curvatis, subramigeris; prothorace perbrevi trapezoidali, metathorace pentagonali; pedibus robustis; abdomine ellipticodiscoideo, crenato, feminae maculis linguiformibus, maris fasciis. Longit. 1—1½'''.

Ein Docophorus nach dem Habitus und den Körperformen nur mit lipeurischen Fühlern und Endsegment. Der Kopf ist breiter als lang, vorn stark verschmälert und fast gerade abgestutzt, mit vorderer Eckborste und dreien Borsten am Zügelrande. Die schlank kegelförmigen Balken ragen bei dem Männchen weit über die Mitte des Fühlergrundgliedes hinaus. Die Augenhöcker treten stark hervor und die erweiterten Schläfen sind am Rande ganz dicht mit Borsten besetzt. Die vor der Mitte eingelenkten Fühler des Männchens haben ein langes verdicktes Grundglied, ein viel längeres gebogenes sehr dünnes zweites und gekrümmtes drittes Glied, vor dessen Ende die Endglieder eingelenkt sind. Die weiblichen Fühler sind kaum halb so lang und besonders in den drei letzten auffallend an Dicke abnehmenden Gliedern verkürzt. Auf dem Kopfe eine helle quere fünfseitige Stirnsignatur und bogige Schläfenlinien. Der Prothorax ist quer trapezoidal, der Metathorax viel breiter und fünfseitig, sein Hinterrand bei dem Männchen winklig, bei dem Weibchen nur stark convex, mit vier starken Borsten an den stumpfen hintern Seitenecken. Die Beine sind kurz und dick, die dicken Schienen am Innenrande mit einer dichten Stachelbürste besetzt. Der Hinterleib bei dem Weibchen fast halbkreisförmig, bei dem Männchen in der Mitte ansehnlich erweitert, lässt die Segmentecken scharf hervortreten, und sind diese bei dem Weibchen wenig und kurz, bei dem Männchen reich und lang beborstet, hier die letzten Segmente sogar mit dichter Borstenbürste berandet. Das weibliche Endsegment ist tief gekerbt, das männliche ausgerandet, der hervorragende Penis fast ankerförmig oder spatelförmig mit verlängerten scharfen Ecken. Das Weibchen zeichnet die Segmente mit langen Zangenflecken, das Männchen mit durchgehenden Binden.

Auf Diomedea exulans, von Nitzsch im Jahre 1835 unter obigem Namen in unserer Sammlung aufgestellt und diagnosirt, fast gleichzeitig von L. Dufour beschrieben. Derselbe bildet a. a. O. 676 Tab. 26. Fig. 4 noch einen *Lipeurus pederiformis* von Diomedea exulans ab, leider ist mir dieser Band der entomologischen Annalen nicht zugänglich.

L. ferox *Gieb.*
Giebel, Zeitschrift f. ges. Naturwiss. 1867. XXIX. 195.

Maximus, fuscus, flavopictus; capite oblongo, antice rotundato, antennis maris maximis, articulo primo crassissimo curvato tuberculifero; prothorace transverso, metathorace duplo longiore subtrapezoidali; abdomine oblongo, marginibus serratis, fasciis transversis. Longit. $3^{1}/_{2}$‴.

Diese riesige Art ist durch die männliche Fühlerbildung sehr auffällig charakterisirt. Das sehr dicke und lange Grundglied ist nämlich stark gekrümmt (die Oeffnung des Bogens nach vorn gerichtet) und hat über der Basis einen klauenförmigen Stachelfortsatz; die Wurzelhälfte ist gelb, die Endhälfte dunkelbraun. Die beiden folgenden Glieder sind viel dünner, aber auch lang und das dritte bildet nur einen kurzen freien Ast. Der Vorderkopf verschmälert sich und endet breit convex, an der randlichen Abgränzung des Clypeus stehen fünf starke und lange Borsten, dahinter am Zügelrande noch drei, auf der Vorderecke der Fühlerbucht eine Borste, über der Fühlerbasis ragt ein mit zwei Borsten besetzter Kegelhöcker hervor. Der etwas längere Hinterkopf ist nicht breiter als der Vorderkopf, die Schläfenränder sind mit vier Borsten besetzt und laufen parallel nach hinten. Der Occipitalrand ist tief eingebogen. Die Zeichnung des Kopfes ist längs der Mitte gelb, übrigens braun. Der Prothorax ist nur wenig schmäler als der Kopf und gradseitig, der Metathorax doppelt so lang, seine Seiten vorn sehr schwach eingebogen; beide Brustringe braun mit gelber Mitte. Die langen Beine sind braun mit gelben Gelenken, nur die Vorderbeine ganz gelb, die Schienen sehr lang, mit zwei Dornen am Innenrande und mehren langen steifen Borsten, die Daumenstacheln sehr kurz und dick, die Tarsen sehr dick, die Klauen auffallend kurz, plump, hakig. Der oblonge Hinterleib zackt seine Seitenränder durch scharf rechtwinklige stark beborstete Segmentecken, der Seitenrand der letzten Segmente ist reich beborstet und die weit hervorragende Penisscheide mit einer Stachelborste jederseits besetzt. Die drei ersten Segmente sind oberseits durch in der Mitte erweiterte gelbe Plikaturen geschieden, die folgenden Segmente in ganzer Länge braun.

Auf Diomedea melanophrys, in einem männlichen Exemplare auf einem trocknen Balge im Jahre 1867 gefunden.

L. laevis.
Metopeuron laeve Rudow, Zeitschrift f. ges. Naturwiss. 1870. XXXVI. 140.

Kopf breiter als lang, vorn flach abgerundet, ohne Borsten, rothbraun mit fast schwarzen Rändern. Fühler ganz vorn tief eingelenkt, mit fast gar nicht erweitertem dritten Gliede. Prothorax vorn abgerundet mit fast geraden Seiten, Metathorax vorn breiter, nach hinten verengt; beide fast schwarz mit heller Mitte. Abdomen schmal eiförmig, fast schwarz mit heller Mitte, nur am vorletzten Segment mit Borsten. Länge 1,25 Mm. — Auf einer Diomedea aus der Südsee.

L. meridionalis *Rudow.*
Rudow, Zeitschrift f. ges. Naturwiss. 1870. XXXVI. 123.

Rothbraun und hellgelb. Kopf gedrungen, in der Mitte stark verengt, lang beborstet, dunkel gerandet, Fühler in der Mitte des Kopfes, von Kopfeslänge, männliches drittes Glied oben gerandet. Prothorax schmal abgerundet, Metathorax zweimal länger, achteckig. Abdomen breit lanzettlich, letztes männliches Segment schmal zweispitzig mit breit überstehendem vorletzten, weibliches Endsegment abgerundet. Hinterleibsrand breit rothbraun. Länge 1.5 Mm. — Auf Diomedea fuliginosa, mir unbekannt.

L. staphylinoides *Denny.*
Denny, Monogr. Anoplur. 180. Tab. 15. Fig. 2.

Piceo-niger, laevis, splendens; capite nigro obtuse triangulari; antennis pallidoflavis cum articulo tertio tuberculoso fusco. Longit. 1—1⅛‴.

Der breit dreiseitige vorn abgestutzte Kopf, die viel breitern als langen Thoraxringe, die schwarze Färbung des Körpers bei hellgelben Fühlern und Beinen kennzeichnen diese staphylinische Art auf Sula bassana.

L. sulae *Rudow.*
Rudow, Zeitschrift f. ges. Naturwiss. 1870. XXXVI. 131.

Dunkelbraun. Kopf länger als breit, vorn abgestutzt, dunkel gerandet; Fühler von noch nicht halber Kopfeslänge, bei dem Weibchen die drei letzten Glieder von gleicher Länge, bei dem Männchen das zweite und dritte kurz, mit kleinem Haken. Prothorax klein, Unterthorax doppelt so gross, mit vorspringenden Ecken und eingezogener Mitte, Ränder dunkel. Abdomen breit lanzettlich, Segmentecken vorstehend, beide vorletzte Segmente ganz dunkel, die übrigen in der Mitte hell. Länge 4 Mm. — Auf Sula fiber.

L. pallidus *Nitzsch.*
Nitzsch, Zeitschrift f. ges. Naturwiss. 1866. XXVIII. 387.

Oblongus, obscure brunneus; capite subtriangulari, antice obtuso, antennis feminae brevibus, maris longis, articulo tertio bicuspidato; prothorace transverso, metathorace subquadrato; abdomine ovali, marginibus profunde crenatis, maculis linguaeformibus. Longit. 1¼—1⅓‴.

Wieder eine Art von ächt dokophorischem Habitus mit den generischen Lipeurencharakteren. Der sehr breite und kurze Kopf verschmälert sich nach vorn stark und endet breit convex, ist am Zügelrande stark beborstet und begrenzt die seichte Fühlerbucht vorn mit langen Balken, hinten mit einem starken kugeligen Augenhöcker. Die sehr erweiterten Schläfen sind mit sechs rundlichen Borstenspitzen besetzt. Die langen männlichen Fühler haben ein langes spindelförmiges Grundglied, ein ebenso langes aber viel dünneres und stark gekrümmtes zweites und kurzes dickes drittes Glied, das ausser der scharfen Spitze noch zwei spitze Höcker hat, also eigentlich gekerbt dreizackig erscheint. Die Borsten am Ende des zweiten und am dritten Gliede sind länger als gewöhnlich. An den kürzern weiblichen Fühlern ist das Endglied etwas verlängert. Eine deutliche fünfseitige Stirnsignatur, dunkle Zügel- und Schläfenränder und stark nach hinten convergirende Schläfenlinien zeichnen die Oberseite des Kopfes. Beide Brustringe haben gleiche Länge, eine helle Mittellinie und schwach convexe Seiten, der Prothorax einen convexen, der Metathorax einen graden Hinterrand und mehre lange Eckborsten. Die Beine haben lange Schenkel und kurze Schienen mit einigen Dornen vor den Daumenstacheln. Der gestreckt ovale Hinterleib hat tief gekerbte (bei dem Männchen noch mehr als bei dem Weibchen) Seitenränder mit je drei und vier langen Borsten an den Segmentecken; das scharf abgesetzte weibliche Endsegment mit einigen kurzen Borsten, das tief in das vorletzte eingesenkte und tief gespaltene männliche Endsegment ganz dicht mit Borsten besetzt. Das Weibchen zeichnet die Segmente mit kurzen breiten Randflecken, das Männchen mit durchgehenden Binden, die nur auf dem 3. und 4. Segment in schmale lange Zungenflecke getheilt sind; erstes die Bauchseite mit zwei Längsreihen kleiner Flecke, dieses mit einer Mittelreihe grosser Querflecke. Auf Sula alba, von Nitzsch auf zwei im Januar und April 1825 in hiesiger Gegend geschossenen Exemplaren gesammelt und unterschieden.

L. clypeatus.

Oblongus, luteus, fuscopictus; clypeo excisura definito, antennis maris subramigeris; prothorace trapezoidali, metathorace longiore; abdomine oblongo, marginibus profunde crenatis, nigrofusco, fasciis fuscis. Longit. 1¼‴.

Eine hauptsächlich durch die Configuration ihres Kopfes eigenthümliche Art. Der Vorderkopf verschmälert sich nach vorn und setzt den halbkreisförmigen Clypeus durch eine tiefe Randkerbe scharf ab. In dieser Kerbe stehen zwei starke Borsten, zwei dahinter in der Zügelmitte und eine sehr feine am spitzen Balken. Der kürzere Hinterkopf ist viel breiter als lang, die Schläfenränder flach convex. Das lange dicke Grundglied der männlichen Fühler ist in der Basalhälfte stark eingeschnürt und das fast gerade dritte Glied bildet einen sehr kurzen freien Ast. Die weiblichen Fühler reichen angelegt nur bis an den Occipitalrand und ihr zweites Glied ist länger als die beiden folgenden zusammen. Eine deutlich fünfseitige Stirnsignatur, dunkle Zügel- und Schläfenränder und ein kreisförmiges Scheitelfeld. Der Prothorax ist trapezoidal, der Metathorax etwa um ein Drittheil länger, beide dunkel gerandet. Die Beine kurz und kräftig, die Schienen mit drei Paar Dornen am Innenrande. Der Hinterleib oblong, die Segmentecken beim Weibchen stumpf, bei dem Männchen scharf rechtwinklig ungewöhnlich stark vortretend, bei diesem selbst mit den Borsten besetzt, bei jenem die Randborsten davor stehend. Das weibliche Endsegment rechtwinklig ausgeschnitten und mit Stachelborsten auf jeder Spitze. Bei dem Männchen ragt ein langer zarthäutiger Penis hervor. Der Seitenrand der Segmente ist schwarzbraun, das Weibchen hat braune Querbinden, welche durch einen lichten Querstrich getheilt erscheinen, das Männchen hat nur auf den mittlen Segmenten solche Binden, auf den hintern einen mittlen dunklen Querstrich.

Auf Pachyptila coerulescens, in mehren Exemplaren unserer Sammlung ohne nähere Angabe.

L. crenatus.

Elongatus, pallidus, flavopictus; capite longo trigono, antice rotundato, signatura frontali quinquangulari, antennis brevibus; prothorace et metathorace trapezoidalibus, hoc paulo majore, pedibus gracilibus; abdomine lanceolato, marginibus profunde crenatis, fulvis, maculis flavis. Longit. $1\frac{1}{3}$'''.

Schlank und zierlich mit gelber Zeichnung. Der sehr gestreckt dreiseitige Kopf endet mit abgerundetem Clypeus, der randlich nur schwach abgegränzt ist. Hier stehen drei Borsten, zwei in der Zügelmitte und eine vor der Fühlerbucht. Der Augenhöcker hinter der Fühlerbucht ziemlich stark, am schwach convexen Schläfenrande nur einige Borstenspitzen, der Occipitalrand tief eingebuchtet. Die mittelständigen Fühler ohne Auszeichnung, angelegt den Hinterrand nicht erreichend. Vorn liegt eine deutliche fünfseitige Stirnsignatur, deren seitliche Ecken fortsetzend den dunkeln Zügelrand durchbrechen; der Schläfenrand ist nur vorn dunkel und die parallel nach hinten laufenden Schläfenlinien enden in je einem dunklen Randpunkte. Die Brustringe haben gleiche Form und ist der Metathorax nur etwas grösser und braungelb gerandet, mit einigen Eckborsten, der Prothorax mit nur einer. Die Beine sind sehr lang und dünn, Schenkel und Schienen von gleicher Länge, die Klauen sehr schlank. Der gestreckt lanzettliche Hinterleib hat tief gekerbte gelbbraune Seitenränder mit drei und vier Borsten an den Segmentecken, das Endsegment mit mehren Stachelborsten. Auf allen Segmenten gelbe, nach innen verwaschene Randflecke.

Auf Tachypetes leucocephalus, von Otto in zwei weiblichen Exemplaren unserer Sammlung mitgetheilt.

L. toxoceros *Nitzsch.*

Nitzsch, Zeitschrift f. ges. Naturwiss. 1866. XXVIII. 386.

Oblongus, fuscobrunneus; capite triangulari, signatura frontali subpentagona, antennis feminae brevissimis, maris primo articulo tuberculigero, tertio subramigero; annulis thoracis subtrapezoidris, pedibus robustis; abdomine lanceolato, marginibus profunde crenatis, segmentis brunneis. Longit. 1'''.

Der nur sehr wenig längere als breite Kopf ist dreiseitig, vorn fast gerade abgestutzt, mit deutlich umgränzter Stirnsignatur, schlankspitzigen Ecken der Fühlerbucht und abgerundeten Schläfenecken. Die langen männlichen Fühler sind gekrümmt, haben an der Basis des langen Grundgliedes einen Höcker, am dritten Gliede einen kurzen freien Ast, die beiden letzten Glieder auffallend verkürzt. Die sehr kurzen weiblichen Fühler verlängern das Endglied im Verhältniss zum vorletzten. Beide Brustringe sind ziemlich breit, geradseitig, trapezoidal, braun mit weisser Mittellinie und weissen Plikaturen. Die Beine sind braun und kräftig. Der lanzettliche Hinterleib kerbt seine Seitenränder breit und tief, und zeichnet die Segmente bei dem Männchen braun mit weissen Plikaturen, bei dem Weibchen mit heller Längsbinde und mit in der Mitte verbreiterten weissen Plikaturen.

Auf Halieus carbo, von Naumann unserer Sammlung in einem Pärchen eingeschickt, von welchem aber das Männchen nicht mehr vorhanden ist.

L. gyroceros *Nitzsch.*

Nitzsch, Zeitschrift f. ges. Naturwiss. 1866. XXVIII. 386.

Praecedenti simillimus, at capite majore latiore et segmentorum plicaturis angustioribus. Longit. 1'''.

Unterscheidet sich von voriger Art durch den entschieden breitern Hinterkopf, schneller verengten Vorderkopf, noch kürzere dickere weibliche Fühler, schärfere Segmentecken, und viel schmälere in der Mitte nicht verbreiterte Plikaturen.

Auf Halicus brasiliensis, von Olfers in Brasilien gesammelt, dann auch von Nitzsch auf einem trocknen Balge gefunden.

L. forficulatus *Nitzsch.*
Nitzsch, Zeitschrift f. ges. Naturwiss. 1866. XXVIII. 386.

Oblongus, albidus, brunneopictus; capite late trigono, antennis brevibus, prothorace et metathorace transverse rectangularibus, pedibus longis; abdomine feminae lanceolato, maris oblongo, marginibus subcrenulatis brunneis. Longit. $1\frac{1}{2}$'''.

Der Kopf ist breiter als lang, abgerundet dreiseitig, vorn und am Zügelrande dicht beborstet, gelblich mit dunklem Fleck vor und hinter der Fühlerbucht, und mit undeutlicher Stirnsignatur. Die weiblichen Fühler reichen angelegt kaum an den Hinterrand, die männlichen haben ein gerades verlängertes Grundglied und ein gekrümmtes drittes mit kurzem freien Ast. Beide Brustringe sind breiter als lang, rechteckig, der Mesothorax nur ein wenig länger als der Prothorax, nicht breiter. Die Beine haben kräftige Schenkel und ebenso lange, aber viel dünnere Schienen. Der weibliche Hinterleib ist gestreckt lanzettlich, mit fein dunkelbraunen Seitenrändern und das Endsegment tief in das vorletzte zurückgezogen. Der männliche Hinterleib ist parallelseitig, in den drei letzten gleich grossen Segmenten merklich verschmälert, schmutzig weiss mit braunen Viereckflecken.

Auf Pelecanus onocrotalus, von v. Heyden in Frankfurt auf zwei trocknen Bälgen gesammelt und 1827 unserer Sammlung eingeschickt.

L. brevicornis *Denny.*
Denny, Monogr. Anoplur. 181. Tab. 13. Fig. 8.

Castaneus, laevis, nitidus; capite obtuse triangulari; antennis masculi brevibus crassis; abdomine ovato, cum sutura pallidis. Longit. 1'''.

Die sehr dicken plumpen Fühler, der auffallend kurze Prothorax und die braunen Segmentbinden am Vorderrande der Hinterleibssegmente charakterisiren diese auf Phalacrocorax cristatus schmarotzende Art.

L. acutifrons Rudow, Zeitschrift f. ges. Naturwiss. 1870. XXXVI. 138.

Kopf vorn mässig breit mit behaarter Spitze, an den Schläfen mit zwei Borsten, braun mit hellen Rändern. Fühler in der Kopfesmitte, von $\frac{2}{3}$ Kopfeslänge, mit dünnem hakigen dritten Gliede des Männchens. Prothorax klein und rundlich, Metathorax viermal länger, vorn vorspringend, seitlich eingezogen. Abdomen lanzettlich, mit einfach spitzem weiblichen und zweispitzigem männlichen Ende. Länge 1 Mm. — Auf Phalacrocorax capensis.

L. runcinatus *Nitzsch.*
Nitzsch, Zeitschrift f. ges. Naturwiss. 1866. XXVIII. 386.
Nirmus podicipis Denny, Monogr. Anoplur. Tab. 10. Fig. 9.

Elongatus, albus, nigrolimbatus; capite longo subcordato, antennis brevibus, maris articulo tertio subramigero; prothorace et metathorace fere aequalibus; abdomine lanceolato, marginibus serratis, nigris, et ramum introrsum emittentibus. Longit. ♂ $\frac{3}{4}$''', ♀ 1'''.

Der schlanke Kopf ist vorn abgerundet, an den kurz und fein beborsteten Zügelrändern etwas buchtig, mit langen Balken, convexen Schläfenrändern und tief eingebuchtetem Nackenrande. Die Fühler reichen angelegt bis an den Occipitalrand, haben bei dem Weibchen sehr verkürzte Endglieder, bei dem Männchen am dritten nur eine vorstehende Ecke. Beide Brustringe sind trapezoidal, der Metathorax nur sehr wenig grösser als der Prothorax. Die Beine sind ungewöhnlich kurz. Der gestreckt lanzettliche Hinterleib lässt die Segmentecken scharfwinklig hervortreten, trägt ein bis drei Borsten an denselben, zeichnet bei dem Männchen die Seitenränder der sechs ersten Segmente mit je zwei kleinen Querflecken, bei dem Weibchen die Seitenränder aller Segmente schwarz mit nach innen gerichtetem Fortsatz.

Auf Podiceps cristatus und P. minor, von Nitzsch im Frühjahr 1817 und August 1821 auf frischen Tauchern gesammelt.

L. temporalis *Nitzsch.*

Nitzsch, Zeitschrift f. ges. Naturwiss. 1866. XXVIII. 386. — Denny, Monogr. Anoplur. 175. Tab. 11. Fig. 7.
Pediculus Mergi Fabricius, Spec. Insect. II. 480.
Ricinus Mergi serrati Degeer, Insect. VII. 78. Tab. 4. Fig. 13.

Elongatus, albidus, fuscopictus; capite elongato trigono, antennis brevibus, maris subramigeris; prothorace et multo longiore metathorace trapezoidalibus; abdomine lanceolato, marginibus crenatis obscuris, maculis subquadratis. Longit. 1⅓‴.

Der schlanke Kopf verschmälert sich nach vorn langsam und wenig, bildet aber unmittelbar vor dem Clypeus einen scharfspitzigen Randhöcker jederseits und trägt über demselben eine breite platte Tastborste, davor am abgerundeten Clypeus noch eine Randborste, dahinter am Zügelrande zwei Borsten. Die Vorderecke der Fühlerborste bildet einen schlankkegelförmigen Balken. Die in der Kopfesmitte eingelenkten Fühler überragen angelegt den Hinterrand nicht, bei dem weiblichen ist das Endglied sehr erheblich länger als das vorletzte, an dem männlichen das dritte nur mit stark vorragender Ecke. Die beiden Brustringe haben ziemlich dieselbe trapezoidale Form, doch ist der Metathorax um das Doppelte länger als der Prothorax und seine Seiten vor der Mitte deutlich eingezogen. Die nur mässig langen Beine ohne Auszeichnung. Der gestreckt lanzettliche Hinterleib lässt seine Segmentecken ziemlich scharf hervortreten und setzt das vorletzte Segment stark verschmälert ab. Der Rand ist ganz dunkel, neben ihm tragen die Segmente Vierecksflecke mit hellen Stigmen.

Auf Mergus merganser, von Nitzsch im Jahre 1817 auf einem frischen Exemplare erkannt, auch von ältern Beobachtern schon erwähnt und nach Denny auch auf M. serrator.

L. australis Rudow, Zeitschrift f. ges. Naturwiss. 1870. XXXVI. 130.

Kopf vorn breit, hell, hinten stark verbreitert, abgerundet, dunkel. Fühler von etwas über halber Kopfeslänge. Prothorax abgerundet, Metathorax fast dreimal länger, achteckig. Abdomen lanzettlich, Segmentecken stumpf mit je einer Borste, Endsegment des Männchens schmal, des Weibchens breit, zweihöckerig, stärker beborstet, gelb mit braunen Rändern. Länge 2 Mm. — Auf Cereopsis novae Hollandiae.

L. bucephalus.

Ornithobius Cygni Denny, Monogr. Anoplur. 183. Tab. 23. Fig. 1. — *Pediculus Cygni* Linné, Syst. Nat. II. 1018. — *Pulex Cygni* Redi, Experim. Tab. 8.

Elongatus, albidus; capite brevi tetragono, antennis brevibus; prothorace rectangulari, metathoracis latioris lateribus convexis, margine postico angulato; pedibus albis nigrolineatis; abdomine lanceolato, marginibus subcrenulatis; punctis nigris. Longit. 1½‴.

Der abgerundet vierseitige Kopf verschmälert sich nach vorn nur ganz wenig und trägt am ganz kurzen breit flachbogigen Vorderkopfe jederseits sechs Randborsten. Der mit starker Borste versehene Augenhöcker tritt kugelig hervor und der convexe Schläfenrand trägt eine lange Borste und einige Borstenspitzen. Die im vordern Drittheil eingelenkten Fühler reichen angelegt nicht an den Occipitalrand und haben bei dem Weibchen ziemlich gleich lange Endglieder. Der Prothorax ist etwas breiter als lang, rechteckig, der nicht längere aber etwas breitere Metathorax hat stark convexe Seiten und einen winkligen Hinterrand, mit zwei langen Randborsten in der Seitenmitte und zweien ebensolchen an den Ecken. Die Beine sind kurz, die Hüften sehr kurz, die Schenkel dick und die Schienen schlank, beide schwarz gerandet, letzte mit drei starken Dornen am Innenrande, die Klauen lang und stark gekrümmt. Der gestreckt lanzettliche Hinterleib lässt seine Segmentecken gar nicht hervortreten, daher seine Seitenränder nur schwach wellig, zeigt jederseits vier schwarze Randpunkte, auf dem letzten Segment zwei braune Dreiecksflecke; die übrige Zeichnung verwischt.

Auf Cygnus olor, in einem Weibchen in unserer Sammlung ohne nähere Angabe, nach Denny auch auf Cygnus Bavicki.

Metopeuron punctatum Rudow, Zeitschrift f. ges. Naturwiss. 1870. XXXVI. 139.

Kopf so lang wie breit, vorn flach abgerundet, Hinterkopf etwas breiter, gelbgrau mit wenigen dunklen Flecken. Fühler in der Kopfesmitte, länger als der Kopf, am dritten männlichen Gliede mit vorstehender Ecke. Prothorax fast so breit wie der Kopf, hinten eingeschnürt, hellgrau mit zwei dunklen Flecken. Metathorax vorn breiter, mit runden Seiten, nach hinten eingeschnürt. Abdomen eiförmig, an den Seiten fast glatt, am Ende bei dem Männchen stumpf rund, beim Weibchen gerade abgeschnitten, stärker beborstet. Gelbgrau, mit rothen Randpunkte auf dem 3. bis 6. Segment. Länge 2 Mm. Auf Cygnus musicus. — Rudow erhebt diese Art mit dem oben aufgeführten *L. laevis* zur Gattung *Metopeuron* und giebt derselben einen breitern als langen Kopf.

einen sehr geringfügigen Geschlechtsunterschied in den Fühlern, ein rundes männliches Endsegment und abgeplattetes weibliches, kurze dicke zahnlose Mandibeln, starke gezähnte Maxillen, eine spitze stark gezähnte Lippe mit vielen Nebenlappen und eine pfeilförmige Zange mit vielen feinen Zähnen.

L. jejunus *Nitzsch.* Taf. XX. Fig. 5. 7.

Nitzsch, Germar's Magaz. Entomol. III. 292; Zeitschrift f. ges. Naturwiss. 1866. XXVIII. 385. — Denny, Monogr. Anoplur. 177.

Pediculus anatis anseris Linné, Syst. Nat. II. 1018.

Nirmus crassicornis Olfers.

Pulex anseris sylvestris Redi, Experimenta Tab. 10.

Elongatus, angustus, albidus, nigrolimbatus; capite elongato trigono, antice rotundato, antennis longis, feminae articulo ultimo penultimo duplo longiore, maris ramigeris; metathorace duplo longiore prothorace; abdomine lanceolato, marginibus crenatis, nigris. Longit. $1\frac{1}{2}'''$.

Der sehr gestreckte dreiseitige Kopf endet vorn mit flach convexem Clypeus und hat jederseits desselben fünf Randborsten, denen noch zwei am Zügelrande folgen, dann die schlankkegelförmige Balkenecke der Fühlerbucht. Am convexen Schläfenrande steht nur eine lange Borste. Die in der Mitte eingelenkten Fühler ragen angelegt über den Hinterkopf hinaus und hat das Endglied ziemlich die doppelte Länge des vorletzten, bei dem Männchen ist das Grundglied schlank spindelförmig, das zweite und dritte ziemlich von gleicher Länge und dieses mit kurzem freien Aste. Auf dem Vorderkopfe liegt eine weisse mittle Längslinie, Orbitalflecke vorhanden oder fehlend, die Schläfenlinien parallel nach hinten laufend. Der Prothorax ist trapezoidal, der Metathorax doppelt so lang, mit vorn deutlich eingezogenen Seiten und fünf sehr ungleichen Borsten vor den Hinterecken. Die Beine sind dünn und schlank, die Schienen sehr kurz nur mit Borsten, ohne Dornen am Innenrande. Der gestreckte schmale Hinterleib lässt seine mit 2 und 3 Borsten besetzten Segmentecken ziemlich markirt hervortreten, verschmälert sich in den Endsegmenten bei dem Weibchen stufig mit zwei feinen Borsten jederseits auf dem Endsegment, bei dem Männchen gleichmässig mit rundlich zweilappigem Endsegment, das jederseits zwei starke Borsten trägt. Der bräunlichschwarze Seitensaum der Segmente verschmälert sich nach hinten und fehlt den beiden letzten Segmenten gänzlich. Das Endsegment hat jedoch zwei braune Flecke. Taf. 20. Fig. 5 stellt den Darmkanal mit den Malpighi'schen Gefässen, Fig. 7 die Hoden dar. Die Malpighi'schen Gefässe enden mit je einem feinen, plötzlich aus ihrem abgerundeten Ende hervortretenden Faden und die Hoden sind sehr gestreckt birnförmig, die grosse zungenförmige Drüse an der Vereinigung der Samenleiter hat eine mittle Längsrinne.

Auf Anser cinereus, A. domesticus und A. canadensis von Nitzsch seit 1815 wiederholt beobachtet. Denny führt Anser ferus, A. segetum, A. albifrons und Bernicla torquata als Wirthe an, doch passt seine Abbildung nicht auf diese, sondern entschieden auf die folgende Art.

L. serratus *Nitzsch.*

Nitzsch, Zeitschrift f. ges. Naturwiss. 1866. XXVIII. 385.

Lipeurus jejunus Denny, Monogr. Anoplur. 177. Tab. 15. Fig. 4.

Lipeurus cygnopsis Rudow, Zeitschrift f. ges. Naturwiss. 1870. XXXVI. 129.

Elongatus, albus, pictura olivaceonigra; capite oblongo trigono, antice angulato, antennis longis, maris ramigeris; prothorace transverso, metathorace duplo longiore, lateribus paulum curvatis; abdomine lanceolato, marginibus subcrenulatis, maculis subquadratis ocellatis antrorsum excisis, in maris segmento sexto et septimo diminutis angustatis, in octavo in fasciam confluentibus. Longit. $1\frac{1}{2}'''$.

Von der schlanken Körpertracht der vorigen Art, aber mit ganz anderer Zeichnung und sehr charakteristisch abweichenden Formen. Am sehr gestreckten Kopfe brechen nämlich die Zügelränder vorn eckig und stufig zum convexen Clypeusrande um und hier stehen vier Borsten jederseits, eine folgende in der Zügelmitte. Die Vorderecke der Fühlerbucht ist schlankkegelförmig ausgezogen. Die männlichen Fühler reichen angelegt bis zum Metathorax und haben ein sehr gestreckt spindelförmiges Grundglied, dickes drittes mit freiem Ast und spindelförmiges Endglied von fast doppelter Länge des vorletzten, an den merklich kürzern weiblichen Fühlern ist das Grundglied sehr dick, wie immer das zweite das längste und das verlängerte Endglied walzig. Zügel und Schläfenrand sind dunkel gesäumt, die Schläfenlinien weit von einander getrennt und parallel. Der rechteckige Prothorax ist breiter als lang, der Metathorax doppelt so lang, seine Seiten vor der Mitte ziemlich stark eingezogen; seine Hinterecken mit Borstenbüscheln; beide Brustringe mit dunkeln Seitenrändern. Die Beine gestreckt, Schenkel und Schienen schwarz gerandet. Der schmal lanzettliche Hinterleib lässt seine Segmentgrenzen randlich nur durch schwache Buchtung und durch die Randborsten erkennen. Die Oberseite der Segmente ist bei dem Männchen mit rundlichen Viereckflecken, auf dem 6. und 7. mit sich zuspitzenden Dreieckflecken, auf dem 8. Segment mit durchgehender Binde gezeichnet, bei dem Weibchen auf allen Segmenten mit kürzern Viereckflecken und bei beiden Geschlechtern haben alle Flecken an ihrem Vorderrande eine tiefe Kerbe. Die Bauchseite ist mit schmalen gepaarten länglichen Flecken gezeichnet.

Auf Anser albifrons, von Nitzsch im Oktober 1817 und später wieder gesammelt und als eigene Art diagnosirt. Denny vereinigt sie mit voriger Art, seine Abbildung des Männchens zeigt auch auf dem 6. und 7. Segment Vierecks- statt Dreieckflecke, und nirgends die Vorderrandskerbe der Flecke, doch dürften diese Abweichungen auf Rechnung des Zeichners kommen. Exemplare von Anser cygnopsis auch von Nitzsch in unserer Sammlung aufgestellt, vermag ich nicht zu unterscheiden und da unter ihnen ein Männchen ohne Zeichnung des Hinterleibes sich befindet, so muss auch Rudow's *L. cygnoides* dieses selben Wirthes unbedenklich identificirt werden.

L. asymmetricus Rudow, Zeitschrift f. ges. Naturwiss. 1870. XXXVI. 132.

Kopf sehr lang, vorn auffallend schmal, lang beborstet, Hinterkopf wenig verbreitert, abgerundet, mit rothbraunen Seiten, übrigens hellgelb. Balken vorhanden, Fühler von Kopfeslänge, dünn. Prothorax fast so breit wie der Kopf, abgerundet, Metathorax dreimal länger, mit eingebogenen Seiten; beide Brustringe rothbraun gerandet. Abdomen bis zum vierten Segment schmäler, dann verbreitert, Endsegment mit zwei stumpfen Ecken. Hinterleibsrand schmal rothbraun mit gelbem Fleck an jeder Segmentecke. Beine lang und dünn. Länge 2 Mm. Auf Anser aegyptiacus.

L. squalidus *Nitzsch.* Taf. XVI. Fig. 1.
Nitzsch, Germar's Mag. Entomol. III. 292; Zeitschr. f. ges. Naturwiss. 1866. XXVIII. 385. — Denny, Monogr. Anoplur. 176. Tab. 14. Fig. 5. — Grube, v. Middendorff's Sibir. Reise II a. 486.

Elongatus, sordide albus, interrupte olivaceolimbatus; capite elongato trigono, antice angulato, antennis longis, maris subramigeris; prothorace transverso, metathorace duplo longiore, lateribus sinuatis; abdomine lanceolato, marginibus acute crenatis, maculis ocellatis in medium dilute excurrentibus. Longit. 1—$1\frac{1}{2}$‴.

An dem gestreckt dreiseitigen Kopfe tritt jederseits vorn an der Gränze des convexen Clypeus- und Zügelrandes eine stumpfe Ecke hervor, über welcher eine sehr breite platte Borste, vor und hinter derselben einige feine Borsten stehen, dann drei in der Mitte des Zügelrandes und eine vor dem Balken. Die weiblichen Fühler überragen den Hinterkopf kaum, die längern männlichen haben einen kurzen freien Ast am dritten Gliede. Die Zeichnung des Kopfes stellt unsere Abbildung nach dem Leben dar. Der Prothorax ist quer rechteckig, der Metathorax doppelt so lang mit eingebuchteten Seiten und vier Borsten an den Hinterecken, mit heller Mitte. Die Beine sind kräftig, die Schienen mit einigen Borstendornen am Innenrande besetzt. Am Hinterleibe treten die Segmentecken meist recht scharfwinklig hervor und die doppelt ocellirten Randflecke verwischen sich gegen die Mitte hin. Ein Geschlechtsunterschied macht sich in der Zeichnung nicht bemerklich.

Auf Anas boschas fera und domestica, auch auf Anas crecca, von Nitzsch seit Anfang dieses Jahrhunderts wiederholt beobachtet und sorgfältig mit den andern Arten verglichen. Ein weibliches Exemplar von Anas ferina von Nitzsch in unserer Sammlung aufgestellt bietet keinen beachtenswerthen Unterschied. Denny zeichnet die Viereckflecke scharf, nicht gegen die Mitte hin verwaschen. Grube beschreibt diese Art jedoch etwas abweichend von Anas Stelleri und A. glocitans.

L. sordidus *Nitzsch.*
Nitzsch, Zeitschrift f. ges. Naturwiss. 1866. XXVIII. 385.

Praecedenti simillimus, at antennis brevioribus, maculis abdominalibus omnino dilutis. Longit. $1\frac{1}{4}$‴.

Aehnelt der vorigen Art sehr auffällig, so dass nur aufmerksame Vergleichung die Unterschiede erkennen lässt. Der Kopf verschmälert sich nach vorn mehr und der Clypeusrand ist stärker convex, die vorderste Borste jederseits desselben viel stärker, die über dem Seitenhöcker stehende platte aber ganz dieselbe. An den männlichen Fühlern ist das dritte Glied entschieden kürzer, dicker, stark hakig gekrümmt, bei beiden Geschlechtern die Fühler kürzer mit dickern Endgliedern. Ausser den Seitenrändern ist auch der Hinterhauptsrand schwarz. Die Brustringe von derselben Form wie bei voriger Art sind nur fein schwarz gesäumt. Wie bei jener Art sind auch hier die beiden weiblichen Endsegmente plötzlich verschmälert. Die Randflecke der Segmente erscheinen hier bei allen Exemplaren als blosse Winkelzeichnung, indem sie vom Stigma nach innen geöffnet, d. h. so hell wie die übrige Rückenfläche sind.

Auf Anas crecca und A. clypeata, von Nitzsch im Frühjahr 1817 gefunden und als eigene Art diagnosirt. Ein Männchen und Weibchen von A. acuta in unserer Sammlung vermag ich nicht zu unterscheiden.

L. depuratus *Nitzsch.*
Nitzsch, Zeitschrift f. ges. Naturwiss. 1866. XXVIII. 385.

Elongatus, albidus, nigrolimbatus; capite elongato trigono, antice elongato, antennis longis, maris subnigris, thorace L. squalidi, maculis abdominalibus submarginalibus nigris, obsolete ocellatis introrsum sinuatis. Longit. $1^1/_2{}'''$.

Nitzsch unterscheidet diese Art von vorigen beiden durch die reiner weisse Grundfarbe und die schwärzere Zeichnung, die ganz helle Farbe des Scheitels und der Schläfen und die schärfer umgränzten, nach innen geöffneten Abdominalflecken. Die rein weisse Färbung ist wie gewöhnlich nach der langen Einwirkung des Spiritus gelb geworden und die schwarze Zeichnung braun. In den Formen ist wenig charakteristisch Auffälliges. Der Clypeus ist entschieden kürzer, die Seiten des langen Metathorax fast gerade, das Abdomen in der vordern Hälfte schmäler.

Auf Anas strepera, von Naumann unserer Sammlung mitgetheilt und von Nitzsch in zwei weiblichen Exemplaren auch auf A. penelope gefunden. Letztere haben jedoch wieder deutlich eingezogene Metathoraxseiten und die Abdominalflecke sind fast auf blosse Randzeichnung reducirt.

L. frater.

Elongatus, ochraceus, fuscopictus; capite elongato trigono, antice obtuse angulato, antennis brevibus; prothorace subquadrato, metathorace paulo longiore, pedibus brevibus; abdomine lanceolato, marginibus crenatis, maculis obsoletis. Longit. $1^1/_4{}'''$.

Auch diese Art gehört noch zum engen Formenkreise der vorigen, unterscheidet sich aber von vorigen durch die ganz stumpfen Ecken auf der Gränze zwischen Zügel- und Clypeusrand. Die breite flache Borste steht ganz am Rande dieser Ecke, eine starke davor und drei in gleichen Abständen bis zur Zügelmitte. Die Balken sind kürzer, die Fühler haben ein gleich langes drittes und viertes und ein sehr merklich längeres fünftes Glied. Eine weisse Stirnsignatur, parallele grade Schläfenlinien und ein fein schwarzer grader Occipitalrand. Der Metathorax ist nicht ganz doppelt so lang wie der Prothorax, hat stark eingezogene Seiten und viele kurze Borsten an den Hinterecken; seine Seitenränder sind schwarz. Die Beine sind auffallend kurz. Der Hinterleib kürzer und breiter als bei vorigen Arten und mit minder scharfen Segmentecken ist ganz schwarzbraun gerandet und die ocellirten Viereckflecke sind nach innen nicht scharf umgränzt. Die Ockerfarbe wird im Leben weiss gewesen sein.

Auf Anas glacialis, in zwei weiblichen Exemplaren von Nitzsch im Jahre 1828 in unserer Sammlung ohne nähere Angabe aufgestellt.

L. gracilis.

Elongatus, albidus, pictura obsoleta; capite trigono, antennis brevibus; prothorace transverso, metathorace duplo longiore, lateribus sinuatis; pedibus brevibus crassis; abdomine lanceolato, marginibus crenatis fulvis, maculis nullis. Longit. $1^1/_4{}'''$.

Eine zierliche im Leben wahrscheinlich weisse Art mit fein gelber Säumung des Hinterleibes. Der dreiseitige Kopf erweitert seine Vorderecken kaum und trägt hier gleich hinter der platten Borste zwei Randborsten, die dritte weiter entfernt davon. Die Fühler wie bei voriger Art mit gleich langem dritten und vierten und merklich längerm fünften Gliede. Der Prothorax ist viel breiter als bei vorigen, der Metathorax doppelt so lang mit ziemlich stark buchtigen Seiten. Die Beine sind kurz und dick und die sehr kurzen Schienen vor den Daumenstacheln mit langen Dornen bewehrt. Am lanzettlichen Hinterleibe treten die Segmentecken abgestumpft hervor, haben längere Randborsten als bei vorigen Arten. Nur die sieben ersten Hinterleibssegmente haben gelbe Seitenränder, alle übrige Zeichnung fehlt.

Auf Anas spectabilis, in nur einem Weibchen von Nitzsch in unserer Sammlung aufgestellt.

Einige weibliche Exemplare von Anas moschata schliessen sich *L. squalidus* enger an, ohne jedoch identisch zu sein. Sie haben die Ecken am Vorderkopf mit breiter platter Borste, einen sehr breiten Prothorax und doppelt so langen Metathorax mit eingezogenen Seiten, stumpfere Segmentecken am Hinterleibe, ein schlankeres minder scharf abgesetztes Hinterleibsende und ocellirte Viereckflecken, deren mittle am Vorderrande eine Kerbe zeigen. —

Von Anas nigra erwähnt Nitzsch ein schlecht erhaltenes, nicht mehr vorhandenes Exemplar als dem *L. sordidus* ähnlich, gelblich mit feinem schwarzen Randsaum.

L. rubromaculatus Rudow, Zeitschrift f. ges. Naturwiss. 1870. XXXVI. 128.

Elongatus, albus, rubropictus; capite elongato trigono, antice rotundato, angulato, antennis brevissimis, maris subrunigris; prothorace transverso, metathorace duplo longiore, lateribus sinuatis, pedibus robustis; abdomine lanceolato, marginibus crenatis rufis, maculis subquadratis. Longit. ♂ 1''', ♀ $1^1/_2$'''.

Die bei den Zangenläusen der Enten gewöhnliche eckige Randerweiterung mit breiter platter Borste jederseits des Clypeus ist hier wieder vorhanden, vor ihr steht eine sehr lange starke Randborste, hinter ihr zwei schwache und vor der Zügelmitte abermals zwei. Der Balken der Fühlerbucht ist spitzkegelförmig. Die kurzen Fühler reichen angelegt nur bis an den Occipitalrand und haben die männlichen das gewöhnliche lang spindelförmige Grundglied, ein kurzes drittes mit kurzem freien Ast und ein auffallend verkürztes viertes, aber wieder langes Endglied. Die Zeichnung des gelben Kopfes besteht in je einem rothbraunen Punkte vor und hinter der Fühlerbucht und in zwei solchen am Nackenrande. Der Prothorax ist etwas breiter als lang, rechteckig (keineswegs fast dreieckig, wie Rudow angiebt). Der Metathorax doppelt so lang, mit buchtigen Seiten und kurzen starken Eckborsten; beide fein rothbraun gesäumt. Die Beine kurz und stark, die Schienen am Innenrande mit einigen sehr starken Stachelborsten besetzt. Der Hinterleib anfangs sehr schmal verbreitert sich dann und verschmälert sich gegen das Ende hin wieder, das weibliche achte Segment stufig absetzend, das Endsegment des Weibchens sehr fein, das männliche stark gekerbt, bei beiden mit den Randborsten der übrigen Segmente. Die Seitenränder sind rothbraun und an sie legen sich gelbe Viereckflecke mit Stigmenfleck und tiefer Kerbe am Vorderrande. Bei dem Männchen sind diese Viereckflecke auf den vorletzten Segmenten nur durch eine feine weisse Längslinie in der Mitte der Segmente von einander geschieden.

Auf Anas mollissima, von Rudow zuerst erkannt und hier nach einem von demselben mitgetheilten Pärchen zum Theil berichtigend beschrieben.

L. punctulatus Rudow, Zeitschrift f. ges. Naturwiss. 1870. XXXVI. 137.

Ockergelb, Kopf fast dreieckig, dicht behaart, Hinterkopf abgerundet, mit einer langen Borste, vor der Fühlerbucht mit rothem Punkte. Fühler in der Kopfesmitte, von zwei Drittel Kopfeslänge, männliche mit kurzem hakigen dritten Gliede. Prothorax rundlich, Metathorax $2^1/_2$mal länger mit eingezogenen Seiten. Abdomen im fünften Segment am breitesten, regelmässig lanzettlich, mit zweihöckerigem männlichen und abgerundeten weiblichen Endsegment, Ränder wenig dunkler. Beine dick, Schienen kurz. Länge 2 Mm. Auf Anas fusca, unserer Sammlung fehlend.

L. sagittiformis Rudow, Zeitschrift f. ges. Naturwiss. 1870. XXXVI. 130.

Dunkelbraun, Kopf vorn mit etwas vorstehenden Wülsten, hell mit dunklem Rande, stark behaart. Fühler in der Kopfesmitte, von halber Kopfeslänge, männliche mit sehr kurzem stark gebogenen dritten Gliede. Prothorax kurz abgerundet, Metathorax doppelt so lang, geradseitig, beide braunschwarz mit heller Mitte. Abdomen nach hinten ganz verschmälert beim Männchen, elliptisch beim Weibchen, mit dunklen Viereckflecken. Männliches Endsegment ganz spitz [?], weibliches stumpf zweihöckerig. Länge 1,5 Mm. Auf einem unbestimmten Schwimmvogel aus der Südsee.

L. lacteus.
Lipeurus tadornae Denny, Monogr. Anoplur. 170. Tab. 14. Fig. 6.

Elongatus, lacteus, pictura nigropicea marginali; capite elongato subcordiformi, antennarum articulo ultimo elongato; prothorace transverso, metathorace duplo longiore, tarsis ferrugineis; abdomine lanceolato, marginibus serratis, nigropiceis. Longit. $1^1/_2$'''.

Eine zart milchweisse Art mit schwarzer Randzeichnung und zwar der vordern Zügelhälfte, Flecken hinter der Fühlerbucht, schwarzen Hinterecken des Prothorax, schwarzen Seitenrändern des Metathorax, solchen Seitenrändern des 2. bis 7. Abdominalsegmentes, das achte Segment ist wie das erste rein weiss, das neunte mit zwei braunen Punkten. Der Kopf verschmälert sich nach vorn etwas, hat hier die gewöhnlichen Seitenecken mit breiter platter Borste, schlank kegelförmige Balken, am concaven Schläfenrande eine straffe Borste, weite Fühlerbuchten, starke Augenhöcker, die Fühler über halbe Kopfeslänge. Der Metathorax hat buchtige Seiten und viele straffe Borsten an den sehr vortretenden stumpfen Hinterecken. Die Beine sind schlank und dünn, der Innenrand der kurzen Schienen mit einigen Stachelborsten besetzt. Der Hinterleib hat scharf sägezähnige Seiten, das achte Segment ist stark verschmälert und das Endsegment gerade abgestutzt, aber mit breiter tiefer Rinne.

Auf Anas tadorna, von Denny beschrieben und abgebildet, von Hrn. Dr. Rey in einigen weiblichen Exemplaren mit andern *Philopteren* auf einem frischen Cadaver gesammelt und unserer Sammlung mitgetheilt. Leach scheint die Art im britischen Museum als ***Ornithobius tadornae*** bezeichnet zu haben.

L. capreolus Gervais, Hist. nat. Ins. Aptères III. 353.

Mutique, allongé, subatténué en arrière; tête un peu longue, obtuse en avant, les premiers anneaux de l'abdomen pourvus seuls d'un anneau coriace complet; les postérieurs incomplets, base du second article et sommet du quatrième dentiformes dans le mâle. Longit. 2 Mm. — Photolophus sulphureus.

L. struthionis Gervais, Hist. nat. Ins. Aptères III. 354. Tab. 49. Fig. 2.

Tête plus large que le thorax, surtout en arrière, obtuse en avant, peu échancrée sur les côtés; anneaux de l'abdomen marqués bilatéralement en dessus d'une tache subquadrilatère brune, un peu moins forte au second qu'aux suivants, nulle au premier; fond de la couleur générale grisâtre, un peu de noir en avant et en arrière de chaque anneau ainsi, qu'au chaperon, dessous du corps taché comme le dessus, mais sans ombre brunâtre à la partie médiane. Longit. 3 Mm. — Struthio camelus.

Gervais hatte diese Art in den Ann. soc. entomol. 1842 als ***Docophorus*** aufgeführt, so entschieden docophorisch ist ihr Habitus und nach der Abbildung ist das abdominale Endsegment beider Geschlechter gleich abgerundet und das männliche ohne, das weibliche mit Borsten. Gervais nennt auch die Fühler sechsgliedrig, das zweite Fühlerglied das grösste. Diese sehr bedenklichen Eigenthümlichkeiten machen eine erneute Untersuchung der Art nothwendig.

L. falcicornis.

Elongatus, albidus, fuscopictus; capite elongato subcordiformi, antennis maris falciformibus, ramis nullis; prothorace subquadrato, metathorace paulo longiore subtrapezoidali, pedibus longissimis, fuscomarginatis; abdomine lanceolato, marginibus crenatis, segmentis fuscofasciatis, secundo tertio quarto media interruptis. Longit. $1\frac{3}{4}'''$.

Die männlichen Fühler charakterisiren diesen Südseeinsulaner sehr auffällig. Dieselben sind nämlich stark sichelförmig gekrümmt, über kopfeslang, haben ein spindelförmiges Grundglied von der Länge des Hinterkopfes, ein ebenfalls langes zweites Glied, dann folgt ein kürzeres und ein letztes klauenförmiges, so dass das dritte und vierte als aus zweien verschmolzen betrachtet werden muss. Der Rand der Fühler und die Endklaue ist braun. Der Vorderkopf ist halbelliptisch, hat kegelförmige Balken und etwa sieben Randborsten. Der Hinterkopf bewahrt gleiche Breite und der Occipitalrand ist eingebogen. Die ganzen Seitenränder des Kopfes sind dunkelbraun, am Nackenrande zwei kleine braune Flecke. Der Prothorax ist fast quadratisch, dunkelbraun gerandet, der Metathorax nur wenig länger, nach hinten schwach verbreitert, mit heller Längslinie in der Mitte und einem hellen diese kreuzenden Halbkreis. Die Beine haben eine ganz ungewöhnliche Länge, Schenkel und Schienen von gleicher Länge und braun gerandet, die Klauen stark. Der verhältnissmässig kurze Hinterleib kerbt seine Ränder stark. Das neunte Segment besteht aus einem gekrümmten fingerförmigen Randtheile mit dichtem Borstenbüschel, dazwischen liegen die beiden dreiseitigen mit je drei Borsten besetzten Segmentlappen und zwischen diesen ragt ein breites in zwei lange gerade Chitinstacheln auslaufendes Band hervor, unter welchem seitwärts gebogen der fingerförmige Penis hervorragt. Aehnliche männliche Genitalien kommen nur noch bei wenigen andern Arten vor und werden diese wahrscheinlich generisch von den übrigen getrennt werden müssen. Die Oberseite der Segmente ist braun mit in der Mitte erweiterten weissen Plikaturen, auf dem zweiten bis vierten Segmente theilt eine weisse mittle Längslinie die Binden.

Auf Centropus Menebecki, in einem männlichen Exemplare auf einem eben während des Druckes für unsere Sammlung erworbenen trocknen Balge gefunden.

L. goniopleurus.
Ornithobius goniopleurus Denny, Monogr. Anoplur. 184. Tab. 23. Fig. 2.

Pallide flavoalbus, capite maculas nigras sex habente; metathorace postice acuminato; abdomine elongato, segmentis septem prioribus signum piceonigrum, trilaterale in margine quoque habentibus. Longit. 2'''. — Cygnus canadensis, Mergus merganser.

Denny begründet auf diese Art sowie auf die oben beschriebenen des *Cygnus olor* und die folgende die eigene Gattung *Ornithobius*, weil deren Clypeus zangenförmig, also vorn tief ausgeschnitten ist, die Fühler weit vor der Mitte eingelenkt sind und drei grosse erste Glieder haben. So eigenthümlich diese Formen auch erscheinen, stehe ich doch an auf die angegebenen Merkmale die Gattung hier aufzunehmen. Ganz dieselbe zangenförmige Bildung des Clypeus kömmt auch bei einigen Dokophoren vor und die Fühlerbildung schliesst sich der von *Lipeurus* doch sehr eng an. Die Form des männlichen Endsegmentes weicht ab. — Diese Art des Canadaschwanes hat grosse schwarze Orbitalflecke und zwei Dreiecksflecke am Hinterkopf, kurze dicke Fühler mit stark vortretender Ecke am dritten männlichen Gliede, quadratischen Prothorax, viel breitern Metathorax mit stark convexen Seiten und winkligem Hinterrande und schwarze Winkelzeichnungen auf den Hinterleibssegmenten.

L. atromarginatus.
Ornithobius atromarginatus Denny, Monogr. Anoplur. 185. Tab. 23. Fig. 3.

Nitide albus, splendens; capite obtuse panduriforme; margine abdominis nigro arcto. Longit. $1\frac{1}{4}$'''. — *Cygnus canadensis.*

L. rostratus.
Ornithobius rostratus Rudow, Zeitschrift f. ges. Naturwiss. 1870. XXXVI. 141.

Kopf mit langer Zange und zweien Borsten jederseits derselben, Hinterkopf breit, abgerundet, hell mit dunkler Basis und dunklem Hufeisen auf dem Scheitel. Fühler von zwei Drittel Kopfeslänge. Prothorax schmal abgerundet, Metathorax ebensolang, elliptisch, breiter. Abdomen schmal eiförmig mit fast glatten, einzeln behaarten Seiten, Endsegment schmal, spitz, beborstet; fast weiss mit braunen den Rand nicht berührenden Flecken. Länge 1,5 Mm. — Auf Anser aegyptiacus.

L. hexophthalmus *Nitzsch.*
Nitzsch, Zeitschrift f. ges. Naturwiss. 1866. XVII. 528.

Oblongus, albus, nigropictus; capite brevi cordatotrapezoideo, antice truncato, antennis crassis, subuniformibus; prothorace subquadrato, metathorace multo latiore; abdomine oblongo, marginibus nigris, segmentis lineis duabus parallelis medio interruptis. Longit. $1\frac{1}{4}$'''.

Zum engen Formenkreis der *Ornithobien* gehört diese schon von Nitzsch im December 1835 in zwei Weibchen und einem Männchen in den Schleierfedern der Strix nyctea aufgefundene und als absonderlich charakterisirte Art. Die Form des Kopfes ähnelt sehr dem *L. goniopleurus* Denny, aber die sechs schwarzen Flecke desselben sind viel kleiner. Die kurzen dicken Fühler haben bei dem Männchen die drei ersten Glieder merklich länger und dicker als bei dem Weibchen und am dritten die Ecke scharf hervor. An den Ecken des Clypeus stehen jederseits sechs Randborsten. Der Prothorax ist nur wenig breiter als lang, convexseitig, der Metathorax viel breiter, mit stark convexen Seiten, zweien Borsten in deren Mitte und einer vor den Hinterecken und mit schwach convexem Hinterrande. Die kurzen Beine haben gewaltig dicke Schenkel und auffallend kurze dicke Klauen. Der gestreckte bei dem Männchen schmale, bei dem Weibchen breite Hinterleib berandet die Seiten der Segmente schwarz und zeichnet dieselben noch jederseits mit zwei parallelen queren Strichen, ganz ähnlich dem *L. goniopleurus*. Das männliche Endsegment spitzt sich zu, das weibliche ist gerade abgestutzt. Uebrigens ist der männliche Hinterleib seitlich stark gekerbt, der weibliche nur sehr schwach wellig gerandet.

Auf Strix nyctea.

B. LIOTHEIDAE.

Die *Liotheen* haben keulenförmige oder geknöpft viergliedrige Fühler und deutliche Maxillartaster. Der Brustkasten erscheint bisweilen aus drei Ringen gebildet, von welchen dann der Mesothorax der kleinste ist. Der Hinterleib besteht aus zehn Ringen. In anatomischer Hinsicht ist die symmetrische Bildung des Kropfes, die drei Hoden jederseits, und ebensoviel Eierröhren jederseits charakteristisch.

1. GYROPUS Nitzsch.

Caput depressum scutiforme horizontale, temporibus excisura marginali a fronte distincta; ore antico. Mandibulae edentulae. Maxillae. Labium superius et inferius porrectum, trapezoideum, non excisum. Palpi maxillares exserti, subrigidi, conicocylindrici, quadriarticulati. Palpi labiales nulli. Antennae quadriarticulatae, articulo ultimo cum praecedente subpedicellato capitulum efformante. Thorax bipartitus. Abdominis segmenta decem. Tarsi aut curvi aut subrecti biarticulati. Unguis unicus in pedibus mediis et posticis cum femoris basi si haic applicatur chelam fere circularem efficiens.

Die in nur wenigen, auf Säugethieren schmarotzenden Arten bekannten Sprenkelfüsser sind winzig kleine Haarlinge mit höchst eigenthümlichem Kopf- und Fussbau. Der flach gedrückte schildförmige Kopf hat jederseits hinter der Mitte eine tiefe Einbuchtung, in welche sich die weit vor der Mitte unterseits eingelenkten Fühler zurücklegen. Diese sind viergliedrig und zwar ihre beiden ersten Glieder kugelig, das dritte dem dünngestielten Näpfchen einer Eichel gleich und in diesem Näpfchen sitzt das kugelige Endglied. Alle Glieder sind dicht mit Härchen besetzt. Vor den Fühlern ragen jederseits die deutlich viergliedrigen fadenförmigen Taster hervor. Die Schnauze liegt am stumpfen Vorderende des Kopfes, von der Ober- und Unterlippe begränzt, zwischen welchen die sehr kleinen Kiefer versteckt sind. Der Vorderkopf ist stets schmäler als der durch die lappig erweiterten Schläfen breite Hinterkopf. Nur zwei Brustringe, eckig und von veränderlichem Längen- und Breitenverhältniss. Die Beine haben lange Hüften, stark abgesetzte Schenkelhälse, sehr dicke Schenkel mit stark erweiterter Ecke an der Basis, mit gekrümmten keulenförmigen Schienen, die nur am ersten Paar starke Daumenstacheln haben, zweigliedrige Tarsen und eine sehr lange stark gekrümmte Klaue. Nur die kurze erste Klaue schlägt sich gegen die Daumenstacheln der Schiene zurück, an den beiden folgenden Paaren schlägt sich die Klaue mit der Schiene gegen die Basalecke des Schenkels zurück und bildet so eine förmliche Kreiszange. Der ei- bis lang lanzettförmige Hinterleib besteht aus zehn scharf abgegränzten beborsteten Ringen, endet bei dem Weibchen stumpf oder schwach ausgerandet, bei dem kürzern Männchen rundlich zugespitzt mit durchschimmernder Ruthe. Hervorgestülpt zeigt dieselbe zwischen zwei gekrümmten Häkchen eine gestielte weisse durchsichtige Blase. Am Schlunde bemerkt man eine kropfartige im Leben bewegliche Blase, am mittlen Darmabschnitt nur sehr kurze vordere Ecken: vier Malpighi'sche Gefässe.

Die Gattung der Sprenkelfüsser hat seit ihrer ersten Begründung durch Nitzsch in Germar's Magaz. f. Entomol. 1818. III. 302 erst ganz neuerlichst durch Entdeckung einer auf Dicotyles schmarotzenden Art eine Erweiterung erfahren. Burmeister diagnosirte im Handb. der Entomol. II. 443 die vier von Nitzsch unterschiedenen Arten. Denny beschrieb die beiden Arten des Meerschweinchens abermals und ich veröffentlichte in meiner Zeitschrift f. ges. Naturwiss. 1861. Bd. XVIII. 89—93. Taf. 2 die Nitzsch'schen Untersuchungen unter Beifügung der Abbildungen. Da die erneute Untersuchung der Exemplare keine abweichenden Resultate ergeben, so beschränke ich mich hier unter Hinweis auf jene Beschreibungen und Abbildungen auf eine kurze Charakteristik der vier Arten. — In der Gay'schen Fauna Chilis wird eine Art von Lagotis Cuvieri aufgeführt, leider ist mir dieses Werk nicht zugänglich und so kann ich von derselben keine Charakteristik geben.

G. ovalis *Nitzsch.*

Nitzsch, Zeitschrift f. ges. Naturwiss. 1861. XVIII. 89. Taf. 2. Fig. 1—9. — Burmeister, Handb. Entomol. II. 443. — Denny, Monogr. Anoplur. 245. Tab. 21. Fig. 1.

Robustus, albus, marginibus obscurioribus; temporibus lobatis; prothorace rhomboideo, metathorace longiore, lateribus sinuatis, pedibus crassis; abdomine ovali, marginibus profunde crenatis. Longit. ½‴.

Der kurze, durch die lappig erweiterten Schläfen breite Kopf ist mit kurzen Borsten dicht besetzt, das Endglied der Taster mit dicken Tastpapillen; der quer rautenförmige Prothorax hat gekerbte Seitenecken, der längere aber nicht breitere Metathorax eingebuchtete Seiten und der ovale Hinterleib an jedem Segment eine lange Randborste. Der Rand des Kopfes und des Hinterleibes ist gelblich und auf jedem Hinterleibssegment liegt eine mattgelbe Querbinde.

Auf Cavia cobaya, von NITZSCH bereits im Anfange dieses Jahrhunderts eingehend untersucht und abgebildet.

G. gracilis *Nitzsch.*

NITZSCH, Zeitschrift f. ges. Naturwiss. 1861. XVIII. 92. Taf. 2. Fig. 10. 11. — BURMEISTER, Handb. Entomol. II. 443. — DENNY, Monogr. Anoplur. 246. Tab. 21. Fig. 2. — GERVAIS, Aptères III. 316. Tab. 48. Fig. 5. — *Pediculus porcelli* SCHRANK, Insect. austr. 500. Tab. 1. Fig. 1.

Elongatus, pallidus; capite angustiore, temporibus rotundatis; prothorace hexagono, metathorace subtrapezoideo, pedibus gracilibus; abdomine lanceolato, marginibus crenulatis. Longit. $^{1}/_{3}$'''.

Schmal und schlank in allen Körpertheilen, die Schläfen nicht lappig erweitert, der Prothorax vorn halsartig verengt und geradseitig, daher hexagonal, der Metathorax nicht länger, weniger trapezoidal, mit ebenfalls eingezogenen Seiten; die Beine viel schlanker als bei voriger Art; der lange schmale Hinterleib mit nur schwach gekerbten Rändern ohne Borsten.

Ebenfalls auf Cavia cobaya, von NITZSCH im März 1817 abgebildet und als eigenthümlich erkannt.

G. hispidus *Nitzsch.*

NITZSCH, Zeitschr. f. ges. Naturwiss. 1861. XVIII. 92. — BURMEISTER, Handb. Entomol. II. 443.

Corpus latiusculum, setis rigidioribus hispidum, flavum; caput triangulare, ad orbitas pariterque ad frontis latera sinuatum, temporum angulus extrorsum et paulo retrorsum extensus; margo temporum posticus setas aliquot perrigidas postrorsum directas emittit; palpi breves; thoraces latitudine capiti aequales; metathorax magnus angulis lateralibus posticis prominentibus; abdomen suborbiculare; pedum imprimis tarsorum conformatio ignota. Longit. $^{1}/_{3}$'''.

Die eigenthümliche Form der Schläfen, der kopfesbreite quer sechsseitige Prothorax, die hervorstehenden Hinterecken des sehr grossen zweiten Brustringes und die eigenthümliche Fussbildung, der kurze fast halbkreisförmige Hinterleib mit kurzen Borsten charakterisiren diese Art, welche NITZSCH in nur einem schön goldgelben Exemplare im Jahre 1821 auf einem trocknen Balge des Bradypus tridactylus fand und durch vorstehende Diagnose charakterisirte.

G. longicollis *Nitzsch.*

NITZSCH, Zeitschrift f. ges. Naturwiss. 1861. XVIII. 93. — BURMEISTER, Handb. Entomol. II. 443.

Corpus oblongum, angustum, flavescens; caput longius quam latum, temporum angulus antrorsum versus; prothorax longior capite. Longit. $^{1}/_{3}$'''.

Auf Dasyprocta aguti von NITZSCH in zwei Exemplaren im Jahre 1825 auf einem trocknen Balge gesammelt und diagnosirt. Leider sind dieselben nicht mehr in der Sammlung vorhanden.

G. dicotylis *Macal.*

MACALISTER, Proceed. Zool. Soc. 1869. 420 c. Fig.

Dieser über eine Linie lange Riese unter den Sprenkelfüssern lebt auf Dicotyles torquatus. Sein Kopf ist breiter als lang, hat scharfe vordere Schläfenecken, die vorn eine breit concave Bucht begränzen, in welcher die undeutlichen Augen liegen. Der sechsseitige Prothorax ist breiter als lang; der trapezische Metathorax länger und breiter, die Beine sehr lang. Der sehr breit ovale Hinterleib hat sägezähnige Seitenränder. Färbung rostbraun.

LIOTHEUM Nitzsch.

Antennis quadriarticulatis, sub capitis margine laterali insertis. Mandibulis bidentatis, palpis maxillaribus quadriarticulatis filiformibus, palpis labialibus brevissimis biarticulatis. Thorace tri- vel bipartito. Tarsis cursoriis biarticulatis, arolis praeditis; unguibus duobus divaricatis, apice curvatis.

Die *Liotheen* stehen den *Philopteren* in generischer Manichfaltigkeit nicht nach, enthalten aber einen bei Weitem geringern Artenreichthum zugleich mit beschränkterer Verbreitung in der Klasse der Vögel, welche sie ausschliesslich zu Wirthen wählen. Ihr schildförmiger, horizontaler Kopf setzt bisweilen den Clypeus durch Verengung scharf von den Wangen ab, meist aber hat der Vorderkopf keine Gliederung, sondern ist durch eine mehr minder tiefe Rand- oder Orbitalbucht vom Hinterkopfe geschieden. Dieser erweitert sich gern durch seitliche Entwicklung der Schläfengegend bedeutend, die oft auch nach hinten gerichtet ist, so dass der Kopf eine dreilappige Form erhält. Randborsten fehlen niemals. Die Augen treten flach convex bis kugelig in der seitlichen

Bucht hervor oder sind endlich gar nicht bemerkbar. Die Fühler sind stets und ganz an der Unterseite des Kopfes eingelenkt und liegen gewöhnlich zurückgezogen in einer bis zum Seitenrande reichenden Rinne, so dass sie von oben betrachtet oft gar nicht sichtbar sind, nur bei wenigen Gattungen ragen sie ausgestreckt hervor. Sie sind viergliedrig, faden- oder keulenförmig, auch geknöpft, am Ende mit Tastborsten besetzt. — Von den Mundtheilen ändert die Oberlippe vielfach und sehr erheblich ab, in der Mitte ausgerandet verlängern sich ihre Seiten bei *Physostomum* in lange Lappen mit Sauggrube und fungiren als wirkliche Haftapparate. Die Oberkiefer enden scharf zweispitzig. Die Unterkiefer liegen versteckt, wogegen ihre viergliedrigen fadenförmigen Taster lang hervorragen, auch die zweigliedrigen Lippentaster ragen deutlicher hervor als bei den *Philopteren*. — Der Prothorax ist abgerundet, herzförmig, vorn verengt und zwischen die flügelartig erweiterten Schläfen eingreifend, bei mehren Gattungen mit seitlichen Randerweiterungen oder wenigstens scharf abgesetzten Seitenecken. Der Mesothorax pflegt trapezisch zu sein und während er bei einigen *Liotheen* ohne markirte Gränze ganz eng an den Hinterleib sich anlegt, scheidet er bei andern durch Färbung, Verengung oder völlige scharfe Absonderung einen kurzen Mesothorax vorn ab. Diese Ausbildung eines Mesothorax kommt hier also in allen Uebergängen vor. Die Beine ändern in Länge und Dicke mannichfach ab, haben aber sehr gewöhnlich ein kurzes erstes Tarsusglied mit zwei grossen Haftlappen und ein sehr langes zweites abermals mit Haftlappen oder mit Haftscheibe. Die langen sehr gesperrten Krallen krümmen sich gegen das Ende hin hakig um. Der zehnringelige Hinterleib geht von der rundlichen Scheibenform bis in die lang gestreckt schmale über, hat gar nicht unterbrochene Seitenränder bis scharf sägezähnige, sehr spärlich bis ganz dicht beborstete. Auch die Beborstung auf der Rücken- und Bauchseite ist wie die Zeichnung eine sehr veränderliche. Das Endsegment abgerundet oder abgestutzt. Die geschlechtlichen Unterschiede in der Bildung des Hinterleibes sind bisweilen so sehr beträchtliche, dass man an der Zusammengehörigkeit beider Geschlechter zweifeln möchte.

Die anatomischen Eigenthümlichkeiten der *Liotheen* im Vergleich zu den *Philopteren* sind zum Theil sehr auffällige, wie die Vergleichung unserer Abbildungen auf Tafel XIX mit denen auf Tafel XX sogleich ergiebt. Der Kropf ist eine allmählige Erweiterung der Speiseröhre, die vordern Blindsäcke des zweiten Darmabschnitts verlängert, die Malpighi'schen Gefässe auf eine Strecke bedeutend erweitert, drei von einander getrennte Hoden jederseits, bei dem Weibchen dagegen nur drei statt fünf Eiröhren jederseits. Besondere Eigenthümlichkeiten erwähnen wir bei den betreffenden Arten.

Nitzsch sonderte die *Liotheen* in fünf Subgenera, die in der nachfolgenden Beschreibung der Arten in ihrem ursprünglichen Umfange aufrecht erhalten werden. Es sind folgende:

Ohne Mesothorax, Fühler stets versteckt
  Kopf sehr breit, ohne Orbitalbucht . . . . *Eureum*
  Kopf gestreckt mit nach hinten gerichteten Schläfenecken
    Mit scharf abgesetztem Clypeus und seichter Orbitalbucht . . . . *Laemobothrium*
    Mit bloss geschwungenen Kopfesseiten und langen Seitenlappen der Oberlippe . . *Physostomum*
Mit Mesothorax
  Mesothorax gross, scharf abgesetzt, Kopf dreiseitig, Fühler versteckt . . . . *Trinotum*
  Mesothorax klein, nur angedeutet
    Orbitalbucht tief, Fühler meist vorgestreckt, sichtbar . . . . *Colpocephalum*
    Orbitalbucht sehr schwach oder fehlend, Fühler versteckt . . . . *Menopon*.

2. EUREUM Nitzsch.

Caput latissimum. Tempora maxima, excisura nulla notabili a fronte distincta. Antennae semper reconditae. Mesothorax nullus.

Breitköpfe nennt Nitzsch die beiden Arten dieses höchst eigenthümlichen Typus und in der That haben sie den breitesten und kürzesten Kopf unter allen *Mallophagen*. Die Fühler sind an der Unterseite eingelenkt und in einer Rinne verborgen, welche am Seitenrande des Kopfes nur als schwache Bucht sich bemerklich macht, aus der aber die Fühler nicht hervorragen. Auch die Taster und Kiefer treten nicht hervor. Der Prothorax ist schmal, der Metathorax kurz und breit, schon von der Form des ersten Abdominalsegmentes. Die stark beborsteten Beine haben dicke Schenkel, starke Schienen und zeichnen sich besonders durch die grosse Länge des zweiten Tarsusgliedes aus, an welchem die beiden Klauen gelenken. Der zehnringelige Hinterleib kerbt seine Seitenränder scharf und beborstet dieselben stark.

Zu den beiden Arten, auf welche NITZSCH diese Gattung gründete, sind seitdem (1818) keine neuen hinzugekommen.

Eu. malleus *Nitzsch.*
BURMEISTER, Handb. Entomol. II. 441.

Breve, latum, subfuscum; capite semilunari, antennarum articulo ultimo longo; prothorace subquadrato, metathorace brevissimo, lato, pedibus crassis, multisetosis; abdomine ovali, marginibus profunde crenatis, multisetosis. Longit. $^{2}/_{3}$'''.

Der Kopf des einzigen bekannten Exemplares ist halbmondförmig mit schwacher Buchtung vor den Schläfen, mit zwei Borsten über dieser Bucht, zweien am Vorderrande und fünf sehr langen an der Schläfenecke. Vor der Bucht und hinter derselben liegt jederseits ein schwarzer Fleck. Von den Fühlern ist nur das walzige Endglied zu erkennen. Der Prothorax ist vorn eingeschnürt, übrigens geradseitig und ziemlich so lang wie breit. Der Metathorax gleicht dem ersten Hinterleibsringe. Die Beine haben dicke Hüften, sehr dicke kegelförmige Schenkel und keulenförmige Schienen, beide am Aussenrande stark beborstet, letzte mit einigen Dornen am Innenrande. Das erste Tarsusglied ist sehr kurz, das zweite ungewöhnlich lang, die Klauen wieder sehr kurz. Der ovale Hinterleib kerbt seine Ränder stark und besetzt die ziemlich scharfen Segmentecken mit je zwei kurzen Stacheln und zwei langen Borsten, den braunen Hinterrand der Segmente mit je einer Reihe Borsten.

Auf Hirundo rustica, von NITZSCH im Frühling 1814 in einem Exemplare entdeckt, nach welchem ich die Beschreibung entworfen habe.

Eu. cimicoides *Nitzsch.*
BURMEISTER, Handb. Entomol. II. 441. — DENNY, Monogr. Anoplur. 237. Tab. 22. Fig. 4.

Breve, latum, fulvotestaceum; capite subsemilunari, lateraliter exciso, margine occipitali concavo, temporum angulis rotundatis; prothorace subquadrato, lateraliter spinoso, metathorace brevissimo, trapezoidali; abdomine latissimo, ovali, postice truncato, marginibus acute serratis. Longit. $1^{1}/_{4}$''', *latitud.* $1^{1}/_{4}$'''.

Der allgemeine Habitus dieses Breitkopfes erscheint auf den ersten Blick so wanzenähnlich, dass die von NITZSCH gewählte Bezeichnung die treffendste ist und an eine Verwechslung mit andern *Mallophagen* gar nicht zu denken ist, auch von voriger Art erheblich verschieden. Der kurze sehr breite Kopf ist mehr abgerundet dreiseitig, als halbmondförmig, die Schläfenecken ganz abgerundet, der Occipitalrand für den Prothorax tief eingebuchtet, Seitenrand mit zwei Ausschnitten, über dem vordern eine lange Borste und die Schläfenränder mit einer förmlichen Bürste von Stachelborsten besetzt. Der ebenso lange wie breite Prothorax buchtet jede seiner vier Seiten etwas und hat gleich hinter den Vorderecken einen nach vorn gerichteten, zahnförmigen randlichen Fortsatz. Der Metathorax ist kurz und breit, dem ersten Hinterleibssegment ähnlich und trägt hinter der scharfen Seitenecke mehre starke Borsten. Die Beine haben starke sich schnell verdünnende Schenkel mit mehren Stachelborsten an der Basis des Aussenrandes, sehr lange dünne Schienen mit langer Stachelborste am Ende des Aussenrandes. Der Fuss mit dem langen Tarsusgliede und den Haftlappen wesentlich wie bei voriger Art. Der breit scheibenförmige Hinterleib besteht aus sehr kurzen Segmenten, deren Ecken randlich stark hervortreten und hier sehr dicht mit langen gewaltig starken Borsten besetzt sind, während der Hinterrand aller Segmente eine dichte Reihe kurzer Borsten trägt; die beiden randlich dicht beborsteten Endsegmente liegen ganz in der Einbuchtung des drittletzten.

Auf Cypselus apus, von NITZSCH im Frühjahr 1805 in zwei Exemplaren gesammelt, nach welchen vorstehende Beschreibung entworfen ist. DENNY bildet die Art ab, jedoch nicht ganz naturgetreu.

3. LAEMOBOTHRIUM Nitzsch.

Caput oblongum. Tempora parva, angulo retrorsum verso. Antennae semper reconditae. Gula concava. Mesothorax nullus. Metathorax cum abdomine toto marginato.

Diese riesigsten aller Federlinge erreichen nahe an 5 Linien Länge und sinken nicht unter zwei Linien herab und zeichnen sich durch grosse Aehnlichkeit ihrer Arten unter einander aus. Der Kopf, länger als breit, hat vorn einen durch Verengung scharf abgesetzten quer oblongen Clypeus mit dichten und starken Randborsten, an dessen Seiten die Kiefertaster mit ein bis drei Gliedern hervorragen. Die Wangen treten mehr minder convex hervor und haben lange Randborsten. Sie sind durch eine Kerbe von den convexen Schläfen geschieden, welche sich seitlich und nach hinten erweitern, so dass sie das vordere Drittheil des Prothorax umfassen. Ihr Rand ist häufig mit einer dichten Reihe sehr kurzer bis langer Stachelborsten kamm- oder bürstenartig besetzt. Die kurzen Fühler liegen ganz versteckt in einer Rinne der Unterseite, welche mit der die Wangen von den Schläfen trennenden Randkerbe endet. Von den Mundtheilen ragen ausser den schon erwähnten Tastern besonders die oft ausgerandete Oberlippe hervor und die stark gebogenen scharfspitzigen Oberkiefer. Der ebenso lange wie breite Prothorax pflegt im vordern Drittheil verengt zu sein oder hat hier doch jederseits eine markirte Randkerbe. Drei Furchen oder dunkle Längsstreifen laufen den Seitenrändern parallel. Der Metathorax ist stets trapezoidal und erscheint gleichsam als der erste Hinterleibsring, weil eng an den eigentlich ersten und allgemein kürzesten sich anschliessend. Von seinen Vorderecken pflegt eine Furche schräg nach innen zu gehen. Die Beine haben allgemein sehr breite plattenförmig zusammengedrückte Schenkel mit starker Beborstung am Aussenrande und einer Rinne am Ende des Innenrandes. In diese legt sich die ebenso lange und ebenso platt gedrückte Schiene mit dicht gedrängten Stachelborsten am Innenrande. Das erste kurze Tarsusglied hat breite Sohlenlappen, das zweite ist sehr lang und dünn, mit zwei bis drei feinen Borsten besetzt. Die sehr schlanken Krallen pflegen fast rechtwinklig gekrümmt zu sein. Der lang gestreckt elliptische Hinterleib hat ganze, ungekerbte Seitenränder dicht mit kurzen und einzelnen langen Borsten besetzt, das breite abgerundete oder schwach gekerbte Endsegment ist dicht mit kurzen straffen Borsten besetzt. Die Färbung geht von gelb durch braun ins Schwärzliche, die Zeichnung besteht in dunklen Flecken am Kopfe und solcher Berandung am übrigen Körper, auf dem Thorax oft noch Längsstreifen.

Die *Laemobothrien* sind von Nitzsch in nur wenigen Arten auf Geiern und Falken, auf dem Strauss, der Rohrdommel und dem Wasserhuhn beobachtet worden, zu welchen seitdem nur Kolenati und Rudow je eine weitere Art hinzufügten. Bei ihrer riesigen Grösse waren einige Arten schon den ältern Beobachtern aufgefallen und von denselben kenntlich charakterisirt worden. Uebrigens stimmen zumal die Arten der Raubvögel so sehr unter einander überein, dass nur die aufmerksame Vergleichung ihre specifischen Eigenthümlichkeiten erkennen lässt.

L. pallidum *Nitzsch.*

Elongatum, albidum; clypeo distincto, truncato, genis convexis; prothorace hexagono, metathorace trapezoidali, pedibus robustis longis; abdomine longo, angusto, marginibus totis. Longit. 2'''.

Ganz blass, weisslich, mit fein gelber Randsäumung. Am Kopf ist vorn der Clypeus durch Verengung scharf abgesetzt und gerade abgestutzt, mit zwei starken Borsten jederseits, die Wangen treten convex hervor und haben mehre starke Borsten, vor ihnen ragen die Taster mit drei Gliedern frei hervor, der convexe Schläfenrand hat in der vordern Hälfte einen dichten Borstenkamm und mehre diesen überragende lange Borsten. Der Prothorax ist sechsseitig oder vielmehr, da die Seitenecken abgestumpft sind, achteckig, der Metathorax gestreckt trapezoidal und mit vielen Borsten längs des Seitenrandes. Die Beine haben sehr dicke Schenkel mit starker Beborstung am Aussenrande, schlank keulenförmige, lang beborstete Schienen, deren erstes Paar aussen am Ende eine dichte Borstenbürste trägt. Das zweite Tarsusglied ist sehr lang und dünn, die langen Klauen rechtwinklig gebogen. Der schmale lange Hinterleib hat ganze Seitenränder mit reicher und starker Beborstung, kurze Borsten stehen zerstreut auf der Fläche der Segmente, das ebenfalls reich beborstete Endsegment ist abgerundet mit kleiner mittler Kerbe.

Auf Neophron percnopterus, von Nitzsch 1826 auf einem trocknen Balge aus Aegypten in einem reifen Exemplare und mehren Larven gesammelt.

L. giganteum *Nitzsch.*

Nitzsch, Germar's Magaz. Entomol. III. 301. — Burmeister, Handb. Entomol. II. 441. — Gay, Fauna chil. 1851.
Pediculus maximus Scopoli, Entomol. carniol. 382.
Pediculus buteonis Fabricius, Syst. Antl. 343.
Pediculus circi Geoffroy, Hist. abr. II. Tab. 20. Fig. 1.

Maximum, albidum, fuscopictum; capite subcordato, antice truncato; prothorace subrotundulo, fuscolineato, lateribus sinuatis, femoribus crassis, tibiis gracilibus; abdomine lanceolato, marginibus totis, multisetosis, fuscis, segmentis linea ferruginea transversa pictis. Longit. $4^3/_4$'''.

Die riesige Grösse dieser Art und ihre weite Verbreitung auf Raubvögeln liess sie schon im vorigen Jahrhundert sicher erkennen und hat sie bereits Scopoli sehr gut charakterisirt. Der Kopf verschmälert sich nach vorn etwas, und ist am geraden Clypeusrande, längs der Wangen und Schläfen dicht und straff beborstet. Die Taster ragen neben dem Clypeus hervor, aber die Fühler sind ganz versteckt. Seiten und Hinterrand des Kopfes sind schwarzbraun gesäumt, am Hinterrande zwei solche Flecken. Der Prothorax ist abgerundet quadratisch, doch der Vorderrand seicht concav und die schwarzbraunen Seitenränder vorn mit Kerbe, den Seitenrändern parallel laufen zwei braune Linien und eine dritte mattbraune zeichnet die Mitte. Der ebenso lange Metathorax ist schwach trapezoidal, vorn und seitlich schwarzbraun gesäumt, von den Vorderecken geht eine kurze schwarze Furche nach innen, die Seiten straff beborstet. Die gelblich weissen Beine sind an allen Gliedern braun gerandet, die Schenkel sehr dick, die ebenso langen Schienen sehr dünn und schlank, die Tarsen lang mit grossen Haftlappen. Der gestreckt lanzettliche Hinterleib zeichnet seinen stark beborsteten Rand breit braun, längs der Mitte ganz matt unrein braun und in der Breite dieses Mittelfeldes liegt am Vorderrande jeden Segmentes eine braune Querlinie.

Auf Haliaetos albicilla, Buteo vulgaris, Circus aeruginosus, C. cinerascens und Aquila fulva. Die Beschreibung habe ich nach einem frischen Exemplare von einem hier geschossenen Steinadler gegeben, unsere alten Spiritusexemplare sind sämmtlich dunkler. Gay führt in der chilenischen Fauna zugleich noch ein *L. punctatum* auf, über das ich keine Auskunft zu geben vermag.

L. validum *Nitzsch.*
Nitzsch, Zeitschrift f. ges. Naturwiss. 1866. XXVIII. 396.

Praecedenti simillimum, at capite minore, abdomine medio pallido. Longit. 4²/₃'''.

Voriger Art so sehr ähnlich, dass nur die aufmerksame Vergleichung die Unterscheidung rechtfertigt. Der Kopf ist kleiner und hat mehr nach hinten verlängerte Schläfenecken, am geraden Vorderrande des Clypeus weniger Borsten, aber an jeder Ecke desselben eine auffallend starke Borste. Uebrigens ist an allen Theilen, auffällig auch an den Beinen die Beborstung reicher und dichter. Die Längsstreifen auf dem Prothorax sind breiter und in dem mattbraunen Rückenfelde des Abdomens liegt vom dritten bis achten Segment ein rundlicher heller Fleck, dem sich auf dem neunten ein brauner Dreieckstleck anschliesst.

Auf Neophron monachus, nach einem von Nitzsch in unserer Sammlung aufgestellten Exemplare.

L. gluttinans *Nitzsch.*
Nitzsch, Zeitschrift f. ges. Naturwiss. 1861. XVII. 518.

Praecedentibus simile, obscurum, nigropictum, thorace et abdomine linea media alba pictis. Longit. 4'''.

Auch diese Art hat die Körpertracht, Formen und reiche Beborstung der vorigen Arten, aber sie ist dunkel, unrein gefärbt, die Ränder überall glänzend pechschwarz gezeichnet und in dem Mittelfelde des Thorax und Abdomens läuft eine schmutzig weisse Linie entlang. Auf dem Prothorax wird die helle Mittellinie von zwei schwarzen Streifen begleitet, so dass auf ihm also sechs schwarze Streifen vorhanden sind. Die von den Vorderecken des Metathorax nach innen gerichteten Furchen setzen noch eine Strecke nach hinten fort. Halbwüchsige Exemplare haben schon die Zeichnung der reifen. Die eine Linie langen Eier sind reihen- und gruppenweise mittelst eines braunen Kittes an die Spulen der Schwingen angeklebt und haben neben dem einen Pole einen ovalen Deckel, ihre Schale zeigt in dieser Deckelhälfte ein ziemlich regelmässiges Netz sechsseitiger Zellen.

Auf Cathartes papa, von Nitzsch im December 1835 auf zwei in Spiritus bezogenen Cadavern gesammelt und in unserer Sammlung unter obigem Namen aufgestellt.

L. hasticeps *Nitzsch.*
Burmeister, Handb. Entomol. II. 442. — Denny, Monogr. Anoplur. 240.
Nirmus hasticeps Olfers, Dissert. 87. — *Pediculus tinnunculus* Linné, Syst. Nat. II. 1018. — Redi, Insect. Tab. 13.

Elongatum, pallidum, fuscopictum; prothoracis lateribus externis, punctis nigris, abdomine fusco. Longit. 3³/₄'''.

Im Habitus und den wesentlichen Formen schliesst sich diese Art eng an die vorigen an. Ihr brauner Clypeus ist dicht beborstet und hat jederseits zwei besonders starke Borsten, Wangen und Schläfenrand gleichfalls dicht beborstet, aber der Rand der hintern Erweiterung der Schläfen nur mit Stachelborsten. Vor und hinter den Fühlern und jederseits am Occipitalrande ein schwarzbrauner Fleck. Das von den Schläfenlinien eingeschlossene Scheitelfeld ist breiter als beide Schläfenfelder zusammen. Der Prothorax wieder ebenso lang wie breit hat im vordern Drittheil eine randliche Kerbe, welche durch eine feine Querfurche mit der der andern Seite verbunden ist, so dass der Prothorax getheilt erscheint. Diese Kerbe und der Seitenrand dahinter schwarzbraun, beide Seitenränder dicht beborstet. Die blassen Beine sind dunkel gerandet, ihre Schenkel breit, die ebenso langen Schienen keulenförmig, beide stark beborstet. Der Mesothorax hat schwarze Vorderecken und von diesen nach innen gehend kurze Furchen. Der lang gestreckt elliptische Hinterleib endet völlig abgerundet, beborstet seine Seitenränder dicht und lang, die Hinterränder der Segmente mit einer Reihe sehr verschieden langer hellblonder Borsten. Das erste Segment ist das kürzeste, das dritte mit den nächstfolgenden die längsten. Unser kleines von Burmeister diagnosirtes Exemplar säumt den ganz blassgelben Hinterleib nur mit feiner brauner Linie, die grossen Exemplare dagegen haben einen breiten braunen Randsaum und auch die Mitte der Segmente braun, mit Ausnahme des letzten, welches ganz blass ohne Zeichnung ist.

Auf Falco tinnunculus, schon von Linné kenntlich diagnosirt und von Redi abgebildet, von Nitzsch nur in drei Exemplaren gesammelt, auch später wieder hier gefunden, von Denny nicht beobachtet.

L. laticolle *Nitzsch.*

Nitzsch, Zeitschrift f. ges. Naturwiss. 1861. XVII. 526. — Denny, Monogr. Anoplur. 239. Tab. 23. Fig. 4.

Robustum, fulvum, fuscopictum, temporum angulis acutis, capite sexmaculato; prothorace ante angustato, lateraliter angulato; femoribus latissimis, fuscomarginatis; abdominis segmentis lateralibus fuscis, postice crenatis, medio fusco. Longit. 3'''.

Am vordern Clypeusrande überragen einige lange Borsten die gedrängte Borstenreihe und an den Clypeusecken stehen je drei sehr lange Borsten, auch an den Wangen und vordern Schläfenrande einzelne sehr lange und an der scharfen hintern Schläfenecke ein ganzer Büschel solch langer Borsten, davor eine Bürste sehr kurzer Borstenspitzen. Jederseits des Kopfes zwei und am Occipitalrande ebenfalls zwei schwarzbraune Flecke. Die Taster sind dick keulenförmig. Der Prothorax ist im vordern Drittheil verengt und passt mit diesem Theile zwischen die nach hinten erweiterten Schläfen, deren scharfe Ecken gerade auf die Seitenecken des Prothorax treffen. An diesen Seitenecken und davor ist der Prothorax schwarzbraun gerandet und mit einzelnen langen Borsten besetzt. Die Beine haben enorm breite Schenkel und flachkeulenförmige Schienen, beide dunkel gerandet und stark beborstet. Der lang gestreckt elliptische Hinterleib setzt die letzten Segmente randlich deutlich ab, hat an beiden Seiten unregelmässig kurze und sehr lange Borsten, ebenso ungleiche am Hinterrande der Segmente, die Seitenränder und die Mitte der Segmente sind braun. Das Endsegment ist hell, Denny's Abbildung mehr verschmälert und schwach ausgerandet, bei unsern Exemplaren breiter, flach convex, bei einem Männchen ragt die zweilappige Penisscheide darüber hinaus.

Auf Falco subbuteo, von Nitzsch im August 1833 gesammelt und ohne Charakteristik in unserer Sammlung aufgestellt, auch von Denny beschrieben und abgebildet. — Gervais bildet in den Aptères III. 321. Tab. 48. Fig. 6. ein ***Colpocephalum percnopteri*** von Neophron percnopterus ab, welches sicher ein ***Laemobothrium*** dieser Art so sehr nah steht, dass die Trennung nach der sehr dürftigen Diagnose kaum gestattet ist.

L. nigrolimbatum.

Obscure fuscum, nigrolimbatum; temporum angulis posticis obtusis, prothoracis lateribus excisis, pedibus mediocribus, abdomine longe elliptico, marginibus piceonigris. Longit. $3\frac{2}{3}$'''.

Ganz vom Habitus der vorigen Arten, aber unrein braun mit pechschwarzer Zeichnung. Am Rande des Clypeus stehen weniger, und fast nur lange straffe Borsten, an den stark convexen Wangen sehr lange Randborsten und am Schläfenrande Stachelborsten, keine Borstenbürste. Die nach hinten erweiterten Schläfen enden stumpfeckig. Der Prothorax wie gewöhnlich vorn mit kurzen Stachelborsten besetzt, hat vor der Seitenmitte eine seichte Einbuchtung, den schwarzen Seitenrändern parallel eine braune Furche und ebensolche Längsfurche in der Mitte. Die Beine sind relativ schwächer als bei vorigen Arten, schwarz gerandet und stark beborstet. Der Hinterleib ist pechschwarz gesäumt, randlich stark beborstet, dagegen auf der Oberseite mit nur vereinzelten langen Borsten, auf der Unterseite dicht mit feinen kurzen Borsten besetzt. Die Mitte der Segmente ist dunkelbraun, das neunte helle Segment hat einen dunklen Vorderrand und das zehnte zwei Dreiecksflecke.

Auf Circus cineraceus und C. aeruginosus nach je einem Exemplar unserer Sammlung.

L. Lichtensteini Taf. XVIII. Fig. 8.

Lichtenstein fand diese Art am Kap auf einem Strauss und Graf v. Hoffmannsegge lieferte die von uns wiedergegebene Zeichnung an Nitzsch mit dem Bemerken, dass dieselbe von dem *L. giganteum* wohl nicht wesentlich verschieden sei. In der That ist es auch nur die Dekoration, welche bemerkenswerthe Unterschiede bietet. Als bis jetzt einziges Vorkommen des *Laemobothrium* auf dem Strauss verdient die Art eine ganz besondere Verfolgung zur erneuten unmittelbaren Vergleichung mit den auf Raubvögeln schmarotzenden Arten.

L. atrum *Nitzsch.* Taf. XVIII. Fig. 5.
Nitzsch, Germar's Magaz. Entomol. III. 302. — Denny, Monogr. Anoplur. 240.
Pulex Fulicae Redi, Experim. Tab. 4. Fig. 1. — *Laemobothrium nigrum* Burmeister, Handb. Entomol. II. 442.

Atrum, opacum; temporum angulis rotundatis; prothoracis lateribus excisis, margine postico concavo, pedibus robustis; abdominis segmento ultimo exciso. Longit. $2\frac{1}{4}$'''.

Die dunkle schwarze Färbung, an den Rändern pechschwarz, unterscheidet diese Art sogleich von den vorigen. Der Vorderrand des Clypeus ist seicht concav und mit besonders starken Borsten zumal an den abgerundeten Ecken besetzt, an den mässig convexen Wangen stehen lange Randborsten, am Schläfenrande bis nahe zur ziemlich scharfen Hinterecke eine dichte Reihe gleich langer Stachelborsten von nur zwei längern überragt, der fast so lange wie breite Prothorax hat vor der Mitte jeder Seite eine scharfe Kerbe und an deren hinterer Ecke je drei lange Borsten; sein Hinterrand buchtet sich tief. Die starken Schenkel haben am Aussenrande lange Borsten, die schlank keulenförmigen Schienen nur in dessen Endhälfte, dagegen am ganzen Innenrande kurze Stachelborsten. Der Rand des schlanken Hinterleibes ist mit kurzen Borsten dicht besetzt, welche von einzelnen sehr langen überragt werden. Das sehr kurze schwach ausgerandete Endsegment trägt jederseits vier ungewöhnlich dicke starre Borsten.

Auf Fulica atra, von Nitzsch im Frühjahr 1804 am Unterleibe eines hier erlegten Wasserhuhnes in einem Exemplare gefunden und gezeichnet, später nicht wieder beobachtet.

L. gilvum *Burm.*
Denny, Monogr. Anoplur. 240.

Das einzige Exemplar unserer Sammlung, von welchem Denny eine kurze Diagnose mittheilt, ist 2''' lang, blassgelb, mit jederseits zwei schwarzen Flecken am Kopfe und schwarzem Occipitalrande, mit wenigen Borsten seitlich am geraden Clypeusrande, mit dicken Tastern, langen Borsten an den Wangen und fast ohne Borsten an den Schläfenrändern. Die Seitenränder des Prothorax sind vorn schwach eingebogen und schwarz, auch die Vorderecken des Metathorax schwarz. Schenkel und Schienen sehr spärlich beborstet und auch der Hinterleib mit weniger Borsten, langen und kurzen, als gewöhnlich. Beine und Hinterleib fein braun gerandet. — Auf Ardea stellaris, nach einem nicht besonders gut erhaltenen Exemplare unserer Sammlung.

L. Inthrobium *Kolenati, Meletem.* 1846. V. 128.

Unter diesem Namen führt Kolenati eine mir unbekannte Art von Raub- und Wasservögeln an.

L. brasiliense Rudow, Zeitschrift f. ges. Naturwiss. 1869. XXXIV. 405.

Kopf vorn abgestutzt, Stirn etwas vorragend, an den Ecken mit drei steifen Borsten. Vordertheil gelb gefärbt. Schläfen rund vorgequollen, behaart, Fühler theilweise sichtbar. Hinterkopf dick vorstehend, abgerundet mit vier seitlichen steifen Borsten. Mitte ebenfalls behaart. Basis gelb mit dunklem Viereck in der Mitte. Prothorax vorn geschärft, dann mit Ecke, nach unten in zwei scharfe Spitzen ausgehend, Ecken mit Borsten. Abdomen mit behaarten braunen Rändern und mattgelber Mitte. Beine stark behaart. Länge 2 Mm. — Auf Halieus brasiliensis, mir unbekannt.

L. gracile.

Gracile, fulvum, margine fusco; capite longiore quam lato, temporum angulis rotundatis, prothoracis lateribus excisis, pedibus gracilibus; abdomine elliptico, truncato, marginibus fuscis. Longit. $1\frac{1}{5}'''$.

Eine kleine zierliche hellgefärbte Art mit brauner Zeichnung. Der vordere Clypeusrand ist concav, der seitliche mit je einer langen straffen Borste besetzt, die convexen mit zwei langen Randborsten besetzten Wangen nach hinten eingezogen, der convexe Schläfenrand vor den abgerundeten Ecken mit zwei langen sehr starken Borsten. Vorn an den Wangen und in der Schläfenbucht ein dunkelbrauner Randfleck, der seicht concave Occipitalrand ebenfalls dunkelbraun. Der ebenso lange wie breite Prothorax ist vorn verengt und hat über der scharfen Seitenecke eine starke lange Borste. Im mattrostbraunen fein schwarzbraun gesäumten Seitenrande liegen drei lichte Fleckchen. Auch der Metathorax säumt seine Vorderecken schwarzbraun, die ziemlich breiten Schenkel ihre Ränder. Die schlanken Schienen sind am Innenrande mit je drei schwachen Dornen besetzt. Tarsen und Klauen schlank. Der Hinterleib hat die Form des *Laemobothrium* des Strausses, nur in der Endhälfte lange Randborsten, und an den Ecken des abgestutzten Endes je zwei sehr lange und starke, das Endsegment dazwischen jederseits drei sehr kurze. Der Seitenrand ist mattbraun.

Auf Psophia crepitans, nach einem männlichen Exemplar unserer Sammlung.

4. PHYSOSTOMUM Nitzsch.

Caput oblongum, tempora parva, angulo retrorsum verso. Antennae semper reconditae. Labium superius cornua subtus excavata exserens. Gula prominens. Mesothorax nullus. Metathorax cum abdomine toto marginatus.

Diese kleine, bis jetzt nur von Singvögeln bekannte Gruppe der *Liotheen* zeichnet sich von allen übrigen sehr charakteristisch durch die Entwicklung ihrer Oberlippe aus. Die Seiten derselben sind nämlich lappig oder wie Hörner verlängert und an der Innenfläche tief ausgehöhlt. Die Thiere bewegen diese Lippenfortsätze sehr lebhaft, strecken sie lang aus und verkürzen sie, und benutzen sie wie Saugnäpfe, indem sie sich mittelst derselben auf spiegelnden Glasflächen festhalten können. Hinter diesen Fortsätzen ragen stets die Taster hervor. Die Fühler dagegen sind stets in eine Rinne an der Unterseite des Kopfes zurückgezogen und diese Rinne reicht bis an den Rand, an demselben eine Kerbe bildend. Der Kopf verschmälert sich nach vorn und endet mit flach convexem Clypeusrande, dagegen ziehen sich die Schläfen nach hinten aus und enden spitzig, gewöhnlich das verengte vordere Drittheil des Prothorax umfassend. Die Seiten dieses haben mehr minder scharfe Ecken, an welche die Schläfenecken anstossen. Der gestreckt trapezoidale Metathorax ist wie bei den *Laemobothrien* nicht vom Hinterleibe abgesetzt. Die Beine sind mehr schlank als stark, der Tarsus mit Haftlappen, kurz kegelförmigem zweiten Gliede und sehr stark gekrümmten Klauen. Der Hinterleib verbreitert sich ganz allmählig und verengt sich gegen das Ende hin wenig, breit abgerundet endend. Die scharfen Segmentecken treten rundlich nur sehr wenig hervor, dagegen ist der ganze Rand des Hinterleibes durch eine Furche von der Rücken- und Bauchfläche abgesetzt, diese Flächen ganz borstenlos.

Die *Physostomen* kriechen stets auf der Haut umher, nicht in den Federn und scheinen sich von Blut zu ernähren, wenigstens fand Nitzsch in allen, die er auf den Mageninhalt untersuchte, nur Blut, keine Federn, doch machten einige es wahrscheinlich, dass sie auch Epidermisschüppchen fressen. Beim Ergreifen laufen sie nicht davon, sondern saugen sich mit ihrer Oberlippe und den Haftlappen der Füsse sogleich an den Fingern fest. Darmkanal und Genitalien stimmen im Wesentlichen mit den übrigen *Liotheen* überein. Die grossen Eier haben einen stumpfen Pol und um diesen herum eine maschige Struktur, und einen mehr minder schlank ausgezogenen spitzen Pol.

Die bis jetzt bekannten neun Arten sind von Nitzsch entdeckt und in unserer Sammlung aufgestellt worden.

Ph. mystax *Nitzsch.* Taf. XVIII. Fig. 2. 3.

Burmeister, Handb. Entomol. II. 412. — Denny, Monogr. Anoplur. 241. Tab. 23. Fig. 6. — Grube, v. Middendorff's Sibir. Reise Zool. I. 496.

Oblongum, pallide testaceum; temporum marginibus excisis, angulis posticis brevibus, subacutis; prothoracis lateribus antice excisis subangulatis, pedibus brevibus robustis; abdomine oblongo, marginibus fuscis crenatis. Longit. ♂ $1\frac{1}{4}'''$, ♀ $1\frac{2}{3}'''$.

Der Kopf verschmälert sich nach vorn nur wenig und endet mit sehr flach convexem Clypeusrande, der eine Reihe sehr kurzer feiner Borstenspitzchen trägt. Seitlich ragen die überaus beweglichen Fortsätze der Oberlippe und hinter diesen die Taster hervor. Am Schläfenrande bildet die Fühlerrinne eine deutliche Kerbe, hinter welcher einige Randborsten folgen. Die hintern Schläfenecken sind kurz und breit. Der fein schwarz gezeichnete Occipitalrand ist flach geschwungen. Hinter der Fühlerrinnenkerbe liegt der schwarze Augenpunkt. Der Prothorax greift in den Hinterkopf ein und ist auf diese Strecke verengt, hat in den stumpfen Seitenecken seine grösste, der Kopfesbreite gleiche Breite und verschmälert sich nach hinten nur wenig. An der Seitenecke hat er eine lange Borste nebst kurzem Stachel und vor jeder Hinterecke eine zweite lange Randborste. Der lang trapezoidale Metathorax hat an den abgerundeten Vorderecken einige kurze Borstenspitzen und vor der Hinterecke eine lange Randborste. Die Schenkel sind spindel-, die Schienen keulenförmig, aussen mit einigen Borsten, letzte innen mit einigen Dornen besetzt, die Haftlappen sehr breit und das zweite Tarsusglied auffallend dick. Der Hinterleib erweitert sich ganz allmählig nach hinten und endet breit abgerundet. Die Segmentecken treten nur sehr wenig, aber scharf hervor, tragen eine lange Randborste und ein Spitzchen, nur das vorletzte Segment zwei lange Borsten, der flach convexe Rand des Endsegmentes ist mit ebenso feinen Borstenspitzchen besetzt wie der Clypeusrand. Die Färbung giebt unsere Abbildung nach frischen Exemplaren. Die sehr grossen Eier haben am schmalen Ende eine ausgezogene Spitze, am stumpfen Pole dieselbe Netzzeichnung wie die der *Laemobothrien*.

Auf Turdus pilaris, von Nitzsch im Februar 1804 in lebenden Exemplaren sorgfältig beobachtet und gezeichnet. Später von Denny viel weniger naturgetreu abgebildet und auch von Turdus torquatus, irrthümlich auch von Fringilla coelebs und Picus minor angeführt. Grube beschreibt ein Weibchen von Turdus ruficollis aus Sibirien.

Ph. nitidissimum *Nitzsch.*

Nitzsch, Germar's Magaz. Entomol. III. 302; Zeitschrift f. ges. Naturwiss. 1866. XXVIII. 395.
Ricinus Fringillae Degeer, Insect. VII. 4. Tab. 6.

Elongatum, pallide fulvum, nitidissimum; capite breviore, antice angustiore, temporum angulis posticis dentiformibus; abdomine speciei praecedentis. Longit. 1⅓'''.

Diese Art steht der vorigen sehr nah, ergiebt sich aber bei unmittelbarer Vergleichung sofort als eigenthümliche zu erkennen. Ihr Kopf ist nämlich kürzer, verschmälert sich etwas stärker nach vorn, hat am flach convexen Clypeusrande ausser den feinen Borstenspitzen jederseits zwei lange Randborsten, ferner längere Oberlippenfortsätze mit deutlicher Sauggrube, kürzere Taster, etwas längere Schläfen, deren hintere Ecke scharf zahnartig ausgezogen ist, endlich tritt auch die Mitte des Occipitalrandes schärfer, nicht flachwellig hervor. Der Prothorax ist vorn wenig verengt, seine Seitenecken ganz stumpf, nach hinten kaum verschmälert. Metathorax und Beine bieten keine bemerkenswerthen Eigenthümlichkeiten, auch der Hinterleib nur in den zwei bis vier langen Randborsten an den Ecken der Segmente. Der Prothorax ist fein braun, der Metathorax und Hinterleib breit braun gesäumt, letzter auch längs der Mitte mattbraun. Beide Geschlechter sind von ziemlich gleicher Grösse. Die Eier ziehen ihren spitzen Pol schlank aus.

Auf Emberiza citrinella, von Nitzsch im Oktober 1814 und Februar 1815 in lebenden Exemplaren sorgfältig beobachtet und stets mit Blut im Magen gefunden. Während de Geer sie schon abbildet, scheint nach Nitzsch die Art nicht wieder gefunden zu sein, auch mir ist sie nicht vorgekommen, obwohl ich Ammern sehr viel lebend hielt. — Nitzsch erwähnt auch eine *Physostomum*-Larve von Emberiza schoeniclus, die auch ich in frischen rein weissen Exemplaren mit brauner Zeichnung fast von der Grösse der reifen fand.

Ph. agonum *Nitzsch.*

Nitzsch, Zeitschrift f. ges. Naturwiss. 1866. XXVII. 121.

Oblongum, flavum, nitidissimum; capite postice latiore, temporum angulis brevibus, margine occipitali concavo; prothoracis lateribus vix excisis, angulis nullis; pedibus gracilibus; abdomine oblongo, marginibus crenatis fuscis. Longit. 1⅓'''.

Steht den vorigen sehr nah, ohne Verwechslung zu gestatten. Die Seiten des Kopfes sind stärker geschwungen, der Hinterkopf entschieden breiter, die Schläfenecken denen von *Ph. mystax* gleich und der Occipitalrand einfach concav ohne den mittlen flachen Vorsprung bei *Ph. mystax*. Vorn am Clypeusrande nur feine Borstenspitzen, auch am Schläfenrande nur solche. Die von der Fühlerrinne gebildete Randkerbe klein, aber noch deutlich und neben ihr der schwarzbraune Augenpunkt. Der Prothorax hat in der vordern Hälfte seiner convexen Seiten nur eine sehr seichte Buchtung ohne eigentliche Ecke, welche durch zwei kurze Stachelspitzen bezeichnet ist, weiter hinten eine lange Randborste. Diese Seitenränder dunkeln nur sehr wenig, sind also viel heller wie bei vorigen Arten, ebenso der Rand des Metathorax und Abdomens nur hellbraun. Der Metathorax ist relativ etwas länger als bei vorigen. Die Beine ohne Auszeichnung. Der Hinterleib erhält schon im dritten Segment seine grösste Breite, die er bis zum siebenten bewahrt, dann rundet er sich kurz und breit ab. Die nur sehr wenig vorstehenden Segmentecken haben je eine lange Borste und einen kurzen Stachel. Das schmal sichelförmige Endsegment ist mit zwei Reihen starrer Stachelborsten dicht besetzt. Im Uebrigen ist der Hinterleib wie bei voriger Art borstenlos und die weissen Plikaturen der Segmente begleitet eine bräunlichgelbe Linie.

Auf Sylvia rubecula, von Nitzsch in zwei lebenden Exemplaren im März 1815 sorgfältig beobachtet.

Ph. simile *Gieb.*
Giebel, Zeitschrift f. ges. Naturwiss. 1866. XXVIII. 395.

Oblongum, pallide flavum; capite subtrapezoideo, temporum angulis posticis dentiformibus; prothoracis lateribus obtuse angulatis, metathoracis lateribus subsinuatis; abdomine oblongo, marginibus fuscis crenatis. Longit. $1^{1}/_{3}$'''.

Die Seiten des Kopfes sind fast gerade, nicht geschwungen, am convexen Clypeusrande stehen drei Paare langer Borsten, die Fortsätze der Oberlippe sind sehr dick und lang, an den Wangen drei lange Borsten und ebenso viele an der Kerbe des Schläfenrandes, hinter denselben noch eine sehr lange und die hintere Schläfenecke ganz wie bei *Ph. nitidissimum* zahnartig ausgezogen. Der Occipitalrand tritt in der Mitte etwas stärker vor als bei *Ph. mystax*, doch nicht so scharfwinklig als bei *Ph. irascens*. Der Prothorax ist vorn etwas verengt und die scharfe Zahnspitze der Schläfenecke passt gerade auf die bestachelte stumpfe Seitenecke, hinter welcher keine Randborste vorkommt. Die Seiten des Metathorax sind vor der Mitte wenig, aber deutlich gebuchtet, was bei keiner der vorigen Arten der Fall ist. Der Hinterleib hat die Form wie bei *Ph. agonum*, das grössere Endsegment aber nur wenige seitliche sehr kurze Borstenspitzen.

Auf Sylvia suecica, von Nitzsch im März 1829 in mehren Exemplaren gesammelt, auch von Prof. Kunze in Leipzig eingesendet.

Ph. frenatum *Nitzsch.* Taf. XVIII. Fig. 6.
Nitzsch, Zeitschrift f. ges. Naturwiss. 1866. XXVII. 121. — Burmeister, Handb. Entomol. II. 442.

Elongatum, album, nitidum; capite subcordato trapezoideo, postice duplo latiore quam antice, temporum angulis acutis; prothoracis lateribus obtuse angulatis, metathorace longo; abdominis marginibus nigris. Longit. $1^{1}/_{4}$'''.

Der Kopf verschmälert sich stark nach vorn und hat daher sehr geschwungene Seiten, nur an den convexen Schläfenrändern einige Borstenspitzchen, sonst keine Randborsten. Zwei schwarzbraune Streifen, welche auch auf dem Prothorax wieder hervortreten, und ein brauner Mittelstreif zwischen denselben. Die Schläfenecken sind scharfspitzig und der concave Occipitalrand zwischen denselben kaum wellig. Der Prothorax hat ganz stumpfe Seitenecken und der Metathorax zeichnet sich durch beträchtliche Länge aus. Er hat wie das ganze Abdomen schwarze Ränder, welche durch eine deutliche Furche begränzt sind. Die Beborstung des Hinterleibes wie bei voriger Art. Die Larven sind weiss.

Auf Regulus verus, von Nitzsch im April 1825 nach frischen Exemplaren gezeichnet und in unserer Sammlung aufgestellt.

Ph. sulphureum *Nitzsch.* Taf. XVIII. Fig. 4.
Nitzsch, Zeitschrift f. ges. Naturwiss. 1866. XXVII. 121. — Burmeister, Handb. Entomol. II. 442.
Pediculus dolichocephalus Scopoli, Entomol. carniol. 382. — *Pediculus Orioli* Fabricius, Genera Insect. 309.

Angustatum, sulphureum, stria corporis margini ubique parallela et propinqua nigerrima; capite oblongo trapezoideo, temporum angulis dentiformibus; prothoracis lateribus obtuse angulatis, pedibus longissimis; abdominis sulco medio longitudinali. Longit. $1^{7}/_{8}$'''.

Dieser Riese unter den *Physostomen* zeichnet sich durch fast schwefelgelbe Farbe und zwei tiefschwarze vom Clypeus bis zum Hinterleibsende nahe am Seitenrande und demselben parallele Streifen sowie durch eine mittle Rinne auf dem Metathorax und Abdomen von allen übrigen Arten sehr auffällig aus, so dass zur blossen Unterscheidung weitere Angaben nicht nöthig sein würden. Die Seiten des Kopfes sind fast gerade, haben an den Wangen zwei lange Randborsten, an der kleinen Kerbe neben den Augen einige Spitzen, dahinter drei lange Borsten und die Schläfenecken zahnartig verlängert. Der Prothorax hat ganz stumpfe Seitenecken und vor der

Hinterecke eine seichte Kerbe mit langer Borste. Die Beine zeichnen sich nur durch ihre Länge aus. Das sehr kurze abdominale Endsegment ist dicht mit langen Stachelborsten besetzt.

Auf Oriolus galbula, von Nitzsch im Juli 1814 in einem Exemplare gefunden.

Ph. praetextum *Nitzsch.*

Ein Exemplar von einem trocknen Balge des Campylops mexicanus (Diglossa baritula) von Nitzsch 1826 in Berlin gefunden ähnelt sehr dem ***Ph. sulphureus*** des Pfingstvogels Taf. 18. Fig. 4, unterscheidet sich aber bestimmt durch die ganz blasse weisslich gelbe Zeichnung, durch den gestreckteren, vorn schmälern und ganz geradseitigen Kopf, sehr matte unterbrochene Zeichnung desselben, den hinten breitern Prothorax und den breiten braunen Längsstreif, welcher jederseits des ganz hellen Seitenrandes auf dem Abdomen entlang läuft. Länge $1\frac{1}{3}$'''.

Ph. irascens *Nitzsch.* Taf. XVIII. Fig. 1.
Nitzsch, Zeitschrift f. ges. Naturwiss. 1866. XXVIII. 395. — Burmeister, Handb. Entomol. II. 442.

Angustatum, albidoflavum; capite subtrapezoideo, temporum angulis posticis longis acutis; prothoracis angulis lateralibus exertis, pedibus gracilibus; abdominis marginibus obscuris. Longit. $1-1\frac{1}{3}$'''.

Am Kopfe ist der flach convexe Clypeusrand mit einigen straffen Borsten besetzt, auch auf dem Wangen- und Schläfenrande steht je eine lange Randborste. Der Seitenrand des Kopfes ist fast gerade und hat gar keine Kerbe in der Augengegend, vielmehr ragt bisweilen die Fühlerspitze etwas über den Rand hervor. Die Schläfenecken sind gestreckt und scharfspitzig, der Occipitalrand mit starkem mittlen Vorstoss. Der Prothorax hat deutliche Seitenecken und verschmälert sich nach hinten, jedoch weniger als unsere Abbildung darstellt. Der dunkle Randsaum des Hinterleibes hat auf jedem Segment einen lichten Längsfleck und an den Segmentecken je zwei lange Randborsten, am Endsegment eine Reihe feiner Borstenspitzchen. Bei einigen Exemplaren ist das vorletzte Segment stark verschmälert, stufig abgesetzt.

Auf Fringilla coelebs und Fr. serinus, von Nitzsch zuerst im April 1812 und später wiederholt, anfangs mit dem *Ammerliotheum* identificirt, nach wiederholter Vergleichung aber entschieden davon getrennt.

Ph. Bombycillae *Denny.*
Denny, Monogr. Anoplur. 242. Tab. 23. Fig. 5.

Pallide testaceum; capite subtrapezoideo, temporum angulis posticis acutis; prothoracis lateribus convexis, pedibus robustis, abdomine medio obscuro. Longit. $1\frac{1}{4}$'''.

Der Kopf hat deutlich geschwungene Seitenränder, einen flach convexen nur mit Borstenspitzchen besetzten Clypeusrand, eine kleine aber scharfe mit Stachelspitzchen besetzte Kerbe in der Augengegend, zwei lange Schläfenrandborsten, scharfspitzige Schläfenecken und einen markirten Vorstoss in der Mitte des concaven Occipitalrandes. Der grosse Prothorax hat convexe Seiten ohne die Ecken der vorigen Arten. Die Beine sind kräftig. Die Segmentecken des Hinterleibes tragen je zwei Borsten, der Hinterleibsrand ist braun und ebenso die Mitte des Rückens.

Auf Bombycilla garrula, von Nitzsch in einigen Exemplaren ohne nähere Angabe in unserer Sammlung aufgestellt, später von Denny nach einem Exemplar beschrieben und abgebildet, jedoch mit viel stärkerer Beborstung, plumperem Prothorax und heller Hinterleibsberandung.

5. TRINOTUM Nitzsch.

Caput fere triangulare, obtusum. Tempora excisura marginali levissima a fronte distincta, pilis longissimis munita. Antennae semper reconditae. Prothorax rotuliformis alatus. Mesothorax major distinctus. Metathorax magnus. Abdomen ovale.

Der grosse scharf abgesonderte Mesothorax zwischen dem Pro- und Metathorax unterscheidet diese Gattung sehr scharf von allen vorigen, denen ein eigener Mittelbrustring ganz fehlt und von den folgenden beiden, bei welchen derselbe nur als vordere Querwulst des Metathorax angedeutet ist. Der Kopf ist kurz, breit dreiseitig mit convexem Clypeusrande, seitlicher Einbuchtung und lappig oder flügelartig erweiterten Schläfen. Die Augengegend ist stark mit Stachelborsten besetzt. Die Fühler stets an der Unterseite versteckt, dagegen die Taster unter den scharf zweispitzigen Oberkiefern Tafel XIX. Fig. 9. A A. bei C und D oft vorragend. Der Prothorax ist herzförmig, hat aber stets noch seitliche flügelartige, helle Erweiterungen. Meso- und Metathorax. Die Beine haben besonders breite Schenkel und Schienen, beide reich beborstet und die Hinterschienen an beiden Rändern dicht mit langen Borstenhaaren besetzt. Die Tarsen sind kurz, die Haftlappen breit, die Klauen wieder hakig gekrümmt. Der ovale Hinterleib hat mehr minder tief gekerbte, stark beborstete Seitenränder und gewöhnlich braune Binden, welche oft nicht an den Rand heranreichen, vielmehr hier durch die Stigmata begränzt gablig getheilt erscheinen.

Die bis jetzt bekannten, sehr wenigen Arten schmarotzen auf Gänsen, Enten und dem Sägetaucher, auch von Podiceps und von Tinamus wird je eine noch der nähern Untersuchung bedürftige Art aufgeführt.

Tr. conspurcatum *Nitzsch.* Taf. XIX. Fig. 9.

Nitzsch, Germar's Magaz. Entomol. III. 300. — Burmeister, Handb. Entomol. II. 440. — Denny, Monogr. Anoplur. 232. Tab. 22. Fig. 1. — Grube, v. Middendorff's Sibir. Reise Zool. I. 492.

Pediculus anseris Sulzer, Geschichte d. Insecten. Taf. 29. Fig. 4.

Robustum, pallidum, fuscopictum; capite latetriangulari; prothorace cordiformi alato, mesothorace brevi, trapezoidali, metathorace longiore trapezoidali, pedibus crassis; abdomine ovali, marginibus profunde crenatis, segmentorum vittis fuscis. Longit. 2½—3'''.

Diese sehr gemeine Art hat einen breitern als langen Kopf, dessen stark convexer Clypeusrand jederseits vier Stachelborsten trägt, die Taster mit drei Gliedern über den Rand hervorragen, die flach convexen Wangen mehre lange Randborsten haben, die Augen kugelig hervortreten, die Fühlerkerbe dicht bestachelt ist und die breiten flügelartigen Schläfen mit langen sehr starken Borsten besetzt sind. Zwei kleine dreieckige schwarzbraune Randflecke jederseits am Vorderkopfe, dunkelbraun umrandete Augen, von welchen die Schläfenlinien an den ebenso braunen Occipitalrand convergiren. Die Mundtheile sind Taf. XIX. Fig. 9 abgebildet worden. Der Prothorax ist abgestutzt herzförmig, mit blassgelben Flügelrändern neben den dunkelbraunen Seiten. Der sehr kurze, breit trapezoidale Mesothorax ist vorn und seitlich braun gerandet und an den Vorder- und Hinterecken mit je drei Stachelborsten besetzt. Der Metathorax ist grösser, besonders länger, aber gleichfalls trapezisch und seine braune Säumung setzt vorn und hinten weit gegen die Mitte hin fort; am Rande einige lange starke Borsten, auf der Oberseite wie auf dem Mesothorax kurze blonde Borsten. Die Beine haben lange Hüften, starke Schenkel mit langen Borsten und die keulenförmigen Schienen aussen beborstet, am Innenrande dicht besetzt mit sehr langen Borstenhaaren. Das erste Tarsusglied mit schmalen, das längere zweite mit lang flügelförmigen Haftlappen, die sehr langen Klauen im Enddrittel hakig gebogen. Der ovale Hinterleib hat stark gekerbte Seitenränder, an den stumpfen Segmentecken zwei und drei sehr dicke Borsten, am abgerundeten Endsegment eine dichte Reihe von Stachelborsten, kurze Borsten auf der Oberseite. Die Segmente haben durchgehende braune Binden, die in der Mitte verschmälert, am Seitenrande sehr dunkel sind. Von der Mitte des Prothorax läuft eine Längsfurche nach hinten, welche noch auf den beiden ersten Abdominalsegmenten die Binden in der Mitte durchbricht. Halbwüchsige Exemplare haben erst am Kopfe und Thorax eine feine braune Randzeichnung, der Hinterleib ist weisslichgelb ohne Zeichnung.

Auf Anser domesticus und Cygnus olor, jedoch nur auf magern, nicht auf fetten oft sehr häufig, schon von Sulzer abgebildet, später häufig beobachtet, von Grube auch auf Anser ruficollis in einem Exemplare erkannt.

Tr. luridum *Nitzsch.* Taf. XVIII. Fig. 7.

Nitzsch, Germar's Magaz. Entomol. III. 300. — Burmeister, Handb. Entomol. II. 441. — Denny, Monogr. Anoplur. 234. Tab. 22. Fig. 2.

Pallidum, nigro- et fuscopictum; capite late triangulari, temporibus dilatatis, signatura fusconigra; prothorace cordiformi alato, mesothorace et metathorace trapezoidalis, pedibus robustis; abdomine ovali, marginibus crenatis, segmentis sex prioribus fasciatis, reliquis maculis marginalibus. Longit. 2'''.

Der Kopf ist relativ etwas länger als bei voriger Art, hat am convexen Clypeusrande jederseits drei Stachelborsten, am ebenfalls convexen Wangenrande fünf zum Theil sehr lange Borsten, vor und hinter dem kugeligen Auge dicht gedrängte kurze Stacheln, am Schläfenrande gewaltig lange und dicke und mehre gewöhnliche Randborsten. Die schwarzbraune Zeichnung des Kopfes giebt unsere Abbildung naturgetreu wieder. Der lange Prothorax ist wieder herzförmig mit hellen Seitenflügeln, deren abgestutzte Ecke zwei kurze und zwei sehr dicke und lange Randborsten hat, denen nach hinten einige dünne Borsten folgen. Der trapezische Meso- und Metathorax bewehren ihren Rand nur mit kurzen Dornen, sind aber oberseits wie der erste Brustring ziemlich dicht mit kurzen Borsten besetzt. Schenkel und Schienen reich beborstet, Tarsen spärlich, die Schienen des dritten Paares wieder am Innen- und Aussenrande ganz dicht mit langen Borstenhaaren besetzt. Der elliptische Hinterleib hat sägezähnige Seitenränder, an den scharfen Segmentecken zwei und drei ungemein starke Borsten, davor noch eine kurze, auf der Fläche kurze Borsten und das Endsegment dicht mit ungleich langen Borsten besetzt.

Unsere Abbildung stellt die Zeichnung des Hinterleibes nach Exemplaren von Anas boschas dar, bei denen von Anas acuta ist der Rand hell und die Binden beginnen gablig an der Innenseite der Stigmata, wie Denny sie abbildet, die drei ersten und sehr schmalen Binden sind aber in der Mittellinie unterbrochen. Nach den wenigen Spiritusexemplaren, die mir zur Vergleichung vorliegen, möchte ich die Exemplare beider Wirthe specifisch von einander trennen, denn die von A. boschas haben einen entschieden längern Metathorax, schlanker zugespitzten, überhaupt schmälern, viel dichter beborsteten Hinterleib, ganz abgerundete Flügelecken am Prothorax, nur eine sehr dicke Randborste an der Schläfe u. s. w., doch ist die Untersuchung frischer Exemplare erforderlich, um den Werth dieser Differenzen zu bemessen.

Auf Anas acuta, A. boschas, A. rufina, A. querquedula, A. clangula von Nitzsch mehrfach beobachtet, auch von Denny beschrieben und abgebildet, der sie auch von noch andern Wirthen erhalten haben will.

Tr. squalidum *Denny.*
Denny, Monogr. Anoplur. 235. Tab. 22. Fig. 3.

Albidoflavum, fuscopictum; capite latetriangulari, temporibus latis; prothorace cordiformi, alato, mesothorace breviore metathorace, pedibus robustis; abdomine ovali, marginibus crenatis, segmentorum fasciis angustis, obsoletis. Longit. 2'''.

Diese Art steht dem *Tr. conspurcatum* näher als dem *Tr. luridum*. Der Kopf ist sehr kurz und breit dreiseitig, Randborsten und Zeichnung wie bei erster Art. Der herzförmige Prothorax hat auf seinen hellen abgerundeten Seitenflügeln vorn zwei Stacheln, dahinter sehr dicke und lange Randborsten, welche nach hinten allmählig dünner werden. Der Mesothorax hat gleich vorn jederseits einen Randzahn mit zwei Stacheln, an den Hinterecken ähnliche Stacheln und zugleich Borsten, die auch am Metathorax wieder auftreten; erster ist vorn braun, letzter hat jederseits eine starke braune Bogenlinie. Die Beine ohne besondere Auszeichnung. Der ovale Hinterleib lässt die Segmentecken minder scharf hervortreten als bei vorigen Arten, bewehrt dieselben mit einer sehr langen und einer kurzen starken Borste, erscheint am Ende fast gerade abgestutzt und hier das vorletzte Segment jederseits mit zwei enorm langen und starken Borsten, innen daneben mit einer dritten kurzen besetzt, das sehr kleine Endsegment fein beborstet. Längs des Hinterrandes aller Segmente steht eine Reihe kurzer Stacheln mit einigen sehr langen Borsten, vereinzelte Stacheln auch auf der übrigen Fläche der Segmente. Die vorn und hinten schwarz eingefassten Stigmata sind durch schmale mattbraune Binden mit einander verbunden. Diese Exemplare weichen erheblich von Denny's Charakteristik und Abbildung ab, allein ein ausgewachsenes unserer Sammlung ist ganz hell und hat nur die vordere und hintere braune Berandung der Stigmata und keine andere Zeichnung, einer Larve fehlt auch die Berandung der Stigmata und ihre Thorax- und Kopfzeichnung stimmt ganz mit Denny's Abbildung überein, nur sind die Hinterleibsränder scharf sägezähnig.

Auf Anas clypeata, von Nitzsch in unserer Sammlung aufgestellt, nach Denny auch auf der Hausgans und Anser albifrons.

Tr. . . . .

Eine 1¼''' lange Larve von Anas penelope in unserer Sammlung hat nahezu die Zeichnung, welche Denny seinem *Tr. squalidum* giebt, abweichend nur dass der weissliche Hinterleib die sehr scharf sägezähnig vortretenden Segmentecken dunkelt und den Hinterrand der Segmente als feine mattbraune Linie zeichnet. Diese Ecken haben ausser den beiden gewöhnlichen dicken Borsten noch mehre Stacheln, das kleine Endsegment nur vier Randborsten, die seitlichen Flügel des Prothorax drei lange Borsten, der Kopf die Randborsten von *Tr. conspurcatum*.

Ihr sehr nah steht eine 1½''' lange Larve von Anas strepera in unserer Sammlung, unterschieden nur dadurch, dass die Seitenränder der Hinterleibssegmente fein schwarz gesäumt sind und die Gelenkenden der Schenkel und Schienen dunkelbraun sind. Wie bei voriger Larve liegt auch bei dieser eine weisse Winkellinie auf der Stirn, von deren Ecke eine weisse Linie längs des Scheitels den dunkeln Occipitalrand durchbrechend auf die Thoraxringe fortsetzt.

Tr. gracile *Grube.*
GRUBE, von Middendorff's Sibir. Reise Zool. I. 494. Taf. 2. Fig. 6.

Pallide ochraceum, characteribus nigris, maxime in capite expressis; prothorace late alato, metathorace castaneo, medio ochraceo, abdomine oblongo, longiore quam caput cum thorace, ochraceo, vittis segmentorum dorsalibus transversis fuscis, medio attenuatis, antice curvis, utrinque dilatatis, breviter bifurcis, nigricantibus. Longit. $2\frac{1}{2}'''$.

Auf Anas falcata, A. acuta und A. glocitans, dem *Tr. conspurcatum* ungemein nah stehend, ausser in der Zeichnung auch in der grössern Länge des Abdomens unterschieden.

Tr. pygmaeum *Kolen.*
KOLENATI, Meletemata entomol. V. 139. Tab. 19. Fig. 5.

Von voriger Art und *Tr. conspurcatum* unterschieden durch die geradrandigen, also in der Mitte nicht verschmälerten Querbinden der Abdominalsegmente, durch kürzeres und breiteres Abdomen. — Auf Enten.

Tr. lituratum *Nitzsch.* Taf. XVIII. Fig. 10.

NITZSCH fand im März 1804 auf einem frischen Mergus albellus ein Exemplar eines ganz absonderlichen *Trinoton*, von dem er eine in der Zeichnung des Körpers nicht ganz ausgeführte Abbildung entwarf, indem er die feine schwarze Dekoration des Kopfes und Thorax unausgeführt liess. Da das Thier ganz eigenthümlich ist, so habe ich die Abbildung wiedergegeben, leider fehlt das Exemplar in der Sammlung und kann ich Weiteres über die Art nicht angeben.

Tr. . . . .

Ein $1\frac{1}{2}'''$ langes und wahrscheinlich nicht reifes Exemplar von Podiceps minor in unserer Sammlung deutet eine eigenthümliche Art an. Der kurz dreiseitige Kopf zeichnet sich besonders durch die kurzen stumpfen Schläfen aus und ist goldgelb mit zwei schwarzen Randflecken jederseits und fein schwarzem Occipitalrande. Der Prothorax ist vorn sehr breit und hat nur schmale Seitenflügel. Der Mesothorax ist halb so lang wie der Metathorax, beide mit fein braunen Seitenrändern, die Beine schlank und die Hinterschienen mit nur kurzen Haarborsten, die nicht so dicht gedrängt stehen wie bei den vorigen Arten. Der Hinterleib ist oblong, sägezähnig und ganz hell gerandet, am Ende gerade abgestutzt, der Hinterrand der Segmente fein braun. Die Länge des Hinterleibes gleich der des Kopfes und Thorax zusammen.

Tr. biguttatum *Rudow.*
RUDOW, Zeitschrift f. ges. Naturwiss. 1869. XXXIV. 406.

Kopf vorn abgerundet, Hinterkopf breit abgerundet, behaart, am Rande braunroth, sonst ockergelb. Prothorax vorn verengt, dann erweitert und nach hinten geradlinig in eine gerade Basis verengt, oben behaart, mit rother Querzeichnung. Mesothorax mit erweiterten abgerundeten Seiten, dann geradlinig verengert. Metathorax verkehrt herzförmig. Abdomen länglich, die beiden ersten Segmente sehr klein, Endsegment zweizackig, Segmentecken stumpf vorstehend, zwei röthliche Flecken auf jedem Segment, Rücken dunkelgelb mit rothen Nähten. Länge 2 Mm. — Auf Tinamus banaquira.

6. COLPOCEPHALUM Nitzsch.

Caput latum, saepius fere panduriforme. Tempora a fronte excisura orbitali profundiore lorique distincta. Antennae conspicuae, capitulo subgloboso vel ovali. Mesothorax parum distinctus, exiguus. Abdomen latius vel angustius ovale.

Allermeist kleine *Liotheen* von gedrungener bis schlanker Körpertracht. Ihr Kopf meist breiter als lang hat einen convexen Vorderrand, über welchen die Palpen mit ein bis drei Gliedern hervorragen. Die in oder etwas vor der Mitte gelegenen, gewöhnlich tiefen, selten seichten Orbitaleinschnitte sind vorn dicht stachelborstig und auch mit ein oder zwei sehr langen Borsten besetzt, dahinter breiten sich die Schläfen flügelartig aus, sind schief abgestutzt oder abgerundet, blos mit Stachelborsten besetzt, gewöhnlich aber noch mit einigen sehr langen Borsten. Die seitlich hervorragenden Fühler haben allermeist ein sehr dünn gestieltes und dann napfartig erweitertes drittes Glied, in welchem das mehr minder gestreckte Endglied ganz wie die Eichel in ihrem Näpfchen sitzt. Die Oberlippe ist häufig ausgeschnitten und stets behaart. Die Oberkiefer sind scharfspitzig gezähnt, die Kiefertaster gestreckt viergliedrig, die Unterkiefer klein, die Lippentaster zweigliedrig. Der Prothorax pflegt abgesetzte Seitenecken zu haben. Der Mesothorax ist nur ausnahmsweise durch scharfe Abschnürung markirt, gewöhnlich nur durch die Farbe angedeutet oder gar nicht angezeigt. Der Metathorax hat eine trapezische oder durch Vorrücken der Hinterecken sechsseitige Form. Die Beine bald stark bald schwach und schlank, meist dunkel gerandet, zeichnen sich durch die Beborstung der Schienen, die grossen Haftlappen am ersten Tarsusgliede, das sehr lange zweite Tarsusglied mit Sauggrube und die langen sehr sperrigen Klauen aus. Der Hinterleib endlich breit oval bis lang gestreckt schmal pflegt reich beborstet zu sein, lässt gewöhnlich die Segmentecken scharf hervortreten und zeichnet blos die Ränder oder zugleich auch die Flächen der Segmente mit Flecken oder Binden. Das Endsegment der Weibchen ist dicht mit feinen Haaren berandet, sehr häufig beide Geschlechter durch die Form des Hinterleibes, auch wohl durch die Zeichnung unterschieden. Mundtheile, Darmcanal und männliche Genitalien sind Tafel XIX. Fig. 3. 4 und 7 dargestellt worden.

Die ziemlich zahlreichen Arten schmarotzen vorherrschend auf Raub- und Sumpfvögeln, auch auf Schwimmvögeln, spärlich auf Sing-, Schrei-, Kletter- und Hühnervögeln, von straussartigen Vögeln ist noch keine einzige bekannt geworden.

C. megalops.

Fulvum, fuscopictum; capite subtrapezoideo, quadrimaculato; prothorace postice angustato, pedibus brevibus; abdomine anguste ovali, marginibus subcrenulatis, maculis rectangulis. Longit. $^{2}/_{3}$'''.

Zierlich und schlank, der Vorderkopf nur wenig schmäler als der Hinterkopf, der Vorderrand sehr flach convex und mit ganz kleinen Borstenspitzchen besetzt. Taster und Fühler nur mit dem Endgliede den Rand überragend, dessen Bucht seicht ist, der Schläfenrand dahinter stachelspitzig, dann mit drei langen Borsten besetzt. Schwarze Augenflecke und zwei scharfdreiseitige Flecke am schwach concaven Occipitalrande bilden die Zeichnung des Kopfes. Der Prothorax setzt sich breit an den Nackenrand an, verbreitert sich sogleich noch etwas und verschmälert sich dann stark nach hinten. Der Mesothorax bildet eine schmale Wulst am trapezischen Metathorax. Die Beine sind kurz und robust. Der Hinterleib verschmälert sich langsam nach hinten und endet stumpf, sein mehr welliger als zackiger Rand ist mit kurzen Stachelborsten besetzt, die Ecken des vorletzten Segmentes mit sehr langen starken Borsten, das Endsegment mit kürzern ungleich langen. Rücken- und Bauchseite ziemlich dicht beborstet. Mattbraune rechteckige Flecke liegen jederseits und tragen die hellen Stigmata.

Auf Sarcorhamphus papa, nach einem Exemplar unserer Sammlung.

C. oxyurum *Nitzsch.*
Nitzsch, Zeitschr. f. ges. Naturwiss. 1861. XVII. 519.

Parvum, flavum, plicaturis albidis; capite fere semilunari, orbitis parum excisis antice acutis, temporibus latis, macula orbitali et occipitali majore itemque frontali minore nigris; abdomine lato, postice valde attenuato, fere caudato. Longit. $^{1}/_{4}$'''.

Der Kopf ist fast halbmondförmig, vorn mit feinen Borsten besetzt, vor den Augen mit langer und an den abgerundeten Schläfenecken mit einer ganz ungemein langen und einigen kurzen. Weder Taster noch Fühler sind sichtbar. Der Prothorax ist sehr kurz, quer rautenförmig mit vorderer und hinterer Abstumpfung, hinter den scharfspitzigen Seitenecken folgen mehre sehr lange und starke Borsten. Meso- und Metathorax bilden ein Trapez, doch ist erster durch randliche Kerbung von letztem abgegränzt, dieser mit langen starken Randborsten besetzt. Die Beine sind kurz und kräftig, ziemlich reich beborstet, Tarsen und Klauen lang und stark. Der Hinterleib verschmälert sich nach hinten sehr stark und ist dicht und lang beborstet, seine Ränder sägezähnig.

Auf Neophron monachus, von Nitzsch in einem männlichen Exemplare auf einem trocknen Balge gefunden.

C. caudatum.

Robustum, flavidum, fuscopictum; capite panduriformi, orbitis profunde excisis, temporibus rectis rotundatis; prothorace brevissimo, metathorace trapezoidali; abdomine postice fortiter angustato, marginibus obtuse crenatis, fuscomaculatis. Longit. $^{1}/_{4}$'''.

Eine kleine gelbliche Art, leicht kenntlich an der schnellen und starken Verschmälerung des Hinterleibsendes und der ganz hellen Hinterleibsmitte. Der convexe Vorderrand des Kopfes trägt spärliche Borsten, die stumpfen Orbitalecken nur eine lange Borste, der Orbitaleinschnitt ist tief, der Rand dahinter dicht stachelborstig, die gerade seitwärts gerichteten Schläfen abgerundet und mit drei langen Randborsten. Das Fühlerendglied ist gestreckt. Die Zeichnung des Kopfes der von *C. inaequale* fast gleich. Der auffallend kurze Prothorax greift mit seiner Vorderhälfte in das concave Occiput ein und trägt nur eine Eckborste, der Metathorax ist trapezoidal mit randlichen Stachelborsten. Die Beine kurz und kräftig. Der Hinterleib ist eiförmig mit schwanzartig ausgezogenem Endpole, überall auch an den stumpf gekerbten Seitenrändern ganz kurze Borsten, nur an den beiden schmälsten Endsegmenten stehen einige lange Randborsten. Die am Seitenrande dunkelbraunen Flecke ziehen sich verblassend nach innen, erreichen aber das Mittelfeld des Rückens nicht und sind an der Bauchseite blosse Randflecke.

Auf Vultur indicus, nach einem Exemplar unserer Sammlung. Diese Art hat eine so überraschende Aehnlichkeit mit Denny's *C. turbinatum* von der Taube, dass man sie als blossen Gast auf dem Geier betrachten möchte. Davon hält mich ab, dass bei Denny die Beine viel dünner und schlanker sind, der Orbitaleinschnitt eine blos seichte Buchtung und die Randborsten des Hinterleibes ganz andere sind.

C. flavescens *Nitzsch*. Taf. XIII. Fig. 10; Taf. XIX. Fig. 3. 4. 7.

Nitzsch, Germar's Magaz. Entomol. III. 298; Zeitschrift f. ges. Naturwiss. 1861. XVII. 522. — Burmeister, Handb. Entomol. II. 438. — Lyonet, Mém. Mus. XVIII. 262. Tab. 12. Fig. 1. — Denny, Monogr. Anoplur. 206. Tab. 18. Fig. 2.

Parvum, flavescens, fulvopictum; capitis incisuris orbitalibus angustis, profundis, temporibus latis, obtuse rotundatis, antennarum articulo ultimo ovali; prothorace transverso, angulis lateralibus acutis, metathorace subtriangulari; abdomine ovali, marginibus profunde crenatis, segmentorum fasciis fulvis utrinque bipunctatis. Longit. $\frac{4}{5}$'''.

Der um ein Drittheil breitere als lange Kopf rundet seinen Clypeus vorn breit convex ab und trägt an diesem Vorderrande in der Mitte zwei, jederseits ein Borstenspitzchen, aber vor dem tiefen und engen Orbitaleinschnitt stehen zwei Paar langer Borsten. An den breiten, stumpf abgerundeten Schläfen stehen mehre lange Randborsten. Die Taster, Taf. XIX. 7c, überragen nur mit dem letzten längsten walzigen Gliede den Kopfrand. An den Fühlern, Fig. 7d, ist das zweite Glied trapezoidal, das dritte dünn gestielt napfförmig und das vierte schön oval. Die Färbung des Kopfes ist gelb mit bräunlich schwarzer Zeichnung der Augengegend, der Schläfenlinien und des Nackenrandes. Der blässere quere Prothorax setzt seine scharfen Seitenecken von der übrigen Fläche ab, verbindet diese durch eine bräunliche Querlinie und bewehrt sie mit je einer Stachelborste und zwei sehr langen Randborsten, denen vor der Hinterecke noch eine dritte folgt. Der Mesothorax ist nur durch eine Linie vom Metathorax geschieden, sie sind vorn so verengt, dass man die Form abgestumpft dreiseitig nennen kann. Eine Reihe Stachelborsten besetzt den geraden Seitenrand, dann folgen an der scharfen Ecke drei lange Borsten und ebensolche längs des geraden Hinterrandes. Die gestreckten Hüften sind dicht mit Stachelborsten besetzt, die Schenkel mit zerstreuten Borsten, die kurz keulenförmigen Schienen am Ende des Aussenrandes dicht beborstet, das zweite Tarsusglied nur mit schwacher Erweiterung statt eigentlicher Haftlappen, die langen Klauen erst an der äussersten Spitze hakig gekrümmt. Am Hinterleibe treten die seitlichen Segmentecken stark hervor und sind reich mit ungleich langen Borsten besetzt, lange Borsten stehen auch auf der Fläche der Segmente zerstreut. Der breiter ovale Hinterleib des Weibchens endet abgerundet und dicht mit feinen Borstenhaaren besetzt. Die braunen, durch weisse Plikaturen geschiedenen Querbinden der Segmente sind bei dem Männchen umbrabraun, bei dem Weibchen aber gegen die Mitte des Rückens hin blassgelb, bei beiden liegen in jeder Binde neben dem Seitenrande zwei weisse Pusteln. Bei dem Männchen sieht man die Querbinden auch auf der Bauchseite, während diese bei dem Weibchen ohne Binde ist. — Zwischen den langen Tastern ragen die tief braunen gezähnten Oberkiefer, Taf. XIX. Fig. 7a, hervor, hinter diesen Fig. 7b die zweigliedrigen Lippentaster. Der Darmkanal, Taf. XIX. Fig. 3, beginnt mit einem sehr engen Schlunde, der sich im Metathorax stark bauchig erweitert. Dieser Kropf ist stets mit zerbissenen Strahlen der Dunenfedern gefüllt und geht durch eine starke und kurze Verengung in den zweiten Darmabschnitt über, welcher mit zwei nach vorn gestreckten Blindsäcken beginnt und nach hinten sich allmählig verdünnt. In sein Ende münden die vier Malpighi'schen Gefässe, hier ganz eng, dann auf eine Strecke so weit wie der dritte Darmabschnitt und in der Endhälfte wieder fadendünn. Der dritte Darmabschnitt, ziemlich von der Länge des zweiten, hat die gleiche Weite von jenes Ende, verdünnt sich aber zuletzt plötzlich, dann folgt die melonenförmig gefurchte drüsige Stelle, die bei allen Läusen, auch den blutsaugenden, sich findet und endlich der Afterdarm. Die männlichen Genitalien, Fig. 4, bestehen aus jederseits drei birnförmigen Hoden, deren spitzes Ende den feinen Faden zum Rückengefäss sendet, während das dicke Ende dem sehr feinen Vas deferens aufsitzt. An der Vereinigung der beiden Vasa deferentia mündet ein langer dicker Kanal, der zum Thorax aufsteigt, von hier wieder ganz zurückkehrt und mit einer grossen längsgefurchten viertheiligen Drüse endet. An der Vereinigung der beiden Samenkanäle steht hier wie bei allen männlichen *Liotheen* gabelspaltig eine dünne braune Borste, welche bis an den Thorax hinanreicht und hier mit einer blassen weichen Spitze endet. Besondere Muskeln an der basalen Gabel sind nicht zu erkennen.

Auf Haliaetos albicilla, Milvus regalis, Astur palumbarius, Aquila naevia, Falco peregrinus, Pernis apivorus, von Nitzsch seit dem Anfange dieses Jahrhunderts vielfach beobachtet und sehr sorgfältig untersucht, doch fehlen von Aquila naevia und Pernis apivorus die Exemplare in der Sammlung und im handschriftlichen Nachlass die sicher auf diese Art hinweisenden Angaben. Denny fügt zu diesen Wirthen noch Harpyia destructor hinzu.

C. allurum *Nitzsch.*
Nitzsch, Zeitschrift f. ges. Naturwiss. 1861. XVII. 522.

Auf einem trocknen Balge des Haliaetos Macei aus Ostindien fand Nitzsch ein Exemplar mit kegelförmigem Hinterleibe und dunkelbraunen Querflecken vom Seitenrande her auf dem Rücken des Thorax und Abdomens. Wenn auch diese Merkmale schon genügen die specifische Selbständigkeit aufrecht zu erhalten, so gestattet der Zustand des Exemplares doch eine nähere Beschreibung nicht. Es ist nur ½''' lang, hat am breit convexen Clypeusrande zwei feine Borsten, über dem Auge eine starke Borste, am breit abgerundeten Schläfenrande eine dichte Stachelreihe, an den stumpfen Segmentecken des schlank kegelförmigen Hinterleibes je eine steife Borste und mehre Stachelborsten.

C. tricinctum *Nitzsch.*
Nitzsch, Zeitschrift f. ges. Naturwiss. 1861. XVII. 524.

Gracile, flavum, pictum; capitis incisuris latis profundis, clypeo convexo; prothoracis transversi angulis lateralibus acutis, metathorace hexagono; abdomine elliptico, marginibus profunde crenatis multisetosis, segmentis maris vittatis, feminae tribus prioribus vittatis, reliquis maculatis. Longit. 3/4'''.

Eine schlanke hellgelbe Art mit sehr convexem, gut beborsteten Clypeusrande, langen Borsten vor dem weiten und tiefen Orbitaleinschnitt und mit abwechselnd sehr langen und kurzen Borsten am schief abgestutzten Schläfenrande. Die tief schwarzen Orbitalflecke verbinden sich hellbraun mit den ebenfalls tief schwarzen Dreiecksflecken am schwarzen Occipitalrande. Der mit Querstreif gezeichnete Prothorax ist fast rautenförmig und hat hinter der stachelspitzigen Seitenecke drei sehr lange Randborsten, der gestreckte ebenfalls mit Querbinde gezeichnete Metathorax an und hinter der Seitenecke viele Borsten. Die kurzen Beine haben am Ende der Schienen dicht gestellte Borsten, an der Basis der Tarsen sehr breite, am Ende derselben ganz schmale Haftlappen. Der gestreckt elliptische reich und dicht beborstete Hinterleib mit stumpfeckigen Segmentseiten zeichnet sich bei dem Männchen mit braunen Querbinden, bei dem Weibchen nur auf den drei ersten Segmenten mit solchen, auf den übrigen Segmenten nur mit Randflecken. Die weissen Plikaturen haben die Breite der Binden und Flecken.

Auf Milvus ater, von Nitzsch im September 1821 auf einem jungen Vogel in mehren Exemplaren gesammelt.

C. bicinctum *Nitzsch.*
Nitzsch, Zeitschrift f. ges. Naturwiss. 1861. XVII. 524.

Praecedenti simillimum, at feminae segmentis duobus prioribus vittatis. Longit. 3/4'''.

Die Aehnlichkeit mit voriger Art ist eine ganz überraschende und die Unterschiede gering. Die Borsten am vordern Clypeusrande sind viel feiner, der Seitenrand des Metathorax ist bis zur Ecke mit einer Reihe Stacheln besetzt, die kurzen starken Schienen am Ende des Aussenrandes nur mit wenigen kurzen Borsten, der männliche Hinterleib allmählig sich verschmälernd mit stumpfeckigen Seiten der Segmente und mit durchgehenden braunen Binden auf den vier bis sechs vordern Segmenten, der schlank ovale weibliche mit convexen Seiten der Segmente und nur auf den beiden ersten Segmenten mit Binden, auf den übrigen mit ganz kurzen Randflecken.

Auf Circus aeruginosus und Cathartes foetens, von Nitzsch im August und November 1818 entdeckt und unterschieden. Auch die Exemplare von Buteo lagopus in unserer Sammlung stimmen specifisch überein.

C. pachygaster.
Colpocephalum Haliaeti Denny, Monogr. Anoplur. 216. Tab. 19. Fig. 1.

Parvum, latum, fulvum, fuscopictum; capite lato, incisuris lateralibus angustissimis; abdomine lato ovali, segmentis fuscovittatis. Longit. ½'''.

Kurz und breit, im Habitus dem *C. trochioxum* der Rohrdommel ähnlich. Der flach convexe Clypeusrand ist erst ganz seitlich mit zwei kurzen und dann zwei sehr langen Borsten vor dem engen schlitzförmigen Orbitaleinschnitt besetzt. Die Schläfen sind nicht schief abgestutzt, sondern verschmälert und abgerundet und mit mehren Borsten berandet. Dem Hinterkopf fehlt alle Zeichnung. Der Pro- und Metathorax von einander gleicher Länge, erster mit Dorn und langer Borste an den stumpflichen Seitenecken und zweiter Borste nahe der Hinterecke, letzter mit mehren Borsten an und hinter den Seitenecken, beide Ringe braun ohne Zeichnung. Der Hinterleib ist viel breiter als bei allen vorigen Arten und zugleich sehr dick, sägezähnig und mit durchgehenden dunkelbraunen Binden auf allen Segmenten, nur nicht dem gerade abgestutzten, randlich dicht beborsteten Endsegment.

Auf Pandion haliaetos, von Nitzsch im November 1816 gesammelt und ohne nähere Untersuchung als eigene Art in der Sammlung bezeichnet, von Denny beschrieben und abgebildet.

C. impressum *Rudow.*
Rudow, *Zeitschrift f. ges. Naturwiss.* 1869. XXXIV. 396.

Kopf vorn regelmässig abgerundet mit sehr langen Haaren, Orbitaleinschnitt seicht, Fühler sehr klein, dünn. Schläfen breit mit je zwei langen Borsten, ockergelb mit Orbital- und Occipitalflecken. Prothorax schmal, nach hinten in eine stumpfe Spitze gradlinig erweitert, randlich beborstet. Metathorax stark abgerundet, verbreitert, beborstet. Abdomen regelmässig eiförmig, mit wenig überstehenden Ecken und sehr kleinem Endsegment, ockergelb mit schmal dunkler Berandung. Länge 0,5 Mm. — Auf Aquila fulva.

C. napiforme *Rudow.*
Rudow, *Zeitschrift f. g. Naturwiss.* 1869. XXXIV. 395.

Kopf relativ sehr dick, vorn breit, flach abgerundet, behaart, mit seichter Orbitalbucht und dicken sehr lang behaarten Schläfen, gelb mit braunen Orbital- und Occipitalflecken. Prothorax schmal, nach hinten abgerundet verengt. Mesothorax schmal, ebenso lang, abgerundet, Metathorax breit, flach abgerundet, alle drei gelb mit brauner Säumung. Abdomen rübenförmig, die 4 ersten Segmente stufig abgesetzt, die letzten glattrandig, alle gelb mit brauner Randzeichnung. Länge 0,25 Mm. — Auf Buteo cahurus.

C. cucullare.

Flavum, pictum; capitis incisuris orbitalibus latis, temporibus brevibus rotundatis; prothorace brevi, angulis lateralibus spiniformibus, metathorace trapezoidali; abdomine maris conoideo, feminae ovali, marginibus acute serratis, maculis marginalibus fulvis. Longit. ¼'''.

Hellgelb, am Kopfe mit schwarzer, am übrigen Körper mit bräunlichgelber Zeichnung. Der stark convexe Vorderrand ist spärlich und kurz beborstet, auch vor dem breiten tiefen Orbitaleinschnitt stehen nur kurze Borsten, keine langern oder zahlreichere an den kurzen breit gerundeten Schläfen. Grosse schwarze Orbital- und dreiseitige Occipitalflecke, letzte beim Weibchen durch den schwarzen Randsaum verbunden, bei dem Männchen getrennt. Der Prothorax ist sehr kurz und durch die scharf abgesetzten, fast stachelförmig ausgezogenen Seitenecken mit Stachel und langer Borste sehr breit. Der hintere Brustring trapezisch, mit Randstacheln und langen Eckborsten; beide Brustringe braun gerandet. Die Beine kurz und dünn, mässig beborstet, die Haftlappen der Tarsen klein. Der dicht beborstete Hinterleib ist bei dem Weibchen oval, bei dem Männchen vom vordern Drittheil nach hinten kegelförmig, die Seitenränder scharf sägezähnig mit einzelnen sehr langen Borsten zwischen den dicht gedrängten kurzen. Die Randflecke sind unmittelbar am Rande dunkelbraun, nach innen gelblich, durch ein breites hellgelbes Mittelfeld geschieden.

Auf Gypogeranus serpentarius, von Nitzsch im Februar 1837 in mehren Exemplaren ohne nähere Angabe in unserer Sammlung aufgestellt.

C. Polybori *Rudow.*
Rudow, Zeitschrift f. ges. Naturwiss. 1869. XXXIV. 397.

Kopf vorn halbkreisrund, stark behaart, Orbitalbucht fast verschwindend, Schläfenecken breit, abgerundet dick, vorn kurz, hinten sehr lang beborstet; hellgelb mit zwei braunrothen Seitenecken, spitz auslaufender Zeichnung des Hinterkopfes. Thorax dick, allmählig verbreitert, abgerundet. Prothorax mit scharfen Ecken. Mesothorax halb so breit, hellgelb mit dunkelrothbraunem Rande. Abdomen eirund, in der Mitte hellgelb, am Rande dunkelbraun, stark behaart, am Ende breit abgerundet hell. Länge 0,5 Mm. — Auf Polyborus tharus.

C. subaequale *Nitzsch.* Taf. XIII. Fig. 13. 14.
Nitzsch, Germar's Magaz. Entomol. III. 299. — Burmeister, Handb. Entomol. II. 438.

Oblongum, fuscotestaceum, fuscopictum; capite lato, incisuris orbitalibus acutis, temporibus latis; thoracibus magnis, hexagonis, metathorace longiore prothorace, pedibus gracilibus; abdomine elliptico, marginibus profunde crenatis, fasciis fuscis maris mediis angustatis, feminae bis interruptis. Longit. 1/3'''.

Der kurze breite Kopf ist am breit gerundeten Vorderrande mit ziemlich straffen Borsten besetzt, denen vor dem spitzwinkligen Orbitaleinschnitt drei lange folgen, an dem breiten Schläfenrande lange und kurze. Taster und Fühler ragen lang hervor. Die dunkle Zeichnung des Kopfes geben unsere Abbildungen naturgetreu wieder. Der grosse sechsseitige Prothorax hat an den scharfen Seitenecken eine Borstenspitze und am schwach convexen Seitenrande dahinter zwei, meist drei sehr lange Borsten und zeichnet seine hintere Hälfte dunkel. Der Mesothorax ist durch zwei braune Querflecken deutlicher markirt als bei vielen der vorigen Arten, hinter ihm verbreitert sich der geradseitige mit kurzen Borstenspitzen besetzte Metathorax stark und bildet dann eine stumpfgerundete Ecke mit langen starken Borsten, von welcher er dunkelbraun nach innen verwaschen ist. Die Oberseite des ganzen Thorax trägt zerstreute lange Borsten. An den kurzen dünnen Beinen haben die keulenförmigen Schienen gegen das Ende hin aussen dichte Beborstung, der Tarsus basale Haftlappen und innen am gestreckt keulenförmigen zweiten Gliede eine Saugscheibe. Der rundlich und auf den Flächen dicht beborstete Hinterleib hat tief gekerbte Seitenränder, am weiblichen Endsegment sehr feine lange Randhaare und in beiden Geschlechtern sehr verschiedene Zeichnung, nämlich bei dem Männchen durchgehende, in der Mitte stark verschmälerte, bisweilen gleich nahe dem Rande plötzlich verschmälerte Querbinden, bei dem Weibchen dagegen ist der schmale mittle Theil dieser Binden auf den sechs vordern Segmenten durch eine weisse Linie vom randlichen Theile geschieden. Auf der Bauchseite scheinen nur die dunklen Randflecke durch.

Auf Corvus corax und C. frugilegus, von Nitzsch im Oktober und November 1814 entdeckt und von letzter nach sorgfältiger Unterscheidung abgebildet. Denny's Abbildung dieser Art gehört nicht hieher, sondern unter ***Menopon.***

C. deperditum Taf. XIII. Fig. 9.

Zu dieser Abbildung eines ***Colpocephalum*** von Corvus cornix finde ich in Nitzsch's Nachlass weder eine Bemerkung noch die Exemplare in der Sammlung, kann also nur mit Wiedergabe der Abbildung die Aufmerksamkeit auf ihr etwaiges Vorkommen lenken.

C. scuticinctum *Rudow.*
Rudow, Zeitschrift f. ges. Naturwiss. 1869. XXXIV. 394.

Kopf vorn dick, behaart, mit seichter Orbitalbucht, abgerundeten, kurzen, dicht behaarten Schläfen, gelb mit braunen Stirnflecken und Schläfenlinien. Prothorax schief viereckig mit breit vorstehenden Ecken. Meso- und Metathorax abgerundet, nur durch braune Zeichnung unterschieden. Abdomen eiförmig mit wenig vorstehenden Ecken, scharf abgesetztem Endsegment, hell mit braunen Rändern und schmal vierseitiger Zeichnung, vorletztes Segment braun mit zwei runden Flecken in der Mitte. Beine kurz, stark behaart. Stimmt bis auf den runden Prothorax mit *C. subaequale* überein. Länge 0,5 Mm. — Auf Corvus scapulatus.

C. flavum *Rudow.* l. c. 392.

Kopf vorn breit abgerundet mit heller Stirn, vor der Ausbuchtung mit scharfer behaarter Spitze. Augen dunkel, Hinterkopf mit breiten überhängenden hellen Seiten, die lange Borstenbüschel tragen. Prothorax mit scharfen nach vorn gerichteten Seitenecken, nach hinten in den kleinen Mesothorax abgerundet, Metathorax glockenförmig, breit, abgerundet, hellgelb mit braunrothen Rändern. Abdomen eiförmig mit scharfen Segmentecken und zweizackig ausgeschnittenem Ende, gelb mit schmalem braunen Rande. Beine dick, mit vorragender Schenkelspitze, behaart. Länge 0,25 Mm. — Auf Carduelis granadensis.

C. fregili *Denny.*

Denny, Monogr. Anoplur. 208. Tab. 20. Fig. 4.

Capite nitide castaneoflavo cum maculis nigris orbitalibus; thorace intense castaneo; abdomine pallide fulvo, margine laterali piceo; pedum paris secundi et tertii femore apicem versus dentato. Longit. $^{2}/_{3}$'''. — *Fregilus graculus.*

C. albonigrum.

Oblongum, albidum, nigropictum; capite subtrapezoideo, orbitis parvis, temporibus latis rotundatis; prothorace hexagonali, mesothorace distincto, metathorace trapezoideo, pedibus robustis; abdomine oblongo, marginibus vix crenatis, punctatis. Longit. $^{2}/_{3}$'''.

Weisslich mit schwarzer Zeichnung. Der Kopf hat ziemlich die Form des *C. ochraceum*, doch ist er kürzer und die Orbitalbuchten ganz flach, mehr wie in der Gattung *Menopon*, aber die Fühler ragen deutlich hervor. Am stark convexen Clypeusrande stehen in der Mitte zwei sehr kurze Borsten, jederseits daneben zwei längere und dann folgen drei sehr lange Orbitalborsten, alle aber fehlen dem männlichen Exemplare; an den Schläfen mehre sehr lange Borsten. Schwarze Orbitalflecken und solcher Occipitalrand. Die scharfen Seitenecken des Prothorax nur mit Borstenspitze, vor der Hinterecke zwei lange Borsten. Der Mesothorax ein scharf begränzter schmaler Ring, der Metathorax trapezoidal, nur mit Borstenspitzen an den Hinterecken. Die Beine mit sehr dicken Schenkeln und kurzen starken Schienen, nur das dritte Paar des Weibchens lang gestreckt. Der Hinterleib ist parallelseitig, am Ende kurz abgerundet, am Seitenrande sind die Gränzen der Segmente nur schwach angedeutet, mit wenigen randlichen Borstenspitzen und vereinzelten langen Borsten, die aber an den beiden Endsegmenten sehr lang sind. Letzte setzen sich bei dem Weibchen stark stufig ab. Der ganze Thorax, die Beine und die Basis des Hinterleibes sind schwarzbraun, der übrige Hinterleib hat auf jedem Segment nur einen kleinen schwarzbraunen Randfleck.

Auf Cassicus cristatus, nach drei Exemplaren unserer Sammlung.

C. subrotundum.

Minimum, flavum, ferrugineopictum; capite lato, incisuris orbitalibus angulatis, temporibus rotundatis; prothoracis lati angulis lateralibus acutis, metathorace trapezoidali, pedibus robustis; abdomine orbiculari, marginibus crenatis ferrugineis maculis pictis. Longit. $^{2}/_{3}$'''.

Der Vorderkopf ist abgerundet quer trapezoidal, am flach convexen Vorderrande mit fünf kurzen Borsten jederseits besetzt, im breitwinkligen Orbitaleinschnitt dichter beborstet und am abgerundeten Schläfenrande mit langen und kurzen dichtgedrängten Stachelborsten und nur einer langen Borste. Augenflecke bilden die einzige Zeichnung des Kopfes. Der braune, breitere als lange Prothorax mit schwach convexem Hinterrande hat an den scharfen Seitenecken einen Dorn, dahinter eine Borste. Der Mesothorax bildet einen verengten braunen Randsaum vorn an dem trapezischen Metathorax, dessen Hinterecken mit je drei Stachelborsten besetzt sind. Die kurzen Beine haben abgestutzt eiförmige Schenkel mit sperriger Borstenreihe am Aussenrande, fast ebenso lange breit keulenförmige Schienen mit längern dichten Borsten aussen am Ende und blosse Stachelspitzen am Innenrande und eine grosse Haftscheibe am langen zweiten Tarsusgliede. Der Hinterleib, bei dem Weibchen so lang wie breit und mit dichten Haaren am Endsegment, bei dem Männchen etwas länger als hinter der Mitte breit und mit zwei sehr langen Borsten am ganz kurzen Endsegment, trägt an den stark convexen Seitenrändern der Segmente anfangs starke Stachelborsten, denen sich an den hintern Segmenten lange Borsten zugesellen. Auf der Oberseite stehen kurze zerstreute Borsten. Rostfarbene Dreiecksflecke zeichnen die Seitenränder des Hinterleibes. Die grossen Eier sind spindelförmig an beiden Polen fast gleich.

Auf Musophaga violacea, von Nitzsch im Sommer 1836 auf einem trocknen Balge gesammelt.

C. productum *Nitzsch.* Taf. XIV. Fig. 2. 3.

Burmeister, Handb. Entomol. II. 439. — *Colpocephalum vittatum* Giebel, Zeitschrift f. ges. Naturwiss. 1866. XXVIII. 391.

Pallidum, fuscopictum; capite subcordiformi, incisuris orbitalibus parvis, macula nigra angulata pictis, temporibus late truncatis; thorace magno; abdomine maris lato, feminae multo longiore, marginibus crenatis, fuscis, segmentorum fasciis transversis fuscis. Longit. ♂ $^{1}/_{2}$, ♀ 1'''.

Eigenthümlich durch den auffallenden Unterschied beider Geschlechter nicht blos in der Grösse, mehr noch in der Form des Hinterleibes. Der Kopf ist gestreckter als bei allen vorigen Arten, der Vorderkopf parabolisch, vorn jederseits mit zwei, vor der Orbitalecke mit einer längern stärkern Borste besetzt, an der Ecke selbst mit äusserst feinen Härchen. Der Orbitaleinschnitt ist winklig, klein, vor ihm liegt ein zackiger schwarzer Fleck. Die breit abgestutzten Schläfen haben lange und kurze Stachelborsten und nur eine sehr lange Borste. Am flach concaven Hinterrande liegen zwei kleine schwarze Dreiecksfleckchen. Der Rand des queren Prothorax ist ringsum stachelborstig und trägt an der Seitenecke je eine lange Borste. Der Mesothorax erscheint nur als schmaler Saum am trapezischen, stachelborstigen Metathorax. Dicke Schenkel, schlanke Schienen gegen das Ende des Aussenrandes dicht beborstet, die Klauen zierlich, nicht hakig gebogen. Der Hinterleib des Männchens in der Mitte am breitesten, nach vorn und hinten ziemlich gleichmässig verschmälert, der längere schmälere des Weibchens zieht sich nach hinten viel schlanker aus, bei jenem sägezähnig gerandet, bei diesem stumpfkerbig, bei beiden mit randlichen Stachelborsten und nur vereinzelten langen, beim Männchen zwei lange Eckborsten, beim Weibchen dichte Behaarung des Endsegmentes. Die Färbung ist ein schwach bräunliches weiss, längs der Ränder und in der Mitte blass und unrein braun, das Männchen überall blässer als das Weibchen.

Auf Buceros abyssinicus, von Nitzsch im Sommer 1836 auf einem trocknen Balge gesammelt.

C. hirtum *Rudow.*
Rudow, Zeitschrift f. ges. Naturwiss. 1869. XXXIV. 399.

Kopf fast dreieckig, vorn schmal, mit schwacher Orbitalbucht, Schläfen dick, abgerundet, Vorder- und Hinterkopf braun und fast weiss gerändert, stark behaart, Fühler mit kugeligem Endgliede. Pro- und Mesothorax [?] zusammen viereckig mit stumpf vorragenden Ecken, Metathorax glockenförmig breit, rothbraun. Füsse lang, Schienen vorn behaart. Abdomen fast kreisrund mit überstehenden Ecken, Ränder braun, nach der Mitte heller, stark behaart. — Auf Buceros ruficollis.

C. inaequale *Nitzsch.* Taf. XIII. Fig. 11. 12.
Nitzsch, Zeitschrift f. ges. Naturwiss. 1866. XXVIII. 393. — Burmeister, Handb. Entomol. II. 438.

C. subaequali simillimum, at temporibus rotundatis, thorace fusco, mesothorace latiore, fasciis abdominalis maris latioribus, feminae mediis brevioribus. Longit. $^{4}/_{5}$'''.

Trotz der grossen Aehnlichkeit mit dem ***Colpocephalum subaequale*** der Saatkrähe, welche eine nähere Beschreibung überflüssig erscheinen lässt, sind die specifischen Unterschiede doch leicht zu erkennen. Männchen und Weibchen differiren weniger in der Grösse. Die schwarze Zeichnung des Kopfes ist beträchtlich breiter und die Schläfen mehr abgerundet, der Prothorax mehr dunkelbraun, der Mesothorax statt zweifleckig ganz braun, auch der Metathorax mit breiter durchgehender Binde. Auf den Segmenten des Hinterleibes verengen sich bei dem Männchen die Binden in der Mitte nicht, sondern haben hier die Breite wie am Rande und beim Weibchen haben die beiden ersten Segmente dieselben Binden, die folgenden viel längere Randflecke und entsprechend kürzere Mittelflecke. Beide Geschlechter haben auf der Bauchseite braune den Rand nicht erreichende Querbinden, welche der Verwandten auf der Krähe ganz fehlen.

Auf Picus martius, von Nitzsch im Oktober 1814 auf einem frischen Cadaver in zahlreichen Exemplaren gesammelt und scharf von den verwandten Arten unterschieden.

C. heterocephalum *Nitzsch.*
Colpocephalum vittatum Giebel, Zeitschrift f. ges. Naturwiss. 1866. XXVIII. 391. — *Menopon heterocephalum* Nitzsch, ebenda 1861. XVIII. 305.

Lanceolatum, fuscopictum; capite maris lato, feminae angustiore subtriangulari, incisuris orbitalibus parvis, temporibus brevibus truncatis; prothorace magno, mesothorace distincto, metathorace trapezoidali, pedibus robustis; abdomine ovali, marginibus subserratis, segmentis fuscovittatis. Longit. 1'''.

Die auffälligste Eigenthümlichkeit dieser Art liegt in der geschlechtlichen Verschiedenheit. Bei dem Männchen ist nämlich der Kopf wie gewöhnlich breit mit schwach convexem Vorderrande, seichten Orbitaleinschnitten und starker Beborstung, breiten abgestutzten Schläfen, bei dem Weibchen dagegen ist er erheblich länger, schmäler und der Vorderrand so stark convex, dass man an der Zusammengehörigkeit zweifeln möchte.

Taster und Fühler sind von der typischen Bildung der *Colpocephalen*, ragen auch häufig frei hervor. Sehr kleine dunkle Orbitalflecke und dunkler Occipitalrand. Der Prothorax ist nur wenig breiter als lang, vorn stark verengt, hinter den Seitenecken stark convexseitig und reich mit starken Borsten besetzt. Der Mesothorax ist sehr bestimmt vom Metathorax abgeschnürt, beide auch durch eine helle Binde abgegränzt, letzter randlich dicht mit Stachelborsten besetzt. Die kurzen kräftigen Beine haben am Aussenrande dicht beborstete Schenkel und Schienen. Auch der ovale Hinterleib ist dicht zumal am Rande mit langen und kurzen Borsten besetzt, seine Seitenränder stumpf sägezähnig und die Segmente mit breiten braunen Binden gezeichnet, die auf der Oberseite in der Mitte des Rückens sich verengen, auf der Bauchseite aber gleich breit erscheinen. Uebrigens ist das erste Segment des Hinterleibes nur wenig kürzer als der Metathorax, so dass man es auf den ersten Blick für einen Brustring halten möchte.

Auf Psittacus erythacus, von Nitzsch im November 1820 in mehren Exemplaren gesammelt.

C. longicaudum *Nitzsch.*
Nitzsch, Zeitschrift f. ges. Naturwiss. 1866. XXVIII. 394.

Fulvum, fuscopictum; capite trilobato, antice truncato, sexmaculato, signatura frontali, temporibus latissimis; prothoracis angulis lateralibus dentiformibus, mesothorace distincto, metathorace trapezoidali, femoribus et tibiis nigromarginatis; abdomine maris ovali, feminae caudiformi, marginibus serratis, fasciis, segmentis maris vittatis. Longit. ♂ 4/5''', ♀ 1'''.

Während vorige Art in der Kopfbildung die auffällige Geschlechtsdifferenz zeigt, bietet diese eine noch grellere in der Hinterleibsbildung. Derselbe ist nämlich beim Weibchen vom dritten Segment an ganz auffallend verschmälert, schwanzartig dünn, nur dunkelbraun gerandet, längs der Mitte hell und am Ende sehr dicht und lang beborstet, bei dem Männchen dagegen ist er gestreckt oval, mit rechtwinkligen Segmentecken, welche den Seitenrand scharf sägezähnig machen, am breiten Endsegment minder dicht beborstet und der braune Rand setzt als schmale hellbraune Binde längs der Hinterränder der Segmente fort. Der Vorderkopf ist breit trapezoidal, am geraden Clypeusrande mit mehren Stachelspitzen besetzt, an jeder Ecke mit dunkelbraunem Fleck und solchem Querfleck in der Mitte, an der Ecke der tiefen schwarzrandigen Orbitalbucht mit mehren und einer sehr langen Borste. Das Endglied der Fühler schief abgestutzt. Die Schläfen so breit wie lang, sehr dicht beborstet und mit zwei sehr langen Borsten. Der tief concave Occipitalrand breit schwarz mit zwei vorgestossenen Flecken. Der Prothorax viel breiter als lang, mit Querlinie und zahnartigen Seitenecken, der Mesothorax durch scharfe Abschnürung markirt, der Metathorax mit randlichen Stachelborsten. Die schwarz gerandeten stachelborstigen Beine haben kräftige Schenkel, schlank keulenförmige Schienen, sehr lange starke Tarsen und schlanke am Innenrande gekerbte Klauen.

Auf Columba tigrina, die letzte von Nitzsch selbst gesammelte und benannte Art nach zwei Männchen und einem Weibchen in unserer Sammlung.

C. albidum.

Albidum, immaculatum; capite lato, incisuris orbitalibus latis, temporibus rotundatis; prothoracis angulis lateralibus obtusis, mesothorace nullo, metathorace hexagonali, pedibus robustis, abdomine ovali, marginibus serratis. Longit. 1/2'''.

Eine kleine weisse Art nur mit schwarzen Augenpunkten, sonst ohne alle Zeichnung. Am breit convexen Clypeusrande stehen keine Borstenspitzen, aber an der stumpfen Orbitalecke zwei sehr lange, an den breiten abgerundeten Schläfen viele kurze und zwei sehr lange. Die ziemlich stumpfen Ecken des Prothorax haben einen Stachel und eine Borste, der Mesothorax ist nicht angedeutet, der Metathorax mit zwei langen Eckborsten. Die Beine in allen Gliedern kurz und sehr dick, die Schienen aussen am Ende dicht beborstet, die Klauen am Innenrande gekerbt. Der ovale Hinterleib ist sehr dicht und lang behaart, hat stumpfsägezähnige Ränder, und ein breit convex gerandetes kurz beborstetes Endsegment.

Auf Phaps chalcoptera, von Hrn. Reisow in einem männlichen Exemplare mitgetheilt.

C. turbinatum *Denny.*
Denny, Monogr. Anoplur. 209. Tab. 21. Fig. 1.

Castaneum, nitidum; capite lato cum maculis orbitalibus duabus ad basin extensis; metathorace lato; abdomine turbinato cum segmento primo maximo. Longit. 1/2—2/3'''.

Auf Columba domestica.

C. unicolor *Rudow.*

Rudow, Zeitschrift f. ges. Naturwiss. 1869. XXXIV. 392.

Kopf vorn abgerundet und an der schmalen tiefen Orbitalbucht in scharfe behaarte Spitzen a[illegible], nach hinten bogig abgerundet, die scharfen Spitzen lang und dicht behaart, die Seiten kürzer behaart. Färbung rothbraun. Prothorax gross, scharfeckig, mit Seitenhaaren, Mesothorax schmal und klein, Metathorax breit glockenförmig, mit überstehenden Ecken, behaart, rothbraun. Beine kurz, stark behaart. Abdomen breit eiförmig mit scharf gebogenen Ecken, Ende abgerundet breit, überall stark behaart, rothbraun mit hellen Nähten. Länge 0,8 Mm. — Auf Carpophaga samoensis.

C. appendiculatum *Nitzsch*, Taf. XIV. Fig. 5. 6.

Nitzsch, Zeitschrift f. ges. Naturwiss. 1866. XXVIII. 394.

Parvum, albidum, margine fusco; capite lato, quadrimaculato, incisuris orbitalibus parvis, temporibus latis; prothoracis angulis acutis, mesothorace nullo, metathorace trapezoidali, pedibus robustis; abdomine maris ovali, feminae subito angustato, marginibus fuscis. Longit. ♂ 1/2, ♀ 3/4'''.

Der bei dem Weibchen viel stärker als bei dem Männchen convexe Vorderrand des Kopfes ist mit Borstenspitzchen, an der stumpfen Orbitalecke mit einer langen Borste, an den breiten Schläfen mit sehr mässigen straffen Borsten besetzt. Der Orbitaleinschnitt ist sehr seicht, das Endglied der Taster und der Fühler lang und walzig. Die Orbitalbucht ist schwarz gerandet und am Occipitalrande stehen zwei kleine schwarze Dreiecksflecke. Der Prothorax wie gewöhnlich hinter den Seitenecken mit einigen Borsten, der Metathorax an den Hinterecken mit mässig langen starren Borsten. Die Beine haben kurze (in unsern Abbildungen zu lange) stark keulenförmige Schienen mit dichter Beborstung am Ende. Der männliche Hinterleib ist regelmässig oval, stumpfsägezähnig gerandet, mit braunen Randflecken und dichter Beborstung, der weibliche verschmälert sich vom vordern Drittheil an sehr stark und ist in diesem Theile nur schwach gekerbt, aber dicht mit kurzen Stachelborsten auch am Endsegment besetzt.

Auf Argus giganteus, von Nitzsch 1836 in mehren Exemplaren auf zwei trocknen Bälgen gesammelt.

C. longicorne *Rudow.*

Rudow, Zeitschrift f. ges. Naturwiss. 1869. XXXIV. 393.

Kopf vorn mässig breit, bis zur Orbitalbucht regelmässig abgerundet, die Bucht weit hinten und von ihr biegen sich die Schläfenecken fast wagrecht ziemlich breit ab. Schläfenrand kurz und dicht beborstet und mit zwei langen Borsten. Hellgelb mit halbkreisförmiger Zeichnung an der Stirn, rothbraune Augenflecke. Fühler lang, kolbenförmig. Prothorax halbmondförmig mit scharfen Ecken, dunkelgelb. Mesothorax nur durch die Färbung deutlich abgesetzt, weiss gerandet. Metathorax breit, stumpfeckig, dunkelgelb. Schenkel dick, gebogen. Schienen lang beborstet, Tarsen roth gefleckt. Abdomen elliptisch, nach hinten stark verengt, hellgelb mit dunklen Rändern und hellbraunen Bogenzeichen. Länge 0,5 Mm. — Auf Gallus furcatus.

C. breve *Gieb.*

Giebel, Zeitschrift f. ges. Naturwiss. 1866. XXVIII. 394.

Minimum, flavum; clypeo maris truncato, feminae convexo, incisuris orbitalibus profundis, temporibus late rotundatis; prothoracis angulis acutis; mesothorace nullo; metathorace trapezoidali, pedibus gracilibus; abdomine brevi ovali, marginibus serratis. Longit. ♂ 1/3, ♀ 1/2'''.

Eine sehr kleine hellgelbe Art, deren Männchen einen geraden, mit äusserst feinen Härchen besetzten Vorderrand, während das Weibchen einen fast parabolischen Vorderkopf hat. Bei beiden stehen vor der scharfen Orbitalecke eine kurze und eine sehr lange Borste. Der Orbitaleinschnitt ist sehr tief, die Schläfen sehr breit, abgerundet, mit vielen kurzen und drei sehr langen Borsten. Bei dem Männchen liegt vor dem schwarzen Orbitalfleck noch ein kleiner dem Weibchen fehlender Randfleck, auch sind bei jenem die schwarzen Hinterrandsflecke beträchtlich grösser. Der Prothorax ist so kurz, dass man ihn beilförmig nennen könnte; er hat hinter den scharfen Seitenecken zwei sehr lange Borsten. Der trapezoidale Metathorax ist nur wenig länger und hat zwei lange Eckborsten. Die Beine sind besonders schlank, das Schienenende dicht beborstet. Der kurz ovale Hinterleib hat scharf sägezähnige Seitenränder mit sehr reicher langer Beborstung auch auf den Flächen, während das Weibchen weniger und stärkere Borsten hat.

Auf Dicholophus cristatus, von Nitzsch im Jahre 1836 in einem männlichen und einem weiblichen Exemplare gefunden.

C. macilentum *Nitzsch.*
Nitzsch, Zeitschrift f. ges. Naturwiss. 1866. XXVIII. 394.

Elongatum, angustatum, album, pictura nigra; capite panduriformi, incisuris orbitalibus profundis, temporibus latis; prothoracis angulis lateralibus aculeatis, metathorace magno trapezoideo; abdomine angusto, marginibus crenatis, segmentis maris maculis marginalibus nigris et area media fusca, feminae fasciis transversis integris. Longit. ♂ $1\frac{1}{3}$, ♀ 1'''.

Die lang gestreckte schmale Gestalt unterscheidet diese Art schon von den vorigen. Ihr kleiner Vorderkopf trägt einige feine lange Randhaare, an der Orbitalecke Stachelborsten und zwei lange Borsten, der relativ grosse Hinterkopf mit den breiten Schläfen ist durch breite und tiefe Orbitalbuchten vom Vorderkopfe geschieden und hat einige sehr lange Randborsten an den vordern Schläfenecken. Ein schwarzer Punkt jederseits der abgerundeten Clypeusecke, grosse schwarze Orbitalflecke und ein breiter schwarzer Occipitalsaum bilden die Zeichnung des Kopfes. Der Prothorax so lang wie breit, schwarz gerandet, an den Seitenecken mit einigen Stacheln, dahinter mit zwei Borsten, der Mesothorax nur durch zwei Querflecke wie bei *C. subaequale* angedeutet, der Metathorax gross, trapezisch, mit stachelborstigen Seiten; die Beine schwarz gesäumt, spärlich beborstet, nur das Ende der Schienen reicher, die Haftlappen der Tarsen sehr lang. Der langgestreckte, lipeurenähnliche und dicht beborstete Hinterleib hat stumpf gekerbte, breit schwarz gesäumte Ränder und bei dem Manne auf der Mitte des Rückens matt braun abgerundete Querflecke, auf der Bauchmitte ebensolche grössere, das Weibchen dagegen durchgehende breite dunkelbraune Querbinden. Absonderlich sind die Männchen sehr merklich grösser als die Weibchen.

Auf Grus communis, von Nitzsch im Oktober 1826 in einigen lebenden Exemplaren gesammelt. — Von Grus virgo besitzt unsere Sammlung zwei Exemplare von 1''', welche sich nur durch die scharfen Ecken der vordern Hinterleibssegmente, die in ihrer Mitte hellen weiblichen Querbinden und die bei dem Männchen ganz fehlenden mittlen Hinterleibsflecke unterscheiden. Bei der übrigen völligen Uebereinstimmung ist diesen Eigenthümlichkeiten keine specifische Bedeutung zuzuschreiben.

C. semifluctus *Gervais.*
Liotheum semifluctus Gervais, Hist. Ins. Aptères. III. 322. Tab. 49. Fig. 7.

Eine ebenfalls sehr schmale gestreckte Art, nach Gervais' Abbildung aber mit viel längerem Kopfe, breit abgerundeten Schläfen, sehr langen Tastern und Fühlern, convexseitigem Prothorax, die Hinterleibssegmente mit breiten schwärzlichbraunen Querbinden, deren jede nahe am Rande einen grossen lichten Fleck hat. Länge 2 Mm. — Auf Grus balearica.

C. tuberculatum *Rudow.*
Rudow, Zeitschrift f. ges. Naturwiss. 1869. XXXIV. 394.

Kopf kleeblattförmig mit stark abgeschnürtem Stirntheile und tiefen Orbitalbuchten, stark gewölbten Schläfen und flach ausgerandetem Occiput, stark behaart, gelb mit breit braunrothen Rändern. Fühler zur Hälfte sichtbar, mit birnförmigem Endgliede. Pro- und Mesothorax verwachsen, trapezförmig mit vorstehenden Ecken, Metathorax halbkreisförmig, gelb mit braunrothen Rändern. Beine lang und dünn, Schienen am Ende dicht behaart. Abdomen elliptisch, hinten stumpf, braunroth mit hellem Rücken und mit zwei schmalen Längslinien. Länge 1 Mm. — Auf Grus pavonina.

C. quadripustulatum *Nitzsch.* Taf. XIII. Fig. 7.
Burmeister, Handb. Entomol. II. 438. — Denny, Monogr. Anoplur. 216. Tab. 18. Fig. 8.

Parvum, fuscotestaceum; capite subsemilunari, incisuris orbitalibus minimis, temporibus rotundatis, margine occipitali quadrimaculato; prothoracis angulis lateralibus acutissimis, mesothorace distincto, metathorace hexagono, pedibus robustis; abdomine ovali, marginibus crenatis, segmentis fasciatis utrinque bipunctatis. Longit. 1'''.

Auf unserm weissen Storche schmarotzen zwei leicht von einander unterscheidbare *Colpocephalen*. Die vorliegende kleine hat einen sehr kurzen und breiten Kopf mit nur ganz seichten Orbitalbuchten, feinen Randborsten an dem flach convexen Vorderrande, langer und starker Orbitalborste, kurzen dichten Borsten unterseits des Wangenrandes und vier sehr starken Randborsten an den schmalen abgerundeten Schläfen. Die dunkelbraune

Zügel- und Orbitalzeichnung setzt als Schläfenlinie zum Occipitalrande fort und an diesem liegen vier braune Flecke getrennt durch je eine Pustel mit starker Randborste. Die Fühler treten nur über den Rand hervor, wenn das Thier im Todeskampfe liegt und haben dieselbe Form wie bei *C. zebra*. Das Endglied der Taster ist sehr lang. Der Prothorax hat stark abgesetzte und sehr scharf ausgezogene Seitenecken, wie gewöhnlich durch eine quere Linie verbunden, an und hinter diesen jederseits mit drei langen Randborsten alternirend mit kurzen Stachelborsten. Den engen kurzen Mesothorax markiren zwei dunkle Querflecke. Der Metathorax ist sechsseitig, an den hintern scharfen Seitenecken mit je vier starken Borsten. Die Beine haben kurze dicke Schenkel mit zerstreuten Borsten, dick keulenförmige Schienen mit ziemlich dicht gedrängten Borsten am Ende, ein starkes zweites Tarsusglied und feine Klauen mit hakiger Spitze. Der ovale, beim Männchen verschmälerte Hinterleib kerbt seine Ränder tief und hat an den convexen Seitenrändern der Segmente viele lange und kurze Borsten, auf dem Rücken und Bauche zumal längs der Mitte dicht gedrängte Borsten, am Endsegment kurze. Die braunen durch helle Plikaturen getrennten Segmentbinden haben neben dem lichten Stigmenfleck noch zwei weisse Punkte.

Auf Ciconia alba, von Nitzsch im Juli 1814 auf einem jungen Storche in vielen Exemplaren gesammelt, besonders am Kopfe und Halse. Dieselben liefen wie alle lebend beobachteten *Liotheen* sehr schnell, auch auf der Hand, standen aber sehr bald still, wurden matt und verfielen in Zuckungen. Auch auf dem todten Wirth leben sie nur ganz kurze Zeit, und suchen sich immer im dichten Gefieder zu verstecken. — Auch von Denny beobachtet und beschrieben.

C. zebra *Nitzsch*. Taf. XIII. Fig. 6.
Nitzsch, Germar's Magaz. Entomol. III. 298. — Burmeister, Handb. Entomol. II. 438. — Denny, Monogr. Anoplur. 210. Tab. 19. Fig. 2.

Elongatum, testaceum, nigrofuscopictum; capite maximo, incisuris orbitalibus profundis, temporibus latissimis; prothoracis angulis lateralibus brevibus, mesothorace distincto, metathorace hexagonali, tibiis crassis; abdomine elongato, feminae postice conoideo, maris subtruncato, marginibus fortiter serratis, segmentis fasciatis. Longit. 1½'''.

Schlanker und besonders grossköpfiger als vorige Art. Der beträchtlich längere Kopf hat am flach convexen Vorderrande kurze aber straffe Borsten, welche nach beiden Seiten hin länger und sehr stark werden. Hinter der tiefen Orbitalbucht der gewöhnliche dicke Kamm von Stachelborsten an der Unterseite. Die Schläfen sind sehr kurz und breit, haben eine abgerundete Vorder- und stumpfe Hinterecke, zwischen beiden viele randliche Stachelborsten und zwei sehr lange Borsten. Taster und Fühler ragen stets hervor, erste mit dem sehr langen walzigen, abgestutzten Endgliede, letzte mit beiden letzten Gliedern, von welchen das Endglied dick und schief abgestutzt ist. Die Zeichnung des Kopfes ist tief dunkelbraun. Der Prothorax hat kürzere Seitenecken als bei voriger Art, ist dunkler gefärbt und hinter jenen Ecken und am ganzen Hinterrande stark beborstet. Der Mesothorax erscheint als schmaler scharf abgesetzter Ring am Metathorax, der dem der vorigen Art gleicht. Die Beine haben mässig starke Schenkel mit dichten Reihen Stachelborsten aussen, kurze gegen das Ende hin stark verdickte und dicht beborstete Schienen, lange walzige Tarsen. Der schmale gestreckte Hinterleib verschmälert sich bei dem Weibchen in der Hinterhälfte kegelförmig, setzt die vier letzten Segmente randlich nur sehr schwach ab und trägt an den beiden letzten dicht gedrängte Randborsten; bei dem Männchen dagegen verschmälert er sich nur wenig, rundet die scharfen Seitenecken der frühern Segmente blos ab, bleibt also tief gekerbt und endet abgestumpft mit wenigen Borstenspitzchen besetzt. Die Seitenränder sind in der vordern Hälfte tief und scharf sägezähnig dicht mit kurzen und einigen langen Borsten besetzt, auf der Ober- und Unterseite stehen die Borsten unregelmässig zerstreut. Die im Leben schwarzbraunen Binden der Segmente sind durch breite helle Plikaturen getrennt und lassen keine Stigmenflecke erkennen, nach langer Einwirkung des Spiritus sind sie schön braun. Die weisslichen Larven haben nur schwarze Augen- und Occipitalpunkte ohne jegliche andere Zeichnung.

Ebenfalls auf Ciconia alba, aber nur am Grunde der Schwingen und Steuerfedern, von Nitzsch schon im Jahre 1800 sorgfältig beobachtet und abgebildet, und nur nach diesen Exemplaren von Denny beschrieben.

C. occipitale *Nitzsch*.
Nitzsch, Zeitschrift f. ges. Naturwiss. 1866. XXVIII. 394.

Praecedenti simile, at minus, robustius, capite quadripunctato, temporibus angustioribus, prothorace breviore, abdomine latiore rotundato, marginibus crenatis. Longit. ¾'''.

Viel kleiner als vorige Art, unterscheidet sich das einzige weibliche Exemplar durch gedrungenere Gestalt, nur vier schwarze Punkte auf dem gelblichen Kopfe, dessen Schläfen kurz und eckig sind, nicht vorragende Taster und Fühler, sehr kurzen Prothorax, stärkere Beine und breitern, kegelförmig sich verschmälernden Hinterleib mit viel weniger tief und scharf gekerbten Seitenrändern, welche sehr dunkel gefärbt sind, während die Mitte der Segmente verwaschen braun ist.

Auf Anastomus coromandelicus, von Nitzsch auf einem trocknen Balge in Gesellschaft des ***Docophorus completus*** und ***Lipeurus lepidus*** im Jahre 1827 in Paris gesammelt.

C. importunum *Nitzsch.*
Nitzsch, Zeitschrift f. ges. Naturwiss. 1866. XXVIII. 391. — Denny, Monogr. Anoplur. 214. Tab. 18. Fig. 1.

Elongatum, fuscum, plicaturis albis, capite lunatopanduriformi, incisuris orbitalibus profundis, temporibus productis, rotundatis; prothorace longo, angulis brevibus, mesothorace distincto, metathorace hexagonali; abdomine elongato, marginibus fortiter serratis, segmentis fuscofasciatis. Longit. 2/3'''.

Hält im Habitus die Mitte zwischen ***C. zebra*** und ***C. quadripustulatum.*** Der kürzere als breite Kopf hat am gleichmässig convexen Vorderrande einige feine Borstenspitzchen und vor und an den abgerundeten Orbitalecken je vier sehr starke Borsten, an den stark ausgezogenen aber völlig abgerundeten Schläfen ebenfalls vier sehr lange und mehre kurze Borsten, am concaven fein schwarzen Occipitalrande wiederum vier Borsten. Nur zwei grosse schwarze Orbitalflecke. Die Taster verlängern ihr Endglied nur sehr wenig und an den Fühlern ist das Endglied sehr kurz, fast kugelig, mit schiefer Tastfläche. Der Prothorax so lang wie breit hat ziemlich stumpfe Seitenecken mit der gewöhnlichen Querleiste und den seitlichen und hintern starken Borsten. Der Mesothorax ist durch zwei Querflecke deutlich markirt, der Metathorax kurz sechsseitig mit den gewöhnlichen Borsten. Die Beine sind eher schlank als kräftig, spärlich beborstet, selbst das Ende der Schienen nur mit einigen, nicht mit vielen Borsten; das zweite Tarsusglied sehr lang, stabförmig. Der gestreckte, nach hinten sich ganz allmälig verschmälernde Hinterleib hat vorn stark sägezähnige, hinten mässig gekerbte Seitenränder mit langen Randborsten, ziemlich dichte Borsten auf der Rücken- und Bauchseite, am weiblichen Endsegment eine dichte Reihe gleich langer Wimperhaare, am männlichen letzten nur wenige mässige Borsten. Die Seitenecken der Segmente sind ganz dunkelbraun und setzen als braune Binden über die Fläche der Segmente fort, die durch fast ebenso breite weisse Plikaturen getrennt sind.

Auf Ardea cinerea und A. nycticorax, von Nitzsch wiederholt beobachtet und unterschieden, auch von Denny beschrieben und abgebildet, jedoch etwas abweichend von unsern Exemplaren. Diese Art ist ein wahrer Schnellläufer, der sofort bei Musterung des Gefieders auf die Hände läuft und von diesen auf den übrigen Körper geht.

C. trochleoxum *Nitzsch.* Taf. XIII. Fig. 6.
Burmeister, Handb. Entomol. II. 438.

Latum, late ochraceum; capite semilunari, orbitis profunde excisis, temporibus prolongatis, rotundatis; prothorace securiformi, angulis lateralibus acutis, mesothorace distincto, metathorace trapezoideo, angulis posticis extantibus; abdomine lato, marginibus serratis, segmentis obsolete fasciatis. Longit. 1'''.

Sehr breit und gedrungen und schon dadurch von den vorigen Arten auffallend verschieden. Am breiten Kopfe ist der stark convexe Vorderrand mit feinen Borsten besetzt, seitwärts mit zwei starken und an der scharfspitzigen Orbitalecke mit einer sehr langen. Der Orbitaleinschnitt ist tief und die stark erweiterten Schläfen haben vier lange Randborsten. Nur die Taster ragen etwas vor, die Fühler sind versteckt. Schwarze Orbitalflecke und ein schwarzer Occipitalsaum mit zwei Vorsprüngen zeichnen den ganz hellen Kopf. Der breite Prothorax ist beilförmig, beide Seitenecken scharfspitzig, hinten mit starken Randborsten besetzt. Der Mesothorax ist als eigener schmaler Ring scharf abgesetzt, der Metathorax trapezoidal mit scharfen Hinterecken und langen Borsten an denselben. Die Beine sind für die Breite des Thieres schlank, spärlich beborstet, auch das Ende der Schienen nur mit vereinzelten Borsten, das zweite Tarsusglied lang stabförmig. Der breit ovale Hinterleib hat schwach sägezähnige, dicht beborstete Seitenränder, kurze Borsten auf der Fläche der Segmente, und eine dichte Reihe starker Wimperhaare am gerade abgestutzten Endsegment. Der Seitenrand der Segmente ist rothbraun und setzt als braune Binde nach innen fort, die sich aber gegen die Mitte hin verwischt.

Auf Ardea stellaris, von Hofrath Reichenbach in Dresden im Jahre 1827 an Nitzsch eingesandt, der die Art charakterisirte und abbildete. — Denny beschreibt ein *C. nycturdae* Monogr. Anoplur. 215. Tab. 20. Fig. 9. von Ardea nycticorax, das in den Formen ganz mit unserem *C. trochioxum* übereinstimmt, aber merklich kleiner und dunkelbraun ist.

C. obscurum.

Elongatum, obscure fuscum, pictura nulla; capite lato, orbitis acute excisis, temporibus prolongatis; prothoracis angulis lateralibus prolongatis, mesothorace distincto, metathorace hexagono, pedibus robustis; abdomine oblongo, marginibus lateralibus crenatis. Longit. $\frac{3}{4}$'''.

Gleichförmig dunkelbraun, nur mit schwarzen Orbitalflecken, im Uebrigen ohne jegliche Dekoration. Der Kopf gleicht dem des *C. quadripustulatum*, nur ist er etwas kürzer, die Schläfen mehr abgestutzt, der etwas weniger convexe Vorderrand spärlicher beborstet, an der abgerundeten Orbitalecke mit einer langen sehr starken Borste und dreien an dem Schläfenrande. Der Prothorax hat stark ausgezogene scharfe Seitenecken mit Stachel und Borste, der Mesothorax ist deutlich abgesetzt, der Metathorax sechseckig mit starken Eckborsten. Die kräftigen Beine haben stark keulenförmige, am Ende reich beborstete Schienen und ein gestreckt spindelförmiges zweites Tarsusglied. Der gestreckte Hinterleib kerbt seine Seitenränder und trägt an den convexen Seiten der Segmente je eine sehr lange, an den letzten einige lange Borsten und mehre kurze, längs den Hinterrändern der Segmente kurze Borsten.

Auf Ardea egretta, in zwei Exemplaren unserer Sammlung ohne nähere Angabe.

C. zonatum *Rudow*, Zeitschrift f. ges. Naturwiss. 1869. XXXIV. 394.

Kopf vorn ziemlich breit, abgerundet, an den Seiten mit einem langen Haar, Orbitalbucht flach, Hinterkopf mit hutförmig verbreiterten etwas nach vorn gerichteten Seiten und drei Haaren. Augen gross. Fühler regelmässig, Färbung mattbraun mit dunkel rothbraunen Rändern. Prothorax vorn schmal. Mesothorax ebenso gross, nach hinten abgerundet. Metathorax mit vorstehenden Ecken, Färbung gestreift hellgelb, dunkelgelb, braun. Abdomen eiförmig mit stumpf aber lang vorstehenden Segmentecken, Ende schmal stumpf. Färbung braunroth und gelb quergestreift. Länge 1 Mm. — Auf Ardea ralloides.

C. longissimum *Rudow*, Zeitschrift f. ges. Naturwiss. 1869. XXXIV. 398.

Kopf fast trapezisch, vorn wenig abgerundet, stark behaart, Orbitalbuchten gering. Hinterkopf mit abgerundeten Seiten, lang behaart, Ränder dunkelbraun, eine Querbinde in der Mitte, ebensolche am Occiput. Prothorax mit scharfen lang behaarten Ecken. Meso- und Metathorax wenig von einander verschieden, doch getrennt, geradlinig, Ränder dunkel. Abdomen elliptisch, mit überstehenden stark behaarten Ecken. Ende abgerundet, Färbung braun, Nähte gelb. Länge 1,5 Mm. — Auf Leptoptilus crumenifer.

C. scalariforme *Rudow*, Zeitschrift f. ges. Naturwiss. 1869. XXXIV. 390.

Kopf vorn breit, mit tiefer Einbuchtung, etwas breiter am Hinterkopfe, dessen Basis ausgerundet. Augen sichtbar, davor steife Borsten, Schläfen kurz steif behaart. Farbe rothbraun, Stirn und Schläfen hellgelb. Fühler klein, fadenförmig. Prothorax mit scharfen Ecken. Mesothorax sehr klein, Metathorax viermal länger, abgerundet. Abdomen birnförmig mit treppenartig abgesetzten scharfen Segmentecken und schmalem stumpfen Ende, an den Seiten dicht behaart; rothbraun. Nähte und Mitte hell. Länge 1 Mm. — Auf Tantalus loculator.

C. leptopygos *Nitzsch.*

Elongatum, flavidum, ferrugineopictum; capite subtrapezoideo, orbitis late excisis, temporibus brevibus; prothoracis angulis prolongatis, mesothorace nullo, metathorace trapezoidali; abdomine napiformi, marginibus serratis, segmentis ferrugineofasciatis. Longit. $\frac{3}{4}$'''.

Gestreckt und gelblich. Kopf vorn stark convex mit feinen Randborsten, ohne Orbitalborste, mit breiter Orbitalbucht, Schläfen kurz, breit, schief abgestutzt, mit wenigen kurzen starken Borsten. Die grossen schwarzen Orbitalflecke reichen mit ihrer hintern Spitze fast bis an die gleichen ebenfalls grossen Occipitalflecken. Die Brustringe sind kurz, der Prothorax mit abgesetzten lang kegelförmigen Seitenecken, der trapezoidale Metathorax mit kurzen dicken Borsten an den abgerundeten Hinterecken. Die Beine kräftig mit spärlichen Stachelborsten besetzt. Der Hinterleib rübenförmig gestreckt, mit wenig vorstehenden scharfen Segmentecken und überall nur kurzen Stachelborsten. Die Segmente haben hell rostfarbene Querbinden. Unreifen Exemplaren fehlen diese Binden.

Auf Ibis sacra, von Nitzsch im Jahre 1827 auf einem trocknen Balge gesammelt und unter obigem Namen in der Sammlung aufgestellt.

C. fusconigrum.

Parvum, fusconigrum; capite subtrapezoidali, orbitis late excisis, temporibus latis truncatis; prothorace brevi, metathorace latissimo hexagono, pedibus crassis; abdomine subnapiformi, marginibus subserratis. Longit. $^{2}/_{3}$'''.

Klein, bräunlich schwarz, nur in der Mitte des Hinterleibes hell und am Occipitalrande schwarz. Der Vorderkopf ist fast quer elliptisch, mit einzelnen Randborsten und sehr dicker Orbitalborste. Die Orbitaleinschnitte breit und tief, die Schläfen sehr breit mit nach vorn gerichteten Ecken und an diesen mit dicht gedrängten Stachelborsten. Der Prothorax kurz, scharfeckig, der Metathorax sehr breit sechseckig mit scharfen Seitenecken. Die Beine dick, die Schienen am Ende dicht beborstet, die Haftlappen gross. Der Hinterleib verschmälert sich gegen das völlig abgerundete Ende hin weniger als bei voriger Art, seine Segmentecken treten etwas mehr hervor, sind aber nicht so scharf und zwischen den dichten randlichen Stachelborsten tritt je eine längere hervor.

Auf Ibis alba, nach einem männlichen Exemplar unserer Sammlung, das in nicht besonders gutem Zustande sich befindet. Noch weniger befriedigend ist ein weibliches Exemplar von Platalea ajaja, welches nur heller braun gefärbt in den wesentlichen Formen mit jenem übereinstimmt, vorläufig daher derselben Art zugewiesen werden muss.

C. umbrinum *Nitzsch.* Taf. XIV. Fig. 4.
Nitzsch, Zeitschrift f. ges. Naturwiss. 1866. XXVIII. 395. — Burmeister, Handb. Entomol. II. 438.

Oblongum, obscure fuscum; capite longo, incisuris orbitalibus mediocribus, temporibus latis truncatis; prothoracis angulis lateralibus brevissimis, mesothorace fasciato, metathorace trapezoidali; abdomine elliptico, marginibus serratis, segmentis, capite, thorace serie pustulorum pallidorum setigerorum duplici decoratis. Longit. 1'''.

Der Vorderkopf ist gestreckt, stark convex, die Orbitalbuchten mässig, die Schläfen breit und stumpf, Orbitalflecke, Schläfenlinien und Occipitalrand schwarz. Auf dem Vorderkopfe eine Querreihe und längs des Hinterrandes eine gleiche Reihe lichter Pusteln mit je einer kurzen Borste. Der Prothorax so lang wie breit, mit sehr kurzen Seitenecken. Nur eine weisse Binde scheidet den Mesothorax vom trapezoidalen Metathorax, der dieselben zwei Punktreihen hat wie jedes Hinterleibssegment. An den kräftigen Beinen haben beide Tarsusglieder je ihre sehr grossen Haftlappen. Der elliptische Hinterleib setzt seine Segmentecken wenig aber scharf ab und scheidet die umbrabraunen Binden durch weisse Plikaturen von einander. Das Männchen ist merklich kleiner als das abgebildete Weibchen und hat wie immer den dichten Besatz von Wimperhaaren am Endsegment nicht.

Auf Tringa subarquata, von Nitzsch im September 1814 auf einem frischen Cadaver gesammelt und scharf von den verwandten Arten unterschieden.

C. cornutum *Nitzsch.*
Nitzsch, Zeitschrift f. ges. Naturwiss. 1866. XXVIII. 395.

Oblongum, fuscum; capite lato, incisuris orbitalibus acutis, temporibus rotundatis; prothoracis angulis lateralibus acutis, mesothorace distincto, metathorace trapezoidali, pedibus robustis; abdomine longe elliptico, marginibus crenatis, segmentis fuscis, plicaturis albidis. Longit. $^{4}/_{5}$'''.

Der sehr convexe Vorderrand des Kopfes ist mit starken Borsten besetzt, welche gegen die Orbitalecken hin länger werden und am längsten ist die der Ecke selbst. Der Orbitaleinschnitt ist tief und eng, die Schläfen mässig erweitert und mit mehren langen Borsten besetzt. Schwarze Orbitalflecke und nur noch ein feiner schwarzer Occipitalrand. Der Prothorax hat scharf abgesetzte, starke Seitenecken und hinter denselben je drei lange Randborsten. Der Mesothorax ist durch eine schmale braune und eine weissliche Binde ganz wie bei *C. umbrinum* gezeichnet. Der trapezoidale Metathorax hat fein schwarzbraun gesäumte gerade Seiten und an den Hinterecken einen Dorn und zwei lange Borsten. Die Beine erweitern ihre Schienen gegen das Ende hin sehr stark und besetzen dieses mit straffen Borsten; grosse Haftlappen am ersten Tarsusgliede und das zweite Glied gekrümmt.

Der elliptische überall dicht und lang beborstete Hinterleib kerbt seine Seitenränder, hat zwei lange starke Randborsten an jedem Segment und die acht vordern Segmente braun mit weisslichen Plikaturen, das Ende hell gefärbt.

Auf Machetes pugnax, von Nitzsch im August 1814 gesammelt und von den verwandten Arten unterschieden.

C. trilobatum.

Oblongum, fuscum; capite trilobato, orbitis late excisis, temporibus rotundatis; prothoracis angulis lateralibus obtusiusculis, mesothorace distincte trapezoidali, metathorace trapezoidali, pedibus gracilibus; abdomine elliptico, marginibus obtuse serratis, segmentis fuscis, pleuris albidis. Longit. ½'''.

Voriger sehr nah stehend, doch bei sorgfältiger Vergleichung in allen Theilen Eigenthümlichkeiten bietend. Der Vorderrand des Kopfes ist mit langen und kurzen Borsten besetzt, die Orbitalbucht breit und tief, der Schläfenrand reicher beborstet, der Prothorax mit breitern Seitenecken, der Mesothorax trapezisch, mit überstehenden Hinterecken und kurzen Stachelborsten am Rande, der Metathorax mit stumpfen Hinterecken, die Beine, besonders in den Schienen merklich schwächer, die Haftlappen am Tarsus noch länger, der ebenso dicht beborstete Hinterleib mit stumpfen seitlichen Segmentecken, dunkelbraunen Seitenrändern und heller braunen Segmenten und nur das Endsegment ganz hell.

Auf Tringa minuta, nach einem Exemplar von Nitzsch in unserer Sammlung ohne nähere Angabe.

C. ocellatum Rudow, Zeitschrift f. ges. Naturwiss. 1869. XXXIV. 392.

Kopf vorn in eine stumpfe Spitze ausgehend, Orbitalbucht nach hinten gerückt, Schläfen abgerundet, Seiten dicht und kurz behaart, Hinterkopf sehr lang behaart, hellgelb mit braunen Orbitalflecken. Prothorax abgerundet. Mesothorax gleich lang, breiter, mit hintern Seitenspitzen, Metathorax ebenso lang, breiter, fast geradseitig, braun mit heller Mitte. Beine kurz. Abdomen eiförmig mit vorstehenden Segmentecken, stumpfem Ende und braunen Rändern mit Augenflecken. Länge 0,5 Mm. — Auf Numenius phaeopus.

C. Numenii Rudow, Zeitschrift f. g. Naturwiss. 1869. XXXIV. 389.

Kopf mit scharfen, überstehenden Schläfenecken, vorn hell, mit zwei langen Borsten. Orbitalbucht flach mit langer Borste, Hinterhauptsseiten mit vier steifen Borsten, hellbraun, dunkel gerandet. Prothorax mit stumpfen Seitenecken. Mesothorax sehr klein, Metathorax gross mit scharfen Ecken, braunroth mit heller Mitte. Abdomen schmal eiförmig mit wenig vorstehenden Segmentecken, breit dunkelbraunen Rändern und gelbem Fleck auf jedem Segment. Länge 0,5 Mm. — Auf Numenius lineatus.

C. ochraceum *Nitzsch.* Taf. XIV. Fig. 5.

Nitzsch, Germar's Magaz. Entomol. III. 293. — Burmeister, Handb. Entomol. II. 436. — Denny, Monogr. Anoplur. 211. Tab. 18. Fig. 3. — Giebel, von Middendorff's Sibir. Reise Zool. II. 490.

Pulex avis pluvialis Redi, Experim. Tab. 9.

Oblongum, ochraceum; capite longo, orbitis profunde incisis, temporibus latis rotundatis; prothorace longo, mesothorace distincto, metathorace trapezoidali; abdomine elliptico, marginibus serratis, segmentis duplici serie pustularum pictis. Longit. 1'''.

Schliesst sich dem *C. umbrinum* sehr eng an, doch schon durch die hellere Färbung zu unterscheiden. Der Vorderkopf ist schmäler und mit drei Flecken auf dem Clypeus gezeichnet, mit tiefem Orbitaleinschnitt, breiten abgerundeten Schläfen und schwarzem Occipitalrande. Der Prothorax ist entschieden länger und zeigt keine Andeutung der sonst sehr gewöhnlichen Querlinie, der Mesothorax durch Zeichnung und vortretende Hinterecken deutlich vom Metathorax abgesetzt. Die Beine sind schlank. Der gestreckt elliptische Hinterleib hat sägezähnige Ränder, deren dunkelbraune Färbung auf dem Rücken der Segmente viel heller wird, auf der Bauchseite aber ganz von den braungelblichen rectangulären Mittelflecken abgesetzt ist. Die Oberseite trägt zwei Reihen weisser Pusteln, die aber nicht so regelmässig sind wie bei *C. umbrinum*. Das Männchen ist etwas kleiner als das Weibchen, sein Endsegment fast weiss und die durchscheinenden Genitalien ganz anders.

Auf Vanellus cristatus, von Nitzsch im Juni 1814 und auf Himantopus rufipes im Mai 1822 gesammelt und sicher unterschieden. Auch auf Charadrius morinellus nach einigen Exemplaren unserer Sammlung ohne nähere Angabe. Denny führt als Wirthe dieser Art an: Haematopus ostralegus, Totanus hypoleucus, Charadrius hiaticula.

Macrorhamphus griseus, Limosa rufa, Sterna minuta, Tringa variabilis. Gurlt findet die Identität seiner Exemplare von Limosa rufa mit Burmeister's und Denny's Charakteristik fraglich, doch passt seine Beschreibung ganz gut auf unsere Exemplare und Abbildung.

C. affine *Nitzsch.*

Praecedenti simillimum, pallide ochraceum, incisura orbitali parva, macula orbitali limboque occipitis angustiori nigris, marginibus abdominalibus vix obscuris. Longit. 1'''.

Mehr durch Färbung und Zeichnung als durch plastische Unterschiede von voriger Art geschieden. Sie ist überhaupt blasser, die Flecke über den kleinen Orbitalbuchten sowie die Hinterhauptszeichnung sind matter schwarz und schmäler, beide, Orbitalfleck und Occipitalrand sind durch gerade Schläfenlinien verbunden, der Prothorax wieder mit der gewöhnlichen Querlinie und scharfen Seitenecken, dagegen die Ecken des Mesothorax kaum vorstehend. Der Hinterleibsrand dunkelt nur ganz schwach.

Auf Totanus maculatus, von Nitzsch im August 1814 gesammelt.

C. flavipes.

Oblongum, flavum, fulvomarginatum; incisuris orbitalibus magnis, temporibus latis truncatis; prothoracis angulis lateralibus acutis, mesothorace bimaculato, metathorace trapezoidali, pedibus brevibus robustis; abdomine elliptico, marginibus crenatis, fulvis, ocellatis. Longit. ¾'''.

Ebenfalls dem weit verbreiteten *C. ochraceum* sich eng anschliessend ist diese Art noch heller gefärbt als vorige und weniger gezeichnet. Am Kopfe trägt der stark convexe Vorderrand starke Borsten, darunter einige lange, vor und an der stumpfen Orbitalecke vier sehr lange. Die Orbitalbucht ist weit und tief, hinter ihr am Unterrande wie häufig dicht gedrängte Stachelborsten und am Rande der breiten schief abgestutzten Schläfen gleich vorn einige lange, an der Hinterecke nur eine lange Borste. Fühler und Taster ragen ausgestreckt vor. Vorn auf dem Clypeus drei braune Flecke, kleine Orbitalflecke und fein schwarzbrauner Occipitalrand mit zwei kleinen Vorstössen. Der Prothorax von gewöhnlicher Form, mit der Querlinie und den drei Borsten jederseits. Der Mesothorax ist nur durch zwei Querflecke bezeichnet, randlich gar nicht abgesetzt. Der Metathorax trapezoidal mit Stachel und Borste an den vorstehenden fast rechtwinkligen Hinterecken. Beide Brustringe fein braun gerandet. Die kurzen Beine haben am verdickten Ende der Schienen aussen mehre Borsten, am ersten Tarsusgliede sehr grosse Haftlappen, kleine am Ende des zweiten Gliedes. Der schmale gestreckte Hinterleib ist mässig und zerstreut beborstet, an den Seitenrändern blos gekerbt, mit einigen kurzen, nach hinten längern Borsten. Das Endsegment des Weibchens hat einen kammartig gezähnten Rand und auf den stumpfen Kammzähnen steht je ein Wimperhaar. Der ganz hellgelbe Hinterleib zeichnet nur die Seitenränder schmal gelbbräunlich und unterbricht diesen Saum noch durch die deutlichen Stigmenflecke.

Auf Vanellus varius, nach einigen von Nitzsch in unserer Sammlung aufgestellten Exemplaren.

C. inflatum Rudow, Zeitschrift f. ges. Naturwiss. 1869. XXXIV. 389.

Kopf vorn abgerundet, fast so breit wie hinten, behaart. Augen deutlich, davor zwei lange Borsten, auch am Schläfenrande Borsten. Farbe dunkelbraun mit hellen Rändern. Prothorax schmal mit kleinem abgeschnürten Mesothorax; Metathorax breiter mit vorstehenden Ecken. Abdomen eirund, mit vorstehenden Segmentecken und abgerundetem hellen Ende, stark behaart, dunkelbraun mit hellen Nähten. Länge 0,25 Mm. — Auf Cygnus musicus.

C. eucarenum *Nitzsch.* Taf. XIV. Fig. 1.
Nitzsch, Zeitschrift f. ges. Naturwiss. 1866. XXVIII. 395. — Burmeister, Handb. Entomol. II. 439.

Elongatum, pallidum; capite longo, incisuris orbitalibus latis, temporibus brevissimis, maculis occipitalibus maximis nigris; prothorace securiformi, mesothorace distincto, metathorace trapezoidali, pedibus gracillimis; abdomine napiformi, marginibus lateralibus antice serratis, fuscis. Longit. ¾'''.

Der längere als breite Kopf sondert sich durch die breiten Orbitalbuchten in einen kleinen fast quadratischen Vorderkopf mit feinen Randborsten am flachen Vorderrande und vier starken Orbitalborsten und in einen nach hinten sich verschmälernden breiten Hinterkopf mit dicht gedrängten Randborsten und tief concavem Occipitalrande, auf welchem zwei schwarze Dreiecksflecke grösser als bei irgend einer andern Art stehen. Auch Zügel-

und Orbitalgegend ist breit schwarzbraun. Taster und Fühler nicht eigenthümlich. Der Prothorax greift mit seiner vordern Hälfte eng anschliessend in das Occiput ein. Der Mesothorax erscheint als schwache Vorderwulst des trapezoidalen Metathorax, dessen gerader dunkler Seitenrand stachelborstig ist, die Hinterecke nur eine lange Borste trägt. Die Beine sind zierlich und schlank, die Schienen aussen am Ende dicht beborstet. Der gestreckt rübenförmige Hinterleib lässt die vordern scharf rechtwinkligen Segmentecken mit einer langen und einer kurzen Borste sägezähnig hervortreten, die hintern sich stark verdünnenden sind randlich gar nicht abgesetzt, aber mit einer dichten Reihe ganz kurzer Randborsten besetzt, die randlichen Wimperhaare des Endsegmentes lang und sehr stark. Die randliche Bräunung der Segmente verwischt sich nach innen in die hellen Binden.

Auf Pelecanus onocrotalus, von Hrn. v. Heyden in Frankfurt 1827 in zwei weiblichen Exemplaren an Nitzsch eingeschickt. Burmeister giebt in seiner Diagnose verschiedene Grösse für Männchen und Weibchen an, aber beide Exemplare sind weibliche und von gleicher Grösse.

C. commune *Rudow*, Zeitschrift f. ges. Naturwiss. 1869. XXXIV. 396.

Kopf fast quadratisch, vorn beinah geradlinig, an den Seiten abgerundet, behaart, Orbitalbucht seicht, Hinterkopf etwas verbreitert, abgerundet, kurz, behaart; Fühler unten dick, oben dünn. Prothorax halbmondförmig mit spitzen Seitenecken, Mesothorax klein, abgerundet. Metathorax breit, flach glockenförmig, schwarzbraun. Beine mit fast kugeligen Schenkeln. Abdomen eiförmig mit vorstehenden Segmentecken und abgerundetem hellen Ende, stark beborstet, braun mit dunklem Rande und ganz heller Mitte. Länge 0,5 Mm. — Auf Halieus brasiliensis und Neomorphus cultridens.

C. dolium *Rudow*, Zeitschrift f. ges. Naturwiss. 1869. XXXIV. 393.

Kopf vorn rund, mit flacher Orbitalbucht und zwei langen Orbitalborsten, Hinterkopf mit dicken behaarten Seiten, Augen dunkelbraun, Färbung ockergelb. Prothorax nach hinten verbreitert und mit dem gleich langen Mesothorax eine stumpfe Ecke bildend — [Rudow betrachtet ganz irrthümlich meist die hintere Hälfte des Prothorax als Mesothorax] —, Metathorax abgerundet, fast in das Abdomen übergehend, behaart. Abdomen tonnenförmig mit etwas vorstehenden Segmentecken, und breit zweizackigem Ende, zerstreut behaart, ockergelb, mit randlichen Stigmenflecken. Länge 0,5 Mm. — Auf Podiceps cristatus.

C. cinctum *Rudow*, Zeitschrift f. ges. Naturwiss. 1869. XXXIV. 398.

Kopf mit dicken runden Seiten, vorn mit zwei und an den abgerundeten Hinterkopfsecken mit zwei langen Borsten. Vorderkopf hellbraun, Hinterkopf gelb, geradlinig. Prothorax fast von Kopfesbreite, nach hinten abgerundet, verengt, rothbraun, Mesothorax sehr schmal, dunkel, Metathorax nach unten (?) ausgerundet, verbreitert, mit spitz vorragenden Ecken und regelmässigen hell- und dunkelbraunen Binden. Beine mit fast kugeligen Schenkeln, lang behaart. Abdomen breit eirund, mit gerade abgestutztem breiten Ende, mit wenig vorstehenden Segmentecken, braunen Binden und hellen Plikaturen. Länge 0,5 Mm. — Auf Procellaria glacialoides.

C. maurum *Nitzsch.*

Nitzsch, Zeitschrift f. ges. Naturwiss. 1866. XXVIII. 395.
Colpocephalum pictum Denny, Monogr. Anoplur. 212. Tab. 18. Fig. 4.

Oblongum, nitide brunneum vel fusconigrum; capite subquadrangulari, orbitis profunde excisis, temporibus brevibus truncatis; prothoracis angulis lateralibus antice versis, mesothorace distincto, metathorace trapezoidali, pedibus gracilibus; abdomine elliptico, marginibus serratis. Longit. 1‴.

Ganz vom Habitus des *C. umbrinum*, aber glänzend dunkel- bis schwarzbraun ohne alle Dekoration, selbst ohne Plikaturen zwischen den Hinterleibssegmenten. Der breitere flach convexe Vorderrand trägt lange Borsten, an den stumpfen Orbitalecken zwei lange, an den breiten schief abgestutzten Schläfen vier sehr lange. Die Orbitalbucht ist tief. Der ebenso lange wie breite Prothorax richtet seine seitlichen scharf abgesetzten Ecken nach vorn und verschmälert sich dann geradseitig nach hinten. Meso- und Metathorax wesentlich wie bei *C. umbrinum*. Der gestreckt elliptische, zerstreut beborstete Hinterleib hat nicht gerade scharf und tief sägezähnige Ränder mit ganz kurzen und je ein und zwei langen Borsten.

Auf Sterna fissipes und Larus tridactylus, von Nitzsch im Frühjahr 1836 gefunden, auf erstem Wirthe nur ein ganz schwarzes, leider etwas lädirtes Exemplar mit flacherem Vorderrande, auf letztem in zwei dunkelbraunen Exemplaren mit noch erkennbaren Plikaturen zwischen den Hinterleibssegmenten. Denny gab Beschreibung und Abbildung nach einem Exemplar von Sterna cantiaca.

C. brachycephalum.

Robustum, pallidum; capite subsemilunari, orbitis profunde excisis, temporibus prolongatis; prothorace lato, angulis lateralibus obtusiusculis; metathorace trapezoidali; abdomine ovali, marginibus acute serratis, pictura nulla. Longit. ⅔‴.

Klein und gedrungen, blassgelb, nur mit Orbitalflecken und sehr feinem Occipitalsaum, ohne alle andere Zeichnung. Der Kopf sehr kurz, Vorder- und Hinterkopf je halbmondförmig, beide durch tiefe Orbitalbuchten getrennt; vor der Orbitalecke drei lange und eine ungewöhnlich dicke Borste, an den verlängerten abgerundeten Schläfen mehre Randborsten von verschiedener Länge. Der Prothorax sehr breit, mit stumpflichen Seitenecken und langen Randborsten hinter denselben, Mesothorax nur sehr schwach angedeutet, der trapezoidale Metathorax an den scharf vorstehenden Hinterecken mit drei langen Borsten. Beine stachelborstig. Der sehr breit ovale Hinterleib hat scharf sägezähnige Seitenränder, an den rechtwinkligen Segmentecken je zwei bis vier lange Borsten, vor denselben am Seitenrande kurze Stachelborsten, auf der Ober- und Unterseite ziemlich reiche lange Borsten. Keine Zeichnung am Hinterleibe.

Auf Lestris pomarina, nach einem Exemplare in unserer Sammlung ohne nähere Angabe.

6. MENOPON Nitzsch.

Caput latum, semilunare aut ferme trapezoideum. Tempora neque excisura profunda neque loris completis a fronte distincta. Antennae capitulo saepius subclavato, reconditae. Mesothorax parum distinctus, exiguus. Abdomen latius vel angustius ovale.

Die Mondköpfe stehen den *Colpocephalen* so nah, dass in einigen, wenn auch nur sehr wenigen Arten die generische Trennung schwierig wird. Ihr Kopf pflegt viel breiter als lang zu sein, meist halbmondförmig und durch Zunahme der Länge dann trapezoidal. Der Vorderrand ist daher stets convex, mit feinen und allermeist auch sehr kurzen Borsten besetzt. Die Kopfesseiten erscheinen flach bis tief gebuchtet, aber ein tiefer winkliger Orbitaleinschnitt wie bei *Colpocephalum* fehlt. Die Randbucht rührt von einer Concavität der Unterseite her, in welcher die den Rand nicht überragenden Fühler versteckt sind. Vor dieser Bucht stehen zwei bis drei lange Orbitalborsten, die Bucht selbst ist an der Unterseite mit einer dichten Borstenbürste besetzt. Die mehr oder minder lang ausgezogenen, geraden oder nach hinten gerichteten Schläfen sind schief abgestutzt, abgerundet oder stumpflich zugespitzt, mit langen Randborsten besetzt. Der Occipitalrand gebuchtet. Die Oberlippe ist ausgerandet und behaart, die Oberkiefer sehr stark, zweispitzig, die Unterkiefer versteckt, ihre Taster aber lang, allermeist den Vorderrand des Kopfes mit ein bis drei Gliedern überragend. Die Zeichnung des Kopfes besteht gewöhnlich in zwei schwarzen Orbitalflecken, in kleinen Flecken vorn auf dem Clypeus und in schwarzer Säumung des Occipitalrandes, welche bisweilen auch auf die Schläfenränder fortsetzt. Der ovale oder runde, meist grosse Prothorax hat seitliche scharf abgesetzte eckige Flügel, deren Ecken durch eine markirte Querlinie oder Querleiste verbunden sind. Der Mesothorax fehlt nur bei wenigen Arten gänzlich, bei der Mehrzahl ist er durch zwei Querflecken oder eine Querbinde vorn am Metathorax angedeutet, bei noch andern ist er aber auch durch eine Plikatur und vorstehende Randecken als eigener Ring abgeschieden und bietet dann auch wohl geschlechtliche Unterschiede. Der dritte Brustring ist trapezisch oder sechsseitig, mit stumpfen oder scharfen Hinter- resp. Seitenecken. Auch an ihm machen sich jedoch selten geschlechtliche Unterschiede bemerklich. Die Beine sind veränderlich in der Länge und Stärke sowie in der Beborstung, die Tarsen haben grosse Haftlappen und die Krallen wie bei *Colpocephalum* sperrig und mit hakiger Spitze. Der Hinterleib, stets zehnringelig, spielt zwischen der schmal elliptischen durch die ovale bis in breit rundliche Form, kerbt seine Seitenränder gewöhnlich stark und oft durch scharfe Segmentecken sägezähnig. In der allgemeinen Form ist häufig aber nicht immer ein geschlechtlicher Unterschied, stets dagegen das Ende sexuell auffällig verschieden ausgebildet, indem die Weibchen hier ein helles wie es scheint blos häutiges Schild mit dicht gedrängten randlichen Wimperhaaren besitzen, das eingezogen werden kann, die Wimperhaare erscheinen als unmittelbare Fortsätze der Randkerben. Das Männchen besetzt sein kurzes Endsegment mit wenigen sehr kurzen Randborsten. Ragt bei ihm die dickwalzige Ruthe hervor, so zeigt dieselbe stets an der Basis ein Paar langer Griffel mit hakiger Spitze. Die Borsten des Hinterleibes stehen in regelmässige Reihen geordnet oder zerstreut. Zeichnung fehlt dem Hinterleibe gänzlich oder erscheint blos als dunkle Berandung, als Randflecke, am häufigsten aber als durchgehende Querbinden, welche durch hellgelbe oder weissliche Plikaturen getrennt sind. Der anatomische Bau verhält sich im Wesentlichen wie bei den andern *Liotheen*, wie aus der Vergleichung der Abbildungen auf Taf. 19. Fig. 2 des Darmkanals und Fig. 5 der männlichen Genitalien zu ersehen ist.

Die ***Menopon***-Arten entfalten denselben Reichthum wie die ***Colpocephalen***, fehlen bis jetzt nur auf den straussartigen Vögeln, scheinen auf Tauben, Kletter- und Schreivögeln blos vereinzelt vorzukommen, häufiger mit den übrigen Vögeln, den Raub-, Sing-, hühnerartigen, den Sumpf- und Schwimmvögeln. Sie lieben vorzüglich den Aufenthalt in dem Kopf- und Halsgefieder, in andern Körpergegenden findet man sie seltener.

M. gryphus.

Parvum, latum, pallide flavum; capite subtrapezoideo, incisuris orbitalibus nullis, temporibus rotundatis; thorace brevi, prothorace brevissimo, metathorace hexagonali, abdomine suborbiculari, marginibus totis. Longit. $^1/_2$'''.

Klein und gedrungen, blassgelb, nur mit zwei kleinen Orbitalflecken jederseits und solchem Fleck am Clypeusrande, ohne andere Zeichnung. Der Kopf ist ziemlich trapezoidal mit abgerundeten Ecken, hat vor und hinter der Augengegend, in welcher sich der Seitenrand nur sehr schwach buchtet, je eine starke Borste und einen tief concaven Occipitalrand, in welchen der kurze scharfeckige Prothorax zur Hälfte eingreift. Der ebenfalls kurze sechsseitige Metathorax hat an den scharfen Seitenecken drei lange Borsten, die kurzen Beine lang beborstete Schienen und besonders starke Tarsen. Der Hinterleib ist länglich scheibenförmig, lässt nur die mit zwei Borsten besetzten Seitenecken der drei ersten Segmentecken deutlich am Rande hervortreten, am übrigen Rande sind die Segmentgränzen weder durch Einschnitte noch durch Eckborsten markirt, erst das vorletzte Segment hat jederseits eine lange Randborste und das sehr kurze Endsegment einige Borstenstacheln. Zeichnung fehlt dem Hinterleibe.

Auf Sarcorhamphus gryphus, nach einem Exemplare unserer Sammlung.

Rudow's *M. fasciatum* von Sarcorhamphus papa Zeitschrift f. ges. Naturwiss. 1869. XXXIV. 403 ist eine entschieden andere Art, denn sie hat am behaarten Vorderrande des Kopfes drei rothbraune Flecken, eine kleine Orbitalbucht, einen trapezoidalen, zweimal braunroth und gelb gestreiften Metathorax, ein eiförmiges Abdomen mit stumpfvorragendem Segment, starker Behaarung und braunrother und ockergelber Binde auf jedem Segment.

M. breviceps.

Menopon cathartae papae Nitzsch, Zeitschrift f. ges. Naturwiss. 1866. XXVIII. 390.

Robustum, ochraceum; capite semilunari, temporibus acutiusculis; prothorace magno securiformi, mesothorace duabus maculis signato, metathorace trapezoidali; abdomine late ovali, marginibus crenatis, segmentis septem prioribus fasciatis. Longit. $^1/_3$'''.

Das einzige, nicht gerade befriedigend erhaltene Exemplar verweist die Art in die nähere Verwandtschaft des ***M. gonophaeum*** und Nitzsch führte dieselbe nur mit dem Namen des Wirthes auf. Sie ist kleiner als die Art des Kolkraben, ihr Kopf noch mehr halbmondförmig durch die regelmässige Convexität des Vorderrandes, die kaum bemerkbare Buchtung des Seitenrandes und die sich mehr verschmälernden stumpflich zugespitzten Schläfen. Von den Borsten ist nur die Orbitalborste noch vorhanden. Schwarze Orbitalflecke und matt braune Occipitalflecke. Die Seitenecken des grossen Prothorax sind nicht wie bei jener Art dunkelbraun abgesetzt, der Mesothorax aber ebenfalls nur durch zwei Querflecke angedeutet, der trapezoidale Metathorax mit stumpfen Hinterecken. Der breit ovale Hinterleib hat nur schwach gekerbte Ränder, Randborsten nur an den drei letzten Segmenten, welche ohne alle Zeichnung sind, während die übrigen Segmente gelbbraune Querbinden haben.

Auf Sarcorhamphus papa, in Gesellschaft des *Lipeurus ternatus* von Nitzsch im December 1835 auf einem trockenen Balge gefunden und der erneuten Untersuchung frischer Exemplare bedürftig.

M. lucidum *Rudow*, Zeitschrift f. ges. Naturwiss. 1869. XXXIV. 402.

Kopf fast kreisrund mit dicken, abgerundeten, hinten überhängenden, behaarten Hinterkopfseiten, matt ockergelb, Augen braun. Prothorax beilförmig, Metathorax verbreitert, flach glockenförmig, vom Abdomen wenig geschieden. Dieses eirund, mit vorstehenden Segmentecken und abgerundetem Ende, hellen Rändern und dunkel ockergelben Nähten. Länge 0,25 Mm. — Auf Falco rufipes.

M. albidum.

Robustum, albidum, fuscopictum; capite rotundato trapezoidali, temporibus rotundatis; prothoracis angulis lateralibus prolongatis acutis, metathorace trapezoidali, femoribus crassis; abdomine suborbiculari, marginibus serratis, segmentis fasciatis. Longit. $^1/_3$'''.

Klein und weisslich, am Kopfe mit drei Flecken jederseits, auf den Hinterleibssegmenten mit mattbraunen, am Seitenrande dunklern Querbinden. Der Kopf verschmälert sich nach vorn merklich, hat am vordern Clypeusrande vier feine, seitwärts zwei längere Borsten und am stumpf abgerundeten Schläfenrande sechs Borsten von verschiedener Länge, vorn jederseits des Clypeus einen kleinen Fleck, einen ebensolchen vorn am Schläfenrande, zwischen beiden den rothbraunen Augenfleck. Der Occipitalrand ist mässig concav. Der sehr kurze und breite Prothorax ist beilförmig, seine scharf abgesetzten Seiten spitzig, hinten mit drei Randborsten. Der nur wenig längere Metathorax trapezisch mit scharf vorstehenden, zwei Borsten tragenden Hinterecken; beide Brustringe an den Seiten mattbraun, in der Mitte weisslich. Die Beine zeichnen sich durch gewaltig dicke stachelborstige Schenkel, mässig keulenförmige, am Ende lang beborstete Schienen, sehr kleine Haftlappen an der Basis des Tarsus und langes zweites Tarsusglied aus. Der mehr rundlich scheibenförmige als ovale dicht beborstete Hinterleib lässt seine scharf rechtwinkligen Segmentecken wenig aber deutlich hervortreten, trägt an denselben viele sehr lange Borsten, am abgerundeten männlichen Endsegment wenige kürzere Borsten und feine Spitzchen, am schwach ausgerandeten weiblichen dicht gedrängte Stachelborsten. Mattbraune Binden, am Seitenrande dunkler, zeichnen die Hinterleibssegmente.

Auf Neophron percnopterus, in einigen Exemplaren unserer Sammlung ohne nähere Angabe. Ein Exemplar von Milvus regalis in unserer Sammlung hat denselben Habitus, aber an den Seiten des Kopfes findet sich ein schmaler tiefer Schlitz, die Segmentecken des Hinterleibes treten rundlich noch weniger hervor, das Endsegment ist gerade abgestutzt und dicht mit ziemlich straffen Randborsten besetzt, die Binden der Segmente dunkelbraun in ganzer Ausdehnung.

M. longipes.

Oblongum, flavum, fuscopictum; capitis parte priore angustata, occipite lato; prothoracis angulis lateralibus acutis, mesothorace fusco, metathorace hexagonali, pedibus longis gracilibus; abdomine oblongo ovali, marginibus antice serratis, postice crenatis, segmentis fuscofasciatis. Longit. $^1/_3$'''.

Der Seitenrand des Kopfes ist fast winklig gebuchtet, ohne jedoch einen eigentlichen Orbitalausschnitt zu bilden. Der ziemlich convexe Vorderrand ist lang beborstet und seitwärts folgen einige sehr lange und starke Borsten, welche an den abgerundeten Schläfen noch stärker und zahlreicher werden. Jederseits des Clypeus ein kleiner dunkler Fleck, dunkle Augenflecke und ein fein schwarzbrauner Occipitalrand. Der dunkelbraune Prothorax hat an den scharfen Seitenecken zwei Stachelborsten, verengt sich dann mehr als gewöhnlich und trägt an den Hinterecken je eine lange Borste. Der Mesothorax ist nur als braune Binde am Metathorax angedeutet, dieser sechsseitig mit drei Stachelborsten an den stumpflichen Seitenecken. Die Beine zeichnen sich durch besonders dünne schlanke Schenkel und Schienen mit Stachelborsten bei jenen am Aussenrande, bei diesen am Ende und durch lange und breite Haftlappen aus. Der oblong-ovale Hinterleib hat in der vordern Hälfte scharfe, in der hintern stumpfe abgerundete Segmentecken, dort kurze hier lange Randborsten, am weiblichen Endsegment lange dicht gedrängte Wimperhaare, am männlichen schwache Randborsten. Schmale braune Querbinden mit ebenso breiten hellen Plikaturen zeichnen die Segmente.

Auf Strix bubo, nach zwei Exemplaren unserer Sammlung ohne nähere Angabe. Nitzsch hat übrigens auf dem Uhu öfter Gäste von den von demselben verfolgten Vögeln gefunden, so den *Nirmus fuscus* und *N. semisignatus*, *Colpocephalum subaequale*, *Menopon mesoleucum* und *M. isostomum*.

M. cryptostigmaticum *Nitzsch.*

Nitzsch, *Zeitschrift f. ges. Naturwiss.* 1861. XVII. 529.

Diese Art ähnelt zunächst dem *M. phanerostigmaticum* in Form und Zeichnung, hat aber einen viel grössern und längern und wie bei *M. mesoleucum* gestalteten Metathorax auch ohne Zeichnung, einen viel breitern hellen Streifen zwischen den Rand- und mittlen Querflecken der Abdominalsegmente und minder dunkel umrandete, daher weniger deutliche Stigmata.

Auf Strix Tengmalmi, von Nitzsch in einem weiblichen Exemplare zugleich mit dem ***Docophorus cursitans*** im April 1834 auf einem frischen Cadaver gefunden und nach obigen Merkmalen unterschieden. Das Exemplar ist in der Sammlung nicht mehr vorhanden.

M. mesoleucum *Nitzsch.* Taf. XIV. Fig. 11. 12. Taf. XIX. Fig. 1. 6.
Nitzsch, Germar's Magaz. Entomol. III. 300; Zeitschrift f. ges. Naturwiss. 1866. XXVII. 119. — Burmeister, Handb. Entomol. II. 439.
Ricinus cornicis Degeer, Mém. Ins. VII. Tab. 4. Fig. 11. *pupa.*

Albidum, pictura obscure fusca; capite trapezoideolunari, orbitis frontisque macula laterali occipiteque nigris, thorace longissimo, prothorace angusto hexagonali, mesothorace distincto, metathorace majusculo, in femina subovali, femoribus feminae brevissimis; abdomine ovali, marginibus maris serratis, feminae obtuse crenatis, segmentis feminae maculatis, maris fasciatis. Longit. ♂ 2/3, ♀ 1'''.

Sehr ausgezeichnet durch die auffallende Geschlechtsdifferenz und die ungewöhnliche Länge des Thorax. Die Färbung ist weisslich mit dunkelbrauner Dekoration. Der Vorderkopf ist breit halbmondförmig und durch eine seichte seitliche Buchtung vom Hinterkopfe geschieden, hat vorn kurze und lange Randborsten und drei sehr lange vor der Bucht, in derselben dicht gedrängte Stachelborsten und an den abgerundeten Schläfen mehre lange Randborsten. Schwarze Fleckchen am Vorderrande, solche Orbitalflecke und feine Berandung des Occiputs. Der lange Prothorax hat scharfe Seitenecken und die Querlinie, keine Borsten am Rande. Der Mesothorax ist durch eine Querlinie angedeutet, der Metathorax auffallend gross, dunkel gerandet, bei dem Männchen sehr gestreckt, bei dem Weibchen breiter und mit winkligem Hinterrande, nur an den Hinterecken mit je zwei Stachelborsten. Die Beine sind sehr spärlich beborstet, bei dem Männchen schlank, bei dem Weibchen die Schenkel der beiden vordern Paare auffallend verkürzt und dick; die Haftlappen der Tarsen sehr gross. Der schmale Hinterleib des Männchens hat sägezähnige Seitenränder, am Endsegmente nur einige sehr kleine Spitzchen und durchgehende braune Binden auf allen Segmenten. Das Weibchen dagegen zeichnet die sieben ersten Segmente mit randlichen Zangenflecken und nur die beiden folgenden mit durchgehenden Binden, das weissliche Endsegment ist dicht mit langen Wimperhaaren besetzt; die Nähte der vordern Segmente biegen sich stark nach hinten. — Der Nahrungskanal hat eine ansehnlichere Dicke als bei andern Arten. Die Speiseröhre hat die gewöhnliche kropfartige Erweiterung, neben ihr liegen die beiden schlauchförmigen Speicheldrüsen mit sehr verdünntem Ausführungsgange und eingerolltem dunkelgelben Ende. Von dem Munde bis zum letzten Abschnitt des Darmes erstrecken sich zwei häutige farblose Schläuche mit vielen unregelmässigen weissen Kügelchen. Die verschiedenen Darmabschnitte und die eigenthümliche Form der Malpighischen Gefässe ist in den Abbildungen naturgetreu dargestellt. Die drei vordern Ganglienknoten verhalten sich im Wesentlichen wie bei allen ***Mallophagen***. Die weiblichen Eiröhren sind zu dreien jederseits vorhanden, die Eier in ihnen entwickeln sich so, dass sie alternirend von der einen und von der andern Seite zur Reife gelangen, was bei den ***Philopteren*** nicht der Fall ist. Das auf Taf. 14 neben Fig. 12 abgebildete Ei legte dieses Weibchen während Nitzsch's Beobachtung. Die drei Endfäden der Schläuche jeder Seite legen sich zu einem zusammen und beide gehen nach vorn und oben zum Herzen. Die Kittdrüse, welche den Leim zur Anheftung der Eier an die Federn liefert, besteht aus zwei birnförmigen Drüsenkörpern, deren dünne Ausführungsgänge vereint in die Scheide münden. Die gelegten Eier sind gestreckt, an beiden Enden fast gleich zugespitzt, weiss und undurchsichtig und finden sich zu acht bis zehn an die einzelnen Federn des Kopfes, bisweilen auch noch an die ersten des Halses angeklebt. Während der Begattung sitzt das Männchen auf dem Rücken des Weibchens und dieses läuft munter umher.

Auf Corvus cornix und C. corone, von Nitzsch zuerst im Februar 1814 und später wiederholt beobachtet und sorgfältig untersucht. — Denny's ***M. mesoleucum,*** Monogr. Anoplur. 223. Tab. 20. Fig. 2 von Corvus corone und C. frugilegus lässt sich weder mit dieser noch mit einer der folgenden Arten von den Raben identificiren, die Form des Kopfes, der Thoraxringe und die Breite des Hinterleibes weichen zu erheblich ab, und wird dieses ***Menopon*** höchst wahrscheinlich als besondere Art von den unsrigen getrennt werden müssen.

M. anaspilum *Nitzsch.*
Nitzsch, Zeitschrift f. ges. Naturwiss. 1866. XXVII. 119.

Fuscoalbidum, pictura brunnea; capite trapezoideolunari, incisuris orbitalibus, temporibus obscure limbatis, limbo tripartito; prothorace hexagonali, mesothorace bimaculato, metathorace hexagonali; abdomine ovali, marginibus crenatis, segmento abdominis feminae primo cucullari, hujus et tertii maculis linguiformibus, reliquorum et maris omnium striis transversis integris. Longit. ♂ 1/3''', ♀ 1'''.

Der Kopf hat zwar nur seichte aber doch deutliche Orbitalbuchten, am convexen Vorderrande kurze und lange Borsten, vor der Orbitalbucht drei sehr lange, unten am vordern Schläfenrande eine Bürste kurzer Borsten, dann einige lange. Kleine schwarze Flecke am Clypeusrande, grosse Orbitalflecke, schwarzer brauner Schläfen- und Occipitalrand. Der sechsseitige Prothorax ist so lang wie breit, dunkel gerandet, mit Querlinie und Randborsten nur hinten. Den Mesothorax deuten zwei braune Querflecke vorn am Metathorax an. Dieser ist sechsseitig, breit braun gerandet, nur mit einigen kurzen Stacheln an den Seitenecken. Die Beine wie bei voriger Art, nämlich die männlichen schlank und dünn, bei dem Weibchen die beiden vordern Schenkelpaare kurz und dick, die des dritten Paares schlank, die Vorderschienen des Weibchens aussen am Ende dicht stachelborstig. Der ovale, zerstreut beborstete Hinterleib hat gekerbte Seitenränder und an den abgerundeten Segmentecken in der vordern Leibeshälfte gewöhnlich nur Borstenstacheln, in der hintern aber sehr lange Randborsten, das männliche Endsegment mit sehr feinen Borstenspitzchen, das weibliche mit der dicht und stark bewimperten Platte. Der männliche Hinterleib zeichnet jedes Segment mit einer dunkelbraunen, in der Rückenmitte verschmälerten Binde, voriger Art ähnlich, der weibliche das erste und dritte Segment mit langen Zungenflecken, die übrigen ebenfalls mit durchgehenden Binden, die aber in der vordern Leibeshälfte gegen die Mitte hin sich viel stärker als beim Männchen verschmälern.

Auf Corvus corax, von Nitzsch im November 1814 in einigen lebenden Exemplaren gesammelt und von den nächst verwandten sicher unterschieden.

M. gonophaeum *Nitzsch.* Taf. XV. Fig. 1.
Nitzsch, Zeitschrift f. ges. Naturwiss. 1866. XXVIII. 390. — Burmeister, Handb. Entomol. II. 440.

Pallide testaceum, fuscofasciatum, dense setosum; capite semilunari, orbitis excisis; prothoracis angulis lateralibus acutis, mesothorace distincto, metathorace hexagonali, pedibus robustis; abdomine ovali, marginibus profunde crenatis, segmentis fasciatis utriusque generis. Longit. ♂ 1/3''', ♀ 1'''.

Trotz des wesentlich gleichen Habitus mit den vorigen Arten bietet diese doch in den einzelnen Körpertheilen specifische Eigenthümlichkeiten, auch nicht den auffallenden Geschlechtsunterschied in der Zeichnung des Hinterleibes. Der breit halbmondförmige, stumpfeckige Kopf hat deutliche Orbitalbuchten, davor drei lange Borsten, an den abgerundeten Schläfen mehre lange Randborsten, schwarze Clypeal- und Orbitalflecke und schwarzen Occipitalrand. Die stets versteckten Fühler haben ein schön ovales Endglied, napfförmiges dünn gestieltes vorletztes und sehr dicke kegelförmige Grundglieder. Die Taster ragen stets hervor. Die stark ausgezogenen Seitenflügel des Prothorax sind dunkelbraun mit hellem Mittelstrich, an den Spitzen zwei lange Borsten und ebensolche an dem Hinterrande. Der Mesothorax ist nicht blos durch die beiden Querflecke angedeutet, sondern auch randlich deutlich abgesetzt. Der hexagonale Metathorax trägt an den scharfen Seitenecken mehre lange Borsten und eine Reihe solcher am Hinterrande. Die Beine sind in beiden Geschlechtern wesentlich gleich, also abweichend von vorigen beiden Arten. Der ovale, dick aufgetriebene und dicht beborstete Hinterleib trägt auch an den stark gekerbten Seitenrändern reiche Borsten, am weiblichen Ende die stark bewimperte Platte, am männlichen dichtere und viel stärkere Borsten als bei vorigen beiden. Alle Segmente bei beiden Geschlechtern oberseits mit braunen Binden von der Breite der hellen Zwischenräume und neben dem Seitenrande von einer weisslichen Linie durchschnitten, in welcher die Stigmen liegen. An der Bauchseite sind die Binden breiter vom Seitenrande geschieden. Im Magen frischer Exemplare fand Nitzsch nur Blut.

Auf Corvus corax, in Gesellschaft der vorigen Art auf demselben frischen Cadaver gesammelt.

M. anathorax *Nitzsch.*
Nitzsch, Zeitschrift f. ges. Naturwiss. 1866. XXVII. 120.

Fuscoalbidum, pictura obscure fusca; capite trapezoideolunari, lateribus sinuatis, temporibus occipiteque nigrolimbatis; prothoracis angulis lateralibus acutis, mesothorace distincto, metathorace trapezoidali, pedibus gracilibus; abdomine ovali, marginibus profunde crenatis, feminae segmento primo cucullari, secundi et tertii striis transversis tripartitis, utpote maculis latioribus lateralibus lineaque intermedia angustiori, reliquorum segmentorum uti maris omnium striis transversis intermediis. Longit. ♂ 4/5''', ♀ 4/5'''.

Schliesst sich in der allgemeinen Körpertracht den vorigen beiden ziemlich eng an, hat aber einen längern Kopf, welcher am stark convexen Vorderrande in der Mitte zwei straffe Stachelborsten, seitwärts drei starke Orbitalborsten, in der Buchtung dichte Stachelborsten, an den kurzen schief abgestutzten Schläfen mehre sehr starke Borsten trägt. Clypeus- und Orbitalflecke nicht gross, Schläfen- und Occipitalrand fein schwarz. Der Prothorax von gewöhnlicher Form mit Querlinie, die scharf abgesetzten Seitenecken kurz aber scharf, mit Borste und jederseits der Hinterecke zwei grosse Borsten. Der Mesothorax ist als dunkle Querbinde und auch randlich deutlich abgesetzt. Der trapezische Metathorax lässt seine völlig abgerundeten und mit zwei Stachelborsten besetzten Hinterecken stark hervortreten. Die Beine in allen Theilen dünn, sehr spärlich beborstet, ohne geschlechtlichen Unterschied. Der ovale männliche Hinterleib kerbt seine Ränder und trägt an den völlig abgerundeten Segmentecken lange und kurze Borsten, am Endsegment blosse Borstenspitzchen, der weibliche ist mehr oblong, am Ende breit abgerundet mit wimperhaariger Platte und mit nach hinten stark erweitertem ersten Segment, welches wie die beiden folgenden getheilte Querbinden hat, während die übrigen wie alle des Männchens durchgehende dunkelbraune Binden haben. An der Bauchseite sind diese Binden schmäler und etwas heller. Die Borsten der Ober- und Unterseite sind lang und nicht gerade dicht gedrängt.

Auf Corvus monedula, von Nitzsch im November 1817 in einigen Exemplaren gesammelt und diagnosirt.

M. isostomum *Nitzsch.*
Nitzsch, Zeitschrift f. ges. Naturwiss. 1866. XXVII. 119.

Fuscoalbidum, pictura brunnea; capite trapezoideolunari, lateribus sinuatis, temporum limbo brunneo tripustulato; feminae metathorace magno cucullari brunneo, segmentorum utriusque sexus conformium, striis transversis integris. Longit. ♂ $\frac{3}{4}$, ♀ 1‴.

Auch bei dieser Art tritt der geschlechtliche Unterschied wieder minder grell hervor, das Weibchen erweitert seinen Metathorax nach hinten und hat einen mehr oblongen Hinterleib. Beborstung und Zeichnung des Kopfes wie bei voriger Art, nur die Seiten tiefer gebuchtet. Der Hinterrand des Metathorax ist bei dem Männchen gerade, bei dem Weibchen convex, welcher Unterschied bei der vorigen Art im ersten Abdominalsegment ausgeprägt war. Die Beine bieten ebenso wenig eine beachtenswerthe Eigenthümlichkeit wie die in beiden Geschlechtern einander gleichen Segmente des Hinterleibes mit ihren stumpfen Seitenecken und Borsten.

Auf Corvus frugilegus, von Nitzsch im Oktober 1814 und Februar 1836 gesammelt und diagnosirt. Die weissen an beiden Enden gleich zugespitzten Eier sitzen am zahlreichsten an den Obrfedern.

M. eurysternum *Nitzsch.* Taf. XV. Fig. 4.
Nitzsch, Zeitschrift f. ges. Naturwiss. 1866. XXVII. 120. — Burmeister, Handb. Entomol. II. 439.
Pediculus Picae Linné, Syst. Natur. II. 1018.
Colpocephalum eurysternum Denny, Monogr. Anoplur. 215. Tab. 18. Fig. 6.

Oblongum fuscotestaceum; capite semilunari, lateribus incisis, clypeo quadripustulato, temporibus subacutis; prothorace magno lato, mesothorace distincto, metathorace trapezoidali, femoribus crassis, tibiis gracillimis; abdomine elongato, crenato, fasciato. Longit. $\frac{1}{4}$‴.

Gestreckter als vorige Arten und mit besonders grossem Prothorax im Verhältniss zum Metathorax. An den Seiten des halbmondförmigen Kopfes befindet sich eine kleine scharfwinklige Kerbe, welche Denny veranlasste die Art unter *Colpocephalum* zu versetzen, wogegen die sehr kurzen völlig versteckten Fühler sprechen. Uebrigens stellt Denny die Form des Kopfes ganz anders dar als unsere Exemplare und Abbildung. Auf dem Clypeus liegen vier Pusteln, aber Borsten vermag ich auf denselben nicht zu erkennen, wogegen die Orbital- und Schläfenborsten sehr lang sind. Schwarze Orbitalflecke und schwarz gesäumte Schläfen und Occiput, letztes mit Borstenpusteln. Der Prothorax ist breit und lang, scharfeckig, eigenthümlich schwarzbraun gezeichnet. Der Mesothorax ist schmal abgeschnürt, der Metathorax trapezisch mit zwei Borsten an den Hinterecken. Die Beine haben sehr dicke Schenkel und absonderlich dünne schlanke Schienen. Der sehr gestreckt elliptische Hinterleib trägt an den ziemlich scharfen Segmentecken reiche Borsten und auf den Segmenten breite sehr dunkelbraune Binden.

Auf Pica melanoleuca, von Nitzsch im December 1814 beobachtet und gezeichnet, auch von Denny beschrieben und mehrfach abweichend von dem unserigen abgebildet.

M. brunneum *Nitzsch.* Taf. XIV. Fig. 9. 10.
Nitzsch, Zeitschrift f. ges. Naturwiss. 1866. XXVII. 120.

Brunneum; capite trapezoideolunari, lateribus sinuatis, temporibus latis tripustulatis; prothorace hexagonali, mesothorace distincto magno, metathorace hexagonali, pedibus gracilibus; abdomine ovali, marginibus subserratis, segmentis brunneis, plicaturis albis. Longit. ♂ $\frac{1}{2}$‴, ♀ $\frac{3}{4}$‴.

Der stark convexe Vorderrand ist fein beborstet, auch die Orbitalborsten fein und nicht lang, dagegen die Schläfenborsten stark und von sehr verschiedener Länge. Der Kopf braun mit schwarzbrauner Randschattirung. Die scharfen Seitenecken des Prothorax tragen nur zwei Stachelborsten, dahinter zwei lange Randborsten. Der Mesothorax ist grösser und schärfer abgesetzt als bei den meisten vorigen Arten. Der Metathorax hat an den Seitenecken je drei Stachelborsten und seinem geraden Hinterleibe parallel eine Reihe langer Borsten. An den Beinen sind besonders die mässig dicken Schenkel aussen dicht mit Stachelborsten besetzt. Der Hinterleib, bei dem Weibchen merklich gestreckter als bei dem Männchen, ist dicht beborstet, an den fast gesägten Rändern mit kurzen und langen Borsten, und die Segmente ganz dunkelbraun mit weisslichen Plikaturen. Bei dem Weibchen durchschneidet eine dem Rande parallele weisse Linie die Binden bis zum siebenten Segmente, bei dem Männchen ist diese Linie viel feiner und streckenweise ganz undeutlich.

Auf Nucifraga caryocatactes, von Nitzsch im September 1814 in mehren Exemplaren gesammelt und abgebildet.

M. indivisum *Nitzsch.*
Nitzsch, Zeitschrift f. ges. Naturwiss. 1866. XXVII. 120.

Oblongum, albidum, pictura fusca; capite trapezoideo semilunari, temporibus subreversis rotundatis limbo fusco; thorace pallido; abdomine ovali, marginibus crenatis, segmentis in utroque sexu conformibus obscure fuscis, plicatura lata alba, striis transversis integris. Longit. ♂ 3/5''', ♀ 4/5'''.

Gehört noch in den engern Formenkreis des ***M. mesoleucum*** und steht diesem selbst sehr nah, unterscheidet sich jedoch sehr leicht durch den minder grossen mehr normalen Thorax und die Uebereinstimmung des Weibchens mit dem Männchen. Im Thorax, Abdomen und der Zeichnung der Segmente ist kein einziger auffälliger Geschlechtsunterschied zu bemerken; also Metathorax und erstes Hinterleibssegment mit geradem Hinterrande, auf allen Segmenten durchgehende braune Querbinden, nur mit dem Unterschiede, dass die ersten Binden beim Weibchen in der Mitte etwas verschmälert sind. Das Ende des Hinterleibes zeigt den gewöhnlichen Geschlechtsunterschied. Am Kopfe ist die seitliche Buchtung etwas tiefer als bei ***M. mesoleucum***, die Schläfen breit und völlig abgerundet, mit sehr langen Borsten, Clypeal- und Orbitalflecke schwarz, auch der Occipitalrand fein schwarz, jedoch in der Mitte durchbrochen. Die Schienen im Verhältniss zu den Schenkeln stark.

Auf Garrulus glandarius, von Nitzsch im Mai 1817 in einigen Exemplaren gesammelt und mit den verwandten Arten zur Begründung des Namens verglichen.

M. cucullare *Nitzsch.* Taf. XV. Fig. 5.
Nitzsch, Germar's Magaz. Entomol. III. 300; Zeitschrift f. ges. Naturwiss. 1866. XXVII. 121. — Burmeister, Handb. Entomol. II. 439.
Pulex Sturni candidi Redi, Experim. Tab. 17 ♂.

Robustum, flavum; capite trapezoidrolunari, lateralibus sinuatis, temporibus tumeratis; thorace magno, mesothorace distincto, metathorace trapezoidali, pedibus brevibus robustis; abdomine ovali, marginibus serratis, pictura nulla, feminae segmento primo maximo cucullari, angulo dorsali excurso. Longit. ♂ 1/3''', ♀ 1/2'''.

Die Zeichnung dieses gelben Mondkopfes beschränkt sich auf je zwei kleine braune Clypeal-, Orbital- und Occipitalflecke. Der stark convexe Vorderrand des Clypeus trägt feine Borsten, seitwärts lange, die breiten Schläfen vorn wie gewöhnlich dicht gedrängte Stachelborsten, seitwärts und hinten vier lange starke Borsten und wenige kurze. Der sechsseitige Prothorax hat eine Borste an jeder scharfen Seitenecke, zwei lange vor jeder Hinterecke und eine Reihe kurzer vor dem Hinterrande. Der Mesothorax ist deutlich abgegränzt, der Metathorax trapezisch, an den Seitenecken nur mit zwei kurzen Stachelspitzen, dem Hinterrande parallel eine Borstenreihe. Die Beine kurz, stark, am äussern Schienenrande mit dichten Stachelborsten, am Tarsus grosse kreisrunde Haftlappen. Der ovale Hinterleib hat an den scharf vorstehenden Segmentecken mehre kleine Stachelborsten und eine, zuletzt zwei sehr lange Borsten, auf der Oberseite längs des Hinterrandes der Segmente eine Reihe Borsten, an der Bauchseite nahe dem Seitenrande eine Gruppe dichter Borsten, auf dem Mittelfelde des Bauches nur zerstreute, am männlichen Endsegment wenige sehr kurze feine Borstchen, am weiblichen die Wimperscheibe. Am weiblichen Hinterleibe ist das erste Segment auffallend gross, kapuzenförmig nach hinten erweitert, so dass noch die Mitte des dritten Segmentes dadurch zurückgebogen wird.

Auf Sturnus vulgaris, von Nitzsch im Juni 1817 auf einem Albino gesammelt und abgebildet. Allermeist sind die Parasiten der Albinos gefärbt und in ihrer Zeichnung völlig unabhängig von dem Wirthe.

M. pileatum *Rudow*, Zeitschrift. f. ges. Naturwiss. 1869. XXXIV. 401.

Kopf hutförmig, vorn rund, nach hinten zu ausgebogen mit allmählig nach vorn geneigten behaarten Seiten, Basis abgerundet. Färbung braun mit heller Stirn. Prothorax hinten abgerundet, mit nach vorn gerichteten Ecken, Mesothorax schmal und abgeschnürt, Metathorax trapezisch mit stumpfen Ecken. Abdomen eiförmig mit abgerundeten Segmenten, braun mit hellgelber Mitte und hellen drei letzten Ringen. Länge 0,5 Mm. — Auf Cassicus Yuaracares.

M. . . . .
Nitzsch, Zeitschrift f. ges. Naturwiss. 1866. XXVIII. 390.

An den Kopffedern einer Loxia pityopsittacus fand Nitzsch einige Exemplare nebst Eiern, die er als Larvenzustände betrachtet. Sie messen bis ⅓''' Länge, sind gelb, mit kleinen schwarzen Clypeal- und Orbitalflecken, fein schwarzem Occipitalsaum, dunkelbraunem Mesothorax und sehr fein dunkelbraunen Seitenrändern des Abdomens. Diese Seitenränder sind scharf sägezähnig mit Stachelborsten und vereinzelten langen Borsten. Ein weibliches Exemplar hat schon die vollkommen ausgebildete Wimperplatte. Ich halte dieses für reif, unterlasse jedoch die Benennung, da bei der Häufigkeit unseres Kreuzschnabels die Hoffnung auf mehre frische ausgebildete Exemplare nahe liegt.

M. carduelis *Denny*, Monogr. Anoplur. 228. Tab. 20. Fig. 7.

Pallide fuscum, capite macula picea utrinque notato; prothorace saturate fusco cum linea transversa; antice punctis duobus terminato. Longit. ⅓'''. — Hab. Fringilla carduelis.

Auffallend breit mit enorm grossem Pro- und ganz auffallend kurzem Metathorax, ohne Andeutung eines Mesothorax, die Hinterleibssegmente dunkelbraun mit ganz schmalen hellen Plikaturen.

M. annulatum.

Oblongum, pallidum, ochraceopictum; capite semilunari, lateribus excisis, temporibus rotundatis; prothorace securiformi, mesothorace magno, trapezoideo, metathorace trapezoideo, pedibus gracilibus; abdomine elliptico, marginibus crenatis, ochraceomaculatis. Longit. ⅓'''.

Hell gefärbt mit dunkel ockerfarbener Zeichnung. Am halbmondförmigen Kopfe trägt der convexe Vorderrand nur vereinzelte sehr zarte Borstenspitzen; drei lange Orbitalborsten, tiefe fast colpocephalische Orbitalbuchten, lange abgerundete Schläfen mit mehren langen Borsten, grosse schwarze Orbitalflecke und fein schwarzer unterbrochener Occipitalsaum. Prothorax beilförmig, mit Querlinie und dunkler Hinterhälfte, mit Stachel und Borste an den Seitenecken und langen Borsten am Hinterrande. Mesothorax gross, trapezisch mit vorstehenden Seitenecken und zwei dunklen Flecken. Metathorax nur wenig länger, zunehmend breiter, an den stark vorstehenden scharfen Seitenecken mit zwei langen Borsten. Beine gestreckt, sehr spärlich beborstet, Haftlappen klein. Der Hinterleib schmal elliptisch, nur sein erstes Segment mit scharfen Seitenecken, die folgenden mit abgerundeten, alle mit drei langen Borsten, auch Rücken- und Bauchseite reich und lang beborstet. Der Seitenrand mit kleinen Ockerflecken, auf den letzten Segmenten matte durchgehende Binden.

Auf Passer domesticus von Nitzsch im Sommer 1814 in wenigen Exemplaren auf einem jungen Sperlinge gesammelt. In den Collectaneen wird auch ein ***Menopon Fringillae montanae*** aufgeführt ohne weitere Bemerkung und finde ich auch keine Exemplare in der Sammlung.

M. pusillum *Nitzsch*.
Nitzsch, Zeitschrift f. ges. Naturwiss. 1866. **XXVII. 120.**
Menopon citrinellae Denny, Monogr. Anoplur. **220. Tab. 21. Fig. 3.**

Oblongum, latiusculum, albidofuscum, pilosissimum; capite semilunari, lateribus convexis, temporibus prolongatis, rotundatis; prothorace magno, angulis lateralibus acutis, mesothorace distincto, metathorace trapezoidali, pedibus robustis; abdomine oblongo ovali, marginibus obtuse serratis, segmentis pallide fuscis, plicaturis albis. Longit. ⅓'''.

Klein, mit breit halbmondförmigem Kopfe, dessen Seiten tief fast colpocephalisch gebuchtet sind; feine Borsten am Clypeusrande, drei lange Borsten vor der Seitenbucht, mehre mässige und sehr lange an den gestreckten Schläfen. Schwarze Orbitalflecke und schwarzer Occipitalsaum. Der Prothorax ist gross und trägt an den stark vortretenden Seitenecken eine lange Borste, hat auch die Querlinie, der Mesothorax als deutlicher Ring markirt, der trapezische Metathorax mit zwei langen Borsten an den Seitenecken. Die Beine sehr kräftig, ihre Schienen lang beborstet. Der gestreckt ovale Hinterleib sägt seine Seitenränder stumpf und trägt an den stumpfen Segmentecken je zwei und drei sehr lange Borsten. Die Endscheibe des Weibchens hat starke Wimperhaare. Die Segmente sind mit mattbraunen, am Seitenrande mit dunkleren Binden gezeichnet.

Auf Motacilla alba, von Nitzsch im Frühjahr 1825 und 1826 an den Kopffedern gesammelt. Denny bildet die Art von Emberiza citrinella mit mehr dreiseitigem Kopfe und schmälerem Hinterleibe ab, bezeichnet aber den Kopf in der Beschreibung doch als *semilunar*. Die weisse Bachstelze giebt er gleichfalls als Wirth an und es frägt sich, ob seine Exemplare von der Ammer nicht auf diese übergekrochen waren.

M. troglodyti Denny, Monogr. Anoplur. 221. Tab. 18. Fig. 7.

Pallide flavoalbum, splendens; mesothorace distincto; abdomine cincto saturate castaneo notato; pedibus crassis. Longit. $^1/_3$—$^1/_2$'''. — *Hab. Troglodytes verus.*

Die Orbitalbuchten sind so tief, dass der Kopf dreilappig erscheint, der Vorderkopf abgerundet, die Seiten des Prothorax sind convex, nicht scharfeckig, am ovalen Hinterleibe der Seitenrand abgesetzt, mit Flecken, der mittle Theil mit dunkelbraunen Querbinden.

M. minutum *Nitzsch*. Taf. XV. Fig. 2.
Nitzsch, Germar's Magaz. Entomol. III. 300.
Menopon sinuatum Burmeister, Handb. Entomol. II. 440. — Denny, Monogr. Anoplur. 222. Tab. 20. Fig. 6.

Oblongum, minutum, pallide testaceum; capite semilunari, lateribus sinuatis, temporibus obtusiusculis, strigis orbitalibus occipiteque nigris; prothorace lato, mesothorace distincto, metathorace trapezoideo, pedibus robustis; abdomine feminae elliptico, maris suborbiculari, marginibus subserratis, segmentis ochraceofuscofasciatis. Longit. $^1/_4$—$^1/_3$'''.

Das Männchen ist besonders grossköpfig und breitleibig, das Weibchen hat einen minder grossen Kopf und elliptischen Hinterleib. Am stark convexen Clypeusrande vereinzelte feine kurze Borsten, drei lange Orbitalborsten, vier noch grössere und dickere an den stumpflichen Schläfen. Trotz der ziemlich starken Buchtung der Kopfesseiten sind die Fühler nicht zu bemerken, während die Taster wie meist hervorragen. Quere Orbitalstreifen und der Hinterhauptsrand schwarz. Der Prothorax fällt besonders durch seine Breite auf, hat an den stumpflichen Seitenecken eine, dahinter mehre Randborsten und ist in der hintern Hälfte braun. Der Mesothorax erscheint als schmaler brauner Ring mit weisser Plikatur. Der breit trapezoidische Metathorax trägt an den stumpfen Hinterecken lange Borsten, dem Hinterrande parallel wie allermeist eine Borstenreihe. Die Beine sind kurz und kräftig, sehr spärlich beborstet. Der elliptische Hinterleib besetzt seine sehr vorstehenden, stumpflichen Segmentecken mit einigen kurzen Stachelborsten und zwei bis drei sehr langen Borsten, den Hinterrand der Segmente mit einer Reihe kurzer Borsten und zeichnet die Segmente blass ockerbraun, doch auf der Unterseite mit hellern dem Rande parallelen Streifen.

Auf Parus major, von Nitzsch im December 1814 zahlreich mit Eiern an den Kopffedern gesammelt und unter obigem Namen abgebildet, den Burmeister ohne Grund durch einen andern ersetzte. Unter letzterm beschrieb sie auch Denny fraglich, seine Abbildung stellt den Kopf etwas abweichend, den Prothorax mit abgerundeten Seiten, den Metathorax viel zu kurz dar. Während gewöhnlich die Anzahl der Weibchen die der Männchen überwiegt, beobachtete Nitzsch bei dieser Art das umgekehrte Verhältniss. Wie sehr häufig ragte auch bei diesen die walzige Ruthe oder Ruthenscheide mit hakigem Griffel an jeder Seite ihrer Basis hervor. — Ob Schrank's *Pediculus curruca* Beiträge Taf. 5. Fig. 1 auf diese Art zu deuten ist, lässt sich nicht mit Bestimmtheit annehmen. — Dagegen weichen die Exemplare von Sitta europaea, die ich im Verzeichniss von 1866 vorläufig noch selbständig als *M. Sittae* aufführte, so geringfügig ab, dass ich ihre specifische Trennung nicht zu rechtfertigen weiss.

Ein kleines langköpfiges Exemplar von Pardalotus punctatus erwähnt Nitzsch in seinen Collectaneen von 1836, das sich jedoch in einem sehr unvollkommenen Zustande befand und zu einer Vergleichung nicht eignete, daher auch in der Sammlung nicht aufgestellt wurde. Ein anderes ebenfalls nicht mehr vorhandenes Exemplar von Fringilla spinus im April 1816 beobachtet, wird als dem *M. minutum* sehr ähnlich bezeichnet, aber doch unterschieden durch den mehr dreieckigen und viel längern Kopf, die breitern Orbitalflecke und die etwas bräunlichen Ecken des Prothorax.

M. thoracicum.

Oblongum, albidoflavum; capite trapezoideolunari, lateribus sinuatis, temporibus latis rotundatis; prothoracis angulis lateralibus brevibus, mesothorace magno, cucullari, metathorace hexagonali; abdomine elliptico, marginibus serratis, testaceis. Longit. $^1/_3$*—*$^1/_2$*‴.*

Am trapezisch mondförmigen Kopfe ist der sehr convexe Vorderrand mit sehr kurzen Borsten besetzt, welche gegen die beiden langen Orbitalborsten an Länge zunehmen. Die Buchtung der Kopfseiten ist tief, fast colpocephalisch und bei einzelnen Exemplaren mich die ausgestreckten Fühler sichtbar. Der untere Orbitalrand wie gewöhnlich dicht mit Stachelborsten, die breiten abgerundeten Schläfen mit vier sehr langen und einigen kurzen Borsten besetzt. Zwei kleine rundliche Clypealflecke, mässig grosse Orbitalflecke und schwarze Säumung des ganzen Occipitalrandes. Der sechsseitige Prothorax hat an den kurzen scharfen Seitenecken nur einen kleinen Stachel, an der Hinterecke eine lange Borste, die Querlinie markirt. Der Mesothorax ist scharf abgesetzt und greift mit seinem winkligen Hinterrande tief in den Metathorax ein. Dieser ist sechsseitig mit drei kurzen Stacheln an den Ecken und einer dem geraden Hinterrande parallelen Reihe langer Borsten. Alle drei Brustringe scherbengelb mit heller Mitte. Die Beine schlank, spärlich beborstet, ohne besondere Eigenthümlichkeiten. Der elliptische Hinterleib lässt die seitlichen Segmentecken scharf sägezähnig, nur die letzten abgerundet hervortreten und trägt an denselben mehre kurze Stachelborsten und eine, zuletzt zwei sehr lange Borsten. Das männliche Endsegment wie meist mit wenigen kurzen feinen Borsten, das weibliche mit der Wimperscheibe. Die Zeichnung des Hinterleibes ist oben und unten mattgelb, oft in der Mitte weisslich, auch am Seitenrande bisweilen ganz fein dunkel gesäumt, bei unreifen Exemplaren weiss ohne gelb.

Auf Turdus viscivorus, von Nitzsch im April 1817 in zahlreichen Exemplaren gesammelt und ohne nähere Angabe in der Sammlung aufgestellt.

Zwei im Mai 1817 auf Sylvia fitis von Nitzsch gefundene Exemplare gestatten keine eingehende Vergleichung. Kopf und Thorax, letzter ohne erkennbaren Mesothorax, sind schwarzbraun, der Hinterleib zumal in der Mitte bräunlich gelb.

M. agile *Nitzsch.*
Nitzsch, Zeitschrift f. ges. Naturwiss. 1866. XXVII. 120.

Oblongum, minutum, albidofuscum, capitis semilunaris striga orbitali occipite nigris, pustulis frontis quatuor pallidis, occipitis obsoletis; prothorace latiusculo; plicaturis segmentorum albidis.

So diagnosirt Nitzsch ein im April 1825 auf Sylvia tithys gefundenes weibliches Exemplar mit dem Zusatze: Prothorax in Form und Zeichnung dem des *M. eurysternum* gleich, Mesothorax nur durch dunkle Färbung angedeutet, das Thier viel kleiner als jene Art. Das Exemplar ist in der Sammlung nicht mehr vorhanden.

M. exile *Nitzsch.*
Nitzsch, Zeitschrift f. ges. Naturwiss. 1866. XXVII. 121.

Minutum, oblongum, pallide cinereofuscum, plicaturis albidis; capite semilunari parum latiore quam longo, striga orbitali oblique transversa intrarsum latiore limboque obsolete pustulato nigris, sinu orbitali parvulo; prothorace securiformi linea transversa utrinque hamum retroversum emittente obscura; abdomine latiusculo, plicaturis albidis.

Unterscheidet sich von *M. minutum* durch schmälern Kopf, breitern Orbitalstreif und breitern Hinterleib und minder scharf begränzte Plikaturen des Hinterleibes. Die Larven hatten Blut gesogen und liefen mit unglaublicher Schnelligkeit auf der Oberfläche des Gefieders des lebenden Vogels umher.

Auf Sylvia oenanthe, von Nitzsch im April 1825 beobachtet und wie vorstehend diagnosirt, leider sind auch diese Exemplare in der Sammlung nicht mehr vorhanden.

Ein einziges *Menopon* mit braunen Querbinden auf dem Hinterleibe und mit dem Kopfe des *M. mesoleucum* von Alauda arborea erwähnt Nitzsch gelegentlich aus der Erinnerung, da ihm dasselbe abhanden gekommen war.

M. rusticum *Gieb.*

Oblongum, testaceum, fuscomarginatum; capite subtrapezoideo, lateribus subsinuatis, temporibus latis truncatis; prothorace elongato hexagonali, mesothorace nullo, metathorace trapezoideo margine postico convexo, pedibus gracilibus; abdomine elliptico, marginibus serratis. Longit. 2/3'''.

Der Kopf ist nur wenig breiter als lang, am fast geraden Vorderrande ohne Borsten, am wenig gebuchteten Seitenrande mit einigen langen und dann sehr langen Orbitalborsten, mit dichten Stachelborsten am untern Orbitalrande und langen und kurzen Borsten an den rundlich abgestumpften Schläfen. Als Zeichnung bemerkt man nur matte dunkle Orbitalflecken. Der sechsseitige, in der hintern Hälfte dunkelbraune Prothorax hat eine undeutliche Querlinie und keine langen Randborsten. Der Mesothorax ist nicht angedeutet. Der Metathorax gestreckt trapezisch mit sehr stark convexem Hinterrande und dunkelbraunen Seiten, mit nur kurzen Stacheln an den Hinterecken. Der gestreckt elliptische Hinterleib lässt seine scharfen Segmentecken nur wenig hervortreten und besetzt dieselben mit Stachelborsten und einer, zuletzt zweien langen Borsten. Das neunte Segment ist stark stufig verschmälert, am Ende das mit starken Wimperhaaren besetzte Schild.

Auf Hirundo rustica, nach einem weiblichen Exemplare ohne nähere Angabe in unserer Sammlung.

M. truncatum.

Oblongum, fuscum, nigrolimbatum; capite trapezoidealunari, lateribus sinuatis, temporibus latis rotundatis; prothorace hexangulari, mesothorace nullo, metathorace trapezoideo; abdomine oblongo, truncato, marginibus subcrenatis. Longit. 1/4'''.

Die starke Verkürzung und plötzliche Verschmälerung der beiden letzten Segmente des fast parallelseitigen und nur sehr schwach rundlich gekerbten Hinterleibes unterscheiden diese braune hellköpfige Art von allen vorigen auf den ersten Blick. An ihrem breit mondförmigen Kopfe trägt der stark convexe Vorderrand lange Randborsten, seitlich vor der schwachen Buchtung nur eine schwache Orbitalborste, auch an den breiten abgerundeten Schläfen nur eine lange Randborste. Schwarze gegen den Vorderrand auslaufende Orbitalstreifen und schwarzer Occipitalsaum. Der sechsseitige Prothorax hat die deutliche Querlinie und der trapezische Metathorax an den stumpfen Hinterecken nur zwei kurze Stacheln; beide sind schwarz gerandet. Die Beine sind schlank und äusserst spärlich beborstet. Die Seitenecken der Hinterleibssegmente mit kurzen Stacheln und einer Borste, die des achten Segmentes mehr beborstet und stark hervortretend; die Wimperscheibe sehr kurz. Die Seitenränder sind schwarzbraun und die Hinterränder der Segmente als dunkle Linien markirt.

Auf Muscicapa petangua, nach zwei weiblichen Exemplaren unserer Sammlung.

M. camelinum *Nitzsch.* Taf. XV. Fig. 3.

Auf Lanius excubitor, von Nitzsch im Januar 1812 in mehren Exemplaren im Brustgefieder zugleich mit dem ***Docophorus fuscicollis*** gesammelt und „ganz genau" abgebildet. Ich kann nur diese Abbildung wiedergeben, zu welcher in den Collectaneen noch die Stärke der Tarsen und Klauen als charakteristisch hinzugefügt wird. Die Exemplare fehlen in der Sammlung.

Denny's ***M. fuscocinctum*** Monogr. Anoplur. 219. Tab. 21. Fig. 4 von Lanius collurio weicht nach dessen Darstellung nicht erheblicher ab, als sonst auch unsere Exemplare anderer Arten von dessen bezüglichen Abbildungen, daher vorläufig wenigstens eine Identificirung keinen erheblichen Zweifel erregt.

M. virgo.

Menopon cucullare Giebel, Zeitschrift f. ges. Naturwiss. 1866. XXVIII. 391.

Oblongum, albidum, pictura nulla; capite trapezoideolunari, lateribus excisis, temporibus latis rotundatis; prothoracis angulis lateralibus obtusiusculis, mesothorace obsoleto, metathorace trapezoideo; abdomine elliptico, marginibus crenatis longesetosis. Longit. 1/3'''.

Die weisse Färbung ohne andere Zeichnung als die braunen Orbitalflecke und braunen durchscheinenden Mundtheile sprechen für Larvenzustand der Exemplare und wird diese Auffassung noch durch die spärlichen und kurzen Wimperhaare an dem abdominalen Endschilde des Weibchens unterstützt, alle übrigen Bildungsverhältnisse dagegen weisen auf reifen Zustand. Am Vorderrande des Kopfes sind die beiden mittlen, sonst kleinsten Borsten schon lang und straff, die seitlichen länger und die Orbitalborsten vor der tiefen Seitenbucht zahlreich, ebenso die an den breiten abgerundeten Schläfen und des Hinterhauptsrandes. Punktförmige Clypealfleckchen, kleine

Orbitalflecke und ein äusserst feiner Occipitalsaum zeichnen den Kopf. Das Endglied der Taster hat die Länge der beiden vorhergehenden zusammen. Der sechsseitige Prothorax mit Querlinie trägt nur kurze Borsten, der Mesothorax ist schwach angedeutet, der Metathorax mit einer Eckborste und hinterer Borstenreihe. Die Beine sind schlank, die Tarsen sehr stark, aber mit nur kleinen Haftlappen. Der elliptische Hinterleib ist bei einem wie es scheint in der Häutung begriffenen Männchen blos wellig gerandet, bei einem Weibchen stark gekerbt, die Segmentecken mit drei bis vier sehr langen Borsten, Ober- und Unterseite mit sehr verschieden langen Borsten unregelmässig besetzt.

Auf Coracias garrula, von Nitzsch im August 1815 in einigen Exemplaren gesammelt. Der Artname *M. cucullare* in meinem frühern Verzeichniss ist durch einen Irrthum auf diese Art statt auf die des Staares bezogen worden.

M. forcipatum *Nitzsch.* Taf. XV. Fig. 7. 8.

Auf einem trocknen Balge des Buceros rhinoceros von Nitzsch im Juni 1828 gesammelt und sorgfältig abgebildet. Da die Exemplare nicht mehr vorhanden sind, so kann ich aus den Collectaneen nur hinzufügen, dass die 3/4''' grossen Weibchen sämmtlich die grossen Afterzangen ausgestreckt zeigten, ebenso die 1/2''' langen Männchen die muldenförmige Verlängerung am untern Rande des letzten Abdominalsegmentes, in deren oberer Höhlung die weisse walzige Ruthe liegt. So bei sechs Männchen, ein Pärchen war auch im Tode in Copula geblieben. Ausser den Figuren 7 und 8 hat Nitzsch in den Collectaneen das Hinterleibsende beider Geschlechter noch in viel stärkerer Vergrösserung abgebildet, um diese Eigenthümlichkeiten ganz getreu darzustellen. Die Artcharaktere ergeben sich aus den Abbildungen zur Genüge.

M. fertile *Nitzsch.*
Nitzsch, Zeitschrift f. ges. Naturwiss. 1866. XXVII. 121.

Minutum, latiusculum, ochraceoalbidum; capite subsemilunari, lateribus profunde sinuatis, temporibus latis rotundatis; prothoracis angulis lateralibus obtusis, mesothorace obsoleto, metathorace brevi trapezoideo; abdomine ovali, marginibus subserratis. Longit. 1/3'''.

Steht dem *M. gonophaeum* zunächst, doch ist sein Kopf merklich länger, die Schläfen kürzer, aber die Zeichnung dieselbe. Der Prothorax ist nur kürzer, die Seitenecken stumpfer, aber ebenso scharf und braun abgesetzt, auch die Querlinie vorhanden. Der Metathorax noch kürzer, die Beine relativ kräftiger und die Segmentecken des Hinterleibes weniger hervorstehend, der Hinterleib blass gelblich mit matt strohfarbenen Querbinden und weissen Plikaturen. Eine weiter gehende Beschreibung gestattet der schlechte Zustand der Exemplare nicht.

Auf Upupa epops, von Nitzsch im Mai 1834 in den Federn des Kopfes und Halses, an welchen auch zahlreiche Eier sassen, gesammelt und diagnosirt.

M. pulicare *Nitzsch.*
Nitzsch, Zeitschrift f. ges. Naturwiss. 1861. XVIII. 304.
Nitzschia Burmeisteri Denny, Monogr. Anoplur. 230. Tab. 22. Fig. 5.

Elongatum, castaneum; capite trapezoidali, lateribus excisis, temporibus brevissimis truncatis; prothorace hexagonali, mesothorace magno et metathorace trapezoideis, pedibus robustis, abdomine oblongo, truncato, marginibus crenatulis. Longit. 1 1/3'''.

Der gestreckt trapezische Kopf weicht von allen vorigen Arten erheblich ab. Am flach convexen Vorderrande stehen vier kurze straffe Borsten, seitlich ebenfalls einige und vor dem kleinen Orbitaleinschnitt eine lange, in demselben die gewöhnliche dichte Borstenbürste und an den kurzen, schief nach hinten abgestutzten Schläfen wieder einige lange. Die Taster überragen den Vorderrand mit ihrem Endgliede, das nur die Länge des vorletzten hat. Undeutliche Augenflecke und helle Schläfenlinien zeichnen den Kopf. Der Prothorax ist kurz sechsseitig, seine stumpfen Seitenecken sind aber nicht abgesetzt und bis zu ihnen greift der Ring eng in das Occiput ein. Meso- und Metathorax sind kurz trapezoidal, beide mit vorstehenden stumpfen Hinterecken. Die Beine haben sehr dicke Schenkel, schlanke Schienen und Tarsen. Der gestreckte Hinterleib verschmälert sich nach hinten nur sehr wenig, lässt die mit ein bis zwei Borsten besetzten Segmentecken schwach hervortreten, und endet stumpf, bei dem Weibchen mit geraden die stark wimperhaarige Endplatte umfassenden Aftergriffeln, beim Männchen mit der muldenartigen Schuppe für die Ruthe, also eine Bildung ganz wie bei *M. forcipatum* Taf. 15.

Fig. 7. 8. Die Färbung des Hinterleibes ist meist dunkel kastanienbraun mit hellbraunen Plikaturen und an der Bauchseite mit hellem Längsstreif nahe dem Seitenrande.

Auf Cypselus apus, von Nitzsch im Frühjahr 1805 gesammelt und als der Schmarotzer erkannt, welchen Otto in seiner Uebersetzung der Buffonschen Naturg. der Vögel XXII. 205 und 214 schon ziemlich kenntlich beschreibt. Otto weist zugleich Frisch's Behauptung zurück, dass nämlich dieser *Ricinus alatus* eben derselbe sei, welcher auch die Pferde quält. Denny beschreibt die Art und trennt sie ohne genügende Begründung generisch von *Menopon* ab, nach unsern Exemplaren verschmälert er den Kopf nach vorn zu sehr und stellt den Prothorax quadratisch dar, während derselbe sechseckig ist.

M. phanerostigma *Nitzsch.* Taf. XIV. Fig. 8.
Nitzsch, Zeitschrift f. ges. Naturwiss. 1866. XXVIII. 391.
Pediculus fasciatus Scopoli, Entomol. carniol. II.

Oblongum, albidoflavum, fuscopictum; capite subsemilunari, lateribus sinuatis, temporibus rotundatis; prothorace hexagonali, mesothorace binodentato, metathorace hexagonali; abdomine late elliptico, marginibus crenatis, segmentis fuscofasciatis. Longit. ♂ 2/3''', ♀ 3/4'''.

Der Kopf ist breit halbmondförmig mit nur schwach gebuchteten Seiten, vier sehr feinen Borsten am Vorderrande, drei etwas straffen seitlich, dann der Orbitalborste und an den abgerundeten Schläfen mit vier sehr langen Borsten. Kleine Clypealflecke, sehr grosse Orbitalflecke und schwarzer mit vier Borsten besetzter Occipitalsaum mit zwei Vorstössen. Der sechsseitige Prothorax mit Querlinie, ganz hell gefärbt und mit drei langen Randborsten jederseits; der Mesothorax nur durch dunkle Zeichnung und sehr schwache Randkerbung angedeutet, der Metathorax sechsseitig mit zwei starken Borsten an den scharfen Seitenecken und Borstenreihe am Hinterrande. Die Beine zeichnen sich durch schlanke Schenkel, stark keulenförmige Schienen mit dichten Borsten am Ende, sehr schlanke Tarsen mit kleinen Haftlappen aus und sind ganz weisslich gelb gefärbt. Am breit elliptischen Hinterleibe tritt das erste Segment sehr scharfeckig, die folgenden stumpf und abgerundet eckig vor, alle reich mit langen Borsten besetzt, wie auch Rücken- und Bauchfläche lang und ziemlich dicht beborstet sind. Oberseits haben die Segmente schmale braune Querbinden, jederseits mit dunkelbraun umrandetem Stigma und fein schwarzbraunem Seitenrande. Die Bauchseite ist ganz mattbraun gebändert. Das weibliche Endschild mit wenigen starken Wimperhaaren berandet.

Auf Cuculus canorus, von Nitzsch im Jahre 1814 in mehren Exemplaren gesammelt und abgebildet.

M. platygaster.

Minutum, latum, testaceum; capite subtrapezoidali, lateribus sinuatis, temporibus rotundatis; prothorace hexagonali, mesothorace distincto, metathorace trapezoideo, pedibus robustis; abdomine suborbiculato, marginibus crenulatis, maculatis. Longit. 1/2'''.

Der Kopf ist ziemlich trapezoidisch, vorn mit vereinzelten sehr kleinen Borstenspitzchen, vor der sehr schwachen seitlichen Bucht mit Orbitalborsten, am abgerundeten Schläfenrande mehre kurze und nur eine lange Borste. Kleine schwarze Clypealflecke, etwas grössere Orbital- und zwei sehr grosse Occipitalflecke. Der quer sechsseitige, fast beilförmige Prothorax hinter der Querlinie dunkel und mit nur zwei langen seitlichen Randborsten, der Mesothorax ein schmaler schwarzbrauner Ring vorn am kurzen trapezischen Metathorax, dessen mit einer Borste besetzte Hinterecken nur sehr wenig hervorstehen. Der Hinterleib ist kurz, rundlich scheibenförmig, mit nur sehr schwach krenulirten Seitenrändern, nur einer Randborste an den Segmenten, die am vorletzten sogar fehlt. Die weibliche Endscheibe rundlich mit Stachelhaaren besetzt. Die Behaarung auf den Flächen der Segmente sehr kurz und spärlich. Der Seitenrand trägt auf den acht ersten Segmenten je einen schwärzlichen Viereckfleck, keine deutlichen Querbinden.

Auf Scythrops novae Hollandiae, nach einem weiblichen Exemplare unserer Sammlung.

M. pici *Denny,* Monogr. Anoplur. 219. Tab. 20. Fig. 5.

Nitide fulvum, nitidum; capite obtuso subtriangulari; prothorace obconico transverso, abdomine cinctu pallide castaneo notato. Longit. 3/4'''. — *Hab. Picus viridis.*

M. giganteum *Denny,* Monogr. Anoplur. 225. Tab. 21. Fig. 2.

Fulvoflavum, nitidum; capite notula juxta utrinque distincto; prothorace signo cruciformi impresso et laterali margine reflexo. Longit. 1'''. — *Hab. Columba oenas.*

M. quinqueguttatum *Rudow*, Zeitschrift f. ges. **Naturwiss.** 1869. XXXIV. 402.

Kopf vorn hellgelb mit fünf rothbraunen Längsflecken und fast verschwindender **Seitenbucht, Schläfen** lang nach hinten gestreckt, mit zwei Borsten. Prothorax **trapezoidal mit spitzen, hinten behaarten Ecken, Meso**thorax deutlich, viel schmäler, Metathorax flach glockenförmig, hinten abgerundet. **Abdomen elliptisch, Segmentecken spitz vorragend, Ende rund, hell, Ränder rothbraun,** Mitte gelb, stark behaart. Länge 0,5 Mm. — Auf **Carpophaga samoensis.**

M. pallidum *Nitzsch.* Taf. XVII. Fig. 11; XIX. Fig. 2. 5.
Nitzsch, **Germar's Magaz. Entomol. III. 299. — Burmeister, Handb. Entomol. II. 440. — Denny, Monogr. Anoplur. 217.** Tab. 21. Fig. 5.
Pediculus gallinae Linné, Syst. **Nat. II. 1020. — Panzer, Faun. Germ. 51. Fig. 21.**
Pulex capi Redi, Experim. **I. Tab. 16. Fig. 1.**

*Elongatum, pallide flavum; **capite trapezoideolunari, lateribus sinuatis, temporibus rotundatis; prothorace lato, angulis lateralibus obtusis,** mesothorace indistincto, **metathorace subtrigono, pedibus brevibus; abdomine ovoformi, marginibus crenatis, ocellis stigmaticis fuscis.*** Longit. ♂ $\frac{1}{2}$''', ♀ $\frac{3}{4}$'''.

Mit dem sehr gemeinen Mondkopf unseres Haushuhnes gelangen wir zu einem auf die Hühnervögel beschränkten Formenkreise, dessen Arten unter einander ebenso nah verwandt und zum Theil schwierig zu unterscheiden sind wie die auf den Corvinen und die auf den kleinen Singvögeln schmarotzenden. Der Kopf ist hier so gestreckt, dass er mehr trapezisch als mondförmig ist. Am breit convexen Vorderrande sehr vereinzelte feine und kurze Borsten, seitlich zwei längere und eine starke Orbitalborste, in der seichten Buchtung eine dichte Borstenreihe, an den abgerundeten Schläfen zwei sehr lange und einige kurze Borsten, am Occipitalrande sechs Borsten. Die Taster sind dünn, ihr Endglied verlängert, das Endglied der bisweilen vorragenden Fühler schlank keulenförmig von der Länge der beiden vorhergehenden zusammen, das vorletzte verkehrt kegelförmig und weder so dünn gestielt noch so breit napfförmig wie bei *Colpocephalum.* Zwei punktförmige Clypealflecke, zwei schwarze Orbitalfleckchen, zwei kleine Occipitalflecke und helle convergirende Schläfenlinien. Der Prothorax ist vor der Querlinie stark verengt (diesen Vordertheil stellt Denny's Abbildung gar nicht dar), hinter derselben einfach bogig gerundet, jederseits hinter den stumpfen Seitenecken mit fünf Randborsten. Der Mesothorax ist nur durch leichte Schattirung schwach angedeutet. Der Metathorax so schmal an den Prothorax angelenkt, dass seine Form fast dreiseitig ist; an den geraden Seitenrändern einige kurze Stacheln, an den deutlich vorstehenden Hinterecken drei lange Borsten, am Hinterrande eine Borstenreihe. Die Beine in allen Gliedern kurz, die Schienen am Aussenrande dicht beborstet, die Haftlappen der Tarsen aber sehr gross. Der Hinterleib hat mit dem Metathorax eine eiförmige, nach hinten sich kegelförmig verjüngende Gestalt, mit convexen lang beborsteten Segmentseiten, mässig beborstete Ober- und Unterseite. Das männliche Endsegment ist parabolisch und trägt vier sehr lange Randborsten, die weibliche halbkreisförmige Scheibe verlängert ihre dichten Wimperhaare gegen die Mitte des Randes hin beträchtlich. Zeichnung fehlt gänzlich, jedoch nur bei einzelnen Exemplaren, bei den meisten liegen auf den acht vordern Segmenten sattgelbe Randflecke, in welchen die braunen Stigmaringe halb oder ganz ausgebildet hervortreten. — Nitzsch untersuchte diese Art auf ihren anatomischen Bau. Derselbe stimmt im Wesentlichen mit dem der andern untersuchten Arten überein, bietet jedoch in den einzelnen Formen mannichfache beachtenswerthe Unterschiede, die sich aus der Vergleichung der Abbildungen auf Taf. 19. Fig. 2 für den Nahrungskanal und Fig. 5 für die männlichen Geschlechtsorgane sogleich ergeben. Die Eierröhren wurden stets mit Eiern verschiedener Grösse gefüllt gefunden, an den reifen Eiern läuft der spitze Pol stets in einen langen harten hakig umgebogenen Schwanz aus.

Auf Gallus domesticus, sehr häufig, daher schon von Linné angeführt, von Nitzsch zuerst 1800 beobachtet und 1814 eingehend untersucht, auch von Denny beschrieben und abgebildet.

M. stramineum *Nitzsch.*
Nitzsch, Germar's Magaz. Entomol. III. 300; Zeitschrift f. ges. **Naturwiss. 1866. XXVIII. 391.**
Pediculus meleagridis **Panzer,** Fauna Insect. Germ. 51. Fig. 20.

*Praecedenti simillimum, ochraceum, capite breviore, **temporibus subacutis, mesothorace trapezoideo, pedibus robustis, abdomine angustiore,** segmentis fasciatis, pilositate alba.* Longit. $1\frac{1}{4}$'''.

Merklich grösser als vorige, ockerfarben, mit entschieden kürzerm, eigentlich halbmondförmigen Kopfe, ziemlich spitzigen Schläfen, zwei langen Orbitalborsten, plumpem in der Vorderhälfte breitern Prothorax, vorn breitern Metathorax, dickeren Beinen, schmälern Hinterleib, dessen Segmentseiten nicht gleichmässig convex sind, sondern mit den sehr reich beborsteten abgerundeten Hinterecken vorstehen. Das kurze männliche Endsegment ist dicht mit sehr langen Borsten besetzt, das weibliche Endschild gleichmässig mit langen Wimperhaaren berandet. Die Behaarung des Hinterleibes überhaupt länger und dichter als bei voriger Art, wie denn auch die weissen Plikaturen so markirt sind, dass die dunkle Ockerfarbe den Hinterleib bändert.

Auf Meleagris gallopavo, von Nitzsch im Jahre 1800 gesammelt.

M. phaeostomum *Nitzsch.*
Nitzsch, Zeitschrift f. ges. Naturwiss. 1866. XXVIII. 391.

Elongatum, stramineum; capite triangulari semilunari, temporibus subacutis; prothorace magno, angulis lateralibus rotundatis, metathorace lato trapezoideo, femoribus crassis, tibiis et tarsis longis; abdomine oviformi, marginibus serratis. Longit. 1/3'''.

Entschieden kleiner als vorige und strohgelb, der Kopf gestreckter, nach vorn verschmälert, fast dreiseitig. Taster lang, das letzte Fühlerglied ebenfalls sehr lang und das vorletzte äusserst dünn gestielt. Der Vorderrand dunkelt häufig braun, die Augenflecke sind nur schwarze Punkte, Schläfen ziemlich zugespitzt, der Occipitalrand fein braun. Der Prothorax ist grösser und plumper als bei beiden vorigen, seine Seitenecken stärker abgerundet und mit zwei Stachelborsten besetzt, der Metathorax kurz und breit trapezisch. Die Beine weichen durch ihre sehr dicken Schenkel, schlanken Schienen und besonders lange Tarsen von vorigen Arten ab. Der dicht beborstete Hinterleib lässt seine scharfen Segmentecken nur wenig hervortreten und ist selbst bei Weibchen bald breiter bald schmäler.

Auf Pavo cristatus, von Nitzsch im April 1816 mit kurzer Diagnose in unserer Sammlung aufgestellt.

M. Numidae.

Parvum, testaceum; capite semilunari, lateribus excisis, temporibus subacutis; prothoracis angulis lateralibus prolongatis acutis, metathorace trapezoideo; abdomine late ovali, marginibus serratis. Longit. 1/3'''.

Von vorigen unterschieden durch die tiefe Buchtung der Seiten des halbmondförmigen Kopfes, den grossen Prothorax mit gestreckten spitzen, drei Stacheln tragenden Seitenecken, den breiten Metathorax mit stark vorstehenden Hintetecken und den sehr breit ovalen Hinterleib mit schwach sägezähnigen Seitenrändern, starker Beborstung und dunkeln Randflecken. Das weibliche Endschild hat sehr kurze Wimperhaare und die Beine gleichen denen der vorigen Art.

Auf Numida meleagris, nach wenigen Exemplaren unserer Sammlung.

M. ventrale *Nitzsch.* Taf. XV. Fig. 9. 10.
Nitzsch, Zeitschrift f. ges. Naturwiss. 1866. XXVIII. 391.

Parvum, flavorufum; capite longo subtrigonali, lateribus subsinuatis, temporibus rotundatis; prothorace securiformi, metathorace trapezoideo, pedibus gracilibus; abdomine feminae longissimo elliptico, maris brevi. Longit. ♂ [illegible]''', ♀ [illegible]'''.

Die Länge des Kopfes und die auffallende sexuelle Verschiedenheit des Abdomens charakterisiren diese Art sehr scharf. Die sattrostgelbe Färbung des ganzen Thieres wird nur durch die kleinen Orbitalflecke und bisweilen noch zwei Clypealflecke gezeichnet. Der sehr gestreckte Kopf hat am Vorderrande gar keine Borsten, eine sehr lange Orbitalborste, von oben betrachtet nur eine sehr flache Seitenbuchtung, von unten gesehen aber die gewöhnliche Grube mit hinterer dichter Borstenreihe, an den abgerundeten Schläfen zwei bis drei lange Borsten. Der Prothorax ist mehr beilförmig als unsere Abbildung ihn darstellt und trägt lange Randborsten, der trapezoidale Metathorax einige Stacheln am Seitenrande und zwei lange Borsten an den Hinterecken. Die Beine haben dicke Schenkel, kurz keulenförmige, reich beborstete Schienen und lange Tarsen. Der Hinterleib ist dicht pelzig beborstet, seine Ränder kurz sägezähnig, der weibliche sehr bedeutend länger und am abgerundeten Ende mit einem Kranze starker straffer Stachelborsten, der männliche sehr kurze am Ende mit sehr langen Borsten besetzt.

Auf Argus giganteus, von Nitzsch 1836 auf einem trocknen Balge in Gesellschaft von ***Lipeurus***, ***Goniodes*** und ***Colpocephalum*** gesammelt und kurz diagnosirt.

Nitzsch erwähnt in seinen Collectaneen, dass er auf Lophophorus impeganus in Gesellschaft des ***Nirmus cucumentirius***, ***Goniodes haplogonus*** und ***Lipeurus stygius*** auch ein ***Menopon*** gefunden habe. Nähere Angaben und die Exemplare fehlen.

M. spinulosum.

Elongatum, pallide testaceum; capite oblongo-trigonali, lateribus sinuatis, temporibus rotundatis; prothorace securiformi, metathorace trapezoideo, pedibus brevissimis; abdomine angustissime elliptico, marginibus crenatis, pallidis, spinis setisque armatis. Longit. $\frac{3}{4}$'''.

Auffallend schmal und gestreckt und höchst eigenthümlich durch die Randborsten des Hinterleibes. Jedes Segment trägt nämlich an seinem convexen Seitenrande drei sehr starke dornenähnliche Borsten von der Länge des Segmentes und hinter diesen an der abgerundeten Ecke zwei gleichfalls sehr starke und zugleich sehr lange Borsten. Am vorletzten Segment aber steht jederseits nur eine gewöhnliche Randborste und das kurze Endsegment ist völlig borstenlos, wird aber von den beiden Griffeln der Ruthe überragt. Das Mittelfeld des Rückens und Bauches ist dicht beborstet und seine dunkle Farbe berührt die Stigmata, welche den Rand dieses dunkeln Feldes kerben. Der Kopf ist gestreckt, vorn fast parabolisch, mit deutlichen Orbitalbuchten, starker Orbitalborste, dichten Borsten in der Bucht, sehr langen und kurzen am abgerundeten Schläfenrande. Taster kurz, vorletztes Fühlerglied auffallend kurz. Prothorax beilförmig mit langen Randborsten. Metathorax trapezisch mit Randstacheln und drei Eckborsten. Beine sehr kurz und kräftig.

Auf Polyplectron tibetanum, nach einem Exemplar unserer Sammlung.

M. lagopi *Grube*, v. Middendorff's Sibir. Reise 491. Tab. 1. Fig. 7.

Ochraceum; capite lunatum post frontem paulo emarginato, punctis ocularibus lineaque transversa ad marginem frontalem et altera in margine postico medio sita nigris, prothorace ovali transverso, utrinque ala triangula acutiore munito, margine laterali mesothoracis, metathoracis, abdominis nigro, suturis segmentorum latis albis, serie pilorum instructis. Longit. 0,9'''. — Hab. Lagopus alpinus.

M. fulvomaculatum *Denny* Monogr. Anoplur. 218. Tab. 21. Fig. 6.

Fulvoflavum, pubescens; capite semilunari cum macula picea transversa utrinque; abdomine elevato cum maculis pallidis in margine laterali. Longit. 1'''. — *Hab. Perdix coturnix, Phasianus colchicus.*

M. pallescens *Nitzsch.*
Nitzsch, Zeitschrift f. ges. Naturwiss. 1866. XXVIII. 391.
Menopon Perdicis Denny, Monogr. Anoplur. 225. Tab. 21. Fig. 9.

Oblongum, testaceum; capite trapezoideolunari, lateribus subsinuatis, temporibus acutis; prothorace hexagonali, mesothorace bimaculato, metathorace trapezoideo; abdomine ovali, marginibus crenatis. Longit. ♂ $\frac{1}{2}$''', ♀ $\frac{2}{3}$'''.

Gehört noch zur engern Gruppe des *M. pallidum*, unterscheidet sich von diesem aber sogleich durch den in der hintern Hälfte breitern Hinterleib. Der Kopf hat einen sehr stark convexen Vorderrand mit den gewöhnlichen Borsten, seitlich zwei Orbitalborsten, eine sehr geringe Buchtung mit dichter Borstenreihe und ziemlich zugespitzte Schläfen mit vier langen Borsten. Undeutliche Clypealflecke, sehr deutliche Orbitalflecke. Der Prothorax mit Stachelspitze und Borste an den scharfen Seitenecken und drei langen Randborsten dahinter, der Mesothorax nur durch zwei matte Querflecke angedeutet, der Metathorax mit vorstehenden Hinterecken und zwei Borsten an denselben. Die Beine sehr kurz und schwach. Der stark behaarte ovale Hinterleib hat gleichmässig convexe Segmentseiten mit zwei bis drei langen Randborsten; die Segmentecken stehen gar nicht vor. Das halbelliptische männliche Endsegment trägt jederseits zwei sehr lange Borsten, das weibliche Endschild kurze dicht gedrängte Wimperborsten. Die Seitenränder dunkeln etwas, hauptsächlich durch die braunringligen Stigmata. Bisweilen zieht sich diese sattere Färbung an den Hinterrändern der Segmente hin.

Auf Perdix cinerea, von Nitzsch nur gelegentlich erwähnt, aber auch später hier wiederholt beobachtet. Denny's Abbildung stellt den Prothorax und das Hinterleibsende ganz abweichend von unsern Exemplaren dar, auch den Hinterleib selbst etwas zu breit. — Die von Nitzsch auf Perdix rufa gesammelten Exemplare schliessen sich eng an, befinden sich aber in einem so schlechten Zustande, dass eine nähere Vergleichung nicht möglich ist.

M. brachygaster.

Elongatum, flavum; capite semilunari, lateribus excisis, temporibus rotundatis; prothoracis angulis lateralibus obtusiusculis, metathorace longo trapezoideo; abdomine brevi elliptico, marginibus obtuse serratis. Longit. $\frac{3}{4}$'''.

Erinnert durch die allgemeine Körpertracht und besonders durch den grossen Thorax lebhaft an *M. mesoleucum*. Am halbmondförmigen Kopfe mit tief ausgeschnittenen Seiten stehen vor dieser Bucht zwei Paar je ungleich langer Borsten, ziemlich lange in derselben und an den Schläfen drei enorm lange nebst einigen kurzen.

Der Clypeusrand ist breit dunkel, ziemlich grosse Orbital- und zwei Occipitalflecke. Der Prothorax hat ziemlich stumpfliche Seitenecken, die deutliche Querlinie, die gewöhnlichen drei starken Randborsten und ist dunkel, nur in der Mitte hell gefärbt. Den Mesothorax deuten zwei Querflecke an. Der lange Metathorax ist trapezoidal mit stark vortretenden Hinterecken und an denselben mit Stachelspitze und zwei langen Borsten. Auch er dunkelt ringsum. Die Beine haben starke Schenkel, gestreckte, am Ende lang beborstete Schienen und schlanke Tarsen mit grossen Haftlappen. Der elliptische Hinterleib ist im Verhältniss zum Thorax kurz, hat tief aber stumpfsägezähnige Seitenränder mit reichen Borsten an den Segmentecken, welche nach hinten beträchtlich an Länge zunehmen. Ueber der kurz vorragenden Ruthe zwei dünne Aftergriffel. Auf der Mitte des Rückens fehlen die Borsten ganz. Längs der Seitenränder ist die gelbe Färbung satter.

Auf Crypturus tao, in einem männlichen Exemplare mit ***Goniodes*** und ***Goniocotes*** gefunden. Die von Nitzsch erwähnten Exemplare von Crypturus rufescens sowie von Penelope parraces fehlen in der Sammlung.

M. macropus.
Menopon cracis Giebel, Zeitschrift f. ges. Naturwiss. 1866. XXVIII. 391.

Breve, flavum; capite trapezoideolunari, lateribus sinuatis, temporibus rotundatis; prothoracis angulis acutis, metathorace trapezoideo, pedibus longissimis; abdomine late ovali, marginibus crenatis, maculatis. Longit. $^1/_2$'''.

Das letzte Fusspaar reicht ausgestreckt bis an das Hinterleibsende, welches Verhältniss bei keiner der bisher aufgeführten Arten beobachtet worden. Am breit convexen Clypeusrande stehen einzelne Borsten, seitwärts ungemein lange Orbitalborsten, auch in der Seitenbucht lange Borsten und an den kurzen breit abgerundeten Schläfen drei sehr lange. Kleine Clypealflecken, Orbitalstreifen und fein schwarzer Occipitalsaum. Wie der Kopf so weisen auch die Brustringe auf die nächste Verwandtschaft mit ***M. pallidum***, aber die Beine haben längere und stärkere Schenkel, lange am Ende nur spärlich beborstete Schienen und lange Tarsen mit kleinen Haftlappen. Auch die beiden ersten Fusspaare sind länger als gewöhnlich. Der breit ovale, ziemlich dicht beborstete Hinterleib hat convexe Segmentseiten und abgerundete Ecken, das weibliche Endschild sehr lange dicht gedrängte Wimperborsten. Quere sattgelbe Randflecke, in welchen die Stigmen liegen, sind deutlich.

Auf Crax rubrirostris, von Nitzsch 1836 auf einem trocknen Balge zugleich mit ***Lipeurus quadrinus*** in einem weiblichen Exemplare gefunden.

M. lutescens *Nitzsch.* Taf. XVII. Fig. 10.
Nitzsch, Zeitschrift f. ges. Naturwiss. 1866. XXVIII. 392. — **Burmeister,** Handb. Entomol. II. 440.

Oblongum, luteoochraceum plicaturis albidis; capite semilunari, lateribus subsinuatis, temporibus rotundatis; prothoracis angulis lateralibus acutis, mesothorace distincto, metathorace trapezoideo; abdomine ovali, marginibus subserratis fusco-sentibus. Longit. $^1/_3$—$^2/_3$'''.

Der halbmondförmige Kopf hat nur sehr schwach gebuchtete Seiten, am Vorderrande vereinzelte feine Borsten, am Seitenrande vor der Bucht zwei Paare je ungleich langer, an den abgerundeten Schläfen drei lange. Kleine Clypealflecke, dunkle Orbitalstreifen und fein schwarzer Occipitalsaum. Der beilförmige Prothorax verhält sich wie bei ***M. pallidum***, die abgesetzten Seitenflügel sind braun, was in unserer Abbildung nicht ausgeführt. Der Mesothorax ist ein deutlich markirter brauner Ring; der trapezische Metathorax lässt seine mit zwei Borsten besetzten Hinterecken scharf hervortreten. Die Beine haben starke Schenkel, schwach keulenförmige spärlich beborstete Schienen und starke Tarsen. Der ovale Hinterleib ist äusserst spärlich beborstet, bisweilen fehlen auch die langen Randborsten in der Vorderhälfte ganz, die Segmentecken treten randlich nur sehr wenig hervor, bald scharf, bald abgerundet. Die Segmente gelbbraun bis dunkelbraun, durch weissliche Plikaturen getrennt.

Auf Totanus maculatus, Charadrius curonicus, Vanellus cristatus, Machetes pugnax, Tringa alpina, Haematopus ostralegus, Alca torda von Nitzsch zu verschiedenen Zeiten gesammelt. Je nach den Wirthen bieten die Exemplare geringfügige Eigenthümlichkeiten in der hellern oder dunklern Färbung, in der Beborstung, in dem Grössenverhältniss des Kopfes und der Breite des Hinterleibes, aber es ist nicht möglich, auf dieselben specifische Trennungen zu begründen.

M. nigropleurum *Denny,* Monogr. Anopl. 221. Tab. 20. Fig. 1.

Castaneum, nitidum, pubescens; prothorace obconico, cum uno transverso et gemino semiobliquis sulcis; abdomine lato, subovato cum maculis in margine laterali. Longit. $^1/_2$'''.

Denny führt als Wirthe dieser Art auf Machetes pugnax, Alca torda, Totanus calidris, Numenius arquata und Larus tridactylus. Der entschieden dreieckige Kopf, der fast kegelförmige Prothorax und auffallend breite nach hinten kegelförmig verjüngte Hinterleib entfernen diese Art weit von der vorigen und allen mir in Exemplaren zur Vergleichung stehenden.

M. micrandum *Nitzsch.*
Nitzsch, Zeitschrift f. ges. Naturwiss. 1866. XXVIII. 392.

Flavofuscum; capite semilunari, lateribus subsinuatis, temporibus rotundatis; prothoracis securiformis angulis lateralibus obtusiusculis, metathorace trapezoideo, pedibus crassis; abdomine ovali, marginibus crenulatis, segmento ultimo concavo. Longit. 2/3'''.

Der halbmondförmige Kopf trägt am stark convexen Vorderrande gar keine Borste, seitlich nur eine schwache vor der ganz sanften Einbiegung und an den schmalen abgerundeten Schläfen auch nur zwei Stachelborsten. Der Vorderrand dunkelt sehr und ganz braun sind die Orbitalstreifen. Der beilförmige Prothorax ist stumpfeckig, borstenlos, mit deutlicher Querlinie und ganz heller Mitte, auch der trapezische Metathorax hat an seinen scharf vortretenden Hinterecken nur zwei kurze Stachelborsten. Die kurzen Beine sind in allen Gliedern dick und ohne Borsten. Der ovale Hinterleib kerbt seine Seitenränder sehr schwach, zeigt an den Segmentecken nur zwei ganz kurze Stachelborsten, nur am vorletzten Segment drei lange Borsten und am buchtig ausgerandeten Endsegment eigenthümliche auf langen Zahnfortsätzen stehende Borstenhaare, auf der Ober- und Unterseite des Abdomens keine Borsten. Die braunen Querbinden sind von zwei hellen Längslinien durchbrochen.

Auf Recurvirostra avocetta, von Nitzsch im Jahre 1817 in drei Exemplaren gesammelt.

M. croceatum *Nitzsch.*
Nitzsch, Zeitschrift f. ges. Naturwiss. 1866. XXVIII. 392.

Latiusculum, laete ochraceoflavum; capite semilunari, lateribus sinuatis, temporibus rotundatis; prothorace securiformi, angulis acutis, mesothorace distincto, metathorace trapezoideo, pedibus brevibus robustis; abdomine ovali, marginibus crenulatis, plicaturis albidis. Longit. 4/5'''.

Steht dem *M. lutescens* sehr nah, ist aber grösser, breiter, ohne jedoch die Breite von *M. nigropleurum* zu erreichen. Die kurzen Borsten am Vorderrande des Kopfes sind stark, an den abgerundeten Schläfen stehen vier sehr lange und mehre kurze. Kleine Clypeal-, Orbital- und Occipitalflecke. Am beilförmigen Prothorax sind die scharf abgesetzten Seitenflügel ganz hell, haben aber die gewöhnlichen Randborsten. Der Mesothorax ein scharf abgesetzter dunkler Ring. Der trapezische Metathorax mit drei langen Borsten und mit Stachelspitzen an den vorstehenden Hinterecken. Die Beine kurz und dick, die Schienen mit wenigen aber langen Borsten. Der breit ovale Hinterleib ist reich beborstet, an den gar nicht besonders hervortretenden hintern Segmentecken mit zwei und drei langen Borsten und einigen Stachelborsten, am Ende mit straffen Wimperborsten. Die hellbraunen Binden der Segmente zeigen am Seitenrande die dunkelbraun umringten Stigmen.

Auf Numenius arquata, von Nitzsch 1817 in drei weiblichen Exemplaren gesammelt und diagnosirt. Denny's *M. nigropleurum* desselben Wirthes weicht durch den entschieden dreiseitigen Kopf, schlankere Beine und viel breitern Hinterleib ab.

M. ambiguum *Nitzsch.*

Oblongum, ochraceum, plicaturis segmentorum albidis; capite semilunari fronte productiori, striis orbitalibus obsoletis, oculis nigris; segmentorum fasciis transversis axi suo colore intensiori subfusco tinctis; prothoracis securiformis angulis lateralibus acutis.

Auf Numenius phaeopus, von Nitzsch diagnosirt nach Exemplaren, die in der Sammlung nicht mehr vorhanden sind.

M. Numenii *Rudow,* Zeitschrift f. ges. Naturwiss. 1869. XXXIV. 401.

Kopf halbkreisförmig ohne seitliche Buchtung, vorn hell, Schläfen abgerundet, weit nach hinten ausgedehnt, lang beborstet. Färbung rothbraun. Prothorax hinten abgerundet, geradseitig, spitzeckig, behaart, braun, Metathorax geradseitig, stumpfeckig, in der Mitte hell. Beine mit runden Schenkeln, langen Schienen und Tarsen. Abdomen eirund breit, mit stark vorragenden gebogenen Segmentecken, am Ende breit, rund, hell, überall behaart, an den Rändern breit braun, in der Mitte hell. Länge 0,5 Mm.

M. cursorius.

Latum, pallidum, fuscopictum; capite semilunari, lateribus sinuatis, temporibus rotundatis; prothoracis hexangularis angulis lateralibus obtusiusculis, mesothorace vix distincto, metathorace trapezoideo, pedibus robustis; abdomine late ovali, segmento non angustato, marginibus subserratis, segmentis fuscofasciatis. Longit. 2/3'''.

Gedrungen mit ganz blasser Färbung und brauner Zeichnung. Der halbmondförmige Kopf hat leicht gebuchtete Seiten, kurze völlig abgerundete Schläfen, am stark convexen in der Mitte fast eckigen Vorderrande wenige ganz kleine Borstenspitzchen, an der Seite eine lange, an den Schläfen drei sehr lange und einige kurze und am concaven schwarz gesäumten Occipitalrande zwei lange Borsten, als Zeichnung oberseits zwei grosse Clypealflecke, Orbitalstreifen mit Fleck und zwei Occipitalflecke. Der Prothorax hat stumpfliche Seitenecken und drei Borsten jederseits; der Mesothorax ist nur als matt dunkler Querstreif angedeutet; der Metathorax fein schwarzbraun gesäumt und mit zwei langen Borsten an den stark vorstehenden Hinterecken. Die Beine haben gleich starke, nur an Länge zunehmende Schenkel, schlank keulenförmige Schienen mit nur wenigen langen Borsten aussen und sehr kleinen Haftlappen an den langen Tarsen. Der breit ovale Hinterleib lässt die scharfen Segmentecken nur sehr wenig hervortreten, die des achten Segmentes aber durch starke Verschmälerung des neunten sehr stark, alle mit langen Randborsten besetzt, das letzte dicht mit kürzern, auf der Rücken- und Bauchfläche sehr spärliche Borsten. Die dunkelbraune Randfärbung zieht sich heller werdend bis zur Mitte, doch sind die Plikaturen so schmal linienförmig, dass man die Zeichnung kaum gebändert nennen kann.

Auf Cursorius isabellinus, von Nitzsch 1827 mit *Lipeurus linearis* und *Nirmus lutes* auf einem trocknen Balge gesammelt.

M. tridens *Nitzsch*. Taf. XVII. Fig. 9.
Burmeister, Handb. Entomol. II. 440.
Laemobothrium tridens Nitzsch, Zeitschrift f. ges. Naturwiss. 1866. XXVIII. 390.
Menopon scopulacorne Denny, Monogr. Anoplur. 221. Tab. 18. Fig. 9.

Oblongum, pallidum, fuscotestaceum; capite semilunari, lateribus excisis, temporibus rotundatis; prothorace magno hexagono, mesothorace distincto, metathorace trapezoideo; abdomine elliptico, marginibus crenatis, segmentis fasciatis. Longit. ♂ 1/2''', ♀ 2/3'''.

Am stark convexen Vorderrande des Kopfes keine Borsten, aber drei dunkle Flecke, seitlich vor der kerbartigen Bucht zwei mässige Orbitalborsten und an den nach hinten gerichteten abgerundeten Schläfen zwei bis drei bisweilen enorm starke Borsten und einige kurze Stachelborsten, am schwarzen Occipitalrande vier Borsten. Dieser schwarze Occipitalsaum setzt als dunkle Schläfenlinie nach vorn zu den Orbitalflecken fort. Der sechsseitige Prothorax ohne Querlinie verschmälert sich nach hinten weniger als bei irgend einer andern Art, trägt an den stark vorstehenden Hinterecken zwei sehr starke, an der scharfen Seitenecke eine solche Borste. Der Mesothorax ist deutlich gesondert; der Metathorax von der gewöhnlichen trapezischen Form schwarz gesäumt, wie auch der Prothorax. Die Beine schlank, ohne besondere Eigenthümlichkeiten. Der elliptische Hinterleib kerbt seine Seitenränder nur wenig und hat an den gar nicht vortretenden Segmentecken nur eine starke und mehre sehr kurze Borsten, eine Borstenreihe auf der Oberseite, braune nach den Seiten bis sehr dunkle Querbinden, welche auch auf der Bauchseite vorhanden sind.

Auf Fulica atra, Gallinula chloropus, Crex porzana, Podiceps auritus, P. cristatus, von Nitzsch wiederholt in lebenden Exemplaren gesammelt und sorgfältig mit den verwandten Arten verglichen. Denny fügt als Wirthe noch hinzu Rallus aquaticus und Podiceps minor, glaubte aber, da er nur Burmeister's unzulängliche Diagnose der Nitzsch'schen Art kannte, seine Exemplare specifisch trennen zu müssen.

M. Meyeri *Gieb.*
Giebel, Zeitschrift f. ges. Naturwiss. 1866. XXVIII. 392.

Oblongum, ochraceum, pictura nulla, capite semilunari, lateribus sinuatis, temporibus obtusiusculis; prothorace magno hexagono, mesothorace nullo; metathorace trapezoideo, pedibus robustis; abdomine ovali, marginibus crenatis. Longit. 2/3'''.

Ockergelb und nur mit matten Clypealflecken und sehr kleinen schwarzen Augenpunkten, heller Thoraxmitte, im übrigen gleichförmig. Am stark convexen Vorderrande stehen lange straffe Borsten, seitlich vor der Bucht eine lange, an den Schläfen zwei sehr lange und mehre kurze. Der verhältnissmässig grosse sechsseitige Prothorax trägt an den ziemlich scharfen Seitenecken eine Stachelborste, dahinter drei sehr lange Randborsten, der Metathorax an den Hinterecken zwei Borsten. Der ovale Hinterleib hat schwach und stumpf gekerbte Seitenränder mit je ein bis zwei sehr mässigen Borsten an den Segmentecken und feine dicht gedrängte Wimperhaare an der weiblichen Endscheibe.

Auf Limosa rufa, nach einem Exemplare unserer Sammlung.

M. icterum *Nitzsch.* Taf. XVII. Fig. 12.

NITZSCH, Zeitschrift f. ges. Naturwiss. 1866. XXVIII. 392. — BURMEISTER, Handb. Entomol. II. 440. — DENNY, Monogr. Anoplur. 228. Tab. 20. Fig. 8. ??.

Oblongum, flavum; capite trapezoideolunari, lateribus excisis, temporibus rotundatis; prothoracis angulis lateralibus acutis, mesothorace vix distincto, metathorace trapezoideo, pedibus gracilibus; abdomine oblongoovali, marginibus crenatis, segmentis testaceofasciatis. Longit. $^{3}/_{4}$'''.

Der breit trapezische, schön blassgelbe Kopf trägt am breit convexen Vorderrande kurze straffe Borsten, vor der seitlichen ziemlich tiefen Bucht drei lange Orbitalborsten und an den abgerundeten Schläfen fünf sehr lange Borsten. Die Taster sind schlank, die Fühler ganz kurz, dickgliederig. Kleine schwarze Augenpunkte und ein linienfeiner Occipitalsaum. Der beilförmige Prothorax hat an den scharfen Seitenecken eine Stachelborste, dahinter lange Randborsten, auf der Fläche eine feine Querlinie. Nur durch eine ganz feine Linie ist der Mesothorax bezeichnet. Der kurz trapezoidale Metathorax hat gerade stachelrandige Seiten und an den abgerundeten Hinterecken zwei lange Borsten. Die Beine mit mässig starken Schenkeln, schlanken am ganzen Aussenrande lang behaarten Schienen und ungewöhnlich dicken Tarsen. Der lang gestreckte Hinterleib kerbt seine Seitenränder stumpf, beborstet die stumpfen Segmentecken dicht und lang, das weibliche Endsegment mit sehr ungleichen Wimperhaaren. Die scherbengelben Binden der Segmente verschmälern sich in der Mitte stark und sind an der Bauchseite von einer hellen dem Seitenrande parallelen Linie durchbrochen. Ganz weisse Exemplare, nur mit schwarzen Augenpunkten, haben schon nahezu die Grösse der reifen ausgefärbten.

Auf Scolopax rusticola, von NITZSCH im April 1814 beobachtet und gezeichnet. DENNY's gleichnamige Art von Tringa variabilis wird wegen des mehr dreiseitigen Kopfes, kurzern und viel breitern Hinterleibes mit breiten dunkelbraunen Querbinden sicherlich als verschiedene Art betrachtet werden müssen, ganz wie *M. nigropleurum.*

M. Strepsilae *Denny,* Monogr. Anoplur. 226. Tab. 21. Fig. 8.

Pallide flavum, nitidum, pubescens, pilis partim nigris partim albis; capite semilunari fasciis brevibus castaneis in margine laterali oblique distincto; prothorace obconico cum linea in fronte transversa. Longit. $^{1}/_{3}$'''. — Hab. Strepsilas collaris.

M. triste.

Menopon chavariae GIEBEL, Zeitschrift f. ges. Naturwiss. 1866. XXVIII. 391.

Oblongum, fusconigrum; capite trapezoideolunari, lateribus excisis, temporibus rotundatis; prothoracis angulis lateralibus obtusis, mesothorace indistincto, metathorace trapezoideo; pedibus gracilibus; abdomine oblongo ovali, marginibus crenatis, multisetosis, nigris. Longit. $^{3}/_{4}$'''.

Im Habitus ähnelt diese Art auffallend dem *M. icterum,* aber gleich ihre schwarzbraune Färbung mahnt vor der Identificirung. Der Vorderrand ihres Kopfes ist stärker convex, dunkelbraun, mit einigen Borsten besetzt, dann vor der tiefen Bucht eine lange Orbitalborste, in derselben starke Stachelborsten, an den Schläfen nur eine ungemein lange Borste. Grosse schwarze Orbitalflecke und zwei grosse Dreieck-flecke am Occiput. Taster und Fühler gestreckt. Die Seiten des Prothorax tief braun, die stumpfen Seitenecken mit Stachelborsten, dahinter lange Randborsten. Der Mesothorax blos ein schwarzer Saum vorn am Metathorax, dessen sehr schwach geschwungene Seiten mit Stachelborsten, die abgerundeten Ecken mit zwei langen Borsten besetzt sind. Die Beine mit sehr mässig dicken Schenkeln, auffallend kurzen dünnen Schienen und sehr langen Tarsen. Der gestreckt ovale, fast oblonge Hinterleib dicht beborstet, an den gekerbten Seitenrändern besonders dicht und nehmen diese Randborsten nach hinten beträchtlich an Länge zu. Die Seitenränder sind schwarzbraun, die Mitte rein braun, doch die Hinterränder der Segmente dunkler, wodurch verwaschene Querbinden angedeutet werden.

Auf Palamedea chavaria, von NITZSCH in einem Exemplare auf einem trocknen Balge gefunden.

M. longum *Gieb.*

GIEBEL, Zeitschrift f. ges. Naturwiss. 1866. XXVIII. 391.

Elongatum, testaceum; capite semilunari, lateribus sinuatis, temporibus rotundatis; prothorace securiformi, angulis obtusis, mesothorace bimaculato, metathorace trapezoideo, pedibus brevissimis; abdomine longoelliptico, marginibus serratis, nigrolineatis. Longit. 1'''.

Eine stattliche, sehr gestreckte, auffallend kurzbeinige Art. Am stark convexen Vorderrande des Kopfes jederseits zwei feine Borsten, seitlich drei mässige Orbitalborsten und an den Schläfen einige lange und sehr kurze; am tief concaven Occipitalrande sehr lange Borsten. Kleine schwarze Clypeal-, Orbital- und Occipitalflecke. An den stumpfen Ecken des Prothorax eine Stachelborste, am convexen Rande dahinter vier sehr lange Borsten, der Mesothorax nur durch zwei dunkle Querflecke angedeutet, der trapezoidale Metathorax mit fein schwarzen Seitenrändern und an den sehr stark vortretenden Hinterecken mit einer Stachelborste und zwei sehr langen Borsten. Die relativ sehr kurzen Beine mit mässig starken Schenkeln, ganz kurzen Schienen und langen Tarsen. Der Hinterleib zeichnet die Seitenränder der Segmente als feine schwarze Linien, lässt die Hinterecken scharf hervortreten und besetzt dieselben ziemlich dicht mit relativ kurzen Borsten. An dem einen Exemplare sind die Plikaturen der Segmente weisslich, an dem andern machen sich sehr schmale mattbräunliche Querbinden bemerklich, an der Bauchseite gestreckte Querflecke.

Auf Grus communis, nach zwei Exemplaren unserer Sammlung.

M. maculipes.
Menopon Tantali Giebel, Zeitschrift f. ges. Naturwiss. 1866. XXVIII. 391.

Latum, sordidum, fuscopictum; capite trapezoideolunari, lateribus sinuatis, temporibus rotundatis; prothorace hexagono, mesothorace vix distincto, metathorace trapezoideo; pedibus brevibus maculatis; abdomine ovali, marginibus serratocrenatis, segmentis fusciis. Longit. 5/6'''.

Der schmale, mehr trapezische als mondförmige Kopf trägt am flach convexen Vorderrande vereinzelte feine Borsten, vor der tiefen Seitenbucht eine starke Orbitalborste und an den kurzen schön abgerundeten Schläfen einige Borstenspitzen und nur eine kurze feine Borste, keine am Occipitalrande. Zwei grosse Orbitalflecke und zwei kurze Flecken am Hinterhaupt, im übrigen der Kopf schmutzig gelblichweiss. Der kurze Prothorax hat nur an den scharfen Seitenecken eine Stachelborste, keine Randborsten. Der Mesothorax ist ein schwach angedeuteter Wulst am Metathorax und dieser hat an den scharfen Hinterecken je zwei lange Borsten. Die Beine sind kurz und kräftig, an den Gelenken schwarzbraun. Der ovale Hinterleib kerbt seine Seitenränder scharf, gegen das Ende hin stumpf, trägt an den Segmentecken nur eine sehr mässige und einige ganz kurze Borsten, und zeichnet die obere Seite mit braunen Querbinden, welche nach den Seiten hin schwarzbraun sind und hier das helle Stigma haben, an der Unterseite sind nur randliche Flecke.

Auf Tantalus loculator, nach einem Exemplar unserer Sammlung.

M. pustulosum *Nitzsch.*
Nitzsch, Zeitschrift f. ges. Naturwiss. 1866. XXVIII. 393.

Latum, fuscum; capite semilunari, sinu nullo, temporibus rotundatis; prothorace hexagono, mesothorace magno trapezoideo, metathorace trapezoideo, pedibus brevibus, abdomine ovali, dense piloso, marginibus profunde crenatis. Longit. 3/4'''.

Der Kopf ist sehr kurz halbmondförmig, ohne randliche Bucht und mit gestreckten abgerundeten Schläfen, vorn mit straffen Randborsten, in der Orbitalgegend mit zwei langen, an den Schläfen mit drei sehr langen und einigen kurzen Borsten. Kleine schwärzliche Orbitalflecke und noch kleinere Occipitalflecke als einzige Zeichnung am ganzen Körper. Der plumpsechsseitige Prothorax hat Stacheln an den stumpflichen Seitenecken und sehr starke Randborsten. Der Mesothorax ist oben als trapezischer Ring scharf vom Metathorax abgesetzt und ziemlich so lang wie dieser, der an seinen stumpfen Hinterecken zwei lange Borsten hat. Die Schenkel sind mässig stark, die Schienen sehr kurz und relativ dick mit langen Borsten besetzt, die Haftlappen der Tarsen gross. Der ovale, lang und dicht beborstete Hinterleib lässt die vordern Segmentecken scharf, die übrigen stark convex am Rande hervortreten und unterbricht die braune Färbung nur durch die gelblichen Plikaturen. Die weisslichen Larven haben nur kleine schwarze Augenpunkte.

Auf Sula alba, von Nitzsch im April 1825 in mehren Exemplaren auf einem frischen Cadaver gesammelt. Rudow's *M. giganteum* (schon von Denny verbrauchter Name) von Sula Slaer Zeitschrift f. ges. Naturwiss. 1869. XXXIV. 403 weicht zwar nach der Beschreibung durch den kreisrunden Hinterleib und den herzförmigen Metathorax ab, dürfte sich aber doch bei unmittelbarer Vergleichung als identisch ergeben.

M. eurygaster *Nitzsch.* Taf. XV. Fig. 6.
Nitzsch, Zeitschrift f. ges. Naturwiss. 1866. XXVIII. 393.

Latum, ochraceoflavum; capite semilunari, lateribus subsinuatis, temporibus rotundatis; prothorace magno hexagono, mesothorace nullo, metathorace trapezoideo; abdomine suborbiculari, marginibus serratis. Longit. $^{4}/_{5}$'''.

Sehr breit und ockerfarben nur mit schwarzen Orbitalflecken und solchen Schläfenlinien, besonders aber durch die bedeutende Grösse des Prothorax und gar keine Andeutung des Mesothorax ausgezeichnet. Am convexen Vorderrande des Kopfes fehlen die Borsten, am nur ganz schwach eingebogenen Seitenrande stehen zwei Orbitalborsten und an den abgerundeten Schläfen zwei sehr lange und einige kurze. Der ungewöhnlich grosse Prothorax hat an den scharfen Seitenecken eine und an den deutlich vorstehenden Hinterecken eine zweite starke Borste. Der trapezische Metathorax ist nur durch geringere Breite vom ersten Abdominalsegmente verschieden und hat eine Reihe Stacheln am Seitenrande. Der fast rundliche Hinterleib hat gesägte Ränder mit gewöhnlichen Borsten, rothbraun umringten Stigmen und kleiner bewimperter Endscheibe.

Auf Halieus brasiliensis, von Nitzsch im April 1825 in einem weiblichen Exemplare gesammelt. — Rudow's *M. pellucidum* Zeitschrift f. ges. Naturwiss. 1869. XXXIV. 400 von Phalacrocorax capensis bietet nach der Diagnose nur in der rothbraunen Färbung und in dem breit glockenförmigen Metathorax Unterschiede, die sich bei unmittelbarer Vergleichung wahrscheinlich als werthlos ergeben werden.

M. phacopus *Nitzsch.*
Nitzsch, Zeitschrift f. ges. Naturwiss. 1866. XXVIII. 392.
Menopon ridibundus Denny, Monogr. Anoplur. 227. Tab. 20. Fig. 3.

Oblongum, fuscum umbrinum; capite semilunari, sinu nullo, temporibus obtusiusculis; prothorace securiformi, mesothorace distincto, metathorace trapezoideo, pedibus gracilibus; abdomine elliptico, marginibus crenatis. Longit. $^{3}/_{4}$'''.

Am Vorderrande des kurzen halbmondförmigen Kopfes stehen kurze Borsten, am Seitenrande ohne jegliche Buchtung eine Orbitalborste, an den stumpfspitzigen Schläfen meist drei lange und einige kurze Borsten, am concaven Occipitalrande vier starke Borsten. Schwarze Orbitalflecke und ein feiner schwarzer Occipitalsaum. Der beilförmige Prothorax trägt an den scharfen Seitenecken zwei lange Borsten und zwei ebensolche noch dahinter, der Mesothorax ist durch eine weissliche Plikatur deutlich vom trapezischen Metathorax abgesetzt, hat auch etwas vorstehende Hinterecken, der Metathorax an seinen stumpfen Hinterecken nur eine Borste. Die Beine sind schlank, die Schienen aussen dicht stachelborstig. Der sehr gestreckt elliptische Hinterleib kerbt seine Seitenränder mehr minder tief, besetzt die convexen Seiten der Segmente ziemlich dicht mit langen und kurzen Borsten, die Hinterränder der Oberseite mit einer, der Unterseite mit zwei Borstenreihen, das weibliche Endschild mit kurzen Wimperhaaren. Die Oberseite zeichnen schmale schön braune Querbinden mit rundlichen Stigmenflecken, auf der Unterseite erreichen die Querbinden die Seitenränder nicht.

Auf Larus ridibundus, von Nitzsch im Mai 1817 und April 1818 auf frischen Cadavern in mehren Exemplaren gesammelt. Denny erhielt nur ein schwärzliches Exemplar, das kleiner als die unserigen ist, einen mehr dreiseitigen Kopf hat und den deutlichen Mesothorax nach der Abbildung gar nicht besitzt.

M. obtusum *Nitzsch.*
Nitzsch, Zeitschrift f. ges. Naturwiss. 1866. XXVIII. 392.
Menopon transversum Denny, Monogr. Anoplur. 226. Tab. 21. Fig. 7.

Praecedenti simile, at latius, prothorace majore, mesothorace breviore, pedibus brevioribus, abdomine latiore. Longit. $^{5}/_{4}$'''.

Der vorigen Art sehr nah verwandt, doch bei näherer Vergleichung wohl zu unterscheiden. Am entschieden blasser gefärbten Kopfe fällt ein schwarzer querer Orbitalstreif nebst Fleck, zwei Orbitalborsten und stärkere Schläfenborsten unterscheidend auf. An den scharfen Seitenecken des beilförmigen Prothorax steht ein Stachel und zwei lange Borsten, am Rande dahinter noch drei. Der Mesothorax ist kleiner und minder scharf vom Metathorax abgegränzt, und dieser hat sehr kurze Randstacheln und drei lange Eckborsten. Die Beine erscheinen kürzer, robuster, an Schenkeln und Schienen viel reicher beborstet. Der Hinterleib verbreitert sich bis zum fünften Segment und rundet sich dann allmählig ab, ist also verkehrt breit eiförmig. Die sehr schmalen durch breite weisse getrennten braunen Querbinden sind oberseits durch eine feine Linie, an der Unterseite durch eine breite weisse Längsbinde vom Seitenrande geschieden. Die Beborstung des Hinterleibes dichter als bei voriger Art.

Auf Larus tridactylus, von Nitzsch im April 1836 in einem weiblichen Exemplare auf einem frischen Cadaver gefunden. Denny's *M. transversum* ist noch breiter, hat einen quer elliptischen statt beilförmigen Prothorax, keine Andeutung des Mesothorax, auch nicht die den Seitenrändern parallelen hellen Linien und Streifen auf dem Abdomen, dennoch scheint mir dieses Thier von dem unserigen nicht artlich verschieden zu sein. Denny führt übrigens auch Alca torda als Wirth an, von welcher unsere Sammlung nur Exemplare des *M. lutescens* besitzt. Sollte das einzige Denny'sche Exemplar ein *hospes* gewesen sein?

M. leucoxanthum *Nitzsch.* Taf. XVIII. Fig. 9.
Nitzsch, Zeitschrift f. ges. Naturwiss. 1866. XXVIII. 392. — Burmeister, Handb. Entomol. II. 440.

Oblongum, stramineum, plicaturis albis; capite semicirculari, sinu nullo, temporibus acutis; prothorace maximo, fere capitis magnitudine, mesothorace distincto, metathorace trapezoideo, pedibus robustis, abdomine elliptico, marginibus crenatis. Longit. ♂ ⅘‴, ♀ 1‴.

Gleich der schön halbkreisförmige Umfang des Kopfes mit vielen Borstchen am Rande, starker Orbitalborste, ohne Spur einer seitlichen Buchtung und einem ganzen Büschel langer und kurzer Borsten an den spitzigen Schläfenecken zeichnet diese Art sehr charakteristisch aus. Dazu kommt dann die fast ungeheuerliche Grösse des Prothorax, dessen stark abgesetzte Seitenflügel an den abgerundeten Ecken und dem Rande lange starke Borsten tragen. Meso- und Metathorax ohne besondere Auszeichnung. Die Beine kräftig, reich und lang beborstet, die Tarsen besonders dick mit Haftlappen am ersten Gliede und ungewöhnlich grossen am zweiten. Die stumpfen Segmentecken und Ränder des Hinterleibes erscheinen bei einigen Exemplaren ganz auffallend dicht beborstet, während die Rückenseite der Segmente nur eine Borstenreihe, die Bauchseite deren drei freilich nicht ganz regelmässige und volle Reihen trägt.

Auf Anas crecca, von Nitzsch im Mai 1815 in mehren lebenden Exemplaren gesammelt und nach diesen abgebildet.

M. lunarium *Rudow,* Zeitschrift f. ges. Naturwiss. 1869. XXXIV. 402.

Praecedenti simillimum, at capite longiore, temporibus obtuse rotundatis, prothorace minore, abdomine latiore. Longit. ♂ ¾‴, ♀ ⅘‴.

Bei aller Aehnlichkeit mit voriger Art unterscheidet sich diese dennoch leicht und sicher durch ihren entschieden längern Kopf, ohne Orbitalstreif, nur mit schwarzen Augenflecken und solchen Occipitalflecken und mit stumpf abgerundeten Schläfen, durch den merklich kleinern wenn auch verhältnissmässig immer noch grossen Prothorax, den schmälern Mesothorax, die nur ganz kleinen Haftlappen an der Basis der Klauen, endlich durch den kürzern und breitern Hinterleib mit dichter sehr kurzer Beborstung an der Bauchseite und zerstreuter langer auf der Rückseite. Den Seitenrändern des Hinterleibes entlang läuft eine weissliche Linie.

Auf Anas nigra, von Hrn. Rudow zuerst charakterisirt und mir in drei Exemplaren mitgetheilt, welche die unmittelbare Vergleichung mit voriger ermöglichten.

NACHTRAG.

Haematopinus trichechi *Bohemann,* Oefvers. vet. akad. Förhdlg. 1865. 577.

Rotundatus, superne modice convexus, sordide ferrugineus; capite triangulari, apice anguste infuscato; thorace longitudinaliter tricanaliculato; abdomine subtus setis brevibus crassis adsperso; pedibus validis, apice infuscatis. Longit. 3,5‴. — *Trichechus rosmarus.*

Haematomyzus elephantis *Piaget,* Tijdschr. v. Entomol. 1869. XII. 249. Tab. 11. Fig. 1—14.

Eine eigenthümliche Gattung mit langem Saugrüssel auf einem jungen Elephanten im Rotterdamer Thiergarten beobachtet.

Docophorus leucogaster.

Capite thoraceque fusco, fronte alato, antice emarginato, signatura longa; prothorace et metathorace trapezoideis, hoc postice angulato; abdomine ovali, albo, maculis marginalibus triangularibus fusconigris excisis. Longit. 1‴.

Diese kleine von Hrn. Dr. Rey auf Buteo jakal aus Port Natal gesammelte Art schliesst sich denen unserer europäischen Bussarde aufs engste an. Kurz und gedrungen im Habitus ist sie im Vorderkörper braun, am Hinterleibe rein weiss mit bräunlichschwarzen Dreiecksflecken am Seitenrande. Die Flecken sind kurz und haben hinter dem Stigma einen randlichen Ausschnitt. Das vorletzte Segment ist durchgehend braunschwarz; die Thoraxringe sind schwarzbraun gerandet, im Uebrigen dunkler braun als der Kopf, dessen Zügel- und Schläfenlinien braun sind. Der Kopf, ähnlich dem des *D. platystomus* Taf. 9. Fig. 5, hat ganz klare Erweiterungen am schmalen tief ausgerandeten Vorderrande mit zwei Borsten jederseits und einer darüber, einer in der Zügelmitte und zweien vor dem Balken, vieren an dem Schläfenrande. Signatur, Balken, Fühler, Thorax und Beine wie bei der erwähnten Art, aber der Hinterleib entschieden schmäler, reicher beborstet, die Randflecke kürzer, ihre Kerbe mehr dem Seitenrande genähert. Einige Larven haben einen kurzen breiten, rein weissen Hinterleib ohne alle Zeichnung, blassgelben Vorderleib und hellbraune Zügel.

In Gesellschaft dieser *Docophoren* fand sich auch ein *Nirmus*, der unzweifelhaft eine eigene Art repräsentirt. Das Exemplar ist ¼''' lang, sein Vorderkopf nur sehr wenig schmäler als der etwas kürzere Hinterkopf, sehr ähnlich dem *N. fuscus*. Ganz eigenthümlich sind die den Occipitalrand nicht erreichenden Fühler im zweiten Gliede stark verdünnt und haben vorn an ihrer Basis kurz kegelförmige Balken. Die Färbung des Kopfes ist gelb mit braunen Seitenrändern. Thorax und Beine gleichen im wesentlichen denen von *N. rufus*, der Metathorax an den stumpfen Hinterecken mit je einer Borste. Auch die Form des Hinterleibes bestätigt die enge Verwandtschaft mit letztgenannter Art. Die Segmentecken haben anfangs eine, später zwei lange Borsten, das abgerundete Endsegment drei dünne Randborsten jederseits, die Flächen der Segmente je eine Querreihe langer Borsten, welche der Mitte näher steht und nicht so dicht ist wie bei dem *N. fuscus*. Uebrigens ist das erste Segment auffallend kürzer als die folgenden. Gelbbraune Querbinden, nahe dem Seitenrande breiter durchbrochen als bei *N. fuscus* mit Ausnahme der ganz durchgehenden des achten Segmentes, zeichnen die Ober- und Unterseite des Hinterleibes. Ich habe diese Art in unserer Sammlung unter dem Namen *N. flavidus* aufgestellt.

Docophorus macropus.

Brevis, latus, albidus, nigropictus; capite magno trigono, antice truncato, signatura tricuspidata, antennarum articulo ultimo et penultimo aequilongis; prothorace transverso, metathorace pentagonali, pedibus longissimis; abdomine suborbiculari, maculis marginalibus triangularibus nigris ocellatis. Longit. ⅓'''.

In der allgemeinen Körpertracht dem Balkling des Staares *D. leontodon* zunächst sich anschliessend. Der sehr grosse Kopf verschmälert sich nach vorn um ein Drittheil seiner Breite und endet fast gerade abgestutzt, hat eine hinten dreispitzige und schwärzlichbraune Stirnsignatur und solche Zügel, welche nach hinten als gerade stark convergirende Schläfenlinien fortsetzen. Die Balken sind lang und dick, stumpfspitzig. Die Fühler erreichen angelegt ziemlich den Occipitalrand. Der Prothorax ist quer oblong mit schwach convexen Seiten und der viel grössere Metathorax greift winklig in das Abdomen ein; beide sind schwarz gesäumt. Die dicken Beine nehmen vom ersten zum dritten Paar so an Länge zu, dass letztes ausgestreckt ans Hinterleibsende reicht. Der Hinterleib ist kurz und breit, dem der erwähnten Art sehr ähnlich, auch sehr lang und dicht beborstet, aber die schwarzen randlichen Dreiecksflecke sind viel kürzer, mit Pustelreihe am Hinterrande und Stigmenfleck, denen von *D. semisignatus* entsprechend, welche Art wieder eine völlig andere Kopfform hat. Die Larven sind bis zur letzten Häutung rein weiss, ohne alle Zeichnung. — In mehren Exemplaren auf einem frischen Caprimulgus europaeus gesammelt.

Nirmus punctatus Seite 156.

Dieser doppelt verbrauchte Name ist in *N. punctulatus* umzuändern.

Nirmus intermedius Seite 169.

Dieser Name ist in *N. mystax* umzuändern.

Nirmus aethereus.

Elongatus, gracilis, albus; capite longo, antice truncato, antennis brevissimis; prothorace transverso, lateribus convexiusculis, metathorace trapezoideo, margine postico angulato, pedibus robustis; abdomine elongatoelliptico, marginibus subcrenulatis, pallide flavis. Longit. ⅔'''.

Gehört in den Formenkreis der schmalen schlanken auf Tringa und Totanus schmarotzenden Arten. Das vorliegende Pärchen ist so zart und bis auf die gelben Seitenränder so klar weiss, dass man es für unreif halten möchte. Der Kopf verschmälert sich langsam um ein Drittheil seiner Breite bis zum gerade abgestutzten Vorderrande, trägt eine kurze Borste in der Mitte der Zügel, eine längere aber ebenfalls feine vor den abgerundeten Schläfenecken und hat gelbe Zügelstreifen und kegelförmige Balken vor den Fühlern, welche selbst nur ein Drittel der Kopfeslänge messen. Der breitere als lange Prothorax trägt an den abgerundeten Hinterecken ein feines Härchen, der etwas längere trapezische Metathorax an den stumpfen Hinterecken zwei lange Borsten und sein Hinterrand greift etwas winklig in das erste Hinterleibssegment mit gleichem Hinterrande ein. Die Beine sind sehr kurz, Schenkel und besonders die kurzen Schienen sehr dick, auch die Klauen plump. Der Hinterleib bei dem Weibchen gestreckter und schmäler als bei dem Männchen verbreitert sich wenig bis über die Mitte hinaus, trägt an den abgerundeten nur sehr wenig vorstehenden Segmentecken eine, dann zwei feine kurze Borsten, am abgerundet dreiseitigen männlichen Endsegment zehn lange Randborsten, am kurzen tief gekerbten weiblichen gar keine Borsten. Die Seitenränder des Hinterleibes sind gelb, längs der Mitte stehen zwei Reihen langer Borsten, neben denselben nur vereinzelte lange Borsten.

Auf Simorhynchus microcerus, in einem Pärchen auf einem trocknen Balge gesammelt.

Goniocotes obscurus Seite 191.

Ist in *Goniocotes coronatus* umzuändern.

Trinotum stramineum.

Elongatum, stramineum; capite late triangulari, fasciolisrato, temporibus dilatatis; prothorace cordiformi alato, mesothorace et metathorace trapezoideis, pedibus gracilibus; abdomine anguste ovali, marginibus crenatulis, multisetosis, pictura nulla. Longit. $1^1/_4$‴.

Dieser einzige Repräsentant seiner Gattung auf Singvögeln ist zugleich der kleinste, reich und stark beborstet, strohgelb, nur am Kopfe mit braunen Augenflecken, solchen geraden Schläfenlinien und Occipitalrande und etwas dunkelnden Seitenrändern des Leibes. Am stark convexen Vorderrande stehen nur wenige Borsten, vor der seitlichen Buchtung drei stärkere, in der Bucht selbst eine dichte Bürste straffer Borsten, an den schief nach hinten abgestutzten und die Hinterhauptsbucht scharfeckig begränzenden Schläfen fünf starke Borsten. Der gestreckte Prothorax hat schmale stumpfeckige Seitenflügel mit zwei starken Stachelborsten und einer langen Borste. Meso- und Metathorax sind nur in der Breite verschieden, erster mit einer Randborste, letzter mit mehren an den Hinterecken. An den schlanken Beinen haben die Schenkel sehr mässige Breite, die Schienen sind dünn, aussen mit drei langen Haaren besetzt. Der gestreckt ovale Hinterleib kerbt seine Ränder sehr schwach, trägt an den Segmentecken drei bis sechs sehr lange Borsten, verlängert die Ecken des vorletzten Segmentes stark, so dass das mit Wimperborsten berandete Endsegment nur wenig darüber hinausragt. Der Hinterrand jeden Segmentes ist mit einer dichten Reihe sehr kurzer und ganz vereinzelter langer Borsten besetzt.

Auf Hirundo americana, nach drei Exemplaren unserer Sammlung.

Laemobothrium giganteum Seite 250.

Nitzsch stellte von dieser Art zwei Exemplare, welche in Gesellschaft des ***Lipeurus perspicillatus*** auf Vultur fulvus gefunden wurden, in unserer Sammlung auf.

Laemobothrium nocturnum.

L. laticolli simile, at testaceum, temporum angulis obtusiusculis, prothorace sulco transverso partito, abdomine angustiore. Longit. 3‴.

Diese einzige auf Eulen schmarotzende Art steht dem ***L. laticolle*** sehr nah und unterscheidet sich besonders durch die kürzern, stärker convexen Wangen, die stumpflichen Schläfenecken, den schwarzen Zügel-, Orbital- und Augenfleck, durch eine scharfe sehr markirte Querfurche auf dem Prothorax, den schmälern Hinterleib, der seine grösste Breite erst hinter der Mitte und einen viel schmälern hellen Längsstreif jederseits neben dem dunkeln Seitenrande hat. Die reiche und starke Beborstung und die Beine sind dieselben wie bei jener Art. — Auf Strix aluco, in einem männlichen Exemplare von Hrn. Inspector Klautsch unserer Sammlung übergeben.

Laemobothrium atrum Seite 252.

Im April 1822 fand Nitzsch auf einem frischen Podiceps rubricollis zwei lebende männliche ***Laemobothrien*** und glaubte, dieselben seien von einem dabei gelegenen leider nicht näher auf seine Parasiten untersuchten

Wasserhuhne übergekrochen und also dem *L. atrum* zuzuweisen. Letztes ist nun blos in einem weiblichen Exemplare bekannt, während diese beiden vom Taucher männliche sind, die Identificirung daher nicht als völlig zweifellos zu betrachten ist. In der Färbung und den wesentlichen Formen stimmen sie überein, messen aber nur 1½ und 2''' Länge, haben weniger Borsten am vordern Kopfende, weniger Stachelborsten und nur eine lange Borste am Schläfenrande, am Seitenrande des Metathorax eine lange Borste, am Innenrande der dritten Schienen keine Stachelreihe. Die Ecken des vorletzten Segmentes umfassen das letzte sehr kurze und tragen je zwei sehr lange und starke Borsten, das Endsegment sechs kurze schwache Randborsten.

Docophorus buteonis Packard, amer. Naturalist 1870. 83. — Auf Buteo lineatus.
Docophorus hamatus „ „ „ „ — Auf Emberiza nivalis.
Nirmus thoracicus „ „ „ „ — „ „ „
Goniocotes Burnetti „ „ „ „ — Auf Common Fowl.
Lipeurus corvi „ „ „ „ — Auf Vultur.
Lipeurus elongatus „ „ „ „ — Auf —?
Lipeurus gracilis „ „ „ „ — Auf —?
Colpocephalum Lari „ „ „ „ — Auf Larus marinus.

REGISTER.

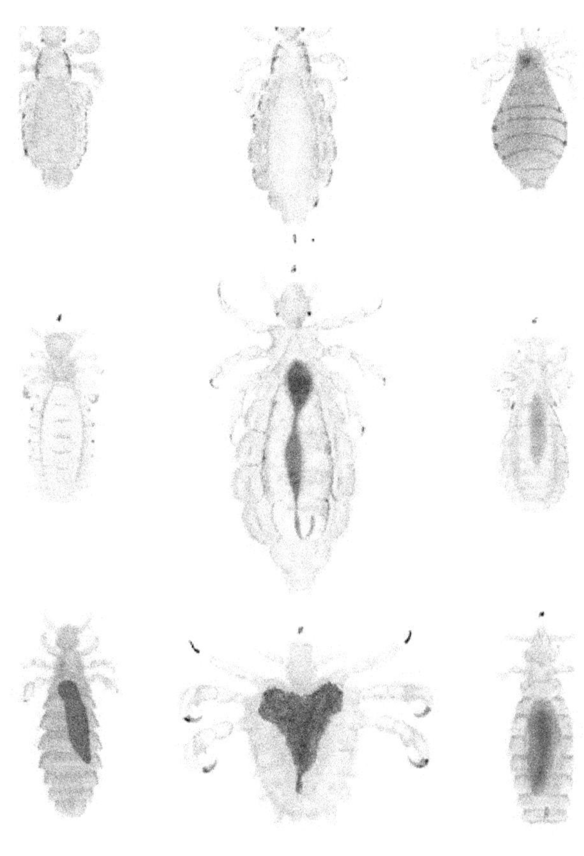

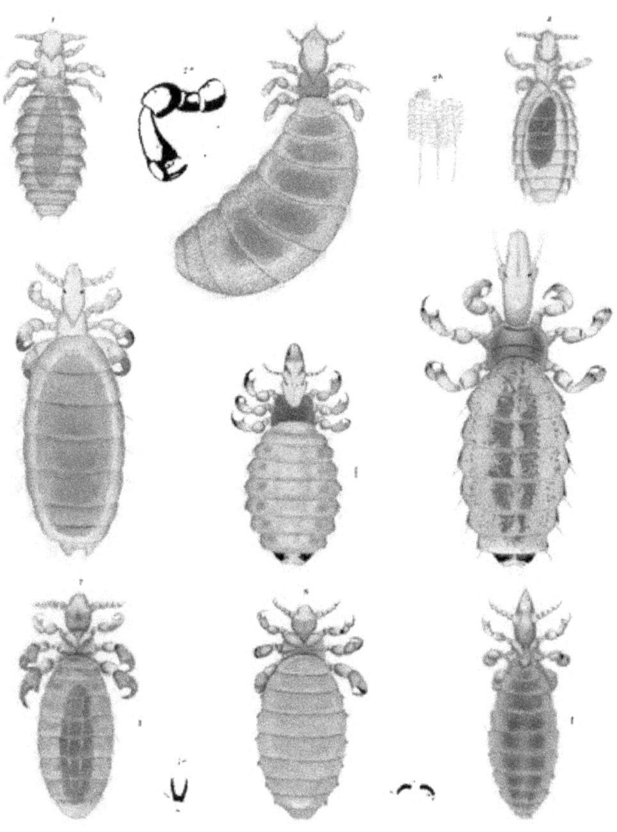

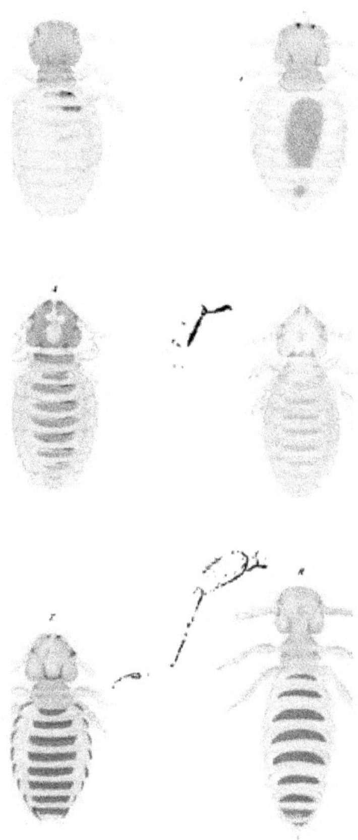

1 & 2 = Deg. punctata Nitzsch

Fig 3 & 4 = Degeeria pusconota Nitzsch

5, 6, 7, 8 = " lineolata

9 & 10 = " selliger Nitzsch

11 & 12 = augustamonicus N.

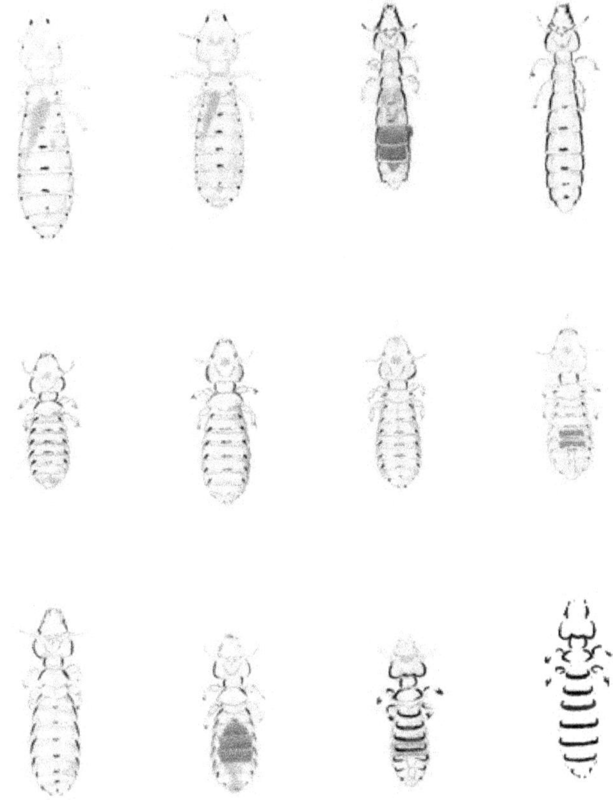

Taf. I.

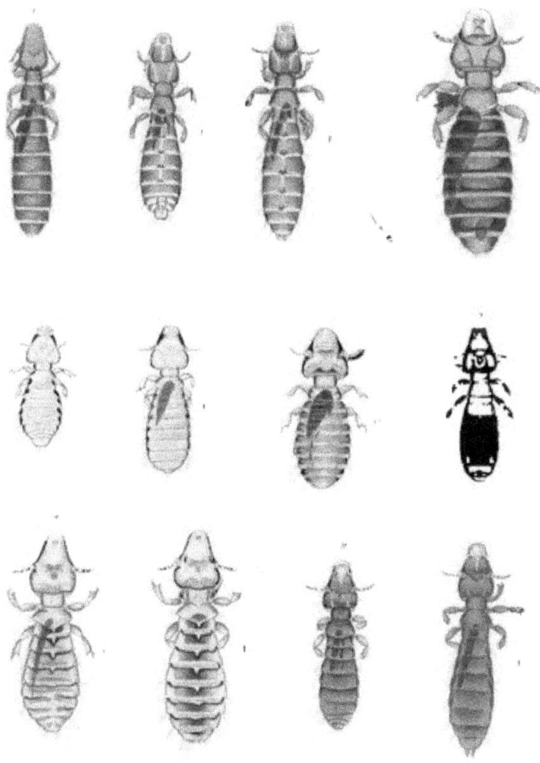

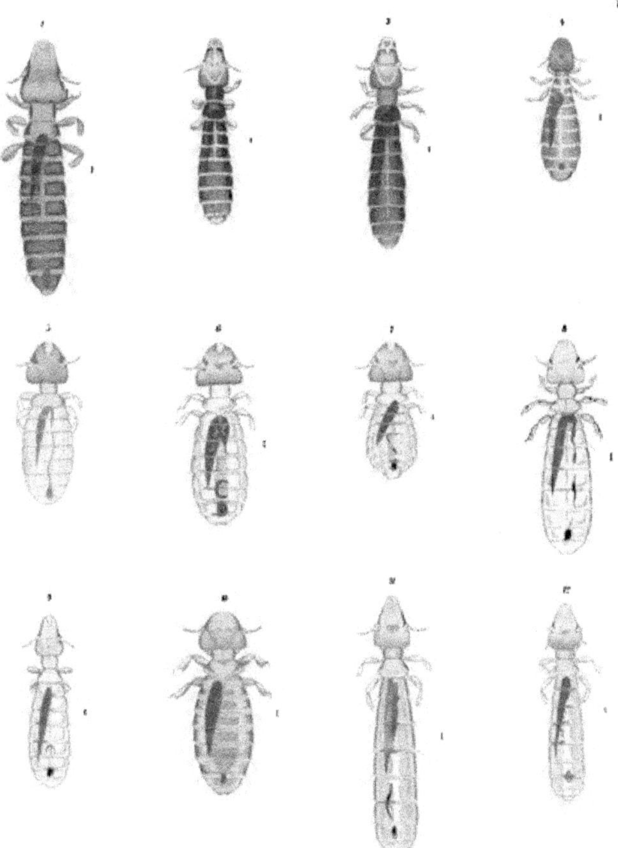

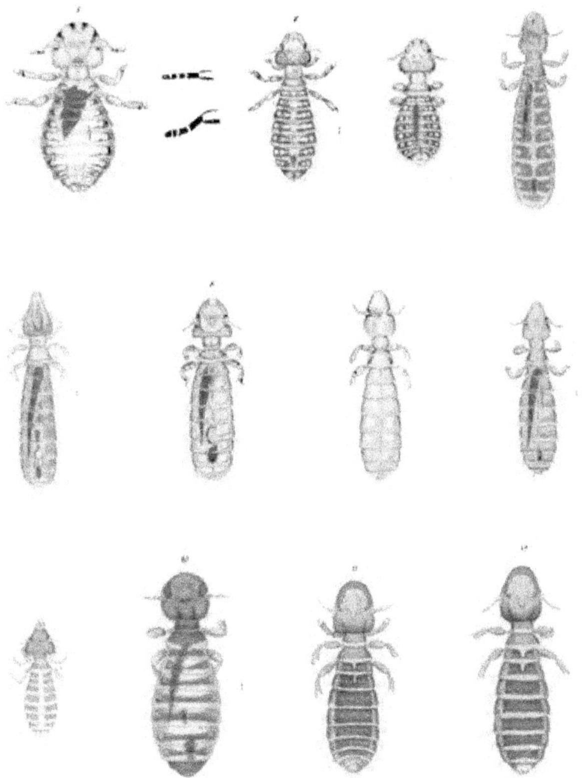

667 = N. stenopygos nitzsch

f. 9 II = Dag. frontatum nitzsch

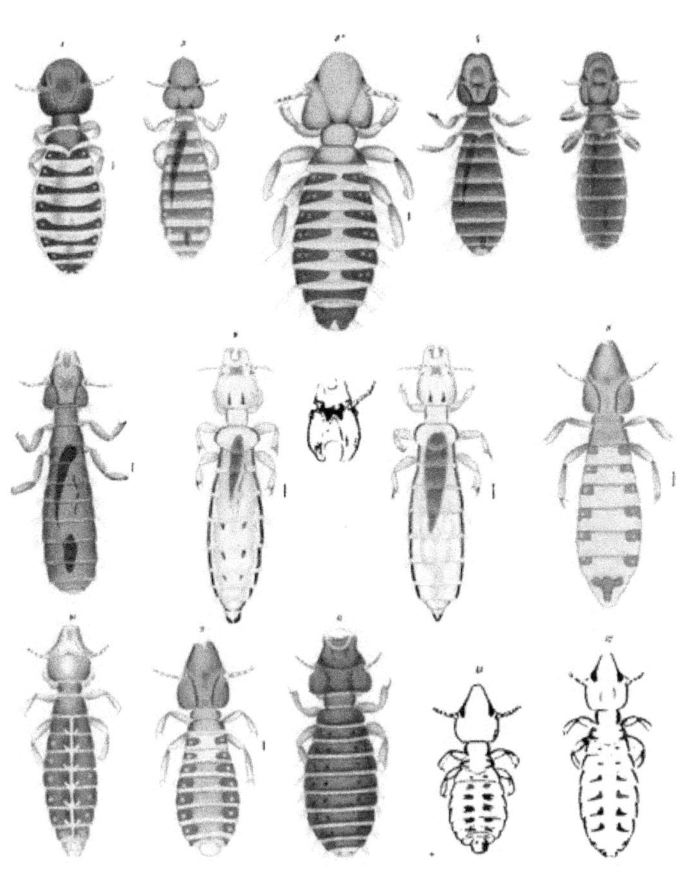

367 = Doc. ocellatma ...

Lin. 10 = Doc. atretas nitasch

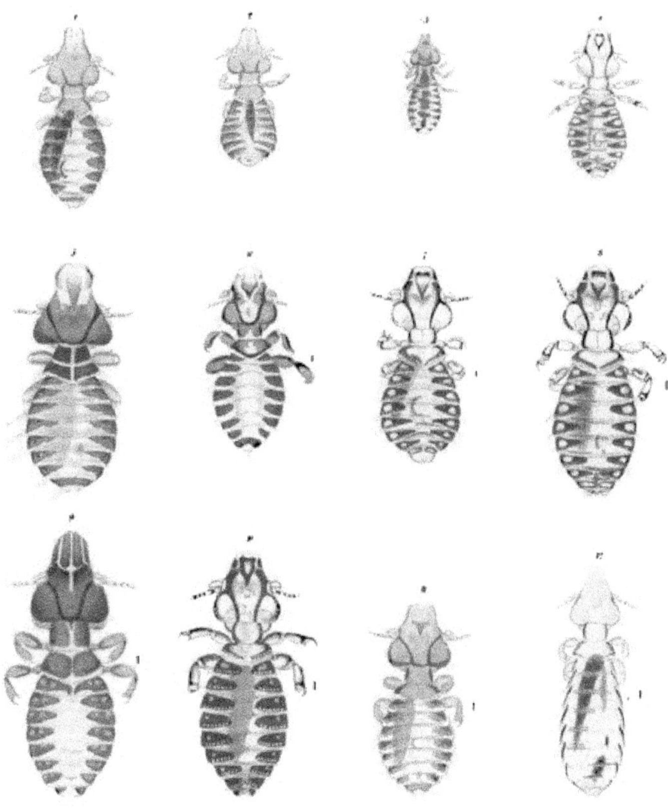

Taf. X

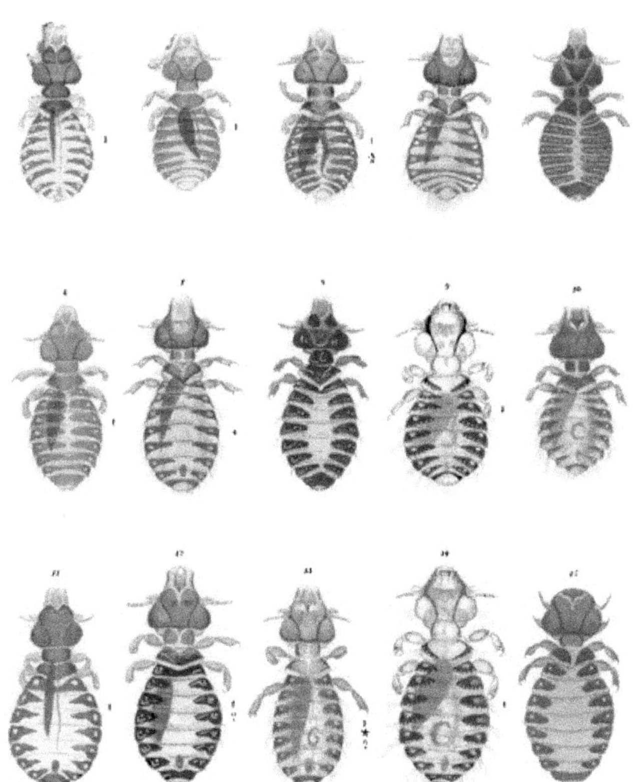

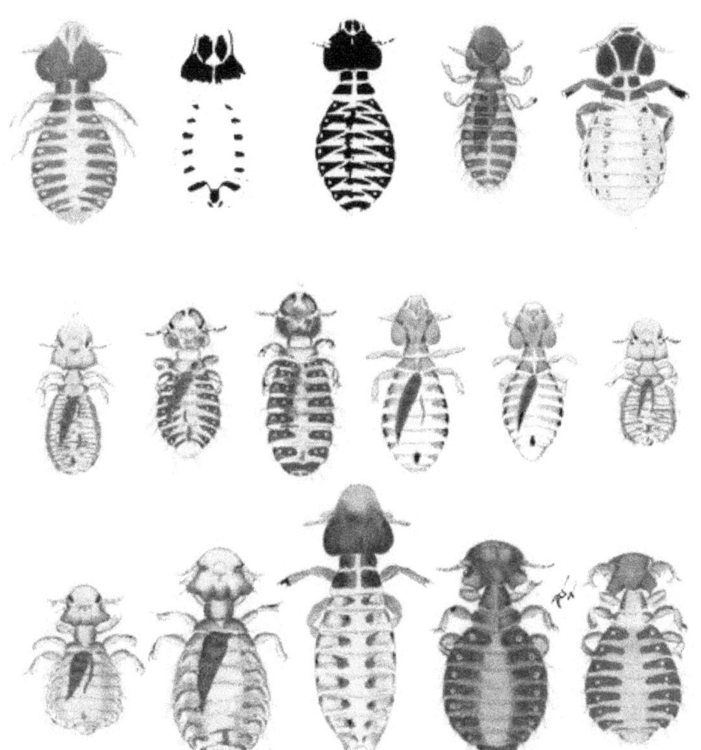

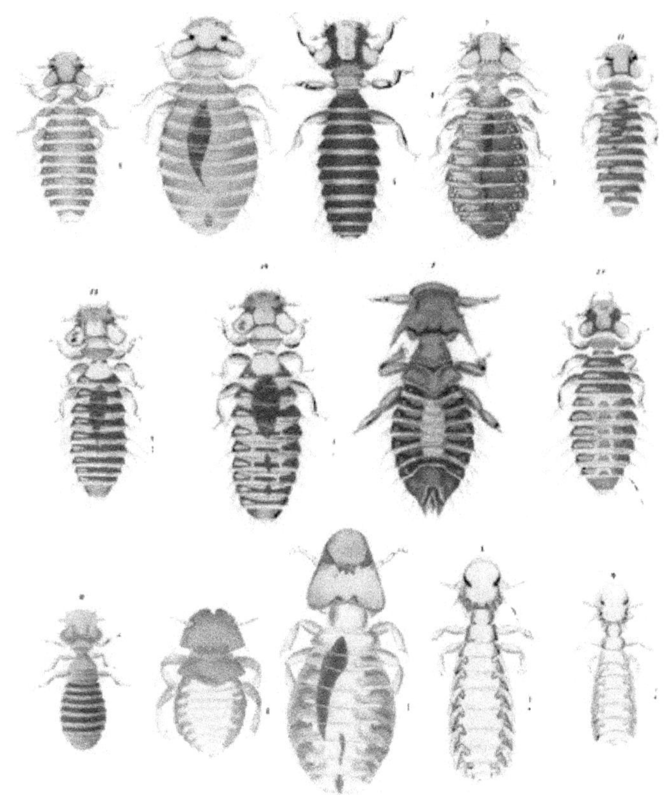

fig 1 = Cr.p. ancatenum Nitzsch

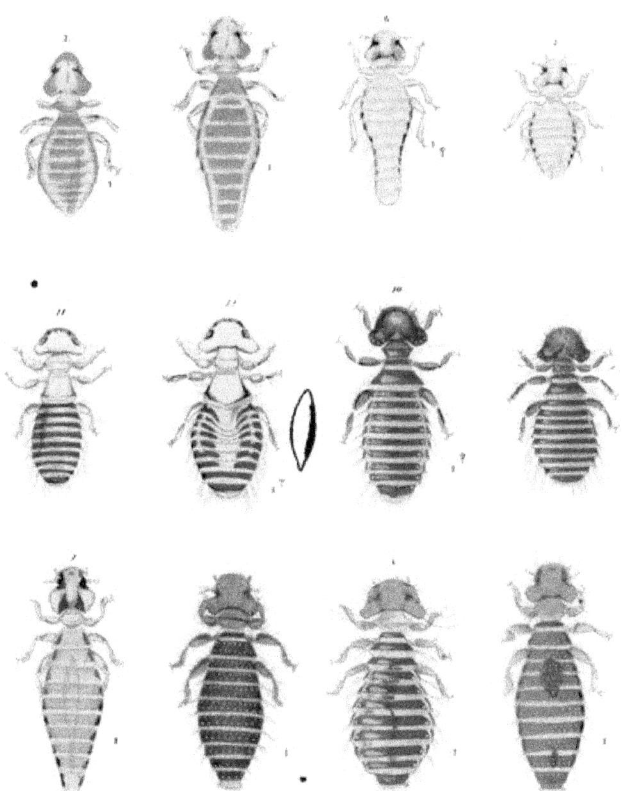

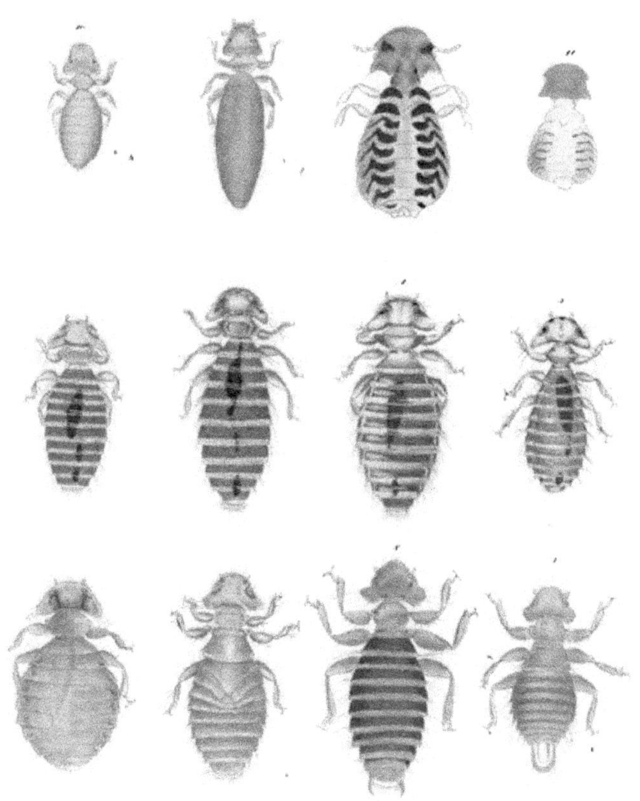

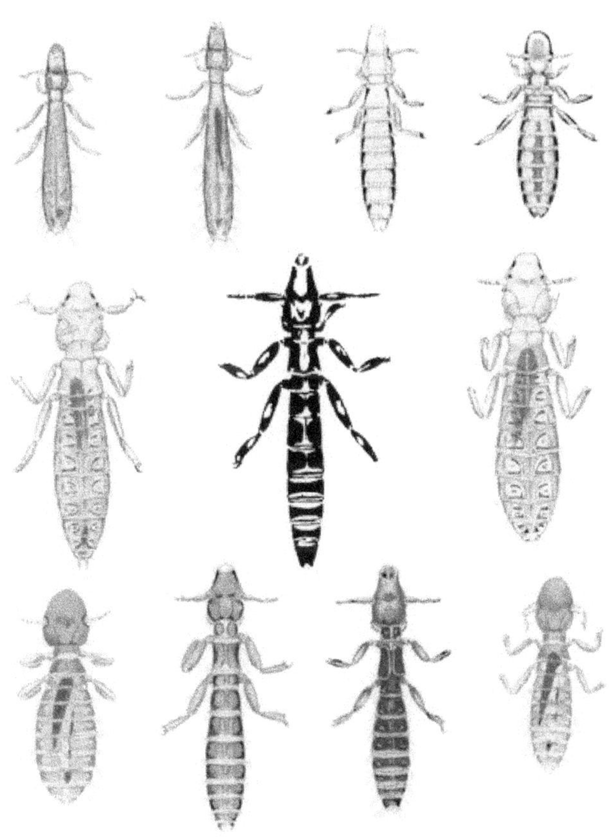

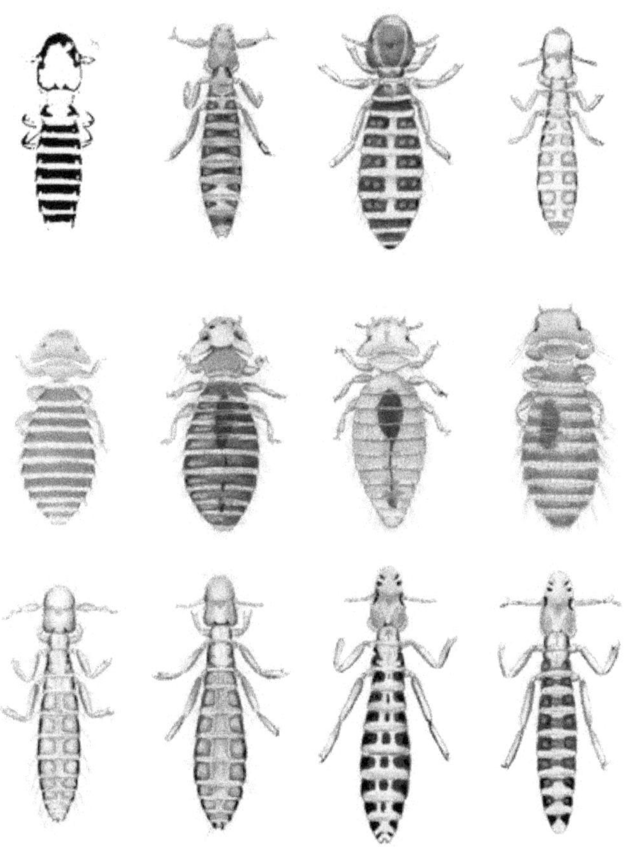

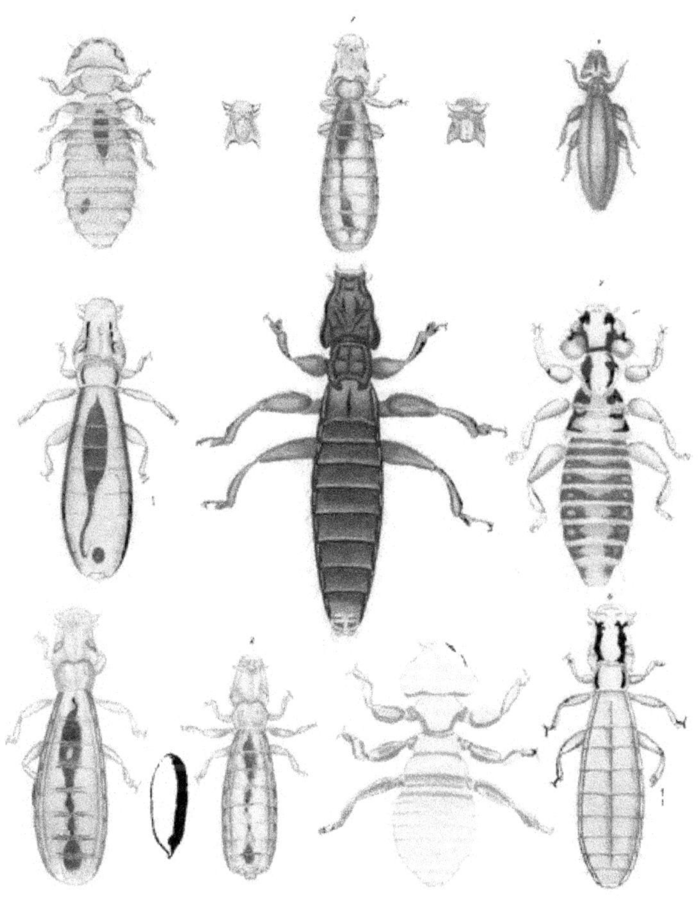

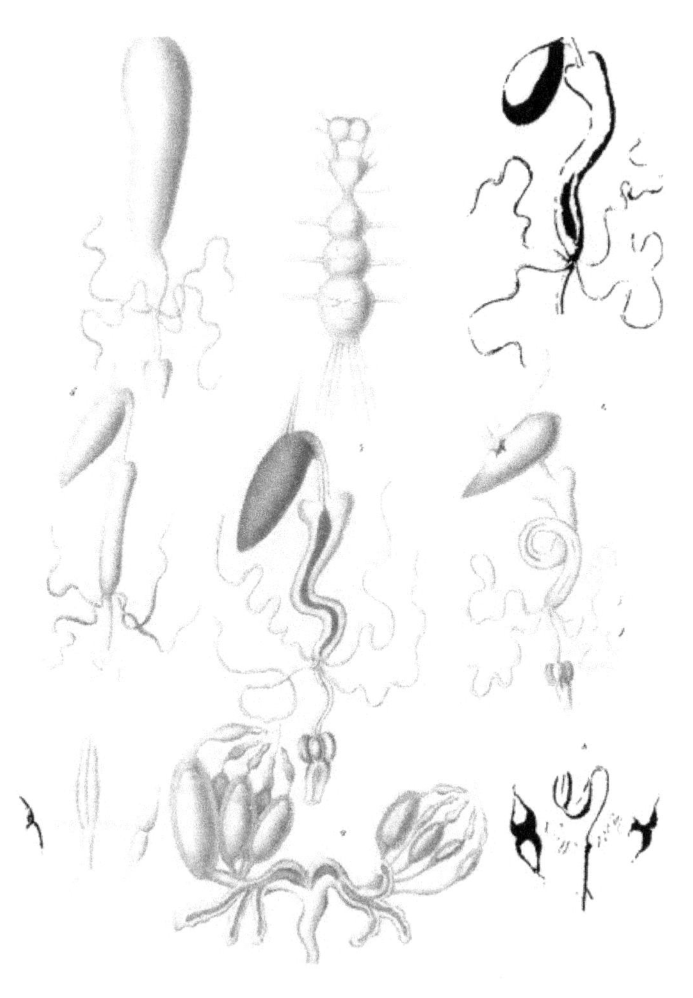